装备科技译著出版基金

国防通信与信息技术译丛

扩展频谱通信系统原理

（第3版）

Principles of Spread-Spectrum Communication Systems

（Third Edition）

[美] Don Torrieri 著

牛英滔 朱义勇 胡绘斌
钱 璟 关胜勇 郝 瑞 译

国防工业出版社
·北京·

著作权合同登记　图字：军-2016-102 号

图书在版编目(CIP)数据

扩展频谱通信系统原理. 第 3 版 /（美）唐·托列里(Don Torrieri)著；牛英滔等译. —北京：国防工业出版社，2019.5

(国防通信与信息技术译丛)

书名原文：Principles of Spread-Spectrum Communication Systems(Third Edition)

ISBN 978-7-118-11688-5

Ⅰ.①扩…　Ⅱ.①唐… ②牛…　Ⅲ.①扩频通信—通信系统　Ⅳ.①TN914.42

中国版本图书馆 CIP 数据核字(2019)第 063694 号

※

国防工業出版社出版发行
(北京市海淀区紫竹院南路 23 号　邮政编码 100048)
三河市腾飞印务有限公司印刷
新华书店经售

*

开本　710×1000　1/16　**印张** 37½　**字数** 694 千字
2019 年 5 月第 3 版第 1 次印刷　**印数** 1—2000 册　**定价** 169.00 元

(本书如有印装错误，我社负责调换)

国防书店：(010)88540777　　发行邮购：(010)88540776
发行传真：(010)88540755　　发行业务：(010)88540717

译者前言

扩展频谱(简称扩谱)通信是指用于传输信号的射频带宽远远大于信号自身带宽的一种通信方式。扩谱通信技术在抗干扰、抗截获、抗多径衰落以及多址通信能力等方面具有一般无线通信技术无可比拟的优势。因此自诞生之日起,就在军事通信中占有极为重要的地位,是军事无线通信的核心技术之一。近年来,随着4G/5G移动通信系统、认知无线网络、无线传感器网、物联网等民用通信系统和网络的迅速发展,扩谱技术在民用通信中也得到了越来越广泛的应用。因此对扩谱通信技术进一步深入研究的需求非常迫切,了解国外扩谱通信方面新的权威性著作亦成为急需。

《扩展频谱通信系统原理》(第3版)正是这样一本专著。本书系统阐述了扩谱通信中的编码调制、扩谱码同步、分集接收、扩谱信号检测、迭代信道检测等一系列基础问题,重点论述了扩谱通信的基本原理和基础理论。本书内容全面深入,概念清晰,理论分析严谨,仿真、习题和参考资料丰富,是当前最新的扩谱通信基础理论著作之一。

本书作者Don Torrieri博士在美国陆军研究所长期从事扩谱通信及其相关技术的研究,在扩谱通信领域享有很高的国际声誉。他是美国IEEE学会的高级会员,先后出版专著4部,发表论文数十篇。本书是作者在2005年的第1版和2011年第2版的基础上,经过全面修订而成,扩充了大量扩谱通信领域的最新进展。相比第1版和第2版,第3版内容更新、更充实、更全面。本书不仅具有很高的学术水平,而且对相关领域的进一步研究具有引领作用,可作为从事无线通信系统研究与设计的科研人员及工程技术人员的参考用书,也可作为相关专业的研究生用书。

本书的前言、第2、4、8章和索引由牛英滔翻译,第1章由关胜勇翻译,第3章由郝瑞翻译,第5、9、10章由朱义勇翻译,第6章和附录由胡绘斌翻译,第7章由钱璟翻译。牛英滔负责全书的统稿和校对,姚富强对全书进行了全面审校。参与校对和译稿资料整理的还有朱勇刚、林敏、许拔、肖晨飞、张敬义、齐阳洋、汤尚、段瑞杰、惠显杨等。原书作者Don Torrieri博士通过电子邮件对本书的翻译提出了有益的建议。国防工业出版社的张冬晔编辑以饱满的热情和细致的工作使本书的翻译工作得以进一步完善。此外，本书的出版得到了中国科学院院士尹浩和中国工程院院士陆建勋的大力推荐，并得到了装备科技译著出版基金和江苏省自然科学基金(BK20151450)的资助。在此，一并表示诚挚的感谢！

在本书翻译过程中，我们力求忠实、准确地把握原著内涵，同时尽可能按中文习惯进行表述；但由于译者水平有限，书中难免有错误和不准确之处，恳请广大读者批评指正，并欢迎与译者直接交流。

译　者

niuyingtao@126.com

2018年12月于南京

前 言

扩展频谱(简称扩谱)通信系统的持久活力和对其进行分析所需的数学新方法的发展是推动本书再版的动机。新版力图使读者理解该领域的最新发展现状。在第3版中,近20%的内容是全新的,包括若干新的部分,如新增加的自适应阵列与滤波器的章节及码分多址网络的章节,其余章节也经过了彻底修订。此外,我也删除了相当数量的内容并用更加明确的结果来替代它们。

本书对扩谱通信系统进行了更为综合和深入的论述,适于具有扎实数字通信理论基础的研究生和在职工程师使用。正如本书标题所指出的,本书的重点在于原理而非其他许多书中所述的特定现有的或已设计好的系统。本书的主要目标是对扩谱系统的基本原理进行简明清晰的说明,侧重于支撑未来研究的理论基础和数学分析方法。对于本书特定主题的选择,我折中考虑了这些主题的实用意义以及研究人员和系统设计人员的兴趣。全书对经典理论重新进行了推导,并给出了最新的研究结果,这些会将读者带入该领域的前沿。其中的分析方法和部分内容的描述也可应用于各类通信系统。每章结尾列出的思考题用于帮助读者巩固知识,并提供分析技巧的训练。我所列出的参考文献,建议读者深入研究或作为其他研究的参考资料。

扩谱信号是一种经过额外调制从而显著扩展信号带宽的信号,扩展后的信号带宽远超编码后的数据调制所需的带宽。扩展频谱通信系统可用于抑制干扰、增强安全通信的检测和处理难度、适应衰落和多径信道,并可提供多址接入能力而无须要求全网的同步等。最实用的主流扩谱系统是直接序列扩谱(简称直扩)系统和跳频扩谱(简称跳频)系统。

现在并没有制约扩谱通信有效性的基本理论障碍。存在这样一个重要但并不显而易见的事实,即扩谱信号带宽的增加可能使得通过接收滤波器的噪声功率超出解调器所要求的噪声功率。然而,当任何信号和高斯白噪声通过一个与信号匹配的滤波器时,采样滤波器输出的信噪比仅取决于信号能量与噪声功率谱密度之比。因此,输入信号的带宽是无关紧要的,且扩谱信号并无固有的内在限制。

第1章回顾了编码和调制理论的基本结论,这些结论对于全面理解扩谱系统是必需的。信道编码也称为纠错编码或差错控制编码,它对于充分发挥扩谱系统的潜在能力具有至关重要的作用。尽管直扩系统能够极大地抑制干扰,然而实际的直扩系统仍需信道编码来处理残留的干扰及诸如衰落之类的信道损伤。尽管设计跳频通信系统的目的是为了躲避干扰,但它也可能会跳入一个非期望的频谱区域,这就需要信道编码来保证系统所需的性能。本章中,编码和调制理论用于推导所需要的接收机计算方法及译码后信息比特的错误概率,重点阐述在扩谱系统中已被证明最为有用的编码与调制类型。

第2章阐述了直扩系统的基本原理。直接序列调制将高速扩谱序列直接加在低速数据序列上,从而使得发射信号具有相对较宽的带宽。在接收机中移除扩谱序列使得带宽减小,从而能够利用合适的滤波器来消除很大一部分干扰。本章首先阐述基本的扩谱序列和波形,然后详细分析直扩接收机如何抑制各种干扰。

第3章介绍了跳频系统的基本原理。跳频是发射信号的载波频率周期性改变的通信方式。跳频系统的这种时变性赋予系统很强的潜在抗干扰能力。直扩系统是依靠频谱扩展、解扩及滤波来抑制干扰,而跳频系统抑制干扰的机理是躲避干扰。当躲避失败时,由于载波频率周期性改变,跳频信号仅被暂时干扰。通过广泛采用信道编码,干扰对跳频系统的影响将进一步减轻。从这一点来说,跳频系统比直扩系统更需要信道编码。跳频系统的基本概念、频谱和性能,以及编码和调制问题都在本章进行了介绍。本章还研究了部分频带干扰和恶意干扰的影响。此外,还对频率合成器设计中最重要的问题进行了阐述。

第4章的中心是同步问题。扩谱接收机必须产生与接收的直扩序列或跳频图案同步的直扩序列或跳频图案。也就是说,相应的直扩序列码片或跳频驻留间隔必须精确或近似一致。任何偏差都将导致解调器输出信号幅度的下降,下降幅度与自相关或部分自相关函数有关。虽然在收发信机中使用精确时钟能够在某种程度上降低接收机定时的不确定性,但时钟漂移、波动范围的不确定性及多普勒频移仍然可能导致同步问题。扩谱码同步,即直扩码序列或跳频图案同步,可从独立发送的导频或定时信号中获取。虽然将接收信号反馈给发射机可实现或可辅助实现扩谱码同步,然而为减小功率及开销,大多数扩谱接收机都是通过直接处理接收信号来获得扩谱码同步。本章对提供粗同步的捕获和提供精同步的跟踪都进行阐述。由于在一个完整的扩谱系统中,捕获部分总是重点设计的内容和最昂贵的部件,因此本章重点讨论捕获问题。

自适应滤波和自适应阵列作为通信系统的组成部分得到了广泛应用。第5章的重点是某些自适应滤波器和自适应阵列,它们可利用扩谱信号特殊的频谱特征从而使得干扰抑制程度超出解扩或解跳本身的固有能力。本章给出了用于抑制窄带干扰及主要用于抑制宽带干扰的自适应滤波器。对用于直扩系统及跳频系统的自适应阵列也进行了阐述，并显示出它们具有很高的潜在干扰抑制能力。

第6章对衰落中最重要的问题和用于抗衰落的分集方法的作用进行了总体描述。衰落是指由通信信道的时变性所引起的接收信号强度的变化。它主要由发射信号的多径分量相互叠加而引起的，且随传播媒质物理特性的变化而改变。抗衰落的主要手段是分集，它主要利用了同一信号的两个或多个独立衰落副本之间潜在的冗余度。作为多数直扩系统的核心，Rake 解调器并非简单地消除多径信号，而是能够充分利用所不希望的多径信号。多载波直扩系统是另一种具有实用优势的利用多径信号的方法。

多址接入是指多个用户共享公共传输媒质并相互进行通信的能力。若发射信号是正交的或在某种意义上是可分离的，那么就可实现无线多址通信。信号可通过时间（时分多址（TDMA））、频率（频分多址（FDMA））或扩谱码（码分多址（CDMA））来区分。

第7章阐述了适用于 CDMA 系统的扩谱序列和跳频图案的一般特征，相应的 CDMA 系统包括直接序列 CDMA（DS-CDMA）系统和跳频 CDMA（FH-CDMA）系统。CDMA 中应用扩谱调制可允许多个用户在同一频段上同时传输信号。虽然所有信号都使用分配到的全部频谱，但扩谱序列或跳频图案却各不相同。信息论表明，对于一个孤立的小区，仅当应用了最优多用户检测时，CDMA 系统才能获得与 TDMA 或 FDMA 系统相同的频谱效率。然而，即使对于单用户检测，CDMA 对于移动通信网络也是很有优势的，因为它无须在小区间协调频率和时隙，允许载波频率在相邻小区间复用，且对用户数量的上限没有严格要求，并且具有抗干扰与抗截获能力。用户检测技术潜力巨大但实际应用困难，本章也对其进行了推导和阐述。

第8章分析了多址干扰在采用了 DS-CDMA 和 FH-CDMA 的移动 Ad Hoc 网络及蜂窝网络的影响。使用扩谱技术的移动通信网络中变得显著的现象和问题包括隔离区、保护带、功率控制、速率控制、网络策略、小区扇区化及各种扩谱参数的选择等。网络性能的基本度量，即中断概率，在 Ad Hoc 和蜂窝网络，以及DS-CDMA和 FH-CDMA 系统中都进行了推导。对在 DS-CDMA 蜂窝网络中所需的捕获及同步技术也进行了阐述。

第9章研究了迭代信道估计在设计先进扩谱系统中的作用。信道参数的估计，如衰落幅度和干扰加噪声的功率谱密度等，对软判决译码的有效使用必不可少。信道估计可通过接收机处理收到的导频信号来实现，但发射导频信号会增加开销，如数据吞吐量下降等。直接从接收的数据符号中得到信道的最大似然估计通常极为困难。另一种有效的方法是使用Turbo码或低密度奇偶校验码。期望最大化算法在本章中进行了推导和说明,它能够为最大似然方程提供一种迭代近似解,且与迭代解调、译码算法天然契合。本章阐述和分析了先进扩谱系统中应用迭代信道估计、解调、译码的两个例子。它们为设计先进系统所要进行的计算提供了良好的例证。

认知无线电、超宽带以及军事电子信息系统通常要求具备检测扩谱信号的能力。针对扩谱序列及跳频图案未知或无法被检测器精确估计的问题,第10章对扩谱信号的检测问题进行了分析。因此,检测器不能简单模仿扩谱通信接收机的处理方法,而是需要进行其他处理。本章仅限于研究扩谱信号的检测方法,而不涉及解调或译码。然而,根据检测理论对扩谱信号进行检测会导致检测装置难以实现。另一种方法是使用无线场强计或能量检测器,即仅依靠能量测量来确定未知信号的存在性。能量检测器不仅可用于扩谱信号的检测,还可用于认知无线电和超宽带系统的感知。

书后的4个附录对高斯随机过程和中心极限定理、常用特殊函数、信号特征和基本概率分布进行了详细的数学描述。

撰写本书时,我很大程度上依赖于事前先充分准备的笔记和文档,以及我在美国陆军研究所工作时获得的视角。非常感谢我的同行Matthew Valenti、Hyuck Kwon和牛英滔,他们审阅了原始书稿的部分章节,并提出了犀利而又出色的审阅意见。还非常感激我的妻子Nancy,她不仅给予我坚定的支持,而且还在文本编辑方面给予了我广泛的协助。

目　录

第 1 章　信道编码和调制

本章回顾编码和调制理论的基本结论,这些结论对于全面理解扩谱系统是必需的。**信道编码**也称为**纠错编码**或**差错控制编码**,它对于充分发挥扩谱系统的潜在能力具有至关重要的作用。尽管直扩系统能够极大地抑制干扰,然而实际的直扩系统仍需信道编码来处理残留的干扰及诸如衰落之类的信道损伤。尽管设计跳频通信系统的目的是为了躲避干扰,但它也可能会跳入一个非期望的频谱区域,这就需要信道编码来保证系统所需的性能。本章中,通过文献[7,52,61]给出的编码和调制理论推导接收机有关计算及译码后信息比特的错误概率,重点阐述在扩谱通信系统中已被证明最为有用的编码与调制类型。

1.1　分　组　码

用于前向错误控制或纠错的**信道编码**是指一组用来提高通信可靠性的**码字**。(n,k) **分组码**通过 n 个编码符号组成的码字表示 k 个信息符号。每个符号都取自一个大小为 q 的符号集时,该符号集属于伽罗华域 GF(q), 共有 q^k 个码字。若 $q=2^m$, 则一个 q 进制的符号可用 m 比特表示,从而将含 n 个符号的非二进制码字映射成 (mn,mk) 二进制码字。分组码的编码器用逻辑单元或存储器来实现将 k 个信息符号映射成 n 个编码符号。当对代表码字的波形进行接收和解调后,译码器依据解调输出确定与码字相对应的信息符号。若解调器输出离散的符号序列,且译码是基于这些符号完成的,则称此解调器为**硬判决型**的;反之,若解调器输出为波形的模拟样值或多电平量化样值,则称其为**软判决型**的。软判决的优点是译码器可获得更可靠有效的信息从而改善译码性能。

两个等长符号序列相比较,对应位置不同的符号个数,称为两序列间的**汉明距离**。码集中任意两个码字间的最小汉明距离称为该码的**最小距离**。若采用硬判决,则解调器的输出符号称为**信道符号**,输出序列称为**接收序列**或**接收码字**。在硬判决情况下,整个编码器输出与译码器输入之间的信道是经典二进制对称信道。而处理对应接收码字的译码器称为硬判决译码器。若信道符号错误概率小于 0.5,则最大似然准则表明译码码字与接收码字间具有最小汉明距离。**完全译码器**就是一种采用最大似然准则的硬判决译码器，它的纠错是对每个接收码字进行的；而**非完全译码器**并不试图纠正所有接收码字的错误。

概念上，序列的 n 维向量空间可用图 1.1 所示的三维空间来表示。每个码字都居于**译码球**的中心位置，每个译码球都具有汉明距离意义下的半径 t，t 为正整数。完全译码器的判决区域定义为包围每个码字的译码球平面边界内的区域。假设接收码字是被边界包围的码字的错误形式。**距离受限译码器**是一种非完全译码器，它只对位于某个译码球内的接收码字中的错误符号进行纠正。由于无歧义译码要求任意两个译码球都互不相交，因此距离受限译码器能够纠正的最大随机错误数为

$$t = \lfloor (d_m - 1)/2 \rfloor \tag{1.1}$$

式中：d_m 为码字间的最小汉明距离；$\lfloor x \rfloor$ 为小于或等于 x 的最大整数。当发生的错误数超过 t 时，接收码字就可能会落入到包围不正确码字的译码球中，或者落在所有译码球外的缝隙中。若接收码字落在某个译码球内，译码器将选择该译码球中央的不正确码字，并产生一个含有未被检出错误的输出信息符号。若接收码字位于所有译码球之外的缝隙中，则译码器只能识别出存在错误而无法纠正该错误，此时译码失败。

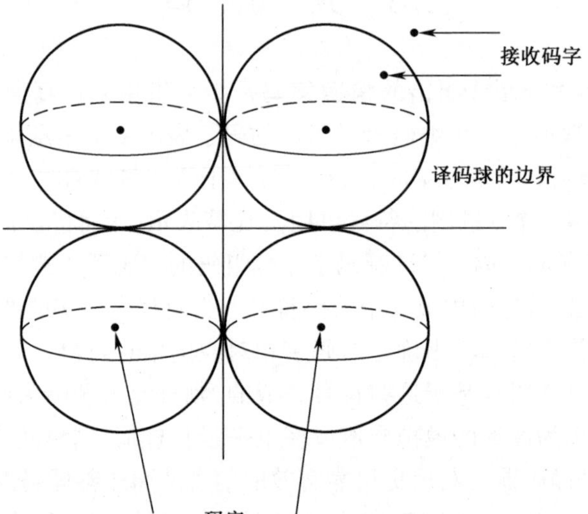

图 1.1　n 维序列的向量空间示意图

由于与译码球中央码字的距离恰好为 i 的码字个数为 $\binom{n}{i}(q-1)^i$，因此半径为 t 的译码球内的码字总数为

$$V = \sum_{i=0}^{t} \binom{n}{i} (q-1)^i \tag{1.2}$$

由于单个分组码有 q^k 个码字,因此有 $q^k V$ 个码字包裹在这些译码球中。而可能的接收码字总数为 $q^n \geqslant q^k V$, 从而得出

$$q^{n-k} \geqslant \sum_{i=0}^{t} \binom{n}{i} (q-1)^i \tag{1.3}$$

该不等式意味着纠错能力 t 存在上界,从而汉明距离 d_m 也存在上界。d_m 的上界称为**汉明界**。

若 q^k 个码字构成一个由 n 个符号组成的序列向量空间的 k 维子空间,则 GF(q) 上长度为 n 的分组码称为**线性分组码**。因此,两个码字的向量和或向量差也是一个码字。若由符号 0 和 1 组成的二进制分组码是线性的,则其码字中的符号就是信息比特的模 2 和。由于线性分组码是某个向量空间的子空间,它必定含有加法幺元。因此,任何线性分组码总是存在全零序列的码字。由于实际使用的分组码几乎全都是线性的,故后文中提到的分组码都假定为线性的。

令 $\boldsymbol{m}$ 为 k 个信息比特组成的行向量, $\boldsymbol{c}$ 为 n 个二进制码字符号组成的行向量。令 $\boldsymbol{G}$ 为 $k \times n$ 维**生成矩阵**,其每行均为码字子空间的基向量。以上定义表明:

$$\boldsymbol{c} = \boldsymbol{mG} \tag{1.4}$$

式中矩阵的乘法运算使用模 2 加法。生成矩阵 $\boldsymbol{G}$ 的行空间的正交补集是 n 维二进制空间的一个 $(n-k)$ 维子空间,补集中的任一线性独立向量均与生成矩阵 $\boldsymbol{G}$ 的行空间正交,因而也就与码字正交。$(n-k) \times n$ 维**校验矩阵** $\boldsymbol{H}$ 由张成正交补集的行向量组成,故有

$$\boldsymbol{GH}^{\mathrm{T}} = \boldsymbol{0} \tag{1.5}$$

若线性分组码的码字经过循环移位后得到的是另一个码字,则称该分组码为**循环码**。这种循环特性使得循环码的编、译码可通过线性反馈移位寄存器来实现。**BCH 码**是一类编码相对简单并可采用硬判决译码的循环码。BCH 码的长度为 $q^m - 1(m \geqslant 2)$ 的一个因子,纠错能力为 $t = \lfloor (\delta - 1)/2 \rfloor$, 其中 δ 为**设计的码距**。尽管 BCH 码字的最小码距可能超过设计码距,但标准 BCH 译码算法并不能纠正多于 t 个的错误。表 1.1 列出了 $7 \leqslant n \leqslant 127$ 时的二进制 BCH 码参数 (n,k,t)。

表 1.1 二进制 BCH 码

n	k	t	D_p	n	k	t	D_p	n	k	t	D_p
7	4	1	1	63	45	3	0.1592	127	92	5	0.0077

（续）

n	k	t	D_p	n	k	t	D_p	n	k	t	D_p
7	1	3	1	63	39	4	0.0380	127	85	6	0.0012
15	11	1	1	63	36	5	0.0571	127	78	7	1.68×10^{-4}
15	7	2	0.4727	63	30	6	0.0088	127	71	9	2.66×10^{-4}
15	5	3	0.5625	63	24	7	0.0011	127	64	10	2.48×10^{-5}
15	1	7	1	63	18	10	0.0044	127	57	11	2.08×10^{-6}
31	26	1	1	63	16	11	0.0055	127	50	13	1.42×10^{-6}
31	21	2	0.4854	63	10	13	0.0015	127	43	14	9.11×10^{-8}
31	16	3	0.1523	63	7	15	0.0024	127	36	15	5.42×10^{-9}
31	11	5	0.1968	63	1	31	1	127	29	21	2.01×10^{-6}
31	6	7	0.1065	127	120	1	1	127	22	23	3.56×10^{-7}
31	1	15	1	127	113	2	0.4962	127	15	27	7.75×10^{-7}
63	57	1	1	127	106	3	0.1628	127	8	31	8.10×10^{-7}
63	51	2	0.4924	127	99	4	0.0398	127	1	63	1

若在分组码中，对于每个含 n 符号的序列，都与某些 n 符号的码字的距离至多为 t，且与每个码字距离都小于或等于 t 的所有序列集均不相交，则称该分组码为**完备码**。此时，式(1.3)所示的汉明界可取等号，且完全译码器也是距离受限的译码器。目前，仅有奇数长度的二进制重复码、汉明码、二进制 (23,12) Golay 码及三进制的 (11,6) Golay 码是完备码。**重复码**用 n 个二进制编码符号表示一个信息比特。当 n 为奇数时，$(n,1)$ 重复码是完备码，其中 $d_m = n$ 且 $t = (n-1)/2$。重复码根据解调输出符号的大数状态做出硬判决译码。尽管重复码在加性高斯白噪声信道(AWGN)中效率不高，但适当选择重复次数可改善通信系统在衰落信道中的性能。(n,k) **汉明(Hamming)码**是一类完备 BCH 码，其 $d_m = 3$ 且 $n = \dfrac{q^{n-k}-1}{q-1}$。由于 $t = 1$，故汉明码能够纠正单个错误。$n \leqslant 127$ 的二进制汉明码已列在表 1.1 中。(7,4) 汉明码的 16 个码字如表 1.2 所列，表中每个码字的前 4bits 是信息比特。完备 (23,12) **Golay 码**是 $d_m = 7$、$t = 3$ 的二进制循环码。完备 (11,6) **Golay 码**是 $d_m = 5$、$t = 2$ 的三进制循环码。

表 1.2 (7,4) 汉明码的码字表

0000000	0001011	0010110	0011101
0100111	0101100	0110001	0111010
1000101	1001110	1010011	1011000
1100010	1101001	1110100	1111111

任何 d_m 为奇数的 (n,k) 线性分组码都可通过附加一个奇偶校验符号而转换成 $(n+1,k)$ **扩展码**。扩展码的优势在于,分组码的最小距离增加了 1,从而改善了性能,而译码复杂度和码率通常并未显著改变。(24,12) **扩展 Golay(格雷)码**由 (23,12) Golay 码附加一个奇偶校验位得到,其最小距离增加到 $d_m=8$。因此,某些含有 4 个错误的接收序列可由完全译码器纠正。通常,(24,12) 扩展 Golay 码比 (23,12) Golay 码更受青睐,因为其码率(定义为 k/n)恰好是 1/2,可以简化系统定时设计。

码字的**汉明重量**是码字中非零符号的数目。对线性分组码来说,两个码字的向量差也是一个码字,其码重等于原来两个码字之间的汉明距离。通过将所有码字与任意码字 $\boldsymbol{c}$ 相减可发现,与码字 $\boldsymbol{c}$ 的距离的集合与该码集的汉明重量集合相同。因此,码集的最小汉明距离等于非零码字的最小汉明重量。二进制分组码的汉明重量就是码字中 1 的个数。

信息符号原封不动地出现在码字中的分组码称为**系统分组码**,它同样包含附加的奇偶校验符号。因此,一个系统码的码字可用 $\boldsymbol{c}=[\boldsymbol{m}\quad\boldsymbol{p}]$ 的形式来表示,$\boldsymbol{p}$ 表示 $n-k$ 个校验比特组成的行向量,其生成矩阵具有如下形式:

$$\boldsymbol{G}=[\boldsymbol{I}_k\quad\boldsymbol{P}] \tag{1.6}$$

式中:$\boldsymbol{I}_k$ 为 $k\times k$ 维单位矩阵;$\boldsymbol{P}$ 为 $k\times(n-k)$ 维矩阵。上式和式(1.5)表明,二进制码的奇偶校验矩阵为

$$\boldsymbol{H}=[\boldsymbol{P}^{\mathrm{T}}\quad\boldsymbol{I}_{n-k}] \tag{1.7}$$

就硬判决译码的误字概率而言,每个线性码都等价于一个线性系统码。因此,系统分组码是常规选择,故后文均假设采用系统码。某些系统码字只有一个非零信息符号。由于系统码至多有 $(n-k)$ 个校验符号,因此码字的汉明重量不可能超过 $(n-k+1)$。由于最小汉明距离等于最小汉明重量,因此有

$$d_m\leqslant n-k+1 \tag{1.8}$$

该上界称为 **Singleton 界**。最小距离等于 Singleton 界的线性分组码称为**最大距离可分码**。

非二进制分组码的译码运算是按符号速率而不是按更高的信息比特速率进行的,因此能更有效地适应高速数据传输的需求。**Reed-Solomon(里德-索**

罗门)码是码长为 $n=q-1$ 的非二进制 BCH 码,也是最大距离可分码,其最小汉明距离为 $d_m=n-k+1$。为便于实现,通常选择 $q=2^m$, m 表示每符号的比特数。因此有 $n=2^m-1$,且具有纠正 2^m 进制符号错误的能力。多数 Reed-Solomon 码译码器是距离受限译码器,其纠错能力为 $t=\lfloor(d_m-1)/2\rfloor$。

影响纠错码性能的最重要的决定性因素是其**重量分布**,它是各种可能重量的码字数目的列表或函数。Golay 码的重量分布如表 1.3 所列。只有少数几种码的重量分布具有解析表达式。令 A_l 为重量为 l 的码字数目。对于二进制汉明码,每个 A_l 均可由下面的重量枚举多项式确定:

$$A(x)=\sum_{l=0}^{n}A_lx^l=\frac{1}{n+1}[(1+x)^n+n(1+x)^{(n-1)/2}(1-x)^{(n+1)/2}] \tag{1.9}$$

表 1.3 Golay 码的重量分布

重量	码字数目	
	(23,12)	(24,12)
0	1	1
7	253	0
8	506	759
11	1288	0
12	1288	2576
15	506	0
16	253	759
23	1	0
24	0	1

例如,(7,4)汉明码的重量枚举多项式为 $A(x)=\frac{1}{8}[(1+x)^7+7(1+x)^3\cdot(1-x)^4]=1+7x^3+7x^4+x^7$,因而,$A_0=1,A_3=7,A_4=7,A_7=1$,其他 $A_l=0$。对于最大距离可分码来说,$A_0=1$ 且

$$A_l=\binom{n}{l}(q-1)\sum_{i=0}^{l-d_m}(-1)^i\binom{l-1}{i}q^{l-i-d_m},\quad d_m\leqslant l\leqslant n \tag{1.10}$$

若其他码的码字数目不是太大且便于计算,其重量分布可通过遍历检查全部有效码字来确定。

1.1.1 硬判决译码的错误概率

距离受限译码器分为两类,即删除译码器与再生译码器。它们的唯一区别在于对接收码字中检测到的不可纠错误采用的处理方式不同。**删除译码器**将收到的码字抛弃,然后启动一次自动重发请求。对于系统分组码来说,**再生译码器**则将接收码字中恢复的信息符号作为其输出。

令 P_s 为**信道符号错误概率**,即解调后编码符号的错误概率。假设信道符号错误是统计独立且同分布的,对于具有适当的符号交织的系统而言,这通常是一种精确的模型(见 1.3 节)。令 P_w 表示**误字概率**,它是译码器由于未检测到的错误和译码失败而未能产生正确的信息符号的概率。在 n 个信道符号中发生 i 个错误的可能共有 $\binom{n}{i}$ 种。由于接收序列中出现的错误可能多于 t 个,但没有信息符号错误,因此,能纠正小于或等于 t 个错误的再生译码器输出的码字错误概率满足:

$$P_w \leqslant \sum_{i=t+1}^{n} \binom{n}{i} P_s^i (1 - P_s)^{n-i} \tag{1.11}$$

对于删除译码器,式(1.11)等号成立。

对于再生译码器而言,由于让译码球的半径小于码字所具有的最大纠错能力是毫无意义的,因此再生译码器中的 t 由式(1.1)给出。然而,若分组码既用于纠错也用于检错,则删除译码器的 t 值通常设计为比最大值小。若分组码专门用来检错,则 $t = 0$。

只要接收码字与正确码字间的汉明距离最小,则完全译码器甚至能够纠正超过 t 个符号错误。当接收序列与两个或更多的码字等距时,完全译码器会按照某种随机准则选择其一作为输出。因此,完全译码器的码字错误概率满足式(1.11)。

令 P_{ud} 为**未检出错误概率**。对线性分组码而言,任意给定的码字与其他码字间的汉明距离的集合对所有码字都是一样的,因此为便于计算 P_{ud},假设发送全零码字是合理的。后文分析中均采用该假设。若接收码字中信道符号的错误统计独立,且发生的概率都为 P_s,则出现在 i 个位置的特定集合中的错误会导致 i 个特定错误符号的集合,这样的错误概率为

$$P_e(i) = \left(\frac{P_s}{q-1}\right)^i (1 - P_s)^{n-i} \tag{1.12}$$

若距离受限译码器的输出中出现了未检出的错误,则错误符号数必定超过 t,且接收码字肯定位于半径为 t 的不正确译码球内。考虑对应于不正确的译码

球的重量为 l 的码字，则有 $d_m \leqslant l \leqslant n$。若接收码字有 i 个错误，仅当 $l-t \leqslant i \leqslant l+t$ 时，它就会位于这样的译码球内。令 $N(l,i)$ 表示汉明重量为 i，且位于重量为 l 的特定码字所对应的半径为 t 的译码球内的序列数目，则有

$$\begin{aligned} P_{ud} &= \sum_{i=t+1}^{n} P_e(i) \sum_{l=\max(i-t,d_m)}^{\min(i+t,n)} A_l N(l,i) \\ &= \sum_{i=t+1}^{n} \left(\frac{P_s}{q-1}\right)^i (1-P_s)^{n-i} \sum_{l=\max(i-t,d_m)}^{\min(i+t,n)} A_l N(l,i) \end{aligned} \tag{1.13}$$

考虑重量为 i 且与重量为 l 的特定码字距离为 s 的序列，其中 $|l-i| \leqslant s \leqslant t$，以使这些序列均位于该特定码字的译码球内。通过对这些序列计数并在 s 允许的范围内求和，就能得到 $N(l,i)$。计数过程中，要考虑当前码字的元素发生变化后可能会成为其中另一个序列的情况。令：v 为变为零的非零码字符号数目；α 为由零变成符号集中其他 $(q-1)$ 个非零码字符号的数目；β 为非零码字符号变成 $(q-2)$ 个其他非零码字符号的数目。要得到距离为 s 的序列，则需要 $0 \leqslant v \leqslant s$。通过将 l 个非零符号中的任意 v 个变成符号 0 而得到的序列总数为 $\binom{l}{v}$。若 $a > b$，$\binom{b}{a} = 0$。对于特定的 v 值，要确保存在一个序列具有重量 i，则需 $\alpha = v + i - l$。将 $(n-l)$ 个零中的任意 α 个变为非零符号而得到的序列总数为 $\binom{n-l}{\alpha}(q-1)^{\alpha}$。对于特定的 v 值及相应的 α 值，要保证存在与其距离为 s 的序列，则需要 $\beta = s - v - \alpha = s + l - i - 2v$。$(l-v)$ 个非零符号中的任意 β 个变成其他符号而得到的序列总数是 $\binom{l-v}{\beta}(q-2)^{\beta}$，当 $x \neq 0$ 时 $0^x = 0$ 且 $0^0 = 1$。对允许范围内的 s 和 v 求和，可得

$$N(l,i) = \sum_{s=|l-i|}^{t} \sum_{v=0}^{s} \binom{l}{v} \binom{n-l}{v+i-l} \binom{l-v}{s+l-i-2v} \times (q-1)^{v+i-l} (q-2)^{s+l-i-2v} \tag{1.14}$$

式(1.13)与式(1.14)保证了 P_{ud} 的精确计算。

当 $q=2$、$(s+l-i)/2$ 为整数且 $0 \leqslant (s+l-i)/2 \leqslant s$ 时，式(1.14)内部和式中唯一非零项序号为 $v=(s+l-i)/2$。利用该结论，对于二进制码，可知

$$N(l,i) = \sum_{s=|l-i|}^{t} \binom{n-l}{\frac{s+i-l}{2}} \binom{l}{\frac{s+l-i}{2}}, \quad q=2 \tag{1.15}$$

式中对任意非负整数 m 均有 $\binom{m}{1/2} = 0$。

误字概率作为一种重要的性能度量,主要应用于要求译码码字完全无误的通信系统中。当译出码字的可用性下降与错误信息比特数目成正比时,通常使用**信息比特错误概率**作为性能度量。由于分组码可能是非二进制的,因此为估计分组码的信息比特错误概率,需要首先计算出信息符号错误概率。

令 $P_{\text{is}}(v)$ 为译码器输出的信息符号 v 中出现一个错误的概率。通常,并不能假设 $P_{\text{is}}(v)$ 与 v 独立。**信息符号错误概率**定义为信息符号平均错误概率为

$$P_{\text{is}} = \frac{1}{k}\sum_{v=1}^{k} P_{\text{is}}(v) \tag{1.16}$$

定义随机变量 Z_v ($v = 1,2,\cdots,k$),使得若信息符号 v 出现错误,则 $Z_v = 1$;否则 $Z_v = 0$。因此信息符号错误的数学期望为

$$E[I] = E\left[\sum_{v=1}^{k} Z_v\right] = \sum_{v=1}^{k} E[Z_v] = \sum_{v=1}^{k} P_{\text{is}}(v) \tag{1.17}$$

式中:$E[\cdot]$ 为数学期望。

信息符号错误概率定义为 $E[I]/k$。结合式(1.16)与式(1.17)有

$$P_{\text{is}} = \frac{E[I]}{k} \tag{1.18}$$

上式表明,**信息符号错误概率与信息符号错误率相等。**

令 $P_{\text{ds}}(v)$ 为被译码器选择的码字或译码失败时接收序列中符号 v 出现错误的概率。译出的符号错误概率定义为所有符号的平均错误概率为

$$P_{\text{ds}} = \frac{1}{n}\sum_{v=1}^{n} P_{\text{ds}}(v) \tag{1.19}$$

若 $E[D]$ 为译码输出的错误符号数目的数学期望,类似前面的推导可得出

$$P_{\text{ds}} = \frac{E[D]}{n} \tag{1.20}$$

上式表明,**译码符号错误概率与译码符号错误率相等。**

对于循环码而言,可证明[87]距离受限译码器输出的信息符号错误率等于所有译码符号错误率,即有

$$P_{\text{is}} = P_{\text{ds}} \tag{1.21}$$

上式至少对线性分组码近似有效,能够显著简化 P_{is} 的计算,这是因为 P_{ds} 可以用码的重量分布表示,而对 P_{is} 的准确计算则需要更多的信息。对二进制码而言,信息比特错误概率与上述两者均相等,即 $P_b = P_{\text{is}} = P_{\text{ds}}$。

删除译码器只有在无法检测到错误时才会出现译码错误。若接收码字位于重量为 l 的码字对应的译码球中,则信息符号错误概率为 l/n。因此,由式(1.13)和式(1.21)可得**删除译码器的信息符号错误率**为

$$P_{is}=\sum_{i=t+1}^{n}\left(\frac{P_s}{q-1}\right)^i(1-P_s)^{n-i}\sum_{l=\max(i-t,d_m)}^{\min(i+t,n)}A_lN(l,i)\frac{l}{n}\tag{1.22}$$

重量为 i 且位于译码球之外的缝隙中的序列数目为

$$L(i)=(q-1)^i\binom{n}{i}-\sum_{l=\max(i-t,d_m)}^{\min(i+t,n)}A_lN(l,i),\quad i\geqslant t+1\tag{1.23}$$

式中:第一项为重量为 i 的序列总数;第二项为位于不正确译码球中重量为 i 的序列数目。当接收码字中出现 i 个符号错误导致译码失败时,再生译码器译码输出的符号中将包含 i 个错误。因此,由式(1.21)和式(1.22)可知,**再生译码器信息符号错误率**为

$$P_{is}=\sum_{i=t+1}^{n}\left(\frac{P_s}{q-1}\right)^i(1-P_s)^{n-i}\left[\sum_{l=\max(i-t,d_m)}^{\min(i+t,n)}A_lN(l,i)\frac{l}{n}+L(i)\frac{i}{n}\right]\tag{1.24}$$

由式(1.22)或式(1.24)计算 P_{is} 仍存在两个主要问题。当 n 和 q 较大时,计算的复杂度将会大到难以实现;此外,许多线性分组码或循环分组码的重量分布是未知的。

包密度定义为位于 q^k 个译码球中的码字数目与长度为 n 的序列总数之比。由式(1.2)可得包密度为

$$D_p=\frac{q^k}{q^n}\sum_{i=0}^{t}\binom{n}{i}(q-1)^i\tag{1.25}$$

完备码中,$D_p=1$。若 $D_p>0.5$,不可检测错误将比译码失败更常见,这类码称为**紧包码**。若 $D_p<0.1$,译码失败将占主要地位,此时码称为**松包码**。二进制 BCH 码的包密度如表 1.1 所列。当 $n=7$ 或 $n=15$ 时,二进制 BCH 码是紧包码;当 $k>1$ 且 $n=31,63,127$ 时,只有 $t=1$ 或 $t=2$ 时,该码才是紧包码。

为近似计算紧包码的 P_{is},令 $A(i)$ 为译码器输入端接收的 n 个符号组成的序列中有 i 个错误的事件。若符号错误是统计独立的,则该事件出现的概率为

$$P[A(i)]=\binom{n}{i}P_s^i(1-P_s)^{n-i}\tag{1.26}$$

给定事件 $A(i)$,i 满足 $d_m\leqslant i\leqslant n$ 时,通常认为再生距离受限译码器会选择一个近似含 i 个符号错误的码字作为输出的假设是合理的。而当 $t+1\leqslant i\leqslant d_m$ 时,假设译码器通常会选择在最小汉明距离 d_m 上的码字(作为译码输出)也是合理的。根据以上近似,由式(1.21)与式(1.26)及恒等式 $\binom{n}{i}\frac{i}{n}=\binom{n-1}{i-1}$ 可知,系统码的再生译码器的 P_{is} 近似为

$$P_{is} \approx \sum_{i=t+1}^{d_m} \frac{d_m}{n}\binom{n}{i} P_s^i (1-P_s)^{n-i} + \sum_{i=d_m+1}^{n}\binom{n-1}{i-1} P_s^i (1-P_s)^{n-i} \tag{1.27}$$

该近似表达式的好处在于它与码字的重量分布无关且具有通用性。令 $P_{df} = P_w - P_{ud}$ 为**译码失败**的概率，对一些特定码的计算表明，该近似表达式(1.27)的准确程度随 P_{ud}/P_{df} 的增大而增加。由于某些包含 $t+1$ 或更多错误的接收序列能够被正确译码而并不产生信息符号错误，故式(1.27)的右边给出了以下三种译码器关于 P_{is} 的近似上界，它们是删除距离受限译码器、松包码的距离受限译码器和完全译码器。

对松包码而言，再生距离受限译码器通过忽略未检测错误来准确估计 P_{is} 是合理的。去掉式(1.23)和式(1.24)中包含 $N(l,i)$ 的项，同时利用式(1.21)可得

$$P_{is} \approx \sum_{i=t+1}^{n}\binom{n-1}{i-1} P_s^i (1-P_s)^{n-i} \tag{1.28}$$

利用该下界来近似的好处在于无须码的重量分布且该界具有通用性。在译码失败为主的错误机制下，该近似是准确的。对于循环 Reed-Solomon 码而言，数值仿真示例表明[87]，当 $t \geqslant 3$ 时，P_{is} 的准确值及其近似界对所有 P_s 值而言都非常接近。这个结果并不奇怪，因为对于 $t \geqslant 3$ 的 Reed-Solomon 码而言，译码球中的序列并不多。比较式(1.27)与式(1.28)可知，式(1.27)过高地估计了 P_{is}，且过高估计的倍数小于 $d_m/(t+1)$。

在 ***q* 进制对称信道**或**均匀离散信道**中，信息符号被错误译码为码表中其他 $(q-1)$ 个符号的概率相等。考虑采用线性 (n,k) 分组码与 q 进制对称信道的情况，其中 $q=2^m$。在 $(q-1)$ 个错误符号中，特定比特发生错误共有 $q/2$ 种情形。因此，信息比特错误概率为

$$P_b = \frac{q}{2(q-1)} P_{is} \tag{1.29}$$

当 $q=2$ 时，上式简化为 $P_b = P_{is}$。考虑到 P_{is} 与 P_s 之间关系的复杂性，对于非二进制符号系统下 P_b 和 P_{is} 的关系而言，均匀离散信道是合适的信道模型。

1.1.2 软判决译码与脉冲幅度调制的编码度量

若判决一个符号不可信，则解调器通知译码器在译码过程中忽略该错误符号，这样的操作称为删除。最简单实用的软判决译码使用**删除**来弥补硬判决译

码的不足。若一个码字具有最小汉明距离 d_{m} 且确定接收码字有 ϵ 个删除,则所有码字至少在 $(d_{\mathrm{m}}-\epsilon)$ 个非删除符号上是不同的。因此,若 $2v+1 \leqslant d_{\mathrm{m}}-\epsilon$,则该码能够纠正 v 个错误。若存在 d_{m} 或更多个删除,则会导致译码失败。令 P_{e} 为删除概率。对于独立的符号错误和删除,接收序列中存在 i 个符号错误和 ϵ 个删除的概率为 $P_{\mathrm{s}}^{i}P_{\mathrm{e}}^{\epsilon}(1-P_{\mathrm{s}}-P_{\mathrm{e}})^{n-i-\epsilon}$。因此,对于**距离受限错误删除译码器**有

$$P_{\mathrm{w}} \leqslant \sum_{\epsilon=0}^{n}\sum_{i=i_0}^{n-\epsilon}\binom{n}{\epsilon}\binom{n-\epsilon}{i}P_{\mathrm{s}}^{i}P_{\mathrm{e}}^{\epsilon}(1-P_{\mathrm{s}}-P_{\mathrm{e}})^{n-i-\epsilon}, i_0=\max(0,\lceil(d_{\mathrm{m}}-\epsilon)/2\rceil) \tag{1.30}$$

式中:$\lceil x\rceil$ 为大于或等于 x 的最小整数。AWGN 信道中,与硬判决译码相比,最优删除译码器的性能改善微不足道,但通常能有效对抗衰落和突发干扰。最适用于**错误删除译码**的码型是那些最小距离相对较大的码,如 Reed-Solomon 码。

软判决译码器使用解调器输出样值将称为**码字度量**的数值与每个可能的码字相关联,并将具有最大度量的码字判决为传输码字,然后生成相应的信息比特作为译码器输出。令 $\boldsymbol{y}$ 为含噪输出样值 y_i ($i=1,2,\cdots,n$)组成的 n 维向量,该向量由解调器根据接收到的代表 k 个信息符号的 n 个码字符号产生。令 $\boldsymbol{x}_c$ 为第 c 个码字向量,它由 n 个符号 x_{ci} ($i=1,2,\cdots,n$)组成。令 $f(\boldsymbol{y}|\boldsymbol{x}_c)$ 表示**似然函数**,它是发送向量给定为 $\boldsymbol{x}_c$ 时关于 y 的条件概率密度函数。软判决译码器可能使用似然函数作为码字度量或采用任意关于 $f(\boldsymbol{y}|\boldsymbol{x}_c)$ 单调递增的函数。方便的办法是取正比于 $f(\boldsymbol{y}|\boldsymbol{x}_c)$ 的自然对数形式,称为**对数似然函数**,记为 $\ln f(\boldsymbol{y}|\boldsymbol{x}_c)$。对于统计独立的解调输出,$(n,k)$ 分组码中 q^k 个可能码字对应的对数似然函数为

$$\ln f(\boldsymbol{y}|\boldsymbol{x}_c)=\sum_{i=1}^{n}\ln f(y_i|x_{ci}), \quad c=1,2,\cdots,q^k \tag{1.31}$$

式中:$f(y_i|x_{ci})$ 为给定 x_{ci} 值时 y_i 的条件概率密度函数。

接收机中执行的基本运算是**匹配滤波**。考虑在 $[0,T]$ 外的值为零的复信号 $x(t)$,若滤波器的冲激响应为 $h(t)=x^*(T-t)$,则称该滤波器与信号相**匹配**,其中星号表示复共轭。当信号 $z(t)$ 送至一个与 $x(t)$ 相匹配的滤波器上,则该滤波器的输出为

$$y(t)=\int_{-\infty}^{\infty}z(u)h(t-u)\mathrm{d}u=\int_{t-T}^{t}z(u)x^*(u+T-t)\mathrm{d}u \tag{1.32}$$

若输出采样时刻 $t=T$,则有

$$y(T)=\int_{0}^{T}z(u)x^*(u)\mathrm{d}u \tag{1.33}$$

若 $z(t)=x(t)$，则匹配滤波器的输出采样 $y(T)$ 等于信号能量。

考虑**脉冲幅度调制**，包括 **q 进制正交幅度调制（QAM）**和**相移键控（PSK）**。(n,k) 码有 q^k 个码字，在 AWGN 信道中发送其中之一。对于码字 c 中的符号 i，接收信号可表示为

$$r_i(t)=\mathrm{Re}\left[\alpha_i\sqrt{2\mathcal{E}_s}\,x_{ci}\psi_s(t-iT_s)\mathrm{e}^{\mathrm{j}(2\pi f_c t+\theta_i)}\right]+n(t),\quad (i-1)T_s\leqslant t\leqslant iT_s, i=1,2,\cdots,n \tag{1.34}$$

式中：$\mathrm{j}=\sqrt{-1}$；α_i 为衰落幅度；$\mathcal{E}_s$ 为 $\alpha_i=1$ 时平均符号能量；T_s 为符号间隔；f_c 为载波频率；x_{ci} 为星座图上某个点对应的复数，该点对应于码字 c 中的符号 i；$\psi_s(t)$ 为实符号波形；θ_i 为载波相位；$n(t)$ 为零均值高斯噪声。衰落幅度为一个正实值衰减函数，它随符号变化。为避免码间串扰，假设符号波形 $\psi_s(t)$ 很大程度上限定在单个符号间隔内，并在一个符号间隔内具有单位能量，即

$$\int_0^{T_s}\psi_s^2(t)\,\mathrm{d}t=1 \tag{1.35}$$

复数 x_{ci} 代表归一化信号星座图中 q 个复数 $x_{ci}(k)$（$k=1,2,\cdots,q$）中的任意一个，则有

$$\frac{1}{q}\sum_{m=1}^{q}\left|x_{ci}(m)\right|^2=1 \tag{1.36}$$

假设 $\psi_s(t)$ 在 $|f|<f_c$ 外的功率谱都可忽略。则平均符号能量定义为

$$\frac{1}{q}\sum_{m=1}^{q}\int_{(i-1)T_s}^{iT_s}\left\{\mathrm{Re}\left[\sqrt{2\mathcal{E}_s}\,x_{ci}(k)\psi_s(t-iT_s)\mathrm{e}^{\mathrm{j}(2\pi f_c t+\theta_i)}\right]\right\}^2\mathrm{d}t \tag{1.37}$$

它与 $\mathcal{E}_s$ 相等。将积分项的右边展开，然后利用对功率谱的假设去掉可忽略的积分项就可证明该式。令 r 为信息比特数与传输的信道符号数之比。

系统在频谱搬移或**下变频**到基带后再进行匹配滤波。下变频可用接收信号与 $\sqrt{2}\exp(-\mathrm{j}2\pi f_c t-\mathrm{j}\phi_i)$ 相乘来表示，在物理实现上是将其分解成同相与正交分量，因子 $\sqrt{2}$ 是为计算方便而引入的。下变频后，信号送至与 $\psi_s(t)$ 相匹配的滤波器并采样。去掉可忽略的积分项，可发现匹配滤波器输出样值为

$$y_i=\alpha_i\sqrt{\mathcal{E}_s}\,x_{ci}\mathrm{e}^{\mathrm{j}(\theta_i-\phi_i)}+n_i,\quad i=1,2,\cdots,n \tag{1.38}$$

式中

$$n_i=\sqrt{2}\int_{(i-1)T_s}^{iT_s}n(t)\psi_s(t)\exp\left[-\mathrm{j}(2\pi f_c t+\phi_i)\right] \tag{1.39}$$

考虑式（1.39）中积分实部与虚部的黎曼和式的逼近，该式是零均值独立高斯随机变量之和。由于 n_i 的实部和虚部分量均为独立高斯随机变量和式的极限，因此，n_i 的各分量是**联合零均值高斯随机变量**（参见附录 A.1“一般特征”）。

为保证时变干扰能够建模为具有时变功率谱的零均值高斯噪声，需将

AWGN 信道进行扩展。对于时变 AWGN 信道,零均值高斯噪声过程的自相关函数建模为

$$E[n(t)n(t+\tau)] = \frac{N_{0i}}{2}\delta(\tau), \quad (i-1)T_s \leqslant t \leqslant iT_s, i=1,2,\cdots,n \tag{1.40}$$

式中:$N_{0i}/2$ 为时间间隔 $(i-1)T_s \leqslant t \leqslant iT_s$ 内 $n(t)$ 的双边功率谱密度;$\delta(\tau)$ 为单位冲激函数。由式(1.39)和式(1.40)可得

$$\begin{aligned} E[n_i n_l] &= 2\int_{(i-1)T_s}^{iT_s} \psi_s(t)\mathrm{e}^{-\mathrm{j}(2\pi f_c t+\phi_i)}\mathrm{d}t \int_{(l-1)T_s}^{lT_s} E[n(t)n(t_1)]\psi(t_1)\mathrm{e}^{-\mathrm{j}(2\pi f_c t+\phi_i)}\mathrm{d}t_1 \\ &= \delta_{il}N_{0i}\int_{(i-1)T_s}^{iT_s} \psi_s^2(t)\mathrm{e}^{-\mathrm{j}(4\pi f_c t+2\phi_i)}\mathrm{d}t \end{aligned} \tag{1.41}$$

式中:$i \neq l$ 时 $\delta_{il}=0$;$i=l$ 时 $\delta_{il}=1$。剩下的积分值正比于 $\psi_s^2(t)$ 在频率 $2f_c$ 处的傅里叶变换。由于在 $|f| \geqslant f_c$ 时 $\psi_s(t)$ 可忽略,故积分为零。因此,对所有 i 和 l 均有 $E[n_i n_l]=0$。故称满足 $E[n_i n_l]=0$ 的零均值随机变量 n_i ($i=1,2,\cdots,n$)为**循环对称**的。

类似地,可算得 $E[|n_i|^2]=N_{0i}$ 且 $E[n_i n_l^*]=0$($i \neq l$)。由于每个 n_i 的实部与虚部是联合零均值高斯的,所以 n_i 是循环对称的**零均值复高斯随机变量**。按实部和虚部分量展开 n_i 和 n_l 得到 $E[n_i n_l]=0$、$E[|n_i|^2]=N_{0i}$ 和 $E[n_i n_l^*]=0$ ($i \neq l$),这就表明这些分量互不相关,因此也是统计独立的;同时 n_i 的实部和虚部分量均具有相同的方差 $N_{0i}/2$。

由于复随机变量的概率密度定义为其实部与虚部的联合概率密度,从而具有独立同分布分量的 n_i 的概率密度函数表示为

$$f(n_i) = \frac{1}{\pi N_{0i}}\exp\left(-\frac{|n_i|^2}{N_{0i}}\right), \quad i=1,2,\cdots,n \tag{1.42}$$

因此给定 x_{ci} 值时 y_i 的条件概率密度为

$$f(y_i|x_{ci}) = \frac{1}{\pi N_{0i}}\exp\left(-\frac{|y_i-\alpha_i\sqrt{\mathcal{E}_s}x_{ci}\mathrm{e}^{\mathrm{j}(\theta_i-\phi_i)}|^2}{N_{0i}}\right), \quad i=1,2,\cdots,n \tag{1.43}$$

这表明 y_i 的各分量是统计独立的。码字的对数似然函数为

$$\ln f(\boldsymbol{y}|\boldsymbol{x}_c) = -\frac{1}{2}\sum_{i=1}^{n}\log(\pi N_{0i}) - \sum_{i=1}^{n}\frac{|y_i-\alpha_i\sqrt{\mathcal{E}_s}x_{ci}\mathrm{e}^{\mathrm{j}(\theta_i-\phi_i)}|^2}{N_{0i}} \tag{1.44}$$

由于其和式的第一项独立于码字 c,在由对数似然函数推导得到的度量中可将其丢弃。

对于相干解调,接收机与载波相位同步,因而 $\phi_i=\theta_i$。因此,**时变 AWGN 信道中相干脉冲幅度调制的码字度量**为

$$U(c)=-\sum_{i=1}^{n}\frac{|y_i-\alpha_i\sqrt{\mathcal{E}_s}x_{ci}|^2}{N_{0i}},\quad c=1,2,\cdots,q^k \tag{1.45}$$

上式中需要已知 α_i 与 N_{0i}（$i=1,2,\cdots,n$）。因此，**信道状态信息**对于使用该度量值通常是必要条件，而这些信息可提供 $\{\alpha_i\}$ 与 $\{N_{0i}\}$ 的准确估计。

在 AWGN 信道中，$\{N_{0i}\}$ 全都相等，且所有 $\alpha_i=1$。故这些因子都与序列判决无关，可以去掉。因此，相干解调中的码字度量就是接收序列与码字符号之间的**欧氏距离**之和的负值。去掉无关项和对所有码字都相等的因子，可得 **AWGN 信道中相干脉冲幅度调制的码字度量**为

$$U(c)=\sum_{i=1}^{n}\{2\sqrt{\mathcal{E}_s}\operatorname{Re}(x_{ci}^*y_i)+\mathcal{E}_s|x_{ci}|^2\},\quad c=1,2,\cdots,q^k \tag{1.46}$$

该式无须知道信道状态信息。

考虑相干 q 进制 PSK 和时变 AWGN 信道（$|x_{ci}|=1$）。丢弃式(1.45)中的无关项与公共因子，可得到**时变 AWGN 信道中 q 进制 PSK 的码字度量**为

$$U(c)=\sum_{i=1}^{n}\frac{\alpha_i\operatorname{Re}(x_{ci}^*y_i)}{N_{0i}},\quad c=1,2,\cdots,q^k \tag{1.47}$$

上式需要已知 $\alpha_i/N_{0i}(i=1,2,\cdots,n)$ 的值。

对于 BPSK：当二进制符号 i 取 1 时，$x_{ci}=+1$；当二进制符号取 0 时，$x_{ci}=-1$。因此，**时变 AWGN 信道中 BPSK 的码字度量**为

$$U(c)=\sum_{i=1}^{n}\frac{\alpha_i x_{ci}y_{ri}}{N_{0i}},\quad c=1,2,\cdots,2^k \tag{1.48}$$

式中 $y_{ri}=\operatorname{Re}(y_i)$。式(1.43)表明

$$f(y_{ri}|x_{ci})=\frac{1}{\sqrt{\pi N_{0i}}}\exp\left(-\frac{(y_{ri}-\alpha_i\sqrt{\mathcal{E}_s}x_{ci})^2}{N_{0i}}\right),\quad i=1,2,\cdots,n \tag{1.49}$$

概率的基本属性之一是**可数可加性**，即有限个或可数多个事件 B_n（$n=1,2,\cdots$）的并的概率满足：

$$P[\cup_n B_n]\leqslant\sum_n P[B_n] \tag{1.50}$$

在通信理论中，从上述不等式得到的边界称为**一致边界**。令 $P_2(l)$ 为与正确码字汉明距离为 l 的错误码字的度量值超过正确码字的概率。为确定线性分组码的 P_w，假设发送的是全零码字是充分合理的。一致边界及重量与距离之间的关系表明软判决译码下的 P_w 满足：

$$P_w\leqslant\sum_{l=d_m}^{n}A_lP_2(l) \tag{1.51}$$

令 β_l 为重量为 l 的码字中全部信息符号的总重量。一致边界及式(1.18)

表明：

$$P_{\mathrm{is}} \leqslant \sum_{l=d_{\mathrm{m}}}^{n} \frac{\beta_l}{k} P_2(l) \tag{1.52}$$

要确定任意 (n,k) 循环码的 β_l，则要考虑重量为 l 的 A_l 个码字集合 S_l。集合 S_l 中的全部码字的总重量是 $A_{\mathrm{T}} = lA_l$。令 α 和 β 为码字集合中任意两个固定的位置。根据循环码的定义,一个码字的循环移位将产生另外一个具有相同重量的码字。因此,对于集合 S_l 中任一在位置 α 上为 0 的码字,经过循环移位能够产生一些在位置 β 上为 0 且同样在集合 S_l 中的码字。所以,对 S_l 中的码字,特定位置的全部符号的总重量与位置无关,其值相等且都等于 A_{T}/n。S_l 中全部信息符号的总重量为 $\beta_l = kA_{\mathrm{T}}/n = klA_l/n$。因此有

$$P_{\mathrm{is}} \leqslant \sum_{l=d_{\mathrm{m}}}^{n} \frac{l}{n} A_l P_2(l) \tag{1.53}$$

令 r 表示信息比特数与传输的信道符号数之比。对每符号具有 $m = \log_2 q$ 个信息比特的 (n,k) 分组码来说，$r = mk/n$。因此,每个接收到的信道符号能量与每个信息比特能量 ε_{b} 的关系为

$$\mathcal{E}_{\mathrm{s}} = r\mathcal{E}_{\mathrm{b}} = \frac{mk}{n}\mathcal{E}_{\mathrm{b}} \tag{1.54}$$

对二进制码,码率为 $r = k/n$。

对于 AWGN 信道及 BPSK，$\{N_{0i}\}$ 全部相等且任意 $\alpha_i = 1$。因而码字度量为

$$U(c) = \sum_{i=1}^{n} x_{ci} y_{ri}, \quad c = 1,2,\cdots,2^k \tag{1.55}$$

重排样值 $\{y_{ri}\}$ 后,正确码字的度量与错误码字度量之间的差别可表示为

$$D(l) = \sum_{i=1}^{n} (x_{1i} - x_{2i}) y_{ri} = 2\sum_{i=1}^{l} x_{1i} y_{ri} \tag{1.56}$$

式中:仅对 l 个不同的项求和；x_{1i} 为正确的码字；x_{2i} 为错误码字,且 $x_{2i} = -x_{1i}$。由于式中每一项都是独立的且每个 y_{ri} 都服从高斯分布,因此 $D(l)$ 也服从高斯分布,其均值为 $l\sqrt{\mathcal{E}_{\mathrm{s}}}$，方差为 $lN_0/2$。由于 $P_2(l)$ 为 $D(l) < 0$ 的概率,且 $\mathcal{E}_{\mathrm{s}} = r\mathcal{E}_{\mathrm{b}}$，直接计算可知

$$P_2(l) = Q\left(\sqrt{\frac{2lr\mathcal{E}_{\mathrm{b}}}{N_0}}\right) \tag{1.57}$$

式中 $r=k/n$ 为码率，Q 函数定义如下：

$$Q(x) = \frac{1}{\sqrt{2\pi}} \int_x^{\infty} \exp\left(-\frac{y^2}{2}\right) \mathrm{d}y = \frac{1}{2}\mathrm{erfc}\left(\frac{x}{\sqrt{2}}\right) \tag{1.58}$$

式中：erfc(·)是互补误差函数。

除码长很短的分组码外，最优软判决译码是难以有效实现的，主要原因是需计算度量的码字总数过大，然而近似最大似然译码算法是可行的。**蔡斯算法**产生一小组候选码字，其中几乎总会包含具有最大度量值的码字。为产生试探模式，首先需要对式(1.38)给出的解调输出的每个接收符号进行硬判决，然后更改最不可靠的符号。每次试探进行硬判决译码并丢弃译码失败的码字，从而能够产生候选码字。最后译码器选择具有最大度量值的候选码字进行输出。

当软判决信息的量化电平多于两级时，需要将解调器的输出样值进行模数变换。由于量化电平的最优位置与信号、热噪声和干扰功率都有关系，因此通常需要自动增益控制。在 AWGN 信道中，研究发现与采用非量化的模拟电压或无限精细的量化取得的理论性能相比，用 3bit 表示的 8 电平均匀量化所造成的损失不超过十分之几分贝。

软判决译码的结果可用于推导硬判决后的信道符号错误概率。当只考虑单个符号时，则有 $l=1$。式(1.57)表明，AWGN 信道中的信道符号错误概率为

$$P_{\mathrm{s}} = Q\left(\sqrt{\frac{2r\mathcal{E}_{\mathrm{b}}}{N_0}}\right) \tag{1.59}$$

考虑 AWGN 信道中单个 QPSK 数据符号的检测情况。单个符号的码字度量称为**符号度量**。符号星座点为 $x_c = (\pm 1 \pm \mathrm{j})/\sqrt{2}$。由于 $n=1$ 及 $k=2$，式(1.47)定义的符号度量可转化为

$$U(c) = \mathrm{Re}(x_c^* y), \quad c = 1,2,3,4 \tag{1.60}$$

由于星座的对称性，不失一般性，假设发送的符号为 $x_c = (1+\mathrm{j})/\sqrt{2}$。若 y 没有落在第一象限内，就会发生符号错误。由于 $\mathrm{Re}(y)$ 与 $\mathrm{Im}(y)$ 是独立的，信道符号错误概率为

$$P_{\mathrm{s}} = 1 - P[\mathrm{Re}(y) > 0]P[\mathrm{Im}(y) > 0] \tag{1.61}$$

又由于 $\mathrm{Re}(y)$ 与 $\mathrm{Im}(y)$ 服从高斯分布，则利用 $\mathcal{E}_{\mathrm{s}} = 2r\mathcal{E}_{\mathrm{b}}$ 对上式进行计算，易得

$$\begin{aligned} P_{\mathrm{s}} &= 2Q\left[\sqrt{\frac{2r\mathcal{E}_{\mathrm{b}}}{N_0}}\right] - Q^2\left[\sqrt{\frac{2r\mathcal{E}_{\mathrm{b}}}{N_0}}\right] \\ &\simeq 2Q\left[\sqrt{\frac{2r\mathcal{E}_{\mathrm{b}}}{N_0}}\right], \quad \frac{2r\mathcal{E}_{\mathrm{b}}}{N_0} \gg 1 \end{aligned} \tag{1.62}$$

若编码符号表与传输的信道符号表不同，则 q 进制编码符号就要映射成 q_1 进制信道符号。典型情况下，$q=2^v$，$q_1=2^{v_1}$，这里 $v/v_1 \geqslant 1$，且为正整数。在上述条件下，每信道符号具有 v/v_1 个分量。对于硬判决译码而言，任意信道符号

分量的解调错误都可能引起相应的信道符号错误。因此根据信道符号分量错误的独立性就可知信道符号错误概率为

$$P_{\mathrm{s}} = 1 - (1 - P_{\mathrm{cs}})^{v/v_1} \tag{1.63}$$

式中：P_{cs} 为信道符号分量的错误概率。实际应用中通常将非二进制编码符号映射成二进制信道符号(即 $v_1 = 1$)。对于相干 BPSK，由式(1.59)与式(1.63)可得

$$P_{\mathrm{s}} = 1 - \left[1 - Q\left(\sqrt{\frac{2r\mathcal{E}_{\mathrm{b}}}{N_0}}\right)\right]^{v} \tag{1.64}$$

编码增益定义为一种编码与另一种编码相比，在特定的信息比特或信息符号错误概率下，所需的信号功率或比特信噪比 E_{b}/N_0 的减小值。计算表明，对于 AWGN 信道中特定的通信系统及编码，最优软判决译码器相对于硬判决译码器大约有 2dB 的编码增益。然而，软判决译码器的实现要复杂得多，在处理高速信息时可能太慢。在给定的实现复杂度水平上，硬判决译码器能够适应更长的分组码，因而至少部分胜过软判决译码器。实际中，除删除译码外，对码长超过 50 的分组码很少使用软判决译码。

1.1.3 正交信号的编码度量

考虑一个采用 (n,k) 分组码，q 进制正交复信号波形为 $\sqrt{\mathcal{E}_{\mathrm{s}}}s_1(t)$，$\sqrt{\mathcal{E}_{\mathrm{s}}}s_2(t)$，…，$\sqrt{\mathcal{E}_{\mathrm{s}}}s_q(t)$ 的系统。接收机需要 q 个匹配滤波器，每个匹配滤波器由一对基带匹配滤波器来实现。nq 维观测向量为 $\boldsymbol{y} = [\boldsymbol{y}_1 \quad \boldsymbol{y}_2 \quad \cdots \quad \boldsymbol{y}_q]$，其中 $\boldsymbol{y}_l$ 为第 l 个匹配滤波器输出样值组成的 n 维行向量，每个分量为 y_{li} ($i = 1,2,\cdots,n$)。假设码字 c 中的符号 i 使用正交波形集中的编码符号波形 $s_{v_{ci}}(t)$。若码字 c 通过时变 AWGN 信道发送，则符号 i 的接收信号可表示为

$$r_i(t) = \mathrm{Re}[\alpha_i \sqrt{2\mathcal{E}_{\mathrm{s}}}\, s_{v_{ci}}(t)\, \mathrm{e}^{\mathrm{j}(2\pi f_c t + \theta_i)}] + n(t),$$
$$(i-1)T_{\mathrm{s}} \leqslant t \leqslant iT_{\mathrm{s}}, i = 1,2,\cdots,n \tag{1.65}$$

式中：α_i 为信道衰落幅度；$n(t)$ 为零均值高斯噪声，其功率谱密度等于 $N_{0i}/2$。所有波形的符号能量均为 $\sqrt{\mathcal{E}_{\mathrm{s}}}$。

$$\int_{(i-1)T_{\mathrm{s}}}^{iT_{\mathrm{s}}} |s_l(t)|^2 \mathrm{d}t = 1, \quad l = 1,2,\cdots,q \tag{1.66}$$

符号波形的正交性意味着

$$\int_{(i-1)T_{\mathrm{s}}}^{iT_{\mathrm{s}}} s_r(t) s_l^*(t) \mathrm{d}t = 0, \quad r \neq l \tag{1.67}$$

假设波形集合 $\{s_l(t)\}$ 中每个波形的频谱都限定在 $|f| < f_{\mathrm{c}}$ 的范围内。

信号的频谱搬移或信号**下变频**到基带是在匹配滤波之后完成的。与波形 $s_l(t)$ 相匹配的匹配滤波器 l 的输出样值为

$$y_{li} = \sqrt{2}\int_{(i-1)T_s}^{iT_s} r_i(t)\mathrm{e}^{-\mathrm{j}(2\pi f_c t+\phi_i)} s_l^*(t)\mathrm{d}t,$$
$$i = 1,2,\cdots,n, \quad l = 1,2,\cdots,q \tag{1.68}$$

式中因子 $\sqrt{2}$ 是为数学计算方便而引入的。将式(1.65)代入式(1.68)与式(1.67),并假设 $\{s_l(t)\}$ 中每个波形的频谱范围限定为 $|f| < f_c$,得到

$$y_{li} = \alpha_i\sqrt{\mathcal{E}_s}\mathrm{e}^{\mathrm{j}(\theta_i-\phi_i)}\delta_{lv_{ci}} + n_{li} \tag{1.69}$$

式中若 $l = v_{ci}$, $\delta_{lv_{ci}} = 1$, 否则 $\delta_{lv_{ci}} = 0$, 且

$$n_{li} = \sqrt{2}\int_{(i-1)T_s}^{iT_s} n(t)\mathrm{e}^{-\mathrm{j}(2\pi f_c t+\phi_i)} s_l^*(t)\mathrm{d}t \tag{1.70}$$

正如式(1.39)所示,由于 n_{li} 的实部与虚部均是独立零均值高斯随机变量之和的极限,因而其实部与虚部都是零均值联合高斯随机变量。类似于式(1.41)的计算并利用 $\{s_l(t)\}$ 的频谱约束可知 $E[n_{li}n_{rs}] = 0$。因此,随机变量 n_{li} ($l = 1,2,\cdots,q$; $i = 1,2,\cdots,n$)是**循环对称**的。

通过类似的计算并利用式(1.67)中的正交条件可知, $E[|n_{li}|^2] = N_{0i}$ ($l = 1,2,\cdots,q$),且当 $l \neq r$ 或 $i \neq s$ 时 $E[n_{li}n_{rs}^*] = 0$。由于每个 n_{li} 的实部和虚部都是联合高斯的,因此 n_{li} 是**循环对称的零均值复高斯随机变量**。将前述三个等式用 n_{li} 与 n_{rs} 的实部、虚部展开可知,各分量是互不相关的,因此也是统计独立的,且 n_{li} ($l = 1,2,\cdots,q$)均具有相同的方差 $N_{0i}/2$。从而 $\{y_{li}\}$ 中的元素也是统计独立的。由于复随机变量的概率密度定义为实部与虚部的联合概率密度,因此给定 $\psi_i = \theta_i - \varphi_i$ 和 v_{ci} 时 y_{li} 的条件概率密度函数为

$$f(y_{li}|v_{ci},\psi_i) = \frac{1}{\pi N_{0i}}\exp\left(-\frac{|y_{li} - \alpha_i\sqrt{\mathcal{E}_s}\mathrm{e}^{\mathrm{j}\psi_i}\delta_{lv_{ci}}|^2}{N_{0i}}\right), \tag{1.71}$$
$$i = 1,2,\cdots,n, l = 1,2,\cdots,q$$

因此,对于分量为 $\{y_{li}\}$ 的 qn 维观察向量 $\boldsymbol{y}$, 其似然函数等于式(1.71)给定的 qn 个概率密度函数的乘积,即

$$f(\boldsymbol{y}|\boldsymbol{v}_c,\boldsymbol{\psi}) = \prod_{i=1}^{n}\left[\left(\frac{1}{\pi N_{0i}}\right)^q\exp\left(-\frac{\alpha_i^2\mathcal{E}_s - 2\alpha_i\sqrt{\mathcal{E}_s}\mathrm{Re}(y_{v_{ci}}^*\mathrm{e}^{\mathrm{j}\psi_i})}{N_{0i}} - \sum_{l=1}^{q}\frac{|y_{li}|^2}{N_{0i}}\right)\right] \tag{1.72}$$

式中: $\boldsymbol{\psi}$ 和 $\boldsymbol{v}_c$ 都是 n 维向量, $\{\psi_i\}$ 和 $\{v_{ci}\}$ 分别为其对应分量。

对于**相干**信号, $\{\theta_i\}$ 可由相位同步系统来跟踪,因此,在理想条件下,有 $\theta_i = \phi_i$ 且 $\psi_i = 0$。构造对数似然函数并去掉独立于 c 的无关项,从而得到**相干**

正交信号在时变 AWGN 信道中的码度量为

$$U(c)=\sum_{i=1}^{n}\frac{\alpha_i\mathrm{Re}(V_{ci})}{N_{0i}},\quad c=1,2,\cdots,q^k \tag{1.73}$$

式中 $V_{ci}=y_{v_{ci}}$ 是与码字 c 的第 i 个符号 $s_{v_{ci}}(t)$ 相匹配的滤波器的第 i 个输出样值。最大似然译码器寻找使 $U(c)$ 最大的 c 值。若该值为 c_0，则译码器判定发送的码字为 c_0。在应用该度量过程面临的问题在于必须事先知道或估计 α_i/N_{0i} 的值。若已知 $N_{0i}=N_0$ 且 $\alpha_i=1$，则在 **AWGN 信道中相干正交信号的码字度量**为

$$U(c)=\sum_{i=1}^{n}\mathrm{Re}(V_{ci}),\quad c=1,2,\cdots,q^k \tag{1.74}$$

同时，常量 N_0 在应用该度量时不需要已知。

对于**非相干信号**，假设每个 $\psi_i=\theta_i-\varphi_i$ 都相互独立且在 $[0,2\pi)$ 内服从均匀分布，从而保证了 $\{y_{li}\}$ 的独立性。对式(1.72)中指数函数的变量进行展开，并将 $y_{v_{ci}}$ 表示成极坐标的形式，同时使用附录 B.3"第一类贝塞尔函数"中式(B.13)对每个 ψ_i 进行积分，得到观察向量 $\boldsymbol{y}$ 的似然函数为

$$f(\boldsymbol{y}\mid v_c)=\prod_{i=1}^{n}\left[\left(\frac{1}{\pi N_{0i}}\right)^q\exp\left(-\frac{\alpha_i\mathcal{E}_s}{N_{0i}}-\sum_{l=1}^{q}\frac{|y_{li}|^2}{N_{0i}}\right)\mathrm{I}_0\left(\frac{2\alpha_i\sqrt{\mathcal{E}_s}\,|y_{v_{ci}}|}{N_{0i}}\right)\right] \tag{1.75}$$

式中：$\mathrm{I}_0(\cdot)$ 为第一类零阶修正贝塞尔函数。令 $R_{ci}=|y_{v_{ci}}|$ 为匹配到信号 $s_{v_{ci}}(t)$ 的滤波器输出包络的样值，$s_{v_{ci}}(t)$ 为码字 c 中的第 i 个符号。构造其对数似然函数并去掉与码字无关的项与因子，由此可得到**时变 AWGN 信道中非相干正交信号的码字度量**为

$$U(c)=\sum_{i=1}^{n}\ln\mathrm{I}_0\left(\frac{2\alpha_i\sqrt{\mathcal{E}_s}R_{ci}}{N_{0i}}\right),\quad c=1,2,\cdots,q^k \tag{1.76}$$

式中需要知道或估计每个 $\dfrac{\alpha_i\sqrt{\mathcal{E}_s}}{N_{0i}}$ 的值。若 $\alpha_i=1$ 且 N_{0i} 均满足 $N_{0i}=N_0$，则**非相干正交信号在时变 AWGN 信道中的码字度量**为

$$U(c)=\sum_{i=1}^{n}\ln\mathrm{I}_0\left(\frac{2\sqrt{\mathcal{E}_s}R_{ci}}{N_0}\right),\quad c=1,2,\cdots,q^k \tag{1.77}$$

在使用该度量时，$\sqrt{\mathcal{E}_s}/N_0$ 必须是已知的。

为简化计算，最好能对式(1.77)进行近似。比较式(B.11)中的级数表示与 $\exp(x^2/4)$ 的级数表示，可得

$$\mathrm{I}_0(x) \leqslant \exp\left(\frac{x^2}{4}\right) \tag{1.78}$$

根据式(B.12)中的积分表示,可得

$$\mathrm{I}_0(x) \leqslant \exp(|x|) \tag{1.79}$$

对于 $0 \leqslant x < 4$, 式(1.78)给出的上界更紧,而式(1.79)给出的上界对于 $4 < x < \infty$ 时更紧。若假设 $\sqrt{\mathcal{E}_s}R_{ci}/N_0$ 通常小于 2, 则在式(1.76)中用 $\exp(x^2/4)$ 近似 $\mathrm{I}_0(x)$ 是合理的。去掉无关的常数项,得到**平方律度量**为

$$U(c) = \sum_{i=1}^{n} R_{ci}^2, \quad c = 1,2,\cdots,q^k \tag{1.80}$$

为确定 AWGN 信道中的符号度量,令 $n = c = 1$ 并去掉式(1.74)和式(1.77)中非必需的下标 i。可发现,相干正交信号的符号度量为 $\mathrm{Re}(V_l)$, 而非相干正交信号的符号度量为 $\ln[\mathrm{I}_0(2\alpha\sqrt{\varepsilon_s}R_l/N_0)]$, 下标 l 取遍所有可能的符号。由于后一个函数随 R_l 单调递增,因此非相干正交信号的最优符号度量或判决变量为 R_l ($l = 1,2,\cdots,q$)。

为计算非相干检测的信道符号错误概率,观察式(1.71)可知,在已知发送信号 $s_1(t)$ 及 θ 的情况下, $R_{lc} = \mathrm{Re}(y_l)$ 与 $R_{ls} = \mathrm{Im}(y_l)$ 的联合概率密度函数为

$$g_1(r_{lc}, r_{ls}) = \frac{1}{\pi N_0}\exp\left(-\frac{(r_{lc} - \sqrt{\mathcal{E}_s}\delta_{l1}\cos\theta)^2 + (r_{ls} - \sqrt{\mathcal{E}_s}\delta_{l1}\sin\theta)^2}{N_0}\right) \tag{1.81}$$

R_l 和 Φ_l 由 $R_{lc} = R_l\cos\Phi_l$ 和 $R_{ls} = R_l\sin\Phi_l$ 隐式定义。做变量替换,可得 R_l 与 Φ_l 的联合概率密度函数为

$$g_2(r,\phi) = \frac{r}{\pi N_0}\exp\left(-\frac{r^2 - 2\sqrt{\mathcal{E}_s}\delta_{l1}r\cos\phi\cos\theta - 2\sqrt{\mathcal{E}_s}\delta_{l1}r\sin\phi\sin\theta + \mathcal{E}_s\delta_{l1}}{N_0}\right), \quad r \geqslant 0, \ |\phi| \leqslant \pi \tag{1.82}$$

包络 R_l 的概率密度是通过对式(1.82)中的 ϕ 进行积分而得到的,使用式(B.13)和三角等式,可得到 R_l ($l = 1,2,\cdots,q$)的概率密度函数为

$$f_1(r) = \frac{2r}{N_0}\exp\left(-\frac{r^2 + \mathcal{E}_s}{N_0}\right)\mathrm{I}_0\left(\frac{2\sqrt{\mathcal{E}_s}r}{N_0}\right)u(r) \tag{1.83}$$

$$f_l(r) = \frac{2r}{N_0}\exp\left(-\frac{r^2}{N_0}\right)u(r), \quad l = 2,\cdots,q \tag{1.84}$$

式中: $u(r)$ 为**单位阶跃函数**,定义为当 $r \geqslant 0$ 时, $u(r) = 1$; 而 $r < 0$ 时, $u(r) = 0$。

$\{y_l\}$ 的统计独立表明随机变量 $\{R_l\}$ 也是统计独立的。当发送 $s_1(t)$ 时,若 R_1 不是 $\{R_l\}$ 中最大的,就会发生符号错误。由于 $\{R_l\}$ 对于 $l = 2,3,\cdots,q$ 均为

同分布的,因而发送 $s_1(t)$ 的误符号概率为

$$P_s = 1 - \int_0^{\infty} \left[\int_0^r f_2(y)\,dy\right]^{q-1} f_1(r)\,dr \tag{1.85}$$

计算式(1.85)中的内部积分得

$$\int_0^r f_2(y)\,dy = 1 - \exp\left(-\frac{r^2}{N_0}\right) \tag{1.86}$$

将上面的结果中 $q-1$ 次幂用二项式展开并代入到式(1.85)中,并将剩余的积分利用下式处理:

$$\int_0^{\infty} r\exp\left(-\frac{r^2}{2b^2}\right) \mathrm{I}_0\left(\frac{r\sqrt{\lambda}}{b^2}\right) dr = b^2 \exp\left(\frac{\lambda}{2b^2}\right) \tag{1.87}$$

上式根据式(1.83)中概率密度的积分必须为单位值而得到。因此,AWGN 信道中非相干 q 进制正交符号的符号错误概率最终结果为

$$P_s = \sum_{i=1}^{q-1} \frac{(-1)^{i+1}}{i+1} \binom{q-1}{i} \exp\left[-\frac{i\mathcal{E}_s}{(i+1)N_0}\right] \tag{1.88}$$

当 $q=2$ 时,上式简化为二进制正交符号的经典误码率公式,即

$$P_s = \frac{1}{2}\exp\left(-\frac{\mathcal{E}_s}{2N_0}\right) \tag{1.89}$$

1.1.4 无编码 FSK 符号检测

对于非相干正交频移键控(FSK),一对基带匹配滤波器与具有单位能量的如下所示的波形相匹配:

$$s_l(t) = \exp(\mathrm{j}2\pi f_l t)/\sqrt{T_s}, \quad 0 \leqslant t \leqslant T_s, l = 1,2,\cdots,q \tag{1.90}$$

若相邻频率的间隔为 k/T_s, k 为非零整数,则可满足式(1.67)的正交条件。若 $r(t)$ 为接收信号,则下变频到基带,经过并行的多对匹配滤波器组和包络检测器后输出的符号度量为

$$R_l = \left| \int_0^{T_s} r(t)\,\mathrm{e}^{-\mathrm{j}2\pi f_c t}\,\mathrm{e}^{-\mathrm{j}2\pi f_l t}\,dt \right| \tag{1.91}$$

式中略去了无关的常数项。展开 R_l^2 可得

$$R_l^2 = R_{lc}^2 + R_{ls}^2 \tag{1.92}$$

$$R_{lc} = \int_0^{T_s} r(t)\cos[2\pi(f_c + f_l)t]\,dt \tag{1.93}$$

$$R_{ls} = \int_0^{T_s} r(t)\sin[2\pi(f_c + f_l)t]\,dt \tag{1.94}$$

上面的公式隐含了相关器的结构,如图 1.2 所示。若采用硬判决译码,对

每一个符号，比较器通过观察哪个输入值最大来判决发送符号。尽管 R_l 也可计算得到，但比较器采用 R_l^2 更为简单且不会造成性能损失。比较器判决结果将送至译码器。若使用软判决译码，则度量计算器将其输出送至译码器。

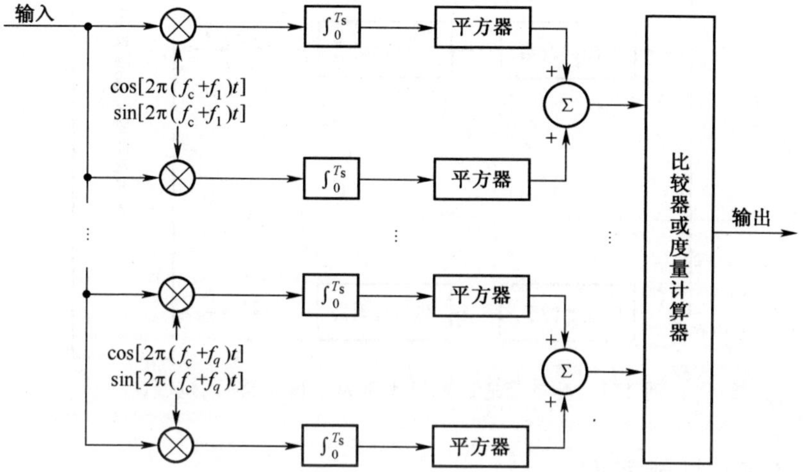

图 1.2 使用相关器的非相干 FSK 接收器

为推导另一种实现形式，当接收波形 $r(t)=A\cos[2\pi(f_c+f_l)t+\theta]$ ($0 \leqslant t \leqslant T_s$) 送至冲激响应为 $\cos[2\pi(f_c+f_l)(T_s-t)]$ ($0 \leqslant t \leqslant T_s$) 的滤波器时，可观察到该滤波器在时刻 t 的输出为

$$\begin{aligned}y_l(t) &= \int_0^t r(\tau)\cos[2\pi(f_c+f_l)(\tau-t+T_s)]\mathrm{d}\tau \\ &= \left\{\int_0^t r(\tau)\cos[2\pi(f_c+f_l)\tau]\mathrm{d}\tau\right\}\cos[2\pi(f_c+f_l)(t-T_s)] \\ &\quad + \left\{\int_0^t r(\tau)\sin[2\pi(f_c+f_l)\tau]\mathrm{d}\tau\right\}\sin[2\pi(f_c+f_l)(t-T_s)] \\ &= R_l(t)\cos[2\pi(f_c+f_l)(t-T_s)+\phi(t)], \quad 0 \leqslant t \leqslant T_s \end{aligned} \tag{1.95}$$

式中包络 $R_l(t)$ 为

$$R_l(t) = \left\{\left[\int_0^t r(\tau)\cos[2\pi(f_c+f_l)\tau]\mathrm{d}\tau\right]^2 + \left[\int_0^t r(\tau)\sin[2\pi(f_c+f_l)\tau]\mathrm{d}\tau\right]^2\right\}^{1/2} \tag{1.96}$$

由于 $R_l(T_s)=R_l$ 由式(1.92)~式(1.94)给出，从而得到接收机的结构如图 1.3 所示。实际的包络检测器由峰值检测器后接低通滤波器组成。

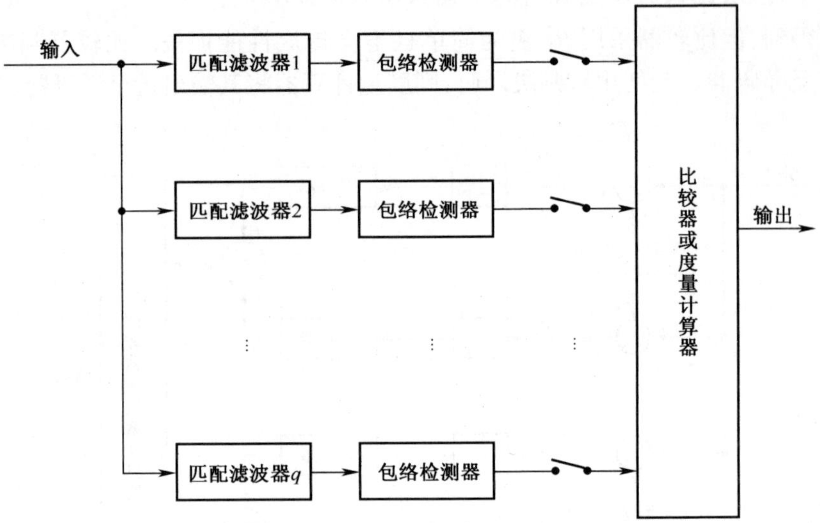

图 1.3 具有带通匹配滤波器的非相干 FSK 接收机

1.1.5 性能实例

图 1.4 给出了在 AWGN 信道中采用不同的二进制分组码、相干 BPSK 时,信息比特错误概率 P_b 与 $\mathcal{E}_b/N_0$(比特信噪比)的关系,此时 $P_b = P_{is}$。式(1.27)用于计算硬判决译码时(23,12) Golay 码的 P_b。由于这些码的包密度 D_p 较小,故式(1.28)可用于(63, 36) BCH 码(该码的纠错能力为 $t = 5$)与(127, 64) BCH 码(该码的纠错能力为 $t = 10$)的硬判决译码中。而式(1.59)用于计算P_s。

应用不等式(1.53)、表 1.2 及式(1.57)来计算采用最优软判决译码时的(23,12) Golay 码信息比特错误概率 $P_b = P_{is}$ 的上界。图 1.4 展示了软判决译码的优势。对于(23,12) Golay 码,当 $P_b = 10^{-5}$ 时,与硬判决译码相比,软判决译码性能有近 2dB 的编码增益。只有当 $P_b < 10^{-5}$ 时,(127,64) BCH 码的性能才开始优于软判决译码下的(23,12) Golay 码性能。若 $\mathcal{E}_b/N_0 \leq 3$dB,未编码的相干 BPSK 系统比使用图中任一分组码的类似系统的信息比特错误概率 P_b 更低。

图 1.5 给出了 AWGN 信道中 RS 码采用硬判决译码时的性能与 $\mathcal{E}_b/N_0$ 的关系。式(1.28)中的下界用于近似计算相干 BPSK 的二进制信道符号和非相干正交 FSK 的非二进制信道符号的信息比特错误概率。对于非二进制信道符号,可使用式(1.88)计算其符号错误概率,且式(1.29)也是正确的或能够提供良好

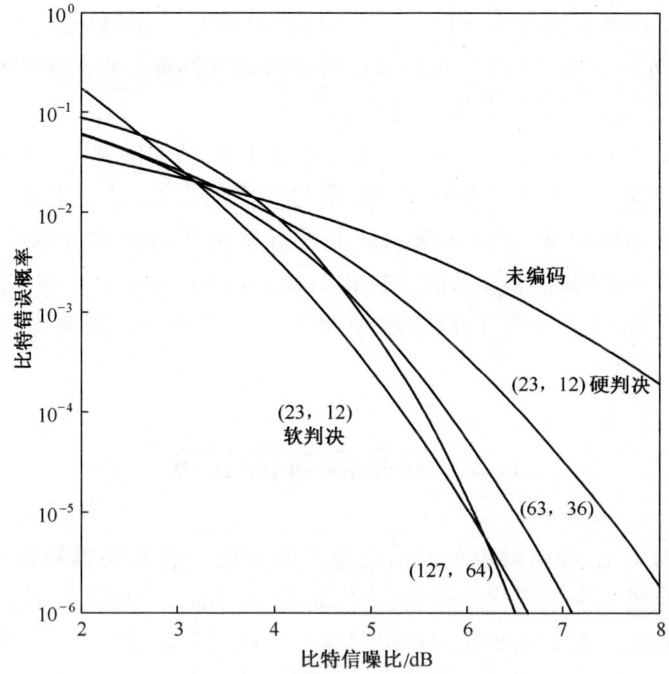

图 1.4　二进制 (n,k) 分组码与相干 BPSK 调制下的信息比特错误概率

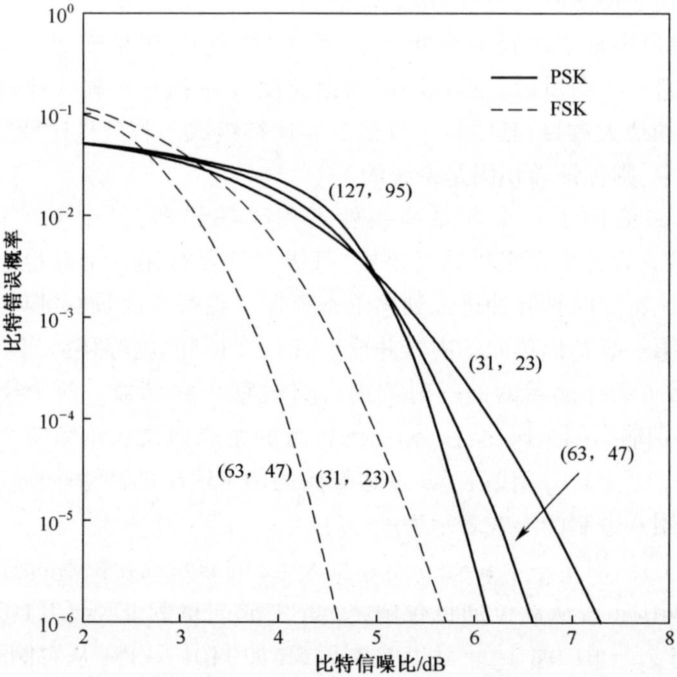

图 1.5　(n,k) RS 码的信息比特错误概率，调制方式为相干 BPSK 或非相干 FSK

近似。对于二进制信道符号,可用式(1.64)计算符号错误概率。对于选定的 n 值,若码率 $k/n \approx 3/4$, 当 $P_b = 10^{-5}$ 时,可获得最好性能。增加编码长度 n 可进一步提高编码增益,但也增加了实现复杂度。

虽然图 1.5 中显示了 RS 码与正交 q 进制 FSK 结合的优势,然而其主要问题是增大了带宽。令 B 为未编码 BPSK 信号所需的带宽,若使用未编码 BFSK,在数据传输速率相同时,采用包络检测器进行解调所需要的带宽近似为 $2B$。对采用 $q = 2^m$ 个频率的未编码正交 FSK 系统,所需带宽为 $2^m B/m$, 这是因为每个符号代表了 m 比特。若 FSK 系统中使用 (n,k) RS 码,则所需的带宽变为 $2^m nB/(mk)$。

1.2 卷积码与格型码

与分组码相比,卷积码表示的信息是无限长的。**卷积码编码器**将输入的 k 个信息比特变成 n 个编码比特输出,它们是关于当前 k 个输入比特与之前信息比特的布尔函数。在 k 比特移入移位寄存器的同时移出前 k 比特,并读出 n 个编码比特。每个编码比特都是移位寄存器特定级输出的布尔函数。若每个布尔函数都是模 2 加,则该卷积码是线性的,这是因为输入输出的关系满足可叠加性,且全零码字是它的码字成员。对于线性卷积码,码字间的最小汉明距离等于码字的最小汉明重量。卷积码的**约束长度** K 是指单个输入比特能够影响的输出分组的最大数目,其中每个分组由 n 比特组成。若信息比特原封不动地出现在码字中,则称该卷积码是**系统的**。

图 1.6(a) 给出了一个非系统线性卷积码编码器,其中 $k = 1, n = 2$ 且 $K = 3$。移位寄存器由两级存储器组成,每级存储器都用一个双稳态存储单元实现。信息比特随时钟脉冲进入到移位寄存器。在每个时钟脉冲后,最新的信息比特成为第一级存储单元的内容并输出,前一时刻的内容移出当前存储级并右移,而最后一级存储器的前一时刻内容将被移出存储器。两个模 2 加法器(异或门)分别输出两个码比特。输出码比特的**生成向量**表示为两个向量 $\boldsymbol{g}_1 = [1\ 0\ 1]$ 与 $\boldsymbol{g}_2 = [1\ 1\ 1]$, 代表了从左边开始的两个输出的冲激响应。两个 3bits 的生成向量用八进制的形式表示为 (5,7)。

图 1.6(b) 给出了一个 $k = 2$, $n = 3$ 且 $K = 2$ 的非系统卷积码的编码器结构。代表其冲激响应(按从高位向低位输入)的生成向量为 $\boldsymbol{g}_1 = [1\ 1\ 0\ 1]$, $\boldsymbol{g}_2 = [1\ 1\ 0\ 0]$ 与 $\boldsymbol{g}_3 = [1\ 0\ 1\ 1]$。用八进制形式(如 1101 → 15, 从右侧开始按 3bit 分组并表示为 8 进制数,若余下的比特数目不足,则在左边补 0),该编码器可表

示为(15,14,13)。

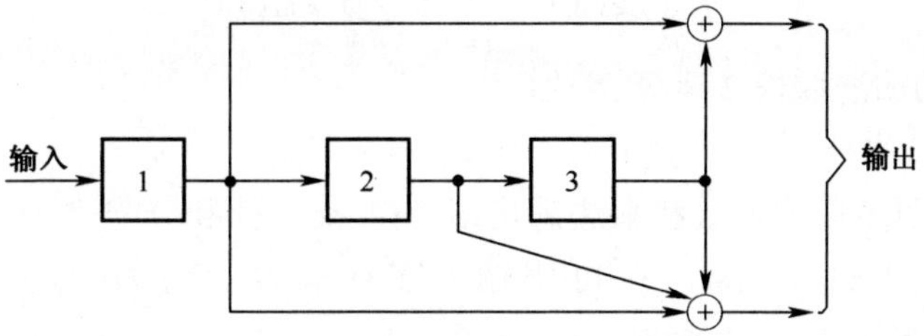

(a) K=3，码率为1/2

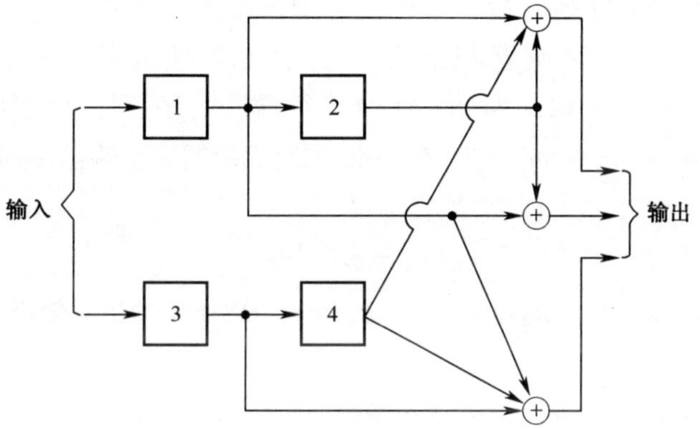

(b) K=2，码率为2/3

图 1.6 非系统卷积码编码器

用多项式来描述编码器的输入输出序列,形式上更紧凑。二元域 GF(2) 上的**多项式**具有如下形式:

$$f(x) = f_0 + f_1 x + f_2 x^2 + \cdots + f_n x^n \tag{1.97}$$

式中系数 $f_0, f_1, \cdots, f_n$ 都是 GF(2) 域中的元素;为计算方便,非确定量用符号 x 表示。多项式的**阶**为非零系数的 x 最大次幂。

n_1 阶多项式 $f(x)$ 与 n_2 阶多项式 $g(x)$ 的**和**是 GF(2) 上的另一个多项式,其定义为

$$f(x) + g(x) = \sum_{i=0}^{\max(n_1, n_2)} (f_i \oplus g_i) x^i \tag{1.98}$$

式中: $\max(n_1, n_2)$ 为 n_1 与 n_2 中的较大者 $\oplus$ 为模 2 加。例如

$$(1 + x^2 + x^3) + (1 + x^2 + x^4) = x^3 + x^4 \tag{1.99}$$

GF(2) 上 n_1 阶多项式 $f(x)$ 与 n_2 阶多项式 $g(x)$ 的**乘积**是 GF(2) 上的另一个多项式,定义为

$$f(x)g(x) = \sum_{i=0}^{n_1+n_2}\left(\sum_{k=0}^{i} f_k g_{i-k}\right)x^i \tag{1.100}$$

式中：内部的加法取模 2 运算，例如

$$(1 + x^2 + x^3)(1 + x^2 + x^4) = 1 + x^3 + x^5 + x^6 + x^7 \tag{1.101}$$

容易证明多项式加法和乘法满足结合律、交换律和分配律。

输入序列 $m_0, m_1, m_2, \cdots$ 可用输入多项式表示为 $m(x) = m_0 + m_1x + m_2x^2 + \cdots$；类似地，输出多项式 $c(x) = c_0 + c_1x + c_2x^2 + \cdots$ 可表示输出序列。**转移函数** $g(x) = g_0 + g_1x + \cdots + g_{K-1}x^{K-1}$ 表示不多于 K 个元素的生成多项式冲激响应。当单个输入序列 m 输入编码器时，编码器输出序列 c 是 m 与冲激响应 $\boldsymbol{g}$ 卷积的结果。由于时域卷积运算可表示为多项式的乘积，因此，$c(x) = m(x)g(x)$。一般地，如果有 k 个输入序列，用向量 $\boldsymbol{m}(x) = [m_1(x) \quad m_2(x) \quad \cdots \quad m_k(x)]$ 来表示，同时编码器 n 个输出序列用向量 $\boldsymbol{c}(x) = [c_1(x) \quad c_2(x) \quad \cdots \quad c_n(x)]$ 表示，则有

$$\boldsymbol{c}(x) = \boldsymbol{m}(x)\boldsymbol{G}(x) \tag{1.102}$$

式中：$\boldsymbol{G}(x) = [\boldsymbol{g}_1(x) \quad \boldsymbol{g}_2(x) \quad \cdots \quad \boldsymbol{g}_n(x)]$ 为 $k \times n$ 阶**生成矩阵**，它有 n 列 k 个生成多项式。

在图 1.6(a) 中，$\boldsymbol{m}(x)$ 是输入多项式，$\boldsymbol{c}(x) = [c_1(x)c_2(x)]$ 为输出向量，且 $\boldsymbol{G}(x) = [g_1(x) \quad g_2(x)]$ 为生成矩阵。它有两个传递函数 $g_1(x) = 1 + x^2$ 和 $g_2(x) = 1 + x + x^2$。在图 1.6(b) 中，$\boldsymbol{m}(x) = [m_1(x) \quad m_2(x)]$，$\boldsymbol{c}(x) = [c_1(x) \quad c_2(x) \quad c_3(x)]$，且

$$\boldsymbol{G}(x) = \begin{bmatrix} 1+x & 1+x & 1 \\ x & 0 & 1+x \end{bmatrix} \tag{1.103}$$

递归系统卷积码使用反馈且生成矩阵至少含有一个有理函数。图 1.7 所示的编码器可产生一个 $K = 4$，码率为 1/2 的递归系统卷积码。令 $m(x)$ 和 $m_1(x)$ 分别为输入多项式和第 1 级加法器的输出多项式。则第 n 级存储器的输出多项式是 $m_1(x)x^n$ （$n = 1,2,3$）。由图可知

$$m_1(x) = m(x) + m_1(x)x^2 + m_1(x)x^3 \tag{1.104}$$

上式意味着 $m_1(x)(1 + x^2 + x^3) = m(x)$。因此，输出多项式 $c_1(x) = m(x)$，$c_2(x) = m(x)(1 + x + x^3)$。因此，由式(1.102)得出输出向量为 $\boldsymbol{c}(x) = [c_1(x) \quad c_2(x)]$，其生成多项式为 $\boldsymbol{G}(x) = [1 \quad G_2(x)]$ 且

$$G_2(x) = \frac{(1 + x + x^3)}{(1 + x^2 + x^3)} \tag{1.105}$$

该式由长除法确定。图 1.7 的生成式分别为 $\boldsymbol{g}_1 = [1101]$ 与 $\boldsymbol{g}_2 = [1011]$，前者描述前向连接关系，而后者描述反馈连接关系。为使编码器在码字发送完后返回到全零状态，需要给最左边的加法器再连续输入 3 个反馈的信息比特。最终，编码器将在 3 个时钟脉冲后返回到全零状态。

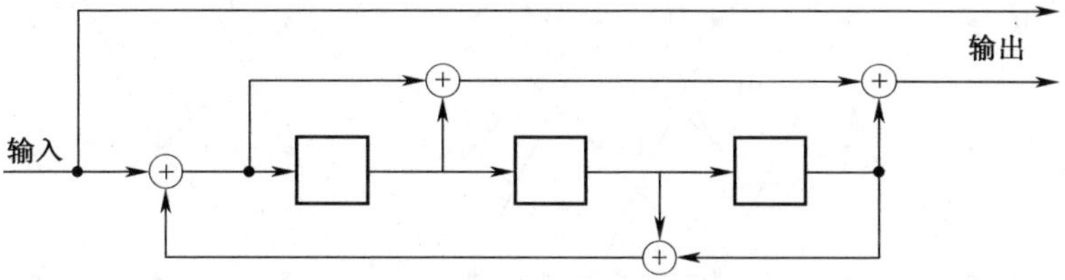

图 1.7　$K = 4$ 且码率为 1/2 的递归系统卷积码编码器

由于 k 个新比特进入移位寄存器的同时会有 k 个比特移出，因此只有新到达比特之前的 $(K-1)k$ 级存储单元的内容会影响到卷积编码器随后的输出。因此，将 $(K-1)k$ 级存储单元的内容定义为编码器的状态。由于不存在反馈连接，前馈编码器的初始状态一般是全零状态。信息序列编码完成后，必须向前馈编码器中插入 $(K-1)k$ 个零来完成和终止编码过程。若信息比特的数目远大于 $(K-1)k$，则插入的零对码率的影响可以忽略，用 $r = k/n$ 可以很好地近似表示**码率**。然而，结尾零序列的插入使得卷积码不适用于短信息序列。例如，若发送 12bit 信息，(23, 12) Golay 码就比同样长度的卷积码性能更好，而卷积码在发送 1000 或更多信息比特时更为有效。

与图 1.6(a) 中编码器相对应的**格状图**如图 1.8 所示。格状图中每一列节点代表了在某一特定时钟脉冲前编码器的状态。每个状态的第 1 个比特代表了第 1 级存储单元的内容，第 2 个比特代表了第 2 级存储单元的内容。连接各节点的分支代表了状态改变的可能路径。每一条分支都使用在随后时钟脉冲中产生的输出比特或符号及编码器新状态的形式来标记。本例中，分支线上标记的第 1 个比特表示编码器上面的输出。离开节点的上分支线对应于输入比特 0，而下分支线则对应于输入比特 1。沿格状图从左至右的每一条路径代表了一个可能的码字。若编码器始于全零状态，只有当移位寄存器的初始内容全部移出，编码器才能到达所有其他状态。于是，只有当最后输入 $(K-1)k$ 个比特迫使编码器返回全零状态后，各列间的格状图才会合并到一处。

格状图中每一分支都与一个**分支度量**相关联，码字的度量定义为与其关联的路径分支的度量之和。最大似然译码器选择度量值最大的码字输出。分支度量由调制方式、码型及通信信道所确定。例如，若 BPSK 信号在 AWGN 信道中传输，则类似于式(1.48)的推导，可得到分支 i 在编码 c 下的度量为 $x_{ci}y_{ri}$，此

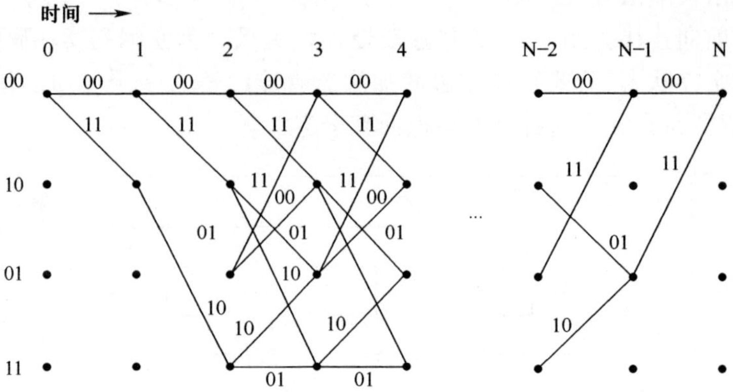

图 1.8　图 1.6(a) 中的编码器对应的格状图

处 $y_{ri} = \mathrm{Re}(y_i)$，$y_i$ 为与分支 i 相对应的接收信号样值。

维特比译码器通过按顺序去除多数可能的路径来有效实现最大似然译码。对任意节点，只有那些到达该节点并具有最大部分度量的路径得以保留，任意源自该节点的部分路径将对在该节点汇聚的路径增加相同的分支度量。由于译码复杂度随约束长度呈指数增长，因此维特比译码器的应用仅限于约束长度较短的卷积码。一个码率为 1/2，约束长度为 $K = 7$ 的卷积码的维特比译码器，其复杂度与 (31,15) RS 码译码器相当。若约束长度增加到 $K = 9$，则维特比译码器的复杂度增加约 4 倍。

卷积码的次优译码方法是**序贯译码**，它不能总是做出最大似然判决，但是其实现复杂度仅与约束长度稍有关系。因此，序贯译码算法可通过增加约束长度来实现极低错误概率译码。维特比译码器对一帧数据进行译码所需的计算量是固定的，而序贯译码器的计算量则是个随机变量。当出现强干扰时，极大的计算需求及由此造成的存储溢出通常导致序贯译码比维特比译码的比特错误概率更高，译码延时也长得多。因此，在实际通信系统中维特比译码仍处于主导地位。

为求得线性卷积码在维特比译码下的比特错误概率界，可利用这样的事实，即参考序列的选择不会改变汉明距离与欧几里德距离分布。因此，无论解调器采用硬判决还是软判决，不失一般性，在推导错误概率时假设发送的是全零序列。

虽然编码器是顺着格状图的全零路径进行的，但是接收机中的译码器必须观察格状图中连续的多列，在删除某些路径时，有时会在每个节点处引入错误。译码器可能保留与正确路径在节点 v 处合并的不正确路径，因而删除正确路径并引入错误,这些错误就发生在那些保留下来的与正确路径不重合的片段上。令 $E[N_e(v)]$ 为节点 v 处引入错误数的均值。由式(1.18)可知,比特错误概率 P_b 等于**信息比特错误率(误比特率)**,而信息比特错误率定义为信息比特错误的均值与送至卷积码编码器的信息比特总数之比。因此,若在一条完整的路径上有 N 条分支,则

$$P_b = \frac{1}{kN}\sum_{v=1}^{N} E[N_e(v)] \tag{1.106}$$

令 $B_v(l,i)$ 为这样的事件,即在汇聚于节点 v 的所有路径中,度量值最大的路径汉明重量为 l 且与正确路径不重合部分含 i 个错误的信息比特。令 d_f 为**最小自由距离**,即在任意两个可由编码器产生的码字间的最小距离。则

$$E[N_e(v)] = \sum_{i=1}^{I_v}\sum_{l=d_f}^{D_v} E[N_e(v)\mid B_v(l,i)]P[B_v(l,i)] \tag{1.107}$$

式中: $E[N_e(v)\mid B_v(l,i)]$ 为给定事件 $B_v(l,i)$ 时 $N_e(v)$ 的条件期望; $P[B_v(l,i)]$ 为 $B_v(l,i)$ 出现的概率; I_v 与 D_v 分别为 i 与 l 的最大值,它们与格状图中节点 v 的位置相对应。当 $B_v(l,i)$ 发生时,则会在译码后的比特中引入 i 个错误比特,因此有

$$E[N_e(v)\mid B_v(l,i)] = i \tag{1.108}$$

若格状图无限长,考虑将在节点 v 处与正确路径汇聚的路径。令 $a(l,i)$ 为这些路径的总数。这些路径在与正确路径汇聚前,不重合部分的汉明重量为 l,错误信息符号数为 i。因此,不重合部分与正确的全零路径的汉明距离为 l。由于在无限长的格状图上路径总数超过了有限长的格状图路径总数,因而一致界表明:

$$P[B_v(l,i)] \leqslant a(l,i)P_2(l) \tag{1.109}$$

式中: $P_2(l)$ 为正确的路径部分比不重合路径部分具有更小度量的概率,该不重合路径部分与正确路径部分之间有 l 个编码符号不同。

将式(1.107)到(1-109)代入式(1.106)中,并将两个和式的上限扩展到 ∞,得到

$$P_b \leqslant \frac{1}{k}\sum_{i=1}^{\infty}\sum_{l=d_f}^{\infty} ia(l,i)P_2(l) \tag{1.110}$$

信息重量谱或**分布**定义如下

$$B(l) = \sum_{i=1}^{\infty} ia(l,i), \quad l \geqslant d_f \tag{1.111}$$

根据该重量分布,式(1.110)变为

$$P_b \leqslant \frac{1}{k}\sum_{l=d_f}^{\infty} B(l)P_2(l) \tag{1.112}$$

对 AWGN 信道中的相干 BPSK 信号,采用软判决译码,由类似于式(1.57)的推导可得

$$P_2(l) = Q\left(\sqrt{\frac{2lr\mathcal{E}_b}{N_0}}\right) \tag{1.113}$$

当解调器采用硬判决,并将正确路径部分与不正确路径部分相比较,若解调器输出的错误符号数少于两条路径部分中不同符号总数的一半,则能够正确译码。若错误符号数恰好等于不同符号数的一半,则译码器以相同的概率从两路径部分中选取其一输出。假设符号错误相互独立,则对硬判决译码而言有

$$P_2(l) = \begin{cases} \sum\limits_{i=(l+1)/2}^{l} \binom{l}{i} P_s^i (1-P_s)^{l-i}, & l\text{ 为奇数} \\ \sum\limits_{i=l/2+1}^{l} \binom{l}{i} P_s^i (1-P_s)^{l-i} + \frac{1}{2}\binom{l}{l/2}[P_s(1-P_s)]^{l/2}, & l\text{ 为偶数} \end{cases} \tag{1.114}$$

在 AWGN 信道中,与硬判决译码相比,当 $P_b = 10^{-5}$ 时,软判决译码通常能够节省 2dB 功率。3bit 均匀量化带来的损失只有 0.2~0.3dB,而且由此增加的实现复杂度较小,因此,软判决译码受到高度青睐。

在给定码率和约束长度情况下,有时可通过计算机搜索得到具有式(1.112)给出的最小上界的卷积码。选择 d_f 值最大的码,并去掉有限个解调符号错误可引起无数译码信息比特错误的**恶性码**。在剩余的卷积码中,不具有最小信息重量谱 $B(d_f)$ 的码也全部去除。若剩下的码不止一个,则以码字的 $B(d_f+i)$ ($i \geqslant 1$)最小值为依据,逐个删除,直到剩下一个为止。

文献[14]给出了具有优良距离特性、码率分别为 1/2、1/3 和 1/4 的二进制码型。这些码的约束长度最大为 12,表 1.4~表 1.6 列出了这些码对应的 d_f 与 $B(d_f+i)$ ($i=0,1,\cdots,7$)值。表中还以八进制形式列出了生成序列,这些序列确定了与每个码字比特对应的移位寄存器反馈到模 2 加法器抽头的位置。例如,表 1.4 中 $K=3$、码率为 1/2 的最优码生成序列分别为 5 与 7,其抽头连接关系如图 1.6(a)所示。

表 1.4　具有良好距离特性的 1/2 码率卷积码参数

K	d_f	生成式	$B(d_f+i)$, $i=0,1,\cdots,6$						
			0	1	2	3	4	5	6
3	5	5,7	1	4	12	32	80	192	448

(续)

K	d_f	生成式	$B(d_f+i)$, $i=0,1,\cdots,6$						
			0	1	2	3	4	5	6
4	6	15,17	2	7	18	49	130	333	836
5	7	23,35	4	12	20	72	225	500	1324
6	8	53,75	2	36	32	62	332	701	2342
7	10	133,171	36	0	211	0	1404	0	11633
8	10	247,371	2	22	60	148	340	1008	2642
9	12	561,763	33	0	281	0	2179	0	15035
10	12	1131,1537	2	21	100	186	474	1419	3542
11	14	2473,3217	56	0	656	0	3708	0	27518
12	15	4325,6747	66	98	220	788	2083	5424	13771

表 1.5　具有良好距离特性的 1/3 码率卷积码参数

K	d_f	生成式	$\boldsymbol{B}(d_f+i)$ $(i=0,1,\cdots,6)$						
			0	1	2	3	4	5	6
3	8	5, 7, 7	3	0	15	0	58	0	201
4	10	13, 15, 17	6	0	6	0	58	0	118
5	12	25, 33, 37	12	0	12	0	56	0	320
6	13	47, 53, 75	1	8	26	20	19	62	86
7	15	117, 127, 155	7	8	22	44	22	94	219
8	16	225, 331, 367	1	0	24	0	113	0	287
9	18	575, 673, 727	2	10	50	37	92	92	274
10	20	1167,1375,1545	6	16	72	68	170	162	340
11	22	2325,2731,3747	17	0	122	0	345	0	1102
12	24	5745,6471,7553	43	0	162	0	507	0	1420

表 1.6　具有良好距离特性的 1/4 码率卷积码参数

K	d_f	生成式	$\boldsymbol{B}(d_f+i)$ $(i=0,1,\cdots,6)$						
			0	1	2	3	4	5	6
3	10	5, 5, 7, 7	1	0	4	0	12	0	32
4	13	13, 13, 15, 17	4	2	0	10	3	16	34

(续)

K	d_f	生成式	$B(d_f+i)(i=0,1,\cdots,6)$						
			0	1	2	3	4	5	6
5	16	25, 27, 33, 37	8	0	7	0	17	0	60
6	18	45, 53, 67, 77	5	0	19	0	14	0	70
7	20	117, 127, 155, 171	3	0	17	0	32	0	66
8	22	257, 311, 337, 355	2	4	4	24	22	33	44
9	24	533, 575, 647, 711	1	0	15	0	56	0	69
10	27	1173, 1325, 1467, 1751	7	10	0	28	54	58	54

图1.9~图1.11分别给出了码率为1/2、1/3及1/4的卷积码在相干BPSK调制下,采用无限精度量化的软判决译码算法时 P_b 的近似上界。图中曲线由式(1.112)计算得到,且 $k=1$;对表1.4~表1.6中的码字用式(1.112)计算并将该级数的第7项之后的项截断。当 $P_b \leqslant 10^{-2}$ 时,该截断给出了 P_b 紧上界。然而,当 $P_b > 10^{-2}$ 时,截断可能将对上界有重要影响的项也排除掉,因此随着 P_b 增大,该界本身变得更松。由图可知,当 $K \geqslant 4$ 时,编码性能随约束长度的增大以及码率的减小而提高。译码器的复杂度几乎完全取决于 K, 这是由于编码器有 2^{K-1} 个状态。但是,当码率减小时,系统需要更大的传输带宽;另外,由于每符号的能量变小,比特同步也将变得更具有挑战性。

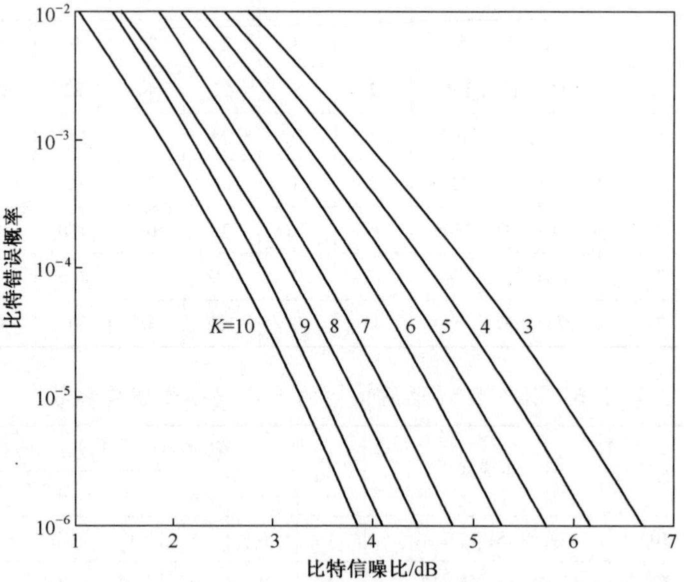

图1.9 相干BPSK下不同约束长度的1/2码率卷积码信息比特错误概率

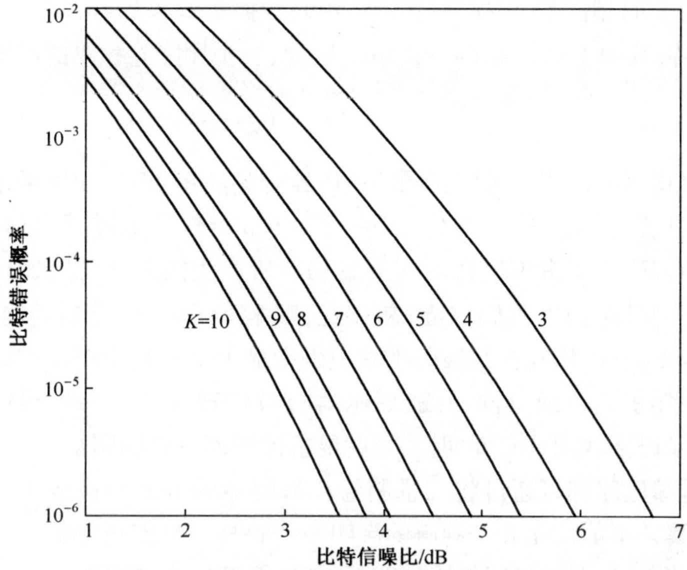

图 1.10　相干 BPSK 下不同约束长度的 1/3 码率卷积码信息比特错误概率

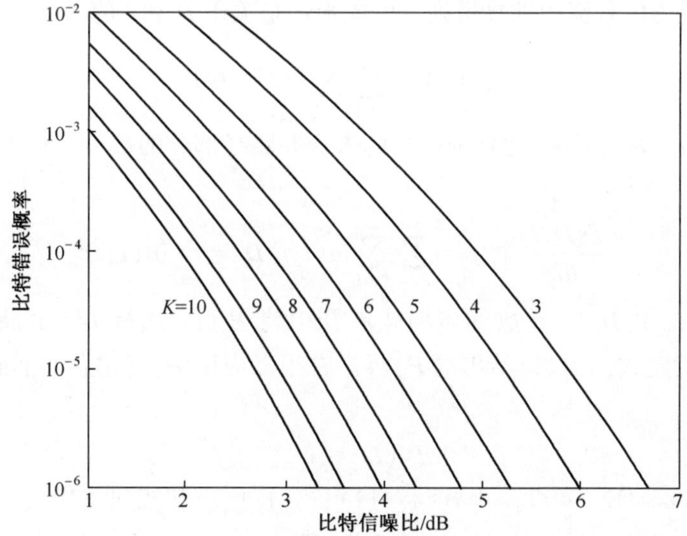

图 1.11　相干 BPSK 下不同约束长度的 1/4 码率卷积码信息比特错误概率

对于 $1/n$ 码率的卷积码，每个状态都有两条分支进入。对每条分支具有 k 个信息比特的高码率卷积码，每个状态有 2^k 条支路进入，因此计算复杂度非常高。使用**删除卷积码**可避免这种复杂性。删除卷积码的码字是在原码率为 $1/n$ 的未删除卷积码编码器的一个或多个输出比特流中周期性地删除某些比特。

对于周期为 p 的删除卷积码，p 个 n 比特的数据集写入到缓存器中，而只读出 $p+v$ 个比特，其中 $1 \leqslant v < (n-1)p$。因此，一个删除卷积码的码率可表示为

$$r = \frac{p}{p+v}, \quad 1 \leqslant v < (n-1)p \tag{1.115}$$

删除卷积码可使用与母码相同的译码器与格状图，但只利用了格状图中未删除部分的比特度量。删除图案可用一个 $n \times p$ 维删除矩阵 $\boldsymbol{P}$ 来简明描述，该矩阵中每列都确定了由单比特输入到编码器所产生的若干比特输出。若在删除周期 p 中的时隙 j 中，编码比特 i 被发送，则矩阵元素 $\boldsymbol{P}_{ij}$ 为 1；否则，$\boldsymbol{P}_{ij}=0$。对大部分码率而言，均存在与该码率卷积码中最大最小自由距离相同的删除卷积码。删除卷积码可通过同一编、译码器有效实现可变码率的纠错系统。然而，由于删除码格状图具有周期性，这就要求译码器获得帧同步。

非二进编码序列可通过将二进制卷积编码器的输出转换成非二制符号产生，但该过程并不能优化非二制码的汉明距离特性。性能更好的非二进制码的确存在，如双 k 码，但在相同传输带宽下，其性能不如非二进制 RS 码。

原则上，$B(l)$ 可由**生成函数** $T(D,I)$ 确定，某些卷积码的生成函数可通过将状态图视为信号流图推导得到。生成函数是关于 D 和 I 的多项式，其形式为

$$T(D,I) = \sum_{i=1}^{\infty} \sum_{l=d_f}^{\infty} a(l,i) D^l I^i \tag{1.116}$$

式中：$a(l,i)$ 为以 l 和 i 为特征区分的未合并路径部分的数目。在 $I=1$ 处的偏导数为

$$\frac{\partial T(D,I)}{\partial I}\bigg|_{I=1} = \sum_{i=1}^{\infty} \sum_{l=d_f}^{\infty} i a(l,i) D^l = \sum_{l=d_f}^{\infty} B(l) D^l \tag{1.117}$$

因此，在 $T(D,I)$ 导数的多项式展开中将 $P_2(l)$ 代替 D^l，并将结果乘以 $1/k$，就可确定式(1.112)给出的 P_b 界。在很多应用中，可建立如下形式的不等式，即

$$P_2(l) \leqslant \alpha Z^l \tag{1.118}$$

式中：α 和 Z 均独立于 l。由式(1.112)、式(1.117)和式(1.118)，可得

$$P_b \leqslant \frac{\alpha}{k} \frac{\partial T(D,I)}{\partial I}\bigg|_{I=1,D=Z} \tag{1.119}$$

对于软判决译码和相干 BPSK，$P_2(l)$ 由式(1.113)确定。利用式(1.58)定义的 $Q(x)$ 函数，进行变量替换并比较下面不等式的两边，可证明

$$Q(\sqrt{v+\beta}) = \frac{1}{\sqrt{2\pi}} \int_0^{\infty} \exp\left[-\frac{1}{2}(y+\sqrt{v+\beta})^2\right] dy$$

$$\leqslant \frac{1}{\sqrt{2\pi}}\exp\left(-\frac{\beta}{2}\right)\int_0^{\infty}\exp\left[-\frac{1}{2}(y+\sqrt{v})^2\right]\mathrm{d}y, \quad v \geqslant 0, \beta \geqslant 0$$

(1.120)

进行变量替换得到

$$Q(\sqrt{v+\beta}) \leqslant \exp\left(-\frac{\beta}{2}\right)Q(\sqrt{v}), \quad v \geqslant 0, \beta \geqslant 0 \tag{1.121}$$

将不等式代入式(1.113)中,并选择合适的 v 和 β 值,得到

$$P_2(l) \leqslant Q\left(\frac{\sqrt{2d_{\mathrm{f}}r\mathcal{E}_{\mathrm{b}}}}{N_0}\right)\exp[-(l-d_{\mathrm{f}})r\mathcal{E}_{\mathrm{b}}/N_0] \tag{1.122}$$

因此,$P_2(l)$ 的上界可用式(1.118)给出的形式来表达

$$\alpha = Q\left(\frac{\sqrt{2d_{\mathrm{f}}r\mathcal{E}_{\mathrm{b}}}}{N_0}\right)\exp(d_{\mathrm{f}}r\mathcal{E}_{\mathrm{b}}/N_0) \tag{1.123}$$

$$Z = \exp(-r\mathcal{E}_{\mathrm{b}}/N_0) \tag{1.124}$$

对于其他类型的信道、码型及调制方式,式(1.118)给出的关于 $P_2(l)$ 的上界可以由契尔诺夫(Chernoff)界推导得到。

1.2.1 契尔诺夫界

契尔诺夫界是随机变量等于或超过某个常数的概率上界,其优点在于它通常比具体的概率更易于估计。分布函数为 $F(x)$ 的随机变量 X 的**矩生成函数**定义为

$$M(s) = E[\mathrm{e}^{sX}] = \int_{-\infty}^{\infty}\exp(sx)\mathrm{d}F(x) \tag{1.125}$$

上式积分对所有实数 s 都是有限值。对所有非负 s, $X \geqslant 0$ 的概率为

$$P[X \geqslant 0] = \int_0^{\infty}\mathrm{d}F(x) \leqslant \int_0^{\infty}\exp(sx)\mathrm{d}F(x) \tag{1.126}$$

由于矩生成函数在 $s=0$ 的某些邻域内是有限的,因此有

$$P[X \geqslant 0] \leqslant M(s), \quad 0 \leqslant s < s_1 \tag{1.127}$$

式中 $s_1 > 0$ 是定义 $M(s)$ 的开区间的上限。为使该上界尽可能紧,选择使得 $M(s)$ 最小的 s 值。因此

$$P[X \geqslant 0] \leqslant \min_{0 \leqslant s < s_1} M(s) \tag{1.128}$$

上式给出的上界称为**契尔诺夫界**。根据式(1.128)与式(1.125),得到的一般表达式为

$$P[X \geqslant b] \leqslant \min_{0 \leqslant s < s_1} M(s)\exp(-sb) \tag{1.129}$$

由于矩生成函数在 $s=0$ 的某些邻域内是有限的，我们可通过对式(1.125)中的积分符号求微分来获得 $M(s)$ 的导数，其结果为

$$M'(s)=\int_{-\infty}^{\infty}x\exp(sx)\mathrm{d}F(x) \tag{1.130}$$

这意味着 $M'(0)=E[X]$。对式(1.130)求导得到二阶导数为

$$M''(s)=\int_{-\infty}^{\infty}x^2\exp(sx)\mathrm{d}F(x) \tag{1.131}$$

上式表明 $M''(s)\geqslant 0$。因此，$M(s)$ 在其定义区间内是凸的。考虑一个如下的随机变量

$$E(x)<0,\qquad P[X>0]>0 \tag{1.132}$$

第一个不等式表明 $M'(0)<0$，而第二个不等式表明当 $s\to\infty$ 时 $M(s)\to\infty$。由于 $M(0)=1$，因此凸函数 $M(s)$ 在某些正数 $s=s_{\mathrm{m}}$ 处取最小值，且该最小值小于1。由此可见，式(1.132)是保证契尔诺夫界小于1且 $s_{\mathrm{m}}>0$ 的充分条件。

有些场合下，X 具有以下的非对称概率密度函数：

$$f(-x)\geqslant f(x),\quad x\geqslant 0 \tag{1.133}$$

在该条件下，契尔诺夫界可以更紧。对于 $s\in[0,s_1)$，由式(1.125)和式(1.133)可得

$$\begin{aligned}M(s)&=\int_{0}^{\infty}\exp(sx)f(x)\mathrm{d}x+\int_{-\infty}^{0}\exp(sx)f(x)\mathrm{d}x\\&\geqslant\int_{0}^{\infty}[\exp(sx)+\exp(-sx)]f(x)\mathrm{d}x=\int_{0}^{\infty}2\cosh(sx)f(x)\mathrm{d}x\\&\geqslant 2\int_{0}^{\infty}f(x)\mathrm{d}x=2P[X\geqslant 0]\end{aligned} \tag{1.134}$$

该不等式意味着

$$P[X\geqslant 0]\leqslant\frac{1}{2}\min_{0\leqslant s<s_1}M(s) \tag{1.135}$$

然而，若式(1.132)成立，则 $s_m>0$ 且契尔诺夫界小于1/2。

在软判决译码中，与最大度量对应的编码序列或码字会被作为译码输出。令 $U(v)$ 为与长度为 L 的序列 v 对应的度量值。考虑具有以下形式的加性度量，即

$$U(v)=\sum_{i=1}^{L}m(v,i) \tag{1.136}$$

式中：$m(v,i)$ 为与编码序列中符号 i 对应的**符号度量**。令 $v=1$ 标记正确序列，而 $v=2$ 标记错误序列。令 $P_2(l)$ 为与正确码字距离为 l 的错误码字的度量超过

正确码字度量的概率。通过适当地重新标记两个序列中可能不同的 l 个符号度量,得到

$$P_2(l) \leqslant P[U(2) \geqslant U(1)]$$
$$= P\left[\sum_{i=1}^{l}[m(2,i) - m(1,i)] \geqslant 0\right] \tag{1.137}$$

由于 $U(2) = U(1)$ 时不一定必然导致错误发生,因此上式取不等式。在实际应用中,随机变量 $X = U(2) - U(1)$ 满足式(1.132)。因此,契尔诺夫界意味着:

$$P_2(l) \leqslant \alpha \min_{0<s<s_1} E\left[\exp\{s\sum_{i=1}^{l}[m(2,i) - m(1,i)]\}\right] \tag{1.138}$$

式中:s_1 为期望值定义区间的上限。α 值取 $\alpha = 1$ 或 $\alpha = 1/2$,具体取值取决于哪种形式的契尔诺夫界有效。若 $m(2,i) - m(1,i)$ ($i = 1,2,\cdots,l$)是独立同分布的随机变量,并定义

$$Z = \min_{0<s<s_1} E[\exp\{s[m(2,i) - m(1,i)]\}] \tag{1.139}$$

则

$$P_2(l) \leqslant \alpha Z^l \tag{1.140}$$

该上界通常比精确的 $P_2(l)$ 更便于计算。

由于 $X = U(2) - U(1)$ 表示 l 个均值与方差有限且独立同分布的随机变量之和,根据中心极限定理(见附录 A.2 “中心极限定理”节的推论),随着 l 增大,$X = U(2) - U(1)$ 的分布近似于高斯分布。因此,当 l 足够大且 $E[X] < 0$ 时,式(1.133)成立,且式(1.140)中可取 $\alpha = 1/2$。但对于较小的 l 值,式(1.133)很难从数学上证明,但通常能从直观上理解;否则,在式(1.140)中令 $\alpha = 1$ 总是有效的。

1.2.2 网格编码调制

为使通信系统在引入信道编码的同时避免带宽扩展,可通过增加信号星座点数来实现。例如,在采用正交相移调制(QPSK)的通信系统中引入码率为 2/3 的编码,若将调制方式改为 8PSK,可保持信道带宽不变。由于每个 8PSK 调制符号包含的比特数是 QPSK 符号的 3/2 倍,因此信道符号速率保持不变。由此带来的问题是,将 QPSK 变为星座更为紧凑的 8PSK 会导致信道符号错误概率增大,这会抵消大部分由编码改善的误符号率。该问题可通过将纠错编码结合到**网格编码调制**系统中来避免。

编码调制系统是一种将调制与编码相结合的系统。**网格编码调制**是形如

图 1.12 的系统产生的编码调制方式。对于 $k > 1$，每 k 个输入信息比特被分成两组。含有 $k_1$bit 的分组送至卷积编码器中，而另外 $k_2 = (k - k_1)$ bit 不进行编码。卷积编码器输出的 $(k_1 + 1)$ bit 选择调制器星座图中 2^{k_1+1} 个可能点的子集中的一个。而 k_2 个未编码比特从已选子集中 2^{k_2} 个点中选择一个。若 $k_2 = 0$，则没有未编码比特，因此卷积编码器输出比特直接选择星座点。每个星座点都是一个表示幅度与相位的复数。使用编码比特与未编码比特来选择或标记信号星座点的过程称为**集合划分**。

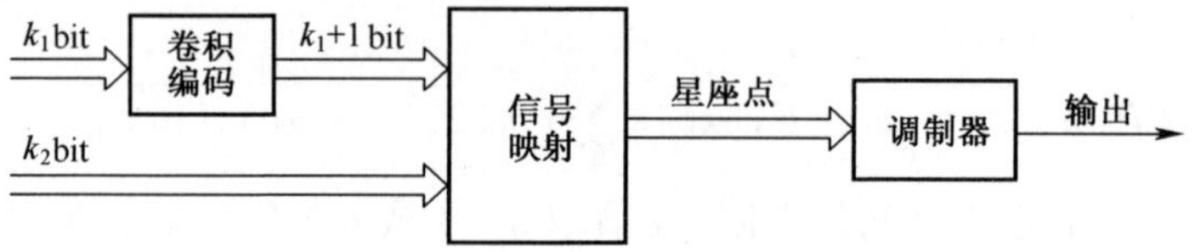

图 1.12 网格编码调制的编码器

例如，假设图 1.12 中编码器参数为 $k_1 = k_2 = 1$ 和 $n = 2$，8PSK 调制器根据一个八点的星座图产生输出。由卷积码输出的两个编码比特选择 4 个子集之一，其中每个子集包含 8-PSK 星座图中两个极性相反的信号点，如图 1.13 所示。若卷积码编码器形如图 1.6(a)，则图 1.8 的网格同时描述了基本卷积码和网格编码的状态转移。单个未编码比特的存在表明网格中状态间的每一次转移对应两种不同的转移路径及 8PSK 波形中两种不同的相位。

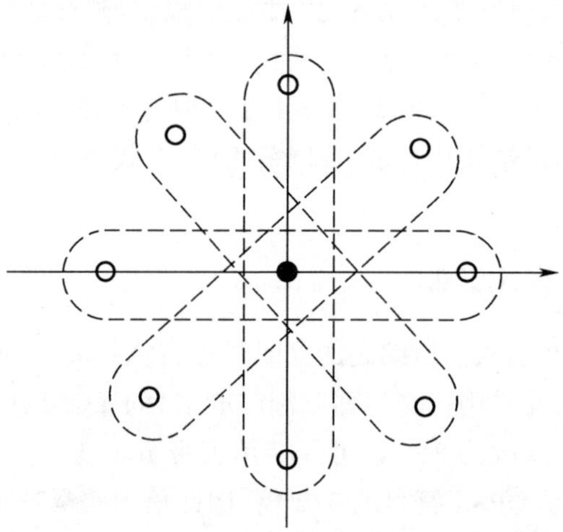

图 1.13 划分成四个子集的 8PSK 符号星座图

一般而言，网格图中每对状态间存在着 2^{k_2} 种并行转移路径。绝大多数错误事件经常是选择错误的并行转移路径之一输出。若与并行转移路径相对应的符号以大的欧氏距离相分离，同时合理选择与转移相对应的星座子集，则在使用软判决维特比译码时网格编码调制能够带来可观的编码增益。该增益通常为4~6dB，具体取决于状态数，也就是取决于实现的复杂度。正确的格型码路径与错误路径间的最小欧氏距离称为**自由欧氏距离**，记为 $d_{\mathrm{fe}}\sqrt{\mathcal{E}_{\mathrm{s}}}$。令 B_{fe} 表示与错误路径对应的错误信息比特总数，这些错误路径与正确路径间具有自由欧氏距离。当 $\mathcal{E}_{\mathrm{b}}/N_0$ 较高时，具有自由欧式距离的错误路径在错误事件中占主导地位。与卷积码分析类似，在 AWGN 信道与高 $\mathcal{E}_{\mathrm{b}}/N_0$ 下，网格编码的信息比特错误概率为

$$P_{\mathrm{b}} \approx \frac{B_{\mathrm{fe}}}{k}Q\left(\sqrt{\frac{d_{\mathrm{fe}}^{2}r\mathcal{E}_{\mathrm{b}}}{2N_0}}\right) \tag{1.141}$$

1.3 交 织 器

交织器是一种改变符号序列顺序的装置。**解交织器**与交织器相对应，是一种恢复序列原来顺序的装置。交织器的主要应用是对通过信道发送的调制符号进行交织。经接收机解交织后，突发的信道符号错误或被损伤的符号分散到多个码字中或在约束长度内的码字中，从而便于通过译码来消除错误。理想情况下，交织与解交织确保了译码器获得的符号判决或度量是统计独立的，如同无记忆信道中一样。当快衰落、干扰或面向判决的均衡器引起突发错误时，信道符号交织是有用的。

分组交织器对连续的符号分组执行相同的重新排序操作。如图1.14所示，连续输入的 mn 个符号以 m 行 n 列矩阵的形式存贮在随机寻址存储器(RAM)中。输入序列按行写入交织器，但按列读出并得到交织后的序列。因此，若输入序列记为 $1,2,\cdots,n,(n+1)$。$\cdots,mn$，则交织后的序列顺序依次为 $1,(n+1),(2n+1),\cdots,2,(n+2),(2n+2),\cdots,mn$。对于连续交织，需要两个RAM。当符号写入一个RAM中的矩阵时，从另一个RAM中读出之前的符号。在解交织器中，符号按列存入一个矩阵中，而之前的符号则按行从另一个矩阵中读出。因此，必然带来 $2mnT_{\mathrm{s}}$ 的交织时延且解交织器需要同步。

当对信道符号交织时，参数 n 必须等于或超过分组码的长度或卷积码的若干约束长度。因此，若连续的突发符号错误长度不大于 m 且没有其他错误，则经解交织后每个分组码字或具有约束长度的卷积码序列中至多只有一个错误，从而能够被纠错码纠正。类似地，使用可纠正 t 个错误的分组码能够纠正长达 mt 个符号的单个突发错误。由于衰落会引起相关错误，所以 mT_{s} 需要超过信道

相干时间。交织的有效性会因慢衰落而减弱;要适应慢衰落需要大缓存,而大缓存又会造成难以接受的时延。

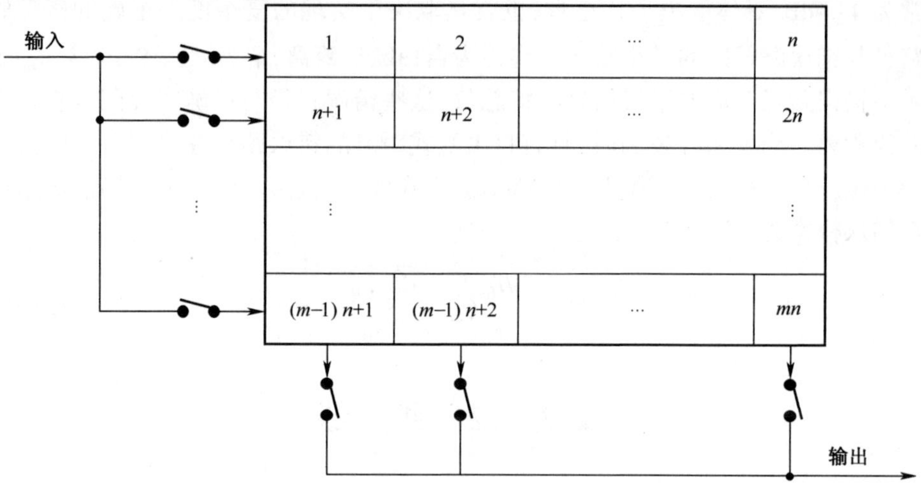

图 1.14　分组交织器

卷积交织器由一组交织长度连续递增的移位寄存器组成。卷积交织器及其对应的解交织器具有效率优势,体现在超过分组码纠错能力的最小突发误码的长度与交织存储器的长度之比要比可比的分组交织器相应的比值要大。然而,与分组交织器相比,卷积交织器不具备结构上的简便性与兼容性。

伪随机交织器伪随机地改变每个符号分组的顺序。伪随机交织器可用于信道符号交织,但它们的主要应用场合是作为 Turbo 码编码器与串行级联码编码器的核心部件,这两种码均使用迭代译码(见 1.5 节)。期望的排序以地址序列或排序索引的方式存放在只读存储器(ROM)中。每个符号分组均被顺序写入 RAM 矩阵中,然后按照 ROM 中内容所规定的顺序读出,从而完成交织过程。

对大规模交织器,通常可取的做法是通过算法产生排序索引,而不是将索引存在 ROM 中。若交织器的规模为 $N = mn = 2^v - 1$,则可利用 v 级线性反馈移位寄存器来产生索引,该寄存器能产生最大长度序列。移位寄存器各级的二进制内容组成了寄存器的**状态**。该状态确定了从 1 到 N 的索引,从而确定了被交织的符号。移位寄存器周期性地产生全部 N 个状态和索引。

***S*-随机交织器**是一种限定了最小交织距离的伪随机交织器,它将长度不大于 S 的突发错误打散。其方法是,首先从 N($1 \leqslant S < N$)个均匀分布的索引中随机地选择一个作为试探性索引,然后与先前 S 个选定的索引相比较。若试探性索引与前 S 个索引之间区分不是足够明显,则丢弃该试探性索引,并用一个

新的试探性索引代替。否则,指定该试探性索引为下一个选定的索引。重复该过程,直到全部 N 个伪随机索引选完为止。S-随机交织器常用于 Turbo 码或串行级联码的编码器中。

1.4 经典级联码

经典级联码是指具有图 1.15 所示编码器与译码器形式的串行级联码。多级码也能够实现,然而实际使用时发现多于两个码的级联并不能带来显著的性能改善。通常级联码采用两级的形式,分别称为外码和内码。外码编码器产生二进制或非二进制符号。如有必要,这些符号经过交织后转化为内码编码器的输入符号。在接收机中,将一组内译码器输出的符号打包成外码符号,然后通过符号解交织来分散外码的符号错误。因此,外码译码器能够纠正大部分源自内码译码器输出的符号错误。级联码的码率为

$$r = r_1 r_0 \tag{1.142}$$

式中:r_1 为内码码率;r_0 为外码码率。

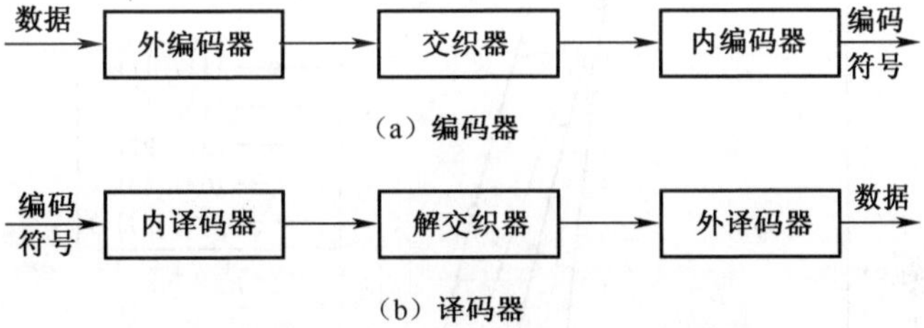

图 1.15　串行级联码的结构示意图

人们提出了多种内码码型。性能强大的主流级联码由二进制卷积码作为内码、RS 码作为外码构成。作为内码的卷积码使用维特比算法进行译码,信道比特错误发生在任意具有平均长度的区间内,该平均长度取决于比特信噪比 $\mathcal{E}_b/N_0$。解交织器在设计时要保证由一个典型错误区间中的比特组成的 RS 码符号解交织后不在同一 RS 码字内。

令 $m = \log_2 q$ 为一个 RS 编码符号包含的比特数。在最坏的情况下,内码译码器产生的比特错误间隔足够大,每个比特错误在 RS 码译码器输入端都造成一个不同的符号错误。由于每符号具有 m 比特,因此符号错误概率 P_{s1} 的上界为内译码输出的比特错误概率的 m 倍。由于当 m 个比特错误引起一个符号错误时,P_{s1} 是最小的,故 P_{s1} 的下界为比特错误概率。因此,对于二进制卷积码内码有

$$\frac{1}{k}\sum_{l=d_f}^{\infty}B(l)P_2(l) \leqslant P_{s1} \leqslant \frac{\log_2 q}{k}\sum_{l=d_f}^{\infty}B(l)P_2(l) \tag{1.143}$$

式中：$P_2(l)$ 由式(1.139)和式(1.140)给出。假设解交织保证了外译码器输入的符号错误间相互独立，且 RS 码是松包码，则由式(1.28)和式(1.29)可得

$$P_b \approx \frac{q}{2(q-1)}\sum_{i=t+1}^{n}\binom{n-1}{i-1}P_{s1}^{i}\,(1-P_{s1})^{n-i} \tag{1.144}$$

对于采用软判决的相干 BPSK 调制，$P_2(l)$ 由式(1.113)给出；若采用硬判决，则使用式(1.114)计算。

图 1.16 给出了几种级联码在加性高斯白噪声信道下的近似性能上界的曲线，系统采用相干 BPSK、软判决解调，内码采用 $k=1$、$K=7$、码率为 1/2、$d_f=10$ 的二进制卷积码，外码采用不同类型的 RS 码。曲线用到了式(1.144)及式(1.143)给出的上界，及表 1.4 给出的信息重量谱。级联码所需的带宽为 B/r，其中 B 表示未编码的 BPSK 信号带宽。由于根据式(1.142)有 $r<1/3$，所以图中编码所需的带宽比 1/3 码率的卷积码更宽。

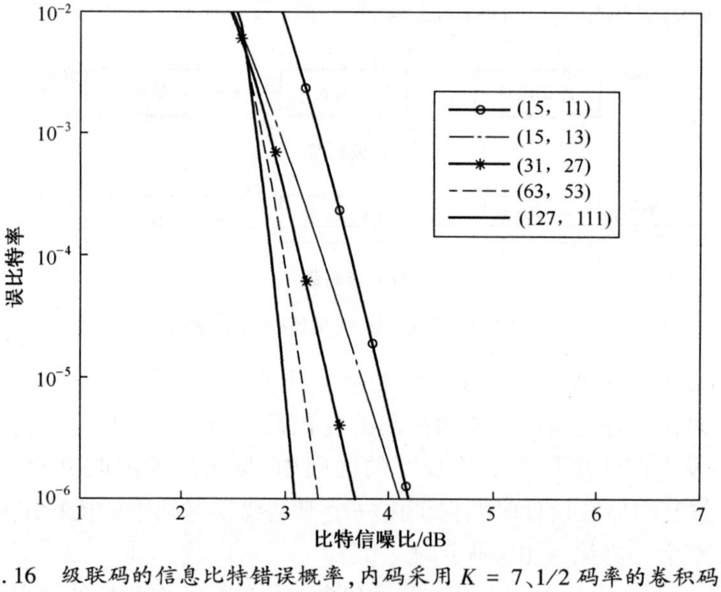

图 1.16 级联码的信息比特错误概率，内码采用 $K=7$、1/2 码率的卷积码，外码采用 (n, k) RS 码，并采用相干 PSK 调制

1.5 Turbo 码

Turbo 码是一种采用迭代译码的级联码[28]，主要分为两类，即并行级联

Turbo 码与串行级联 Turbo 码。前者是原始形式的 Turbo 码,而后者与经典级联码有关。每一个级联码均称为**成员码**。由于 3 个或多个成员码不能显著提高性能,因此两个成员码的使用居于主导地位。迭代译码要求两个成员码均为系统码且属于同一类型,即两者同为卷积码,或同为分组码。

Turbo 码译码器按照两个成员码的信息比特和校验比特分别处理解调输出的样值流。尽管像 Viterbi 算法之类的最大似然译码器能够使接收码字或整个序列的错误概率极小化,但实际上 Turbo 码译码器的设计目的在于使信息比特的错误概率最小。Turbo 码的译码器由两个独立的成员码译码器构成的,这在理论上是次最佳的,但对降低译码器的复杂度极为重要。每个成员码译码器都采用**最大后验概率(MAP)译码算法**或 **BCJR 算法**(由 Bahl、Cocke、Jelinek 与 Raviv 联合提出)。

1.5.1 MAP 译码算法

MAP 算法是一种对比特状态的**后验**概率进行估计从而产生**软信息**或数值输出的译码算法。每次迭代后,为每一信息比特提供软输出信息使 Turbo 码进行迭代译码成为可能。MAP 算法利用了卷积码或其他可以用网格图结构来描述的码型的马尔可夫特性。

令 $\boldsymbol{Y}=[\boldsymbol{Y}_1 \quad \boldsymbol{Y}_2 \quad \cdots \quad \boldsymbol{Y}_N]$ 为 MAP 算法作为输入解调器输出的向量序列,其中每个向量 $\boldsymbol{Y}_k$ ($k=1,2,\cdots,N$)的分量都等于信息比特 b_k 及其相关联的校验比特所对应的匹配滤波器输出。令向量序列 $\boldsymbol{y}$ 为随机向量 $\boldsymbol{Y}$ 的结果或特定的观察值。对于系统码的每个信息比特 b_k,MAP 算法计算出给定接收向量 $\boldsymbol{Y}=\boldsymbol{y}$ 时比特为 1 或 0 时**后验**概率的对数似然比(LLR)估计值:

$$\Lambda_k=\ln\left[\frac{P(b_k=1\mid\boldsymbol{y})}{P(b_k=0\mid\boldsymbol{y})}\right] \tag{1.145}$$

式中:$P(b_k=b/\boldsymbol{y})$ 是一种紧凑记号,表示给定 $\boldsymbol{Y}=\boldsymbol{y}$ 时 $b_k=b$ 的概率。由于后验概率满足 $P(b_k=1\mid\boldsymbol{y})=1-P(b_k=0\mid\boldsymbol{y})$,因此,$\Lambda_k$ 完全表征了后验概率的特性。

编码器状态是存储器内,可对后续编码比特产生影响的比特集。令 ψ_k 表示离散时刻 k 时编码器的状态。$b(s',s)$ 的传输对应于状态 $\psi_k=s'$ 到 $\psi_{k+1}=s$ 的转移。MAP 译码器利用观察量 $\boldsymbol{y}$ 计算 Λ_k。根据条件概率的定义,并进行作代数上的简化,在式(1.145)中利用状态转移的互斥性得到:

$$\Lambda_k=\ln\left[\frac{\sum\limits_{s',s:b_k=1} f(\psi_k=s',\psi_{k+1}=s,\boldsymbol{y})}{\sum\limits_{s',s:b_k=0} f(\psi_k=s',\psi_{k+1}=s,\boldsymbol{y})}\right] \tag{1.146}$$

式中：$f(\cdot)$ 为概率密度函数，分别对与 $b_k=1$ 和 $b_k=0$ 相对应的所有状态进行求和。

将观察向量 $\boldsymbol{y}$ 分解成三部分不同的观察量，即 $\boldsymbol{y}_k^-=\{y_l,l<k\}$ 表示时刻 k 之前的观察量，$\boldsymbol{y}_k$ 是当前的观察量，而 $\boldsymbol{y}_k^+=\{y_l,l>k\}$ 表示时刻 k 之后的观察量。同时，定义如下 3 个概率密度函数：

$$\alpha_k(s')=f(\psi_k=s',\boldsymbol{y}_k^-) \tag{1.147}$$

$$\gamma_k(s',s)=f(\psi_{k+1}=s,\boldsymbol{y}_k\,|\,\psi_k=s') \tag{1.148}$$

$$\beta_{k+1}(s)=f(\boldsymbol{y}_k^+\,|\,\psi_{k+1}=s) \tag{1.149}$$

在发生事件 $\psi_{k+1}=s$ 的条件下，$\boldsymbol{y}_k^+$ 独立于 $\boldsymbol{y}_k$、$\boldsymbol{y}_k^-$ 及事件 $\psi_k=s'$。因此

$$\begin{aligned}f(\psi_k=s',\psi_{k+1}=s,\boldsymbol{y})&=f(\boldsymbol{y}_k^+\,|\,\psi_{k+1}=s)f(\psi_k=s',\psi_{k+1}=s,\boldsymbol{y},\boldsymbol{y}_k^-)\\&=\beta_{k+1}(s)f(\psi_{k+1}=s,\boldsymbol{y}\,|\,\psi_k=s',\boldsymbol{y}_k^-)\alpha_k(s')\end{aligned} \tag{1.150}$$

以事件 $\psi_k=s'$ 为条件，则事件 $(\psi_{k+1}=s,\boldsymbol{y}_k)$ 独立于 $\boldsymbol{y}_k^-$，因此

$$f(\psi_k=s',\psi_{k+1}=s,\boldsymbol{y})=\alpha_k(s')\gamma_k(s',s)\beta_{k+1}(s) \tag{1.151}$$

将式(1.151)代入式(1.146)后得到比特 LLR 为

$$\Lambda_k=\ln\left[\frac{\sum\limits_{s',s:b_k=1}\alpha_k(s')\gamma_k(s',s)\beta_{k+1}(s)}{\sum\limits_{s',s:b_k=0}\alpha_k(s')\gamma_k(s',s)\beta_{k+1}(s)}\right] \tag{1.152}$$

概率密度 $\gamma_k(s',s)$ 的作用是充当**分支度量**。与状态 $\psi_k=s'$ 转移到状态 $\psi_{k+1}=s$ 相关联的唯一信息比特记为 $b(s',s)$。令 $P[b_k=b(s',s)]$ 为 $b_k=b(s',s)$ 的**先验**概率，则有

$$P(\psi_{k+1}=s\,|\,\psi_k=s')=P(b_k=b(s',s)) \tag{1.153}$$

因此，**分支度量**为

$$\gamma_k(s',s)=f(\boldsymbol{y}_k\,|\,\psi_{k+1}=s,\psi_k=s')P[b_k=b(s',s)] \tag{1.154}$$

式中条件概率密度函数 $f(\boldsymbol{y}_k\,|\,\psi_{k+1}=s,\psi_k=s')$ 可利用调制和通信信道信息来计算。从式(1.154)可以明显地看出**先验**信息 $P[b_k=b(s',s)]$ 是如何在 MAP 算法中使用的。

由分支度量 $\gamma_k(s',s)$ 计算 LLR 值 Λ_K，MAP 算法首先迭代计算 $\alpha_{k+1}(v)$ 及 $\beta_k(v)$。$\alpha_{k+1}(v)$ 的**前向递归**可根据其定义推导。若用 $\{0,1,\cdots,Q-1\}$ 表示 Q 个状态的集合，则由全概率定理可知

$$\begin{aligned}\alpha_{k+1}(v)&=\sum_{\mu=0}^{Q-1}f(\psi_{k+1}=v,\boldsymbol{y}_k^-,\boldsymbol{y}_k,\psi_k=\mu)\\&=\sum_{\mu=0}^{Q-1}f(\psi_{k+1}=v,\boldsymbol{y}_k\,|\,\boldsymbol{y}_k^-,\psi_k=\mu)\alpha_k(\mu)\end{aligned} \tag{1.155}$$

在以事件 $\psi_k = \mu$ 为条件时,事件 $(\psi_{k+1} = v, \boldsymbol{y}_k)$ 独立于 $\boldsymbol{y}_k^-$,因此有

$$\alpha_{k+1}(v) = \sum_{\mu=0}^{Q-1} \alpha_k(\mu) \gamma_k(\mu, v) \tag{1.156}$$

$\beta_{k+1}(s)$ 的**后向递归**可根据类似的推导得到:

$$\begin{aligned} \beta_k(v) &= \sum_{\mu=0}^{Q-1} f(\boldsymbol{y}_k^+, \boldsymbol{y}_k, \psi_{k+1} = \mu \mid \psi_k = v) \\ &= \sum_{\mu=0}^{Q-1} f(\boldsymbol{y}_k^+ \mid \boldsymbol{y}_k, \psi_{k+1} = \mu, \psi_k = v) \gamma_k(v, \mu) \end{aligned} \tag{1.157}$$

在以事件 $\psi_{k+1} = \mu$ 为条件时,事件 $\boldsymbol{y}_k^+$ 独立于事件 $(\boldsymbol{y}_k, \psi_k = \nu)$,因此有

$$\beta_k(v) = \sum_{\mu=0}^{Q-1} \gamma_k(v, \mu) \beta_{k+1}(\mu) \tag{1.158}$$

假设编码器从零状态开始且在时刻 $k = L$ 终止于零状态,$\alpha_{k+1}(v)$ 和 $\beta_k(v)$ 的递归初始化如下

$$\alpha_0(x) = \delta(x), \beta_L(x) = \delta(x) \tag{1.159}$$

式中若 $x = 0$,$\delta(x) = 1$,否则 $\delta(x) = 0$。

例如,某种系统二进制卷积码,码率为 1/3,以 BPSK 调制方式在 AWGN 信道中传输。译码器采用 MAP 算法。令 $\boldsymbol{x}_k = [x_{k1} \quad x_{k2} \quad x_{k3}]$ 和 $\boldsymbol{y}_k = [y_{k1} \quad y_{k2} \quad y_{k3}]$ 分别为由状态 $\psi_k = s'$ 转移到 $\psi_{k+1} = s$ 时对应的发射码字符号和观察码字符号。采用双极性映射 $\{0 \to +1, 1 \to -1\}$,则有 $x_{kl} = 1 - 2c_{kl}$ ($l = 1, 2, 3$),其中 c_{kl} 为二进制码字符号 1 或 0。发射的信号比特为 $c_{k1} = b(s', s)$。由式(1.49)可得

$$f(\boldsymbol{y}_k \mid \psi_{k+1} = s, \psi_k = s') = \frac{1}{(\pi N_0)^{3/2}} \exp\left[-\frac{1}{N_0} \sum_{l=1}^{3} (y_{kl} - \sqrt{\mathcal{E}_s} x_{kl})^2 \right] \tag{1.160}$$

式中 $x_{kl} = 1 - 2b(s', s)$。

这种 MAP 算法及其近似算法的一般名称是**软输入软输出(SISO)算法**,而 **log-MAP 算法**是一种将 MAP 算法转化到对数域的 SISO 算法,从而能够简化运算、降低数值计算的难度,且不引起性能损失。Log-MAP 同样需要根据编码的网格图进行前、后向递归。由于 log-MAP 算法也需要额外的存储和计算,因此它的复杂度大约是标准维特比算法的 4 倍。

Log-MAP 算法使用**最大星函数(max-star function)**来加快计算速度,其定义如下

$$\max_i{}^* \{x_i\} = \ln\left(\sum_i e^{x_i}\right) \tag{1.161}$$

对两个变量而言,分别考虑 $x > y$ 与 $x < y$ 两种情况,可证明

$$\max{}^*(x,y) = \max(x,y) + \ln(1 + e^{|x-y|}) \tag{1.162}$$

而当变量个数多于两个时,上述计算可以递归完成。例如,对于三变量有

$$\max{}^*(x,y,z) = \max{}^*[x, \max{}^*(y,z)] \tag{1.163}$$

式(1.162)右边的第二项可存储在数据表中,log-MAP 算法可查询该表。Log-MAP 算法完成下列计算

$$\bar{\alpha}_k(s') = \ln(\alpha_k(s')),\ \bar{\beta}_{k+1}(s) = \ln(\beta_{k+1}(s)),\ \bar{\gamma}_k(s',s) = \ln(\gamma_k(s',s)) \tag{1.164}$$

由式(1.156)及式(1.158),可得前、后向递归迭代分别为

$$\bar{\alpha}_{k+1}(s) = \max_{s'}{}^*\{\bar{\alpha}_k(s') + \bar{\gamma}_k(s',s)\} \tag{1.165}$$

$$\bar{\beta}_k(s') = \max_{s}{}^*\{\bar{\beta}_{k+1}(s) + \bar{\gamma}_k(s',s)\} \tag{1.166}$$

由式(1.152)可得 LLR

$$\Lambda_k = \max_{s',s:b_k=1}{}^*\{\bar{\alpha}_k(s') + \bar{\gamma}_k(s',s) + \bar{\beta}_{k+1}(s)\} - \max_{s',s:b_k=0}{}^*\{\bar{\alpha}_k(s') + \bar{\gamma}_k(s',s) + \bar{\beta}_{k+1}(s)\} \tag{1.167}$$

若编码开始并终止于零状态,则当 $s=0$ 时迭代计算初始化为 $\bar{\alpha}_0(s) = \bar{\beta}_L(s) = 0$;否则 $\bar{\alpha}_0(s) = \bar{\beta}_L(s) = -\infty$。

Max-log-MAP 算法和**软输出维特比算法(SOVA)**都是 SISO 算法,它们都降低了 log-MAP 算法的复杂度,付出的代价是性能有所下降。Max-log-MAP 算法采用近似运算 $\max{}^*(x,y) \simeq \max(x,y)$,其复杂度约为 log-MAP 算法的 2/3。除计算分支度量时使用后验概率、并产生一个表示判决可靠性的软输出外,SOVA 算法与 Viterbi 算法类似。而 SOVA 算法的复杂度约为 log-MAP 算法的 1/3,但准确度要差。MAP、log-MAP、max-log-MAP 与 SOVA 四种算法的复杂度都随成员码状态数的增加而线性增加。

1.5.2 并行级联 Turbo 码

如图 1.17 所示,Turbo 码编码器由两个并行的成员码编码器组成,其中一个直接对信息比特进行编码,而另一个对交织后的比特编码。在这种结构中,成员码可以是卷积码、分组码或网格编码调制。Turbo 码中可以使用多个级联码,但使用 2 个成员码最为普遍,后文均假设采用 2 成员码的 Turbo 码。

如图 1.17 所示,Turbo 码编码器中复用器的输出包含成员码 1 编码器产生的信息比特及校验比特,但只包含成员码 2 编码器产生的校验比特。通常,

Turbo 码的两个成员码完全相同。若复用器对校验比特流进行删除,则可获得更高码率。尽管删除的方法在译码器中需要帧同步,但仍是一种让码率适应信道条件的方便方法。无论是分组交织器还是伪随机交织器,其目的都是改变成员编码器 2 输入比特的顺序,使得即使输入了低重量的信息码字,两个成员码输出的码字也不可能同时具有低重量特性。其结果是使 Turbo 码趋于具有较大的重量从而增大了码字间的汉明距。

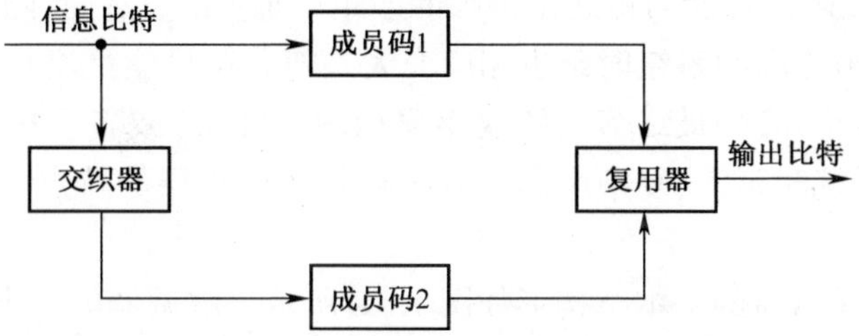

图 1.17　Turbo 码的编码器结构

1.5.3　卷积 Turbo 码

卷积 Turbo 码使用卷积码作为其成员码。由于**递归系统卷积编码器**能将大多数低重量的信息序列映射成高重量的编码序列,因而常被用作成员码编码器。尽管递归系统卷积编码器能在很大程度上减少低重量码字的数量,但仍会剩余一些低重量码字,以使其最小自由距离改变很小或几乎没有改变。无论其最小距离大小如何,Turbo 码很少有低重量的码字。当交织器的规模较大时,Turbo 码会有少量与随机码相似的重量分布。

为使 Turbo 码的网格终止于全零状态,并能够视为分组码,需要在两个卷积成员码中插入结尾比特流。递归编码器要求非零的结尾比特,该结尾比特是其前非系统输出比特的函数,因而也是信息比特的函数。

为利用码率为 1/2 的系统卷积成员码产生码率为 1/2 的 Turbo 码,可交替删除编码器 1 的偶数位校验比特与编码器 2 的奇数位校验比特。因此,奇数位信息比特与码 1 被发送的校验比特对应。然而,由于编码器 2 之前的交织处理,偶数位信息比特可能与成员码 1 和成员码 2 被发送的校验比特均不对应。相反,尽管由于交织,校验比特没有连续发送,一些奇数位信息比特可能与两个编码器发送的校验比特均相对应。由于有些信息比特没有发送的校验比特相对应,因此,译码器几乎不可能纠正这些信息比特中的错误。为避免该问题并确保每个信息比特正好有一个对应的校验比特发送,方便的办法是采用具有奇数行与奇数列的分组交织器。若比特流按行连续写入交织矩阵,然后按列连续读出,则奇数位与偶数位信息比特交替输入到编码器 2 中,从而保证了所有信息比特都有一个对应的校验比特发送。该过程称为**奇偶分离**。仿真结果表明,当同时采用删除法与分组交织时,奇偶分离提高了系统性能,但是在未采用删除的情况下,奇偶分离不能获得好处。

交织器的规模等于码的分组长度或帧长度。低重量或最小距离码字数目与交织器规模趋于反比关系。当采用大规模的交织器且译码迭代次数足够多时,卷积 Turbo 码的性能与信息论极限的差距小于 1dB。然而,随着分组长度增加,输入与输出之间的**系统时延**也相应变大。随着符号能量增加,Turbo 码的误比特率相应减小,直到最终落入**错误平层**(Error Floor)或者误比特率持续减小得非常慢。系统时延大、复杂度高与有时存在错误平层的特点是 Turbo 码的主要不足。

Turbo 码译码器的基本结构形如图 1.18 所示。解调器的输出送入 Turbo 码成员译码器 1,它们是由编码器 1 所产生的信息和校验比特。成员译码器 2 的输入是解调输出经交织后的信息与校验比特,它们源于编码器 2。令 $\boldsymbol{Y} = [\boldsymbol{Y}_1 \quad \boldsymbol{Y}_2 \quad \cdots \quad \boldsymbol{Y}_N]$ 为连续信息比特对应的解调输出向量序列。令 $\boldsymbol{Z}_1 = [\boldsymbol{Z}_{11} \quad \boldsymbol{Z}_{12} \quad \cdots \quad \boldsymbol{Z}_{1N}]$ 和 $\boldsymbol{Z}_2 = [\boldsymbol{Z}_{21} \quad \boldsymbol{Z}_{22} \quad \cdots \quad \boldsymbol{Z}_{2N}]$ 分别为对应于编码器 1 与编码器 2 输出的校验比特的解调输出向量序列。若编码器使用删除操作,则一些对应于校验比特的向量就不会出现。对于每个信息比特 b_k,译码器 1 和译码器 2 的 MAP 算法分别计算 0 或 1 的后验概率**对数似然比**(LLR)估计值。

$$\Lambda_{1,k} = \ln\left[\frac{P(b_k = 1|\boldsymbol{y}_k, \boldsymbol{z}_1)}{P(b_k = 0|\boldsymbol{y}_k, \boldsymbol{z}_1)}\right], \quad \Lambda_{2,k} = \ln\left[\frac{P(b_k = 1|\boldsymbol{y}_k, \boldsymbol{z}_2)}{P(b_k = 0|\boldsymbol{y}_k, \boldsymbol{z}_2)}\right] \tag{1.168}$$

式中 $P(b_k = b|\boldsymbol{y}_k, \boldsymbol{z}_\delta)$ 为 $P(b_k = 1|\boldsymbol{Y}_k = \boldsymbol{y}_k, \boldsymbol{Z}_\delta = \boldsymbol{z}_\delta)$ 的紧凑形式。信息比特的 LLR 通过两个成员码译码器间的信息交互而不断迭代更新。

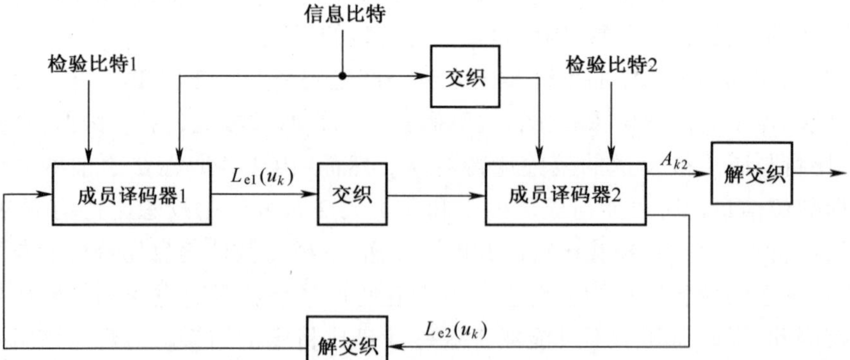

图 1.18 Turbo 码的译码器结构

Turbo 码译码器迭代处理的关键在于对 $\Lambda_{\delta,k}$（$\delta=1,2$）的分解。由条件概率的定义，式（1.168）可由概率密度函数表示为

$$\Lambda_{\delta,k}=\ln\left[\frac{f(b_k=1,\boldsymbol{y}_k,\boldsymbol{z}_\delta)}{f(b_k=0,\boldsymbol{y}_k,\boldsymbol{z}_\delta)}\right],\quad \delta=1,2 \tag{1.169}$$

给定 $b_k=b$ 时，$\boldsymbol{Z}_\delta$ 与 $\boldsymbol{Y}_k$ 相互独立。因此有

$$f(b_k=b,\boldsymbol{y}_k,\boldsymbol{z}_\delta)=f(\boldsymbol{z}_\delta\mid b_k=b)f(\boldsymbol{y}_k\mid b_k=b)P(b_k=b),\quad b=1,2 \tag{1.170}$$

将上式代入式（1.169）中，并对结果进行分解，得到

$$\Lambda_{\delta,k}=L_\alpha(b_k)+L_c(\boldsymbol{y}_k)+L_{\delta,e}(b_k),\quad \delta=1,2 \tag{1.171}$$

式中**先验** LLR 初始化为

$$L_\alpha(b_k)=\ln\left[\frac{P(b_k=1)}{P(b_k=0)}\right] \tag{1.172}$$

且**外信息**表示为

$$L_{\delta,e}(b_k)=\lg\left[\frac{f(\boldsymbol{z}_\delta\mid b_k=1)}{f(\boldsymbol{z}_\delta\mid b_k=0)}\right],\quad \delta=1,2 \tag{1.173}$$

以及**信道 LLR**，表示 $\boldsymbol{y}_k$ 提供的关于 b_k 的信息为

$$L_c(\boldsymbol{y}_k)=\ln\left[\frac{f(\boldsymbol{y}_k\mid b_k=1)}{f(\boldsymbol{y}_k\mid b_k=0)}\right] \tag{1.174}$$

式中 $f(\boldsymbol{y}_k\mid b_k=b)$ 为在给定 $b_k=b$ 时 $\boldsymbol{Y}_k$ 的条件概率密度。信道 LLR 是由调制信号所确定的 $\boldsymbol{y}_k$ 的函数。每个译码器中，$\Lambda_{\delta,k}$ 通过 MAP 算法计算得到的。由式（1.171）可知，在两个成员码译码器间传递的外信息可用下式计算

$$L_{\delta,e}(b_k)=\Lambda_{\delta,k}-L_\alpha(b_k)-L_c(\boldsymbol{y}_k),\quad \delta=1,2 \tag{1.175}$$

由于 $P(b_k=1)+P(b_k=0)=1$，因此由式（1.172）可得

$$P(b_k=b)=\frac{\exp[bL_\alpha(b_k)]}{1+\exp[L_\alpha(b_k)]},\quad b=0,1 \tag{1.176}$$

由于几乎没有关于比特 b_k 可能取值的**先验**信息，因而在成员码译码器 1 的第一次迭代中，假设 $P(b_k=0)=P(b_k=1)=0.5$ 并设 $L_\alpha(b_k)$ 为零。然而，对成员码译码器的后续迭代，任一译码器的**先验** LLR $L_\alpha(b_k)$ 被设为另一个译码器前次迭代结束后计算得到的外信息值，而且用式（1.176）计算由式（1.154）给出的 $P[b_k=b(s',s)]$。

在 MAP 算法中计算得到的 $\Lambda_{\delta,k}$ 后，利用式（1.175）计算外信息。由于外信息主要取决于不同校验符号而不是另一个译码器提供的**先验**信息，因此外信息为接收它的译码器提供了额外信息。如图 1.18 所示，为保证外信息 $L_{1,e}(b_k)$

与 $L_{2,e}(b_k)$ 以正确的顺序应用于每个成员码译码器中,适当的交织或解交织是必须的。

令 $B\{\boldsymbol{u},\boldsymbol{v},E\}$ 为 MAP 算法中一个成员码译码器单次迭代的计算函数,其中 $\boldsymbol{u}$ 为输入向量,$\boldsymbol{v}$ 为输入向量序列,E 为成员码译码器获得的外信息或**先验**信息。令 $I[\cdot]$ 为交织运算,$D[\cdot]$ 为解交织运算,数值上标 (n) 表示第 n 次迭代。对每个信息比特和每次迭代,Turbo 译码器计算如下函数:

$$\Lambda_{1,k}^{(n)} = \boldsymbol{B}\{\boldsymbol{y}_k, \boldsymbol{z}_1, D[L_{2,e}^{(n-1)}(b_k)]\} \tag{1.177}$$

$$L_{1,e}^{(n)}(b_k) = \Lambda_{1,k}^{(n)} - L_c(\boldsymbol{y}_k) - D[L_{2,e}^{(n-1)}(b_k)] \tag{1.178}$$

$$\Lambda_{2,k}^{(n)} = \boldsymbol{B}\{I[\boldsymbol{y}_k], \boldsymbol{z}_2, I[L_{1,e}^{(n)}(b_k)]\} \tag{1.179}$$

$$L_{2,e}^{(n)}(b_k) = \Lambda_{2,k}^{(n)} - L_c(\boldsymbol{y}_k) - I[L_{1,e}^{(n)}(b_k)] \tag{1.180}$$

式中:$n \geqslant 1$ 且 $D[L_{2,e}^{(0)}] = L_\alpha(b_k)$。当经过 N 次迭代后迭代过程终止,则第 2 个成员码译码器输出的 LLR 值 $\Lambda_{2,k}^{(N)}$ 在解交织后被送至判决器作出硬判决。令 u_k 为双极性映射 $\{0\to+1, 1\to-1\}$ 后的信息比特,u_k 满足 $u_k=(1-2b_k)$。因此,对比特 k 的判决为

$$\hat{u}_k = \operatorname{sgn}\{D[\Lambda_{2,k}^{(N)}(b_k)]\}, \hat{b}_k = (1-\hat{u}_k)/2 \tag{1.181}$$

式中的**符号函数**定义为 $\operatorname{sgn}(x)=1(x \geqslant 0)$ 及 $\operatorname{sgn}(x)=-1(x<0)$。随着迭代次数的增加,Turbo 码的性能也随之改善,但仿真结果表明,大约超过 4~12 次迭代后性能增益不大。

对于相干 **BPSK** 系统,标量 y_k 为发送信息比特 b_k 时的信道软输出。对于 AWGN 信道,由式(1.49)可知

$$f(y_k \mid b_k = b) = \frac{1}{\sqrt{\pi N_0}} \exp\left[-\frac{[y_k - (1-2b)\sqrt{\mathcal{E}_s}\alpha_k]^2}{N_0}\right] \tag{1.182}$$

式中:N_0 为噪声功率谱密度;α_k 为信道衰减因子。代入式(1.174)可得信道 LLR 为

$$L_c(y_k) = 4\alpha_k \frac{\sqrt{\mathcal{E}_s}}{N_0} y_k (\text{BPSK}) \tag{1.183}$$

该计算需要对 $\alpha_k\sqrt{\mathcal{E}_s}/N_0$ 进行估计。

当调制方式为 BFSK 时,$b_k=0$ 表示发送信号 0,$b_k=1$ 表示发送信号 1,且 $\boldsymbol{y}_k = [y_{k0} \quad y_{k1}]^{\mathrm{T}}$ 为发送信息比特 b_k 时与信号匹配的滤波器输出样值组成的二维向量。对相干解调,由式(1.72)可知,$\boldsymbol{y}_k$ 的条件概率密度函数为

$$f(\boldsymbol{y}_k \mid b_k = b) = \left(\frac{1}{\pi N_0}\right)^2 \exp\left(-\frac{\alpha_k^2\mathcal{E}_s - 2\alpha_k\sqrt{\mathcal{E}_s}\operatorname{Re}(y_{kb})}{N_0} - \sum_{l=0}^{1}\frac{|y_{kl}|^2}{N_0}\right) \tag{1.184}$$

代入式(1.174)中并消去公因子,得到信道 LLR 为

$$L_c(\boldsymbol{y}_k)=\frac{2\alpha_k\sqrt{\mathcal{E}_s}\,\mathrm{Re}(y_{k1}-y_{k0})}{N_0}\quad（相干\ \mathrm{BFSK}）\tag{1.185}$$

该计算也需要 $\alpha_k\sqrt{\mathcal{E}_s}/N_0$ 的估计。

类似地,对非相干 BFSK 解调,由式(1.75)可得 $\boldsymbol{y}_k$ 的条件概率密度函数为

$$f(\boldsymbol{y}_k\mid b_k=b)=\left(\frac{1}{\pi N_0}\right)^2\exp\left(-\frac{\alpha_k^2\mathcal{E}_s}{N_0}-\sum_{l=0}^{1}\frac{|y_{kl}|^2}{N_0}\right)I_0\left(\frac{2\alpha_k\sqrt{\mathcal{E}_s}\,|y_{kb}|}{N_0}\right)\tag{1.186}$$

代入到式(1.174)中可得信道 LLR 为

$$L_c(\boldsymbol{y}_k)=\ln\left[\frac{\mathrm{I}_0\left(\dfrac{2\alpha_k\sqrt{\mathcal{E}_s}\,|y_{k1}|}{N_0}\right)}{\mathrm{I}_0\left(\dfrac{2\alpha_k\sqrt{\mathcal{E}_s}\,|y_{k0}|}{N_0}\right)}\right]\quad（非相干\ \mathrm{BFSK}）\tag{1.187}$$

该计算同样需要 $\alpha_k\sqrt{\mathcal{E}_s}/N_0$ 的估计值。

对于相同的成员码译码器与典型的 8 次译码迭代,采用 log-MAP 算法的 Turbo 码译码器的总复杂度大约是其中单个成员码维特比译码器的 64 倍。随着成员卷积码约束长度 K 的增加,译码器性能提高的同时其复杂度也相应增加。采用 8 次迭代、成员码约束长度为 $K=3$ 的 Turbo 码,其译码复杂度与 $K=9$ 的卷积码维特比译码器复杂度近似相同。Max-log-MAP 算法的复杂度大约是 log-MAP 算法的 2/3,在误码率为 $P_b=10^{-4}$ 时,通常性能仅下降 0.1~0.2dB。SOVA 算法的复杂度大约是 log-MAP 算法的 1/3,在误码率为 $P_b=10^{-4}$ 时,性能通常下降 0.5~1dB。

1.5.4 分组 Turbo 码

分组 Turbo 码使用两个线性分组码作为其成员码。为降低译码复杂度,通常使用高码率二进制 BCH 码作为其成员码,该 Turbo 码称为 **Turbo BCH** 码。分组 Turbo 码的编码器如图 1.17 所示。由于删除操作会造成性能显著下降,因此通常并不使用。假设成员分组码分别为 (n_1,k_1) 和 (n_2,k_2) 二进制系统码。编码器 1 将 k_1 个信息比特转换成 n_1 个码字比特,并送至复用器。同时每个长度为 k_1k_2 的信息比特分组按行连续写入到有 k_1 列、k_2 行的交织器中。编码器 2 将交织器中每列 k_2 个比特转换成 n_2 个码字比特,但仅让每个码字中的 n_2-k_2 个校验比特组送至复用器,因此信息比特仅被发送一次。因此,分组 Turbo 码的

码率为

$$r=\frac{k_1k_2}{k_2n_1+(n_2-k_2)k_1} \tag{1.188}$$

若两个分组码完全相同,则码率为 $r=k/(2n-k)$。

考虑两个分别具有最小汉明距离 d_{m1} 及 d_{m2} 的成员码。可定义一个有效的非零分组 Turbo 码,除定义为非零行和列上的单个比特外,其前 k_1 列和 k_2 行信息比特为全零。非零行的重量至少为 d_{m1},非零列的重量至少为 d_{m2}。由于该行和列有一个公共比特,因此,所定义的分组 turbo 码的重量至少为 $(d_{m1}+d_{m2}-1)$,且该重量的码字是可以产生的。因此分组 turbo 码的最小距离为

$$d_m=d_{m1}+d_{m2}-1 \tag{1.189}$$

分组 Turbo 码译码器形如图 1.18 所示,只需对 SISO 译码算法稍做修改。高码率的长 Turbo BCH 码性能逼近香农限,但在性能相当时,其译码复杂度比卷积 Turbo 码高。

1.5.5 Turbo 网格编码调制

Turbo 网格编码调制(TTCM)是一种非二进制高频谱效率的调制方式,它可以在 Turbo 码中使用相同的网格编码作为成员码来实现。其编码器如图 1.19 所示。由于 TTCM 编码器交替地选择由两个并行的成员码编码器所产生的星座点或复符号,因此成员网格码的码率及所需带宽可保持不变。为保证构成编码器输入的所有信息比特都只发送一次且校验比特由两个成员码编码器交替提供,符号交织器仍将奇数位置的符号转换到奇数位置、将偶数位置的符号转换到偶数位置,其中每个符号均为一组比特。信号映射器 2 产生复符号后,符号解交织器将它们恢复到原来的顺序。选择器选通映射器 1 输出的奇数复符号与映射器 2 输出的偶数复符号。为确保网格编码的码率保持不变,要对两个编码器的校验符号交替进行删除。信道交织器在调制前将所选择的复符

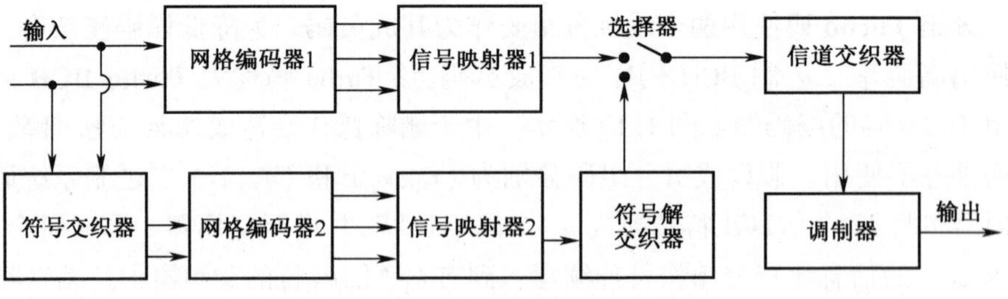

图 1.19 Turbo 网格编码调制的编码器

号进行重新顺序。TTCM 译码器使用与 Turbo 码译码器类似的基于符号的 SISO 算法。在 AWGN 信道中,TTCM 性能接近理论极限,然而其实现复杂度要比传统的网格编码调制高得多。

1.5.6 串行级联 Turbo 码

串行级联 Turbo 码与经典级联码的区别在于其使用大规模交织器及迭代译码。内码与外码都必须选取能使用 SISO 算法高效译码的码型,因此可采用二进制系统分组码或二进制系统卷积码。串行级联 Turbo 码的编码器如图 1.15a 所示。外编码器将每 k_1 个信息比特编码成 n_1 个比特,并将其逐行输入具有 n_1 个外码码字的分组交织器中。由于信道符号是由内码编码器通过对交织器按列读取而获得的,因此外码符号经过交织而内码符号未交织。经交织后,内编码器将每 $n_1$bit 的分组转换成 $n_2$bit。因此,串行级联码的总码率为 k_1/n_2。若成员码为分组码,则采用 (n_1,k_1) 分组码作外码,采用 (n_2,n_1) 分组码作内码。

串行级联码迭代译码器的功能框图如图 1.20 所示。对于每个内码码字,其输入由对应于 n_2 个比特的解调器输出构成。对于每次迭代来说,内码译码器计算 n_1 个系统比特的 LLR。解交织后,这些 LLR 提供了关于外码 n_1 个编码比特的外信息,然后外码译码器计算全部编码比特的 LLR。交织过后,这些 LLR 给内码提供了关于 n_1 个系统比特的外信息。迭代译码器的最终输出含有级联码的 k_1 个信息比特。

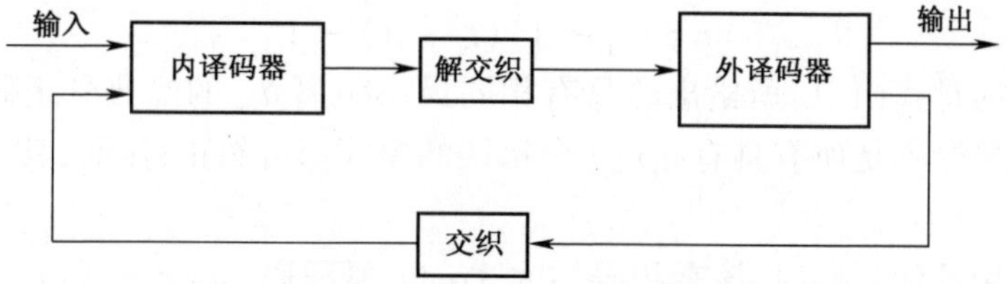

图 1.20 串行级联码的迭代译码器

若没有交织器,在迭代译码时,被严重损伤的内码码字就不能为外码的译码提供极其重要的外信息。因此,交织器是串行级联 turbo 码编码器中不可或缺的部分。解交织过程极大降低了被损伤的内码码字破坏 turbo 码译码器迭代过程的可能性。

1.5.7 Turbo 乘积码

乘积码也是一种串行级联码,它由一类特殊的多维阵列和线性分组码构成。二维乘积码的编码器如图 1.15(a)所示。一组 $k = k_1k_2$ 个信息符号被放置到一个 $k_2 \times k_1$ 阶矩阵中,在总共 k_2 行中的每一行被编码成为一个 (n_1, k_1) 码外码字,形成 n_1 列。然后,每一列也被编码成一个 (n_2, k_2) 码的内码字形成 n_2 行。最终形成的码字构成一个 $n_2 \times n_1$ 阶矩阵,包含 $n = n_1n_2$ 个编码符号,其码率为

$$r = \frac{k_1k_2}{n_1n_2} \tag{1.190}$$

令 d_{m1} 和 d_{m2} 分别为外码和内码的最小汉明距离。对一个非零乘积码字,矩阵中每个非零行的重量必须至少为 d_{m1},必须至少有 d_{m2} 个非零行。因此,乘积码的最小汉明距离,即非零码字的最小汉明重量,至少为 $d_{m1}d_{m2}$。令 $\boldsymbol{c}_1$ 与 $\boldsymbol{c}_2$ 分别为具有最小重量的外码与内码码字。一个有效的乘积码码字由如下阵列定义,即阵列中所有与码字 c_1 中零元素对应的列均为零,而与码字 c_1 中幺元素对应的列与码字 c_2 相同。因此,重量为 $d_{m1}d_{m2}$ 的乘积码码字存在,且该乘积码的最小汉明距离为

$$d_m = d_{m1}d_{m2} \tag{1.191}$$

硬判决译码基于接收码字符号的 $n_2 \times n_1$ 维矩阵按顺序进行。首先进行内码译码,并纠正码字符号的错误。然后在外码译码过程中纠正残留错误。令 t_1 和 t_2 分别为外码与内码的纠错能力。只有当一个内码码字或矩阵的一列出现至少 $t_2 + 1$ 个错误时,内码才发生不能正确译码的情况。至少有 $t_1 + 1$ 个内码码字具有 $t_2 + 1$ 个或更多个错误,且错误发生在确定的矩阵位置上时,外码译码器将不能纠正残留错误。因此,能够纠正的错误数为

$$t = (t_1 + 1)(t_2 + 1) - 1 \tag{1.192}$$

这大约是式(1.1)所给出的具有相同最小距离 d_m 的经典分组码纠错能力的一半。尽管不是所有具有超过 t 个错误的模式都可纠正,然而,其中多数是可纠正的。

当采用迭代译码时,该乘积码称为 **Turbo 乘积码**。$n_2 \times n_1$ 阶符号阵列按列发送,因此外码码字是经过交织的,而内码码字则没有交织。Turbo 乘积码译码器形如图 1.21。解调器的输出既送至内码译码器,在解交织后也送至外码译码器。信息比特及与对应码字校验比特的 LLR 都由各自的译码器来计算。随后,LLR 在经过适当的解交织或交织后被转换成外信息,并在译码器间进行交换。通过在 Turbo 乘积码成员译码器的 SISO 算法中采用蔡斯算法(见 1.1 节),能够在性能损失很小的情况下极大地减少复杂度。

比较式(1.191)和式(1.189)可知,Turbo 乘积码的最小自由距离 d_m 通常比使用相同成员码的分组 Turbo 码要大。然而,对于给定的复杂度,Turbo 乘积码

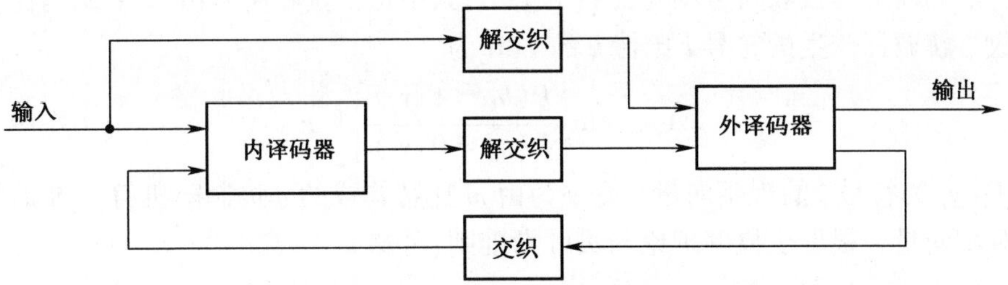

图 1.21　Turbo 乘积码的译码器

的性能与分组 Turbo 码相近。

1.6　迭代解调与译码

使用两个译码器进行迭代计算的思想可扩展到解调器与译码器的设计上，其方法是将译码器提供的信息供解调器使用，该过程本身也可由内部迭代完成[102]。具有迭代译码与解调的通信系统的主要组成如图 1.22 所示，其编码可以是分组码、卷积码或 LDPC 码。在发射机中，首先对信息比特进行编码、比特交织或符号交织，然后送至调制器，调制前要进行标记映射。**星座标记或标记映射**是将比特映射成星座图上的符号或点的模式。输入的每组 $m = \log_2 q$ 个连续比特 $\boldsymbol{b} = \{b_0, b_1, \cdots, b_{m-1}\} \in [0,1]^m$ 映射成一个 q 进制符号 $\boldsymbol{s} = \mu(\boldsymbol{b})$，其中 $\mu(\boldsymbol{b})$ 表示标记映射，星座符号集合大小为 q。

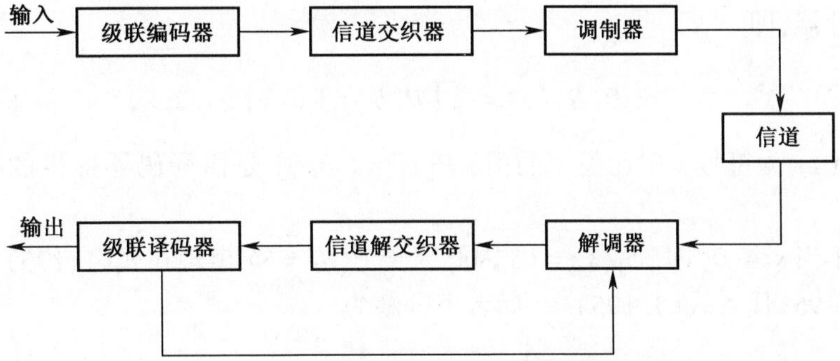

图 1.22　迭代解调与译码的发送端和接收端

在接收机中，解调器将接收信号转换成接收符号序列。解调器中的逆映射器对每个接收符号进行处理后生成比特度量向量。该向量经解交织后提供给译码器作为外信息。逆映射器与译码器间交换外信息，直到经过特定次数的迭代后译码器做出判决为止。

解调器计算接收符号中每比特的 LLR,其中每个接收符号由 m 个编码比特组成。解调器产生的符号 i 比特 k 的 LLR 为

$$\Lambda_{k,i}=\ln\left[\frac{P(b_k=1\mid \boldsymbol{y}_i)}{P(b_k=0\mid \boldsymbol{y}_i)}\right] \tag{1.193}$$

式中:$\boldsymbol{y}_i$ 为符号 i 的观察向量。令 $\boldsymbol{s}$ 为由 m 比特构成的 q 进制随机符号 $\boldsymbol{S}$ 的特定观察向量。根据全概率理论与贝叶斯准则,可知

$$\begin{aligned}P(b_k=b\mid \boldsymbol{y}_i)&=\sum_{s\in D}P(b_k=b,\boldsymbol{S}=\boldsymbol{s}\mid \boldsymbol{y}_i)\\&=\sum_{s\in \boldsymbol{D}}f(\boldsymbol{y}_i\mid b_k=b,\boldsymbol{S}=\boldsymbol{s})P(b_k=b,\boldsymbol{S}=\boldsymbol{s})/f(\boldsymbol{y}_i)\end{aligned} \tag{1.194}$$

式中:$b=1$ 或 0;$P(\cdot)$ 为一般意义下的概率分布;$f(\cdot)$ 为一般的概率密度函数且其累加是对 q 个可能符号组成的集合 D 进行的。令 D_k^b 为所有 $b_k=b$ 的符号组成的集合。若 $\boldsymbol{s}\notin D_k^b$,则 $P(b_k=b,\boldsymbol{S}=\boldsymbol{s})=0$;若 $s\in D_k^{\mathrm{b}}$,则有 $P(b_k=b,\boldsymbol{S}=\boldsymbol{s})=P(\boldsymbol{S}=\boldsymbol{s})$ 及 $f(\boldsymbol{y}_i\mid b_k=b,\boldsymbol{S}=\boldsymbol{s})=f(\boldsymbol{y}_i\mid \boldsymbol{S}=\boldsymbol{s})=f(\boldsymbol{y}_i\mid \boldsymbol{s})$。将这些结果用到式(1.194)中并将其代入式(1.193)后,可得

$$\Lambda_{k,i}=\ln\left[\frac{\sum_{s\in D_k^1}f(\boldsymbol{y}_i\mid \boldsymbol{s})P(\boldsymbol{S}=\boldsymbol{s})}{\sum_{s\in D_k^0}f(\boldsymbol{y}_i\mid \boldsymbol{s})P(\boldsymbol{S}=\boldsymbol{s})}\right] \tag{1.195}$$

假设第一次迭代中**先验**概率 $P(\boldsymbol{S}=\boldsymbol{s})$ 为均匀分布。当解调器的输出送至译码器之后,译码器将**后验**概率反馈给解调器,该后验概率成为解调器输入的**先验概率**。在第二次与后续迭代中,假设编码比特间是统计独立的,从而得到如下估计器,即

$$P(\boldsymbol{S}=\boldsymbol{s})=\prod_{l=1}^{m}P[b_l=b_l(s)] \tag{1.196}$$

式中:$b_l(\boldsymbol{s})$ 为符号 $\boldsymbol{s}$ 中比特 l 的值,$P[b_l=b_l(s)]$ 是由译码器提供的概率估计值。

由于当 $\boldsymbol{s}\in D_k^b$ 时,$b_k(\boldsymbol{s})=b$,因此因子 $P(b_k=b)$ 出现在式(1.196)中。故将式(1.196)代入式(1.195)中,后者可分解为

$$\Lambda_{k,i}=v_{k,i}+\Lambda_{k,i}^{\mathrm{e}} \tag{1.197}$$

式中:符号 i 中比特 k 的**先验** LLR 为

$$v_{k,i}=\ln\left[\frac{P(b_k=1)}{P(b_k=0)}\right] \tag{1.198}$$

符号 i 中比特 k 的**外 LLR** 为

$$z_{k,i}=\ln\left[\frac{\sum_{s\in D_k^1} f(\boldsymbol{y}_i\,|\,\boldsymbol{s})\prod_{l=1,l\neq k}^{m} P[b_l=b_l(\boldsymbol{s})]}{\sum_{s\in D_k^0} f(\boldsymbol{y}_i\,|\,\boldsymbol{s})\prod_{l=1,l\neq k}^{m} P[b_l=b_l(\boldsymbol{s})]}\right] \tag{1.199}$$

当采用二进制符号时式中的乘积项将被略去。

译码器计算符号 i 中比特 l 的 LLR 值 $v_{l,i}$ 并反馈回解调器中。由于 $P(b_l=1)+P(b_l=0)=1$，分别将 $b_l(\boldsymbol{s})=1$ 与 $b_l(\boldsymbol{s})=0$ 代入并使用式(1.198)，可证明

$$P[b_l=b_l(\boldsymbol{s})]=\frac{\exp[b_l(\boldsymbol{s})v_{l,i}]}{1+\exp[v_{l,i}]} \tag{1.200}$$

将式(1.200)代入式(1.199)，并化简可得

$$z_{k,i}=\ln\left[\frac{\sum_{s\in D_k^1} f(\boldsymbol{y}_i\,|\,\boldsymbol{s})\prod_{l=1,l\neq k}^{m} \exp[b_l(\boldsymbol{s})v_{l,i}]}{\sum_{s\in D_k^0} f(\boldsymbol{y}_i\,|\,\boldsymbol{s})\prod_{l=1,l\neq k}^{m} \exp[b_l(\boldsymbol{s})v_{l,i}]}\right] \tag{1.201}$$

解调器只需计算 $z_{k,i}$ 的值，且 $z_{k,i}$ 在第二次及后续的迭代中送至译码器。译码器使用 MAP 算法或 Turbo 译码算法计算 $v_{l,i}$，而 $z_{k,i}$ 被译码器用作 MAP 算法中分支度量的比特 LLR 计算。每次接收迭代都包含了一次解调迭代，及之后的一次或多次译码迭代。在最后一次接收机迭代后，最后译出的比特输出是基于解调器或译码器 LLR 作硬判决获得的。

对于 AWGN 信道中的**正交**信号，将式(1.72)应用到单个接收符号的接收中，得到 q 维接收矢量 $\boldsymbol{y}_i$ 的条件概率密度，其中 y_{il} 为 $\boldsymbol{y}_i$ 的第 l 个分量。

$$f(\boldsymbol{y}_i\,|\,\boldsymbol{s},\psi)=\left(\frac{1}{\pi N_0}\right)^q\exp\left(-\frac{\alpha^2\mathcal{E}_s-2\alpha\sqrt{\mathcal{E}_s}\,\mathrm{Re}(y_{iv}^*\,\mathrm{e}^{\mathrm{j}\psi})}{N_0}-\sum_{l=1}^{q}\frac{|y_{il}|^2}{N_0}\right) \tag{1.202}$$

式中：v 为与符号 $\boldsymbol{s}$ 相匹配的匹配滤波器的序号；ψ 为相位；N_0 为接收符号对应的噪声功率谱密度；加入幅度因子 α 是为了将衰落纳入计算。对于**相干**正交信号，在理想相位同步下，$\psi=0$。去掉与所有 q 个符号都无关的公共项，可得到能用于式(1.201)的**相干正交信号的归一化概率密度**为

$$f(\boldsymbol{y}_i\,|\,\boldsymbol{s})=\exp\left(-\frac{2\alpha\sqrt{\mathcal{E}_s}\,\mathrm{Re}(y_v)}{N_0}\right) \tag{1.203}$$

对于**非相干**正交信号，假设 ψ 在 $[0,2\pi)$ 内均匀分布。考虑单个符号的接收，利用式(1.75)去掉与所有 q 个符号都无关的公共项，得到**非相干正交信号**

归一化概率密度为

$$f(\boldsymbol{y}_i|\boldsymbol{s}) = \mathrm{I}_0\left(\frac{2\alpha\sqrt{\mathcal{E}_s}\,|y_v|}{N_0}\right) \tag{1.204}$$

类似地，对于相干 q 进制 QAM 或 PSK 信号，由式(1.43)得到**归一化概率密度**为

$$f(\boldsymbol{y}_i|\boldsymbol{s}) = f(y|x_s) = \exp\left(\frac{2\alpha\sqrt{\mathcal{E}_s}\,\mathrm{Re}(x_s^* y) - \alpha^2\mathcal{E}_s\,|x_s|^2}{N_0}\right) \tag{1.205}$$

式中：y 为接收符号 $\boldsymbol{y}_i$ 的复数表示；x_s 是对应于发送符号 $\boldsymbol{s}$ 的信号星座点的复数表示。

1.6.1 比特交织编码调制

当采用**编码调制**时，编码器产生的编码比特被分成 q 进制的编码符号，并经过交织，然后送至 q 进制调制器。更实用的方法是在**二进制**编码器后，进行比特交织，最后进行 q 进制调制。这种方法称为**比特交织编码调制(BICM)**[12]。BICM 通过用比特交织替代符号交织来增加时间分集度(深度超过信道相干时间)，因而提高了在衰落信道中的性能(见第 6 章)。虽然真正的最大似然 BICM 译码要求解调与译码联合进行，但在实际接收机中解调器单独生成比特度量并送至译码器。BICM 已经成为衰落信道中进行传输的标准方法，成为大多数蜂窝、卫星和无线通信网络的基础。然而，由于最小欧氏距离的减小，BICM 在 AWGN 信道中的性能有所下降。

将 BICM 与迭代译码与解调结合在一起的方法称为**迭代译码的比特交织编码调制(BICM-ID)**。在 BICM-ID 中，独立的比特交织将比特分散到整个编码序列中，然后接收机完成迭代解调和译码[102]。对二进制调制来说，BICM-ID 和 BICM 是等同的，但是，当采用卷积码及具有二维信号集的非二进制调制，如 QAM 或 q 元 PSK 时，无论采用何种符号标记方法，BICM-ID 都具有比 BICM 更优越的误比特率性能。BICM-ID 在衰落信道中依然保持 BICM 的优点，同时能够使 BICM 在 AWGN 信道中的性能下降到最小。

星座标记对 BICM 和 BICM-ID 都有较大影响。**格雷映射**对相邻符号进行标记。格雷映射对在欧氏距离最近的相邻符号进行标记，使得它们只有一个比特不同，因而极小化译码器对所接收符号的相邻符号给出最高似然比或最大度量值时所发生的比特错误数。格雷映射并不总是保证可实现。对于二进制或非二进制正交调制，格雷映射并不存在，因为所有邻近符号都是等距的。当存在格雷映射时，能使 BICM 系统性能趋向最优，但对于 BICM-ID 来说，格雷标记

法并不是必须的。

与网格编码调制相比,BICM-ID 具有较小的自由欧氏距离,但由于译码器利用了分集特性,从而显著减轻了这一不利影响。因此,无论在 AWGN 信道中还是瑞利衰落信道中,BICM-ID 系统比相近复杂度的网格编码调制系统性能更好。在这两种信道中,BICM-ID 系统的比特误码率可与 Turbo 网格编码调制相比,但是系统复杂度低得多[44]。

1.6.2 仿真实例

本节给出的误比特率性能与 $\mathcal{E}_b/N_0$ 的关系曲线都是通过蒙特-卡洛仿真获得的。本节及本书的其他地方均假设发射机与接收机的前端与低通滤波器都是理想的。

CDMA2000 是无线数据传输系列通信标准的成员之一。图 1.23~图 1.27 给出了使用 1/2 码率的并行级联 Turbo 码的 CDMA2000 系统的性能曲线[103]。其中,Turbo 码编码器如图 1.17 所示。每个成员码都是递归系统卷积码,其配置如图 1.7 所示。对每一对输入信息比特而言,删除矩阵为

$$\boldsymbol{P}=\begin{bmatrix}1 & 1\\ 1 & 0\\ 0 & 0\\ 0 & 1\end{bmatrix} \tag{1.206}$$

式中每列确定了一个输入比特之后两个成员码编码器中哪些输出比特被发送出去。每一组 $\log_2 q$ 比特编码成 q 进制信道符号,使用 q 进制 FSK(q-FSK)发送。假设接收机已知信道状态信息,并采用非相干解调。码字中信息比特数为 $k=1530$,并假设信道为 AWGN 或瑞利衰落信道(见第 6 章)。当使用 BICM 时,假设二进制符号进行了理想比特交织。当不使用 BICM 时,假设采用了 q 进制信道符号交织编码调制(SICM)。在瑞利信道的仿真中,通过将每个调制符号分别乘以独立的衰落系数来实现理想交织。

图 1.23 给出了瑞利信道下采用 4FSK 和 BICM-ID 的系统误比特率随译码迭代次数增加而改善的情况。从图中可以看出,随着迭代次数的增加,性能改善越来越小,迭代 10 次后性能改善并不明显。这种渐弱的性能改善表明基于某些后续潜在性能增益度量来减少迭代次数有时比固定迭代次数要更受青睐。在文献[15]中给出了几种有潜力且有效的停止迭代的方法。

图 1.24 比较了瑞利信道中 4FSK 调制下分别使用 SICM、BICM 与 BICM-ID 时的误比特率性能,而图 1.25 则比较了它们在 AWGN 信道下的性能。从两者可以看出,BICM 仅比 SICM 的性能略有改善,而 BICM-ID 则比 SICM 的性能改

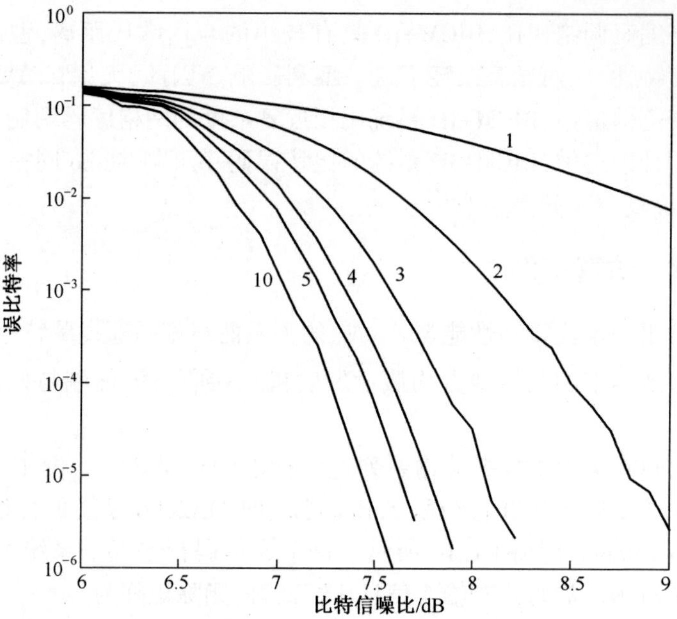

图 1.23 瑞利衰落信道下使用 4FSK 和 BICM-ID 的 Turbo 码在不同译码迭代次数下的性能

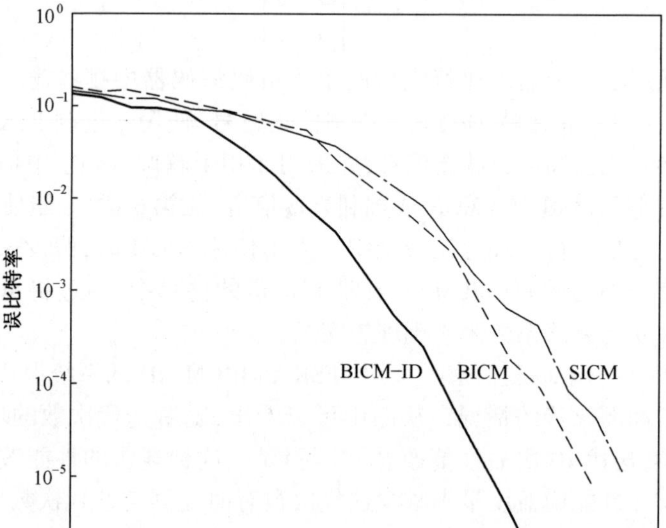

图 1.24 瑞利衰落信道下采用 Turbo 码与 4FSK 时,SICM、BICM 与 BICM-ID 的性能比较

善显著。图 1.26 给出了瑞利信道下 BICM-ID 系统中 Turbo 译码器使用 max-log-MAP 算法而非 log-MAP 算法时性能的损失情况。在 AWGN 信道中,性能恶化情况相似。

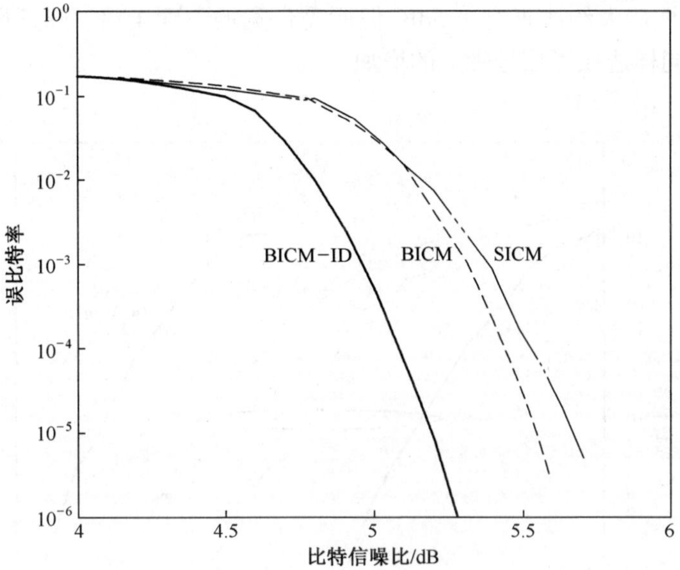

图 1.25 AWGN 信道下采用 Turbo 码与 4FSK 时,SICM、BICM 与 BICM-ID 的性能比较

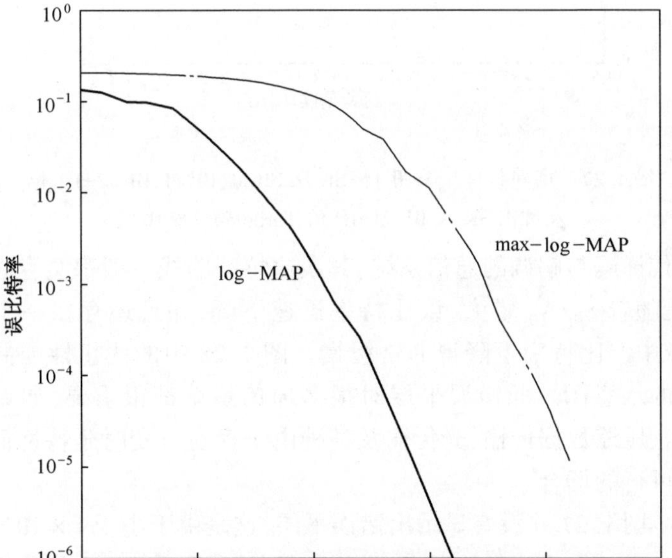

图 1.26 瑞利信道下采用 4FSK 与 BICM-ID 时,分别采用 log- MAP 和 max-log-MAP 算法的 Turbo 码性能比较

当调制进制数增大时，性能改善付出的代价是需要更大的信号带宽。例如，对于在瑞利信道下采用 BICM-ID 的系统，图 1.27 比较了 4FSK 与 16FSK 下的误比特率。可以看出，在采用 BICM-ID 的系统中，误比特率为 10^{-5} 时，16FSK 比 4FSK 的性能大约改善有 1.5dB，但所需带宽增大到 4 倍。降低码率也可改善性能，但同样造成了信号带宽的增加。

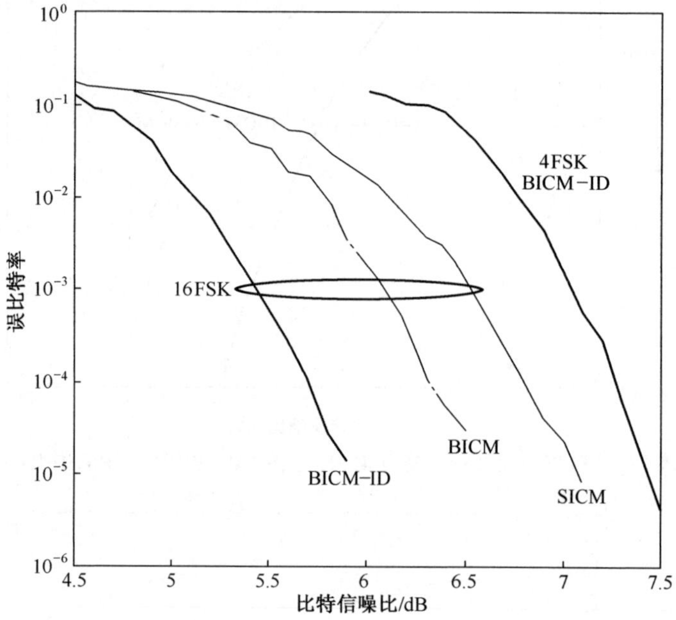

图 1.27　瑞利信道下采用 16FSK 及 SICM、BICM、BICM-ID 和采用 4FSK 及 BICM-ID 的 Turbo 码性能比较

使用迭代译码与解调的通信系统，其误比特率曲线一般都会存在一个**瀑布区**，其特征是随着 $\mathcal{E}_b/N_0$ 增大，误比特率迅速下降，并且还存在一个**错误平层区**，在该区域中误比特率下降得非常缓慢。图 1.28 中的假想性能曲线给出了这两个区域的示意图。低错误平层对很多通信系统都很重要，如无线中继通信、空地通信、压缩数据传输、光传输及各种由于存在可变时延特性而导致自动重传请求不可行的场合。

图 1.23～图 1.27 并没有显示出错误平层，这是由于小于 1×10^{-6} 的比特错误概率没有显示。格雷映射使瀑布区提前，但是错误平层是由符号集最小欧氏距离决定的，因而比其他标记映射要低。

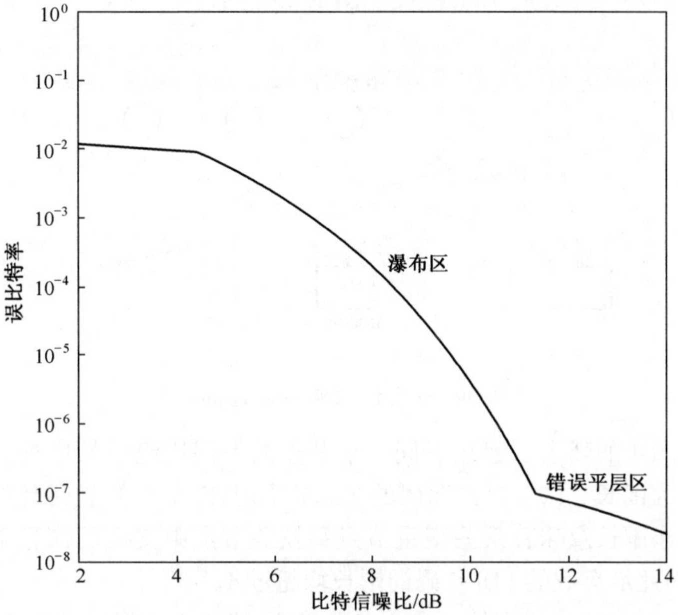

图 1.28　误比特率曲线的性能区域示意图

1.7　低密度奇偶校验码

低密度奇偶校验(LDPC)码[10,71]是一种由非零元素非常稀疏的校验矩阵 $\boldsymbol{H}$ 确定的线性分组码,对二进制码而言,非零元素都是幺元。由于二进制 LDPC 码占主导地位,因此后文都假设使用的是二进制 LDPC 码。由式(1.4)和式(1.5)可知,$\boldsymbol{H}\boldsymbol{c}^{\mathrm{T}}=\boldsymbol{0}$,校验矩阵 $\boldsymbol{H}$ 的 $(n-k)$ 行中每行都规定了必须满足的奇偶校验方程,因而也规定了码字符号间的约束关系。因此,可以用 $n-k$ 个线性独立校验方程来求解得到 $(n-k)$ 个校验比特。**规则** LDPC 码的校验矩阵中每行与每列中都含有相同数目的幺元;否则,称 LDPC 码为**非规则的**。对于给定的实现复杂度,非规则 LDPC 码的性能与 Turbo 码的性能相当。

Tanner 图是一种表示校验矩阵的二分图。其中,一组 n 节点集合称为**变量节点**,表示码字符号;另一组 $(n-k)$ 个节点称为**校验节点**,表示校验方程。若校验矩阵 $\boldsymbol{H}$ 中 $H_{li}=1$,则 Tanner 图中变量节点 i 与校验节点 l 间存在一条边相连。(7,4) 汉明码具有如下奇偶校验矩阵:

$$\boldsymbol{H}=\begin{bmatrix}1&1&1&0&1&0&0\\0&1&1&1&0&1&0\\1&1&0&1&1&0&1\end{bmatrix}\tag{1.207}$$

与该校验矩阵相关的 Tanner 图如图 1.29 所示。

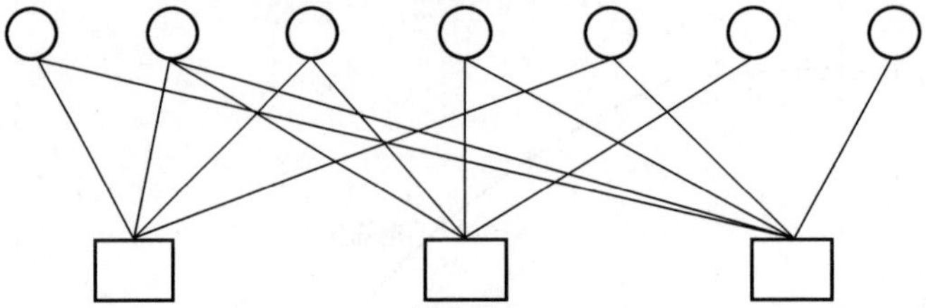

图 1.29 (7,4) 汉明码的 Tanner 图

Tanner 图中的**环**表示起止于同一个节点的不同边组成的序列。图中最短环的长度称为**围长**。(7, 4)汉明码的 Tanner 图围长等于 4,也是环的最小可能长度。由于小围长意味着某些变量节点和校验节点中交换的信息中独立信息数量有限,因此最有效的 LDPC 码的围长均超过 4。

LDPC 码的软判决译码算法称为**和积算法**、**消息传递算法**或**置信传播算法**。第一个名称主要针对译码所需的主要运算;第二个名称主要针对一组变量节点与另一组校验节点间迭代传递的信息,其中每个节点均被视为处理器;第三个名称则强调了消息是最新计算的可信性度量。LDPC 码中校验矩阵的稀疏性有利于译码。

和积算法的基础是作为满足**奇偶校验**方程的似然性度量的校验 LLR λ_s,它可以表达成比特 LLR 的函数。令 $b_1, b_2, \cdots, b_n$ 为 n 个码字比特,它们的 LLR 定义为

$$\lambda_i = \ln\left[\frac{P(b_i = 1)}{P(b_i = 0)}\right], \quad i = 1,2,\cdots,n \tag{1.208}$$

这些比特的校验方程是它们的模 2 和即 $s = \sum_{i=1}^{n} b_i$,其值等于 0 或 1。通过分别考虑 n 个比特中含有偶数或奇数个幺元的情况,可以证明:

$$s = \frac{1}{2}\left[1 - \prod_{i=1}^{n}(1 - 2b_i)\right] \tag{1.209}$$

与 s 相关联的校验 LLR 定义如下

$$\lambda_s = \ln\left[\frac{P(s = 1)}{P(s = 0)}\right] \tag{1.210}$$

上式表明若 $P(s = 0) \to 1$,则 $\lambda_s \to -\infty$;若 $P(s = 0) \to 0$,则 $\lambda_s \to \infty$。

由于 $s = 1$ 或 $s = 0$,则 $E(s) = P(s = 1)$。类似地,式(1.208)表明 $E(b_i) =$

$P(b_i=1)=\exp(\lambda_i)/[1+\exp(\lambda_i)]$。因此,根据式(1.209)及比特间的独立性可知

$$P(s=1)=E(s)=\frac{1}{2}[1-\prod_{i=1}^{n}(1-2E[b_i])]$$

$$=\frac{1}{2}\left[1-\prod_{i=1}^{n}\left(1-\frac{2\mathrm{e}^{\lambda_i}}{1+\mathrm{e}^{\lambda_i}}\right)\right] \tag{1.211}$$

使用代数方法并利用 $\tanh(x)=(\mathrm{e}^x-\mathrm{e}^{-x})/(\mathrm{e}^x+\mathrm{e}^{-x})$,可得

$$P(s=1)=\frac{1}{2}\left[1-\prod_{i=1}^{n}\tanh\left(-\frac{\lambda_i}{2}\right)\right] \tag{1.212}$$

综合考虑式(1.210)与 $P(s=1)+P(s=0)=1$,可得 $P(s=1)=\exp(\lambda_s)/[1+\exp(\lambda_s)]$。根据式(1.212)、$\tanh(x)$ 及其逆函数的定义,可得

$$\lambda_s=-2\tanh^{-1}[\prod_{i=1}^{n}\tanh\left(-\frac{\lambda_i}{2}\right)] \tag{1.213}$$

该式将奇偶校验 LLR λ_s 与单个比特的 LLR 联系起来。

在和积算法的第一次迭代中,变量节点 i 利用编码符号 b_i 对应的匹配滤波器的输出向量 $\boldsymbol{y}_i$ 计算**后验** LLR。根据贝叶斯准则,并假设比特**先验**等概,可得**信道** LLR 为

$$\lambda_i^{(0)}=\ln\left[\frac{P(b_i=1|\boldsymbol{y}_i)}{P(b_i=0|\boldsymbol{y}_i)}\right]=\ln\left[\frac{P(\boldsymbol{y}_i\mid b_i=1)}{P(\boldsymbol{y}_i\mid b_i=0)}\right]$$

$$=L_{\mathrm{c}}(\boldsymbol{y}_i) \tag{1.214}$$

对 BPSK,相干 BFSK 及非相干 BFSK,$L_{\mathrm{c}}(\boldsymbol{y}_i)$ 分别由式(1.183)、式(1.185)及式(1.187)给出。因而,计算 $\lambda_i^{(0)}$ 需要**信道状态信息**,以便估计 $\alpha_i\sqrt{\mathcal{E}_s}/N_0$。在第一次迭代时,信道 LLR 是 Tanner 图中送至每个与变量节点 i 相联的校验节点的消息。每个校验节点从**邻节点**处接收 LLR,邻节点是指那些对校验节点奇偶校验方程有贡献的比特对应的变量节点。

在第 v 次迭代过程中,校验节点 l 合并所有输入的 LLR,从而生成输出的 LLR 并在随后的迭代过程中送至每个相邻的变量节点。当接收到第 $v-1(v=1,2,\cdots,v_{\max})$ 个消息后,将式(1.213)所示的校验 LLR 稍作改动,校验节点 l 更新 LLR 并随后传递给变量节点 i,得

$$\mu_{li}^{(v)}=-2\tanh^{-1}\left[\prod_{m=N_l/i}\tanh\left(-\frac{\lambda_m^{(v-1)}-\mu_{lm}^{(v-1)}}{2}\right)\right],\quad v\geqslant 1 \tag{1.215}$$

式中:N_l/i 为所有与校验节点 l 相邻但除变量节点 i 之外的变量节点集合且对所有 i 和 l 有 $\mu_{li}^{(0)}=0$。排除变量节点 i 的信息是为了防止其自身传出的多余信

息再次传回而造成不稳定。另外,从 $\lambda_m^{(v-1)}$ 中减去上一次迭代中校验节点 l 传递给变量节点 m 的值,可降低与前次迭代间的相关性。若 $\mu_{li}^{(v)} \to -\infty$, 则变量节点 i 就有极大的可能性使校验节点 l 的奇偶校验方程成立。

接收消息 $v \geqslant 1$ 后,变量节点 i 更新 LLR 为

$$\lambda_i^{(v)} = \lambda_i^{(0)} + \sum_{l \in M_i} \mu_{li}^{(v)}, \quad v \geqslant 1 \tag{1.216}$$

式中:M_i 为与变量节点 i 相邻的校验节点集合。当某个码字的全部 $n-k$ 个校验方程都能满足时或经过设定的迭代次数后,译码算法终止。若算法经过 v_0 次迭代后终止,若 $\lambda_i^{(v_0)} > 0$, LDPC 码译码器输出为 $b_i = 1$;否则 $b_i = 0$。

通常采用 Tanner 图中节点的度分布对 LDPC 码进行描述。节点的**度**定义为由该节点发出的边的数目。**变量节点的度分布**由下面的多项式定义为

$$v(x) = \sum_{i=2}^{d_v} n_i x^{i-1} \tag{1.217}$$

式中:n_i 为度为 i 的变量节点所占的比例;d_v 为变量节点的最大度或与变量节点相连的最大边数。**校验节点的度分布**由下面的多项式定义为

$$\chi(x) = \sum_{i=2}^{d_c} \chi_i x^{i-1} \tag{1.218}$$

式中:χ_i 为度为 i 的校验节点所占的比例;d_c 为校验节点的最大度或与校验节点相连的最大边数。无限长码的理论最优度分布可用作有限长 LDPC 码的设计起点。

设计良好的 LDPC 码在编码器后无需交织器,因为交织等价于对校验矩阵 $\boldsymbol{H}$ 进行列交换。若在较大的 $\boldsymbol{H}$ 中幺元近似随机分布,则任何受到深度衰落的比特可能被送到一个能够从其他变量节点处接收到更多可靠信息的校验节点。由于译码器无需解交织,故 LDPC 码的时延比 Turbo 码小。

LDPC 码的校验矩阵的稀疏性使得译码的复杂度随码字或分组长度线性增长成为可能。尽管如此,非结构化的或伪随机构造的 LDPC 码生成矩阵一般不是稀疏的。由于编码需作如式(1.4)所示的矩阵乘法,从而使编码的复杂性与码长的二次方成正比。为降低编码复杂度和时延,常用的 LDPC 码是结构化的,尽管附加结构使其难以达到与非结构化的 LDPC 码相匹敌的优良纠错性能。

1.7.1 非规则重复累加码

重复累加码是一类结构化的 LDPC 码,其编码复杂度随分组长度线性增

大。重复累加码是一种串行级联码，能够像 LDPC 码或 Turbo 码一样译码。外重复码编码器将每个 k 比特的分组重复 n 次形成一个 kn 的分组，该分组随后传给交织器，然后交织器的输出比特送至内码编码器，该编码器为一个码率为 1 的递归卷积码编码器，其功能类似于累加器。内码编码器输出的是当前输入与之前输出的模 2 和。重复累加码无论是系统的还是非系统的，其局限性都在于码率不能超过 1/2。

可由重复累加码推广得到**非规则重复累加码(IRA)**，该码不但保持了编码和译码的线性复杂度，且不限制码率，这使得在设计时更加灵活，且性能更好。IRA 码中信息比特的重复次数是可变的，重复的比特首先被交织，而后被合并并作为累加器的连续输入。(n,k) 系统 IRA 码编码器生成的码字为 $\boldsymbol{c}=[\boldsymbol{m}\quad\boldsymbol{p}]$，其中 $\boldsymbol{m}$ 为 k 个信息比特的行向量，$\boldsymbol{p}$ 为 $n-k$ 个累加器输出的行向量。

一个系统 IRA 码的 $(n-k)\times n$ 阶校验矩阵形如

$$\boldsymbol{H}=[\boldsymbol{H}_1\quad\boldsymbol{H}_2] \tag{1.219}$$

式中：$\boldsymbol{H}_1$ 为 $(n-k)\times k$ 维稀疏矩阵，$\boldsymbol{H}_2$ 为 $(n-k)\times(n-k)$ 维稀疏的双对角矩阵，形如

$$\boldsymbol{H}_2=\begin{bmatrix}1&0&0&&&&\\1&1&0&&&&\\0&1&1&&&&\\&&&\ddots&&&\\&&&&1&1&0\\&&&&0&1&1\end{bmatrix} \tag{1.220}$$

对应于 $\boldsymbol{H}$ 的生成矩阵为

$$\boldsymbol{G}=[\boldsymbol{I}\quad\boldsymbol{H}_1^{\mathrm{T}}\boldsymbol{H}_2^{-\mathrm{T}}] \tag{1.221}$$

它满足式(1.5)。对式(1.220)求逆和转置后得到一个上三角矩阵，其元素全为幺元

$$\boldsymbol{H}_2^{-\mathrm{T}}=\begin{bmatrix}1&1&1&&&\\0&1&1&&&\\0&0&1&&&\\&&&\ddots&&\\&&&&1&1\\&&&&0&1\end{bmatrix} \tag{1.222}$$

编码器生成的码字为

$$\boldsymbol{c}=[\boldsymbol{m}\quad\boldsymbol{m}\boldsymbol{H}_1^{\mathrm{T}}\boldsymbol{H}_2^{-\mathrm{T}}] \tag{1.223}$$

H_2^{-T} 的形式表明其左乘 $1 \times (n-k)$ 维行向量 mH_1^T 可通过累加器实现，从而产生后续的 $1 \times (n-k)$ 维行向量 $mH_1^T H_2^{-T}$。

1.7.2 LDPC 码性能

在瀑布区，LDPC 码的误比特率主要取决于围长，因为短循环阻碍了校验节点提取大量独立校验信息。在错误平层区，误比特率主要取决于符号集合的最小欧氏距离。在瀑布区，好的非规则 LDPC 码比同样长度的规则 LDPC 码的误比特率更低，付出的代价是实现复杂度增加且提高了错误平层的水平，原因是大的围长并不意味着良好的码距特性，从而也难以得到低错误平层。通常，在设计瀑布区位置与低错误平层间需要有折衷。例如，列重量的增加趋向于围长的减小但是却可能增加了最小欧氏距离。与相近复杂度的 turbo 码相比，LDPC 码的错误平层经常要低一些。

WiMAX 是一种提供宽带接入的电信标准。图 1.30 给出了 WiMAX 系统在瑞利信道中使用相干 16QAM、1/2 码率的 LDPC 码、已知理想信道状态信息的性能曲线。码长分别为 2304bit、4608bit 与 9216bit。从图中可以看出，随着码长的增加，瀑布区的陡峭程度迅速增加。

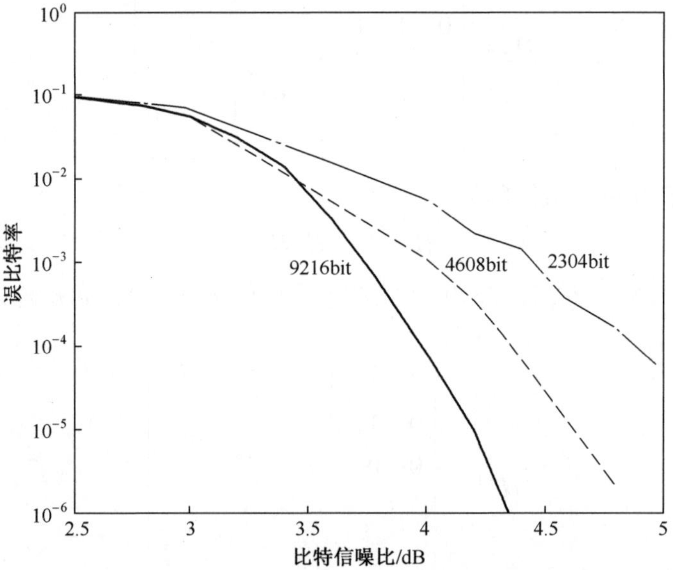

图 1.30 瑞利信道下采用 16QAM 时，码字长度分别为 2304bit、4608bit 与 9216bit 的 LDPC 码性能比较

1.8 思 考 题

1. ①利用式(1.14)证明 $N(d_m, d_m - t) = \binom{d_m}{t}$。能否直接推导出相同的结果？②利用式(1.15)推导汉明码的 $N(l,i)$。分别考虑 $l = i$、$i+1$、$i-1$ 与 $i-2$ 四种情况。

2. ①利用式(1.23) 在 $d_m = 2t + 1$ 条件下推导 A_{d_m} 的上界。②解释为什么对完备码而言该上界取等号。③证明对于汉明码，$A_3 = \frac{n(n-1)}{6}$。④证明对于完备码，当 $P_s \to 0$ 时，由式(1.24)给出的 P_b 的准确值与由式(1.27)给出的近似值相同。

3. 用删除译码器证明 RS 码字可从任意 k 个正确的符号中恢复出来。

4. 假设二进制(7,4)汉明码用于相干 BPSK 通信系统中且噪声功率谱密度为一常数。当候选码字 v 中符号 i 为 1 时，$x_{vi} = +1$；否则 $x_{vi} = -1$。假设接收机输出样值为 $-0.4, 1.0, 1.0, 1.0, 1.0, 1.0, 0.4$。当码字度量可用时，利用(7,4)汉明码的码字表得到判决结果。

5. 证明分组码采用软判决译码算法时 BPSK 的码字错误概率满足 $P_w \leqslant (q^k - 1)Q\left(\sqrt{\frac{2d_m r\mathcal{E}_b}{N_0}}\right)$。

6. 利用式(1.57)和式(1.53)证明当 $\mathcal{E}_b/N_0 \to \infty$ 时，与无编码时相比，采用最大似然译码时分组码的编码增益或功率优势近似等于 $d_m r$。

7. ①证明 $P[X \geqslant b] \geqslant 1 - \min\limits_{0\leqslant s}[M(-s)e^{sb}]$，式中 $M(s)$ 是 X 的矩母函数。② 推导均值为 μ、方差为 σ^2 的高斯随机变量的契尔诺夫界。

8. 契尔诺夫界可用于硬判决译码，它可看作如下符号度量下软判决译码的特殊情形。若候选二进制序列 v 的符号 i 与解调器输出端检测到的符号一致，则 $m(v,i) = 1$；否则 $m(v,i) = 0$。应用 $\alpha = 1$ 时的式(1.139) 和式(1.140)证明

$$P_2(l) \leqslant [4P_s(1 - P_s)]^{l/2}$$

该上界并不总是紧的，但由于并未对调制与编码方式作特定假设而极具一般性。

9. 考虑在高斯白噪声下采用相干 BPSK 和卷积码的通信系统。①在 $\mathcal{E}_b/N_0$ 较大时，与未编码的通信系统相比，采用 $K = 7$、$r = 1/2$ 和软判决译码算法的卷积码编码增益是多少？②利用近似式

$$Q(x) \approx \frac{1}{\sqrt{2\pi}\,x}\exp\left(-\frac{x^2}{2}\right), \quad x > 0$$

证明当$\mathcal{E}_b/N_0 \to \infty$时，二进制卷积码采用软判决译码比硬判决译码有接近3dB的编码增益。

10. 以称为**Hadamard码**的二进制$(2^m, m)$分组码为内码，以(n,k) RS码为外码，组成级联码。外码编码器将每m个bit映射成一个RS码符号，并将每k个符号编成n符号的码字。经符号交织后，内码编码器将每个RS码符号映射成2^mbit。这些比特经交织后用二进制调制发送。①描述内码与外码译码器的译码过程。②n为m的函数，其值是多少？③级联码的分组长度与码率分别是多少？

11. 考虑1.5节的例子，采用1/3码率的系统二进制卷积码，在AWGN信道中发送BPSK信号。证明比特LLR计算过程中，每个分支度量可由下式简化表示为

$$\gamma_k(s',s) \sim \exp\left[\frac{2\sqrt{\mathcal{E}_s}}{N_0}\sum_{l=1}^{3} y_{kl}x_{kl} + b(s',s)L(b_k)\right]$$

式中：$x_{k1} = 2b_k - 1 = 2b(s',s) - 1$。假设采用了迭代解调与译码方法。每次迭代解调后，$L(b_k)$值是多少？

12. 考虑在误比特率为p的二进制对称信道中发送信息比特。发送比特b_k时接收为y_k。证明信道LLR是

$$L_c(y_k) = (-1)^{y_k}\log\left(\frac{p}{1-p}\right)$$

13. 若N_0未知且符号与符号之间的N_{0k}值差别很大，则一个可行的方法是用如下**广义信道LLR**代替式(1.174)中的LLR，即

$$L_g(\boldsymbol{y}_k) = \ln\left[\frac{f(\boldsymbol{y}_k \mid b_k = 1, N_0 = N_1)}{f(\boldsymbol{y}_k \mid b_k = 0, N_0 = N_2)}\right]$$

式中：N_1与N_2分别为由$f(\boldsymbol{y}_k \mid b_k = 1)$与$f(\boldsymbol{y}_k \mid b_k = 0)$得到的关于$N_0$的最大似然估计。根据式(1.182)，在$b_k = 1$与$b_k = 0$时，分别推导无编码BPSK情况下$N_1$与$N_2$的估计值。然后，用$\alpha_k$与$\mathcal{E}_s$计算相应的$L_g(y_k)$。若想使用该LLR，遇到的实际困难是什么？

14. ①证明式(1.163)；②利用式(1.201)证明，对于二进制调制而言，BICM-ID与BICM完全相同。

15. 考虑一个LDPC码译码器。①若校验节点l只从变量节点α和β接收输入，则LLR中的$\mu_{l\alpha}^{(1)}$和$\mu_{l\beta}^{(1)}$是什么？②若变量节点α又只从校验节点l处获得输入，则$\lambda_{\alpha}^{(1)}$是什么？观察这种情况下，一个变量节点的LLR如何成为另一个变量节点LLR的一部分。

第 2 章　直接序列扩谱系统

扩谱信号是一种经过额外调制的信号，调制后的信号带宽远超编码后数据所需带宽。扩谱通信系统可用于干扰抑制、构建不易被检测和处理的安全通信、适应衰落和多径信道的通信及提供多址接入能力等。扩谱信号对工作在同一频段的其他系统构成的干扰相对较小。最实用和最主要的扩展频谱系统是**直接序列扩谱**（以下简称直扩）**系统**和**跳频扩谱**（以下简称跳频）系统。

扩谱通信的有效性在基本理论上是没有问题的。这一事实虽然确凿却非显而易见，这是因为增加扩谱信号的带宽可能会使通过接收滤波器的噪声功率超出解调器的要求。然而，当任何信号和高斯白噪声通过该信号的匹配滤波器时，滤波器输出样值的信噪比仅取决于信号能量与噪声功率谱密度之比。因此，输入信号的带宽并不重要，对扩谱信号也没有内在限制。

直接序列调制需要将高速扩谱序列直接加在低速数据序列上，使发射信号具有相对较宽的带宽。在接收机中移除扩谱序列可使带宽减小，从而能够利用适当的滤波器来滤除很大一部分干扰。本章首先讨论基本的扩谱序列和波形，然后详细分析直扩接收机如何抑制各种干扰。

2.1　定义与概念

直扩信号是一种先将调制数据与扩谱波形直接混合，再进行载波调制而得到的扩谱信号。理想情况下，二进制相移键控（BPSK）或差分 PSK（DPSK）调制的直扩信号可表示为

$$s(t) = Ad(t)p(t)\cos(2\pi f_c t + \theta) \tag{2.1}$$

式中：A 为信号幅度；$d(t)$ 为调制数据；$p(t)$ 为扩谱波形；f_c 为载波频率；θ 为 $t = 0$ 时的相位。调制数据由宽度为 T_s 的非重叠矩形脉冲序列组成。当对应的数据符号为 1 时，序列幅度为 $d_i = +1$；当对应的数据符号为 0 时，$d_i = -1$（映射也可以是 $1 \to -1$ 和 $0 \to 1$）。**扩谱波形**具有以下形式：

$$p(t) = \sum_{i=-\infty}^{\infty} p_i \psi(t - iT_c) \tag{2.2}$$

式中：每个 p_i 等于 +1 或 -1，代表**扩谱序列**中的一个**码片**。**码片波形** $\psi(t)$ 被设计用于限制接收机内码片间的相互干扰。理想情况下，码片波形被限制在时间间隔 $[0, T_c]$ 内。**矩形码片波形**为 $\psi(t) = w(t, T_c)$，其中 $w(t, T_c)$ 为

$$w(t,T) = \begin{cases} 1, & 0 \leqslant t < T \\ 0, & t \text{ 为其他值} \end{cases} \tag{2.3}$$

图 2.1 给出了采用矩形码片波形时 $d(t)$ 和 $p(t)$ 的示例。

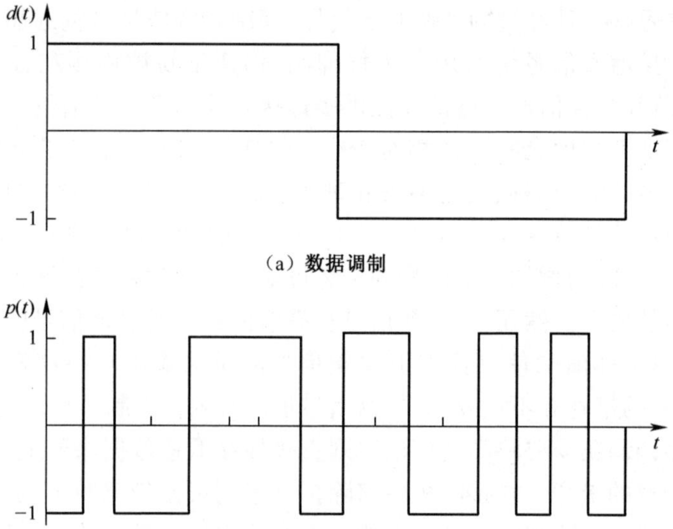

图 2.1　波形示例

若缺乏扩谱序列的先验知识，传输的信息就不能恢复，因此直扩系统可提供**信息保密**能力。虽然信息安全可由密码保护，但即使不用密码，直扩系统的这种特性也可对信息秘密提供保护。若数据符号间的转换时刻与码片的转换时刻不一致，在理论上有可能通过检测和分析转换时刻，从码片中分离数据符号。因此，基于保密的需要，此后假设数据符号间的转换时刻必须与码片的转换时刻一致。另一个保持转换时刻一致的原因是简化接收机设计实现。由于转换时刻一致，**处理增益** $G = T_s/T_c$ 是一个正整数，它等于一个符号间隔内的码片数目。若 W 是 $p(t)$ 的带宽，B 是 $d(t)$ 的带宽，由 $p(t)$ 导致的带宽扩展使得 $s(t)$ 的带宽满足 $W \gg B$。

图 2.2 是采用 BPSK 或 DPSK 调制的直扩系统基本工作过程功能或概念框图。为保证符号和码片转换时刻一致，由同一个时钟保持 0、1 序列构成的数据符号和码片同步，然后在发射机中进行模 2 加（异或）运算。在图 2.2(a) 所示的码片波形调制之前，加法器的输出根据 0 →-1 和 1 →+1 的规则进行转换。

经上变频后，已调信号被发射出去。如图 2.2(b) 所示，接收信号通过滤波器，然后和与之同步的 $p(t)$ 的本地副本相乘。若 $\psi(t)$ 为单位幅度的矩形脉冲，则 $p(t)=\pm 1$ 且 $p^2(t)=1$。因此，若滤波后的信号由式(2.1)给出，则 $p(t)$ 和 $s(t)$ 的相乘可在 BPSK 或 DPSK 解调器输入端得到解扩信号：

$$s_1(t)=p(t)s(t)=Ad(t)\cos(2\pi f_c t+\theta) \tag{2.4}$$

解扩之后，标准解调器可解调出数据符号或给译码器提供符号度量。

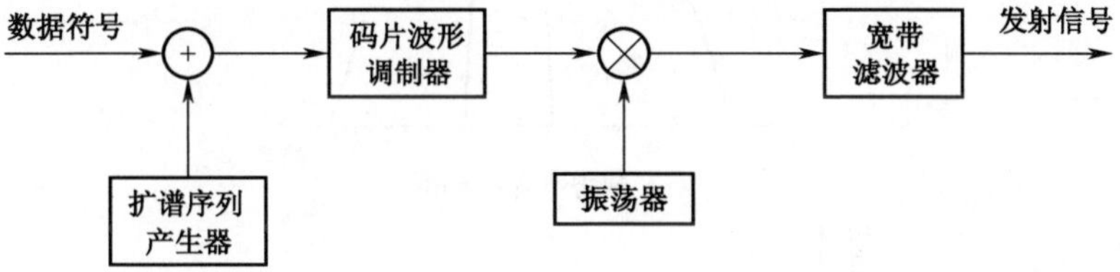

(a) 发射机

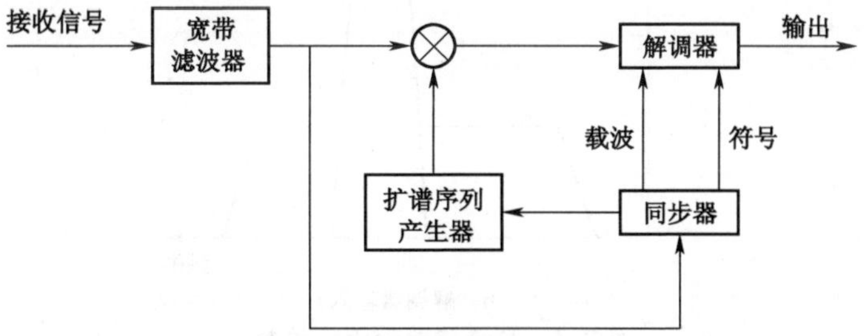

(b) 接收机

图 2.2　基于 BPSK 或 DPSK 的直接序列扩谱系统的功能框图

图 2.3(a) 为宽带滤波器输出端直扩信号和窄带干扰频谱相比较的定性描述。接收信号与扩谱波形的相乘称为**解扩**。解扩在解调器输入端产生了如图 2.3(b) 所示的频谱。直扩信号带宽减小到 B，而干扰的能量扩展到超过 W 的带宽上。由于解调器的滤波能滤除大部分与(通信)信号不重叠的干扰频谱，这样大部分初始干扰能量就得以消除。干扰抑制能力的近似度量为 W/B。无论带宽如何精确定义，W 和 B 都分别正比于 $1/T_c$ 和 $1/T_s$，且具有相同的比例常数。因此

$$G=\frac{T_s}{T_c}=\frac{W}{B} \tag{2.5}$$

上式将处理增益和图 2.3 所示的干扰抑制能力联系起来。由于解扩后高斯白噪声的频谱不变，因此直扩系统不能抑制高斯白噪声。

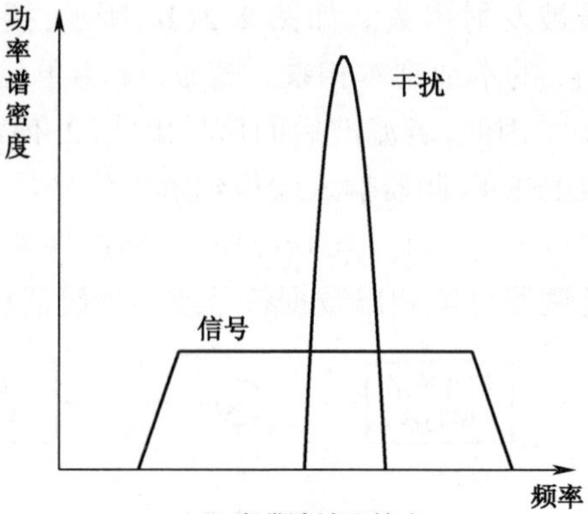

（a）宽带滤波器输出

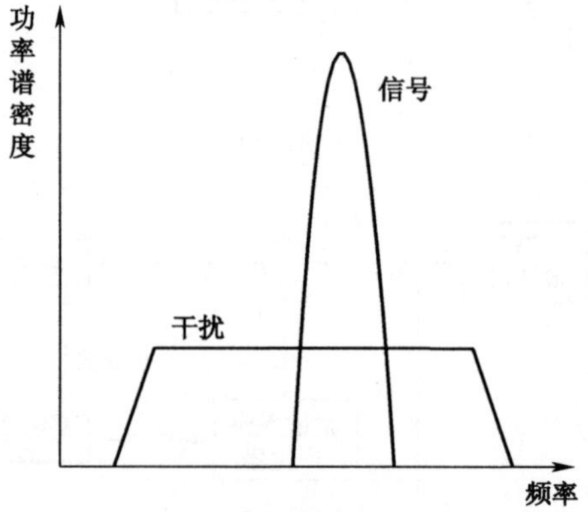

（b）解调器输入

图 2.3　扩谱信号和干扰的频谱

在实际系统中,发射机中的宽带滤波器用于抑制带外辐射。但是,该滤波器和传播信道会导致码片波形发散,从而使得它不再限于 $[0,T_c]$ 内。为防止在接收机中产生明显的**码片间干扰**,滤波后的码片波形必须经过设计,以便近似满足无码片间干扰时的奈奎斯特准则。当码片波形扩展超过 $[0,T_c]$ 时,一种表示直扩信号的便利方法为

$$s(t) = A\sum_{i=-\infty}^{\infty} d_{\lfloor i/G\rfloor}p_i\psi(t - iT_c)\cos(2\pi f_c t + \theta) \tag{2.6}$$

式中:$\lfloor\cdot\rfloor$ 为对 x 取整。当码片波形限制在 $[0,T_c]$ 之内时,式(2.6)可用式(2.1)和式(2.2)表示。

2.2　扩谱序列与波形

直扩接收机计算接收的扩谱序列和存储的所期望的扩谱序列副本之间的

相关函数。若接收机与接收的直扩序列同步，则相关函数会变高，反之则会变低。因此，扩谱序列具有合适的自相关特性是很重要的。多址接入通信中可能同时接收许多不同的扩谱序列，因此对扩谱序列的要求就更高。这部分内容将在第 7 章阐述。同步方面的内容将在第 4 章阐述。

2.2.1 随机二进制序列

随机二进制序列 $x(t)$ 是由时宽为 T 的独立同分布符号组成的随机过程。每个符号以概率 1/2 取 +1 或 -1。因此，对于全部 t 有 $E[x(t)]=0$，且

$$P[x(t)=i]=\frac{1}{2},\quad i=+1,-1 \tag{2.7}$$

随机二进制序列 $x(t)$ 的一个样本函数如图 2.4 所示。无需设定 $t=0$ 时的符号的边界。

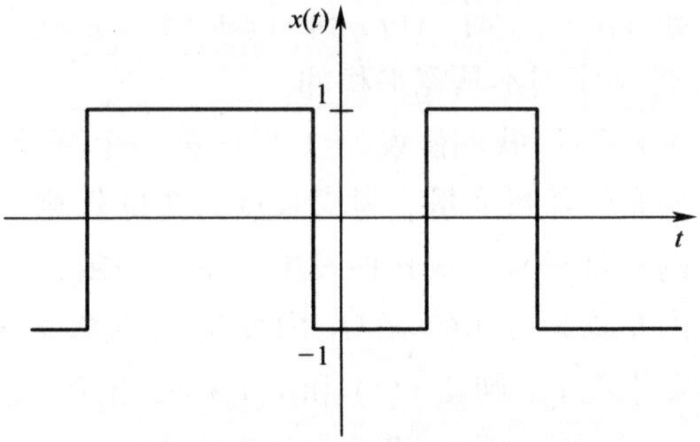

图 2.4 随机二进制序列的一个样本

随机过程 $x(t)$ 的**自相关函数**定义为

$$R_x(t,\tau)=E[x(t)x(t+\tau)] \tag{2.8}$$

若一个随机过程的均值为常数，且自相关函数 $R_x(t,\tau)$ 只是 τ 的函数，可表示为 $R_x(\tau)$，则该随机过程是**宽平稳**的。如下文所示，若一个随机二进制序列第一个符号的转换时刻，或在 $t=0$ 时刻后一个新符号的开始时刻，是一个在半开区间 $(0,T]$ 上均匀分布的随机变量，则该随机二进制序列是宽平稳的。由式(2.7)及均值和条件概率的定义可知，随机二进制序列的自相关函数为

$$\begin{aligned}R_x(t,\tau)=&\frac{1}{2}P[x(t+\tau)=1\,|\,x(t)=1]-\frac{1}{2}P[x(t+\tau)=-1\,|\,x(t)=1]\\&+\frac{1}{2}P[x(t+\tau)=-1\,|\,x(t)=-1]-\frac{1}{2}P[x(t+\tau)=1\,|\,x(t)=-1]\end{aligned} \tag{2.9}$$

式中：$P[A|B]$ 为在事件 B 发生的条件下，事件 A 发生的条件概率。由全概率

定理可得

$$P[x(t+\tau)=i|x(t)=i]+P[x(t+\tau)=-i|x(t)=i]=1,\quad i=+1,-1 \tag{2.10}$$

由于以下两个概率都等于 $x(t)\neq x(t+\tau)$ 的概率,因此有

$$P[x(t+\tau)=1|x(t)=-1]=P[x(t+\tau)=-1|x(t)=1] \tag{2.11}$$

将式(2.10)和式(2.11)代入式(2.9)可得

$$R_x(t,\tau)=1-2P[x(t+\tau)=1|x(t)=-1] \tag{2.12}$$

若 $|\tau|\geqslant T$,则由于 t 和 $t+\tau$ 是在不同的符号间隔中,$x(t)$ 和 $x(t+\tau)$ 是独立的随机变量,因此

$$P[x(t+\tau)=1|x(t)=-1]=P[x(t+\tau)=1]=\frac{1}{2} \tag{2.13}$$

且式(2.6)意味着当 $|\tau|\geqslant T$ 时,$R_x(t,\tau)=0$。若 $|\tau|<T$,则仅当符号的转换发生在半开区间 $I_0=(t,t+\tau]$ 时,$x(t)$ 和 $x(t+\tau)$ 才是独立的。因此,若没有额外的假设,随机二进制序列不是宽平稳的。

为确保序列的宽平稳性,我们假设 $t=0$ 后的第一个符号的转换时刻是在半开区间 $(0,T]$ 均匀分布的随机变量。考虑长度为 T 的任意半开区间 I_1(显然该区间包含 I_0),在 I_1 内有且只有一次转换发生。由于假定 $t>0$ 后发生第一次转换的时刻在 $(0,T]$ 内是均匀分布的,在 I_1 内发生的转换也发生在 I_0 内的概率为 $|\tau|/T$。若转换发生在 I_0,则使 $x(t)$ 和 $x(t+\tau)$ 相互独立且不相同的概率为1/2,否则 $x(t)=x(t+\tau)$。因此,若 $|\tau|<T$ 则 $P[x(t+\tau)=1|x(t)=-1]=|\tau|/2T$。将前述结果代入式(2.12),可证明 $x(t)$ 是宽平稳的,并可得到**随机二进制序列的自相关函数**为

$$R_x(\tau)=\Lambda\left(\frac{\tau}{T}\right) \tag{2.14}$$

式中**三角函数 $\boldsymbol{\Lambda(t)}$** 定义为

$$\Lambda(t)=\begin{cases}1-|t|, & |t|\leqslant 1\\ 0, & |t|>1\end{cases} \tag{2.15}$$

随机二进制序列的功率谱密度是其自相关函数的傅里叶变换。通过基本积分可得到功率谱密度为

$$\begin{aligned}S_x(f)&=\int_{-\infty}^{\infty}\Lambda\left(\frac{t}{T}\right)\exp(-\mathrm{j}2\pi ft)\,\mathrm{d}t\\&=T\mathrm{sinc}^2 fT\end{aligned} \tag{2.16}$$

式中:$\mathrm{j}=\sqrt{-1}$;$\mathrm{sinc}x=(\sin\pi x)/\pi x$。

2.2.2 移位寄存器序列

理想情况下,人们更倾向于使用随机二进制序列作为扩谱序列。然而,接收机中实际的同步要求使得人们不得不使用周期性二进制序列。**移位寄存器序列**是一种由反馈移位寄存器输出或通过合并反馈移位寄存器输出而产生的周期性二进制序列。如图 2.5 所示的**反馈移位寄存器**由连续的双态记忆或存储器单元和反馈逻辑单元组成。由字符 {0,1} 组成的二进制序列根据时钟脉冲通过移位寄存器进行移位。每级寄存器的**内容**与它们的输出是相同的,通过逻辑合并后产生第一级的输入。每级寄存器的初始内容和反馈逻辑决定了下一时刻寄存器的内容。若反馈逻辑完全由模 2 加法器(异或门)组成,则反馈移位寄存器及其产生的序列称之为**线性的**。

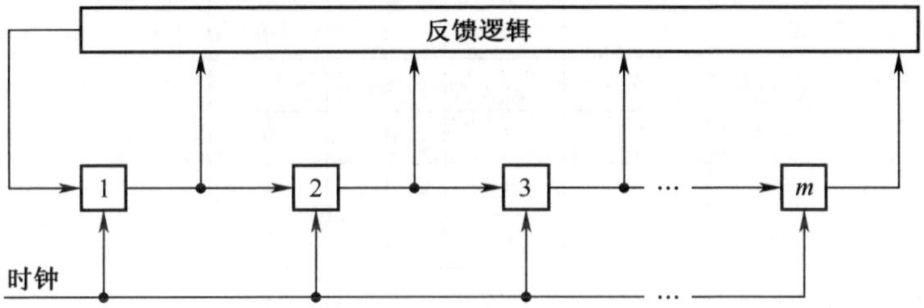

图 2.5 具有 m 级的通用反馈移位寄存器

图 2.6(a)给出了一个三级线性反馈移位寄存器,其输出序列由最后一级导出。第一级的输入是第二级和第三级内容的模 2 加。每经过一个时钟脉冲,前面两级的内容就向右平移一次,然后第一级的输入就变成了它的内容。若三级移位寄存器的初始内容为 001,则连续移位后的内容如图 2.6(b)所示。由于移位寄存器经过 7 次移位后返回它的初始状态,故最后一级输出的周期性序列的周期是 7bit。

第 i 个时钟脉冲后移位寄存器的**状态**是下式所示的向量为

$$S(i) = [s_1(i) \quad s_2(i) \quad \cdots \quad s_m(i)], \quad i \geq 0 \tag{2.17}$$

式中:$s_l(i)$ 为第 i 个时钟脉冲后第 l 级移位寄存器的内容,$S(0)$ 为初始状态。移位寄存器的定义表明:

$$s_l(i) = s_{l-k}(i-k), i \geq k \geq 0, \quad k \leq l \leq m \tag{2.18}$$

式中:$s_0(i)$ 为第 i 个时钟脉冲后寄存器第 1 级的输入。若 a_i 表示输出序列中比特 i 的状态,则 $a_i = s_m(i)$。反馈移位寄存器的状态唯一决定了随后的序列状态及移位寄存器序列。

移位寄存器序列 $\{a_i\}$ 的周期 N 定义为满足 $a_{i+N} = a_i$ ($i \geq 0$)的最小正整

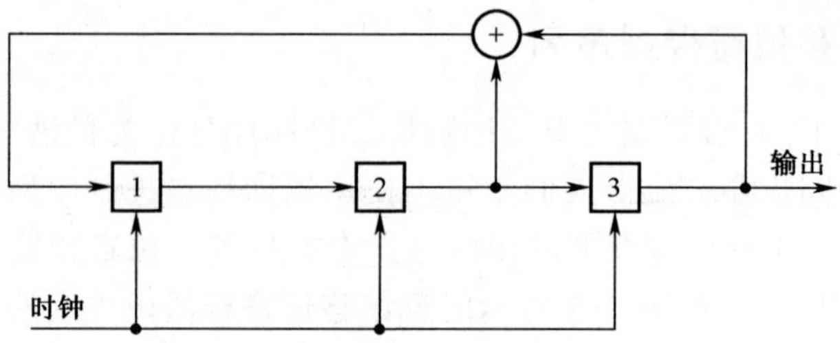

(a) 三级线性反馈移位寄存器

移位	内容		
	第 1 级	第 2 级	第 3 级
初始状态	0	0	1
1	1	0	0
2	0	1	0
3	1	0	1
4	1	1	0
5	1	1	1
6	0	1	1
7	0	0	1

(b) 连续移位后的寄存器内容

图 2.6　线性反馈移位寄存器示例

数。由于 m 级非线性反馈移位寄存器的状态数为 2^m，故序列状态和移位寄存器序列的周期满足 $N \leqslant 2^m$。

线性反馈移位寄存器的第一级输入为

$$s_0(i) = \sum_{k=1}^{m} c_k s_k(i), \quad i \geqslant 0 \tag{2.19}$$

式中的求和运算为模 2 加,反馈系数 c_k 为 1 或 0,其取值取决于第 k 级的输出是否送至模 2 加法器。除非移位寄存器第 m 级的反馈系数被定义为 $c_m = 1$，否则,该级移位寄存器只提供一次移位时延,而其最终状态不会对输出序列的生成产生影响。例如,从图 2.6 可知 $c_1 = 0$，$c_2 = c_3 = 1$，且 $s_0(i) = s_2(i) \oplus s_3(i)$，$\oplus$ 为模 2 加。线性反馈移位寄存器的一般表示如图 2.7(a)所示。若 $c_k = 1$，则相应的开关闭合;若 $c_k = 0$，则开关打开。

由于移位寄存器比特 $a_i = s_m(i)$，式(2.18)和式(2.19)表明对于 $i \geqslant m$ 有

$$a_i = s_0(i-m) = \sum_{k=1}^{m} c_k s_k(i-m) = \sum_{k=1}^{m} c_k s_m(i-k) \tag{2.20}$$

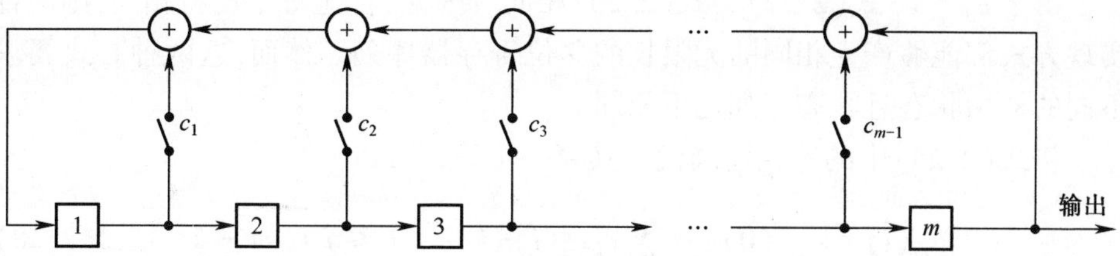

(a) 标准形式

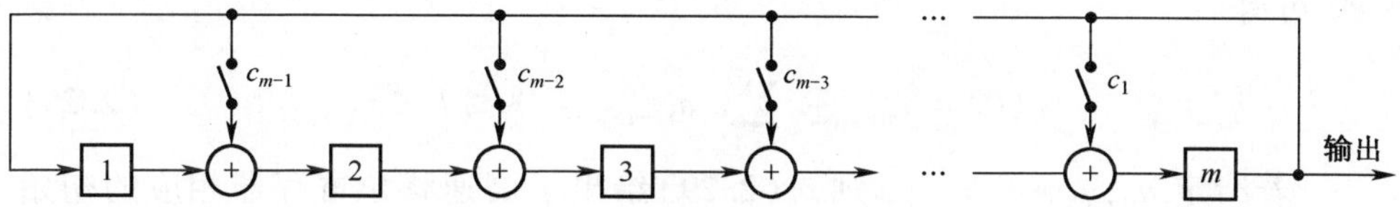

(b) 高速形式

图 2.7 线性反馈移位寄存器

该式表明每个输出比特满足**线性递归关系**为

$$a_i = \sum_{k=1}^{m} c_k a_{i-k}, \quad i \geqslant m \tag{2.21}$$

前 m 个移位寄存器比特仅由初始状态决定,即

$$a_i = s_{m-i}(0), \quad 0 \leqslant i \leqslant m-1 \tag{2.22}$$

图 2.7(a)并非产生特定移位寄存器序列的最好方式。而图 2.7(b)是一种可实现高速运算的方式。从该图可知

$$s_l(i) = s_{l-1}(i-1) \oplus c_{m-l+1}s_m(i-1), \quad i \geqslant 1, 2 \leqslant l \leqslant m \tag{2.23}$$

$$s_1(i) = s_m(i-1), \quad i \geqslant 1 \tag{2.24}$$

重复应用式(2.23)可得

$$\begin{aligned} s_m(i) &= s_{m-1}(i-1) \oplus c_1 s_m(i-1), \quad i \geqslant 1 \\ s_{m-1}(i-1) &= s_{m-2}(i-2) \oplus c_2 s_m(i-2), \quad i \geqslant 2 \\ &\vdots \\ s_2(i-m+2) &= s_1(i-m+1) \oplus c_{m-1} s_m(i-m+1), \quad i \geqslant m-1 \end{aligned} \tag{2.25}$$

以上 m 个等式相加可得

$$s_m(i) = s_1(i-m+1) \oplus \sum_{k=1}^{m-1} c_k s_m(i-k), \quad i \geqslant m-1 \tag{2.26}$$

将式(2.24)及 $a_i = s_m(i)$ 代入式(2.26)可得

$$a_i = a_{i-m} \oplus \sum_{k=1}^{m-1} c_k a_{i-k}, \quad i \geqslant m \tag{2.27}$$

由于$c_m=1$,式(2.27)与式(2.20)相同。因此,若前m个比特相同,则两种实现方式都能够产生相同的无限长的移位寄存器序列。然而,这两种方式要求不同的初始状态且状态序列也不相同。

将式(2.25)中的等式连续代入其第一个等式可得

$$s_m(i)=s_{m-i}(0)\oplus\sum_{k=1}^{i}c_k s_m(i-k),\quad 1\leqslant i\leqslant m-1 \tag{2.28}$$

将$a_i=s_m(i)$、$a_{i-k}=s_m(i-k)$及$j=m-i$代入式(2.28),并应用二进制运算,可得

$$s_l(0)=a_{m-l}\oplus\sum_{k=1}^{m-l}c_k a_{m-l-k},\quad 1\leqslant l\leqslant m \tag{2.29}$$

若给定$a_0,a_1,\cdots,a_{m-1}$,则式(2.29)给出了高速移位寄存器相应的初始状态。

二进制序列$\boldsymbol{a}=(a_0,a_1,\cdots)$和$\boldsymbol{b}=(b_0,b_1,\cdots)$之和定义为二进制序列$\boldsymbol{a}\oplus\boldsymbol{b}$,其中的每个比特为

$$d_i=a_i\oplus b_i,i\geqslant 0 \tag{2.30}$$

考虑由相同线性反馈移位寄存器产生但因初始状态不同而不同的序列$\boldsymbol{a}$和$\boldsymbol{b}$。对于序列$\boldsymbol{d}=\boldsymbol{a}\oplus\boldsymbol{b}$,根据式(2.30)及二进制的结合律和分配律可得

$$\begin{aligned}d_i&=\sum_{k=1}^{m}c_k a_{i-k}\oplus\sum_{k=1}^{m}c_k b_{i-k}=\sum_{k=1}^{m}(c_k a_{i-k}\oplus c_k b_{i-k})\\&=\sum_{k=1}^{m}c_k(a_{i-k}\oplus b_{i-k})=\sum_{k=1}^{m}c_k d_{i-k}\end{aligned} \tag{2.31}$$

由于线性递推关系是恒等的,$\boldsymbol{d}$可由产生$\boldsymbol{a}$和$\boldsymbol{b}$的相同的线性反馈逻辑产生。因此,若$\boldsymbol{a}$和$\boldsymbol{b}$是同一个线性反馈移位寄存器的两个输出序列,则$\boldsymbol{a}\oplus\boldsymbol{b}$也可由该线性反馈移位寄存器产生。

2.2.3 最大序列

若一个线性反馈移位寄存器在某一时刻到达了全部内容均为零的零状态,则它将永远保持在零状态,其输出序列也因此为全零。由于一个线性m级反馈移位寄存器恰有(2^m-1)个非零状态,因此它输出序列的周期不超过(2^m-1)。一个由线性反馈移位寄存器产生的周期为(2^m-1)的序列称之为**最大序列**或**最大长度序列**。若一个线性反馈移位寄存器可以产生最大序列,则无论初始状态如何,其所有的非零输出序列都是最大长度的。

在一个线性移位寄存器的2^m个可能状态中,最后一级内容(与移位寄存器序列中的一个比特相同)为零的状态数有(2^{m-1})个;除了非零状态,有$(2^{m-1}-1)$

个状态输出比特为零。因此,在最大序列的一个周期中,零的数量恰好为 $2^{m-1}-1$, 1 的数量恰好为 2^{m-1}。

给定二进制序列 $\boldsymbol{a}$, 令 $\boldsymbol{a}(l)=(a_l,a_{l+1},\cdots)$ 表示平移后的二进制序列。若 $\boldsymbol{a}$ 是最大序列且 $l\neq 0$, 以 (2^m-1) 为模,则 $\boldsymbol{a}\oplus\boldsymbol{a}(l)$ 不是全零序列。由于 $\boldsymbol{a}\oplus\boldsymbol{a}(l)$ 与 $\boldsymbol{a}$ 由同一移位寄存器产生,它必然是一个最大序列且是 $\boldsymbol{a}$ 的循环移位。因此可得出结论,即最大序列间的模二加、它自身的 l 位($l\neq 0$)的循环移位以及模 2^m-1,都可产生原始序列的一个循环移位序列,即

$$\boldsymbol{a}\oplus\boldsymbol{a}(l)=\boldsymbol{a}(k),\quad l\neq 0(\text{modulo}\quad 2^m-1) \tag{2.32}$$

相比之下,一个非最大线性序列 $\boldsymbol{a}\oplus\boldsymbol{a}(l)$ 就不一定是 $\boldsymbol{a}$ 的循环移位序列,甚至具有不同的周期。例如,考虑图 2.8 所示的线性反馈移位寄存器,其可能的状态转换取决于初始状态。因此,若其初始状态为 0 1 0,则第二个状态图表明它有两个可能的状态,故输出序列的周期为 2。输出的移位寄存器序列为 $\boldsymbol{a}=(0,1,0,1,0,1,\cdots)$, 这意味着 $\boldsymbol{a}(1)=(1,0,1,0,1,0,\cdots)$, 故 $\boldsymbol{a}\oplus\boldsymbol{a}(1)=(1,1,1,1,1,1,\cdots)$。这表明没有可满足式(2.32)的 k 值。

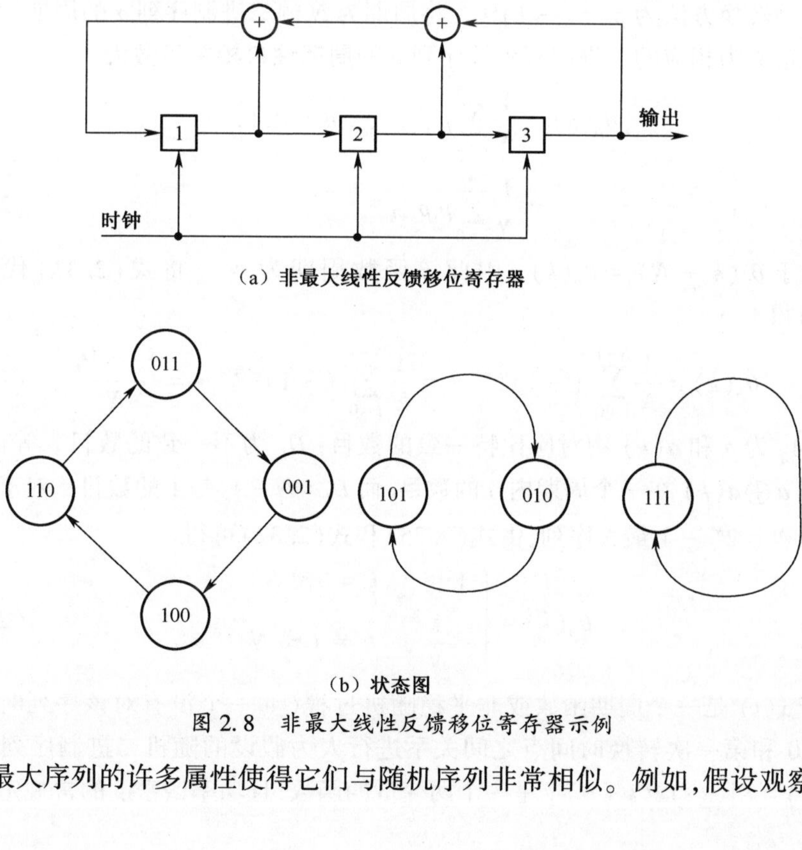

图 2.8　非最大线性反馈移位寄存器示例

最大序列的许多属性使得它们与随机序列非常相似。例如,假设观察周期

为 (2^m-1) 比特的最大序列中的 i 个比特,且 $i \leqslant m$。这 i 个比特属于 m 个比特的序列中的一部分,这 m 个比特构成了产生最大序列的移位寄存器中的一个状态。若这 i 个比特非全零,则在 m 比特序列中未观察到的 $(m-i)$ 比特可以是 2^{m-i} 个可能序列中的任意一个。由于有 (2^m-1) 个可能的 m 比特序列,若比特非全零,由 i 个观察到的比特构成的特定序列的比率(相对频率)为 $(2^{m-i}-1)/(2^m-1)$。若观察到 i 个零,则未观察到的比特不可能全为零,这是因为 m 比特序列构成了最大序列发生器的一个状态。因此,观察到 i 个零的比率(相对频率)为 $(2^{m-i}-1)/(2^m-1)$。若 m 比特序列是随机的,这两个比率在 $m \to \infty$ 时都趋近于 2^{-i}。

2.2.4 自相关函数和功率谱

一个元素为 $a_i \in \mathrm{GF}(2)$ 的二进制序列 $\boldsymbol{a}$,能够映射到一个双极性二进制序列 $\boldsymbol{p}$,其组成元素为 $p_i \in \{-1,+1\}$,转换方法如下式为

$$p_i = (-1)^{a_i+1}, \quad i \geqslant 0 \tag{2.33}$$

或另一种转换方法为 $p_i = (-1)^{a_i}$。将周期为 N 的二进制序列 $\boldsymbol{a}$ 的周期性自相关函数定义为相应的二进制双极性序列 p 的**周期性自相关函数**为

$$\begin{aligned}\theta_p(k) &= \frac{1}{N}\sum_{i=n}^{n+N} p_i p_{i+k}, \quad n = 0,1,\cdots \\ &= \frac{1}{N}\sum_{i=0}^{N} p_i p_{i+k}\end{aligned} \tag{2.34}$$

由于 $\theta_p(k+N) = \theta_p(k)$,因此该函数周期为 N。将式(2.33)代入式(2.34)得

$$\theta_p(k) = \frac{1}{N}\sum_{i=0}^{N-1}(-1)^{a_i+a_{i+k}} = \frac{1}{N}\sum_{i=0}^{N-1}(-1)^{a_i \oplus a_{i+k}} = \frac{A_k - D_k}{N} \tag{2.35}$$

式中:A_k 为 $\boldsymbol{a}$ 和 $\boldsymbol{a}(k)$ 中对应比特一致的数目;D_k 为不一致的数目。等价地,A_k 也是 $\boldsymbol{a} \oplus \boldsymbol{a}(k)$ 在一个周期内 0 的数目,而 $D_k = N - A_k$ 是 1 的数目。对于一个长度为 $N = 2^m - 1$ 最大序列,由式(2.35)和式(2.32)可得

$$\theta_p(k) = \begin{cases} 1, & k = (\text{模 } N) \\ -\dfrac{1}{N}, & k \neq (\text{模 } N) \end{cases} \tag{2.36}$$

若 $x(t)$ 是一个周期函数或非平稳随机过程(如一个没有对该序列时间原点 $t=0$ 和第一次转换时间点之间关系进行人为假设的随机二进制序列),则 $R_x(t,\tau) = E[x(t)x(t+\tau)]$ 是一个两变量的函数,且功率谱密度的常规定义不

适用。人们可以定义每一个固定时间点 t 的功率谱密度,再定义对 t 进行平均的平均功率谱密度。此处采用的是另一种方法,即将 $R_x(t,\tau)$ 对 t 进行平均来消除其中一个变量,然后通过对剩下的一个变量进行傅里叶变换来定义平均功率谱密度。当接收机进行码片同步后,将观察到的式(2.2)所示扩谱波形建模为非平稳随机过程是很自然的。

函数 $x(t)$ 的周期为 T, 其**周期自相关函数**或**平均自相关函数**定义为

$$R_x(\tau)=\frac{1}{T}\int_c^{c+T}x(t)x(t+\tau)\,\mathrm{d}t \tag{2.37}$$

式中:τ 为相对时延变量;c 为任意常数。由于 $x(t)$ 周期为 T 的周期函数,故 $R_x(\tau)$ 的周期也为 T。

假设一个码片波形为矩形的无限扩展的理想周期性扩谱波形,可推导出扩谱波形 $p(t)$ 的平均自相关函数。若扩谱序列周期为 N,则 $p(t)$ 的周期为 $T=NT_c$。若码片的起始点为 $t=0$, 则 $c=0$ 时,由式(2.2)、式(2.3)和式(2.37)可得到 $p(t)$ 的自相关函数为

$$R_p(\tau)=\frac{1}{NT_c}\sum_{i=0}^{N-1}p_i\sum_{l=-\infty}^{\infty}p_l\int_0^{NT_c}w(t-iT_c,T_c)w(t-lT_c+\tau,T_c)\,\mathrm{d}t \tag{2.38}$$

任何延时都可表示为 $\tau=kT_c+\epsilon$ 的形式,k 为正整数且 $0\leqslant\epsilon<T_c$。将该式代入式(2.38),可知仅当 $l=i+k$ 或 $l=i+k+1$ 时被积函数才为非零。因此

$$\begin{aligned}R_p(kT_c+\epsilon)=&\frac{1}{NT_c}\sum_{i=0}^{N-1}p_ip_{i+k}\int_0^{NT_c}w(t-iT_c,T_c)w(t-iT_c+\epsilon,T_c)\,\mathrm{d}t\\&+\frac{1}{NT_c}\sum_{i=0}^{N-1}p_ip_{i+k+1}\int_0^{NT_c}w(t-iT_c,T_c)w(t-iT_c+\epsilon-T_c,T_c)\,\mathrm{d}t\end{aligned} \tag{2.39}$$

在式(2.39)中使用式(2.34)和式(2.3),可得

$$R_p(kT_c+\epsilon)=\left(1-\frac{\epsilon}{T_c}\right)\theta_p(k)+\frac{\epsilon}{T_c}\theta_p(k+1) \tag{2.40}$$

对于一个最大序列,将式(2.36)代入式(2.40)可得到一个周期内的 $R_p(\tau)$ 为

$$R_p(\tau)=\frac{N+1}{N}\Lambda\left(\frac{\tau}{T_c}\right)-\frac{1}{N},\quad |\tau|\leqslant NT_c/2 \tag{2.41}$$

式中 $\Lambda(\cdot)$ 为由式(2.15)定义的三角函数。由于该函数周期为 NT_c, 故最大序列的周期性自相关函数可简洁地表示为

$$R_p(\tau)=-\frac{1}{N}+\frac{N+1}{N}\sum_{i=-\infty}^{\infty}\Lambda\left(\frac{\tau-iNT_c}{T_c}\right) \tag{2.42}$$

在一个周期上，该自相关函数类似于由式(2.14)给出的 $T=T_c$ 时的随机二进制序列的自相关函数。这两类自相关函数如图 2.9 所示。

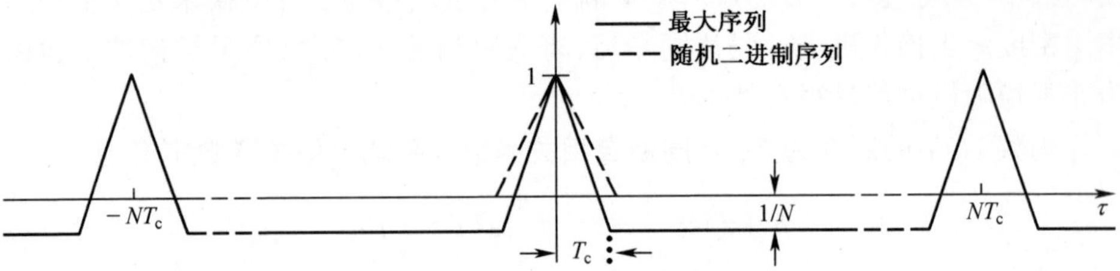

图 2.9 最大序列和随机二进制序列的自相关函数

由于式(2.42)中的无穷级数是 τ 的周期函数，它可表示为复指数傅里叶级数。由式(2.16)和复指数函数的傅里叶变换是冲激函数这一事实，可得到该级数的傅里叶变换为

$$\mathscr{F}\left\{\sum_{i=-\infty}^{\infty}\Lambda\left(\frac{t-iNT_c}{T_c}\right)\right\}=\frac{1}{N}\sum_{i=-\infty}^{\infty}\operatorname{sinc}^2\left(\frac{i}{N}\right)\delta\left(f-\frac{i}{NT_c}\right) \tag{2.43}$$

式中 $\delta(\cdot)$ 为单位冲激函数，sinc 函数为

$$\operatorname{sinc}(x)=\begin{cases}(\sin\pi x)/\pi x, & x\neq 0\\ 1, & x=0\end{cases} \tag{2.44}$$

将该傅里叶变换代入式(2.42)，可得到**扩谱波形** $p(t)$ 的**平均功率谱密度** $S_p(f)$，它定义为 $R_p(\tau)$ 的傅里叶变换：

$$S_p(f)=\frac{N+1}{N^2}\sum_{\substack{i=-\infty\\ i\neq 0}}^{\infty}\operatorname{sinc}^2\left(\frac{i}{N}\right)\delta\left(f-\frac{i}{NT_c}\right)+\frac{1}{N^2}\delta(f) \tag{2.45}$$

该函数由冲激函数的无穷级数组成，如图 2.10 所示。

对于式(2.1)给出的直扩信号，将调制数据 $d(t)$ 建模为随机二进制序列，其自相关函数由式(2.14)给出，码片波形为矩形波，将 θ 建模为在 $[0,2\pi]$ 上均匀分布的随机变量，且与 $d(t)$ 统计独立。忽略比特间的转换必须与码片间转换一致的约束条件，可得到直扩信号 $s(t)$ 的自相关函数为

$$R_s(t,\tau)=\frac{A^2}{2}p(t)p(t+\tau)\Lambda\left(\frac{\tau}{T_s}\right)\cos 2\pi f_c\tau \tag{2.46}$$

式中：$p(t)$ 为周期性扩谱波形，其周期为 T_s。**循环平稳过程**是其均值和自相关函数具有相同周期的随机过程。由于 $s(t)$ 均值为零且 $R_s(t+T_s,\tau)=R_s(t,\tau)$，因此，它是周期为 T_s 的循环平稳过程。将式(2.46)代入式(2.37)可得**直扩信号的平均自相关函数**为

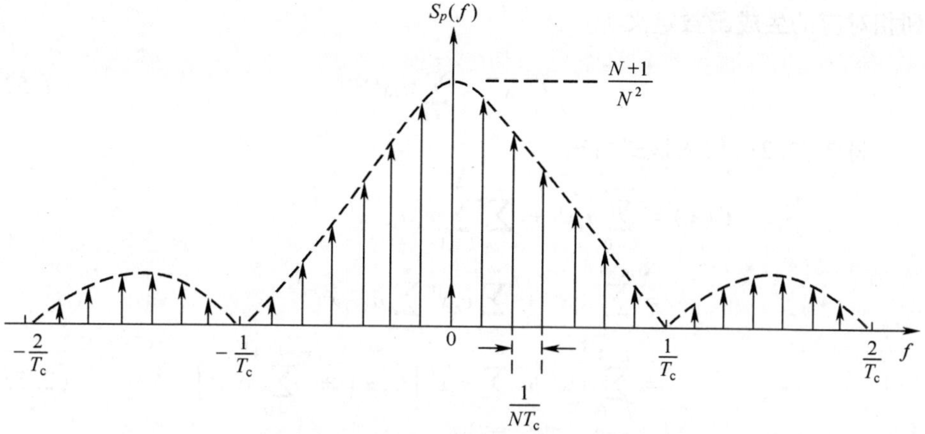

图 2.10　最大序列的功率谱密度

$$\overline{R}_s(\tau)=\frac{A^2}{2}R_p(\tau)\Lambda\left(\frac{\tau}{T_s}\right)\cos 2\pi f_c\tau \tag{2.47}$$

式中：$R_p(\tau)$ 为 $p(t)$ 的平均自相关函数。

对于一个最大扩谱序列，利用卷积定理、式(2.47)、式(2.16)和式(2.45)，可得**直扩信号** $s(t)$ **的平均功率谱密度**为

$$\overline{S}_s(f)=\frac{A^2}{4}[S_{s1}(f-f_c)+S_{s1}(f+f_c)] \tag{2.48}$$

式中等效低通功率谱密度为

$$S_{s1}(f)=\frac{T_s}{N}\operatorname{sinc}^2 fT_s+\frac{N+1}{N^2}T_s\sum_{\substack{i=-\infty\\ i\neq 0}}^{\infty}\operatorname{sinc}^2\left(\frac{i}{N}\right)\operatorname{sinc}^2\left(fT_s-\frac{iT_s}{NT_c}\right) \tag{2.49}$$

若 $p(t)$ 是随机二进制序列，则式(2.14)表明式(2.47)和式(2.48)是有效的，且

$$R_p(\tau)=\Lambda\left(\frac{\tau}{T_c}\right),\quad S_{s1}(f)=T_c\operatorname{sinc}^2 dT_c \tag{2.50}$$

2.2.5　特征多项式

二进制域 GF(2)（见 1.2 节）上的多项式可对线性反馈移位寄存器的输出序列与其反馈系数及序列初始状态之间的关系进行紧致描述。反馈系数为 $c_i(i=1,2,\cdots,m)$ 的 m 级线性反馈移位寄存器的**特征多项式**可定义为

$$f(x)=1+\sum_{i=1}^{m}c_ix^i \tag{2.51}$$

若第 m 级对生成移位寄存器序列有贡献，则系数 $c_m=1$。与移位寄存器序

列相对应的**生成函数**定义为

$$G(x)=\sum_{i=0}^{\infty}a_i x^i \tag{2.52}$$

将式(2.21)代入该式可得

$$\begin{aligned}G(x)&=\sum_{i=0}^{m-1}a_i x^i+\sum_{i=m}^{\infty}\sum_{k=1}^{m}c_k a_{i-k}x^i\\&=\sum_{i=0}^{m-1}a_i x^i+\sum_{k=1}^{m}c_k x^k\sum_{i=m}^{\infty}a_{i-k}x^{i-k}\\&=\sum_{i=0}^{m-1}a_i x^i+\sum_{k=1}^{m}c_k x^k\left[G(x)+\sum_{i=0}^{m-k-1}a_i x^i\right]\end{aligned}\tag{2.53}$$

由上式及式(2.51)并设 $c_0=1$,可得

$$\begin{aligned}G(x)f(x)&=\sum_{i=0}^{m-1}a_i x^i+\sum_{k=1}^{m}c_k x^k\left(\sum_{i=0}^{m-k-1}a_i x^i\right)\\&=\sum_{k=0}^{m-1}c_k x^k\left(\sum_{i=0}^{m-k-1}a_i x^i\right)=\sum_{k=0}^{m-1}\sum_{i=0}^{m-k-1}c_k a_i x^{k+i}\\&=\sum_{k=0}^{m-1}\sum_{l=k}^{m-1}c_k a_{l-k}x^l=\sum_{l=0}^{m-1}\sum_{k=0}^{l}c_k a_{l-k}x^l\end{aligned}\tag{2.54}$$

上式意味着

$$G(x)=\frac{\sum_{i=0}^{m-1}x^i\left(\sum_{k=0}^{i}c_k a_{i-k}\right)}{f(x)},\quad c_0=1 \tag{2.55}$$

因此,移位寄存器序列的生成函数可表示为 $G(x)=\phi(x)/f(x)$,而该序列由特征多项式为 $f(x)$ 的线性反馈移位寄存器产生,其中 $\phi(x)$ 的多项式次数低于 $f(x)$ 的次数。移位寄存器序列可以说是由 $f(x)$ **生成**的。式(2.55)清楚地显示了移位寄存器序列完全由反馈系数 $c_k(k=1,2,\cdots,m)$ 和初始状态 $a_i=s_{m-i}(0)(i=0,1,\cdots,m-1)$决定。

图 2.6 中,反馈系数为 $c_1=0,c_2=1$ 和 $c_3=1$,初始状态为 $a_0=1,a_1=0$ 和 $a_2=0$。因此

$$G(x)=\frac{1+x^2}{1+x^2+x^3} \tag{2.56}$$

根据二进制运算的规则进行多项式长除可得 $1+x^3+x^5+x^6+x^7+x^{10}+\cdots$,输出序列可在图 2.6(b)中列出。

若存在多项式 $h(x)$ 满足 $b(x)=h(x)p(x)$,则多项式 $p(x)$ 可说成能够**整除**多项式 $b(x)$。在 GF(2)域上,若次数为 m 的多项式 $p(x)$ 不能被次数低于 m

但大于0的任意多项式整除,则称 $p(x)$ 是**不可约的**。若 $p(x)$ 在 GF(2) 上是不可约的,则 $p(0) \neq 0$,否则 x 将可以整除 $p(x)$。若 $p(x)$ 具有偶数次项,则 $p(1)=0$,由基本代数定理可知,$x+1$ 可以整除 $p(x)$。因此 GF(2) 上不可约的多项式必然具有奇数次项。然而,$1+x+x^5=(1+x^2+x^3)(1+x+x^2)$ 具有奇数项,但它是可约的。

若移位寄存器序列 $\{a_i\}$ 的周期为 n,则它的生成函数 $G(x)=\phi(x)/f(x)$ 可表示为

$$G(x)=g(x)+x^n g(x)+x^{2n}g(x)+\cdots=g(x)\sum_{i=0}^{\infty}x^{in}$$
$$=\frac{g(x)}{1+x^n} \tag{2.57}$$

式中 $g(x)$ 为 $n-1$ 次多项式。因此

$$g(x)=\frac{\phi(x)(1+x^n)}{f(x)} \tag{2.58}$$

若因 $\phi(x)$ 次数低于 $f(x)$ 而使 $f(x)$ 不可约,即 $f(x)$ 和 $\phi(x)$ 没有公因子的假定为真,则 $f(x)$ 必能整除 $1+x^n$。因此,**仅当一个不可约特征多项式可以整除 $1+x^n$ 时,它才能够产生一个周期为 n 的序列**。

反之,若特征多项式 $f(x)$ 可整除 $1+x^n$,则对于某些多项式 $h(x)$ 有 $f(x)h(x)=1+x^n$,且

$$G(x)=\frac{\phi(x)}{f(x)}=\frac{\phi(x)h(x)}{(1+x^n)} \tag{2.59}$$

上式具有式(2.57)的形式,因此**若一个特征多项式能够整除 $(1+x^n)$,则它能够产生一个周期为 n 或更小的序列**。如图2.8所示的非最大线性反馈移位寄存器具有特征多项式 $1+x+x^2+x^3$,它能够整除 $(1+x^4)$。因此,它能够产生周期为4、2、1的序列。

若 $1+x^n$ 能被 GF(2) 上次数为 m 的多项式整除且正整数 n 的最小取值为 $n=2^m-1$,则该 m 次多项式称为**本原多项式**。假设具有正次数 m 的本原特征多项式 $f(x)$ 可进行因式分解,即 $f(x)=f_1(x)f_2(x)$,其中 $f_1(x)$ 次数为正数 m_1,$f_2(x)$ 次数为正数 $m-m_1$。则经部分分式展开可得

$$\frac{1}{f(x)}=\frac{a(x)}{f_1(x)}+\frac{b(x)}{f_2(x)} \tag{2.60}$$

由于 $f_1(x)$ 和 $f_2(x)$ 可作为特征多项式,展开式中第一项的周期不超过 $(2^{m_1}-1)$,第二项的周期不超过 $(2^{m-m_1}-1)$。因此 $1/f(x)$ 的周期不超过 $(2^{m_1}-1)(2^{m-m_1}-1)\leqslant 2^m-3$,这与假设 $f(x)$ 为本原多项式矛盾,因此**本原特征多项式必定**

是不可约的。

定理：当且仅当次数为 m 的特征多项式为本原多项式时，它才可以产生周期为 2^m-1 的最大序列。

证明：为证明充分性，我们注意到若 $f(x)$ 为本原多项式，则它可以整除 $(1+x^n)$，其中 $n=(2^m-1)$。因此，它可以产生周期为 (2^m-1) 的最大序列。若 $f(x)$ 也可以产生一个周期短一些的序列，则对于 $n_1<n$，不可约的 $f(x)$ 必将能够整除 $1+x^{n_1}$，这与本原多项式的假设矛盾。为证明必要性，我们注意到若特征多项式 $f(x)$ 产生一个周期为 $n=(2^m-1)$ 的最大序列，则对于 $n_1<n$，$f(x)$ 将不能整除 $(1+x^{n_1})$，这是因为由 $f(x)$ 定义的最大序列产生器不能产生一个更小周期的序列。由于 $f(x)$ 可以整除 $(1+x^n)$，因此它必定是本原多项式。

本原多项式已被制成表格，且可由生成多项式递归产生[1]，并可通过将它们作为特征多项式来评估它们是否是本原的[52]。那些产生最大序列的多项式都是本原的。$m\leqslant 7$ 的所有本原多项式和 $8\leqslant m\leqslant 25$ 的权重系数最小的本原多项式已在表 2.1 中以八进制数（例如 $51\leftrightarrow 101100\leftrightarrow 1+x^2+x^3$）按递增顺序列出。对于任意正整数 m，在 GF(2) 上次数为 m 的不同本原多项式的数目为[52]

$$\lambda(m)=\frac{\phi_e(2^m-1)}{m} \tag{2.61}$$

表 2.1 本原多项式

次数	八进制本原多项式	次数	八进制本原多项式	次数	八进制本原多项式
2	7	7	103	8	534
3	51		122	9	1201
	31		163	10	1102
4	13		112	11	5004
	32		172	12	32101
5	15		543	13	33002
	54		523	14	30214
	57		532	15	300001
	37		573	16	310012
	76		302	17	110004
	75		323	18	1020001
6	141		313	19	7400002
	551		352	20	1100004
	301		742	21	50000001
	361		763	22	30000002
	331		712	23	14000004
	741		753	24	702000001
			772	25	110000002

式中**欧拉函数** $\phi_e(n)$ 为小于 n 且与 n 互质的正整数的数目。若 n 为质数,则 $\phi_e(n)=n-1$。一般来说

$$\phi_e(n) = n\prod_{i=1}^{k} \frac{v_i - 1}{v_i} \leqslant n - 1 \tag{2.62}$$

式中 $v_1, v_2, \cdots, v_k$ 为能够整除 n 的质数。因此,$\lambda(6)=\phi_e(63)/6=6$,$\lambda(13)=\phi_e(8191)/13=630$。

2.2.6 长周期非线性序列

伪噪声或**伪随机序列**是一种周期性二进制序列,具有数目基本相等的 0 和 1,且在一个周期上的自相关函数与随机二进制序列的自相关函数类似。由于伪随机序列(包括最大序列)的自相关函数有利于接收机中的扩谱码同步(见第 4 章),因此它们可用作实际的扩谱序列,而其他序列则存在妨碍同步的峰值。

长序列或**长码**是指周期远大于数据符号持续时间甚至大于消息持续时间的扩谱序列。**短序列**或**短码**是指周期小于或等于数据符号持续时间的扩谱序列。由于短序列易被截获,且线性序列本质上易于被数学破译从而被再生,因此高安全水平的通信需要采用长周期非线性伪随机序列和可编程扩谱码产生器。然而,若中等安全水平可被接受,则短的或中等长度的伪随机序列更适合快速捕获、猝发通信、多址接入通信及多用户检测。著名的 Gold 和 Kasami 序列是合适的短扩谱序列,将在第 7 章中述及。

线性反馈移位寄存器的代数结构使得其产生的序列易于被破译。令

$$\boldsymbol{c} = [c_1 \quad c_2 \quad \cdots \quad c_m]^{\mathrm{T}} \tag{2.63}$$

为 m 级线性反馈移位寄存器的 m 个反馈系数组成的列向量,式中 T 为矩阵或向量的转置。移位寄存器产生的序列中,从比特 i 起始的 m 个连续比特组成的列向量为

$$\boldsymbol{a}_i = [a_i \quad a_{i+1} \quad \cdots \quad a_{i+m-1}]^{\mathrm{T}} \tag{2.64}$$

令 $\boldsymbol{A}(i)(i \leqslant k \leqslant i+m-1)$ 为 $m\times m$ 维矩阵,该矩阵的列由向量 $\boldsymbol{a}_k$ 组成即

$$\boldsymbol{A}(i) = \begin{bmatrix} a_{i+m-1} & a_{i+m-2} & \cdots & a_i \\ a_{i+m} & a_{i-m-1} & \cdots & a_{i+1} \\ \vdots & \vdots & \ddots & \vdots \\ a_{i+2m-2} & a_{i+2m-3} & \cdots & a_{i+m-1} \end{bmatrix} \tag{2.65}$$

式(2.15)的线性递推关系表明移位寄存器序列和反馈系数有如下关系即

$$\boldsymbol{a}_{i+m} = \boldsymbol{A}(i)c, \quad i \geqslant 0 \tag{2.66}$$

若已知 $2m$ 个连续移位寄存器序列比特,则对于某个 i 值,$\boldsymbol{A}(i)$ 和 $\boldsymbol{a}_{i+m}$ 就

可完全已知。若 $\boldsymbol{A}(i)$ 是可逆的,则反馈系数可由下式计算,即

$$\boldsymbol{c}=\boldsymbol{A}^{-1}(i)\boldsymbol{a}_{i+m},\quad i\geqslant 0 \tag{2.67}$$

移位寄存器序列可由反馈系数和任意状态向量完全确定。由于任意 m 个连续序列比特就可确定一个状态向量,$2m$ 个连续比特就可提供足够的信息来重建移位寄存器序列,除非 $\boldsymbol{A}(i)$ 是不可逆的。在这种情况下,则需要一个或更多的额外比特来重建序列。

若二进制序列的周期为 n,则它总可以由一个 n 级的线性反馈移位寄存器来产生。如图 2.11 所示,将最后一级的输出与第一级的输入相连,并将序列中 n 个连续的比特插入到移位寄存器序列中。与一个周期的二进制序列所对应的多项式为

$$g(x)=\sum_{i=0}^{n-1}a_i x^i \tag{2.68}$$

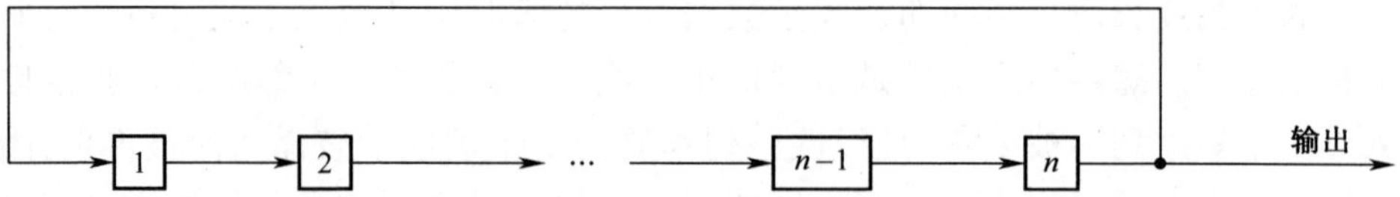

图 2.11 周期为 n 的二进制序列线性产生器

令 $\gcd(g(x),1+x^n)$ 为多项式 $g(x)$ 和 $1+x^n$ 的最大公因式,则由式(2.57)可知,序列的生成函数可表示为

$$G(x)=\frac{g(x)/\gcd(g(x),1+x^n)}{(1+x^n)/\gcd(g(x),1+x^n)} \tag{2.69}$$

若 $\gcd(g(x),1+x^n)\neq 1$,则 $G(x)$ 分母的次数小于 n。因此,由 $G(x)$ 表示的序列可由比 n 更少级数的线性反馈移位寄存器来产生,其特征多项式由 $G(x)$ 的分母给出。合适的初始状态可由分子的系数来确定。

序列产生器的**线性等效**是产生该序列的具有最少级数的线性移位寄存器。线性等效中的级数被称为序列的**线性跨度**或**线性复杂度**。若线性复杂度等于 m,则在观察到 $2m$ 个连续比特后可由式(2.67)确定其线性等效。

当序列周期增加时安全性会得到改善,但移位寄存器的级数也有实际限制。为得到高安全性序列必须使用具有足够线性复杂度的移位寄存器,图 2.5 所示的反馈逻辑必须是非线性的。另一种方法是,用一个或多个移位寄存器序列或若干移位寄存器级的输出送至非线性器件来产生序列。这种方法可使移位寄存器级数相对较少的非线性序列产生器产生具有巨大线性复杂度的序列。

例如,图 2.12(a)显示了一个非线性序列产生器,它仍然使用线性反馈移位寄存器,但在移位寄存器级的输出中采用了非线性操作。其中的两级输出送至

与门来产生移位寄存器序列。移位寄存器各级的初始内容由图中的二进制数字表示。由于图中线性序列产生器产生的最大序列长度为 7,因而移位寄存器序列的周期为 7。由具有图 2.12(b)所示的初始状态的线性等效可得到第一个周期的序列为(0 0 0 0 0 1 1),该线性等效由式(2.69)给出。

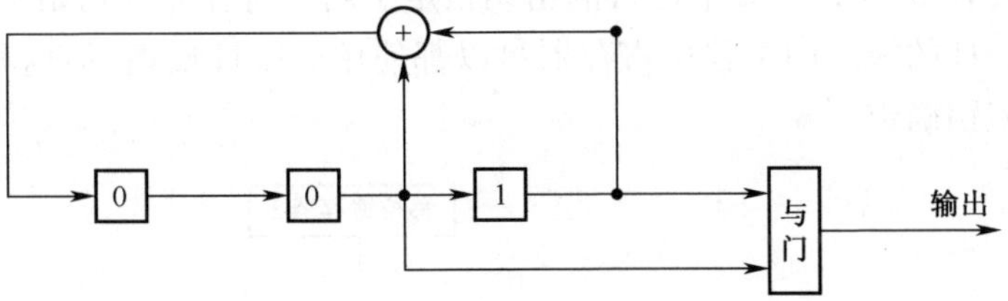

(a) 非线性产生器

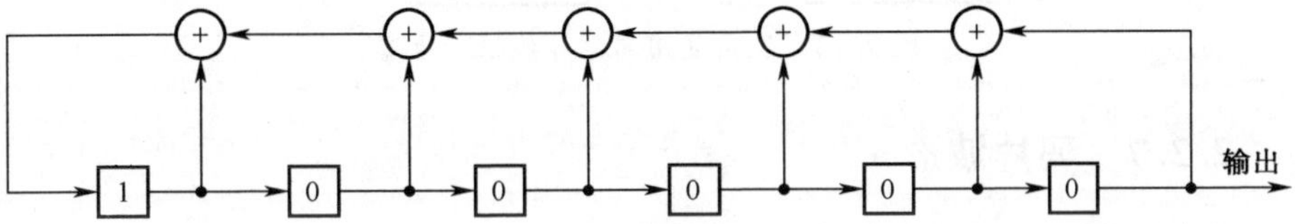

(b) 线性等效

图 2.12 非线性序列产生器举例

对于一个序列的加密完整性来说,较大的线性复杂度是必要要求但并非充分要求。这是因为还需要满足其他统计特征,如近似平均的 0、1 分布特性。例如,一个由单个 1 后面跟随许多 0 所组成的长序列具有与该序列长度相同的线性复杂度,但该序列非常脆弱。图 2.12(a)所示的序列产生器产生相对较多的 0,这是因为只有当两个输入都是 1 时与门才产生 1。

扩谱密钥是一组用于决定特定扩谱序列产生的参数。移位寄存器的初始状态、反馈连接,及那些由于其他目的而被接入的移位寄存器的级都可以是可变的扩谱密钥的一部分。它是扩谱序列安全性的最终来源。序列产生器的基本结构或配置难以无限期地保密,因此密钥不应包含此类信息。例如,图 2.12(a)所示的非线性序列产生器的密钥包含 6 比特 001011,前 3 个比特指定了移位寄存器的初始内容,后 3 比特指定了反馈连接。而图 2.12(b)所示的线性序列产生器密钥由 12 比特 100000111111 组成。序列产生器密钥的变化通常会导致所产生的移位寄存器序列发生很大变化。

作为另一个例子,图 2.13 给出了采用多路复用器的非线性序列产生器。反馈移位寄存器 1 中各级的输出被送至多路复用器,这可以解释为二进制数的地址由寄存器 1 的输出确定。多路复用器使用该地址从反馈移位寄存器 2 的各级中选择一级作为输出。被选中的移位寄存器的那一级将输出提供给多路复用器,并成为输出序列的一个比特。假设移位寄存器1有 m 级,移位寄存器2有 n 级。若移位寄存器1中的 h 级($h<m$)用于复用器,则产生的地址为0,1,…,2^h-1 中的某个数。因此,若 $n\geqslant 2^h$,则每个地址指定一个移位寄存器2不同的级。具有 $2m+2n+h$ 个比特的密钥指定了两个寄存器的初始状态、反馈连接及用于寻址的级。两个移位寄存器可以都使用非线性反馈,但这种非线性结构无法由密钥确定。

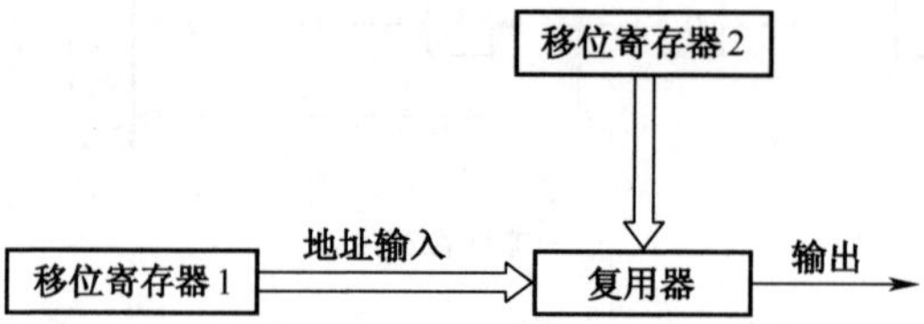

图 2.13 使用复用器的非线性产生器

2.2.7 码片波形

扩谱波形 $p(t)$ 的频谱很大程度上取决于码片波形 $\psi(t)$,该码片波形经设计后只在接收机的匹配滤波器输出抽样中引起轻微的**码片间干扰**。若 $\psi(t)$ 的带宽足够大,则 $\psi(t)$ 的能量在很大程度上可聚集在一个码片间隔 T_c 内,且以速率 $1/T_c$ 抽样的匹配滤波器输出能够满足奈奎斯特准则,从而尽可能排除信道的影响。若多径信号的时延扩展略小于符号宽度,窄带匹配滤波器的输出脉冲能够确保**符号间干扰**可忽略不计。从无码片间干扰和最小峰均功率比(PAPR)的意义上来说,矩形码片波形是理想的,但经过信道传输和接收机滤波后将改变它的形状并可能会引入一定程度的码片间干扰。

2.2.8 部分相关序列

理想情况下,相关函数积分时间与扩谱序列的周期相等。然而,即使一个仅17级反馈移位寄存器所产生的线性序列长度都能超过105位,因此对于实际系统来说积分时间过长。接下来我们将通过统计分析来估算在相关函数积分时间短于扩谱序列周期情况下的损失。

我们假设扩谱序列是一个周期为 N 的无限长最大序列。若将式(2.34)推广到取值为 ±1 的二进制序列,该序列的起始比特为一个随机变量,且序列比特总数为 $M\leqslant N$ 个比特,则定义该二进制序列的**随机部分自相关函数**为

$$\theta_p(k,l)=\frac{1}{M}\sum_{i=0}^{M-1}p_{l+i}p_{l+i+k} \tag{2.70}$$

当接收序列与接收端产生的序列不同步时(见第4章),则它们的相对位移 $k \neq 0$。式(2.32)所示的移位属性表明:

$$\theta_p(k,l) = \frac{1}{M}\sum_{i=0}^{M-1} p_{r+i}, \quad 0 \leq r \leq N \tag{2.71}$$

式中 r 是新的起始比特。因此,关于起始比特的期望值为

$$E[\theta_p(k,l)] = \begin{cases} 1, & k = 0(\text{模 } N) \\ -\dfrac{1}{N}, & k \neq 0(\text{模 } N) \end{cases} \tag{2.72}$$

进一步使用移位属性表明,对于 $k \neq 0$(模 N)有

$$\begin{aligned}
\operatorname{var}[\theta_p(k,l)] &= E\left[\frac{1}{M^2}\sum_{i=0}^{M-1}\sum_{j=0}^{M-1} p_{r+i}p_{r+j} - \frac{1}{N^2}\right] \\
&= \frac{1}{M} - \frac{1}{N^2} + E\left[\frac{1}{M^2}\sum_{i=0}^{M-1}\sum_{j=0,j\neq i}^{M-1} p_{r+i}p_{r+j}\right] \\
&= \frac{1}{M} - \frac{1}{N^2} + \frac{1}{M^2}\sum_{i=0}^{M-1}\sum_{j=0,j\neq i}^{M-1} E[p_{r+i}p_{r+j}] \\
&= \frac{1}{M} - \frac{1}{N^2} + \frac{M(M-1)}{M^2 N}
\end{aligned} \tag{2.73}$$

这表明

$$\operatorname{var}[\theta_p(k,l)] = \begin{cases} 0, & k = 0(\text{modulo} \quad N) \\ \dfrac{1}{M}\left(1 + \dfrac{1}{N}\right)\left(1 - \dfrac{M}{N}\right), & k \neq 0(\text{modulo} \quad N) \end{cases} \tag{2.74}$$

式中 $M \leq N$。该式表明当接收到的扩谱序列和接收端产生的扩谱序列副本不同步时,M 减小则方差增大。而方差增大则又会引起同步或检测错误概率增大。

2.3 BPSK 调制系统

当采用相干 BPSK 调制,且具有理想载波同步时,接收的直扩信号可由 $\theta = 0$ 时的式(2.1)或式(2.6)表示,$\theta = 0$ 表示相位是确定的。发射信号为

$$s(t) = \sqrt{2\mathcal{E}_s}\, d(t) p(t) \cos 2\pi f_c t \tag{2.75}$$

式中:$\sqrt{2\mathcal{E}_s}$ 为信号幅度;$d(t)$ 为调制数据;$p(t)$ 为扩谱波形;f_c 为载波频率。调制数据为非重叠的矩形脉冲序列,每个脉冲的幅度为 +1 或 −1。$d(t)$ 的每个脉冲表示一个数据符号,宽度为 T_s。扩谱波形表达式为

$$p(t)=\sum_{i=-\infty}^{\infty}p_i\psi(t-iT_c) \tag{2.76}$$

式中：p_i 等于 +1 或 -1，表示扩谱序列 $\{p_i\}$ 的一个码片。由于数据符号和码片的转换是一致的，因此，**处理增益**或**扩谱因子**可定义为

$$G=\frac{T_s}{T_c} \tag{2.77}$$

它是一个正整数，等于一个符号宽度内的码片数目。假设码片波形 $\psi(t)$ 可由宽度为 T_c 的波形来近似，为表示方便且不失一般性，对码片波形 $\psi(t)$ 的能量根据下式进行归一化即

$$\int_0^{T_c}\psi^2(t)\,\mathrm{d}t=\frac{1}{G} \tag{2.78}$$

归一化条件下在符号宽度上的积分表明，若假设 $f_c \gg 1/T_c$，则 ε_s 为每符号的能量，此时倍频项的积分可忽略不计。

实际的直扩系统不同于图 2.2 所示的功能框图。发射机需要使用实际的器件，如功率放大器及用来限制带外辐射的滤波器等。在接收机中，射频前端包括用于宽带滤波和自动增益控制的器件。

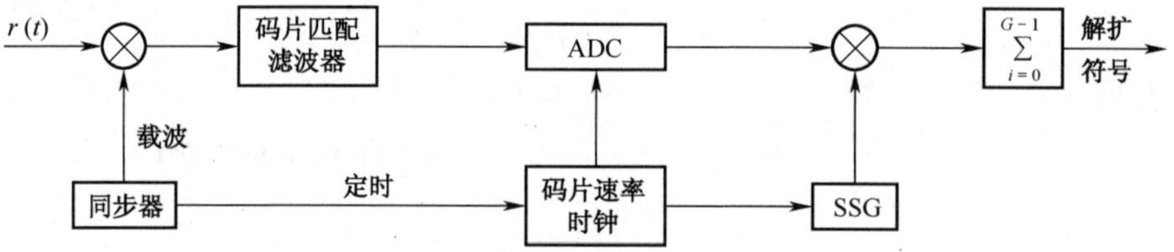

图 2.14　相干 BPSK 调制的直扩信号相关器的基本组成

假设在后续分析中这些器件对解调器的影响可忽略不计，则前端电路可从图 2.14 中去除。该图显示了存在高斯白噪声时检测 BPSK 调制直扩信号的单一符号相关器形式的最佳解调器。对于数字信号的处理，该相关器比图 2.2 中的方案更加实际和灵活。虽然它是次优的，但对于抗非高斯干扰更为合理。一个等效的匹配滤波解调器可由横向滤波器或抽头延时线及存储的扩谱序列来实现。然而，对于扩展到多个数据符号的长扩谱序列来说，实际上很难实现匹配滤波。因此，长扩谱序列可当作周期变化的短序列进行处理，而对信号整体，匹配滤波器也可由单个符号匹配滤波器代替。

在图 2.14 的相关器中，同步器的输出送至混频器，用于移除接收信号中的载频，并为码片匹配滤波器提供基带信号输入。若图 2.14 中的码片速率时钟是同步的，则模数转换器（ADC）的滤波器抽样输出与接收机扩谱序列产生器（SSG）产生的同步扩谱序列相乘，且在累加器中将 G 个连续的乘积累加，从而

得到解扩后的符号,该符号速率与原始符号相同。解扩后的符号可用于软判决译码器,或者对连续的解扩符号进行硬判决,从而产生可用于硬判决译码器的符号序列。

序列产生器、乘法器和加法器的功能与时间离散的匹配滤波器类似,用于和每个 Gbit 的扩谱序列进行匹配。可知匹配滤波器对短扩谱序列具有固定的脉冲响应,对长扩谱序列具有时变的脉冲响应。由于直扩信号带宽较宽且码片波形持续时间较短,匹配滤波器对 Gbit 序列的响应几乎不受前一个 G **比特**序列的影响。因此,若多径时延扩展(见 5.3 节)比数据符号间隔 T_s 略小且处理增益 G 足够大,则**符号间干扰**就可忽略不计。由此,没有显著的符号间干扰是直扩通信的重要优势,所以在本章中总是假设不存在符号间干扰。

在接下来的分析中,假设存在理想的相位、频率、序列和符号同步。尽管在实际系统中,更高采样率会更有优势,但码片采样速率在原则上已能够满足要求,同时假设在分析中采用该采样速率。接收信号表示为

$$r(t) = s(t) + i(t) + n(t) \tag{2.79}$$

式中:$i(t)$ 为干扰;$n(t)$ 为零均值高斯白噪声。码片匹配滤波器具有脉冲响应 $\psi(-t)$。该滤波器的输出以码片速率抽样,每个数据符号间隔可提供 G 个抽样。假设通过匹配滤波器的扩谱信号近似满足奈奎斯特准则,则码片间干扰可忽略不计。若在 $[0,T_s]$ 上 $d(t)=d_0$ 且 $f_c \geqslant 1/T_c$,式(2.75)至式(2.79)及图 2.14 表明与该数据符号对应的接收序列为

$$Z_i = \sqrt{2}\int_{iT_c}^{(i+1)T_c} r(t)\psi(t-iT_c)\cos 2\pi f_c t\,\mathrm{d}t = S_i + J_i + N_{si}, \quad 0 \leqslant i \leqslant G-1 \tag{2.80}$$

式中为数学运算方便而引入 $\sqrt{2}$,且

$$S_i = \sqrt{2}\int_{iT_c}^{(i+1)T_c} s(t)\psi(t-iT_c)\cos 2\pi f_c t\,\mathrm{d}t = p_i d_0 \sqrt{\mathcal{E}_s}\,\frac{T_c}{T_s} \tag{2.81}$$

$$J_i = \sqrt{2}\int_{iT_c}^{(i+1)T_c} i(t)\psi(t-iT_c)\cos 2\pi f_c t\,\mathrm{d}t \tag{2.82}$$

$$N_{si} = \sqrt{2}\int_{iT_c}^{(i+1)T_c} n(t)\psi(t-iT_c)\cos 2\pi f_c t\,\mathrm{d}t \tag{2.83}$$

解扩后符号为

$$V = \sum_{i=0}^{G-1} p_i Z_i = d_0\sqrt{\mathcal{E}_s} + V_1 + V_2 \tag{2.84}$$

式中

$$V_1 = \sum_{v=0}^{G-1} p_i J_i \tag{2.85}$$

$$V_2 = \sum_{v=0}^{G-1} p_i N_{si} \tag{2.86}$$

高斯白噪声的自相关函数为

$$R_n(\tau) = \frac{N_0}{2}\delta(t-\tau) \tag{2.87}$$

式中 $N_0/2$ 为双边噪声功率谱密度。采用与1.1节中同样的计算方法并应用式(2.83)、式(2.86)、式(2.87)且考虑 $\psi(t)$ 的有限持续时间及 $f_c \gg 1/T_c$ 可得

$$E[V_2] = 0, \quad \mathrm{var}(V_2) = \frac{N_0}{2} \tag{2.88}$$

从分析上很自然地希望将长扩谱序列建模为随机二进制序列。随机二进制序列模型具备长序列的重要特征,且对异步通信网络中的短序列也能合理近似。由统计独立的符号组成随机二进制序列,每个符号取 +1 和 -1 的概率都为1/2。因此 $E[p_i] = E[p(t)] = 0$。另外,由式(2.85)可知 $E[V_1] = 0$。由于对于 $i \neq k$, p_i 和 p_k 是独立的,故

$$E[p_i p_k] = 0, \quad i \neq k \tag{2.89}$$

因此,对于所有 i 和 k, p_i 和 J_k 的独立性意味着当 $i \neq k$ 时 $E[p_i J_i p_k J_k] = 0$, 且

$$E[V_1] = 0, \quad \mathrm{var}(V_1) = \sum_{i=0}^{G-1} E[J_i^2] \tag{2.90}$$

则解扩后符号的均值和方差分别为

$$E[V] = d_0\sqrt{\mathcal{E}_s}, \quad \mathrm{var}(V) = \frac{N_0}{2} + \mathrm{var}(V_1) \tag{2.91}$$

考虑基于基于解扩符号的硬判决。若 $d_0 = +1$ 和 $d_0 = -1$ 分别表示逻辑符号1和0,则当 $V > 0$ 时,判决器产生符号1;当 $V < 0$ 时,产生符号0。因此若 $d_0 = +1$ 时 $V < 0$, 或 $d_0 = -1$ 时 $V > 0$, 则会产生误码。另外, $V = 0$ 的概率为0。当 $d_0 = +1$ 时,若 $E[V] = |E[V]|$, 或 $d_0 = -1$ 时, $E[V] = |E[V]|$, 且 V 服从高斯分布,则误符号率为

$$P_s = Q\left[\sqrt{\frac{|E[V]|}{\mathrm{var}(V)}}\right] \tag{2.92}$$

式中 $Q(x)$ 的定义见式(1.58)。

归一化的矩阵码片波形为

$$\psi(t) = \begin{cases} \dfrac{1}{\sqrt{T_s}}, & 0 \leqslant t < T_c \\ 0, & \text{其他} \end{cases} \tag{2.93}$$

归一化的正弦码片波形为

$$\psi(t)=\begin{cases}\sqrt{\dfrac{2}{T_s}}\sin\left(\dfrac{\pi}{T_c}t\right), & 0\leqslant t\leqslant T_c\\ 0, & \text{其他}.\end{cases} \tag{2.94}$$

2.3.1 载波频率上的单音干扰

对于与扩谱信号在同一载波频率上的单音干扰,可推导出几乎精确的、闭式的误符号率公式。单音干扰的形式为

$$i(t)=\sqrt{2I}\cos(2\pi f_c t+\phi) \tag{2.95}$$

式中:I 为平均功率;ϕ 为相对于扩谱信号的相位。假设 $f_c \gg 1/T_c$,则由式(2.82)、式(2.85)、式(2.95)和变量替换可给出

$$V_1=\sqrt{I}\cos\phi\sum_{i=0}^{G-1}p_i\int_0^{T_c}\psi(t)\,\mathrm{d}t \tag{2.96}$$

令 k_1 为 $p_i=+1$ 时在 $[0,T_s]$ 间的码片数量,则 $G-k_1$ 为 $p_i=-1$ 时的码片数量。由式(2.96)、式(2.93)和式(2.94)可得

$$V_1=\sqrt{\frac{I\kappa}{T_s}}T_c(2k_1-G)\cos\phi \tag{2.97}$$

式中 κ 取决于码片波形:

$$\kappa=\begin{cases}1, & \text{矩形码片}\\ \dfrac{8}{\pi^2}, & \text{正弦波码片}\end{cases} \tag{2.98}$$

这些公式表明,若 $V_1\neq 0$,使用正弦波码片波形相对于矩形码片能够以因子 $8/\pi^2$ 有效减小干扰功率。因此,当通信载波频率上存在单音干扰时,正弦波码片波形在性能上有 0.91dB 的优势。式(2.97)表明,若在每个符号间隔上取 $k_1=G/2$,则载波频率上的单音干扰可被完全抑制。

在随机二进制序列模型中,p_i 等于 +1 或 -1 的可能性相等。因此,在给定 ϕ 的条件下,条件误符号率为

$$P_s(\phi)=\sum_{k_1=0}^{G}\binom{G}{k_1}\left(\frac{1}{2}\right)^G\left[\frac{1}{2}P_s(\phi,k_1,+1)+\frac{1}{2}P_s(\phi,k_1,-1)\right] \tag{2.99}$$

式中:$P_s(\phi,k_1,d_0)$ 为给定 ϕ、k_1 和 d_0 时的条件误符号率。在这些条件下,V_1 为常数,V 服从高斯分布。式(2.84)和式(2.97)意味着 V 的条件期望值为

$$E[V \mid \phi, k_1, d_0] = d_0\sqrt{\mathcal{E}_s} + \sqrt{\frac{I\kappa}{T_s}}T_c(2k_1 - G)\cos\phi \tag{2.100}$$

V 的条件方差等于式(2.88)给出的 V_2 的方差。使用式(2.92)来分别估计 $P_s(\phi, k_1, +1)$ 和 $P_s(\phi, k_1, -1)$，然后合并整理其结果得到

$$P_s(\phi, k_1, d_0) = Q\left[\sqrt{\frac{2\mathcal{E}_s}{N_0}} + d_0\sqrt{\frac{2IT_c\kappa}{GN_0}}(2k_1 - G)\cos\phi\right] \tag{2.101}$$

假设在每个符号间隔中，ϕ 在 $[0, 2\pi)$ 上均匀分布，利用 $\cos\phi$ 的周期性，可得误符号率为

$$P_s = \frac{1}{\pi}\int_0^{\pi} P_s(\phi)\,\mathrm{d}\phi \tag{2.102}$$

式中：$P_s(\phi)$ 由式(2.99)和式(2.101)给出。

2.3.2 一般的单音干扰

可采用高斯近似来简化前面关于 P_s 的公式，并研究频率不同于扩谱信号载波频率的单音干扰的影响。考虑形如下式的单音干扰：

$$i(t) = \sqrt{2I}\cos(2\pi f_1 t + \theta_1) \tag{2.103}$$

式中 I、f_1 和 θ_1 分别为接收机中干扰信号的平均功率、频率和相位。假设单音干扰频率 f_1 足够接近通信信号的频率 f_c，以使单音干扰不受相关器前的宽带滤波器影响。若 $f_1 + f_c \gg f_d = f_1 - f_c$ 使得含有 $f_1 + f_c$ 频率分量的项可忽略不计，则由式(2.103)、式(2.82)以及变量替换可得

$$J_i = \sqrt{I}\int_0^{T_c}\psi(t)\cos(2\pi f_d t + \theta_1 + i2\pi f_d T_c)\,\mathrm{d}t \tag{2.104}$$

将其带入式(2-90)可得

$$\mathrm{var}(V_1) = I\sum_{i=0}^{G-1}\left[\int_0^{T_c}\psi(t)\cos(2\pi f_d t + \theta_1 + i2\pi f_d T_c)\,\mathrm{d}t\right]^2 \tag{2.105}$$

对于矩形码片波形，通过积分和三角代换可得

$$\mathrm{var}(V_1) = \frac{IT_c}{G}\mathrm{sinc}^2(f_d T_c)\sum_{i=0}^{G-1}\left[\cos(i2\pi f_d T_c + \theta_2)\right]^2 \tag{2.106}$$

式中

$$\theta_2 = \theta_1 + \pi f_d T_c \tag{2.107}$$

将余弦平方项展开，可得

$$\mathrm{var}(V_1) = \frac{IT_c}{2G}\mathrm{sinc}^2(f_d T_c)\left[G + \sum_{i=0}^{G-1}\cos(i4\pi f_d T_c + 2\theta_2)\right] \tag{2.108}$$

为估算上述括号内的总和，使用恒等式：

$$\sum_{v=0}^{n-1}\cos(a+vb)=\cos\left(a+\frac{n-1}{2}b\right)\frac{\sin(nb/2)}{\sin(b/2)} \tag{2.109}$$

该式可用数学归纳法和三角恒等式来证明。计算并化简可得

$$\mathrm{var}(V_1)=\frac{IT_c}{2}\mathrm{sinc}^2(f_dT_c)\left[1+\frac{\mathrm{sinc}(2f_dT_s)}{\mathrm{sinc}(2f_dT_c)}\cos2\phi\right] \tag{2.110}$$

式中

$$\phi=\theta_2+\pi f_d(T_s-T_c)=\theta_1+\pi f_dT_s \tag{2.111}$$

现在我们做出一个合理的假设,即若 $G\gg1$,则给定 ϕ 值时,V_1 的条件分布是近似高斯的。在该假设下,V 是近似高斯的,其均值和方差由式(2.91)给出。利用式(2.110)和式(2.92),可知矩阵波码片的条件误符号率近似为

$$P_s(\phi)=Q\left[\sqrt{\frac{2\mathcal{E}_s}{N_{0e}(\phi)}}\right] \tag{2.112}$$

式中

$$N_{0e}(\phi)=N_0+IT_c\,\mathrm{sinc}^2(f_dT_c)\left[1+\frac{\mathrm{sinc}(2f_dT_s)}{\mathrm{sinc}(2f_dT_c)}\cos2\phi\right] \tag{2.113}$$

$N_{0e}(\phi)/2$ 可解释为给定 ϕ 值时干扰加噪声的**等效双边功率谱密度**。对于正弦波码片波形,将(2-94)代入式(2.105),运用三角恒等式并简化积分,则通过式(2.109)可得式(2.112)且

$$N_{0e}(\phi)=N_0+\frac{IT_s}{G}\left(\frac{8}{\pi^2}\right)\left(\frac{\cos\pi f_dT_c}{1-4f_d{}^2T_c{}^2}\right)^2\left[1+\frac{\mathrm{sinc}(2f_dT_s)}{\mathrm{sinc}(2f_dT_c)}\cos2\phi\right] \tag{2.114}$$

式(2.113)和式(2.114)表明,当 $f_d=0$ 时正弦波码片波相对于矩形波码片波的优势为 $\pi^2/8=0.91\text{dB}$,但随着 $|f_d|$ 增加这种优势会减小直到最终消失。

若式(2.111)中的 θ_1 建模为在每个符号间隔中均匀分布于 $[0,2\pi)$ 上的随机变量,则当 ϕ 在 $[0,2\pi)$ 上均匀分布时,式(2.113)中 ϕ 的模 2π 特性意味着它的分布不变。通过在 ϕ 的取值范围内对 $P_s(\phi)$ 取平均,误符号率为

$$P_s=\frac{2}{\pi}\int_0^{\pi/2}Q\left[\sqrt{\frac{2\mathcal{E}_s}{N_{0e}(\phi)}}\right]d\phi \tag{2.115}$$

上式利用了 $\cos2\phi$ 在 $[0,\pi/2]$ 上取遍所有可能值的事实以缩短积分区间。

图 2.15 给出了误符号率与**解扩信干比** $G\mathcal{E}_s/IT_s$ 的变化关系,仿真中使用一个单音干扰信号,码片波形为矩形,且 $f_d=0$, $G=50=17\text{dB}$, $\mathcal{E}_s/N_0=14\text{dB}$ 和 20dB。图中,一对曲线是按式(2.113)和式(2.115)的近似模型计算得到,另一对曲线是按式(2.99)、式(2.101)和式(2.102)确定的精确模型在 $\kappa=1$ 时得

到。在精确模型中，P_s 不仅依赖于 $G\mathcal{E}_s/IT_s$，还依赖于 G。比较图中的两对曲线可知当 $P_s \geq 10^{-6}$ 时,由高斯近似引入的误差在 0.1dB 量级或更小。这个例子和其他例子表明,若假设 $G \geq 50$ 及其他实际参数值,则高斯近似引入的误差并不显著。

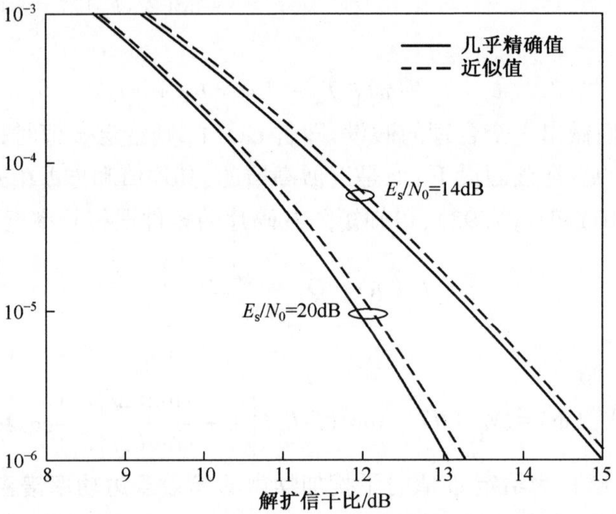

图 2.15 载波频率上存在单音干扰且 G = 17dB 时,二进制直扩系统的误符号率

图 2.16 用近似模型给出了在矩形码片和正弦码片波形下, G = 17dB、$\mathcal{E}_s$/

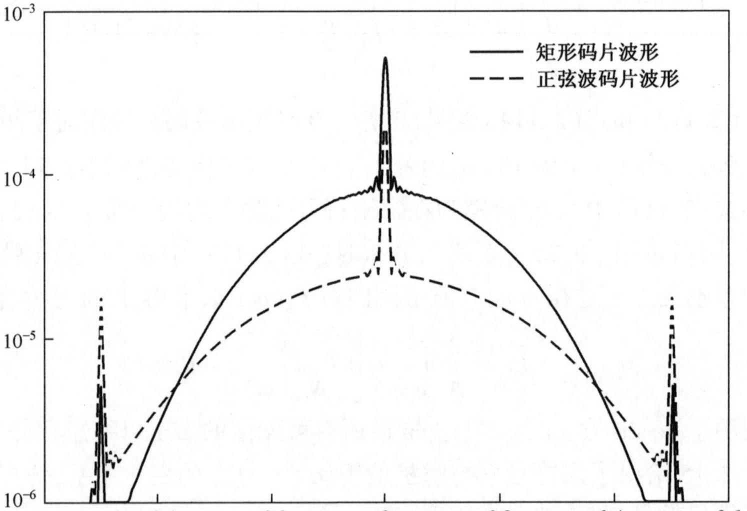

图 2.16 单音干扰下 PSK 调制的直扩系统的误符号率,采用矩形及正弦波码片波形,
G = 17dB, $\mathcal{E}_s/N_0$ = 14dB, $G\,\mathcal{E}_s/IT_s$ = 10dB

N_0 = 14dB、$G\mathcal{E}_s/IT_s$ = 10dB 时 P_s 和归一化频偏 $f_d T_c$ 的关系。如图所示，即使很小的频偏都会使得误符号率急剧下降。正弦码片波形的性能优势是显而易见的，但当信号不能保持恒定包络时，发射机中非线性功率放大器将引入失真。因此，正弦码片波形或正弦奈奎斯特码片波形的实现较为困难，其中后者是用于发射的 PSK 波形。

2.3.3 高斯干扰

高斯干扰是一种近似零均值、平稳高斯过程的干扰。若 $i(t)$ 建模为高斯干扰且 $f_c \gg 1/T_c$，则利用式(2.82)和三角展开式，舍弃可忽略的二重积分项，并进行变量替换可给出：

$$E[J_i^2] = \int_0^{T_c}\int_0^{T_c} R_j(t_1 - t_2)\psi(t_1)\psi(t_2)\cos[2\pi f_c(t_1 - t_2)]\mathrm{d}t_1\mathrm{d}t_2 \tag{2.116}$$

式中：$R_j(t)$ 为 $i(t)$ 的自相关函数。由于 $E[J_i^2]$ 不依赖于下标 i，由式(2.90)可知

$$\mathrm{var}(V_1) = \mathrm{GE}[J_i^2] \tag{2.117}$$

假设 $\psi(t)$ 为矩形波，通过令 $\tau = t_1 - t_2$、$s = t_1 + t_2$ 来替换式(2.116)中的变量。该变换的雅可比行列式为 2。计算积分，将结果代入式(2.117)可得

$$\mathrm{var}(V_1) = \int_{-T_c}^{T_c} R_j(\tau)\Lambda\left(\frac{\tau}{T_c}\right)\cos 2\pi f_c \tau \mathrm{d}\tau \tag{2.118}$$

由于式(2.116)中的被积函数是截短的，因此其积分限可扩展到 $\pm\infty$。由于 $R_j(\tau)\Lambda\left(\frac{\tau}{T_c}\right)$ 为偶函数，余弦函数可由复指数函数替代。因此，由卷积定理及已知的 $\Lambda(t)$ 的傅里叶变换可得到另一种形式：

$$\mathrm{var}(V_1) = T_c \int_{-\infty}^{\infty} S_j(f)\,\mathrm{sinc}^2[(f - f_c)T_c]\mathrm{d}f \tag{2.119}$$

式中：$S_j(f)$ 为干扰通过接收机前端宽带滤波器后的功率谱密度。

由于 $i(t)$ 是零均值高斯过程，$\{J_i\}$ 是零均值联合高斯的，因此若给定 $\{p_i\}$，则(V_1)是条件零均值高斯的。由于 $\mathrm{var}(V_1)$ 不依赖于 $\{p_i\}$，因此 V_1 是不依赖于任何条件的零均值高斯随机变量。热噪声和干扰的独立性意味着由式(2.84)定义的解扩符号 V 的均值和方差可由式(2.91)计算，其中 $\mathrm{var}(V_1)$ 由式(2.119)给出，因此由式(2.92)可得误符号率为

$$P_s = Q\left(\sqrt{\frac{2\mathcal{E}_s}{N_{0e}}}\right) \tag{2.120}$$

式中

$$N_{0e}=N_0+\frac{2T_s}{G}\int_{-\infty}^{\infty}S_j(f)\ \mathrm{sinc}^2[(f-f_c)T_c]\mathrm{d}f \tag{2.121}$$

若 $S_j'(f)$ 为输入端的干扰功率谱密度，$H(f)$ 为前端宽带滤波器的转移函数，则 $S_j(f)=S_j'(f)\,|\,H(f)\,|^2$。假设干扰在宽带滤波器的通带内具有平坦功率谱，则

$$S_j(f)=\begin{cases}\dfrac{I}{2W_1}, & |f-f_1|\leqslant\dfrac{W_1}{2},\quad |f+f_1|\leqslant\dfrac{W_1}{2}\\ 0, & 其他\end{cases} \tag{2.122}$$

若 $f_c\gg 1/T_c$，则式(2.121)在负频率上的积分可忽略不计，且

$$N_{0e}=N_0+\frac{IT_s}{GW_1}\int_{f_1-W_1/2}^{f_1+W_1/2}\mathrm{sinc}^2[(f-f_c)T_c]\mathrm{d}f \tag{2.123}$$

该式表明，$f_1=f_c$ 或 $f_d=0$ 及较窄的(扩谱信号)带宽将增加干扰功率的影响。

由于式(2.123)被积函数上界为1，故 $N_{0e}\leqslant N_0+IT_s/G$。由式(2.120)可得

$$P_s\leqslant Q\left(\sqrt{\frac{2\mathcal{E}_s}{N_0+IT_c}}\right) \tag{2.124}$$

若 $f_d\approx 0$ 且高斯干扰是窄带的，则该上界为紧上界。采用图2.15中的参数值，由式(2.124)所绘的曲线表明，为达到与载波频率上单音干扰一样的干扰效果，最恶劣的高斯干扰大约需要额外付出2dB的干扰功率才能产生相同的误符号率 P_s。

2.4 四进制系统

具有理想载波同步且码片宽度为 T_c 的四进制直扩系统的接收信号可表示为

$$s(t)=\sqrt{\mathcal{E}_s}\,d_1(t)p_1(t)\cos 2\pi f_c t+\sqrt{\mathcal{E}_s}\,d_2(t+t_0)p_2(t+t_0)\sin 2\pi f_c t \tag{2.125}$$

式中：$p_1(t)$ 和 $p_2(t)$ 为两个直扩波形；$d_1(t)$ 和 $d_2(t)$ 为两个数据信号，使用两个正交载波进行调制；t_0 为信号中正交分量与同相分量之间的相对时延。对于使用QPSK的四相制直扩系统，$t_0=0$；对于使用偏移QPSK(OQPSK)或最小频移键控(MSK)的直扩系统，$t_0=T_c/2$。对于OQPSK，码片波形为矩形波；对于

可表示为两个偏移分量的 MSK,码片波形为正弦波。OQPSK 波形与 QPSK 波形相比,相位相差 180°,这样可限制滤波和非线性放大后多余频谱的生成。然而,若没有用于限制旁瓣的滤波的话,则二者的功率谱密度是相同的。故可使用 MSK 来限制直扩信号频谱中可能会干扰其他信号的旁瓣。

令 T_s 为如式(2.125)所示信号产生前的数据符号宽度,令 $T_{s1}=2T_s$ 为每个成对在信道传输的二进制符号(信道符号)的宽度。对于可用的直扩信号功率,式(2.125)中的两个分量各占一半。由于 $T_{s1}=2T_s$,每个二进制信道符号分量的能量都为 $\mathcal{E}_s$,这一点与 PSK 调制的直扩系统相同。

当经过接收机前端后,接收信号 $r(t)$ 被送至正交下变频器,从而产生位于基带附近的同相和正交分量,如图 2.17 所示。这对混频器的输入来自于用于相位同步器,它产生了频率为 $f_r=f_c$ 的正弦信号。混频器的输出通过低通滤波器(LPF)移除倍频分量。滤波器的输出是分别与滤波后的信号 $\sqrt{2}r(t)\cos 2\pi f_c t$ 和 $\sqrt{2}r(t)\sin 2\pi f_c t$ 成正比的同相和正交信号。若 $r(t)$ 为带限信号且假设输出信号与一个复信号的实部和负虚部相等,则后者表示了 $r(t)$ 的复包络,见附录 C.1“带通信号”。

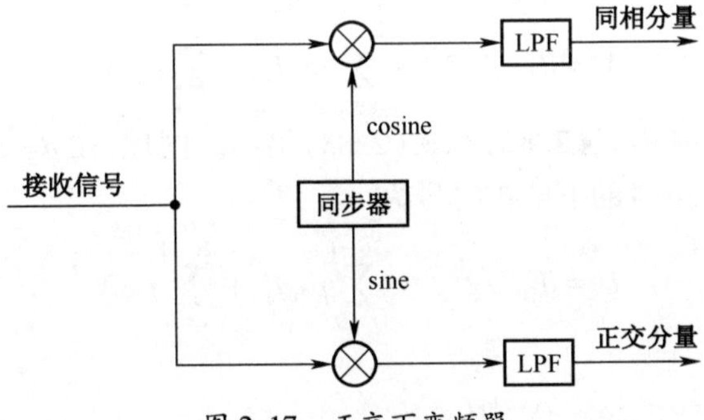

图 2.17　正交下变频器

如图 2.18 所示,正交下变频器输出的同相和正交信号被送至码片匹配滤波器(CMF),该滤波器的输出由模数转换器(ADC)以码片速率进行抽样得到。ADC 的输出是已解调信号,下一步进行解扩。图中标出了判决器,它用于硬判决译码。两个判决器的输出符号送至并串(P/S)转换器,转换器的输出送至译码器。当使用软判决译码时,可不使用判决器,解扩的符号度量将直接送至并串转换器然后再送至译码器。

考虑 $d_1(t)$ 和 $d_2(t)$ 为相互独立的经典或双四进制系统。令 T_c 为式(2.76)中所示直扩波形 $p_1(t)$ 和 $p_2(t)$ 共同的码片宽度。每个信号符号中码片的数量为 $2G$,在这里 $G=T_s/T_c$,其中每个码片波形的归一化能量可根据式

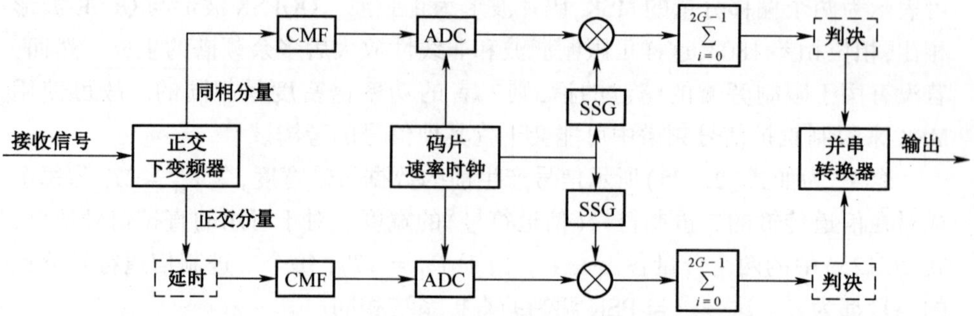

图 2.18 双四进制调制的直扩信号接收机，CMF 为码片匹配滤波器，SSG 为扩谱序列产生器，对于 QPSK，$t_0 = 0$，对于 OQPSK 和 MSK，$t_0 = T_c/2$

(2.78)求出。假设接收机中同步是精确的，且近似满足奈奎斯特准则，从而码片间干扰可忽略不计，正交下变频器中的低通滤波器与码片匹配滤波器相比带宽较宽，因此它们对干扰和噪声的最终影响可忽略不计。由于相位同步是理想的，串扰项为倍频项，从而在正交下变频器中可被低通滤波器滤除。

若接收信号由式(2.125)给出，则在 $d_1(t) = d_{10}$ 期间一个符号间隔结束时送至判决器件的上解扩符号为

$$V = d_{10}\sqrt{2\mathcal{E}_s} + \sum_{i=0}^{2G-1} p_{1i}J_i + \sum_{i=0}^{2G-1} p_{1i}N_{si} \tag{2.126}$$

式中 J_i 和 N_{si} 分别由式(2.82)和式(2.83)给出。同理，在 $d_2(t) = d_{20}$ 期间一个信道符号间隔结束时的下解扩符号为

$$U = d_{20}\sqrt{2\mathcal{E}_s} + \sum_{i=0}^{2G-1} p_{2i}J'_i + \sum_{i=0}^{2G-1} p_{2i}N'_i \tag{2.127}$$

式中

$$J'_i = \int_{iT_c}^{(i+1)T_c} i(t)\psi(t - iT_c)\sin 2\pi f_c t\mathrm{d}t \tag{2.128}$$

$$N'_i = \int_{iT_c}^{(i+1)T_c} n(t)\psi(t - iT_c)\sin 2\pi f_c t\mathrm{d}t \tag{2.129}$$

直扩信号的可用功率为 S，式(2.125)中的两个分量各占一半。由于 $T_{s1} = 2T_s$，每个信道符号分量的能量为 $\mathcal{E}_s = ST_s$，这一点与 PSK 调制的直扩系统相同。且

$$E[V] = d_{10}\sqrt{2\mathcal{E}_s},\ E[U] = d_{20}\sqrt{2\mathcal{E}_s} \tag{2.130}$$

采用与式(2.94)类似的推导过程，可得到式(2.126)和式(2.127)噪声项 V_2 和 U_2 的方差为

$$\mathrm{var}[V_2] = \mathrm{var}[U_2] = N_0 \tag{2.131}$$

采用常规的单音干扰模型，并对双四进制系统的两路并行符号流的错误概率进行平均，可得到条件误符号率为

$$P_s(\phi)=\frac{1}{2}Q\left[\sqrt{\frac{2\mathcal{E}_s}{N_{0e}^{(0)}(\phi)}}\right]+\frac{1}{2}Q\left[\sqrt{\frac{2\mathcal{E}_s}{N_{0e}^{(1)}(\phi)}}\right] \tag{2.132}$$

式中：$N_{0e}^{(0)}(\phi)$ 和 $N_{0e}^{(1)}(\phi)$ 分别产生于图 2.18 的上支路和下支路。等式两端功率谱密度 $N_{0e}^{(0)}(\phi)$ 可由式(2.113) 和式(2-114)算出，其中符号持续时间为 $T_{s1}=2T_s$。用式(2.103)、三角展开式并对式(2.128)进行积分变量替换就可计算 $N_{0e}^{(1)}(\phi)$。若 $f_1+f_c \gg f_d=f_1-f_c$，则包含 f_1+f_c 的项就可忽略不计，因此可得

$$J_i'=-\sqrt{I}\int_0^{T_c}\psi(t)\sin(2\pi f_d t+\theta_1+i2\pi f_d T_c)\,\mathrm{d}t \tag{2.133}$$

用 $\theta_1+\pi/2$ 替代 θ_1 后，该式便与式(2.104)相同。因此，可由式(2.113)和式(2.114)算出 $N_{0e}^{(1)}(\phi)$，但两式中需做 $T_s\to 2T_s$ 和 $\phi\to\phi+\pi/2$ 的替换。对于矩形波码片波形(QPSK 和 OQPSK 调制信号)，则

$$N_{0e}^{(l)}(\phi)=N_0+\frac{IT_s}{G}\operatorname{sinc}^2(f_d T_c)\left[1+\frac{\operatorname{sinc}(4f_d T_s)}{\operatorname{sinc}(2f_d T_c)}\cos(2\phi+l\pi)\right] \tag{2.134}$$

而对于正弦波码片波形，则

$$N_{0e}^{(l)}(\phi)=N_0+IT_c\left(\frac{8}{\pi^2}\right)\left(\frac{\cos\pi f_d T_c}{1-4f_d^2T_c^2}\right)^2\left[1+\frac{\operatorname{sinc}(4f_d T_s)}{\operatorname{sinc}(2f_d T_c)}\cos(2\phi+l\pi)\right] \tag{2.135}$$

式中 $l=0,1$，且

$$\phi=\theta_1+2\pi f_d T_s \tag{2.136}$$

这些公式表明，当 ϕ 取最差值时，四进制直扩系统中的 $P_s(\phi)$ 通常低于采用相同码片波形的二进制直扩系统中的 $P_s(\phi)$。误符号率可以通过 $P_s(\phi)$ 在一个符号间隔内 ϕ 的分布区间上对 ϕ 的积分来确定。对于均匀分布，两个间隔是相等的。使用 $\cos 2\phi$ 的周期特性来减小积分间隔，可得

$$P_s=\frac{2}{\pi}\int_0^{\pi/2}Q\left[\sqrt{\frac{2\mathcal{E}_s}{N_{0e}^{(0)}(\phi)}}\right]\mathrm{d}\phi \tag{2.137}$$

相对于二进制系统，四进制系统抗单音干扰的性能略好。当 $f_d=0$ 时两系统的 P_s 相等，而 $f_d>1/T_s$ 时，两者的 P_s 也近似相等。图 2.19 显示了四进制和二进制直扩系统中 P_s 与归一化频偏 $f_d T_c$ 的关系，图中 $G=17\text{dB}$，$\mathcal{E}_s/N_0=14\text{dB}$，$G\mathcal{E}_s/IT_s=10\text{dB}$。

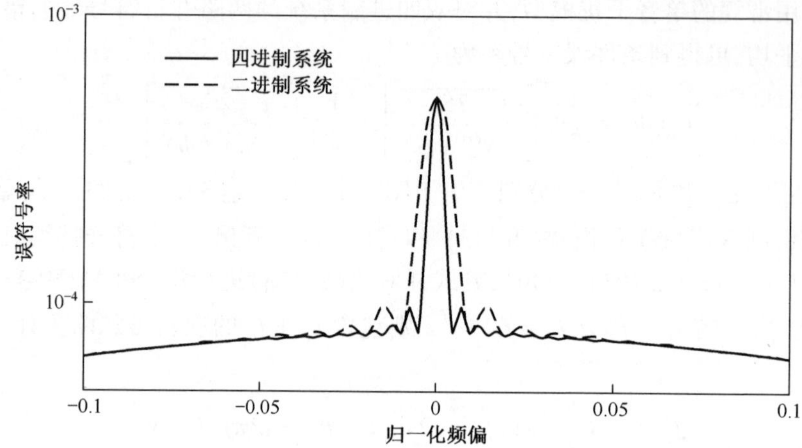

图 2.19　存在单音干扰时，在 $G = 17\text{dB}$、$\mathcal{E}_s/N_0 = 14\text{dB}$、$G\,\mathcal{E}_s/IT_s = 10\text{dB}$ 条件下，四进制与二进制直扩系统的误符号率

在**平衡四进制系统**中，同相和正交分量承载同样的数据符号，这意味着接收的直扩信号具有式(2.125)所示的形式，且式中 $d_1(t) = d_2(t) = d(t)$。因此，虽然频谱展宽是由正交载波来实现的，但数据调制仍然可视为 BPSK。这种系统的接收机如图 2.20 所示。在接下来的分析中假设系统已实现精确同步。串扰项忽略不计，且数据符号和信道符号的宽度都为 T_s。若传输的符号满足 $d_{10} = d_{20} = d_0$，则判决器输入端的解扩符号为

$$V = d_0\sqrt{2\mathcal{E}_s} + \sum_{i=0}^{G-1} p_{1i}J_i + \sum_{i=0}^{G-1} p_{2i}J_i' + \sum_{i=0}^{G-1} p_{1i}N_i + \sum_{i=0}^{G-1} p_{2i}N_i' \qquad (2.138)$$

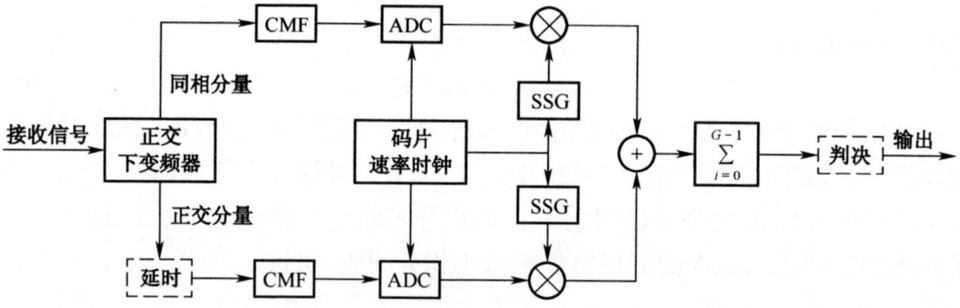

图 2.20　具有平衡四进制调制的直扩信号接收机（对于 QPSK $t_0 = 0$，对于 OQPSK 和 MSK $t_0 = T_c/2$），CMF 表示码片匹配滤波器，SSG 表示直扩序列产生器

若 $p_1(t)$ 和 $p_2(t)$ 可近似为独立的随机二进制序列，则式(2.138)的最后四项是均值为零、且不相关的随机向量。V 的方差等于这四项随机变量的方差之和，且

$$E[V] = d_0\sqrt{2\mathcal{E}_s} \tag{2.139}$$

直接计算可以证明，对于 PSK 调制的直扩序列，这两种四进制信号在抗高斯干扰时具有如式(2.120)所示的相同误符号率，式中的 N_{0e} 由式(2.121)或式(2.123)计算，其上边界为 $N_0 + IT_s/G$。

考虑一个 $t_0=0$ 时的**平衡 QPSK 系统**。假设 $i(t)$ 为单音干扰，对于矩形码片波来说，式(2.138)中干扰项方差的计算与式(2.110)类似，可表示为

$$\begin{aligned}\mathrm{var}(V) &= N_0 + \frac{1}{2}IT_c\mathrm{sinc}^2(f_dT_c)\left[1+\frac{\mathrm{sinc}(2f_dT_s)}{\mathrm{sinc}(2f_dT_c)}\cos2\phi\right] \\ &\quad + \frac{1}{2}IT_c\mathrm{sinc}^2(f_dT_c)\left[1-\frac{\mathrm{sinc}(2f_dT_s)}{\mathrm{sinc}(2f_dT_c)}\cos2\phi\right] \\ &= N_0 + IT_c\mathrm{sinc}^2(f_dT_c)\end{aligned} \tag{2.140}$$

因此，$P_s(\phi)$ 与 ϕ 独立，且由式(2.92)得出

$$P_s = P_s(\phi) = Q\left(\sqrt{\frac{2\mathcal{E}_s}{N_{0e}}}\right) \tag{2.141}$$

对于矩形码片波形有

$$N_{0e} = N_0 + \frac{IT_s}{G}\mathrm{sinc}^2(f_dT_c) \tag{2.142}$$

类似地，对于正弦波码片波形有

$$N_{0e} = N_0 + IT_c\left(\frac{8}{\pi^2}\right)\left(\frac{\cos\pi f_dT_c}{1-4f_d^2T_c^2}\right)^2 \tag{2.143}$$

若 $f_d=0$ 且干扰由式(2.95)给出，类似于 2.3 节的近似精确的模型意味着条件误符号率为

$$P_s(\phi) = \sum_{k_1=0}^{G}\sum_{k_2=0}^{G}\binom{G}{k_1}\binom{G}{k_2}\left(\frac{1}{2}\right)^{2G}\left[\frac{1}{2}P_s(\phi,k_1,k_2,+1)+\frac{1}{2}P_s(\phi,k_1,k_2,-1)\right] \tag{2.144}$$

式中：k_1 和 k_2 分别为 $p_1(t)=+1$ 和 $p_2(t)=+1$ 时一个符号中码片的数量；$P_s(\phi,k_1,k_2,d_0)$ 为给定 ϕ、k_1、k_2 值以及 $d(t)=d_0$ 时的条件误符号率。类似式(2.101)的推导可得

$$P_s(\phi,k_1,k_2,d_0) = Q\left\{\sqrt{\frac{2\mathcal{E}_s}{N_0}} + d_0\sqrt{\frac{IT_c\kappa}{GN_0}}\left[(2k_1-G)\cos\phi-(2k_2-G)\sin\phi\right]\right\} \tag{2.145}$$

若在一个符号间隔内 ϕ 在 $[0,2\pi)$ 上均匀分布，则

$$P_s = \frac{1}{2\pi}\int_0^{2\pi} P_s(\phi)\,d\phi \tag{2.146}$$

$f_d = 0$ 时几乎精确的模型和式(2.141)给出的近似结果的数值比较表明，$G \geqslant 50$ 时近似结果并未引入显著误差。

图 2.21 显示了当 $f_d < 1/T_s$ 时图 2.19 所示的平衡 QPSK 系统抗单音干扰的优势。式(2.132)~式(2.137)及式(2.141)~式(2.143)分别用于双四进制和平衡 QPSK 系统，图中取 $G = 17\text{dB}$，$\mathcal{E}_s/N_0 = 14\text{dB}$，$G\mathcal{E}_s/IT_s = 10\text{dB}$，归一化频偏为 f_dT_c。由于在载波频率上单音干扰的相位不会使两个支路上的直扩信号瞬时对消，因此，当 f_d 很小时平衡 QPSK 系统存在优势。

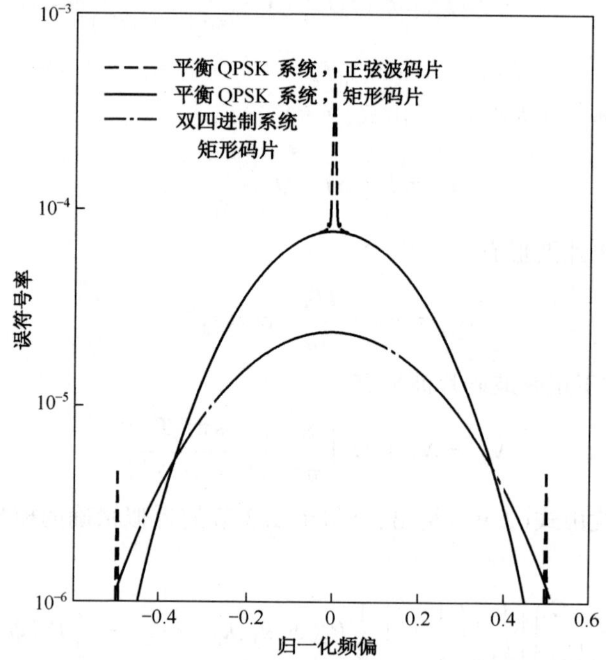

图 2.21 存在单音干扰时，矩形和正弦波码片的平衡 QPSK 直扩系统以及矩形码片的双四进制直扩系统的误符号率，$G = 17\text{dB}$、$\mathcal{E}_s/N_0 = 14\text{dB}$ 且 $G\mathcal{E}_s/IT_s = 10\text{dB}$

2.4.1 复二进制扩谱序列

复二进制扩谱序列是由分别表示序列实部分量和虚部分量的两个二进制序列所构成。尽管复二进制扩谱序列并没有性能优势，但有时可用来减小发射信号的峰均值功率比。

考虑一个以行向量 $\boldsymbol{p} = \boldsymbol{p}_1 + j\boldsymbol{p}_2$ 表示的复二进制扩谱序列，式中 $j = \sqrt{-1}$，

$\boldsymbol{p}_1$ 和 $\boldsymbol{p}_2$ 为二进制序列且分量或码片值为 $\pm 1/\sqrt{2}$。类似地,复二进制数据序列可用 $\boldsymbol{d}=\boldsymbol{d}_1+\mathrm{j}\boldsymbol{d}_2$ 表示,式中 $\boldsymbol{d}_1$ 和 $\boldsymbol{d}_2$ 为二进制序列且每比特值为 $\pm 1/\sqrt{2}$。若扩谱因子为 G, 则一个比特包含 G 个码片。如图 2.22 所示,比特 $d_i=d_{1i}+\mathrm{j}d_{2i}$ 与码片 $p_k=p_{1k}+\mathrm{j}p_{2k}$ 的复乘积为 $y_k=d_ip_k=y_{1k}+\mathrm{j}y_{2k}$, 式中 y_k 是相乘后传输序列的码片,且

$$y_{1k}=d_{1i}p_{1k}-d_{2i}p_{2k}\ ,\quad y_{2k}=d_{2i}p_{1k}-d_{1i}p_{2k} \tag{2.147}$$

若波形 $d(t)$ 和 $p(t)$ 分别与序列 $\boldsymbol{d}$ 和 $\boldsymbol{p}$ 对应,则发射信号可表示为

$$s(t)=\mathrm{Re}\{Ad(t)p(t)\mathrm{e}^{\mathrm{j}2\pi f_c t}\} \tag{2.148}$$

式中:$\mathrm{Re}\{x\}$ 为 x 的实部; A 为幅度。

接收机抽取正比于 $y(t)=d(t)p(t)$ 信号。由于复符号具有单位幅度,解扩需要将 $y(t)$ 与共轭信号 $p*(t)$ 相乘,若码片波形是矩形波,则得到 $d(t)\ |p(t)|^2=d(t)$。若将图 2.14 和图 2.18 中后面的支路用复乘法代替,则该过程可用图 2.14 和图 2.18 的结构实现。基于复变量的接收机结构如图 2.23所示。经下变频后信号的实部和虚部被送至码片匹配滤波器并被抽样。如图 2.23 所示,每数据比特包含 G 个码片, G 与复扩谱序列乘积之和产生一个解扩符号。

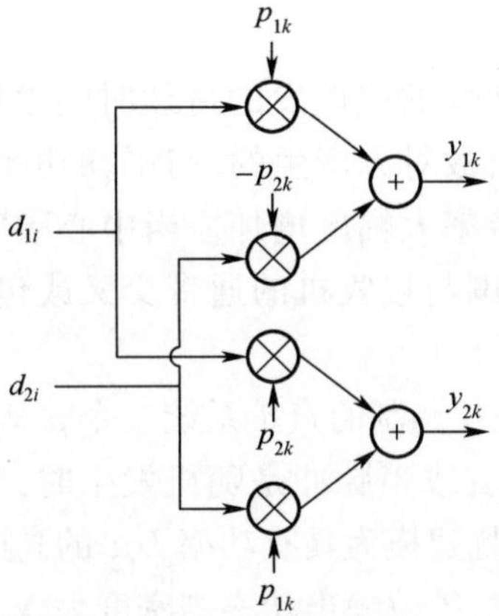

图 2.22　复扩谱码片 k 和复数据比特 i 的乘积

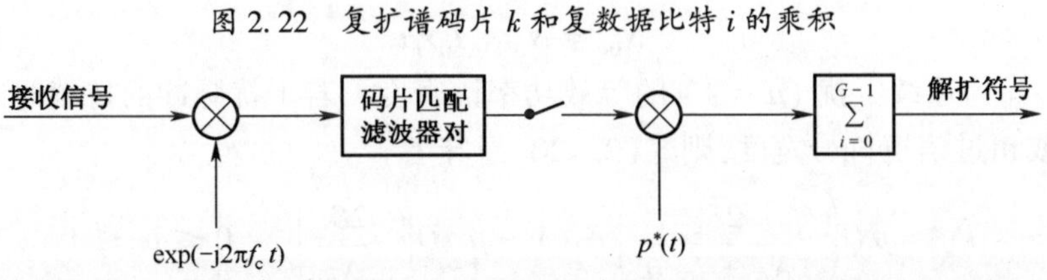

图 2.23　具有复扩谱序列的直扩系统接收机,CMF 为码片匹配滤波器

复序列能够保证在发射机同相和正交支路中功率的平衡,从而降低峰均功

率波动。假设不同的比特率或 QoS 需要数据序列 $d_1(t)$ 和 $d_2(t)$ 分别具备不同的幅度 d_1 和 d_2。若符号 $d_1(t)$ 和 $d_2(t)$ 是非零反极性且相互独立的,码片波形为矩形波形,且 $p_1^2(t)=p_2^2(t)=1/2$, 则 $E[y_1^2(t)]=E[y_2^2(t)]=(d_1^2+d_2^2)/2$。该结果表明,无论 d_1^2 和 d_2^2 是否相等,信号 $y(t)=p(t)d(t)$ 同相和正交分量的功率都是相等的。采用复四进制序列的直扩系统见第 7 章。

2.4.2 采用信道编码的系统

当使用信道编码时,对受干扰影响的直扩系统来说,计算其软判决译码下的误比特率往往比较困难甚至难以实现。因此,通常通过仿真来估计误比特率。然而,若每个字符度量都近似为高斯分布,则对 AWGN 信道下使用信道编码的直扩系统来说,有可能导出其误比特率的解析值。解扩后干扰的净效应就相当于高斯白噪声对系统的影响,该高斯白噪声的等效双边功率谱密度为 N_{0e} 或 $N_{0e}(\phi)$。在本节和前一节中,已经推导了单音干扰和窄带高斯干扰的功率谱密度。

2.5 脉冲干扰

脉冲干扰是一种周期性的或偶发的持续时间很短的干扰。无论脉冲干扰是由人为无意产生还是由敌对方产生的,与平均功率相同的连续干扰相比,它都能使通信系统的误比特率大幅度增加。当中心频率可变的信号在一个频率范围内扫过,而该频率范围与接收机的通带交叉或包括接收机的通带时,接收机中就产生了脉冲干扰。

考虑脉冲干扰下 BPSK 调制的直扩系统。令 μ 表示脉冲占空比,它是脉冲持续时间与重复周期之比;或当脉冲是随机发生时,它是脉冲发射的概率。在脉冲干扰发生期间,将干扰建模为具有功率 I/μ 的高斯干扰,其中 I 为平均干扰功率。当没有脉冲干扰时,等效噪声功率谱密度为 $N_{0e}=N_0$, 当有脉冲干扰时,

$$N_{0e}=N_0+I_0/\mu \tag{2.149}$$

式中:I_0 为连续干扰 ($\mu=1$) 的等效功率谱密度。若干扰脉冲的持续时间近似等于或超过信道符号宽度,则式(2.120)意味着

$$P_s \simeq \mu Q\left(\sqrt{\frac{2\mathcal{E}_s}{N_0+I_0/\mu}}\right)+(1-\mu)Q\left(\sqrt{\frac{2\mathcal{E}_s}{N_0}}\right),\quad 0\leqslant\mu\leqslant 1 \tag{2.150}$$

若 μ 可视为在 $[0,1]$ 上的连续变量,且 $I_0\gg N_0$, 通过微积分运算得出了使 P_s 最大的 μ 值为

$$\mu_0 \simeq \begin{cases} 0.7\left(\dfrac{\mathcal{E}_s}{I_0}\right)^{-1}, & \dfrac{\mathcal{E}_s}{I_0} > 0.7 \\ 1, & \dfrac{\mathcal{E}_s}{I_0} \leqslant 0.7 \end{cases} \tag{2.151}$$

因此,若 $\mathcal{E}_s/I_0 > 0.7$, 最恶劣的脉冲干扰比连续干扰具有更大的破坏能力。

将 $\mu = \mu_0$ 代入式(2.150),可得 $I_0 \gg N_0$ 时最恶劣情况下 P_s 的近似表达式为

$$P_s \simeq \begin{cases} 0.083\left(\dfrac{\mathcal{E}_s}{I_0}\right)^{-1}, & \dfrac{\mathcal{E}_s}{I_0} > 0.7 \\ Q\left(\sqrt{\dfrac{2\mathcal{E}_s}{I_0}}\right), & \dfrac{\mathcal{E}_s}{I_0} \leqslant 0.7 \end{cases} \tag{2.152}$$

该式表明,若 $\mathcal{E}_s/I_0$ 足够大,最恶劣情况下的 P_s 与 $\mathcal{E}_s/I_0$ 成反比,而不是呈指数变化。若要 P_s 保持与 $\mathcal{E}_s/I_0$ 的近似指数关系,需使用信道编码和符号交织。

能有效抗高斯白噪声的译码度量不一定对最恶劣的脉冲干扰也有效。当直扩系统使用 PSK 调制、理想符号交织、二进制卷积码及维特比译码[86]时,我们研究了五种不同的抗脉冲干扰性能度量。这些度量在调制方式为双四进制或平衡 QPSK 时具有相同的结果。

在卷积码格状图合并段上与正确路径汉明距离为 l 的路径总权重信息用 $B(l)$ 表示。令 $P_2(l)$ 为正确路径部分和特定路径部分有 l 个符号不同的错误概率。根据 $k=1$ 时的式(1.112),信息比特的误比特率上界为

$$P_b \leqslant \sum_{l=d_f}^{\infty} B(l) P_2(l) \tag{2.153}$$

式中:d_f 为最小自由距离。若 r 为码率,ε_b 为每信息比特的能量,T_b 为比特间隔,G_u 为未编码系统的处理增益,则

$$\mathcal{E}_s = r\mathcal{E}_b, \quad T_s = rT_b, \quad G = rG_u \tag{2.154}$$

处理增益的降低可由编码增益来补偿。通过改变 μ 使式(2.153)的右边最大化从而获得最恶劣脉冲干扰下的 P_b 上界,其中 $0 \leqslant \mu \leqslant 1$。由于是对 P_b 的上界最大化而非对 P_b 本身进行最大化,μ 的最大值依赖于编码度量,不一定等于实际最恶劣情况下的 μ。然而,当界限是紧界限时,这种差异很小。

硬判决译码是最简单且可实现的度量。假设解交织能够确保符号错误的独立性,则式(1.114)表明硬判决译码给出了

$$P_2(l)=\begin{cases}\sum\limits_{i=(l+1)/2}^{l}\binom{l}{i}P_s^i(1-P_s)^{l-i}, & l\text{ 为奇数}\\ \sum\limits_{i=(l+1)/2}^{l}\binom{l}{i}P_s^i(1-P_s)^{l-i}+\dfrac{1}{2}\binom{l}{l/2}[P_s(1-P_s)]^{l/2}, & l\text{ 为偶数}\end{cases}$$

(2.155)

由于$\mu=\mu_0$使P_s近似最大化,因此,对于式(2.152)到式(2.155)给出的硬判决译码,它也使P_b的上界近似最大化。

图2.24给出了在最恶劣脉冲干扰情况下P_b随$\mathcal{E}_b/I_0$(比特信干比)变化的曲线,图中取$\mathcal{E}_b/N_0=20\text{dB}$,并采用了若干约束长度与码率的二进制卷积码。图中使用了表1.4和表1.5中的$B(l)$,式(2.153)中的级数在前7项之后被截断。由于级数收敛较慢,这种截断只有在$P_b\leqslant 10^{-3}$时才能给出可靠的结果。然而,由于截断误差与使用一致边界导致的误差正好相反,因此截断误差被后者部分抵消。图2.24表明增加约束长度K及减小r可以显著提高性能,代价是分别增加了实现的复杂度及同步要求。

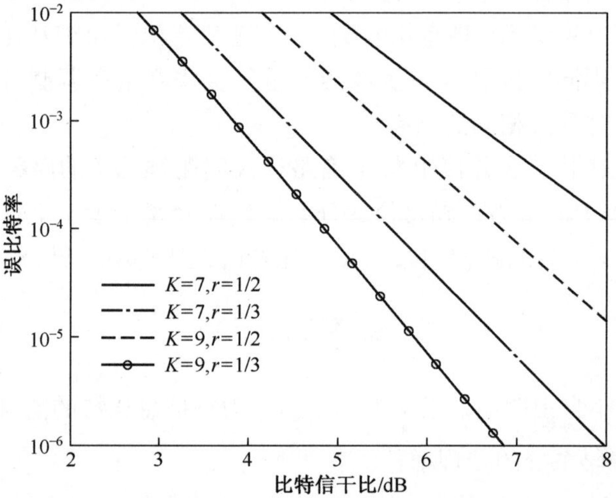

图2.24 约束长度为K,码率为r的卷积码在$\mathcal{E}_b/N_0=20\text{dB}$,并采用硬判决时,最恶劣脉冲干扰下的性能

令$N_{0i}/2$表示相干PSK解调器输出抽样y_i中由噪声和干扰引起的等效噪声功率谱密度。为方便起见,假设y_i具有式(2.84)右边项的形式,后者通过乘以$\sqrt{2/T_s}$实现归一化。因此,y_i具有方差$N_{0i}/2$。给定序列k中编码符号i的值为x_{ki},y_i的条件概率密度函数由干扰和噪声的高斯特征决定。对于L个编码符号的序列,其条件概率密度为

$$f(y_i \mid x_{ki}) = \frac{1}{\sqrt{\pi N_{0i}}} \exp\left[-\frac{(y_i - x_{ki})^2}{N_{0i}}\right], \quad i = 1,2,\cdots,L \tag{2.156}$$

由对数似然函数和抽样的统计独立性可知，当 $N_{01}, N_{02}, \cdots, N_{0L}$ 的值为已知时，具有 L 个编码符号的序列的最佳软判决译码的**最大似然度量**为

$$U(k) = \sum_{i=1}^{L} \frac{x_{ki} y_i}{N_{0i}} \tag{2.157}$$

该度量根据等效噪声水平，对每个输出抽样 y_i 进行加权。由于每个 y_i 都假设为独立高斯随机变量，因此 $U(k)$ 也是高斯随机变量。

距离为 l 时令 $k=1$ 表示正确的序列，$k=2$ 表示不正确的序列。假设抽样值的量化精度无限高，则 $U(2)=U(1)$ 的概率为零。因此正确序列与错误序列有 l 个符号不同的错误概率 $P_2(l)$ 等于 $M_0 = U(2) - U(1) > 0$ 的概率。两个序列中相同的符号与 $P_2(l)$ 的计算无关，因此下面对这些符号忽略不计。令 $P_2(l \mid v)$ 表示在 l 个不同符号中有 v 个发生脉冲干扰、而在 $l-v$ 个符号中没有发生脉冲干扰时 $M_0 > 0$ 的条件概率分布。由于 $P_2(l \mid v)$ 是高斯随机变量，因此可以得到

$$P_2(l \mid v) = Q\left(\frac{-E[M_0 \mid v]}{\sqrt{\operatorname{var}[M_0 \mid v]}}\right) \tag{2.158}$$

式中：$E[M_0 \mid v]$ 为 M_0 的条件均值；$\operatorname{var}[M_0 \mid v]$ 为 M_0 的条件方差。由于交织，符号被干扰的概率与序列的其他符号统计独立，且概率值为 μ。计算 $P_2(l)$ 并将其代入(2-153)可得

$$P_b \leqslant \sum_{l=d_f}^{\infty} B(l) \sum_{v=0}^{l} \binom{l}{v} \mu^v (1-\mu)^{l-v} P_2(l/v) \tag{2.159}$$

当脉冲干扰发生时，$N_{0i} = N_0 + I_0$；否则 $N_{0i} = N_0$。为简化计算，对符号进行重新排序，并注意到 $x_{2i} = -x_{1i}$，$x_{1i}^2 = \mathcal{E}_s$，且 $E[y_i] = x_{1i}$，可得

$$\begin{aligned} E[M_0 \mid v] &= \sum_{i=1}^{v} \frac{(x_{2i} - x_{1i}) E[y_i]}{N_0 + I_0/\mu} + \sum_{i=v+1}^{l} \frac{(x_{2i} - x_{1i}) E[y_i]}{N_0} \\ &= \sum_{i=1}^{v} \frac{-2\mathcal{E}_s}{N_0 + I_0/\mu} + \sum_{i=v+1}^{l} \frac{-2\mathcal{E}_s}{N_0} \\ &= -2\mathcal{E}_s \left[\frac{v}{N_0 + I_0/\mu} + \frac{l-v}{N_0}\right] \end{aligned} \tag{2.160}$$

利用抽样的统计独立性，并注意到 $\operatorname{var}[y_i] = N_{0i}/2$，同样可以发现

$$\operatorname{var}[M_0 \mid v] = -2\mathcal{E}_s \left[\frac{v}{N_0 + I_0/\mu} + \frac{l-v}{N_0}\right] \tag{2.161}$$

将式(2.160)和式(2.161)代入式(2.158),可得

$$P_2[l|v] = Q\left\{\sqrt{\frac{2\mathcal{E}_s}{N_0}}\left[l - v\left(1 + \frac{\mu N_0}{I_0}\right)^{-1}\right]^{1/2}\right\} \tag{2.162}$$

将该式代入式(2.159),可得最大似然度量下 P_b 的上界。

当 $\mathcal{E}_b/N_0 = 20\text{dB}$ 时,最恶劣脉冲干扰下不同二进制卷积码的 P_b 上界随 $\mathcal{E}_b/I_0$ 变化的曲线如图 2.25 所示。虽然最恶劣情况下 μ 值随 $\mathcal{E}_b/I_0$ 变化,但相对于连续干扰,最恶劣的脉冲干扰只引起轻微的性能恶化。当 $K = 9$、$r = 1/2$ 且 $P_b = 10^{-5}$ 时,**最大似然度量**下的硬判决译码提供了超过 4dB 的性能提升,而当 $K = 9$、$r = 1/3$ 时,性能提升约为 2.5dB。然而,最大似然度量的实现不仅需要了解干扰是否存在,还需要知道干扰的功率谱密度。仅当干扰功率谱密度在扩谱信号及其相邻频带上都相当均匀时,N_{0i} 才可以通过邻频段的功率测量进行估计。任何在扩谱信号频带内对干扰功率的测量都将被已存在的扩谱信号所污染,而且由于衰落,扩谱信号的平均功率通常难以作为**先验**信息事先知道。就系统的执行时间和复杂度而言,由于对 N_{0i} 的迭代估计和译码代价高昂,因此还需要研究其他方法。

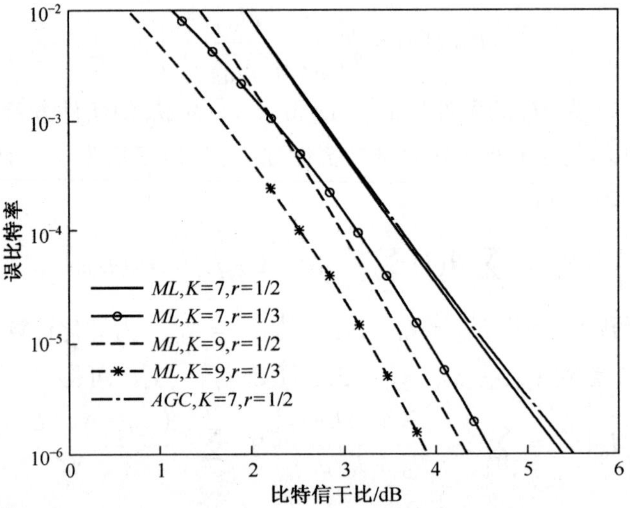

图 2.25 AGC 和最大似然(ML)度量下约束长度为 K,码率为 r,$\mathcal{E}_b/N_0 = 20\text{dB}$ 的卷积码抗脉冲干扰的最差性能

考虑一个**自动增益控制**(AGC)装置,该装置在抽样前能够测量解调器输出的平均功率,在抽样后可以对解调器的输出 y_i 按测量功率的反比进行加权,并形成 **AGC** 度量。信道符号 i 的平均功率为 $N_{0i}B + \mathcal{E}_s/T_s$,其中 B 为解调器的等

效带宽，T_s 为信道符号宽度。若功率测量是理想的且 $BT_s \approx 1$，则 AGC 度量为

$$U(k) = \sum_{i=1}^{L} \frac{x_{ki} y_i}{N_{0i} + \mathcal{E}_s} \tag{2.163}$$

上式为一个高斯随机变量。设 $k = 1$ 表示序列正确，$k = 2$ 表示该序列发生错误，另外 $M_0 = U(2) - U(1)$。由于序列项重新排序后有 $x_{2i} = x_{1i}$ 或 $x_{2i} = -x_{1i}$，则可得到

$$M_0 = \sum_{i=1}^{L} \frac{(x_{2i} - x_{1i}) y_i}{N_{0i} + \mathcal{E}_s} = -\sum_{i=1}^{l} \frac{2x_{1i} y_i}{N_{0i} + \mathcal{E}_s} \tag{2.164}$$

式中：l 为序列 $\{x_{2i}\}$ 和 $\{x_{1i}\}$ 中不同符号的数目。由于对符号重新排序后有 $x_{1i}^2 = \mathcal{E}_s$ 和 $E[y_i] = x_{1i}$，可以得到

$$\begin{aligned} E[M_0 | v] &= -\sum_{i=1}^{v} \frac{2\mathcal{E}_s}{N_0 + I_0/\mu + \mathcal{E}_s} - \sum_{i=v+1}^{l} \frac{2\mathcal{E}_s}{N_0 + \mathcal{E}_s} \\ &= -2\mathcal{E}_s \left[\frac{v}{N_0 + I_0/\mu + \mathcal{E}_s} + \frac{l - v}{N_0 + \mathcal{E}_s} \right] \end{aligned} \tag{2.165}$$

式中：v 为受干扰脉冲影响的符号数。类似地，由于 $\text{var}[y_i] = N_{0i}/2$。

$$\text{var}[M_0/v] = 2\mathcal{E}_s \left[\frac{v(N_0 + I_0/\mu)}{N_0 + I_0/\mu + \mathcal{E}_s} + \frac{(l - v) N_0}{N_0 + \mathcal{E}_s} \right] \tag{2.166}$$

将以上诸式代入式(2.158)可得

$$P_2(l/v) = Q\left\{ \sqrt{\frac{2\mathcal{E}_s}{N_0}} \frac{l(N_0 + \mathcal{E}_s + I_0/\mu) - vI_0/\mu}{[l(N_0 + \mathcal{E}_s + I_0/\mu)^2 - v(N_0 + I_0/\mu - \mathcal{E}_s^2/N_0) I_0/\mu]^{1/2}} \right\} \tag{2.167}$$

该式和式(2.159)给出了 AGC 度量下 P_b 的上界。

图 2.25 给出了在最恶劣脉冲干扰下 P_b 的上界与 $\mathcal{E}_b/I_0$ 的关系，图中使用了 AGC 的度量及码率为 1/2 的二进制卷积码，且 $K = 7$、$\mathcal{E}_b/N_0 = 20\text{dB}$。该图表明，AGC 度量的潜在性能几乎与最大似然度量的性能一样好。

$N_{0i}BT_s + \mathcal{E}_s$ 可用**能量检测器**来测量。能量检测器是一种能够检测输入能量的装置。理想的能量检测器(见 10.2 节)能够提供符号间隔内接收能量的无偏估计。只有当能量检测器输出的标准差远小于期望值时，其输出才是精确估计。$BT_s = 1$ 时该准则及理论结果表明，若 $\mathcal{E}_s/N_{0i} \leq 10$，则在一个符号间隔内的能量检测将是不可靠的。因此，AGC 度量的潜在性能在实际中将会显著下降，除非每个干扰脉冲会扩展到多个信道符号，并在这些符号间隔上都来测量它的能量。

连续干扰的最大似然度量(N_{0i} 对于所有的 i 都是常数)称为**白噪声度**

量,即

$$U(k) = \sum_{i=1}^{L} x_{ki} y_i \tag{2.168}$$

该式的实现比 AGC 度量要简单得多。对于白噪声度量,通过与前面类似的计算可得

$$P_2(l|v) = Q\left\{\sqrt{\frac{2\mathcal{E}_s}{N_0}} l \left(l + v\frac{I_0}{\mu N_0}\right)^{-1/2}\right\} \tag{2.169}$$

该式与式(2.159)给出了白噪声度量下 P_b 的上界。图 2.26 给出了在 $K = 7$、$r = 1/2$、$\mathcal{E}_b/N_0 = 20\text{dB}$ 以及若干 $\zeta = \mu/\mu_0$ 值时,P_b 的上界与 $\mathcal{E}_b/I_0$ 的关系。该图显示了干扰功率不变时,白噪声度量下软判决译码在短时高功率脉冲下的脆弱性。$\zeta<1$ 时,少数恶化的符号度量将主导整个度量,从而产生较高的 P_b 值。

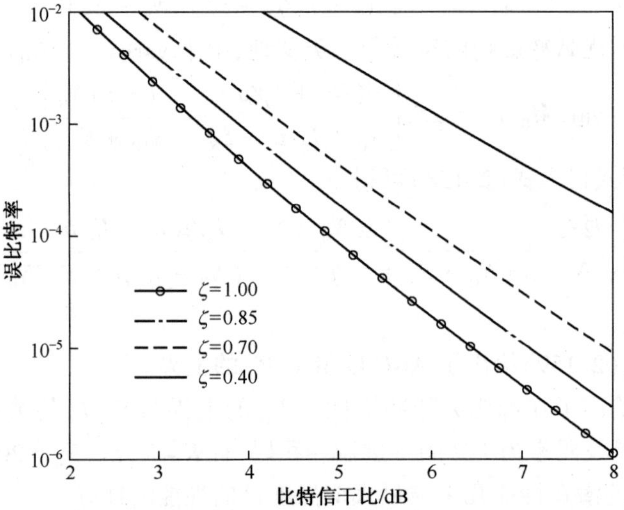

图 2.26　白噪声度量下,$\mathcal{E}_b/N_0 = 20\text{dB}$, $K = 7$, $r = 1/2$ 时的卷积码抗脉冲干扰的性能

考虑这样一个相干 PSK 解调器,当接收信号被脉冲干扰时,该解调器可删除其对应的输出。该时刻是否存在脉冲干扰可通过检查解调器输出的某一序列来判断,即当该序列与其他序列相比具有过大的幅度时,就可断定存在脉冲干扰。此外,若解调器的输出幅度超过扩谱信号已知的上界也可以确定脉冲干

扰的存在。考虑一个可无差错地检测脉冲干扰并删除相应受扰符号的理想解调器。对解调符号解交织后，译码器处理的符号以概率 μ 被删除。未被删除的符号使用白噪声度量进行译码。删除 v 个符号将导致两个有 l 个符号不同的序列只能基于 $l-v$ 个符号进行比较（$0 \leqslant v \leqslant l$），因此

$$P_2(l|v) = Q\left[\sqrt{\frac{2\mathcal{E}_s}{N_0}(l-v)}\right] \tag{2.170}$$

将该式代入式（2.159）就可给出错误-删除这一译码过程中 P_b 的上界。

图 2.27 给出了 P_b 的上界，图中取 $K=7$，$r=1/2$，$\mathcal{E}_b/N_0=20\text{dB}$ 以及若干 $\zeta=\mu/\mu_0$ 值。在该例中，当 $\zeta>0.85$、$P_b=10^{-5}$ 时，在减小所需的 $\mathcal{E}_b/I_0$ 方面，删除并未提供比白噪声度量更大的优势，但是当 ζ 减小时其好处将会增加。

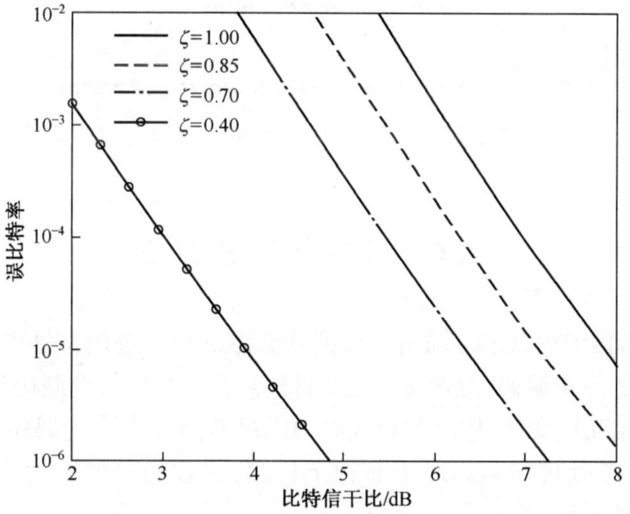

图 2.27 $K=7$、$r=1/2$、$\mathcal{E}_b/N_0=20\text{dB}$ 时，采用删除译码的卷积码的抗脉冲干扰性能

考虑一个理想解调器，仅当 μ 足够小时启动删除，此时删除比白噪声度量更有效。当该条件不满足时，使用白噪声度量。在最恶劣脉冲干扰、$\mathcal{E}_b/N_0=20\text{dB}$ 条件下使用**理想删除译码**并采用不同二进制卷积码时，P_b 的上界如图 2.28 所示。在 $P_b=10^{-5}$ 时所需要的 $\mathcal{E}_b/I_0$ 比最恶劣脉冲干扰下的硬判决译码大约小 2dB。然而，实际译码器有时会误删除或漏删除，因此它的性能优势并不明显。

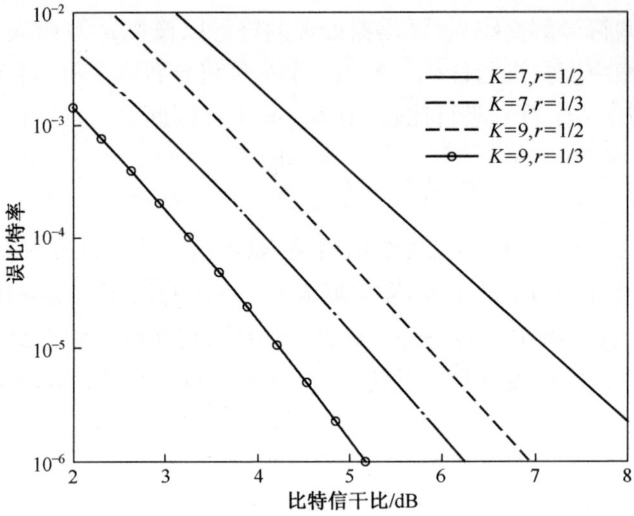

图 2.28　约束长度为 K、码率为 r、$\mathcal{E}_b/N_0 = 20$dB 时，具有理想删除译码的卷积码抗脉冲干扰的最差性能

2.6　非相干直扩系统

q 进制码移键控(CSK)调制的直扩系统将 m 个二进制符号作为 $q=2^m$ 种非二进制符号之一来编码,这种非二进制符号可用正交二进制码或码片序列表示。为满足相互正交性,序列的长度必须满足 $G \geqslant q$。由于码序列也用于扩谱序列,故 G 等于处理增益。对于非相干检测,接收的符号宽度为 T_s 的 q 进制 CSK 直扩信号可表示为

$$s_k(t) = \sqrt{\mathcal{E}_s}\,p_k(t)\cos(2\pi f_c t + \phi) + \sqrt{\mathcal{E}_s}\,p_k(t + t_0)\sin(2\pi f_c t + \phi),$$
$$0 \leqslant t \leqslant T_s, k = 1,2,\cdots,q \tag{2.171}$$

式中:$\mathcal{E}_s$ 为每个 q 进制符号的能量;t_0 为接收信号同相和正交分量的相对时延;ϕ 为接收信号相位,且

$$p_k(t) = \sum_{i=-\infty}^{\infty} p_{ki}\psi(t - iT_c)$$

式中:p_{ki} 为码序列 k 的第 i 个码片。扩谱波形 $\psi(t)$ 具有式(2.76)所示的形式,码片宽度为 T_c,码片波形的能量满足式(2.78)。

非相干接收机,即 1.3 节中用于正交信号的那种接收机,按 2.4 节所述的

方式产生 ADC 输出。ADC 以码片速率输出同相和正交接收序列,并被送至度量产生器,如图 2.29 所示。在度量产生器中,每个接收序列都被送至 q 路并行的匹配滤波器,如图 2.30 所示。由于检测是非相干的,对应的以符号速率抽样的匹配滤波器输出是平方值,并产生符号度量。对于硬判决译码,这些度量在译码前进行比较以便在每个符号周期中进行符号判决。对于软判决译码,符号度量直接送至译码器。在没有噪声和干扰时,每个接收序列都只能产生一个具有较大值的符号度量。

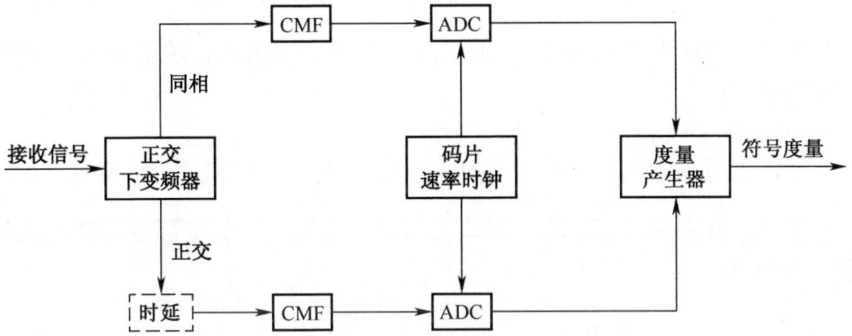

图 2.29　CSK 调制的直扩系统接收机

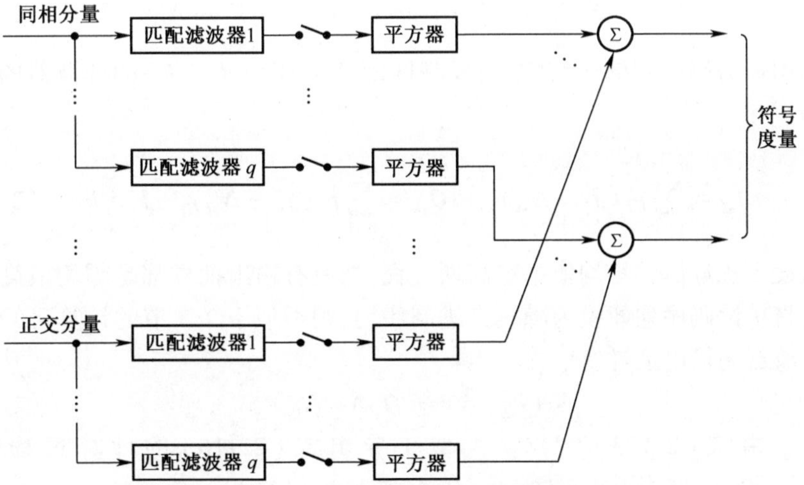

图 2.30　用于 q 进制信号非相干检测的度量产生器

如 2.3 节和 2.4 节所述的相干接收机,若码片速率与接收序列时钟同步,图 2.30 中的每个匹配滤波器输出可通过将同相或正交接收序列与相应的扩谱码序列相乘的方式来实现。向译码器提供定时脉冲的**符号或定时同步**可由扩谱码或扩谱序列同步器得到。扩谱码同步器必须正确识别自相关峰,且不受自相关旁瓣峰和互相关峰的影响。关于扩谱码同步的内容见第 4 章。当同步建立后,可发射用于精同步的前导码或导频信号以便符号正确检测。

接收信号为

$$r(t)=s_k(t)+i(t)+n(t) \tag{2.172}$$

式中: $s_k(t)$ 为第 k 个发射的符号; $i(t)$ 为干扰; $n(t)$ 为噪声。类似于 2.4 节的推导表明,送至匹配滤波器的同相接收序列为

$$I_i=\frac{\sqrt{\mathcal{E}_s/2}}{G}p_{ki}(\cos\phi+\sin\phi)+J_i+N_{si}\,,\quad i=1,2,\cdots,G \tag{2.173}$$

式中: J_i 和 N_{si} 分别由式(2.82)和式(2.83)定义。类似地,送至匹配滤波器的正交接收序列为

$$Q_i=\frac{\sqrt{\mathcal{E}_s/2}}{G}p_{ki}(\cos\phi-\sin\phi)+J_i'+N_{si}'\,,\quad i=1,2,\cdots,G \tag{2.174}$$

式中: J_i' 和 N_{si}' 分别由式(2.128)和式(2.129)定义。两个与符号 k 匹配的滤波器的输出抽样为

$$I_{sk}=\sqrt{\mathcal{E}_s/2}(\cos\phi+\sin\phi)+\sum_{i=0}^{G-1}p_{ki}(J_i+N_{si}) \tag{2.175}$$

$$Q_{sk}=\sqrt{\mathcal{E}_s/2}(\cos\phi-\sin\phi)+\sum_{i=0}^{G-1}p_{ki}(J'_i+N_{si}') \tag{2.176}$$

利用扩谱码序列的正交性,可发现匹配到符号 $l\ (l\neq k)$ 的滤波器的抽样输出为

$$I_{sl}=\sum_{i=0}^{G-1}p_{li}(J_i+N_{si})\,,\quad Q_{sl}=\sum_{i=0}^{G-1}p_{li}(J_i'+N_{si}'),\quad l\neq k \tag{2.177}$$

假设干扰近似为零均值平稳高斯过程,则所有输出抽样都是零均值高斯变量。若将扩谱码序列建模为随机二进制序列,则类似于 2.3 节的计算可知对于所有滤波器的输出抽样有

$$\mathrm{var}(I_{sk})=\mathrm{var}(Q_{sk})=N_{0e}/2 \tag{2.178}$$

式中 N_{0e} 由式(2.123)给出。类似于导出式(2.116)的计算过程表明 $E[J_iJ_i']=0$, 以便当 $l\neq k$ 时 $\{I_{sk},Q_{sk}\}$ 独立于 $\{I_{sl},Q_{sl}\}$。

硬判决需要比较符号度量,再作出符号判决。如附录 D1"卡方分布"所述,在进行平方和合并运算之后,每个符号度量 $R_l=I_{sl}^2+Q_{sl}^2$ 是服从两自由度卡方分布的随机变量,方差为 $\sigma^2=N_{0e}/2$。与传输符号 k 对应的符号度量 R_k 具有非中心参数 $\lambda=\mathcal{E}_s$, 而 $R_l\ (l\neq k)$ 则具有中心参数 0。使用概率密度式(D.9)和式(D.13),与式(1.88)相对应类似的推导将得到符号错误概率即

$$P_s = \sum_{i=1}^{q-1} \frac{(-1)^{i+1}}{i+1}\binom{q-1}{i}\exp\left[-\frac{i\mathcal{E}_s}{(i+1)N_{0e}}\right] \tag{2.179}$$

对于相同的 N_{0e} 和 $\mathcal{E}_s = m\mathcal{E}_b$，式(2.179)和式(2.120)表明非相干二进制 CSK 调制的直扩系统中比特错误概率与 $\mathcal{E}_b/N_{0e}$ 的关系大约比相干 BPSK 调制的直扩系统差 4dB。这种差异是由于二进制 CSK 使用了正交信号而非反极性信号。更复杂的相干二进制 CSK 调制只能将这种差距缩小 1dB。N_{0e} 相同时，宽带高斯干扰下的非相干 8 进制 CSK 调制的直扩系统性能只比相干 BPSK 调制的直扩系统稍好。然而，该系统需要 8 个匹配滤波器，抵消了无需相位同步的优势。

在使用了单个二进制 CSK 序列的最少硬件系统中，序列传输时表示符号 1，序列不传输时表示符号 0。将包络检测器输出与门限做比较后就可做出判决。该系统的一个问题是最佳门限与接收信号幅度有关，而最佳门限必须以某种方式来估计。另一个问题是当连续传输多个零时，符号同步器的性能会恶化。因此，m 进制 CSK 系统要实用得多。

在 DPSK 调制的直扩系统中，发射的直扩序列载波相位没有任何变化时表示符号 1；发射与符号 1 相同的直扩序列但其载波相位有若干弧度的相移时表示符号 0。图 2.31 所示为使用匹配滤波器对接收的直扩信号进行解扩的框图。匹配滤波器的输出送到标准的 DPSK 解调器进行符号判决。当存在宽带高斯干扰时，对该系统的分析表明，它比二进制 CSK 系统性能要好 2dB 以上。然而，DPSK 调制的系统对多普勒频移更加敏感，且性能要比相干 BPSK 差 1dB 以上。

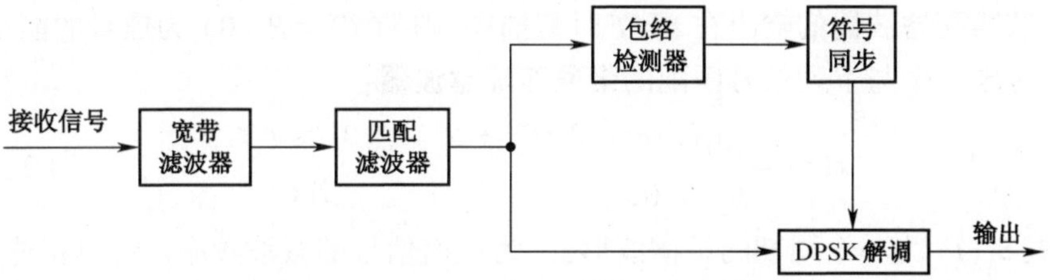

图 2.31　DPSK 调制的直扩系统接收机

2.7　基于带通匹配滤波器的解扩

匹配滤波器能够在基带以数字横向滤波器来实现。另外，模拟器件也能实现带通匹配滤波。使用带通匹配滤波器对短扩谱序列进行解扩可提供用于扩谱码同步的脉冲，这是低复杂度直扩接收机中产生判决变量的基础。上述内容将在本节中进行阐述。

短扩谱序列的扩谱波形可表示为

$$p(t)=\sum_{i=-\infty}^{\infty}p_1(t-iT) \tag{2.180}$$

式中 $p_1(t)$ 为一个周期的扩谱波形，T 为其周期。若短扩谱序列长度为 N，则

$$p_1(t)=\begin{cases}\sum_{i=0}^{N-1}p_i\psi(t-iT_c), & 0\leqslant t\leqslant T\\ 0, & 其他\end{cases} \tag{2.181}$$

式中 $p_i=\pm1$，$T=NT_c$。

考虑在区间 $[0,T]$ 外都为零的信号 $x(t)$。若滤波器的冲激响应为 $h(t)=x(T-t)$，则称该滤波器与信号 $x(t)$ 匹配。当 $x(t)$ 输入到一个与之匹配的滤波器时，滤波器的输出为

$$\begin{aligned}y(t)&=\int_{-\infty}^{\infty}x(u)h(t-u)\mathrm{d}u=\int_{-\infty}^{\infty}x(u)x(u+T-t)\mathrm{d}u\\&=\int_{\max(t-T,0)}^{\min(t,T)}x(u)x(u+T-t)\mathrm{d}u\end{aligned} \tag{2.182}$$

一个能量有限的确定信号的**非周期自相关函数**定义为

$$R_x(\tau)=\int_{-\infty}^{\infty}x(u)x(u+\tau)\mathrm{d}u=\int_{-\infty}^{\infty}x(u)x(u-\tau)\mathrm{d}u \tag{2.183}$$

因此，匹配滤波器对所匹配信号的响应为

$$y(t)=R_x(t-T) \tag{2.184}$$

若匹配滤波器的输出在 $t=T$ 时刻抽样，则 $y(T)=R_x(0)$ 为信号的能量。

考虑一个与下列信号匹配的**带通匹配滤波器**：

$$x(t)=\begin{cases}p_1(t)\cos(2\pi f_c t+\theta_1), & 0\leqslant t\leqslant T\\ 0, & 其他\end{cases} \tag{2.185}$$

式中：$p_1(t)$ 为一个周期的扩谱波形；f_c 为扩谱信号的载波频率。可算得滤波器对接收信号单个数据符号的响应为

$$s(t)=\begin{cases}2Ap_1(t-t_0)\cos(2\pi f_1 t+\theta), & t_0\leqslant t\leqslant t_0+T\\ 0, & 其他\end{cases} \tag{2.186}$$

式中：t_0 是未知的到达时刻；A 的极性由数据符号确定；f_1 为接收信号的载波频率。由于振荡器的不稳定性及多普勒频移的存在，f_1 与 f_c 并不相等。若 $f_c\gg 1/T$，则匹配滤波器的输出为

$$y_s(t)=\int_{t-T}^{t}s(u)p_1(u+T-t)\cos[2\pi f_c(u+T-t)+\theta_1]\mathrm{d}u$$

$$= A\int_{\max(t-T,t_0)}^{\min(t,t_0+T)} p_1(u-t_0)p_1(u-t+T)\cos(2\pi f_d u + 2\pi f_c t + \theta_2)\,du \tag{2.187}$$

式中：$\theta_2 = \theta - \theta_1 - 2\pi f_c T$ 为相差，且 $f_d = f_1 - f_c$。若 $f_d \ll 1/T$，则载波频率偏差可忽略不计，且

$$y_s(t) \approx A_s(t)\cos(2\pi f_c t + \theta_3)\,, \quad t_0 \leqslant t \leqslant t_0 + 2T \tag{2.188}$$

式中：$\theta_3 = \theta_2 + 2\pi f_d t_0$，且

$$A_s(t) = A\int_{\max(t-T,t_0)}^{\min(t,t_0+T)} p_1(u-t_0)p_1(u-t+T)\,du \tag{2.189}$$

当不存在噪声时，匹配滤波器的输出 $y_s(t)$ 为宽度 $2T$ 的正弦波脉冲，其极性由 A 确定。式(2.189)表明，该脉冲的峰值发生在理想抽样时刻 $t = t_0 + T$，其幅度等于 $|A|T$。然而，若 $f_d > 0.1/T$，则式(2.187)不再与式(2.188)良好近似，且匹配滤波器的输出也将显著恶化。

匹配滤波器对干扰加噪声 $N(t) = i(t) + n(t)$ 的响应可表示为

$$\begin{aligned} y_n(t) &= \int_{t-T}^{t} N(u)p_1(u+T+t)\cos[2\pi f_c(u+T-t)+\theta_1]\,du \\ &= N_1(t)\cos(2\pi f_c t + \theta_2) + N_2(t)\sin(2\pi f_c t + \theta_2) \end{aligned} \tag{2.190}$$

式中

$$N_1(t) = \int_{t-T}^{t} N(u)p_1(u+T-t)\cos(2\pi f_c u + \theta)\,du \tag{2.191}$$

$$N_2(t) = \int_{t-T}^{t} N(u)p_1(u+T-t)\sin(2\pi f_c u + \theta)\,du \tag{2.192}$$

上述公式展示了干扰频谱的扩展及滤波过程。

假设 $f_d t_0 \ll 1$ 且 $\theta_3 \simeq \theta_2$，匹配滤波器输出 $y(t) = y_s(t) + y_n(t)$ 的包络为

$$E(t) = \{[A_s(t) + N_1(t)]^2 + N_2^2(t)\}^{1/2} \tag{2.193}$$

在理想抽样时刻 $t = t_0 + T$ 有 $A_s(t_0 + T) = AT$。若

$$|A_s(t) + N_1| \gg |N_2(t)| \tag{2.194}$$

则式(2.193)意味着

$$E(t_0 + T) \approx |AT + N_1(t_0 + T)| \tag{2.195}$$

由于 $A_s(t) \leqslant AT$，式(2.188)、式(2.190)及式(2.194)意味着

$$y(t) \leqslant |A_s(t) + N_1(t)| + |N_2(t)| \approx |AT + N_1(t)| \tag{2.196}$$

该近似上界与式(2.195)比较表明，与直接检测匹配滤波器的输出峰值相比，在匹配滤波器后使用包络检测器进行检测虽然会使性能稍有下降，但在实现上要容易得多。

2.7.1 声表面波滤波器

图 2.32 给出了**声表面波(SAW)横向滤波器**的基本形式,该滤波器是无源匹配滤波器,即它必须存储可能的扩谱序列副本,并等待接收序列与其副本同步。SAW 延时线主要由用作声波传播媒介的压电衬底、用作抽头和输入换能器的叉指式换能器组成。该横向滤波器能够匹配一个周期的扩谱波形。抽头间的传播时延为 T_c,且 $f_c T_c$ 为整数。加法器后面的码片匹配滤波器与 $\psi(t)\cos(2\pi f_c t+\theta)$ 相匹配。容易证明,横向滤波器的冲激响应是与 $p_1(t)\cos(2\pi f_c t+\theta)$ 相匹配的滤波器响应。

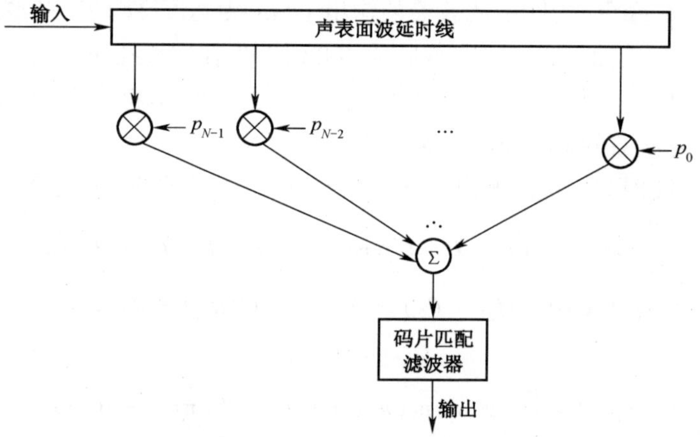

图 2.32 使用 SAW 横向滤波器的匹配滤波器,其输出为 $y_s(t)+y_n(t)$

有源匹配滤波器可用 **SAW 弹性卷积器**[13] 来实现,如图 2.33 所示。接收信号和参考信号被送至分立的叉指式换能器,用于在衬底的两个对端产生声波。参考信号是再循环的、时间反转的扩谱波形副本。两个声波以速度 v 相向传播,声波终止区将抑制声波反射。信号波形在 $x=0$ 处发射,参考波形在 $x=L$ 处发射。信号波形在衬底上向右方传播,具有以下形式:

$$F(t,x)=f\left(t-\frac{x}{v}\right)\cos\left[2\pi f_c\left(t-\frac{x}{v}\right)+\theta\right] \tag{2.197}$$

式中:$f(t)$ 为在位置 $x=0$ 处的调制信号。参考波形向左方传播,并具有如下形式:

$$G(t,x)=g\left(t+\frac{x-L}{v}\right)\cos\left[2\pi f_c\left(t+\frac{x-L}{v}\right)+\theta_1\right] \tag{2.198}$$

式中:$g(t)$ 为在位置 $x=L$ 处的调制信号。假设 $f(t)$ 和 $g(t)$ 的带宽都远小于 f_c。由窄金属条组成的波束压缩器将聚集声波能量以提高卷积器的效率。当声波在中心电极下方重叠时，非线性压电效应将产生表面电荷分布，这种分布是在电极影响下电荷在空间上的整合。卷积器输出的主要部分与下式成正比，即

$$y(t)=\int_0^L [F(t,x)+G(t,x)]^2\mathrm{d}x \tag{2.199}$$

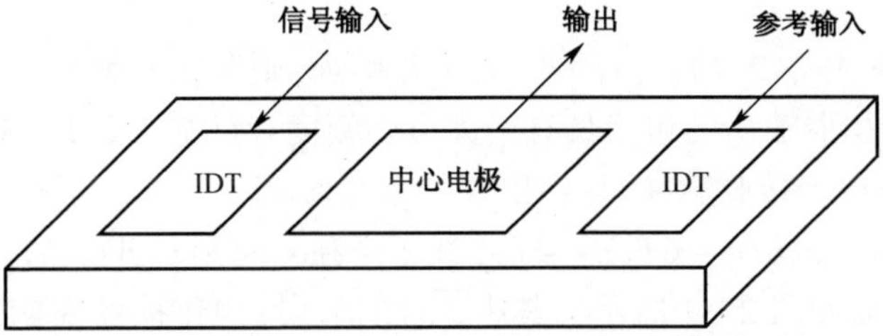

图 2.33　声表面波弹性卷积器，IDT 为叉指换能器

将式(2.197)和式(2.198)代入式(2.199)，并使用三角展开式，可发现 $y(t)$ 是许多项之和，若 $f_c L/v \gg 1$，则某些项可以忽略不计，其余项变化较慢，易被滤波器滤除。卷积器输出中最有用的分量为

$$y_s(t)=\left[\int_0^L f\left(t-\frac{x}{v}\right)g\left(t+\frac{x-L}{v}\right)\mathrm{d}x\right]\cos(4\pi f_c t+\theta_2) \tag{2.200}$$

式中：$\theta_2=\theta+\theta_1-2\pi f_c L/v$。进行变量替换后，可发现输出的幅度为

$$A_s(t)=\int_{t-L/v}^{t} f(y)g(2t-y-L/v)\mathrm{d}y \tag{2.201}$$

式中的因子 $2t$ 由两个声波的反向传播所产生。

假设捕获脉冲是一个单周期的扩谱波形，$f(t)=Ap_1(t-t_0)$ 且 $g(t)=p(T-t)$，式中 t_0 是捕获脉冲相对于在 $x=L$ 处的发射参考信号在到达时间上的不确定值。由于 $g(t)$ 的周期性允许选择时间原点以使 $0\leqslant t_0\leqslant T$。式(2.201)和式(2.180)及变量替换得到

$$A_s(t)=A\sum_{i=-\infty}^{\infty}\int_{t-t_0-L/v}^{t-t_0} p_1(y)p_1(y+iT+t_0-2t+L/v)\mathrm{d}y \tag{2.202}$$

由于除 $0\leqslant t<T$ 外 $p_1(t)=0$，故除 $t_0<t<t_0+L/v+T$ 外 $A_s(t)=0$。

对于正整数 k，令

$$\tau_k=\frac{kT+t_0+L/v}{2},\quad k=1,2,\cdots \tag{2.203}$$

当 $t=\tau_k$ 时式(2.202)中只有一项可以是非零的，且

$$A_s(\tau_k)=A\int_{\tau_k-t_0-L/v}^{\tau_k-t_0} p_1^2(y)\mathrm{d}y \tag{2.204}$$

$A_s(\tau_k)$ 的最大可能幅度产生于 $\tau_k - t_0 \geqslant T$，且 $\tau_k - t_0 - L/v \leqslant 0$，即

$$t_0 + T \leqslant \tau_k \leqslant t_0 + \frac{L}{v} \tag{2.205}$$

由于式(2.203)表明 $\tau_{k+1} - \tau_k = T/2$，若

$$L \geqslant \frac{3}{2} vT \tag{2.206}$$

则某个 τ_k 可满足式(2.205)。因此，若 L 足够大，则存在 k 满足 $A_s(\tau_k) = AT$，且当 $t = \tau_k$ 时，卷积器输出的包络具有最大可能幅度 $|A|T$。若 $L = 3vT/2$ 且 $t_0 \neq T/2$，则对应于单个接收脉冲，只会出现一个峰值。

例如，令 $t_0 = 0$、$L/v = 6T$、$T = 4T_c$，在 3 个独立时刻 $t = 4T_c$、$5T_c$ 及 $6T_c$，卷积器中的码片传播如图 2.34 所示。其中，上图描述反向传播的周期性参考信号，下图描述由四个码片组成的单个接收脉冲。这些码片是连续的。当 $4T_c \leqslant t \leqslant 6T_c$ 时，接收脉冲被完全包含在卷积器内。最大幅度的输出发生在时刻 $t = 5T_c$，该时刻是参考信号与接收码片理想同步的时刻。

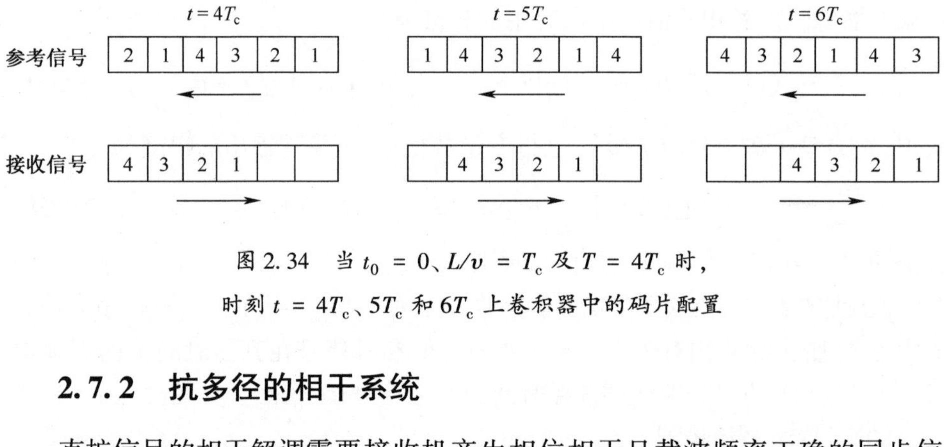

图 2.34 当 $t_0 = 0$、$L/v = T_c$ 及 $T = 4T_c$ 时，时刻 $t = 4T_c$、$5T_c$ 和 $6T_c$ 上卷积器中的码片配置

2.7.2 抗多径的相干系统

直扩信号的相干解调需要接收机产生相位相干且载波频率正确的同步信号。在解扩前，接收信号的信噪比(SNR)可能太低，以致其不能作为产生同步信号的锁相环的输入。另一种代价较小的方法是采用**再循环环路**来产生同步信号，这种环路被设计为通过正反馈来增强周期性的输入信号。

如图 2.35 所示，反馈器件是一个增益为 K 的衰减器和一个时延为 $\hat{T}_s$ 的时延线，$\hat{T}_s$ 近似为符号宽度 T_s。这种结构的基本思想是将连续信号脉冲进行相干叠加，而将干扰和噪声进行非相干叠加，因此，产生的输出脉冲的 SNR 将有所改善。

周期性的输入信号包含 N 个符号脉冲，即

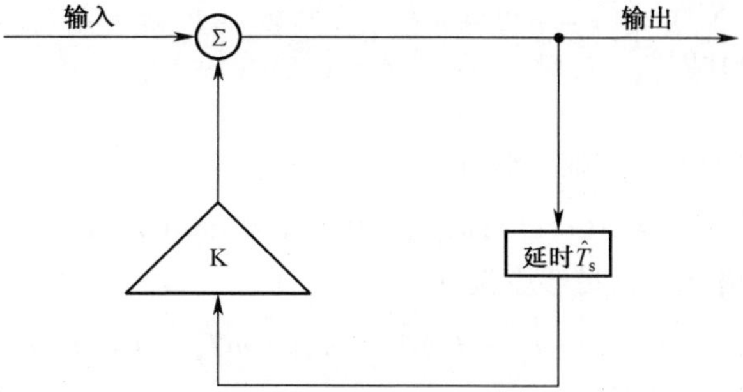

图 2.35　再循环环路

$$s_0(t) = \sum_{i=0}^{N} g(t - iT_s) \tag{2.207}$$

式中当 $t < 0$ 或 $t \geqslant T_s$ 时有 $g(t)=0$。图中表明环路输出为

$$s_1(t) = s_0(t) + Ks_1(t - \hat{T}_s) \tag{2.208}$$

将该式代入其自身可得

$$s_1(t) = s_0(t) + Ks_0(t - \hat{T}_s) + K^2 s_1(t - 2\hat{T}_s) \tag{2.209}$$

将该迭代过程重复 n 次得到

$$s_1(t) = \sum_{m=0}^{n} K^m s_0(t - m\hat{T}_s) + K^{n+1} s_1[t - (n+1)\hat{T}_s] \tag{2.210}$$

该式表明,若 $K \geqslant 1$ 且有足够多的输入脉冲可用,则 $s_1(t)$ 随 n 的增加而增加。为防止可能的环路故障,设计中要求 $K < 1$, 且在下面的讨论中该假设一直成立。

在时间间隔 $[n\hat{T}, (n+1)\hat{T}_s]$ 中,符号再循环的次数小于等于 n 次。由于 $t < 0$ 时 $s_1(t) = 0$, 故将式(2.207)代入式(2.210)得到

$$s_1(t) = \sum_{m=0}^{n} \sum_{i=0}^{N} K^m g(t - m\hat{T}_s - i\hat{T}_s), \quad n\hat{T}_s \leqslant t \leqslant (n+1)\hat{T}_s \tag{2.211}$$

该式表明,若 $\hat{T}_s$ 并不精确等于 T_s, 脉冲就不能相干叠加,可能会破坏性地合并。然而,由于 $K<1$,因此,特定脉冲的影响会随着 m 的增加而减少,最终可忽略不计。将时延 $\hat{T}_s$ 设计为与 T_s 相匹配,假设 $\hat{T}_s$ 的设计误差足够小从而满足

$$N|\hat{T}_s - T_s| \ll T_s \tag{2.212}$$

若 $n \leqslant N$, 则 $t - m\hat{T}_s - iT_s = t - (m+i)T_s - m(\hat{T}_s - T_s)$。由于 $g(t)$ 是时间有限的,式(2.211)中只有 $i = n - m$ 的项对输出有贡献,故

$$s_1(t) \approx \sum_{m=0}^{n} K^m g[t - nT_s - m(\hat{T}_s - T_s)], n\hat{T}_s \leqslant t < (n+1)\hat{T}_s \tag{2.213}$$

考虑具有如下形式的输入脉冲为

$$g(t) = A(t)\cos 2\pi f_c t, \quad 0 \leqslant t < \min(T_s, \hat{T}_s) \tag{2.214}$$

假设 $A(t)$ 幅度变化足够缓慢，则

$$A[t - nT_s - m(\hat{T}_s - T_s)] \approx A(t - nT_s), 0 \leqslant m < n \tag{2.215}$$

且设计误差足够小，以满足

$$nf_c |\hat{T}_s - T_s| \ll 1 \tag{2.216}$$

则由式(2.213)到式(2.216)可得

$$\begin{aligned} s_1(t) &\approx g(t - nT_s)\sum_{m=0}^{n} K^m \\ &= g(t - nT_s)\left(\frac{1 - K^{n+1}}{1 - K}\right), nT_s \leqslant t < (n+1)T_s \end{aligned} \tag{2.217}$$

若 S 为输入脉冲的平均功率，则式(2.217)表明在间隔 $nT_s \leqslant t < (n+1)T_s$ 上输出脉冲的平均功率近似为

$$S_n = \left(\frac{1 - K^{n+1}}{1 - K}\right)^2 S, \quad K < 1 \tag{2.218}$$

若 $\hat{T}_s$ 足够大，以至于再循环的噪声与平均功率为 σ^2 的输入噪声不相干，则 n 次再循环后的输出噪声功率为

$$\begin{aligned} \sigma_n^2 &= \sigma^2 \sum_{m=0}^{n} (K^2)^m \\ &= \sigma^2\left(\frac{1 - K^{2n+2}}{1 - K^2}\right), \quad K < 1 \end{aligned} \tag{2.219}$$

由再循环环路产生的信噪比(SNR)改善量为

$$I(n,K) = \frac{S_n/\sigma_n^2}{S/\sigma^2} = \frac{(1 - K^{n+1})(1 + K)}{(1 + K^{n+1})(1 - K)} \leqslant \frac{(1 + K)}{(1 - K)}, K < 1 \tag{2.220}$$

若 K^n 很小，则在 n 次再循环后可近似获得 $I(n,K)$ 的上界。然而，当环路相位误差 $2\pi f_c|\hat{T}_s - T_s|$ 增大时，对式(2.216)有效的 n 的上界会下降。因此，K 必须随相位误差的增大而减小以使 $I(n,K)$ 最大化。

图 2.36 给出了 BPSK 调制的直扩系统中**面向判决的相干解调器**，每个符号开始时的载波相位相同。带通匹配滤波器移除了扩谱波形，并产生解扩后的正弦脉冲，如式(2.188)和式(2.189)所示，式中 A 为双极性变量。如图 2.37(a)

所示,直达路径的解扩脉冲后面可能会跟随一个或多个由多径信号引起的解扩脉冲,图中脉冲对应的传输符号为 101。每个解扩后的脉冲被延时一个符号,然后与解调器的输出符号进行混频。若该符号是正确的,则它与被调制到解扩脉冲上的同样的数据符号相一致。因此,混频器消除了数据调制,并产生了独立于数据符号的相位相干的参考脉冲,如图 2.37(b)所示。与图 2.37(a)的中间脉冲的相位相比,图 2.33(b)的中间脉冲的相位发生了翻转。参考脉冲被再循环环路放大。环路输出和匹配滤波器输出被送到混频器,用于产生基带积分器输入,如图 2.37(c)所示。积分间隔长度等于一个符号宽度。积分间隔中的积分次数由符号同步器产生的同步脉冲决定。对积分器的输出进行抽样并送至判决器,用于产生数据输出。由于多径分量是相干合并的,故解调器可在衰落环境中提供改善的性能。

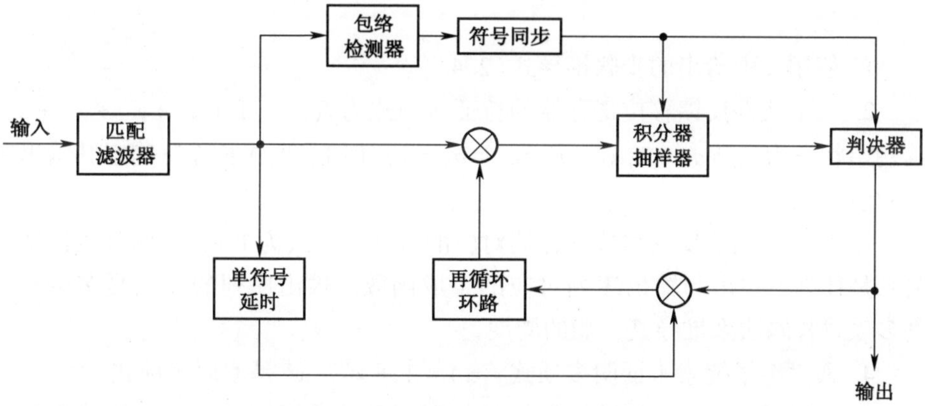

图 2.36　面向判决的相干解调器

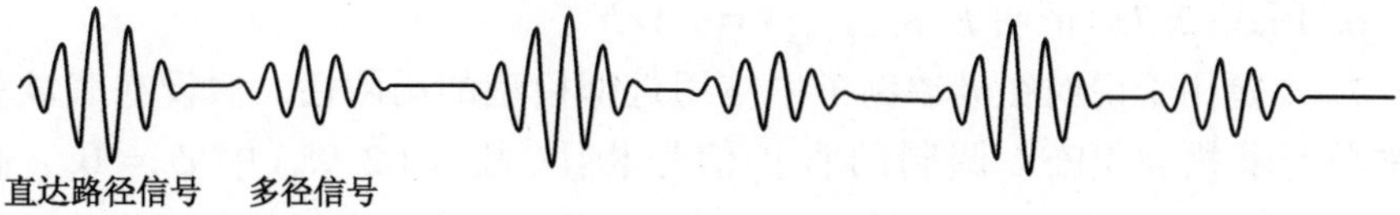

(a) 匹配滤波器输出

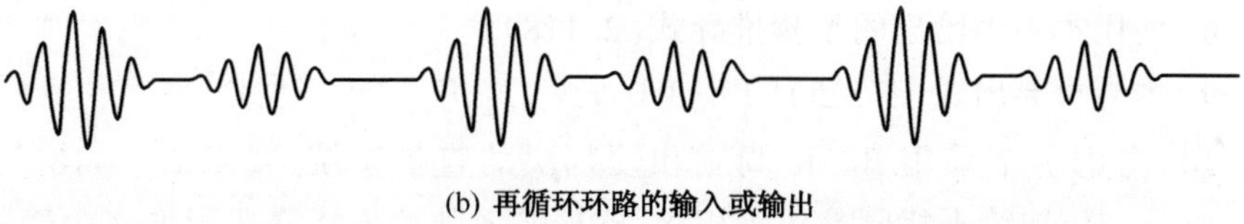

(b) 再循环环路的输入或输出

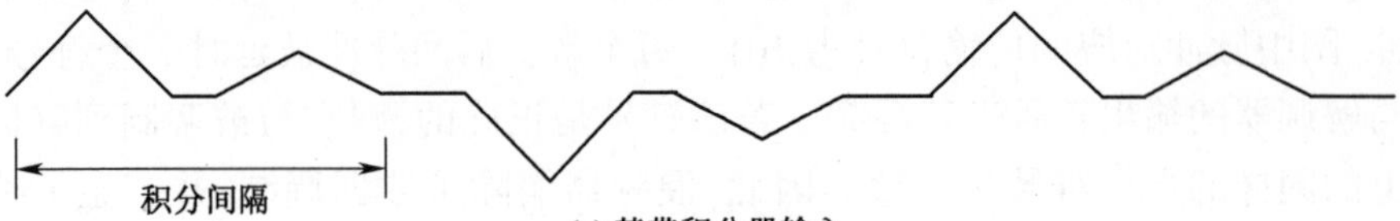

(c) 基带积分器输入

图 2.37 解调器的概念波形

即使不存在直扩信号的多径分量,面向判决的相干接收机对潜在干扰的抑制效果也与图 2.14 所示的相关器相似。由于无需扩谱码捕获及跟踪部分,面向判决的接收机实现起来要简单得多,但它要求使用短扩谱序列并需要精确的再循环环路。更有效地利用多径分量的办法是 Rake 合并(见第 6.6 节)。

2.8 思 考 题

1. 使用文中给出的步骤推导式(2.43)。

2. 一个线性反馈移位寄存器的特征多项式为 $f(x) = 1 + x^2 + x^3 + x^5 + x^6$,其初始状态为 $a_0 = a_1 = 0, a_2 = a_3 = a_4 = a_5 = 1$,使用多项式长除法确定其输出序列的前 9 位。

3. 若一个线性反馈移位寄存器对应的特征多项式为 $1 + x^m$,则其线性递推关系是什么?写出与输出序列对应的生成函数。输出序列的周期是多少?通过多项式长除法来推导其可能的周期。

4. 通过穷举搜索来证明多项式 $f(x) = 1 + x^2 + x^3$ 是本原多项式。

5. 推导图 2.12(a)的线性等效的特征函数。验证图 2.12(b)的结构并推导图中所示的初始内容。

6. 用式(2.73)证明 $E[p_{r+i}p_{r+j}] = -1/N$。

7. 本题用于说明在极端例子中应用近似模型的局限性。假设在载波频率上的单音干扰与 BPSK 调制的直扩信号相干,故式(2.95)中 $\phi = 0$。假设 $N_0 \to 0$,且 $\mathcal{E}_s > GIT_c\kappa$。说明 $P_s \to 0$,并说明 2.3 节中一般的单音干扰可以导出 P_s 的非零近似表达式。

8. 使用本书中给出的步骤推导式(2.118)。

9. 推导可导出式(2.145)的 $E[V \mid \phi, k_1, k_2, d_0]$ 的表达式。

10. 考虑一个采用 BPSK 调制和硬判决的直扩系统,要求 $P_s = 10^{-5}$,且 $N_0 = 0$。与抗连续干扰所需功率相比,抗最恶劣脉冲干扰需要附加多少额外功率?已知 $Q(\sqrt{20}) = 10^{-5}$。

11. 就一个采用二进制 DPSK 调制和硬判决的直扩系统而言，当存在高斯白噪声时，$P_s = \frac{1}{2}\exp(-\mathcal{E}_s/N_0)$。当连续干扰的功率谱密度为 $I_0 \gg N_0$ 时，推导最恶劣强脉冲干扰时的占空比和 P_s。说明当 $\mathcal{E}_s/I_0$ 较大时，DPSK 相对于 PSK 在抗最恶劣脉冲干扰具有超过 3dB 的劣势。

12. 对于白噪声度量，$E[M_0 \mid v]$ 和 $\mathrm{Var}[M_0 \mid v]$ 的值分别为多少？

13. 当 $f_d \neq 0$ 且码片波形为矩形时，展开式(2.190)以确定 $A_s(t_0+T)$ 的下降度。

14. 估计如图 2.32 所示的横向滤波器的冲激响应。说明该冲激响应与匹配到 $p_1(t)\cos(2\pi f_c t+\theta)$ 的滤波器的冲激响应相等。

15. 考虑一个弹性卷积器，对于某个正整数 n 有 $L/v=nT$，且 $g(t)=p(T-t)$，$p(t)$ 是周期为 T 的扩谱波形，接收信号为 $f(t)=Ap(t-t_0)$，其中 A 为正常数。将 $A_s(t)$ 表示为扩谱波形周期性自相关函数 $R_p(\cdot)$ 的函数。该结果如何用于捕获？

第3章　跳频扩谱系统

跳频是发射信号的载波频率周期性改变的通信方式。跳频系统的这种时变特性赋予系统很强的潜在抗干扰能力。直扩系统是依靠频谱扩展、解扩及滤波来抑制干扰，而跳频系统抑制干扰的机理是躲避干扰。当躲避失败时，由于载波频率周期性改变，跳频信号仅被暂时干扰。通过广泛采用信道编码，干扰对跳频系统的影响将进一步减轻。从这一点来说，跳频系统比直扩系统更需要信道编码。本章介绍跳频系统的基本概念、频谱和性能、编码和调制问题，研究部分频带干扰和人为恶意干扰的影响。此外，还对频率合成器设计中最重要的问题进行阐述。

3.1　概念和特征

跳频系统发射的载波频率序列称为**跳频图案**。M 个可能的载波频率 $\{f_1, f_2, \cdots, f_M\}$ 的集合称为**跳频频率集**。载波频率改变的速度称为**跳速**。进行跳频的频段称为**跳频频段**，它包含 M 个**信道**。每个信道都被定义为一个频谱区域，其中心频率为频率集中的一个载波频率，其带宽 B 足够大，从而能够容纳特定载波频率的信号脉冲的大部分功率。图 3.1 描述了信道与特定跳频图案之间的

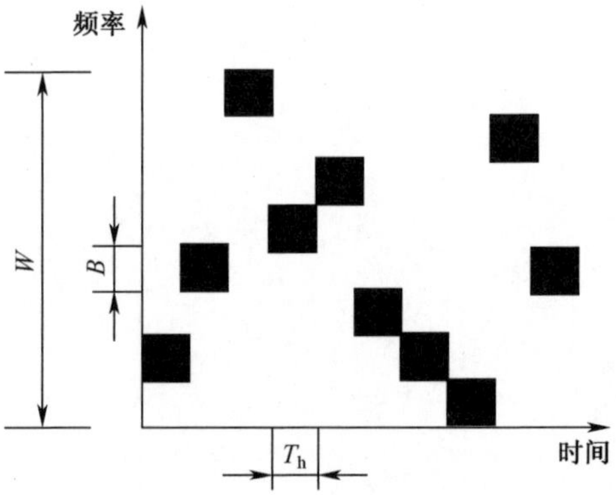

图 3.1　跳频图案

关系。两跳之间的时间间隔称为**跳间隔**,其持续时间称为**跳周期**,用 T_h 表示。跳频频带的带宽满足 $W \geqslant MB$。

图 3.2 给出了跳频系统的一般形式。频率合成器(见 3.4 节)产生的不同的载波频率取决于送至合成器的一组控制比特。控制比特是**图案产生器**的输出比特,它以跳频速率进行改变,从而使得频率合成器产生跳频图案。在发射机中,已调数据信号与频合器输出的跳频图案进行混频产生跳频信号。若数据调制是某种形式的角度调制 $\phi(t)$,则第 i 跳接收到的信号为

$$s(t) = \sqrt{2\mathcal{E}_s/T_s}\cos[2\pi f_{ci}t + \varphi(t) + \varphi_i],(i-1)T_h \leqslant t \leqslant iT_h \quad (3.1)$$

式中:$\mathcal{E}_s$ 为符号能量;T_s 为符号间隔;f_{ci} 为第 i 跳的载波频率;ϕ_i 为第 i 跳的随机相位。接收机频合器产生的跳频图案与发射机产生的跳频图案是同步的,但存在固定的中频偏移,当然,该中频偏移也可以为零。利用混频将接收信号中的跳频图案移除,称为**解跳**。混频器的输出送至带通滤波器,以滤除正确信道之外的倍频分量和功率,且产生调制数据的**解跳信号**,也就是将式(3.1)中的 f_{ci} 用中频替代。

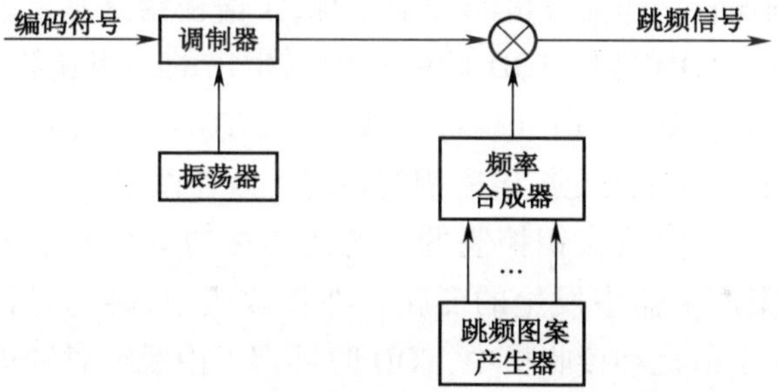

(a) 发射机

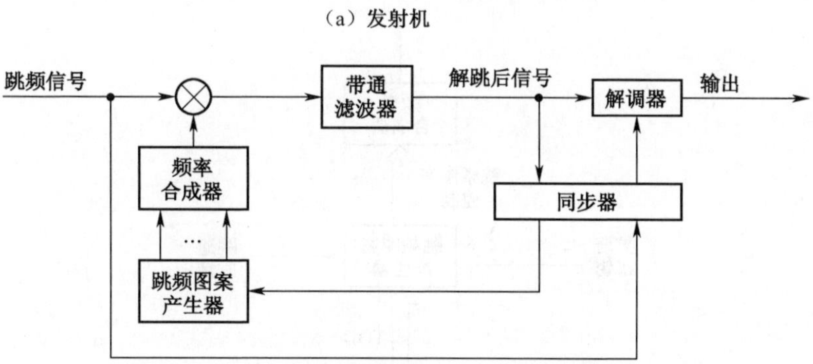

(b) 接收机

图 3.2 跳频系统的一般形式

虽然跳频在抗噪声方面没有优势,但它能使信号跳出有干扰的信道或频率

选择性慢衰落信道。为充分利用这种能力来抗窄带干扰信号,需要将信道置乱。置乱后的信道之间可能是相邻的,也可能有未使用的频谱区域。将有固定干扰或易衰落的频谱区域从跳频集中排除的过程称为**频谱开槽**。移频键控(FSK)与跳频有本质不同,FSK 的所有子信道都会影响接收机的每一个判决结果。对于 FSK,避开带有干扰的子信道或从中逃脱都是不可能的。

为确保跳频图案的保密性和不可预测性,跳频图案应当是伪随机的,周期很长且在所有信道中近似于均匀分布。从军事和其他应用上来说,跳频图案应该很难被对手复制或解跳。图案产生器的结构或算法取决于包括扩谱密钥(见 2.2 节)在内的一组图案控制比特。图案产生器可能是非线性序列发生器,它通过每个产生器的状态到控制比特的映射来指定频率。序列的**线性张成或线性复杂度**是指能够生成序列或产生器连续状态的最短线性反馈移位寄存器的级数。大线性复杂度能够防止利用短的跳频片段来重建跳频图案。当相似的跳频系统组网时(见 7.4 节),对于跳频图案的要求就更多,以便减轻多址干扰。

提高**传输安全性**的结构如图 3.3 所示。将扩谱密钥及实时时间(TOD)合并可生成图案控制比特。作为终极的安全来源,**扩谱密钥**是不常改变且必须秘密保存的一组比特。TOD 是从 TOD 计数器中派生出的一组比特,会随着 TOD 时钟的变化而变化。例如,密钥可能每日改变,而 TOD 则可能每秒都会改变。使用 TOD 的目的在于不常改变扩谱密钥的情况下改变图案产生算法。实际上,图案产生器的算法是由时变密钥控制的。跳速时钟的运行速率大大高于 TOD 时钟,它调节着图案产生器中发生的变化。在接收机中,跳速时钟是通过同步系统而产生的。在发射机和接收机中,TOD 时钟都可由跳速时钟进行推算。

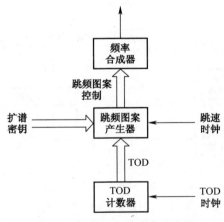

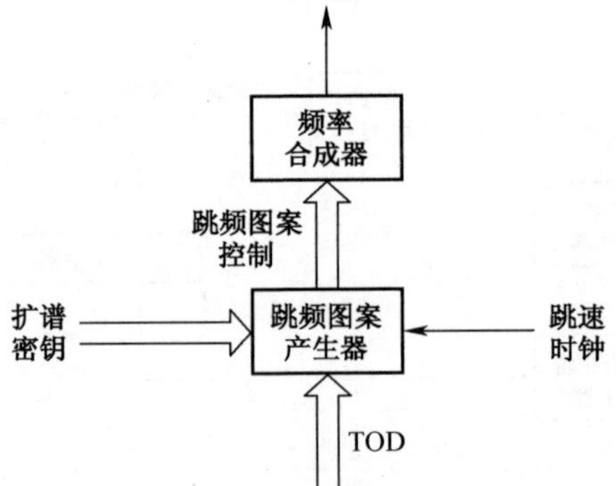

图 3.3　控制频合器的安全方法

每个跳频脉冲的载波频率是固定的,它按一定的跳间隔发生,其持续时间称为**驻留间隔**。如图 3.4 所示,**驻留时间**是指驻留间隔内发送信道符号且达到峰值幅度的时间。跳周期 T_h 等于驻留时间 T_d 与换频时间 T_{sw} 之和。换频时间就是无响应时间加上脉冲的上升和下降时间,而无响应时间就是无信号的时间间隔。由于接收到的波形和接收机产生的波形并不是理想同步的,因此即使发射信号中的换频时间微不足道,接收机的解跳信号中也会存在更大的换频时间。非零换频时间可以包括有意保留的**保护时间**,它会减少用于传输符号间隔 T_s,若 T_{so} 是不考虑跳频时的符号间隔,则 $T_s = T_{so}(T_d/T_h)$。符号间隔的减少扩展了发射信号频谱,从而降低了固定跳频频带中的信道数量。由于接收机滤波能够确保脉冲上升和下降沿的时间与符号间隔具有同样的数量级,因此在实际的系统中 $T_{sw} > T_s$。

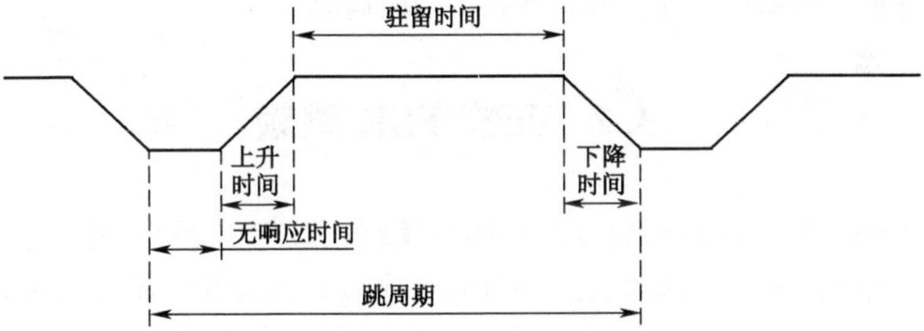

图 3.4 跳频脉冲的时间构成与幅度变化

跳频可分为慢跳频和快跳频两类。**快跳频**是指每个信息符号需要多跳来传输。**慢跳频**是指任意跳频间隔内传输一个或多个信息符号。虽然上述定义并不涉及绝对跳速,但是只有在跳速能够超过信息符号速率的情况下,才选择快跳频。由于慢跳频的发射波形频谱更加紧凑(见 3.4 节),且换频时间的额外开销较小,因此更受青睐。

令 M 为跳频频率集的大小;B 为信道带宽;F_s 为跳频频率集中相邻载波之间的最小间隔。为确保在平稳窄带无意干扰与有意干扰下的防护能力,需要 $F_s \geqslant B$,以便信道在频域上是近似分离的。这样,一次跳变就能使传输信号躲避信道中的干扰。若跳频频带的带宽为 W,且信道均匀分布、相互临接,则跳频频率集的大小为

$$M = \left\lfloor \frac{W}{F_s} \right\rfloor \tag{3.2}$$

式中:$\lfloor x \rfloor$ 为取 x 中的最大整数。

为在慢跳频系统中充分利用分组码或卷积码的优势,编码符号应当以一定的方式交织,即分组码或一定自由距离内的卷积码符号独立衰落。在频率选择

性衰落信道上运行的跳频系统,这种独立衰落的实现就需要对系统参数值有一定的限制(见6.7节)。

频率选择性衰落和多普勒频移使得发射机和接收机中频率合成器在跳与跳之间难以保持相位相干。此外,接收信号频率的变化和接收机中频合器输出信号变化之间的时变延时导致解跳信号在各跳间的相位偏移不同。因此,除非可以使用导频信号、跳周期很长或使用精心设计的相位迭代估计技术(可能是Turbo译码的一部分),实际的跳频系统一般都使用非相干或差分相干解调器。

在军事应用中,跳频系统的抗干扰能力可能会被**转发式干扰机**(又称**跟踪干扰机**)所抵消。转发式干扰机能够截获并处理信号,然后再以相同的中心频率发射干扰。为有效干扰跳频系统,干扰能量必须在跳频系统跳入新的载波频率之前抵达跳频接收机。因此,跳速成为对抗转发式干扰的关键因素。参考文献[88]分析了所需的跳速以及转发式干扰的局限性。

3.2 正交FSK跳频

在以FSK作为数据调制方式的跳频系统(FH/FSK系统)中,选择q进制FSK符号频率集S_q中的频率之一来使得每个发射符号在一跳驻留时间内的载波频率发生偏移。针对FH/FSK系统,如图3.2(a)所示的发射机一般模型可简化为图3.5(a),其中跳频图案产生器的输出比特确定载波频率,数字符号确定S_q中的频率,二者共同确定了符号间隔内频合器产生的频率。为防止信道外过大的频谱泄漏,符号之间相位的连续性是非常必要的(见3.3节)。在FH/FSK系统中,载波频率与S_q中q个频率或单音之一相加后可作为一个FSK子信道的中心频率。在标准设计中,q个子信道是相邻的,且每个子信道集构成了跳频频带中的一个信道。图3.5(b)给出了非相干FH/FKS接收机的主要组成。每个匹配滤波器对应一个FSK子信道。

3.2.1 系统说明

为说明跳频通信的一些基本问题,考虑使用重复编码和次优度量,形如图3.5(b)的接收机的正交FH/FSK系统。该系统虽有显著不足,但却易于进行近似数学分析。每个信息符号作为一个码字来传输,每个码字由n个相同的编码符号组成。干扰建模为宽带高斯噪声,均匀分布在部分跳频频带中。假设快跳频及在多个跳间隔内具有理想交织的慢跳频系统都具有理想解跳。这两个条件确保了编码符号错误的独立性。

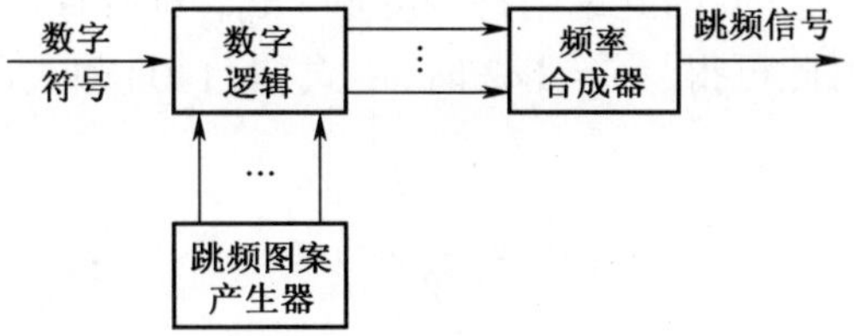

（a）发射机

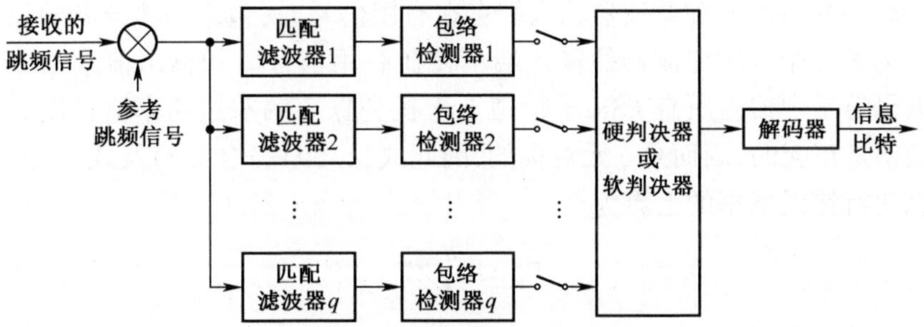

（b）接收机

图 3.5　FH/FSK 系统

由于式(1.76)所示的最大似然度量难以实现,因此要考虑次优度量。式(1.80)给出的平方律度量采用**线性平方律合并**,它的优点是计算时无需**信道状态信息**或**边信息**,而边信息是与编码符号可靠性有关的信息。然而,该度量不适合对抗最恶劣的部分频带干扰,主要原因是一个较强的单音干扰就能破坏信息符号度量集。

下式给出了一种比式(1.76)更简单、但仍需除以 N_{0i} 的无量纲度量,即**非线性平方律度量**:

$$U(l) = \sum_{i=1}^{n} \frac{R_{li}^2}{N_{0i}}, \quad l = 1,2,\cdots,q \tag{3.3}$$

式中:R_{li} 为包络检测器输出的抽样值,它与候选信息符号 l 的第 i 个编码符号有关;$N_{0i}/2$ 为编码符号 i 在所有 FSK 子信道中干扰和噪声的双边功率谱密度。该度量的优点是较大的 N_{0i} 值可减轻较大 R_{li} 的影响,但 N_{0i} 必须已知。下面主要分析非线性平方律度量。

式(1.50)所示的联合界表明信息符号错误概率满足:

$$P_{is} \leqslant (q-1)P_2 \tag{3.4}$$

式中:P_2 为将传输的信息符号度量与其他信息符号度量进行比较后得出的错误概率。假设有足够的信道,则 n 个不同的载波频率就可用作 n 个编码符号。

由于 FSK 的频率是正交的,因此编码符号度量 $\{R_{li}^2\}$ 对所有 l 和 i 都是独立同分布的(见 1.1 节)。由此可得,$\alpha = 1/2$ 时,由式(1.140)和式(1.139)给出的契尔诺夫界为

$$P_2 \leqslant \frac{1}{2}Z^n \tag{3.5}$$

$$Z = \min_{0<s<s_1} E\left[\exp\left\{\frac{s}{N_1}(R_2^2 - R_1^2)\right\}\right] \tag{3.6}$$

式中:R_1 为对应的匹配滤波器输入端存在有用信号时,包络检测器的输出抽样值;R_2 为另一个匹配滤波器的输入端不存在有用信号时的输出值。$N_1/2$ 为在一个编码符号中覆盖所有 FSK 子信道上干扰和噪声的双边功率谱密度。由于 FSK 频率是正交的,因而是 q 元对称的,因此式(1.29)、式(3.4)及式(3.5)给出了信息比特错误概率的上界为

$$P_b \leqslant \frac{q}{4}Z^n \tag{3.7}$$

接收信号的形式为

$$r(t) = \sqrt{2\mathcal{E}_s/T_s}\cos[2\pi(f_c + f_1)t + \theta] + n_1(t),\ 0 \leqslant t \leqslant T_s$$

式中:$\mathcal{E}_s$ 为单个编码符号能量;T_s 为编码符号间隔;$n_1(t)$ 为零均值高斯干扰和噪声过程。假设 $n_1(t)$ 是白的,得出

$$E[n_1(t)n_1(t+\tau)] = \frac{N_1}{2}\delta(\tau) \tag{3.8}$$

如 1.4 节所示,R_l^2 可表示为

$$R_l^2 = R_{lc}^2 + R_{ls}^2,\ l = 1,2 \tag{3.9}$$

利用正交符号波形及式(3.8),并假设式(1.93)及式(1.94)中 $f_c + f_l >> 1/T_s$,可证明高斯随机变量 R_{1c}、R_{1s}、R_{2c} 及 R_{2s} 之间的独立性。得出的矩为

$$E[R_{1c}] = \sqrt{\mathcal{E}_s T_s/2}\cos\theta,\ E[R_{1s}] = \sqrt{\mathcal{E}_s T_s/2}\sin\theta \tag{3.10}$$

$$E[R_{2c}] = E[R_{2s}] = 0 \tag{3.11}$$

$$\mathrm{var}[R_{lc}] = \mathrm{var}[R_{ls}] = N_1 T_s/4,\ l = 1,2 \tag{3.12}$$

对于均值为 m、方差为 σ^2 的高斯随机变量 X 来说,直接计算可得

$$E[\exp(aX^2)] = \frac{1}{\sqrt{1-2a\sigma^2}}\exp\left(\frac{am^2}{1-2a\sigma^2}\right),\ a < \frac{1}{2\sigma^2} \tag{3.13}$$

该式可部分地估计出式(3.6)的期望值。在给定 N_1 的条件下,利用式(3.9)至式(3.13),并代入 $\lambda = sT_s/2N_1$ 可得

$$Z = \min_{0<\lambda<1} E\left[\frac{1}{1-\lambda^2}\exp\left(-\frac{\lambda\mathcal{E}_s/N_1}{1+\lambda}\right)\right] \tag{3.14}$$

式中的期望符号是对统计量 N_1 求期望。

为简化分析,假设热噪声可忽略不计。当重复的符号没有遇到干扰时,$N_1=0$;遇到干扰时,则 $N_1=I_{t0}/\mu$,其中 μ 为跳频频带被干扰的比例。若干扰功率平均分布在整个跳频频带上,则 I_{t0} 就是功率谱密度。由于 μ 是遇到干扰的概率,因此式(3.14)变为

$$Z=\min_{0<\lambda<1}\left[\frac{\mu}{1-\lambda^2}\exp\left(-\frac{\lambda\mu\gamma/n}{1+\lambda}\right)\right] \tag{3.15}$$

式中信息符号能量与干扰功率谱密度之比(符号信干比)为

$$\gamma=\frac{n\mathcal{E}_s}{I_{t0}}=\frac{(\log_2 q)\mathcal{E}_b}{I_{t0}} \tag{3.16}$$

式中:$\log_2 q$ 为每个信息符号的比特数;$\mathcal{E}_b$ 为每信息比特的能量。通过积分可得

$$Z=\frac{\mu}{1-\lambda_1^2}\exp\left(-\frac{\lambda_1\mu\gamma/n}{1+\lambda_1}\right) \tag{3.17}$$

式中

$$\lambda_1=-\left(\frac{1}{2}+\frac{\mu\gamma}{4n}\right)+\left[\left(\frac{1}{2}+\frac{\mu\gamma}{4n}\right)^2+\frac{\mu\gamma}{2n}\right]^{1/2} \tag{3.18}$$

将式(3.17)和式(3.16)代入式(3.7),可得

$$P_b\leqslant\frac{q}{4}\left(\frac{\mu}{1-\lambda_1^2}\right)^n\exp\left(-\frac{\lambda_1\mu\gamma}{1+\lambda_1}\right) \tag{3.19}$$

假设干扰是最恶劣的部分频带干扰。使式(3.19)右侧关于 μ 最大,其中 $0\leqslant\mu\leqslant1$,可得到 P_b 的近似上界。通过积分可得 μ 的最大值为

$$\mu_0=\min\left(\frac{3n}{\gamma},1\right) \tag{3.20}$$

由于 μ_0 只是通过最大化 P_b 的上界而非 P_b 本身得到的,因此 μ_0 无需与实际中最恶劣的 μ 值相等,在式(3.19)中取 $\mu=\mu_0$,可得到最恶劣的部分频带干扰下 P_b 的近似上界为

$$P_b\leqslant\begin{cases}\dfrac{q}{4}\left(\dfrac{4n}{e\gamma}\right)^n, & n\leqslant\gamma/3\\[2ex] \dfrac{q}{4}(1-\lambda_0^2)^{-n}\exp\left(-\dfrac{\lambda_0\gamma}{1+\lambda_0}\right), & n>\gamma/3\end{cases} \tag{3.21}$$

式中

$$\lambda_0=-\left(\frac{1}{2}+\frac{\gamma}{4n}\right)+\left[\left(\frac{1}{2}+\frac{\gamma}{4n}\right)^2+\frac{\gamma}{2n}\right]^{1/2} \tag{3.22}$$

若γ已知，则通过选择重复的次数可使最恶劣的部分频带干扰下P_b的上界最小化。将n看作连续变量，且$n \geqslant 1$；令n_0为n的最小值。计算表明不等式(3.21)中右侧第二行关于n的导数为正数。因此，若$\gamma/3 < 1$，则对于$n \geqslant 1$，第二行可用，于是$n_0 = 1$。若$\gamma/3 > 1$，则通过最小化紧凑集$[1, \gamma/3]$中的严格凸函数$f(n) = (q/4)(4n/e\gamma)^n$，可使$P_b$的上界最小化。由于$f(n)$严格凸，因此$f(n)$的平稳点表示全局极小值。进一步计算可得

$$n_0 = \max\left(\frac{\gamma}{4}, 1\right) \tag{3.23}$$

由于n必须为整数，因此对抗最恶劣的部分频带干扰的符号最优重复次数约为$\lfloor n_0 \rfloor$。若$\gamma \geqslant 4$，则式(3.23)表明符号的最优重复次数随γ的增加而增加。

将式(3.23)代入式(3.21)可得出最恶劣的部分频带干扰下P_b的近似上界和符号的最优重复次数，即

$$P_b \leqslant \begin{cases} \dfrac{q}{4}(1-\lambda_0^2)^{-1}\exp\left(-\dfrac{\lambda_0\gamma}{1+\lambda_0}\right), & \gamma < 3 \\ \dfrac{q}{e}\gamma^{-1}, & 3 \leqslant \gamma < 4 \\ \dfrac{q}{4}\exp\left(-\dfrac{\gamma}{4}\right), & \gamma \geqslant 4 \end{cases} \tag{3.24}$$

此上界表明，若选定符号的最优重复次数，且$\gamma \geqslant 4$，则随着$\gamma = (\log_2 q)\mathcal{E}_b/I_{t0}$的增加，$P_b$呈指数下降。图3.6给出了当$q$分别取2、4、8且符号的重复次数$n$为最优值及$n = 1$时$P_b$的上界与比特信干比$\mathcal{E}_b/I_{t0}$的关系。该图表明，与全频带干扰相比，非线性平方律度量及符号最优重复次数明显降低了最恶劣的部分频带干扰所造成的性能下降。例如，令式(1.89)中$N_0 \to I_{t0}$，式(3.24)中$q = 2$，然后比较两式，可发现对BFSK跳频系统来说，性能下降约为3dB。

将式(3.23)代入式(3.20)可得

$$\mu_0 = \begin{cases} 1, & \gamma < 3 \\ 3\gamma^{-1}, & 3 \leqslant \gamma < 4 \\ \dfrac{3}{4}, & \gamma \geqslant 4 \end{cases} \tag{3.25}$$

该结果表明，若假定符号的重复次数最优，则最坏情况下的干扰必须覆盖跳频频带的3/4甚至更多，而实际上干扰机可能无法完成这一任务。

对于BFSK跳频及非线性平方律度量来说，虽然符号的最优重复次数要远小于式(3.23)所示的次数，但当N_0很小时，文献[40]给出了一种不使用契尔诺夫界且允许$N_0 > 0$的更精确的推导，该推导证实了式(3.24)给出的是由最恶

劣部分频带干扰造成的信息比特错误率的近似上界。因此,对非线性平方律合并项进行适当加权能防止其输出被单个错误项支配,且可以限制由符号能量损失引起的固有的**非相干合并损耗**。

非线性平方律度量的实现需要测量干扰功率。一种基于期望值最大化算法(见 9.1 节)的迭代功率估计方法给出了近似最大似然估计,但却需要比重复编码更强的编码。另一种方法是对每个包络检测器的输出功率 R_{li} 进行限幅或软限幅,以恢复到硬判决译码或平方律度量。这两种方法都可防止单个错误样值对码字检测的破坏。虽然限幅比硬判决译码更具有潜在有效性,但其实现需要对信号功率进行精确测量,以设置合适的限幅电平。一种次最优度量可能代替限幅平方律度量,其形式为

$$U(l) = \sum_{i=1}^{n} f\left(\frac{R_{li}^2}{\sum_{j=1}^{n} R_{lj}^2}\right), \quad l = 1,2,\cdots,q \tag{3.26}$$

式中:$f(\cdot)$ 为某种单调递增函数。虽然该度量无需估计每个 N_{0i} 值,但却对每个 N_{0i} 值都敏感。

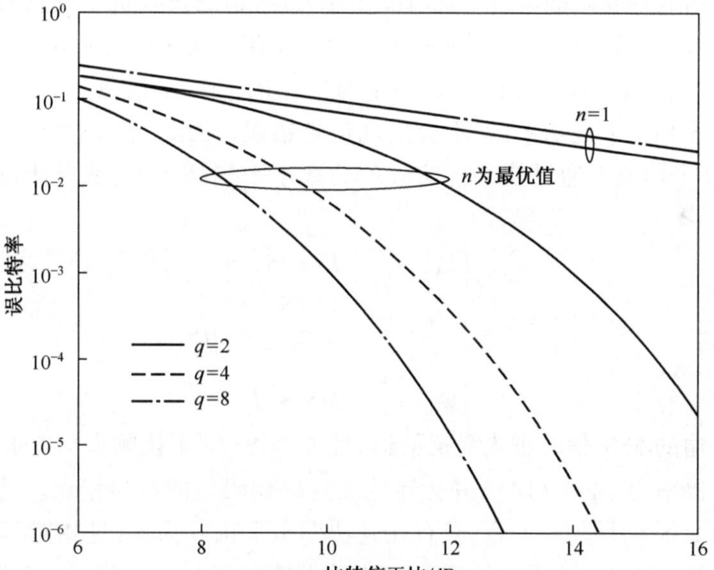

图 3.6 最恶劣部分频带干扰下误比特率的上界, $q = 2,4,8$,重复次数 n 为最优值及 $n = 1$

3.2.2 多音干扰

若载波之间的频率间隔为 k/T_s ,其中 k 为非零整数, T_s 为符号间隔,则正

交 FSK 单音在错误的子信道中产生的响应可忽略不计。当 FSK 子信道彼此相邻时，为使跳频频率集最大化，选择 $k = 1$。因此，对于每跳驻留间隔内有多个符号的慢跳频信道的带宽为

$$B \approx \frac{q}{T_s} = \frac{q}{T_b \log_2 q} \tag{3.27}$$

式中：T_b 为比特间隔，因子 $\log_2 q$ 表示使用非二进制调制时符号间隔的增加倍数。若相互临接的信道均匀间隔 $F_s = B$，则式(3.27)和式(3.2)表明：

$$M = \left\lfloor \frac{WT_b \log_2 q}{q} \right\rfloor \tag{3.28}$$

若 FSK 的子信道是相邻的，当干扰机在 FSK 系统的所有子信道上都发射干扰时，就非常不利了，因为此时只需干扰一个子信道就可引起符号错误。若一台先进干扰机已知 FSK 子信道集的频谱位置，则在每个 FSK 子信道集中放置一个单音干扰或窄带干扰信号，就会使得系统性能显著恶化，这种干扰称为**多音干扰**。

为评估这种复杂的多音干扰对图 3.5(b)所示的接收机中硬判决译码的影响，假设不存在热噪声，一个信道中包含 q 个 FSK 子信道，且每个干扰频率都与某一 FSK 子信道一致。无论干扰频率与传输的 FSK 子信道是否一致，若 FSK 信号功率 S 超过干扰功率，就不会出现符号错误。因此，若 I_t 为总有效干扰功率，则在 J 个信道上通过使干扰信号的功率水平稍高于 S，就可使符号错误最大化，即

$$J = \begin{cases} 1, & I_t < S \\ \left\lfloor \dfrac{I_t}{S} \right\rfloor, & S \leqslant I_t < MS \\ M, & MS \leqslant I_t \end{cases} \tag{3.29}$$

若传输的 FSK 信号进入受扰信道，且 $I_t \geqslant S$，则干扰频率与 FSK 信号频率不一致的概率为 $(q-1)/q$，并会导致硬判决译码后的符号错误。若干扰频率与正确的 FSK 信号频率一致，只有在其功率水平正好为 S，且相对于 FSK 信号相移正好为 180°时，才可能导致没有热噪声情况下的符号错误，但这一事件发生的概率为零。由于 J/M 为信道受扰的概率，若 $I_t < S$，则错误不会发生，因此误符号率为

$$P_s = \begin{cases} 0, & I_t < S \\ \dfrac{J}{M}\left(\dfrac{q-1}{q}\right), & I_t \geqslant S \end{cases} \tag{3.30}$$

将式(3.28)、式(3.29)代入式(3.30),且使用近似值$\lfloor x \rfloor \approx x$,可得

$$P_s = \begin{cases} \dfrac{q-1}{q}, & \dfrac{\mathcal{E}_b}{I_{t0}} < \dfrac{q}{\log_2 q} \\ \left(\dfrac{q-1}{\log_2 q}\right)\left(\dfrac{\mathcal{E}_b}{I_{t0}}\right)^{-1}, & \dfrac{q}{\log_2 q} \leqslant \dfrac{\mathcal{E}_b}{I_{t0}} \leqslant WT_b \\ 0, & \dfrac{\mathcal{E}_b}{I_{t0}} > WT_b \end{cases} \tag{3.31}$$

式中:$\mathcal{E}_b = ST_b$为比特能量,$I_{t0} = I_t/W$为干扰均匀分布在跳频频带上时的干扰功率谱密度。该式表明P_s与$\mathcal{E}_b/I_{t0}$成反比,也表明干扰所产生的影响类似于瑞利衰落及图3.6中$n = 1$时最恶劣的部分频带干扰所产生的影响。误符号率随q的增加而增加,这与n最优时最坏情况的部分频带干扰下的结果恰好相反。P_s增加的原因是当q增加时,每个信道的带宽也相应增加,从而更易于受到多音干扰的影响。因此,BFSK在这种复杂多音干扰下具有优势。

3.3 CPM和DPSK调制的跳频系统

在跳频通信网络中,非常希望选用频谱紧凑的数据调制方式,以便获得较多的信道,从而使得跳频信号之间的碰撞次数较少。假设图3.2中解跳之后解调器传递函数的带宽约等于信道带宽B。频谱紧凑的调制方式有助于确保信道带宽B小于相干带宽(见6.2节),这样接收机中就无需均衡。

跳频数据调制的另一个必要特性是对频谱泄露的限制。**频谱泄漏**是跳频信号射频脉冲在所使用信道之外的信道中产生的干扰。它是由发射脉冲的时间有限性引起的。频谱泄漏引发错误的程度主要取决于信道间隔F_s及信道中包含的信号功率百分比。实际中,该百分比至少需要90%才能避免信号失真,且经常要求大于95%。通常,只有相邻信道中的跳频脉冲才会在该信道中产生显著的频谱泄漏。

邻道干扰比K_s是指到达接收机的相邻信道的频谱泄漏功率与该信道信号功率之比。例如,若B为信道带宽,其中包含97%的信号功率,且$F_s \geqslant B$,则发射的信号中仅有不超过1.5%的功率能够进入信号所在信道一侧的相邻信道;因此,$K_s \leqslant 0.015/0.97 = 0.0155$。$K_s$的最大值可随$F_s$的增加而减小,但若$W$固定不变,则最终必须减小信道数量值$M$。因此,用户跳入到同一个信道的概率增加。这种概率的增加将抵消由于频谱泄漏减小带来的任何改善。反之(减小F_s和B从而获得更多的可用信道),则不但增加了频谱泄漏,而且还增加了信号

失真和符号间干扰,从而使得可用的减小量受到限制。

为避免由放大器的非线性带来的频谱扩展,希望信号的数据调制方式具有恒包络,其原因在于对来自末级功放的信号的频谱形状而言,带宽和中心频率合适的滤波器往往不可能实现。由于其产生恒包络且无需相干解调,因此,较好的调制方式是 DPSK 及 MSK 或其他一些频谱紧凑的连续相位调制(CPM)。

3.3.1 FH/CPM

将脉冲 $g(t)$ 定义为分段连续函数,且时间间隔 $[0,LT_s]$ 外的脉冲为零,即

$$g(t)=0,\quad t<0,\quad t>LT_s \tag{3.32}$$

式中:L 为正整数;T_s 为符号间隔。将函数归一化可得

$$\int_0^{LT_s} g(x)\,\mathrm{d}x=\frac{1}{2} \tag{3.33}$$

将**相位响应**定义为连续函数,即

$$\phi(t)=\begin{cases}0, & t<0\\ \int_0^t g(x)\,\mathrm{d}x, & 0\leqslant t\leqslant LT_s\\ 1/2, & t>LT_s\end{cases} \tag{3.34}$$

CPM 信号的一般形式为

$$s(t)=A\cos[2\pi f_c t+\phi(t,\boldsymbol{\alpha})] \tag{3.35}$$

式中:A 为幅度;f_c 为载波频率;$\phi(t,\boldsymbol{\alpha})$ 为携带了信息的**相位函数**。相位函数的形式为

$$\phi(t,\boldsymbol{\alpha})=2\pi h\sum_{i=-\infty}^{n}\alpha_i\phi(t-iT_s) \tag{3.36}$$

式中:h 为常数,称为**偏移系数**或**调制指数**;向量 $\boldsymbol{\alpha}$ 为 q 进制信道符号的序列。每个符号 α_i 取 q 个可能值中的一个;若 q 为偶数,则值为$\pm1,\pm3,\cdots,\pm(q-1)$。相位函数是连续的,且式(3.36)表明任何特定符号间隔中的相位都取决于之前的多个符号。

由于 $g(t)$ 是分段连续函数, $\phi(t,\boldsymbol{\alpha})$ 是可微的。CPM 信号的频率函数与 $\phi(t,\boldsymbol{\alpha})$ 的导数成正比,其形式如下:

$$\frac{1}{2\pi}\phi'(t,\alpha)=h\sum_{i=-\infty}^{n}\alpha_i g(t-iT_s),\; nT_s\leqslant t\leqslant(n+1)T_s \tag{3.37}$$

若 $L=1$,则连续相位调制称为**全响应调制**;若 $L>1$,则称为**部分响应调制**,每个频率脉冲都将持续超过两个或更多个符号间隔。全响应调制的归一化条件表明符号间的相位变化等于 $h\pi\alpha_i$ 。

连续相位频移键控(CPFSK)是全响应 CPM,其每个符号间隔上的瞬时频率都是恒定的。由于归一化的原因,CPFSK 脉冲波形为

$$g(t)=\begin{cases}\dfrac{1}{2T_s}, & 0\leqslant t\leqslant T_s\\ 0, & \text{其他}\end{cases}\tag{3.38}$$

其相位响应为

$$\phi(t)=\begin{cases}0 & t<0\\ \dfrac{t}{2T_s}, & 0\leqslant t\leqslant T_s\\ \dfrac{1}{2}, & t>T_s\end{cases}$$

$$\phi(t)=\begin{cases}0 & t<0\\ \dfrac{t}{2T_s}, & 0\leqslant t\leqslant LT_s\\ \dfrac{1}{2}, & t>T_s\end{cases}\tag{3.39}$$

CPFSK 信号在间隔为 $f_d = h/T_s$ 的频率之间变化,将式(3.39)代入式(3.36)可得

$$\phi(t,\boldsymbol{\alpha})=\pi h\sum_{i=-\infty}^{n-1}\alpha_i+\frac{\pi h}{T_s}\alpha_n(t-nT_s),nT_s\leqslant t\leqslant(n+1)T_s\tag{3.40}$$

CPFSK 与 FSK 的主要区别在于,对于 CPFSK 而言,h 可以是任何正值,但对于 FSK 来说,为便于子载波频率相互正交,h 只能是整数。这两种调制都可用匹配滤波器、包络检测器和鉴频器来检测。虽然 CPFSK 明确要求相位的连续性,而对 FSK 没有这种要求,但 FSK 的实现通常也需要相位连续,以避免产生频谱泄漏。因此,FSK 通常可作为 $h = 1$ 的 CPFSK 来实现。**最小频移键控(MSK)**定义为 $h = 1/2$ 的二进制 CPFSK,其两个频率的间隔为 $f_d = 1/2T_s$ 。

采用多符号非相干检测[101]的 CPFSK 系统比没有多符号检测的相干 BPSK 系统具有更低的误符号率。对于 r 符号检测,在判决前最优接收机与接收波形在所有可能的 r 个符号序列模式上进行相关运算。缺点是多符号检测的实现相当复杂,即使是三符号检测也是如此。

许多通信信号都可建模为带通信号,其形式为

$$s(t)=\mathrm{Re}[s_l(t)\exp(\mathrm{j}2\pi f_c t)]\tag{3.41}$$

式中:$\mathrm{j}=\sqrt{-1}$;$s_l(t)$ 为复值函数。$2s(t)\exp(-\mathrm{j}2\pi f_c t)$ 的低通滤波产生 $s_l(t)$,称为 $s(t)$ 的**复包络**或**等效低通波形**。考虑正交调制的形式为

$$s_l(t) = [d_1(t) + \mathrm{j}d_2(t)]\frac{A\exp(\mathrm{j}\theta)}{\sqrt{2}} \tag{3.42}$$

式中：$d_1(t)$ 和 $d_2(t)$ 为数据调制；θ 为均匀分布在$[0,2\pi)$上的随机相位，则 $s(t)$ 可表示为

$$s(t) = \frac{A}{\sqrt{2}}d_1(t)\cos(2\pi f_c t + \theta) + \frac{A}{\sqrt{2}}d_2(t)\sin(2\pi f_c t + \theta) \tag{3.43}$$

由于正交分量之间功率的分配，因此式中插入$\sqrt{2}$。考虑数据调制形式为

$$d_i(t) = \sum_{k=-\infty}^{\infty} a_{ik}\psi(t - kT - T_0 - t_i), \quad i = 1,2 \tag{3.44}$$

式中：$\{a_{ik}\}$ 为独立同分布的随机变量序列，$a_{ik} = +1$ 或-1 的概率均为 1/2；$\psi(t)$ 为脉冲波形；T_s 为脉冲持续时间和符号间隔；t_i 为脉冲相对时间偏移；T_0 为均匀分布在区间 $(0,T)$ 的独立随机变量，表示坐标系原点的随机性。

由于当 $n \neq k$ 时 a_{ik} 与 a_{in} 相互独立，故可得 $E[a_{ik}a_{in}] = 0(n \neq k)$。因此，实数 $d_i(t)$ 的自相关函数为

$$\begin{aligned} R_{di}(\tau) &= E[d_i(t)d_i(t+\tau)] \\ &= \sum_{k=-\infty}^{\infty} E[\psi(t - kT_s - T_0 - t_i)\psi(t - kT_s - T_0 - t_i + \tau)] \end{aligned} \tag{3.45}$$

在 T_0 的范围内将期望值表示为积分形式并进行变量替换，可得

$$\begin{aligned} R_{di}(\tau) &= \sum_{k=-\infty}^{\infty} \frac{1}{T_s}\int_{t-kT_s-T_s-t_i}^{t-kT_s-t_i} \psi(x)\psi(x+\tau)\mathrm{d}x \\ &= \frac{1}{T_s}\int_{-\infty}^{\infty} \psi(x)\psi(x+\tau)\mathrm{d}x, \quad i = 1,2 \end{aligned} \tag{3.46}$$

该式表明，$d_1(t)$ 与 $d_2(t)$ 为广义平稳过程，其自相关函数相同。故 $s_l(t)$ 的复自相关函数为

$$R_l(\tau) = E[s_l(\tau)s_l^*(t+\tau)] \tag{3.47}$$

$d_1(t)$ 与 $d_2(t)$ 的独立性表明为

$$R_l(\tau) = \frac{A^2}{2}R_{d1}(\tau) + \frac{A^2}{2}R_{d2}(\tau) \tag{3.48}$$

复包络 $s_l(t)$ 的双边功率谱密度 $S_l(f)$ 是 $R_l(\tau)$ 的傅里叶变换。$\psi(t)$ 的傅里叶变换为

$$G(f) = \int_{-\infty}^{\infty} \psi(t)\mathrm{e}^{-\mathrm{j}2\pi ft}\mathrm{d}t \tag{3.49}$$

由式(3.48)、式(3.46)及卷积定理，可得功率谱密度为

$$S_l(f) = A^2 \frac{|G(f)|^2}{T_s} \tag{3.50}$$

在四相频移键控(QPSK)信号中, $d_1(t)$ 与 $d_2(t)$ 通常建模为独立的随机二进制序列,其中 $t_1 = t_2 = 0$,式(3.44)中的符号间隔为 $T = 2T_b$, T_b 为比特间隔。若 $\psi(t)$ 为 $[0,2T_b]$ 上具有单位幅度的矩形波形,则由式(3.50)、式(3.49)可得 QPSK 的**功率谱密度**为

$$S_l(f) = 2A^2 T_b \operatorname{sinc}^2 2T_b f \tag{3.51}$$

上式与 BPSK 的功率谱密度相同。

具有相同分量幅度的二进制最小频移键控(MSK)信号可由取 $t_1 = 0$、$t_2 = -\pi/2$、$T_s = T_b$ 时的式(3.43)、式(3.44)表示为

$$\psi(t) = \sqrt{2}\sin\left(\frac{\pi t}{2T_b}\right), \quad 0 \leqslant t \leqslant 2T_b \tag{3.52}$$

运用三角变换和三角积分对 $G(f)$ 进行简单推导可得 **MSK 的功率谱密度**为

$$S_l(f) = \frac{16A^2 T_b}{\pi^2}\left[\frac{\cos(2\pi T_b f)}{16T_b^2 f^2 - 1}\right]^2 \tag{3.53}$$

$L = 1$ 时 CPFSK 的功率谱密度为[61]

$$S_l(f) = A^2 \frac{T_s}{q}\sum_{n=1}^{q}\left[A_n^2(f) + \frac{2}{q}\sum_{m=1}^{q} A_n(f) A_m(f) B_{nm}(f)\right] \tag{3.54}$$

式中

$$A_n(f) = \frac{\sin\left[\pi f T_s - \frac{\pi h}{2}(2n - q - 1)\right]}{\pi f T_s - \frac{\pi h}{2}(2n - q - 1)} \tag{3.55}$$

$$B_{nm}(f) = \frac{\cos(2\pi f T_s - \alpha_{nm}) - \phi\cos\alpha_{nm}}{1 + \phi^2 - 2\phi\cos 2\pi f T_s} \tag{3.56}$$

$$\alpha_{nm} = \pi(n + m - q - 1), \quad \Phi = \frac{\sin q\pi h}{q\sin\pi h} \tag{3.57}$$

信号功率谱紧凑程度的度量由**带内功率比** $P_{ib}(b)$ 给出,它定义为在 $f \in [-b,b]$ 范围内的功率比。因此

$$P_{ib}(f) = \frac{\int_{-b}^{b} S_l(f)\,\mathrm{d}f}{\int_{-\infty}^{\infty} S_l(f)\,\mathrm{d}f}, \quad b \geqslant 0 \tag{3.58}$$

令 $P_{ib}(B/2)$ 为信道内已调信号功率可确定信道带宽 B 。符号间隔为 T_s 的实际信号复包络的自相关函数为 τ/T_s ： $R_l(\tau)=f_1(\tau/T_s)$ 。对上述自相关函数而言,复包络的功率谱密度形式为 $S_l(f)=T_s f_2(fT_s)$ 。因此, B 与 T_s 成反比。将**归一化带宽**定义为

$$\zeta = BT_s \tag{3.59}$$

通常, $P_{ib}(B/2)$ 至少要超过 0.9,以防止带限信道上通信性能的显著恶化。$P_{ib}(B/2)=0.99$ 时,二进制 MSK 的归一化带宽约为 1.2,而 PSK 约为 8。

复包络的**带外功率比**定义为 $P_{ob}(f)=1-P_{ib}(f)$ 。邻道干扰比是由中心频率一侧的带外功率引起的,其上界由下式给出,即

$$K_s < \frac{1}{2}P_{ob}(B/2) \tag{3.60}$$

可用 QPSK 和二进制 MSK 的功率谱密度闭式表达式来生成图 3.7 的曲线。该图给出了 $P_{ob}(f)$ 与 f 的关系,其中 $P_{ob}(f)$ 以 dB 为单位, f 以 $1/T_b$ 为单位,对于 q 进制调制信号有 $T_b=T_s/\log_2 q$ 。

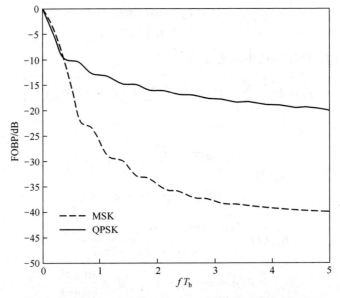

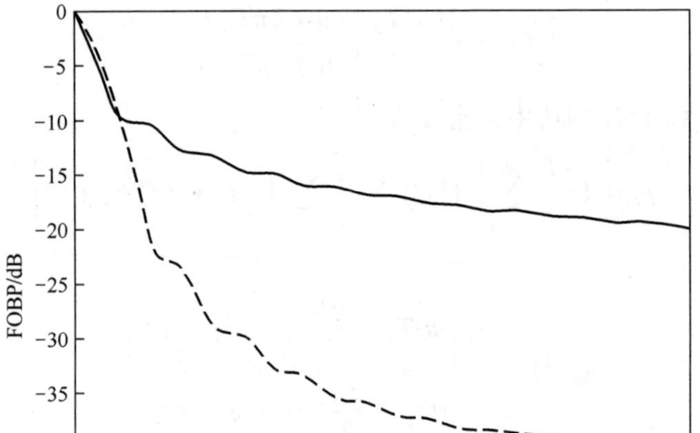

图 3.7 QPSK 和 MSK 等效低通波形的带外功率比(FOBP)

将 MSK 脉冲通过高斯滤波器可获得比二进制 MSK 更加紧凑的频谱。高斯滤波器的传递函数为

$$H(f)=\exp\left[-\frac{(\ln 2)}{B^2}f^2\right] \tag{3.61}$$

式中：B_1 为 3dB 带宽，其频率满足 $H(f) \geqslant H(0)/2(\ |f| \leqslant B\ )$。滤波器对单位幅度 MSK 脉冲的响应为**高斯 MSK(GMSK)**脉冲，即

$$g(t)=Q\left[\frac{2\pi B_1}{\sqrt{\ln 2}}\left(t-\frac{T_s}{2}\right)\right]-Q\left[\frac{2\pi B_1}{\sqrt{\ln 2}}\left(t+\frac{T_s}{2}\right)\right] \tag{3.62}$$

式中：$T_s=T_b$。当 B_1 减小时，GMSK 信号的频谱变得更加紧凑。然而，由于每个 GMSK 脉冲都有较长的持续时间，因此其符号间干扰更多。全球移动通信系统(GSM)中规定，若 $B_1T_s=0.3$，则 $P_{ib}(B/2)=0.99$ 时的归一化带宽约为 $\zeta=0.92$。每个脉冲都在 $|t|>1.5T_s$ 处被截断，由此造成的功率损失很小。与 MSK 相干解调相比，GMSK 相干解调的性能损失约为 0.46dB，采用非相干解调的性能损失也大致如此。

符号 $s_1(t)$ 与符号 $s_2(t)$ 的能量均为 $\mathcal{E}_s$，它们的**互相关系数**定义为

$$C=\frac{1}{\mathcal{E}_s}\int_0^{T_s}s_1(t)s_2(t)\,\mathrm{d}t \tag{3.63}$$

对于二进制 CPFSK，代表两种不同符号的发射信号如下式所示为

$$s_1(t)=\sqrt{2\mathcal{E}_s/T_s}\cos(2\pi f_1t+\phi_1),\quad s_2(t)=\sqrt{2\mathcal{E}_s/T_s}\cos(2\pi f_2t+\phi_2) \tag{3.64}$$

将上式代入式(3.63)，然后进行三角展开，当$(f_1+f_2)T_s\gg1$ 时则丢弃可忽略的积分项，计算剩余部分的积分可得

$$C=\frac{1}{2\pi f_dT_s}[\sin(2\pi f_dT_s+\phi_d)-\sin\phi_d],\quad f_d\neq0 \tag{3.65}$$

式中：$f_d=f_1-f_2$；$\phi_d=\phi_1-\phi_2$。由于相干解调器中的相位同步，可取 $\phi_d=0$。因此，若 $h=f_dT_s=k/2$ 则可满足 $C=0$ 的正交条件，其中 k 为非零整数。满足正交性条件 $C=0$ 的最小 h 值为 1/2，该值对应于 MSK。

在非相干解调器中，假设 ϕ_d 为在$[0,2\pi)$内服从均匀分布的随机变量。式(3.65)表明对所有的 h 值，$E[C]=0$。C 的方差为

$$\begin{aligned}\operatorname{var}(C)&=\left(\frac{1}{2\pi f_dT_s}\right)^2E[\sin^2(2\pi f_dT_s+\phi_d)+\sin^2\phi_d-\sin\phi_d\sin(2\pi f_dT_s+\phi_d)]\\&=\left(\frac{1}{2\pi f_dT_s}\right)^2(1-\cos2\pi f_dT_s)\\&=\frac{1}{2}\left(\frac{\sin\pi h}{\pi h}\right)^2\end{aligned} \tag{3.66}$$

由于 $h=1/2$ 时，$\operatorname{var}(C)\neq0$，故 MSK 无法为非相干解调提供正交信号。若

h 为任意非零整数，则由式(3.66)和式(3.65)可知，对于任意 ϕ_d 值，两个 CPFSK 信号均正交。该结果验证了之前的 FSK 频率必须间隔 $f_d = k/T_s$ 以保证非相干信号正交性的结论。

考虑 FH/CPM 或 FH/CPFSK 系统中的多音干扰，假设不存在热噪声，且每个干扰频率都随机分布在某个信道内。可做如下的合理假设，即当信道中包含的干扰功率超过 S 时，发生符号错误的概率为 $(q-1)/q$。对于复杂多音干扰，将式(3.2)、式(3.21)，$\mathcal{E}_b = ST_b$ 及 $I_{t0} = I_t/W$ 代入式(3.23)可得

$$P_s = \begin{cases} \dfrac{q-1}{q}, & \dfrac{\mathcal{E}_b}{I_{t0}} < BT_b \\ \left(\dfrac{q-1}{q}\right) BT_b \left(\dfrac{\mathcal{E}_b}{I_{t0}}\right)^{-1}, & BT_b \leqslant \dfrac{\mathcal{E}_b}{I_{t0}} \leqslant WT_b \\ 0, & \dfrac{\mathcal{E}_b}{I_{t0}} > WT_b \end{cases} \tag{3.67}$$

由于更宽的信道为多音干扰提供了更好的命中目标的条件，因此误符号率也会随着 B 的增加而相应增加。由于 CPM 或 CPFSK 无需 FSK 中要求的频率正交，FH/CPM 或 FH/CPFSK 系统的带宽 B 可能比式(3.27)中给出的 FH/FSK 的带宽小得多。因此，对于 FH/CPM 来说，若 $BT_b \leqslant \mathcal{E}_b/I_{t0} \leqslant WT_b$，将式(3.67)与式(3.31)比较可知，$P_s$ 可能低得多。

3.3.2 FH/DPSK

考虑 FH/DPSK 系统中的多音干扰，其热噪声可忽略不计。假设每个干扰的频率都与一个信道的中心频率相同。DPSK 解调器对两个连续接收符号的相位进行比较。若相差小于 π/2，则解调器判决传输的是 1；否则，判决传输的是 0。若传输的是 1 且不存在热噪声，则由传输信号加上干扰信号所组成的复合信号在同一驻留间隔内的两个连续接收符号之内相位是固定的，因此，解调器将正确地检测到 1。

假设传输的是 0，则在第一个符号期间，期望信号为 $\sqrt{2S}\cos 2\pi f_c t$；在第二个符号期间，为 $-\sqrt{2S}\cos 2\pi f_c t$，其中 S 为平均功率，f_c 为跳频信号在驻留间隔内的载波频率。当存在干扰时，根据三角恒等式推导可得在第一个符号期间，复合信号可表示为

$$\sqrt{2S}\cos 2\pi f_c t + \sqrt{2I}\cos(2\pi f_c t + \theta) = \sqrt{2S + 2I_t + 4\sqrt{SI}\cos\theta}\,\cos(2\pi f_c t + \phi_1) \tag{3.68}$$

式中：I 为干扰的平均功率；θ 为干扰相对于跳频信号的相位；ϕ_1 为复合信号的相位，即

$$\phi_1 = \arctan\left(\frac{\sqrt{I}\sin\theta}{\sqrt{S} + \sqrt{I}\cos\theta}\right) \tag{3.69}$$

由于第二个符号期间的期望信号为 $-\sqrt{2S}\cos 2\pi f_c t$，则第二个符号期间复合信号的相位为

$$\phi_2 = \arctan\left(\frac{\sqrt{I}\sin\theta}{-\sqrt{S} + \sqrt{I}\cos\theta}\right) \tag{3.70}$$

运用三角函数可发现：

$$\cos(\phi_2 - \phi_1) = \frac{I - S}{\sqrt{S^2 + I^2 + 2SI(1 - 2\cos^2\theta)}} \tag{3.71}$$

若 $I > S$，有 $|\phi_2 - \phi_1| < \pi/2$，因此解调器会错误地判决传输的是 1。若 $I < S$，则不会出错。因此，当式(3.29)中给出的 J 个信道被干扰且每个频率的干扰功率为 $I = I_t/J$ 时，总功率为 I_t 的多音干扰最具破坏性。若信息比特 0 和 1 的概率相同，则当信道被干扰且 $I > S$ 时，误符号率 $P_s = 1/2$，这是 0 被传输的概率。因此，若 $I_t \geqslant S$ 则 $P_s = J/2M$，否则 $P_s = 0$。利用 $S = \mathcal{E}_b/T_b$、$I_t = I_{t0}W$ 时的式(3.2)和式(3.29)，及近似式 $\lfloor x \rfloor \approx x$，可得到多音干扰下的 DPSK 误符号率为

$$P_s = \begin{cases} \dfrac{1}{2}, & \dfrac{\mathcal{E}_b}{I_{t0}} < BT_b \\ \dfrac{1}{2}BT_b\left(\dfrac{\mathcal{E}_b}{I_{t0}}\right)^{-1}, & BT_b \leqslant \dfrac{\mathcal{E}_b}{I_{t0}} \leqslant WT_b \\ 0, & \dfrac{\mathcal{E}_b}{I_{t0}} > WT_b \end{cases} \tag{3.72}$$

该结果也同样适用于二进制 CPFSK。

如图 3.7 所示，$K_0 > 0.9$ 时 DPSK 对带宽的要求与 PSK 或 QPSK 相同，都小于正交 FSK，但都超过了 MSK。因此，若跳频带宽 W 固定，则 FH/DPSK 系统的可用信道数要小于非相干 FH/MSK 系统的可用信道数。B 的增大和信道数量的减少抵消了 DPSK 本身的性能优势，这也意味着在最恶劣的多音干扰下，非相干 FH/MSK 的误符号率 P_s 比 FH/DPSK 的更低，如式(3.72)所示。另外，若信道带宽固定，FH/DPSK 信号的失真和频谱泄漏将比 FH/MSK 信号更严重。对 DPSK 符号进行任何脉冲成形都会改变其恒包络特性。FH/DPSK 系统比 FH/MSK 系统对多普勒频移和频率的不稳定性更敏感。FH/DPSK 的另一个缺点是通常情况下跳与跳之间缺乏相位相干性，这就需要在每个驻留间隔开始时

有一个附加的相位参考符号。该附加符号使 $\mathcal{E}_s$ 减小为原来的 $(N-1)/N$，其中 N 为每跳或每个驻留间隔的符号数，且 $N \geqslant 2$。因此，DPSK 并不像非相干 MSK 那样适合于大多数跳频通信，而 MSK 的主要竞争来自于其他形式的 CPM。

3.4 FH/CPM 的功率谱密度

与 CPM 信号相比，驻留间隔的有限范围导致 FH/CPM 信号的频谱扩展。其原因是 FH/CPM 信号在每个具有 N 个符号的驻留间隔内都具有连续相位，但在另一驻留间隔开始的 $T_h = NT_s + T_{sw}$ 秒，其相位是不连续的，其中 N 为每次驻留间隔中的符号数。其信号可表示为

$$s(t) = A\sum_{i=-\infty}^{\infty} w(t - iT_h, T_d)\cos[2\pi f_{ci}t + \phi(t,\boldsymbol{\alpha}) + \theta_i] \tag{3.73}$$

式中：A 为驻留间隔内的幅度；$w(t,T_d)$ 由式(2.3)定义，它是持续时间为 $T_d = NT_s$ 的单位矩形脉冲；f_{ci} 为第 i 个跳间隔内的载波频率；$\phi(t,\boldsymbol{\alpha})$ 由式(3.36)定义为**相位函数**；θ_i 为第 i 个驻留间隔的起始相位。

FH/CPM 信号复包络的功率谱密度与解跳后信号的功率谱密度相同。由于驻留时间有限，功率谱密度取决于每个驻留间隔中的符号数目 N。为简化功率谱密度的推导，忽略换频时间并设 $T_h = T_d = NT_s$。令 $0 \leqslant t < NT_s$ 时 $w(t) = 1$，其他时刻 $w(t) = 0$。FH/CPM 信号的复包络为

$$F(t,\alpha) = A\sum_{i=-\infty}^{\infty} w(t - iNT_s)\exp[\mathrm{j}\phi(t,\boldsymbol{\alpha}) + \mathrm{j}\theta_i] \tag{3.74}$$

式中：$\mathrm{j} = \sqrt{-1}$，并假设 $\{\theta_i\}$ 在 $[0,2\pi)$ 上独立均匀分布。因此，$E[\exp(\mathrm{j}\theta_i - \mathrm{j}\theta_k)] = 0\ (i \neq k)$。$F(t,\alpha)$ 的自相关函数为

$$\begin{aligned} R_f(t,t+\tau) &= E[F^*(t,\alpha)F(t+\tau,\alpha)] \\ &= A^2\sum_{i=-\infty}^{\infty} w(t - iNT_s)w(t+\tau - iNT_s)R_c(t,t+\tau) \end{aligned} \tag{3.75}$$

式中星号表示复共轭，CPM 信号复包络自相关函数为

$$R_c(t,t+\tau) = E\{\exp[\mathrm{j}\phi(t+\tau,\boldsymbol{\alpha}) - \mathrm{j}\phi(t,\boldsymbol{\alpha})]\} \tag{3.76}$$

假设 $\boldsymbol{\alpha}$ 中的分量是独立同分布的，式(3.36)及式(3.37)表明，$R_c(t,t+\tau)$ 为 t 的周期函数，其周期为 T_s。由于式(3.75)中的级数是无穷级数，因此级数中每一项的时宽均小于 NT_s。因此，$R_c(t,t+\tau)$ 的周期性表明它是 t 的周期函数，周期为 NT_s。

将式(3.75)代入由式(2.37)定义的平均自相关函数，可得 $F(t,\alpha)$ 的平均

自相关函数为

$$R_f(\tau) = \frac{A^2}{NT_s}\int_0^{NT_s} R_f(t,t+\tau)\,dt \tag{3.77}$$

式(3.76)表明 $R_c(t,t-\tau) = R_c^*(t-\tau,t)$ 。由该式和式(3.75)、式(3.77)可知

$$R_f(-\tau) = R_f^*(\tau) \tag{3.78}$$

由于在式(3.75)中当 $\tau \geqslant NT_s$ 时 $w(t-iNT_s)w(t+\tau-iNT_s)=0$,故

$$R_f(\tau) = 0,\quad \tau \geqslant NT_s \tag{3.79}$$

因此,只有当 $0 \leqslant \tau < NT_s$ 时 $R_f(\tau)$ 可被计算。

由于当 $\tau \geqslant 0$ 且 $t \in [NT_s - \tau, NT_s]$ 时 $w(t-\mathrm{i}NT_s)w(t+\tau-iNT_s)=0$,因此将式(3.75)代入式(3.77)可得

$$R_f(\tau) = \frac{A^2}{NT_s}\int_0^{NT_s-\tau} R_c(t,t+\tau)\,dt,\quad \tau \in [0,NT_s) \tag{3.80}$$

令 $\tau = vT_s + \epsilon$,式中 v 为非负整数, $0 \leqslant v < N$, $0 \leqslant \epsilon < T_s$ 。由于 $R_c(t,t+\tau)$ 是 t 的周期函数,且周期为 T_s ,式(3.80)的积分区间可再细分为更小的积分区间。因此可得

$$R_f(\tau) = A^2\left[\frac{N-v-1}{NT_s}\int_0^{T_s} R_c(t,t+vT_s+\epsilon)\,dt + \frac{1}{NT_s}\int_0^{T_s-\epsilon} R_c(t,t+\tau)\,dt\right],$$
$$v = \lfloor \tau/T_s \rfloor < N, \epsilon = \tau - vT_s, \tau = vT_s + \epsilon \tag{3.81}$$

假设 $\boldsymbol{\alpha}$ 中的分量是统计独立的,将式(3.36)代入式(3.76)可得到一个无穷乘积。利用式(3.34)中 $\phi(t)$ 的有限时间宽度且 $\tau \in [0,NT_s)$,若 $k \geqslant \lfloor (t, t+\tau)/T_s \rfloor + 1$ 或 $k \leqslant 1-L$,则 $\phi(t+\tau-kT_s) - \phi(t-kT_s) = 0$,无穷乘积中相应的因子就为 1 了。由此可得

$$R_c(t,t+\tau) = \prod_{k=1-L}^{\lfloor (t+\tau)/T_s \rfloor} E\{\exp\{\mathrm{j}2\pi h\alpha_k[\phi(t+\tau-kT_s) - \phi(t-kT_s)]\}\},$$
$$\tau \in [0,NT_s) \tag{3.82}$$

若每个符号都等概地取 q 个可能值之一,则

$$R_c(t,t+\tau) = \prod_{k=1-L}^{\lfloor (t+\tau)/T_s \rfloor}\left\{\frac{1}{q}\sum_{l=-(q-1),\mathrm{odd}}^{q-1} \exp[\mathrm{j}2\pi hl\phi_d(t,\tau,kT_s)]\right\}, \tau \in [0,NT_s) \tag{3.83}$$

式中的和仅包括序号 l 的奇数项,且

$$\phi_d(t-kT_s,\tau) = \phi(t-kT_s+\tau) - \phi(t-kT_s) \tag{3.84}$$

将和式中的序号换为 $m = (l+q-1)/2$ 之后,可计算式(3.83)的几何级数,可得

$$R_{\mathrm{c}}(t,t+\tau)=\prod_{k=1-L}^{\lfloor (t+\tau)/T_{\mathrm{s}}\rfloor}\frac{1}{q}\frac{\sin[2\pi hq\phi_{\mathrm{d}}(t-kT_{\mathrm{s}},\tau)]}{\sin[2\pi h\phi_{\mathrm{d}}(t-kT_{\mathrm{s}},\tau)]},\tau\in[0,NT_{\mathrm{s}})$$
(3.85)

若 $2h\phi_{\mathrm{d}}(t-kT_{\mathrm{s}},\tau)$ 等于整数,则式中相应的因子就为 1 了。

式(3.85)表明 $R_{\mathrm{c}}(t,t+\tau)$ 为实值函数,式(3.80)和式(3.78)表明 $R_{\mathrm{f}}(\tau)$ 为实偶函数。因此,解跳后信号的平均功率谱密度,即 $R_{\mathrm{f}}(\tau)$ 的平均自相关函数的傅里叶变换为

$$S_{\mathrm{f}}(f)=2\int_{0}^{NT_{\mathrm{s}}}R_{\mathrm{f}}(\tau)\cos(2\pi f\tau)\,\mathrm{d}\tau \tag{3.86}$$

将式(3.81)及式(3.85)代入式(3.86),然后将数值积分计算拓展到有限区间上,可计算出平均功率谱密度[37]。无跳频 CPM 的功率谱密度可通过设置 $N\to\infty$ 来得出。

对于二进制 CPFSK 下的 FH/CPFSK,使 $L=1$ 且 $q=2$,这样的简化分析有利于计算。将式(3.84)代入式(3.85)并根据三角恒等式推导可得,当 $0<h<1$ 时有

$$R_{\mathrm{c}}(t,t+\tau)=\cos\{2\pi h[\phi(t+\tau)-\phi(t)]\}\prod_{k=1}^{\lfloor (t+\tau)/T_{\mathrm{s}}\rfloor}\cos[2\pi h\phi(t-kT_{\mathrm{s}}+\tau)]$$
$$0\leqslant t<T_{\mathrm{s}},\tau\in[0,NT_{\mathrm{s}}) \tag{3.87}$$

代入式(3.39)并计算乘积可得

$$R_{\mathrm{c}}(t,t+\tau)=\cos(a\tau),\quad 0\leqslant t<T_{\mathrm{s}}-\tau,\quad 0\leqslant\tau<T_{\mathrm{s}} \tag{3.88}$$

$$R_{\mathrm{c}}(t,t+\tau)=\cos(at-\pi h)\cos(at+a\tau-\pi h),$$
$$T_{\mathrm{s}}-\tau\leqslant t<T_{\mathrm{s}},\quad 0\leqslant\tau<T_{\mathrm{s}} \tag{3.89}$$

$$R_{\mathrm{c}}(t,t+\tau)=\cos(\pi h)^{v-1}\cos(at-\pi h)\cos(at+a\epsilon),$$
$$0\leqslant t<T_{\mathrm{s}}-\epsilon,T_{\mathrm{s}}\leqslant\tau<NT_{\mathrm{s}} \tag{3.90}$$

$$R_{\mathrm{c}}(t,t+\tau)=\cos(\pi h)^{v}\cos(at-\pi h)\cos(at+a\epsilon-\pi h),$$
$$T_{\mathrm{s}}-\epsilon\leqslant t<T_{\mathrm{s}},T_{\mathrm{s}}\leqslant\tau<NT_{\mathrm{s}} \tag{3.91}$$

式中

$$a=\pi h/T_{\mathrm{s}},0<h<1,v=\lfloor\tau/T_{\mathrm{s}}\rfloor<N,\epsilon=\tau-vT_{\mathrm{s}},\tau=vT_{\mathrm{s}}+\epsilon \tag{3.92}$$

将上述等式代入式(3.81),运用三角恒等式,计算基本的三角积分可得

$$R_{\mathrm{f}}(\epsilon)=A^2\left[1-\frac{(N+1)\epsilon}{2NT_{\mathrm{s}}}\right]\cos a\epsilon+A^2\frac{N-1}{N2\pi h_{\mathrm{s}}}\sin a\epsilon,v=0 \tag{3.93}$$

$$R_{\mathrm{f}}(vT_{\mathrm{s}}+\epsilon)=A^2\frac{N-v}{NT_{\mathrm{s}}}(\cos\pi h)^{\nu-1}\left[\frac{T_{\mathrm{s}}-\epsilon}{2}\cos(a\epsilon+\pi h)-\frac{T_{\mathrm{s}}}{2\pi h}\sin(a\epsilon-\pi h)\right]$$

$$+A^2\frac{N-v-1}{NT_s}(\cos\pi h)^v\left[\frac{\epsilon}{2}\cos a\epsilon+\frac{T_s}{2\pi h}\sin a\epsilon\right],1\leqslant v<N \quad (3.94)$$

若 $h=1/2$,则 $(\cos\pi/2)^v=0,\ v\geqslant 1$,且 $(\cos\pi/2)^0=1$。将式(3.93)、式(3.94)代入式(3.86)后进行数值积分可得二进制 CPFSK 下 FH/CPFSK 的功率谱密度。

在式(3.58)中取 $P_{ib}(B/2)=0.99$,且 $\zeta=BT_s$,可确定99%归一化带宽。对于不同的 N 值,偏移系数为 $h=0.5$(MSK)和 $h=0.7$ 时,FH/CPFSK 信号的99%归一化带宽如表3.1所列。随着 N 的增加,功率谱密度变得更加紧凑并逼近式(3.54)所示的无跳频 CPFSK 信号功率谱密度。对于 $N\geqslant 64$,跳频几乎不会造成频谱扩展。

对应于 $N=1$ 的快跳频将需要很大的99%带宽。这是慢跳频比快跳频更受欢迎、并成为跳频主流形式的主要原因。因此,此后总是假设跳频为慢跳频,除非另有明确说明。

表3.1 FH/CPFSK 的归一化带宽(99%)

符号数/跳	偏移系数	
	$h=0.5$	$h=0.7$
1	18.844	18.688
2	9.9375	9.9688
4	5.1875	5.2656
16	1.8906	2.1250
64	1.2813	1.8750
256	1.2031	1.8125
1024	1.1875	1.7969
无跳频	1.1875	1.7813

与正交 CPFSK($h=1$)相比,$h<1$ 时的 FH/CPFSK 或 FH/GMSK 的优势是需要的带宽较小。由带宽减小而导致的跳频信道数量增加并不会提高在 AWGN 信道中的性能。然而,对于跳频组网中抗固定数目的多音干扰、最优干扰及多址干扰,信道增加是有利的(见9.4节)。

3.5 解跳后 FH/CPFSK 信号的数字解调

原则上,FH/CPFSK 接收机对匹配滤波器的输出以符号速率进行抽样。然而,在实际操作中却相当复杂,这主要是因为必须避免混叠。本节将介绍实用的数字解调方法。

驻留间隔内解跳后 FH/CPFSK 信号的形式为

$$s_1(t) = A\cos[(2\pi f_1 t + \phi(t,\alpha) + \phi_0)] \tag{3.95}$$

式中：A 为幅度；f_1 为中频(IF)频率；$\phi(t,\alpha)$ 为相位函数；ϕ_0 为初始相位。如图 3.8 所示，信号被送至非相干数字解调器。用于解跳的载波频率估计值 f_1 与期望的 IF 频率 f_{IF} 存在误差 f_e，即 **IF 频偏** $f_e = f_1 - f_{IF}$。如图 2.17 所示的正交下变频器使用了频率为 $f_{IF} - f_0$ 的正弦信号和一对混频器产生的基带附近的同相、正交分量，其中 f_0 为**基带频偏**。混频器的输出通过低通滤波器来移除倍频分量。滤波器输出同相和正交 CPFSK 信号，其中心频率为 $f_0 + f_e$。如图 3.8 所示，模数转换器(ADC)将其中的每个信号以速率 f_s 进行抽样。

数字解调器的设计关键是 ADC 的抽样速率。该速率必须足够大以避免混叠失真并容许 IF 偏移。为简化解调器的实现，使抽样速率等于符号速率 $1/T_s$ 的整数倍是非常必要的。因此，假设采样速率为 $f_s = L/T_s$，其中 L 为正整数。

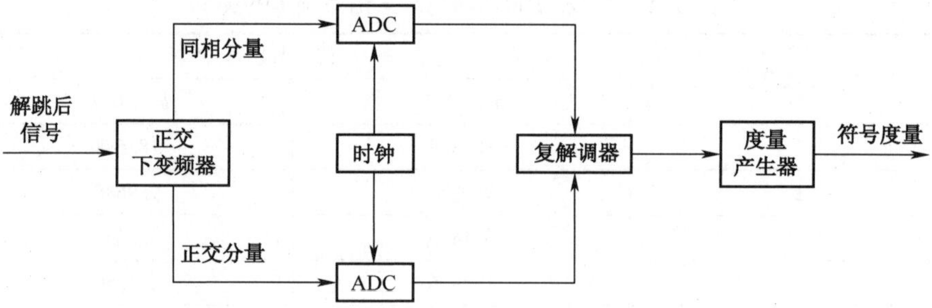

图 3.8 解跳后的 FH/CPFSK 信号的数字解调器

为确定适当的抽样速率和频偏，使用**抽样定理**(见附录 C.4“抽样定理”)将连续时间信号 $x(t)$ 与离散时间序列 $x_n = x(nT)$ 在频域中关联起来，即

$$X(e^{j2\pi fT}) = \frac{1}{T}\sum_{i=-\infty}^{\infty} X\left(f - \frac{i}{T}\right) \tag{3.96}$$

式中：$X(f)$ 为 $x(t)$ 的傅里叶变换；$X(e^{j2\pi fT})$ 为 x_n 的**离散时间傅里叶变换**(DTFT)，即

$$X(e^{j2\pi fT}) = \sum_{n=-\infty}^{\infty} x_n e^{-j2\pi nfT} \tag{3.97}$$

且 $1/T$ 为抽样速率。DTFT$X(e^{j2\pi fT})$ 为周期 $1/T$ 关于频率 f 的周期函数。

若以 $1/T$ 的速率对 $x(t)$ 进行抽样，且变换是带限的，即当 $|f| > 1/2T$ 时 $X(f) = 0$，则可将 $x(t)$ 从样值恢复出来。若抽样速率不够高而无法满足这一条件，则式(3.96)中的和式将部分重叠(称为**混叠**)，且抽样无法与唯一的连续时

间信号相对应。

正交下变频器的低通滤波器带宽必须同时满足 f_e 及 $s_1(t)$ 的带宽。若接收机定时或符号同步是理想的,则图 3.8 上半部分中期望信号的 ADC 输出抽样值为

$$x_n = \cos[2\pi(f_0 + f_e)nT_s/L + \phi(nT_s/L, \boldsymbol{\alpha}) + \phi_0] \tag{3.98}$$

式中:$\phi(nT_s/L, \boldsymbol{\alpha})$ 为 CPFSK 调制的抽样相位函数;ϕ_0 为未知相位。该图下半部分中的类似序列为

$$y_n = \sin[2\pi(f_0 + f_e)nT_s/L + \phi(nT_s/L, \boldsymbol{\alpha}) + \phi_0] \tag{3.99}$$

式(3.40)表明在符号间隔 m 期间,有

$$\phi(nT_s/L, \boldsymbol{\alpha}) = \frac{\pi h \alpha_m}{L}(n - Lm) + \phi_1, \quad Lm \leqslant n \leqslant Lm + L - 1 \tag{3.100}$$

式中:α_m 为该间隔中接收的符号,即

$$\phi_1 = \pi h \sum_{i=-\infty}^{m-1} \alpha_i \tag{3.101}$$

且 $\{\alpha_i\}$ 为之前的多个符号。

x_n 及 y_n 的 DTFT 分别占据上频带 $[f_0 + f_e - B/2, f_0 + f_e + B/2]$ 及下频带 $[-f_0 - f_e - B/2, -f_0 - f_e + B/2]$,式中 B 为解跳后 FH/CPFSK 信号的单边带宽。为避免当抽样速率为 L/T_s 时发生混叠,抽样定理要求:

$$f_0 + f_e + \frac{B}{2} < \frac{L}{2T_s} \tag{3.102}$$

为防止上频带及下频带发生重叠进而导致 DTFT 失真,需要满足 $f_0 + f_e - B/2 > -f_0 - f_e + B/2$。因此,必要条件为

$$f_0 > f_{\max} + \frac{B}{2} \tag{3.103}$$

式中:$f_{\max} \geqslant |f_e|$ 为可能发生的最大 IF 频偏。将上述不等式与式(3.102)合并可得另一必要条件为

$$L > 2T_s(2f_{\max} + B) \tag{3.104}$$

上述两个不等式表明基带频偏与抽样速率必须随 $f_{\max}$ 或 B 的增加而增加。若设定

$$f_0 = \frac{L}{4T_s} \tag{3.105}$$

则当式(3.104)成立时,式(3.103)自动满足。若调制方式为 q 进制正交 CPFSK 调制,则 $B \approx q/2T_s$。因此,若 $f_{\max} < B/2$,则 $L = 2q$ 及 $f_0 = q/2T_s$ 是合适的选择。

一旦产生具有合适 DTFT 的 ADC 输出,频偏就不再考虑。利用**复解调器**可将其移除,即 $x_n + jy_n$ 乘以 $\exp(-j2\pi f_0 nT_s/L - j\hat{\phi}_1)$,式中 $\hat{\phi}_1$ 为从之前的解调符号中获得的 ϕ_1 估计值。因此,复解调器输出序列为抽样复包络,即

$$z_n = \exp\left\{j2\pi\left[\frac{f_e T_s n}{L} + \frac{h\alpha_m(n - Lm)}{2L} + j\phi_e\right]\right\}, \quad Lm \leqslant n \leqslant Lm + L - 1 \tag{3.106}$$

式中:$\phi_e = \phi_0 + \phi_1 - \hat{\phi}_1$。如图 3.8 所示,该序列可送至度量产生器。

度量产生器的符号匹配滤波器 k 与符号 $\overline{\alpha_k}$ 相匹配,其长度 L 的脉冲响应 g_{kn} 为

$$g_{kn} = \exp\left[-j\frac{\pi h}{L}\overline{\alpha_k}(L - 1 - n)\right], \qquad 0 \leqslant n \leqslant L - 1, 1 \leqslant k \leqslant q \tag{3.107}$$

在离散时刻 $Lm + L - 1$ 的符号匹配滤波器 k 对于 z_n 的响应由 $C_k(\alpha_m)$ 表示,其结果为复卷积,即

$$C_k(\alpha_m) = \sum_{n=Lm}^{n=Lm+L-1} z_n g^*_{k,Lm+L-1-n}, \quad 1 \leqslant k \leqslant q \tag{3.108}$$

定义

$$D(\theta, N) = \frac{\sin(\theta N/2)}{\sin(\theta/2)} \tag{3.109}$$

将式(3.106)及式(3.107)代入式(3.108),再运用式(3.109)可得 q 个符号度量。

$$\begin{aligned} C_k(\alpha_m) = {} & D\left(\left[\frac{\pi h(\alpha_m - \overline{\alpha_k})}{2L} + \frac{\pi f_e T_s}{L}\right], L\right) \\ & \times \exp\left\{j2\pi\left[\frac{(\alpha_m - \overline{\alpha_k})(L-1)}{4L} + \frac{f_e T_s(L-1)}{2L} + f_e T_m m\right] + j\phi_e\right\}, \\ & 1 \leqslant k \leqslant q \end{aligned} \tag{3.110}$$

该度量在每 L 样值之后以符号速率产生。上述变量将应用于相干解调。

对于非相干解调,以符号速率产生的 q 个符号度量为抽样后的匹配滤波器输出幅度。令 k_0 为 $\overline{\alpha_{k_0}} = \alpha_m$ 的匹配滤波器。当不存在噪声时,符号度量为

$$|C_k(\alpha_m)| = \begin{cases} D\left(\dfrac{\pi f_e T_s}{L}, L\right), & k = k_0 \\ D\left(\left[\dfrac{\pi h(\alpha_m - \overline{\alpha_k})}{2L} + \dfrac{\pi f_e T_s}{L}\right], L\right), & k \neq k_0 \end{cases} \tag{3.111}$$

当做出硬判决译码时，$|C_k(\alpha_m)|$ 的最大值决定符号判决。若

$$f_{\max} \ll \frac{1}{T_s} \tag{3.112}$$

则

$$|C_k(\alpha_m)| \approx \begin{cases} L, & k = k_0 \\ D\left(\left[\dfrac{\pi h(\alpha_m - \overline{\alpha_k})}{2L}\right], L\right), & k \neq k_0 \end{cases} \tag{3.113}$$

这表明,当 h 增大时,对于硬判决译码或软判决译码来说,符号度量都变得越来越令人满意。当 h 减小时,符号度量之间的差别随之减小,不利于译码。然而,由于 CPFSK 带宽减小,跳频系统能容纳更多信道,因此其对抗多音干扰及多址干扰的能力增强。这部分将在 9.4 节进行论述。

式(3.110)表明,当不存在噪声时,在每个离散时刻 m ,具有最大幅度的匹配滤波器输出为

$$C_{k_0}(\alpha_m) = D\left(\frac{\pi f_e T_s}{L}, L\right) \exp\left\{j2\pi T_s f_e\left[m + \frac{(L-1)}{2L}\right] + j\phi_e\right\} \tag{3.114}$$

它是随每个离散时刻 m 变化的复指数。因此,可以估计来自于 DTFT 的 IF 频偏 f_e 为该符号率序列的连续值[60],则面向判决的迭代反馈就可用于减少 f_e 以更加满足式(3.112)。

3.6 部分频带干扰下的编码

当存在部分频带干扰且干扰功率均匀分布在跳频频带上时,令 $I_{t0}/2$ 为干扰功率频谱密度。若干扰总功率一定,且均匀分布在跳频频带 M 个信道中的 J 个上,则存在干扰的跳频信道比例为

$$\mu = \frac{J}{M} \tag{3.115}$$

且单个受干扰信道内的干扰功率谱密度为 $I_{t0}/2\mu$ 。当跳频信号使用的载波频率位于部分频带干扰覆盖的频谱区域时,干扰可被建模为加性高斯白噪声,其双边噪声功率谱密度从 $N_0/2$ 增加至 $N_0/2 + I_{t0}/2\mu$ 。因此,硬判决译码的误符号率为

$$P_s = \mu G\left(\frac{\mathcal{E}_s}{N_0 + I_{t0}/\mu}\right) + (1-\mu) G\left(\frac{\mathcal{E}_s}{N_0}\right) \tag{3.116}$$

式中条件符号错误概率是 $G(x)$ 的函数,它取决于调制方式和衰落情况。

考虑非相干正交 FSK 或 CPFSK 跳频，对于 AWGN 信道，式(1.88)表明：

$$G(x)=\sum_{i=1}^{q-1}\frac{(-1)^{i+1}}{i+1}\binom{q-1}{i}\exp\left[-\frac{ix}{(i+1)}\right] \tag{3.117}$$

式中：q 为正交 FSK 符号的调制进制数。当发生非频率选择性衰落或平坦衰落时，符号能量可表示为 $\mathcal{E}_s\alpha^2$，其中 $\mathcal{E}_s$ 为平均能量，α 为 $E[\alpha^2]=1$ 的随机变量。对于莱斯衰落（将在 6.2 节中深入讨论），α 的概率密度函数为

$$f_\alpha(r)=2(\kappa+1)r\exp\{-\kappa-(\kappa+1)r^2\}\mathrm{I}_0(\sqrt{\kappa(\kappa+1)}2r)u(r) \tag{3.118}$$

式中：κ 为莱斯因子；$u(r)$ 为单位阶跃函数。对于莱斯衰落，将式(3.117)中的 x 替换为 $x\alpha^2$，对式(3.118)概率密度函数进行积分并利用式(1.87)可得

$$G(x)=\sum_{i=1}^{q-1}(-1)^{i+1}\binom{q-1}{i}\frac{\kappa+1}{\kappa+1+(\kappa+1+x)i}\exp\left[-\frac{\kappa xi}{\kappa+1+(\kappa+1+x)i}\right] \tag{3.119}$$

对于 AWGN 信道和二进制正交 CPFSK，式(3.117)表明：

$$G(x)=\frac{1}{2}\exp\left(-\frac{x}{2}\right) \tag{3.120}$$

若 μ 为在区间[0,1]中的连续变量，且 $I_{t0}\gg N_0$，则式(3.116)中的第二项可忽略不计，且

$$P_s\approx\mu G\left(\frac{\mu\mathcal{E}_s}{I_{t0}}\right)=\frac{\mu}{2}\exp\left(-\frac{\mu\mathcal{E}_s}{2I_{t0}}\right) \tag{3.121}$$

因此，对于 AWGN 信道和二进制正交 CPFSK，存在强干扰时，最坏情况下的 μ 值为

$$\mu_0=\min\left[\left(\frac{\mathcal{E}_s}{2I_{t0}}\right)^{-1},1\right] \tag{3.122}$$

对应的最坏情况下的误符号率为

$$P_s=\begin{cases}\dfrac{1}{e}\left(\dfrac{\mathcal{E}_s}{I_{t0}}\right)^{-1}, & \dfrac{\mathcal{E}_s}{I_{t0}}\geq 2\\[2ex] \dfrac{1}{2e}\exp\left(-\dfrac{\mathcal{E}_s}{2I_{t0}}\right), & \dfrac{\mathcal{E}_s}{I_{t0}}<2\end{cases} \tag{3.123}$$

由于假设 μ 是一个连续变量，因此上式与 M 无关。上式表明存在最恶劣的部分频带干扰时，$\mathcal{E}_s/I_{t0}\geq 2$ 时的 P_s 与 $\mathcal{E}_b/I_{t0}$ 的倒数成线性关系，在本质上与图 3.6 中 $n=1$ 时的曲线类似。因此，信道编码是必须的。

对于瑞利衰落，对式(3.117)取 $\kappa=0$ 且 $q=2$ 时进行的类似计算表明，在最

恶劣的强干扰下 μ 值取为 1,即 $\mu_0 = 1$。因此,对于瑞利衰落下的二进制 CPFSK 跳频系统,均匀分布在整个跳频频带上的强干扰对通信性能造成的恶化要超过集中在部分频带上的干扰。

若在一小部分跳频频带上接收到了大量干扰功率,则除非可以获得准确的信道状态信息,否则对于 AWGN 信道来说,软判决译码度量就很难起到作用,因为此时单一符号度量(参见 2.5 节脉冲干扰)就可能主导路径或编码度量值。用 2bit 或 3bit 量化的符号度量来代替非量化符号度量可减少上述主导作用。

3.6.1 Reed-Solomon 编码

考虑一个跳频间隔固定的跳频系统,且跳频换频时间可忽略不计。对于具有信道编码的正交 FH/FSK 系统,编码符号间隔 T_s 与信息比特间隔 T_b 之间的关系为 $T_s = r(\log_2 q) T_b$ 。因此,单个信道符号的能量为

$$\mathcal{E}_s = r(\log_2 q)\mathcal{E}_b \tag{3.124}$$

使用 Reed-Solomon(RS)编码的 FSK 调制在抗部分频带干扰方面具有优势,这主要有两个方面的原因。首先,RS 编码具有最大可分距离(见第 1.1 节),因此可容许删除较多的符号。其次,使用非二进制 FSK 符号作为编码符号可允许相对较大的符号能量,如式(3.124)所示。

在部分频带干扰和莱斯衰落下,考虑使用无删除译码的 RS 编码的正交 FH/FSK 系统。解调器由一组并行的非相干检测器及一个硬判决器构成。在慢跳频系统中,需要在不同的驻留间隔之间进行符号交织,并在接收机中去交织,以分散因衰落或干扰引起的符号错误,从而便于译码器消除这些错误。在快跳频系统中,符号错误可能是独立的,因此无需进行符号交织。使用正交 FSK 调制和硬判决意味着存在 q 进制对称信道。因此,对于理想符号交织和松包码的硬判决译码,由式(1.28)和式(1.29)可得

$$P_b \approx \frac{q}{2(q-1)}\sum_{i=t+1}^{n}\binom{n-1}{i-1}P_s^i(1-P_s)^{n-i} \tag{3.125}$$

图 3.9 显示了莱斯衰落下,使用扩展 RS(32,12)编码的 FH/FSK 系统(q = 32)的 P_b 曲线。比特信噪比为 SNR = $\mathcal{E}_b/N_0$,比特信干比为 SIR = $\mathcal{E}_b/I_{t0}$ 。假设信道间隔足够大,使得各信道的衰落是独立的。因此,式(3.116)、式(3.119)及式(3.125)仍然适用。对于 $\kappa > 0$,图中显示了部分频带干扰占有频带比例变化时的误比特率峰值的分布情况。这些峰值表明,对于足够大的 $\mathcal{E}_b/I_{t0}$ 值,功率集中在部分跳频频带上的干扰(可能是干扰机故意为之)比功率均匀分布在整个频带上的干扰破坏性更大。当 $\mathcal{E}_b/I_{t0}$ 增大时,峰值变得更加明显,对应的 μ 值也更小。对于瑞利衰落,即 $\kappa = 0$ 时,图中没有出现峰值,因而全频带干扰最具破

坏性。当 κ 增加时,峰值开始出现并变得更加突出。

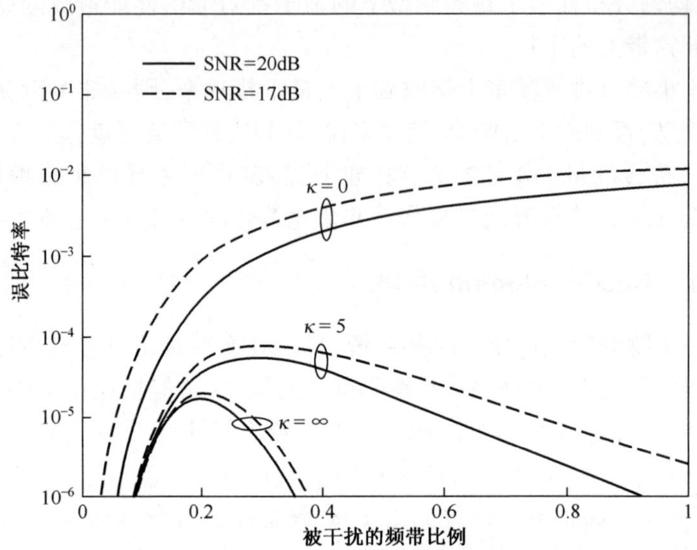

图 3.9　RS(32,12)编码的 FH/FSK 系统性能,其中 $q=32$,无删除,SIR=10dB,κ 为莱斯因子

符号去交织和硬判决译码之前,对解调器的输出符号进行删除(见第 1.1 节)可获得更好的抗部分频带干扰性能。每个编码符号是否删除的判决都是基于**信道状态信息**独立作出的,信道状态信息指明哪些编码符号被错误解调的概率较高。信道状态信息必须是可靠的,以保证只删除被干扰的符号。

信道状态信息可由 N_t 个已知的**导频符号**获得,导频符号在慢跳频信号的每个驻留间隔中与数据符号一起传输。跳频信号位于部分频带干扰中时称为发生了**碰撞**。若 N_t 个导频符号中多于 δ 个符号解调错误,则接收机可判定发生了碰撞,并将同一驻留间隔内的所有编码符号删除。若交织能够确保一个编码码字在任何特定的驻留间隔中只有一个编码符号,则每个码字就只有一个符号被删除。导频符号使信息速率降低,但若 $N_t \ll N_h$,这种损失就是微不足道的,并在后文中假设忽略不计。

编码符号的删除概率为

$$P_{\epsilon}=\mu P_{\epsilon 1}+(1-\mu)P_{\epsilon 0} \tag{3.126}$$

式中:$P_{\epsilon 1}$ 为发生碰撞时的删除概率;$P_{\epsilon 0}$ 为未发生碰撞时的删除概率。若在 N_t 个已知导频符号中有多于 δ 个符号发生错误而造成删除,则

$$P_{\epsilon i}=\sum_{j=\delta}^{N_t}\binom{N_t}{j}P_{si}^{j}(1-P_{si})^{N_t-j},\quad i=0,1 \tag{3.127}$$

式中：P_{s1} 为发生碰撞时的信道符号条件错误概率；P_{s0} 为未发生碰撞时的信道符号条件错误概率。

只有在没有删除的情况下才会发生编码符号错误。当部分频带干扰建模为白高斯过程时,由于导频和编码符号错误是统计独立的,因此编码符号的错误概率为

$$P_s = \mu(1 - P_{\epsilon1})P_{s1} + (1 - \mu)(1 - P_{\epsilon0})P_{s0} \tag{3.128}$$

信道符号的条件错误概率为

$$P_{s1} = G\left(\frac{\mathcal{E}_s}{N_0 + I_{t0}/\mu}\right), \quad P_{s0} = G\left(\frac{\mathcal{E}_s}{N_0}\right) \tag{3.129}$$

式(3.119)适用于 FSK 符号。

错误-删除译码的码字错误概率上界如式(1.30)所示。由于大部分码字错误都是由译码失败引起的,故假设 $P_b \approx P_w/2$ 是合理的。因此,信息比特错误概率为

$$P_b \approx \frac{1}{2}\sum_{j=0}^{n}\sum_{i=i_0}^{n-j}\binom{n}{j}\binom{n-j}{i}P_s^i P_\epsilon^j(1 - P_s - P_\epsilon)^{n-i-j} \tag{3.130}$$

式中：$i_0 = \max(0, \lceil (d_m - j)/2 \rceil)$；$\lceil x \rceil$ 为大于或等于 x 的最小整数。

图 3.10 显示了采用 $q = 32$、(32,12)扩展 RS 码、$N_t = 2$ 及 $\delta = 1$ 的错误-删除译码时 FH/FSK 系统中的 P_b 曲线。在仿真中假设不存在衰落,并使用式(3.126)及式(3.130)。该图与图 3.9 中 $\kappa = \infty$ 的曲线比较表明，当 $\mathcal{E}_b/N_0 =$

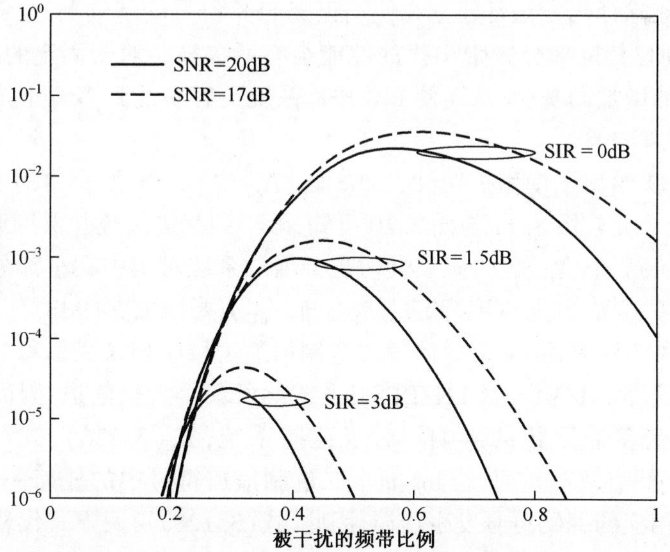

图 3.10 (32,12)编码、$q = 32$、有删除、$N_t = 2$,无衰落情况下的 FH/FSK 系统性能

20dB 时,对于 $P_b = 10^{-5}$,删除译码使得所要求的 $\mathcal{E}_b/I_{t0}$ 值改善了近 7dB。删除译码还能够避免集中在小部分跳频频带上的干扰对系统的影响。

获得信道状态信息还有其他方法,除对导频符号进行解调之外还可删除某些跳。可利用能量检测器(见 10.2 节)来测量当前使用的信道、未来将要使用的信道或相邻信道中的能量。若信道中能量过大,就删除该信道中的跳。这种方法不会导致由导频符号带来的信息速率开销。其他方法还包括:在代表多个比特的编码符号上附加奇偶校验比特,以检查符号是否被正确接收;或使用级联码内码译码器输出的软信息;或利用并行 FSK 包络检测器的输出等。

包络检测器的输出为删除译码提供了若干低复杂度的方案[4]。考虑送至如图 3.5(b)所示的 FSK 判决器中的符号度量。**输出门限检测**(OTT)将最大符号度量与门限值进行比较,以确定是否应删除相应的解调符号。**比例门限检测**(RTT)计算最大符号度量与第二大符号度量之比,然后将该比值与门限进行比较,以确定是否删除相应的符号。若 $\mathcal{E}_b/N_0$ 与 $\mathcal{E}_b/I_{t0}$ 值都已知,就可计算 OTT、RTT 或混合方法的最优门限。可发现当 $\mathcal{E}_b/I_{t0}$ 较低时,OTT 具有抗衰落的灵活性,其性能往往超过 RTT;但当 $\mathcal{E}_b/I_{t0}$ 足够高时,则情况正好相反。与基于导频符号的方法相比,OTT 和 RTT 的主要缺点是需要估计 $\mathcal{E}_b/N_0$、$\mathcal{E}_b/I_{t0}$ 或 $\mathcal{E}_b/(N_0 + I_{t0})$ 。虽然 RTT 能够抑制部分频带干扰,但抗衰落能力却不如 OTT。联合**最大输出比门限检测**(MO-RTT)使用符号度量中的最大值和第二大值。它对衰落和部分频带干扰均具有鲁棒性。

上述删除译码方法都建立在使用正交 FSK 符号的基础上,且随着调制进制数 q 的增加,其抗部分频带干扰的性能会有所提高。对于固定的跳频频带,信道数随 q 的增加而减少,从而使 FH/FSK 系统更容易受到多音干扰或多址干扰的影响(见第 7 章)。

图 3.11 给出了使用扩展(8,3)RS 码、$N_t = 4$、$\delta = 1$ 及 $q = 8$ 时 FH/FSK 系统的 P_b 曲线。比较图 3.11 与图 3.10 可知,减小调制进制数并保持编码码率不变会增加系统对 $\mathcal{E}_b/N_0$ 的敏感性,同时也会增加系统对集中在小部分跳频频带上的干扰的敏感性,例如对于特定的 P_b , $\mathcal{E}_b/I_{t0}$ 需要增加 5~9dB。

另一种方法是用 $\log_2 q$ 个连续二进制信道符号序列来表示每个非二进制编码符号。这样 FH/MSK 或 FH/DPSK 系统就可获得大量信道,因而可以更好地保护其免受多址干扰的影响。对于这些系统,式(3.126)、式(3.127)和式(3.129)仍然有效。然而,若 $\log_2 q$ 个二进制信道符号中的任何一个发生错误,就会导致相应的编码符号发生错误,因此,式(3.128)可由下式代替:

$$P_s = 1 - [1 - \mu(1 - P_{\epsilon 1})P_{s1} - (1 - \mu)(1 - P_{\epsilon 0})P_{s0}]^{\log_2 q} \quad (3.131)$$

对于 AWGN 信道,式(3.120)适用于 MSK,而

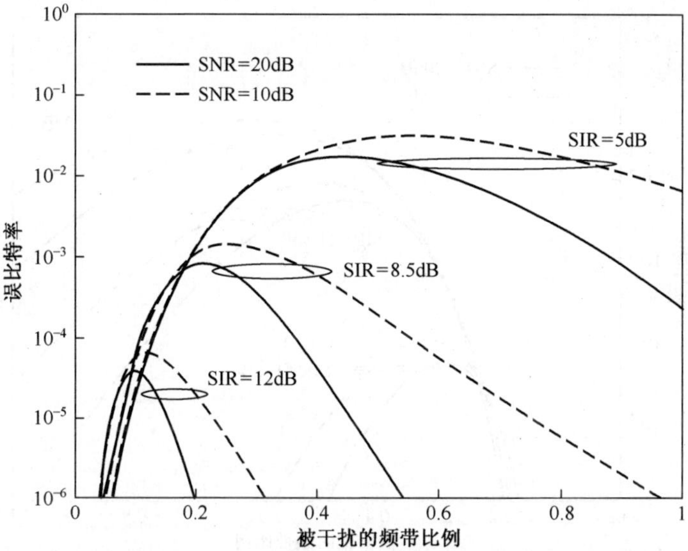

图 3.11 (8,3)RS 码、$q=8$、有删除、$N_t=4$、无衰落下的 FH/FSK 性能

$$G(x)=\frac{1}{2}\exp(-x) \tag{3.132}$$

适用于 DPSK。当使用(32,12)扩展 RS 码、二进制导频符号数为 $N_t=10$ 且 $\delta=1$ 时,FH/DPSK 系统的仿真结果如图 3.12 所示。假设 $N_h \gg 1$,因此在驻留间隔中插入参考符号所导致的性能损失可忽略不计。图 3.12 与图 3.10 中的曲线形状类似。但对于特定 P_b 值所需的 $\mathcal{E}_b/I_{t0}$ 而言,使用二进制符号进行传输将比非二进制符号增加了大约 10dB。若 $\mathcal{E}_b/I_{t0}$ 及 $\mathcal{E}_b/N_0$ 均增加 3dB,则图 3.12 也适用于正交 FSK 及 MSK。

对于采用删除译码的二进制符号,一种替代方法是采用级联编码的 FH/DPSK 系统(见 1.4 节)。虽然在快跳频系统中一般不需要信道交织器和去交织器,但在慢跳频系统中却有可能需要它们,以确保译码器输入端符号错误的独立性。考虑由 RS (n,k) 外码和二进制卷积内码构成的级联码。维特比内码译码器采用硬判决译码以限制单个符号度量的影响。假设 $N \gg 1$,式(3.116)和式(3.132)给出了误符号率。在维特比译码器输出处的 RS 编码符号的错误概率 P_{s1} 的上界由式(1.143)及式(1.114)给出,然后通过式(1.144)就可得到 P_b 的上界。图 3.13 显示了由(31,21)RS 外码和编码码率为 1/2、$K=7$ 的卷积内码组成的级联码的性能上界。该级联码比二进制信道符号下的(32,12)RS 编码性能更好,但比非二进制符号下的(32,12)RS 编码的性能差很多。图 3.10~图 3.13表明,减少信道符号调制进制数会增加系统对部分频带干扰的敏感性,

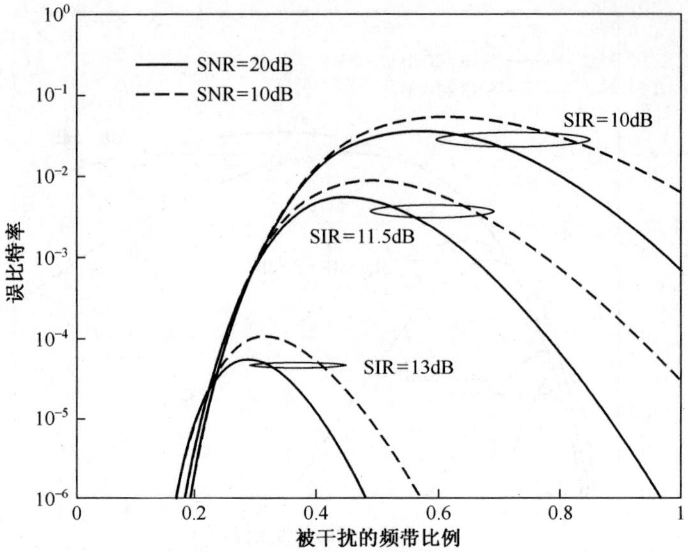

图 3.12 (32, 12)RS 码、二进制信道符号、有删除、N_t = 10、无衰落下的 FH/DPSK 性能

其主要原因是每个信道符号的能量减少了。

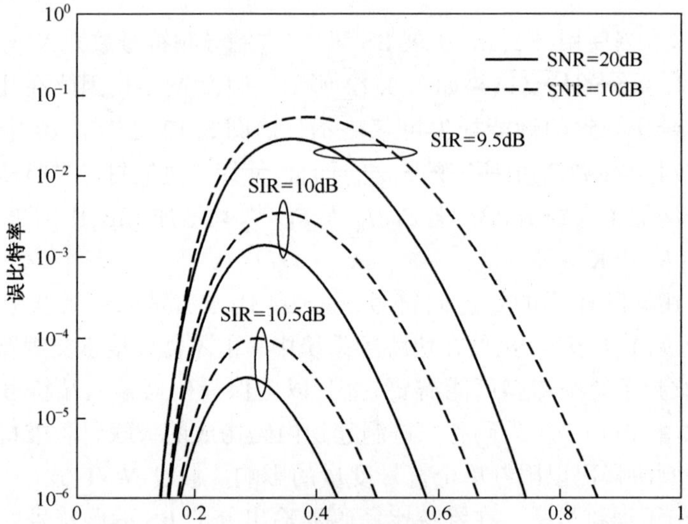

图 3.13 级联编码、二进制信道符号、硬判决、无衰落下的 FH/DPSK 性能，图中外码为(31, 21)RS 码、内码为卷积码(码率 1/2,K=7)

3.6.2 网格编码调制

网格编码调制是一种将编码和调制合二为一的方法,通常用于带限信道

(见 1.2 节)的相干数字通信。多电平和多相位调制用来增大信号星座,同时又使带宽的扩展不超过未编码信号所需的带宽。由于信号星座更加紧凑,造成了调制损失,从而降低了编码增益,但总增益相当可观。由于跳频通信通常使用非相干解调器,常规的相干网格编码调制并不适用。代替方法是,将 $q/2$ 进制 FSK 中的信号集扩展至 q 进制 FSK 就可实现网格编码。虽然调制频率是均匀分布的,但为限制或避免带宽扩展,也允许将它们设置为非正交。

网格编码 4FSK 如图 3.14 所示,该系统使用 4 个状态、1/2 码率的卷积码,编码后进行信号映射。信号集划分如图 3.14(a)所示,它将信号集中的 4 个信号或频率划分为两个子集,每个子集中包括两个频率。该划分方法使两个频率之间间隔加倍,即从 ΔHz 增至 2ΔHz。该图显示了卷积码编码器产生的编码信息比特到信号的映射关系。在图 3.14(b)中,数字代表信号分配方法,它与 4 状态编码器网格中的状态转移相对应。可容纳 4 个调制频率的信道带宽约为 $B=4\Delta$。

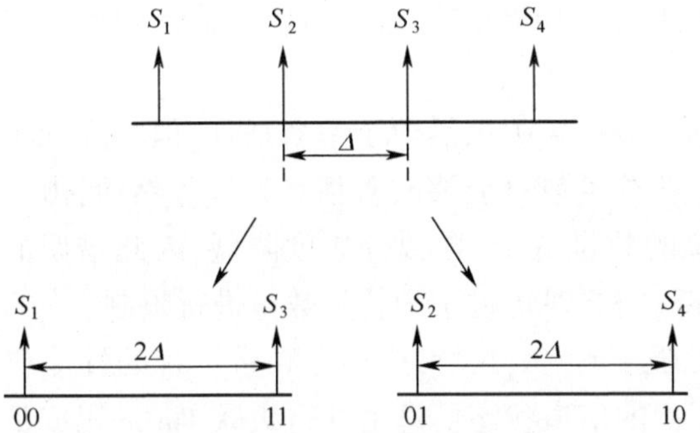

(a) 信号集划分及比特到信号的映射

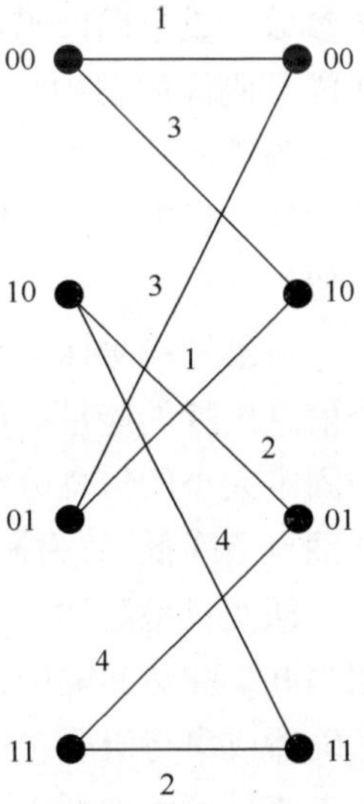

(b) 信号到状态转换的映射

图 3.14 码率 1/2、四状态格码下的 4FSK

在选择 Δ 时需要进行权衡,因为较小的 Δ 可允许更多的信道,从而限制了多址干扰或多音干扰的影响,而较大的 Δ 通常能够提高系统抗部分频带干扰的性能。若网格编码使用间距为 $\Delta = 1/T_b$ 的 4 个正交频率,其中 T_b 为比特间隔,则 $B = 4/T_b$。当 FH/FSK 系统使用两个正交频率、码率为 1/2 的编码及二进制信道符号时,由于 $B = 2/T_s = 4/T_b$,故可得出与上述结果相同的带宽。当系统使用码率为 1/2 的二进制卷积码，且每对编码符号映射为四进制信道符号中时，也可得出与上述结果相同的带宽。与使用 1/2 码率卷积码及四进制信道符号的 FH/FSK 系统或采用(32,16) RS 编码及错误删除译码的 FH/FSK 系统相比，在抗最恶劣的部分频带干扰方面，具有 4 状态、1/2 码率网格编码的 4FSK 跳频系统[109]性能要差一些。因此，网格编码调制抗部分频带干扰的能力相对较弱。在跳频系统中网格编码调制的优点是实现复杂度相对较低。

3.6.3 Turbo 码与 LDPC 码

若可接受系统延迟及计算复杂度，则 Turbo 和 LDPC 编码(见第 1 章)可能是抑制部分频带干扰的最有效的编码方式。采用 Turbo 编码的跳频系统在使用频谱紧凑的信道符号时也能够抗多址干扰。在迭代 Turbo 译码算法中需要精确估计信道参数，如干扰加噪声的方差及衰落的幅度。当信道变化比跳频速率慢时，在跳驻留间隔中所有接收到的符号均可用来估计与该驻留间隔相对应的信道参数。成员码译码器每次迭代后，其 LLR 就被更新，且其外部信息传递到其他成员码译码器中。信道估计器可将成员码译码器迭代后所得到的 LLR 转变为**后验**概率。在每个驻留间隔中，利用该后验概率可以改善衰落幅度和噪声方差的估计性能(见 9.4 节)。接收机中 LDPC 迭代译码和信道估计的操作与此类似。

将已知符号插入到待发送的编码符号中虽然便于参数估计，但却降低了每个信息比特的能量。增加每跳中的符号数量能够改善估计精度。然而，由于每个固定大小的信息分组中独立跳的数量减少，导致分集度降低，因此错误的独立性也会降低，故为避免性能下降，需要对每跳中的符号数量进行限制。

即使只检测驻留间隔中有无强干扰，Turbo 码抗部分频带干扰的性能仍然相当好。驻留间隔中是否存在干扰的信道状态信息由并行级联 Turbo 码成员码译码器或串行级联 Turbo 码内译码器或 Turbo 乘积码内译码器输出的硬判决译码来获得。由硬判决产生的二进制序列和通过距离受限译码获得的码字之间的汉明距离是判断干扰是否发生的度量。

3.7 混合扩谱系统

跳频系统通过躲避来消除干扰影响，而直扩系统则通过扩展干扰的频谱来抑制干扰。与直扩系统相比，信道编码对跳频系统来说更为必要。这是因为部分频带干扰是比强脉冲干扰更加普遍的威胁。当跳频系统与直扩系统都使用相同的固定带宽时,直扩系统具有先天优势,因为它可以使用相干 PSK 调制而不是非相干调制。与非相干 MSK 调制相比,相干 PSK 调制在 AWGN 信道中约有 4dB 的优势,在衰落信道上的优势更大。然而,直扩系统的潜在性能优势在实际中往往无法实现。与直扩系统相比,跳频系统的主要优势是它可跳入比直扩信号频段宽得多的非邻接信道。这一优势不仅可补偿跳频系统使用非相干解调的不足,还能排除存在固定干扰或被频繁干扰的信道,且不易受远近效应的影响(见 7.5 节),还可相对迅速地获取跳频图案(见 4.6 节)。跳频系统的不足之处是难以使用变换域或非线性自适应滤波(见 5.3 节)来消除信道内的窄带干扰。在实际系统中,驻留时间过短以致自适应滤波难以发挥明显作用。

跳频/直扩混合系统是在每个驻留间隔采用直扩的跳频系统或载波频率周期性变化的直扩系统。图 3.15 所示的混合扩谱系统发射机中,单个扩谱码产生器同时控制直扩序列和跳频图案。在图中,直扩序列与数据序列模 2 加。每隔固定数目的码片序列,载波频率将发生周期性的跳变。在接收机中,在解跳和解扩后就可产生携带调制信息的载波。由于跳频会引起相位变化,除非跳速很低,否则通常需要进行非相干调制,如 DPSK 或非相干 CPFSK。串行搜索捕获包括两个阶段。第一阶段进行跳频图案的同步,而第二阶段在未知扩频序列定时的情况下就可迅速完成捕获,这是因为定时的不确定性范围已在第一阶段缩小至跳周期的一小部分。

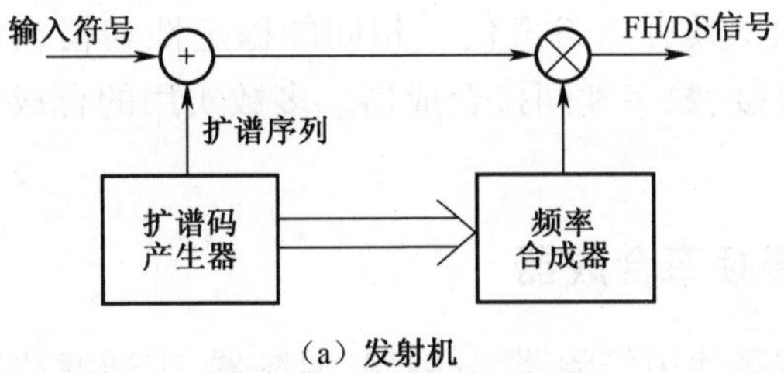

(a) 发射机

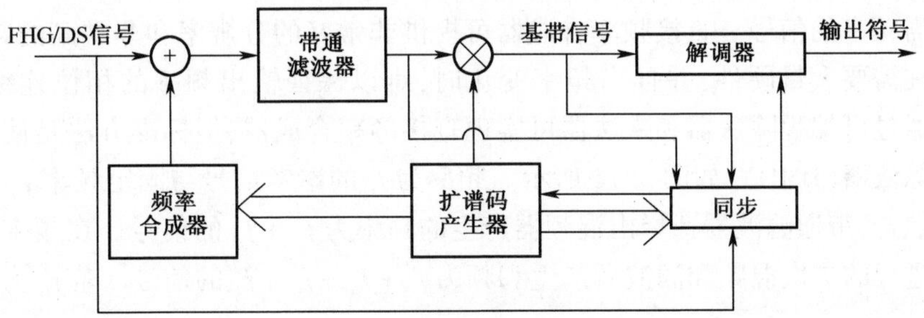

(b) 接收机

图 3.15　跳频/直扩混合系统

原则上,混合扩谱系统的接收机通过解跳和解扩两种方式抑制部分频带干扰,但存在收益递减的问题。跳频混合系统允许在部分时间内避开干扰频谱。当系统跳入有干扰的信道中时,干扰就会被混合扩谱接收机扩展频谱并被滤除。然而在跳间隔中,由于带宽必须足够大以容纳解跳后的直扩信号,因此本应被普通跳频接收机所阻止的干扰将通过混合接收机的带通滤波器而进入系统内。而且大带宽也限制了可用信道的数量,从而使其更容易受窄带干扰和远近效应的影响。由于附加的直扩技术削弱了跳频系统的主要能力,因此除专门的军事应用以外,一般很少使用混合扩谱系统。

3.8 频率合成器

频率合成器[68-70,77]能够将标准参考频率转换成各种所需频率。在跳频系统中,跳频频率集中的频率必须通过合成产生。在实际应用中,跳频频率集的频率具有如下形式,即

$$f_{hi}=f_c+r_i f_r,\quad i=1,2,\cdots,M \tag{3.133}$$

式中:$\{r_i\}$为有理数;f_r为参考频率;f_c为频率集所在频段内的一个频率。**参考信号**是频率为参考频率的单音信号,通常是将原子或晶体振荡器等稳定源产生的频率与一个正整数相乘或相除而产生。使用单一的参考信号,也能够确保合成器的任何输出频率具有与参考信号相同的稳定性和精确性。频率合成器的三种基本类型是直接、数字和间接合成器。多数实用的合成器是上述基本形式的混合。

3.8.1 直接频率合成器

直接频率合成器使用倍频器、分频器、混频器、带通滤波器及电子开关来产生所需频率的信号。直接频率合成器可提供非常好的分辨率和非常高的频率,但往往需要大量硬件,并且当频率变化时,难以保证输出频率的相位连续性。虽然通过可编程除法器和乘法器可实现直接频率合成器,但标准方法是使用**双混频除法器**(DMD),如图3.16所示。频率为f_r的参考信号与固定频率f_a的信号相混合,带通滤波器选择由混频器产生的频率为f_r+f_a的信号。在频率f_b+f_1上进行的二次混频和滤波后产生和频为$f_r+f_a+f_b+f_1$的信号。若f_b为固定频率,以使

$$f_b=9f_r-f_a \tag{3.134}$$

则第二个带通滤波器就可产生$10f_r+f_1$的频率。使用能将其输入的频率降低为

1/10 的分频器就可产生$f_r + f_1/10$的输出频率。原则上,单个混频器和带通滤波器就能够产生这样的输出频率,但两个混频器和带通滤波器可简化滤波器的设计。每个带通滤波器必须选择和频,并抑制可能由于混频器泄漏而进入滤波器的差频及混频器的输入频率。若和频太靠近这些频率之一,则带通滤波器就会变得过于复杂和昂贵。

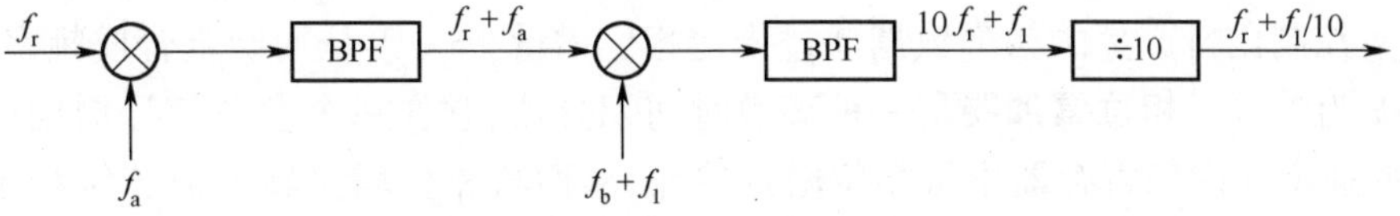

图 3.16 双混频除法模块,图中 BPF 为带通滤波器

通过将足够多的 DMD 模块级联可实现任意的频率分辨率。图 3.17 显示了能够提供两位数分辨率的直接频率合成器。当直接频率合成器用于跳频系统中时,控制比特将由扩谱码发生器来产生,从而确定跳频图案。每组控制比特确定一个单音频率,该频率由十进制开关送至一个 DMD 模块。把参考频率送到频率产生器合适的倍频器和分频器中,可获得用于十进制开关的 10 个频率。式(3.134)确保 DMD 模块 2 中的第二个带通滤波器的输出频率为$10f_r + f_2 + f_1/10$。因此,合成器最后的输出频率为$f_r + f_2/10 + f_1/100$。

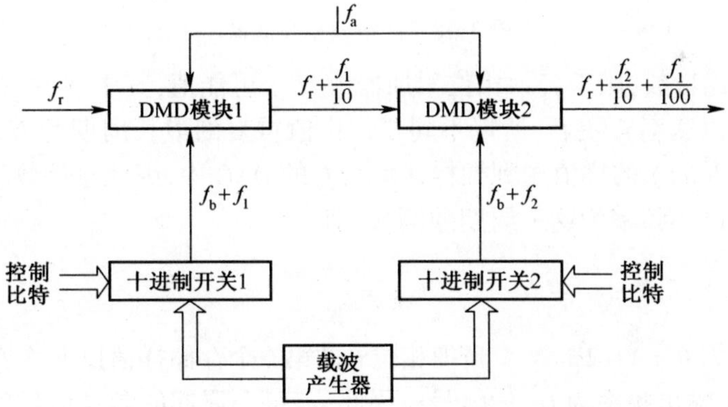

图 3.17 具有两位分辨率的直接频率合成器

例 3.1 要求产生 1.79MHz 的频率。令$f_r = 1\text{MHz}$及$f_b = 5\text{MHz}$。提供给十进制开关的 10 个频率是 5,6,7,…,14MHz,以使f_1和f_2的范围在 0~9MHz。由式(3.134)得到$f_a = 4\text{MHz}$。若$f_1 = 7\text{MHz}$及$f_2 = 9\text{MHz}$,则输出频率为 1.79MHz。频率f_a及f_b的合理选择可简化模块内带通滤波器的设计。

3.8.2 直接数字频率合成器

直接数字频率合成器能够将正弦波的存储样值转换成特定频率的连续时间正弦波。正弦波的周期性及对称性意味着只需存储第一象限的值。数字频率合成器的基本组成部分如图 3.18 所示。**参考信号**是**参考频率**为f_r 的正弦信号。正弦表存储的 N 个 $\sin\theta$ 值为 $\theta = 0, 2\pi/N, \cdots, 2\pi(N-1)/N$ 。跳频系统中图案控制比特产生的频率数据通过指定相位增量 $2\pi k/N$ 从而确定合成频率,其中 k 为整数。**相位累加器**是一种离散时间积分器,它在每个参考信号周期中以 f_r 的速率在内部寄存器中将相位增量累加,从而将相位增量转换成连续相位样值。相位样值 $\theta(n) = n(2\pi k/N)$ 中的 n 为参考信号周期,它定义了存储 $\sin(\theta(n))$ 值的正弦数据表或存储器中的地址。每个样值都被送到数模转换器(DAC)中,以等于参考频率f_r 的抽样速率来完成抽样-保持操作。DAC 的输出送至抗混叠低通滤波器,从而得到所希望的模拟信号。

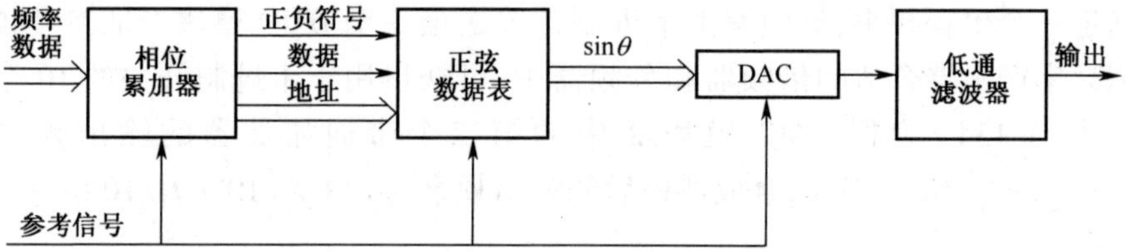

图 3.18 数字频率合成器

令 v 为比特数,用于表示相位累加器中 N 个可能值,其中 $N \leqslant 2^v$ 。由于累加器的内容以速率f_r 更新,所以不同相位样值重复的最长周期为 N/f_r 。因此,由于将 $\sin(\theta(n))$ 的样值送到抽样速率为f_r 的 DAC 中,因此直接数字频率合成器能产生的最小频率为这一周期的倒数,即

$$f_{\min} = \frac{f_r}{N} \tag{3.135}$$

且相位样值为 $\theta(n) = 2\pi/N$ 。当把相位 θ 的第 k 个存储样值以速率f_r 送到 DAC 时,就会产生输出频率为f_{0k} 的信号。因此,若每个周期的参考信号的相位值为 $\theta(n) = k2\pi/N$,则

$$f_{0k} = kf_{\min}, \quad 1 \leqslant k \leqslant N \tag{3.136}$$

这表明$f_{\min}$ 为频率分辨率。

仅需使用每个周期中 $\sin\theta$ 的若干样值,直接数字频合器就能够产生最大频率为$f_{\max}$ 的信号。根据奈奎斯特采样定理可知,当$f_{\max} < f_r/2$ 时可避免混叠失真。实际中,DAC 及低通滤波器将可能达到的$f_{\max}$ 进一步限制在 $0.4f_r$ 或更小。

因此,用于合成f_{max} 的单周期 $\sin\theta$ 的样值数需满足 $q \geqslant 2.5$,且

$$f_{max} = \frac{f_r}{q} \tag{3.137}$$

低通滤波器可在比f_{max} 稍大的平坦通带内实现线性相位。f_r 及f_{max} 的频率还受到 DAC 速率的限制。

假设f_{min} 及f_{max} 为规定的频率合成器必须产生的最小和最大频率。式(3.135)及式(3.137)表明 $qf_{max}/f_{min} = N \leqslant 2^v$,且所需的累加器比特数为

$$v = \lfloor \log_2(qf_{max}/f_{min}) \rfloor + 1 \tag{3.138}$$

式中:$\lfloor x \rfloor$ 为不大于 x 的最大整数。

正弦表中存储有 2^n 个码字,每个码字由 $m$bit 构成,其存储需求为 $2^n m$bit。利用三角恒等式和硬件乘法器可减小正弦表的存储需求。存储的每个字表示 $\sin\theta$ 在第一象限中的一个可能值,或等效为 $\sin\theta$ 的可能幅度。正弦表的输入为 $n+2$ 个并行比特。两个最高有效位是**符号比特**和**象限比特**。符号比特确定了 $\sin\theta$ 的极性。象限比特确定了 $\sin\theta$ 是在第一象限还是在第二、第三或第四象限。输入的其他 n 个最低有效比特则确定了 $\sin\theta$ 幅值存储的地址。当 $\sin\theta$ 在第二或第四象限时,这 n 个最低有效比特确定的地址可通过象限比特进行适当修改。正弦表中的符号比特与 m 个输出比特一起都被送至 DAC。相位累加器可指定的正弦表地址的最大值是 2^v,但若正弦表采用 v 个地址输入,则存储要求将会过大而难以实现。由于只需 $n+2$ 位来对正弦表寻址,累加器中的 $v-n-2$ 个最低有效位就无需用于寻址了。

若减小 n 值,则正弦表的存储要求会降低,但将累加器输出从 v 比特截短至 $n+2$ 比特会导致正弦表每周期的输出中有 $v-n-2$ 个 $\sin\theta$ 样值始终保持不变。由于所希望的相位 $\theta(n)$ 仅通过正弦表的输入 $\hat{\theta}(n)$ 来逼近,因此正弦表的输出信号频谱中存在杂散谱线。相位误差 $\theta_e(n) = \theta(n) - \hat{\theta}(n)$ 为具有离散频谱的周期锯齿波。当 $\theta_e(n) \ll 1$ 时,三角展开表明:

$$\sin(\theta(n)) \approx \sin(\hat{\theta}(n)) + \delta(n)\cos(\hat{\theta}(n)) \tag{3.139}$$

杂散谱线的幅度由 $\theta_e(n)$ 的傅里叶级数的系数确定,其最大幅度为 $2^{-(n+2)}$。功率最大的谱线往往是其应用的限制因素,即

$$E_s = (2^{-(n+2)})^2 = (-6n-12)\text{dB} \tag{3.140}$$

有几种降低杂散谱线峰值幅度的方法,但每种方法都需付出额外代价。**误差前馈法**使用估计的 $\theta_e(n)$ 来计算式(3.139)的右侧值可更准确地估计出所需的 $\sin(\theta(n))$ 值。它要求有以抽样速率运行的精度为 $m$bit 的乘法器和加法器。其他减小杂散谱线峰值幅度的方法还有基于相位抖动和误差反馈的方法。

由于 m 个正弦表的输出比特确定了 $\sin\theta$ 的量值，因此量化误差产生的**幅度量化噪声功率**最大为

$$E_q = (2^{-m})^2 \simeq -6m\text{dB} \tag{3.141}$$

量化噪声增加大了正弦表输出中杂散谱线的幅度。

例 3.2　设计一个能够覆盖 1kHz ~ 1MHz 的直接数字频率合成器，且 $E_q \leqslant -45\text{dB}$，$E_s \leqslant -60\text{dB}$。根据式(3.141)，8bit 的正弦表能够满足量化噪声水平的要求。当 $m = 8$ 时，表中包含 $2^8 = 256$ 个不同的字。根据式(3.140)，$n = 8$ 就可满足所要求的$\mathcal{E}_s$，故正弦表有 $n + 2 = 10$ 个输入比特。若 $2.5 \leqslant q \leqslant 4$，则由于 $f_{max}/f_{min} = 10^3$，由式(3.138)得到 $v = 12$。因此，需要一个 12bit 的相位累加器。由于 $2^{12} = 4096$，因此可选择 $N = 4000$。若频率分辨率和最小频率为 $f_{min} = 1\text{kHz}$，则式(3.135)表明 $f_r = 4\text{MHz}$。若要得到频率 f_{min}，则在指定新地址并产生新 $\sin\theta$ 值之前，相位增量会很小，其值为 $2^{v-n-2} = 4$。因此，在寻址正弦表时累加器中的 4 个最低有效位就用不上了。

若需进行高速数据传输，将直接数字频率合成器进行适当修改可以很容易地实现数据调制。对于幅度调制，正弦表的输出送至乘法器。通过增加适当的比特到相位累加器输出中，就可实现相位调制。频率调制则需修改累加器的输入比特。对于四进制调制而言，正交信号可通过分开的正弦和余弦表来合成信号。

直接数字频率合成器除体积、重量和功率需求都相对较小外，还可产生相位连续、频率几乎瞬时变化的信号，且频率分辨率非常高。但它的缺点是最高频率受限，从而限制了其输出频率转换后覆盖频段的宽度。正因如此，直接数字频率合成器有时用作混合型频率合成器的组成部分。它的另一个缺点是对低通滤波器有苛刻要求，该滤波器用于抑制在合成频率变化过程中产生的杂散频率。

3.8.3　间接频率合成器

间接频率合成器使用压控振荡器和反馈环路。间接频率合成器需要的硬件通常比直接频率合成器要少，但频率切换所需的时间更长。类似于数字频率合成器，间接频率合成器在频率改变后能够产生相位连续的输出。单环间接频率合成器的主要组成类似于锁相环，如图 3.19 所示。控制模数或除数 N 的比特由跳频图案产生器提供。频率为 f_1 的输入信号可由另一个频率合成器提供。由于反馈环迫使除法器输出的频率 $(f_0 - f_1)/N$ 接近参考频率 f_r，压控振荡器(VCO)输出的正弦波频率为

$$f_0 = Nf_r + f_1 \tag{3.142}$$

式中：N 为正整数。

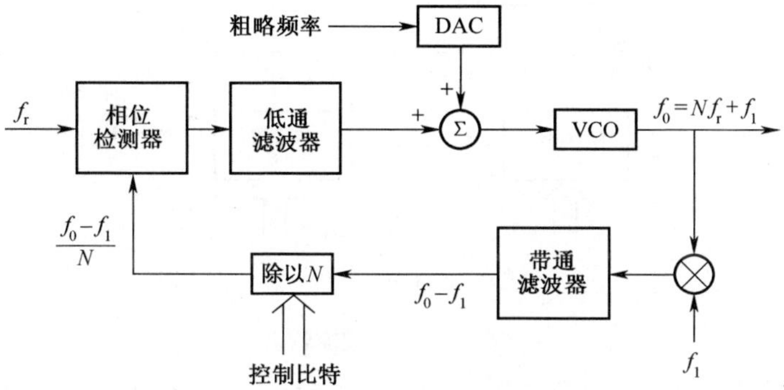

图 3.19　单环路间接频率合成器

跳频频率合成器中的**相位检测器**通常使用能够检测过零次数的数字器件，而非混频器中使用的（模拟）相差检测器。数字相位检测器具有较大的线性范围，并对输入电平变化不敏感，可简化与数字除法器的接口。

式(3.142)表明单环频率合成器的频率分辨率为 f_r。为运行稳定并抑制与 f_0 的偏移量为 f_r 的副边带信号，环路带宽通常需在 $f_r/10$ 数量级上。频率改变时的**换频时间** t_s 应小于等于之前定义的跳频脉冲宽度 T_{sw}，其中可能附加有保护间隔。换频时间与环路带宽成反比，大致近似为

$$t_s = \frac{25}{f_r} \tag{3.143}$$

这意味着采用单环难以同时获得低分辨率和低切换时间。

为在降低换频时间的同时保持单环路频率合成器的频率分辨率，可将粗导引信号存储在 ROM 中，然后用数模转换器（DAC）转换为模拟信号，并在频率改变后立即送至 VCO（如图 3.20 所示）。当发生频率跳变时，导引信号降低了跳变发生时环路所必须的频率阶跃。另一种方法是在环路之后设置一个模 M 的固定除法器，以使输出频率为 $f_0 = Nf_r/M + f_1/M$。只要 VCO 的输出频率 Mf_0 对于反馈环路中的除法器不是太高，这种方法可在不牺牲频率分辨率的同时增加 f_r。为限制寄生频率的发射，在频率转换时需使发射机停止发射信号。

使用两个频率合成器交替产生输出频率可显著减少换频时间。一个频合器产生输出频率，而另一个频合器则根据来自跳频图案产生器的指令调整到下一个频率。若跳间隔超过了每个频合器的换频时间，则第二个频合器在控制开关决定其输出到调制器或解跳混频器的顺序之前就开始产生下一个频率。

除法器是一个能够输出方波的二进制计数器。输入信号每次过零时，除法

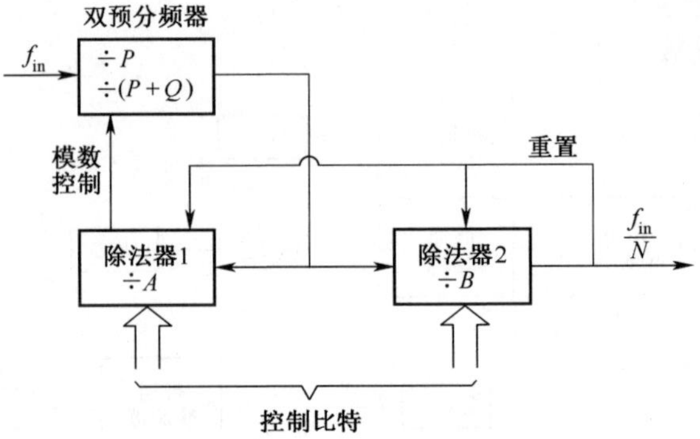

图 3.20　双模除法器

器计数值减一。若模数或除数为正整数 N，则经过 N 次过零后，除法器输出信号过零并改变状态。然后除法器重新从 N 递减计数。因此，输出频率等输入频率除 N。可编程除法器的运算速度受限，使得其难以适应 VCO 高频输出。将 VCO 的输出通过图 3.19 所示的混频器进行下变频可避免该问题，但会引入寄生成分。由于与可编程除法器相比，固定除法器能够以高得多的速度进行运算，因此可考虑在反馈环路中的可编程除法器前放置一个固定除法器。然而，若固定除法器的模数为 N_1，则环路的频率分辨率变为 $N_1 f_r$，而该分辨率通常难以满足要求。

如图 3.20 所示的**双模除法器**，允许频合器在高频上运算的同时保持频率分辨率为 f_r，其主要组成部分是**双预分频器**，由两个固定除法器组成，其除数分别为正整数 P 和 $P+Q$。除法器 1 和除法器 2 为两个可编程除法器，分别从整数 A 和 B 递减计数，其中 $B > A$。这两个可编程除法器仅要求能够适应频率 f_{in}/P。双预分频器开始时按模 $P+Q$ 进行除法运算。当可编程除法器达到零时模数就改变一次。经过 $(P+Q)A$ 次输入转换后，除法器 1 归零，模数控制使得双预分频器按 P 来除。此时除法器 2 递减计数到 $B-A$。经过超过 $P(B-A)$ 次输入转换后，除法器 2 归零并使其输出发生转换。然后两个可编程除法器都复位，双预分频器的除数回复到 $P+Q$。因此，每个输出转换对应于 $A(P+Q)+P(B-A)=AQ+PB$ 次输入转换，这意味着双模除法器具有以下模数，即

$$N = AQ + PB, \quad B > A \tag{3.144}$$

并产生输出频率 f_{in}/N。

若 $Q=1$ 且 $P=10$，则双模除法器被称为 10/11 **除法器**，且

$$N = 10B + A, \quad B > A \tag{3.145}$$

上式通过以单位步长改变 A 从而使 N 也以单位步长增加。由于要求 $B > A$，

A 的合适范围和 B 的最小值分别为

$$0 \leqslant A \leqslant 9, \quad B_{\min} = 10 \tag{3.146}$$

式(3.142)、式(3.145)与式(3.146)的关系表明合成的跳频频率集范围从 $f_1 + 100f_r$ 到 $f_1 + (10B_{\max} + 9)f_r$ 。因此,若满足式(3.147)和式(3.148),则跳频频率集覆盖了 $f_{\min}$ 和 $f_{\max}$ 之间的频带。

$$f_1 + 100f_r \leqslant f_{\min} \tag{3.147}$$

且

$$f_1 + (10B_{\max} + 9)f_r \geqslant f_{\max}. \tag{3.148}$$

例 3.3 **蓝牙**通信系统用于在便携式电子设备中建立无线通信。蓝牙系统跳频频率集具有 79 个载波频率,其跳速为 1600 跳/s,其跳频频段为 2400~2483.5MHz,每个信道的带宽为 1MHz。考虑一个在 2402~2480MHz 频率范围内具有 79 个跳频信道,每个信道间隔 1MHz 的无线通信系统。$f_r = 1\text{MHz}$ 的 10/11除法器能够提供需要的步进增量,该增量等于频率分辨率。由式(3.143)可知 $t_s = 25\mu s$,这说明在每跳中有 25 个数据符号不得不被丢弃。由不等式(3.147)可知 $f_1 = 2300\text{MHz}$ 是一个合适的选择,则取 $B_{\max} = 18$ 可满足式(3.148)。因此,为确定除法器 A 和 B 的可能取值,分别要求 4 个和 5 个控制比特。若控制比特存储于 ROM 中,每个 ROM 地址包含 9bit。ROM 地址的数量至少为 79,即跳频频率集中频率的数目。因此,ROM 的输入地址需要 7bit。

3.8.4 多环频率合成器

多环路频率合成器使用两个或更多单环频合器来获得高频率分辨率和快速换频能力。三环频率合成器如图 3.21 所示。环路 A 和 B 具有如图 3.19 所示的形式,但环路 A 的反馈中没有混频器和滤波器。环路 C 中有混频器和滤波器,但没有除法器。选择参考频率 f_r 以确保能够实现所需的换频时间。选择合适的除数 M 使得 f_r/M 为所需的频率分辨率。当环路 B 产生增量 f_r 时,环路 A 及除法器产生 f_r/M 的增量。环路 C 与环路 A 与 B 的输出共同产生了输出频率:

$$f_0 = Bf_r + A\frac{f_r}{M} + f_1 \tag{3.149}$$

式中由于 B 、A 和 M 都是由除法器产生的,因此它们都是正整数。环路 C 更适于使用混频器和带通滤波器,这是因为当 Af_r/M 和 Bf_r 距离较远时,滤波器将抑制间隔较近的、不希望的分量。

为确保每个输出频率都由唯一的 A 和 B 值产生,要求 $A_{\max} = A_{\min} + M - 1$。为防止换频期间的性能恶化,要求 $A_{\min} > M$ 。因此,按下式选择 A 值来满足这两个要求:

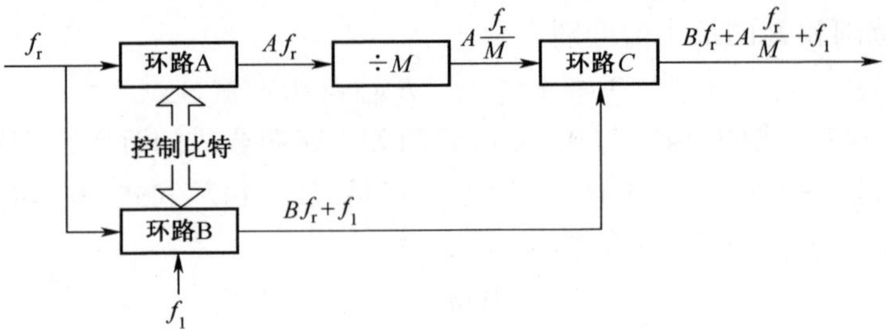

图 3.21　有三个环路的间接频率合成器

$$A_{\min} = M + 1, \quad A_{\max} = 2M \tag{3.150}$$

由式(3.149),频合器将覆盖从 $f_{\min}$ 到 $f_{\max}$ 之间的频率范围,若

$$B_{\min}f_r + A_{\min}\frac{f_r}{M} + f_1 \leqslant f_{\min} \tag{3.151}$$

且

$$B_{\max}f_r + A_{\max}\frac{f_r}{M} + f_1 \geqslant f_{\max} \tag{3.152}$$

例 3.4　考虑例 3.3 中的蓝牙系统,但要求更苛刻,即 $t_s = 2.5\mu s$,该要求在每跳间隔中仅会损失 3 个潜在的数据符号。例 3.3 中的单环频合器无法满足这样短的换频时间。所要求的换频时间可由一个 $f_r = 10MHz$ 的三环频合器来实现。通过设置 $M = 10$ 来实现 1MHz 的频率分辨率。式(3.150)表明 $A_{\min} = 11$ 且 $A_{\max} = 20$。若 $f_1 = 2300MHz$、$B_{\min} = 9$、$B_{\max} = 16$,则可满足不等式(3.151)和式(3.152)。环路 A 和 B 中的除法器必须能够适应的最大频率分别必须达到 $A_{\max}f_r = 200MHz$ 和 $B_{\max}f_r = 160MHz$。除法器和 B 分别需要 5 个控制比特。

3.8.5　小数分频频合器

小数分频频合器使用单环路及辅助硬件来产生平均输出频率,即

$$f_0 = \left(B + \frac{A}{M}\right)f_r, \quad 0 \leqslant A \leqslant M - 1 \tag{3.153}$$

虽然换频时间与 f_r 成反比,但频率分辨率为 f_r/M,理论上可以任意小。

频率合成方法是使用频率除法模数等于 B 或 $B + 1$ 的双模除法器。如图 3.22所示,比特序列 $\{b(n)\}$ 控制模数,其中 n 为离散时间指数。该序列在时钟频率等于 f_r 时产生,且除法模数为 $B + b(n)$。比特 $b(n)$ 的均值为

$$\overline{b(n)} = \frac{A}{M} \tag{3.154}$$

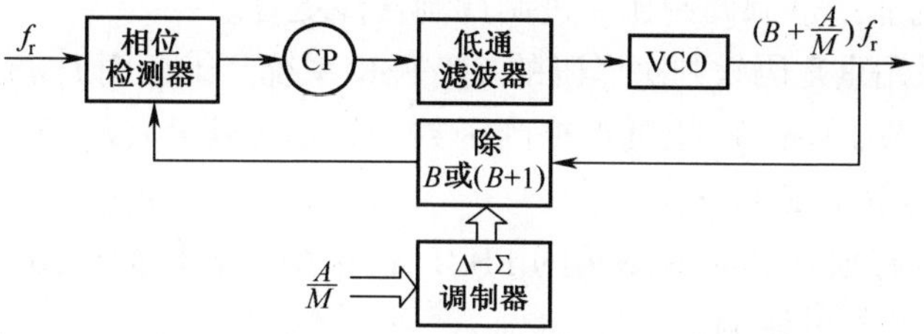

图 3.22　小数分频频率合成器

因此,平均除法模数为 $B + A/M$。相位检测器比较频率除法器输出信号与参考信号上升沿的到达次数,其产生的输出为到达次数的差函数。电荷泵(CP)使用两个电源来充放电容,并将相应数量的电荷送至低通滤波器,其输出作为 VCO 的控制信号。由于相位检测器的输入更低,其平均频率为 f_r,因此平均输出频率可保持为 f_0。

Δ−Σ(增量−总和)调制器把较高分辨率的数字信号编码为较低分辨率的数字信号。当输入为用多个比特表示的 A/M 时,Δ−Σ 调制器产生序列 $\{b(n)\}$。若该序列为周期序列,则高电平**分数杂散频率**,即 f_r/M 整数倍的谐振频率,将会在 VCO 输入信号时出现,并通过频率调制其输出信号。通过**模数随机化**可使分数杂散频率大大减少,它将 $b(n)$ 随机化并同时满足式(3.154)。模数随机化可通过抖动或随意改变输入至 Δ−Σ 调制器的最低有效比特来实现。由于 A/M 由 Δ−Σ 调制器的输出比特 $b(n)$ 近似,因此将在环路中引入**量化噪声** $q(n) = b(n) - \overline{b(n)}$。为限制量化噪声的影响,模数随机化的设计应使量化噪声具有高通频谱,则低通环路滤波器就可消除大部分量化噪声。

例 3.5　考虑一个可用于例 3.4 中蓝牙系统的小数分频频率合成器,其中 $t_s = 2.5\mu s$。若小数分频频率合成器的输出是由 2300MHz 进行频率转换而来,则频率合成器本身需要覆盖 102~180MHz 的频率范围。通过设置 $f_r = 10$MHz 来达到换频时间的要求,通过设置 $M = 10$ 来达到频率分辨率的要求。式(3.153)表明,要得到所需的频率范围, B 的变化范围为 10~18, A 的变化范围为 0~9。整数 B 和 A 分别需要 5 个和 4 个控制比特。

3.9　思　考　题

1. 考虑采用重复码软判决译码的 FH/FSK 系统,且具有较大的 $\mathcal{E}_b/I_{t0}$ 值。假设重复码的重复次数没有按部分频带干扰影响最小化准则来选择。证明:若 $n > (m-1)\ln(2)/\ln(m)$,存在最恶劣的部分频带干扰时,每符号有

$m = \log_2 q$bit 的非二进制调制比二进制调制性能更好。

2. 考虑采用重复码软判决译码的 FH/FSK 系统。①证明$f(n)=(q/4)(4n/e\gamma)^n$ 是在紧凑集 $[1,\gamma/3]$ 上的严格凸函数。②寻找满足$f(n)$ 全局极小值的平稳点。③证明式(3.23)。

3. 画出具有独立 FSK 频率集的 FH/FSK 系统接收机的框图。该系统能够消除复杂多音干扰的影响。

4. 实际信号的复包络自相关函数形式为 $R_l(\tau)=f_1(\tau/T_s)$ 。①证明复包络功率谱密度的形式为 $S_l(f)=T_s f_2(fT_s)$ 。②证明:若使 $P_{ib}(B/2)$ 等于信道中解调信号功率,从而确定信道带宽 B ,则所需的 B 与 T_s 成反比。

5. 对于 FH/CPM 系统,使用本章描述的方法证明式(3.81)及式(3.85)。

6. 考虑一个 AWGN 信道上的二进制 CPFSK 跳频系统,说明存在瑞利衰落时,均匀分布在整个跳频频带上的强干扰对通信性能造成的恶化要超过集中在部分频带上的干扰。

7. 该题说明了存在最恶劣的部分频带干扰时信道编码对于跳频系统的重要性。考虑 AWGN 信道及二进制正交 CPFSK 系统。①当不使用信道编码时,为达到误比特率 $P_b=10^{-5}$,用式(3.123)来计算需要的 $\mathcal{E}_b/I_{t0}$ 。②当使用(23,12)Golay 码时,对于 $P_b=10^{-5}$计算所需要的 $\mathcal{E}_b/I_{t0}$ 。作为第一步,用式(1-27)中的第一项来估计所需要的误符号率。什么是编码增益?

8. 设计一个使用双混频除法模块的频合器,步进量为 10Hz,覆盖范围为 198~200MHz。①需要的模块数目最少是多少?②可接受的参考频率范围是多少?③选择一个参考频率及 f_b,所需的频率是多少?④若 DMD 模块后接 180MHz 的上变频器,能够接受的参考频率是多少?这样的系统是否更实用?

9. 设计一个使用单环路和双模除法器的间接频率合成器,步进量为 10kHz,覆盖范围为 100~100.99MHz。令图 3.19 中 $f_1=0$,图 3.20 中 $Q=1$。①A 的合适取值范围是多少?②若要求送至可编程除法器的最高频率最小化,则 P 和 B 的合适取值范围分别是多少?

10. 设计一个步进量为 10Hz,覆盖 198~200MHz,换频时间为 2.5ms 的频合器。使用图 3.21 所示的三环路间接频率合成器。要求 $B_{max} \leqslant 10^4$ 且f_1 最小。参数f_r、M、A_{min}、A_{max}、B_{min}、B_{max}和f_1 的合适取值是多少?

11. 详细说明以 10Hz 步进量覆盖 198~200MHz 且换频时间为 250μs 的小数分频频合器的设计参数。

第 4 章　扩谱码同步

扩谱接收机必须产生与接收的直扩序列或跳频图案同步的直扩序列或跳频图案。也就是说,相应的直扩序列码片或跳频驻留间隔必须精确或近似一致。任何偏差都将导致解调器输出信号幅度的下降,下降幅度与自相关或部分自相关函数有关。虽然在收发信机中使用精确时钟能够在某种程度上限制接收机定时的不确定性,但时钟漂移、波动范围的不确定性以及多普勒频移仍然可能导致同步问题。**扩谱码同步**,即直扩码序列或跳频图案同步,可从独立发送的导频或定时信号中获取。尽管如此,为减小功率消耗及其他开销,大多数扩谱接收机都是通过直接处理接收信号来获得扩谱码同步。

本章对提供粗同步的捕获和提供精同步的跟踪都进行了阐述。由于在一个完整的扩谱系统中,捕获部分总是重点设计的内容和最昂贵的部件,因此本章重点讨论捕获问题。作为比较,本章对跟踪部分的实现也作了一些易于理解的阐述。

4.1　扩谱序列的捕获

在本章的第一部分,首先考虑直扩系统。为得到**扩谱码相位**或扩谱序列定时偏差的最大似然估计,作出如下假设。由于数据调制的存在不利于扩谱码同步,因此假设发射机仅发射没有任何数据调制的扩谱序列以便于同步。在几乎所有的应用中,由于信号能量扩展在很宽的频带上,**扩谱码同步**必须在载波同步之前实现。在以扩谱码同步为前提的解扩之前,难以有足够高的信噪比(SNR)用于锁相环来实现载波跟踪。而常规的解扩机制无法在捕获期间抑制干扰。

对于 AWGN 信道,接收信号为

$$r(t) = s(t) + n(t), \quad 0 \leqslant t \leqslant T \tag{4.1}$$

式中:$s(t)$ 为扩谱信号;$n(t)$ 为零均值加性高斯白噪声;T 为观察的时间间隔。对于 PSK 调制的直扩系统,其扩谱信号为

$$s(t) = \sqrt{2S}p(t-\tau)\cos(2\pi f_c t + 2\pi f_d t + \theta), \quad 0 \leqslant t \leqslant T \tag{4.2}$$

式中：S 为平均功率；$p(t)$ 为扩谱波形；f_c 为载波频率；θ 为随机载波相位；τ 为接收的扩谱码相位偏差或定时偏差；f_d 为频率偏差。频率偏差由多普勒频移或发射机振荡器的漂移或不稳定所产生。需要将 τ 和 f_d 的值估计出来。

考虑在观察时间间隔上定义的时间连续、能量有限的信号向量空间[61]。在观察时间间隔内保持**正交**的**基函数**完备集 $\{\phi_i(t)\}$ ($i = 1,2,\cdots$)满足

$$\int_0^T \phi_i(t)\phi_k(t)\,\mathrm{d}t = \delta_{ik}, \quad i \neq k \tag{4.3}$$

在时间间隔 $[0,T]$ 中，波形 $r(t)$ 、$s(t)$ 及 $n(t)$ 的展开式为

$$r(t) = \lim_{N\to\infty}\sum_{i=1}^{N} r_i\phi_i(t), \quad s(t) = \lim_{N\to\infty}\sum_{i=1}^{N} s_i\phi_i(t), \quad n(t) = \lim_{N\to\infty}\sum_{i=1}^{N} n_i\phi_i(t) \tag{4.4}$$

式中的级数在 $[0,T]$ 中是一致收敛的。应用式(4.3)和式(4.4)可求得展开系数，即

$$r_i = \int_0^T r(t)\phi_i(t)\,\mathrm{d}t, \quad s_i = \int_0^T s(t)\phi_i(t)\,\mathrm{d}t, \quad n_i = \int_0^T n(t)\phi_i(t)\,\mathrm{d}t \tag{4.5}$$

式中系数的关系为 $r_i = s_i + n_i$ 。

由于噪声是零均值的，因此 r_i 的期望值为

$$E[r_i] = s_i \tag{4.6}$$

零均值白高斯过程 $n(t)$ 具有如下自相关函数（见附录 C.2“平稳随机过程”）

$$R_n(\tau) = \frac{N_0}{2}\delta(\tau) \tag{4.7}$$

应用式(4.3)、式(4.5)和式(4.7)，可发现高斯变量 n_i 和 n_k 在 $i \neq k$ 时是不相关的，因此它们也是统计独立的。r_i 的方差为

$$\mathrm{var}[r_i] = E[n_i^2] = \frac{N_0}{2} \tag{4.8}$$

从信号空间中的前 N 个正交基函数角度来说，观测波形的系数构成了向量 $\boldsymbol{r}(N) = [r_1\ r_2\ \cdots\ r_N]$。$\{n_i\}$ 的独立性意味着 $\{r_i\}$ 的独立性。由于 $\{r_i\}$ 是统计独立的高斯变量，且具有共同的方差 $N_0/2$，在给定 τ 、f_d 和 θ 值时，$\boldsymbol{r}(N)$ 的条件概率密度函数为

$$f(\boldsymbol{r}(N) \mid \tau, f_d, \theta) = \prod_{i=1}^{N} \frac{1}{\sqrt{\pi N_0}} \exp\left[-\frac{(r_i - s_i)^2}{N_0}\right] \tag{4.9}$$

式中 $\{s_i\}$ 为信号 $s(t)$ 在 τ 、f_d 和 θ 都给定时的系数。

我们希望估计存在 θ 时的非随机参数 τ 和 f_d，其中 θ 建模为分布函数已知

的随机变量。为此,对于未知的 τ 和 f_{d} ,定义**平均似然函数**为

$$\Lambda[r(t)] = E_{\theta}\{\lim_{N\to\infty}[f(\boldsymbol{r}(N)\mid\tau,f_{\mathrm{d}},\theta)]\} \tag{4.10}$$

式中 E_{θ} 为对 θ 的分布函数取均值。τ 和 f_{d} 的最大似然估计是使 $\Lambda[r(t)]$ 最大的那些值。

将式(4.9)代入式(4.10),消除与最大似然估计无关的因子,并利用指数函数的连续性,当极限存在时可得

$$\Lambda[r(t)] = E_{\theta}\left\{\exp\left[\frac{1}{N_0}\lim_{N\to\infty}\sum_{i=1}^{N}(2r_i s_i - s_i^2)\right]\right\} \tag{4.11}$$

将式(4.4)给出的正交展开式代入,运用一致收敛性来交换求极限和积分运算的次序,再利用式(4.3),可得

$$\int_0^T r(t)s(t)\,\mathrm{d}t = \lim_{N\to\infty}\sum_{i=1}^{N} r_i s_i,\quad \mathcal{E} = \int_0^T s^2(t)\,\mathrm{d}t = \lim_{N\to\infty}\sum_{i=1}^{N} s_i^2 \tag{4.12}$$

因此,从信号波形来说,平均似然函数可表示为

$$\Lambda[r(t)] = E_{\theta}\left\{\exp\left[\frac{2}{N_0}\int_0^T r(t)s(t)\,\mathrm{d}t - \frac{E(\mathcal{E})}{N_0}\right]\right\} \tag{4.13}$$

式中 $\mathcal{E}$ 为信号波形在观察时间间隔 T 内的能量。假设 $\mathcal{E}$ 在所考虑的 τ 和 f_{d} 的范围内没有显著变化,则可进一步考虑将包含 $\mathcal{E}$ 的因子去掉。将式(4.2)代入式(4.13),可得

$$\Lambda[r(t)] = E_{\theta}\left\{\exp\left[\frac{2\sqrt{2S}}{N_0}\int_0^T r(t)p(t-\tau)\cos(2\pi f_{\mathrm{c}}t + 2\pi f_{\mathrm{d}}t + \theta)\,\mathrm{d}t\right]\right\} \tag{4.14}$$

由于解扩前 SNR 非常低,需要对 τ 和 f_{d} 进行非相干估计。为此,假设接收载波相位 θ 在$[0,2\pi]$内均匀分布。利用附录 B.3"第一类贝塞尔函数"中的式(B-13),式(4.14)中关于 θ 的三角展开式及积分可写为

$$\Lambda[r(t)] = I_0\left(\frac{2\sqrt{2SR(\tau,f_{\mathrm{d}})}}{N_0}\right) \tag{4.15}$$

式中 $I_0(\cdot)$ 为式(B.11)定义的第一类零阶修正贝塞尔函数,且

$$\begin{aligned} R(\tau,f_{\mathrm{d}}) = &\left[\int_0^T r(t)p(t-\tau)\cos(2\pi f_{\mathrm{c}}t + 2\pi f_{\mathrm{d}}t)\,\mathrm{d}t\right]^2 \\ &\times \left[\int_0^T r(t)p(t-\tau)\sin(2\pi f_{\mathrm{c}}t + 2\pi f_{\mathrm{d}}t)\,\mathrm{d}t\right]^2 \end{aligned} \tag{4.16}$$

由于 $I_0(x)$ 是关于 x 的单调递增函数,式(4.15)意味着 $R(\tau,f_{\mathrm{d}})$ 对于最大似然估计是一个充分统计量。理想情况下,需要考虑 τ 和 f_{d} 的所有可能值,并选择使式(4.16)最大的值来确定 $\hat{\tau}$ 和 $\hat{f}_{\mathrm{d}}$ 的估计,即

$$(\hat{\tau},\hat{f}_d) = \underset{(\tau,f_d)}{\arg\max} R(\tau,f_d) \tag{4.17}$$

将同步分为捕获和跟踪两部分非常有利于同步的最大似然估计或其他类型估计的实际实现。**捕获**是指通过将估计值限定在有限的几个量化候选值之内,从而实现粗同步。捕获后,**跟踪**实现并保持精同步。

捕获的方法之一是使用**并行阵列**处理器,阵列的每一路都和一个定时偏差和频率偏差的量化候选值相匹配。处理器输出的最大值表明其对应的候选值即为被选中的估计值。另一种捕获方法是对候选的偏差值进行顺序搜索,该方法虽然复杂度低,但判决所需的时间将显著增加。由于频偏可以通过标准载波恢复器件来分别进行估计和跟踪,因此本章的其余部分只对定时偏差 τ 已被估计时的扩谱码同步进行分析。

假设瞬时载波频率 $f_{c1} = f_c + f_d$ 是已知的,则接收的扩谱码相位或定时偏差的充分统计量为

$$R_o(\tau) = \left[\int_0^T r(t)p(t-\tau)\cos(2\pi f_{c1}t)\,dt\right]^2 + \left[\int_0^T r(t)p(t-\tau)\sin(2\pi f_{c1}t)\,dt\right]^2 \tag{4.18}$$

估计值 $\hat{\tau}$ 是使式(4.18)最大的 τ 值。能够产生不同定时偏差值条件下的式(4.18)或式(4.16)的器件称为**非相干捕获相关器**。

扩谱码捕获是使得接收机产生的扩谱序列与接收到的扩谱序列之间的相位误差缩小到一个码片以内的过程。在捕获状态被检测和确认后,同步跟踪就开始启动。**扩谱码跟踪**是将同步误差进一步减小或维持在一定限度内的过程。跟踪和捕获装置都控制着时钟速率。改变时钟速率会调整由接收机产生的**本地扩谱序列**相对于接收扩谱序列的相位偏差或定时偏差。

4.1.1 匹配滤波器捕获

当短的可编程序列能够提供充分安全性时,匹配滤波器即可实现快速捕获。在捕获器中,匹配滤波器与一个周期的扩谱波形相匹配,该波形通常在捕获时间间隔内不经调制而发射。理想情况下,包含三角形自相关峰的输出包络与一个或多个门限作比较,其中的一个门限与自相关峰的峰值接近。匹配滤波器匹配的序列长度或积分时间由频偏或扩谱码码片速率误差限定,两者都降低了自相关峰的峰值。由于数据符号的边界与扩谱序列的起点和终点一致,超出门限的时刻就可作为符号同步及捕获的定时信息。匹配滤波器捕获的主要应用是**猝发通信**,这是一种短暂且偶尔使用的通信方式,无需使用长扩谱序列。

用于产生 $R_o(\tau)$ 以便对二进制扩谱波形进行非相干捕获的**数字匹配滤波**

器如图 4.1 所示。数字匹配滤波器提供了很大的灵活性,但却受限于它所能容许的带宽。接收到的扩谱波形可分解为同相和正交基带分量,每一部分都送到一个独立的支路。量化器提供了量化的幅度估计值。1bit **量化器**通过观察抽样值的极性对接收的码片进行硬判决。每个量化器的输出都被送到横向滤波器。每个横向滤波器的抽头输出都与存储的权重系数相乘并求和。对两条支路上的求和结果分别进行平方运算并相加,从而产生最终的匹配滤波器输出。

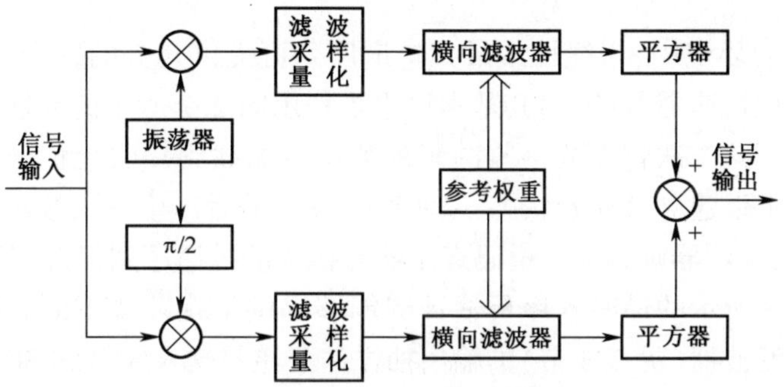

图 4.1　数字匹配滤波器

每个横向滤波器都是一个移位寄存器,其参考权重为存储于移位寄存器中的码片序列。横向滤波器中包含 G 个连续接收的扩谱序列码片和一个相关器,该相关器可计算已接收和存储的用于匹配的码片数量。相关器的输出送至平方器。

对于连续进行的通信,当长扩谱序列的顺序搜索捕获失败或耗时过长时,匹配滤波器捕获就很有用了。可在长扩谱序列中嵌入一个短序列用于捕获。该短序列可以是该长序列的一个子序列,并被存储于可编程匹配滤波器中。图 4.2给出了用于短序列捕获的匹配滤波器和用于长序列捕获的顺序搜索器的配置。控制信号用于提供短序列,该序列存储于匹配滤波器中或在匹配滤波器

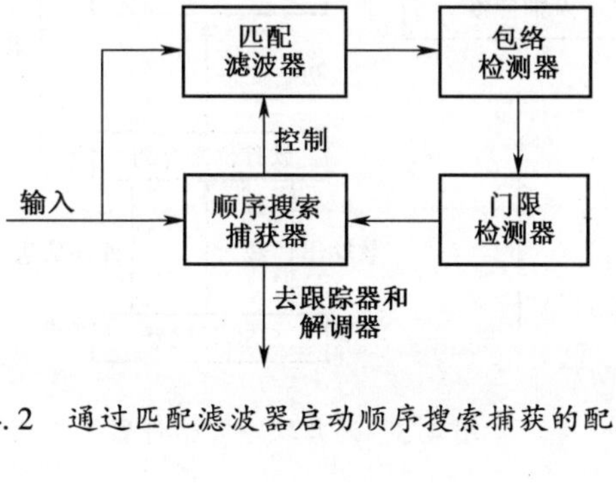

图 4.2　通过匹配滤波器启动顺序搜索捕获的配置

中循环使用。当需要时,控制信号就启动匹配滤波器,反之则停用匹配滤波器。当匹配滤波器输出的包络超过门限时短序列就可被检测到。门限检测器的输出启动顺序搜索器中的长序列产生器,该产生器的初始状态是预先确定的。长序列用于对捕获进行验证以及对接收到的直扩信号进行解扩。多个并行匹配滤波器可加快捕获进程。

4.1.2 序贯估计

在良好的环境中,当线性或最大扩谱序列可提供充分的安全性时,**序贯估计**方法可实现快速捕获[28]。其基本思想是利用图 2.7 所示的线性反馈移位寄存器的结构。该方法将连续接收的码片解调后加载到接收机扩谱码产生器的移位寄存器上以建立其初始状态,以便唯一确定随后产生的与接收序列同步的扩谱序列,而跟踪器则确保扩谱码产生器与接收的扩谱序列保持同步。

如图 4.3 所示的**递归软序贯估计器**能够提供干扰环境下的某种保护。每个码片匹配滤波器(见 2.3 节)的输出抽样送至递归软入软出(SISO)译码器,类似于 Turbo 译码器中的那样(见 1.5 节)。SISO 译码器同时接收外部信息,该外部信息来自于与之前的码片有关的输出抽样。外部信息与当前码片有关,但被发射机中的扩谱序列产生器所分散。SISO 译码器处理所有软信息以计算出可靠的软输出,即对数似然比(LLR)。每个码片所对应的 LLR 被送至软移位寄存器的第一级,该寄存器以码片速率对 LLR 值进行存储和移位,并提供外部信息。软移位寄存器存储了最新的连续 LLR 值,并将最旧的 LLR 值从最后一级移出。若存储的 LLR 中有足够大的值,则加载指令会启动硬判决从而将连续的 LLR 转

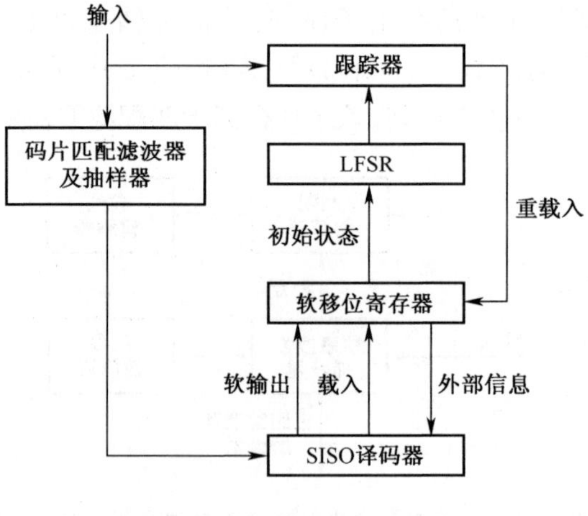

图 4.3 递归软序贯估计器

化成连续的码片值。将这些码片值加载到合适的连续的寄存器级上以后,它们就确定了线性反馈移位寄存器(LFSR)的初始状态。LFSR 产生了接收机中的同步扩谱序列,以用于解扩并送至跟踪器。若跟踪器检测到同步发生问题,它就会发送一个重载入信号到软移位寄存器,软移位寄存器就产生一个新的 LFSR 初始状态估计值。

图 4.3 中,LFSR 为线性反馈移位寄存器,SISO 为软入软出,MF 为匹配滤波器。

4.2 顺序搜索捕获

与接收扩谱序列对应的本地扩谱序列的定时不确定性覆盖了一个范围,将该范围量化为若干更小的范围,称之为**区间**。**顺序搜索捕获**是一种基于对量化区间进行连续或顺序测试的捕获方式,直到某个特定区间对应的两个序列的同步偏差远小于一个码片时,即确定该区间被捕获。

图 4.4 给出了顺序搜索捕获器的主要组成部分。接收的直扩信号和一个本地扩谱序列被送入非相干捕获相关器,用于产生式(4.18)中的统计量,该统计量与各量化区间有关。若接收的序列与本地序列没有同步,相关器的抽样输出值就会较低。因此,若门限没有被超过,此次检测就没有通过。若一次或多次检测都没有通过,该区间在检测中就可被排除,并可通过产生一个额外的时钟脉冲或阻止一个时钟脉冲来滞后或提前本地序列的相位,然后再检测一个新的区间。若两个序列基本同步,相关器的抽样输出值就会较高,从而超过门限,搜索就会停止,两个序列就会以某个固定相差并行运行。随后的检测是对已识别出的正确区间进行验证。若一个区间未能通过验证,搜索就将重新开始。若一个区间通过了验证,则假定本地序列与接收序列达到了粗同步,然后开始解调,并启动跟踪器。系统将继续监测门限检测器的输出,随后的任何失步都将重新启动顺序搜索。

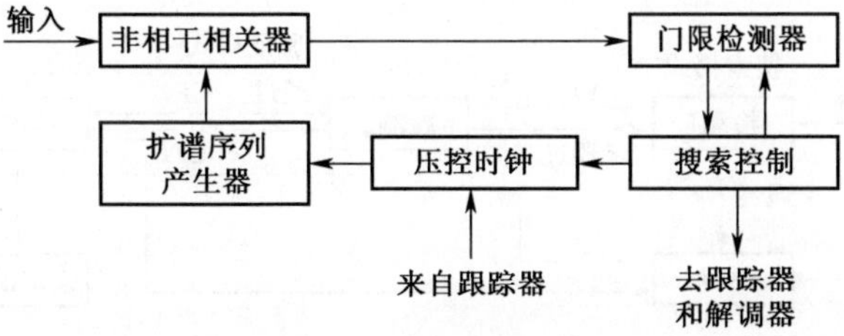

图 4.4 顺序搜索捕获器

可能存在若干区间都能够提供有效的捕获。然而,若这些区间均没有对应于理想同步,则检测能量就会下降到可能的峰值以下。**步长**是两区间之间的间隔。若步长为一个码片宽度的 1/2,则这些区间中的某一区间对应的相位误差应在一个码片宽度的 1/4 以内。平均来说,该区间对应的相位误差是一个码片宽度的 1/8,这样的相差引起的性能恶化是微不足道的。当步长减小时,捕获期间的平均检测能量和需要搜索的区间数量都会增加。

驻留时间是检测一个区间所需的时间,近似等于非相干相关器的积分间隔(见 4.3 节)。若通过单次检测来确定一个区间是否是可接受的正确区间,则这种捕获方式称为**单驻留捕获**。若在确定接受某个区间为正确区间之前进行验证测试,则称之为**多驻留捕获**。驻留时间既可固定也可变化,但必须在某个最大值限定范围内。在设计中,一个区间初始检测的驻留时间通常要比验证检测的驻留时间少得多。该方法通过快速排除大部分不正确的区间来加快捕获进程。在任何顺序搜索器中,为一次检测所分配的驻留时间由多普勒频移限定,多普勒频移会使接收的码片速率和本地码片速率有所不同。因此,两个序列开始时的近似同步可能会在检测结束时消失。

多驻留捕获可采用**连续计数策略**,即若某个区间未通过检测,则该区间被立即排除;或采用**上下策略**,即若某个区间未通过检测,则重复进行此前的检测。图 4.5 和图 4.6 分别给出了采用连续计数策略和上下策略的流程图,这些策略要求在捕获确认之前需通过 D 次检测。若在检测 1 中未超过门限,则该区间就未通过检测,然后检测下一区间。若超过了门限,则该区间就通过了检测,

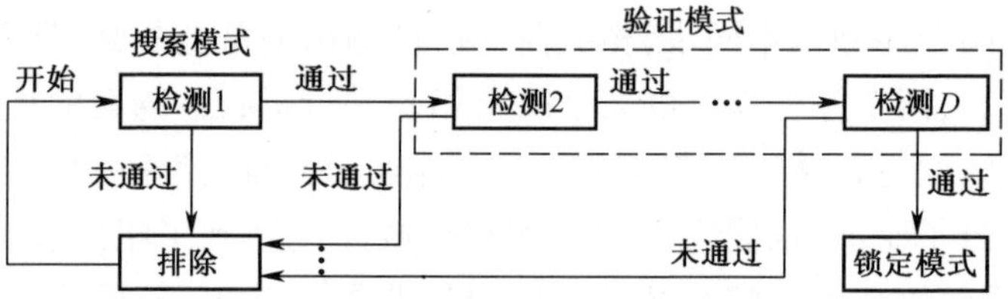

图 4.5　采用连续计数策略的多驻留捕获流程图

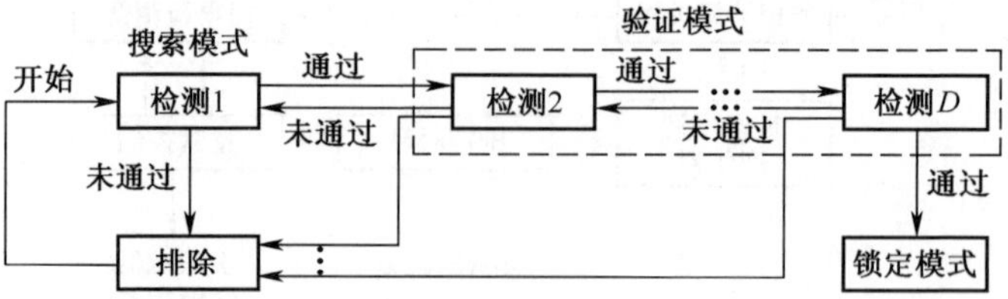

图 4.6　采用上下策略的多驻留捕获流程图

搜索就将停止,系统进入**验证模式**。在验证模式中,同一区间将被再次检测,但驻留时间和门限可能会发生变化。一旦所有的验证测试都获得通过,则启动扩谱码跟踪,系统进入**锁定模式**。在锁定模式中,锁定检测器不断验证扩谱码是否保持同步。若锁定检测器判定已失步,在搜索模式下将开始**再捕获**过程。

区间被检测的先后次序由总的搜索策略决定。图 4.7(a)给出了在 q 个**定时不确定性**区间中的**均匀搜索**。虚线表示搜索的定时不确定性区间从某一部分到另一部分的不连续转移。图 4.7(b)所示的**非连续中心 Z 搜索**适用于**先验**信息使得定时不确定性范围的一部分比其余部分更有可能包含正确区间的情况。**先验**信息可以从短的前同步码中检测得到。若序列已经与实时时钟(TOD)同步,则接收机对发射机定时范围的估计加上 TOD 就提供了一个**先验**信息。

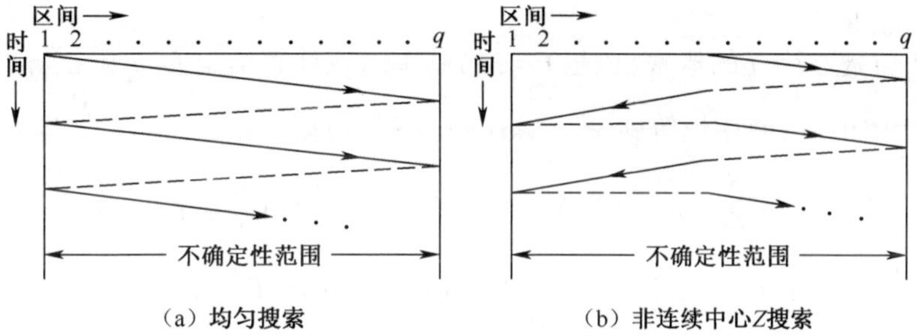

图 4.7　搜索位置的轨迹

捕获时间是捕获器找到正确区间并启动扩谱码跟踪器所需要的时间。为推导捕获时间的统计特性[48],假设 q 个可能区间中有一个是正确区间,其他 $(q-1)$ 个区间是错误区间。这些区间之间定时偏差的差别为 ΔT_c,此处**步长** Δ 通常为 1 或 1/2。令 L 为正确区间被接受和捕获终止之前该区间被检测的次数。令 C 为正确区间的编号,π_j 为 $C=j$ 的概率。令 $v(L,C)$ 为在捕获过程中检测的错误区间数。这些函数的相关性由搜索策略决定。令 $T_r(L,C)$ 为总的**返回时间**,即在定时不确定性范围内,搜索从一个区间不连续地转移到另一个区间所需的时间。由于不正确的区间最终总是会被排除,因此在顺序搜索中只有三种情况会发生:在 $T_{11}(n)$ 秒后第 n 个错误区间被排除;在 $T_{12}(m)$ 秒后,一个正确区间在第 N 次检测中被错误地排除;在 T_{22} 秒后一个正确区间被接受。此处,若某个区间被排除,则第一个下标为 1,否则为 2;若区间是错误的,则第二个下标为 1,否则为 2。每次判决所需的次数都是一个随机变量。若接受的是错误区间,则接收机最终会发现错误并在下一个区间重新开始搜索。在扩谱码

跟踪中浪费的时间也是随机变量,称为**惩罚时间**。由上述定义可知,捕获时间是一个由下式给出的随机变量,即

$$T_a = \sum_{n=1}^{v(L,C)} T_{11}(n) + \sum_{m=1}^{L-1} T_{12}(m) + T_{22} + T_r(L,C) \tag{4.19}$$

顺序搜索最重要的性能度量是 T_a 的均值和方差。给定 $L=i$ 和 $C=j$, T_a 的条件期望是:

$$E[T_a | i,j] = v(i,j)\bar{T}_{11} + (i-1)\bar{T}_{12} + \bar{T}_{22} + T_r(i-j) \tag{4.20}$$

式中: $\bar{T}_{11}$、$\bar{T}_{12}$ 和 $\bar{T}_{22}$ 分别为 $T_{11}(n)$ 、$T_{12}(m)$ 和 T_{22} 的期望值。因此,平均捕获时间为

$$\bar{T}_a = \bar{T}_{22} + \sum_{i=1}^{\infty} P_L(i) \sum_{j=1}^{q} \pi_j [v(i,j)\bar{T}_{11} + (i-1)\bar{T}_{12} ++ T_r(i-j)] \tag{4.21}$$

式中: $P_L(i)$ 为 $L=i$ 的概率,也是 $C=j$ 的概率。在计算给定 $L=i$ 和 $C=j$ 时的 T_a^2 的条件期望值后,使用恒等式 $\overline{x^2} = \text{var}(x) + \bar{x}^2$,可得

$$\begin{aligned}\overline{T_a^2} = \sum_{i=1}^{\infty} P_L(i) \sum_{j=1}^{q} \pi_j \{ [v(i,j)\bar{T}_{11} + (i-1)\bar{T}_{12} + \bar{T}_{22} + T_r(i,j)]^2 \\ + v(i,j)\text{var}(T_{11}) + (i-1)\text{var}(T_{12}) + \text{var}(T_{22}) \}\end{aligned} \tag{4.22}$$

T_a 的方差为

$$\sigma_a^2 = \overline{T_a^2} - \bar{T}_a^2 \tag{4.23}$$

假设检测统计量是独立同分布的。因此

$$P_L(i) = P_D(1-P_D)^{i-1} \tag{4.24}$$

式中: P_D 为对不确定性范围进行扫描时某正确区间被检测到的概率。

4.2.1 切比雪夫不等式的应用

为推导切比雪夫不等式,考虑一个分布为 $F(x)$ 的随机变量 X 。令 $E(X)=m$ 表示 X 的期望值, $P[A]$ 为事件 A 的概率。由初等概率论可知

$$\begin{aligned}E[|X-m|^k] = \int_{-\infty}^{\infty} |x-m|^k \mathrm{d}F(x) \geqslant \int_{|x-m|\geqslant\alpha}^{\infty} |x-m|^k \mathrm{d}F(x) \\ \geqslant \alpha^k \int_{|x-m|\geqslant\alpha}^{\infty} \mathrm{d}F(x) = \alpha^k P[|X-m| \geqslant \alpha]\end{aligned} \tag{4.25}$$

因此

$$P[|X-m| \geqslant \alpha] \leqslant \frac{1}{\alpha^k} E[|X-m|^k] \tag{4.26}$$

令 $\sigma^2 = E[(X-m)^2]$ 表示 X 的方差。若 $k=2$,则式(4.26)变为**切比雪夫不等式**:

$$P[\,|X-m| \geqslant \alpha\,] \leqslant \frac{\sigma^2}{\alpha^2} \tag{4.27}$$

在某些应用中,顺序搜索捕获必须要在特定周期 $T_{\max}$ 内完成。若没有完成,顺序搜索将被终止,特殊方法如短序列的匹配滤波器捕获将开始进行。$T_a \leqslant T_{\max}$ 的概率界限可通过切比雪夫不等式来计算:

$$P[T_a \leqslant T_{\max}] \geqslant P[\,|T_a - \bar{T}_a| \leqslant T_{\max} - \bar{T}_a\,] \geqslant 1 - \frac{\sigma_a^2}{(T_{\max} - \bar{T}_a)^2} \tag{4.28}$$

4.2.2 均匀分布下的均匀搜索

作为一个重要应用,考虑图 4.7(a)所示的均匀搜索,正确区间所在位置的均匀**先验**分布可由下式给出,即

$$\pi_j = \frac{1}{q}, \quad 1 \leqslant j \leqslant q \tag{4.29}$$

如果从左到右连续标记图中的区间,则

$$v(i,j) = (i-1)(q-1) + j - 1 \tag{4.30}$$

返回时间为

$$T_r(i,j) = T_r(i) = (i-1)T_r \tag{4.31}$$

式中 T_r 为图中每条虚线代表的返回时间。若定时不确定性的范围覆盖整个序列周期,则虚线两端的区间实际上是相邻的且 $T_r = 0$。

为估计 $\bar{T}_a$ 和 $\overline{T_a^2}$,将式(4.24)、式(4.29)、式(4.30)和式(4.31)代入式(4.21)和式(4.22),并使用下列恒等式,即

$$\sum_{i=0}^{\infty} r^i = \frac{1}{1-r}, \quad \sum_{i=1}^{\infty} i r^i = \frac{r}{(1-r)^2}, \quad \sum_{i=1}^{\infty} i^2 r^i = \frac{r(1+r)}{(1-r)^3}$$

$$\sum_{i=1}^{\infty} i = \frac{n(n+1)}{2}, \quad \sum_{i=1}^{\infty} i^2 = \frac{n(n+1)(2n+1)}{6} \tag{4.32}$$

式中:$0 \leqslant |r| < 1$。定义

$$\alpha = (q-1)\bar{T}_{11} + \bar{T}_{12} + T_r \tag{4.33}$$

可得

$$\bar{T}_a = (q-1)\left(\frac{2-P_D}{2P_D}\right)\bar{T}_{11} + \left(\frac{1-P_D}{P_D}\right)(\bar{T}_{12} + T_r) + \bar{T}_{22} \tag{4.34}$$

及

$$\overline{T_{\mathrm{a}}^2} = (q-1)\left(\frac{2-P_{\mathrm{D}}}{2P_{\mathrm{D}}}\right)\mathrm{var}(T_{11}) + \left(\frac{1-P_{\mathrm{D}}}{P_{\mathrm{D}}}\right)\mathrm{var}(T_{12}) + \mathrm{var}(T_{22})$$
$$+ \frac{(2q+1)(q+1)}{6}\overline{T_{11}^2} + \frac{\alpha^2(1-P_{\mathrm{D}})(2-P_{\mathrm{D}})}{P_{\mathrm{D}}^2} + (q+1)\alpha\left(\frac{1-P_{\mathrm{D}}}{P_{\mathrm{D}}}\right)$$
$$+ (q+1)\overline{T}_{11}(\overline{T}_{22} - \overline{T}_{11}) + 2\alpha\left(\frac{1-P_{\mathrm{D}}}{P_{\mathrm{D}}}\right)(\overline{T}_{22} - \overline{T}_{11}) + (\overline{T}_{22} - \overline{T}_{11})^2 \tag{4.35}$$

在大多数应用中,搜索的区间数量很大,因此,对于捕获时间的均值和方差,采用更简单的**渐进形式**更为合适。当 $q \to \infty$,式(4.34)给出了

$$\overline{T}_{\mathrm{a}} \to q\left(\frac{2-P_{\mathrm{D}}}{2P_{\mathrm{D}}}\right)\overline{T}_{11}, \quad q \to \infty \tag{4.36}$$

类似地,由式(4.35)和(4.23)可得

$$\sigma_{\mathrm{a}}^2 \to q^2\left(\frac{1}{P_{\mathrm{D}}^2} - \frac{1}{P_{\mathrm{D}}} + \frac{1}{12}\right)\overline{T_{11}^2}, \quad q \to \infty \tag{4.37}$$

当存在较大的未校正多普勒频移时,则需要对上述公式进行修改。接收的扩谱序列码片速率的微小变化就相当于由多普勒频移所引起的载波频率的微小变化。若码片速率从 $1/T_{\mathrm{c}}$ 变化到 $1/T_{\mathrm{c}}+\delta$,则在一个不正确区间的检测时间范围内,扩谱码或扩谱序列相位的平均变化为 $\delta\overline{T}_{11}$ 。相对于步长的变化是 $\delta\overline{T}_{11}/\Delta$ 。在整个定时不确定性的搜索中,实际被检测的区间数量变为 $q(1+\delta\overline{T}_{11}/\Delta)^{-1}$ 。由于错误区间占绝大多数,当多普勒频移很显著时,以实际被检测的区间数 $q(1+\delta\overline{T}_{11}/\Delta)^{-1}$ 代替 q 代入式(4.36)和式(4.37),可得 $\overline{T}_{\mathrm{a}}$ 和 σ_{a}^2 的近似渐进表达式。

4.2.3 连续计数双驻留捕获

为进一步细化研究,考虑图4.5给出的连续计数双驻留捕获器,其中 $D=2$。假设**复合正确区间**实际包含两个连续区间,这两个区间的定时偏差都足够低,使得每个都可视为正确区间。这两个连续区间的检测概率分别是 P_a 和 P_b。若假设测试结果是统计独立的,则该复合正确区间的检测概率为

$$P_{\mathrm{D}} = P_a + (1-P_a)P_b \tag{4.38}$$

令 τ_1 为搜索模式下的驻留时间; P_{F1} 为虚警概率; P_{a1} 和 P_{b1} 为连续检测概率。令 τ_2 为验证模式下的驻留时间; P_{F2} 为虚警概率、P_{a2} 和 P_{b2} 为连续检测概

率。令 $\bar{T}_{\mathrm{p}}$ 为由跟踪模式错误启动造成的平均惩罚时间。图 4.5 给出的流程图表明,由于每个区域都必须通过两次测试,因此通过的概率为

$$P_a = P_{a1}P_{a2}, \quad P_b = P_{b1}P_{b2} \tag{4.39}$$

若要排除错误区间,至少要产生时延 τ_1。若产生了一次虚警,则要产生额外的平均时延 $\tau_2 + P_{\mathrm{F2}}\bar{T}_{\mathrm{p}}$。因此

$$\bar{T}_{11} = \tau_1 + P_{\mathrm{F1}}(\tau_2 + P_{\mathrm{F2}}\bar{T}_{\mathrm{p}}) \tag{4.40}$$

由式(4.38)到式(4.40)足以估计式(4.36)和式(4.37)所给均值及方差的渐进值。

平均捕获时间的更精确估计需要条件均值 $\bar{T}_{22}$ 和 $\bar{T}_{12}$ 的表达式。用 $\bar{T}_{22}$ 表示在给定的区间检测持续时间内,正确区间检测时间的条件期望。列举三种可能的持续时间及它们的条件概率,可得

$$\begin{aligned}
\bar{T}_{22} &= \sum_{i=1}^{3} t_i P(T_{22} = t_i \mid \text{检测到正确区间}) \\
&= \tau_1 + \tau_2 + \frac{1}{P_{\mathrm{D}}}\sum_{i=1}^{3} t_i P([T_{22} = t_i + \tau_1 + \tau_2] \cap \text{检测到正确区间}) \\
&= \tau_1 + \tau_2 + \frac{1}{P_{\mathrm{D}}}[\tau_1(1 - P_{a1})P_b + (\tau_1 + \tau_2)P_{a1}(1 - P_{a2})P_b] \\
&= \tau_1 + \tau_2 + \tau_1\frac{(1 - P_a)P_b}{P_{\mathrm{D}}} + \tau_2\frac{(P_{a1} - P_a)P_b}{P_{\mathrm{D}}}
\end{aligned} \tag{4.41}$$

类似地

$$\begin{aligned}
\bar{T}_{12} &= 2\tau_1 + \frac{1}{1 - P_{\mathrm{D}}}\sum_{i=1}^{3} t_i P([T_{12} = t_i + 2\tau_1] \cap \text{区间被排除}) \\
&= 2\tau_1 + \tau_2\left[\frac{(P_{a1} - P_a)(1 - P_b) + (1 - P_a)(P_{b1} - P_b)}{1 - P_{\mathrm{D}}}\right]
\end{aligned} \tag{4.42}$$

4.2.4 单驻留和匹配滤波捕获

令式(4.40)到式(4.42)中 $P_{a2} = P_{b2} = P_{\mathrm{F2}} = 1$、$\tau_2 = 0$、$P_a = P_{a1}$、$P_b = P_{b1}$、$P_{\mathrm{F1}} = P_{\mathrm{F}}$ 以及 $\tau_1 = \tau_{\mathrm{d}}$ 可得单驻留捕获器的表达式为

$$\bar{T}_{11} = \tau_{\mathrm{d}} + P_{\mathrm{F}}\bar{T}_{\mathrm{p}}, \quad \bar{T}_{22} = \tau_{\mathrm{d}}\left[1 + \frac{(1 - P_a)P_b}{P_{\mathrm{D}}}\right], \quad \bar{T}_{12} = 2\tau_{\mathrm{d}} \tag{4.43}$$

因此,由式(4.34)可得

$$\bar{T}_{a} = \frac{(q-1)(2-P_{D})(\tau_{d}+P_{F}\bar{T}_{p}) + 2\tau_{d}(2-P_{a}) + 2(1-P_{D})T_{r}}{2P_{D}} \tag{4.44}$$

由于单驻留捕获器可视为双驻留捕获器的特例,因此后者可通过合理设置其附加参数而提供更好的性能。

通过类似方法可导出匹配滤波器的近似平均捕获时间。假设收到了多个周期的短扩谱序列,该序列的每个周期都包含 N 个码片,对匹配滤波器输出的每个码片进行 m 倍抽样,则被检测的区间数是 $q = mN$ 且返回时间为 $T_{r} = 0$。将每个抽样输出都与一个门限作对比,因此一次检测所需的时间是 $\tau_{d} = T_{c}/m$ 。对于 $m = 1$ 或 2,将这些区间中的两个视为正确区间较为合理。当一个信号周期填满或近乎填满匹配滤波器时,这些区间就可被有效检测。因此,式(4.38)在 $P_{a} \approx P_{b}$ 时可以成立,且由式(4.34)可得

$$\bar{T}_{a} \approx NT_{c}\left(\frac{2-P_{D}}{2P_{D}}\right)(1+mKP_{F}), \quad q \gg 1 \tag{4.45}$$

式中:$K = \bar{T}_{p}/T_{c}$ 。理想情况下,在每个周期中门限都会被超过,每次门限超过都将提供一个定时标记。

4.2.5 上下双驻留捕获

对具有复合正确区间(由两个正确区间构成)的上下双驻留捕获器来说,如图 4.6 所示的流程图在 $D = 2$ 时表明

$$P_{a} = P_{a1}P_{a2}\sum_{i=0}^{\infty}[P_{a1}(1-P_{a2})]^{i} = \frac{P_{a1}P_{a2}}{1-P_{a1}(1-P_{a2})} \tag{4.46}$$

类似地

$$P_{b} = \frac{P_{b1}P_{b2}}{1-P_{b1}(1-P_{b2})} \tag{4.47}$$

且 P_{D} 由式(4.38)给出。若一个错误区间通过了初始检测,但没有通过验证检测,则该区间将在没有任何前次检测记忆的情况下再次开始序列检测。因此,对上下双驻留捕获器来说,对 $\bar{T}_{11}$ 的递归估计可以由下式给出,即

$$\bar{T}_{11} = (1-P_{F1})\tau_{1} + P_{F1}P_{F2}(\tau_{1}+\tau_{2}+\bar{T}_{p}) + P_{F1}(1-P_{F2})(\tau_{1}+\tau_{2}+\bar{T}_{11}) \tag{4.48}$$

解该方程可得

$$\bar{T}_{11} = \frac{\tau_{1} + P_{F1}(\tau_{2}+P_{F2}\bar{T}_{p})}{1-P_{F1}(1-P_{F2})} \tag{4.49}$$

将式(4.46)~式(4.49)代入式(4.36)~式(4.38),就可得到捕获时间均值和方差的渐进估计值。

平均捕获时间的更精确估计需要条件均值 $\overline{T}_{22}$ 和 $\overline{T}_{12}$ 的表达式。可以通过增加更多的条件来推导 $\overline{T}_{22} = E[T_{22} \mid \text{检测到正确区间}]$。令 T_0 为对复合正确区间(包含两个正确区间)的检测重新开始于其所包含的第一个区间,且复合正确区间最终被检测到所引起的额外时延。令 T_1 为对复合正确区间的检测重新开始于其包含的第二个区间,且复合正确区间最终被检测到所引起的额外时延。则

$$\begin{aligned}\overline{T}_{22} &= E\{E[T_{22} \mid \text{检测到正确区间}, T_0, T_1]\} \\ &= \tau_1 + \tau_2 + E\left\{\frac{1}{P_{\mathrm{D}}}\sum_{i=1}^{3} t_i P([T_{22} = t_i + \tau_1 + \tau_2] \cap \text{检测到正确区间} \mid T_0, T_1)\right\}\end{aligned} \tag{4.50}$$

由可能的持续时间及其条件概率可得

$$\overline{T}_{22} = \tau_1 + \tau_2 + \frac{1}{P_{\mathrm{D}}}E\begin{bmatrix} P_{a1}(1 - P_{a2})P_{\mathrm{D}}T_0 + (1 - P_{a1})P_{b1}P_{b2}\tau_1 \\ + (1 - P_{a1})P_{b1}(1 - P_{b2})P_b(\tau_1 + T_1) \end{bmatrix} \tag{4.51}$$

根据定义可知,$E[T_0] = \overline{T}_{22}$。$E[T_1]$ 可由下式进行递归估计,即

$$\begin{aligned} E[T_1] &= \tau_1 + \tau_2 + P_{b1}(1 - P_{b2})E[T_1] \\ &= \frac{\tau_1 + \tau_2}{1 - P_{b1} + P_b} \end{aligned} \tag{4.52}$$

将该式和 $E[T_0] = \overline{T}_{22}$ 代入式(4.51),并求解 $\overline{T}_{22}$可得

$$\begin{aligned}\overline{T}_{22} = [1 - P_{a1}(1 - P_a)]^{-1}\Bigg\{\tau_1\Bigg[1 &+ \frac{(1 - P_{a1})P_b}{P_{\mathrm{D}}} \\ &+ \frac{(1 - P_{a1})(P_{b1} - P_b)P_b}{P_{\mathrm{D}}}\left(1 + \frac{1}{1 - P_{b1} + P_b}\right)\Bigg] \\ &+ \tau_2\left[1 + \frac{(1 - P_{a1})(P_{b1} - P_b)P_b}{P_{\mathrm{D}}[1 - P_{b1} + P_b]}\right]\Bigg\}\end{aligned} \tag{4.53}$$

类似地,$\overline{T}_{12}$ 可由下列递归方程确定

$$\begin{aligned}\overline{T}_{12} = \tau_1 &+ \frac{(1 + P_{a1})(1 - P_{a2})}{1 - P_{\mathrm{D}}}\tau_1 + P_{a1}(1 - P_{a2})(\tau_2 + \overline{T}_{12}) \\ &+ \frac{(1 - P_{a1})P_{b1}(1 - P_{b2})(1 - P_b)}{1 - P_{\mathrm{D}}}(\tau_1 + \tau_2 + \overline{T}'_{12})\end{aligned} \tag{4.54}$$

式中：$\overline{T}'_{12}$ 为对复合正确区间的检测重新开始于其包含的第二个区间，且该复合区间最终被排除时所引起的平均额外时延。$\overline{T}'_{12}$ 可由下式递归估计：

$$\begin{aligned}\overline{T}'_{12} &= \tau_1 + P_{b1}(1 - P_{b2})(\tau_2 + \overline{T}'_{12}) \\ &= \frac{\tau_1 + (P_{b1} - P_b)\tau_2}{1 - P_{b1} + P_b}\end{aligned} \tag{4.55}$$

将式(5.55)带入式(4.54)，并求解 $\overline{T}_{12}$ 可得

$$\begin{aligned}\overline{T}_{12} = (1 - P_{a1} + P_a)^{-1}\Bigg\{\tau_1\Bigg[1 + \frac{(1 - P_{a1})(1 - P_{a2})}{1 - P_{\mathrm{D}}} \\ + \frac{(1 - P_{a1})(P_{b1} - P_b)(1 - P_b)}{1 - P_{\mathrm{D}}}\left(1 + \frac{1}{1 - P_{b1} + P_b}\right)\Bigg] \\ + \tau_2\left[P_{a1} - P_a + \frac{(1 - P_{a1})(P_{b1} - P_b)(1 - P_b)}{1 - P_{\mathrm{D}}} + \frac{P_{b1} - P_b}{1 - P_{b1} + P_b}\right]\Bigg\}\end{aligned} \tag{4.56}$$

4.2.6 惩罚时间

在锁定模式下监测扩谱码同步的**锁定检测器**用于检测并确认锁定状况。在系统错误地离开锁定模式前所经历的时间称为**保持时间**。一般希望系统的平均保持时间较长而平均惩罚时间较短，但一个目标的实现往往会阻碍另一个目标的实现。举一个简单例子，假设每次检测都有一个固定的持续时间 τ，且实际中保持了扩谱码同步。发生概率为 $1-P_{DL}$ 的单次漏检，将导致锁定检测器认为系统失锁从而启动搜索。假设锁定模式检测是统计独立的，则**平均保持时间**为

$$\overline{T}_{\mathrm{h}} = \sum_{i=1}^{\infty} i\tau(1 - P_{\mathrm{D}L})P_{\mathrm{D}L}^{i-1} = \frac{\tau}{1 - P_{\mathrm{D}L}}, \quad P_{\mathrm{D}L} < 1 \tag{4.57}$$

该结果也可由 $\overline{T}_{\mathrm{h}} = \tau + P_{\mathrm{D}L}\overline{T}_{\mathrm{h}}$ ($P_{\mathrm{D}L} < 1$)得出，因为一旦锁定模式被确认，同一区间的检测是在没有任何前次检测记忆的情况下被更新的。

若本地产生的扩谱码相位不正确，除非发生虚警，否则惩罚时间就将终止。虚警事件每 τ 秒以概率 $P_{\mathrm{F}L}$持续发生。因此，$\overline{T}_{\mathrm{p}} = \tau + P_{\mathrm{F}L}\overline{T}_{\mathrm{p}}$, $P_{\mathrm{F}L} < 1$，通过该式可得单驻留锁定检测器的**平均惩罚时间**为

$$\overline{T}_{\mathrm{p}} = \frac{\tau}{1 - P_{\mathrm{F}L}}, \quad P_{\mathrm{F}L} < 1 \tag{4.58}$$

由于增加 $P_{\mathrm{D}L}$ 也会导致 $P_{\mathrm{F}L}$ 增加，因此需要在高 $\overline{T}_{\mathrm{h}}$ 和低 $\overline{T}_{\mathrm{p}}$ 之间折中。

当只采用单次检测来确认锁定状态时,同步系统在深度衰落和脉冲干扰下是脆弱的。更可取的策略是一直维持锁定模式,直到在一系列检测中发生连续的或累积的多个错误,其性能分析类似于顺序搜索捕获。

4.2.7 其他搜索策略

对于**Z 搜索**,在定时不确定性范围内的所有区间都被检测以前,对每个区间的检测都不会超过一次。图 4.7 中的两个策略都是 Z 搜索。Z 搜索的一个特征是

$$v(i,j) = (i-1)(q-1) + v(1,j) \tag{4.59}$$

式中 $v(1,j)$ 为当 $P_D = 1$ 时检测到的错误区间数,因此 $L = 1$。为简单起见,假设 q 为偶数。对于非连续中心 Z 搜索来说,其搜索始于第 $q/2 + 1$ 个区间且

$$v(1,j) = \begin{cases} j - \dfrac{q}{2} - 1, & j \geqslant \dfrac{q}{2} + 1 \\ q - j, & j \leqslant \dfrac{q}{2} \end{cases} \tag{4.60}$$

而对于均匀搜索来说, $v(1,j) = j - 1$。若返回时间可忽略不计,则由式(4.21)、式(4.24)和式(4.59)可得

$$\overline{T}_a = \frac{1-P_D}{P_D}[(q-1)\overline{T}_{11} + \overline{T}_{12}] + \overline{T}_{22} + \overline{T}_{11}v(1) \tag{4.61}$$

式中

$$v(1) = \sum_{j=1}^{q} v(1,j)\pi_j \tag{4.62}$$

为 $P_D = 1$ 时检测到的错误区间的平均数目。

若 C 是均匀分布的,则均匀搜索及非连续中心 Z 搜索策略的 $v(1)$ 及 $\overline{T}_a$ 是相同的。若 C 的分布关于一个明显的中心峰对称,且 $P_D \approx 1$,则均匀搜索可给出 $v(1) \approx q/2$。由于非连续中心 Z 搜索通常经过接近或略微超过 $q/2$ 次检测后终止,因此

$$v(1) \approx 0\left(\frac{1}{2}\right) + \frac{q}{2}\left(\frac{1}{2}\right) = \frac{q}{4} \tag{4.63}$$

该式表明对于较大的 q 值和接近于 1 的 P_D ,非连续中心 Z 搜索中的 $\overline{T}_a$ 大约减小到均匀搜索中 $\overline{T}_a$ 的 1/2。

若 C 服从具有明显峰值的单峰分布,则该特征可用于连续重测具有较高正确先验概率的区间。**扩展窗搜索**检测所有半径为 R_1 以内的区间。若未发现正

确区间,则在一个更大的半径 R_2 中继续检测。检测半径不断增加直至到达定时不确定性范围的边界。此时扩展窗搜索就变为了 Z 搜索。若返回时间可以忽略不计,且 C 具有中心峰值分布,则采用图 4.8(a)所示的非连续中心搜索比采用图 4.8(b)所示的连续中心搜索更合适,因为连续中心搜索在检测所有接近定时不确定性范围中心的区间前会进行区间重测。

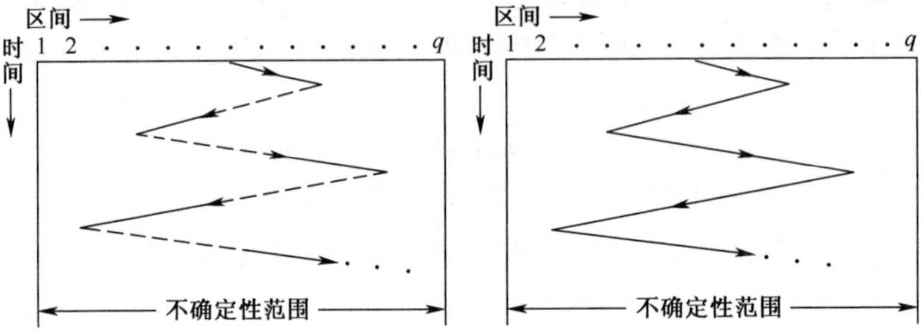

(a) 非连续中心搜索　　(b) 连续中心搜索

图 4.8　扩展窗搜索位置的轨迹

在**等扩展搜索**中,半径具有以下形式:

$$R_n = \frac{nq}{2N},\quad n = 1,2,\cdots,N \tag{4.64}$$

式中 N 为在搜索变为 Z 搜索之前整体搜索的次数。若返回时间可以忽略,则可看出,对于 $P_D \leqslant 0.8$,可选择 $N = 2$ 使非连续中心的等扩展窗搜索达到最优[35]。对于这种最优搜索,$\overline{T}_a$ 将比非连续中心 Z 搜索中的值略小。

当 $T_r(i,j) = 0$、$P_D = 1$ 时,最优搜索,即所谓的**均匀交替搜索**,是按**先验**概率递减的顺序进行区间检测的。对于一个对称、单峰、中心峰值分布的 C,最优搜索具有图 4.9(a)所示的轨迹。一旦定时不确定性范围内的所有区间都被检测完毕,则搜索将以同样的模式重复进行。(这种情况下)式(4.59)和式(4.61)都可适用。若 $P_D \approx 1$、$T_r(i,j) \ll \overline{T}_{11}$ 且 C 的分布具有明显的中心峰值,则 $v(1)$ 的值很小,与非连续中心扩展窗搜索相比,均匀交替搜索具有显著优势。然而,计算表明,当 P_D 降低时这种优势将消失[48],这是因为一旦一次检测失败,所有区间都要被检测。

在图 4.9(b)所示的**非均匀交替搜索**中,将在半径 R_1 内进行均匀搜索,然后第二次均匀搜索将在更大的半径 R_2 内进行。这个过程将继续下去直到达到定时不确定性范围的边界,此时搜索变为均匀交替搜索。计算表明,对于具有中心峰值分布的 C,若 $P_D<0.8$ 且搜索半径 $R_n(n = 1,2,\cdots)$ 为最优[35],则与均

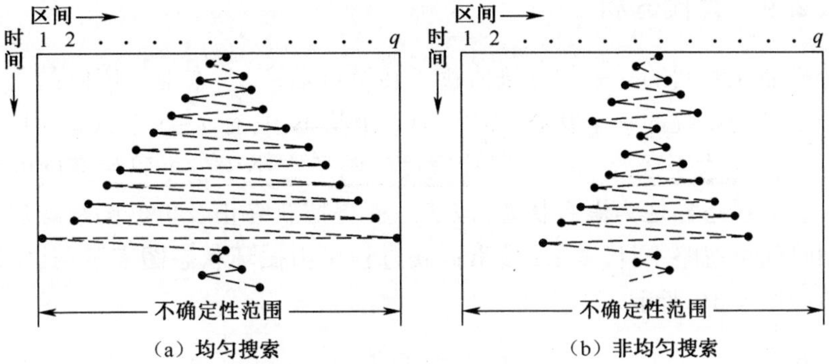

图 4.9　交替搜索位置的轨迹

匀交替搜索相比,非均匀交替搜索的性能显著提高[4]。然而若 $P_D<1$ 时搜索半径为最优,则当 $P_D \to 1$ 时,非均匀搜索的性能将会差于均匀搜索。

4.2.8　捕获时间的概率密度函数

在精确计算 $P[T_a \leqslant T_{max}]$ 及其他概率时需要概率密度函数 T_a,该概率密度函数可以分解为

$$f_a(t) = P_D \sum_{i=1}^{\infty} (1 - P_D)^{i-1} \sum_{j=1}^{q} \pi_j f_a(t|i,j) \tag{4.65}$$

式中 $f_a(t|i,j)$ 为给定 $L=i$ 与 $C=j$ 时 T_a 的条件概率密度。令 $*$ 为卷积运算;$[f(t)]^{*n}$ 为密度函数 $f(t)$ 与其自身的 n 重卷积,$[f(t)]^{*0}=1$,且 $[f(t)]^{*1}=f(t)$。用这种表示方法可得

$$f_a(t|i,j) = [f_{11}(t)]^{*v(i,j)} * [f_{12}(t)]^{*(i-1)} * [f_{22}(t)] \tag{4.66}$$

式中:$f_{11}(f)$、$f_{12}(t)$ 和 $f_{22}(t)$ 分别为 T_{11}、T_{12} 和 T_{22} 的概率密度。若某一判决次数为常数,则与之相关的概率密度是一个 Delta 函数。

精确估计 $f_a(t)$ 是很复杂的[53],但通常近似估计就能满足需求。由于在条件 $L=i$ 和 $C=j$ 下的捕获时间是独立随机变量之和,因此以一个截短的高斯概率密度来近似 $f_a(t|i,j)$ 是合理的,该高斯概率密度的均值为

$$\mu_{ij} = v(i,j)\overline{T}_{11} + (i-1)\overline{T}_{12} + \overline{T}_{22} + T_r(i) \tag{4.67}$$

方差为

$$\sigma_{ij}^2 = v(i,j)\text{var}(T_{11}) + (i-1)\text{var}(T_{12}) + \text{var}(T_{22}) \tag{4.68}$$

截短情况为仅当 $0 \leqslant t \leqslant \mu_{ij} + 3\sigma_{ij}$ 时,$f_a(t|i,j) \neq 0$。当 P_D 较大时,式(4.65)中的无穷级数以足够快的速度收敛,使得 $f_a(t)$ 可由其前几项精确估计。

4.2.9 替代分析

分析捕获时间的另一种方法依赖于转移函数[58]。本地扩谱码的每个相位偏移被定义为系统的一个**状态**。在所有 q 个状态中,有 $q-1$ 个状态对应的相位偏差(即区间)大于或等于一个码片宽度。与所有小于一个码片宽度的相位偏移相对应的状态称之为**聚合状态**,该状态使得捕获终止及扩谱码跟踪启动。假设返回时间可忽略不计。顺序搜索捕获过程可由**循环状态图**表示,其中的一部分环节如图 4.10 所示。

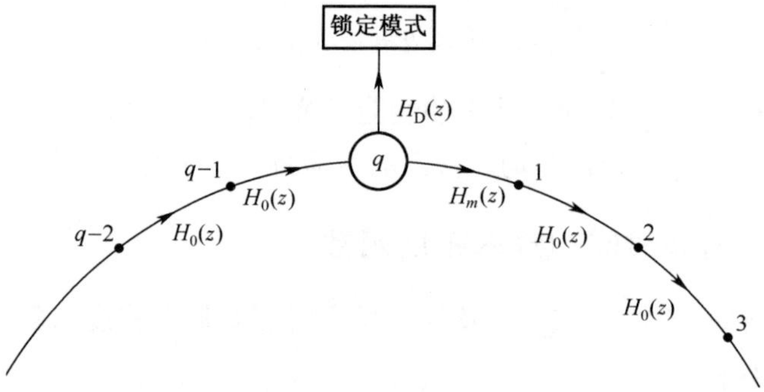

图 4.10 顺序搜索捕获的循环状态图

位于两个状态间的支路标注是转移函数,它包含了这两个状态在转移过程中可能产生的时延信息。令 z 为单位时延变量,并令 z 的幂表示时延。对于驻留时间为 τ 、虚警概率为 P_F 及惩罚时间为常数 T_p 的单驻留捕获器,所有不能归于聚合状态 q 的支路所具有的转移函数可以表示为 $H_0(z)=(1-P_F)z^{\tau}+P_Fz^{\tau+T_p}$,这是因为转移时延为 τ 的概率是 $1-P_F$,为 $\tau+T_p$ 的概率为 P_F。

对于多驻留捕获器, $H_0(z)$ 由第一次画出的辅助状态图来确定,该图代表中间状态及其转移,这种转移可能会在系统从初始循环状态图上的一个状态进行到下一个状态时发生。例如,图 4.11 给出了连续计数双驻留捕获器的辅助状态图,该系统在初始检测和验证测试时的虚警概率分别为 P_{F1} 和 P_{F2},时延分别为 τ_1 和 τ_2。对初始状态及下一状态之间所有可能的路径进行检查的结果表明

$$\begin{aligned}H_0(z)&=(1-P_{F1})z^{\tau_1}+P_{F1}z^{\tau_1}[(1-P_{F2})z^{\tau_2}+P_{F2}z^{\tau_2+T_p}]\\&=(1-P_{F1})z^{\tau_1}+P_{F1}(1-P_{F2})z^{\tau_1+\tau_2}+P_{F1}P_{F2}z^{\tau_1+\tau_2+T_p}\end{aligned}\tag{4.69}$$

令 $H_D(z)$ 为聚合状态 q 和锁定模式之间的转移函数, $H_M(z)$ 为图 4.10 中状态 q 和状态 1 之间的转移函数,表示未能识别小于一个码片间隔的扩谱码相

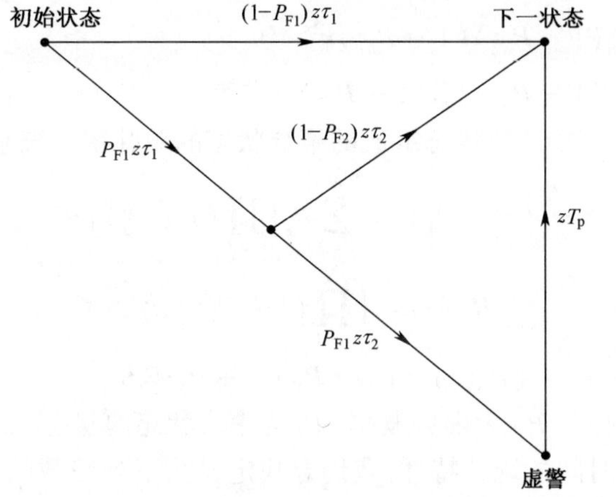

图 4.11　连续计数双驻留捕获器中用于确定 $H_0(z)$ 的辅助状态图

位偏差。这两个转移函数可以通过与推导 $H_0(z)$ 相同的方式得到。例如,考虑一个连续计数双驻留捕获器,其聚合状态由两个状态组成。图 4.12 给出了辅助状态图,该图表示中间状态和系统从状态 q（包括辅助状态 a 和 b）到锁定模式或状态 1 时可能发生的转移。检查所有可能路径可得

$$H_D(z) = P_{a1}P_{a2}z^{\tau_1+\tau_2} + P_{a1}(1 - P_{a2})P_{b1}P_{b2}z^{2\tau_1+2\tau_2} + (1 - P_{a1})P_{b1}P_{b2}z^{2\tau_1+\tau_2} \tag{4.70}$$

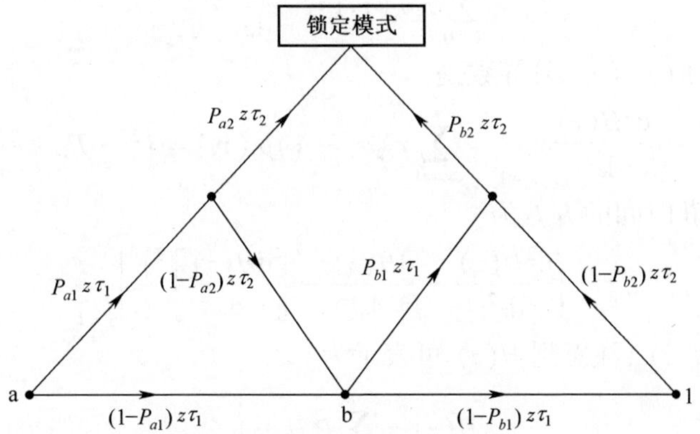

图 4.12　具有两个聚合状态的连续计数双驻留捕获器中用于计算 $H_D(z)$ 和 $H_M(z)$ 的辅助状态图

$$H_{\mathrm{M}}(z) = (1 - P_{a1})(1 - P_{b1})z^{2\tau_1} + (1 - P_{a1})P_{b1}(1 - P_{b2})z^{2\tau_1+\tau_2}$$
$$+ P_{a1}(1 - P_{a2})(1 - P_{b1})z^{2\tau_1+\tau_2} \tag{4.71}$$
$$+ P_{a1}(1 - P_{a2})P_{b1}(1 - P_{b2})z^{2\tau_1+2\tau_2}$$

对于一个具有由 N 个状态组成的聚合状态的单驻留系统来说,有

$$H_{\mathrm{D}}(z) = P_1 z^{\tau} + \sum_{j=2}^{N} P_j \left[\prod_{i=1}^{j-1} (1 - P_j) \right] z^{j\tau} \tag{4.72}$$

$$H_{\mathrm{M}}(z) = \left[\prod_{j=1}^{N} (1 - P_j) \right] z^{N\tau} \tag{4.73}$$

$$H_0(z) = (1 - P_{\mathrm{F}})z^{\tau} + P_{\mathrm{F}} z^{\tau + T_p} \tag{4.74}$$

式中: τ 为驻留时间; P_{F} 为虚警概率; P_j 为聚合状态内状态 j 的检测概率。

为计算捕获时间的统计特性,我们寻找定义为下列级数的**捕获时间生成函数**,即

$$H(z) = \sum_{i=0}^{\infty} p_i(\tau_i) z^{\tau_i} \tag{4.75}$$

式中 $p_i(\tau_i)$ 为锁定模式下 τ_i 秒后捕获过程终止的概率。由于达到锁定模式的概率不大于1,因此 $H(1) \leqslant 1$,且 $H(z)$ 至少在 $|z| \leqslant 1$ 的条件下收敛。若已知 $H(z)$,则对式(4.75)直接求导可得

$$\frac{\mathrm{d}H(z)}{\mathrm{d}z} = \sum_{i=0}^{\infty} \tau_i p_i(\tau_i) z^{\tau_i - 1} \tag{4.76}$$

因此,平均捕获时间为

$$\overline{T}_{\mathrm{a}} = \sum_{i=0}^{\infty} \tau_i p_i(\tau_i) = \left. \frac{\mathrm{d}H(z)}{\mathrm{d}z} \right|_{z=1} \tag{4.77}$$

类似地, $H(z)$ 的二阶导数是

$$\left. \frac{\mathrm{d}^2 H(z)}{\mathrm{d}z^2} \right|_{z=1} = \sum_{i=0}^{\infty} \tau_i (\tau_i - 1) p_i(\tau_i) = \overline{T_{\mathrm{a}}^2} - \overline{T}_{\mathrm{a}} \tag{4.78}$$

因此,捕获时间的方差为

$$\sigma_{\mathrm{a}}^2 = \left. \left\{ \frac{\mathrm{d}^2 H(z)}{\mathrm{d}z^2} + \frac{\mathrm{d}H(z)}{\mathrm{d}z} - \left[\frac{\mathrm{d}H(z)}{\mathrm{d}z} \right]^2 \right\} \right|_{z=1} \tag{4.79}$$

为得到 $H(z)$,注意到 $H(z)$ 可表示为

$$H(z) = \sum_{j=1}^{q} \beta_j H_j(z) \tag{4.80}$$

式中**先验**概率分布 β_j ($j = 1,2,\cdots,q$) 给出了由状态 j 开始搜索的概率; $H_j(z)$ 为由初始状态 j 到锁定模式的转移函数。由于在捕获过程中可以无限次穿过图 4.10所示的循环状态图,因此

$$H_j(z) = H_0^{q-j}(z)H_D(z)\sum_{i=0}^{\infty}[H_M(z)H_0^{q-1}(z)]^i$$
$$= \frac{H_0^{q-j}(z)H_D(z)}{1 - H_M(z)H_0^{q-1}(z)} \tag{4.81}$$

将该式代入式(4.80)可得

$$H(z) = \frac{H_D(z)}{1 - H_M(z)H_0^{q-1}(z)}\sum_{j=1}^{q}\beta_j H_0^{q-j}(z) \tag{4.82}$$

对于均匀**先验**分布 $\beta_j = \frac{1}{q}$ $(1 \leqslant j \leqslant q)$,有

$$H(z) = \frac{H_D(z)[1 - H_0^q(z)]}{q[1 - H_M(z)H_0^{q-1}(z)][1 - H_0(z)]} \tag{4.83}$$

由于达到锁定模式前肯定会从一个状态转移到另一个状态,因此 $H_0(1) = 1$。由于 $H_D(1) + H_M(1) = 1$,因此由式(4.77)和式(4.82)可得

$$\bar{T}_a = \frac{1}{H_D(1)}\left\{H'_D(1) + H'_M(1) + (q-1)H'_0(1)\left[1 - \frac{H_D(1)}{2}\right]\right\} \tag{4.84}$$

式中′为对 z 求导。举例来说,考虑一个具有由两个状态构成聚合状态的单驻留捕获器。若设 $P_1 = P_a, P_2 = P_b$, $T_p = \bar{T}_p$, $\tau = \tau_d$ 并由式(4.38)定义 P_D,则在 $N = 2$ 时使用式(4.72)~式(4.74)对式(4.84)进行估计可得到 $T_r = 0$ 时的式(4.44)。

存在多径信号的可用于**非连续顺序搜索**。与依次检测不同区间的传统顺序搜索方法相比,该方法可提供更低的 NMAT[25,80],而代价是增加了计算复杂度。

4.3 相关器捕获

图4.4中的**非相干捕获相关器**具有图4.13所示的形式。序列 $\{x_k\}$ 和 $\{y_k\}$ 分别通过同相和正交下变频来获得,其后的码片匹配滤波器(CMF)需在时刻 $t = kT_c$ 进行抽样。驻留时间或检测间隔为 MT_c, M 为用于求和的码片匹配滤波器输出的抽样数目, T_c 为码片宽度。判决变量 V 被送至门限检测器用于判决某一特定扩谱码相位的检测是否通过。如图4.13所示,对于某一特定扩谱码相位检测的判决变量为

$$V = V_c^2 + V_s^2 \tag{4.85}$$

式中 V_c 和 V_s 分别为上支路和下支路平方器的输入。

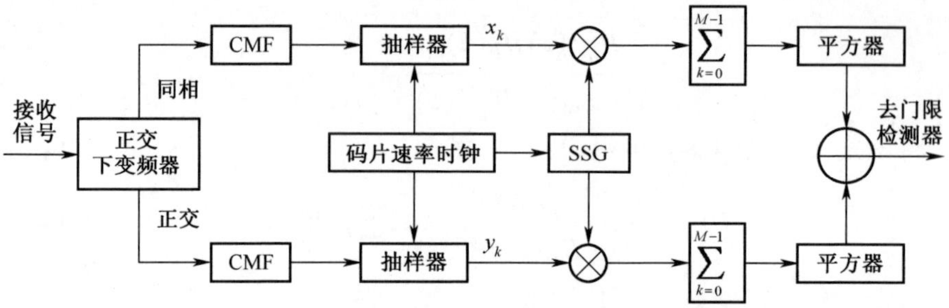

图 4.13　非相干捕获相关器

捕获相关器可用于捕获调制方式为 BPSK 或 QPSK 的直扩信号。对于 BPSK 和 AWGN 信道,假设接收信号为

$$r(t) = \sqrt{2G\mathcal{E}_c}\,p(t-\tau)\cos(2\pi f_c t + \theta) + n(t) \tag{4.86}$$

式中:$\sqrt{2G\mathcal{E}_c}$ 为信号幅度;f_c 为载波频率;θ 为随机载波相位;τ 为由未知扩谱码相位引起的时延;$n(t)$ 为噪声。由于捕获相关器在载波同步之前就要处理接收信号,因此存在随机载波相位。扩谱波形为

$$p(t) = \sum_{i=-\infty}^{\infty} p_i \psi(t - iT_c) \tag{4.87}$$

式中:$p_i = +1$ 或-1,表示扩谱序列 $\{p_i\}$ 中的一个码片;T_c 为码片宽度。对码片波形进行归一化以满足下式:

$$\int_0^{T_c} \psi^2(t)\,dt = \frac{1}{G} \tag{4.88}$$

式中:$G = T_c/T_s$ 为扩谱增益;T_s 为符号宽度。归一化后,在一个码片间隔上的积分表明$\mathcal{E}_c$ 为每码片的能量,此处假设 $f_c \gg 1/T_c$,以使对倍频项的积分可忽略不计。由于由已知数据比特组成的导频符号通常在捕获期间传输,故式(4.86)中的调制数据 $d(t)$ 可忽略不计,且并不影响 $\{p_i\}$ 的建模。同时还假设正交下变频器是理想的。

若由扩谱序列产生器(SSG)产生的本地扩谱序列相对于一个任意时间起点延时 v 个码片,v 为正整数,则检测间隔起始于本地扩谱序列的第 $-v$ 个码片。码片匹配滤波器的输出抽样序列 $\{x_k\}$ 和 $\{y_k\}$ 可同时用于不同 v 值对应的 $V(v)$,从而实现对 $V(v)$ 的多路并行计算。该过程可通过适当增加软硬件来实现对不同扩谱码相位的并行搜索。

当检测到一个区间时,解扩产生了下述内积:

$$V_c = \sum_{k=0}^{M-1} p_{k-v} x_k, \quad V_s = \sum_{k=0}^{M-1} p_{k-v} y_k \tag{4.89}$$

式中

$$x_k = \sqrt{2} \int_{kT_c}^{(k+1)T_c} r(t)\psi(t - kT_c)\cos(2\pi f_c t)\mathrm{d}t \tag{4.90}$$

$$y_k = \sqrt{2} \int_{kT_c}^{(k+1)T_c} r(t)\psi(t - kT_c)\sin(2\pi f_c t)\mathrm{d}t \tag{4.91}$$

由于 $p_k = \pm 1$,每个内积值都可以通过序列 $\{x_k\}$ 或 $\{y_k\}$ 中分量的加或减来计算。

时延 τ 可表示为 $\tau = vT_c - NT_c - \epsilon T_c$,其中 N 为整数且 $0 < \epsilon < 1$。对于矩形码片波形,由前述公式、$f_c T_c \gg 1$ 及码片 v 的定义可得

$$V_c = g(\epsilon)\cos\theta + N_s, \quad V_c = -g(\epsilon)\sin\theta + N_s \tag{4.92}$$

式中

$$g(\epsilon) = \sqrt{\frac{\mathcal{E}_c}{G}} \sum_{k=0}^{M-1} p_{k-v}[(1-\epsilon)p_{k-v+N} + \epsilon p_{k-v+N+1}] \tag{4.93}$$

$$N_c = \sqrt{2} \sum_{k=0}^{M-1} p_{k-v} \int_{kT_c}^{(k+1)T_c} n(t)\psi(t - kT_c)\cos 2\pi f_c t\mathrm{d}t \tag{4.94}$$

$$N_s = \sqrt{2} \sum_{k=0}^{M-1} p_{k-v} \int_{kT_c}^{(k+1)T_c} n(t)\psi(t - kT_c)\sin 2\pi f_c t\mathrm{d}t \tag{4.95}$$

若 $N = -1$ 或 0,对于捕获来说,接收的扩谱序列和本地的扩谱序列的误差通常已经足够小。若 $N \neq -1$ 或 0,则该区间就被认为是不正确的。

在性能分析中,将扩谱序列 $\{p_k\}$ 建模为符号独立的零均值二进制随机序列,ϵ建模为在[0,1]间均匀分布的独立随机变量。v 和ϵ在不同次的检测之间都是变化的。由于 $p_{v-k} = \pm 1$,且独立于零均值高斯噪声 $n(t)$,故 N_c 和 N_s 中的每一项都是零均值高斯变量。二进制符号的独立性意味着 N_c 和 N_s 中各项间相互独立,因此 N_c 和 N_s 都是高斯随机变量(见附录 A.1 的"一般特征")。直接利用式(4.7)和式(4.88),以及条件 $f_c T_c \gg 1$ 进行的计算表明 N_c 和 N_s 是不相关的,因而它们彼此间也是统计独立的,且具有相同的方差,即

$$\mathrm{var}(N_c) = \mathrm{var}(N_s) = \frac{N_0 M}{2G} \tag{4.96}$$

由于符号 $\{p_{k-v} = \pm 1\}$ 是零均值、独立的随机序列,ϵ在区间[0,1]均匀分布,故可发现

$$E[g(\epsilon)] = \begin{cases} 0, & N \neq -1, 0 \\ \dfrac{M}{2}\sqrt{\dfrac{\mathcal{E}_c}{G}}, & N = -1 \text{ 或 } 0 \end{cases} \tag{4.97}$$

$$E[g^2(\epsilon)]=\begin{cases}\dfrac{2M\mathcal{E}_c}{3G}, & N\neq -1 \text{ 或 } 0\\ \dfrac{M(M+1)\mathcal{E}_c}{3G}, & N=-1 \text{ 或 } 0\end{cases} \tag{4.98}$$

$g(\epsilon)$ 的非零方差表明存在**自扰**,这是由相关的不精确引起的。

假设检测的区间错误且 $N\neq -1$ 或 0。令 V_0 表示检测到错误区间时的判决变量 V。由式(4.92)给出的 V_c 和 V_s 的项都是零均值的。若$\mathcal{E}_c/N_0\ll 3/4$,则式(4.96)和式(4.98)表明第二项的方差比第一项的方差大得多。因此,可以忽略自扰项并取近似式 $V_0\approx N_c^2+N_s^2$。由于 N_c 和 N_s 服从零均值高斯分布且方差相同,该方差由式(4.96)给出,因此 V_0 服从具有 2 自由度的中心卡方分布(见附录 D.2“中心卡方分布”)。因此,V_0 的概率密度函数为

$$f_0(x)=\frac{G}{N_0M}\exp\left(-\frac{Gx}{N_0M}\right)u(x),\quad N\neq -1,0 \tag{4.99}$$

式中:$u(x)$ 为单位阶跃函数,即 $x\geqslant 0$ 时,$u(x)=1$,$x<0$ 时,$u(x)=0$。检测错误区间的虚警概率 P_f 是 $V_0>V_t$ 的概率,其中 V_t 是门限。式(4.99)的积分给出了:

$$P_f=\exp\left(-\frac{GV_t}{N_0M}\right),\quad \frac{\mathcal{E}_c}{N_0}\ll\frac{3}{4} \tag{4.100}$$

因此,实现特定 P_f 所需要的门限为

$$V_t=-\frac{N_0M\ln P_f}{G} \tag{4.101}$$

该门限要求 N_0 的精确估计值。

假设区间是正确的,且 $N=-1$ 或 0。令 V_1 为检测到正确区间时的判决变量。式(4.96)和式(4.98)表明当 M 很大时,噪声几乎不可能对 V_1 的分布造成显著影响,因此由式(4.85)和式(4.92)得到 $V_1\approx g^2(\epsilon)$。假设 $N=-1$(若假设 $N=0$,后续结果也是相同的),式(4.93)表明

$$g(\epsilon)=\sqrt{\frac{\mathcal{E}_c}{G}}M\epsilon+\sqrt{\frac{\mathcal{E}_c}{G}}(1-\epsilon)\sum_{k=0}^{M-1}p_{k-v}p_{k-v-1} \tag{4.102}$$

由于和式中的每一项取+1 和−1 的概率都是 1/2,因此相对于式(4.102)中的第一项,当 $M\gg 1$ 时其第二项较小的概率很高。因此,可取近似式 $g(\epsilon)\approx\sqrt{\mathcal{E}_c/G}M\epsilon$ 和 $V_1\approx\mathcal{E}_cM^2\epsilon^2/G$。由于$\epsilon$在[0,1]均匀分布,$V_1$ 的概率分布函数为

$$F_{V_1}(z)=\sqrt{\frac{Gz}{\mathcal{E}_cM^2}},\quad 0\leqslant z\leqslant\frac{\mathcal{E}_cM^2}{G},\ M\gg 1 \tag{4.103}$$

且 $z \geqslant \mathcal{E}_c M^2/G$ 时 $F_{V_1}(z)=1$，$z \leqslant 0$ 时 $F_{V_1}(z)=0$。对一个正确区间的检测概率 P_d 是 $V_1 > V_t$ 的概率。式(4.103)表明

$$P_d = 1 - F_{V_1}\sqrt{\frac{GV_t}{\mathcal{E}_c M^2}}, \qquad V_t \leqslant \frac{\mathcal{E}_c M^2}{G},\ M \gg 1 \tag{4.104}$$

若指定了 P_f，则将式(4.101)代入式(4.104)可得

$$P_d = 1 - \sqrt{-\frac{\ln P_f}{M}\left(\frac{\mathcal{E}_c}{N_0}\right)^{-1}}, \qquad -\frac{\ln P_f}{M} \leqslant \frac{\mathcal{E}_c}{N_0} \ll \frac{3}{4}, M \gg 1 \tag{4.105}$$

顺序搜索的步长 Δ 是在码片中对区间的分隔。当 $\Delta = 1/2$ 时，可将对应于 $N=-1$ 和 $N=0$ 的两个连续区间视为定时不确定性范围内 q 个区间之外的两个正确区间。当 $\Delta = 1$ 时，假设只有一个正确区间是合理的，该区间对应于 $N=-1$ 或 $N=0$。令 C_u 为在定时不确定性范围内的码片数。将**归一化平均捕获时间**(NMAT)定义为 $\bar{T}_a/C_u T_c$。将**归一化标准差**(NSD)定义为 $\sigma_a/C_u T_c$。对于步长 $\Delta = 1$，$q_a = C_u$；对于步长 $\Delta = 1/2$，$q_a = 2C_u$。

例 4.1 作为前述结果的一个应用示例，考虑一个采用均匀搜索的单驻留捕获器，其正确区间的位置是**先验**均匀分布的。令 $\tau_d = MT_c$，此处 M 为每次驻留的码片数目，且 $\bar{T}_p = KT_c$，则 $K = 10^4$ 为平均惩罚时间内的码片数。对于 $\Delta = 1/2$，假设有两个具有相同检测概率 $P_d = P_a = P_b$ 的相互独立的正确区间。若 $q \gg 1$，由式(4.44)和式(4.38)可得 NMAT 为

$$\text{NMAT} = \left(\frac{2 - P_D}{2P_D}\right)\frac{q}{C_u}(M + KP_F) \tag{4.106}$$

式中

$$P_D = 2P_d - P_d^2, \qquad \Delta = 1/2 \tag{4.107}$$

对于 $\Delta = 1$，假设有一个正确区间，因此

$$P_D = P_d, \qquad \Delta = 1 \tag{4.108}$$

在一个单驻留捕获器中，$P_F = P_f$。式(4.105)与 P_d 和 P_f 有关。

图 4.14 显示了无衰落时 NMAT 和码片信噪比 $\mathcal{E}_c/N_0$ 的关系，其中 $P_f = 0.001$，$M=200$ 以及 $P_f = 0.01$，$M=400$。从图中可以看出这两对参数相对于 $\mathcal{E}_c/N_0$ 的有效性。该图也显示出了在每个 $\mathcal{E}_c/N_0$ 值上 P_f 和 M 取最优值时所获得的最小 NMAT。计算最小 NMAT 值时的限制为 $M \geqslant 200$ 且 $0.0005 \leqslant P_f \leqslant 1$，这与式(4.105)所示的不等式是一致的。在接收机中为实现 P_f 和 M 值的最优选择，需要对 $\mathcal{E}_c/N_0$ 进行精确测量。该图表明单驻留捕获器在 $\Delta = 1$ 时性能略好。

由式(4.37)可见,每条 NSD 曲线均与相应的 NMAT 曲线具有类似的形状。

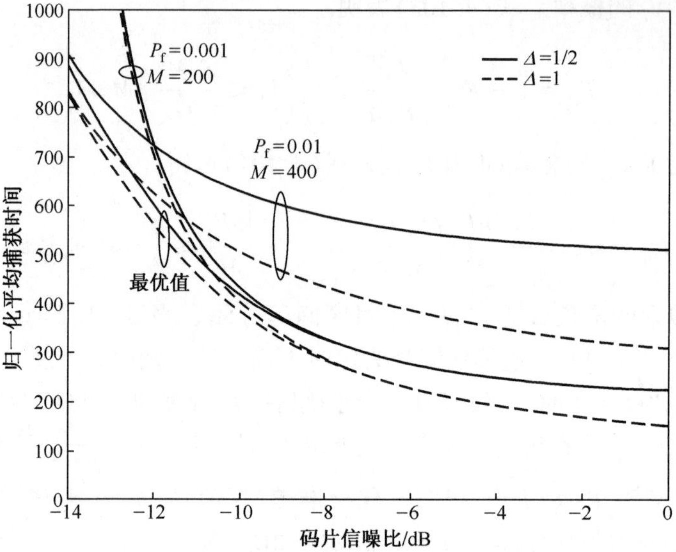

图 4.14 无衰落时单驻留捕获器中 NMAT 与 $\mathcal{E}_c/N_0$ 的关系,其中 $K = 10^4$,图中显示了三组不同的 P_f 和 M 值

衰落的潜在影响是显著的。例如,假设无衰落时 $\mathcal{E}_c/N_0 = -4\text{dB}$,但在捕获期间有 10dB 衰落的影响使得 $\mathcal{E}_c/N_0 = -14\text{dB}$。则图中表明相对于无衰落的情况,有衰落时 NMAT 值大幅度增加。

例 4.2 考虑一个采用均匀搜索的双驻留捕获器,其正确区间分布位置是先验均匀分布的,$\Delta = 1/2$,$K = 10^4$,且两个独立的正确区间满足 $P_d = P_a = P_b$,$P_{a1} = P_{b1}$ 及 $P_{a2} = P_{b2}$。驻留时间为 $\tau_1 = M_1 T_c$ 和 $\tau_2 = M_2 T_c$。若 $q \gg 1$,NMAT 可由式(4.36)和式(4.107)得到。对于连续计数捕获器,式中 $\bar{T}_{11}$ 的值由式(4.40)给出;对于上下捕获器则由式(4.49)给出。由于 $q/C_u = 2$,故对于连续计数捕获器有

$$\text{NMAT} = \left(\frac{2 - 2P_d + P_d^2}{2P_d - P_d^2}\right)[M_1 + P_{F1}(M_2 + P_{F2}K)] \tag{4.109}$$

对于一个上下捕获器有

$$\text{NMAT} = \left(\frac{2 - 2P_d + P_d^2}{2P_d - P_d^2}\right)\left[\frac{M_1 + P_{F1}(M_2 + P_{F2}K)}{1 - P_{F1}(1 - P_{F2})}\right] \tag{4.110}$$

将 P_d 用 P_{ai} 代替,将 P_f 用 P_{Fi} 代替,则概率 P_{ai} 和 P_{Fi}($i = 1$ 或 2)通过式(4.105)相关。

$$P_{ai} = 1 - \sqrt{-\frac{\ln P_{Fi}}{M_i}\left(\frac{\mathcal{E}_c}{N_0}\right)^{-1}}, \quad -\frac{\ln P_{Fi}}{M_i} \leqslant \frac{\mathcal{E}_c}{N_0} \ll \frac{3}{4}, \quad M \gg 1, \quad i=1,2 \tag{4.111}$$

因此,式(4.39)表明连续计数捕获器有

$$P_d = P_{a1}P_{a2}\ (\text{连续计数}) \tag{4.112}$$

式(4.46)和式(4.47)表明一个上下捕获器具有

$$P_d = \frac{P_{a1}P_{a2}}{1 - P_{a1}(1 - P_{a2})} \tag{4.113}$$

图4.15给出了双驻留捕获器中NMAT与$\mathcal{E}_c/N_0$的关系,其中$P_{F1}=0.01$、$P_{F2}=0.1$、$M_1=200$、$M_2=1500$。当步长为$\Delta=1/2$时,可发现典型的双驻留捕获器的性能略好。此外,还可以看出,对于每个$\mathcal{E}_c/N_0$值,可选择最优P_{F1}、P_{F2}、M_1及M_2值使NMAT最小。计算最小NMAT值时的限制为$M_1, M_2 \geqslant 200$且$0.0005 \leqslant P_{F1}, P_{F2} \leqslant 1$,这与式(4.111)所示的不等式是一致的。在接收机中为实现最优参数值的选择,需要对$\mathcal{E}_c/N_0$进行精确测量。该图显示,上下捕获器在多数实际应用中略有优势。由式(4.37)可发现,每条NSD曲线都与相应的NMAT曲线有类似的形状。比较图4.15和图4.14可知,与单驻留捕获器相比,双驻留捕获器能够降低NMAT。

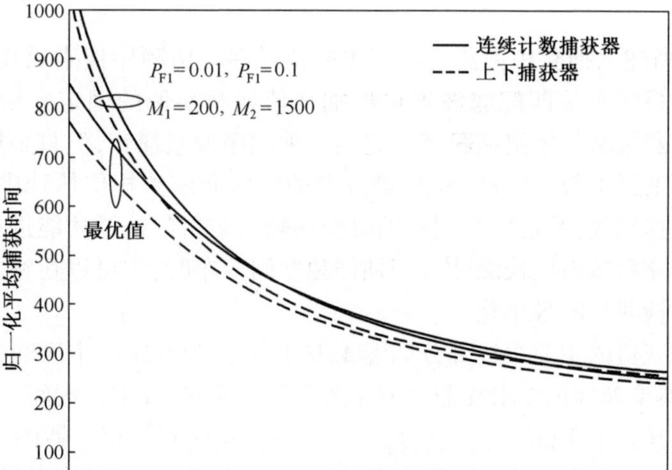

图4.15　无衰落时双驻留捕获器中NMAT与$\mathcal{E}_c/N_0$的关系,$K=10^4$,步长为$\Delta=1/2$,图中显示了两组不同的P_{F1}、P_{F2}、M_1和M_2值

式(4.104)中的检测门限取决于等效噪声功率谱密度 N_0 的估计值,该门限用于确保特定的虚警概率。N_0 的精确估计可使用能量检测器来获得(见 10.2 节)。当 N_0 主要由快速变化的瞬时干扰功率决定时,可通过在捕获之前的每个相关运算间隔内估计瞬时接收功率来设定自适应门限。因此,当存在衰落或脉冲干扰时,自适应门限下的平均捕获时间会略有恶化[18]。

在捕获期间,数据比特和未经补偿的多普勒频移都会使捕获性能下降。若存在数据比特 $\{d_n\}$,则式(4.89)和式(4.93)中的 p_{k-v} 被 $d_n p_{k-v}$ 代替。虽然数据比特最多经过 G 个码片就会变为一个新值,但当检测到正确区间时,式(4.93)中一个数据比特的变化就会产生抵消效应从而降低 $g(\epsilon)$ 。若残留的频偏为 $f_e = f_d - \hat{f}_d$,则式(4.92)中的 $\theta = \theta_1 + 2\pi f_e t$ 是时变的。若 $f_e M T_c$ 比 1 大,则当检测到正确区间时抵消效应会降低 V_c 和 V_s 以及判决变量。因此,为防止平均捕获时间的大幅度增加,需要 $M \ll 1/f_e T_c$。

非相干捕获相关器的替代方法是**差分相干捕获相关器**,它有可能提供更好的性能[110]。然而,由于实现更简单、鲁棒性更强,非相干相关器通常更可取。

蜂窝网络的下行链路要求特殊的扩谱码捕获方法,与点对点通信中应用的方法显著不同。这些方法将在 8.3 节阐述。

4.4 序贯捕获

4.3 节所述的捕获相关器可用于单驻留或多驻留顺序搜索捕获器,它采用基于固定数目的码片匹配滤波器输出抽样值或观察值的固定驻留时间测试。一种替代捕获策略是**序贯捕获**[85],它是一种顺序搜索捕获,但只采用产生可靠判决所必须的样本数。因此,在扩谱波形的单区间或单相位估计中,一些样本序列可以快速判决,其他序列则必须要使用较大数目的抽样才能进行判决。序贯捕获基于**序贯概率比检测**[42],当抽样独立同分布时,它可以在特定的错误概率下将平均检测时间最小化。

序贯捕获器的主要组成部分如图 4.16 所示。为确定一个区间是否通过一次检测,经典检测理论要求在假设 H_1(区间是正确的)和 H_0(区间是不正确的)之间做出选择。令 $\boldsymbol{V}(n) = [V_1 \quad V_2 \quad \cdots \quad V_n]$ 表示捕获相关器的 n 个连续输出。令 $f[\boldsymbol{V}(n) | H_i]$ 表示给定假设 H_i ($i = 0,1$)时 $\boldsymbol{V}(n)$ 的条件概率密度函数。在一个区间检测期间,每获得一个新的捕获相关器输出后,序贯捕获器就再次计算似然比或对数似然比:

$$\Lambda[\boldsymbol{V}(n)] = \ln \frac{f(\boldsymbol{V}(n) \mid H_1)}{f(\boldsymbol{V}(n) \mid H_0)} \tag{4.114}$$

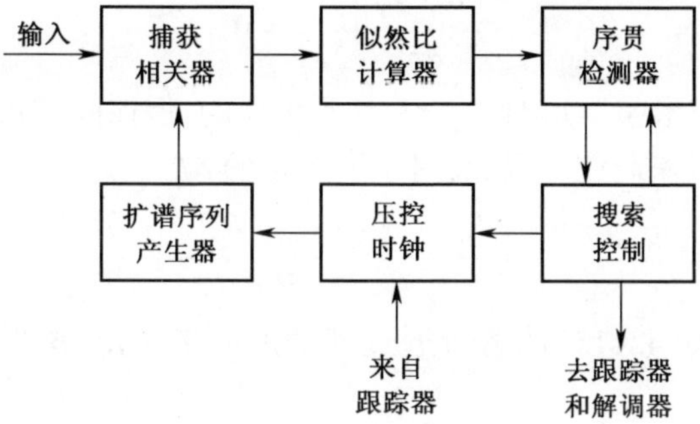

图 4.16　序贯捕获器

对数似然比或它的函数,与上、下门限都进行比较以确定检测是否应被终止或是否需要对被检测区间抽取更多样值。若似然比超过了上门限,接收机将认为已实现捕获并进入锁定模式。若似然比 $\Lambda(\boldsymbol{V}(n))$ 低于下门限,则认为(当前检测的区间)未通过检测,并继续检测其它区间。若似然比 $\Lambda(\boldsymbol{V}(n))$ 位于两个门限之间,判决就会推迟,即观察相关器对于同一个区间的另一个输出值,并计算 $\Lambda(\boldsymbol{V}(n+1))$ 。当在最大数目的输出后依然没有做出判决,则截短操作会强制作出判决,防止当存在很多模糊的观察值时对一个区间进行过多的检测。

尽管相对于每次判决都使用固定驻留时间的检测器来说,序贯检测器能够显著减小平均捕获时间,但一些实际问题也限制了它的应用。其主要问题是重复计算对数似然比的计算复杂度,特别是当 $\{V(n)\}$ 不是独立同分布时。当捕获相关器对于一个正确区间的输出信号明显比所期望的强度小时,就会出现另一个问题,即在这种情况下,相对于固定驻留时间的捕获器,序贯检测器的平均捕获时间可能会增加。

4.5　扩谱码跟踪

接收机必须通过非相干捕获和跟踪来提供扩谱码同步,以使接收信号在载波同步之前解扩,然后进行相干解调。相干跟踪环难以适应数据调制的影响。因此,在扩谱系统中主要使用非相干环路,可直接工作于接收信号且不受数据调制的影响。

为设计非相干环路,可采用式(4.18)给出的统计量 $R_o(\tau)$ 。若假设最大似然估计 $\hat{\tau}$ 在定时不确定性区域的内部,且 $R_o(\tau)$ 是关于 τ 的可微函数,则使 $R_o(\tau)$ 最大的估计 $\hat{\tau}$ 可通过下式求得:

$$\left.\frac{\partial R_o(\tau)}{\partial \tau}\right|_{\tau=\hat{\tau}} = 0 \tag{4.115}$$

虽然当码片波形是矩形时 $R_o(\tau)$ 是不可微的,但该问题可通过使用差分方程作为微分的近似来避免。因此,对于一个正的 δT_c ,令

$$\left.\frac{\partial R_o(\tau)}{\partial \tau}\right| \approx \frac{R_o(\tau + \delta T_c) - R_o(\tau - \delta T_c)}{2\delta T_c} \tag{4.116}$$

该式意味着式(4.115)的解可通过某种近似来获得,该近似能找到满足下式的 $\hat{\tau}$,即

$$R_o(\hat{\tau} + \delta T_c) - R_o(\hat{\tau} - \delta T_c) = 0 \tag{4.117}$$

为确定该方程的解,假设不存在噪声,且送至跟踪器的信号具有以下形式:

$$s(t) = Ap(t)\cos(2\pi f_c t + \theta) \tag{4.118}$$

式中接收信号正确的定时偏差为 $\tau = 0$。将 $r(t) = s(t)$ 代入式(4.18),并应用三角公式,可得

$$R_o(\hat{\tau}) = \frac{A^2}{4}\left[\int_0^T p(t)p(t - \hat{\tau})\mathrm{d}t\right]^2 \tag{4.119}$$

若将 $p(t)$ 建模为扩谱波形,且在间隔 $[0,T]$ 中包括很多码片,则上式中的积分可用其期望值作为合理近似,该期望值与自相关函数 $R_p(\hat{\tau})$ 成正比。将该结果代入式(4.117)中可发现,最大似然估计可通过某种近似来获得,该近似能找到满足下式的 $\hat{\tau}$,即

$$R_p^2(\hat{\tau} + \delta T_c) - R_p^2(\hat{\tau} - \delta T_c) = 0 \tag{4.120}$$

如图 4.17 所示的非相干**延迟锁定环**[56],能够实现式(4.120)左边差分的近似计算,并能够连续调整 $\hat{\tau}$ 使该差分值近似为零。该估计用于产生与接收到的直扩信号同步的本地扩谱序列,该本地序列用于对接收直扩信号的解扩。扩谱码产生器产生三个序列,其中一个是用于捕获和解调的参考序列,另外两个序列与参考序列相比分别提前和滞后 δT_c 。乘积 δT_c 通常等于捕获步长,因此通常为 $\delta = 1/2$,但也可取其他 $\delta \in (0,1)$ 之间的值。提前和滞后序列分别在独立的支路中与接收的直扩信号相乘。

对于式(4.118)所示的接收的直扩信号,上支路混频器的输出信号为

$$s_{u1}(t) = Ad(t)p(t)p(t + \delta T_c - \epsilon T_c)\cos(2\pi f_c t + \theta) \tag{4.121}$$

式中 ϵT_c 为参考序列相对于接收序列的时延。尽管由于环路的动态性, ϵ 是时间的函数,但为符号表示的方便,其时变性可忽略不计。由于每个带通滤波器具有近似 $1/T_s$ 的带宽(T_s 为符号宽度),因此滤波时不会使 $d(t)$ 严重畸变。除变化缓慢的 $p(t)p(t + \delta T_c - \epsilon T_c)$ 的期望值外,几乎所有的频谱成分都被上支路带通滤波器滤除。由于该期望值是扩谱序列的自相关值,因此滤波器输出为

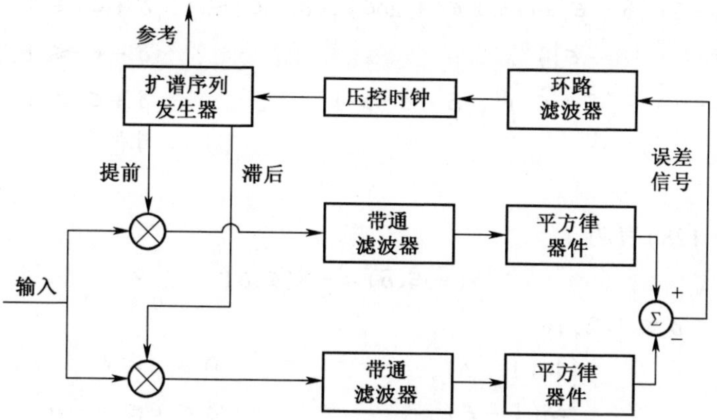

图 4.17 延迟锁定环

$$s_{u2}(t) \approx Ad(t)R_p(\delta T_c - \epsilon T_c)\cos(2\pi f_c t + \theta) \tag{4.122}$$

任何由平方律器件产生的倍频分量最终都会被环路滤波器滤除,因此可忽略不计。由于 $d^2(t) = 1$,因此数据调制就被消除了,上支路的平方律器件输出为

$$s_{u3}(t) \approx \frac{A^2}{2}R_p^2(\delta T_c - \epsilon T_c) \tag{4.123}$$

类似地,下支路的平方律器件输出为

$$s_{l3}(t) \approx \frac{A^2}{2}R_p^2(-\delta T_c - \epsilon T_c) \tag{4.124}$$

两个支路输出之差为误差信号即

$$s_e(t) \approx \frac{A^2}{2}[R_p^2(\delta T_c - \epsilon T_c) - R_p^2(-\delta T_c - \epsilon T_c)] \tag{4.125}$$

该信号被送至环路滤波器。由于 $R_p(\tau)$ 为偶函数,误差信号正比于式(4.120)的左侧部分,其中 $\hat{\tau} = \epsilon T_c$ 。

若将 $p(t)$ 建模为随机二进制序列的扩谱波形,则(见 2.2 节)

$$R_p(\tau) = \Lambda\left(\frac{\tau}{T_c}\right) = \begin{cases} 1 - \left|\dfrac{\tau}{T_c}\right|, & |\tau| \leqslant T_c \\ 0, & |\tau| > T_c \end{cases} \tag{4.126}$$

将该式代入式(4.125)可得

$$s_e(t) \approx \frac{A^2}{2}S(\epsilon,\delta) \tag{4.127}$$

式中 $S(\epsilon,\delta)$ 为**鉴相器特征曲线**,或称为跟踪环路的 S **曲线**。假设 $\delta \geqslant 0$ 则

$$S(\epsilon,\delta)=\begin{cases}-2(|\delta-\epsilon|-|\delta+\epsilon|+2\delta\epsilon), |\delta-\epsilon|\leqslant 1, |\delta+\epsilon|\leqslant 1\\(1-|\delta-\epsilon|)^2, & |\delta-\epsilon|\leqslant 1, |\delta+\epsilon|>1\\-(1-|\delta+\epsilon|)^2, |\delta-\epsilon|>1, & |\delta+\epsilon|\leqslant 1\\0, & \text{其他}\end{cases}\tag{4.128}$$

式(4.128)表明

$$S(-\epsilon,\delta)=-S(\epsilon,\delta)\tag{4.129}$$

若 $0\leqslant\delta\leqslant 1/2$,有

$$S(\epsilon,\delta)=\begin{cases}4\epsilon(1-\delta), & 0\leqslant\epsilon\leqslant\delta\\4\delta(1-\epsilon), & \delta\leqslant\epsilon\leqslant 1-\delta\\1+(\epsilon-\delta)(\epsilon-\delta-2), & 1-\delta\leqslant\epsilon\leqslant 1+\delta\\0, & 1+\delta\leqslant\epsilon\end{cases}\tag{4.130}$$

若 $1/2\leqslant\delta\leqslant 1$,有

$$S(\epsilon,\delta)=\begin{cases}4\epsilon(1-\delta), & 0\leqslant\epsilon\leqslant 1-\delta\\1+(\epsilon-\delta)(\epsilon-\delta+2), & 1-\delta\leqslant\epsilon\leqslant\delta\\1+(\epsilon-\delta)(\epsilon-\delta-2), & \delta\leqslant\epsilon\leqslant 1+\delta\\0, & 1+\delta\leqslant\epsilon\end{cases}\tag{4.131}$$

图 4.18 给出了 $\delta=1/2$ 时的鉴相器特征曲线。

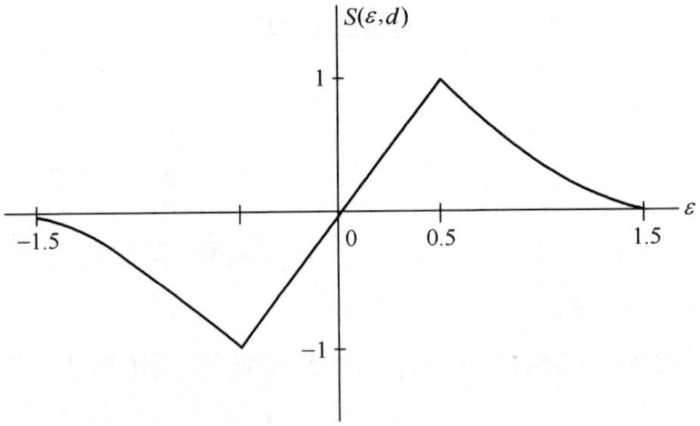

图 4.18　$\delta=1/2$ 时延迟锁定环鉴相器的特性曲线

如图 4.17 所示,滤波后的误差信号被送至压控时钟。时钟频率的改变使得参考序列向与接收扩谱序列同步的方向收敛。当 $0<\epsilon(t)<1+\delta$ 时,参考序列相对于接收序列是延迟的。如图 4.18 所示,对于 $\delta=1/2$, $S(\epsilon,\delta)$ 为正,因此时钟频率增加而 $\epsilon(t)$ 降低。该图表明,当 $\epsilon(t)\to 0$ 时 $s_e(t)\to 0$。类似地,若 $\epsilon(t)<0$,可发现当 $\epsilon(t)\to 0$ 时, $s_e(t)\to 0$。因此,一旦捕获器完成了粗同步,

延时锁定环就可跟踪接收码定时。

扩谱码跟踪环的鉴相器特征曲线不同于锁相环的鉴相器特征曲线,因为它只在 ϵ 的有限范围内是非零的。在该范围之外,将无法保持扩谱码跟踪,同步系统将失锁,锁定检测器将重新开始捕获搜索。一旦捕获器将 ϵ 降低到使鉴相器特征曲线为非零的范围内,跟踪将恢复。

当在同步直扩网络中使用短扩谱序列时,由于多址接入干扰降低了这些干扰的随机性(见第 7 章),从而可能导致跟踪抖动增加,甚至使鉴相器特性出现偏差[11]。对于正交序列,当同步建立时干扰为零,但当在本地扩谱序列中存在扩谱码相位偏差时干扰可能会变大。当存在跟踪偏差时,相对于正确码相位具有更大偏差的延迟锁定环的支路将收到比其他支路更多的噪声功率。这种不一致性减小了鉴相器特征曲线的斜率,从而降低了跟踪性能。此外,由于扩谱序列间互相关函数的非对称特性,鉴相器特性可能向某个方向发生偏移,从而引起跟踪偏差。

非相干 **T 型抖动环**是非相干延迟锁定环的低复杂度替代方案,如图 4.19 所示。**抖动信号** $D(t)$ 是一个在+1 和-1 间交替变化的方波。该信号控制一个开关,使提前或滞后的扩谱序列交替通过。当不存在噪声时,开关的输出可表示为

$$s_1(t) = \left[\frac{1 + D(t)}{2}\right]p(t + \delta T_c - \epsilon T_c) + \left[\frac{1 - D(t)}{2}\right]p(t - \delta T_c - \epsilon T_c) \tag{4.132}$$

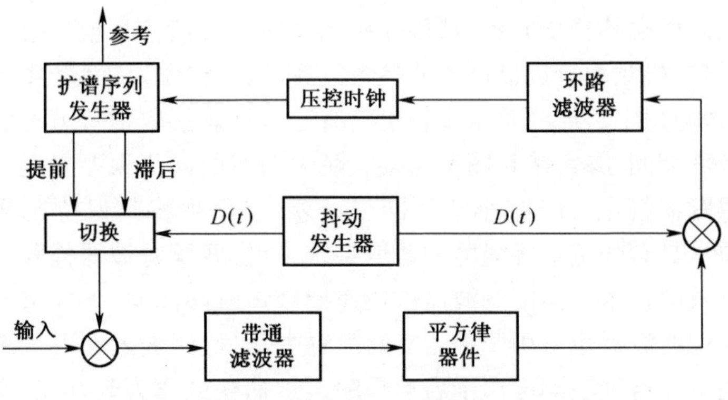

图 4.19 T 型抖动环

式中括号[·]内的两个因子是时域上的正交函数,在+1 和 0 之间交替变化,且在任何时刻两个因子中只有一个非零。接收的直扩信号与 $s_1(t)$ 相乘、滤波,然后送至平方律器件。若带通滤波器的带宽足够窄,则采用类似于式(4.123)的

推导方式表明平方律器件的输出为

$$s_2(t) \approx \frac{A^2}{2}\left[\frac{1+D(t)}{2}\right]R_p^2(\delta T_c - \epsilon T_c) + \frac{A^2}{2}\left[\frac{1-D(t)}{2}\right]R_p^2(-\delta T_c - \epsilon T_c) \tag{4.133}$$

由于 $D(t)[1+D(t)]=1+D(t)$ 且 $D(t)[1-D(t)]=-[1-D(t)]$，环路滤波器的输入为

$$s_3(t) \approx \frac{A^2}{2}\left[\frac{1+D(t)}{2}\right]R_p^2(\delta T_c - \epsilon T_c) - \frac{A^2}{2}\left[\frac{1-D(t)}{2}\right]R_p^2(-\delta T_c - \epsilon T_c) \tag{4.134}$$

若忽略 ϵ 的时变性，则 $s_3(t)$ 为周期与 $D(t)$ 相同的矩形波。由于环路滤波器与 $D(t)$ 相比是窄带的，故其输出近似为 $s_3(t)$ 的直流分量，即 $s_3(t)$ 的平均值。将式(4.134)中的两项取平均，并应用式(4.126)，可得压控时钟的输入为

$$s_4(t) = \frac{A^2}{4}S(\epsilon,\delta) \tag{4.135}$$

式中鉴相器特性 $S(\epsilon,\delta)$ 由式(4.129)～式(4.131)给出。因此，T 型抖动环能够以类似于延迟锁定环的方式跟踪扩谱码定时，但需要的硬件比延迟锁定环要少，且避免了延迟锁定环所需的对两条支路的增益和延时做出平衡。然而，包括噪声影响在内的详细分析表明 T 型抖动环的扩谱码跟踪精度要差一些[56]。

4.6 跳频图案

通过收发两端的精确时钟、从接收机到发射机反馈信号或发射导频信号等方式，可使接收机频率合成器产生的参考跳频图案与接收的跳频图案同步。然而，在大多数应用中需要或希望接收机具有通过处理接收信号就可获得同步的能力。在**捕获**期间，参考跳频图案与接收跳频图案的同步误差要远小于一跳驻留时间。**跟踪**器将进一步减小这种同步误差，或至少将其保持在某个范围以内。对于要求具有强抗干扰能力的通信系统来说，**匹配滤波器捕获**和**顺序搜索捕获**是最有效的技术。匹配滤波器可快速捕获短跳频图案，但要求同时合成多个频率。匹配滤波器也可用于图 4.2 的配置中，以检测嵌入在更长跳频图案中的短跳频图案。这种检测可用于启动顺序搜索捕获或作为其补充，这样可实现更可靠的性能并可适应长跳频图案。

4.6.1 匹配滤波器捕获

匹配滤波器捕获器使用一个或多个可编程频率合成器产生频率为 f_1，

$f_2, \cdots, f_N$ 的单频信号,这些信号在扩谱码捕获时会被跳频图案的连续频率中的一个固定频率抵消。若某个单频信号减去偏移后与接收跳频脉冲的载波频率相匹配,则可实现解跳,并可检测脉冲的能量。可提供基本抗干扰能力的匹配滤波捕获器如图 4.20 所示[49]。若超过支路 k 中门限检测器的门限,则其输出为 $d_k(t) = 1$,只有在接收信号跳到某个特定频率才会发生这种理想情况。否则门限检测器输出为 $d_k(t) = 0$。使用二进制检测器输出可防止系统被多个强干扰信号压制。比较器的输入 $D(t)$ 是已连续接收的跳频图案中的频率数。$D(t)$ 是数值离散、时间连续的,可表示为

$$D(t) = \sum_{k=1}^{N} d_k[t - (N - k + 1) T_\mathrm{h}] \tag{4.136}$$

式中 T_h 为跳周期。图 4.21(a)显示了 $N = 8$ 时的波形。门限发生器的输入为

$$L(t) = D(t + T_\mathrm{h}) \tag{4.137}$$

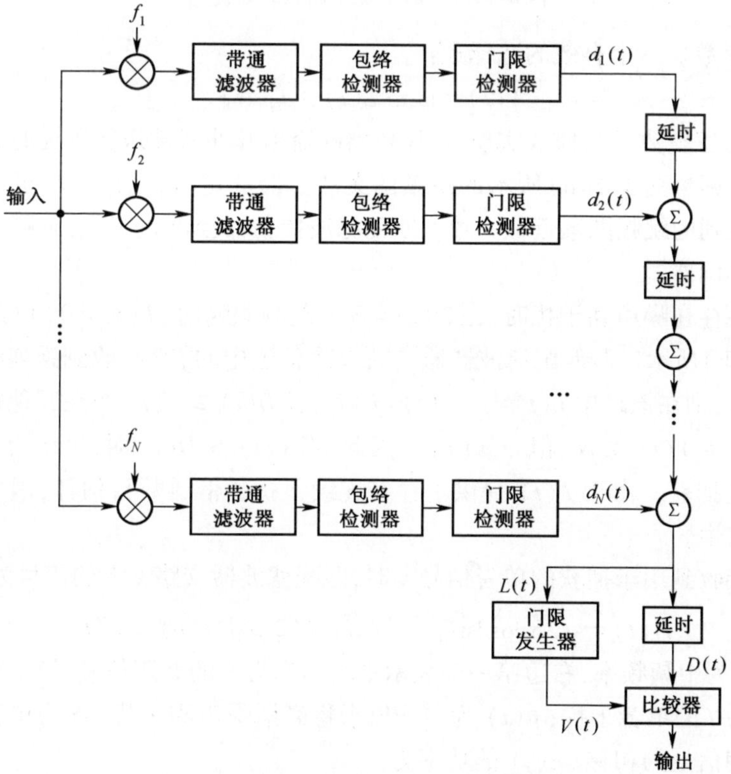

图 4.20 能够抗干扰的匹配滤波捕获器

当 $D(t) \geqslant V(t)$ 时,则认为实现了捕获,此处 $V(t)$ 为自适应门限,它是

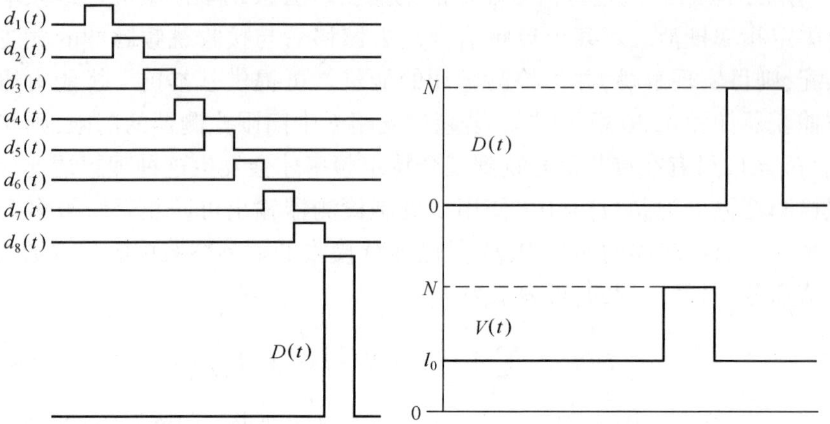

(a) 当$N=8$时$D(t)$的波形　　(b) $D(t)$和$V(t)$的比较

图 4.21　理想情况下的捕获器波形

$L(t)$ 的函数。一个有效的选择是:

$$V(t) = \min[L(t) + l_0, N] \tag{4.138}$$

式中 l_0 为正整数。当捕获实现后,比较器的输出脉冲就被送往压控时钟。该时钟的输出调整图 3.2(b)所示的跳频图案产生器的定时,以便接收机产生的图案与接收到的跳频图案近似一致。匹配滤波捕获器会停止工作,解跳后的信号被送至解调器。

当不存在噪声和干扰时,在 $D(t)=N$ 的跳频间隔内,$L(t)=0$,$V(t)=l_0$,如图 4.21(b)所示。若匹配滤波器监测的 N 个信道中的 j 个接收到强连续干扰且 $j \leqslant N-l_0$,则在该跳中 $L(t)=j$,$V(t)=j+l_0$,且 $D(t) \geqslant V(t)$。在其他跳频间隔中,$j+l_0 \leqslant V(t) \leqslant N$,但 $D(t)=j$。因此,当 $V(t) > D(t)$ 时,可认为匹配滤波器未实现捕获。由于 $L(t)$ 提供了存在连续干扰的信道数目估计,因而防止了虚警的发生。

当接收到用于捕获的单音信号 k 时,匹配滤波器支路 k 上的信号为

$$r_k(t) = \sqrt{2S}\cos 2\pi f_0 t + \sqrt{2I}\cos(2\pi f_0 t + \phi) + n(t) \tag{4.139}$$

式中:f_0 为中频频率,右边第一项表示平均功率为 S 的有用信号,第二项表示平均功率为 I 的单音干扰;$n(t)$ 为零均值平稳高斯噪声和干扰;ϕ 为单音干扰相对于有用信号的相移。$n(t)$ 的功率为

$$N_1 = N_t + N_i \tag{4.140}$$

式中:N_t 为热噪声的功率;N_i 为统计独立的噪声干扰的功率。

由于合适的抽样倍数未知,故可采用带通滤波器来代替与捕获单音信号相

匹配的滤波器。假设每条支路上带通滤波器的通带在频谱上是不相交的,因此进入某一支路的单音干扰对其他支路的影响可忽略不计,且每一个滤波器的输出彼此统计独立。为证明噪声的统计独立性,令 $R_n(\tau)$ 和 $S_n(f)$ 分别表示捕获器输入端平稳高斯噪声 $n(t)$ 的自相关函数和功率谱密度。令 $h_1(t)$ 和 $h_2(t)$ 为两个带通滤波器的脉冲响应,$H_1(f)$ 和 $H_2(f)$ 为两个带通滤波器的转移函数。由于进入这两个滤波器的高斯噪声过程是相同的,因此它们的输出是联合高斯的。联合高斯、零均值的滤波器输出值的互协方差为

$$\begin{aligned}C &= E\left[\int_{-\infty}^{\infty} h_1(\tau_1)n(t-\tau_1)\mathrm{d}\tau_1\int_{-\infty}^{\infty} h_2(\tau_2)n(t-\tau_2)\mathrm{d}\tau_2\right]\\&=\int_{-\infty}^{\infty}\int_{-\infty}^{\infty} h_1(\tau_1)h_2(\tau_2)R_n(\tau_2-\tau_1)\mathrm{d}\tau_1\mathrm{d}\tau_2\\&=\int_{-\infty}^{\infty}\int_{-\infty}^{\infty}\int_{-\infty}^{\infty} h_1(\tau_1)h_2(\tau_2)S(f)\exp[\mathrm{j}2\pi f(\tau_2-\tau_1)]\mathrm{d}f\mathrm{d}\tau_1\mathrm{d}\tau_2\\&=\int_{-\infty}^{\infty} S(f)H_1(f)H_2^*(f)\mathrm{d}f\end{aligned} \tag{4.141}$$

当 $H_1(f)$ 和 $H_2(f)$ 在频谱上不相交时上式为零。若噪声为白噪声,即 $S(f)$ 为常数时,则当 $H_1(f)$ 和 $H_2(f)$ 正交时,$C=0$。当任意一对滤波器都有 $C=0$ 时,N 条支路上的门限检测器的输出彼此统计独立。

假设一条支路存在噪声干扰,但不存在单音干扰,则 $I=0$。根据附录 C.2 "平稳统计过程"中对式(C.30)、式(C.36)以及式(C.41)后的讨论,零均值平稳高斯噪声可表示为

$$n(t)=n_\mathrm{c}(t)\cos2\pi f_0t-n_\mathrm{s}(t)\sin2\pi f_0t \tag{4.142}$$

式中:$n_\mathrm{c}(t)$ 和 $n_\mathrm{s}(t)$ 为统计独立的零均值高斯过程,其噪声功率为 N_1。在实际中,图 4.20 的匹配滤波器会连续工作以便在任意时刻实现捕获。然而,为简化分析,可在假设每跳驻留时间中只有一个抽样的情况下计算检测概率和虚警概率。根据 $I=0$ 时的式(4.139)及式(4.142)可得

$$r_k(t)=\sqrt{Z_1^2(t)+Z_2^2(t)}\cos[2\pi f_0t+\psi(t)] \tag{4.143}$$

式中

$$Z_1(t)=\sqrt{2S}+n_\mathrm{c}(t),\quad Z_2(t)=n_\mathrm{s}(t),\quad \psi(t)=\tan^{-1}\left[\frac{n_\mathrm{s}(t)}{n_\mathrm{c}(t)}\right] \tag{4.144}$$

由于 $n_\mathrm{c}(t)$ 和 $n_\mathrm{s}(t)$ 是统计独立的,因此 Z_1 和 Z_2 在任意时刻的联合概率密度函数为

$$g_1(z_1,z_2)=\frac{1}{2\pi N_1}\exp\left[-\frac{(z_1-\sqrt{2S})^2+z_2^2}{2N_1}\right] \tag{4.145}$$

将 R 和 Θ 隐性定义为 $Z_1=R\cos\Theta$ 和 $Z_2=R\sin\Theta$。R 和 Θ 的联合概率密度为

$$g_2(r,\theta)=\frac{r}{2\pi N_1}\exp\left(-\frac{r^2-2r\sqrt{2S}\cos\theta+2S}{2N_1}\right),\quad r\geqslant 0,\quad |\theta|\leqslant\pi \tag{4.146}$$

包络 $R=\sqrt{Z_1^2(t)+Z_2^2(t)}$ 的概率密度函数可通过对 θ 积分获得。应用附录 B.3“第一类贝塞尔函数”中的式(B.13)可得

$$f_1(r)=\frac{r}{N_1}\exp\left(-\frac{r^2-2S}{2N_1}\right)\mathrm{I}_0\left(r\frac{\sqrt{2S}}{N_1}\right)u(r) \tag{4.147}$$

式中：$u(r)$ 为单位阶跃函数。

各支路门限检测器的检测概率就是包络检测器输出 R 超过门限 η 的概率，即

$$\begin{aligned}P_{11}&=\int_\eta^\infty f_1(r)\,\mathrm{d}r\\&=Q\left(\sqrt{\frac{2S}{N_1}},\frac{\eta}{\sqrt{N_1}}\right)\end{aligned} \tag{4.148}$$

式中 $Q(\alpha,\beta)$ 为马库姆 Q 函数，其定义见附录 B.5“马库姆 Q 函数”中的式(B.18)。当没有噪声干扰时，其检测概率为

$$P_{10}=Q\left(\sqrt{\frac{2S}{N_t}},\frac{\eta}{\sqrt{N_t}}\right) \tag{4.149}$$

若没有捕获单音信号，则 $S=0$，但存在噪声干扰时，虚警概率为

$$P_{01}=\exp\left(-\frac{\eta^2}{2N_1}\right) \tag{4.150}$$

若既没有捕获单音信号，也没有噪声干扰，则虚警概率为

$$P_{00}=\exp\left(-\frac{\eta^2}{2N_t}\right) \tag{4.151}$$

在式(4.148)到式(4.151)中，当存在捕获单音信号时变量的第一个下标为1，反之为0；当存在干扰时变量的第二个下标为1，反之为0。

考虑一条支路上存在单音干扰的情形。这里做一个较为悲观的假设，即该单音干扰的频率与捕获频率精确相等，如式(4.139)所示。将干扰项进行三角展开并采用类似于式(4.148)的推导方式可知，在给定 ϕ 值时，条件检测概率为

$$P_{11}(\phi) = Q\left(\sqrt{\frac{2(S + I + \sqrt{SI}\cos\phi)}{N_1}},\quad \frac{\eta}{\sqrt{N_1}}\right) \tag{4.152}$$

若将 ϕ 建模为在 $[0,2\pi)$ 上均匀分布的随机变量,则检测概率为

$$P_{11} = \frac{1}{\pi}\int_0^{\pi} P_{11}(\phi)\mathrm{d}\phi \tag{4.153}$$

在上式中, $\cos\phi$ 在 $[0,\pi]$ 上就可取遍所有可能值,该事实可用来减小积分区间。若捕获频率不存在,但存在单音干扰,则虚警概率为

$$P_{01} = Q\left(\sqrt{\frac{2I}{N_1}},\quad \frac{\eta}{\sqrt{N_1}}\right) \tag{4.154}$$

为方便起见,定义函数:

$$\beta(i,N,m,P_a,P_b) = \sum_{n=0}^{i}\binom{m}{n}\binom{N-m}{i-n}P_a^n(1-P_a)^{m-n}P_b^{i-n}(1-P_b)^{N-m-i+n} \tag{4.155}$$

式中若 $a > b$ 则 $\binom{b}{a} = 0$。假设 N 个匹配滤波器支路中有 m 个接收到等功率的干扰,令 n 表示检测器输出大于 η 的受干扰信道数。若 $0 \leqslant n \leqslant i$,则有 $\binom{m}{n}$ 种在 m 个信道中选择 n 个信道的方案,有 $\binom{N-m}{i-n}$ 种在 $N-m$ 个未受干扰信道中选择 $i-n$ 个检测器输出大于门限 η 的信道的方案。因此,在 m 个信道受到干扰时,使 $D(t)=i$ 的条件概率为

$$P(D=i|m) = \beta(i,N,m,P_{h1},P_{h0}),\quad h=0,1 \tag{4.156}$$

式中若捕获单音存在,则 $h=1$;反之,则 $h=0$。类似地,假设 N 个捕获信道中有 m 个受到干扰,则 $L(t)=l$ 的条件概率为

$$P(L=l|m) = \beta(l,N,m,P_{h1},P_{h0}),\quad h=0,1 \tag{4.157}$$

若有 J 个干扰信号随机分布在由 M 个信道组成的跳频频率集中,则在 N 个匹配滤波器中有 m 条支路存在干扰的概率为

$$P_m = \frac{\binom{N}{m}\binom{M-N}{J-m}}{\binom{M}{J}} \tag{4.158}$$

在特定抽样时刻下确认捕获的概率为

$$P_{\mathrm{A}} = \sum_{m=0}^{\min(N,J)} P_m \sum_{l=0}^{N} P(L=l|m) \sum_{k=V(l)}^{N} P(D=k|m) \tag{4.159}$$

当连续接收到捕获单音时,检测概率由式(4.156)到式(4.159)确定:

$$P_{\mathrm{D}}=\sum_{m=0}^{\min(N,J)}\frac{\binom{N}{m}\binom{M-N}{J-m}}{\binom{M}{J}}\sum_{l=0}^{N}\beta(l,N,m,P_{01},P_{00})\sum_{k=V(l)}^{N}\beta(k,N,m,P_{11},P_{10})\tag{4.160}$$

为简化虚警概率的估计,可忽略图 4.19 中 $D(t)$ 峰值以前的抽样时间,这是因为那段时间的虚警概率可忽略不计。由于不存在捕获单音信号,故虚警概率为

$$P_{\mathrm{F}}=\sum_{m=0}^{\min(N,J)}\frac{\binom{N}{m}\binom{M-N}{J-m}}{\binom{M}{J}}\sum_{l=0}^{N}\beta(l,N,m,P_{01},P_{00})\sum_{k=V(l)}^{N}\beta(k,N,m,P_{01},P_{00})\tag{4.161}$$

若没有干扰,即 $J=0$,则式(4.160)与式(4.161)可化简为

$$P_{\mathrm{D}}=\sum_{l=0}^{N}\binom{N}{l}P_{00}^{l}(1-P_{00})^{N-1}\sum_{k=V(l)}^{N}\binom{N}{k}P_{10}^{k}(1-P_{10})^{N-k}\tag{4.162}$$

$$P_{\mathrm{F}}=\sum_{l=0}^{N}\binom{N}{l}P_{00}^{l}(1-P_{00})^{N-1}\sum_{k=V(l)}^{N}\binom{N}{k}P_{00}^{k}(1-P_{00})^{N-k}\tag{4.163}$$

当没有干扰且指定了 l_0 值时,可通过选择归一化信道门限 $\eta/\sqrt{N_{\mathrm{t}}}$ 来保持所需的 P_{F}。然后在给定的 S/N_{t} 值下选择 l_0 值使 P_{D} 最大化。最佳选择一般为 $l_0=\lfloor N/2\rfloor$。例如,假设 $N=8$,$P_{\mathrm{F}}=10^{-7}$,且接收到用于捕获的单音信号时 SNR 为 $S/N_{\mathrm{t}}=10\mathrm{dB}$,则对式(4.163)进行数值计算可得,没有干扰时保持 $P_{\mathrm{F}}=10^{-7}$ 且使 P_{D} 最大的参数值为 $\eta/\sqrt{N_{\mathrm{t}}}=3.1856$ 和 $l_0=4$。当以固定的比较器门限 $V(t)=l_0$ 代替式(4.138)中的自适应门限时,可选用近似相同的门限值 $\eta/\sqrt{N_{\mathrm{t}}}=3.1896$,$l_0=4$。若每跳驻留时间中 $D(t)$ 和 $L(t)$ 都被抽样一次,则虚警率为 $P_{\mathrm{F}}/T_{\mathrm{h}}$。各种其他性能、设计方面的内容及跳频干扰的影响见文献[49]。

例 4.3 假设总功率为 N_{it} 的噪声干扰均匀分布在 N 个信道中的 J 个信道上,且这 N 个信道都具有匹配滤波器。则每个信道上的干扰功率为

$$N_i=\frac{N_{it}}{J}\tag{4.164}$$

假设不存在多音干扰且 $N=8$,$M=128$,$S/N_{\mathrm{t}}=10\mathrm{dB}$。为确保无干扰时 $P_{\mathrm{F}}=10^{-7}$,当采用自适应比较门限时,可令 $l_0=4$ 且 $\eta/\sqrt{N_{\mathrm{t}}}=3.1856$;当采用固定比较门限时,可令 $l_0=4$ 和 $\eta/\sqrt{N_{\mathrm{t}}}=3.1896$。由于 P_{D} 对 J 的变化相对不敏

感,因此可通过检验 P_F 来评估 J 的影响。图 4.22 给出了 P_F 与 N_{it}/S 即干信比之间的关系。图中表明当 N_{it}/S 很大时,自适应门限的抗部分频带干扰能力要比固定门限好得多。当 $N_{it}/S < 10$dB,最恶劣的部分频带干扰比全频带干扰引起的 P_F 要高得多。图中还可发现多音干扰倾向于比噪声干扰产生更少的虚警概率。

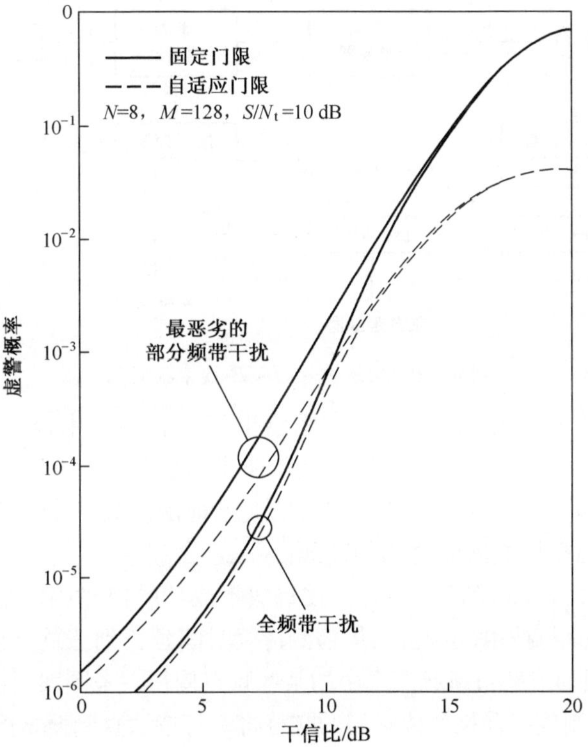

图 4.22　匹配滤波捕获器的虚警概率

4.6.2　顺序搜索捕获

如图 4.23 所示,跳频信号的**顺序搜索捕获器**通过本地产生的跳频信号将接收到的跳频信号下变频为一个固定的中频信号,然后将辐射计或能量检测器(见 10.2 节)的输出与门限做比较来确定是否实现了捕获。若超过门限,则通过了检测,若没有超过门限,则没有通过检测。能量检测器由平方器、模数转换器和样值求和器组成。对由接收机合成的跳频图案与接收图案是否同步的一次检测称为一个(检测)**区间**(Cell)。若一个区间通过了一定数量的检测,就认为实现了捕获,从而启动跟踪器。当认为实现了捕获时,搜索控制器就对保持跳频图案产生器定时的压控时钟产生一个恒定输入，以便接收机产生的图案与接收到的跳频图案近似保持一致。带通滤波器输出的解跳信号就会输出至解调器。若某个区间没有通过检测，该区间就被排除。当搜索控制器给压控时钟送一个信号从而使得接收机合成的参考图案提前或滞后于接收图案时，将产生一个新的候选区间。

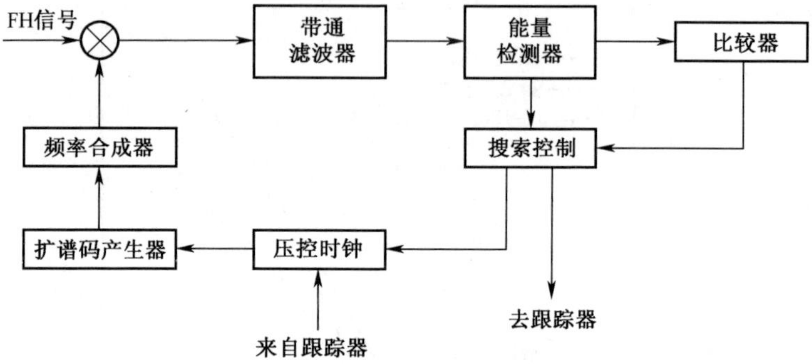

图 4.23　跳频信号的顺序搜索捕获器

几种搜索技术如图 4.24 所示，该图给出了接收图案中连续出现的频点及六种可能的接收机生成图案。短箭头表示通常被排除的区间的检测次数，长箭头表示搜索检测通过并开始确认检测时的典型检测次数。步长用 Δ 表示，它是跳持续时间内两个检测区间之间的间隔。

图 4.24 中技术(a)和技术(b)会在每次不成功的检测后抑制扩谱码发生器的时钟。技术(c)与技术(b)相同，但检测持续时间延长到三跳。技术(d)在每次不成功的检测后通过跳过跳频图案中的某些频点使得参考图案提前。技术(a)到技术(d)中的抑制或提前操作或它们的交替将一直持续直到搜索检测完成。

当参考图案和接收图案的同步误差在 r 跳以内的概率很高时，**小误差技术**(e)比较有效。这种情况通常在跟踪系统刚失锁时是真实存在的。跳频图案产生器在 $2r+1$ 个跳间隔时间范围内（分别向前扩展 r 个时间间隔和向后扩展 r 个时间间隔），可暂时强制参考信号保持在某频点上。相对于参考图案的中心跳，若同步误差小于 r 跳，则将在 $2r+1$ 跳驻留时间范围内完成搜索检测。在技术(e)中，$r=1$，初始同步误差为 1.5 跳驻留时间，假设第一次检测时参考和接收频率一致但检测失败，第二次检测时才完成捕获。

等待技术(f)需要在一个固定的参考频率上等待直到该频率的信号被接收到。参考频率由定时不确定性估计、密钥比特及实时时间（TOD）比特（见 3.1 节）确定，但参考频率必须周期性移动，以使捕获不受任何特定信道衰落和干扰的影响。若在特定时间间隔内未能实现捕获确认，则参考频率必须更换。若可

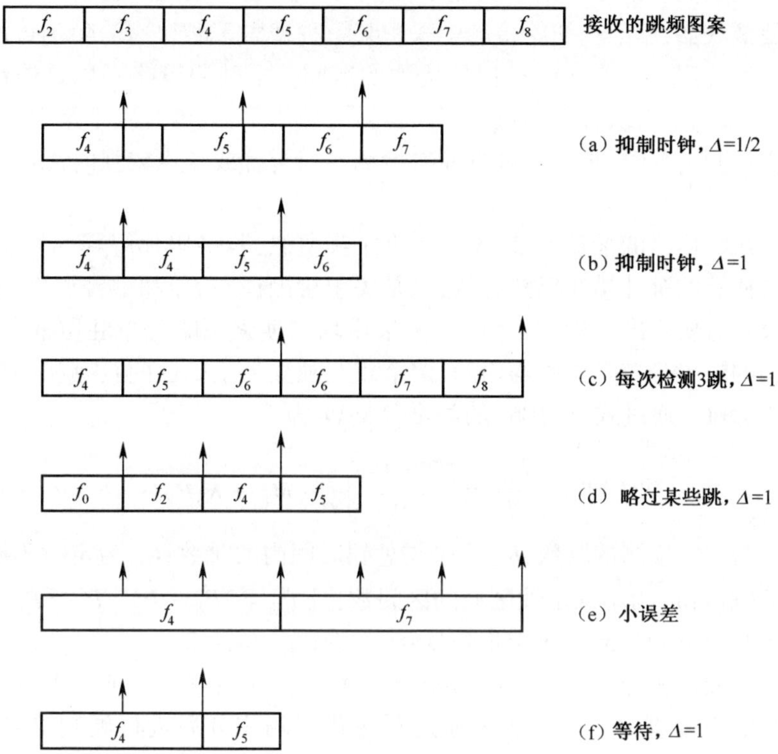

图 4.24　用于捕获的搜索技术

以选择参考频率以便它在接收图案中有明确的位置，则等待技术可实现并完成快速搜索。

当跳频图案周期很长时，在系统初始捕获期间可能需要一些特殊措施来减小定时不确定性。可临时使用跳频图案周期较短的**简化跳频频率集**，以减小定时不确定性及捕获时间。在网络中，可用独立的通信信道或**指示频率**向用户提供 TOD。

同步信道技术分配一组专用同步频率，并在系统初始捕获期间周期性地选择其中之一。在捕获之前，接收机在选定的同步频率上等待，直到在该频率上检测到接收信号，而发射信号则在专用同步频率上周期性跳频。当发射信号的频率与选定的同步频率匹配时，解调及译码后的数据比特将指示出发射机的 TOD 以及其他有利于定时捕获的信息。一旦接收机认为系统的初始捕获完成，发射机就得到通知或者指定的同步时间到期终止，而发射机就使用跳频图案开始通信。

搜索控制器用于在捕获和启动跟踪之前确定定时、门限及操作中采用的检测逻辑。搜索控制策略的细节决定了捕获时间的统计特性。控制器通常是一个**多驻留捕获器**,用于在初始检测中采用某一种搜索策略快速消除不可能的区间。随后的检测用于验证通过初始检测的区间。多驻留策略可以是**连续计数策略**,在该策略中某次失败的检测区间将被立即排除;或者是**上下策略**,在该策略中某次检测失败时,将重复进行前次检测。当干扰或噪声较强时采用上下策略更好[65]。

由于跳频信号的捕获与直扩信号的捕获类似,若将码片解释为跳,则 4.2 节给出的捕获的统计描述仍然有效,只是关于检测概率 P_d 和虚警概率 P_f 的一些特定公式有所不同。例如,考虑一个采用均匀搜索策略的单驻留捕获器,其正确区间的位置分布是**先验**均匀的,两个相互独立的正确区间具有相同检测概率 P_d,且 $q \gg 1$。通过式(4.106)的类推,NMAT 为

$$\text{NMAT} = \frac{\overline{T}_a}{C_h T_h} = \left(\frac{2 - P_D}{2P_D}\right)\frac{q_h}{C_h}(M_h + K_h P_F) \tag{4.165}$$

式中:M_h 为每次检测的跳数;K_h 为平均惩罚时间内的跳数;C_h 为定时不确定性范围内的跳数;q_h 为不确定性区域的区间数,且 $P_D = 2P_d - P_d^2$, $P_F = P_f$ 。对于步长 $\Delta = 1$,有 $q_h/C_h = 1$;对于步长 $\Delta = 1/2$,有 $q_h/C_h = 2$。

即使检测器积分包含若干跳间隔,在一跳间隔中的强干扰或深度衰落也可引起较高的虚警概率。该问题可通过对每跳间隔积分后进行硬判决来减轻。经过 N 次判决后,若超过比较器门限 l_0 次或未超过 l_0 次,则认为对捕获的检测通过或未通过。令 P_{dp} 和 P_{da} 分别为检测到正确区间时,存在和不存在干扰时在每一跳间隔结束时比较器门限被超过的概率。令 P_d 为检测到正确区间时,捕获检测通过的概率。若只有一个正确区间,则 $P_D = P_d$;若有两个独立的正确区间,则 $P_D = 2P_d - P_d^2$ 。若在一次测试中可分辨 N 个捕获频率,那么由类似于匹配滤波器捕获的推导方法可得

$$P_d = \sum_{m=0}^{\min(N,j)} \frac{\binom{N}{m}\binom{M-N}{J-m}}{\binom{M}{J}} \sum_{l=l_0}^{N} \beta(l, N, m, P_{dp}, P_{da}) \tag{4.166}$$

式中 $l_0 \geqslant 1$。类似地,当一个不正确单元被测试且没有捕获信号时,捕获测试通过的概率为

$$P_F = \sum_{m=0}^{\min(N,J)} \frac{\binom{N}{m}\binom{M-N}{J-m}}{\binom{M}{J}} \sum_{l=l_0}^{N} \beta(l, N, m, P_{fp}, P_{fa}) \tag{4.167}$$

式中 P_{fp} 和 P_{fa} 分别为测试不正确区间时，存在与不存在干扰时，超过门限的概率。l_0 的一个合适选择是 $\lfloor N/2 \rfloor$。由于图 4.23 中的顺序搜索捕获器包含一个嵌入式能量检测器，在 10.2 节中给出的能量检测器的性能分析可用于获得 P_{dp}、P_{da}、P_{fp} 和 P_{fa} 的表达式。

尽管大步长减少了检测到正确区间前必须要检测的不正确区间数，但在检测到正确区间时，它也导致图 4.23 中积分器输出的平均信号能量出现损失。图 4.25 说明了该问题及跳驻留时间 T_d 及跳时长 T_h 的作用，该图给出了不存在噪声时对于一个接收的单脉冲信号和参考信号的理想化输出。令 τ_e 为参考跳频图案相对于接收跳频图案的时延。假设一个检测区间的时延为 $\tau_e = -x$，此处 $0 \leqslant x \leqslant \Delta T_h$，$0 < \Delta < 1$。位于一个被排除区间之后的检测单元的时延为 $\tau_e = \Delta T_h - x$。当 $|\tau_e| = y$ 时积分器输出幅度最大，即

$$y = \min(x, \Delta T_h - x), \quad 0 \leqslant x < \Delta T_h \tag{4.168}$$

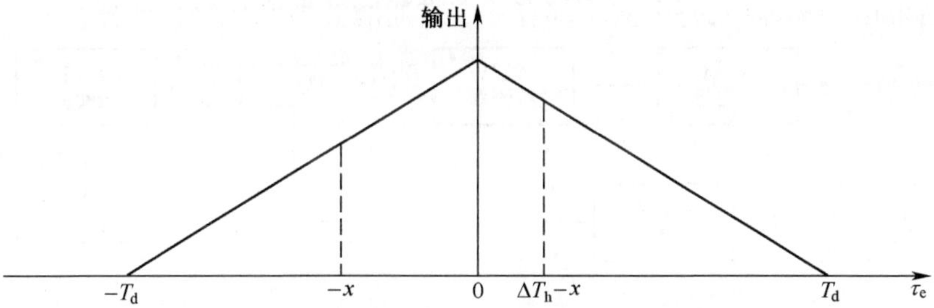

图 4.25　积分器的输出幅度与跳频图案相对时延的关系

假设 x 在 $(0, \Delta T_h)$ 上均匀分布，y 在 $(0, \Delta T_h/2)$ 上均匀分布，因此

$$E[y] = \frac{\Delta T_h}{4}, \quad E[y^2] = \frac{\Delta^2 T_h^2}{12} \tag{4.169}$$

$|\tau_e| = y$ 的区域被认为是**正确区间**或正确单元区间之一。若输出函数近似为图 4.25 中描绘的三角形，则当 $|\tau_e| = y$ 时，其幅度为

$$A = A_{max}\left(1 - \frac{y}{T_d}\right) \tag{4.170}$$

因此，当检测到 $|\tau_e| = y$ 对应的正确单元时，积分器输出的平均信号能量按以下因子衰减：

$$E\left[\left(1 - \frac{y}{T_d}\right)^2\right] = 1 - \frac{\Delta T_h}{2T_d} + \frac{\Delta^2 T_h^2}{12T_h^2} \tag{4.171}$$

该因子表示检测正确单元时由于跳频图案不同步造成的能量损失。例如，若 $T_d = 0.9T_h$，则式(4.171)表明，当 $\Delta = 1/2$ 时，平均损失为 1.26dB；当 $\Delta = 1$

时，平均损失为 2.62dB。当计算 P_{dp} 和 P_{da} 时，这些损失都应考虑在内。

在实际系统中，由于跳驻留时间远大于直扩信号码片宽度，因此跳频信号的顺序搜索捕获快于直扩信号的捕获。给定同样的定时不确定性范围，由于跳频信号每一步覆盖的不确定性范围更大，因此在捕获时只需搜索更少的单元。

4.6.3 跳频图案跟踪

捕获器可确保接收机合成的跳频图案与接收的跳频图案在时间上同步，其误差远小于一跳驻留时间。跟踪器须通过减小捕获后的残留误差来实现精同步。虽然用于跟踪直扩信号的延迟锁定环也适用于跳频信号[56]，但跳频系统中主要还是用类似于 T 型抖动环的**早迟门**来实现跳频图案跟踪[66]。整个跟踪环路如图 4.26 所示。作为典型示例，该图还显示了理想情况下在一跳驻留时间内只有单一载波频率时的波形。若数据调制为 FSK，则多个并行支路的输出合并后可用于早迟门，每个支路都有一个带通滤波器和包络检测器。

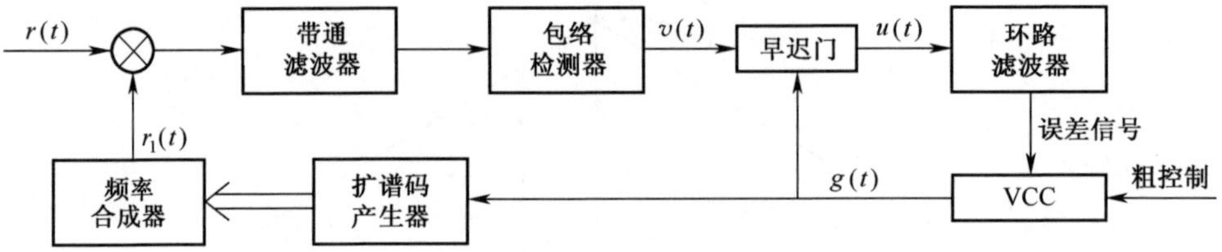

（a）环路

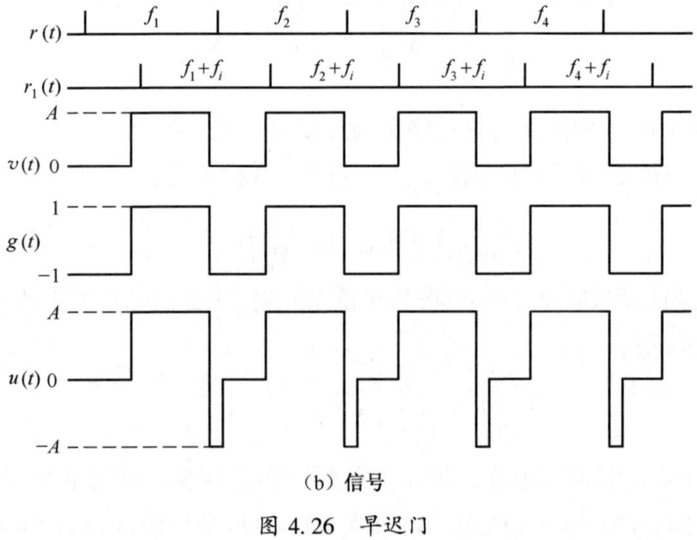

（b）信号

图 4.26 早迟门

没有噪声时,只有接收到跳频信号 $r(t)$ 时包络检测器才产生正的输出,且接收机产生的跳频信号副本 $r_1(t)$ 被中频 f_i 抵消。**选通信号** $g(t)$ 是一个以跳频速率在-1 和+1 间转换的方波时钟信号,用于控制 $r_1(t)$ 的频率转换。早迟门功能类似于信号乘法器,其输出为 $u(t)=v(t)g(t)$ 。误差信号由窄带环路滤波器产生,近似等于 $u(t)$ 在 $g(t)$ 一个周期上的均值。误差信号为 $r_1(t)$ 相对于 $r(t)$ 的时延 τ_e 的函数。误差信号正比于鉴相器特性曲线 $S(\epsilon)$,为归一化时延误差 $\epsilon=\tau_e/T_h$ 的函数。对于理想的环路滤波器,鉴相器特征如图 4.27 所示。对于如图 4.26 所示的典型波形,ϵ为正值,因此 $S(\epsilon)$ 也为正值。因此,压控时钟(VCC)将增加选通信号的转换速率,这将使得 $r_1(t)$ 与 $r(t)$ 更好地同步。若跳频图案跟踪系统失锁且小误差检测失败,则图 4.24 所示的等待技术可用于迅速完成再捕获。

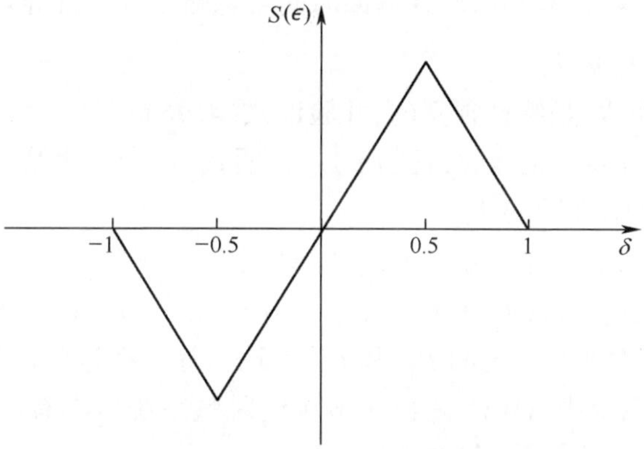

图 4.27 早迟门鉴相器特征曲线

4.7 思 考 题

1. 证明对于具有概率密度 $f(x)$ 的随机变量 Y 和 X, 关系式 $\int \mathrm{var}(Y/x)f(x)\mathrm{d}x=\mathrm{var}(Y)$ 一般不成立。如果成立,则式(4.22)和式(4.23)给出的 σ_a^2 能够化简。给出该关系式成立的充分条件。

2. 考虑一个正确单元位置具有均匀先验分布的均匀搜索。①捕获期间定时不确定性范围内扫描的平均次数为多少? ②对于较大的单元数,计算 $c>1$ 时 $P(T_a>c\overline{T_a})$ 的上边界与 P_D 的关系。③对于较大数目的搜索单元,证明捕获时间的标准差满足 $\frac{\overline{T_a}}{\sqrt{3}}\leqslant\sigma_a\leqslant\overline{T_a}$ 。

3. 采用将 $\bar{T}_{12}$ 写成条件期望的形式，然后枚举出 $\bar{T}_{12}$ 的可能值及它们的条件概率的方法推导式(4.42)。

4. 用类似于推导 $\bar{T}_{22}$ 的方法推导(4.54)。

5. 假设存在零均值高斯白噪声，其双边功率谱密度为 N_0，推导式(4.45)中的 P_{D}。使用式(4.38)并假设 $P_a = P_b$。当一个能量为 $\mathcal{E}$ 的目标信号完全进入滤波器时，由匹配滤波器输出的表达式入手来确定 P_a。

6. ①考虑一个锁定检测器，该检测器采用等检测概率和等检测间隔的双驻留连续计数捕获器。用递推关系来推导 $\overline{T_{\mathrm{h}}}$ 和 $\overline{T_{\mathrm{p}}}$。②考虑一个具有相等检测概率相等检测间隔的锁定检测器，若两次连续检测中的一次能够通过，该检测器就能够保持锁定。使用递推关系推导 $\overline{T_{\mathrm{h}}}$ 和 $\overline{T_{\mathrm{p}}}$。

7. 假设若 C 具有均匀分布，且返回时间可忽略不计。推导均匀搜索和非连续中心 Z 搜索中 $\overline{T_{\mathrm{a}}}$ 的差值。

8. 证明 N_{c} 和 N_{s} 是统计独立的，并验证式(4.96)。

9. 假设检测区间是正确的，且 $M \gg 1$。说明式(4.102)中第一项的均值和方差远大于第二项的均值和方差。

10. 当跳频系统和直扩系统的惩罚时间和检测间隔都相同时，比较式(4.165)给出的跳频系统的 NMAT 和式(4.106)给出的直扩系统的 NMAT。在前述的条件下，假设两个系统的 P_{D} 和 P_{F} 大致相等。在这些假设下，直扩系统中 NMAT 和跳频系统中 NMAT 之比是多少？跳频系统所具有的优势的物理原因是什么？

11. 考虑跳频信号的串行搜索捕获。按下列条件简化式(4.166)为单次求和的形式，并简化后续的例子：①$l_0 = N$；②$J = 0, l_0 \geqslant 0$。

12. 当采用单一捕获信号时，推导跳频信号顺序搜索捕获的 P_{D} 和 P_{F}。

第 5 章　自适应滤波器与阵列

自适应滤波器和自适应阵列作为通信系统的组成部分得到了广泛应用。本章的重点是某些自适应滤波器和自适应阵列，它们可利用扩谱信号特殊的频谱特征使得干扰抑制程度超出解扩或解跳本身的固有能力。本章给出了用于抑制窄带干扰及主要用于抑制宽带干扰的自适应滤波器。对用于直扩系统及跳频系统的自适应阵列也进行了阐述，并显示出它们具有很高的潜在干扰抑制能力。

5.1　实梯度与复梯度

5.1.1　实梯度

令 $\mathbf{R}$ 表示实数集，$\mathbf{R}^n$ 表示 $n\times 1$ 维实数向量集合，上标 T 表示转置。若定义在 $\mathbf{R}^n \to \mathbf{R}$ 上的函数 f 关于 $n \times 1$ 维向量 $\boldsymbol{x} = [x_1 \quad x_2 \quad \cdots \quad x_n]^{\mathrm{T}}$ 可微，则 f **的梯度**定义为

$$\nabla_{\boldsymbol{x}} f(\boldsymbol{x}) = \left[\frac{\partial f}{\partial x_1} \quad \frac{\partial f}{\partial x_2} \quad \cdots \quad \frac{\partial f}{\partial x_n}\right]^{\mathrm{T}} \tag{5.1}$$

上式为一个 $\mathbf{R}^n \to \mathbf{R}^n$ 的函数。令 $\boldsymbol{A}$ 为 $n \times n$ 维矩阵，令 $\boldsymbol{y}$ 为 $n \times 1$ 维向量。利用向量、矩阵元素及链式规则，可得

$$\nabla_{\boldsymbol{x}}[\boldsymbol{y}^{\mathrm{T}}\boldsymbol{x}] = \boldsymbol{y}, \quad \nabla_{\boldsymbol{x}}[\boldsymbol{x}^{\mathrm{T}}\boldsymbol{A}\boldsymbol{x}] = (\boldsymbol{A} + \boldsymbol{A}^{\mathrm{T}})\boldsymbol{x} \tag{5.2}$$

若 $\boldsymbol{A}$ 是对称矩阵，则 $\nabla_{\boldsymbol{x}}[\boldsymbol{x}^{\mathrm{T}}\boldsymbol{A}\boldsymbol{x}] = 2\boldsymbol{A}\boldsymbol{x}$。

5.1.2　复梯度

利用实部与虚部，复变量可定义为 $\mathbf{R}^2$ 上的二维向量。无需用到柯西-黎曼条件，就可通过常规方法定义 $\mathbf{R}^2\to\mathbf{R}^2$ 上的可微函数。另外，复变量可定义为单个复运算规则的变量。若满足柯西-黎曼条件，可以定义为**解析函数**。虽然解析函数有许多有用的性质，但是相对于定义在 $\mathbf{R}^2\to\mathbf{R}^2$ 上的可微函数，解析函数的限制条件要严格得多。

令 $\boldsymbol{C}$ 表示复数集。复变量 z 可由其实部和虚部表示为 $z = x + \mathrm{j}y$，其中 $\mathrm{j}=\sqrt{-1}$。类似地，$\boldsymbol{C}\to\boldsymbol{C}$ 上的复函数 $f(z)$ 可表示为

$$f(z) = u(x,y) + \mathrm{j}v(x,y) \tag{5.3}$$

式中：$u(x,y)$ 和 $v(x,y)$ 为实值函数。若式(5.4)中的极限存在，且当 z 沿复平面上任何路径趋近 z_0 时，该极限都相等，则定义在点 z_0 邻域内的复函数 $f(z)$ 在 z_0 点的**导数**为

$$f'(z_0) = \lim_{\Delta z\to 0}\frac{f(z_0 + \Delta z) - f(z_0)}{\Delta z} \tag{5.4}$$

若复函数 $f(z)$ 在一个区域内的所有点都可微，则它在该区域内**解析**。若 $f(z)$ 在一个区域内解析，则 $u(x,y)$ 和 $v(x,y)$ 的一阶偏导数存在，且满足**柯西-黎曼**条件：

$$\frac{\partial u}{\partial x} = \frac{\partial v}{\partial y}, \frac{\partial u}{\partial y} = -\frac{\partial v}{\partial x} \tag{5.5}$$

反之，若实函数 $u(x,y)$ 和 $v(x,y)$ 有连续一阶偏导数，且在某个区域内满足柯西-黎曼方程，则函数 $f(z) = u(x,y) + \mathrm{j}v(x,y)$ 在该区域内是解析的[5]。

为得到满足柯西-黎曼条件的必要条件，令 $\Delta z = \Delta x + \mathrm{j}\Delta y$，$\Delta f = f(z_0 + \Delta z) - f(z_0) = \Delta u + \mathrm{j}\Delta v$，则有

$$\frac{\Delta f}{\Delta z} = \frac{\Delta u + \mathrm{j}\Delta v}{\Delta x + \mathrm{j}\Delta y} \tag{5.6}$$

考虑以两种不同路径实现 $\Delta z\to 0$。若设 $\Delta y = 0$，且令 $\Delta x\to 0$，则

$$\lim_{\Delta z\to 0}\frac{\Delta f}{\Delta z} = \frac{\partial u}{\partial x} + \mathrm{j}\frac{\partial v}{\partial x} \tag{5.7}$$

若设 $\Delta x = 0$，且令 $\Delta y\to 0$，则

$$\lim_{\Delta z\to 0}\frac{\Delta f}{\Delta z} = -\mathrm{j}\frac{\partial u}{\partial y} + \frac{\partial v}{\partial y} \tag{5.8}$$

根据导数定义，上述两种极限必须相等。由实部和虚部对应相等，可以得到柯西-黎曼条件。

类似的证明可建立与实变量微积分中的标准规则相同的微分规则。因此，复可微函数的和、积、商的求导规则都与实函数相同。链式规则、指数函数的导数、幂函数的导数也都相同。然而，对于某些科学研究和工程应用来说，由于关注的函数往往包含 z 及其复共轭 z^*，故解析函数不足以胜任。如通过观察即可证明 $f(z) = z^*$ 不满足柯西-黎曼条件，从而不是 z 的解析函数，给应用带来了困难。

这就需要另一种导数定义。若式(5.9)中的极限存在，且当 z^* 沿复平面上

任何路径趋近 z_0^* 时该极限都相等,则定义在点 z_0^* 邻域内的复函数 $f(z^*)$ 在 z_0^* 处**关于 z^* 的导数**为

$$f'(z_0^*) = \lim_{\Delta z^* \to 0} \frac{f(z_0^* + \Delta z^*) - f(z_0^*)}{\Delta z^*} \tag{5.9}$$

若复函数 $f(z^*)$ 在一个区域内的所有点都可微,则它在该区域内**关于 z^* 解析**。与前面类似的推导过程表明,若 $f(z^*) = u(x,y) + \mathrm{j}v(x,y)$ 在某个区域内关于 z^* 解析,则 $u(x,y)$ 和 $v(x,y)$ 的一阶偏导数存在且满足条件

$$\frac{\partial u}{\partial x} = -\frac{\partial v}{\partial y}, \frac{\partial u}{\partial y} = \frac{\partial v}{\partial x} \tag{5.10}$$

反之,若实函数 $u(x,y)$ 和 $v(x,y)$ 在某个区域内有连续一阶偏导数,且满足上述等式,则 $f(z^*) = u(x,y) + \mathrm{j}v(x,y)$ 在该区域内是关于 z^* 解析的。复可微函数的和、积、商的求导规则都与通常情况相同。链式规则、指数函数的导数、幂函数的导数也与通常情况相同。通过观察即可证明函数 $f(z^*) = z$ 不满足式(5.10)的条件,故它不是关于 z^* 的解析函数。

若当 z^* 取常数时 $g(z,z^*)$ 是关于 z 的解析函数,而 z 取常数时 $g(z,z^*)$ 是关于 z^* 的解析函数,则称 $g(z,z^*)$ 为关于 z 和 z^* 的**解析函数**。由于 z 和 z^* 是关于 x 和 y 的不同函数,可利用链式规则求 $g(z,z^*)$ 关于 x 和 y 的偏导数。由 $z = x + \mathrm{j}y$,可得

$$\frac{\partial z}{\partial x} = 1, \frac{\partial z}{\partial y} = \mathrm{j}, \frac{\partial z^*}{\partial x} = 1, \frac{\partial z^*}{\partial y} = -\mathrm{j} \tag{5.11}$$

由链式规则可得

$$\frac{\partial g}{\partial x} = \frac{\partial g}{\partial z} + \frac{\partial g}{\partial z^*}, \frac{\partial g}{\partial y} = \mathrm{j}\frac{\partial g}{\partial z} - \mathrm{j}\frac{\partial g}{\partial z^*} \tag{5.12}$$

因此,当 $g(z,z^*)$ 是 z 和 z^* 的函数时,它关于 z 和 z^* 的偏导数为

$$\frac{\partial g}{\partial z} = \frac{1}{2}\left(\frac{\partial g}{\partial x} - \mathrm{j}\frac{\partial g}{\partial y}\right) \tag{5.13}$$

$$\frac{\partial g}{\partial z^*} = \frac{1}{2}\left(\frac{\partial g}{\partial x} + \mathrm{j}\frac{\partial g}{\partial y}\right) \tag{5.14}$$

令 $\mathbf{C}^n$ 表示 $n \times 1$ 维复数向量集合。令 $g(\boldsymbol{z},\boldsymbol{z}^*)$ 表示关于 $\boldsymbol{z}$ 和 $\boldsymbol{z}^*$ 的函数,其中 $\boldsymbol{z} \in \mathbf{C}^n$, $\boldsymbol{z}^* \in \mathbf{C}^n$ 。若当 $\boldsymbol{z}^*$ 或 $\boldsymbol{z}$ 分别设为常向量时, $g(\boldsymbol{z},\boldsymbol{z}^*)$ 分别是关于 $\boldsymbol{z}$ 的各元素 z_i 或关于 $\boldsymbol{z}^*$ 的各元素 z_i^* 的解析函数,则 $g(\boldsymbol{z},\boldsymbol{z}^*)$ 称为关于 $\boldsymbol{z}$ 和 $\boldsymbol{z}^*$ 的解析函数。令 z_i 、x_i 和 y_i 分别表示 $n \times 1$ 维列向量 $\boldsymbol{z}$、$\boldsymbol{x}$ 和 $\boldsymbol{y}$ 的各元素,其中 $i = 1,2,\cdots,N$ 且 $\boldsymbol{z} = \boldsymbol{x} + \mathrm{j}\boldsymbol{y}$ 。$g(\boldsymbol{z},\boldsymbol{z}^*)$ 关于 n 维复向量 $\boldsymbol{z}$ 的**复梯度**定义为元素为 $\partial g/\partial z_i$ 的列向量 $\nabla_{\boldsymbol{z}} g$,其中 $i = 1,2,\cdots,N$ 。类似地, $\nabla_{\boldsymbol{x}} g$ 和 $\nabla_{\boldsymbol{y}} g$ 分别是关于实向

量 $\boldsymbol{x}$ 和 $\boldsymbol{y}$ 的 $n\times1$ 维梯度向量。$g(z,z^*)$ 关于 n 维复向量 z^* 的**复梯度**定义为元素为 $\partial g/\partial z_i^*$ 的列向量 $\nabla_{z^*}g(z,z^*)$，其中 $i=1,2,\cdots,n$。利用式(5.14)，可得

$$\nabla_{z^*}g(z,z^*)=\frac{1}{2}[\nabla_x g(z,z^*)+\mathrm{j}\nabla_y g(z,z^*)] \tag{5.15}$$

上式常可简化计算。利用梯度定义可得

$$\nabla_z(z^{\mathrm{H}}\boldsymbol{A}z)=z^{\mathrm{H}}\boldsymbol{A},\nabla_{z^*}(z^{\mathrm{H}}\boldsymbol{A}z)=\boldsymbol{A}z \tag{5.16}$$

式中:上标 H 表示共轭转置。

如一维函数范例,考虑实值函数 $f(z)=|z|^2=x^2+y^2$。由于不满足柯西-黎曼等式,$f(z)$ 不是关于 z 的解析函数。然而,函数 $g(z,z^*)=zz^*$ 是关于 z 和 z^* 的解析函数。利用式(5.16)可得

$$\frac{\partial g(z,z^*)}{\partial z}=z^*,\frac{\partial g(z,z^*)}{\partial z^*}=z \tag{5.17}$$

上式也可利用式(5.13)和式(5.14)计算得到。反之,若 $f(z)=g(z,z^*)=z^2$,则

$$\frac{\partial g(z,z^*)}{\partial z}=2z,\frac{\partial g(z,z^*)}{\partial z^*}=0 \tag{5.18}$$

5.2 自适应滤波器

5.2.1 最优权向量

自适应滤波器[23,24,30,74]被设计用来实现某种意义下的近似最优权向量。其输入和权向量分别为

$$\boldsymbol{x}=[x_1\quad x_2\quad\cdots\quad x_N]^{\mathrm{T}},\boldsymbol{w}=[w_1\quad w_2\quad\cdots\quad w_N]^{\mathrm{T}} \tag{5.19}$$

式中向量的各元素可为实数或复数。线性滤波器的输出为标量,即

$$y=\boldsymbol{w}^{\mathrm{H}}\boldsymbol{x} \tag{5.20}$$

期望信号估计的最优滤波器权向量的推导,取决于性能准则或估计程序的具体内容。可使用**最大后验**或最大似然准则推导估计子,但这些准则都要求 $\boldsymbol{x}$ 中的任何干扰都严格服从高斯分布。非约束估计子只取决于 $\boldsymbol{x}$ 的二阶矩,可由诸如滤波器输出的均方误差性能准则推导得到。

应用最广泛的估计期望信号的方法是与**误差信号**的平均功率成正比的**最小均方误差**准则

$$\epsilon=d-y=d-\boldsymbol{w}^{\mathrm{H}}\boldsymbol{x} \tag{5.21}$$

式中 d 是期望信号或期望响应。我们可得

$$
\begin{aligned}
E[|\epsilon|^2] &= E[\epsilon\epsilon^*] = E[(d - \boldsymbol{w}^{\mathrm{H}}\boldsymbol{x})(d^* - \boldsymbol{x}^{\mathrm{H}}\boldsymbol{w})] \\
&= E[|d|^2] - \boldsymbol{w}^{\mathrm{H}}\boldsymbol{R}_{xd} - \boldsymbol{R}_{xd}^{\mathrm{H}}\boldsymbol{w} + \boldsymbol{w}^{\mathrm{H}}\boldsymbol{R}_{xx}\boldsymbol{w}
\end{aligned} \tag{5.22}
$$

式中 $E[\cdot]$ 为期望值。

$$
\boldsymbol{R}_x = E[\boldsymbol{x}\boldsymbol{x}^{\mathrm{H}}] \tag{5.23}
$$

这是关于 $\boldsymbol{x}$ 的 $N \times N$ 维半正定共轭对称**相关矩阵**，且

$$
\boldsymbol{R}_{xd} = E[\boldsymbol{x}d^*] \tag{5.24}
$$

是 $N \times 1$ 维**互相关**向量。

利用实部 $\boldsymbol{w}_R$ 和虚部 $\boldsymbol{w}_I$，复权向量定义为

$$
\boldsymbol{w} = \boldsymbol{w}_R + \mathrm{j}\,\boldsymbol{w}_I \tag{5.25}
$$

定义关于 $\boldsymbol{w}^*$、$\boldsymbol{w}_R$ 和 $\boldsymbol{w}_I$ 的梯度分别为 $\nabla_{\boldsymbol{w}^*}$、$\nabla_{\boldsymbol{w}r}$ 和 $\nabla_{\boldsymbol{w}i}$。式(5.22)表明 $E[|\epsilon|^2]$ 是关于 $\boldsymbol{w}$ 和 $\boldsymbol{w}^*$ 的解析函数。由式(5.15)可知，$\nabla_{\boldsymbol{w}r}g = 0$ 和 $\nabla_{\boldsymbol{w}i}g = 0$ 意味着 $\nabla_{\boldsymbol{w}^*}g = 0$，因此通过令 $\nabla_{\boldsymbol{w}^*}E[|\epsilon|^2] = \boldsymbol{0}$ 可得出最优权向量的必要条件。由式(5.22)得到

$$
\nabla_{\boldsymbol{w}^*}E[|\epsilon|^2] = \boldsymbol{R}_x\boldsymbol{w} - \boldsymbol{R}_{xd} \tag{5.26}
$$

假设 $\boldsymbol{R}_x$ 正定且非奇异，以此作为必要条件求解**维纳–霍夫方程**，得到最优权向量为

$$
\boldsymbol{w}_0 = \boldsymbol{R}_x^{-1}\boldsymbol{R}_{xd} \tag{5.27}
$$

为证明 $\boldsymbol{w}_0$ 为最优权向量，将 $\boldsymbol{w} = \boldsymbol{w}_0$ 代入式(5.22)，可得相应的均方误差：

$$
\epsilon_m^2 = E[|d|^2] - \boldsymbol{R}_{xd}^{\mathrm{H}}\boldsymbol{R}_x^{-1}\boldsymbol{R}_{xd} \tag{5.28}
$$

由式(5.22)、式(5.27)和式(5.28)可得

$$
E[|\epsilon|^2] = \epsilon_m^2 + (\boldsymbol{w} - \boldsymbol{w}_0)^{\mathrm{H}}\boldsymbol{R}_x(\boldsymbol{w} - \boldsymbol{w}_0) \tag{5.29}
$$

由于 $\boldsymbol{R}_x$ 为正定矩阵，式(5.29)右边第二项为正值。因此，维纳–霍夫方程给出了唯一最优权向量，式(5.28)给出了最小均方误差。

5.2.2 柯西–施瓦茨不等式

令 $\boldsymbol{x}$ 和 $\boldsymbol{y}$ 表示 $N \times 1$ 维向量。则对任意复标量 α 有 $\|\boldsymbol{x} - \alpha\boldsymbol{y}\|^2 \geqslant 0$。展开平方范数，再将 $\alpha = \boldsymbol{x}^{\mathrm{H}}\boldsymbol{y}/\|\boldsymbol{y}\|^2$ 代入，其中 $\boldsymbol{x} \neq 0$ 和 $\boldsymbol{y} \neq 0$，可得向量形式的**柯西–施瓦茨不等式**，即

$$
|\boldsymbol{x}^{\mathrm{H}}\boldsymbol{y}| \leqslant \|\boldsymbol{x}\| \cdot \|\boldsymbol{y}\| \tag{5.30}
$$

当 $\boldsymbol{x} = 0$ 或 $\boldsymbol{y} = 0$ 时，上式依然有效。当且仅当 $\boldsymbol{x} = k\boldsymbol{y}$ 时，上式取等号，其中 k 为复标量。

令 x_i 和 y_i 分别表示 $\boldsymbol{x}$ 和 $\boldsymbol{y}$ 的第 i 个元素。将其代入式(5.30)，可得**复数或离散时间序列形式的柯西–施瓦茨不等式**为

$$\left|\sum_{i=1}^{N} x_i^* y_i\right| \leqslant \left(\sum_{i=1}^{N} |x_i|^2\right)^{1/2} \left(\sum_{i=1}^{N} |y_i|^2\right)^{1/2} \tag{5.31}$$

当且仅当 $x_i = ky_i$,上式取等号,其中 $i = 1,2,\cdots,N$, k 为复标量。

5.2.3 最速下降法

在求解维纳–霍夫方程时需要计算逆矩阵 $\boldsymbol{R}_x^{-1}$ 。由于时变信号的统计特性需要不断计算 $\boldsymbol{R}_x^{-1}$,因此无需计算逆矩阵的自适应算法更具有应用优势。在此介绍的**最速下降法**是利用迭代来求解最优化问题的方法,通过每次迭代来逐步提高估计精度。

考虑通过实值权向量 $\boldsymbol{w}$ 的连续变化实现实值性能度量函数 $P(\boldsymbol{w})$ 的递归最小化。令 $\nabla_{\boldsymbol{w}}P(\boldsymbol{w})$ 为关于 $\boldsymbol{w}$ 的 $N \times 1$ 维梯度向量。若 $P(\boldsymbol{w})$ 是连续可微函数, u 是 $N \times 1$ 维单位向量, t 是标量,则有

$$P(\boldsymbol{w} + tu) = P(\boldsymbol{w}) + t\,\nabla_{\boldsymbol{w}}^{\mathrm{T}}P(\boldsymbol{w})u + o(t) \tag{5.32}$$

式中 $t\to 0$ 时, $o(t)/t\to 0$。由向量形式的柯西–施瓦茨不等式可知,当单位梯度向量 $\boldsymbol{u} = \nabla_{\boldsymbol{w}}P(\boldsymbol{w})/\|\nabla_{\boldsymbol{w}}P(\boldsymbol{w})\|$ 时,内积 $\nabla_{\boldsymbol{w}}^{\mathrm{T}}P(\boldsymbol{w})\boldsymbol{u}$ 取最大值。因此, $\nabla_{\boldsymbol{w}}P(\boldsymbol{w})$ 指向 $P(\boldsymbol{w})$ 局部上升最快的方向,且 $-\nabla_{\boldsymbol{w}}P(\boldsymbol{w})$ 指向 $P(\boldsymbol{w})$ 局部下降最快的方向。若 t 足够小,则 $P(\boldsymbol{w}) - t\,\nabla_{\boldsymbol{w}}^{\mathrm{T}}P(\boldsymbol{w}) < P(\boldsymbol{w})$ 。

在最速下降法中, $k+1$ 时刻的权向量沿着 k 时刻的方向 $-\nabla_{\boldsymbol{w}}P(\boldsymbol{w})$ 改变,由此趋向减少 $P(\boldsymbol{w})$,其中 $\boldsymbol{w} = \boldsymbol{w}(k)$ 。若信号和权向量为复数,可按权向量的实部和虚部分别建立最速下降方程。结合上述方程,再利用式(5.15),可得

$$\boldsymbol{w}(k+1) = \boldsymbol{w}(k) - 2\mu\,\nabla_{\boldsymbol{w}^*}P(\boldsymbol{w}(k)) \tag{5.33}$$

式中**自适应常数** μ 控制算法的收敛速率和稳定性,权向量的初始值 $\boldsymbol{w}(0)$ 可为任意值。

最小均方(LMS)误差准则 $P(\boldsymbol{w}) = E[|\epsilon|^2]$ 是适合复信号和复权向量的性能度量。由式(5.26)和式(5.33)可得 LMS **最速下降法**:

$$\boldsymbol{w}(k+1) = \boldsymbol{w}(k) - 2\mu[\boldsymbol{R}_x\boldsymbol{w}(k) - \boldsymbol{R}_{xd}] \tag{5.34}$$

式中初始权向量 $\boldsymbol{w}(0)$ 可设为任意值,但为方便通常设为 $\boldsymbol{w}(0) = [1\ \ 0\ \ \cdots\ \ 0]^{\mathrm{T}}$ 。理想的算法能够得到确定性的权向量序列且无需矩阵求逆,但需要知晓 $\boldsymbol{R}_x$ 和 $\boldsymbol{R}_{xd}$ 。然而,可能存在的干扰意味着通常 $\boldsymbol{R}_x$ 是未知的。若缺乏期望信号源的方向信息,则 $\boldsymbol{R}_{xd}$ 也是未知的。

5.2.4 LMS 算法

对最速下降算法中性能度量函数的梯度进行合理近似,可得到存在随机波

动的**随机梯度算法**。令 $\boldsymbol{x}(k)$ 和 $d(k)$ 分别表示 $N\times 1$ 维输入向量和期望响应,其中离散时间 k 表示采样时刻。**最小均方(LMS)算法**是一种随机梯度算法,其中 $\boldsymbol{R}_x$ 和 $\boldsymbol{R}_{xd}$ 分别由 $\boldsymbol{x}(k)\boldsymbol{x}^{\mathrm{H}}(k)$ 和 $\boldsymbol{x}(k)d^*(k)$ 估计得到。LMS 算法可写为

$$\boldsymbol{w}(k+1)=\boldsymbol{w}(k)+2\mu\epsilon^*(k)\boldsymbol{x}(k),k=0,1,\cdots \tag{5.35}$$

式中初始权向量 $\boldsymbol{w}(0)$ 可设为任意值,但为方便通常设为 $\boldsymbol{w}(0)=[1\quad 0\quad \cdots\quad 0]^{\mathrm{T}}$。

$$\epsilon(k)=d(k)-y(k)=d(k)-\boldsymbol{w}^{\mathrm{H}}(k)\boldsymbol{x}(k) \tag{5.36}$$

是估计误差,且

$$y(k)=\boldsymbol{w}^{\mathrm{H}}\boldsymbol{x}(k) \tag{5.37}$$

是自适应滤波器输出。**自适应常数** μ 控制算法的收敛速率。由该算法可知,输入向量与估计误差之积加上当前权向量可以得到下一个权向量。

5.2.5 均值收敛

为证明 LMS 算法中的权向量均值收敛,假设 $\boldsymbol{x}(k)$ 和 $d(k)$ 为统计独立的平稳随机向量,且 $\boldsymbol{x}(k+1)$ 与 $\boldsymbol{x}(i)$ 和 $d(i)$ 统计独立,其中 $i\leqslant k$。至少当采样时间的间隔大于输入过程的相关时间时上述假设是合理的。该假设及式(5.35)意味着 $\boldsymbol{w}(k)$ 独立于 $\boldsymbol{x}(k)$ 和 $d(k)$。因此,权向量的均值满足

$$E[\boldsymbol{w}(k+1)]=(1-2\mu\boldsymbol{R}_x)E[\boldsymbol{w}(k)]+2\mu\boldsymbol{R}_{xd} \tag{5.38}$$

式中

$$\boldsymbol{R}_x=E[\boldsymbol{x}(k)\boldsymbol{x}^{\mathrm{H}}(k)],\boldsymbol{R}_{xd}=E[\boldsymbol{x}(k)d^*(k)] \tag{5.39}$$

分别是关于 $\boldsymbol{x}(k)$ 的 $N\times N$ 维共轭对称**相关矩阵**和 $N\times 1$ 维**互相关向量**。由式(5.38)和式(5.27),可得

$$E[\boldsymbol{w}(k+1)]-\boldsymbol{w}_0=(\boldsymbol{I}-2\mu\boldsymbol{R}_x)\{E[\boldsymbol{w}(k)]-\boldsymbol{w}_0\} \tag{5.40}$$

取初始权向量 $\boldsymbol{w}(0)$,上式可写为

$$E[\boldsymbol{w}(k+1)]-\boldsymbol{w}_0=(\boldsymbol{I}-2\mu\boldsymbol{R}_x)^{k+1}[\boldsymbol{w}(0)-\boldsymbol{w}_0] \tag{5.41}$$

式中 $\boldsymbol{w}(0)$ 可设为任意值,也可设为 $\boldsymbol{w}_0$ 的估计值。假设共轭对称矩阵 $\boldsymbol{R}_x$ 正定,则可表示为

$$\boldsymbol{R}_x=\boldsymbol{Q}\boldsymbol{\Lambda}\boldsymbol{Q}^{-1}=\boldsymbol{Q}\boldsymbol{\Lambda}\boldsymbol{Q}^{\mathrm{H}} \tag{5.42}$$

式中:$\boldsymbol{Q}$ 为列向量由 $\boldsymbol{R}_x$ 的特征向量构成的酉矩阵;$\boldsymbol{\Lambda}$ 为由 $\boldsymbol{R}_x$ 的特征值构成的对角矩阵。因此,式(5.41)可表示为

$$\begin{aligned}E[\boldsymbol{w}(k+1)]-\boldsymbol{w}_0&=[\boldsymbol{I}-2\mu\boldsymbol{Q}\boldsymbol{\Lambda}\boldsymbol{Q}^{-1}]^{k+1}[\boldsymbol{w}(0)-\boldsymbol{w}_0]\\&=\boldsymbol{Q}[\boldsymbol{I}-2\mu\boldsymbol{\Lambda}]^{k+1}\boldsymbol{Q}^{-1}[\boldsymbol{w}(0)-\boldsymbol{w}_0]\end{aligned} \tag{5.43}$$

上式表明

$$\lim_{k\to\infty}[\boldsymbol{I} - 2\mu\boldsymbol{\Lambda}]^{k+1} = \boldsymbol{0} \tag{5.44}$$

这是权向量均值收敛到维纳-霍夫方程的最优权向量的充分必要条件：

$$\lim_{k\to\infty}E[\boldsymbol{w}(k)] = \boldsymbol{w}_0 = \boldsymbol{R}_{\boldsymbol{x}}^{-1}\boldsymbol{R}_{\boldsymbol{x}d} \tag{5.45}$$

式(5.44)及式(5.45)的充分必要条件是对角矩阵 $[\boldsymbol{I} - 2\mu\boldsymbol{\Lambda}]$ 对角线上各元素的幅度小于1，即

$$|1 - 2\mu\lambda_i| < 1, \quad 1 \leqslant i \leqslant N \tag{5.46}$$

由于 $\boldsymbol{R}_{\boldsymbol{x}}$ 是共轭对称正定矩阵，其特征值为正值。因此，式(5.46)表明，$\mu > 0$ 且 $1 - 2\mu\lambda_{\max} > -1$，其中 $\lambda_{\max}$ 为最大特征值。因此，收敛到最优权向量的充分必要条件为

$$0 < \mu < \frac{1}{\lambda_{\max}} \tag{5.47}$$

若 $\boldsymbol{w}(k) = \boldsymbol{w}_0$，则由式(5.36)可得最小均方估计误差为

$$\epsilon_m^2 = E[|d(k)|^2] - \boldsymbol{R}_{\boldsymbol{x}d}^{\mathrm{H}}\boldsymbol{R}_{\boldsymbol{x}}^{-1}\boldsymbol{R}_{\boldsymbol{x}d} \tag{5.48}$$

虽然假设输入为平稳过程且允许 μ 随迭代次数递增而减少，可证明得出更严密的收敛结果，但将 μ 设为常数可使自适应系统在处理非平稳输入时更为灵活。

式(5.43)中的矩阵乘积表明权向量在自适应过程中经历暂态，它随着 $(1 - 2\mu\lambda_i)^k$ 之和变化而变化。这种暂态决定了权向量均值的收敛速率。定义 $\{\tau_i\}$ 为收敛**时间常数**，以使

$$|1 - 2\mu\lambda_i|^k = \exp\left(-\frac{k}{\tau_i}\right), \quad i = 1,2,\cdots,N \tag{5.49}$$

由此可得

$$\tau_i = -\frac{1}{\ln(|1 - 2\mu\lambda_i|)}, \quad i = 1,2,\cdots,N \tag{5.50}$$

最大时间常数为

$$\tau_{\max} = -\frac{1}{\ln(1 - 2\mu\lambda_{\min})} < \frac{1}{2\mu\lambda_{\min}}, \quad 0 < \mu < \frac{1}{\lambda_{\max}} \tag{5.51}$$

式中 $\lambda_{\min}$ 为 $\boldsymbol{R}_{\boldsymbol{x}}$ 的最小特征值。若 μ 的取值接近式(5.51)中的上限，则 $\tau_{\max}$ 随着特征值扩展增加而增加，其中**特征值扩展**定义为 $\lambda_{\max}/\lambda_{\min}$。

5.2.6 失调

若随机向量 $\boldsymbol{w}(k)$ 和 $\boldsymbol{x}(k)$ 相互独立，则由式(5.36)、式(5.27)及式(5.48)可得

$$E[|\epsilon(k)|^2] = \epsilon_m^2 + E[\boldsymbol{v}^{\mathrm{H}}(k)\boldsymbol{R}_x \boldsymbol{v}(k)] \tag{5.52}$$

式中

$$\boldsymbol{v}(k) = \boldsymbol{w}(k) - \boldsymbol{w}_0 \tag{5.53}$$

即使$E[\boldsymbol{w}(k)] \to \boldsymbol{w}_0$,也并不一定有$E[|\epsilon|^2] \to \epsilon_m^2$。定义超量均方误差为$E[|\epsilon(k)|^2] - \epsilon_m^2$,用于度量 LMS 算法无法提供理想性能的程度。**失调**是用于衡量性能损失的无量纲度量,它的定义为

$$M = \frac{\lim_{k\to\infty} E[|\epsilon(k)|^2] - \epsilon_m^2}{\epsilon_m^2} \tag{5.54}$$

基于以下四点合理假设,失调可表示成$\mu\mathrm{tr}(\boldsymbol{R}_x)$的函数,其中$\mathrm{tr}(\cdot)$表示矩阵的迹。

假设 1　$\boldsymbol{x}(k+1)$和$d(k+1)$的联合平稳过程独立于$\boldsymbol{x}(i)$和$d(i)$,其中$i \leqslant k$。则由式(5.35),$\boldsymbol{w}(k)$独立于$\boldsymbol{x}(i)$和$d(k)$。

假设 2　自适应常数满足

$$0 < \mu < \frac{1}{\mathrm{tr}(\boldsymbol{R}_x)} \tag{5.55}$$

假设 3　随着$k \to \infty$,$E[\|\boldsymbol{v}(k)\|^2]$收敛。

假设 4　随着$k \to \infty$,$|\epsilon(k)|^2$和$\|\boldsymbol{x}(k)\|^2$不再相关,因此

$$\lim_{k\to\infty} E[|\epsilon(k)|^2 \|\boldsymbol{x}(k)\|^2] = \mathrm{tr}(\boldsymbol{R}_x)\{\lim_{k\to\infty} E[|\epsilon(k)|^2]\} \tag{5.56}$$

假设 1 和假设 2 表明权向量均值收敛需要满足式(5.47),由于方阵的迹等于其特征值之和,因此

$$\lambda_{\max} < \sum_{i=1}^{N} \lambda_i = \mathrm{tr}(\boldsymbol{R}_x) \tag{5.57}$$

总输入功率为$E[\|\boldsymbol{x}(k)\|^2] = \mathrm{tr}(\boldsymbol{R}_x)$。若要**假设 3** 成立,则需要对$\mu$进行比**假设 2** 更严格的限定。**假设 4** 是一种近似但在物理意义上具有合理性。

式(5.35)和式(5.53)表明

$$\boldsymbol{v}(k+1) = \boldsymbol{v}(k) + 2\mu\epsilon^*(k)\boldsymbol{x}(k) \tag{5.58}$$

由此可得

$$\begin{aligned} E[\|\boldsymbol{v}(k+1)\|^2] = {} & E[\|\boldsymbol{v}(k)\|^2] + 4\mu\mathrm{Re}\{E[\epsilon^*(k)\boldsymbol{v}^{\mathrm{H}}(k)\boldsymbol{x}(k)]\} \\ & + 4\mu^2 E[|\epsilon(k)|^2 \|\boldsymbol{x}(k)\|^2] \end{aligned} \tag{5.59}$$

由**假设 1** 及式(5.36)和式(5.39)可得

$$E[\epsilon^*(k)\boldsymbol{v}^{\mathrm{H}}(k)\boldsymbol{x}(k)] = E[\boldsymbol{v}^{\mathrm{H}}(k)\boldsymbol{R}_{xd}] - E[\boldsymbol{v}^{\mathrm{H}}(k)\boldsymbol{R}_x \boldsymbol{w}(k)] \tag{5.60}$$

将式(5.53)、式(5.27)和式(5.52)代入上式,可得

$$E[\epsilon^*(k)\,\boldsymbol{v}^{\mathrm{H}}(k)\boldsymbol{x}(k)] = \epsilon_m^2 - E[\,|\epsilon(k)|^2\,] \tag{5.61}$$

将式(5.61)代入式(5.59),取 $k\to\infty$ 的极限,再利用**假设 3** 和**假设 4**,可得

$$\lim_{k\to\infty} E[\,|\epsilon(k)|^2\,] = \frac{\epsilon_m^2}{1-\mu\mathrm{tr}(\boldsymbol{R}_{\boldsymbol{x}})} \tag{5.62}$$

假设 2 保证上式右边为正,且为有限值,若式(5.47)为非严格假设,则不保证成立。

将式(5.62)代入式(5.54),可得

$$M = \frac{\mu\mathrm{tr}(\boldsymbol{R}_{\boldsymbol{x}})}{1-\mu\mathrm{tr}(\boldsymbol{R}_{\boldsymbol{x}})} \tag{5.63}$$

根据上式,用增加 μ 的方式提高收敛速率会带来失调增加的边际效应。而对于固定的 μ ,失调是随着总输入功率的增加而增加。

5.3 窄带干扰的消除

对于**叠加式(overlay)扩谱通信系统**,窄带干扰是一个严重的问题,即窄带通信系统占用了分配给该系统的频带。对战术扩谱通信进行干扰是另一个窄带干扰的例子,实际系统的扩谱增益是有限的,而这种干扰可能超出实际扩谱系统本身的抗干扰能力。已有多种技术可用于增强直扩系统抗窄带干扰的能力[51,106]。所有这些技术都直接或间接利用了窄带干扰和宽带直扩信号之间的频谱差异。最有用的方法分为时域自适应滤波、变换域处理及非线性滤波等。如图 2.14 所示的匹配滤波器以码片速率采样后,输出送至处理器对 BPSK 调制的直扩信号中的干扰进行消除,消除方式选择上述方法之一。处理后的信号送至解扩器,过程如图 5.1 所示。由于窄带干扰难以精确知晓,因此自适应滤波器是变换域处理和非线性滤波的必要组成部分。

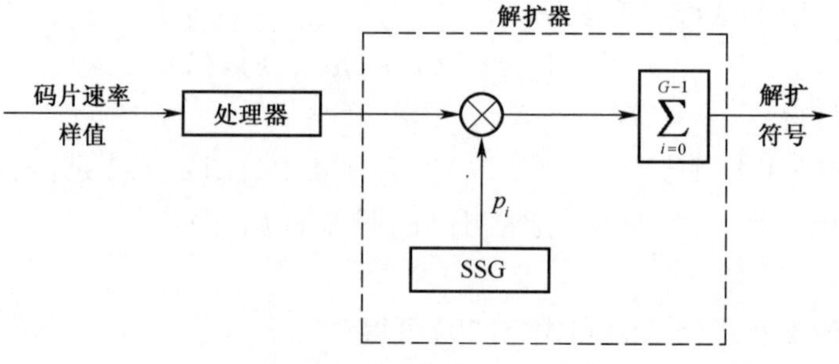

图 5.1 带有消除窄带干扰处理器的直接序列接收机

5.3.1 时域自适应滤波器

用于干扰抑制的**时域自适应滤波器**[47]是通过对接收信号的基带样值进行处理来自适应估计干扰,然后从样值中减去干扰估计值从而消除干扰的。自适应滤波器主要用于预测,它利用窄带信号内在的可预测性,形成精确的干扰副本用于干扰抵消。由于宽带扩谱信号在很大程度上是不可预测的,所以不会明显妨碍对窄带信号的预测。自适应滤波器可以是单边或双边横向滤波器,在使用时具有图 5.2(a)的形式。

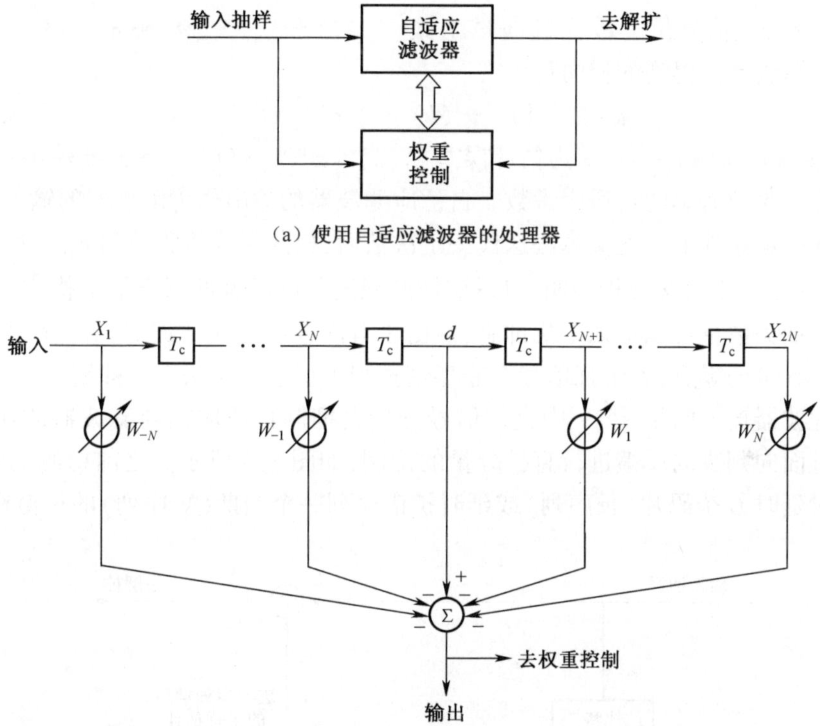

图 5.2 直扩系统中的时域自适应滤波器

除中心抽头输出外,**双边自适应横向滤波器**的每个抽头的输出都与一个权重相乘,如图 5.2(b)所示。这说明滤波器使用**过去和未来**的抽样来估计用于抵消的干扰值,因此它是一个**内插器**。双边滤波器比单边滤波器具有更好的性能,后者称为**预测器**。自适应算法中的权重控制设计是为了调整权重,以使滤波器的输出功率最小。由于抽头输出的直扩序列分量被延迟了码片间隔的整数倍,导致其在很大程度上彼此不相关,但窄带干扰分量是强相关的,故自适应算法可在滤波器输出中消除干扰,而直扩信号在很大程度上不受影响。

有 $2N+1$ 个抽头和 $2N$ 个权重的自适应滤波器如图 5.2(b)所示,在第 k 次迭代时的输入向量为

$$\boldsymbol{x}(k)=[x_1(k)\quad x_2(k)\quad \cdots\quad x_{2N}(k)]^{\mathrm{T}} \tag{5.64}$$

其权向量为

$$\boldsymbol{w}(k)=[w_{-N}(k)w_{-N+1}(k)\quad \cdots\quad w_{-1}(k)w_1(k)\quad \cdots\quad w_N(k)]^{\mathrm{T}} \tag{5.65}$$

式中中心抽头输出的 $d(k)$ 是对期望响应的近似,其影响已在 $\boldsymbol{x}(k)$ 中排除。由于相干解调产生的输出为实值,并输入到自适应滤波器,故可假设 $\boldsymbol{x}(k)$ 和 $\boldsymbol{w}(k)$ 具有实值分量。最优权向量由式(5.27)和式(5.39)确定。最小均方(LMS)算法计算得到的权向量为

$$\boldsymbol{w}(k+1)=\boldsymbol{w}(k)+2\mu\epsilon(k)\boldsymbol{x}(k) \tag{5.66}$$

式中:$\epsilon(k)=d(k)-y(k)$ 为估计误差;$y(k)=\boldsymbol{w}^{\mathrm{T}}(k)\boldsymbol{x}(k)$ 为滤波器输出;μ 为控制算法收敛速率的自适应常数。自适应滤波器的输出作为解扩器的输入。

在一定条件下自适应算法迭代一定次数后,权向量均值收敛到 $\boldsymbol{w}_0$。若假设 $\boldsymbol{w}(k)\to\boldsymbol{w}_0$,则直接分析表明,自适应横向滤波器可显著抑制窄带干扰[51]。虽然增加抽头数量可以加强干扰抑制,但由于有限冲击响应滤波器只能在频域设置有限数量的零点,若干扰信号有非零带宽则干扰总是无法完全抑制。

滤波器输入向量 $\boldsymbol{x}(k)$ 中直扩信号分量会抑制自适应横向滤波器的作用。可通过面向判决的反馈进行直扩分量的抑制,如图 5.3 所示。之前检测的符号将会对延时 G 个码片(长序列)或延时扩谱序列一个周期(短序列)的扩谱序列

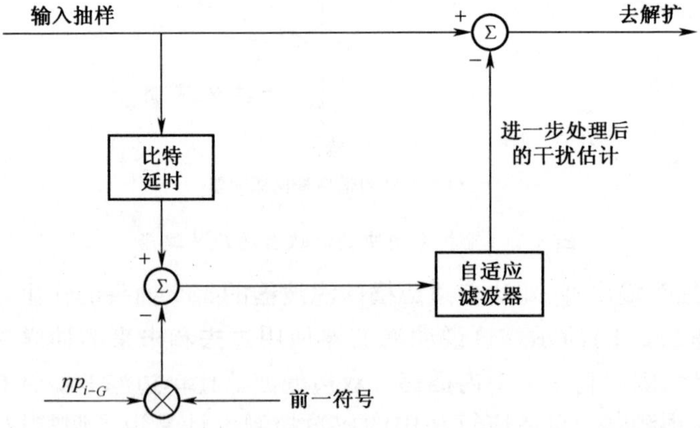

图 5.3　面向判决的自适应滤波器的处理器

进行再调制。序列经过因子 η 的幅度补偿后,提供了之前输入样值中直扩分量的估计。它与滤波器输入向量相减得到了干扰加噪声的估计样值,该估计值在很大程度上消除了直扩分量的影响。然后将这些估计样值输入到如图 5.2 所示的,但没有中心抽头的自适应横向滤波器中,得到的输出为改进后的干扰估计值。从输入样值中减去这些干扰估计值,就得到了干扰分量相对较小的样值。在此过程中,来自判决器的错误符号将增加横向滤波器输入样值中的直扩分量,由此可能导致错误传播。然而,若输入信号的信干比适中,则性能不会显著恶化。

自适应滤波器只有在自适应算法收敛后才是有效的,这样可能难以跟踪时变干扰。相比之下,变换域处理对干扰的抑制几乎是瞬时的。

5.3.2 变换域处理

变换域处理器的主要组成如图 5.4 所示。其输入为码片匹配滤波器输出样值,将这些样值组成数据块送至离散时间傅里叶变换器或小波变换器。合理选择变换以使扩谱信号和干扰在变换域中容易区分。变换后得到的值被称为**变换窗格**。理想情况下,变换后的干扰分量很大程度上聚集在少数几个窗格中,而扩谱信号分量在所有变换窗格上具有几乎相同的幅度。将包含强干扰的变换窗格中的谱权重设置为 0,而将所有其他窗格的谱权重设置为 1,这样就可通过简单地删除来抑制干扰,而对扩谱信号的影响很小。对包含干扰的变换区域的判决,可基于每个窗格与门限的比较或选择具有最大平均幅度的窗格进行变换。在经过删除操作后,通过逆变换,扩谱信号在很大程度上得以保留。

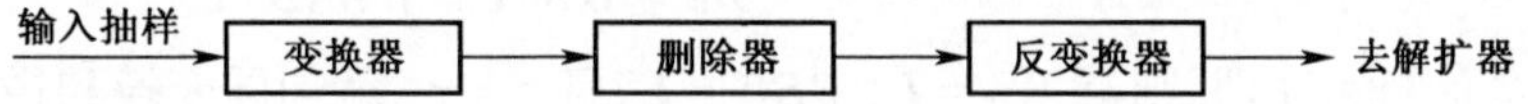

图 5.4　变换域处理器

使用变换域自适应滤波器作为删除器[106],可获得更好的抗平稳窄带干扰性能。该滤波器调整每个变换窗格输出的非二进制权重。通过设计自适应算法,使得加权后的变换与扩谱信号之差最小化,扩谱信号由处理器输入数据块使用的扩谱序列变换得到。若直扩信号在每个数据符号都使用同样的短扩谱序列,且处理器的每个输入数据块只包含与单个数据符号相对应的码片,则扩谱信号的变换可存储在一个只读存储器中。然而,若使用长扩谱序列,则扩谱信号的变换必须要在接收机扩谱码产生器的输出中周期性产生。自适应滤波器的不足之处主要是其收敛速率难以跟踪快速时变的干扰。

对 N 个输入采样组成的不重叠数据块进行的变换,可定义为 N 个具有 N 分量的正交基向量:

$$\boldsymbol{\phi}_i = [\phi_{i1} \quad \phi_{i2} \quad \cdots \quad \phi_{iN}]^{\mathrm{T}}, \quad i = 1,2,\cdots,N \tag{5.67}$$

该向量张成了一个 N 维线性空间。由于基向量的分量可能是复数,正交性意味着:

$$\boldsymbol{\phi}_i^{\mathrm{H}}\boldsymbol{\phi}_k = \begin{cases} 0, & i \neq k \\ 1, & i = k \end{cases} \tag{5.68}$$

输入向量 $\boldsymbol{x} = [x_1 \quad x_2 \quad \cdots \quad x_N]^{\mathrm{T}}$ 可由基向量表示为

$$\boldsymbol{x} = \sum_{i=1}^{N} c_i \boldsymbol{\phi}_i \tag{5.69}$$

式中

$$c_i = \boldsymbol{\phi}_i^{\mathrm{H}}\boldsymbol{x}, \quad i = 1,2,\cdots,N \tag{5.70}$$

若使用离散傅里叶变换,则 $\phi_{ik} = \exp(\mathrm{j}2\pi ik/N)$ 。

变换器通过下式的计算抽取变换向量 $\boldsymbol{c} = [c_1 \quad c_2 \quad \cdots \quad c_N]^{\mathrm{T}}$:

$$\boldsymbol{c} = \boldsymbol{B}^{\mathrm{H}}\boldsymbol{x} \tag{5.71}$$

式中:$\boldsymbol{B}$ 为由基向量构成的酉矩阵,即

$$\boldsymbol{B} = [\boldsymbol{\phi}_1 \quad \boldsymbol{\phi}_2 \quad \cdots \quad \boldsymbol{\phi}_N] \tag{5.72}$$

删除器将减小向量 $\boldsymbol{c}$ 中那些过大而很可能是干扰分量的元素。删除器计算:

$$\boldsymbol{e} = \boldsymbol{W}_d\boldsymbol{c} \tag{5.73}$$

式中:$\boldsymbol{W}_d$ 为 $N \times N$ 对角加权矩阵,其对角元素为 $w_i(1 \leqslant i \leqslant N)$ 。由逆变换可得到删除后的数据块,再送至解扩器可得

$$\boldsymbol{z} = [z_1 \quad z_2 \quad \cdots \quad z_N]^{\mathrm{T}} = \boldsymbol{Be} = \boldsymbol{BW}_{\mathrm{d}}\boldsymbol{c} = \boldsymbol{BW}_{\mathrm{d}}\boldsymbol{B}^{\mathrm{H}}\boldsymbol{x} \tag{5.74}$$

若没有删除处理,则有 $\boldsymbol{W}_{\mathrm{d}} = \boldsymbol{I}$, $\boldsymbol{BB}^{\mathrm{H}} = \boldsymbol{I}$,且 $\boldsymbol{z} = \boldsymbol{x}$,就如同变换和逆变换串行使用时所期望的一样。一般来说,$\boldsymbol{W}_{\mathrm{d}}$ 的对角元素由门限器按 $\boldsymbol{c}$ 设置,也可由自适应滤波器权重控制机制的输出来确定。

令

$$\boldsymbol{p} = [p_1 \quad p_2 \quad \cdots \quad p_G]^{\mathrm{T}} \tag{5.75}$$

表示扩谱序列的同步副本,它由接收机扩谱码产生器产生。当 N 等于扩谱增益 G ,且输入信号为未调制的扩谱序列时,解扩器的输入数据块与本地扩谱序列副本进行相关运算,可得判决变量,即

$$V = \boldsymbol{p}^{\mathrm{T}}\boldsymbol{z} \tag{5.76}$$

由式(5.74)至式(5.76),变换域的滤波与解扩可同时实现为

$$V = \boldsymbol{p}^{\mathrm{T}}\boldsymbol{BW}_{\mathrm{d}}\boldsymbol{c} \tag{5.77}$$

因此,若扩谱序列用于产生矩阵 $\boldsymbol{p}^{\mathrm{T}}\boldsymbol{BW}_{\mathrm{d}}$,则该矩阵与变换向量 $\boldsymbol{c}$ 的积可给

出 V，而无需单独实施逆变换和解扩。

5.3.3 非线性滤波

将窄带干扰建模为线性动态系统的一部分，就可使用卡尔曼滤波器[74]来提取干扰的最优线性估计。从滤波器的输入中减去该估计值，就可消除解扩器输入信号中的很大一部分干扰。然而，使用近似的扩展卡尔曼滤波器，可设计更好的非线性滤波器。

考虑基于 $r \times 1$ 维观察向量 z_k 的动态系统中 $n \times 1$ 维状态向量 $\boldsymbol{x}_k$ 的估计值。令 $\boldsymbol{\phi}_k$ 为 $n \times n$ 维状态转移矩阵，$\boldsymbol{H}_k$ 为 $r \times n$ 维观测矩阵，$\boldsymbol{u}_k$ 和 $\boldsymbol{v}_k$ 分别为 $n \times 1$ 和 $r \times 1$ 维扰动向量。根据**线性动态系统模型**，状态和观测向量满足：

$$\boldsymbol{x}_{k+1} = \boldsymbol{\phi}_k \boldsymbol{x}_k + \boldsymbol{u}_k, \quad 0 \leqslant k < \infty \tag{5.78}$$

$$z_k = \boldsymbol{H}_k \boldsymbol{x}_k + \boldsymbol{v}_k, \quad 0 \leqslant k < \infty \tag{5.79}$$

假设序列 $\{\boldsymbol{u}_k\}$ 和 $\{\boldsymbol{v}_k\}$ 是彼此独立的序列，它们都是独立零均值随机向量，且不依赖于初始状态 $\boldsymbol{x}_0$。$\boldsymbol{u}_k$ 和 $\boldsymbol{v}_k$ 的协方差矩阵为

$$E[\boldsymbol{u}_k \boldsymbol{u}_k^{\mathrm{T}}] = \boldsymbol{Q}_k, \quad \boldsymbol{R}_k = E[\boldsymbol{v}_k \boldsymbol{v}_k^{\mathrm{T}}] \tag{5.80}$$

所有变量都为实数。

令 $\boldsymbol{Z}^k = [z_1 \quad z_2 \quad \cdots \quad z_k]$ 为前 k 个观测向量。令 $f(z_k | \boldsymbol{Z}^k)$ 和 $f(\boldsymbol{x}_k | \boldsymbol{Z}^k)$ 分别为在条件 $\boldsymbol{Z}^k$ 下 z_k 和 $\boldsymbol{x}_k$ 的概率密度函数。$\boldsymbol{x}_k$ 的条件均值和协方差矩阵分别为

$$\hat{\boldsymbol{x}}_k = E[\boldsymbol{x}_k | \boldsymbol{Z}^k] \tag{5.81}$$

和

$$\boldsymbol{P}_k = E[(\boldsymbol{x}_k - \hat{\boldsymbol{x}}_k)(\boldsymbol{x}_k - \hat{\boldsymbol{x}}_k)^{\mathrm{T}} | \boldsymbol{Z}^k] \tag{5.82}$$

$\boldsymbol{x}_k$ 关于 $\boldsymbol{Z}^{k-1}$ 的条件均值和协方差矩阵分别为

$$\hat{\boldsymbol{x}}_k = E[\boldsymbol{x}_k | \boldsymbol{Z}^{k-1}] \tag{5.83}$$

和

$$\boldsymbol{M}_k = E[(\boldsymbol{x}_k - \bar{\boldsymbol{x}}_k)(\boldsymbol{x}_k - \bar{\boldsymbol{x}}_k)^{\mathrm{T}} | \boldsymbol{Z}^{k-1}] \tag{5.84}$$

若 $f(\boldsymbol{x}_k | \boldsymbol{Z}^{k-1})$ 表示均值为 $\bar{\boldsymbol{x}}_k$、协方差矩阵为 $n \times n$ 维矩阵 $\boldsymbol{M}_k$ 的 n 维高斯概率密度函数，则由附录 A.1“一般特征”中的式(A-20)可得

$$f(\boldsymbol{x}_k | \boldsymbol{Z}^{k-1}) = (2\pi)^{-n/2} (\det \boldsymbol{M}_k)^{-1/2} \exp\left[-\frac{1}{2}(\boldsymbol{x}_k - \bar{\boldsymbol{x}}_k)^{\mathrm{T}} \boldsymbol{M}_k^{-1} (\boldsymbol{x}_k - \bar{\boldsymbol{x}}_k)\right] \tag{5.85}$$

由式(5.79)，条件 $\boldsymbol{Z}^{k-1}$ 下 z_k 的期望为

$$\bar{z}_k = E[z_k | \boldsymbol{Z}^{k-1}] = \boldsymbol{H}_k \bar{\boldsymbol{x}}_k \tag{5.86}$$

由式(5.79)、式(5.84)和式(5.80)，条件 $\boldsymbol{Z}^{k-1}$ 下 z_k 的协方差矩阵为

$$\boldsymbol{L}_k = E[(z_k - \bar{z}_k)(z_k - \bar{z}_k)^{\mathrm{T}} | \boldsymbol{Z}^{k-1}] = \boldsymbol{H}_k\boldsymbol{M}_k\boldsymbol{H}_k^{\mathrm{T}} + \boldsymbol{R}_k \tag{5.87}$$

无需假设$f(z_k | \boldsymbol{Z}^{k-1})$服从高斯概率密度分布，以下定理扩展了卡尔曼滤波器。

定理(Masreliez)考虑由式(5.78)至式(5.80)描述的动态系统。假设$f(\boldsymbol{x}_k | \boldsymbol{Z}^{k-1})$为高斯概率密度，其均值为$n$维向量$\bar{x}_k$，协方差矩阵为$n \times n$维矩阵$\boldsymbol{M}_k$，且$f(z_k | \boldsymbol{Z}^{k-1})$关于$z_k$的$r$个元素二阶可微，则条件期望$\hat{x}_k$及条件协方差$\boldsymbol{P}_k$满足

$$\hat{\boldsymbol{x}}_k = \bar{\boldsymbol{x}}_k + \boldsymbol{M}_k\boldsymbol{H}_k^{\mathrm{T}}\boldsymbol{g}_k(z_k) \tag{5.88}$$

$$\boldsymbol{P}_k = \boldsymbol{M}_k - \boldsymbol{M}_k\boldsymbol{H}_k^{\mathrm{T}}\boldsymbol{G}_k(z_k)\boldsymbol{H}_k\boldsymbol{M}_k \tag{5.89}$$

$$\boldsymbol{M}_{k+1} = \boldsymbol{\Phi}_k\boldsymbol{p}_k\boldsymbol{\Phi}_k^{\mathrm{T}} + \boldsymbol{Q}_k \tag{5.90}$$

$$\bar{\boldsymbol{x}}_{k+1} = \boldsymbol{\Phi}_k\hat{\boldsymbol{x}}_k \tag{5.91}$$

式中：$\boldsymbol{g}_k(z_k)$为$r \times 1$维向量

$$g_k(z_k) = -\frac{1}{f(z_k | \boldsymbol{Z}^{k-1})}\nabla_{z_k}f(z_k | \boldsymbol{Z}^{k-1}) \tag{5.92}$$

$\boldsymbol{G}_k(z_k)$为$r \times r$维矩阵，其元素为

$$\{\boldsymbol{G}_k(z_k)\}_{il} = \frac{\partial\{\boldsymbol{g}_k(z_k)\}_l}{\partial z_{ki}} \tag{5.93}$$

且z_{kl}是z_k的第l个元素。

证明：当$\boldsymbol{x}_k$给定时，式(5.79)表明z_k与$\boldsymbol{Z}^{k-1}$相互独立。因此，由贝叶斯准则可得

$$\begin{aligned} f(z_k | \boldsymbol{Z}^k) &= f(\boldsymbol{x}_k | \boldsymbol{Z}^{k-1}, z_k) \\ &= bf(\boldsymbol{x}_k | \boldsymbol{Z}^{k-1})f(z_k | \boldsymbol{x}_k) \end{aligned} \tag{5.94}$$

式中

$$b = [f(z_k | \boldsymbol{Z}^{k-1})]^{-1} \tag{5.95}$$

由式(5.81)和式(5.94)可得

$$\hat{\boldsymbol{x}}_k - \bar{\boldsymbol{x}}_k = b\int_{R^n}(\boldsymbol{x}_k - \bar{\boldsymbol{x}}_k)f(z_k | \boldsymbol{x}_k)f(\boldsymbol{x}_k | \boldsymbol{Z}^{k-1})\mathrm{d}\boldsymbol{x}_k \tag{5.96}$$

将式(5.85)用于以上被积函数，并以$\nabla_{\boldsymbol{x}_k}f(\boldsymbol{x}_k | \boldsymbol{Z}^{k-1})$形式表达，再进行分部积分，注意到高斯概率密度函数$f(\boldsymbol{x}_k | \boldsymbol{Z}^{k-1})$在其极值点处为零，可得

$$\begin{aligned} \hat{\boldsymbol{x}}_k - \bar{\boldsymbol{x}}_k &= b\boldsymbol{M}_k\int_{R^n}f(z_k | \boldsymbol{x}_k)\boldsymbol{M}_k^{-1}(\boldsymbol{x}_k - \bar{\boldsymbol{x}}_k)f(\boldsymbol{x}_k | \boldsymbol{Z}^{k-1})\mathrm{d}\boldsymbol{x}_k \\ &= -b\boldsymbol{M}_k\int_{R^n}f(z_k | \boldsymbol{x}_k)\nabla_{\boldsymbol{x}_k}f(\boldsymbol{x}_k | \boldsymbol{Z}^{k-1})\mathrm{d}\boldsymbol{x}_k \\ &= b\boldsymbol{M}_k\int_{R^n}f(\boldsymbol{x}_k | \boldsymbol{Z}^{k-1})\nabla_{\boldsymbol{x}_k}f(z_k | \boldsymbol{x}_k)\mathrm{d}\boldsymbol{x}_k \end{aligned} \tag{5.97}$$

式中 $\partial/\partial x_{ki}$ 为 $n \times 1$ 维梯度向量 $\nabla_{\boldsymbol{x}_k}$ 的第 i 个元素。式(5.79)意味着：

$$\begin{aligned}\nabla_{\boldsymbol{x}_k} f(\boldsymbol{z}_k \mid \boldsymbol{x}_k) &= \nabla_{\boldsymbol{x}_k} f_v(\boldsymbol{z}_k - \boldsymbol{H}_k \boldsymbol{x}_k) = -\boldsymbol{H}_k^{\mathrm{T}} \nabla_{\boldsymbol{z}_k} f_v(\boldsymbol{z}_k - \boldsymbol{H}_k \boldsymbol{x}_k) \\ &= -\boldsymbol{H}_k^{\mathrm{T}} \nabla_{\boldsymbol{z}_k} f(\boldsymbol{z}_k \mid \boldsymbol{x}_k)\end{aligned} \tag{5.98}$$

式中 $f_v(\cdot)$ 为 $\boldsymbol{v}_k$ 的密度函数。将上式代入式(5.97)，可得

$$\begin{aligned}\hat{\boldsymbol{x}}_k - \bar{\boldsymbol{x}}_k &= -b\boldsymbol{M}_k \boldsymbol{H}_k^{\mathrm{T}} \int_{R^n} f(\boldsymbol{x}_k \mid \boldsymbol{Z}^{k-1}) \nabla_{\boldsymbol{z}_k} f(\boldsymbol{z}_k \mid \boldsymbol{x}_k) \mathrm{d}\boldsymbol{x}_k \\ &= -b\boldsymbol{M}_k \boldsymbol{H}_k^{\mathrm{T}} \nabla_{\boldsymbol{z}_k} \int_{R^n} f(\boldsymbol{x}_k \mid \boldsymbol{Z}^{k-1}) f(\boldsymbol{z}_k \mid \boldsymbol{x}_k) \mathrm{d}\boldsymbol{x}_k \\ &= -b\boldsymbol{M}_k \boldsymbol{H}_k^{\mathrm{T}} \nabla_{\boldsymbol{z}_k} \int_{R^n} f(\boldsymbol{x}_k \mid \boldsymbol{Z}^{k-1}) f(\boldsymbol{z}_k \mid \boldsymbol{Z}^k) \mathrm{d}\boldsymbol{x}_k \\ &= -b\boldsymbol{M}_k \boldsymbol{H}_k^{\mathrm{T}} \nabla_{\boldsymbol{z}_k} f(\boldsymbol{z}_k \mid \boldsymbol{Z}^{k-1})\end{aligned} \tag{5.99}$$

式中第二个等式成立是因为 $f(\boldsymbol{x}_k \mid \boldsymbol{Z}^{k-1})$ 不是 $\boldsymbol{z}_k$ 的函数；将式(5.94)和式(5.95)代入可得出第三个等式。将式(5.92)代入式(5.99)，可得到式(5.88)。

为推导式(5.89)，我们在式(5.82)中分别加上和减去 $\bar{\boldsymbol{x}}_k$，再利用式(5.88)，可得

$$\boldsymbol{P}_k = E[(\boldsymbol{x}_k - \bar{\boldsymbol{x}}_k)(\boldsymbol{x}_k - \bar{\boldsymbol{x}}_k)^{\mathrm{T}} \mid \boldsymbol{Z}^k] - \boldsymbol{M}_k \boldsymbol{H}_k^{\mathrm{T}} \boldsymbol{g}_k(\boldsymbol{z}_k) \boldsymbol{g}_k^{\mathrm{T}}(\boldsymbol{z}_k) \boldsymbol{H}_k \boldsymbol{M}_k \tag{5.100}$$

上式第一项表示为 $\boldsymbol{P}_{k1}$，可利用与推导式(5.88)类似的方法计算。综合若干类似前面已解释过的中间步骤，可得

$$\begin{aligned}\boldsymbol{P}_{k1} &= b\int_{R^n} (\boldsymbol{x}_k - \bar{\boldsymbol{x}}_k) f(\boldsymbol{z}_k \mid \boldsymbol{x}_k) f(\boldsymbol{x}_k \mid \boldsymbol{Z}^{k-1}) (\boldsymbol{x}_k - \bar{\boldsymbol{x}}_k)^{\mathrm{T}} \mathrm{d}\boldsymbol{x}_k \\ &= -b\boldsymbol{M}_k \int_{R^n} \nabla_{\boldsymbol{x}_k} f(\boldsymbol{x}_k \mid \boldsymbol{Z}^{k-1}) f(\boldsymbol{z}_k \mid \boldsymbol{x}_k) (\boldsymbol{x}_k - \bar{\boldsymbol{x}}_k)^{\mathrm{T}} \mathrm{d}\boldsymbol{x}_k \\ &= b\boldsymbol{M}_k \int_{R^n} f(\boldsymbol{x}_k \mid \boldsymbol{Z}^{k-1}) [f(\boldsymbol{z}_k \mid \boldsymbol{x}_k)\boldsymbol{I} + \nabla_{\boldsymbol{x}_k} f(\boldsymbol{z}_k \mid \boldsymbol{x}_k)(\boldsymbol{x}_k - \bar{\boldsymbol{x}}_k)^{\mathrm{T}}] \mathrm{d}\boldsymbol{x}_k \\ &= \boldsymbol{M}_k + b\boldsymbol{M}_k \boldsymbol{H}_k^{\mathrm{T}} \int_{R^n} f(\boldsymbol{x}_k \mid \boldsymbol{Z}^{k-1}) \nabla_{\boldsymbol{z}_k} f(\boldsymbol{z}_k \mid \boldsymbol{x}_k) (\boldsymbol{x}_k - \bar{\boldsymbol{x}}_k)^{\mathrm{T}} \mathrm{d}\boldsymbol{x}_k \\ &= \boldsymbol{M}_k + b\boldsymbol{M}_k \boldsymbol{H}_k^{\mathrm{T}} \int_{R^n} \nabla_{\boldsymbol{z}_k} [f(\boldsymbol{z}_k \mid \boldsymbol{Z}^{k-1}) f(\boldsymbol{x}_k \mid \boldsymbol{Z}^k)] (\boldsymbol{x}_k - \bar{\boldsymbol{x}}_k)^{\mathrm{T}} \mathrm{d}\boldsymbol{x}_k \\ &= \boldsymbol{M}_k + \boldsymbol{M}_k \boldsymbol{H}_k^{\mathrm{T}} \left\{ \boldsymbol{g}_k(\boldsymbol{z}_k)(\hat{\boldsymbol{x}}_k - \bar{\boldsymbol{x}}_k)^{\mathrm{T}} + \int_{R^n} [\nabla_{\boldsymbol{z}_k} f(\boldsymbol{x}_k \mid \boldsymbol{Z}^k)] (\boldsymbol{x}_k - \bar{\boldsymbol{x}}_k)^{\mathrm{T}} \mathrm{d}\boldsymbol{x}_k \right\}\end{aligned} \tag{5.101}$$

由式(5.85)微分可得第二个等式，通过分部积分可得第三个等式，由式(5.94)、式(5.96)和式(5.98)可得第四个等式，由式(5.94)可得第五个等式，利用链式法则并代入式(5.92)可得最后一个等式。综合式(5.101)、式

(5.100)和式(5.92),可得

$$\boldsymbol{P}_k = \boldsymbol{M}_k + \boldsymbol{M}_k\boldsymbol{H}_k^{\mathrm{T}} \nabla_{z_k}^c \boldsymbol{g}_k^{\mathrm{T}}(\boldsymbol{z}_k)\boldsymbol{H}_k\boldsymbol{M}_k \tag{5.102}$$

式中：$\nabla_{z_k}^c$ 为列向量,其第 i 个元素为 $\boldsymbol{z}_k$ 第 i 个元素的偏导数。该式也意味着式(5.89)和式(5.93)成立。

使用式(5.84)定义的 $\boldsymbol{M}_{k+1}$,并代入式(5.78)、式(5.83)和式(5.82)可推导得到式(5.90)。由式(5.83)和式(5.79)可得到式(5.91)。

若$f(\boldsymbol{z}_k\,|\,\boldsymbol{Z}^{k-1})$ 是高斯密度函数,则该定理所定义的滤波器为卡尔曼滤波器:

$$f(\boldsymbol{z}_k\,|\,\boldsymbol{Z}^{k-1}) = (2\pi)^{-n/2}(\det\boldsymbol{L}_k)^{-1/2}\exp\left[-\frac{1}{2}(\boldsymbol{z}_k-\bar{\boldsymbol{z}}_k)^{\mathrm{T}}\boldsymbol{L}_k^{-1}(\boldsymbol{z}_k-\bar{\boldsymbol{z}}_k)\right] \tag{5.103}$$

将式(5.103)、式(5.86)和式(5.87)代入式(5.92)和式(5.93),可得

$$\boldsymbol{g}_k(\boldsymbol{z}_k) = (\boldsymbol{H}_k\boldsymbol{M}_k\boldsymbol{H}_k^{\mathrm{T}} + \boldsymbol{R}_k)^{-1}(\boldsymbol{z}_k - \boldsymbol{H}_k\bar{\boldsymbol{x}}_k) \tag{5.104}$$

$$\boldsymbol{G}_k(\boldsymbol{z}_k) = (\boldsymbol{H}_k\boldsymbol{M}_k\boldsymbol{H}_k^{\mathrm{T}} + \boldsymbol{R}_k)^{-1} \tag{5.105}$$

将上述两式代入式(5.88)和式(5.89),可得常规卡尔曼滤波器方程。

为将该定理用于干扰抑制问题,滤波器输入端的窄带干扰序列 $\{i_k\}$ 建模为满足下式的自回归过程,即

$$i_k = \sum_{l=1}^{q} \phi_l i_{k-l} + e_k \tag{5.106}$$

式中 e_k 为零均值、方差为 σ_i^2 的独立随机变量,且接收机已知 $\{\phi_l\}$ 。由于需要估计 i_k ,而观测噪声 v_k 为直扩信号 s_k 与独立零均值高斯噪声 n_k 之和,因此

$$v_k = s_k + n_k \tag{5.107}$$

系统的状态空间表示为

$$\boldsymbol{x}_k = \boldsymbol{\Phi}\boldsymbol{x}_{k-1} + \boldsymbol{u}_k \tag{5.108}$$

$$\begin{aligned} z_k &= \boldsymbol{H}\boldsymbol{x}_k + v_k \\ &= i_k + s_k + n_k \end{aligned} \tag{5.109}$$

式中

$$\boldsymbol{x}_k = [\,i_k \quad i_{k-1} \quad \cdots \quad i_{k-q+1}\,]^{\mathrm{T}} \tag{5.110}$$

$$\boldsymbol{\phi} = \begin{bmatrix} \phi_1 & \phi_2 & \cdots & \phi_{q-1} & \phi_q \\ 1 & 0 & \cdots & 0 & 0 \\ 0 & 1 & \cdots & 0 & 0 \\ \vdots & \vdots & \ddots & \vdots & \vdots \\ 0 & 0 & \cdots & 1 & 0 \end{bmatrix} \tag{5.111}$$

$$\boldsymbol{u}_k = [e_k \quad 0 \quad \cdots \quad 0]^{\mathrm{T}} \tag{5.112}$$

$$\boldsymbol{H} = [1 \quad 0 \quad \cdots \quad 0] \tag{5.113}$$

协方差矩阵 $\boldsymbol{Q}_k$ 包含唯一的非零元素 σ_{e}^2 。由于状态向量 $\boldsymbol{x}_k$ 的第一个元素是干扰信号 i_k ,则状态估计 $\boldsymbol{H}\hat{\boldsymbol{x}}_k = \hat{i}_k$ 提供了干扰估计值。从接收信号中减去该估计值就可消除干扰。

对于随机扩谱序列, $s_k = +c$ 或 $-c$ 的概率相等。若 n_k 服从均值为零、方差为 σ_n^2 的高斯分布,则 v_k 的概率密度为

$$f_v(x) = \frac{1}{2}\mathcal{N}_x(c,\sigma_n^2) + \frac{1}{2}\mathcal{N}_x(-c,\sigma_n^2) \tag{5.114}$$

式中

$$\mathcal{N}_x(m,\sigma^2) = \frac{1}{\sqrt{2\pi}\sigma}\exp\left(-\frac{(x-m)^2}{2\sigma^2}\right) \tag{5.115}$$

对于非高斯概率密度 $f_v(x)$,则如 Masreliez 定理所要求的,概率密度 $f(\boldsymbol{x}_k | \boldsymbol{Z}^{k-1})$ 也是非高斯的。然而,通过假设 $f(\boldsymbol{x}_k | \boldsymbol{Z}^{k-1})$ 近似高斯,就可利用该定理结论推导出**近似条件均值**(ACM)滤波器[106]。

由于 i_k 和 n_k 都与 s_k 独立,因此,在已知 $\boldsymbol{Z}^{k-1}$ 和 $s_k = \pm c$ 的前提下, z_k 的条件期望值为

$$E[z_k | \boldsymbol{Z}^{k-1}, s_k = \pm c] = \bar{i}_k \pm c \tag{5.116}$$

式中: $\bar{i}_k$ 为 i_k 的条件期望值,即

$$\bar{i}_k = E[i_k | \boldsymbol{Z}^{k-1}] \tag{5.117}$$

因此,以 $\boldsymbol{Z}^{k-1}$ 和 $s_k = \pm c$ 为条件的 z_k 的方差为

$$\begin{aligned} \sigma_z^2 &= E[(z_k - \bar{i}_k \mp c)^2 | \boldsymbol{Z}^{k-1}, s_k = \pm c] \\ &= E[(i_k - \bar{i}_k)^2 | \boldsymbol{Z}^{k-1}] + \sigma_n^2 \end{aligned} \tag{5.118}$$

由于 $f(\boldsymbol{x}_k | \boldsymbol{Z}^{k-1})$ 可由高斯概率密度近似,且 i_k 独立于 s_k ,则 $f(\boldsymbol{H}\boldsymbol{x}_k | \boldsymbol{Z}^{k-1}, s_k) = f(i_k | \boldsymbol{Z}^{k-1}, s_k)$ 可由高斯概率密度近似。由于 n_k 服从高斯分布,则可知 $f(z_k | \boldsymbol{Z}^{k-1}, s_k) = f(i_k + s_k + n_k | \, |\boldsymbol{Z}^{k-1}, s_k)$ 可由高斯概率密度近似。因此,由全概率定理及式(5.114)可得

$$\begin{aligned} f(z_k | \boldsymbol{Z}^{k-1}) &= \frac{1}{2}\mathcal{N}_{z_k}(\bar{i}_k + c, \sigma_z^2) + \frac{1}{2}\mathcal{N}_{z_k}(\bar{i}_k - c, \sigma_z^2) \\ &= \frac{1}{\sqrt{2\pi}\sigma_z}\exp\left(-\frac{\epsilon_k^2 + c^2}{2\sigma_z^2}\right)\cosh\left(\frac{c\epsilon_k}{\sigma_z^2}\right) \end{aligned} \tag{5.119}$$

式中更新或预测残差为

$$\epsilon_k = z_k - \bar{i}_k \tag{5.120}$$

由式(5.116)可得

$$\bar{z}_k = E[z_k \mid \boldsymbol{Z}^{k-1}] = \bar{i}_k \tag{5.121}$$

将式(5.119)代入式(5.92),可得

$$g_k(z_k) = \frac{1}{\sigma_z^2}\left[\epsilon_k - c\tanh\left(\frac{c\epsilon_k}{\sigma_z^2}\right)\right] \tag{5.122}$$

将式(5.122)代入式(5.93),可得

$$G_k(z_k) = \frac{1}{\sigma_z^2}\left[1 - \frac{c^2}{\sigma_z^2}\operatorname{sech}^2\left(\frac{c\epsilon_k}{\sigma_z^2}\right)\right] \tag{5.123}$$

ACM 滤波器的更新方程由式(5.88)至式(5.91)、式(5.122)和式(5.123)给出。ACM 滤波器和卡尔曼滤波器之间的差别在于式(5.122)和式(5.123)中的非线性函数 tanh 和 sech。

5.3.4 自适应 ACM 滤波器

在实际应用中,式(5.111)中矩阵 $\boldsymbol{\Phi}$ 的元素未知,且可能随时间变化。为解决这些问题,需要能够跟踪干扰的自适应算法。**自适应 ACM 滤波器**收到信号 $z_k = i_k + s_k + n_k$,并产生干扰估计 $\hat{z}_k$。滤波器的输出表示为

$$\hat{\epsilon}_k = z_k - \hat{z}_k \tag{5.124}$$

理想情况下它是 $s_k + n_k$ 与少量 i_k 残留之和。因此,是干扰而非噪声被抑制。ACM 滤波器中包含一个自适应横向滤波器。

为使用非线性 ACM 滤波器的结构,可注意到若 s_k 不存在,则式(5.122)中括号内的第二项也将不存在。因此,$c\tanh(c\epsilon_k/\sigma_z^2)$ 可解释为对直扩信号 s_k 的软判决。自适应横向滤波器在 k 时刻的输入是观察值 z_k 与下述软判决之差,即

$$\begin{aligned}\tilde{z}_k &= z_k - c\tanh\left(\frac{c\hat{\epsilon}_k}{\sigma_z^2}\right) \\ &= \hat{z}_k + \rho(\hat{\epsilon}_k)\end{aligned} \tag{5.125}$$

式中

$$\rho(\hat{\epsilon}_k) = \hat{\epsilon}_k - c\tanh\left(\frac{c\hat{\epsilon}_k}{\sigma_z^2}\right) \tag{5.126}$$

输入信号 $\tilde{z}_k$ 作为干扰的粗略估计,可通过自适应滤波器进行更精确估计。单边自适应 ACM 滤波器结构[106]如图 5.5 所示。N 抽头横向滤波器的输出提

供了干扰的估计：

$$\hat{z}_k = \boldsymbol{w}^{\mathrm{T}}(k)\tilde{\boldsymbol{z}}(k) \tag{5.127}$$

式中 $\boldsymbol{w}(k)$ 为第 k 次迭代后的权向量，且

$$\tilde{\boldsymbol{z}}(k) = [\tilde{z}_{k-1} \quad \tilde{z}_{k-2} \quad \cdots \quad \tilde{z}_{k-N}]^{\mathrm{T}} \tag{5.128}$$

是从滤波器抽头抽取的第 k 次迭代时的输入向量。当 $\tilde{\boldsymbol{z}}(k)$ 仅是一个由 s_k 引起的较小分量时，滤波器能够有效跟踪干扰，且其输出 $\hat{z}_k$ 是良好的干扰估计值。

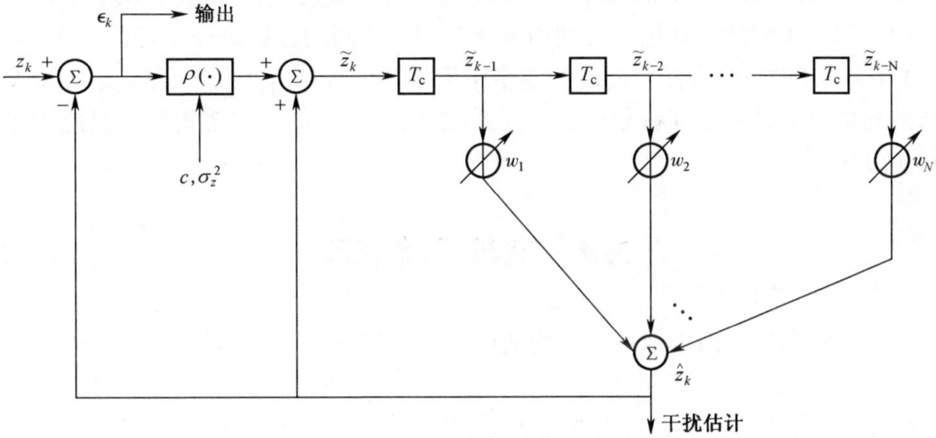

图 5.5 自适应 ACM 滤波器

LMS 算法或**归一化 LMS 算法**[30]可用于实现自适应 ACM 滤波器，其中 $\tilde{z}_k$ 可近似作为所期望的响应 i_k。归一化 LMS 算法为

$$\boldsymbol{w}(k) = \boldsymbol{w}(k-1) - \frac{\mu_0}{r_k}(\hat{z}_k - \tilde{z}_k)\tilde{\boldsymbol{z}}(k) \tag{5.129}$$

式中：r_k 为滤波器输入信号功率的估计，可由下式迭代估计

$$r_k = r_{k-1} + \mu_1[\,\|\tilde{\boldsymbol{z}}(k)\|^2 - r_{k-1}] \tag{5.130}$$

式中：μ_0 和 μ_1 为自适应常数。式(5.129)中将 μ_0 与 r_k 相除，从而使得算法归一化，并通过选择合适的 μ_0 使算法具有较快的收敛速度和较好的性能，而且较少依赖于输入信号的功率水平。

计算 $\rho(\hat{\epsilon}_k)$ 需要 σ_z^2 的估计值。若以自适应滤波器输出的 $\hat{z}_k$ 来近似 $\bar{i}_k$，则 $\mathrm{var}(\hat{\epsilon}_k) \approx \sigma_z^2$。因此，若通过计算滤波器输出样值的方差得到 $\mathrm{var}(\hat{\epsilon}_k)$ 的估计则也提供了 σ_z^2 的估计。

衡量滤波器性能的指标是**信干噪比(SINR)改善量**，即输出 SINR 与输入

SINR 之比。由于滤波器不会改变信号功率,因此 SINR 改善量为

$$R = \frac{E\{|z_k - s_k|^2\}}{E\{|\hat{\epsilon}_k - s_k|^2\}} \tag{5.131}$$

从性能度量方面来说,若噪声 n_k 的功率小于直扩信号 s_k 的功率,则可发现非线性自适应 ACM 滤波器具有比线性卡尔曼滤波器好得多的窄带干扰抑制能力。若前提条件不能满足,则其性能优势将很小甚至消失。式(5.126)显示了其不足之处,即要求估计参数 c 和 σ_z^2 ,并计算和储存 tanh 函数。

前面提到的线性和非线性抗干扰方法都属于预测方法,主要利用了窄带干扰内在的可预测性。理论上可利用源于多用户检测的方法进一步抑制干扰(见 6.4 节)。其中一些方法可同时抑制窄带干扰和多址接入干扰。但需要比 ACM 滤波器更多的计算量和参数估计。因此,最强大的自适应方法实际上只能用于短扩谱序列。

5.4 宽带干扰消除

当直扩系统是由类似系统所构成网络的一部分时,由类似系统引起的多址干扰(见第 7 章)是主要关注点。由于这类干扰与所期望的直扩信号有相似的功率谱,则消除窄带干扰的滤波器无效,就需要其他类型的自适应滤波器。利用已知的扩谱序列,自适应滤波器能够抑制多址干扰和一般的宽带干扰。

5.4.1 拉格朗日乘子

考虑在 m 个等式 $g_i(\boldsymbol{x}) = 0(\ i = 1,2,\cdots,m\ )$ 约束下,可微函数 $f(\boldsymbol{x})$ 的极小值或极大值,其中 $g_i(\boldsymbol{x})$ 是可微的。原则上,可利用每个约束解出 $\boldsymbol{x}$ 的一个元素,然后在更小的独立变量集内求函数的极小或极大值。但实际上,这种方法通常非常困难。**拉格朗日乘子法**[19,38] 提供了求解局部极小或极大值的替代方法。由于 $f(\boldsymbol{x})$ 极大化等效于 $-f(\boldsymbol{x})$ 的极小化,所以主要讨论 $f(\boldsymbol{x})$ 的极小化。

令 $\boldsymbol{x}_0$ 表示约束条件为 $g_i(\boldsymbol{x}) = 0(\ i = 1,2,\cdots,m\ )$、定义在 $\mathbf{R}^n \to \mathbf{R}$ 上的连续可微函数 f 的局部极小点,其中每个 $g_i(\boldsymbol{x})$ 都可微, g_i 定义在 $\mathbf{R}^n \to \mathbf{R}$ ($m \leqslant n$) 上,且 $\{\nabla_x g_i(\boldsymbol{x}_0)\}$ 彼此线性独立。令

$$\boldsymbol{G} = \begin{bmatrix} \nabla_x^{\mathrm{T}} g_1(\boldsymbol{x}_0) \\ \vdots \\ \nabla_x^{\mathrm{T}} g_m(\boldsymbol{x}_0) \end{bmatrix} \tag{5.132}$$

表示 $m \times n$ 维梯度矩阵。令 $\boldsymbol{R}(\boldsymbol{G}^{\mathrm{T}})$ 为 $\boldsymbol{G}^{\mathrm{T}}$ 的值域,它是由 m 维线性独立向量

$\{\nabla_x g_i(\boldsymbol{x}_o)\}$ 张成的子空间。令 $\boldsymbol{N}(\boldsymbol{G})$ 表示 G 的零空间。$n \times 1$ 维向量 $\boldsymbol{t} \in \boldsymbol{N}(\boldsymbol{G})$ 是位于约束平面上点 $\boldsymbol{x}_0$ 的正切向量,这是由于

$$\boldsymbol{Gt} = \boldsymbol{0} \tag{5.133}$$

在局部极小点 $\boldsymbol{x}_0$,须有

$$\nabla_x^{\mathrm{T}} f(\boldsymbol{x}_0)\boldsymbol{t} = \boldsymbol{0} \tag{5.134}$$

对每个正切向量 $\boldsymbol{t}$ 都成立。这是因为沿 $\boldsymbol{t}$ 或 $-\boldsymbol{t}$ 的无穷小运动都不能减小 $f(\boldsymbol{x})$。利用线性代数及式(5.134),我们有 $\nabla_x f(\boldsymbol{x}_0) \in (\boldsymbol{N}(\boldsymbol{G}))^{\perp} = \boldsymbol{R}(\boldsymbol{G}^{\mathrm{T}})$,因此 $\nabla_x f(\boldsymbol{x}_0)$ 必定是 $\{\nabla_x g_i(\boldsymbol{x}_0)\}$ 的线性组合:

$$\nabla_x f(\boldsymbol{x}_0) = -\sum_{i=1}^{m} \lambda_i \nabla_x g_i(\boldsymbol{x}_0) \tag{5.135}$$

式中 $\lambda_1, \lambda_2, \cdots, \lambda_m$ 是选择合适的**拉格朗日乘子**。上式意味着约束条件下 $\boldsymbol{x}_0$ 成为 $f(\boldsymbol{x})$ 的局部极小点的必要条件为 $\boldsymbol{x}_0$ 是非约束**拉格朗日函数**的驻点,即

$$L(\boldsymbol{x}, \lambda) = f(\boldsymbol{x}) + \sum_{i=1}^{m} \lambda_i g_i(\boldsymbol{x}) \tag{5.136}$$

拉格朗日乘子法需要找出拉格朗日函数的驻点及满足约束条件的 $g_i(\boldsymbol{x}) = 0$($i = 1, 2, \cdots, m$)的拉格朗日乘子。一旦找到驻点,就必须确定这些点是否是局部极小化或全局最小化 $f(\boldsymbol{x})$。

5.4.2 最小功率约束准则

作为一种性能准则,**最小功率约束准则**具有避免自适应滤波器无意消除有用信号的固有特性。令 $\boldsymbol{x}$ 为码片匹配滤波器处理一个符号时 G 个连续输出构成的 $G \times 1$ 维输出向量。针对某个用户的线性检测器的输出为 $y = \boldsymbol{w}^{\mathrm{H}}\boldsymbol{x}$,其中 $\boldsymbol{w}$ 为 $G \times 1$ 维复权向量。令 $\boldsymbol{p}$ 为用户的短扩谱序列构成的 $G \times 1$ 维向量,假设其周期为 G。$\boldsymbol{p}$ 的每个元素为+1 或-1,因此

$$\boldsymbol{p}^{\mathrm{T}}\boldsymbol{p} = G \tag{5.137}$$

若没有噪声,则有 $\boldsymbol{x} = \boldsymbol{p}$。假设 $\boldsymbol{x}$ 是平稳统计量,且具有正定自相关矩阵 $\boldsymbol{R}_x$。最小功率约束准则要求权向量能够最小化平均输出功率为

$$E[|y|^2] = \boldsymbol{w}^{\mathrm{H}}\boldsymbol{R}_x\boldsymbol{w} \tag{5.138}$$

约束条件为

$$\boldsymbol{w}^{\mathrm{H}}\boldsymbol{p} = 1 \tag{5.139}$$

通过强制内积等于 1,约束条件抑制了期望信号的失真。

利用拉格朗日乘子法,可得实标量驻点为

$$H = \boldsymbol{w}^{\mathrm{H}}\boldsymbol{R}_x\boldsymbol{w} + \gamma_1[\mathrm{Re}(\boldsymbol{w}^{\mathrm{H}}\boldsymbol{p})] + \gamma_2[\mathrm{Im}(\boldsymbol{w}^{\mathrm{H}}\boldsymbol{p})] \tag{5.140}$$

式中:γ_1 和 γ_2 为实值拉格朗日乘子。定义 $\gamma = \gamma_1 - \mathrm{j}\gamma_2$,可得

$$
\begin{aligned}
H &= \boldsymbol{w}^{\mathrm{H}}\boldsymbol{R}_x\boldsymbol{w} + \mathrm{Re}(\gamma\boldsymbol{w}^{\mathrm{H}}\boldsymbol{p}) \\
&= \boldsymbol{w}^{\mathrm{H}}\boldsymbol{R}_x\boldsymbol{w} + \frac{1}{2}\gamma\boldsymbol{w}^{\mathrm{H}}\boldsymbol{p} + \frac{1}{2}\gamma^*\boldsymbol{w}^{\mathrm{T}}\boldsymbol{p}
\end{aligned} \tag{5.141}
$$

令 $\nabla_{\boldsymbol{w}^*}$ 为关于 $\boldsymbol{w}^*$ 的复梯度。则

$$
\nabla_{\boldsymbol{w}^*} H = \boldsymbol{R}_x\boldsymbol{w} + \frac{1}{2}\gamma\boldsymbol{p} \tag{5.142}
$$

由于共轭对称矩阵 $\boldsymbol{R}_x$ 是正定的,其逆矩阵存在。设 $\nabla_{\boldsymbol{w}^*} H = 0$,再利用约束条件消除 γ 就可得到**最优权向量**的必要条件,即

$$
\boldsymbol{w}_0 = \frac{\boldsymbol{R}_x^{-1}\boldsymbol{p}}{\boldsymbol{p}^{\mathrm{T}}\boldsymbol{R}_x^{-1}\boldsymbol{p}} \tag{5.143}
$$

式中分母为标量。

为证明式(5.143)给出的局部极小值是最优权向量,将该式与式(5.138)和式(5.139)结合,可得

$$
E[|y|^2] = (\boldsymbol{w} - \boldsymbol{w}_0)^{\mathrm{H}}\boldsymbol{R}_x(\boldsymbol{w} - \boldsymbol{w}_0) + (\boldsymbol{p}^{\mathrm{T}}\boldsymbol{R}_x^{-1}\boldsymbol{p})^{-1} \tag{5.144}
$$

由于最后一项与 $\boldsymbol{w}$ 无关,且 $\boldsymbol{R}_x$ 正定,则该式表明 $\boldsymbol{w}_0$ 是最小化 $E[|y|^2]$ 的唯一权向量。

5.4.3 Frost 算法

Frost 算法或线性约束最小方差算法是一种逼近式(5.143)中约束最优权向量而避免矩阵求逆的自适应算法。令序号 k 表示匹配滤波器输出的 G 个连续符号。由最速下降法及式(5.142),权向量 $\boldsymbol{w}(k)$ 按下式更新:

$$
\begin{aligned}
\boldsymbol{w}(k+1) &= \boldsymbol{w}(k) - 2\mu\nabla_{\boldsymbol{w}^*}H(k) \\
&= \boldsymbol{w}(k) - \mu[2\boldsymbol{R}_x\boldsymbol{w}(k) + \gamma(k)\boldsymbol{p}]
\end{aligned} \tag{5.145}
$$

式中 μ 为调整算法收敛速率的常数,且

$$
\boldsymbol{R}_x = E[\boldsymbol{x}(k)\boldsymbol{x}^{\mathrm{H}}(k)] \tag{5.146}
$$

是 $\boldsymbol{x}(k)$ 的 $N \times N$ 维**共轭对称相关矩阵**。选择拉格朗日乘子使得

$$
\boldsymbol{p}^{\mathrm{T}}\boldsymbol{w}(k+1) = \boldsymbol{w}^{\mathrm{H}}(k+1)\boldsymbol{p} = 1 \tag{5.147}
$$

将式(5.145)和式(5.137)代入式(5.147),可得

$$
\gamma(k) = \frac{1}{\mu G}[\boldsymbol{p}^{\mathrm{T}}\boldsymbol{w}(k) - 2\mu\boldsymbol{p}^{\mathrm{T}}\boldsymbol{R}_x\boldsymbol{w}(k) - 1] \tag{5.148}
$$

将上式代入式(5.145),再利用 $\boldsymbol{p}^{\mathrm{T}}\boldsymbol{w}(k)$ 和 $\boldsymbol{p}^{\mathrm{T}}\boldsymbol{R}_x\boldsymbol{w}(k)$ 是标量的事实,可得

$$
\boldsymbol{w}(k+1) = \left(\boldsymbol{I} - \frac{1}{G}\boldsymbol{p}\boldsymbol{p}^{\mathrm{T}}\right)[\boldsymbol{w}(k) - 2\mu\boldsymbol{R}_x\boldsymbol{w}(k)] + \frac{1}{G}\boldsymbol{p} \tag{5.149}
$$

上式给出了 $\boldsymbol{R}_x$ 已知时可利用的确定性**最速下降法**。

Frost 算法是利用 $\boldsymbol{x}(k)\boldsymbol{x}^{\mathrm{H}}(k)$ 来近似 $\boldsymbol{R}_x$ 的**随机梯度算法**,再应用线性检测器输出:

$$y(k)=\boldsymbol{w}^{\mathrm{H}}(k)\boldsymbol{x}(k) \tag{5.150}$$

满足约束条件的初始权向量的恰当选择是 $\boldsymbol{w}(0)=\boldsymbol{p}/G$ 。因此,Frost **算法**为

$$\boldsymbol{w}(0)=\frac{1}{G}\boldsymbol{p} \tag{5.151}$$

$$\boldsymbol{w}(k+1)=\left(\boldsymbol{I}-\frac{1}{G}\boldsymbol{p}\boldsymbol{p}^{\mathrm{T}}\right)[\boldsymbol{w}(k)-2\mu\boldsymbol{x}(k)y^{*}(k)]+\frac{1}{G}\boldsymbol{p} \tag{5.152}$$

符号判决由下式确定,即

$$\hat{d}(k)=\mathrm{sgn}\{\mathrm{Re}[y(k)]\} \tag{5.153}$$

式中**符号函数**定义为:$x\geqslant 0$ 时, $\mathrm{sgn}(x)=1$; $x<0$ 时, $\mathrm{sgn}(x)=-1$。

由于计算机在实现算法时存在截断、舍入或量化误差,因此会出现计算误差。这些误差会导致某次迭代后 $\boldsymbol{w}^{\mathrm{H}}(k)\boldsymbol{p}\neq 1$,且经过若干次迭代后就会有显著的累积影响。但是,Frost 算法在下一次迭代中会自动趋向修正权向量在先前迭代中的计算误差。算法的误差修正能力是由于在推导式(5.148)时因子 $\boldsymbol{w}^{\mathrm{H}}(k)\boldsymbol{p}$ 未设为1。因此,除非有新的误差源,即使 $\boldsymbol{w}^{\mathrm{H}}(k)\boldsymbol{p}\neq 1$, $\boldsymbol{w}^{\mathrm{H}}(k+1)\boldsymbol{p}=1$ 也能成立。

5.4.4 均值收敛

作为收敛分析的预备知识,定义**共轭对称矩阵 A 的瑞利商**为

$$\rho(\boldsymbol{x})=\frac{\boldsymbol{x}^{\mathrm{H}}\boldsymbol{A}\boldsymbol{x}}{\|\boldsymbol{x}\|^{2}} \tag{5.154}$$

式中:$\|\cdot\|$ 为向量的**欧氏范数**,且 $\|\boldsymbol{x}\|^{2}=\boldsymbol{x}^{\mathrm{H}}\boldsymbol{x}$ 。令 $\boldsymbol{u}_1,\boldsymbol{u}_2,\cdots,\boldsymbol{u}_N$ 为 $\boldsymbol{A}$ 的正交特征向量, $\lambda_1,\lambda_2,\cdots,\lambda_N$ 为相应特征值。**向量 $\boldsymbol{x}$** 可表示为 $\boldsymbol{x}=v_1\boldsymbol{u}_1+v_2\boldsymbol{u}_2+\cdots+v_N\boldsymbol{u}_N$ 。则有 $\boldsymbol{x}^{\mathrm{H}}\boldsymbol{A}\boldsymbol{x}=\lambda_1|v_1|^2+\lambda_2|v_2|^2+\cdots+\lambda_N|v_N|^2\leqslant\lambda_{\max}(|v_1|^2+|v_2|^2+\cdots+|v_N|^2)=\lambda_{\max}\|\boldsymbol{x}\|^2$,其中 $\lambda_{\max}$ 为最大特征值。类似地, $\boldsymbol{x}^{\mathrm{H}}\boldsymbol{A}\boldsymbol{x}\geqslant\lambda_{\min}\|\boldsymbol{x}\|^2$,其中 $\lambda_{\min}$ 为最小特征值。因此,瑞利商满足

$$\lambda_{\min}\leqslant\frac{\boldsymbol{x}^{\mathrm{H}}\boldsymbol{A}\boldsymbol{x}}{\|\boldsymbol{x}\|^{2}}\leqslant\lambda_{\max} \tag{5.155}$$

若 $\boldsymbol{x}(k+1)$ 独立于 $\boldsymbol{y}(i)$, $i\leqslant k$,则式(5.152)意味着 $\boldsymbol{w}(k)$ 和 $\boldsymbol{x}(k)$ 相互独立,因此

$$E[\boldsymbol{w}(k+1)]=\boldsymbol{A}[\boldsymbol{I}-2\mu\boldsymbol{R}_x]E[\boldsymbol{w}(k)]+\frac{1}{G}\boldsymbol{p},\quad k\geqslant 0 \tag{5.156}$$

式中

$$\boldsymbol{A}=\left(\boldsymbol{I}-\frac{1}{G}\boldsymbol{p}\boldsymbol{p}^{\mathrm{T}}\right) \tag{5.157}$$

令

$$\boldsymbol{v}(k)=E[\boldsymbol{w}(k)]-\boldsymbol{w}_0 \tag{5.158}$$

由式(5.158)、式(5.156)、式(5.143)和式(5.157),可得

$$\boldsymbol{v}(k+1)=\boldsymbol{A}\boldsymbol{v}(k)-2\mu\boldsymbol{A}\boldsymbol{R}_x\boldsymbol{v}(k),\quad k\geqslant 0 \tag{5.159}$$

直接进行乘法运算可证明 $\boldsymbol{A}^2=\boldsymbol{A}$ 。由式(5.159)可得 $\boldsymbol{A}v(k)=\boldsymbol{v}(k)$,$k\geqslant 1$ 。容易证明 $\boldsymbol{A}\boldsymbol{v}(0)=v(0)$ 。因此

$$\begin{aligned}\boldsymbol{v}(k+1)&=[\boldsymbol{I}-2\mu\boldsymbol{A}\boldsymbol{R}_x\boldsymbol{A}]\boldsymbol{v}(k)\\&=[\boldsymbol{I}-2\mu\boldsymbol{A}\boldsymbol{R}_x\boldsymbol{A}]^{k+1}\boldsymbol{v}(0)\end{aligned},\quad k\geqslant 0 \tag{5.160}$$

由于 $\boldsymbol{A}$ 对称,且 $\boldsymbol{R}_x$ 是共轭对称矩阵,则 $\boldsymbol{A}\boldsymbol{R}_x\boldsymbol{A}$ 也是共轭对称矩阵,且有完备的正交特征向量集。直接计算可证明:

$$\boldsymbol{A}\boldsymbol{R}_x\boldsymbol{A}\boldsymbol{p}=\boldsymbol{0} \tag{5.161}$$

这表明 $\boldsymbol{p}$ 是对应于 $\boldsymbol{A}\boldsymbol{R}_x\boldsymbol{A}$ 零特征值的特征向量。令 $\boldsymbol{e}_i(i=1,2,\cdots,N-1)$ 为 $\boldsymbol{A}\boldsymbol{R}_x\boldsymbol{A}$ 的其余 $N-1$ 个正交特征向量。由于 $\boldsymbol{e}_i$ 与 $\boldsymbol{p}$ 必须正交,有

$$\boldsymbol{p}^{\mathrm{T}}\boldsymbol{e}_i=\boldsymbol{0},\quad i=1,2,\cdots,N-1 \tag{5.162}$$

由上式及式(5.157)可得

$$\boldsymbol{A}\boldsymbol{e}_i=\boldsymbol{e}_i,\quad i=1,2,\cdots,N-1 \tag{5.163}$$

令 σ_i 为与 $\boldsymbol{A}\boldsymbol{R}_x\boldsymbol{A}$ 的单位特征向量 $\boldsymbol{e}_i$ 对应的特征值。利用式(5.163),可得

$$\sigma_i=\boldsymbol{e}_i^{\mathrm{H}}\boldsymbol{A}\boldsymbol{R}_x\boldsymbol{A}\boldsymbol{e}_i=\boldsymbol{e}_i^{\mathrm{H}}\boldsymbol{R}_x\boldsymbol{e}_i,\quad i=1,2,\cdots,N-1 \tag{5.164}$$

由于 $\boldsymbol{e}_i$ 是单位向量,式(5.155)中瑞利商的边界表明:

$$\lambda_{\min}\leqslant\boldsymbol{e}_i^{\mathrm{H}}\boldsymbol{R}_x\boldsymbol{e}_i\leqslant\lambda_{\max} \tag{5.165}$$

式中 $\lambda_{\min}$ 和 $\lambda_{\max}$ 分别是共轭对称矩阵 $\boldsymbol{R}_x$ 的最大特征值和最小特征值。若假设 $\boldsymbol{R}_x$ 正定,则 $\lambda_{\min}>0$,因此 $\lambda_i>0(i=1,2,\cdots,N-1)$。我们可以断定 $\{\boldsymbol{e}_i\}$ 对应于非零特征值。

容易证明 $\boldsymbol{p}^{\mathrm{T}}\boldsymbol{v}(0)=\boldsymbol{0}$。因此,$\boldsymbol{v}(0)$ 等于 $\boldsymbol{e}_i(i=1,2,\cdots,N-1)$ 的线性组合,其中 $\boldsymbol{e}_i$ 是对应于 $\boldsymbol{A}\boldsymbol{R}_x\boldsymbol{A}$ 非零特征值的特征向量。若 $\boldsymbol{v}(0)$ 等于特征值 σ_i 对应的特征向量 $\boldsymbol{e}_i$,则式(5.160)表明:

$$\boldsymbol{v}(k+1)=(1-2\mu\sigma_i)^{k+1}\boldsymbol{e}_i,\quad k\geqslant 0 \tag{5.166}$$

因此,$|1-2\mu\sigma_i|<1(i=1,2,\cdots,N-1)$ 是 $\boldsymbol{v}(k)\to 0$ 的充分必要条件,且权向量均值收敛到最优值,即

$$\lim_{k\to\infty}E[\boldsymbol{w}(k)]=\boldsymbol{w}_0=\frac{\boldsymbol{R}_x^{-1}\boldsymbol{p}}{\boldsymbol{p}^{\mathrm{T}}\boldsymbol{R}_x^{-1}\boldsymbol{p}} \tag{5.167}$$

由于 $\sigma_i > 0$,收敛的充分必要条件为

$$0 < \mu < \frac{1}{\sigma_{\max}} \tag{5.168}$$

类似 LMS 算法,Frost 算法的权向量均值收敛的瞬时值可由时间常数表征,即

$$\tau_i = -\frac{1}{\ln(|1 - 2\mu\sigma_i|)}, \quad i = 1,2,\cdots,N-1 \tag{5.169}$$

若 $0 < \mu < 1/2\sigma_{\max}$,最大的时间常数为

$$\tau_{\max} = -\frac{1}{\ln(1 - 2\mu\sigma_{\min})} < \frac{1}{2\mu\sigma_{\min}}, \quad 0 < \mu < \frac{1}{2\sigma_{\max}} \tag{5.170}$$

式中 $\sigma_{\min}$ 为 $\boldsymbol{A}\boldsymbol{R}_x\boldsymbol{A}$ 的最小非零特征值。若选择的 μ 值接近式(5.170)中的上界,则 $\tau_{\max}$ 随定义为 $\sigma_{\max}/\sigma_{\min}$ 的特征值扩展的增加而增加。

5.5 最优阵列

当有多个天线可用时,干扰抑制的效果可能会比单个天线的处理效果好得多。**自适应阵列**是一种输入信号直接来自天线阵列的自适应滤波器。对扩谱系统来说,可推导出最有效的自适应阵列的性能准则是基于 SINR 最大化的准则,这种准则用于推导自适应阵列的最优权向量。考虑有 N 个输出的接收机阵列,其每个**输出包含**一个来自不同天线的信号副本。阵列的每个输出信号都变换到基带,并提取其复包络采样值(见附录 C.3“直接变频下变频器”)。另外,阵列的每个输出信号变换到中频,且提取解析信号采样值。后续分析对这两种处理都有效,但最简单的假设是提取复包络采样值。

阵列输出的复包络采样值作为线性信号合并器的输入。有用信号、干扰信号和热噪声被建模为独立零均值宽平稳随机过程。令 $\boldsymbol{x}(i)$ 表示由合并器的 N 个复输入构成的离散时间向量,其中序号 i 表示采样数。该向量可分解为

$$\boldsymbol{x}(i) = \boldsymbol{s}(i) + \boldsymbol{n}(i) \tag{5.171}$$

式中:$\boldsymbol{s}(i)$ 和 $\boldsymbol{n}(i)$ 分别为有用信号和干扰加噪声的离散时间向量。且 $\boldsymbol{s}(i)$ 和 $\boldsymbol{n}(i)$ 的元素都被建模为离散时间的联合宽平稳过程。令 $\boldsymbol{w}$ 表示作用在线性信号合并器输入向量上的 $N \times 1$ 维权向量。信号合并器输出为

$$y(i) = \boldsymbol{w}^{\mathrm{H}}\boldsymbol{x}(i) = y_{\boldsymbol{s}}(i) + y_{\boldsymbol{n}}(i) \tag{5.172}$$

$\boldsymbol{s}(i)$ 和 $\boldsymbol{n}(i)$ 所产生的输出元素分别为

$$y_{\boldsymbol{s}}(i) = \boldsymbol{w}^{\mathrm{H}}\boldsymbol{s}(i), \quad y_{\boldsymbol{n}}(i) = \boldsymbol{w}^{\mathrm{H}}\boldsymbol{n}(i) \tag{5.173}$$

$\boldsymbol{s}(i)$ 和 $\boldsymbol{n}(i)$ 的 $N \times N$ 维相关矩阵分别定义为

$$\boldsymbol{R}_s = E[\boldsymbol{s}(i)\boldsymbol{s}^{\mathrm{H}}(i)], \quad \boldsymbol{R}_n = E[\boldsymbol{n}(i)\boldsymbol{n}^{\mathrm{H}}(i)] \tag{5.174}$$

有用信号和干扰加噪声在输出端的功率分别为

$$p_{so} = E[|y_s(i)|^2] = \boldsymbol{w}^{\mathrm{H}}\boldsymbol{R}_s\boldsymbol{w}, \quad p_n = E[|y_n(i)|^2] = \boldsymbol{w}^{\mathrm{H}}\boldsymbol{R}_n\boldsymbol{w} \tag{5.175}$$

信号合并器输出端的 SINR 为

$$\rho = \frac{p_{so}}{p_n} = \frac{\boldsymbol{w}^{\mathrm{H}}\boldsymbol{R}_s\boldsymbol{w}}{\boldsymbol{w}^{\mathrm{H}}\boldsymbol{R}_n\boldsymbol{w}} \tag{5.176}$$

$\boldsymbol{R}_s$ 和 $\boldsymbol{R}_n$ 的定义保证了这些矩阵的共轭对称和非负定特征。因此,这些矩阵拥有由正交特征向量构成的完备集,且相应的特征值为非负实数。假设 $\boldsymbol{R}_n$ 正定,则其有正特征值。由于 $\boldsymbol{R}_n$ 可被对角化,则它可表示为[41]

$$\boldsymbol{R}_n = \sum_{l=1}^{N} \lambda_l \boldsymbol{e}_l \boldsymbol{e}_l^{\mathrm{H}} \tag{5.177}$$

式中:λ_l 为特征值;$\boldsymbol{e}_l$ 为相应的特征向量。

为推导对 $\boldsymbol{R}_s$ 无约束的最大化 SINR 的权向量,定义如下共轭对称矩阵:

$$\boldsymbol{A} = \sum_{l=1}^{N} \sqrt{\lambda_l}\, \boldsymbol{e}_l \boldsymbol{e}_l^{\mathrm{H}} \tag{5.178}$$

式中使用的是正特征值的平方根。利用 $\{\boldsymbol{e}_l\}$ 的正交性,直接计算可证明:

$$\boldsymbol{R}_n = \boldsymbol{A}^2 \tag{5.179}$$

且 $\boldsymbol{A}$ 的逆矩阵为

$$\boldsymbol{A}^{-1} = \sum_{l=1}^{N} \frac{1}{\sqrt{\lambda_l}} \boldsymbol{e}_l \boldsymbol{e}_l^{\mathrm{H}} \tag{5.180}$$

矩阵 $\boldsymbol{A}$ 给出了 $\boldsymbol{w}$ 到 $\boldsymbol{v}$ 的可逆变换为

$$\boldsymbol{v} = \boldsymbol{A}\boldsymbol{w} \tag{5.181}$$

定义如下共轭对称矩阵:

$$\boldsymbol{C} = \boldsymbol{A}^{-1}\boldsymbol{R}_s\boldsymbol{A}^{-1} \tag{5.182}$$

则式(5.176)、式(5.179)、式(5.181)和式(5.182)表明 SINR 能够表示为瑞利商的形式,即

$$\rho = \frac{\boldsymbol{v}^{\mathrm{H}}\boldsymbol{C}\boldsymbol{v}}{\|\boldsymbol{v}\|^2} \tag{5.183}$$

令 $\mu_{\max}$ 和 $\mu_{\min}$ 分别为 $\boldsymbol{C}$ 的最大和最小特征值。则式(5.155)表明

$$\mu_{\min} \leqslant \rho \leqslant \mu_{\max} \tag{5.184}$$

令 $\boldsymbol{u}$ 为与 $\boldsymbol{C}$ 的最大特征值 $\mu_{\max}$ 对应的单位特征向量。则 $\boldsymbol{v} = \eta\boldsymbol{u}$ 可以最大化 SINR,其中 η 为任意常数。由式(5.181)及 $\boldsymbol{v} = \eta\boldsymbol{u}$ 可知,**最大化 SINR 的最优权向量**为

$$\boldsymbol{w}_0 = \eta \boldsymbol{A}^{-1}\boldsymbol{u} \tag{5.185}$$

若采用 SINR 最大化性能准则,则自适应阵列算法调整权向量旨在使其收敛到式(5.185)的最优值。

假设有用信号是充分窄带的或天线相距足够近,使得天线阵列输出的所有有用信号副本在时间上近乎同步,则有用信号的输入向量可表示为

$$\boldsymbol{s}(i) = s(i)\boldsymbol{s}_0 \tag{5.186}$$

式中:$s(i)$ 为有用信号复包络的离散时间采样值,且**方向向量**为

$$\boldsymbol{s}_0 = [\alpha_1 \exp(\mathrm{j}\theta_1) \quad \alpha_2 \exp(\mathrm{j}\theta_2) \quad \cdots \quad \alpha_N \exp(\mathrm{j}\theta_N)]^{\mathrm{T}} \tag{5.187}$$

式中各元素表示天线输出的相对幅度和相移。

例:式(5.187)可作为未经历衰落、以平面波形式到达阵列天线的窄带有用信号模型。令 $T_l(l=1,2,\cdots,N)$ 表示有用信号相对于空间中固定参考点到达天线 l 的时延。式(5.186)和式(5.187)在 $\theta_l = -2\pi f_c T_l(l=1,2,\cdots,N)$ 时成立,其中 f_c 为有用信号的载波频率。$\alpha_l(l=1,2,\cdots,N)$ 取决于相关的天线方向图与传播损耗。若所有 α_l 都相等,则它们就可作为常数归入 $s(i)$ 。为方便起见,将笛卡尔坐标系的原点定义在固定参考点。令天线 l 的坐标为 (x_l, y_l) 。若某一平面波相对于阵列法线的入射角为 ψ ,则有

$$\theta_l = \frac{2\pi f_c}{c}(x_i \sin\psi + y_i \cos\psi), \quad l = 1,2,\cdots,N \tag{5.188}$$

式中:c 为电磁波传播速度。

将式(5.186)代入式(5.174)可得

$$\boldsymbol{R}_s = p_s \boldsymbol{s}_0 \boldsymbol{s}_0^{\mathrm{H}} \tag{5.189}$$

式中

$$p_s = E[|s(i)|^2] \tag{5.190}$$

将式(5.189)代入式(5.182),可看出 $\boldsymbol{C}$ 能够被分解为

$$\boldsymbol{C} = p_s \boldsymbol{A}^{-1}\boldsymbol{s}_0\boldsymbol{s}_0^{\mathrm{H}}\boldsymbol{A}^{-1} = \boldsymbol{f}\boldsymbol{f}^{\mathrm{H}} \tag{5.191}$$

式中

$$\boldsymbol{f} = \sqrt{p_s}\boldsymbol{A}^{-1}\boldsymbol{s}_0 \tag{5.192}$$

分解式表明 $\boldsymbol{C}$ 是秩-1 矩阵,故其零空间维数为 $N-1$。因此,与 $\boldsymbol{C}$ 中唯一非零特征值相对应的特征向量为

$$\boldsymbol{u} = \boldsymbol{f} = \sqrt{p_s}\boldsymbol{A}^{-1}\boldsymbol{s}_0 \tag{5.193}$$

且非零特征值为

$$\mu_{\max} = \|\boldsymbol{f}\|^2 \tag{5.194}$$

将式(5.193)代入式(5.185),再利用式(5.179),并将 $\sqrt{p_s}$ 归并为任意常

数,可得最优权向量为

$$\boldsymbol{w}_0 = \eta \boldsymbol{R}_{\boldsymbol{n}}^{-1} \boldsymbol{s}_0 \tag{5.195}$$

式中:η 为任意常数。由式(5.184)、式(5.194)、式(5.192)和式(5.179),可得 SINR 最大值为

$$\rho_0 = p_s \boldsymbol{s}_0^{\mathrm{H}} \boldsymbol{R}_{\boldsymbol{n}}^{-1} \boldsymbol{s}_0 \tag{5.196}$$

5.6 用于直扩系统的自适应阵列

若有多个天线可用,则可以利用天线阵列自适应地抑制窄带和宽带干扰。扩谱系统的自适应阵列的基本框图如图 5.6 所示。天线阵列上的每个输出信号输入各支路初始处理器。将同步接收机生成的扩展波形输入初始处理器,在各支路上生成解扩的离散时间序列。这些序列输入执行自适应阵列算法的自适应处理器。

极大极小算法是利用扩谱信号特征的自适应阵列算法,相对于单独使用扩谱信号,这种算法可以提供强得多的抗强干扰能力[93]。正如其名称所示,极大极小算法在最大化期望信号分量的同时,极小化扩展序列中的干扰分量。在直接序列自适应阵列中,每个解扩后的期望信号分量都有窄带功率谱,而每个干扰分量都有宽带功率谱。极大极小算法就是利用这种谱的差异性来估计并消除干扰。

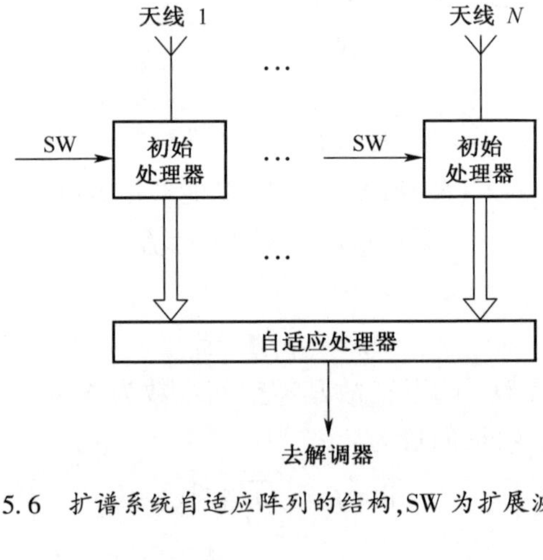

图 5.6 扩谱系统自适应阵列的结构,SW 为扩展波形

5.6.1 极大极小算法的推导

极大极小算法是一种基于**最速下降法**的随机梯度算法,它通过递归增加

SINR。令 $\boldsymbol{x}(i)$ 为由符号率序列构成的 $N \times 1$ 维离散时间向量,其中 i 是采样序号。序列与复包络成正比,且作为极大极小算法的输入。向量 $\boldsymbol{x}(i)$ 可表示为 $\boldsymbol{x}(i)=\boldsymbol{s}(i)+\boldsymbol{n}(i)$,其中 $\boldsymbol{s}(i)$ 和 $\boldsymbol{n}(i)$ 分别是有用信号序列、干扰加噪声序列的离散时间向量。它们的 $N \times N$ 维自相关矩阵由式(5.174)定义。由于干扰和噪声为零均值,且与有用信号统计独立,因此 $N \times N$ 维输入相关矩阵为

$$\boldsymbol{R}_x = E[\boldsymbol{x}(i)\boldsymbol{x}^{\mathrm{H}}(i)] = \boldsymbol{R}_s + \boldsymbol{R}_n \tag{5.197}$$

极大极小处理器是使用 $N \times 1$ 维权向量 $\boldsymbol{w}(k)$ 的线性信号合并器,其中 k 为权向量的迭代数。在每次权向量迭代中,输入向量 $\boldsymbol{x}(i)$ 中有 m 个离散时间样值。线性信号合并器输出为

$$y(i) = \boldsymbol{w}^{\mathrm{H}}(k)\boldsymbol{x}(i) = y_s(i) + y_n(i) \tag{5.198}$$

$$y_s(i) = \boldsymbol{w}^{\mathrm{H}}(k)\boldsymbol{s}(i), \quad y_n(i) = \boldsymbol{w}^{\mathrm{H}}(k)\boldsymbol{n}(i) \tag{5.199}$$

极大极小算法沿着 SINR 梯度的方向改变权向量。合并复权向量实部和虚部的方程,可得

$$\boldsymbol{w}(k+1) = \boldsymbol{w}(k) + \mu_0(k)\nabla_{\boldsymbol{w}^*}\rho(k) \tag{5.200}$$

式中:$\mu_0(k)$ 为控制权向量变化速率的标量序列,$\nabla_{\boldsymbol{w}^*}\rho(k)$ 为 SINR$\rho(k)$ 在第 k 次迭代时的复梯度。自适应滤波器的输出功率为

$$p_x(k) = E[|y(i)|^2] = \boldsymbol{w}^{\mathrm{H}}(k)\boldsymbol{R}_x\boldsymbol{w}(k) = p_s(k) + p_n(k) \tag{5.201}$$

式中 $p_s(k)$ 和 $p_n(k)$ 分别为有用信号序列和干扰加噪声序列的功率。SINR 在第 k 次迭代为

$$\rho(k) = \frac{p_s(k)}{p_n(k)} = \frac{\boldsymbol{w}^{\mathrm{H}}(k)\boldsymbol{R}_s\boldsymbol{w}(k)}{\boldsymbol{w}^{\mathrm{H}}(k)\boldsymbol{R}_n\boldsymbol{w}(k)} \tag{5.202}$$

由上式计算可得

$$\nabla_{\boldsymbol{w}^*}\rho(k) = \rho(k)\left[\frac{\boldsymbol{R}_s\boldsymbol{w}(k)}{\rho_s(k)} - \frac{\boldsymbol{R}_n\boldsymbol{w}(k)}{\rho_n(k)}\right] \tag{5.203}$$

将式(5.197)、式(5.201)代入式(5.203),并化简可得

$$\nabla_{\boldsymbol{w}^*}\rho(k) = [\rho(k)+1]\left[\frac{\boldsymbol{R}_x\boldsymbol{w}(k)}{\rho_x(k)} - \frac{\boldsymbol{R}_n\boldsymbol{w}(k)}{\rho_n(k)}\right] \tag{5.204}$$

将上式代入式(5.200),可得**最速下降法**

$$\boldsymbol{w}(k+1) = \boldsymbol{w}(k) + \mu_0(k)[\rho(k)+1]\left[\frac{\boldsymbol{R}_x\boldsymbol{w}(k)}{\rho_x(k)} - \frac{\boldsymbol{R}_n\boldsymbol{w}(k)}{\rho_n(k)}\right] \tag{5.205}$$

若将 $\boldsymbol{w}(k)$ 建模为确定性变量,则 $\boldsymbol{R}_x\boldsymbol{w}(k) = E[\boldsymbol{x}(i)y^*(i)]$,且 $\boldsymbol{R}_n\boldsymbol{w}(k) = E[\boldsymbol{n}(i)y_n^*(i)]$。因此,找到 $E[\boldsymbol{x}(i)y^*(i)]$ 和 $E[\boldsymbol{n}(i)y_n^*(i)]$ 的估计子,可避

免估计式(5.205)中的矩阵 $\boldsymbol{R}_x$ 和 $\boldsymbol{R}_n$ 。

注意到 $\boldsymbol{x}(i)$ 的元素与连续时间复包络的采样值成正比,以此做进一步简化可减少几乎一半的计算量。每个天线支路上的热噪声相互独立,且每个支路上的有用信号或干扰信号是其他支路上相应信号的延迟形式。因此,复包络的循环对称性(见附录 C.3“直接变频下变频器”)意味着

$$E[\boldsymbol{x}(i)\boldsymbol{x}^{\mathrm{T}}(i)] = \boldsymbol{0} \tag{5.206}$$

且

$$E[\boldsymbol{n}(i)\boldsymbol{n}^{\mathrm{T}}(i)] = \boldsymbol{0} \tag{5.207}$$

式中:T 为转置。自适应滤波器的输出可表示为

$$y(i) = y_{\mathrm{r}}(i) + \mathrm{j}y_{\mathrm{i}}(i) \tag{5.208}$$

式中:$y_{\mathrm{r}}(i)$ 和 $y_{\mathrm{i}}(i)$ 分别为 $y(i)$ 的实部和虚部。若权向量建模为确定性的变量,则式(5.172)、式(5.206)及等式 $\boldsymbol{w}^{\mathrm{H}}(k)\boldsymbol{x}(i) = \boldsymbol{x}^{\mathrm{T}}(i)\boldsymbol{w}^{*}(k)$ 表明

$$\begin{aligned} E[x(i)y_{\mathrm{r}}(i)] &= E\left[x(i)\left\{\frac{1}{2}x^{\mathrm{T}}(i)\boldsymbol{w}^{*}(k) + \frac{1}{2}x^{\mathrm{H}}(i)\boldsymbol{w}(k)\right\}\right] \\ &= \frac{1}{2}E[x(i)x^{\mathrm{H}}(i)]\boldsymbol{w}(k) \end{aligned} \tag{5.209}$$

由上式和式(5.197)可得

$$\boldsymbol{R}_x\boldsymbol{w}(k) = 2E[\boldsymbol{x}(i)y_{\mathrm{r}}(i)] \tag{5.210}$$

类似地

$$\boldsymbol{R}_n\boldsymbol{w}(k) = 2E[\boldsymbol{n}(i)y_{n\mathrm{r}}(i)] \tag{5.211}$$

式中

$$y_{n\mathrm{r}}(i) = \mathrm{Re}[y_n(i)] = \mathrm{Re}[\boldsymbol{w}^{\mathrm{H}}(k)n(i)] \tag{5.212}$$

是 $y_n(i)$ 的实部。因此,通过找到 $E[\boldsymbol{x}(i)y_{\mathrm{r}}(i)]$ 和 $E[\boldsymbol{n}(i)y_{n\mathrm{r}}(i)]$ 的估计子,就能够避免估计式(5.205)中的 $\boldsymbol{R}_x$ 和 $\boldsymbol{R}_n$ 。

式(5.172)和式(5.206)意味着 $E[y^2(i)] = 0$,将其代入式(5.172)可得 $E[y_{\mathrm{r}}^2(i)] = E[y_{\mathrm{i}}^2(i)]$,$E[y_{\mathrm{r}}(i)y_{\mathrm{i}}(i)] = 0$。因此有 $p_x(k) = E[|y(i)|^2] = 2E[y_r^2(i)]$。从与关于 $p_n(k)$ 类似的计算和推导可得

$$p_x(k) = 2E[y_{\mathrm{r}}^2(i)],\ p_n(k) = 2E[y_{n\mathrm{r}}^2(i)] \tag{5.213}$$

为了推导极大极小算法,令 $\hat{p}_x(k)$ 和 $\hat{p}_n(k)$ 分别表示第 k 次权向量迭代后 $E[y_{\mathrm{r}}^2]$ 和 $E[y_{n\mathrm{r}}^2]$ 的估计值。令 $c_x(k)$ 和 $c_n(k)$ 分别表示第 k 次迭代后输入相关向量 $E[xy_{\mathrm{r}}]$ 和干扰加噪声相关向量 $E[ny_{n\mathrm{r}}]$ 的估计值。设 $\mu_0(k) = \alpha(k)/[\hat{\rho}(k) + 1]$,其中 $\alpha(k)$ 为**自适应序列**。将这些估计及 $\mu_0(k)$ 代入式(5.205),可得**极大极小算法**,即

$$\boldsymbol{w}(k+1)=\boldsymbol{w}(k)+\alpha(k)\left[\frac{\boldsymbol{c}_{\boldsymbol{x}}(k)}{\hat{p}_{\boldsymbol{x}}(k)}-\frac{\boldsymbol{c}_{\boldsymbol{n}}(k)}{\hat{p}_{\boldsymbol{n}}(k)}\right],\quad k\geqslant 0 \tag{5.214}$$

式中：$\boldsymbol{w}(0)$ 为确定性的初始权向量。随着权重自适应收敛，$\boldsymbol{c}_x(k)$ 和 $\hat{p}_{\boldsymbol{x}}(k)$ 中的干扰分量不断减少。因此，括号中的第一项可认为是信号项，使得算法将天线波束指向有用信号。括号中的第二项是噪声项，使得算法能够消除干扰信号。

应选择自适应序列 $\alpha(k)$，使 $E[\boldsymbol{w}(k)]$ 收敛到近乎最优的稳态值。从直观上就可发现，$\alpha(k)$ 应该随着 $E[\boldsymbol{w}(k)]$ 收敛而快速减小。一个合适的方案是

$$\alpha(k)=\alpha\frac{\hat{p}_{\boldsymbol{n}}(k)}{\hat{t}(k)} \tag{5.215}$$

式中 $\hat{t}(k)$ 为解扩后有用信号通带内干扰加噪声总功率的估计值，α 为**自适应常数**。后续的收敛分析以及仿真结果都证实，只要自适应常数在某个数值边界内，这种选择就会有效且稳健。

剩下的问题是 $\hat{t}(k)$、$\boldsymbol{c}_{\boldsymbol{x}}(k)$、$\boldsymbol{c}_{\boldsymbol{n}}(k)$、$\hat{p}_{\boldsymbol{x}}(k)$ 及 $\hat{p}_{\boldsymbol{n}}(k)$ 估计子的选择。扩谱信号的特性允许利用盲估计，而不必依靠已知的方向向量或参考信号。

5.6.2 处理器的实现

对于 BPSK 调制，天线后端各支路上初始处理器的主要构成如图 2.14 所示。由于接收机已完成扩谱序列的码同步，图中最终的混频运算将生成码片率的支路序列，其中包含解扩后的信息序列、频谱扩展后的干扰和噪声。虽然将接收信号下变频到基带需要频率同步，但由于在波束成形和干扰消除中必须保留相对相位信息，因此阵列支路上无需相位同步。由于相位同步对 BPSK 的相干解调是必须的，自适应滤波器输出中的随机相位将随后被载波同步消除。

令 $\boldsymbol{x}_b(\ell)=[x_{b1}(\ell)\quad x_{b2}(\ell)\quad\cdots\quad x_{bN}(\ell)]^{\mathrm{T}}$ 为各支路序列的码片速率向量，其中 ℓ 为码片速率样值的序号。在图 5.7 所示的极大极小处理器中，每条支路序列送至信号滤波器（SF）和监测滤波器（MF），信号滤波器生成序列 $\boldsymbol{x}(i)=[x_1(i)\quad x_2(i)\quad\cdots\quad x_N(i)]^{\mathrm{T}}$，监测滤波器用于估计干扰序列。对于有 N 个天线的自适应阵列，来自 N 对信号和监测滤波器的输出被送至自适应滤波器，再将自适应滤波器的输出送至数字解调器。极大极小算法旨在解调器的输入端最大化 SINR。

图 5.8 给出了信号滤波器和监测滤波器频率响应的主瓣示意图。每个信

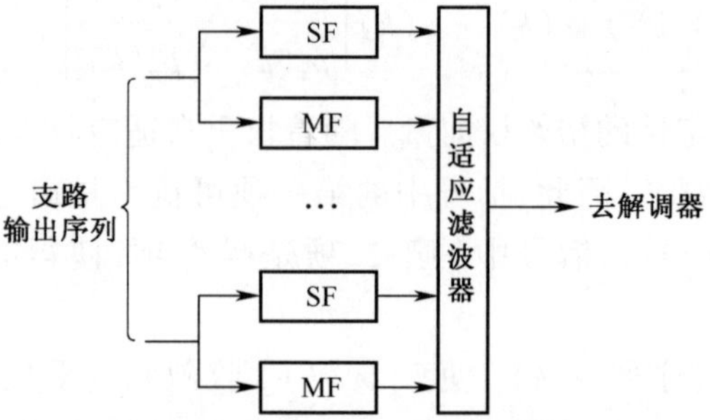

图 5.7　极大极小处理器,SF 为信号滤波器;MF 为监测滤波器

号滤波器频率响应 $H(f)$ 的单边带宽为 $B \approx 1/T_s$,其中 T_s 是数据符号的宽度。N 个信号滤波器的输出构成向量 $\boldsymbol{x}(i)$ 。每个监测滤波器的频率响应为

$$H_1(f) = \frac{1}{2}H(f - f_0) + \frac{1}{2}H(f + f_0) \tag{5.216}$$

式中:f_0 为中心频率偏移,如图 5.8 所示。当干扰在带宽 $|f| \leqslant f_0 + B$ 内有近似平坦的功率谱时,因子 1/2 可确保干扰功率的精确估计。只有在使用一个天线时才会出现每个信号滤波器都有相同转移函数的情况。由于解扩后的通信信号序列在一个符号内是常数,则将该信号送至具有矩形脉冲响应的匹配滤波器。匹配滤波器的 z 域转移函数为

$$H(z) = 1 + z^{-1} + \cdots + z^{-(g-1)} = \frac{1 - z^{-g}}{1 - z^{-1}} \tag{5.217}$$

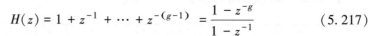

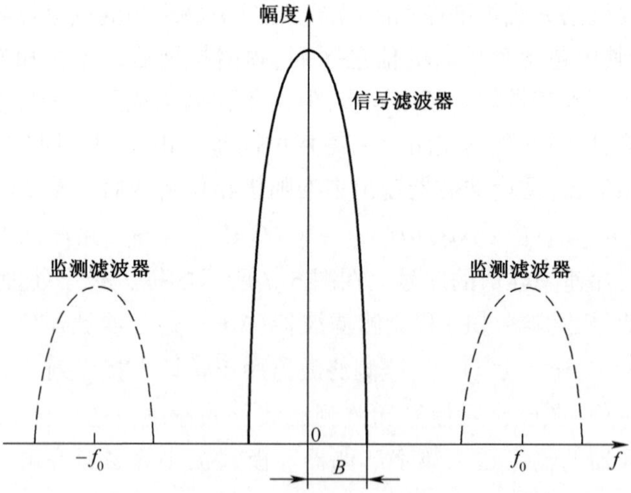

图 5.8　信号滤波器和监测滤波器的频率响应

式中 $g = T_s/T_c$ 为每个符号内的码片数,即扩谱增益, T_c 为是码片宽度。这种滤波器称为**累加器**,其零点带宽为 $2/gT_c = 2/T_s$ 。

在符号间隔的末尾对每个累加器的输出进行采样。由这些滤波器的输出序列抽取的向量为

$$\boldsymbol{x}(i) = \sum_{\ell = i-g+1}^{i} \boldsymbol{x}_1(\ell) \tag{5.218}$$

式中ℓ为码片速率输入样值的序号, i 为符号速率输出样值的序号。类似地,频率响应为 $H_1(f)$ 的监测滤波器是**带通累加器**,它们共同产生如下输出

$$\hat{\boldsymbol{n}}(i) = \sum_{\ell = i-g+1}^{i} x_1(\ell)\cos(2\pi f_0 T_c \ell) \tag{5.219}$$

上式是干扰加噪声的估计向量,可用于生成 $\boldsymbol{c}_{\boldsymbol{n}}(k)$ 和 $\hat{p}_{\boldsymbol{n}}(k)$ 。

若$f_0 \leqslant (g-1)/T_s$,直扩信号的解扩过程可在整个监测滤波器的通带内扩展干扰信号的功率谱密度。有用信号功率谱向监测滤波器的任何溢出或泄露,都可能导致有用信号被自适应算法在某种程度上删除。因此, f_0 必须足够大来避免明显的功率谱泄露。

自适应滤波器的结构如图 5.9 所示。输入到自适应滤波器的向量为 $\boldsymbol{x}(i)$ 和 $\hat{\boldsymbol{n}}(i)$,每次权向量迭代需要 m 个符号速率的样值。自适应滤波器的输出为

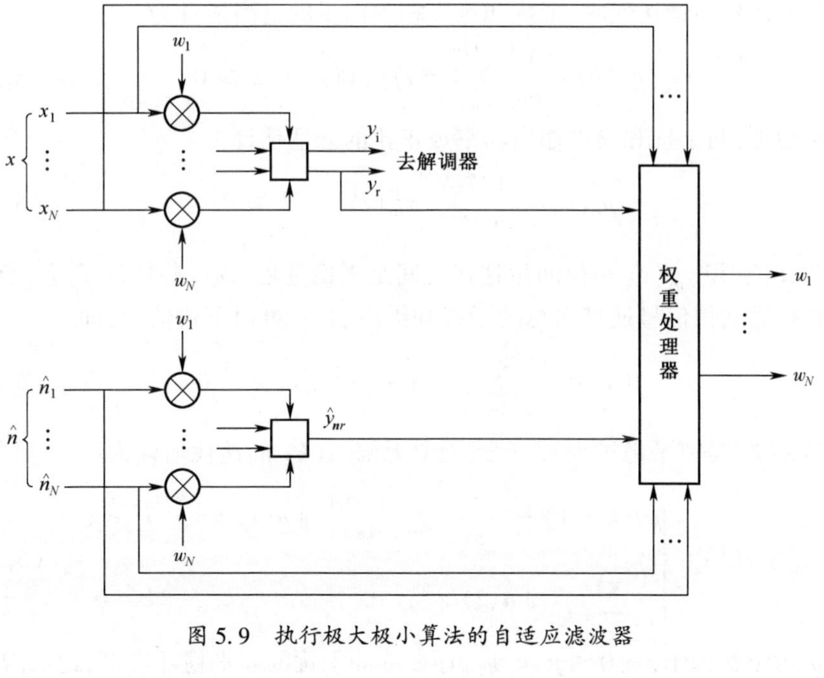

图 5.9　执行极大极小算法的自适应滤波器

$$y_r(i)=\mathrm{Re}[\boldsymbol{w}^{\mathrm{H}}(k)\boldsymbol{x}(i)],\quad i=km+1,\cdots,(k+1)m \tag{5.220}$$

式中权向量迭代 k 次后可得到采样 i 。上述输出送至解调器,用于如下估计子

$$\boldsymbol{c}_{\boldsymbol{x}}(k)=\frac{1}{m}\sum_{i=km+1}^{(k+1)m}\boldsymbol{x}(i)y_r(i),\quad k\geqslant 0 \tag{5.221}$$

且

$$\hat{p}_{\boldsymbol{x}}(k)=\frac{1}{m}\sum_{i=km+1}^{(k+1)m}y_r^2(i),\quad k\geqslant 0 \tag{5.222}$$

若在权向量迭代过程中 $\boldsymbol{x}(i)$ 和 $y_r(i)$ 是平稳过程,则上式是无偏估计。

自适应滤波器还可以生成

$$\hat{y}_{\boldsymbol{n}r}(i)=\mathrm{Re}[\boldsymbol{w}^{\mathrm{H}}(k)\hat{\boldsymbol{n}}(i)],\quad i=km+1,\cdots,(k+1)m \tag{5.223}$$

若干扰功率在 $|f|\leqslant f_0+B$ 内近乎均匀分布,则 $H_1(f)$ 的形式表明信号滤波器和监测滤波器输出中的干扰功率近似相等。由于噪声分量是独立零均值的变量,且每个干扰分量是参考支路中相应分量的相移形式,故

$$E[\hat{\boldsymbol{n}}(i)\hat{\boldsymbol{n}}^{\mathrm{H}}(i)]\approx E[\boldsymbol{n}(i)\boldsymbol{n}^{\mathrm{H}}(i)],\ E[\hat{\boldsymbol{n}}(i)\hat{\boldsymbol{n}}^{\mathrm{T}}(i)]\approx E[\boldsymbol{n}(i)\boldsymbol{n}^{\mathrm{T}}(i)]=0 \tag{5.224}$$

因此,式(5.223)和式(5.212)表明

$$E[\hat{\boldsymbol{n}}(i)\hat{y}_{\boldsymbol{n}r}(i)]\approx E[\boldsymbol{n}(i)y_{\boldsymbol{n}r}(i)] \tag{5.225}$$

且在第 k 次权向量迭代时,干扰和噪声相关向量的适当估计为

$$\boldsymbol{c}_{\boldsymbol{n}}(k)=\frac{1}{m}\sum_{i=km+1}^{(k+1)m}\hat{\boldsymbol{n}}(i)\hat{y}_{\boldsymbol{n}r}(i),\quad k\geqslant 0 \tag{5.226}$$

类似地,与干扰和噪声输出功率成正比的合适估计为

$$\hat{p}_{\boldsymbol{n}}(k)=\frac{1}{m}\sum_{i=km+1}^{(k+1)m}\hat{y}_{\boldsymbol{n}r}^2(i),\quad k\geqslant 0 \tag{5.227}$$

若 $\hat{\boldsymbol{n}}(i)$ 和 $\hat{y}_{\boldsymbol{n}r}(i)$ 在权向量迭代之间是平稳过程,则这些估计子近乎无偏。

解扩后通信信号通带内总的干扰和噪声功率,可由下式估计,即

$$\hat{t}(k)=\frac{1}{m}\sum_{i=km+1}^{(k+1)m}\|\hat{\boldsymbol{n}}(i)\|^2,\quad k\geqslant 0 \tag{5.228}$$

当 $\hat{\boldsymbol{n}}(i)$ 是宽平稳过程时,上式近似无偏。$\hat{t}(k)$ 的迭代估计为

$$\hat{t}(k)=\begin{cases}\mu\hat{t}(k-1)+\dfrac{1-\mu}{m}\sum_{i=km+1}^{(k+1)m}\|\hat{\boldsymbol{n}}(i)\|^2, & k\geqslant 1\\ \dfrac{1}{m}\sum_{i=1}^{m}\|\hat{\boldsymbol{n}}(i)\|^2, & k=0\end{cases} \tag{5.229}$$

式中 μ 为**记忆因子**,且 $0\leqslant\mu<1$。存在脉冲干扰的非平稳环境下,记忆因子是

有用的(见 2.5 节)。

仿真结果表明,当干扰是平稳统计量时,前述估计子的迭代形式仅降低了极大极小算法的收敛速度。在抗脉冲干扰时,式(5.228)中的递归形式有效。仿真结果也证实,由于极大极小算法利用循环对称性进行简化,所以对于循环平稳的扩谱信号和音调干扰没有性能上的损失。

扩谱码同步可通过算法实现干扰抑制,但这一过程必须在极大极小算法开始前完成。有一种方法是在波束成形后利用通信信号的波达方向估计值来增强通信信号[64]。另一种方法是在扩谱码同步之前,自适应阵列算法利用干扰信号的高功率来降低与所希望的直扩信号之间的差距[94]。虽然干扰抑制的程度可能足以实现扩谱码同步,但通常还不足以实现扩谱码跟踪和解调。故在扩谱码同步之后还都需要解扩和极大极小算法。

在多径环境中,初始处理器和极大极小处理器能够为每个可分辨路径建立不同的自适应阵列方向图。Rake 合并器(见 6.6 节)能够将所有方向图的信号合并,并最大化合并信号的 SINR。

5.6.3 收敛性分析

令 $s(i)$ 为固定参考天线的 $\boldsymbol{s}(i)$ 中的信号分量。若天线阵列足够紧致,使得 $\boldsymbol{s}(i)=s(i)\boldsymbol{s}_0$,其中 $\boldsymbol{s}_0$ 由式(5.187)给定,则最优权向量由式(5.195)给出,且最大 SINR 为

$$\rho_0 = p_{\mathrm{a}}\boldsymbol{s}_0^{\mathrm{H}}\boldsymbol{R}_{\boldsymbol{n}}^{-1}\boldsymbol{s}_0 \tag{5.230}$$

式中:p_{a} 为期望序列的功率。

极大极小算法的高度非线性妨碍了严格的收敛性分析。然而,通过合理近似和假设,可以证明平均权向量收敛于 $\boldsymbol{w}_0$,从而推导得到自适应常数的边界。假设干扰为宽平稳过程且 m 足够大,则由式(5.228)可得

$$\hat{t}(k) \approx E[\hat{t}(k)] = E[\|\hat{\boldsymbol{n}}(i)\|^2] \approx E[\|\boldsymbol{n}(i)\|^2] = \mathrm{tr}(\boldsymbol{R}_{\boldsymbol{n}}) \tag{5.231}$$

假设算法经过 k_0 次迭代,$\hat{p}_{\boldsymbol{x}}(k)/\hat{p}_n(k) \approx \rho(k)+1 \approx \rho_0+1$,代入式(5.214)和式(5.215)中可得最大最小算法的近似方程为

$$\boldsymbol{w}(k+1)=\boldsymbol{w}(k)+\frac{\alpha}{r}\left[\frac{\boldsymbol{c}_{\boldsymbol{x}}(k)}{(\rho_0+1)}-\boldsymbol{c}_n(k)\right],\quad k\geqslant k_0 \tag{5.232}$$

式中 $r=\mathrm{tr}(\boldsymbol{R}_n)$。

作如下近似处理,即当 $i\geqslant km+1$ 时,$\boldsymbol{w}(k)$ 与 $x(i)$、$n(i)$ 和 $\hat{n}(i)$ 统计独立。由式(5.221)、式(5.220)、式(5.206)和式(5.197)可得

$$E[\boldsymbol{c}_{\boldsymbol{x}}(k)] = E[\boldsymbol{x}(i)y_{\mathrm{r}}(i)] \approx \frac{1}{2}\boldsymbol{R}_{\boldsymbol{x}}E[\boldsymbol{w}(k)] \tag{5.233}$$

类似地，由式(5.226)、式(5.225)、式(5.207)和式(5.201)可得

$$E[\boldsymbol{c}_{\boldsymbol{n}}(k)] \approx E[\boldsymbol{n}(i)y_{\boldsymbol{n}\mathrm{r}}(i)] \approx \frac{1}{2}\boldsymbol{R}_{\boldsymbol{n}}E[\boldsymbol{w}(k)] \tag{5.234}$$

在式(5.232)两边取期望，将式(5.234)、式(5.233)和式(5.197)代入，再进行代数简化，可得到**权向量均值的近似递归方程**：

$$E[\boldsymbol{w}(k+1)] = [\boldsymbol{I} - \frac{\alpha}{2r(\rho_0+1)}\boldsymbol{D}]E[\boldsymbol{w}(k)], \quad k \geqslant k_0 \tag{5.235}$$

式中

$$\boldsymbol{D} = \rho_0\boldsymbol{R}_{\boldsymbol{n}} - \boldsymbol{R}_{\boldsymbol{s}} = \rho_0\boldsymbol{R}_{\boldsymbol{n}} - p_{\mathrm{a}}\boldsymbol{s}_0\boldsymbol{s}_0^{\mathrm{H}} \tag{5.236}$$

由式(5.236)和式(5.230)可得

$$\boldsymbol{D}\,\boldsymbol{w}_0 = \boldsymbol{D}\boldsymbol{R}_{\boldsymbol{n}}^{-1}\,s_0 = 0 \tag{5.237}$$

这表明由式(5.195)给出的最优权向量 $\boldsymbol{w}_0$ 是与 $\boldsymbol{D}$ 的零特征值对应的特征向量。而 $\boldsymbol{D}$ 是共轭对称矩阵，因此它有由 N 个正交特征向量构成的完备集，其中一个向量为 $\boldsymbol{w}_0$。由于对任意向量 $\boldsymbol{w}$ 有 $p_{\mathrm{a}}\boldsymbol{w}^{\mathrm{H}}\boldsymbol{s}_0\boldsymbol{s}_0^{\mathrm{H}}\boldsymbol{w} = \boldsymbol{w}^{\mathrm{H}}R_{s}\boldsymbol{w} \leqslant p_{\mathrm{a}}\boldsymbol{w}^{\mathrm{H}}\boldsymbol{R}_{\boldsymbol{n}}\boldsymbol{w}$，所以对任何 $\boldsymbol{w}$ 我们有 $\boldsymbol{w}^{\mathrm{H}}\boldsymbol{D}\boldsymbol{w} \geqslant 0$，这就证明了 $\boldsymbol{D}$ 是有 N 个非负特征值的半正定矩阵。假设只有 $\boldsymbol{w} = \boldsymbol{w}_0$ 才能最大化 SINR，当 $\boldsymbol{w} \neq \boldsymbol{w}_0$ 时，有 $\boldsymbol{w}^{\mathrm{H}}\boldsymbol{R}_{\boldsymbol{s}}\boldsymbol{w} < \rho_0\boldsymbol{w}^{\mathrm{H}}\boldsymbol{R}_{\boldsymbol{n}}\boldsymbol{w}$。因此，对于 $\boldsymbol{w} \neq \boldsymbol{w}_0$，有 $\boldsymbol{w}^{\mathrm{H}}\boldsymbol{D}\boldsymbol{w} > 0$。由于 $\boldsymbol{w} \neq \boldsymbol{w}_0$ 时 $\boldsymbol{D}\boldsymbol{w} \neq 0$，且 $\boldsymbol{D}$ 有一个特征值为零，因此 $\boldsymbol{D}$ 的其他 $N-1$ 个特征值为正数。

为求解式(5.235)，可作如下分解

$$E[\boldsymbol{w}(k)] = \eta(k)\boldsymbol{R}_{\boldsymbol{n}}^{-1}\boldsymbol{s}_0 + \sum_{l=2}^{N}a_l(k)e_{\mathrm{i}} \tag{5.238}$$

式中每个 $a_l(k)$ 和 $\eta(k)$ 都是标量函数，e_1 是与 $\boldsymbol{R}_{\boldsymbol{n}}^{-1}s_0$ 正交的 $N-1$ 个特征向量之一。将上式代入式(5.235)，再利用特征向量的正交性，可得

$$\eta(k+1) = \eta(k) = \eta(k_0), \quad k \geqslant k_0 \tag{5.239}$$

$$a_l(k+1) = \left[1 - \frac{\alpha\lambda_l}{2r(\rho_0+1)}\right]a_l(k), \quad 2 \leqslant l \leqslant N, k \geqslant k_0 \tag{5.240}$$

式中 λ_l 为对应于 e_l 的正特征值。假设 $\eta(k_0) \neq 0$，式(5.196)、式(5.238)和式(5.239)表明，随着 $k \to \infty$，当且仅当每个 $a_l(k) \to 0$ 时，有 $E[\boldsymbol{w}(k)] \to \boldsymbol{w}_0$。求解式(5.240)可得

$$a_l(k) = \left[1 - \frac{\alpha\lambda_l}{2r(\rho_0+1)}\right]^{k-k_0}a_l(k_0), \quad 2 \leqslant l \leqslant N, k \geqslant k_0 \tag{5.241}$$

上式表明随着 $k \to \infty$，当且仅当下式成立时，$a_l(k) \to 0$（$2 \leqslant l \leqslant N$）

$$\left|1-\frac{\alpha\lambda_l}{2r(\rho_0+1)}\right|<1,\quad 2\leqslant l\leqslant N \tag{5.242}$$

该不等式表明平均权向量收敛的充分必要条件是

$$0<\alpha<\frac{4r(\rho_0+1)}{\lambda_{\max}} \tag{5.243}$$

式中：$\lambda_{\max}$ 为 $\boldsymbol{D}$ 的最大特征值。

由于方阵特征值的和等于方阵的迹，故

$$\lambda_{\max}\leqslant\sum_{i=1}^{N}\lambda_i=\mathrm{tr}(\boldsymbol{D})=\rho_0 r-\mathrm{tr}(\boldsymbol{R}_s)\leqslant\rho_0 r \tag{5.244}$$

将该边界代入式(5.243)并化简，可得平均权向量收敛到最优权向量的必要但非充分条件

$$0<\alpha<4 \tag{5.245}$$

由于在推导过程中进行了近似处理，该不等式只是近似结果，但其至少对自适应常数的选择给出了大致的指导。应注意到上边界是具体的数值，不依赖于环境参数，这为选择式(5.215)作为自适应序列提供了支持。

5.6.4 极大极小算法仿真

仿真实验中，天线阵列由位于正方形顶点或均匀线性阵列上的 4 个全向天线构成。令 λ 表示通信信号中心频率 3GHz 对应的波长。正方形边长或相邻天线的间隔为 $d=0.5\lambda$、$d=1.0\lambda$ 或 $d=1.5\lambda$。采用 BPSK 调制和矩形码片波形的直扩信号沿顺时针方向与正方形一边的垂线成 20 度夹角入射。假设所有信号以平面波到达。作为对非理想频率同步的建模，直扩信号下变频后有 1kHz 的频偏。每次仿真中，数据符号和扩谱序列分别按照 100k/bits 和 10M/bits 随机生成，这也意味着扩谱增益为 20dB。假设接收机能实现理想扩谱码同步和扩谱序列同步。如图 5.6 所示，初始采样按照扩谱序列中的每个码片采样一次。每个支路输出的热噪声建模为带限高斯白噪声，信噪比(SNR)为 0dB。信号滤波器为单边带宽 $B=100\text{kHz}$ 的累加器。监测滤波器为频偏 $f_0=400\text{kHz}$ 的带通累加器，用于防止来自直扩信号的影响。极大极小算法取 $\alpha=1$。每经过 $m=10$ 个数据符号，权向量迭代一次。每次仿真实验中，自适应处理器的初始权向量为 $\boldsymbol{w}(0)=[1\quad 0\quad 0\quad 0]$，这形成了全向天线的阵列方向图。

采用 3 个单音干扰信号(连续波信号)。下变频后，这些单音信号有不同的初始相移和 10kHz 的残留频偏，这体现了单音干扰频率和直扩信号载波频率不匹配的情况。即使多音干扰的载波频率相同，它们的叠加也是非相干的，这是因为多音干扰信号来自不同方向，并具有不同的初始相移。处理器输出端，在

每个采样时间点后计算 SINR，然后在两次权向量迭代时间间隔内对所有采样点上的 SINR 取平均值，以此作为每次权向量迭代后对应的 SINR。可以看到虽然 SINR 不断波动，但趋向于逐步增加直至达到有小幅度残留波动的稳定状态。图 5.10 显示的是在一次典型仿真实验中，SINR 随权向量迭代次数的变化。其中单音干扰信号的入射角为 50°，干信比(ISR)为 30dB。定义 θ 为入射角，取顺时针方向与正方形一边垂线的夹角。

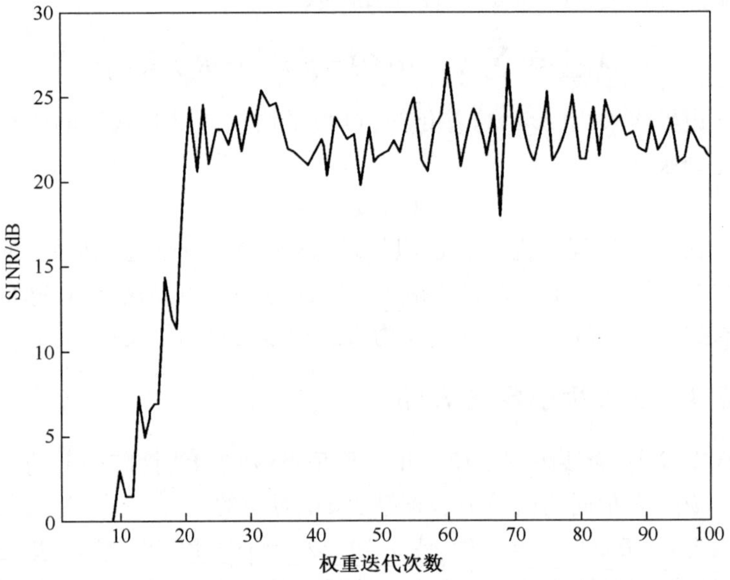

图 5.10　典型仿真实验中 SINR 变化图，单音干扰入射角为 50°，ISR=30dB

令 $s(\theta)$ 为理想平面波以 θ 入射的**阵列响应向量**。对于方阵，阵列响应向量的元素为

$$\begin{aligned} &s_{r1}=1, s_{r2}=\exp\left(-j2\pi\frac{d}{\lambda}\sin\theta\right) \\ &s_{r3}=\exp\left(-j2\pi\frac{d}{\lambda}\cos\theta\right), s_{r4}=\exp\left[-j2\pi\frac{d}{\lambda}(\sin\theta+\cos\theta)\right] \end{aligned} \tag{5.246}$$

第 k 次权向量迭代后的**阵列增益方向图**为

$$G(\theta,k)=\frac{|\boldsymbol{w}^{H}(k)s(\theta)|^2}{\|\boldsymbol{w}(k)\|^2} \tag{5.247}$$

图 5.10 中仿真试验结束时的阵列增益方向图如图 5.11 所示。在干扰信号方向形成零值以下-20dB 的陷波，且主瓣稍微偏离通信信号的方向。此外，在阵列增益方向图上形成其他较低点和较高点，即**栅瓣零点**和**栅瓣**。

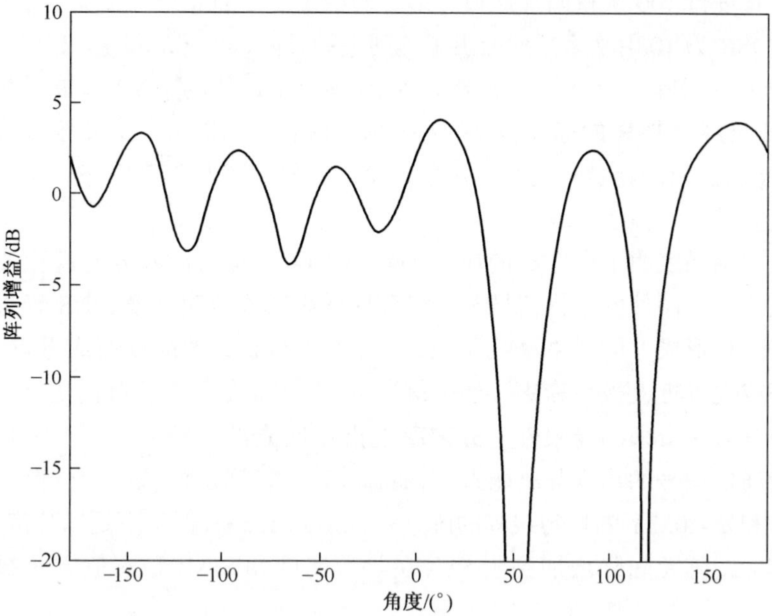

图 5.11　典型仿真试验后的阵列增益方向图(单音干扰入射角 50°,ISR=30dB)

表 5.1 列出了 15 个有代表性的仿真试验结果。每个实验包含 50 次仿真,

表 5.1　ISR = 10dB 时单音干扰下的仿真结果

干扰到达角度/(°)	阵列类型	稳态 SINR/dB	标准差/dB	交叉数
60	方形,1.0λ	25.81	1.49	3.2
60, -40	方形,1.0λ	22.84	2.22	8.9
60, 85	方形,1.0λ	24.53	1.60	5.0
60, -40, 85	方形,1.0λ	24.39	1.71	5.5
30	方形,1.0λ	20.10	1.57	16.1
60	方形,1.5λ	25.13	1.46	4.2
60, -40	方形,1.5λ	25.38	1.50	3.9
60, 85	方形,1.5λ	24.40	1.47	5.4
60, -40, 85	方形,1.5λ	24.26	1.52	5.4
30	方形,1.5λ	22.95	1.99	7.1
60	线性	25.75	1.43	3.3
60, -40	线性	24.98	1.46	4.1
60, 85	线性	24.81	1.52	4.4
60, -40, 85	线性	24.67	1.59	4.8
30	线性	20.25	1.55	10.1

每次仿真进行 100 次权向量迭代。第一列给出了干扰信号的到达角,每个干扰信号的 ISR 为 10dB。第二列给出了阵列类型,即 $d = 1.0\lambda$ 和 $d = 1.5\lambda$ 的方阵;$d = 0.5\lambda$ 的线阵。所有仿真的最后 20 次权向量迭代的 SINR 结果用来计算**稳态 SINR 的和 SINR 的标准差**,单位为 dB。最后一列给出了**交叉数**,是 SINR 超过 20dB 所需权向量迭代的平均次数。交叉数给出了收敛到稳态所需时间的大致度量。

上述结果表明了在广泛的应用场景下如何在有用信号方向进行波束成形和干扰消除。额外的干扰信号不一定会降低算法收敛速度或 SINR 稳态值。这是由于阵列形成方向图主瓣或零点以后,还会形成其他的栅瓣或零点,因而可能阻碍或促进极大极小算法。到达角为 30° 的干扰信号和方阵的仿真结果显示了阵列分辨率带来的局限性。**分辨率**是指在性能没有较大损失下阵列对干扰信号和通信信号的角度分离能力,它随着阵列口径增加而减小。尽管 $d = 1.0\lambda$ 的方阵和 $d = 0.5\lambda$ 的均匀线阵的阵列孔径达到 1.5λ,但仍不足以分辨该干扰。将方阵天线阵元间隔增加到 1.5λ,在收敛速度和 SINR 稳态值方面都有显著提升。

更多的仿真试验[93]表明该算法可在扩谱增益的基础上大幅度增加干扰抑制能力。仿真结果也表明了算法在各种阵列结构、多个干扰信号、多种干扰功率、多种衰落条件下的稳健性。

5.7 跳频系统的自适应阵列

预测极大极小算法[92]是一种利用跳频信号的频谱和时间特征的自适应阵列算法。它利用极大极小算法融合了对多个符号的预测处理,以能够在跳频带宽内大幅度消减部分频带干扰。这种算法由自适应极大极小处理器来实现,它包括一个**主处理器**和一个**预测滤波器**。主处理器监测与跳频信号所使用信道相邻的频谱区域。预测滤波器监测后续跳频信号将要使用的信道的干扰状态。两种监测结果都用于干扰消除。

5.7.1 初始和主处理器

如图 5.6 的自适应阵列所示,扩谱波形是由同步接收机重构的非调制跳频信号副本,用于每个天线后初始处理器中的解跳。解调器抽取解跳后信号的复包络生成支路序列。令 $\boldsymbol{x}(i)$ 表示滤波后支路序列的离散时间向量,作为预测极大极小算法的主要输入信号,其中 i 为采样序号。向量 $\boldsymbol{x}(i)$ 可表示为 $\boldsymbol{x}(i) =$

$\boldsymbol{s}(i)+\boldsymbol{n}(i)$，其中 $\boldsymbol{s}(i)$ 为跳频信号分量，$\boldsymbol{n}(i)$ 为干扰和热噪声信号分量。极大极小处理器计算权向量 $\boldsymbol{w}(k)$，其中 k 为权重迭代序号。极大极小处理器的输出为 $y(i)=\boldsymbol{w}^{\mathrm{H}}(k)\boldsymbol{x}(i)$。

为实现主处理器中的极大极小处理，必须将干扰信号 $\boldsymbol{n}(i)$ 从总信号 $\boldsymbol{x}(i)$ 中分离出来。如图 5.12 所示，每次频率跳变中跳频信号载波频率为 f_{h}，其大部分频谱被限制在带宽为 B 的信道内。在每个阵列天线后的支路中，频率跳变被移除，当前频域信道或**信号信道**下变频到基带。然后**信号滤波器**从信道中抽取出总的信号。为了消除 $x(i)$ 中的干扰，接收机需要在**监测信道**上测量干扰。监测信道指的是相邻的信道或中心频率相对于中心载波频率偏移 $f_0 \geqslant B$ 的频谱区域。对于这种测量方式，每条支路的处理将监测信道下变频到基带。下变频后，基带**监测滤波器**在监测信道上抽取干扰信号。理想情况下，干扰信号频谱与信号在监测信道重叠，使信号滤波器和监测滤波器输出的干扰分量有相同的二阶统计量。在经过足够多的跳变之后，每个监测滤波器都可以处理来自特定方向及与跳频频带重合的绝大部分干扰。预测极大极小算法利用所有支路上信号滤波器和监测滤波器的输出来消除干扰和增强通信信号。考虑到通信信号通过监测滤波器后存在频谱泄露，所以必须保证足够大的频偏才不会导致自适应算法对通信信号的明显消除。

如 3.5 节所示，支路 l 上解调器的输出是复包络的采样值

$$z_l(i)=\exp\left\{\mathrm{j}2\pi\left[\frac{f_{\mathrm{e}}T_{\mathrm{s}}i}{L}+\frac{h\alpha_r(i-Lr)}{2L}\right]+\mathrm{j}\phi_{l\mathrm{e}}\right\}+n_{l1}(i),$$
$$Lr\leqslant i\leqslant Lr+L-1,\ l=1,2,\cdots,N \tag{5.248}$$

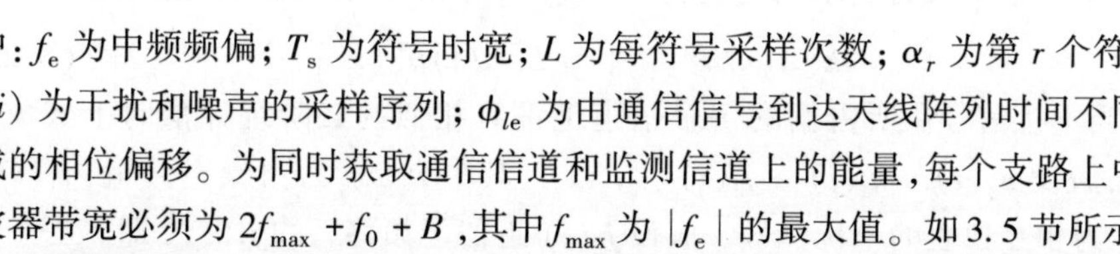

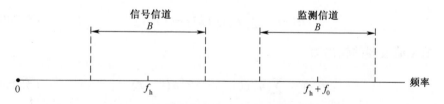

图 5.12 跳频驻留期间的信号信道和监测信道

式中：f_{e} 为中频频偏；T_{s} 为符号时宽；L 为每符号采样次数；α_r 为第 r 个符号，$n_{l1}(i)$ 为干扰和噪声的采样序列；$\phi_{l\mathrm{e}}$ 为由通信信号到达天线阵列时间不同而形成的相位偏移。为同时获取通信信道和监测信道上的能量，每个支路上中频滤波器带宽必须为 $2f_{\max}+f_0+B$，其中 $f_{\max}$ 为 $|f_{\mathrm{e}}|$ 的最大值。如 3.5 节所示，L 和 f_{e} 必须满足式(3.103)和式(3.104)。

主处理器如图 5.13 所示，N 个支路序列 $z_l(i)$（$l=1,2,\cdots,N$）分别输入信

号滤波器。利用f_0载波对各个支路序列进一步下变频,得到的各个监测信道序列 $m_l(i)$ ($l=1,2,\cdots,N$)作为监测滤波器的输入。因此,支路序列向量$\boldsymbol{z}(i)$ 用于生成监测滤波器输入向量 $\boldsymbol{m}(i)=\boldsymbol{z}(i)\exp(-\mathrm{j}2\pi f_0T_0i)$,其中 $T_0=T_s/L$ 为采样间隔。$|f|\leqslant f_{\max}+B/2$ 为基带的信号滤波器和监测滤波器的通带。信号滤波器和监测滤波器的输出分别为$\boldsymbol{x}(i)$ 和$\hat{\boldsymbol{n}}(i)$ 并送入自适应滤波器。$\boldsymbol{x}(i)$ 中干扰和噪声估计为向量$\hat{\boldsymbol{n}}(i)$ 。

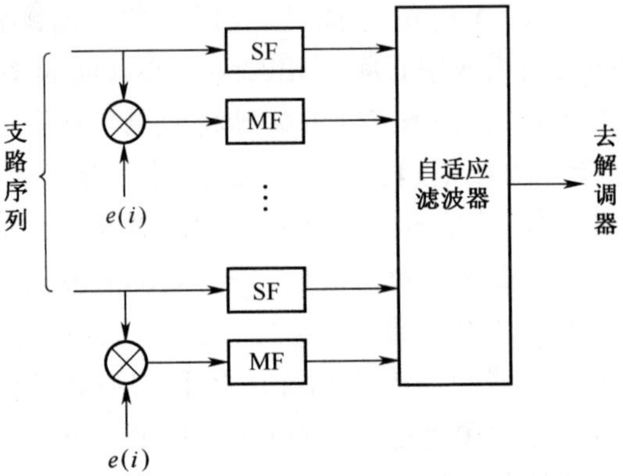

图 5.13　极大极小处理器,其中 SF 为信号滤波器,MF 为监测滤波器,$e(i)=\exp(-\mathrm{j}2\pi f_0T_0i)$

令$\boldsymbol{n}_1(i)$ 为$\boldsymbol{z}(i)$ 中的干扰和噪声分量, $h(i)$ 为信号滤波器和监测滤波器的脉冲响应。则$\boldsymbol{x}(i)$ 中的干扰和噪声分量为

$$\boldsymbol{n}(i)=\sum_{\ell=0}^{i}\boldsymbol{n}_1(\ell)\,h(i-\ell) \tag{5.249}$$

监测滤波器的输出为

$$\hat{\boldsymbol{n}}(i)=\sum_{\ell=0}^{i}\boldsymbol{n}_1(\ell)\,\mathrm{e}^{-\mathrm{j}2\pi f_0T_0\ell}h(i-\ell) \tag{5.250}$$

对$\hat{\boldsymbol{n}}(i)$ 的关键要求在于它要与$\boldsymbol{n}(i)$ 具有相近的二阶统计量,即

$$E[\boldsymbol{n}(i)\boldsymbol{n}^{\mathrm{H}}(i)]\approx E[\hat{\boldsymbol{n}}(i)\hat{\boldsymbol{n}}^{\mathrm{H}}(i)] \tag{5.251}$$

当干扰信号在所占据的每个信道上都有相似的二阶统计量时上式成立。例如,假设$\boldsymbol{n}_1(i)=\boldsymbol{n}_t(i)+\boldsymbol{j}_1(i)+\boldsymbol{j}_2(i)$,其中$\boldsymbol{n}_t(i)$ 为白噪声分量,$\boldsymbol{j}_1(i)$ 和$\boldsymbol{j}_2(i)$ 为相互独立的干扰信号。假设$\boldsymbol{j}_2(i)$ 近似于频移后的$\boldsymbol{j}_1(i)$,即

$$\boldsymbol{j}_2(i)\approx\boldsymbol{j}_1(i)\exp(\mathrm{j}2\pi f_0T_0i+\theta) \tag{5.252}$$

式中θ为任意相移。假设f_0足够大,信号滤波器对$\boldsymbol{j}_2(i)$ 的响应可忽略,监测滤

波器对 $\boldsymbol{j}_1(i)$ 的响应可忽略。因此，$\boldsymbol{n}(i)$ 可由 $\boldsymbol{n}_1(i)=\boldsymbol{n}_t(i)+\boldsymbol{j}_1(i)$ 代入式(5.249)近似，$\hat{\boldsymbol{n}}(i)$ 可由 $\boldsymbol{n}_1(i)=\boldsymbol{n}_t(i)+\boldsymbol{j}_2(i)$ 代入式(5.250)近似。将这些近似及式(5.252)代入式(5.251)后，可发现式(5.251)成立。

预测极大极小算法所需的估计值由自适应滤波器产生，其结构如图5.9所示。自适应滤波器的输入向量为 $\boldsymbol{x}(i)$ 和 $\hat{\boldsymbol{n}}(i)$，每次权向量迭代可产生 m 个样值。自适应滤波器产生的输出及估计值由式(5.220)~式(5.227)给出。

信号滤波器输出中干扰和噪声的总功率与监测滤波器输出功率近似，可由迭代方法估计得到：

$$\hat{t}(k)=\begin{cases}\mu\hat{t}(k-1)+\dfrac{1-\mu}{m}\sum_{i=km+1}^{(k+1)m}\|\hat{\boldsymbol{n}}(i)\|^2, & k\geqslant 1\\ \dfrac{1}{m}\sum_{i=1}^{m}\|\hat{\boldsymbol{n}}(i)\|^2, & k=0\end{cases}\tag{5.253}$$

式中 μ 为**记忆因子**用于因部分频带干扰存在而产生的非平稳环境，取值范围 $0\leqslant\mu\leqslant 1$。若 $\mu=0$，则当通信信号偶尔跳入干扰所在的信道时，最初可能因为自适应序列太小而无法使预测极大极小算法快速自适应收敛至干扰信号。然而，若 μ 足够大，则算法能够快速响应部分频带干扰。

5.7.2 预测自适应滤波器

ν 个预测滤波器用于监测将要进行通信但还没有通信信号能量的信道。基于接收机关于跳频图案的先验知识，从这些信道得到未来的干扰估计可能能使预测极大极小算法进一步消除干扰。若 $\nu\geqslant 1$ 且 $1\leqslant j\leqslant\nu$，令 f_{hj} 为其后 j 跳的载波频率。则可预测支路 j 从 j 跳后将要使用的信号信道产生输出信号。

为生成主滤波器和预测滤波器的输入信号，每个天线输出信号变换到中频后再送至一条**主支路**及 ν 条并行**预测支路**。主支路生成与之前描述的载频为 f_h 的当前信道相同的输出。预测支路 j 的输出采用类似处理产生，但是使用不同的载频 f_{hj} 且没有监测信道($f_0=0$)。

所有支路序列送入图5.14所示的**预测极大极小处理器**。主处理器产生解调器的输入信号，所有 $N\nu$ 个预测支路序列的功率谱在 $|f|\leqslant f_{\max}+B/2$ 范围内。预测支路序列 l 给出了向量 $\hat{\boldsymbol{n}}_{al}(i)$，作为 l 跳后信道中干扰和噪声的估计。主处理器信号滤波器的输出向量 $\hat{\boldsymbol{n}}_{al}(i)$ 和 $\boldsymbol{x}(i)$ 送至预测自适应滤波器 l，之后应用式(5.214)中的极大极小算法自适应调整其权向量 $\boldsymbol{w}_{al}(k)$。实现预测滤波器的递归方程为

$$\boldsymbol{w}_{al}(k+1)=\boldsymbol{w}_{al}(k)+\left\{\alpha(k)\left[\frac{\boldsymbol{c}_{\boldsymbol{x}}(k)}{\hat{p}_{\boldsymbol{x}}(k)}-\frac{\boldsymbol{c}_{\boldsymbol{n}}(k)}{\hat{p}_{\boldsymbol{n}}(k)}\right]\right\}_{l}, \quad k \geqslant 0, 1 \leqslant l \leqslant v \tag{5.254}$$

式中括号外的下标 l 表示计算由预测滤波器 l 实现。选择与主处理器中一致的自适应常数和记忆因子。每跳之后,新载频对应的权向量由第 1 个预测滤波器转移到主处理器,且第 l 个滤波器计算得到的权向量转移到第 $l-1$ 个滤波器,其中 $l=2,3,\cdots,v$ 。第 v 个滤波器的权向量重置为 $\boldsymbol{w}_{av}(0)$。这种转移由控制跳频频率转移的时钟进行触发。

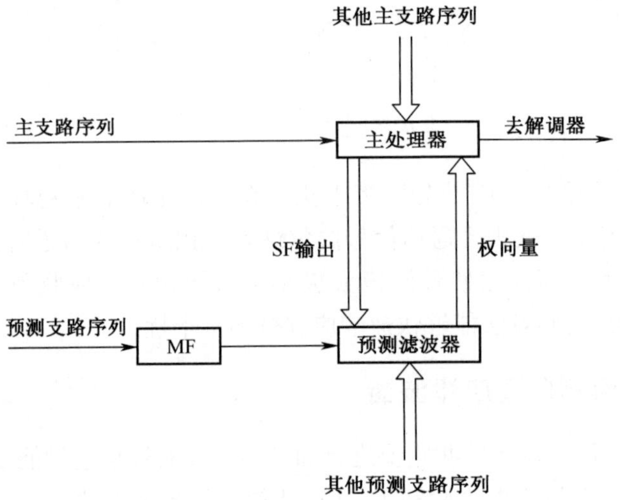

图 5.14 预测极大极小处理器,其中 MF 为监测滤波器

除跳频驻留间隔末端的采样时刻或跳频波形的转换时间点外,主处理器中的权向量由极大极小算法进行更新。此时,主处理器的权向量设为与第 l 个预测滤波器权向量相等。令 k_0 为每跳内的迭代次数, $n=1,2,\cdots$ 表示跳数。当 $k=nk_0$ 时,主处理器进行转换。因此,主处理器中的算法为

$$\boldsymbol{w}(k+1)=\boldsymbol{w}(k)+\alpha(k)\left[\frac{\boldsymbol{c}_{\boldsymbol{x}}(\boldsymbol{k})}{\hat{p}_{\boldsymbol{x}}(k)}-\frac{\boldsymbol{c}_{\boldsymbol{n}}(k)}{\hat{p}_{\boldsymbol{n}}(k)}\right], \quad k+1 \neq nk_0 \tag{5.255}$$

$$\boldsymbol{w}(nk_0)=\boldsymbol{w}_{al}(nk_0), \quad n=0,1,\cdots \tag{5.256}$$

式(5.254)~式(5.256)构成了**预测极大极小算法**。

当存在部分频带干扰时,为加快平均权向量的收敛,预测极大极小算法需增加硬件并加大计算量。在每次权向量迭代中的算法开销可以由实数乘、实数加和实数除进行估计。由算法方程可以发现,若 $k_0 \gg 1$,预测极大极小算法的

每次迭代需要 $(v+1)(4N+1)$ 次实数除，$(v+1)(6Nm+6N+2m+4)$ 次实数乘、$(v+1)(6Nm+m-1)$ 次实数加。所以，每次迭代的计算开销是 $(v+1)O(mN)$ 次实数乘或除，及 $(v+1)O(mN)$ 次实数加。每个采样间隔内的计算开销是 $(v+1)O(N)$ 次实数乘或除，及 $(v+1)O(N)$ 次实数加，这与经典 LMS 算法在 $v=0$ 时的计算代价处于同一量级。

由于有效信号的多径分量只在通信信道中出现，而在监测信道和后续信号信道中不明显，所以应用预测极大极小算法不会对其有消除。但同时，这种算法生成的波束通常会衰减这些来波方向与跳频信号主径方向差别很大的多径信号。

5.7.3 仿真实验

仿真中，接收阵列由位于方形顶点上的 4 个全向天线构成。令 λ 为与通信信号中心频率 3GHz 对应的波长。正方形边长或相邻天线间隔 $d=0.9\lambda$ 。假设所有信号按平面波形式到达，跳频信号采用二进制最小频移键控调制（见 3.3 节），载波频率在频率集中随机选择。每个信道是跳频频率集中的一个频率，其带宽为 $B=100\text{kHz}$。跳频频段带宽为 $W_h=30\text{MHz}$，共有 $W_h/B=300$ 个彼此相邻的信道。跳频驻留时间为 1ms。跳频信号沿着与正方形某个边法线顺时针成 20°夹角的方向入射；作为对非理想频率同步和多普勒频移的建模，跳频信号下变频后有 1kHz 的频偏。假设本地产生的跳频信号副本有理想的定时同步。数据符号以速率 100kb/s 随机生成。采样速率为每秒 10^6 个采样值，对应于每符号 10 个采样值。信号滤波器和监测滤波器是第二类数字切比雪夫滤波器[60]，其 3dB 带宽都为 B。监测信道的相对频偏为 $f_0=200\text{kHz}$，这足以防止来自跳频信号的显著影响。预测极大极小算法在抗部分频带干扰时取 $\alpha=0.4$ 和 $\mu=0.99$，通常可得到近似最优的整体性能。算法中每 10 个数据符号进行一次权向量迭代，权向量迭代速率和自适应常数的选择都要在一定程度上确保权重值不至于过大。每次仿真时，将每个自适应滤波器的初始权向量设为 $\boldsymbol{w}(0)=[1\quad 0\quad 0\quad 0]$。以形成全向阵列方向图。中频滤波器建模为理想的矩形滤波器，每个主序列和预测序列中的热噪声建模为带限复高斯噪声，每个信号滤波器的输出信噪比（SNR）为 14dB。

有纠错编码辅助的自适应阵列可抑制仅占跳频频带一小部分的干扰甚至跳频干扰信号。若监测滤波器足够频繁地进行监测，则干扰能够迅速被自适应阵列抑制；若只是偶尔监测到干扰，则干扰主要由差错控制编码来抑制。在仿真中，3 个干扰信号都是占据跳频频带 10%信道的等功率单音信号（即连续波信号）。对于每个干扰信号，每个信道内包含一个单音干扰，其干信比（ISR）为

0dB。下变频后,3 个干扰信号具有不同的初始相移及分别为 10kHz、13kHz 和 16kHz 的残留频偏,这反映了单音干扰的载频与跳频频率集的载频之间的失配。由于各干扰信号到达方向和初始相移不同,即使干扰信号具有相同的载波频率,它们在所有天线上也不是相干叠加。当干扰占据相邻信道时,假设单音干扰始终同时存在于信号滤波器和监测滤波器中。当信号信道和监测信道非常接近时,对于占据很大一部分跳频频带的部分频段干扰,该假设是一种很好的近似。每次采样后计算处理器输出的 SINR,然后在当前权重两次迭代的时间间隔内所有采样值上取平均,以确定每次权重迭代的 SINR。

表 5.2 列出了 19 次典型模型的仿真结果。第 1 列给出了干扰信号个数和到达角。第 2 列为预测自适应滤波器的数量。第 3 列说明单音干扰是随机占据信道还是占据相邻信道。第 4 列确定是否是频率选择性衰落信道。20 次仿真中,每次仿真有 100 跳和 1000 次权重迭代,取其中最后 20 跳的平均值来确定**稳态**或**最终** SINR **值**及其标准差。表的第 5 和 6 列给出了这些统计量,作为 80 跳之后干扰消除程度的度量,SINR 单位为 dB。

表 5.2 仿真结果

干扰角度	v	是否随机	是否衰落	最终 SINR	最终标准差
40°	0	否	否	18.89	1.91
40°	1	否	否	19.10	1.65
40°	2	否	否	19.13	1.78
40°, −10°	0	否	否	18.53	2.16
40°, −10°	1	否	否	18.87	1.61
40°, −10°	2	否	否	19.06	1.62
40°, −10°	0	是	否	17.11	4.26
40°, −10°	1	是	否	18.61	2.04
40°, −10°	2	是	否	18.90	1.77
40°, −10°, 85°	0	否	否	18.18	2.16
40°, −10°, 85°	1	否	否	18.52	1.64
40°, −10°, 85°	2	否	否	18.81	1.66
30°	0	否	否	17.27	3.20
30°	1	否	否	17.86	2.70
30°	2	否	否	18.00	2.84
40°	2	否	是	16.55	5.38
40°, −10°	2	否	是	16.46	5.33
40°, −10°, 85°	2	否	是	16.21	5.38
30°	2	否	是	15.41	5.85

表5.2的结果证实随着预测自适应滤波器数量ν的增加抗干扰性能不断提升。这种提升主要是由于未来通信信道中的干扰是在ν个驻留间隔上进行处理而得到的。当存在一个以上的干扰信号时,面对变化更快的信号环境会使天线阵列的自适应变得更加困难。但如表5.2所列,4个天线构成的阵列通常可以明显消除3个部分频带干扰。随机分布的单音信号提供了一种复杂干扰的模型。由于在通信信道中存在单音干扰并不意味着同时在监测信道中也存在单音干扰,故给干扰消除带来了困难,并降低了收敛到稳态的速率。如表5.2所列,$\nu=1$和$v=2$时会显著提升预测极大极小算法的收敛速率。13至15行体现了阵列分辨率导致的局限性,这种局限性可随着阵列孔径或天线间隔的增加而不断改善。然而,孔径增大会导致天线栅瓣数量的增加,从而阻碍存在2个或多个干扰信号时零点的形成。

最后4行显示的是整个跳频频带遭受频率选择性衰落的影响(见6.3节)。假设跳频信号在每个信道上经历独立瑞利衰落。在每个跳频驻留间隔内,跳频信号幅度乘以服从瑞利分布的随机数A_h。为保证经历衰落后跳频信号平均功率不变,令$E[A_h^2]=1$。假设干扰信号不受衰落的影响。基于上述严格条件,SINR值将明显减小但不会过分衰减并且标准差会增大。在实际通信系统中,SINR偶尔的低值可通过纠错码来补偿。其他仿真结果表明这种算法在跳频频带扩大至$W_h=300\text{MHz}$(占总带宽的10%)时也适用,仅有很小的性能损失。

5.8 思考题

1. 证明LMS最速下降算法的权向量收敛到$\boldsymbol{w}_0$。收敛的充分必要条件是否与LMS算法相同?这两种算法中权向量的区别是什么?

2. 考虑性能度量$P(\boldsymbol{w})=E[|\epsilon|^2]+\alpha\|\boldsymbol{w}\|^2$的最小化,其中$\alpha>0$。①最优权向量的必要条件。②推导该性能度量的最速下降算法。③相应的随机梯度算法是什么?④推导平均权向量收敛的条件。平均权向量收敛到什么值?⑤采用这种性能度量在工程上需要考虑什么?

3. 考虑性能度量$P(\boldsymbol{w})=E[(M-|y|)^2]$,其中$y=\boldsymbol{w}^H\boldsymbol{x}$,$M$为已知标量。①假设梯度与期望运算能够互换,推导该性能度量下的最速下降算法。②相应的随机梯度算法是什么?③采用这种性能度量在工程上的考虑是什么?

4. 假设$\boldsymbol{x}(k+1)$独立于$\boldsymbol{x}(i)$和$d(i)$,其中$i\leqslant k$,证明LMS算法中$\boldsymbol{w}(k)$独立于$\boldsymbol{x}(k)$。

5. 推导式(5.104)和式(5.105)。

6. 考虑式(5.122)中的软判决项。随着 $\sigma_z \to \infty$ 和 $\sigma_z \to 0$,软判决项的取值是多少?对此结果给出工程解释。

7. ①推导式(5.159)。②在 Frost 算法的收敛分析中,证明 $\boldsymbol{A}\boldsymbol{v}(k)=\boldsymbol{v}(k)$,$k \geqslant 1$。

8. 在 Frost 算法的收敛分析中,证明 $\boldsymbol{A}\boldsymbol{v}(0)=\boldsymbol{v}(0)$,其中 $\boldsymbol{A}\,\boldsymbol{R}_x\boldsymbol{A}$ 为共轭对称矩阵;再证明 $\boldsymbol{A}\,\boldsymbol{R}_x\boldsymbol{A}\boldsymbol{p}=\boldsymbol{0}$,该式表明 $\boldsymbol{p}$ 是对应于 $\boldsymbol{A}\,\boldsymbol{R}_x\boldsymbol{A}$ 零特征值的特征向量。

9. 考虑性能度量 $P(\boldsymbol{w})=E[\,|\epsilon|^2\,]$,约束条件为 $\boldsymbol{w}^{\mathrm{H}}\boldsymbol{p}=1$,其中 $\boldsymbol{p}^{\mathrm{H}}\boldsymbol{p}=G$。用拉格朗日乘子法推导相应的最速下降算法和随机梯度算法。在怎样的条件下该算法的性能会优于 Frost 算法?

10. 推导式(5.225)。

11. 证明式(5.223)和式(5.234)。

第 6 章　衰落与分集

衰落是指由通信信道的时变性所引起的接收信号强度的变化。它主要由发射信号的多径分量相互叠加而引起,且随传播媒质物理特性的变化而改变。抗衰落的主要手段是**分集**,它主要利用了同一信号的两个或多个独立衰落副本之间潜在的冗余度。本章概述了衰落和分集最重要的特性。作为多数直扩系统的核心,Rake 解调器并非简单地消除多径信号,而是能够充分利用多径信号。本章最后一节介绍的多载波直扩系统是另外一种利用多径信号的方法。

6.1　路径损耗、阴影与衰落

电磁波的自由空间传播损耗与收发距离的平方成反比。分析表明,一个经直达路径传播的信号,与其经由平面理想反射所产生的多径分量在接收机中叠加后,合成信号的功率损耗与距离的四次方成反比。因此,在某个特定地理区域内,为平均接收功率与距离之间的幂函数关系寻找合适的幂指数是很自然的。对于频率位于 30MHz 与 50GHz 之间的陆地无线通信而言,发射机位于许多不同位置而接收机位于某个特定地理区域的平均测量结果表明,以分贝为单位的平均接收功率与收发距离 r 的对数趋于线性关系,该平均接收功率称为**区域平均功率**。若接收机位于发射信号的远场,则可发现用十进制表示的区域平均功率可近似为

$$p_a = p_0\left(\frac{d}{d_0}\right)^{-\alpha},\quad d \geqslant d_0 \tag{6.1}$$

式中:p_0 为距离 $d = d_0$ 时的平均接收功率;α 为**功率衰减指数**;d_0 为参考距离,它要大于保证接收机位于远场的最小距离。参数 p_0 和 α 与载频、天线高度与增益、地形特征、植被状况及传播媒介各种特征有关。典型情况下,这两个参数随距离变化,但在一定距离范围内保持不变。功率衰减指数随载频的增加而增加,微波频段的典型值为 $3 \leqslant \alpha \leqslant 4$。

对于某一特定的传播路径且不存在信号衰落时的情况,由于**阴影**效应的影响,接收到的**本地平均功率**与区域平均功率会有所偏离,阴影效应由绕射、反射

及与该路径有关的地形特征所产生。只有通过测量才能获得高精度的本地平均功率值,但测量结果很难获得。研究人员已经开发了大量的路径损耗模型来近似估计本地平均功率,但这些模型很难选择[57]。一种替代方法就是用统计模型来为某一特定地理区域内的本地平均功率提供一种概率分布函数。统计模型非常便于分析和仿真。

由遮蔽地形或障碍物所引起的每次绕射或反射效应都使得信号功率需要乘以一个衰减因子。因此,接收信号功率往往是多个衰减因子的乘积,从而信号功率的对数就为多个因子之和。若将每个不同路径对应的衰减因子都建模为具有一致边界的独立随机变量,则由中心极限定理(见附录 A.2 节"中心极限定理"中的推论 2)可知,当衰减因子数足够多且它们的方差足够大时,接收信号功率的对数近似满足正态分布或高斯分布。大量实验数据证实,接收信号的本地平均功率与区域平均功率之比近似为零均值且满足对数正态分布,即其对数具有高斯分布形式。因此,本地平均功率具有以下形式

$$p_l = p_0 \left(\frac{d}{d_0}\right)^{-\alpha} 10^{\xi/10}, \quad d \geqslant d_0 \tag{6.2}$$

式中:ξ 为**遮蔽因子**;p_0 为 $\xi = 0$ 及 $d = d_0$ 时的平均接收功率。遮蔽因子用分贝表示并建模为一个正态或高斯分布的零均值随机变量,其标准差为 σ_s。$Z = 10^{\xi/10}$ 的概率密度函数为

$$f(z) = \frac{10\lg e}{z\sqrt{2\pi\sigma_s^2}} \exp\left\{-\frac{[10\lg z]^2}{2\sigma_s^2}\right\} \tag{6.3}$$

对陆地通信而言,遮蔽因子的标准差随载频和地形不规则程度的增加而增加,有时会超过 10dB。两条相近传播路径的遮蔽因子值通常密切相关。对移动通信来说,在相当于移动 5~10m 距离所需的时间间隔内,遮蔽因子值近似保持不变。

当多径分量与时变或频变信道相互作用时,信号经历**衰落**,从而导致接收功率产生显著波动[76,79]。引起信号衰落的**多径分量**由微粒散射、传播媒介的非均匀性或来自体积较小且短时存在的障碍物反射所产生。这些分量在接收机中重新合并之前沿不同路径传播。由于各多径分量的时变延时和衰减都不相同,它们重新合成的信号较原始发射信号已产生失真。衰落比遮蔽导致的功率变化速率要快得多。在遮蔽因子近乎不变的观察时间间隔内,接收信号的功率可用以下乘积来表示,即

$$p_r(t) = p_0 \left(\frac{d}{d_0}\right)^{-\alpha} 10^{\xi/10} g(t), \quad d \geqslant d_0 \tag{6.4}$$

式中:$g(t)$ 为由衰落产生的归一化因子,故 $E[g(t)] = 1$。

衰落可分为时间选择性衰落、频率选择性衰落或两者兼而有之。**时间选择性衰落**是由发射机或接收机的运动或传播媒介发生变化所引起的衰落。当多径分量的不同时延对某些频率产生的影响明显超过对其他频率的影响时就会发生**频率选择性衰落**。下面着重从基本物理机制方面简述衰落理论的进展。

一个带通发射信号可表示为

$$s_t(t) = \mathrm{Re}[s(t)\exp(\mathrm{j}2\pi f_c t)] \tag{6.5}$$

式中：$s(t)$ 为信号的复包络；f_c 为载频；$\mathrm{Re}[\ \cdot\ ]$为信号的实部。发射信号经过包含 $N(t)$ 个路径的时变多径信道后会产生由 $N(t)$ 个波形叠加构成的带通接收信号，其中第 i 个波形为延时 $\tau_i(t)$ 、衰减 $a_i(t)$ 和频移 $f_{di}(t)$ 后的发射信号，衰减因子 $a_i(t)$ 取决于路径损耗和阴影，频移 $f_{di}(t)$ 则由多普勒效应产生。假设 $f_{di}(t)$ 在路径延时内保持不变，则接收信号可表示为

$$s_r(t) = \mathrm{Re}[s_1(t)\exp(\mathrm{j}2\pi f_c t)] \tag{6.6}$$

式中接收信号的复包络为

$$s_1(t) = \sum_{i=1}^{N(t)} a_i(t)\exp[\mathrm{j}\phi_i(t)]s[t - \tau_i(t)] \tag{6.7}$$

接收信号的相位为

$$\phi_i(t) = -2\pi f_c \tau_i(t) + 2\pi f_{di}(t)[t - \tau_i(t)] + \phi_{i0} \tag{6.8}$$

式中 ϕ_{i0} 为多径分量的初始相移。

出现**多普勒频移**是由于接收机和发射机之间存在相对运动，这种相对运动引起传播时延发生变化。在图 6.1(a)中，接收机以速度 $v(t)$ 运动，速度向量与电磁波传播方向的夹角为 $\psi_i(t)$ 。这种情况下，在 t 时刻的延时近似为 $\{[d - v(t)\cos\psi_i(t)(t - t_0)]/c\}$ ，此处 d 为 t_0 时刻的距离，$t - t_0$ 值很小，c 为电磁波传播速度。时变时延引起的接收频率增加可用多普勒频移表示为

$$f_{di}(t) = f_c \frac{v(t)}{c}\cos\psi_i(t) \tag{6.9}$$

在图 6.1(b)中，发射机以速度 $v(t)$ 运动，由于存在一个反射面，从而改变了电磁波到达接收机的角度。若 $\psi_i(t)$ 表示速度向量与电磁波传播初始方向之间的夹角，则由式(6.9)同样可计算出这种情况下的多普勒频移。

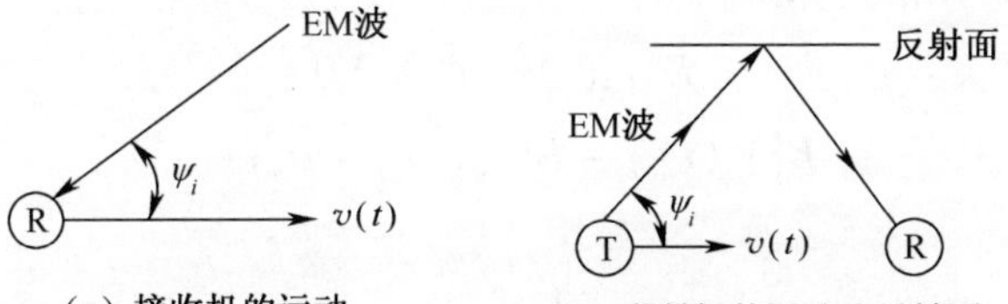

(a) 接收机的运动　(b) 发射机的运动及反射面

图 6.1　多普勒效应示例

6.2 时间选择性衰落

当多径分量经历不同的多普勒频移并沿不同路径传播的时延差与信号带宽的倒数相比较小时便会发生时间选择性衰落。因此,接收到的多径分量在时间上会相互重叠,称为**不可分辨多径分量**。若将多径分量到达接收机的平均时间作为时间起点,且用 $N(t)=N$ 表示感兴趣的时间间隔,则式(6.7)给出的接收信号复包络可表示为

$$s_1(t) \approx s(t)r(t) \tag{6.10}$$

式中**等效低通或等效基带信道响应**为

$$r(t) = \sum_{i=1}^{N} a_i(t)\exp[\mathrm{j}\phi_i(t)] \tag{6.11}$$

该因子的波动会导致接收信号产生衰落,并增加了接收信号的带宽。若发射信号为未调载波,则 $s(t)=1$,式(6.11)就表示接收信号的复包络。

信道响应可分解为

$$r(t) = r_{\mathrm{c}}(t) + \mathrm{j}r_{\mathrm{s}}(t) \tag{6.12}$$

式中 $\mathrm{j}=\sqrt{-1}$ 且

$$r_{\mathrm{c}}(t) = \sum_{i=1}^{N} a_i(t)\cos[\phi_i(t)], \quad r_{\mathrm{s}}(t) = \sum_{i=1}^{N} a_i(t)\sin[\phi_i(t)] \tag{6.13}$$

若时延范围超过 $1/f_{\mathrm{c}}$,由于 $\phi_i(t)$ 相对于 $\tau_i(t)$ 微小变化的高度敏感性,可将相位 $\phi_i(t)$ ($i=1,2,\cdots,N$)建模为相互独立的随机变量,且与幅度 $\{a_i(t)\}$ 之间也相互独立。特定时刻 t 的相位 $\phi_i(t)$ 在$[0,2\pi)$内均匀分布,因此

$$E[r_{\mathrm{c}}(t)] = E[r_{\mathrm{s}}(t)] = 0 \tag{6.14}$$

若幅度因子 $a_i(t)$ ($i=1,2,\cdots,N$)也是在 t 时刻具有一致边界的独立随机变量,则根据中心极限定理(见附录 A.2 节"中心极限定理"中的推论 2),$r_{\mathrm{c}}(t)$ 和 $r_{\mathrm{s}}(t)$ 的概率密度分布都随 N 及 $r_{\mathrm{c}}(t)$ 和 $r_{\mathrm{s}}(t)$ 方差的增大而趋近于高斯分布。因此,若 N 足够大,则特定时刻的 $r(t)$ 可建模为**复高斯随机变量**。由于相位是独立且均匀分布的,故可得出

$$E[r_{\mathrm{c}}(t)r_{\mathrm{s}}(t)] = 0 \tag{6.15}$$

$$E[r_{\mathrm{c}}^2(t)] = E[r_{\mathrm{s}}^2(t)] = \sigma_{\mathrm{r}}^2(t) \tag{6.16}$$

其中

$$\sigma_{\mathrm{r}}^2(t) = \frac{1}{2}\sum_{i=1}^{N} E[a_i^2(t)] \tag{6.17}$$

该式表明 $\sigma_r^2(t)$ 等于多径分量的本地平均功率之和。式(6.14)～式(6.16)意味着 $r_c(t)$ 与 $r_s(t)$ 为独立同分布的零均值高斯随机变量。

令 $\alpha(t)=|r(t)|$ 为包络，$\theta(t)=\text{actan}[r_s(t)/r_c(t)]$ 表示 $r(t)$ 在特定时刻 t 的相位，则

$$r(t)=\alpha(t)\mathrm{e}^{\mathrm{j}\theta(t)} \tag{6.18}$$

由式(6.12)、式(6.16)和式(6.17)可知，平均包络功率为

$$\Omega(t)=E[\alpha^2(t)]=2\sigma_r^2(t)=\sum_{i=1}^{N}E[\alpha_i^2(t)] \tag{6.19}$$

由附录 D.4 节"瑞利分布"可知，由于 $r_c(t)$ 和 $r_s(t)$ 为高斯变量，且 $\alpha^2(t)=r_c^2(t)+r_s^2(t)$，故 $\theta(t)$ 在 $[0,2\pi)$ 内均匀分布且 $\alpha(t)$ 具有**瑞利**概率密度函数，即

$$f_\alpha(r)=\frac{2r}{\Omega}\exp\left(-\frac{r^2}{\Omega}\right)u(r) \tag{6.20}$$

为表示方便，上式省略了时间变量 t，且 $u(r)$ 为单位阶跃函数，即 $r\geqslant 0$ 时，$u(r)=1$；$r<0$ 时，$u(r)=0$。将式(6.18)和式(6.10)代入式(6.6)中可得

$$\begin{aligned}s_r(t)&=\text{Re}[\alpha(t)s(t)\exp(\mathrm{j}2\pi f_c t+\mathrm{j}\theta(t))]\\&=\alpha(t)A(t)\cos[2\pi f_c t+\phi(t)+\theta(t)]\end{aligned} \tag{6.21}$$

式中：$A(t)$ 和 $\phi(t)$ 分别为 $s(t)$ 的幅度和相位，$s_r(t)$ 经历了**瑞利衰落**。式(6.19)与式(6.21)表明瞬时本地平均功率为

$$p_l=E[s_r^2(t)]=\Omega(t)A^2(t)/2 \tag{6.22}$$

当发射机与接收机之间存在视距传播路径时，接收到的某个多径分量可能比其他多径分量要强得多。该强分量称为**视距传播分量**，其他不可分辨的分量称为**漫反射或散射分量**，则式(6.11)的信道响应变为

$$r(t)=a_0(t)\exp[\mathrm{j}\phi_0(t)]+\sum_{i=1}^{N}a_i(t)\exp[\mathrm{j}\phi_i(t)] \tag{6.23}$$

式中第一项为视距传播分量，求和项为散射分量。若 N 足够大，则在某时刻 t，求和项非常近似为一个零均值的复高斯随机变量。因此，特定时刻的 $r(t)$ 为复高斯随机变量，其均值不为零，且等于式(6.23)中的第一项。式(6.12)表明

$$E[r_c(t)]=a_0(t)\cos[\phi_0(t)],E[r_s(t)]=a_0(t)\sin[\phi_0(t)] \tag{6.24}$$

由式(6.17)和式(6.23)可得出包络 $\alpha(t)=|r(t)|$ 的平均功率为

$$\Omega(t)=E[\alpha^2(t)]=a_0^2(t)+2\sigma_r^2(t) \tag{6.25}$$

由附录 D.3 节"莱斯分布"可知，由于 $r_c(t)$、$r_s(t)$ 为高斯变量且 $\alpha^2(t)=r_c^2(t)+r_s^2(t)$，故包络满足**莱斯**概率密度函数为

$$f_\alpha(r)=\frac{r}{\sigma_r^2}\exp\left\{-\frac{r^2+a_0^2}{2\sigma_r^2}\right\}\mathrm{I}_0\left(\frac{a_0 r}{\sigma_r^2}\right)u(r) \tag{6.26}$$

式中：$I_0(\cdot)$ 为修正第一类零阶贝塞尔函数（见附录 B.3"第一类贝塞尔函数"），此处为简单起见省略了时间变量 t。式(6.23)和式(6.26)所示的衰落类型称为**莱斯衰落**，特定时刻的**莱斯因子**定义为

$$\kappa = \frac{a_0^2}{2\sigma_r^2} \tag{6.27}$$

莱斯因子为视距传播分量的功率与散射分量的功率之比。以 κ 和 $\Omega = 2\sigma_r^2(\kappa + 1)$ 来表示，则莱斯概率密度函数为

$$f_\alpha(r) = \frac{2(\kappa + 1)}{\Omega} r\exp\left\{-\kappa - \frac{(\kappa + 1)r^2}{\Omega}\right\} I_0\left(\sqrt{\frac{\kappa(\kappa + 1)}{\Omega}}2r\right) u(r) \tag{6.28}$$

当 $\kappa = 0$ 时，莱斯衰落等同于瑞利衰落；当 $\kappa = \infty$ 时，则不存在衰落。

通过引入一个新参数 m 可得到一种更为灵活的衰落模型，即 **Nakagami 衰落**。对于该衰落模型，其包络 $\alpha(t)$ 对应的 **Nakagami-m** 概率密度函数为

$$f_\alpha(r) = \frac{2}{\Gamma(m)}\left(\frac{m}{\Omega}\right)^m r^{2m-1}\exp\left\{-\frac{m}{\Omega}r^2\right\} u(r), \quad m \geqslant \frac{1}{2} \tag{6.29}$$

式中伽马函数 $\Gamma(\cdot)$ 由附录 B.1 节"伽马函数"中的式(B.1)定义。当 $m = 1$ 时，Nakagami 概率密度即为瑞利概率密度；当 $m \to \infty$ 时，不存在衰落。当 $m = 1/2$ 时，Nakagami 概率密度为单边高斯概率密度，用于建模比瑞利衰落更严重的衰落。

对式(6.29)进行积分，并对积分变量进行变换，利用式(B.1)可得

$$E[\alpha^n] = \frac{\Gamma\left(m + \frac{n}{2}\right)}{\Gamma(m)}\left(\frac{\Omega}{m}\right)^{n/2} \tag{6.30}$$

$\mathrm{var}(\alpha^2)/(E[\alpha^2])^2 = 1/m$ 可用来衡量衰落的严重程度，将该比值代入莱斯和 Nakagami 概率密度函数中可发现，若

$$m = \frac{(\kappa + 1)^2}{2\kappa + 1}, \quad \kappa \geqslant 0 \tag{6.31}$$

则 Nakagami 概率密度近似为莱斯因子等于 κ 的莱斯概率密度。

由于 Nakagami-m 模型包含了作为特例的瑞利和莱斯模型，而且能够描述许多其他可能的衰落，故该模型常常与实验数据相当吻合就不足为奇了。

在本节的剩余部分及在下一节中，考虑的时间间隔都足够小，则大多数衰落参数都近似为常数：

$$N(t) = N, \; v(t) = v, \; f_{di}(t) = f_{di}, \; \psi_i(t) = \psi_i, \; a_i(t) = a_i, \; \tau_i(t) = \tau_i \tag{6.32}$$

则式(6.9)表明多径分量 i 具有多普勒频移,即

$$f_{\mathrm{d}i}=f_{\mathrm{d}}\cos\psi_i\ ,\quad f_{\mathrm{d}i}=\frac{f_0 v}{c} \tag{6.33}$$

式中 f_{d} 为 $\psi_i=0$ 时的最大多普勒频移。式(6.8)表明

$$\phi_i(t+\tau)-\phi_i(t)=2\pi f_{\mathrm{d}}\tau\cos\psi_i \tag{6.34}$$

式中 τ 为时延。

广义平稳复过程 $r(t)$ 的自相关函数定义为

$$A_r(\tau)=E[r^*(t)r(t+\tau)] \tag{6.35}$$

式中的星号表示复共轭。由式(6.11)定义的等效基带信道响应的自相关函数的变化可以衡量信道特征的变化。为解释式(6.35)的含义,将式(6.12)代入式(6.35),并将自相关函数分解为

$$\mathrm{Re}\{A_r(\tau)\}=E[r_{\mathrm{c}}(t)r_{\mathrm{c}}(t+\tau)]+E[r_{\mathrm{s}}(t)r_{\mathrm{s}}(t+\tau)] \tag{6.36}$$

$$\mathrm{Im}\{A_r(\tau)\}=E[r_{\mathrm{c}}(t)r_{\mathrm{s}}(t+\tau)]-E[r_{\mathrm{s}}(t)r_{\mathrm{c}}(t+\tau)] \tag{6.37}$$

由上式可见,该自相关函数的实部为 $r(t)$ 实部的自相关函数与 $r(t)$ 虚部的自相关函数之和;虚部为 $r(t)$ 实部与 $r(t)$ 虚部的互相关函数之差。将式(6.11)代入式(6.35),并利用 ϕ_i 为相互独立且均匀分布的随机变量,及 $a_i(t)=a_i$ 与 ϕ_i 相互独立的特性,最后再代入式(6.34)可得

$$A_r(\tau)=\sum_{i=1}^{N}E[a_i^2]\exp(\mathrm{j}2\pi f_{\mathrm{d}}\tau\cos\psi_i) \tag{6.38}$$

若所有接收到的多径分量功率几乎相同且接收天线为全向天线,则由式(6.19)可知 $E[a_i^2]\approx\Omega/N\ (i=1,2,\cdots,N)$,则式(6.38)变为

$$A_r(\tau)=\frac{\Omega}{N}\sum_{i=1}^{N}\exp(\mathrm{j}2\pi f_{\mathrm{d}}\tau\cos\psi_i) \tag{6.39}$$

像移动通信这样从架设于高处的基站接收信号的通信系统可能会被很多散射体所包围。**各向同性散射**模型假设功率相仿的多径分量来自于很多不同散射体的反射,因此各多径分量到达接收机的方向也不同。对二维各向同性散射来说,由于 N 较大,$\{\psi_i\}$ 位于同一平面,且其数值在 $[0,2\pi)$ 内均匀分布。因此,式(6.39)中的求和可用积分来近似,即

$$A_r(\tau)\approx\frac{\Omega}{2\pi}\int_0^{2\pi}\exp(\mathrm{j}2\pi f_{\mathrm{d}}\tau\cos\psi)\,\mathrm{d}\psi \tag{6.40}$$

该积分与第一类零阶贝塞尔函数 $\mathrm{J}_0(\cdot)$(附录 B.3“第一类贝塞尔函数”)的积分式具有相同的形式,因此,**二维各向同性散射信道响应的自相关函数**为

$$A_r(\tau) = \Omega \mathrm{J}_0(2\pi f_{\mathrm{d}}\tau) \tag{6.41}$$

归一化自相关函数 $A_r(\tau)/A_r(0)$ 如图 6.2 所示，该函数为 $f_{\mathrm{d}}\tau$ 的实函数。从图中可以看出，当 $f_{\mathrm{d}}\tau > 1$ 时，函数的幅值小于 0.3，由此可引出信道**相干时间**或**相关时间**的定义为

$$T_{\mathrm{coh}} = \frac{1}{f_{\mathrm{d}}} \tag{6.42}$$

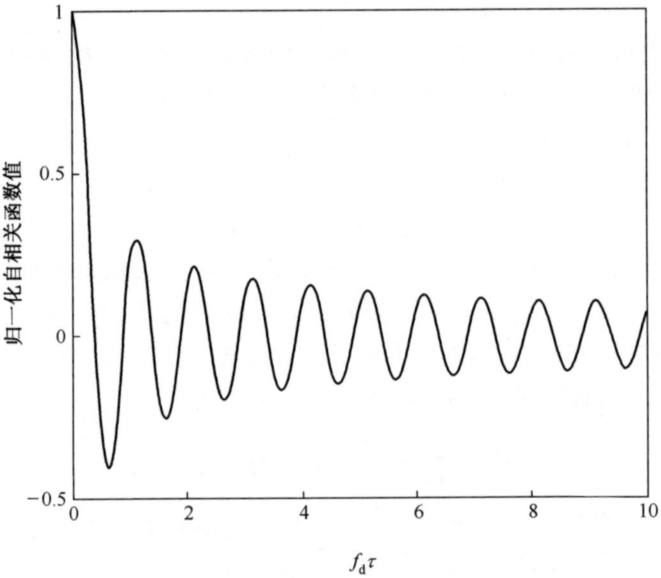

图 6.2 各向同性散射模型的自相关函数 $r(t)$

式中：f_{d} 为最大多普勒频移或**多普勒扩展**。相干时间是一种时间间隔的度量，即当不同信号样点间的间隔比它大时，它们之间的相关性就会很小。若相干时间比信道符号间隔长得多，则一个符号将经历相对恒定的衰落，称为**慢衰落**。反之，若相干时间与信道符号间隔相近甚至更小，则称为**快衰落**。

复随机过程的功率谱密度定义为其自相关函数的傅里叶变换。为计算式(6.41)的傅里叶变换，代入由附录 B.3“第一类贝塞尔函数”式(B.16)所给出的 $\mathrm{J}_0(x)$ 的积分表达式，交换积分次序，将内积分等价为一个狄拉克函数，再改变积分变量，完成余下的简单积分，可得**二维各向同性散射模型的多普勒功率谱**为

$$S_r(f)=\begin{cases}\dfrac{\Omega}{\pi\sqrt{f_{\mathrm{d}}^2-f^2}}, & |f|<f_{\mathrm{d}}\\ 0, & 其他\end{cases} \tag{6.43}$$

归一化的多普勒功率谱密度 $S_r(f)/S_r(0)$ 与 f/f_{d} 之间的关系如图 6.3 所示。它是一个频带受多普勒扩展 f_{d} 限制的函数，当 f 接近 $\pm f_{\mathrm{d}}$ 时函数值趋向无穷。多普勒功率谱是各多径分量作用的叠加，每一个多径分量都经历了不同的、上边界为 f_{d} 的多普勒频移。

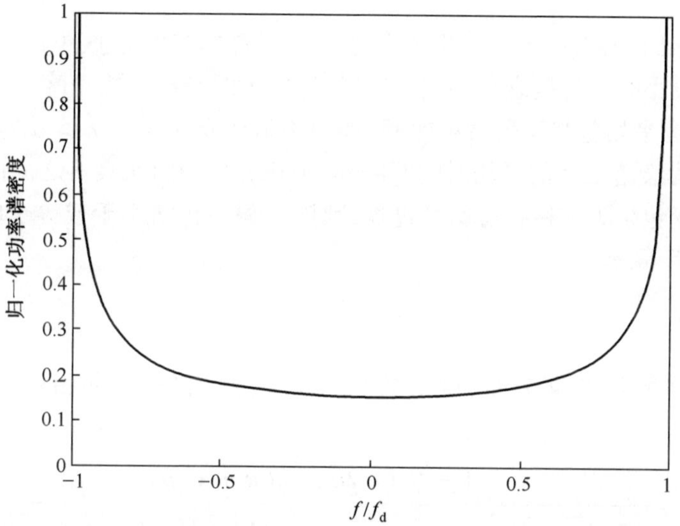

图 6.3 各向同性散射的多普勒功率谱

接收信号功率谱可由式(6.6)、式(6.10)和式(6.43)计算得到。对一个未调制的载波来说，$s(t)=1$，接收信号的功率谱为

$$S_{\mathrm{rec}}=\frac{1}{2}S_r(f-f_{\mathrm{c}})+\frac{1}{2}S_r(f+f_{\mathrm{c}}) \tag{6.44}$$

一般来说，当散射不是各向同性时，自相关函数 $A_r(\tau)$ 的虚部不为零，且与式(6.41)相比，随着 τ 的增大，其实部幅度下降更慢、更不平滑。当时间平移超过 $1/f_{\mathrm{d}}$ 时，其实部和虚部常常都会出现一个较小的峰值，因此，相干时间只能大致反映信道特性。

6.2.1 衰落速率与衰落持续时间

衰落速率是指接收到的衰落信号包络从高到低通过特定电平值的速率。考虑衰落参数为常数的一个时间间隔内，在各向同性散射条件下，对于某一电

平 $r \geqslant 0$,由式(6.28)给出的莱斯衰落的概率密度,其衰落速率为[79]

$$f_r = \sqrt{2\pi(\kappa + 1)} f_{\mathrm{d}} \rho \exp[-\kappa - (\kappa + 1)\rho^2] \mathrm{I}_0(2\rho\sqrt{\kappa(\kappa + 1)}) \tag{6.45}$$

式中 κ 为莱斯因子,且

$$\rho = \frac{r}{\sqrt{\Omega}} \tag{6.46}$$

式中 Ω 为平均包络功率。对于瑞利衰落有 $\kappa = 0$,则式(6.45)变为

$$f_r = \frac{\sqrt{2\pi} f_{\mathrm{d}} r}{\Omega} \exp[-r^2/\Omega] \tag{6.47}$$

式(6.45)与式(6.47)表明,衰落速率与多普勒扩展 f_{d} 成正比。因此,当多普勒扩展较小时产生慢衰落,而多普勒扩展较大时则产生快衰落。

令 T_{f} 为平均包络**衰落持续时间**,即包络低于特定电平 $r \geqslant 0$ 的持续时间。由于 $1/f_r$ 为衰落之间的平均时间间隔,故乘积 $f_r T_{\mathrm{f}}$ 为两次衰落之间的衰落时间比。若时变包络为平稳各态历经过程,则该乘积与包络小于或等于电平 r 的概率 $F_\alpha(r)$ 相等,故

$$T_{\mathrm{f}} = \frac{F_\alpha(r)}{f_r} \tag{6.48}$$

若包络服从莱斯分布,则对式(6.28)进行积分,并利用式(6.45)和式(6.48)可得

$$T_{\mathrm{f}} = \frac{1 - Q_1(\sqrt{2\kappa}, \sqrt{2(\kappa + 1)}\rho)}{\sqrt{2\pi(\kappa + 1)} f_{\mathrm{d}} \rho \exp[-\kappa - (\kappa + 1)\rho^2] \mathrm{I}_0(2\rho\sqrt{\kappa(\kappa + 1)})} \tag{6.49}$$

式中 Marcum Q 函数 $Q_1(\alpha,\beta)$ 由附录 B.5“Marcum Q 函数”中的式(B.18)定义。对于瑞利衰落,$\kappa = 0$,则式(6.49)变为

$$T_{\mathrm{f}} = \frac{\exp(r^2/\Omega) - 1}{\sqrt{2\pi} f_{\mathrm{d}} r / \sqrt{\Omega}} \tag{6.50}$$

无论是莱斯衰落还是瑞利衰落,其衰落持续时间都与 f_{d} 成反比。

6.2.2 空间分集与衰落

为在衰落环境中获得空间分集,接收机天线阵列中的天线必须要有足够的间距以保证各天线接收的信号几乎没有相关性。为确定所需的天线间距,考虑间距为 D 的两根天线接收信号的情况,如图 6.4 所示。若信号以平面电磁波形式到达,则天线 1 接收的信号相对天线 2 接收的信号要延时 $D\sin\theta/c$,其中 θ 为平面波的到达角,即平面波与两根天线连线垂直线之间的夹角。

令 $\phi_{ki}(t)$ 为天线 k 上多径分量 i 复包络的相位。考虑一个足够小的时间间

隔，使得 $N(t)=N$，且这两根天线上的衰落幅度是不变的，每个多径分量都以固定的角度到达。在这种情况下，若一个窄带信号的多径分量 i 以角度为 ψ_i 的平面波到达，则该分量复包络在天线 2 上的相位 $\phi_{2i}(t)$ 与天线 1 上的相位 $\phi_{1i}(t)$ 满足如下关系

$$\phi_{2i}(t)=\phi_{1i}(t)+2\pi\frac{D}{\lambda}\sin\psi_i \tag{6.51}$$

式中：$\lambda=c/f_c$ 为信号波长。若多径分量的传播距离远大于天线间距，则假设两根天线上的信号衰减因子 a_i 相同是合理的。

若时延范围超过 $1/f_c$，则由于相位对时延变化的高度敏感性，将相位 $\phi_{1i}(t)$（$i=1,2,\cdots,N$）建模为在 $[0,2\pi)$ 内均匀分布的独立随机变量是合理的。根据式(6.11)，当信号为未调载波时，天线 k 上信号的复包络 r_k 为

$$r_k(t)=\sum_{i=1}^{N}a_i\exp[\mathrm{j}\phi_{ki}(t)],\quad k=1,2 \tag{6.52}$$

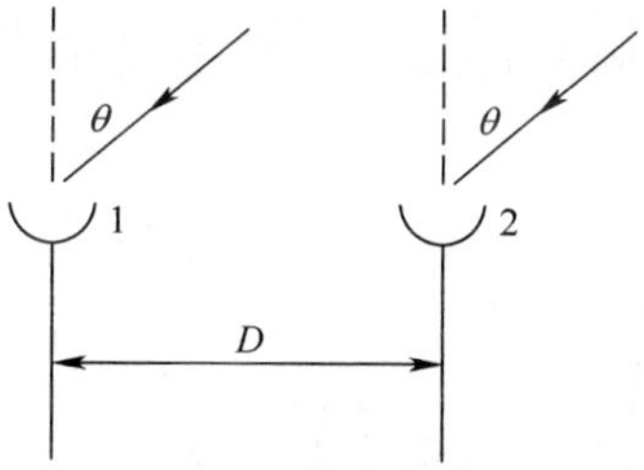

图 6.4　用两根天线接收平面波，每根天线都接收到一个信号副本

$r_1(t)$ 与 $r_2(t)$ 之间的互相关函数定义为

$$C_{12}(D)=E[r_1^*(t)r_2(t)] \tag{6.53}$$

将式(6.52)代入式(6.53)，同时利用每个 a_i 与 $\phi_{ki}(t)$ 之间的独立性、$\phi_{1i}(t)$ 与 $\phi_{2l}(t)$（$i\neq l$）之间的独立性及各 $\phi_{1i}(t)$ 的均匀分布特性，再代入式(6.51)可得

$$C_{12}(D)=\sum_{i=1}^{N}E[a_i^2]\exp(\mathrm{j}2\pi D\sin\psi_i/\lambda) \tag{6.54}$$

显然，该互相关公式是空间距离的函数。与之类似的是，式(6.38)所示的自相关函数是时延的函数。若所有多径分量具有相近的功率，使得 $E[a_i^2]\approx\Omega/N$（$i=1,2,\cdots,N$），则

$$C_{12}(D)=\frac{\Omega}{N}\sum_{i=1}^{N}\exp(\mathrm{j}2\pi D\sin\psi_i/\lambda) \tag{6.55}$$

利用二维各向同性散射模型，式(6.55)可由一个积分近似。与推导式(6.41)类似，通过积分得到的实互相关函数计算公式为

$$C_{12}(D)=\Omega J_0(2\pi D/\lambda) \tag{6.56}$$

该模型表明，只有当天线间距 $D \geqslant \lambda/2$ 时才能保证归一化互相关函数 $C_{12}(D)/C_{12}(0)$ 小于0.3。若将图6.2的横坐标视作 D/λ，则该图也可作为上述归一化互相关函数的图形。

当散射不是各向同性或产生多径分量的散射体数量很少时，互相关函数的实部和虚部随着 D/λ 的增加而下降的速度就要慢得多。例如，图6.5显示了归一化互相关函数实部与虚部，此时到达角 $\{\psi_i\}$ 在 $7\pi/32\sim 9\pi/32$rad 之间近似连续分布，因而式(6.55)可由在此边界上的积分来近似计算。图6.6给出了当 $N=9$ 且 $\{\psi_i\}$ 均匀分布于前两个象限，即 $\psi_i=(i-1)\pi/8(i=1,2,\cdots,9)$ 时，归一化互相关函数的实部与虚部。在图6.5的例子中，天线间距 5λ 以上时就能保证两信号副本之间近似不相关并获得空间分集。而在图6.6的例子中，即使天线间距达到 10λ 都不能保证两信号副本之间近似不相关。

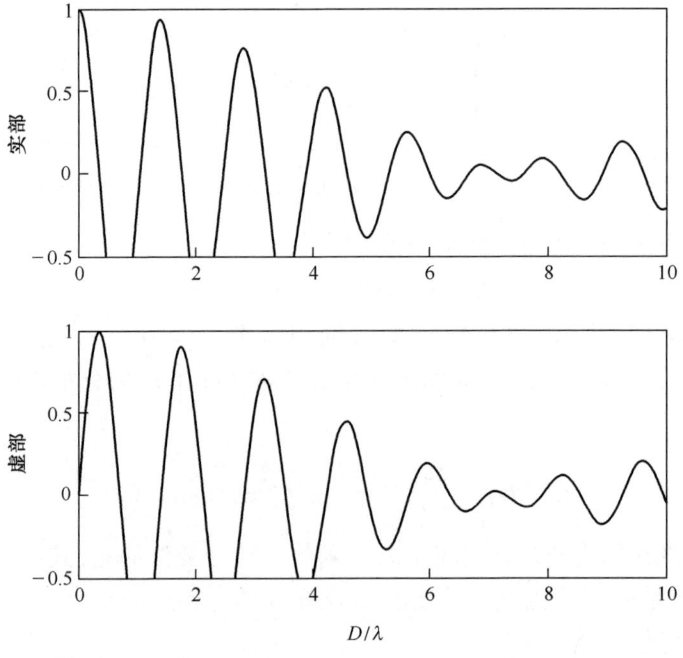

图6.5 多径分量到达角在 $7\pi/32\sim 9\pi/32$rad 之间时归一化互相关函数的实部与虚部

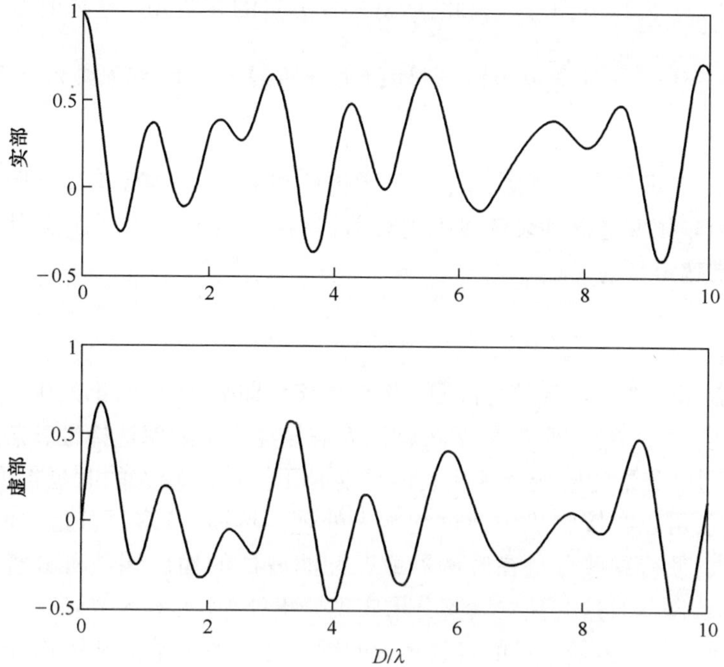

图 6.6 多径分量数 $N=9$ 且到达角在前两个象限内等间距分布时归一化互相关函数的实部与虚部

6.3 频率选择性衰落

频率选择性衰落产生的原因是多径分量的延时导致多径分量叠加后某些频率分量抵消,而其他频率分量得到增强。不同的路径时延会导致接收信号脉冲在时间上产生**色散**,从而使得前后符号之间产生符号间干扰。多径**时延扩展** T_d 定义为主要多径分量的最大时延与最小时延之差,即

$$T_d = \max_i \tau_i - \min_i \tau_i, \quad i=1,2,\cdots,N \tag{6.57}$$

考虑一个能满足式(6.32)的足够小的典型时延扩展且 $f_{di}T_d \ll 1$,则式(6.7)与式(6.8)表明接收信号的复包络为

$$s_1(t) = \sum_{i=1}^{N} a_i \exp[-j2\pi(f_c\tau_i + \phi_{i0})]s(t-\tau_i), \quad \tau_1 \leqslant t \leqslant \tau_1 + T_d \tag{6.58}$$

式中 $\tau_1 = \min_i \tau_i$。假设 $BT_d \ll 1$, B 为复包络 $s(t)$ 的带宽,则 $s(t-\tau_i) \approx$

$s(t-\tau_1)$ ($i=1,2,\cdots,N$)。因此,所有多径分量的衰落几乎是同时发生的,且

$$s_1(t)=s(t-\tau_1)\sum_{i=1}^{N}a_i\exp[-\mathrm{j}2\pi(f_c\tau_i+\phi_{i0})],\quad \tau_1\leqslant t\leqslant\tau_1+T_d \tag{6.59}$$

上式表明,即使存在衰落, $s_1(t)$ 的谱仍然与 $s(t)$ 的谱成正比。因此,这类衰落被称为**非频率选择性衰落或平坦衰落**,且在满足 $B\ll B_{coh}$ 的条件下发生,此时**相干带宽**定义为

$$B_{coh}=\frac{1}{T_d} \tag{6.60}$$

由于 $B\approx 1/T_s$, T_s 为符号间隔,当 T_s 足够大即 $T_s\gg T_d$ 时即发生平坦衰落。

反之,若 $B>B_{coh}$ 即 $T_s<T_d$,就认为信号经历了**频率选择性衰落**,因为此时 $s(t)$ 不同谱分量的时变特性或衰落可能是不同的。较大的时延扩展会导致符号间干扰,可以在接收机中通过均衡来处理。然而,若多径分量之间的时延差异足够大,使得这些分量在解调器或匹配滤波器的输出端是**可分辨**的,则可通过 Rake 解调器对这些独立衰落分量实现分集处理(见 6.5 节)。

下面通过两个多径分量的接收来说明频率选择性衰落。利用式(6.58),取 $L_s=2$,就可计算 $s_1(t)$ 的傅里叶变换 $S_1(f)$:

$$|S_1(f)|=|a_1^2+a_2^2+2a_1a_2\cos2\pi(f+f_c)T_d|^{1/2}|S(f)| \tag{6.61}$$

式中 $T_d=\tau_1-\tau_2$, $S(f)$ 为 $s(t)$ 的傅里叶变换。该式表明 $|S_1(f)|/|S(f)|$ 在 f 范围内上下波动。若 f 的变化范围超过 $B_{coh}=1/T_d$,则 $|S_1(f)|/|S(f)|$ 在 $|a_1-a_2|$ 至 $|a_1+a_2|$ 范围内变化,且当 $a_1\approx a_2$ 时,该值会非常大。

6.3.1 信道冲激响应

传输信道对信号的影响可用一般的冲激响应描述。信道的**等效复基带冲激响应** $h(t,\tau)$ 是指信道在 t 时刻对 τ 秒前冲激信号的响应。接收信号的复包络 $s_1(t)$ 为发射信号复包络 $s(t)$ 与信道基带冲激响应的卷积为

$$s_1(t)=\int_{-\infty}^{\infty}h(t,\tau)s(t-\tau)\mathrm{d}\tau \tag{6.62}$$

与式(6.7)相一致,冲激响应通常建模为复随机过程,即

$$h(t,\tau)=\sum_{i=1}^{N(t)}h_i(t)\delta[\tau-\tau_i(t)] \tag{6.63}$$

式中: $\delta(\cdot)$ 为单位冲激函数。

对于多数实际应用来说,**广义平稳非相关散射模型**具有足够的精度。若该模型在 t_1 与 t_2 时刻的相关性仅取决于 t_1-t_2,则其冲激响应就是**广义平稳**的,冲

激响应的自相关函数为

$$R_h(t_1,t_2,\tau_1,\tau_2)=E[h^*(t_1,\tau_1)h(t_2,\tau_2)]=R_h(t_1-t_2,\tau_1,\tau_2) \quad (6.64)$$

非相关散射意味着两个不同时延的多径分量的增益和相移是不相关的,因此各多径分量的衰落也是独立的。将这一概念拓展,则广义平稳非相关散射模型假设其自相关函数具有以下形式

$$R_h(t_1-t_2,\tau_1,\tau_2)=R_\omega(t_1-t_2,\tau_1)\delta(\tau_1-\tau_2) \quad (6.65)$$

对上述自相关函数中的 τ_2 进行积分即可得到自相关函数 $R_\omega(t_1-t_2,\tau_1)$ 。

多径强度剖面或**功率时延谱**为

$$S_m(\tau)=R_\omega(0,\tau) \quad (6.66)$$

该式可解释为在 τ 秒前的冲激信号作用下信道的输出功率。具有较大幅度的多径强度剖面对应的时延 τ 的范围是对多径时延扩展的度量。若多径强度剖面为分段连续函数,则其具有**散射**分量;若其在某一特定时延值上包含了 $\delta(\cdot)$ 函数,则其具有**视距**分量。

若采用式(6.63)的信道冲激响应模型,且它是时不变的,即 $h(t,\tau)=h(0,\tau)=h(\tau)$,则多径强度剖面仅有视距分量,且

$$S_m(\tau)=\sum_{i=1}^{N}|h_i|^2\delta(\tau-\tau_i) \quad (6.67)$$

来自一个信号源上的接收信号往往可被分解为若干散射簇的反射信号之和,每一簇反射信号都为多个时延大致相同的多径分量的叠加。在该模型中,信道的冲激响应同样可用式(6.63)来表示,但式中 $N(t)=L_c(t)$, $L_c(t)$ 为散射簇的个数, $\tau_i(t)$ 为第 i 散射簇反射信号的时延。每个复过程 $h_i(t)$ 的幅度都具有与其衰落类型相一致的概率密度函数。

对信道的冲激响应进行傅里叶变换可得到**时变信道的频率响应**:

$$H(t,f)=\int_{-\infty}^{\infty}h(t,\tau)\exp(-j2\pi f\tau)\mathrm{d}\tau \quad (6.68)$$

式(6.64)表明广义平稳信道频率响应的自相关函数为

$$R_H(t_1,t_2,f_1,f_2)=E[H^*(t_1,f_1)H(t_2,f_2)]=R_H(t_1-t_2,f_1,f_2) \quad (6.69)$$

上式仅与 (t_1-t_2) 有关。对**广义平稳非相关散射**模型来说,将式(6.68)与式(6.65)代入式(6.69)中可得

$$\begin{aligned}R_H(t_1,t_2,f_1,f_2)&=\int_{-\infty}^{\infty}R_\omega(t_1-t_2,\tau)\exp[-j2\pi(f_1-f_2)\tau]\mathrm{d}\tau\\&=R_H(t_1-t_2,f_1-f_2)\end{aligned} \quad (6.70)$$

式(6.70)仅与 (t_1-t_2) 和 (f_1-f_2) 有关。若 $t_1=t_2$,则信道频率响应的自相关函数为

$$R_H(0,f_1-f_2)=\int_{-\infty}^{\infty}S_{\mathrm{m}}(\tau)\exp[-\mathrm{j}2\pi(f_1-f_2)\tau]\mathrm{d}\tau \tag{6.71}$$

上式为多径强度剖面的傅里叶变换。这种积分形式表明,作为 $R_H(0,f_1-f_2)$ 有意义时 (f_1-f_2) 取值范围的量度,信道相干带宽 B_{coh} 由 $S_{\mathrm{m}}(\tau)$ 变化范围的倒数给定。由于该范围与多径时延扩展为同一量级,故用式(6.60)来定义这种模型的相干带宽 B_{coh} 也是合适的。

多普勒频移是使 $R_\omega(t_{\mathrm{d}},0)$ 有意义时限制信道相干时间或 $t_{\mathrm{d}}=t_1-t_2$ 取值范围的主要因素。因此,**多普勒功率谱密度**定义为

$$S_D(f)=\int_{-\infty}^{\infty}R_\omega(t_{\mathrm{d}},0)\exp(-\mathrm{j}2\pi f t_{\mathrm{d}})\mathrm{d}t_{\mathrm{d}} \tag{6.72}$$

$S_D(f)$ 的傅里叶逆变换即为自相关函数 $R_\omega(t_{\mathrm{d}},0)$ 。作为 $R_\omega(t_{\mathrm{d}},0)$ 有意义时 t_{d} 取值范围的度量,信道相干时间 T_{coh} 由 $S_D(f)$ 谱范围的倒数给定。由于该谱范围与最大多普勒频移为同一量级,故用式(6.42)来定义这种信道模型的相干时间 T_{coh} 也是合理的。

6.4 衰落信道的分集

设计衰落信道中分集合并器是用来对同一信号经过相互独立的不同衰落信道后的信号副本进行合并。采用这种合并方式时,合并器输出信号功率电平的变化比单个信号副本功率电平的变化要慢得多。尽管分集并不能提高AWGN信道下的通信质量,但由于衰落信道下的分集增益足以克服非相干合并损耗,因此它能够有效提高衰落信道下的通信质量。

大量来自不同路径的信号所产生的冗余可提供分集。**时间分集**可由信道编码或不同时延的信号副本来提供。当不同载频的信号副本经历相互独立或弱相关的衰落时,可获得**频率分集**。若每个信号副本都来自于阵列天线中的独立单元,则这种分集称为**空间分集**。在同一地点采用两个交叉极化的天线可以获得极化分集,尽管这种配置结构简单紧凑,但由于接收电场的水平分量通常比垂直分量要弱得多,因此极化分集的潜在效果不如空间分集明显。

三种最常见的分集合并类型是选择合并、最大比合并和等增益合并。后两种分集合并方法是通过对每个信号副本采用不同加权进行线性合并来实现的。由于它们需要调整加权值,因此最大比和等增益合并器可视为自适应阵列。但这两种分集合并与其他自适应阵列天线的不同之处在于它们并非用来消除干扰信号。

6.4.1 最大比合并

考虑一个具有 L 个分集支路的接收机阵列,每个支路处理一个不同的信号副本。令 $\boldsymbol{y}(l)$ 表示由合并器的 L 个复值输入所组成的离散时间向量,此处向量的序号表示抽样数目,该向量可被分解为

$$\boldsymbol{y}(l) = \boldsymbol{s}(l) + \boldsymbol{n}(l) \tag{6.73}$$

式中:$\boldsymbol{s}(l)$ 和 $\boldsymbol{n}(l)$ 分别为通信信号和干扰加热噪声的离散时间向量。令 $\boldsymbol{w}$ 为对输入向量进行线性合并的 $L \times 1$ 维加权向量,则合并器的输出为

$$z(l) = w^{\mathrm{H}}\boldsymbol{x}(l) = z_s + z_{\boldsymbol{n}} \tag{6.74}$$

式中:上标 H 表示共轭转置,且

$$z_s(l) = w^{\mathrm{H}}\boldsymbol{s}(l)\ ,\ z_{\boldsymbol{n}}(l) = w^{\mathrm{H}}\boldsymbol{n}(l) \tag{6.75}$$

分别表示通信信号与干扰加噪声产生的输出分量。$\boldsymbol{s}(l)$ 和 $\boldsymbol{n}(l)$ 中的所有元素都建模为离散时间联合广义平稳随机过程。将通信信号与干扰加噪声的相关矩阵分别定义为 $L \times L$ 维矩阵,即

$$\boldsymbol{R}_s = E[\boldsymbol{s}(l)\,\boldsymbol{s}^{\mathrm{H}}(l)]\ ,\ \boldsymbol{R}_{\boldsymbol{n}} = E[\boldsymbol{n}(l)\,\boldsymbol{n}^{\mathrm{H}}(l)] \tag{6.76}$$

令 $s_0(l)$ 为某一固定参考支路中离散时间抽样后的通信信号复包络,假设通信信号的带宽足够窄,使得所有支路里的通信信号副本在时间上几乎都是同步的,则通信信号的输入向量可表示为

$$\boldsymbol{s}(l) = s_0(l)\,\boldsymbol{s}_0 \tag{6.77}$$

式中**导引向量**为

$$\boldsymbol{s}_0 = [\alpha_1\exp(\mathrm{j}\theta_1)\quad \alpha_2\exp(\mathrm{j}\theta_2)\quad \cdots\quad \alpha_L\exp(\mathrm{j}\theta_L)]^{\mathrm{T}} \tag{6.78}$$

该向量的元素表述了各支路输出信号的相对幅度和相移,将式(6.77)代入式(6.76)可得

$$\boldsymbol{R}_s = p_s\,\boldsymbol{s}_0\,\boldsymbol{s}_0^{\mathrm{H}}\ ,p_s = E[\,|\,s_0(l)\,|^2] \tag{6.79}$$

合并器的输出 SINR 为

$$\rho_0 = \frac{E[\,|\,z_s(i)\,|^2]}{E[\,|\,z_{\boldsymbol{n}}(i)\,|^2]} = \frac{p_s\,||\,\boldsymbol{w}^{\mathrm{H}}\,\boldsymbol{s}_0\,||^2}{\boldsymbol{w}^{\mathrm{H}}\,\boldsymbol{R}_n\,\boldsymbol{w}} \tag{6.80}$$

如 5.4 节所示,使 SINR 最大化的最优加权向量为

$$\boldsymbol{w}_0 = \eta\,\boldsymbol{R}_{\boldsymbol{n}}^{-1}\,\boldsymbol{s}_0 \tag{6.81}$$

式中:η 为任意常数。SINR 的最大值为

$$\rho_{\max} = p_s\,\boldsymbol{s}_0^{\mathrm{H}}\,\boldsymbol{R}_{\boldsymbol{n}}^{-1}\,\boldsymbol{s}_0 \tag{6.82}$$

最大比合并器是假设 $\boldsymbol{n}(l)$ 所有元素都满足零均值且互不相关的条件时,通过调整权向量为 $\boldsymbol{w}_{\mathrm{m}}$ 使得性能达到最优的线性合并器。在该假设条件下,相

关矩阵 $\boldsymbol{R}_n$ 为对角矩阵,其第 i 个对角元素为

$$\sigma_i^2 = E[\,|n_i|^2\,] \tag{6.83}$$

由于 $\boldsymbol{R}_n^{-1}$ 也是对角矩阵且对角元素为 $1/\sigma_i^2$,故由式(6.81)的右边项可知

$$\boldsymbol{w}_\mathrm{m} = \eta\begin{bmatrix}\frac{\alpha_1}{\sigma_1^2}\mathrm{e}^{\mathrm{j}\theta_1} & \frac{\alpha_2}{\sigma_2^2}\mathrm{e}^{\mathrm{j}\theta_1} & \cdots & \frac{\alpha_L}{\sigma_L^2}\mathrm{e}^{\mathrm{j}\theta_L}\end{bmatrix}^\mathrm{T} \tag{6.84}$$

上式只有在 $\{\alpha_i\}$ 、$\{\theta_i\}$ 和 $\{\sigma_i^2\}$ 已知时才可计算得出。由式(6.75)、式(6.78)、式(6.79)和式(6.84)可得合并器输出的有用信号为

$$z_s(l) = \boldsymbol{w}_\mathrm{m}^\mathrm{H}\boldsymbol{s}(l) = \eta s_0(l)\sum_{i=1}^{L}\frac{\alpha_i^2}{\sigma_i^2} \tag{6.85}$$

由于 $z_s(l)$ 与 $s_0(l)$ 成正比,故最大比合并(MRC)使阵列各支路信号副本的相位相等,该过程称为**同相调整**。通过应用导频信号且使各支路的相位同步即可实现同相调整。

在大多数应用中,每条支路的干扰加噪声都接近相互独立且功率也近似相等,故 $\sigma_i^2 = \sigma^2(\,i = 1,2,\cdots,L\,)$。若将它们的共同值作为式(6.81)或式(6.84)中的常数,则 MRC 的权向量为

$$\boldsymbol{w}_\mathrm{m} = \eta\,\boldsymbol{s}_0 \tag{6.86}$$

合并器输出的有用信号为

$$z_s(l) = \boldsymbol{w}_\mathrm{m}^\mathrm{H}\boldsymbol{s}(l) = \eta s_0(l)\sum_{i=1}^{L}\alpha_i^2 \tag{6.87}$$

且相应的 SINR 为

$$\rho_m = \frac{p_s}{\sigma^2}\sum_{i=1}^{L}\alpha_i^2 \tag{6.88}$$

由于权向量与干扰的参数无关,因此合并器并不能消除干扰。当合并器对通信信号进行相干合并时,干扰信号可被忽略。若每个 $\alpha_i(\,i = 1,2,\cdots,L\,)$ 都建模为同分布的随机变量,则由式(6.88)可知

$$E[\rho_m] = L\frac{p_s}{\sigma^2}E[\alpha_1^2] \tag{6.89}$$

上式表明平均 SINR 的增益与 L 成正比。

6.4.2 相干解调及其度量

考虑一个采用 BPSK 的直扩系统,它以等概率接收单个二进制符号或信息为 0 或 1 的比特。分集支路里的每个接收信号副本都经历了独立衰落,且在信号间隔内衰落保持不变。假设不存在干扰且采用的是 AWGN 信道,或更一般

地，将各分集支路所接收的干扰加噪声都建模为具有相同双边功率谱密度 $N_0/2$ 的独立零均值高斯白噪声。单位能量的符号波形就是扩谱波形。符号匹配滤波器由图 2.14 所示的码片匹配滤波器、序列生成器、乘法器及加法器组成。

若阵列中每条支路的噪声都服从相同功率的高斯过程，且彼此相互独立，则 MRC 可用来实现一个具有 L 个子符号的符号度量。每条分集支路的相干检测去除了与接收信号相关的相位信息，如 1.1 节所示，经过相干检测与符号匹配滤波器后，第 i 条分集支路的输出为

$$y_i = \alpha_i x \sqrt{\mathcal{E}_b} e^{j\theta_i} + n_i, \quad i = 1,2,\cdots,L \tag{6.90}$$

式中：$\mathcal{E}_b$ 为不存在衰落时通信信号的比特能量；$x=+1$ 或 -1 取决于发射比特；α_i 为幅度；n_i 为独立零均值循环对称的复高斯噪声；$E[|n_i|^2]=N_0$。这些样值包含了 L 条分集支路接收信号副本的所有信息，因此它们是充分统计量。由于噪声是白噪声，因此对于 BPSK 系统来说，无论是否采用直扩，式(6.90)及其随后的结果都是一样的。

由于噪声是循环对称的，n_i 具有方差为 $N_0/2$ 的独立实部和虚部分量。采用与 1.1 节类似的推导方式可得 BPSK 的**符号度量**为

$$U = \sum_{i=1}^{L} \alpha_i \mathrm{Re}(y_i) \tag{6.91}$$

式中每一项都为一个子符号度量。令 $\boldsymbol{y}=[y_1 \quad y_2 \quad \cdots \quad y_L]^{\mathrm{T}}$，由于采用相干解调，故 $\boldsymbol{w}_{\mathrm{m}}$ 的相位角可以设为零，因此符号度量与 $w_{\mathrm{m}}^{\mathrm{H}}[\mathrm{Re}(y)]$ 成正比。由于 $\mathrm{Im}(y)$ 与 MRC 不相关，故符号度量 U 就等于 MRC 的输出，如式(6.85)所示。该度量的缺点是它需要 $\{\alpha_i\}$ 的估计值。

由于两种情况均可计算得到式(6.91)，故最大似然检测器既可在解调前采用图 6.7(a)所示的最大比**检测前合并**来实现，也可在解调后采用图 6.7(b)所示的**检测后合并**来实现。由于最优相干匹配滤波器或相关解调器对 $\{y_i\}$ 进行线性运算，检测前合并和检测后合并产生相同的判决变量，因而它们具有相同的性能。

将式(6.90)代入式(6.91)可得

$$U = x\sqrt{\mathcal{E}_b}\sum_{i=1}^{L}\alpha_i^2 + \sum_{i=1}^{L}\alpha_i \mathrm{Re}(n_i) \tag{6.92}$$

若已知 $\{\alpha_i\}$，则符号度量具有高斯分布且均值为

$$E(U) = x\sqrt{\mathcal{E}_b}\sum_{i=1}^{L}\alpha_i^2 \tag{6.93}$$

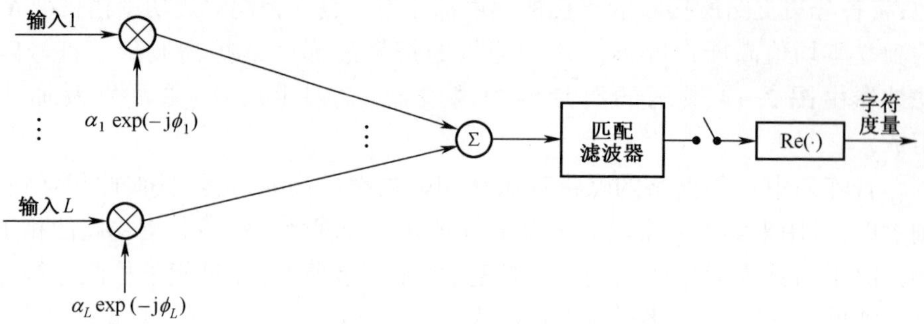

（a）检测前合并

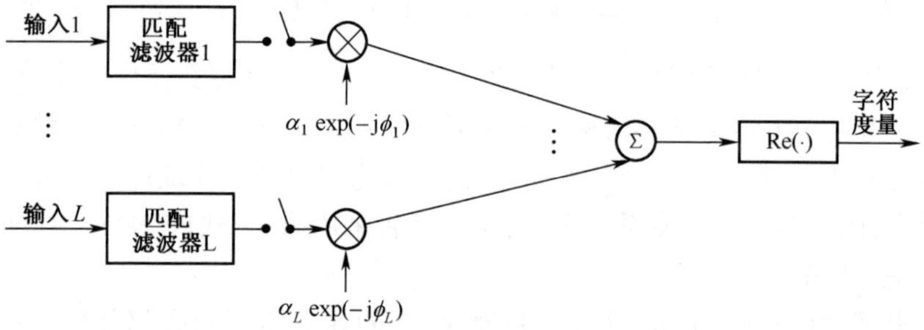

（b）检测后合并

图 6.7　PSK 的最大比合并器

由于 $\{n_i\}$ 是相互独立且循环对称的，故 $\{\mathrm{Re}(n_i)\}$ 也是相互独立的。由于 $\mathrm{Re}(n_i)$ 与 $\mathrm{Im}(n_i)$ 具有相同的方差，$E[(\mathrm{Re}(n_i))^2]=E[|n_i|^2]/2=N_0/2$，因此 U 的方差为

$$\sigma_u^2=\frac{N_0}{2}\sum_{i=1}^{L}\alpha_i^2 \tag{6.94}$$

对硬判决译码来说，若 $U>0$，则比特判决为 $x=+1$。由于对称性，误比特率就等于 $x=+1$ 时的条件误比特率。若 $U<0$，则会产生错误判决。由于符号度量具有高斯条件概率分布，故给定 $\{\alpha_i\}$ 时，直接推导表明条件误比特率为

$$P_{\mathrm{b}|\alpha}(\gamma_{\mathrm{b}})=Q(\sqrt{2\gamma_{\mathrm{b}}}) \tag{6.95}$$

式中 $Q(x)$ 由式(1.58)定义，且总比特信噪比为

$$\gamma_{\mathrm{b}}=\sum_{i=1}^{L}\gamma_i,\quad \gamma_i=\frac{\mathcal{E}_{\mathrm{b}}}{N_0}\alpha_i^2 \tag{6.96}$$

误比特率可由 $P_{\mathrm{b}|\alpha}(\gamma_{\mathrm{b}})$ 在 γ_{b} 分布上取平均得到，而 γ_{b} 的分布则取决于 $\{\alpha_i\}$ 及衰落信道的统计特性。

假设 $\{\alpha_i\}$ 中的每个元素都服从独立同瑞利分布，且 $E[\alpha_i^2]=E[\alpha_1^2]$。如

附录 D.4 节“瑞利分布”所示，α_i^2 为指数分布，因此 γ_b 为 L 个服从独立同指数分布的随机变量之和。由式(D.38)可得出 γ_b 的概率密度分布函数为

$$f_\gamma(x)=\frac{1}{(L-1)!\ \bar{\gamma}^L}x^{L-1}\exp\left(-\frac{x}{\bar{\gamma}}\right)u(x) \tag{6.97}$$

式中每条支路的平均比特信噪比为

$$\bar{\gamma}=\frac{\mathcal{E}_b}{N_0}E[\alpha_1^2] \tag{6.98}$$

误比特率由式(6.95)在式(6.97)给定的概率密度分布上取均值得到。因此

$$P_b(L)=\int_0^\infty Q(\sqrt{2x})\frac{1}{(L-1)!\ \bar{\gamma}^L}x^{L-1}\exp\left(-\frac{x}{\bar{\gamma}}\right)dx \tag{6.99}$$

由于 L 为正整数，直接计算可证明

$$\frac{d}{dx}Q(\sqrt{2x})=-\frac{1}{2\sqrt{\pi}}\frac{\exp(-x)}{\sqrt{x}} \tag{6.100}$$

$$\frac{d}{dx}\left[e^{-x/\bar{\gamma}}\sum_{i=0}^{L-1}\frac{(x/\bar{\gamma})^i}{i!}\right]=\frac{1}{(L-1)!\ \bar{\gamma}^L}x^{L-1}\exp\left(-\frac{x}{\bar{\gamma}}\right) \tag{6.101}$$

对式(6.99)进行分部积分，并应用式(6.100)、式(6.101)及 $Q(0)=1/2$ 可得

$$P_b(L)=\frac{1}{2}-\sum_{i=0}^{L-1}\frac{1}{i!\ \bar{\gamma}^i 2\sqrt{\pi}}\int_0^\infty \exp[-x(1+\bar{\gamma}^{-1})]x^{i-1/2}dx \tag{6.102}$$

利用伽马函数(见附录 B.1 节“伽马函数”)可计算以上积分。对式(6.102)进行变量替换可得

$$P_b(L)=\frac{1}{2}-\frac{1}{2}\sqrt{\frac{\bar{\gamma}}{1+\bar{\gamma}}}\sum_{i=0}^{L-1}\frac{\Gamma(i+1/2)}{\sqrt{\pi}i!\ (1+\bar{\gamma})^i} \tag{6.103}$$

由于 $\Gamma(1/2)=\sqrt{\pi}$，故无分集或单条支路的误比特率为

$$p=P_b(1)=\frac{1}{2}\left(1-\sqrt{\frac{\bar{\gamma}}{1+\bar{\gamma}}}\right)\ (\text{BPSK, QPSK}) \tag{6.104}$$

由 $\Gamma(x)=(x-1)\Gamma(x-1)$ 可得

$$\Gamma(k+1/2)=\frac{\sqrt{\pi}\Gamma(2k)}{2^{2k-1}\Gamma(k)}=\frac{\sqrt{\pi}k!}{2^{2k-1}}\binom{2k-1}{k},\quad k\geqslant 1 \tag{6.105}$$

求解式(6.104)就可确定 $\bar{\gamma}$ 与 p 的关系式，并将该式与式(6.105)代入式(6.103)可得

$$P_{\mathrm{b}}(L)=p-(1-2p)\sum_{i=1}^{L-1}\binom{2i-1}{i}[p(1-p)]^{i} \tag{6.106}$$

上式清楚地表明了误比特率随分集支路数增加而变化的情况。式(6.104)与式(6.106)同样适用于 QPSK 信号,这是因为 QPSK 信号可作为相位正交的两路独立 BPSK 波形来发射。

通过数学归纳法,可由式(6.106)得到 $P_{\mathrm{b}}(L)$ 的另一种表达式,即

$$P_{\mathrm{b}}(L)=p^{L}\sum_{i=1}^{L-1}\binom{L+i-1}{i}(1-p)^{i} \tag{6.107}$$

为推导 $P_{\mathrm{b}}(L)$ 的上界以便于分析其渐进特性,利用下列二项系数恒等式:

$$\sum_{i=0}^{L-1}\binom{L+i-1}{i}=\binom{2L-1}{L} \tag{6.108}$$

为证明式(6.108),注意到 $\binom{2L-1}{L}=\binom{2L-1}{L-1}$ 是从 $2L-1$ 个元素中选择 $L-1$ 个不同元素的组合数。当 $0 \leqslant k \leqslant L-1$ 时也可采用另一种选择方式,即先选择前 k 个元素,而第 $k-1$ 个元素不选择,然后从余下的 $2L-1-(k+1)=2L-k-2$ 个元素中选择 $L-k-1$ 个不同的元素,则

$$\binom{2L-1}{L}=\sum_{k=0}^{L-1}\binom{2L-k-2}{L-k-1}=\sum_{i=0}^{L-1}\binom{L+i-1}{i} \tag{6.109}$$

从而证明了恒等式(6.108)。由于 $1-p \leqslant 1$,故式(6.107)与式(6.108)表明

$$P_{\mathrm{b}}(L) \leqslant \binom{2L-1}{L}p^{L} \tag{6.110}$$

p 越趋近于 0,该上界越紧。

若 $\bar{\gamma}>1$,对式(6.104)进行泰勒级数展开可知 $p \leqslant 1/4\bar{\gamma}$,且当 $\bar{\gamma}$ 增大时,p 的上界变得更紧。式(6.110)表明

$$P_{\mathrm{b}}(L) \leqslant \binom{2L-1}{L}\left(\frac{1}{4^{L}}\right)\bar{\gamma}^{-L}, \quad \bar{\gamma}>1 \tag{6.111}$$

当该上界是紧边界时,有如下近似:

$$P_{\mathrm{b}}(L+1) \approx P_{\mathrm{b}}(L)\left(\frac{2L+1}{2L+2}\right)\bar{\gamma}^{-1}, \quad \bar{\gamma} \gg 1 \tag{6.112}$$

上式表明当 $\bar{\gamma}>1$ 时,分集具有可提高系统性能的潜在可能。

不等式(6.111)可引出分集的一般度量方法。定义**分集阶数**为

$$D_0 = -\lim_{\bar{\gamma}\to\infty} \frac{\partial \ln[P_b(L)]}{\partial \ln(\bar{\gamma})} \tag{6.113}$$

若 $\bar{\gamma}\to\infty$ 则 $p\to 0$,从而式(6.111) 变为等式,$D_0 = L$。

MRC 优势的获得严格依赖于各分集支路的衰落互不相关这一假设。若各分集支路的衰落完全相关,以致所有 $\{\alpha_i\}$ 都相等且所有衰落都是同时发生的,则式(6.95)表明 $\gamma_b = L\varepsilon_b\alpha_1^2/N_0$。因此对于瑞利衰落而言,$\gamma_b$ 具有指数概率密度分布函数:

$$f_{\gamma_b}^{c}(x) = \frac{1}{L\bar{\gamma}}\exp\left(-\frac{x}{L\bar{\gamma}}\right)u(x) \tag{6.114}$$

式中 $\bar{\gamma}$ 由式(6.98)定义,上标 c 为相关衰落。与式(6.103)类似的推导过程可得

$$P_b^c(L) = \frac{1}{2}\left(1 - \sqrt{\frac{L\bar{\gamma}}{1+L\bar{\gamma}}}\right) \quad \text{(BPSK,QPSK)} \tag{6.115}$$

当 $L\bar{\gamma} > 1$ 时,采用泰勒级数展开可得

$$P_b^c(L) \leqslant \frac{1}{4L\bar{\gamma}}, \quad L\bar{\gamma} > 1 \tag{6.116}$$

比较式(6.116)与式(6.111)可知

$$P_b(L) \approx P_b^c(L)L\binom{2L-1}{L}\left(\frac{1}{4^{L-1}}\right)\bar{\gamma}^{-L+1}, \quad \bar{\gamma} \gg 1 \tag{6.117}$$

上式表明,当 $\bar{\gamma}$ 足够大时,各支路衰落完全相关的系统与各支路衰落不相关系统之间存在巨大的性能差异。

以上结果对不同用途的接收天线来说具有重要的应用价值。多个接收天线可提供 MRC 分集,但也可用于波束成形。若接收天线用于波束成形,它们需要靠得足够近从而使得它们相移后的输出高度相关。因此,在衰落和噪声环境中,当 $\bar{\gamma}$ 足够大时,与分集合并的潜在性能相比,波束成形会给系统性能造成一定损失。但波束成形的主要优点在于它能抑制进入接收天线方向图旁瓣的干扰信号。

图 6.8 显示了单支路无衰落、L 个衰落相互独立的支路且采用 MRC 及 L 个衰落完全相关的支路且采用 MRC 三种情况下的误比特率。该图由式(6.95)、式(6.104)、式(6.106)及式(6.115)得到,其横坐标变量在 MRC 情况下为 $\bar{\gamma}$;在无衰落单支路情况下,横坐标变量为 $\gamma_b = \mathcal{E}_b/N_0$。该图显示了分集合并在衰落独立时的优势。

考虑一个采用正交信号的系统。该系统发射 q 个能量相等的正交信号

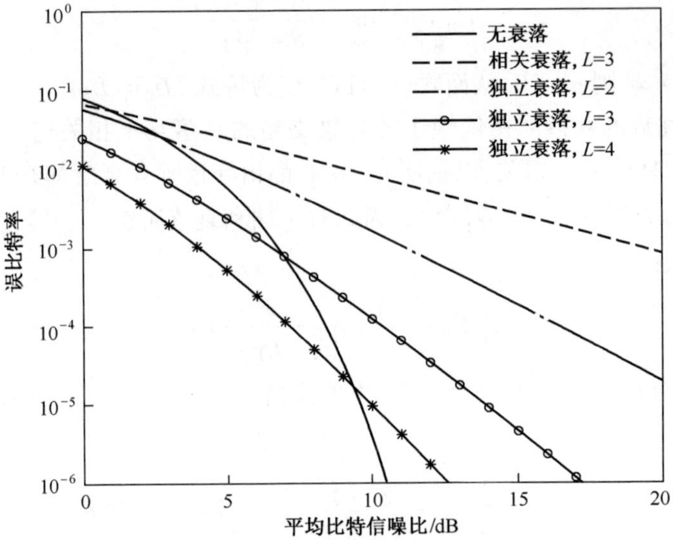

图 6.8　无衰落、完全相关衰落且采用 MRC 及独立衰落且采用 MRC 三种情况下 PSK 的误比特率

$s_1(t),s_2(t),\cdots,s_q(t)$，每个信号都代表 $\log_2 q$ 比特。对一个采用 q 元码移键控(见 2.6 节)的直扩系统来说,每一个正交信号都具有式(2.171)的形式,且 $t_0=0$。最大似然检测器产生 q 个符号度量,对应于这 q 个可能的非二进制符号。译码器选择符号度量为最大值的那个符号。在每条分集支路中都需要为 q 个正交信号设置匹配滤波器。由于这些信号是相互正交的,因此当 $r \neq l$ 时,在抽样时刻上每个与 $s_r(t)$ 匹配的滤波器对 $s_l(t)$ 都是零响应的。

对 AWGN 信道来说,类似 1.1 节中式(1.65)的推导表明,当接收到一个符号 $s_l(t)$ 时,第 i 条支路的第 r 个匹配滤波器产生的样值为

$$y_{ri}=\sqrt{\mathcal{E}_s}\,\alpha_i \mathrm{e}^{\mathrm{j}(\theta_i-\phi_i)}\delta_{lr}+n_{ri},\quad r=1,2,\cdots,q,i=1,2,\cdots,L \tag{6.118}$$

式中:$\mathcal{E}_s$ 为不存在衰落及分集合并时每个符号的通信信号能量;$\theta_i-\phi_i$ 为接收信号相位与估计值的差;n_{ri} 为独立零均值复高斯噪声变量。对于 L 条分集支路的接收信号副本来说,这些信号提供了充分统计量,能够包含所有相关信息。

支路 i 中干扰加噪声的双边功率谱密度等于 $N_0/2$,则 $E[|n_{ri}|^2]=N_0$。由于其循环对称性,n_{ri} 具有独立的实部和虚部分量,且方差为 $N_0/2$。对相干检测,$\theta_i-\phi_i=0$。当给定 $\{\alpha_i\}$ 且 $s_l(t)$ 已被接收时,y_{ri} 的条件概率密度函数为

$$f(y_{ri}\mid l,\alpha_i)=\frac{1}{\pi N_0}\exp\left[-\frac{\left|y_{ri}-\sqrt{\mathcal{E}_s}\,\alpha_i\delta_{kl}\right|^2}{N_0}\right] \tag{6.119}$$

由于假设各支路中的噪声是相互独立的,故其似然函数等于 qL 个式(6.119)给出的概率密度之积,其中 $r = 1,2,\cdots,q$, $i = 1,2,\cdots,L$ 。构造对数似然函数,注意到 $\sum_r \delta_{lr}^2 = 1$,并消除不相关项及与 l 无关的因子,可发现**相干 FSK 的符号度量**为

$$U(l) = \sum_{i=1}^{L} \mathrm{Re}(\alpha_i y_{li}), \quad l = 1,2,\cdots,q \tag{6.120}$$

计算上式需要知道 $\{\alpha_i\}$ 的估计值。与 $s_1(t),s_2(t),\cdots,s_q(t)$ 对应的这 q 个度量,为软判决或硬判决译码提供了符号度量。

硬判决译码是通过选取 $\{U(l)\}$ 中的最大值来实现符号判决。考虑 $\mathcal{E}_s = \mathcal{E}_b$ 、$q = 2$ 的相干二进制频移键控(BFSK)。由于该模型的对称性, $P_b(L)$ 可通过假设发射信号为 $s_1(t)$ 来计算。基于该假设,式(6.118)与式(6.120)表明两个符号度量为

$$U(1) = \sqrt{\mathcal{E}_b}\sum_{i=1}^{L}\alpha_i^2 + \sum_{i=1}^{L}\alpha_i \mathrm{Re}(n_{1i}) \tag{6.121}$$

$$U(2) = \sum_{i=1}^{L}\alpha_i \mathrm{Re}(n_{2i}) \tag{6.122}$$

若 $U(1) - U(2) < 0$ 则会造成判决错误。由于 $U(1) - U(2)$ 服从高斯条件分布,计算表明给定 $\{\alpha_i\}$ 时的条件误比特率为

$$P_{b|\alpha}(\gamma_b) = Q(\sqrt{\gamma_b}) \tag{6.123}$$

式中 γ_b 由式(6.96)给出。

当发生衰落时,误比特率由 $P_{b|\alpha}(\gamma_b)$ 在 γ_b 的分布上取平均得到,而 γ_b 的分布又取决于 $\{\alpha_i\}$ 及衰落信道的统计特性。假设每个 $\{\alpha_i\}$ 都服从独立同瑞利分布且 $E[\alpha_i^2] = E[\alpha_1^2]$,则通过与相干 BPSK 类似的推导可知,式(6.106)与式(6.107)对相干 BFSK 信号也是有效的,且 $L = 1$ 时的误比特率为

$$p = \frac{1}{2}\left(1 - \sqrt{\frac{\bar{\gamma}}{2 + \bar{\gamma}}}\right) \quad (\text{相干 BFSK}) \tag{6.124}$$

式中每条支路的平均比特信噪比由式(6.98)定义。注意到两个独立噪声变量的存在,故将式(6.104)中的 $\bar{\gamma}$ 替换为 $\bar{\gamma}/2$ 也可得到式(6.124)。因此在衰落环境中,尽管式(6.113)表明 BPSK 和相干 BFSK 具有相同的分集阶数 $D_0 = L$,但 BPSK 对相干 BFSK 依然保持着 3dB 优势。

当 Nakagami 衰落的参数 m 为正整数时,前面的分析可扩展到 Nakagami 衰落。由式(6.29)和概率论基础可知,随机变量 $\gamma_i = \mathcal{E}_b\alpha_i^2/N_0$ 的概率密度函数为

$$f_{\gamma_i}(x)=\frac{m^m}{(m-1)!\ \bar{\gamma}^m}x^{m-1}\exp\left(-\frac{mx}{\bar{\gamma}}\right)u(x),\quad m=1,2,\cdots \tag{6.125}$$

式中 $\bar{\gamma}$ 由式(6.98)定义。应用附录 D.1 节“卡方分布”中的定义式(D.6)与附录 B.1 节“伽马函数”中的式(B.3),通过拉普拉斯变换可得 γ_i 的概率密度函数为

$$L_{\gamma_i}(s)=\frac{1}{\left(1+\frac{\bar{\gamma}}{m}s\right)^m} \tag{6.126}$$

若式(6.96)中的 γ_b 为 L 个独立同分布的随机变量之和,则式(D.6)表明其拉普拉斯变换为

$$L_{\gamma_b}(s)=L_{\gamma_i}^L(s)=\frac{1}{\left(1-\frac{\bar{\gamma}}{m}s\right)^{mL}} \tag{6.127}$$

由 $L_{\gamma}(s)$ 傅里叶逆变换可得 γ_b 的概率密度函数为

$$f_{\gamma_b}(x)=\frac{1}{(mL-1)!\ (\bar{\gamma}/m)^{mL}}x^{mL-1}\exp\left(-\frac{mx}{\bar{\gamma}}\right)u(x),\quad m=1,2,\cdots \tag{6.128}$$

上式可通过计算 $f_{\gamma_b}(x)$ 的拉普拉斯变换来予以证明。除分别用 mL 和 $\bar{\gamma}/m$ 代替 L 和 $\bar{\gamma}$ 以外,式(6.128)与式(6.97)完全相同。因此,一旦进行变量替换后,前面所述 BPSK 与 BFSK 的推导过程同样有效,从而可得

$$P_b(L)=p-(1-2p)\sum_{i=1}^{mL-1}\binom{2i-1}{i}[p(1-p)]^i \tag{6.129}$$

式中

$$p=\frac{1}{2}\left(1-\sqrt{\frac{\bar{\gamma}}{m+\bar{\gamma}}}\right)\qquad (\text{BPSK,QPSK}) \tag{6.130}$$

$$p=\frac{1}{2}\left(1-\sqrt{\frac{\bar{\gamma}}{2m+\bar{\gamma}}}\right)\qquad (\text{相干 BFSK}) \tag{6.131}$$

这些调制的分集阶数都为 $D_0=mL$ 。以上结果与采用式(6.31)时的莱斯衰落相近似。图 6.9 显示了 BPSK 在 $m=4$ 的 Nakagami 衰落条件下不同分集支路数的误比特率,其中 $L=1,2,3,4$。

6.4.3 等增益合并

相干等增益合并(EGC)是指对各支路不同 SNR 不进行补偿的情况下,对

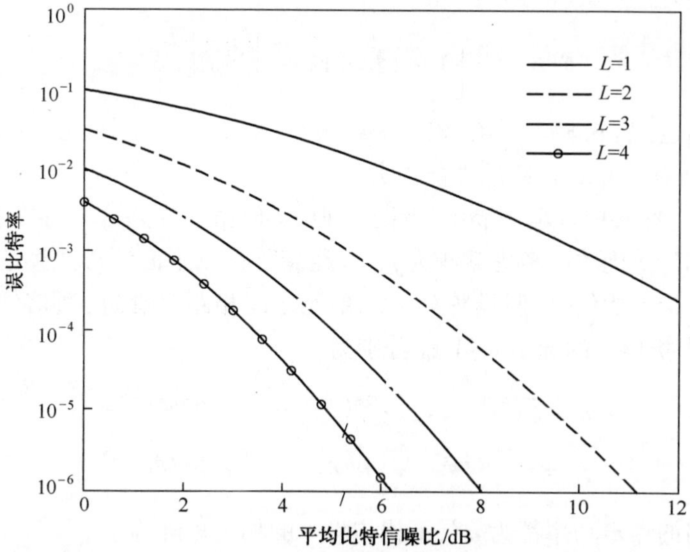

图 6.9 在 $m=4$ 的 Nakagami 衰落条件下采用 MRC 的 BPSK 误比特率

信号副本实现同相的过程。因此,当一个窄带通信信号经历衰落时,EGC 的权向量为

$$\boldsymbol{w}_{\mathrm{e}}=\eta\left[\exp(\mathrm{j}\theta_1)\quad \exp(\mathrm{j}\theta_2)\quad \cdots\quad \exp(\mathrm{j}\theta_L)\right]^{\mathrm{T}} \tag{6.132}$$

式中 θ_i 为第 i 条支路中通信信号的相移。当 MRC 为最优且 $\{\alpha_i/\sigma_i^2\}$ 的值不相等时,EGC 为次优,但其对信道信息的需求要少得多。若将图 6.7 中因子 $\{\alpha_i\}$ 假设为 1,则该图就给出了检测前合并和检测后合并的 EGC 框图。

若阵列中各支路的干扰加噪声为零均值且互不相关,且 $E[|n_i|^2]=\sigma^2(i=1,2,\cdots,L)$,则 $\boldsymbol{R}_n$ 为对角矩阵,当 $\boldsymbol{w}=\boldsymbol{w}_{\mathrm{e}}$ 时,由式(6.80)可得输出 SINR 为

$$\rho_{\mathrm{e}}=\frac{\rho_{\mathrm{s}}}{L\sigma^2}\left(\sum_{i=1}^{L}\alpha_i\right)^2 \tag{6.133}$$

应用复数柯西-施瓦茨不等式(见 5.2 节)可证明,该 SINR 小于或等于式(6.88)所给的 ρ_m。

在瑞利衰落环境中,每个 $\alpha_i(i=1,2,\cdots,L)$ 都服从瑞利概率密度分布。若阵列中各支路的通信信号互不相关且平均功率相同,则应用附录 D.4 节"瑞利分布"中的式(D.4)可得

$$E[\alpha_i^2]=E[\alpha_1^2],E[\alpha_i]=\left\{\frac{\pi}{4}E[\alpha_1^2]\right\}^{1/2},\quad i=1,2,\cdots,L \tag{6.134}$$

$$E[\alpha_i\alpha_k]=E[\alpha_i]E[\alpha_k]=\frac{\pi}{4}E[\alpha_1^2],\quad i\neq k \tag{6.135}$$

由这些公式及式(6.133)可得

$$E[\rho_e] = \left[1 + (L-1)\frac{\pi}{4}\right]\frac{p_s}{\sigma^2}E[\alpha_1^2] \tag{6.136}$$

上式超过式(6.89)所给 MRC 的 $(\pi/4)E[\rho_m]$ 倍。因此,以 EGC 代替 MRC 大约会有 1dB 数量级的性能损失。

例 6.1 在某些环境中 MRC 等同于 EGC,但由于支路之间存在相关干扰,二者显然都是次优的。考虑载频为 f_0、未经衰落且以平面波形式到达的窄带通信信号及窄带干扰信号,假设阵列天线单元之间相距足够近,通信信号的导引向量 $\boldsymbol{s}_0$ 和干扰信号的导引向量 $\boldsymbol{J}_0$ 分别为

$$\boldsymbol{s}_0 = [\mathrm{e}^{-\mathrm{j}2\pi f_0\tau_1} \quad \mathrm{e}^{-\mathrm{j}2\pi f_0\tau_2} \quad \cdots \quad \mathrm{e}^{-\mathrm{j}2\pi f_0\tau_L}]^{\mathrm{T}} \tag{6.137}$$

$$\boldsymbol{J}_0 = [\mathrm{e}^{-\mathrm{j}2\pi f_0\delta_1} \quad \mathrm{e}^{-\mathrm{j}2\pi f_0\delta_2} \quad \cdots \quad \mathrm{e}^{-\mathrm{j}2\pi f_0\delta_L}]^{\mathrm{T}} \tag{6.138}$$

各支路的噪声功率都为 σ^2,干扰与噪声的相关矩阵为

$$\boldsymbol{R}_n = \sigma^2\boldsymbol{I} + \sigma^2 g\,\boldsymbol{J}_0\,\boldsymbol{J}_0^{\mathrm{H}} \tag{6.139}$$

式中:g 为每条支路里的干扰噪声比。上式清楚地表明,某一支路里的干扰与其他支路里的干扰是相关的。

利用 $\|\boldsymbol{J}_0\|^2 = L$ 直接进行矩阵相乘可证明

$$\boldsymbol{R}_n^{-1} = \frac{1}{\sigma^2}\left(\boldsymbol{I} - \frac{g\,\boldsymbol{J}_0\,\boldsymbol{J}_0^{\mathrm{H}}}{Lg+1}\right) \tag{6.140}$$

将 $1/\sigma^2$ 与式(6.81)里的常数合并后可发现最优权向量为

$$\boldsymbol{w}_0 = \eta\left(\boldsymbol{s}_0 - \frac{\xi Lg}{Lg+1}\boldsymbol{J}_0\right) \tag{6.141}$$

式中:ξ 为归一化内积,并由下式计算:

$$\xi = \frac{1}{L}\boldsymbol{J}_0^{\mathrm{H}}\,\boldsymbol{s}_0 \tag{6.142}$$

将式(6.137)、式(6.140)与式(6.142)代入式(6.82)中可计算出相应的最大 SINR 为

$$\rho_{\max} = L\gamma\left(1 - \frac{|\xi|^2 Lg}{Lg+1}\right) \tag{6.143}$$

式中 $\gamma = p_s/\sigma^2$ 为每条支路的 SNR。式(6.137)、式(6.138)与式(6.142)表明 $0 \leqslant |\xi| \leqslant 1$,且 $L=1$ 时,$|\xi|=1$。式(6.143)表明,若 $L \geqslant 2$,则 $\rho_{\max}$ 随 $|\xi|$ 增加而减小;若 $g \gg 1$,则 $\rho_{\max}$ 近似与 L 成正比。

由于每条支路的 SINR 都相等,MRC 与 EGC 都可使用式(6.132)所给出的

权向量 $\boldsymbol{w}_{\mathrm{m}}=\boldsymbol{w}_{\mathrm{e}}=\eta\boldsymbol{s}_0$。将式(6.78)、式(6.132)及式(6.139)代入式(6.80)可得 MRC 与 EGC 的 SINR 为

$$\rho_{\mathrm{m}}=\rho_{\mathrm{e}}=\frac{L\gamma}{1+|\xi|^2Lg} \tag{6.144}$$

当 $\xi=0$ 时,$\rho_{\max}$ 与 ρ_{m} 都等于峰值 $L\gamma$;当 $|\xi|=1$ 时,它们都等于 $L\gamma/(1+Lg)$,这种情况只有在通信信号和干扰都来自同一方向或 $L=1$ 时才会发生。当 $|\xi|=1/\sqrt{2}$ 时,利用微积分可得 $\rho_{\max}/\rho_{\mathrm{m}}$ 的最大值为

$$\left(\frac{\rho_{\max}}{\rho_{\mathrm{m}}}\right)_{\max}=\frac{(Lg/2+1)^2}{Lg+1},\quad L\geqslant 2 \tag{6.145}$$

当 Lg 值较大时,以上比值接近 $Lg/4$。因此,在假设无衰落环境下,若 $Lg\gg 1$,则基于最大 SINR 的自适应阵列具有完全超越 MRC 或 EGC 的潜在能力。图 6.10 显示了不同 Lg 值时 $\rho_{\max}/\rho_{\mathrm{m}}$ 与 $|\xi|$ 之间的关系。

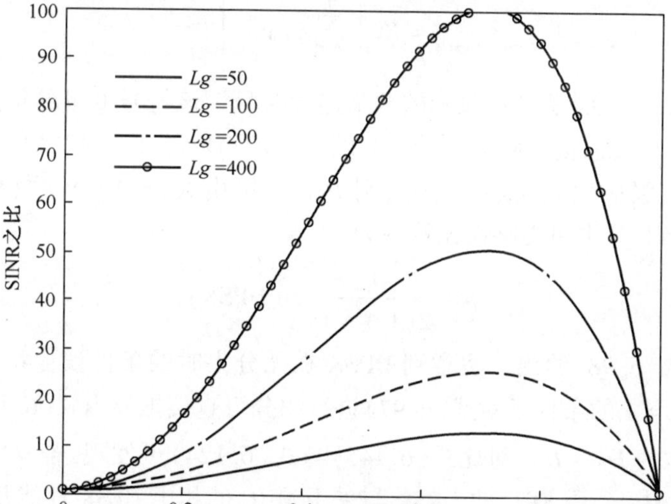

图 6.10 最大 SINR 与最大比合并器的 SINR 之比

当难以获得精确的相位估计时,同相或相干解调都无法实现。此时,与无分集系统相比,非相干解调及其后续的检测后合并可显著提高系统性能。图 6.11 给出了 BFSK 或 MSK 信号的检测后合并框图。其中每个中频(IF)信号都经抽样转化为时间离散的复基带信号,再由数字鉴频器进行解调[60]。该离散复基带信号的幅度值或幅度值的平方用于对各支路的输出信号进行加权。若各支路里的噪声功率近似相等且远小于通信信号的功率,则这种加权就非常接近 MRC 中的加权,但由于没有进行同相处理,该加权为次优加权。

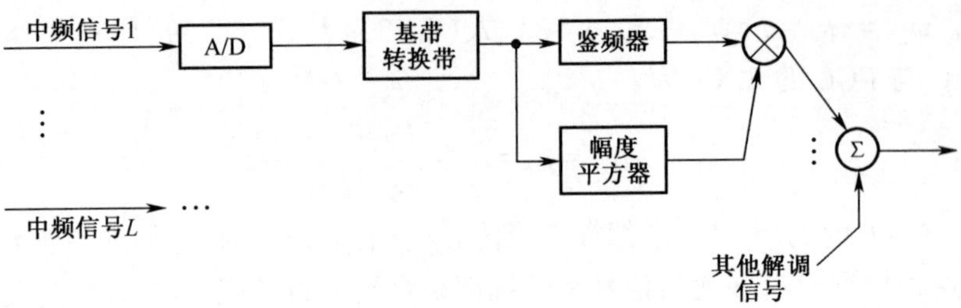

图 6.11　带有鉴频器的检测后合并

另一种方法是检测后 EGC。然而,当支路里的通信信号功率非常小时,该支路对 EGC 输出的贡献就只有噪声了。若对各支路设置门限,当某支路的输出功率低于该门限时就停止其信号输出,即可缓解上述问题。

图 6.12 给出了一个带有检测后 EGC 功能的 DPSK 接收机框图。假设发生在两个符号上的衰落是个常量,则 EGC 度量或符号度量为

$$U = \mathrm{Re}\left[\sum_{i=1}^{L} y_{1i} y_{2i}^{*}\right] \tag{6.146}$$

式中:y_{1i} 和 y_{2i} 为支路 i 接收到的两个连续符号。该符号度量的优点是它既无需相位同步也无需信道状态估计。对硬判决译码来说,由文献[61]中的推导可知,若 $\{\alpha_i\}$ 服从独立同瑞利分布,则 $P_b(L)$ 可由式(6.106)、式(6.107)及式(6.110)得到,其中单支路误比特率为

$$p = \frac{1}{2(1+\bar{\gamma})} \quad (\mathrm{DPSK}) \tag{6.147}$$

式中 $\bar{\gamma}$ 由式(6.98)给出。注意到 DPSK 在无分集时的条件误比特率为 $\exp(-\gamma_b)/2$,在 $L=1$ 的条件下对式(6.97)进行积分可直接推导出式(6.147)。DPSK 的分集阶数为 $D_0 = L$。对比式(6.147)与式(6.124)可发现,若 $\bar{\gamma} \gg 1$,则在瑞利衰落环境中,采用 EGC 的 DPSK 与采用 MRC 的相干 BFSK 性能几乎相同。

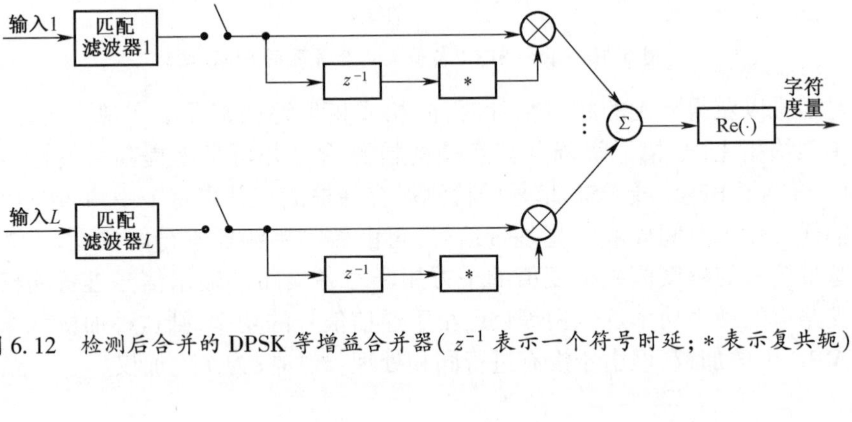

图 6.12　检测后合并的 DPSK 等增益合并器(z^{-1} 表示一个符号时延;* 表示复共轭)

非相干等增益合并(EGC)既不需要每一支路里的信号相位同步,也不要求对每一支路中不同的 SNR 进行补偿。为从最大似然准则中推导出非相干 FSK 接收机性能,假设式(6.118)中的 $\{\alpha_i\}$ 和 $\{\theta_i - \phi_i\}$ 为随机变量。对于 AWGN 信道,设发射信号为 $s_l(t)$,则采用与 1.1 节类似的推导方式可得支路 i 的第 r 个匹配滤波器采样输出的条件概率密度函数为

$$f(y_{ri} | l, \alpha_i) = \frac{1}{\pi N_0} \exp\left[- \frac{|y_{ri}|^2 + \mathcal{E}_s \alpha_i^2 \delta_{lr}}{N_0} \right] I_0\left(\frac{2\sqrt{\mathcal{E}_s}\alpha_i |y_{ri}| \delta_{lr}}{N_0} \right),$$

$$r = 1,2,\cdots,q, i = 1,2,\cdots,L \tag{6.148}$$

若各支路的衰落服从统计独立的瑞利分布,则通过式(6.20)所给的瑞利概率密度函数对 $f(y_{ri} | l, \alpha_i)$ 进行积分可得密度函数 $f(y_{ri} | l)$,在式(6.20)中取 $\Omega = E[\alpha_i^2]$ 。为计算上式 $r = l$ 时的积分,注意到附录 D.3“莱斯分布”中式(D.19)的莱斯概率密度函数的积分必定为 1,这表明

$$\int_0^\infty x \exp\left(- \frac{x^2}{2b} \right) \mathrm{I}_0\left(\frac{x\sqrt{\lambda}}{b} \right) \mathrm{d}x = b \exp\left(\frac{\lambda}{2b} \right) \tag{6.149}$$

式中:λ 与 b 为正常数。qL 维向量 $\boldsymbol{y}$ 的似然函数为 qL 个概率密度 $\{f(y_{ri} | l)\}$ 的乘积,向量 $\boldsymbol{y}$ 的构成元素为 $\{y_{ri}\}$,从而可得

$$f(y | l) = C \prod_{i=1}^{L} \exp\left[\frac{|y_{li}|^2 \bar{\gamma}_i}{N_0(1 + \bar{\gamma}_i)} \right] \tag{6.150}$$

式中:C 为不依赖于 l 的常数,且

$$\bar{\gamma}_i = \frac{\mathcal{E}_s}{N_0} E[\alpha_i^2], \quad i = 1,2,\cdots,L \tag{6.151}$$

为确定已发射的符号,选择使对数似然函数 $\ln f(y | l)$ 最大的 l 值,去掉无关项与无关因子,可得**瑞利衰落的最大似然符号度量**为

$$U(l) = \sum_{i=1}^{L} |y_{li}|^2 \left(\frac{\bar{\gamma}_i}{1 + \bar{\gamma}_i} \right), \quad l = 1,2,\cdots,q \tag{6.152}$$

上式需要对各支路的 $\bar{\gamma}_i$ 进行估计。

若假设所有的 $\{\bar{\gamma}_i\}$ 值都相等,则式(6.152)可简化为一个线性**平方率度量**

$$U(l) = \sum_{i=1}^{L} |y_{li}|^2, \quad l = 1,2,\cdots,q \tag{6.153}$$

该度量表明这是一个带有检测后平方律 EGC 的非相干 FSK 接收机,如图 6.13 所示。其中,每条支路都向 q 个匹配滤波器(MF)输出信号,而每个匹配滤波器又与等能量正交信号 $s_1(t), s_2(t), \cdots, s_q(t)$ 中的某个信号相匹配。平方率度量的主要优点是无需已知任何信道状态信息。若 $\bar{\gamma}_i$ 较大,则平方率度量和最

大似然符号度量中的对应项几乎相等;若 $\overline{\gamma}_i$ 较小,则这两个度量中的对应项与其他项相比都趋于零。因此,采用平方率度量几乎不会产生不良后果。

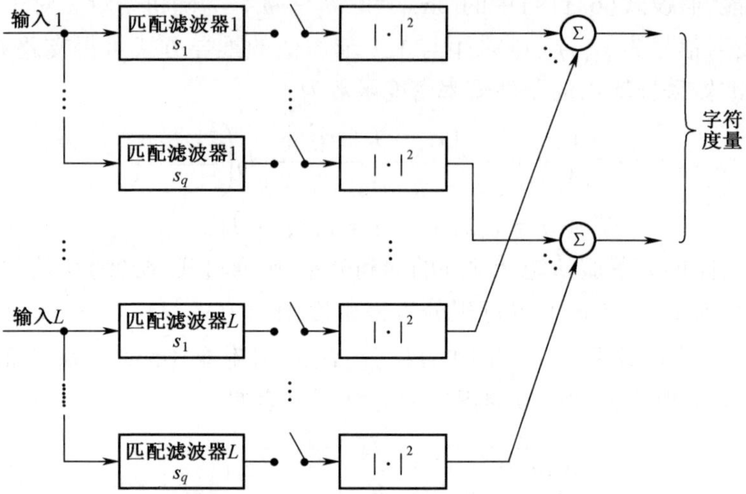

图 6.13　检测后合并的非相干 FSK 等增益合并器

考虑对 $\mathcal{E}_s = \mathcal{E}_b$ 的非相干 BFSK 进行硬判决译码且采用平方率度量的情况。由于该信号的对称性,假设发射信号为 $s_1(t)$ 即可计算出 $P_b(L)$ 。给定发射信号为 $s_1(t)$,则合并器输出的两个符号度量为

$$\begin{aligned} U(1) &= \sum_{i=1}^{L} \left| \sqrt{\mathcal{E}_b}\,\alpha_i e^{j\theta_i} + n_{1i} \right|^2 \\ &= \sum_{i=1}^{L} \left| \sqrt{\mathcal{E}_b}\,\alpha_i \cos\theta_i + n_{1i}^R \right|^2 + \sum_{i=1}^{L} \left| \sqrt{\mathcal{E}_b}\,\alpha_i \sin\theta_i + n_{1i}^I \right|^2 \end{aligned} \tag{6.154}$$

$$U(2) = \sum_{i=1}^{L} |n_{2i}|^2 = \sum_{i=1}^{L} |n_{2i}^R|^2 + \sum_{i=1}^{L} |n_{2i}^I|^2 \tag{6.155}$$

式中 n_{1i} 与 n_{2i} 为独立零均值复高斯噪声变量, n_{li}^R 与 n_{li}^I ($l=1,2$)分别为 n_{li} 的实部与虚部。假设各支路的噪声功率谱密度都为 N_0,则 $E[\,|n_{li}|^2\,] = N_0, l = 1,2$。由于其循环对称性, n_{li} 具有独立的实部和虚部分量,且

$$E[\,(n_{li}^R)^2\,] = E[\,(n_{li}^I)^2\,] = N_0/2, \quad l = 1,2, \quad i = 1,2,\cdots,L \tag{6.156}$$

当每条支路中发生的衰落都服从独立同分布的瑞利衰落时, $\alpha_i\cos\theta_i$ 与 $\alpha_i\sin\theta_i$ 为零均值独立高斯随机变量,且具有相同的方差 $E[\alpha_i^2]/2 = E[\alpha_1^2]/2$ ($i=1,2,\cdots,L$),如附录 B.4"Q 函数"所示。因此, $U(1)$ 与 $U(2)$ 都服从自由度

为 $2L$ 的中心卡方分布。根据式(D.13)，$U(l)$ 的概率密度函数为

$$f_l(x)=\frac{1}{(2\sigma_l^2)^L(L-1)!}x^{L-1}\exp\left(-\frac{x}{2\sigma_l^2}\right)u(x),\quad l=1,2 \tag{6.157}$$

式中的 σ_2^2 和 σ_1^2 由式(6.156)和(6.98)给出，即

$$\sigma_2^2=E[(n_{2i}^R)^2]=N_0/2 \tag{6.158}$$

$$\sigma_1^2=E[(\sqrt{\mathcal{E}_b}\alpha_1\cos\theta_i+n_{1i}^R)^2]=N_0(1+\bar{\gamma})/2 \tag{6.159}$$

由于 $U(2)>U(1)$ 时会产生判决错误，故

$$P_b(L)=\int_0^\infty\frac{x^{L-1}\exp\left(-\frac{x}{2\sigma_1^2}\right)}{(2\sigma_1^2)^L(L-1)!}\left[\int_x^\infty\frac{y^{L-1}\exp\left(-\frac{y}{2\sigma_2^2}\right)}{(2\sigma_2^2)^L(L-1)!}\mathrm{d}y\right]\mathrm{d}x \tag{6.160}$$

应用式(6.101)括号中的部分并对其进行积分，可得

$$P_b(L)=\int_0^\infty\exp\left(-\frac{x}{2\sigma_1^2}\right)\sum_{i=0}^{L-1}\frac{(x/2\sigma_2^2)^i}{i!}\frac{x^{L-1}\exp\left(-\frac{x}{2\sigma_2^2}\right)}{(2\sigma_1^2)^L(L-1)!}\mathrm{d}x \tag{6.161}$$

通过变量替换，利用附录 B.1“伽马函数”中的式(B.1)，并化简得到式(6.107)，其中 $L=1$ 时误比特率为

$$p=\frac{1}{2+\bar{\gamma}}\quad（非相干 BFSK） \tag{6.162}$$

式中 $\bar{\gamma}$ 由式(6.98)给出。这样 $P_b(L)$ 可再次由式(6.106)给出，且其分集阶数为 $D_0=L$。式(6.147)与式(6.162)表明，在瑞利衰落条件下，要获得与 DPSK 相同的性能，非相干 BFSK 需要额外付出小于 3dB 的功率代价。

分析表明，式(6.106)既可适用于 MRC 和 BPSK(无论是否采用直扩)或相干 BFSK，也可适用于 EGC 和 DPSK 或非相干 BFSK。一旦确定了不存在分集合并时的误比特率 p，则独立瑞利衰落情况下采用分集合并时的误比特率 $P_b(L)$ 就可通过式(6.106)计算。图 6.14 显示了 L 取不同值时 $P_b(L)$ 与 p 的关系。可以看出，随着 L 的增大，获得的性能提升逐渐减小。

图 6.15 显示了 MRC 在 BPSK 及 EGC 在 DPSK 与非相干 BFSK 调制方式时，$P_b(L)$ 与 $\bar{\gamma}$ 的关系。可以看出，采用相干 BFSK 的 MRC 曲线与采用 DPSK 的 EGC 曲线几乎相同。由于式(6.110)在独立瑞利衰落条件下对所有这些调制方式都有效，可见 $P_b(L)$ 渐进正比于 $\bar{\gamma}^{-L}$ 且对所有这些调制方式的分集阶数都为 $D_0=L$。尽管只是渐进相等，比特误码率随不同调制方式产生较大变化的实际范围是 $P_b(L)>10^{-6}$。

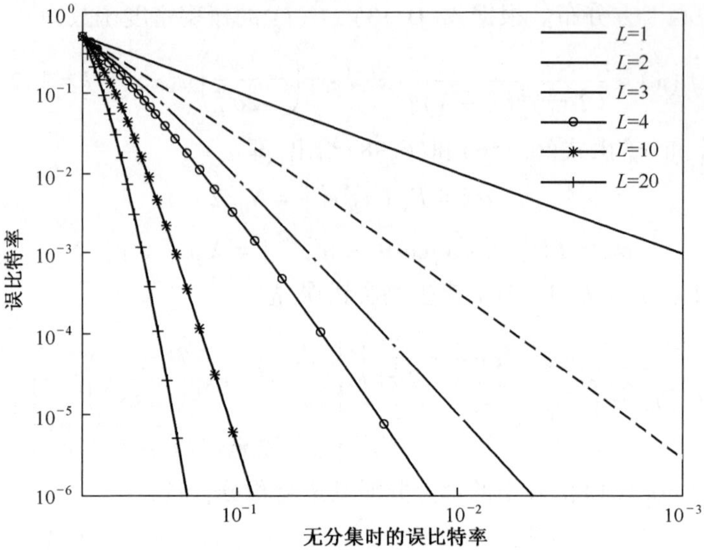

图 6.14　采用 MRC 的 PSK 和相干 FSK 的误比特率以及采用 EGC 的 DPSK 和非相干 BFSK 的误比特率

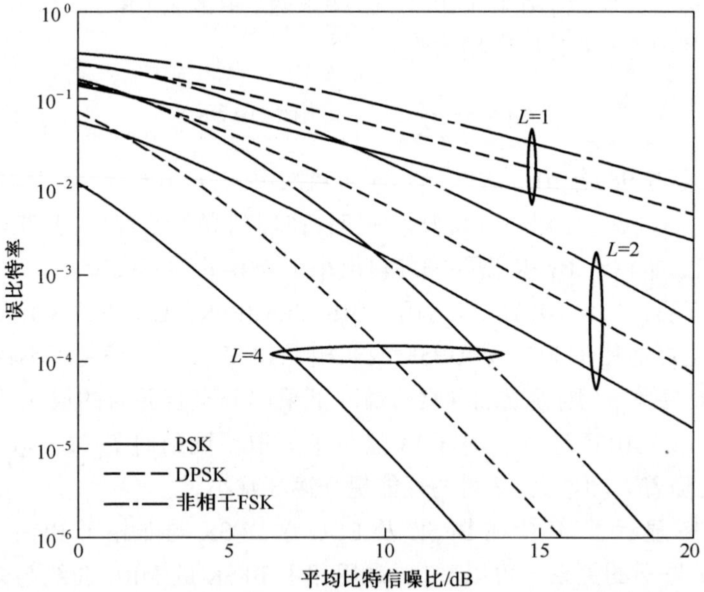

图 6.15　采用 MRC 的 PSK 与采用 EGC 的 DPSK 和非相干 BFSK 的误比特率

对于非相干 q 进制的正交信号而言，如 $L \geqslant 2$ 的 FSK 信号，可以看出其误符号率 $P_s(L)$ 随 q 的增加而略有下降[61]，但为这种性能上的有限提升所付出的代价就是增加发射带宽。

6.4.4 选择分集

选择分集系统在多个分集支路中选择某条支路，并将该支路的信号用于后续处理。在衰落环境中，只有当选择速率比衰落速率快得多时，这种选择才比较合理。**检测前选择系统**是一种对每条支路的 SNR 都进行估计，然后选择 SNR 最大的支路的选择分集系统。若所有支路的噪声和干扰电平都近似相等，则仅对每一支路的总功率而非 SNR 进行测量就可保证选择过程的正常进行，从而使得选择过程显著简化。当各支路的干扰和噪声互不相关时，检测前选择过程并不能提供像最大比合并或等增益合并那样好的性能。然而，检测前选择只需一个简单的解调器，且当干扰或噪声信号相关时，检测前选择可能会变得更具竞争力。

考虑各支路的通信信号平均功率相同且零均值噪声平均功率也相同时的检测前选择。每条分集支路的 SNR 都与比特信噪比成正比，其中支路 i 的比特信噪比定义为 $\gamma_i = \mathcal{E}_b\alpha_i^2/N_0$。若 $\{\alpha_i\}$ ($i = 1,2,\cdots,L$) 中的各元素都服从瑞利分布，则各支路的 γ_i 具有相同的期望值

$$\bar{\gamma} = \frac{\mathcal{E}_b}{N_0}E[\alpha_1^2] \tag{6.163}$$

附录 D.4 节“瑞利分布”中关于瑞利分布随机变量平方的计算表明，每个 γ_i 都具有指数概率密度函数，其相应概率分布函数为

$$F_\gamma(x) = \left[1 - \exp\left(-\frac{x}{\bar{\gamma}}\right)\right]u(x) \tag{6.164}$$

对于检测前选择，选择 SNR 最大的支路。令 γ_0 为选中支路的 γ_i，则有

$$\gamma_0 = \frac{\mathcal{E}_b}{N_0}\max_i(\alpha_i^2) \tag{6.165}$$

γ_0 小于或等于 x 的概率等于所有支路的 $\{\gamma_i\}$ 同时小于或等于 x 的概率。若各支路中的干扰与噪声是独立的，则 γ_0 的概率分布函数为

$$F_{\gamma_0}(x) = \left[1 - \exp\left(-\frac{x}{\bar{\gamma}}\right)\right]^L u(x) \tag{6.166}$$

相应的概率密度函数为

$$f_{\gamma_0}(x) = \frac{L}{\bar{\gamma}}\exp\left(-\frac{x}{\bar{\gamma}}\right)\left[1 - \exp\left(-\frac{x}{\bar{\gamma}}\right)\right]^{L-1}u(x) \tag{6.167}$$

通过对式(6.167)给出的 γ_0 的概率密度进行积分，可计算出选择分集所获得的平均 γ_0 为

$$
\begin{aligned}
E[\gamma_0] &= \int_0^{\infty} \frac{L}{\bar{\gamma}}\exp\left(-\frac{x}{\bar{\gamma}}\right)\left[1-\exp\left(-\frac{x}{\bar{\gamma}}\right)\right]^{L-1} dx \\
&= \bar{\gamma}L\int_0^{\infty} x e^{-x}\left(\sum_{i=0}^{L-1}\binom{L-1}{i}(-1)^i e^{-xi}\right) dx \\
&= \bar{\gamma}\sum_{i=1}^{L}\binom{L}{i}\frac{(-1)^{i+1}}{i} \\
&= \bar{\gamma}\sum_{i=1}^{L}\frac{1}{i}
\end{aligned} \tag{6.168}
$$

通过变量替换及二项式展开可得到第二个等式，利用式(B.1)逐项积分及代数化简可得到第三个等式。通过数学归纳法可得到第四个等式。若设式(6.168)中的 $\mathcal{E}_b/N_0 \to p_s/\sigma^2$，则式(6.89)与式(6.136)表明，$L \geqslant 2$ 时，检测前选择合并的平均 SNR 值要小于 MRC 及 EGC 的平均 SNR 值。将式(6.168)中的求和用积分近似可得，当 $L \geqslant 2$ 时，MRC 的平均 SNR 值与选择性分集的平均 SNR 之比近似为 $L/\ln L$。

考虑调制方式为 BPSK 时的硬判决译码，且在分集选择之后进行最优相干解调，则 γ_0 给定时的条件误比特率为

$$
P_b(\gamma_0) = Q(\sqrt{2\gamma_0}) \tag{6.169}
$$

因此，采用式(6.167)且进行二项式展开，得到误比特率为

$$
\begin{aligned}
P_b(L) &= \int_0^{\infty} Q(\sqrt{2x})\,\frac{L}{\bar{\gamma}}\exp\left(-\frac{x}{\bar{\gamma}}\right)\left[1-\exp\left(-\frac{x}{\bar{\gamma}}\right)\right]^{L-1} dx \\
&= \sum_{i=0}^{L-1}\binom{L-1}{i}(-1)^i\,\frac{L}{\bar{\gamma}}\int_0^{\infty} Q(\sqrt{2x})\exp\left[-x\left(\frac{1+i}{\bar{\gamma}}\right)\right] dx
\end{aligned} \tag{6.170}
$$

上式中的最后一项积分可采用与式(6.99)相同的方法进行计算。改变求和序号后可得结果为

$$
P_b(L) = \frac{L}{2}\sum_{i=1}^{L}\binom{L-1}{i-1}(-1)^{i+1}\left(1-\sqrt{\frac{\bar{\gamma}}{i+\bar{\gamma}}}\right) \quad (\text{BPSK}, \text{QPSK}) \tag{6.171}
$$

由于 QPSK 可由两个并行的 BPSK 波形来实现，故该式对 QPSK 也是有效的。

为得到分集阶数的简单表达式，将上界公式 $[1-\exp(-x)]^{L-1} \leqslant 1 (x \geqslant 0)$ 代入式(6.170)的初始积分中。可以发现，$P_b(L)$ 的上界为式(6.99)右边项

的 L 倍,因此,采用与推导式(6.111)类似的方法可得

$$P_{\mathrm{b}}(L) \leqslant L\binom{2L-1}{L}\left(\frac{1}{4^{L}}\right)\overline{\gamma}^{-L},\overline{\gamma} > 1 \tag{6.172}$$

当 $\overline{\gamma} \to \infty$ 时该式趋近为一个等式。因此,其分集阶数为 $D_0 = L$,与采用 BPSK 的最大比合并方式的分集阶数相同。然而,粗略估计表明,检测前选择的误比特率要比最大比合并方式高大约 L 倍。

对于相干 BFSK,其条件误比特率为 $P_{\mathrm{b}}(\gamma_0) = Q(\sqrt{\gamma_0})$,故

$$P_{\mathrm{b}}(L) = \frac{1}{2}\sum_{i=1}^{L}\binom{L-1}{i-1}(-1)^{i+1}\left(1 - \sqrt{\frac{\overline{\gamma}}{2i + \overline{\gamma}}}\right) \quad (\text{相干 BFSK}) \tag{6.173}$$

同样,要获得与 BPSK 相同的性能,相干 BFSK 需要 3dB 以上的额外功率,且其分集阶数为 $D_0 = L$。

当 DPSK 为数字调制时,其条件误比特率为 $P_{\mathrm{b}}(\gamma_0) = \exp(-\gamma_0)/2$,故检测前选择提供的误比特率为

$$P_{\mathrm{b}}(L) = \int_0^{\infty} \frac{L}{2\overline{\gamma}}\exp\left(-x\frac{1+\overline{\gamma}}{\overline{\gamma}}\right)\left[1 - \exp\left(-\frac{x}{\overline{\gamma}}\right)\right]^{L-1}\mathrm{d}x \tag{6.174}$$

用 $t = \exp(-x/\overline{\gamma})$ 替换式(6.174)中的积分变量,再利用附录 B.2 节"贝塔函数"中的式(B.7)可得

$$P_{\mathrm{b}}(L) = \frac{L}{2}\mathrm{B}(\overline{\gamma} + 1, L) \qquad (\text{DPSK}) \tag{6.175}$$

式中:$\mathrm{B}(\alpha,\beta)$ 为贝塔函数。

对非相干 FSK 来说,通过式(1.88)可得到给定 γ_0 时的条件误符号率为

$$P_{\mathrm{b}}(\gamma_0) = \sum_{i=1}^{q-1}\frac{(-1)^{i+1}}{i+1}\binom{q-1}{i}\exp\left(-\frac{i\gamma_0}{i+1}\right) \tag{6.176}$$

因此,采用与式(6.175)类似的推导方式可得误符号率为

$$P_{\mathrm{s}}(L) = L\sum_{i=1}^{q-1}\frac{(-1)^{i+1}}{i+1}\binom{q-1}{i}B\left(1 + \frac{i\overline{\gamma}}{i+1}, L\right) \quad (\text{非相干 FSK}) \tag{6.177}$$

对 BFSK 来说,其误比特率为

$$P_{\mathrm{b}}(L) = \frac{L}{2}B\left(\frac{\overline{\gamma}}{2} + 1, L\right) \qquad (\text{非相干 BFSK}) \tag{6.178}$$

可见,与 DPSK 相比,BFSK 仍然有 3dB 的劣势。

对于 DPSK,将恒等式(B.8)代入式(6.175),并应用 $\Gamma(\overline{\gamma} + L + 1) = (\overline{\gamma} +$

$L)(\bar{\gamma}+L-1)\cdots(\bar{\gamma}+1)\Gamma(\bar{\gamma}+1)\geqslant(\bar{\gamma}+1)^{L}\Gamma(\bar{\gamma}+1)$ 可得

$$P_{\mathrm{b}}(L)\leqslant\frac{L!}{2}\bar{\gamma}^{-L} \tag{6.179}$$

对于非相干 BFSK 来说,采用同样的推导方法可得

$$P_{\mathrm{b}}(L)\leqslant 2^{L-1}L!\ \bar{\gamma}^{-L} \tag{6.180}$$

当 $\bar{\gamma}\gg L$ 时该边界是紧的。

图 6.16 显示了 $P_{\mathrm{b}}(L)$ 与 $\bar{\gamma}$ 的关系,图中假设 BPSK、DPSK 及非相干 BFSK 都采用检测前选择分集。将图 6.15 与图 6.16 进行比较可知,相对于 MRC 与 EGC,选择分集提供的增益较少。

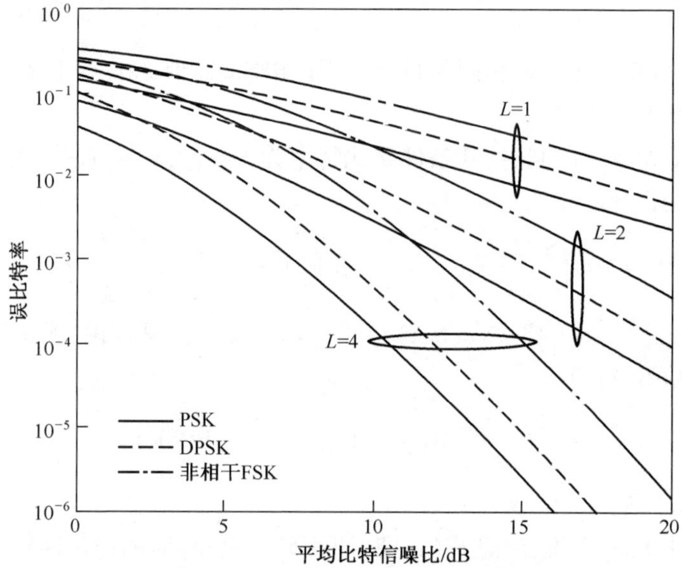

图 6.16　PSK、DPSK 和非相干 BFSK 在选择分集下的误比特率

选择分集的主要局限性可通过平面波的例子得到证明。在该例中,通信信号和干扰的导引向量分别由式(6.137)与式(6.138)给出,且所有分集支路的 SNR 都相等。因此,选择分集不会比不采用分集合并或只采用一条支路具有更好的性能。相反,式(6.144)表明 EGC 可显著提高 SINR。

除检测前选择外,一些其他类型的选择分集有时也会引起人们的兴趣。**检测后选择**是在检测后选择信号和噪声功率最大的那一条支路。一般来说,检测后选择在性能上要优于检测前选择,但前者需要配置与分集支路一样多的匹配滤波器。因此,其复杂度并不比 EGC 低。只要某分集支路信号质量的度量超过某一固定门限,**切换–保持合并(SSC)**或**切换合并**就会持续处理该支路的输出信号。若信号质量低于门限,则接收机就选择另一支路,对其输出信号作同

样的处理,直至该支路信号质量低于门限为止。在**检测前 SSC** 中,质量度量为关联支路的瞬时 SNR。由于只有一个 SNR 作为度量,检测前 SSC 的复杂度比选择分集的要低些,但性能也要差些。在**检测后 SSC** 中,质量度量和用于数据检测的输出信号相同,最优门限取决于每一支路的平均 SNR。检测后 SSC 比检测前 SSC 具有更低的误比特率,且平均 SNR 的增大和衰落严重程度的降低都会改善其性能[76]。

6.4.5 发射分集

空间分集既可用于**发射分集**,即发射机采用天线阵列,也可用于**接收分集**,即接收机采用天线阵列,当应用多入-多出系统时可同时用于发射分集和接收分集。最大比合并、等增益合并及选择合并可处理来自分立接收天线的信号。这些天线之间的间距足够大,使得一个天线上通信信号和干扰的衰落与其他天线上通信信号及干扰的衰落无关。对移动接收机来说,几个波长的天线间距就足够了,这是因为它接收的是来自多个随机角度反射波的叠加信号。对处于较高位置的固定接收机来说,则需要很多个波长的天线间距。由于物理空间限制,通常只有当载波频率超过 1GHz 左右时,空间分集才具有实用性。

接收分集比发射分集更为有效,这是因为后者在发射前需要为多根发射天线进行功率分配。尽管如此,更好的经济性及实用性推动了发射分集的应用。例如,由于在基站上设置多天线要比在移动台上设置多天线更为可行,因此发射分集通常是唯一可用于从基站到移动终端的下行链路的空间分集方式。

延时分集、频率偏移分集和发射波束成形是发射分集的基本形式[7],它们在实际应用中都有明显的局限性。**延时分集**要求同一符号由多根天线经适当延时后依次发射出去。接收信号由一组人为产生的多径信号组成,该多径信号的产生以消耗大量功率为代价,并对其他系统产生多址干扰。**频率偏移分集**是一种将发射分集转化为频率分集的分集形式,它要求每根发射天线使用不同的载频,实际应用中的主要问题是带宽扩展。**发射波束成形**就是对发射天线进行加权使其波束朝向接收机方向,但这需要利用来自接收机的反馈信息选择合适的加权因子。

CDMA2000 标准中的**正交发射分集**是指让两根天线交替发射偶数和奇数交织符号。对不同天线上的比特去交织提供了由比特去交织产生的时间分集增益和由多个独立天线产生的空间分集增益。与无分集的情况相比,若信道为慢衰落信道且信道编码的纠错能力较强,则这种分集方式产生的增益还是相当可观的[78]。

空时码包括**空时分组码**(STBC)和**空时格码**(STTC)。在衰落环境中,用多天线发射**空时码**可提高通信系统的性能，且无需多天线接收，在发射端也无需信道状态信息[39]。STTC 天然地将发射分集与调制和信道编码相结合，可获得全部编码和分集增益，然而其付出的代价是译码复杂度随天线数量的增加而增加，且超过了 STBC 的译码复杂度。在全速率传输条件下，非正交 STBC 可提供全分集增益，但与正交 STBC 可对每个实数符号进行单独译码相比，前者需要更为复杂的译码过程。对于复星座图来说，只有在两根发射天线时，速率为 1 的正交 STBC 才会存在；当发射天线超过两根时，正交 STBC 要求码字速率小于 1，这就意味着其频谱效率有所降低。

Alamouti 码是目前应用最为广泛的空时码，并被 CDMA2000 标准采用。**Alamouti 码**是一种采用两根天线发射的正交 STBC，在全速率传输和最大似然译码情况下只需进行线性处理就能获得全分集增益。Alamouti STBC 采用两个时间间隔发射 PSK 或 QAM 星座图上的两个复符号。所发射的长度为 2 的空时码码字速率为 1，即每一时间间隔所传输的信息符号数为 1。直扩系统在调制和发射之前将每一符号都与扩谱序列相乘。令 $p_1(t)$ 和 $p_2(t)$ 表示两个连续时间间隔中的扩谱序列，以一个 2×2 的**生成矩阵**表示信息符号为 d_1 和 d_2 的一个发射码字，即

$$\boldsymbol{G}=\begin{bmatrix} d_1p_1(t) & d_2p_1(t) \\ -d_2^*p_2(t) & d_1^*p_2(t) \end{bmatrix} \tag{6.181}$$

式中：每行都对应一个时间间隔所发射的符号；每列都对应某根天线所发射的连续符号。

假设只有单根接收天线及 AWGN 信道，在第一个观察间隔内的解调信号为 $r_1(t)=h_1d_1p_1(t)+h_2d_2p_1(t)+n_1(t)$，其中 h_i（$i=1,2$）为第 i 根发射天线到接收天线的复信道响应，$n_1(t)$ 为零均值复高斯白噪声。经解扩、抽样和幅度归一化处理后，在第一个时间间隔结束时观察到的信号为 $r_1=h_1d_1+h_2d_2+n_1$，其中 n_1 为零均值复高斯噪声。类似地，假设在两个时间间隔内信道未发生变化，则在第二个时间间隔结束时观察到的信号为 $r_2=-h_1d_2^*+h_2d_1^*+n_2$，其中 n_2 为与 n_1 独立的零均值复高斯噪声。将这两个观察到的信号合并成向量 $\boldsymbol{y}_r=[r_1 \quad r_2^*]^{\mathrm{T}}$，则

$$\boldsymbol{y}_r=\boldsymbol{Hd}+\boldsymbol{n} \tag{6.182}$$

式中：$\boldsymbol{d}=[d_1 \quad d_2]^{\mathrm{T}}$；$\boldsymbol{n}=[n_1 \quad n_2^*]^{\mathrm{T}}$ 且

$$\boldsymbol{H}=\begin{bmatrix} h_1 & h_2 \\ -h_2^* & -h_1^* \end{bmatrix} \tag{6.183}$$

令 $\mathcal{E}_s$ 为两根天线发射的平均符号能量。因功率在两根天线之间进行分配，这意味着 $E[\,|d_k|^2\,] = \mathcal{E}_s/2(\,k = 1,2)$。在功率谱密度为 $N_0/2$ 的加性高斯白噪声条件下，$\boldsymbol{n}$ 为零均值噪声向量，其协方差矩阵为 $E[\boldsymbol{n}\,\boldsymbol{n}^{\mathrm{H}}] = N_0\boldsymbol{I}$。

矩阵 $\boldsymbol{H}$ 满足**正交条件**

$$\boldsymbol{H}^{\mathrm{H}}\boldsymbol{H} = \|\boldsymbol{h}\|^2\boldsymbol{I} \tag{6.184}$$

式中：$\|\boldsymbol{h}\|$ 为 $\boldsymbol{h} = [h_1\ h_2]$ 的欧氏范数；$\boldsymbol{I}$ 为 2×2 维单位矩阵。接收机计算出的 2×1 维向量为

$$\boldsymbol{y} = \boldsymbol{H}^{\mathrm{H}}\boldsymbol{y}_r = d\ \|\boldsymbol{h}\|^2 + \boldsymbol{n}_1 \tag{6.185}$$

式中：$E[\boldsymbol{n}_1\boldsymbol{n}_1^{\mathrm{H}}] = N_0\ \|\boldsymbol{h}\|^2\boldsymbol{I}$。由于满足正交条件，式(6.185)表明，$d_k$ 的最大似然判决可通过寻找使 $|y_k - d_k|\ \|\boldsymbol{h}\|^2(\,k = 1,2)$ 最小的 d_k 值来获得。由于各噪声分量相互独立，故每个符号判决之间互不耦合，且不存在符号间干扰。式(6.185)中的分量可表示为

$$y_k = d_k\sum_{i=1}^{2}\alpha_i^2 + n_{1k},k = 1,2 \tag{6.186}$$

式中：$\alpha_i = |h_i|$。y_k 中的有用部分与式(6.87)的结果类似，后者由 $L = 2$ 的最大比合并得到，由此表明其分集阶数为 2。因此，在衰落条件下，只要经过一定的变换，采用 MRC 时导出的 BPSK、QPSK 及 BFSK 的误比特率在此处也是可用的。由于功率分配到两根发射天线导致 $E[\,|d_k|^2\,] = \mathcal{E}_s/2$，故在应用这些公式时必须用 $\bar{\gamma}/2$ 替换 $\bar{\gamma}$。

当存在 L 根接收天线时，生成矩阵为式(6.181)的 Alamouti STBC 码可提供阶数为 $2L$ 的分集。令 $\boldsymbol{h}_i\,(\,i = 1,2)$ 表示 $L\times1$ 维向量，该向量的分量为发射天线 i 至某根接收天线的复信道响应。在第一个时间间隔结束时观察到的信号为 $L\times1$ 维向量 $\boldsymbol{r}_1 = \boldsymbol{h}_1d_1 + \boldsymbol{h}_2d_2 + \boldsymbol{n}_{a1}$，其中 $L\times1$ 维向量 $\boldsymbol{n}_{a1}$ 中的每个分量都为零均值复高斯噪声。类似地，假设信道在两个时间间隔内未发生变化，则在第二个符号间隔结束时观察到的信号为 $\boldsymbol{r}_2 = -\boldsymbol{h}_1d_2^* + \boldsymbol{h}_2d_1^* + \boldsymbol{n}_{a2}$，其中 $\boldsymbol{n}_{a2}$ 中的每一分量都为零均值复高斯噪声且 $\boldsymbol{n}_{a1}$、$\boldsymbol{n}_{a2}$ 中的所有分量都相互独立。将这两个观察信号合并成 $2L\times1$ 维向量向量 $\boldsymbol{y}_r = [\boldsymbol{r}_1^{\mathrm{T}}\quad(\boldsymbol{r}_2^*)^{\mathrm{T}}]^{\mathrm{T}}$，则式(6.182)对 $2L\times1$ 维的噪声向量 $\boldsymbol{n} = [\boldsymbol{n}_{a1}^{\mathrm{T}}\quad(\boldsymbol{n}_{a2}^*)^{\mathrm{T}}]^{\mathrm{T}}$ 也是适用的，且 $2L\times2$ 维矩阵为

$$\boldsymbol{H} = \begin{bmatrix} \boldsymbol{h}_1 & \boldsymbol{h}_2 \\ -\boldsymbol{h}_2^* & -\boldsymbol{h}_1^* \end{bmatrix} \tag{6.187}$$

噪声向量 $\boldsymbol{n}$ 的均值为零，且其 $2L\times2L$ 维协方差矩阵满足 $E[\boldsymbol{n}\,\boldsymbol{n}^{\mathrm{H}}] = N_0\boldsymbol{I}$，其中 $\boldsymbol{I}$ 为 $2L\times2L$ 维单位矩阵。若 $\|\boldsymbol{h}\|$ 表示 $2L\times1$ 维信道向量 $\boldsymbol{h} = [\boldsymbol{h}_1^{\mathrm{T}}\ \boldsymbol{h}_2^{\mathrm{T}}]^{\mathrm{T}}$

的范数且 $\|\boldsymbol{h}\|^2=\|\boldsymbol{h}_1\|^2+\|\boldsymbol{h}_2\|^2$,则 $\boldsymbol{h}$ 满足正交条件式(6.184)。接收机由式(6.185)计算得到 2 × 1 维向量,且 d_k 的最大似然判决可通过寻找使 $|y_k-d_k\|\boldsymbol{h}\|^2|$ $(k=1,2)$最小的 d_k 值来获得。式(6.185)中的分量可以表示为

$$y_k=d_k\sum_{i=1}^{2L}\alpha_i^2+n_{1k},k=1,2 \tag{6.188}$$

该式与最大比合并具有相同形式,从而表明分集阶数为 2L 且不存在符号间干扰。同样地,在衰落环境下,将 $\bar{\gamma}$ 替换为 $\bar{\gamma}/2$,则采用 MRC 时导出的 BPSK、QPSK 及相干 BFSK 的误比特率也是适用的。

发射天线选择(TAS)是一种发射分集,它选择能在接收机产生最大输出 SNR 的发射天线子集来发射信号[82]。由于只需使用更少的发射天线,故 TAS 可减少发射机内所需射频模块的数量。但与空时码相比,TAS 的代价是发射机需要已知信道状态信息。该信息包含接收机为获得最大 SNR 所选择的发射天线的编号。由于单天线 TAS 可以将发射功率集中于一个天线,且无需在所有可用天线中分配功率,故在平坦衰落信道上,分集阶数相同时,单天线 TAS 比 Alamouti 码和其他 STBC 码具有更好的性能。

6.5 信 道 编 码

如 6.4 节所示,考虑一个 BPSK 系统,无论其是否采用直扩序列。该系统采用软判决译码的 (n,k) 线性分组码, n 为编码符号数, k 为信息符号数。若信道符号的交织深度超过信道的相干时间,则符号的衰落就是相互独立的。因此,对直扩系统来说,信道编码提供了一种时间分集形式。

假设在一个符号间隔内衰落是恒定的,令 α_i 为第 i 个符号的衰落幅度,并假设不存在干扰且为 AWGN 信道,或更一般地,每个分集支路接收到的干扰和噪声可建模为具有相同双边功率谱密度 $N_0/2$ 的独立零均值高斯噪声。1.1 节中的式(1.48)表明,码字 c 的**码字度量**为

$$U(c)=\sum_{i=1}^{n}\alpha_i x_{ci}y_{ri},\quad c=1,2,\cdots,2^k \tag{6.189}$$

式中 $y_{ri}=\mathrm{Re}(y_i)$, $x_{ci}=+1$ 或 -1 ,且

$$f(y_{ri}\mid x_{ci})=\frac{1}{\sqrt{\pi N_0}}\exp\left[-\frac{(y_{ri}-\alpha_i\sqrt{\mathcal{E}_s}x_{ci})^2}{N_0}\right],\quad i=1,2,\cdots,n \tag{6.190}$$

式中 $\mathcal{E}_s$ 为无衰落条件下每个符号的能量。

对线性分组码来说,其差错率可通过假设发射信号为全零码字来计算,全零码字以 $c=1$ 表示。将似然度量 $U(1)$ 和 $U(c)$ $(c \neq 1)$ 进行对比可发现,它们之间的差异仅取决于 d 的不同,其中 d 为码字 c 的码重。双码字差错率就等于 $U(1) < U(c)$ $(c \neq 1)$ 的概率。若 $\{\alpha_i\}$ 中的每个元素都相互独立并具有相同的瑞利分布,且 $E[\alpha_i^2] = E[\alpha_1^2]$ $(i = 1,2,\cdots,n)$,则每个二进制编码符号的平均符号信噪比为

$$\bar{\gamma}_{\mathrm{s}} = \frac{\mathcal{E}_{\mathrm{s}}}{N_0} E[\alpha_1^2] = \frac{r\mathcal{E}_{\mathrm{b}}}{N_0} E[\alpha_1^2] = r\bar{\gamma} \qquad \text{(二进制符号)} \tag{6.191}$$

式中:$\mathcal{E}_{\mathrm{b}}$ 为信息比特的能量;r 为码率;$\bar{\gamma}$ 为平均比特信噪比。

对于 BPSK 与 QPSK,采用与推导式(6.106)类似的方法可知,双码字差错率为

$$P_2(d) = P_{\mathrm{s}} - (1 - 2P_{\mathrm{s}}) \sum_{i=1}^{d-1} \binom{2i-1}{i} [P_{\mathrm{s}}(1 - P_{\mathrm{s}})]^i \tag{6.192}$$

式中误符号率为

$$P_{\mathrm{s}} = \frac{1}{2}\left(1 - \sqrt{\frac{\bar{\gamma}_{\mathrm{s}}}{1 + \bar{\gamma}_{\mathrm{s}}}}\right) \qquad \text{(BPSK,QPSK)} \tag{6.193}$$

以上公式对 PSK 和 QPSK 都有效,这是因为后者可等效为发射两个独立的、相位正交的 BPSK 波形。

通过泰勒级数展开可知

$$P_{\mathrm{s}} \leqslant \frac{1}{4\bar{\gamma}_{\mathrm{s}}} \tag{6.194}$$

采用与式(6.110)类似的推导可得

$$P_2(d) \leqslant \binom{2d-1}{d} P_{\mathrm{s}}^d \tag{6.195}$$

如式(1-53)所示,信息符号在软判决译码下的误符号率上界由下式给出

$$P_{\mathrm{is}} \leqslant \sum_{d=d_m}^{n} \frac{d}{n} A_{\mathrm{d}} P_2(d) \tag{6.196}$$

当 $\bar{\gamma}_{\mathrm{s}} \to \infty$ 时,式(6.196)的第一项占主导地位。因此,将式(6.194)至式(6.196)合并可得

$$P_{\mathrm{is}} \leqslant \binom{2d_m - 1}{d_m} \frac{d_m A_{d_m}}{n 4^{d_m}} \bar{\gamma}_{\mathrm{s}}^{\ -d_m} \tag{6.197}$$

上式表明,采用最大似然译码的二进制分组码具有分集阶数 $D_0 = d_m$。

q 进制正交符号波形 $s_1(t), s_2(t), \cdots, s_q(t)$ 需要 q 个匹配滤波器,其观察向

量为 $\boldsymbol{y}=[\boldsymbol{y}_1\ \boldsymbol{y}_2\ \cdots\ \boldsymbol{y}_q]$，其中 $\boldsymbol{y}_l$ 为匹配到 $s_l(t)$ 的匹配滤波器 l 输出的 n 维行向量，其分量为 y_{li}（$i=1,2,\cdots,n$）。由于每个符号波形代表 $\log_2 q$ 编码比特，则每个编码符号的平均符号信噪比为

$$\overline{\gamma}_s=(\log_2 q)r\overline{\gamma} \tag{6.198}$$

当 $q=2$ 时上式简化为式(6.191)。

1.1 节及式(1.73)的分析表明，**AWGN 信道条件下，相干正交信号的码字度量为**

$$U(c)=\sum_{i=1}^{n}\alpha_i\mathrm{Re}[V_{ci}],\quad c=1,2,\cdots,q^k \tag{6.199}$$

式中 $V_{ci}=y_{v_{ci}}$ 为匹配到 $s_{v_{ci}}(t)$ 的匹配滤波器的第 i 个输出，它表示第 c 个码字的第 i 个符号。最大似然译码器寻找使 $U(c)$ 最大的 c 值。若该值为 c_0，则译码器确定 c_0 为被发射的码字。

对每个编码符号都相互独立且服从相同瑞利衰落分布的情况，采用与 BPSK 类似的推导方式可知，若满足

$$P_s=\frac{1}{2}\left(1-\sqrt{\frac{\overline{\gamma}_s}{2+\overline{\gamma}_s}}\right)\quad（相干 FSK） \tag{6.200}$$

则相干 FSK 的双码字差错率 $P_2(d)$ 同样可由式(6.192)给出。式中 $\overline{\gamma}_s$ 由式(6.198)给出，P_{is} 由式(6.196)给出。采用与式(6.197)同样的推导方式可知其分集阶数为 $D_0=d_m$。比较式(6.193)与式(6.200)可知，在衰落环境中，当 $r\overline{\gamma}\ll 1$ 且采用相同的分组码时，与相干 BFSK 相比，BPSK 和 QPSK 有 3dB 左右的优势，但当 $r\overline{\gamma}$ 增大时这种优势会降低，当 $r\overline{\gamma}=2$ 时优势仅为 1.14dB。BPSK 和相干 4FSK 性能相同，若 $q\geqslant 8$ 则相干 FSK 性能更优。

若衰落参数 m 为正整数，则此前的分析可扩展应用于 Nakagami 衰落。类似于式(6.111)的推导分析表明：

$$P_2(d)=P_s-(1-2P_s)\sum_{i=1}^{md-1}\binom{2i-1}{i}[P_s(1-P_s)]^i \tag{6.201}$$

$$P_s=\frac{1}{2}\left(1-\sqrt{\frac{r\overline{\gamma}}{m+r\overline{\gamma}}}\right)\quad(\text{BPSK,QPSK}) \tag{6.202}$$

$$P_s=\frac{1}{2}\left(1-\sqrt{\frac{r\overline{\gamma}}{2m+r\overline{\gamma}}}\right)\quad（相干 BFSK） \tag{6.203}$$

P_{is} 则由式(6.195)给出。

当衰落过快导致无法获得 $\{\alpha_i\}$ 和 $\{\theta_i\}$ 的准确估计值时，非相干 FSK 是一

种合适的调制方式。假设 $\{\alpha_i\}$ 是统计独立的，且已知具有相同平均功率的瑞利概率密度函数，则利用和 1.1 节相同的推导方式可得非相干 FSK 的**平方律度量**为

$$U(c)=\sum_{i=1}^{n}R_{ci}^{2},\quad c=1,2,\cdots,q^{k} \tag{6.204}$$

式中 $R_{ci}=|y_{v_{ci}}|$ 为匹配滤波器输出信号的包络，该滤波器匹配到第 c 个码字中第 i 个符号对应的发射信号。平方律度量的一个主要优点是它不需要任何信道状态信息。

假设独立的瑞利衰落、发射信号为全零码字且采用平方律度量，则通过此前与式(6.162)类似的推导方法可再次验证式(6.192)，只是此时要求：

$$P_{\mathrm{s}}=\frac{1}{2+\bar{\gamma}_{\mathrm{s}}}\qquad(\text{非相干 FSK}) \tag{6.205}$$

式中 $\bar{\gamma}_{\mathrm{s}}$ 由式(6.198)给出，P_{is} 由式(6.196)给出，分集阶数为 $D_0=d_m$。

比较式(6.193)与式(6.205)可知，在衰落环境中，当 $r\bar{\gamma}$ 较大且采用相同分组码时，BPSK 和 QPSK 较非相干 BFSK 具有约 6dB 的优势。因此，相比于 AWGN 信道，衰落信道下的优势更加明显。然而，BPSK 和非相干 16-FSK 性能几乎相同；若 $q\geqslant 32$，在牺牲带宽的情况下，非相干 FSK 的性能要更好一些。

对于硬判决译码，相干 PSK、相干 FSK、非相干 FSK 和 DPSK 的误符号率 P_{s} 分别由式(6.193)、式(6.200)、式(6.205)和式(6.147)给出。对于松包码，其 P_{is} 可近似由式(1-28)计算，而紧包码的 P_{is} 则可由式(1-27)近似计算得到。

图 6.17 给出了无分集合并时扩展 Golay (24,12)码在 $P_{\mathrm{b}}=P_{is}$ 时的仿真结果，及 MRC 分集支路数为 $L=1,4,5$ 和 6 时的误比特率 P_{b}。在该图中，假设调制方式为 BPSK，信道为瑞利衰落信道。扩展 Golay(24,12)码是具有 12 信息比特的紧包码，其中 $r=1/2$，$d_m=8$，$t=3$。式(6.196)中 A_d 的值列于表 1.3。图 6.17 揭示了当 P_{b} 较低时信道编码所带来的好处。在 $P_{\mathrm{b}}=10^{-3}$ 时，采用硬判决译码的(24,12)码较未编码 BPSK 在 $\bar{\gamma}$ 上具有 11dB 的优势；采用软判决译码时，这种优势扩大到 16dB。在 $P_{\mathrm{b}}=10^{-7}$ 时，软判决译码较硬判决译码的优势可增加到 10dB 以上，比 AWGN 信道下的软判决译码还高出约 2dB。在 $P_{\mathrm{b}}=10^{-9}$ 时，采用软判决译码的 Golay(24,12)码性能上超过了 $L=5$ 的 MRC，接近 $L=6$ 时的 MRC 性能。然而，由于 $A_{dm}=A_8=759$，即使 P_{b} 非常低，Golay(24,12)码的分集度也达不到理论上的极限值 $D_0=d_m=8$。对于非相干 BFSK，当 $P_{\mathrm{b}}\leqslant 10^{-3}$ 时，图 6.17 中所有曲线都要向右平移约 6dB。

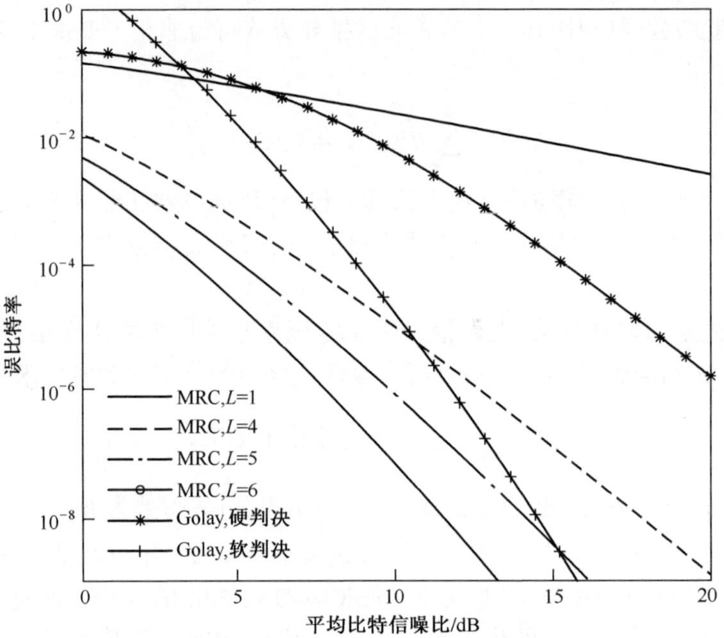

图 6.17 瑞利衰落、相干 BPSK 调制条件下，分别采用软、硬判决的扩展 Golay(24,12)码及 $L = 1,4,5,6$ 时最大比合并的信息比特错误概率

由于对长分组码采用软判决译码通常是不现实的，因此卷积码往往更有可能在衰落信道中提供较好的性能。采用相同调制方式时，卷积码的度量与分组码基本相同，但需要通过某些路径片段来对其估计，这些路径片段从网格上偏离了正确路径，但随后又返回正确路径(见 1.2 节)。在计算译码错误概率时，二进制卷积码的线性性质允许将全零路径假设为正确路径。令 d 表示不正确路径与正确的全零路径之间的汉明距离。若采用理想符号交织，则这两种路径中未合并路段进行两两对比所得的错误率 $P_2(d)$ 可由式(6.192)计算。如 1.2 节所示，软判决译码时信息比特的误比特率上界为

$$P_b \leqslant \frac{1}{k}\sum_{d=d_f}^{\infty} B(d)P_2(d) \tag{6.206}$$

式中：$B(d)$ 为汉明距离 d 处所有未合并路段上的信息比特错误数；k 为每一网格分支中的信息比特数；d_f 为最小自由距离，即任意两个卷积码字之间的最小汉明距离。当 $P_b \to 0$ 时，该上界接近于 $B_{d_f}P_2(d_f)/k$ 。因此其分集阶数为 $D_0 = d_f$ 。

一般来说，d_f 随卷积码约束长度的增加而增加，但若每个编码器的输出比

特重复 n_r 次时，则卷积码的约束长度不变但最小距离将增大至 $n_r d_f$，所付出的代价是所需带宽也将扩大 n_r 倍。由式(6.206)可推断出，对于重复比特编码来说，P_b 满足

$$P_b \leqslant \frac{1}{k}\sum_{d=d_f}^{\infty} B(d) P_2(n_r d) \qquad (6.207)$$

式中 $B(d)$ 为初始编码。当 P_b 及 $B(d_f)/k$ 较小时，分集度为 $D_0 = n_r d_f$。

图 6.18 给出了瑞利衰落信道中二进制卷积码的 P_b 与 $\bar{\gamma}$ 的关系，其中二进制卷积码采用不同的约束长度 K、码率 r 及重复次数 n_r。同时，在图 6.18 的计算中应用了 $k = 1$ 时式(6.207)与(6.192)之间的关系，且 $\{B(d)\}$ 取自表 1.4 和表 1.5 所列的 7 组数据。该图表明，增加约束长度在瑞利衰落信道中所获得的性能提升要比在 AWGN 信道中大得多。当约束长度固定时，1/4 码率比 1/2 码率且 $n_r = 2$ 时的性能要好，虽然二者所需带宽相同但后者更易实现。在无重复的情况下，对后者的两次编码需要两倍 1/2 码率的带宽。

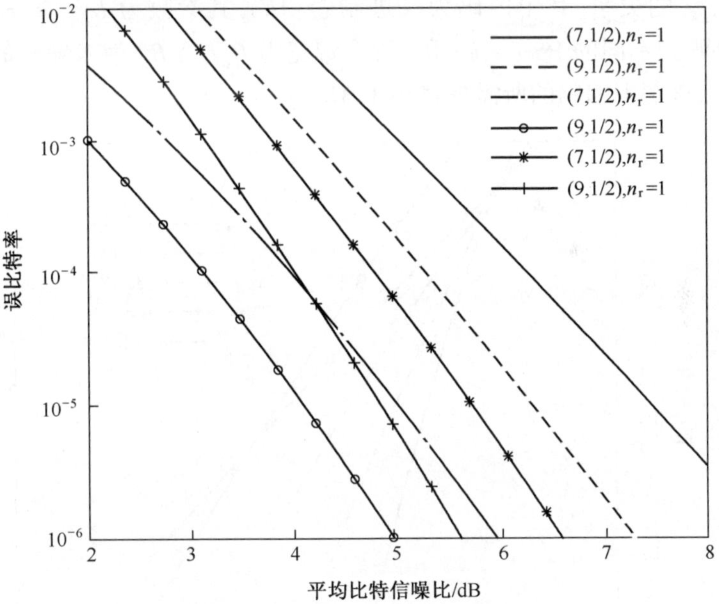

图 6.18 瑞利衰落、相干 BPSK 下，不同 (K,r) 与 n_r 的二进制卷积码的信息比特错误概率

对于网格编码调制(见 1.2 节)也能得出类似的结论。网格编码调制无需扩展带宽就能提供编码增益。然而，若网格中出现并行状态转移，则 $d_f = 1$，这意味着此时编码不能为抗衰落提供分集保护。因此，对衰落环境下的通

信来说，必须选择常规网格编码，它从一种状态到所有其他状态的转移都非常清晰。由于瑞利衰落导致较大的幅度变化，因此多相位 PSK 调制通常优于多电平正交幅度调制（QAM）。最优网格译码器采用相干检测并需要进行信道衰减估计。

在衰落条件下，基于**最大后验概率**准则迭代译码的 Turbo 码或串行级联码具有优异的性能。然而，采用这种编码的系统必须能够容忍较大的译码时延和计算复杂度。即使不采用迭代译码，由外部 RS 码和内部二进制卷积码（见 1.4 节）组成的串行级联码也能有效地抗瑞利衰落。在最坏情况下，内译码器输出的每一个错误比特都会导致一个独立的错误符号输入到 RS 译码器中。因此，P_b 的上界由式(1.144)及式(1.143)给出。对采用软判决译码的相干 BPSK 调制来说，$P_2(d)$ 由式(6.192)及式(6.193)给出，$\overline{\gamma}_s$ 由式(6.191)给出。级联码的码率为 $r = r_1 r_0$，r_1 为内码码率，r_0 为外码码率。

在瑞利衰落、相干 BPSK、软判决译码情况下，图 6.19 给出了级联编码 P_b 的上界与 $\overline{\gamma}$ 的关系，其中内码为二进制卷积码，其参数为 $K = 7$、$r_1 = 1/2$ 及 $k = 1$，外码为不同的 RS (n,k) 码，所需带宽为 B_u/r，B_u 为未编码的 BPSK 带宽。因此，该图中编码的所需带宽小于 $3B_u$。

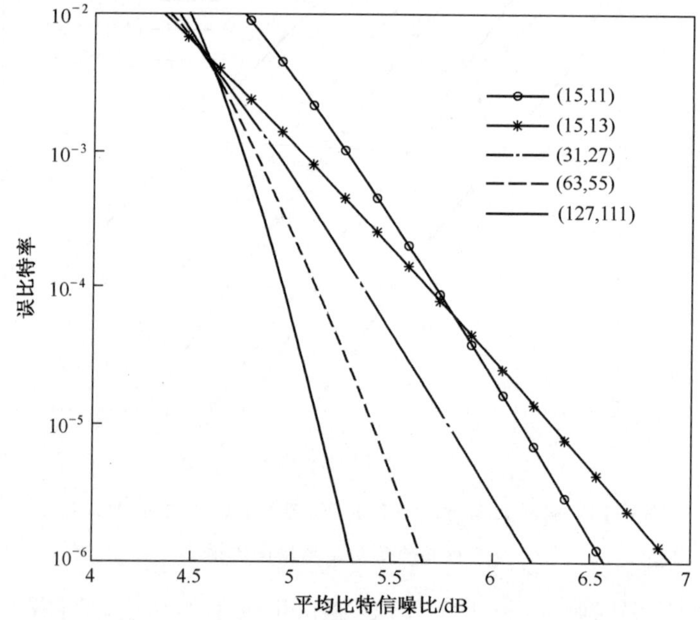

图 6.19 瑞利衰落、相干 PSK、软判决及级联编码的信息比特错误概率，其中，级联编码由 $K = 7$、$r_1 = 1/2$ 的二进制卷积内码和不同 RS (n,k) 外码组成

6.5.1 比特交织编码调制

衰落信道下的信道编码性能取决于最小汉明距离,而 AWGN 信道下的信道编码性能则取决于欧氏距离。对二进制调制来说,如 BPSK 和 BFSK,这两种距离相互成正比。对非二进制调制来说,一种距离增加往往导致另一种距离减小。1.6 节中描述的比特交织编码调制(BICM)增大了码字的最小汉明距离,从而也增大了码元的分集度,这是因为与相互之间区别明显的非二进制符号相比,这种编码的两个网格路径或码字之间有更多不同的比特。为补偿最小欧氏距离的增加,可采用 1.6 节所述的能迭代译码和解调的 BICM(BICM-ID)。在衰落电平易变的 AWGN 信道中,BICM-ID 可给采用非二进制字符的通信系统带来更大的灵活性。由于 BPSK 和 QPSK 调制进制数较小,对直扩系统来说,采用 BICM 和 BICM-ID 对系统性能的提高有限。相比较而言,跳频系统采用进制数较大的调制方式及非相干 CPFSK 调制,因此采用 BICM 和 BICM-ID 往往更加有效(见 9.4 节)。

6.6 Rake 解调器

为了补偿衰落效应,扩谱系统利用了多种不同的分集技术。若直扩信号多径分量的时延超过一个码片,则码片的独立性可保证多径干扰至少能被扩展因子所抑制。然而,由于多径信号也携带信息,它们是一个潜在的可资利用的信息源而不仅仅被抑制掉。在频率选择性衰落期间,当扩谱序列的码片速率超过相干带宽时,**Rake 解调器**通过对可分辨多径分量进行相干合并来提供**路径分集**。

考虑一个在时间间隔内几乎保持不变的频率选择性慢衰落多径信道。为利用所有多径分量的能量,接收机仅在处理完所有接收到的多径分量后才在 M 个候选信号 $s_1(t),s_2(t),\cdots,s_M(t)$ 中确定哪个是发射信号。若信道的冲激响应在所关注的时间间隔内是时不变的,则接收机将在以下 M 个基带信号或复包络中选择,即

$$v_k(t) = \sum_{i=1}^{L} C_i s_k(t-\tau_i), \quad k = 1,2,\cdots,M, 0 \leqslant t \leqslant T_s + T_d \tag{6.208}$$

式中:T_s 为发射信号的持续时间;T_d 为多径时延扩展;L 为多径分量数;τ_i 为分量 i 的时延;**复衰落幅度**或**衰落系数** $C_i = \alpha_i e^{j\theta_i}$ 表示分量 i 的衰减和相移。基带匹配滤波器接收到所匹配信号的三个多径分量后的理想输出如图 6.20 所示。若信号

带宽为 W,则匹配滤波器对该信号响应的持续时间为 $1/W$ 数量级。使匹配滤波器输出可区分脉冲的多径分量称为**可分辨的**。因此,若三个多径分量的相对时延大于 $1/W$,则它们是可分辨的,如图 6.20 所示。至少有两个可分辨多径分量的必要条件是其持续时间 $1/W$ 要小于时延扩展 T_d。由式(6.60)可知,需要满足 $W > B_{coh}$,这意味着频率选择性衰落和可分辨多径分量都与宽带信号相关,且最多有 $\lfloor T_d W \rfloor + 1$ 个可分辨分量,其中 $\lfloor x \rfloor$ 表示小于 x 的最大整数。从图中可见,若 $T_d + 1/W$ 小于符号宽度 T_s,则各抽样时刻上的符号间干扰并不明显。

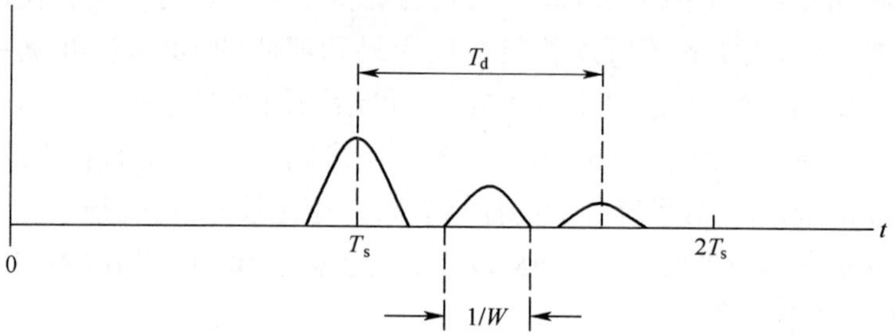

图 6.20 匹配滤波器对三个可分辨多径分量输入的响应

在以下对 AWGN 信道的分析中,假设 M 个可能的信号相互正交。接收机为每个可能的通信信号及其多径分量设置独立的基带匹配滤波器或相关器。因此,若 $s_k(t)$ 为第 k 个符号波形,$k = 1,2,\cdots,M$,则第 k 个匹配滤波器与式(6.208)中的信号 $v_k(t)$ 相匹配,T_s 为符号宽度。每个匹配滤波器为在 $t = T_s + T_d$ 时刻的输出抽样提供了一个用于软判决译码或硬判决译码的符号度量。对于一个符号,接收到的信号可表示为

$$r(t) = \mathrm{Re}[\sqrt{2\mathcal{E}_s}\, v_k(t)\, e^{j2\pi f_c t}] + n(t), \quad 0 \leq t \leq T_s + T_d \tag{6.209}$$

式中 $n(t)$ 为功率谱密度为 $N_0/2$ 的零均值高斯白噪声,所有波形的符号能量为

$$\mathcal{E}_s = \int_0^{T_s} |s_k(t)|^2 \mathrm{d}t, \quad k = 1,2,\cdots,M \tag{6.210}$$

符号波形的正交性意味着:

$$\int_0^{T_s} s_r(t) s_l^*(t)\,\mathrm{d}t = 0, \quad r \neq l \tag{6.211}$$

这里假设 $\{s_l(t)\}$ 中每个元素的频谱限定为 $|f| < f_c$。

对 $r(t)$ 进行频率变换或**下变频**至基带后再进行匹配滤波。类似式(1.74)的推导表明,匹配滤波器 k 产生的符号度量为

$$U(k) = \mathrm{Re}[\sum_{i=1}^{L} C_i^* \int_0^{T_s+T_d} r(t) s_k^*(t - \tau_i)\,\mathrm{d}t], \quad k = 1,2,\cdots,M \tag{6.212}$$

基于上式实现的接收机需要为每个可能的波形 $s_k(t)$ 设置单独的横向滤波

器或延时线及匹配滤波器。

通过对式(6.212)进行变量替换并利用 $s_k(t)$ 在时间间隔 $[0,T_s)$ 之外为零这一事实,实际接收机只需一个横向滤波器和 M 个匹配滤波器,其结果为

$$U(k)=\mathrm{Re}\left[\sum_{i=1}^{L}C_i^*\int_0^{T_s}r(t+\tau_i)s_k^*(t)\mathrm{d}t\right],\quad k=1,2,\cdots,M \tag{6.213}$$

对频率选择性衰落和可分辨多径分量来说,一个简化的假设就是每个延时都是 $1/W$ 的整数倍。因此,假设 L 为最大可分辨分量的数目。令 $\tau_i=(i-1)/W\ (i=1,2,\cdots,L)$,且 $(L-1)/W\approx\tau_m$,其中 τ_m 为最大时延。因此,$\{C_i\}$ 中的某些元素可能为零。符号度量变为

$$U(k)=\mathrm{Re}\left[\sum_{i=1}^{L}C_i^*\int_0^{T_s}r(t+(i-1)/W)s_k^*(\tau)\mathrm{d}t\right],\quad k=1,2,\cdots,M \tag{6.214}$$

基于这些符号度量的接收机称为**Rake 解调器**,如图 6.21 所示。由于 $r(t)$ 为最后一个抽头的输出,因此其抽样时刻为 $t=T_s$。每个抽头输出最多包含 $r(t)$ 的一个多径分量。

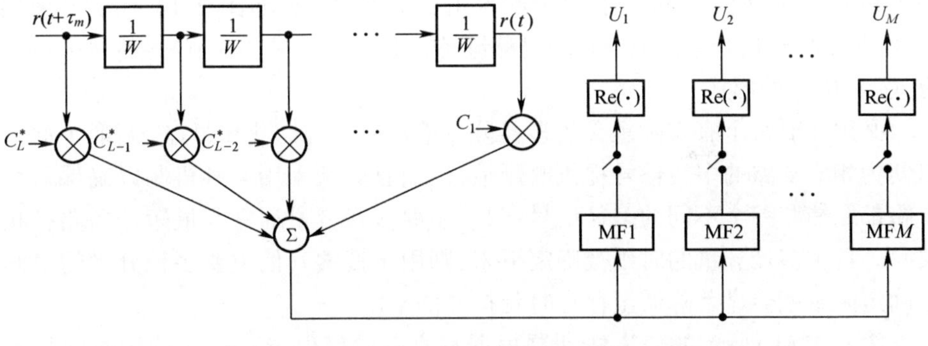

图 6.21 对应于 M 个正交脉冲的 Rake 解调器

图 6.21 的另一种配置方式是为每个符号度量(共有 M 个)都配置独立的横向滤波器,并在其前端配置相应的匹配滤波器(MF),如图 6.22(a)所示。每个匹配滤波器或相关器的输出都送至 L_s 个并行**支路**,对这些输出进行重新合并,再抽样输出某个符号度量。理想情况下,支路数 L_s 等于有较强功率的可分辨分量数,且满足 $L_s\leqslant L$。匹配滤波器产生多个与多径分量相对应的输出脉冲,如图 6.20 所示。每条支路都对一个脉冲进行适当的延时和加权处理,使得所有支路的输出脉冲在时间上对齐,并在加权后进行有益的合并,如图 6.22(b)所示。由于匹配滤波后立即进行抽样,故可采用数字器件来实现。

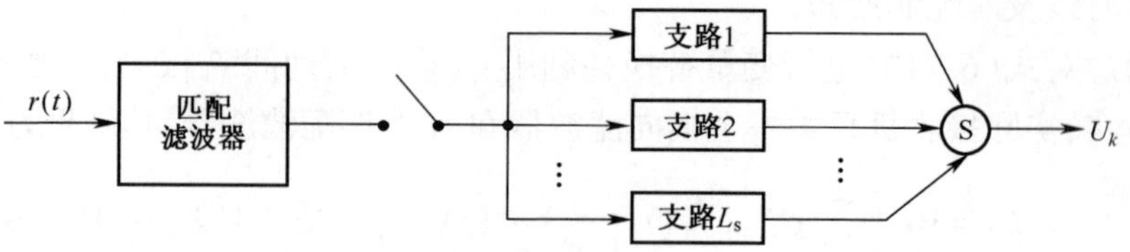

(a) 产生M个判决变量之一的基本框图

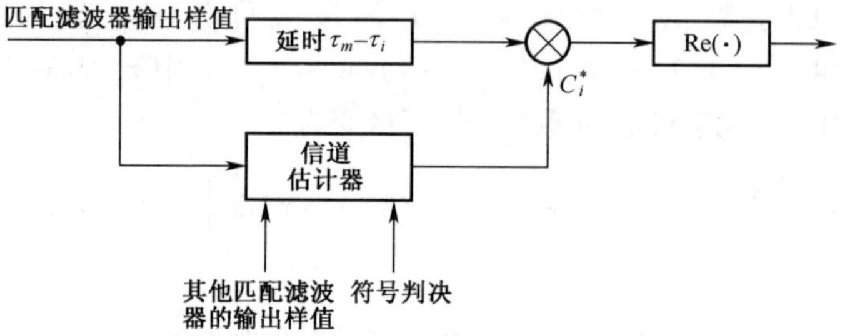

(b) 单条支路

图 6.22 Rake 解调器

下面假设发射信号为码片宽度 $T_c = 1/W$ 的直扩信号,每个匹配滤波器都由一个码片匹配滤波器和若干用于解扩的装置所构成,如图 2.14 所示。采用 BPSK 时,$M = 1$;若采用 $t_0 = 0$ 的码移键控,则 $M \geqslant 2$(见 2.6 节)。符号波形具有式(2.171)的形式。

必须要对每个有实际意义的多径分量进行独立的捕获和跟踪(见第 4 章),以便为相应支路的多径信号提供时延估计,而且必须采用某种机制以确保每个支路都能捕获一个不同的多径信号[26]。主要多径分量通常与最短传播路径相关。一旦主多径分量的时延被确定下来,则用于搜索其他重要多径分量的时间不确定区域就会显著降低至存在时延扩展的范围。

图 6.22(b)所示的信道估计器根据复衰落幅度保持不变的持续时间将其输入信号延时一个或多个符号。Rake 解调器产生的前一个符号判决被送往信道估计器,用于选择与该符号相对应的匹配滤波器延时抽样输出。被选中的抽样信号送至一个低通滤波器,产生复衰落幅度的复共轭估计值 $\hat{C}_i^*$ 。由信道估计器所产生的估计值,其更新速度必须超过式(6.45)或式(6.47)所给出的衰落速率。

为便于信道估计,发射机可发射一个具有特定扩谱序列的未调直扩导频信号。尽管发射导频信号会占用传输已调直扩信号的能量,但当很多用户共享导频信号时,分配给导频信号的能量只会引起很小的能量损失,因此导频信号是一个非常有用的选择。在蜂窝网中(见第 8.5 节),从基站到移动用户下行链路的信道估计就是合理应用导频信号的一个范例。

路径串扰是指与某个多径分量对应的 Rake 支路中出现的干扰,该干扰由对应于另一个 Rake 支路的多径分量所引起。当 $s_k(t)$ 是一个码片宽度为 $T_c = 1/W$ 的直扩信号时,要使路径串扰可忽略不计则需满足

$$\int_0^{T_s} s_k(t + i/W) s_k(t)\,\mathrm{d}t \ll \mathcal{E}_s, \quad i = 1,2,\cdots,L-1 \tag{6.215}$$

当数字调制为二进制双极性调制或 BPSK 调制时,只需单个符号波形 $s_1(t)$ 及其对应的符号度量 U 即可。令 x 表示发射比特,假设忽略路径串扰且在 AWGN 信道下,由式(6.214)及类似于式(6.92)的推导可得

$$U = x\mathcal{E}_s \sum_{i=1}^{L} \alpha_i^2 + \sqrt{\mathcal{E}_s} \sum_{i=1}^{L} \alpha_i \mathrm{Re}(n_i) \tag{6.216}$$

式中:$\mathcal{E}_s$ 为每个符号的平均能量;n_i 为零均值高斯随机变量。因此,没有路径串扰的理想 Rake 解调器可产生最大比合并。

若对接收到的二进制符号采用硬判决,则 $\mathcal{E}_b = \mathcal{E}_s$,采用与式(6.95)类似的推导方式可知,当给定 $\{\alpha_i\}$ 时,条件误符号率为

$$P_{b|\alpha}(\gamma_b) = Q(\sqrt{2\gamma_b}) \tag{6.217}$$

$$\gamma_b = \sum_{i=1}^{L} \gamma_i, \ \gamma_i = \frac{\mathcal{E}_b}{N_0}\alpha_i^2 \tag{6.218}$$

对 Rake 解调器来说,$\{\alpha_i\}$ 中的每个元素都与独立衰落的不同多径分量相对应。若 $\{\alpha_i\}$ 中的每个元素都具有瑞利分布,则每个 γ_i 都具有指数概率密度函数(见附录 D.4 节“瑞利分布”)

$$f_{\gamma_i}(x) = \frac{1}{\bar{\gamma}_i}\exp\left(-\frac{x}{\bar{\gamma}_i}\right)u(x), \quad i = 1,2,\cdots,L \tag{6.219}$$

式中:支路 i 中每个符号的平均能量-噪声密度比(平均符号信噪比)为

$$\bar{\gamma}_i = \frac{\mathcal{E}_s}{N_0}E[\alpha_i^2], \quad i = 1,2,\cdots,L \tag{6.220}$$

若每个多径分量都是独立衰落的,从而每个 $\{\gamma_i\}$ 都是统计独立的,则 γ_s 为这些独立、指数分布的随机变量之和。然而,由于各多径分量的幅度截然不同,$r \neq s$ 时,$\bar{\gamma}_r \neq \bar{\gamma}_s$,故并不能应用式(6.97)。

附录 D.5 节“指数与伽马分布”的结果表明若 $r \neq s$,则 $\bar{\gamma}_r \neq \bar{\gamma}_s$。此时 γ_b 的概率密度函数为

$$f_{\gamma_b}(x) = \sum_{i=1}^{L} \frac{A_i}{\bar{\gamma}_i}\exp\left(-\frac{x}{\bar{\gamma}_i}\right)u(x) \tag{6.221}$$

式中

$$A_i = \begin{cases} \prod\limits_{\substack{k=1 \\ k \neq i}}^{L} \dfrac{\overline{\gamma}_i}{\overline{\gamma}_i - \overline{\gamma}_k}, L \geqslant 2 \\ 1, \qquad\qquad L = 1 \end{cases} \tag{6.222}$$

误比特率由条件误比特率 $P_{\mathrm{b}|\alpha}(\gamma_{\mathrm{b}})$ 在式(6.221)给定的概率密度函数上取平均得到。采用与式(6.103)类似的积分计算可得

$$P_{\mathrm{b}}(L) = \frac{1}{2}\sum_{i=1}^{L} A_i\left(1 - \sqrt{\frac{\overline{\gamma}_i}{1 + \overline{\gamma}_i}}\right) \qquad (M = 1, \mathrm{BPSK}) \tag{6.223}$$

若 $\overline{\gamma}_L \to 0(L \geqslant 2)$,则 $P_{\mathrm{b}}(L) \to P_{\mathrm{b}}(L-1)$,这就意味着当一个基于 MRC 的 Rake 解调器的合并输入中存在一个不含通信信号的分量时,解调器的性能不会有很大破坏。

当衰落速率增加时,对 Rake 解调器所需的信道参数进行估计将变得更为困难。当估计误差较大时,一种选择就是采用无需进行信道参数估计的 Rake 解调器,它不使用 MRC 而是采用非相干检测后 EGC。这种 Rake 解调器应用于码片宽度为 $T_{\mathrm{c}} = 1/W$ 的 BPSK 的框图如图 6.23 所示。横向滤波器的每个抽头输出都为等增益合并器提供一个输入信号,等增益合并器如图 6.12 或图 6.13 所示。

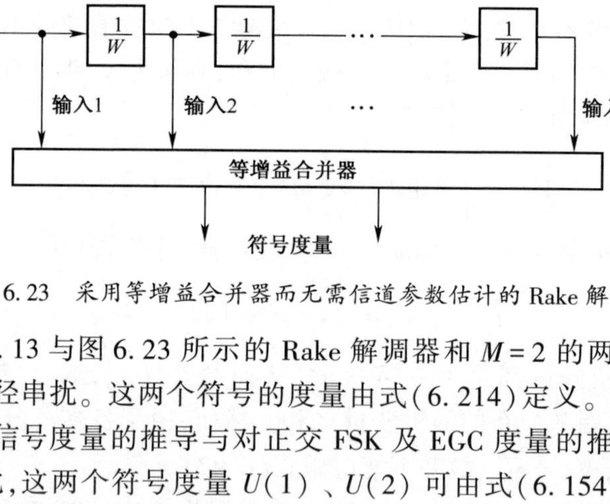

图 6.23　采用等增益合并器而无需信道参数估计的 Rake 解调器

考虑图 6.13 与图 6.23 所示的 Rake 解调器和 $M=2$ 的两个正交扩谱波形,并忽略路径串扰。这两个符号的度量由式(6.214)定义。对 AWGN 信道来说,对正交信号度量的推导与对正交 FSK 及 EGC 度量的推导在本质上是一样的。因此,这两个符号度量 $U(1)$、$U(2)$ 可由式(6.154)与式(6.155)给出。$U(2)$ 的概率密度函数由 $L=2$ 时的式(6.157)给出。然而,$U(1)$ 的概率密度函数必须要考虑多径分量的不同能量电平,因此它由式(6.221)给出。若对接收的二进制符号采用硬判决,则 $U(2) > U(1)$ 会导致错误的判决,因此误符号率为

$$P_{\mathrm{b}}(L)=\sum_{i=1}^{L}\frac{A_i}{m_i}\int_0^{\infty}\exp\left(-\frac{x}{m_i}\right)\int_x^{\infty}\frac{y^{L-1}\exp\left(-\frac{y}{N_0}\right)}{(N_0)^L(L-1)!}\mathrm{d}y\mathrm{d}x,\quad m_i=N_0(1+\overline{\gamma}_i) \tag{6.224}$$

式中 $\overline{\gamma}_i$ 由式(6.220)定义。通过分部积分消除内部积分项,对其余积分变量进行变量替换,应用附录 B.1"伽马函数"中的式(B.1),并进行化简可得采用非相干检测后 EGC 的 Rake 解调器时两个正交信号的误符号率为

$$P_{\mathrm{b}}(L)=\sum_{i=1}^{L}B_i\left[1-\left(\frac{1+\overline{\gamma}_i}{2+\overline{\gamma}_i}\right)^L\right]\quad(\text{正交信号}) \tag{6.225}$$

式中

$$B_i=\begin{cases}\prod\limits_{\substack{k=1\\k\neq i}}^{L}\dfrac{1+\overline{\gamma}_i}{\overline{\gamma}_i-\overline{\gamma}_k}, & L\geqslant 2\\ 1, & L=1\end{cases} \tag{6.226}$$

且当 $r\neq s$ 时 $\overline{\gamma}_r\neq\overline{\gamma}_s$。对式(6.225)与式(6.223)进行数值计算表明,与 MRC 和 BPSK 相比,典型情况下两个正交信号的 EGC 在功率上至少有 6dB 的劣势。

对两个正交信号及采用 $L=2$ 的双重 Rake 合并来说,式(6.225)简化为

$$P_{\mathrm{b}}(2)=\frac{8+5\overline{\gamma}_1+5\overline{\gamma}_2+3\overline{\gamma}_1\overline{\gamma}_2}{(2+\overline{\gamma}_1)^2(2+\overline{\gamma}_2)^2} \tag{6.227}$$

若 $\overline{\gamma}_2=0$,则

$$P_{\mathrm{b}}(2)=\frac{2+\frac{5}{4}\overline{\gamma}_1}{(2+\overline{\gamma}_1)^2}\geqslant\frac{1}{2+\overline{\gamma}_1}=P_{\mathrm{b}}(1) \tag{6.228}$$

该结果表明,当 Rake 合并器的输入不包含通信信号分量时,其性能将会下降。当通信信号分量缺失时,合并器的输入只有噪声。当 $\overline{\gamma}_1$ 较大时,这种外部噪声所引起的损耗接近 1dB。正如前面所述,使用 MRC 时则不会产生这种损耗。

处理多径分量需要信道估计。当采用实际的信道估计器时,只有少量的多径分量可能具有足够大的信干比可用于 Rake 合并。典型情况下,移动网络中有三个主要的可用多径分量。为评估 Rake 解调器的潜在性能,假设主要多径分量的平均比特信噪比为 $\overline{\gamma}_1=\mathcal{E}_{\mathrm{b}}\overline{\alpha_1^2}/N_0$ 且接收和处理的分量数为 $L=4$。其余三个较小多径分量的相对比特信噪比由下式的**多径强度向量**确定:

$$\boldsymbol{\Gamma}=\left(\frac{\overline{\gamma}_2}{\overline{\gamma}_1},\frac{\overline{\gamma}_3}{\overline{\gamma}_1},\frac{\overline{\gamma}_4}{\overline{\gamma}_1}\right)=\left(\frac{\overline{\alpha_2^2}}{\overline{\alpha_1^2}},\frac{\overline{\alpha_3^2}}{\overline{\alpha_1^2}},\frac{\overline{\alpha_4^2}}{\overline{\alpha_1^2}}\right) \tag{6.229}$$

式中 $\overline{\alpha_i^2} = E[\alpha_i^2]$。

图 6.24 画出了采用理想 Rake 解调器及 AWGN 信道下，BPSK 的误比特率 $P_b(4)$ 与 $\bar{\gamma}_1$ 之间的关系，该关系由式(6.223)给出。多径强度向量 (1, 0, 0) 表示多径分量中只有一个与主分量功率相同的假想环境。将分量用分贝表示，则多径强度向量 (−4, −8, −12) dB 可代表具有较小多径强度的典型乡村环境。向量 (−2, −3, −6) dB 可代表典型城镇环境。图 6.24 表明，尽管乡村环境中较小多径分量的功率要比假想环境中的较小分量低 2.1dB，但乡村环境通常比假想环境的误符号率要低。与乡村环境相比，城镇环境下系统的性能更好，主要原因是其较小多径分量比乡村环境中的强度要高出 3.5dB。

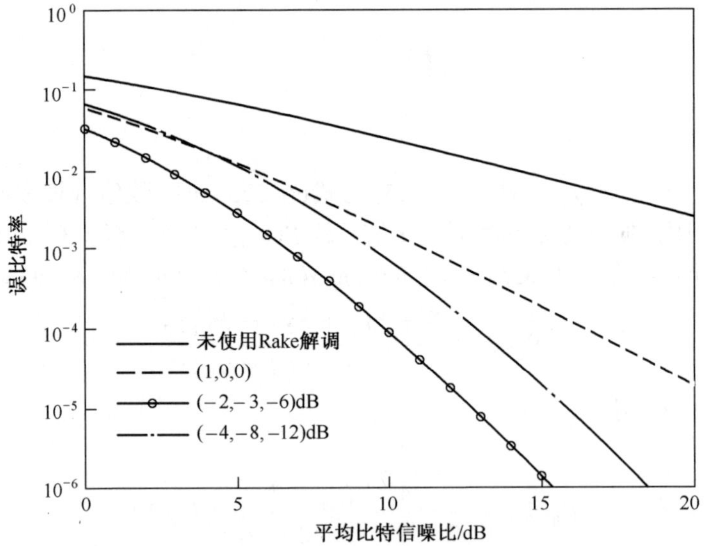

图 6.24 多径分量的多径强度向量不同时 Rake 解调器的误比特率(其中 $L=4$)

该图和其他数据为具有理想 Rake 解调器的单载波直扩系统建立了以下两个基本特征，其中理想 Rake 解调器的路径串扰忽略不计。

(1) 当较小多径分量总能量增加时，系统性能将随之提高，其根本原因是单载波系统的 Rake 解调器利用了在其他方面无法利用的能量。

(2) 当较小多径分量总能量固定时，随着可分辨多径分量数 L 的增加，以及各分量的能量趋近于均匀分布，系统的性能也将得到提高。

若因自然环境的改变而产生额外的多径分量，从而导致可分辨多径分量数 L 增加了，则会带来潜在好处。然而，增加带宽 W 导致 L 的增大却并不总会带来好处[32]。虽然新增多径分量可提供额外的分集并表现为比瑞利衰落更好的莱斯衰落，但每个多径分量的平均功率却降低了，这是因为新增分量进入后这些混合分量虽然数量更多但强度也更弱。因此，信道参数的估计将变得更为困难，一些多径分量的衰落也变得高度相关而不再是相互独立了。

理想 Rake 解调器的支路数就等于有意义的可分辨多径数，在移动通信接收机中该数量是不断变化的。与其试图利用所有支路——虽然这种情况有时可行，倒不如采取另一种更为实际的做法，即利用数量固定的支路，其数量与多径分量数无关。**广义选择分集**是在 L 个可分辨多径分量中选择 L_c 个最强的，再对这 L_c 个最强分量应用 MRC 或 EGC，从而丢弃 SNR 最低的 $L-L_c$ 个其余分量。分析表明[76]，当 L_c 值增大时系统收益增加甚微，但当 L_c 值固定时，若能够分离出这些最强分量，则随着 L 的增大系统性能也能得到提升。

若一个自适应阵列产生一个定向波束以抑制干扰或增强通信信号，则也可以减少通信信号中主要多径分量的时延扩展，这是因为从主波束以外角度到达的信号分量被极大地衰减了。因此，Rake 解调器带来的潜在收益也被削弱了。自适应阵列的另一个过程是为每个主要多径分量分配独立的自适应权重，因此自适应阵列可以形成多个独立的阵列方向图，每个方向图都可增强某个特定多径分量而对其他分量置零，再将得到增强的多径分量应用于 Rake 解调器[84]。

6.7 跳频与分集

由于跳频信道带宽相对较窄，且载频每次跳频时都需要将 Rake 解调器重新调整至一个新的信道冲激响应上，因此 Rake 解调器难以用于跳频系统。跳频系统依靠的是频率变化所提供的固有频率分集。对于频率选择性衰落信道，在多个驻留间隔中对编码符号进行交织就可为跳频系统提供高度的分集。若每个跳频信道的衰落是独立的，且每个符号都经不同跳频信道发射，则编码符号的错误也是独立的。令 F_s 为一个跳频频率集中相邻载频的最小间隔，则使符号错误近似独立的必要条件为

$$F_s \geqslant B_{coh} \tag{6.230}$$

式中：B_{coh} 为衰落信道的相干带宽。当跳频总带宽为 W、信道带宽为 B、频率集中的载频数为 M 且载频间隔相等时，$F_s=W/M \geqslant B$。因此，若要保证符号错误近似独立，则式(6.230)意味着跳频信道数须满足如下约束条件：

$$M \leqslant \frac{W}{\max(B, B_{coh})} \tag{6.231}$$

若不满足式(6.231)，则会因符号错误相关而导致性能下降。跳频系统通常不会利用信道的多普勒扩展，这是因为任何因利用时间选择性衰落产生的额

外分集都微不足道。

若 $B < B_{coh}$,由于每个信道传输函数近似平坦,因而无需均衡;若 $B \geqslant B_{coh}$,则需要用均衡来消除符号间干扰,或将多载波调制与跳频相结合。

令 n 为分组码字中的编码符号数或卷积码的约束长度。当每个符号都以高概率独立衰落时,需满足 $n \leqslant M$ 。令 T_{del} 表示最大容许处理时延,由于对 n 跳进行编码和理想交织所产生的时延为 $(n-1)T_h + T_s$,且希望这 n 个频率完全不同,因此要求

$$n \leqslant \min\left(M, 1 + \frac{T_{del} - T_s}{T_h}\right) \tag{6.232}$$

若以上不等式无法满足,则交织就是非理想的,从而导致性能有所下降。

6.8 多载波直扩系统

若直扩系统所使用的频谱带宽超过频率选择性衰落信道的相干带宽,则该系统称为**宽带**系统。有两类宽带直扩系统,其中**单载波系统**只采用单个载频发射信号,**多载波系统**则将可用频谱带宽划分给多个直扩信号,每个直扩信号具有不同的子载波频率。单载波系统通过使用 Rake 解调器合并多个多径信号来提供分集,而多载波系统则通过合并并行的相关器输出来提供分集或复用,其中每个相关器的输出都对应一个不同的子载波。多载波系统具有避免强干扰或可能对其他信号造成干扰的频谱区域内发射信号的潜在能力,这些特点与跳频系统类似。

典型的多载波系统将信号功率均等地划分给 L 个**子载波**,每个子载波的频率为 $f_k = k/T_c$,其中 k 为整数且 $k \geqslant 1$。若码片波形为矩形,则通过与推导式(3.65)类似的方法可证明这 L 个子载波信号是正交的。尽管这种正交性能防止子载波信号之间的**自扰**,但其有效性也会因多径分量和多普勒频移而有所降低。也可采用带限子载波信号,无需信号正交就可将这种自扰降至最低。经历频率选择性衰落不会给带宽足够小的带限子载波信号造成重大影响。

有一类多载波直扩系统通过数据复用可获得很高的吞吐量,其发射机具有图 6.25(a)的形式。该系统采用串并(S/P)变换器将一个编码流或数据符号流 $d(t)$ 转换为由不同数据符号构成的 L 个并行数据流,每个数据流都与一个扩展波形 $p(t)$ 和一个子载波相乘。多载波调制降低了数据符号的速率,因此也降低了每个子信道中直扩信号的符号间干扰。由于码片速率与数据速率同时降低 L 倍,因此与相应的单载波系统相比,多载波系统每个子载波提供的扩谱因

子保持不变。该系统的接收机具有图 6.26(b)的形式,并串(P/S)转换器用于恢复数据符号流。每个解调器都利用解扩来抑制其子载波频谱附近的干扰,但这种高效复用所付出的代价是系统需要大量硬件且发射信号具有较高的峰均功率比。

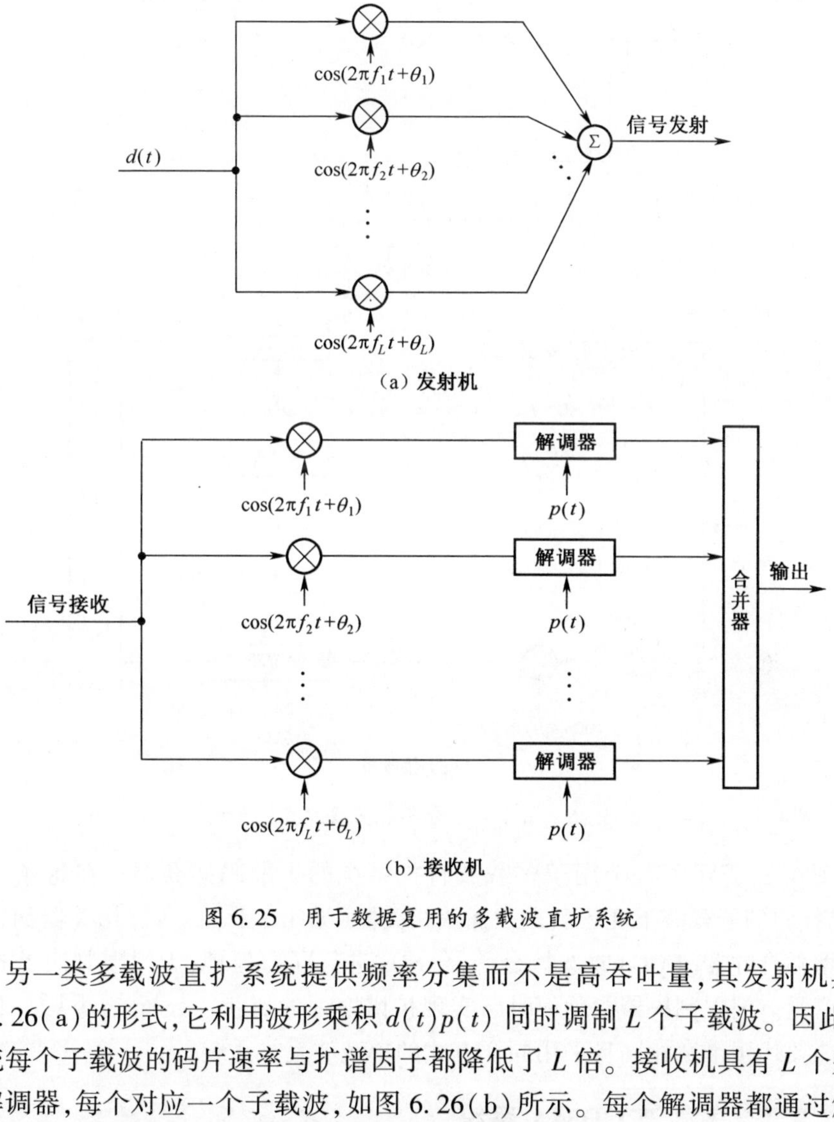

图 6.25　用于数据复用的多载波直扩系统

另一类多载波直扩系统提供频率分集而不是高吞吐量,其发射机具有图 6.26(a)的形式,它利用波形乘积 $d(t)p(t)$ 同时调制 L 个子载波。因此,该系统每个子载波的码片速率与扩谱因子都降低了 L 倍。接收机具有 L 个并行的解调器,每个对应一个子载波,如图 6.26(b)所示。每个解调器都通过解扩来抑制干扰,解调器的输出作为最大比合并器(MRC)的输入。通过适当的反馈,发射机可省掉一个与受扰子信道对应的子载波。发射机将节省下来的功率重新分配给其余子载波。在这两类多载波系统中都可采用信道编码和交织来获得编码增益。

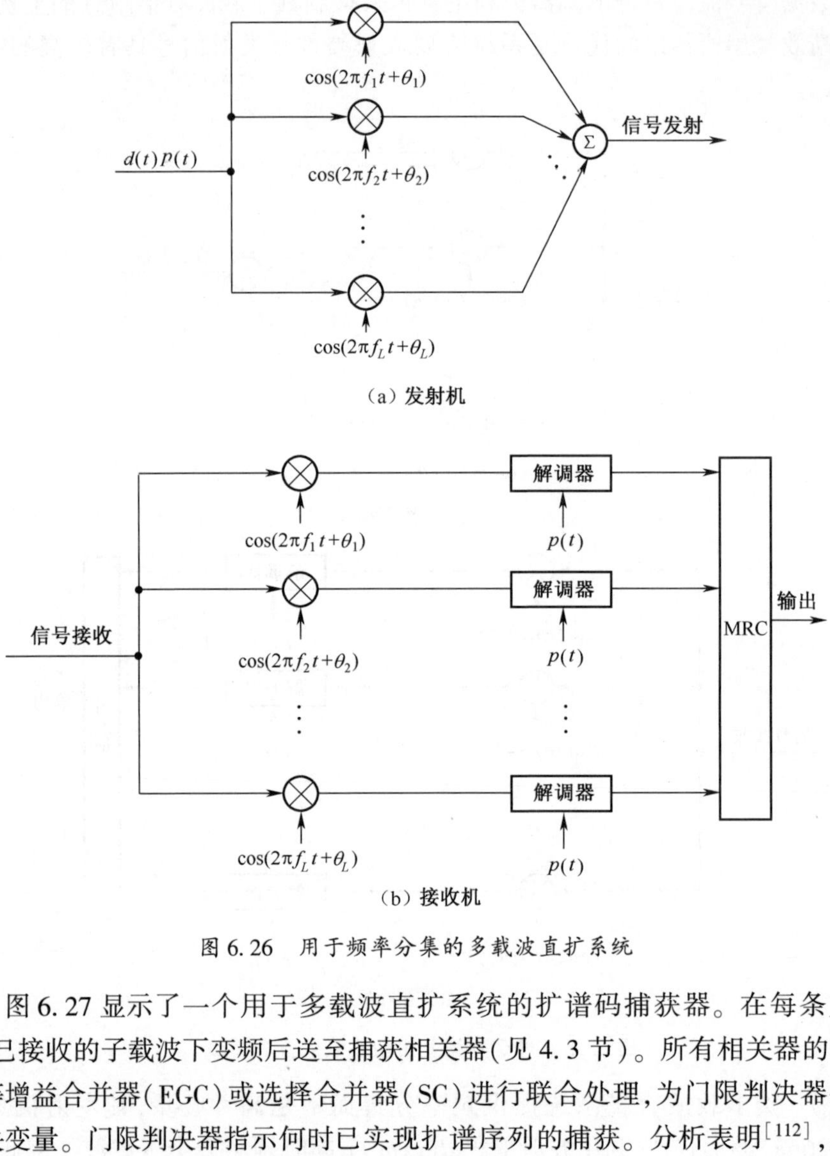

图 6.26　用于频率分集的多载波直扩系统

图 6.27 显示了一个用于多载波直扩系统的扩谱码捕获器。在每条支路中,已接收的子载波下变频后送至捕获相关器(见 4.3 节)。所有相关器的输出由等增益合并器(EGC)或选择合并器(SC)进行联合处理,为门限判决器提供判决变量。门限判决器指示何时已实现扩谱序列的捕获。分析表明[112],其捕获性能要优于带宽相同且采用同样方式的单载波直扩系统。

6.8.1　多载波 CDMA 系统

码分多址(CDMA)系统(见第 7 章)是一种采用多个(不同)扩谱序列或跳频图案以容纳多个用户的系统。在 CDMA 中,采用发射多个子载波的多载波系

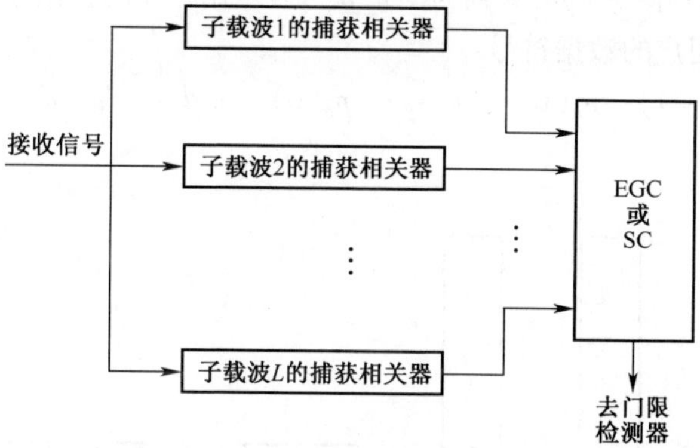

图 6.27　用于多载波直扩系统的扩谱码捕获器(EGC 表示等增益合并，SC 表示选择合并)

统由于对硬件要求很高,因而通常并不实际。一种更为实际的多载波系统称为**多载波 CDMA**(MC-CDMA)系统。该系统适合采用正交频分复用(OFDM)技术以数字化高效实现,但与 OFDM[7] 不同的是它可以提供可观的频率分集增益。在 MC-CDMA 系统中,抽样后的直扩信号被转化为 G 个并行的数据调制码片抽样值,其中 G 为每个数据符号的码片数。每 G 个抽样值调制一个不同的抽样子载波,从而在频域产生频谱扩展。

MC-CDMA 系统发射机的主要组成部分如图 6.28 所示。N 个用户中,每个用户的数据符号都由一个扩谱因子为 G 的独立正交扩谱序列进行扩展。需要更高数据速率的用户可使用多个扩谱序列,因此就相当于多个用户。考虑 AWGN 信道上一个用于下行链路通信的同步 MC-CDMA 系统,它的数据符号和扩谱序列码片在时间上都是同步的,系统抽样速率为 $1/T_c$,其中 T_c 为码片宽度。考虑分配给每个用户一个包含 G 个抽样的数据块及一个数据符号,将这些输入抽样送至串并转换器(S/P)并构成一个复合序列

$$s(i) = \sum_{n=0}^{N-1} d_n p_n(i), \quad i = 0,1,\cdots,G-1 \tag{6.233}$$

式中:d_n 为用户 n 在该数据块持续时间内的数据符号;$p_n(i)$ 为用户 n 在扩谱序列 G 个样值中的第 i 个样值。归一化扩谱序列形式为

$$p_n(i) = \pm\frac{1}{\sqrt{G}}, \quad i = 0,1,\cdots,G-1, n = 0,1,\cdots,N-1 \tag{6.234}$$

G 个串并转换器的输出可用向量表示为

$$\boldsymbol{b} = \boldsymbol{P}\boldsymbol{d} = \sum_{n=0}^{N-1} \boldsymbol{p}_n d_n \tag{6.235}$$

式中：$G \times G$ 维矩阵 $\boldsymbol{P}$ 的第 n 列为向量 $\boldsymbol{p}_n$，表示用户 n 的扩谱序列；$\boldsymbol{d}$ 为 N 维向量，表示 N 个用户的数据符号：

$$\boldsymbol{p}_n = [p_n(G-1) \quad p_n(G-2) \quad \cdots \quad p_n(0)]^{\mathrm{T}}, \boldsymbol{d} = [d_0 \quad d_1 \quad \cdots \quad d_{N-1}]^{\mathrm{T}} \tag{6.236}$$

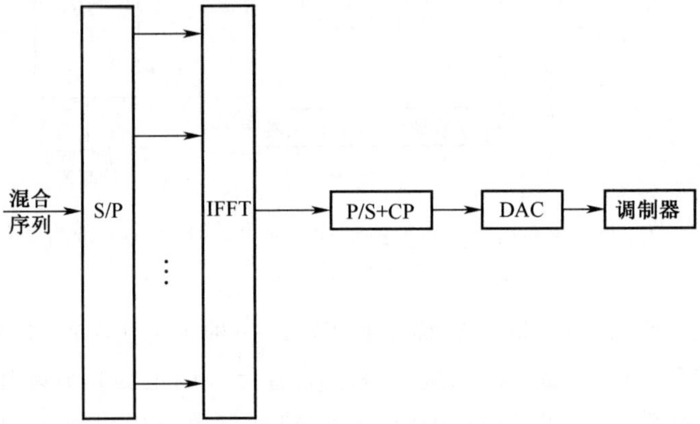

图 6.28　MC-CDMA 系统发射机的主要组成部分

扩谱序列的正交性及式(6.234)意味着：

$$\| \boldsymbol{p}_n \|^2 = 1, \boldsymbol{p}_i^{\mathrm{H}} \boldsymbol{p}_k = \boldsymbol{0}, \quad k \neq i \quad (\text{正交序列}) \tag{6.237}$$

尽管后续分析是针对 MC-CDMA 系统，但若设 $\boldsymbol{P} = \boldsymbol{I}$ 为单位矩阵且将 $\boldsymbol{d}$ 视为由连续输入符号构成的向量，则该分析对只有一个用户的 OFDM 系统也是有效的。

$G \times G$ 维时间离散向量抽样 $\boldsymbol{x}$ 的 G 点**离散傅里叶变换**为 $\boldsymbol{F}\boldsymbol{x}$，其中 $\boldsymbol{F}$ 为 $G \times G$ 维矩阵，即

$$\boldsymbol{F} = \frac{1}{\sqrt{G}} \begin{bmatrix} 1 & 1 & 1 & \cdots & 1 \\ 1 & W & W^2 & \cdots & W^{G-1} \\ \vdots & \vdots & \vdots & \ddots & \vdots \\ 1 & W^{G-1} & W^{2(G-1)} & \cdots & W^{(G-1)^2} \end{bmatrix}, W = \exp(-\mathrm{j}2\pi/G) \tag{6.238}$$

式中 $\mathrm{j} = \sqrt{-1}$。若 T 为抽样时间，则 $\boldsymbol{F}\boldsymbol{x}$ 的元素 i 近似为时间连续信号在频率 i/T 上的时间连续傅里叶变换。时间离散抽样就是通过该时间连续信号获得。利用有限几何级数之和及复指数函数的周期性可证明：

$$\boldsymbol{F}^{\mathrm{H}}\boldsymbol{F} = \boldsymbol{F}\boldsymbol{F}^{\mathrm{H}} = \boldsymbol{I} \tag{6.239}$$

上式表明 $\boldsymbol{F}$ 是一个酉矩阵,因此 $\boldsymbol{F}^{-1}=\boldsymbol{F}^{\mathrm{H}}$,故 $\boldsymbol{F}^{\mathrm{H}}$ 表示 G 点**离散傅里叶逆变换**。

在 MC-CDMA 中, G 个串并转换器的输出送至**快速傅里叶逆变换器**(IFFT),后者用于实现离散傅里叶逆变换。根据下式:

$$\boldsymbol{x}=\boldsymbol{F}^{\mathrm{H}}\boldsymbol{b} \tag{6.240}$$

对向量 $\boldsymbol{b}$ 进行 IFFT 得到的 G 个并行输出向量 $\boldsymbol{x}=[x_{G-1} \quad x_{G-2} \quad \cdots \quad x_0]^{\mathrm{T}}$。由于 IFFT 的变换作用,向量 $\boldsymbol{b}$ 的各元素都好像由各个不同的子载波发射。并串转换器(P/S)将 $\boldsymbol{x}$ 的各分量转换为串行数据流。

向量 $\boldsymbol{x}$ 表示一个数据块,发射信号为连续数据块。假设信道冲激响应具有以下形式:

$$h(\tau)=\sum_{i=0}^{m}h_i\delta(\tau-iT_{\mathrm{c}}) \tag{6.241}$$

式中系数 $\{h_i\}$ 的某些值可能为零,这取决于存在多少有实际意义的多径分量; mT_{c} 为**多径时延扩展**或冲激响应的持续时间。

为防止多径时延扩展引起相邻块之间的**符号间干扰**,必须要在各块间插入持续时间为 mT_{c} 或更长的**保护间隔**,它通过在数据流前面附加一个长度为 m 个抽样值的**循环前缀(CP)**来实现。假设(数据块长度)为 G ,则 G 应满足:

$$G\geqslant m+1 \tag{6.242}$$

插入循环前缀后所产生的序列包含 $G+m$ 个元素,以向量 $\bar{x}$ 表示,具体定义如下

$$\bar{x}_i=x_k, k=i\text{ 模-}G,\ -m\leqslant i\leqslant G-1 \tag{6.243}$$

该过程如图 6.29 所示。该序列经一个数模转换器(DAC)后再经上变频发射出去,如图 6.28 所示。

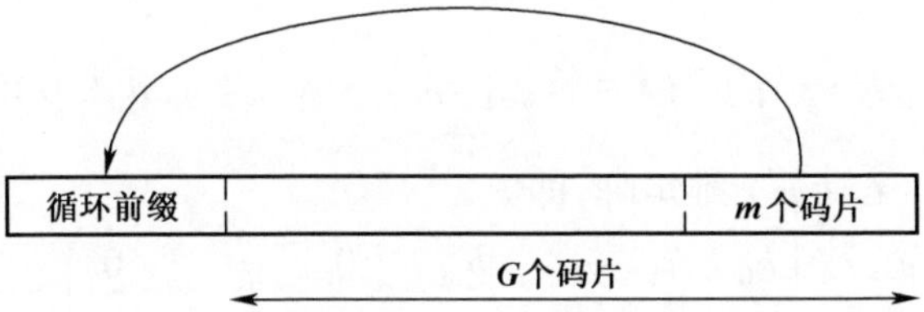

图 6.29 数据流前的附加循环前缀示意图

数据块发射的持续时间为 $T=T_{\mathrm{c}}(m+G)=T_{\mathrm{s}}(1+m/G)$,其中 $T_{\mathrm{s}}=GT_{\mathrm{c}}$ 为数据符号间隔。若数据速率固定,则扩展后的序列将导致接收机接收的每个数据符号的能量减少。能量减少由**前缀因子**表示,即

$$c=\frac{G}{m+G} \tag{6.244}$$

由于 m 取决于多径时延扩展,无法在不引入符号间干扰的情况下减少 m,因此 c 随着 G 的增大而增加。

MC-CDMA 接收机的主要组成部分如图 6.30 所示。假设信道为 AWGN 信道且码片波形、码片匹配滤波器和抽样定时都是理想的,则式(6.241)的信道脉冲响应表明,抽样匹配滤波器的输出为

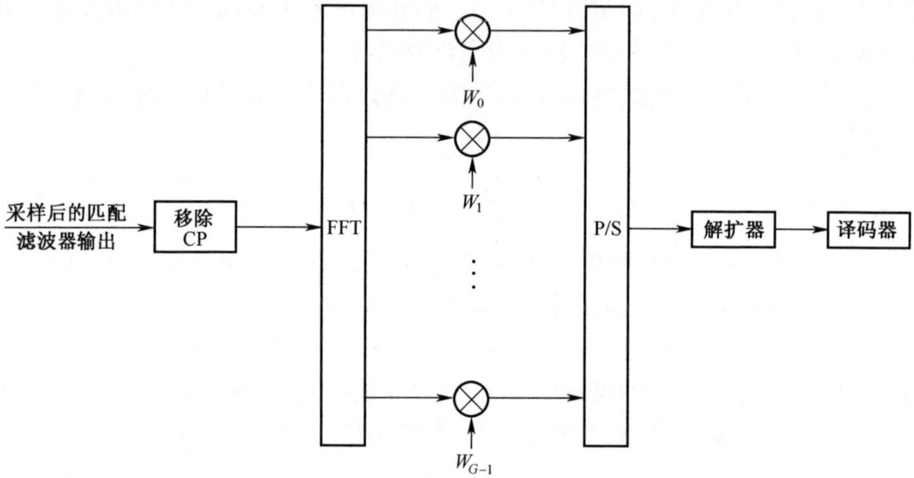

图 6.30 MC-CDMA 接收机的主要组成部分

$$y_i = \sum_{k=0}^{m} h_k \bar{x}_{i-k} + \bar{n}_i, \ -m \leqslant i \leqslant G-1 \tag{6.245}$$

式中 $\bar{n}_i$ 为抽样高斯白噪声。由于匹配滤波器输出的 m 个抽样值的循环前缀(CP)被其前面的数据块破坏,故将该 CP 丢弃。剩余的 G 维接收向量为

$$\bar{\boldsymbol{y}} = \overline{\boldsymbol{H}}_1 \bar{\boldsymbol{x}} + \bar{\boldsymbol{n}} \tag{6.246}$$

式中:$\bar{\boldsymbol{y}} = [y_{G-1}\ y_{G-2}\ \cdots\ y_0]^{\mathrm{T}}$;$\bar{\boldsymbol{x}} = [\bar{x}_{G-1}\ \bar{x}_{G-2}\ \cdots\ \bar{x}_{-m}]^{\mathrm{T}}$,$\bar{\boldsymbol{n}}$ 为 G 维高斯噪声抽样向量;$\overline{\boldsymbol{H}}_1$ 为 $G \times (G+m)$ 维矩阵,即

$$\boldsymbol{H}_1 = \begin{bmatrix} h_0 & h_1 & \cdots & h_m & 0 & \cdots & 0 \\ 0 & h_0 & \cdots & h_{m-1} & h_m & \cdots & 0 \\ \vdots & \vdots & \ddots & \vdots & \ddots & \vdots & \iddots \\ 0 & \cdots & 0 & h_0 & \cdots & h_{m-1} & h_m \end{bmatrix} \tag{6.247}$$

由于 $\bar{\boldsymbol{x}}$ 的最后 m 个元素构成循环前缀,且可由式(6.243)通过 $\boldsymbol{x}$ 得到,故可将接收向量描述为

$$\bar{\boldsymbol{y}} = \boldsymbol{H}\boldsymbol{x} + \bar{\boldsymbol{n}} \tag{6.248}$$

式中 $\boldsymbol{H}$ 为 $G \times G$ 维矩阵,即

$$\boldsymbol{H} = \begin{bmatrix} h_0 & h_1 & \cdots & h_m & 0 & \cdots & 0 \\ 0 & h_0 & \cdots & h_{m-1} & h_m & \cdots & 0 \\ \vdots & \vdots & \vdots & \vdots & \vdots & \vdots & \vdots \\ 0 & \cdots & 0 & h_0 & \cdots & h_{m-1} & h_m \\ \vdots & \vdots & \vdots & \vdots & \vdots & \vdots & \vdots \\ h_2 & h_3 & \cdots & h_{m-2} & \cdots & h_0 & h_1 \\ h_1 & h_2 & \cdots & h_{m-1} & \cdots & 0 & h_0 \end{bmatrix} \tag{6.249}$$

该矩阵具有**循环**矩阵形式,即矩阵的每一行都由前一行通过循环右移一个元素得到。$\boldsymbol{H}$ 的这种形式表明,尽管循环前缀已去除,但它还是影响到 $\boldsymbol{H}$,从而影响到接收向量 $\bar{\boldsymbol{y}}$。如 1.1 节所述的对发射信号进行脉冲幅度与正交调制那样,$\bar{\boldsymbol{n}}$ 是一个零均值循环对称的复高斯噪声向量,且 $E[\overline{\boldsymbol{nn}}^{\mathrm{T}}] = 0$,其协方差为

$$E[\overline{\boldsymbol{nn}}^{\mathrm{H}}] = N_0\boldsymbol{I} \tag{6.250}$$

式中:$N_0/2$ 为双边噪声功率谱密度;$\boldsymbol{I}$ 为 $G \times G$ 维单位矩阵。

$\boldsymbol{F}^{\mathrm{H}}$ 的每一列都具有以下形式

$$\boldsymbol{f}_i = \frac{1}{\sqrt{G}}\left[1\ W^{-i}\ W^{-2i}\ \cdots\ W^{-(G-1)i}\right]^{\mathrm{T}}, \quad i = 0,1,\cdots,G-1 \tag{6.251}$$

根据 $W^G = 1$ 可证明

$$\boldsymbol{H}\boldsymbol{f}_i = \lambda_i\boldsymbol{f}_i, \quad i = 0,1,\cdots,G-1 \tag{6.252}$$

$$\lambda_i = \sum_{k=0}^{m} h_k W^{-ki}, \quad i = 0,1,\cdots,G-1 \tag{6.253}$$

上式表明 $\boldsymbol{f}_i$ 为 $\boldsymbol{H}$ 的特征向量,对应的特征值为 λ_i。令

$$\boldsymbol{h} = [h_0 \quad \cdots \quad h_m \quad \cdots \quad 0]^{\mathrm{T}} \tag{6.254}$$

表示 $G \times 1$ 维冲激响应系数向量,其中至少有 $G - m - 1$ 个元素为零。令 $\boldsymbol{\lambda}$ 为 $G \times 1$ 维**特征向量**,即

$$\boldsymbol{\lambda} = [\lambda_0 \quad \lambda_1 \quad \cdots \quad \lambda_{G-1}]^{\mathrm{T}} \tag{6.255}$$

则式(6.253)意味着有

$$\boldsymbol{\lambda} = \sqrt{G}\,\boldsymbol{F}^{\mathrm{H}}\boldsymbol{h} \tag{6.256}$$

$$\boldsymbol{h} = \frac{1}{\sqrt{G}}\boldsymbol{F}\boldsymbol{\lambda} \tag{6.257}$$

式(6.257)表明,特征向量的元素决定了时间离散的各频率分量对各脉冲

响应元素的贡献程度。因此，$\{|\lambda_i|\}$ 值的范围为**频率选择性信道**提供了一种度量。由于

$$\|\boldsymbol{h}\|^2 = \frac{\|\boldsymbol{\lambda}\|^2}{\sqrt{G}} \tag{6.258}$$

故脉冲响应时域成分的能量分布在 $\boldsymbol{H}$ 的特征值上。

由于 $\boldsymbol{F}$ 为非奇异矩阵，故 $\{\boldsymbol{f}_i\}$ 是线性独立的，因此 $\boldsymbol{H}$ 可对角化，且式(6.252)表明

$$\boldsymbol{H}\boldsymbol{F}^{\mathrm{H}} = \boldsymbol{F}^{\mathrm{H}}\boldsymbol{\Lambda}$$

或

$$\boldsymbol{H} = \boldsymbol{F}^{\mathrm{H}}\boldsymbol{\Lambda}\boldsymbol{F} \tag{6.259}$$

式中

$$\boldsymbol{\Lambda} = \mathrm{diag}(\boldsymbol{\lambda}) \tag{6.260}$$

为对角阵，λ_i 为第 i 个对角元素，$i = 0,1,\cdots,G-1$。由于前述循环前缀的定义方式，故这种对角化是可能的，这也是循环前缀为何如此定义的原因。

如图 6.30 所示，经过串并变换后，将接收向量送至**快速傅里叶变换器**（FFT），该变换器用于实现**离散傅里叶变换**。G 个并行 FFT 输出构成向量，即

$$\boldsymbol{y} = \boldsymbol{F}\bar{\boldsymbol{y}} \tag{6.261}$$

将式(6.248)、式(6.259)、式(6.240)及式(6.239)代入式(6.261)中可得

$$\boldsymbol{y} = \boldsymbol{\Lambda}\boldsymbol{b} + \boldsymbol{n} \tag{6.262}$$

式中 $\boldsymbol{n} = \boldsymbol{F}\bar{\boldsymbol{n}}$ 为零均值向量且与 $\boldsymbol{b}$ 相互独立，且其协方差为

$$E[\boldsymbol{n}\,\boldsymbol{n}^{\mathrm{H}}] = N_0\boldsymbol{I} \tag{6.263}$$

令 $\mathcal{E}_{\mathrm{sn}}$ 为无循环前缀时数据符号 d_n 的发射能量，则存在**前缀因子** c 时发射能量为

$$|d_n|^2 = c\mathcal{E}_{\mathrm{sn}} \tag{6.264}$$

6.8.1.1 均衡

均衡是补偿信道对向量 $\boldsymbol{b}$ 和 $\boldsymbol{d}$ 影响的过程。**线性均衡器**采用下式进行估计：

$$\hat{\boldsymbol{b}} = \boldsymbol{W}\boldsymbol{y} \tag{6.265}$$

式中 $\boldsymbol{W}$ 为 $G\times G$ 维对角矩阵，其对角元素 $w_i = W_{ii}$（$i=0,1,\cdots,G-1$），称为均衡器的**权重**，$\hat{\boldsymbol{b}} = [\hat{b}_0 \quad \hat{b}_1 \quad \cdots \quad \hat{b}_{N-1}]^{\mathrm{T}}$。如图 6.31 所示，均衡后的 FFT 输出 $\{\hat{b}_i\}$ 送至并串转换器（P/S），并串转换器的输出送至解扩器。解扩器根据下式计算出第 k 个用户的数据符号估计值：

$$\hat{d}_k = \boldsymbol{p}_k^H \hat{\boldsymbol{b}} \tag{6.266}$$

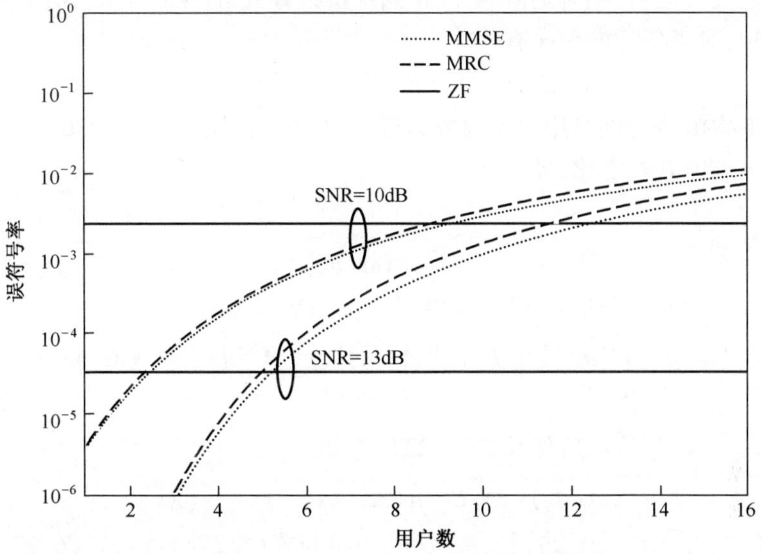

图 6.31　$G = 64$ 时多用户 MC-CDMA 系统误符号率与 N 的关系（其中 $\text{SNR} = c\mathcal{E}_{sk}/N_0$，分别取值 10dB 和 13dB）

将式(6.265)、式(6.262)及式(6.235)代入式(6.266)中可知

$$\hat{d}_k = \boldsymbol{p}_k^{\mathrm{H}} \boldsymbol{W\Lambda P d} + \boldsymbol{p}_k^{\mathrm{H}} \boldsymbol{W n} \tag{6.267}$$

上式反映了经线性均衡及解扩后 $\hat{d}_k$ 与 $\boldsymbol{d}$ 之间的关系。由式(6.267)、式(6.233)及式(6.234)并考虑到 $\boldsymbol{W\Lambda}$ 为对角阵，可得到用户 k 的符号估计值为

$$\hat{d}_k = d_k G^{-1} \mathrm{tr}(\boldsymbol{W\Lambda}) + \sum_{n=0, n\neq k}^{N-1} d_n \boldsymbol{p}_k^{\mathrm{H}} \boldsymbol{W\Lambda} \boldsymbol{p}_n + \boldsymbol{p}_k^{\mathrm{H}} \boldsymbol{W n} \tag{6.268}$$

第一项为估计器的期望部分，其余项为多址干扰和噪声。

迫零(ZF)均衡器采用下式来对 $\boldsymbol{d}$ 进行估计：

$$\boldsymbol{W} = \boldsymbol{\Lambda}^{-1} \qquad (\mathrm{ZF}) \tag{6.269}$$

式(6.269)、式(6.267)及式(6.237)所确定的正交性意味着通过迫零均衡器与解扩可获得无偏估计为

$$\hat{d}_k = d_k + \boldsymbol{p}_k^{\mathrm{H}} \boldsymbol{\Lambda}^{-1} \boldsymbol{n} \tag{6.270}$$

因此，迫零均衡器可恢复出数据符号 d_k，且不会引入符号间干扰。迫零均衡器存在的问题是，若某个 i 对应的 $|\lambda_i|$ 值较低，则式(6.270)中的噪声项将被显著放大，从而恶化估计值 $\hat{d}_k$。

以 tr($\boldsymbol{A}$) 表示矩阵 $\boldsymbol{A}$ 的**迹**,即矩阵对角元素之和。直接通过矩阵相乘和矩阵迹的定义可证明,相容矩阵 $\boldsymbol{A}$ 和 $\boldsymbol{B}$ 满足**迹恒等式** $\mathrm{tr}(\boldsymbol{AB}) = \mathrm{tr}(\boldsymbol{BA})$ 。由迹恒等式可知,对于任意向量 $\boldsymbol{z}$ 有

$$\mathrm{tr}\{E[\boldsymbol{z}\boldsymbol{z}^{\mathrm{H}}]\} = E[\boldsymbol{z}^{\mathrm{H}}\boldsymbol{z}] = E[\|\boldsymbol{z}\|^2] \tag{6.271}$$

迫零均衡器提供给用户 k 的数据符号的 SNR 正比于式(6.270)第一项模的平方与第二项方差之比,即

$$\gamma_{sk} = \frac{|d_k|^2}{\mathrm{var}(\hat{d}_k)} \tag{6.272}$$

由式(6.263)与式(6.271)可得

$$\mathrm{var}(\hat{d}_k) = E[|\boldsymbol{p}_k^{\mathrm{H}}\boldsymbol{\Lambda}^{-1}\boldsymbol{n}|]^2 = E[(\boldsymbol{p}_k^{\mathrm{H}}\boldsymbol{\Lambda}^{-1}\boldsymbol{n})^{\mathrm{H}}(\boldsymbol{p}_k^{\mathrm{H}}\boldsymbol{\Lambda}^{-1}\boldsymbol{n})] = N_0\mathrm{tr}(\boldsymbol{p}_k^{\mathrm{H}}\boldsymbol{\Lambda}^{-1}\boldsymbol{\Lambda}^{-*}\boldsymbol{p}_k) \tag{6.273}$$

由 $\boldsymbol{\Lambda}^{-1}\boldsymbol{\Lambda}^{-*}$ 是对角阵及式(6.234)可知

$$\mathrm{var}(\hat{d}_k) = N_0 G^{-1}\mathrm{tr}(\boldsymbol{\Lambda}^{-1}\boldsymbol{\Lambda}^{-*}) \qquad (\mathrm{ZF}) \tag{6.274}$$

式中:$\boldsymbol{\Lambda}^{-*}$ 为 $\boldsymbol{\Lambda}^{-1}$ 的复共轭。将式(6.264)与式(6.274)代入式(6.272)可得

$$\gamma_{sk} = \frac{c\mathcal{E}_{sk}}{N_0}\frac{G}{\sum_{i=0}^{G-1}|\lambda_i|^2} \qquad (\mathrm{ZF}) \tag{6.275}$$

采用**最大比合并**(MRC)均衡可以避免迫零均衡器放大噪声。**MRC 均衡器**可使单用户数据符号的信噪比(SNR)最大化。当任意用户 k 为唯一用户时,为估计其符号 SNR,可去掉式(6.268)的中间项,并代入 $\boldsymbol{W}$ 和 $\boldsymbol{\Lambda}$ 的对角元素得到:

$$\hat{d}_k = d_k G^{-1}\sum_{i=0}^{G-1} w_i\lambda_i + \sum_{i=0}^{G-1} w_i p_{ki} n_i \tag{6.276}$$

式中:p_{ki} 为向量 $\boldsymbol{p}_k$ 的第 i 个元素。噪声 $\boldsymbol{n}$ 为独立同分布的零均值高斯随机变量,其协方差由式(6.263)给出。因此,应用式(6.263)及式(6.264)可发现 SNR 正比于

$$\gamma_{sk} = \frac{c\mathcal{E}_{sk}}{N_0 G}\frac{\left|\sum_{i=0}^{G-1} w_i\lambda_i\right|^2}{\sum_{i=0}^{G-1}|w_i|^2} \tag{6.277}$$

式中:$\mathcal{E}_{sk}$ 为用户 k 的能量。对其中的复变量应用柯西-施瓦茨不等式(见 5.2 节)可知,使 γ_{sk} 达到最大化的条件为

$$w_i = \eta\lambda_i^* \qquad (\mathrm{MRC}) \tag{6.278}$$

式中:η 为任意常数。同样,$\boldsymbol{W}$ 为一个与特定用户无关的对角矩阵,其对角元素为

$$W = \eta \boldsymbol{\Lambda}^* \qquad (\text{MRC}) \tag{6.279}$$

将式(6.278)与式(6.258)代入式(6.277)可发现 **MRC 均衡器为提供的** d_k **的 SNR** 为

$$\gamma_{sk} = \frac{c\mathcal{E}_{sk} \ \|\boldsymbol{\lambda}\|^2}{N_0 G} = \frac{c\mathcal{E}_{sk} \ \|\boldsymbol{h}\|^2}{N_0} \qquad (\text{单用户,MRC}) \tag{6.280}$$

上式表明**多径分量的所有能量都得到恢复**。

最小均方误差(MMSE)均衡器或线性检测器利用对角矩阵 $\boldsymbol{W}$ 来进行均衡,使均方误差 $\text{MSE} = E[\ \|\ \boldsymbol{W}_y - \boldsymbol{b}\ \|^2]$ 达到最小。MSE 可表示为

$$\text{MSE} = \text{tr}(\boldsymbol{R}) = \text{tr}\{E[(\boldsymbol{Wy} - \boldsymbol{b})(\boldsymbol{Wy} - \boldsymbol{b})^{\text{H}}]\} \tag{6.281}$$

令 $\boldsymbol{R}_{\text{b}} = \text{E}[\boldsymbol{b}\boldsymbol{b}^{\text{H}}]$, $\boldsymbol{R}_y = E[\boldsymbol{y}\boldsymbol{y}^{\text{H}}]$ 。假设非负定相关矩阵 $\boldsymbol{R}_y$ 是正定的,从而它也是可逆的。将式(6.281)展开并代入式(6.262)可得

$$\begin{aligned} \text{MSE} &= \text{tr}[\boldsymbol{W}\boldsymbol{R}_y \boldsymbol{W}^{\text{H}} - \boldsymbol{W}\boldsymbol{\Lambda}\boldsymbol{R}_b - \boldsymbol{R}_b\boldsymbol{\Lambda}^* \boldsymbol{W}^* + \boldsymbol{R}_b] \\ &= \text{tr}[(\boldsymbol{W} - \boldsymbol{R}_b\boldsymbol{\Lambda}^* \boldsymbol{R}_y^{-1})\boldsymbol{R}_y(\boldsymbol{W} - \boldsymbol{R}_b\boldsymbol{\Lambda}^* \boldsymbol{R}_y^{-1})^{\text{H}}] + \boldsymbol{C} \\ &= \text{tr}[\boldsymbol{R}_y \|\boldsymbol{W} - \boldsymbol{R}_b\boldsymbol{\Lambda}^* \boldsymbol{R}_y^{-1}\|^2] + \boldsymbol{C} \\ &= \text{tr}[\boldsymbol{R}_y]\|\boldsymbol{W} - \boldsymbol{R}_b\boldsymbol{\Lambda}^* \boldsymbol{R}_y^{-1}\|^2 + \boldsymbol{C} \end{aligned} \tag{6.282}$$

式中

$$\boldsymbol{C} = \text{tr}[\boldsymbol{R}_b - \boldsymbol{R}_b\boldsymbol{\Lambda}^* \boldsymbol{R}_y^{-1}\boldsymbol{\Lambda}^* \boldsymbol{R}_b] \tag{6.283}$$

与 $\boldsymbol{W}$ 无关。由于 $\boldsymbol{R}_y$ 是正定的,故 $\text{tr}[\boldsymbol{R}_y] > 0$,因此令 $\boldsymbol{W} = \boldsymbol{R}_b\boldsymbol{\Lambda}^* \boldsymbol{R}_y^{-1}$ 即可实现 MMSE 估计。利用式(6.262)与式(6.263)对 $\boldsymbol{R}_y$ 进行估计,可得

$$\boldsymbol{W} = \boldsymbol{R}_b\boldsymbol{\Lambda}^* [\boldsymbol{R}_n + \boldsymbol{\Lambda}\boldsymbol{R}_b\boldsymbol{\Lambda}^*]^{-1} \tag{6.284}$$

为估计 $\boldsymbol{R}_b$,将扩谱序列中的每个码片都建模成独立零均值随机变量,因此

$$p_n(i) = \pm 1/\sqrt{G}, E[p_n(i)p_m(k)] = \begin{cases} G^{-1}, & n = m, i = k \\ 0, & \text{其他} \end{cases} \tag{6.285}$$

式中:$0 \leqslant n,m \leqslant N-1$ 且 $0 \leqslant i,k \leqslant G-1$,则式(6.235)与式(6.264)意味着 $\boldsymbol{R}_b = \sigma_b^2 \boldsymbol{I}$ 且

$$\sigma_b^2 = \sum_{n=0}^{N-1} \frac{c\mathcal{E}_{sn}}{G} = \frac{cN\bar{\mathcal{E}}_s}{G}, \ \bar{\mathcal{E}}_s = \frac{1}{N}\sum_{n=0}^{N-1} \mathcal{E}_{sn} \tag{6.286}$$

式中:$\bar{\mathcal{E}}_s$ 为所有 N 个用户 $\mathcal{E}_{sn}$ 的平均值。将这些结果代入式(6.284)可得以下对角阵

$$\boldsymbol{W} = \frac{cN\bar{\mathcal{E}}_s}{N_0 G}\boldsymbol{\Lambda}^* \left[\boldsymbol{I} + \frac{cN\bar{\mathcal{E}}_s}{N_0 G}\boldsymbol{\Lambda}\boldsymbol{\Lambda}^*\right]^{-1} \qquad (\text{MMSE}) \tag{6.287}$$

由于采用 MRC 和 MMSE 均衡器时 $\boldsymbol{W}\boldsymbol{\Lambda} \neq \boldsymbol{I}$,故这两种均衡器在一定程度上略逊于正交扩谱序列,且在存在其他数据符号时,它们产生一个性能有所下降

的数据符号估计值。尽管如此,在上述处理过程中噪声通常并没有被放大,因此这两种均衡器通常比迫零均衡器更受欢迎。若用户数量足够多,使得

$$\frac{cN\bar{\mathcal{E}}_s}{N_0} \gg \frac{G}{\min_i |\boldsymbol{\lambda}_i|^2} \tag{6.288}$$

则式(6.287)表明,此时 MMSE 均衡器与迫零均衡器近似相同。若假设

$$\frac{cN\bar{\mathcal{E}}_s}{N_0} \ll \frac{G}{\max_i |\boldsymbol{\lambda}_i|^2} \tag{6.289}$$

则式(6.287)表明 MMSE 均衡器与 MRC 均衡器的权重成正比。

6.8.1.2 性能分析

通过假设每个扩谱序列的每个码片都满足式(6.285)的独立零均值随机变量,可得到采用 MRC 或 MMSE 均衡的用户在多址干扰下的近似误符号率一般表达式。由于噪声与扩谱序列无关,由式(6.263)、式(6.264)、式(6.268)及式(6.271)可知

$$\begin{aligned}\operatorname{var}(\hat{d}_k) &= \sum_{n=0,n\neq k}^{N-1} c\mathcal{E}_{sn}E[\,|\boldsymbol{p}_k^{\mathrm{H}}(\boldsymbol{W\Lambda})\,\boldsymbol{p}_n|^2\,] + N_0G^{-1}\mathrm{tr}(\boldsymbol{W}\,\boldsymbol{W}^*) \\ &= c\mathcal{E}_t G^{-2}\mathrm{tr}(\boldsymbol{W\Lambda}\,\boldsymbol{\Lambda}^*\ \boldsymbol{W}^*) + N_0G^{-1}\mathrm{tr}(\boldsymbol{W}\,\boldsymbol{W}^*)\end{aligned} \tag{6.290}$$

式中 $\mathcal{E}_t$ 为**多址干扰的总能量**,即

$$\mathcal{E}_t = \sum_{n=0,n\neq k}^{N-1} \mathcal{E}_{sn} \tag{6.291}$$

$\hat{d}_k$ 的 **SNR** 正比于式(6.268)第一项模的平方与 $\operatorname{var}(\hat{d}_k)$ 之比。对于 MRC 与 MMSE 均衡器来说,矩阵 $\boldsymbol{W\Lambda}$ 元素都为实值,因此

$$\gamma_{sk} = \frac{\dfrac{c\mathcal{E}_{sk}}{N_0G}[\mathrm{tr}(\boldsymbol{W\Lambda})]^2}{\dfrac{c\mathcal{E}_t}{N_0G}\mathrm{tr}[(\boldsymbol{W\Lambda})^2] + \mathrm{tr}(\boldsymbol{W}\,\boldsymbol{W}^*)},\ (\text{MRC},\text{MMSE}) \tag{6.292}$$

对于 MRC 均衡器来说,将式(6.279)代入式(6.292)可得

$$\gamma_{sk} = \frac{\dfrac{c\mathcal{E}_{sk}}{N_0G}\|\boldsymbol{\lambda}\|^4}{\dfrac{c\mathcal{E}_t}{N_0G}\sum_{i=0}^{G-1}|\boldsymbol{\lambda}_i|^4 + \|\boldsymbol{\lambda}\|^2},\ (\text{MRC}) \tag{6.293}$$

当 $\mathcal{E}_t = 0$ 时上式简化为式(6.280)。对于 MMSE 均衡器来说,将式(6.287)代入式(6.292)可得

$$\gamma_{sk}=\frac{\dfrac{c\mathcal{E}_{sk}}{N_0G}\left[\sum_{i=0}^{G-1}|\lambda_i|^2(1+a|\lambda_i|^2)^{-1}\right]^2}{\dfrac{c\mathcal{E}_t}{N_0G}\sum_{i=0}^{G-1}|\lambda_i|^4(1+a|\lambda_i|^2)^{-2}+\sum_{i=0}^{G-1}|\lambda_i|^2(1+a|\lambda_i|^2)^{-2}},\text{(MMSE)} \tag{6.294}$$

式中

$$a=\frac{c(\mathcal{E}_t+\mathcal{E}_{sk})}{N_0G} \tag{6.295}$$

若数据调制为二进制双极性调制或 BPSK 调制，则 $d_k=\pm1$，且 $\mathrm{Re}(\hat{d}_k)$ 的正负决定了用户 k 的符号判决。假设 $\hat{d}_k$ 近似为高斯分布，则误符号率为（见 1.2 节）

$$P_s=Q(\sqrt{2\gamma_{sk}}) \tag{6.296}$$

对于 MRC 与 MMSE 均衡器，上式中的 γ_{sk} 分别由式（6.293）及式（6.294）给定；对于迫零均衡器，γ_{sk} 由式（6.275）给定。对 MC-CDMA 系统来说，信道编码的使用为其固有的频率分集额外增加了时间分集，在接收端采用多个天线则可为其增加空间分集。

若 $\boldsymbol{h}$ 最多有 $m+1$ 个非零元素，且 $\alpha_i=|h_{i-1}|$ 表示每个元素的模，则由式（6.280）可知，对单个用户及 MRC 均衡器来说，当单载波直扩系统采用 Rake 解调器且满足 $L=m+1$、$\mathcal{E}_s=c\mathcal{E}_{sk}$ 时，γ_{sk} 等于式（6.218）给出的 γ_s。因此，若 $\{\alpha_i\}$ 具有瑞利分布，当系统满足式（6.242）时，式（6.223）对采用 MRC 均衡器的单用户 MC-CDMA 系统也是有效的。以上这些公式表明，对单个用户来说，虽然采用 Rake 合并的单载波直扩系统与采用 MRC 或 MMSE 均衡器的 MC-CDMA 系统在性能上几乎相同，但存在以下两个主要不同。一是由于循环前缀存在能量消耗，因此 MC-CDMA 系统存在由前缀因子 $c\leqslant1$ 引起的系统损耗；二是单载波直扩系统存在由路径串扰导致的系统损耗，而路径串扰在 Rake 解调器性能分析过程中是被忽略的，这一点通常重要得多。除了这些因素以外，需要注意到一个显著的事实是，**MC-CDMA 系统可恢复与 Rake 解调器从多径分量中获得的同样的能量**。

下面举例说明多用户 MC-CDMA 系统的性能，对 $\boldsymbol{h}=\sqrt{16/21}\,[1\ 0.5\ -0.25]^{\mathrm{T}}$ 的频率选择性衰落信道的误符号率 P_s 进行估计，其中 $\|\boldsymbol{h}\|^2=1$。N 个用户的所有 N 个数据符号都具有相同的能量，故 $\mathcal{E}_t=(N-1)\mathcal{E}_{sk}$。假设 $G=64$，计算在给定 $\max_i|\lambda_i|=5.59\min_i|\lambda_i|$ 的条件下进行，以表明信道具有强烈的频率选择性。图 6.31 显示了分别采用 ZF、MRC 及

MMSE 均衡器,在 $c\mathcal{E}_{sk}/N_0 = 10\text{dB}$ 及 13dB 时 P_s 与 N 的关系。从图中可见,在该例中 MMSE 均衡器的性能要略优于 MRC 均衡器的性能;在 $c\mathcal{E}_{sk}/N_0 = 10\text{dB}$ 且 $N \leqslant 8$ 及 $c\mathcal{E}_{sk}/N_0 = 13\text{dB}$ 且 $N \leqslant 5$ 这两种情况下,MMSE 均衡器的性能要比 ZF 均衡器的性能好一些。

6.8.1.3 信道估计

实现均衡需要**信道估计**,它主要是对脉冲响应 $\{h_i\}$ 或等价于对 $\{\lambda_i\}$ 进行估计。信道估计可通过在某些符号块之间发送已知的导频符号来获得。为此,令 $\boldsymbol{b}_a = [b_{a0}\ b_{a1}\ \cdots\ b_{a,G-1}]^{\mathrm{T}}$ 表示一个已知的 G 维导频符号数据向量,且满足 $|b_{ai}| = 1$,令 $\boldsymbol{B}$ 表示一个 $G \times G$ 维对角矩阵,对角元素为

$$B_{ii} = b_{ai}^*, i = 0,1,\cdots,G-1 \tag{6.297}$$

当 $\boldsymbol{b}_a$ 为接收向量时,式(6.262)表明 FFT 输出到均衡器输入端的向量为

$$\boldsymbol{y} = \boldsymbol{\Lambda}\boldsymbol{b}_a + \boldsymbol{n} \tag{6.298}$$

因此,λ 的粗略估计为

$$\hat{\lambda}_r = \boldsymbol{By} \tag{6.299}$$

这时因为式(6.298)和式(6.299)表明 $\hat{\lambda}_r = \lambda + \boldsymbol{Bn}$ 。

这种粗略估计可通过时延扩展值 mT_c 来提高精度。时延扩展值用于确定循环前缀的长度,可假设为已知。式(6.257)表明 $\boldsymbol{h}$ 的粗略估计为

$$\hat{h}_r = G^{-1/2}\boldsymbol{F}\hat{\lambda}_r \tag{6.300}$$

将式(6.297)至式(6.299)代入式(6.300)并利用式(6.257),可发现 $\hat{\boldsymbol{h}}_r = \boldsymbol{h} + G^{-1/2}\boldsymbol{FBn}$ 。当不存在噪声时,与 $\boldsymbol{h}$ 类似,$\hat{\boldsymbol{h}}_r$ 的后 $G-m-1$ 个元素将会等于零;当存在噪声时,这些元素就不为零。精估计器将 $\hat{\boldsymbol{h}}_r$ 的后 $G-m-1$ 个元素设定为零,即

$$\hat{\boldsymbol{h}} = \boldsymbol{I}_{m+1}\hat{\boldsymbol{h}}_r \tag{6.301}$$

式中 $\boldsymbol{I}_{m+1}$ 为 $G \times G$ 维对角矩阵,其前 $m+1$ 个对角元素的值为 1,其余的对角元素值为 0。由于 $\boldsymbol{I}_{m+1}$ 对 $\boldsymbol{h}$ 不产生影响,故

$$\hat{\boldsymbol{h}} = \boldsymbol{h} + G^{-1/2}\boldsymbol{I}_{m+1}\boldsymbol{FBn} \tag{6.302}$$

式(6.256)表明 λ 的精估计为

$$\hat{\lambda} = G^{1/2}\boldsymbol{F}^{\mathrm{H}}\hat{\boldsymbol{h}} \tag{6.303}$$

将式(6.299)至式(6.301)代入式(6.303),可得**信道估计**为

$$\hat{\lambda} = \boldsymbol{F}^{\mathrm{H}}\boldsymbol{I}_{m+1}\boldsymbol{FBy} \tag{6.304}$$

由于导频符号已知,故可将上式中的 $G \times G$ 维矩阵乘积 $\boldsymbol{F}^{\mathrm{H}} \boldsymbol{I}_{m+1} \boldsymbol{F} \boldsymbol{B}$ 存储于接收机中。当接收到导频符号时,该矩阵就与 FFT 的输出向量 $\boldsymbol{y}$ 一起实现对信道的估计,以计算图 6.30 中的权重值。

将式(6.302)与式(6.256)代入式(6.303),可发现

$$\hat{\boldsymbol{\lambda}} = \boldsymbol{\lambda} + \boldsymbol{n}_e \tag{6.305}$$

式中 $\boldsymbol{n}_{\mathrm{e}} = \boldsymbol{F}^{\mathrm{H}} \boldsymbol{I}_{m+1} \boldsymbol{F} \boldsymbol{B} \boldsymbol{n}$。由于 $\boldsymbol{n}_{\mathrm{e}}$ 是零均值的,故 $\hat{\lambda}$ 为 λ 的无偏估计。$\boldsymbol{n}_{\mathrm{e}}$ 的协方差矩阵为 $\boldsymbol{R}_{ne} = N_0 \boldsymbol{F}^{\mathrm{H}} \boldsymbol{I}_{m+1} \boldsymbol{F}$。由式(6.271)与式(6.263)可知噪声功率为

$$\begin{aligned} E[\ \| \boldsymbol{n}_{\mathrm{e}} \|^2] &= \mathrm{tr}[\boldsymbol{R}_{ne}] = (m+1) N_0 \\ &= \frac{m+1}{G} E[\ \| \boldsymbol{n} \|^2] \end{aligned} \tag{6.306}$$

上式表明,若 $m + 1 < G$,则由于总噪声功率小于其在均衡器输入端处的值,从而导致式(6.304)的信道估计值受到破坏。

6.8.1.4 峰-均功率比

在 MC-CDMA 发射机中,IFFT 送至 DAC 输入端的 $\bar{\boldsymbol{x}}$ 元素的幅度可能会发生较大变化,这是因为 $\bar{\boldsymbol{x}}$ 的每个元素都是多个相位不同的分量之和,这些分量的合并既可能是增强的也可能是减弱的。DAC 的输出信号送至发射机的功率放大器。当输入功率相对较低时,放大器产生的输出功率与输入功率近似为线性关系;但是,当输入功率与输出功率都较大时,它们之间的关系就变得高度非线性了。功率放大器工作于线性区时,尽管会改变输入信号的幅度,但不会使输入信号产生严重失真。然而,放大器在线性区工作降低了接收机的信噪比,从而提高了误比特率。尽管功率放大器工作在非线性区域时可允许有更高的发射功率电平,因而甚为合乎人们需求,但这样会引起信号失真、对其他频谱区域产生辐射及因为子载波间的交调干扰而导致性能损失等一系列问题。因此,人们提出很多方法来减小输入到功率放大器的峰值功率。

发射信号在某时间间隔内的**峰-均功率比**(PAPR)定义为信号最大瞬时功率与其在该时间间隔内的平均功率之比。若 $x(t)$ 表示信号复包络,且时间间隔 $\mathcal{I}$ 的长度为 T,则 $x(t)$ 的 PAPR 为

$$\mathrm{PAPR}[x(t)] = \frac{\max\limits_{\mathcal{I}} |x(t)|^2}{\dfrac{1}{T}\displaystyle\int_{\mathcal{I}} |x(t)|^2 \mathrm{d}t} \tag{6.307}$$

在 MC-CDMA 系统中,相对于不进行脉冲成形处理而言,对每个 IFFT 发射信号进行脉冲成形处理会产生非矩形发射脉冲或波形,从而增加了 PAPR 值。

若忽略脉冲成形的影响或假设没有脉冲成形，则一个发射信号块的**时间离散**PAPR可定义为

$$\mathrm{PAPR}[\{\bar{x}_i\}]=\frac{\max\limits_{-m\leqslant i\leqslant G-1}|\bar{x}_i|^2}{\dfrac{1}{G+m}\sum_{i=-m}^{G-1}|\bar{x}_i|^2}\tag{6.308}$$

式中 $\{\bar{x}_i\}$ 根据式(6.240)中的 $\boldsymbol{b}$ 及式(6.243)来定义。由于 $x(t)$ 的快速波动，通常 $\mathrm{PAPR}[\{\bar{x}_i\}]<\mathrm{PAPR}[x(t)]$。然而，若过采样因子足够大的话，则一个过采样的时间离散信号的PAPR将成为 $\mathrm{PAPR}[x(t)]$ 的精确近似。

为推导 $\mathrm{PAPR}[\{\bar{x}_i\}]$ 的近似概率分布函数，将式(6.308)中的分母用 $E[|\bar{x}_i|^2]$ 代替，则

$$\mathrm{PAPR}[\{\bar{x}_i\}]\approx\max_{-m\leqslant i\leqslant G-1}\left\{\frac{|\bar{x}_i|^2}{E[|\bar{x}_i|^2]}\right\}\tag{6.309}$$

假设 $\boldsymbol{b}$ 的每个元素都为独立同分布的零均值随机变量，且方差为 $E[|\boldsymbol{b}|^2]$，则式(6.235)意味着每个 $\bar{x}_i$ 为具有一致边界的多个独立随机变量之和，且当 $G+m\to\infty$ 时 $E[|\bar{x}_i|^2]\to\infty$。因此，若 $G+m$ 较大，则中心极限定理(附录A.2“中心极限定理”中的推论2)表明，$\bar{x}_i$ 的实部和虚部服从方差为 $E[|\bar{x}_i|^2]/2$ 的近似高斯分布。如附录D.4节“瑞利分布”所示，$|\bar{x}_i|$ 服从方差为 $E[|\bar{x}_i|^2]$ 的瑞利分布，$|\bar{x}_i|^2/E[|\bar{x}_i|^2]$ 服从均值为1的指数分布函数 $F(z)=1-\exp(-z)$，因此由式(6.309)可知，$\mathrm{PAPR}[\{\bar{x}_i\}]$ 的分布函数由 $[1-\exp(-z)]^{G+m}$ 给定，且 $\mathrm{PAPR}[\{\bar{x}_i\}]$ 大于 z 的概率为

$$P[\mathrm{PAPR}>z]\approx1-[1-\exp(-z)]^{G+m}\tag{6.310}$$

当 z 较大时

$$P[\mathrm{PAPR}>z]\approx(G+m)\exp(-z),\quad z\gg1\tag{6.311}$$

上式表明，$\mathrm{PAPR}[\{\bar{x}_i\}]$ 出现超大值的概率与 $G+m$ 的值成正比。因此，**G 值的选择受到PAPR容许值限制**。

人们已经针对OFDM系统提出了很多降低PAPR的技术[67]，这些技术通常都可应用于MC-CDMA系统。降低PAPR值所付出的代价是发射功率的增大、误比特率的增加及计算复杂度的提高或数据吞吐量的降低。

6.8.2 具有频域均衡的DS-CDMA系统

采用Rake合并方式是为了利用频率选择性衰落，而单载波DS-CDMA系统可采用**频域均衡(FDE)**来代替Rake合并，这种均衡主要用于处理接收机中通过FFT获得的分量。采用FDE的DS-CDMA系统(DS-CDMA-FDE系统)在

通过取消发射端 IFFT 而保持合适的 PAPR 值的同时,还消除了 Rake 解调器中存在的路径间干扰问题。尽管在下面我们假设扩谱因子与 FFT 窗口大小相等,但这种相等并非必须[1,2]。通过允许扩展因子与 FFT 窗口大小的不同,FDE 可应用于采用 OVSF 序列的多速率 DS-CDMA 系统中。DS-CDMA-FDE 系统也适用于同步下行链路通信。

DS-CDMA-FDE 系统发射机如图 6.28 所示,该发射机不进行 IFFT。在插入循环前缀后,送至 DAC 的 $\bar{x}$ 序列的元素为

$$\bar{x}_i = b_k, \quad k = i \text{ modulo} - G, \; -m \leqslant i \leqslant G-1 \tag{6.312}$$

式中向量 $\boldsymbol{b}$ 由式(6.235)定义。系统接收机框图如图 6.32 所示。假设码片波形、码片匹配滤波器及抽样定时是理想的,则匹配滤波器(MF)抽样输出的符号间干扰可被忽略。由于匹配滤波器输出的由前 m 个样值构成的循环前缀(CP)被其前面的数据块破坏,故将这些样值丢弃掉,其余样值构成的接收向量为

$$\bar{\boldsymbol{y}} = \boldsymbol{H}\boldsymbol{b} + \bar{\boldsymbol{n}} \tag{6.313}$$

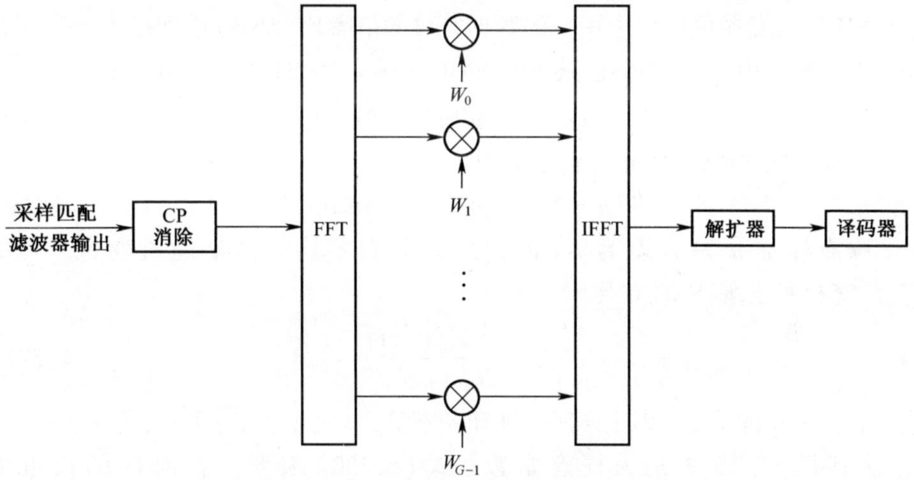

图 6.32　采用 FDE 的 DS-CDMA 系统接收机

如图 6.32 所示,经串并转换后,对接收向量进行 FFT, G 个并行 FFT 输出值构成向量 $\boldsymbol{y} = \boldsymbol{F}\bar{\boldsymbol{y}}$ 。将式(6.259)代入式(6.313)可得

$$\boldsymbol{y} = \boldsymbol{\Lambda}\boldsymbol{F}\boldsymbol{b} + \boldsymbol{n} \tag{6.314}$$

式中 $\boldsymbol{n} = \boldsymbol{F}\bar{\boldsymbol{n}}$ 。假设 $E[\overline{\boldsymbol{n}\boldsymbol{n}^{\mathrm{H}}}] = N_0\boldsymbol{I}$,则 $E[\boldsymbol{n}\,\boldsymbol{n}^{\mathrm{H}}] = N_0\boldsymbol{I}$ 。

均衡器计算出 $\boldsymbol{W}\boldsymbol{y}$,其中 $\boldsymbol{W}$ 为对角矩阵,其对角元素为 $w_i = W_{ii}$ 。IFFT 产生的估计值为

$$\hat{\boldsymbol{b}} = \boldsymbol{F}^{\mathrm{H}}\boldsymbol{W}\boldsymbol{y} \tag{6.315}$$

将 IFFT 的输出送至并串转换器,并串转换器将输出的数据流送至解扩器。经过解扩后,用户 k 的符号估计为

$$\hat{d}_k = \boldsymbol{p}_k^{\mathrm{H}} \hat{\boldsymbol{b}} \tag{6.316}$$

将式(6.314)、式(6.315)及式(6.235)代入式(6.316)可得

$$\hat{d}_k = d_k \boldsymbol{p}_k^{\mathrm{H}} \boldsymbol{F}^{\mathrm{H}} \boldsymbol{W\Lambda F} \boldsymbol{p}_k + \sum_{n=0, n\neq k}^{N-1} d_n \boldsymbol{p}_k^{\mathrm{H}} \boldsymbol{F}^{\mathrm{H}} \boldsymbol{W\Lambda F} \boldsymbol{p}_n + \boldsymbol{p}_k^{\mathrm{H}} \boldsymbol{F}^{\mathrm{H}} \boldsymbol{W n} \tag{6.317}$$

6.8.2.1 均衡

迫零(ZF)均衡器采用如式(6.269)所示的加权。该均衡器及这 N 个扩谱序列的正交性意味着

$$\hat{d}_k = d_k + \boldsymbol{p}_k^{\mathrm{H}} \boldsymbol{F}^{\mathrm{H}} \boldsymbol{\Lambda}^{-1} \boldsymbol{n} \tag{6.318}$$

因此,迫零均衡器可恢复出所有用户的数据符号且无符号间干扰,但其代价是当 $\{\lambda_i\}$ 中有一个元素较小时噪声就会增强。

MRC 均衡器可使单个用户的数据符号的信噪比(SNR)达到最大。当任意用户 k 为唯一用户时,为估计其符号 SNR,去掉式(6.317)的中间项可得

$$\hat{d}_k = d_k \boldsymbol{u}^{\mathrm{H}} \boldsymbol{m} + \boldsymbol{u}^{\mathrm{H}} \boldsymbol{n} \tag{6.319}$$

式中 $G \times 1$ 维向量 $\boldsymbol{u}$ 和 $\boldsymbol{m}$ 分别定义为

$$\boldsymbol{u} = \boldsymbol{W}^* \boldsymbol{F} \boldsymbol{p}_k, \quad \boldsymbol{m} = \boldsymbol{\Lambda F} \boldsymbol{p}_k \tag{6.320}$$

噪声样本 $\boldsymbol{n}$ 是方差为 N_0 的独立同分布零均值高斯随机变量。利用式(6.264)可发现,SNR 正比于

$$\gamma_{sk} = \frac{c\mathcal{E}_{sk}}{N_0} \frac{|\boldsymbol{u}^{\mathrm{H}} \boldsymbol{m}|^2}{\|\boldsymbol{u}\|^2} \tag{6.321}$$

式中 $\mathcal{E}_{sk}$ 为 d_k 的能量。应用柯西-施瓦茨不等式(见 5.2 节)可知,若 $\boldsymbol{u} = \eta \boldsymbol{m}$ 则 γ_{sk} 达到最大,其中 η 为任意常数。式(6.320)表明,若 MRC 的权重由式(6.279)确定,则式(6.320)成立。因此,**MRC 均衡器提供给单一用户的数据符号 SNR** 为

$$\gamma_{sk} = \frac{c\mathcal{E}_{sk} \|\boldsymbol{m}\|^2}{N_0} \quad (\text{单一用户,MRC}) \tag{6.322}$$

由于均衡器的输出要进行 FFT,故 **MMSE 均衡器或线性检测器**采用对角阵 $\boldsymbol{W}$ 进行均衡,使得均方误差 $\mathrm{MSE} = E[\|\boldsymbol{Wy} - \boldsymbol{Fb}\|^2]$ 最小。若将扩谱序列的每个码片都建模为独立零均值的随机变量,则由 $\boldsymbol{R}_b = \sigma_b^2 \boldsymbol{I}$ 及此前在 MC-CDMA 系统中类似的推导方法可知,MMSE 均衡器使用式(6.287)给出的权重。因此,ZF、MRC 和 MMSE 均衡器对 MC-CDMA 系统和 DS-CDMA-FDE 系统来

说性能是一样的。

6.8.2.2 性能分析

假设不同的扩谱序列相互统计独立，且每个扩谱序列的码片都是如式(6.285)所示的零均值独立随机变量，则可得到一个采用 MRC 或 MMSE 均衡的用户在多址干扰下的近似误符号率。在这种模型下，由式(6.317)与迹恒等式可知，任意用户 k 的符号估计满足

$$\hat{d}_k = d_k G^{-1}\mathrm{tr}(\boldsymbol{W\Lambda}) + d_k[\boldsymbol{p}_k^{\mathrm{H}}\boldsymbol{D}\,\boldsymbol{p}_k - G^{-1}\mathrm{tr}(\boldsymbol{W\Lambda})] + \sum_{n=0,n\neq k}^{N-1} d_n\,\boldsymbol{p}_k^{\mathrm{H}}\boldsymbol{D}\,\boldsymbol{p}_n + \boldsymbol{p}_k^{\mathrm{H}}\,\boldsymbol{F}^{\mathrm{H}}\boldsymbol{W}\boldsymbol{n} \tag{6.323}$$

式中

$$\boldsymbol{D} = \boldsymbol{F}^{\mathrm{H}}\boldsymbol{W\Lambda F} \tag{6.324}$$

且

$$E[\hat{d}_k] = d_k G^{-1}\mathrm{tr}(\boldsymbol{W\Lambda}) \tag{6.325}$$

式(6.323)的第一项表示估计器的有用部分，第二项表示**自扰**，第三项表示多址干扰，最后一项表示噪声。该模型意味着，式(6.323)后三项及第三项求和式中的所有项都是零均值且互不相关的。

应用式(6.264)可得

$$\mathrm{var}(\hat{d}_k) = c\mathcal{E}_{\mathrm{s}k}E[\,|\boldsymbol{p}_k^{\mathrm{H}}\boldsymbol{D}\,\boldsymbol{p}_k - G^{-1}\mathrm{tr}(\boldsymbol{W\Lambda})\,|^2] + \sum_{n=0,n\neq k}^{N-1} c\mathcal{E}_{\mathrm{s}k}E[\,|\boldsymbol{p}_k^{\mathrm{H}}\boldsymbol{D}\,\boldsymbol{p}_n|^2] + E[\,|\boldsymbol{p}_k^{\mathrm{H}}\,\boldsymbol{F}^{\mathrm{H}}\boldsymbol{W}\boldsymbol{n}\,|^2] \tag{6.326}$$

MRC 与 MMSE 均衡器的对角矩阵 $\boldsymbol{W\Lambda}$ 都为实元素，故 $\boldsymbol{D}$ 为一个共轭对称矩阵。利用式(6.285)、迹恒等式及式(6.239)可得

$$\begin{aligned} E[\,|\boldsymbol{p}_k^{\mathrm{H}}\boldsymbol{D}\,\boldsymbol{p}_n|^2] &= E[\boldsymbol{p}_n^{\mathrm{T}}\,\boldsymbol{D}^{\mathrm{H}}\,\boldsymbol{p}_k\,\boldsymbol{p}_k^{\mathrm{T}}\boldsymbol{D}\,\boldsymbol{p}_n] = G^{-1}E[\boldsymbol{p}_n^{\mathrm{T}}\,\boldsymbol{D}^2\,\boldsymbol{p}_n] = G^{-1}E[\mathrm{tr}(\boldsymbol{p}_n^{\mathrm{T}}\,\boldsymbol{D}^2\,\boldsymbol{p}_n)] \\ &= G^{-1}E[\mathrm{tr}(\boldsymbol{D}^2\,\boldsymbol{p}_n\,\boldsymbol{p}_n^{\mathrm{T}})] = G^{-2}\mathrm{tr}(\boldsymbol{D}^2) = G^{-2}\mathrm{tr}[\boldsymbol{F}^{\mathrm{H}}(\boldsymbol{W\Lambda})\boldsymbol{F}] \\ &= G^{-2}\mathrm{tr}[(\boldsymbol{W\Lambda})^2],\ n\neq k \end{aligned} \tag{6.327}$$

及

$$\begin{aligned} E[\,|\boldsymbol{p}_k^{\mathrm{H}}\boldsymbol{D}\,\boldsymbol{p}_n|^2] &= E\left[\,\left|\sum_{i,j=0}^{G-1} p_i D_{ij} p_j\right|^2\right] = E\left[\,\left|\sum_{i,j=0,i\neq j}^{G-1} p_i D_{ij} p_j + G^{-1}\sum_{i=0}^{G-1} D_{ii}\right|^2\right] \\ &= G^{-2}[\mathrm{tr}\,(\boldsymbol{W\Lambda})^2] + E\left[\sum_{i,j=0,i\neq j}^{G-1} p_i D_{ij} p_j \sum_{l,m=0,l\neq m}^{G-1} p_l D_{lm}^* p_m\right] \\ &= G^{-2}[\mathrm{tr}\,(\boldsymbol{W\Lambda})^2] + G^{-2}\sum_{i,j=0,i\neq j}^{G-1} D_{ij}(D_{ij}^* + D_{ji}^*) \end{aligned} \tag{6.328}$$

将以上公式代入式(6.326)并以类似方式计算其余项可得

$$\mathrm{var}(\hat{d}_k) = c\mathcal{E}_{sk}G^{-2}D_s + c\mathcal{E}_t G^{-2}\mathrm{tr}[(\boldsymbol{W\Lambda})^2] + N_0 G^{-1}\mathrm{tr}(\boldsymbol{W}\boldsymbol{W}^*) \tag{6.329}$$

式中 $\mathcal{E}_t$ 由式(6.291)定义且

$$D_s = \sum_{i,j=0,i\neq j}^{G-1}(|D_{ij}|^2 + D_{ij}^2) \tag{6.330}$$

式(6.325)与式(6.329)表明

$$\gamma_{sk} = \frac{\dfrac{c\mathcal{E}_{sk}}{N_0 G}[\mathrm{tr}(\boldsymbol{W\Lambda})]^2}{\dfrac{c\mathcal{E}_t}{N_0 G}\mathrm{tr}[(\boldsymbol{W\Lambda})^2] + tr(\boldsymbol{W}\boldsymbol{W}^*) + \dfrac{c\mathcal{E}_{sk}}{N_0 G}D_s} \quad (\mathrm{MRC,MMSE}) \tag{6.331}$$

上式分母中的最后一项源于自扰,它在 DS-CDMA-FDE 系统中存在,但在 MC-CDMA 系统中不存在。因此,当用户数量较少时,MC-CDMA 系统较有优势。然而当 $\mathcal{E}_t \gg \mathcal{E}_{sk}$ 时,这两个系统的性能几乎相同。

对迫零均衡器来说,式(6.318)及与此前式(6.275)类似的计算方法表明:DS-CDMA-FDE 系统的 γ_{sk} 由式(6.275)给出。假设 BPSK 符号由所有用户发射且 $\hat{d}_k$ 近似为高斯分布,则只要将 γ_{sk} 代入式(6.296)就可计算出 BPSK 的误符号率。

6.8.2.3 信道估计

实现均衡需要信道估计,它在 DS-CDMA-FDE 系统中可通过与 MC-CDMA 系统类似的方法实现。令 $\boldsymbol{b}_a = [b_{a0} \quad b_{a1} \quad \cdots \quad b_{a,G-1}]^T$ 为在某个符号块中由导频符号构成的已知 G 维向量;令 $\boldsymbol{F}\boldsymbol{b}_a = \boldsymbol{x}_a = [x_{a0} \quad x_{a1} \quad \cdots \quad x_{a,G-1}]^T$ 为相应的 G 维离散傅里叶变换向量;令 $\boldsymbol{X}$ 为一个 $G \times G$ 维的对角矩阵,其对角元素为

$$X_{ii} = x_{ai}^* / |x_{ai}|^2, \quad i = 0,1,\cdots,G-1 \tag{6.332}$$

当 $\boldsymbol{b}_a$ 为接收向量时,式(6.314)表明,均衡器输入端的 FFT 输出向量为

$$\boldsymbol{y} = \boldsymbol{\Lambda}\boldsymbol{x}_a + \boldsymbol{n} \tag{6.333}$$

式中:$E[\boldsymbol{n}\boldsymbol{n}^H] = N_0\boldsymbol{I}$。

$\boldsymbol{\lambda}$ 的粗略估计为

$$\hat{\boldsymbol{\lambda}}_r = \boldsymbol{Xy} = \lambda + \boldsymbol{Xn} \tag{6.334}$$

采用与 MC-CDMA 系统相同的估计方法,可由该粗略估计获得更为精确的**信道估计值**:

$$\hat{\boldsymbol{\lambda}} = \boldsymbol{F}^H \boldsymbol{I}_{m+1}\boldsymbol{FXy} \tag{6.335}$$

式中的 $G \times G$ 维矩阵 $\boldsymbol{F}^{\mathrm{H}} \boldsymbol{I}_{m+1} \boldsymbol{F X}$ 可存储于接收机中。利用式(6.334)可得

$$\hat{\lambda} = \lambda + \boldsymbol{n}_{\mathrm{e}} \tag{6.336}$$

式中：$\boldsymbol{n}_{\mathrm{e}} = \boldsymbol{F}^{\mathrm{H}} \boldsymbol{I}_{m+1} \boldsymbol{F X n}$。由于 $\boldsymbol{n}_{\mathrm{e}}$ 是零均值的，故 $\hat{\lambda}$ 为 λ 的无偏估计。式(6.271)、迹恒等式及式(6.239)表明噪声功率为

$$E[\ \| \boldsymbol{n}_{\mathrm{e}} \|^2] = N_0 \mathrm{tr}[\boldsymbol{F X} \boldsymbol{X}^* \boldsymbol{F}^{\mathrm{H}} \boldsymbol{I}_{m+1}] \tag{6.337}$$

6.8.2.4 比较

仿真及数值计算结果表明，当采用相同的均衡器时，DS-CDMA-FDE 系统与 MC-CDMA 系统性能几乎相同[1,2]。这两个系统都受益于联合使用天线分集和均衡，但它们的性能改善情况取决于离散傅里叶变换的精度。

尽管采用 MRC 的 FDE 本质上是频域的 Rake 合并，但二者在实际应用上还是有所不同。当信道的频率选择特性增加时，有较大功率的路径也随之增加，因而所需的 Rake 支路数也相应增加。相比之下，FDE 的实现复杂度与信道的频率选择特性无关。当不满足式(6.289)时，仿真结果表明采用 MMSE 的 FDE 性能通常比采用 MRC 的 FDE 好得多。

OFDM 系统不能像 MC-CDMA 系统和 DS-CDMA-FDE 系统那样提供分集增益。然而，当采用信道编码和交织时，与 DS-CDMA-FDE 和 MC-CDMA 系统相比，OFDM 系统不仅具有更高的数据吞吐量，而且能提供更多的时间分集和编码增益。

6.9 思 考 题

1. 给出式(6.43)的另外一种推导方式。首先，注意到在频段 $[f, f+\mathrm{d}f]$ 内接收到的多普勒总功率 $S_{\mathrm{r}}(f)\,|\mathrm{d}f|$，与到达角 $f_{\mathrm{d}}\cos\theta = f$ 相关。由于 $\cos\theta$ 为 $|\theta| \leqslant \pi$ 上的偶函数，故 $S_{\mathrm{r}}(f)\,|\mathrm{d}f| = P(\theta)\,|\mathrm{d}\theta| + P(-\theta)\,|\mathrm{d}\theta|$，其中 $P(\theta)$ 为以 θ 角到达的功率谱密度。假设接收功率在整个 $|\theta| \leqslant \pi$ 范围内均匀分布。

2. 假设通过将符号能量分为 L 等份得到 L 分集，从而使得式(6.98)中每个支路的 SNR 降低了 L 倍。对图 6.15 所示的四种调制方式及 $p \to 0$ 来说，与符号能量未被分割时的值相比，$P_{\mathrm{b}}(L)$ 增加了多少倍?

3. 对于诸如 FSK 的非相干 q 进制正交信号，应用式(3.4)所示的一致边界导出误符号率的上界与 q 及分集度 L 之间的函数关系。解释符号能量为什么取决于 q ?

4. 为式(6.150)中的常数 C 导出明确的计算公式，该式表明 C 与指数 r 无关。

5. 考虑一个采用 PSK 或 FSK 调制、(n,k) 分组码、在瑞利衰落下采用最大似然度量的通信系统。逐次应用不同边界条件，证明采用软判决译码的码字错误率满足

$$P_{\mathrm{w}} < q^k \binom{2d_m - 1}{d_m} P_{\mathrm{s}}^{d_m}$$

式中：q 为调制符号的进制数；d_m 为码字间的最小距离。

6. 有三个多径分量到达直扩接收机，接收机相对发射机以 30 m/s 的速度运动。第二和第三个多径分量的传播路径长度分别比第一多径分量多出 200m 和 250m。若码片速率等于接收信号的带宽，若想分辨出所有多径分量则至少需要多大的码片速率？令 t_{e} 表示估计出一个多径分量相对时延所需的时间，令 v 表示接收机相对于发射机的相对角速度，则 vt_{e}/c 为在估计过程中产生的时延变化量，其中 c 为光速，那么接收机可为多径分量时延的估计分配多长时间？

7. 考虑采用双重 Rake 合并及瑞利衰落的情况。对采用 BPSK 调制与 MRC 和采用非相干正交信号与 EGC 这两种情况，分别推导 $\gamma_1 \gg 1 \gg \gamma_2$ 时的 $P_{\mathrm{b}}(2)$ 。通过分析说明采用 BPSK 调制与 MRC 比采用非相干正交信号与 EGC 具有超过 6dB 的能量优势。

8. 考虑采用双重 Rake 合并及瑞利衰落的情况。①对于非相干正交信号与 EGC，找出 γ_2 的下界以使 $P_{\mathrm{s}}(2) \leqslant P_{\mathrm{s}}(1)$ ；②当 $\gamma_2 = 0$ 时，$P_{\mathrm{s}}(2) = P_{\mathrm{s}}(1)$ 对于 MRC 成立，对于 EGC 却不成立，其物理原因何在？

9. 证明 $\boldsymbol{H}$ 的特征值由式(6.253)计算。

10. 考虑一个存在多址干扰的 MC-CDMA 系统，其 $\boldsymbol{h} = \sqrt{4/5}\,[1\ 0\ 0.5]^{\mathrm{T}}$ ，$G = 8$。①计算 $\boldsymbol{F}$ 的特征值，通过检验它们幅度的大小来评估信道的频率选择性；②根据 $x = c\mathcal{E}_{sk}/N_0$ 与 $y = c\mathcal{E}_{\mathrm{t}}/N_0$ 估计 MRC 均衡器与时域 ZF 均衡器的 γ_{sk} 。当 y 作为 x 的函数其最大值为多少时 MRC 均衡器的性能超过 ZF 均衡器？

11. 比较采用时域均衡器的 MC-CDMA 系统与只有一个用户的 MC-CDMA 系统的性能。应用柯西-施瓦兹不等式说明迫零均衡器的 γ_{sk} 要小于或等于 MRC 均衡器的 γ_{sk} 。

第7章　码分多址接入

多址接入是指多用户共享公共传输媒质并相互进行通信的能力。若发射信号是正交的或在某种意义上是可分离的，则易于实现无线多址通信。信号可通过时间（**时分多址**或TDMA）、频率（**频分多址**或FDMA）或扩谱码（**码分多址**或CDMA）来区分。本章介绍了适用于CDMA系统的扩谱序列和跳频图案的一般特征，相应的CDMA系统包括直扩CDMA（DS-CDMA）和跳频CDMA（FH-CDMA）系统。CDMA通过扩谱调制来实现多个用户在同一频段上同时传输信号。虽然所有信号都使用分配到的全部频谱，但扩谱序列或跳频图案却各不相同。信息论表明，对于一个孤立的小区，仅当采用最优多用户检测时，CDMA系统才能达到与TDMA或FDMA系统相同的频谱效率。但对于移动通信网络来说，即使采用单用户检测，CDMA也很有优势。它无需在小区间协调频率和时隙，允许载波频率在相邻小区间复用，且对用户数量的上限没有严格要求，并具有抗干扰和抗截获能力。最后，本章推导和阐述了潜力巨大但实际应用困难的多用户检测技术。

7.1　信息论的应用

信息论可提供一种方法来确定不同多址接入系统的潜在优势和折中点。其主要结果来自于信道容量的计算。对于噪声方差为$\mathcal{N}$，功率限制为$\mathcal{P}$的AWGN信道，其**信道容量**可定义为在所有源码或输入符号概率分布中的最大平均互信息量$I(X;Y)$值。对于具有连续分布、实输入输出符号的一维AWGN信道，信息论[21]的基本结论是输入符号的最优概率分布为高斯分布，且其**一维信道容量**为

$$C = \frac{1}{2}\log_2\left(1 + \frac{\mathcal{P}}{\mathcal{N}}\right) \tag{7.1}$$

单位为**比特每次信道使用**。对于功率受限且码率为$\mathcal{R}$的AWGN信道，若$\mathcal{R} \leqslant C$，则存在着最大误码率趋向于零的序列码。对于具有连续分布、复值输入输出符号的二维AWGN信道，符号的实部和虚部都受功率为$\mathcal{N}$的独立高斯噪声的影

响。此时,信道容量是实部和虚部的容量之和。由于符号总功率平均分配到实部和虚部,故**二维信道容量**为

$$C = \log_2\left(1 + \frac{\mathcal{P}}{2\mathcal{N}}\right) \tag{7.2}$$

式中:$\mathcal{P}$为实部和虚部总功率的约束值。

考虑一个带宽受限于单边带宽 WHz 的 AWGN 信道,噪声的双边功率谱密度为 $N_0/2$,则噪声功率为 $\mathcal{N} = N_0 W$ 。根据采样定理(附录 C.4“采样定理”),带限信号完全由采样速率为 $1/2W$ 的采样信号确定。噪声的自相关函数可由其功率谱密度计算得出,可知每个采样噪声都是独立同分布的高斯随机变量。因为信道能以 $2W$ 次每秒被独立地使用,因此,由式(7.1)可知一维信道容量为

$$C = W\log_2\left(1 + \frac{\mathcal{P}}{N_0 W}\right) \tag{7.3}$$

单位为**比特每秒**,同样,由式(7.2)可知二维信道容量为

$$C = 2W\log_2\left(1 + \frac{\mathcal{P}}{2N_0 W}\right) \tag{7.4}$$

单位为**比特每秒**。

假设二维 AWGN 多址信道有 m 个用户,功率分别为 $\mathcal{P}_1,\mathcal{P}_2,\cdots,\mathcal{P}_m$,接收机的噪声功率为 $\mathcal{N} = N_0 W$ 。其分析与结果与一维 AWGN 多址信道类似。定义 $C(x) = 2\log_2(1 + x)$ 。信息论表明,若要在接收机得到低误码率,则单位为比特每秒的信源码率 $\mathcal{R}_1,\mathcal{R}_2,\cdots,\mathcal{R}_m$ 需满足不等式[21]

$$\mathcal{R}_i \leqslant WC\left(\frac{\mathcal{P}_i}{2N_0 W}\right),\quad i = 1,2,\cdots,m \tag{7.5}$$

且

$$\sum_{i\in S}\mathcal{R}_i \leqslant WC\left(\frac{\sum_{i\in S}\mathcal{P}_i}{2N_0 W}\right) \tag{7.6}$$

其中 S 是 m 个用户的 m 个源码的任意子集。式(7.6)表明速率之和不能超过接收功率为 m 个用户功率之和的单一码率。

由于乘积的对数等于各项对数之和,因此,若 S 包含码 1 和其他码,则

$$C\left(\frac{\sum_{i\in S}\mathcal{P}_i}{2N_0 W}\right) = C\left(\frac{\mathcal{P}_1}{\sum_{i\in S,i\neq 1}\mathcal{P}_i + 2N_0 W}\right) + C\left(\frac{\sum_{i\in S,i\neq 1}\mathcal{P}_i}{2N_0 W}\right) \tag{7.7}$$

把该式代入式(7.6)得

$$\sum_{i\in S}\mathcal{R}_i \leqslant WC\left(\frac{\mathcal{P}_i}{\sum_{i\in S,i\neq 1}\mathcal{P}_i + 2N_0 W}\right) + WC\left(\frac{\sum_{i\in S,i\neq 1}\mathcal{P}_i}{2N_0 W}\right) \tag{7.8}$$

该结果表明,任意包含两个或两个以上码字的子集 S 在码率上除满足

式(7.5)外还有其他限制。由于用户间互扰无法避免,因此往往难以达到单用户容量。

假设所有 m 个用户相互合作,同时向一个单接收机发射他们的信号, S 包含了所有 m 个源码,并假设干扰信号可建模为加性高斯噪声。一个**多用户检测器**需联合解调和译码所有接收到的信号。不等式(7.8)和式(7.5)可通过多级译码过程来满足。在初始阶段,码 1 被译码,其余 $j > 1$ 的各个码都视为噪声。若 $\mathcal{R}_i$ 小于不等式(7.8)右边的第一项,则译码会有较低错误概率。从接收信号中扣除码 1 后,若 $\sum_{i \in S, i \neq 1} \mathcal{R}_i$ 小于不等式(7.8)右边的第二项,则其余码将以低错误概率被提取出来。后续过程根据式(7.7)的类似步骤进行。在任意 k 阶段中, $j > k$ 的码都被视为噪声。因此,若码率被适当约束,则多用户检测器能得到较低错误概率。若所有 m 个用户有相同的功率 $\mathcal{P}$ 和速率 $\mathcal{R}$,则代入式(7.6)可得

$$\mathcal{R} \leqslant \frac{W}{m} C\left(\frac{m\mathcal{P}}{2N_0 W}\right) \tag{7.9}$$

式(7.9)比式(7.5)的约束更紧。

由于多用户检测存在很多实际困难(详见 7.5 节),在这里考虑**单用户检测**,接收机不会检测和剔除无关用户的信号。干扰信号建模为加性高斯噪声,影响用户 j 的二维信道输出的总噪声功率为 $\sum_{i=1, i \neq j}^{m} \mathcal{P}_i + 2N_0 W$ 。因此,若所有 m 个用户具有相同的功率 $\mathcal{P}$ 和速率 $\mathcal{R}$,要得到低错误概率则要求:

$$\mathcal{R} \leqslant WC\left(\frac{\mathcal{P}}{(m-1)\mathcal{P} + 2N_0 W}\right) \tag{7.10}$$

上式比式(7.9)的约束往往更紧。通常而言,单用户检测限制了码率,因此与多用户检测相比,降低了潜在的系统性能。

不等式(7.9)可直接应用到一个所有 m 个用户有着同样功率 $\mathcal{P}$ 和速率 $\mathcal{R}$ 的 DS-CDMA 网络。在一个时隙均等、所有用户速率均为 $\mathcal{R}$ 的 TDMA 网络中,每个用户在分配到的时隙里以功率 $m\mathcal{P}$ 占用 $1/m$ 的时隙时间进行传输,在其余时间静默。因此, $\mathcal{R}$ 必须满足不等式(7.9)。

在所有用户都具有相等带宽 W/m 、相同速率 $\mathcal{R}$ 的 FDMA 网络中,每个用户可在不同的信道以功率 $\mathcal{P}$ 同时传输数据。由于每个信道带宽均为 W/m ,所以每个用户接收到的噪声功率均为 $2N_0 W/m$,则式(7.5)表明速率 $\mathcal{R}$ 必须满足不等式(7.9)。考虑一个信道带宽都为 W/m 的 FH-CDMA 网络,假设所有用户以功率 $\mathcal{P}$ 传输,但采用同步的跳频图案以使在同一信道上不发生碰撞。在此条件下,FH-CDMA 网络等同于一个频谱分配周期变化的 FDMA 网络,则 $\mathcal{R}$ 必须

满足不等式(7.9)。

以上结果表明,FDMA、TDMA、DS-CDMA 以及 FH-CDMA 网络可达到的码率都有相同的上界,但后三个网络有着严重的应用限制。TDMA 网络无法增加功率 mP 超过其能承受的传输功率峰值。DS-CDMA 网络必须使用多用户检测才能应用不等式(7.9),否则要实现低错误概率,则码率需要满足更严格的不等式(7.10)。FH-CDMA 网络则只有在正交跳频图案下的同步传输时,才能确保没有碰撞发生。

在频率选择性衰落条件下,一个有竞争力且常用于替代 DS-CDMA 的技术是正交频分复用技术(OFDM)。该技术使用比传统 FDMA 更小的频率间隔的正交子载波。OFDM 通过具有平坦衰落的并行窄带信道传输数据,其平坦衰落易被均衡。在 OFDM 系统中,通过选择符号宽度明显大于信道色散时间,并使用循环前缀,可避免符号间互扰。随着数据符号宽度的减小,OFDM 能添加更多的子载波,并保持整个 OFDM 符号的时宽不变。

7.2 DS-CDMA 的扩谱序列

考虑一个有 K 个用户的 DS-CDMA 网络,采用 BPSK 调制方式,每个用户接收机都采用图 2.14 的形式。到达接收端的有用信号为

$$s(t) = \sqrt{2\mathcal{E}_s}\, d(t) p_0(t) \cos 2\pi f_c t \tag{7.11}$$

式中$\mathcal{E}_s$ 为二进制信道符号的能量。该有用信号的符号波形或扩谱波形为

$$p_0(t) = \sum_{n=-\infty}^{\infty} p_{0n} \psi(t - nT_c) \tag{7.12}$$

式中:$p_{0n} \in \{-1, +1\}$;$\{p_{0n}\}$ 为扩谱序列;$\psi(t)$ 为码片波形。假设码片波形在整个网络中都相同并归一化,以使它在每个符号间隔内都有单位能量,则

$$\int_0^{T_c} \psi^2(t)\, dt = \frac{1}{G} \tag{7.13}$$

式中 $G = T_s/T_c$ 为扩谱因子。与有用信号同步到达接收机的多址干扰为

$$i(t) = \sum_{i=1}^{K-1} \sqrt{\mathcal{E}_i}\, d_i(t-\tau) q_i(t-\tau_i) \cos(2\pi f_c t + \phi_i) \tag{7.14}$$

式中:$K-1$ 为多址干扰中直扩信号的数量;$\mathcal{E}_i$ 为干扰信号中每个符号的接收能量;$d_i(t)$ 为编码符号的调制;$q_i(t)$ 为扩谱波形;τ_i 为相对时延;ϕ_i 为干扰信号 i 的相移,该相移包含了载波时延的影响。干扰信号的扩谱波形为

$$q_i(t) = \sum_{n=-\infty}^{\infty} q_n^{(i)} \psi(t - nT_c), \quad i = 1,2,\cdots,K-1 \tag{7.15}$$

式中：$q_n^{(i)} \in \{-1,1\}$；$\{q_n^{(i)}\}$ 为扩谱序列。在 DS-CDMA 系统中，扩谱序列通常称作**特征序列**。归一化矩形码片波形为

$$\psi(t)=\begin{cases}\dfrac{1}{\sqrt{T_{\mathrm{s}}}}, & 0 \leqslant t \leqslant T_{\mathrm{c}} \\ 0, & \text{其他}\end{cases} \tag{7.16}$$

如 2.3 节所示，通过理想载波搬移和码片匹配滤波后，与接收符号对应的解调序列由式(2.80)给出：

$$Z_v = d_0 p_{0v}\frac{\sqrt{\mathcal{E}_{\mathrm{s}}}}{G} + J_v + N_{\mathrm{s}v}, \quad v = 0,1,\cdots,G-1 \tag{7.17}$$

式中：d_0 为有用信号的符号，构成多址接入干扰的序列为

$$J_v = \sqrt{2}\int_{vT_{\mathrm{c}}}^{(v+1)T_{\mathrm{c}}} i(t)\psi(t-vT_{\mathrm{c}})\cos^2\pi f_{\mathrm{c}}t\mathrm{d}t \tag{7.18}$$

序列中的噪声分量为

$$N_{\mathrm{s}v} = \sqrt{2}\int_{vT_{\mathrm{c}}}^{(v+1)T_{\mathrm{c}}} n(t)\psi(t-vT_{\mathrm{c}})\cos 2\pi f_{\mathrm{c}}t\mathrm{d}t \tag{7.19}$$

假设 $n(t)$ 是双边功率谱密度为 $N_0/2$ 的零均值高斯白噪声，则式(7.19)与式(7.13)表明 $E[N_{\mathrm{s}v}^2] = N_0/2G$。

如图 2.14 所示的相关器产生解扩信号。对应于某个接收符号的解扩相关器输出中的干扰分量为

$$V_1 = \sum_{v=0}^{G-1} p_{0v}J_v \tag{7.20}$$

代入式(7.14)、式(7.12)和式(7.18)，可得

$$V_1 = \sum_{i=1}^{K-1}\sqrt{\mathcal{E}_i}\cos\phi_i\int_0^{T_{\mathrm{s}}} d_i(t-\tau_i)q_i(t-\tau_i)p_0(t)\mathrm{d}t \tag{7.21}$$

这里忽略倍频项，并假设 $f_{\mathrm{c}}T_{\mathrm{c}} \gg 1$。

令 $\boldsymbol{a}=(\cdots,a_0,a_1,\cdots)$ 和 $\boldsymbol{b}=(\cdots,b_0,b_1,\cdots)$ 为 GF(2) 域上的二进制序列。将序列 $\boldsymbol{a}$ 和 $\boldsymbol{b}$ 通过如下变换分别映射为元素为 $\{-1,+1\}$ 的双极性序列 $\boldsymbol{p}$ 和 $\boldsymbol{q}$，即

$$p_i = (-1)^{a_i+1}, q_i = (-1)^{b_i+1} \tag{7.22}$$

式(2.34)定义了周期为 N 的二进制序列的周期自相关函数。具有相同周期 N 的二进制序列 $\boldsymbol{a}$ 和 $\boldsymbol{b}$ 的**周期互相关函数**定义为双极性序列 $\boldsymbol{p}$ 和 $\boldsymbol{q}$ 的周期互相关函数，即

$$\theta_{\boldsymbol{pq}}(l) = \frac{1}{N}\sum_{n=0}^{N-1}p_{n+1}q_n = \frac{1}{N}\sum_{n=0}^{N-1}p_nq_{n-1} \tag{7.23}$$

若 $\theta_{pq}(0)=0$,则两个序列是**正交的**。将式(7.22)代入式(7.23)则得到 $\boldsymbol{a}$ 和 $\boldsymbol{b}$ 的周期互相关函数为

$$\theta_{pq}(l)=\frac{A_l-D_l}{N} \tag{7.24}$$

式中:A_l 为 $\boldsymbol{b}$ 与平移后的序列 $\boldsymbol{a}(l)$ 对应元素一致的数量;D_l 为不一致的数量。

7.2.1 同步通信

当只有一个基站向移动终端发射信号时就能产生典型的同步通信信号,如蜂窝网络中的下行链路(见 8.4 节)。考虑一个同步通信信号,其中的数据符号时宽为 T_s,在接收机输入端符号和码片的切换时间是对齐的,且周期为 G 的短扩谱序列长度与每个数据符号长度相同,则 $\tau_i=0, i=1,2,\cdots,K-1$,并在积分区间 $[0,T_s]$ 内 $d_i(t)=d_i$ 为常数。因此,同步通信时,将式(7.12)、式(7.15)和式(7.13)代入式(7.21),并在式(7.23)中令 $N=G$,可得

$$V_1=\frac{1}{G}\sum_{i=1}^{K-1}\lambda_i\sum_{n=0}^{G-1}p_{0n}q_n^{(i)}=\sum_{i=1}^{K-1}\lambda_i\theta_{0i}(0) \tag{7.25}$$

式中

$$\lambda_i=\sqrt{\mathcal{E}_i}\,d_i\cos\phi_i \tag{7.26}$$

$\theta_{0i}(l)$ 为有用序列和干扰序列 i 的周期互相关函数。若 K 个扩谱序列相互正交,$V_1=0$,且多址干扰 $i(t)$ 在接收端被有效抑制。若使用**正交扩谱序列**,在网络中很大一部分多址干扰信号都可被抑制。

要建立 N 个长度为 N、元素为$\{-1,+1\}$的正交序列,首先需要确定构造序列的 N 值。式(7.24)表明 N 必须为偶数。进一步发掘必要条件可发现,N 个序列可表示成一个 $N\times N$ 的矩阵 $\boldsymbol{H}$ 的行,矩阵内元素值为+1 或-1。所需的正交条件为

$$\boldsymbol{H}^{\mathrm{T}}\boldsymbol{H}=N\boldsymbol{I} \tag{7.27}$$

假设满足该属性,则 $\boldsymbol{H}$ 行或列互换、一行或一列乘以-1 都不会改变该属性。通过对那些第一行为-1 的列乘以-1,可得第一行所有元素值为+1 的矩阵 $\boldsymbol{H}$ 。正交条件要求剩下的 $N-1$ 行必须有 $N/2$ 个元素值为+1,$N/2$ 个元素值为-1。通过适当的列互换,可让第二行前 $N/2$ 个元素值为+1,后 $N/2$ 个元素值为-1。若 $N\geqslant4$,且第三行前 $N/2$ 个元素中有 α 个为+1,后 $N/2$ 个元素有 $N/2-\alpha$ 个值为+1,则由第二、三行正交性可得,$\alpha=N/2-\alpha$ 或 $\alpha=N/4$。由于 α 必须是整数,故 N 必须能被 4 整除。故**存在长度为 N 的 N 个正交序列的必要条件是 $N=2$ 或 N 是 4 的倍数。**

该条件为必要非充分条件。然而可通过具体步骤建立起满足式(7.27)的

$2^n \times 2^n$ 维矩阵($n \geqslant 1$)。两个长度为 2 的二进制序列,若每个序列由如下的 2×2 维矩阵中的一行描述,则这两个二进制序列相互正交。

$$\boldsymbol{H}_1 = \begin{bmatrix} +1 & +1 \\ +1 & -1 \end{bmatrix} \tag{7.28}$$

2^n 个长度为 2^n 的正交序列组成的集合可通过以下矩阵的行得到

$$\boldsymbol{H}_n = \begin{bmatrix} \boldsymbol{H}_{n-1} & \boldsymbol{H}_{n-1} \\ \boldsymbol{H}_{n-1} & \overline{\boldsymbol{H}}_{n-1} \end{bmatrix}, \quad n = 2,3,\cdots \tag{7.29}$$

式中:$\overline{\boldsymbol{H}}_{n-1}$ 为 $\boldsymbol{H}_{n-1}$ 的**互补矩阵**,即通过将+1 和-1 分别用-1 和+1 替换得到,且 $\boldsymbol{H}_1$ 由式(7.28)定义。$\boldsymbol{H}_n$ 中的任意两行都有 2^{n-1} 列不同,所以保证了相应序列的正交性。$2^n \times 2^n$ 维矩阵 $\boldsymbol{H}_n$ 被称作 **Hadamard 矩阵**,可用来产生 2^n 个用于同步直扩通信的**正交扩谱序列**。由 Hadamard 矩阵产生的正交序列被称作 **Walsh 序列**。

在用于多媒体业务的 CDMA 网络中,不同业务和用户的数据速率是不同的。适应不同数据速率的一个方法是使用相互正交但扩谱因子不同的扩谱序列。所有扩谱序列的码片速率是相同的,但不同的数据速率会导致扩谱因子不同。被称作**正交可变扩谱因子(OVSF)码**的正交序列树形集可采用递归方式产生,该正交序列能够使接收机完全避免多址干扰[1]。

从 $\boldsymbol{C}_1(1) = 1$ 开始,令 $\boldsymbol{C}_N(n)$ 为扩谱因子为 N 的第 n 个正交可变扩频序列的行向量,式中 $n=1,2,\cdots,N,N=2^k,k$ 为非负整数。码片长度为 N 的 N 个序列的集合可通过码片长度为 $N/2$ 的 $N/2$ 个序列的集合级联得到:

$$\begin{aligned} \boldsymbol{C}_N(1) &= [\boldsymbol{C}_{N/2}(1)\boldsymbol{C}_{N/2}(1)] \\ \boldsymbol{C}_N(2) &= [\boldsymbol{C}_{N/2}(1)\overline{\boldsymbol{C}}_{N/2}(1)] \\ &\vdots \\ \boldsymbol{C}_N(N-1) &= [\boldsymbol{C}_{N/2}(N/2)\boldsymbol{C}_{N/2}(N/2)] \\ \boldsymbol{C}_N(N) &= [\boldsymbol{C}_{N/2}(N/2)\overline{\boldsymbol{C}}_{N/2}(N/2)] \end{aligned} \tag{7.30}$$

例如,$\boldsymbol{C}_{16}(4)$ 可通过 $\boldsymbol{C}_8(2)$ 和 $\overline{\boldsymbol{C}}_8(2)$ 级联得到,因此每个数据符号的码片数都被加倍至 16。用于递归产生一个更长序列的序列称作该长序列的**母码**。式(7.30)表明,所有码片长度为 N 的序列都是相互正交的,且这些序列组成一个正交的 Walsh 序列集。

令 R 为长度为 N 的 OVSF 序列所能支持的数据速率。当扩谱因子从 N 减到 1 时,由于码片速率保持不变,相应的数据速率则从 R 增至 NR。图 7.1 描述了序列层级的树形结构。除它自身的母码外，每个 $\boldsymbol{C}_N(n)$ 与所有序列 $\boldsymbol{C}_{N/2}(n')$，$\boldsymbol{C}_{N/4}(n'')$，…的级联以及它们的互补序列正交。例如，$\boldsymbol{C}_{16}(3)$ 不与它的母码 $\boldsymbol{C}_8(2)$、$\boldsymbol{C}_4(1)$ 和 $\boldsymbol{C}_2(1)$ 正交。若 $\boldsymbol{C}_8(3)$ 分配给了一个数据速率是另一个用户（该用户采用码片长度为 16 的序列）数据速率两倍的用户，则源于 $\boldsymbol{C}_8(3)$ 的序列 $\boldsymbol{C}_{16}(5)$ 和 $\boldsymbol{C}_{16}(6)$ 就不能再分配给其他数据速率较低的用户，而 $\boldsymbol{C}_8(3)$ 的母码也不能分配给数据速率更高的其他用户。

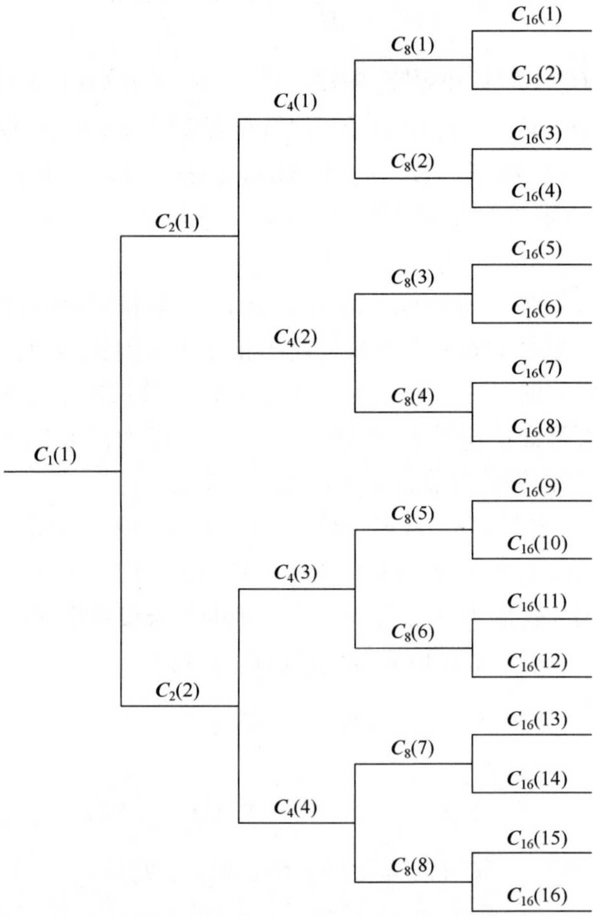

图 7.1　正交可变扩谱因子码的树形结构图

应用 OVSF 码的系统容量是系统可容纳的最高数据速率。父节点和子节点的不可用性或**阻塞**会导致新的呼叫被拒绝（即使系统有足够的容量接受这些呼叫），这样就浪费了潜在的容量。另一种容量的浪费来源于数据速率的量化和扩谱因子必须是 2 的幂的条件。人们提出了许多编码分配方法来减少甚至消除容量浪费。根据每个用户数据速率的需求，进行多正交序列的正交多码分配，从而提供具有不同速率的灵活的数据服务[72]。然而，多码分配需要每个用户都有多个 Rake 解调器，每个解调器对应不同的序列。这将会导致每个接收机的实现复杂度显著增加。

7.2.2 异步通信

当多个移动台独立地向一个基站发射信号时就会产生典型的异步通信信号，例如蜂窝网络中的上行链路（见 8.3 节）。由于不同通信链路中的路径长度不同，因此在接收机中收到的异步多址信号的符号切换时间往往不是同时的。由于扩谱序列之间存在相对移动，因此，需要构造对于任意相对移动互相关程度都比较小的周期序列集，以便限制多址干扰的影响。Walsh 序列、正交可变扩谱因子码及最大序列在实际应用中通常不能提供足够小的互相关性。

当 $\tau_i \neq 0$ 从而导致存在异步多址干扰时，解扩相关器输出的干扰分量 V_1 由式（7.21）给出。为寻找 V_1 较小的必要条件，假设干扰信号没有进行数据调制或在一个符号间隔内保持不变，因此在该式中令 $d_i(t)=d_i$。令 $\tau_i = v_i T_c + \epsilon_i$，$v_i$ 是整数且 $0 \leqslant \epsilon_i < T_c$。假设码片波形为式（7.16）所示的矩形码片，通过类似于式（2-40）的推导可得

$$V_1 = \sum_{i=1}^{K-1} \lambda_i \left[\left(1 - \frac{\epsilon_i}{T_c}\right) \theta_{0i}(v_i) + \frac{\epsilon_i}{T_c} \theta_{0i}(v_i + 1) \right] \tag{7.31}$$

式中：$\theta_{0i}(v_i)$ 为所希望用户 0 的序列 $\boldsymbol{p}_0$ 和干扰用户 i 的序列 $\boldsymbol{q}^{(i)}$ 的周期互相关函数。如该式所示，保证互相关函数总是很小是异步多址通信成功的重要**必要**条件。由于 $d_i(t)$ 可能在一个积分区间内改变正负，异步多址干扰的影响也会逐符号变化。

对于长度为 N 的 M 个周期双极性序列集 S，令 $\theta_{\max}$ 表示互相关或自相关函数的峰值幅度，即

$$\theta_{\max} = \max\{ |\theta_{\boldsymbol{pq}}(k)| : 0 \leqslant k \leqslant N-1; \boldsymbol{p}, \boldsymbol{q} \in S; \boldsymbol{p} \neq \boldsymbol{q} \text{ 或 } k \neq 0 \} \tag{7.32}$$

定理 1：长度为 N 的 M 个周期双极性序列集 S 有

$$\theta_{\max} \geqslant \sqrt{\frac{M-1}{MN-1}} \tag{7.33}$$

证明：考虑一个含有 MN 个序列 $\boldsymbol{p}^{(i)}$（$i=1,2,\cdots,MN$）的扩展集 S_e，它由 S 中每个序列的 N 个不同的序列平移构成。在 S_e 中序列 $\boldsymbol{p}^{(i)}$ 和 $\boldsymbol{p}^{(j)}$ 的互相关函数是

$$\psi_{ij} = \frac{1}{N}\sum_{n=1}^{N} p_n^{(i)} p_n^{(j)} \tag{7.34}$$

且

$$\theta_{\max} = \max\{|\psi_{ij}| : p^{(i)} \in S_e, p^{(j)} \in S_e, i \neq j\}$$

定义双重求和为

$$Z = \sum_{i=1}^{MN}\sum_{j=1}^{MN} \psi_{ij}^2 \tag{7.35}$$

分离 $\psi_{ij}=1$ 的 MN 项,并对剩余的 $MN(MN-1)$ 项取上界得到

$$Z \leqslant MN + MN(MN-1)\theta_{\max}^2 \tag{7.36}$$

将式(7.34)代入式(7.35),交换求和顺序,并忽略 $m \neq n$ 的项,可得

$$Z = \frac{1}{N^2}\sum_{n=1}^{N}\sum_{m=1}^{N}\sum_{i=1}^{MN} p_n^{(i)} p_m^{(i)} \sum_{j=1}^{MN} p_n^{(j)} p_m^{(j)} = \frac{1}{N^2}\sum_{n-1}^{N}\sum_{m=1}^{N}\left(\sum_{i=1}^{MN} p_n^{(i)} p_m^{(i)}\right)^2$$

$$\geqslant \frac{1}{N^2}\sum_{n=1}^{N}\left[\sum_{n=1}^{MN}(p_n^{(i)})^2\right]^2 = M^2 N$$

将该不等式与式(7.36)结合可得式(7.33)。

式(7.33)中的下界称作 **Welch 界**。当 M 和 N 值很大时,它接近 $1/\sqrt{N}$。只有最大序列的一小部分子集的 $\theta_{\max}$ 接近此下界。

通过将最大序列和这些序列的子序列合并,可得到使 $\theta_{\max}$ 接近 Welsh 上界的较大的序列集。若 q 是正整数,则从二进制序列 $\boldsymbol{a}$ 中每 q 个比特抽取一个形成新的二进制序列 $\boldsymbol{b}$,称为 $\boldsymbol{a}$ 的 q **抽取**,两个序列元素的关系为 $b_i = a_{qi}$。令 $\gcd(x,y)$ 表示 x 和 y 的最大公约数。若原始序列 $\boldsymbol{a}$ 的周期是 N,新的序列 $\boldsymbol{b}$ 不全是 0,则 $\boldsymbol{b}$ 的周期为 $N/\gcd(N,q)$。若 $\gcd(N,q)=1$,则该抽取被称作**适当抽取**。对于一个适当抽取,直到 $\boldsymbol{a}$ 中的每个比特都被抽取为止,$\boldsymbol{b}$ 中的比特不会发生重复。因此,$\boldsymbol{b}$ 和 $\boldsymbol{a}$ 具有相同的周期 N。

若 $\boldsymbol{a}$ 是最大序列,则当 $\boldsymbol{a}$ 的每个比特都被抽取时,$\boldsymbol{b}$ 也是最大序列。周期为 2^m-1 的最大序列的**首选对**是周期互相关函数只取 $-t(m)/N$、$-1/N$ 和 $[t(m)-2]$ 三个值的序列对,其中

$$t(m) = 2^{\lfloor (m+2)/2 \rfloor} + 1 \tag{7.37}$$

式中:$\lfloor x \rfloor$ 为实数 x 的整数部分。

Gold 序列[27]是周期为 $N=2^m-1$ 的序列集。当 m 为奇数或 $m=2$(模 4)时,该序列可由首选对的模 2 加产生。首选对中的一个序列是通过对另一个序列的 q 抽取得到的。其中,正整数 q 取 $q=2^k+1$ 或 $q=2^{2k}-2^k+1$,k 为正整数。当 m 为奇数时 $\gcd(m,k)=1$;当 $m=2$(模 4)时 $\gcd(m,k)=2$。由于一个序列集中

的任意两个 Gold 序列的互相关函数只取三个值，所以周期为 $N = 2^m - 1$ 的任意两个 Gold 序列周期互相关函数的峰值为

$$\theta_{\max} = \frac{t(m)}{2^m - 1} \tag{7.38}$$

对于较大的 m 值，若 m 为奇数，则 Gold 序列的 $\theta_{\max}$ 超过 Welch 界 $\sqrt{2}$ 倍，若 m 为偶数，则 Gold 序列的 $\theta_{\max}$ 超过 Welch 界 2 倍。

图 7.2 给出了 Gold 序列产生器的一种形式。若每个最大序列产生器都有 m 级，序列集中不同 Gold 序列可通过选择一个最大序列产生器的初始状态，并平移另一个产生器的初始状态而得到。由于任何从 0 到 2^m-2 的平移都可产生一个不同的 Gold 序列，因此，图 7.2 所示的系统可产生 2^m-1 个不同的 Gold 序列。通过将一个最大序列产生器设置为零状态，可产生与最大序列相同的 Gold 序列。总之，在一个序列集中，有 2^m+1 个周期为 2^m-1 的不同的 Gold 序列。

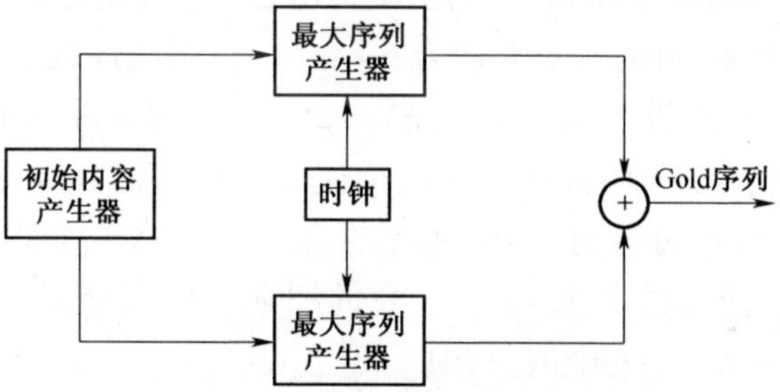

图 7.2 GOLD 序列产生器

Gold 序列集的一个例子是由本原特征多项式所产生：

$$f_1(x) = 1 + x^3 + x^7, f_2(x) = 1 + x + x^2 + x^3 + x^7 \tag{7.39}$$

本原特征多项式规定了最大序列的首选对。由于 $m=7$，在该序列集中有 129 个周期为 127 的 Gold 序列，且式(7.38)中 $\theta_{\max}=0.134$。式(2.61)表明当 $m=7$ 时只有 18 个最大序列。对于这 18 个序列组成的序列集，计算表明 $\theta_{\max}=0.323$。若当 $m=7$ 时希望最大序列集满足 $\theta_{\max}=0.134$，则该序列集只有 6 个序列。该结果表明多用户 CDMA 网络中的 Gold 序列有着非常大的用处。

如 2.4 节所述，由线性反馈移位寄存器（其特征多项式为 $f(x)$）生成的输出序列的生成函数，其表达式为

$$G(x) = \frac{\phi(x)}{f(x)} \tag{7.40}$$

式中 $\phi(x)$ 的阶数小于 $f(x)$，且

$$\phi(x)=\frac{\sum_{i=0}^{m-1}x^i\left(a_i+\sum_{k=1}^{i}c_k a_{i-k}\right)}{f(x)} \tag{7.41}$$

式中：$\{c_k\}$ 为 $f(x)$ 的系数；$\{a_k\}$ 为初始值。若图 7.2 的序列产生器有本原 m 阶特征函数 $f_1(x)$ 和 $f_2(x)$，则该 **Gold 序列的生成函数为**

$$G(x)=\frac{\phi_1(x)}{f_1(x)}+\frac{\phi_2(x)}{f_2(x)}=\frac{\phi_1(x)f_2(x)+\phi_2(x)f_1(x)}{f_1(x)f_2(x)} \tag{7.42}$$

由于 $\phi_1(x)$ 和 $\phi_2(x)$ 阶数都小于 m，则 $G(x)$ 分子的阶数必须小于 $2m$。由于乘积 $f_1(x)f_2(x)$ 为 $2m$ 阶特征函数形式，因此该乘积定义了一个能产生 Gold 序列的 $2m$ 阶单线性反馈移位寄存器的反馈系数。对于任何特定序列而言，寄存器的初始状态可以通过如下方法确定：首先令式(7.42)的分子系数与式(7.41)相对应的系数相等，然后解这 $2m$ 个线性方程即可。因此**一个 2m 阶单线性反馈移位寄存器能产生一个 2^m-1 周期的 Gold 序列**。

若 m 为偶数，**Kasami 序列[27]的小集合**由 $2^{m/2}$ 个周期为 2^m-1 的序列组成。要产生这样的序列集，可通过对周期为 $N=2^m-1$ 的最大序列 $\boldsymbol{a}$ 以 $q=2^{m/2}+1$ 来抽取，从而得到一个周期为 $N/\gcd(N,q)=2^{m/2}-1$ 的二进制序列 $\boldsymbol{b}$，然后将 $\boldsymbol{a}$ 和从 0 到 2^m-2 的任一循环移位的 $\boldsymbol{b}$ 进行模 2 加运算就可得到一个 Kasami 序列。包括序列 $\boldsymbol{a}$ 在内，可得到一个含有 $2^{m/2}$ 个周期为 2^m-1 的 Kasami 序列集。在一个序列集中，任意两个 Kasami 序列的周期互相关函数只取 $-s(m)/N$，$-1/N$ 或 $[s(m)-2]/N$ 三个值，其中

$$s(m)=2^{m/2}+1 \tag{7.43}$$

任意两个 Kasami 序列的周期互相关函数的峰值为

$$\theta_{\max}=\frac{s(m)}{N}=\frac{1}{2^{m/2}-1} \tag{7.44}$$

对任意具有相同长度和周期的序列集来说，由于 Kasami 序列的 $\theta_{\max}$ 是最小的，因此从这个意义上说，Kasami 序列是最优的。证明如下：若 $M=2^{m/2}$ 且 $N=2^m-1(m=2)$，则 Welsh 界意味着

$$N\theta_{\max}\geqslant N\sqrt{\frac{M-1}{MN-1}}=\sqrt{\frac{N(M-1)}{M-N^{-1}}}=\sqrt{\frac{(M+1)(M-1)^2}{M-N^{-1}}}>M-1=2^{\frac{m}{2}}-1 \tag{7.45}$$

由于 N 为奇数，式(7.24)中的 A_l-D_l 必定是一个奇数，$N\theta_{\max}$ 也必定是一个奇数。由于 $2^{m/2}+1$ 是比 $2^{m/2}-1$ 大的最小奇数，这说明 $M={}^{m/2}$ 个长度为 $N=2^{m/2}-1\ (m\geqslant 2)$ 的周期性双极性序列**要求**

$$N\theta_{max} \geqslant 2^{m/2} + 1 \tag{7.46}$$

由于 Kasami 序列满足 $N\theta_{max} = 2^{m/2} + 1$,对于给定的集合大小和周期,Kasami 序列是最优的。

例如,令 $m=10$,有 60 个最大序列、1025 个 Gold 序列和 32 个 Kasami 序列,它们的周期都为 1023。对应的互相关函数峰值分别为 0.37、0.06 和 0.03。

当 $m=2$(模 4)时,**一个大 Kasami 序列集**[27]由 $2^{m/2}(2^m + 1)$ 个序列组成;当 $m=0$(模 4)时该序列集由 $2^{m/2}(2^m + 1) - 1$ 个序列组成。这些序列的周期为 2^m-1。可通过如下方法产生一个序列集:通过对周期为 $N=2^m-1$ 的最大序列 $\boldsymbol{a}$ 以 $q=2^{m/2}+1$ 来抽取,构成一个周期为 $N/\gcd(N,q) = 2^{m/2} - 1$ 的二进制序列 $\boldsymbol{b}$;再以 $q_1 = 2^{(m+2)/2} + 1$ 抽取,构成另一个周期为 $N/\gcd(N,q_1)$ 的二进制序列 $\boldsymbol{c}$。然后将 $\boldsymbol{a}$ 与 $\boldsymbol{b}$ 的循环移位序列和 $\boldsymbol{c}$ 的循环移位序列进行模 2 加,可得到一个周期为 N 的 Kasami 序列。在一个序列集中,任意两个 Kasami 序列的周期互相关函数只能取 $-1/N$, $-t(m)/N$, $[t(m)-2]/N$, $-s(m)/N$或$[s(m)-2]/N$五个值。一个大 Kasami 序列集包含了一个小 Kasami 序列集和一个 Gold 序列集作为其子集。由于 $t(m) \geqslant s(m)$,大 Kasami 序列集的 θ_{max}取值为

$$\theta_{max} = \frac{t(m)}{2^m - 1} = \frac{2^{[(m+2)/2]} + 1}{2^m - 1} \tag{7.47}$$

该值是次优的,但较大的序列数量使得这些序列集成为异步 CDMA 网络的一个有吸引力的选择。

图 7.3 给出了一个 $m=8$、周期为 255 且包含 4111 个 Kasami 序列的大序列集产生器。在图上端的两个移位寄存器能够自动产生 $m=8$、周期为 15 且包含 16 个 Kasami 序列的序列集。上端的 8 级移位寄存器能够产生一个周期为 255 的最大序列,它下面的 4 级移位寄存器能产生一个周期为 15 的最大序列。底端的移位寄存器能够产生一个周期为 85 的非最大序列。

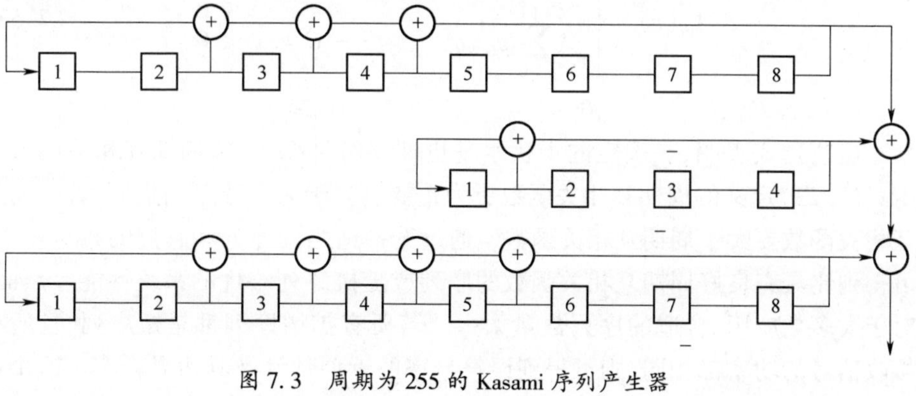

图 7.3 周期为 255 的 Kasami 序列产生器

在一个由类似系统构成的网络中，当未进行数据调制时，若这些序列的互相关函数很小(例如，当所有序列都是 Gold 或者 Kasami 序列时)，则在捕获期间干扰序列就能够被充分抑制。

7.2.3 误符号率

令 $\boldsymbol{d}_i=(d_{-1}^{(i)},d_0^{(i)})$ 表示在有用信号的一个符号检测期间接收的异步多址干扰信号 i 的两个符号向量。由式(7.21)可知：

$$V_1=\sum_{i=1}^{K-1}\sqrt{\mathcal{E}_i}\cos\phi_i[d_{-1}^{(i)}R_{0i}(\tau_i)+d_0^{(i)}\hat{R}_{0i}(\tau_i)],0\leqslant\tau_i\leqslant T_s \quad (7.48)$$

式中**时间连续的部分互相关函数**为

$$R_{0i}(\tau_i)=\int_0^{\tau_i}p_0(t)q_i(t-\tau_i)\,\mathrm{d}t \quad (7.49)$$

$$\hat{R}_{0i}(\tau_i)=\int_{\tau_i}^{T_s}p_0(t)q_i(t-\tau_i)\,\mathrm{d}t \quad (7.50)$$

令 $\tau_i=v_iT_c+\epsilon_i,v_i$ 为整数且 $0\leqslant v_i\leqslant G-1,0\leqslant\epsilon_i<T_c$。对于矩形码片波形和周期为 G 的扩谱序列，应用扩谱序列的周期性和类似于式(2.94)的推导可得

$$R_{0i}(\tau_i)=A_{0i}(v_i-G)+[A_{0i}(v_i+1-G)-A_{0i}(v_i-G)]\frac{\epsilon_i}{T_c} \quad (7.51)$$

$$\hat{R}_{0i}(\tau_i)=A_{0i}(v_i)+[A_{0i}(v_i+1)-A_{0i}(v_i)]\frac{\epsilon_i}{T_c} \quad (7.52)$$

式中**非周期互相关函数**定义为

$$A_{0i}(v)=\begin{cases}\dfrac{1}{G}\displaystyle\sum_{n=0}^{G-1-v}p_{0,n+v}q_n^{(i)}, & 0\leqslant v\leqslant G\\ \dfrac{1}{G}\displaystyle\sum_{n=0}^{G-1+v}p_{0,n}q_{n-v}^{(i)}, & -G\leqslant v<0\\ 0, & |v|\geqslant G\end{cases} \quad (7.53)$$

这些公式表明，在确定的干扰水平也即误符号率上，非周期互相关函数比由式(7.23)定义的周期互相关函数更为重要。对于大多数序列集而言，非周期互相关函数要大于周期互相关函数。通过选择适当的序列和它们的相对相位，可得到比具有良好周期互相关函数的序列或随机序列略优的系统性能。然而，对于大多数应用，合适的序列数量太少。若所有扩谱序列都是短序列，且所有接收信号的功率都相同，则可得到误符号率的近似估计及其边界[62,63]，这个过

程非常复杂。另一种方法是将扩谱序列和长序列一样建模为随机二进制序列。

在有多址干扰的网络中,扩谱码捕获取决于周期和非周期互相关函数。若没有数据调制,式(4.92)中的 V_c 和 V_s 会有附加项,该附加项正比于有用信号与干扰信号的周期互相关函数。当存在数据调制时,部分甚至全部项都是非周期互相关函数。

7.2.4 复四进制序列

四进制直扩系统可使用短二进制序列对,如 Gold 或 Kasami 序列,利用其良好的周期自相关和互相关函数,来满足 CDMA 网络中特殊信号的精确同步需求。作为替代方案,可考虑那些不是由标准二进制序列派生而来却有着较好周期相关函数的**复多相位序列**。

在 q 进制 PSK 调制中,复四进制序列符号是 1 的第 q 个复数根的幂,即

$$\Omega = \exp\left(\mathrm{j}\,\frac{2\pi}{q}\right) \tag{7.54}$$

式中:$\mathrm{j}=\sqrt{-1}$。周期 N 的复扩谱序列或特征序列 $\boldsymbol{p}$ 的符号为

$$p_i = \Omega^{a_i}\mathrm{e}^{\mathrm{j}\phi}, a_i \in Z_q = \{0,1,2,\cdots,q-1\}, i=1,2,\cdots,N \tag{7.55}$$

式中:ϕ 为任意相位,可根据方便来选取。若 p_i 由指数 a_i 确定,q_i 由指数 b_i 确定,则序列 $\boldsymbol{p}$ 和 $\boldsymbol{q}$ 的周期互相关函数为

$$\theta_{\boldsymbol{pq}}(k) = \frac{1}{N}\sum_{i=0}^{N-1} p_{i+k}q_i^* = \frac{1}{N}\sum_{i=0}^{N-1}\Omega^{a_{i+k}-b_i} \tag{7.56}$$

由式(7.32)定义的峰值 $\theta_{\max}$ 必须满足式(7.33)中的 Welch 界。对于正整数 m,人们已经找到了包含有 $M=N+2$ 个四进制或 Z_4 序列的$\mathcal{A}$序列族,其序列周期均为 $N=2^m-1$,且 $\theta_{\max}$ 渐近于 Welch 界[29]。相反,二进制 Kasami 序列的小集合只有 $\sqrt{N+1}$ 个序列。

四进制$\mathcal{A}$序列族的序列由非线性反馈的移位寄存器生成。该反馈由**特征多项式**确定,该多项式定义为

$$f(x) = 1 + \sum_{i=1}^{m} c_i x^i, c_i \in Z_4, c_m = 1 \tag{7.57}$$

移位寄存器输出序列 $\{a_i\}$ 满足式(2.21)所示的线性递归关系。每个输出符号 $a_i \in Z_4$ 可由式(7.55)转化成 p_i。

例如,特征多项式 $f(x) = 1 + 2x + 3x^2 + x^3$ 中 $m=3$,并产生周期为 $N=7$ 的序列族。产生这一族序列的反馈移位寄存器如图 7.4(a)所示,其中所有运算都是模 4 的。具体产生的序列如图 7.4(b)所示。

通过将移位寄存器初始化为任意非零状态，然后在整个周期 $N=2^m-1$ 上对移位寄存器进行循环，就会产生不同的序列。由于移位寄存器有 4^m-1 个非零状态，因此在该序列族中有 $M=(4^m-1)/(2^m-1)=2m+1$ 个**不同的循环**序列。序列族中的每个序列可以用任意非零三元数组加载移位寄存器来获得，该三元数组必须是在产生序列族中其他任何成员序列时都未曾使用用过。

如 2.4 节所述，复扩谱序列乘以复数据序列从而产生传输序列。2.4 节中的图 2.22 描述了传输序列中一个码片的生成过程。图 2.23 描述了在复变量下的接收机。复四进制序列确保了接收机的同相和正交支路功率的平衡，其限制了峰-均功率的波动。

虽然某些复四进制序列具有比标准二进制序列对更好的周期自相关和互相关函数，但在多址系统中它们不能提供显著降低的错误概率[46,111]。原因在于系统性能是由复非周期相关函数决定的。然而，由于复序列较好的周期自相关性，它们可提供比 Gold 或 Kasami 序列更好的捕获性能。

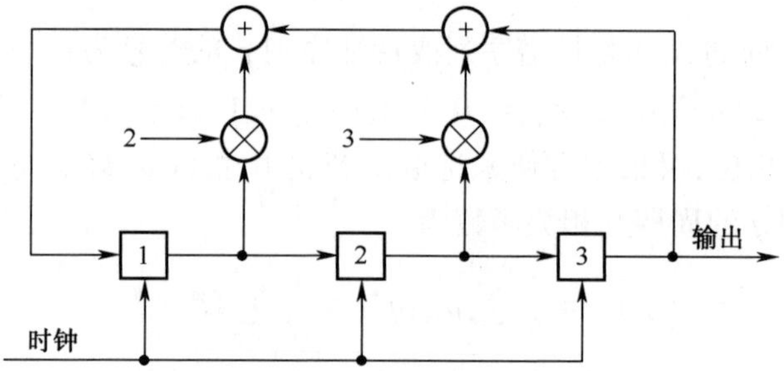

(a) 四进制序列的反馈移位寄存器

移位	内容		
	第1级	第2级	第3级
初始	0	0	1
1	1	0	0
2	2	1	0
3	3	2	1
4	1	3	2
5	1	1	3
6	0	1	1

(b) 连续移位后的寄存器内容

图 7.4　$\mathcal{A}$序列族产生器

7.3 随机扩谱序列系统

若在异步 CDMA 网络中所有扩谱序列的周期都相同，且与数据符号间隔相等，则通过选择适当的序列及其相对相位，就可获得优于随机序列理论值的系统性能。然而，这种性能优势非常小，且对于很多应用而言，合适的序列数量也很少。扩展到许多数据符号的长序列可提供更好的系统安全性。另外，长序列可确保连续数据符号被不同的序列所覆盖，从而限制了由多址干扰产生的不希望的互相关持续时间。虽然将长序列建模为随机扩谱序列是非常令人满意的，但即使使用短序列，随机序列模型也能给出相当准确的性能预测。

运用 Jensen 不等式有助于对 CDMA 系统进行分析与比较。

7.3.1 Jensen 不等式

定义在一个开区间 I 上的函数 $g(x)$ 是**凸函数**，若对于 I 上的 x 、y 及 $0 \leqslant p \leqslant 1$ ，满足

$$g(px + (1-p)y) \leqslant pg(x) + (1-p)g(y) \tag{7.58}$$

假设 $g(x)$ 在 I 上的导数 $g'(x)$ 连续非减。对于 $p=0$ 或 1，该不等式显然成立。若 $x \geqslant y$ 且 $0 \leqslant p < 1$，

$$\begin{aligned} g(px + (1-p)y) - g(y) &= \int_{y}^{px+(1-p)y} g'(z)\mathrm{d}z \leqslant p(x-y)g'[px+(1-p)y] \\ &\leqslant \frac{p}{1-p}\int_{px+(1-p)y}^{x} g'(z)\mathrm{d}z \\ &= \frac{p}{1-p}\{g(x) - g[px+(1-p)y]\} \end{aligned} \tag{7.59}$$

通过化简，可得式(7.58)。若 $y \geqslant x$ ，类似分析也能得到式(7.58)。因而，**若 $g(x)$ 在 I 上具有连续非减的导数，则该函数为凸函数。若 $g(x)$ 在 I 上具有非负二阶导数，则该函数也为凸函数。**

若式(7.58)中的不等式换为等式，则 $g(x)$ 是**严格凸的。若 $g(x)$ 在 I 上具有连续递增的导数或正的二阶导数，则该函数为严格凸函数。**

引理：若 $g(x)$ 是在开区间 I 上的一个凸函数，则对于 I 上所有的 x 和 y ，有

$$g(y) \geqslant g(x) + g^{-}(x)(y-x) \tag{7.60}$$

式中 $g^{-}(x)$ 是 $g(x)$ 的左导数。

证明：若 $y - x \geqslant z > 0$，将 $p = 1 - z/(y-x)$ 代入式(7.58)得

$$g(x+z) \leqslant \left(1-\frac{z}{y-x}\right)g(x)+\frac{z}{y-x}g(y)$$

由此可得：

$$\frac{g(x+z)-g(x)}{z} \leqslant \frac{g(y)-g(x)}{y-x}, \quad y-x \geqslant z > 0 \tag{7.61}$$

若 $v>0$、$z>0$，则 $p=z/v+z$，式(7.58)表明

$$g(x) \leqslant \frac{z}{v+z}g(x-v)+\frac{v}{v+z}g(x+z)$$

因此

$$\frac{g(x)-g(x-v)}{v} \leqslant \frac{g(x+z)-g(x)}{z}, \quad v,z>0 \tag{7.62}$$

不等式(7.61)表明，当 y 从右侧逼近 x 时，比值 $[g(y)-g(x)]/(y-x)$ 单调递减。式(7.62)表明该比值有下界。因此 I 中 $g(x)$ 的右导数 $g^{+}(x)$ 存在。

若 $x-y \geqslant v>0$，则将 $p=1-v/(x-y)$ 代入式(7.58)可得

$$g(x-v) \leqslant \left(1-\frac{v}{x-y}\right)g(x)+\frac{v}{x-y}g(y)$$

由此可得

$$\frac{g(x)-g(y)}{x-y} \leqslant \frac{g(x)-g(x-v)}{v}, \quad x-y \geqslant v>0 \tag{7.63}$$

该不等式表明，当 y 从左侧逼近 x 时，比值 $[g(x)-g(y)]/(x-y)$ 单调递增。式(7.62)表明该比值有上界。因此，在 I 中左导数 $g^{-}(x)$ 存在。当 $z\to 0$ 和 $v\to 0$ 时，对式(7.62)取极限得到

$$g^{-}(x) \leqslant g^{+}(x) \tag{7.64}$$

当 $z\to 0$ 和 $v\to 0$ 时，分别对式(7.61)和式(7.63)取极限，并利用式(7.64)，可发现对于 I 中的所有 y 和 x，式(7.60)均成立。

Jensen 不等式：若 X 是一个具有有限期望值 $E[X]$ 的随机变量，$g(\cdot)$ 是定义在开区间上的凸函数，且该开区间包含 X 的取值范围，则

$$E[g(X)] \geqslant g[E(X)] \tag{7.65}$$

证明：在式(7.60)中令 $y=X$ 和 $x=E[X]$，由此可得 $g(X) \geqslant g(E[X]) + g^{-}(E[X])(X-E[X])$。在该不等式的两边都对随机变量取期望就可得到 Jensen 不等式。

7.3.2 基于 BPSK 的直扩系统

考虑图 2.14 所示的调制方式为 BPSK 的直扩接收机，它是具有 K 个用户的

DS-CDMA 网络的一部分。有用信号的扩谱序列建模为随机二进制序列,码片波形限制在区间 $[0,T_c)$ 内。由式(7.17)可知,解扩相关器的输出 V 为

$$V = \sum_{v=0}^{G-1} p_{0v} Z_v = d_0 \sqrt{\mathcal{E}_s} + V_1 + V_2 \tag{7.66}$$

式中多址干扰为

$$V_1 = \sum_{v=0}^{G-1} p_{0v} J_v \tag{7.67}$$

噪声为

$$V_2 = \sum_{v=0}^{G-1} p_{0v} N_{sv} \tag{7.68}$$

均值为

$$E[V] = d_0 \sqrt{\mathcal{E}_s} \tag{7.69}$$

噪声方差为

$$\mathrm{var}(V_2) = \frac{N_0}{2} \tag{7.70}$$

由于干扰信号中的调制数据 $d_i(t)$ 建模为随机二进制序列,不失一般性,可将该数据序列视为扩谱序列。由于 $q_i(t)$ 由一个独立随机扩谱序列确定,只有模 T_c 运算后的时延才是有意义的,因此不失一般性,可假设式(7.14)中的 τ_i 满足 $0 \leqslant \tau_i < T_c$。

由于 $\psi(t)$ 定义在区间 $[0,T_c)$ 中,且 $f_c T_c \gg 1$,将式(7.14)、式(7.15)代入式(7.18)得

$$J_v = \sum_{i=1}^{K-1} \sqrt{\mathcal{E}_i} \cos\phi_i \Big\{ q_{v-1}^{(i)} \int_{vT_c}^{vT_c+\tau_i} \psi(t - vT_c)\psi[t - (v-1)T_c - \tau_i]\,\mathrm{d}t + q_v^{(i)} \int_{vT_c+\tau_i}^{(v+1)T_c} \psi(t - vT_c)\psi(t - vT_c - \tau_i)\,\mathrm{d}t \Big\} \tag{7.71}$$

归一化码片波形的**部分自相关函数**定义为

$$R_\psi(s) = T_s \int_0^s \psi(t)\psi(t + T_c - s)\,\mathrm{d}t, \quad 0 \leqslant s < T_c \tag{7.72}$$

将上式代入式(7.71),并将积分变量进行适当变换可得:

$$J_v = \sum_{i=1}^{K-1} \frac{\sqrt{\mathcal{E}_i}}{T_s} \cos\phi_i [q_{v-1}^{(i)} R_\psi(\tau_i) + q_v^{(i)} R_\psi(T_c - \tau_i)] \tag{7.73}$$

对于扩谱波形中的矩形码片,将式(7.16)代入式(7.72)可得

$$R_\psi(s) = s, \quad \text{矩形码片} \tag{7.74}$$

对于扩谱波形中的**正弦波码片**，有

$$\psi(t)=\begin{cases}\sqrt{\dfrac{2}{T_s}}\sin\left(\dfrac{\pi}{T_c}t\right), & 0\leqslant t\leqslant T_c\\ 0,其他\end{cases}\tag{7.75}$$

将其代入式(7.72)，运用三角恒等式，并进行积分运算，得到

$$R_\psi(s)=\frac{T_c}{\pi}\sin\left(\frac{\pi}{T_c}s\right)-s\cos\left(\frac{\pi}{T_c}s\right)\ \text{正弦波码片}\tag{7.76}$$

由于 J_v 和 J_{v+1} 都包含相同的随机变量 $q_v^{(i)}$，即使当 $\boldsymbol{\phi}=(\phi_1,\phi_2,\cdots,\phi_{K-1})$ 和 $\boldsymbol{\tau}=(\tau_1,\tau_2,\cdots,\tau_{K-1})$ 给定时，式(7.67)中的项也不能立即看出是统计独立的。接下来的引理[90]解决了这个问题。

引理：假设 $\{\alpha_i\}$ 和 $\{\beta_i\}$ 是统计独立的随机二进制序列。令 x 和 y 表示任意常量。则当 $j\neq k$ 时，$\alpha_i\beta_j x$ 和 $\alpha_i\beta_k y$ 是统计独立的随机变量。

证明：令 $P(\alpha_i\beta_j x=a,\alpha_i\beta_k y=b)$ 表示当 $\alpha_i\beta_j x=a$ 和 $\alpha_i\beta_k y=b$ 时的联合概率，其中 $|a|=|x|$、$|b|=|y|$。由全概率定理，可得

$$\begin{aligned}P(\alpha_i\beta_j x=a,\alpha_i\beta_k y=b)&=P(\alpha_i\beta_j x=a,\alpha_i\beta_k y=b,\alpha_i=1)\\&\quad+P(\alpha_i\beta_j x=a,\alpha_i\beta_k y=b,\alpha_i=-1)\\&=P(\beta_j x=a,\beta_k y=b,\alpha_i=1)\\&\quad+P(\beta_j x=-a,\beta_k y=-b,\alpha_i=-1)\end{aligned}$$

由 $\{\alpha_i\}$ 和 $\{\beta_j\}$ 的独立性及它们都是随机二进制序列这一事实，得到当 $j\neq k$、$x\neq 0$、$y\neq 0$ 时的化简结果

$$\begin{aligned}P(\alpha_i\beta_j x=a,\alpha_i\beta_k y=b)&=P(\beta_j x=a)P(\beta_k y=b)P(\alpha_i=1)\\&\quad+P(\beta_j x=-a)P(\beta_k y=-b)P(\alpha_i=-1)\\&=\frac{1}{2}P\left(\beta_j=\frac{a}{x}\right)P\left(\beta_k=\frac{b}{y}\right)+\frac{1}{2}P\left(\beta_j=-\frac{a}{x}\right)P\left(\beta_k=-\frac{b}{y}\right)\end{aligned}$$

由于 β_j 取 $+1$ 或 -1 的概率相同，即 $P(\beta_j=a/x)=P(\beta_j=-a/x)$，因此

$$\begin{aligned}P(\alpha_i\beta_j x=a,\alpha_i\beta_k y=b)&=P\left(\beta_j=\frac{a}{x}\right)P\left(\beta_k=\frac{b}{y}\right)\\&=P(\beta_j x=a)P(\beta_k y=b)\end{aligned}$$

类似的计算得出

$$P(\alpha_i\beta_j x=a)P(\alpha_i\beta_k y=b)=P(\beta_j x=a)P(\beta_k y=b)$$

因此

$$P(\alpha_i\beta_j x = a, \alpha_i\beta_k y = b) = P(\alpha_i\beta_j x = a)P(\alpha_i\beta_k y = b)$$

该式满足 $\alpha_i\beta_j x$ 和 $\alpha_i\beta_k y$ 统计独立性的定义。对于 $x=0$ 或 $y=0$ 时，该关系式没有意义。

该引理表明，当给定 $\boldsymbol{\phi}$ 和 $\boldsymbol{\tau}$ 时，式(7.20)中的项是统计独立的。由于 $q_i(t)$ 由独立随机扩谱序列确定，$\{q_v^{(i)}\}$ 是同分布的，因此 $\{J_v\}$ 也是同分布的。由于 $\{p_{0v}\}$ 同分布，V_1 中每一项都是同分布。由于 $p_{0v}^2 = 1$，因此式(7.67)和式(7.71)表明 V_1 条件方差为

$$\operatorname{var}(V_1) = \sum_{v=0}^{G-1}\operatorname{var}(J_v) = \sum_{i=1}^{K-1}\frac{\mathcal{E}_i}{G}h(\tau_i)\cos^2\phi_i \tag{7.77}$$

式中

$$h(\tau_i) = \frac{1}{T_c^2}[R_\psi^2(\tau_i) + R_\psi^2(T_c - \tau_i)] \tag{7.78}$$

为**码片函数**。应用式(7.74)和式(7.76)，可得

$$h(\tau_i)=\begin{cases}\dfrac{2\tau_i^2-2\tau_iT_c+T_c^2}{T_c^2}\text{(矩形)}\\[2ex] \dfrac{2\left(\dfrac{T_c}{\pi}\right)^2\sin^2\left[\dfrac{\pi}{T_c}\tau_i\right]+(2\tau_i^2-2\tau_iT_c+T_c^2)\cos^2\left[\dfrac{\pi}{T_c}\tau_i\right]+\dfrac{T_c^2-\tau_iT_c}{\pi}\sin\left[\dfrac{2\pi}{T_c}\tau_i\right]}{T_c^2}\text{(正弦)}\end{cases} \tag{7.79}$$

由于当 $\boldsymbol{\phi}$ 和 $\boldsymbol{\tau}$ 给定时，式(7.67)中 V_1 的项是独立、同分布的零均值随机变量，因此由中心极限定理(见附录 A.2“中心极限定理”中的推论 1)可知，当 $G\to\infty$ 时，$V_1/\sqrt{\operatorname{var}(V_1)}$ 趋于均值为零、方差为 1 的高斯分布。因此，在给定 $\boldsymbol{\phi}$ 和 $\boldsymbol{\tau}$ 且当 G 很大时，V_1 的条件分布近似于高斯分布。由于噪声分量服从高斯分布，且独立于 V_1，因此 V 近似高斯分布，其均值由式(7.69)给出，$\operatorname{var}(V_2)$ 由式(7.70)给出，且 $\operatorname{var}(V) = \operatorname{var}(V_1) + \operatorname{var}(V_2)$。

当 $\boldsymbol{\phi}$ 和 $\boldsymbol{\tau}$ 给定时，判决统计量 V 满足高斯分布意味着条件误符号率为

$$P_s(\boldsymbol{\phi},\boldsymbol{\tau}) = Q\left(\sqrt{\frac{2\mathcal{E}_s}{N_{0e}(\boldsymbol{\phi},\boldsymbol{\tau})}}\right) \tag{7.80}$$

式中 $Q(x)$ 由式(1.58)定义，且**等效噪声功率谱密度**定义为

$$N_{0e}(\boldsymbol{\phi},\boldsymbol{\tau}) = N_0 + \frac{2}{G}\sum_{i=1}^{K-1}\mathcal{E}_ih(\tau_i)\cos^2\phi_i \tag{7.81}$$

对于一个异步网络，可假设时延是独立且在 $[0,T_c)$ 内均匀分布的，相位 θ_i ($i=1,2,\cdots,K-1$)在$[0,2\pi)$内均匀分布。因此，误符号率为

$$P_s = \left(\frac{2}{\pi T_c}\right)^{K-1} \int_0^{\pi/2} \cdots \int_0^{\pi/2} \int_0^{T_c} \cdots \int_0^{T_c} P_s(\boldsymbol{\phi}, \boldsymbol{\tau}) \mathrm{d}\boldsymbol{\phi} \mathrm{d}\boldsymbol{\tau} \tag{7.82}$$

式中利用 $\cos^2\phi_i$ 在$[0,\pi/2)$内可取遍所有可能值的条件来缩短积分区间。由于没有序列参数,因此式(7.82)的计算量远少于对一个确定的短扩谱序列的 P_s 的计算量。尽管如此,对计算能力的要求仍然非常高,因而非常希望找到准确的近似方法以减少计算量。给定 $\boldsymbol{\phi}$ 时的条件误符号率定义为

$$P_s(\boldsymbol{\phi}) = \left(\frac{1}{T_c}\right)^{K-1} \int_0^{T_c} \cdots \int_0^{T_c} P_s(\boldsymbol{\phi}, \boldsymbol{\tau}) \mathrm{d}\boldsymbol{\tau} \tag{7.83}$$

$P_s(\boldsymbol{\phi})$ 的闭式近似表达式极大地减少了 P_s 的计算量,即

$$P_s = \left(\frac{2}{\pi}\right)^{K-1} \int_0^{\pi/2} \cdots \int_0^{\pi/2} P_s(\boldsymbol{\phi}) \mathrm{d}\boldsymbol{\phi} \tag{7.84}$$

为对 $P_s(\boldsymbol{\phi})$ 进行近似,首先求得它的上下界。

无论是矩形还是正弦波码片波形,通过式(7.79)和基本微积分运算都可得到

$$h(\tau_i) \leqslant 1 \tag{7.85}$$

将该上界依次用于式(7.81)、式(7.80)和式(7.83)中,并经过烦琐的积分可得

$$P_s(\boldsymbol{\phi}) \leqslant Q\left(\sqrt{\frac{2\mathcal{E}_s}{N_{0u}(\boldsymbol{\phi})}}\right) \tag{7.86}$$

式中

$$N_{0u}(\boldsymbol{\phi}) = N_0 + \frac{2}{G}\sum_{i=1}^{K-1} \mathcal{E}_i \cos^2\phi_i \tag{7.87}$$

为得到 $P_s(\boldsymbol{\phi})$ 的下界,将式(7.83)中的连续积分理解为求期望。由于 τ_i 在 $[0,T_c)$ 间均匀分布,利用式(7.79)积分得出

$$E[h(\tau_i)] = \frac{1}{T_c}\int_0^{T_c} h(\tau_i)\mathrm{d}\tau_i = h \tag{7.88}$$

式中**码片因子**为

$$h = \begin{cases} \dfrac{2}{3}, & \text{矩形码片} \\ \dfrac{1}{3} + \dfrac{5}{2\pi^2}, & \text{正弦码片} \end{cases} \tag{7.89}$$

式(7.80)所示的函数 $P_s(\phi,\tau)$ 具有以下形式

$$g(x) = Q(x^{-1/2}) \tag{7.90}$$

由于 $g(x)$ 的二阶导数在区间 $0 < x \leqslant 1/3$ 内非负,因此 $g(x)$ 在该区间内

是一个凸函数，且可以利用 Jensen 不等式。由式（7.81）、式（7.85）和 $\cos^2\phi_i \leqslant 1$ 可得到保证 $P_s(\phi,\tau)$ 为凸函数的充分条件为

$$\mathcal{E}_s \geqslant \frac{3}{2}\left[N_0 + \frac{2\mathcal{E}_t}{G}\right] \tag{7.91}$$

式中每符号接收总干扰能量为

$$\mathcal{E}_t = \sum_{i=1}^{K-1}\mathcal{E}_i \tag{7.92}$$

对式(7.83)中 $\boldsymbol{\tau}$ 的每个分量连续使用 Jensen 不等式，并代入式(7.88)可得

$$P_s(\boldsymbol{\phi}) \geqslant Q\left(\sqrt{\frac{2\mathcal{E}_s}{N_{0l}(\boldsymbol{\phi})}}\right) \tag{7.93}$$

式中

$$N_{0l}(\boldsymbol{\phi}) = N_0 + \frac{2h}{G}\sum_{i=1}^{K-1}\mathcal{E}_i\cos^2\phi_i \tag{7.94}$$

若 N_0 可忽略，则由式(7.94)和式(7.87)可得 $N_{0l}/N_{0u} = h$ 。因此精确近似如下

$$P_s(\boldsymbol{\phi}) \approx Q\left(\sqrt{\frac{2\mathcal{E}_s}{N_{0a}(\boldsymbol{\phi})}}\right) \tag{7.95}$$

式中

$$N_{0a}(\boldsymbol{\phi}) = N_0 + \frac{2\sqrt{h}}{G}\sum_{i=1}^{K-1}\mathcal{E}_i\cos^2\phi_i \tag{7.96}$$

若 N_0 可忽略，则 $N_{0u}/N_{0a} = N_{0a}/N_{0l} = 1/\sqrt{h}$ 。因此，为确保给定 $P_s(\phi)$ 时所需的 $\mathcal{E}_s$ 值，使用近似式（7.95）代替式（7.83）产生的误差值上界为 $10\lg(1/\sqrt{h})$（dB），使用矩形码片波形时，该值为 0.88dB；使用正弦波码片波形时，该值为 1.16dB。实际上，由于 $N_0 \neq 0$ 且 P_s 并不等于其上、下界，故该误差通常只有几十分之一 dB。

例如，假设使用矩形码片波形，$\mathcal{E}_s/N_0 = 15$dB 且 $K = 2$。图 7.5 给出了 P_s 的 4 种不同的估计值与**解扩信干比** $G\mathcal{E}_s/\mathcal{E}_1$ 的关系，该信干比是考虑接收机解扩增益后的信干比。精确近似由式(7.80)和式(7.82)给出，其上界由式(7.86)和式(7.84)给出，下界由式(7.93)和式(7.84)给出，简单近似由式(7.95)和式(7.84)给出。由图 7.5 可以看出，随着误符号率的减小，精确近似从下界向简单近似曲线靠拢。当 $P_s = 10^{-5}$ 时，相对于精确近似，简单近似的误差小于 0.3dB。

图 7.6 比较了在矩形码片波形和 $\mathcal{E}_s/N_0 = 15$dB 的条件下 $K = 2,3,4$ 时的误

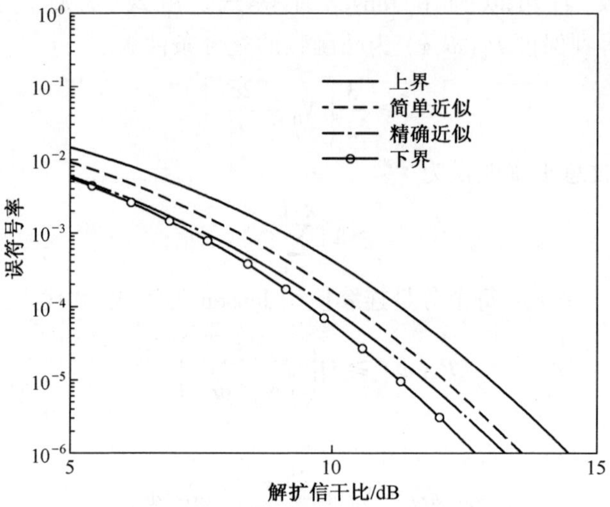

图 7.5　直扩系统中存在一个多址干扰信号时 BPSK 调制的误符号率（图中 $\mathcal{E}_s/N_0=15\text{dB}$）

符号率。该图中采用了 P_s 的简单近似，横坐标为 $G\mathcal{E}_s/\mathcal{E}_1$，其中 $\mathcal{E}_1$ 是每个等功率干扰信号的符号能量。从图中可以看出，P_s 随着 K 的增加而增大，但 P_s 增大的程度逐渐减慢，这是因为随着干扰的增加，干扰信号趋向于部分抵消。

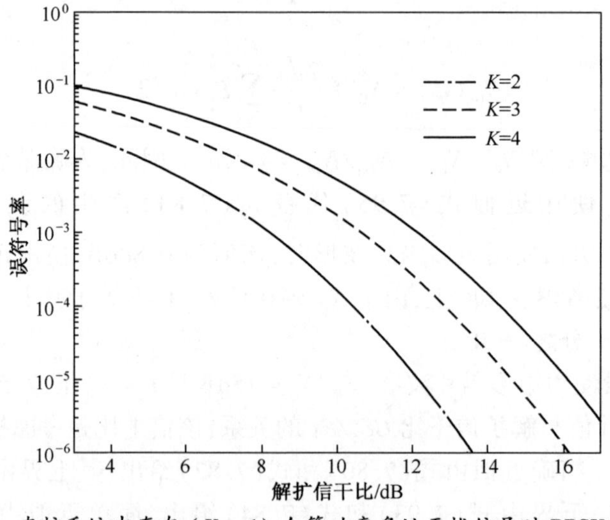

图 7.6　直扩系统中存在 $(K-1)$ 个等功率多址干扰信号时 BPSK 调制的误符号率，（$\mathcal{E}_s/N_0=15\text{dB}$）

观察到 $\cos^2\phi_i \leqslant 1$ 并在连续应用 Jensen 不等式时令 $X=\cos^2\phi_i$，可将之前的定界方法扩展到确定 $P_s(\boldsymbol{\phi})$ 的边界。若能满足式(7.91)，则这种扩展是可行的。通过计算可得

$$Q\left(\sqrt{\frac{2\mathcal{E}_s}{N_0 + h\mathcal{E}_t/G}}\right) \leqslant P_s \leqslant Q\left(\sqrt{\frac{2\mathcal{E}_s}{N_0 + 2\,\mathcal{E}_t/G_c}}\right) \tag{7.97}$$

简单近似的表达式为

$$P_s \approx Q\left(\sqrt{\frac{2\mathcal{E}_s}{N_0 + \sqrt{2h}\,\mathcal{E}_t/G}}\right) \tag{7.98}$$

若给定了 P_s,则由式(7.98)代替式(7.82)求得所需的 $G\mathcal{E}_s/\mathcal{E}_1$ 产生的误差界为 $10\lg\sqrt{2/h}$ (dB),则矩形码片波形的误差界为 2.39dB,正弦波码片波形的误差界为 2.66dB。

式(7.97)中的下界给出了与通常所说的**标准高斯近似**相同的结果。在标准高斯近似中,假设式(7.67)中的 V_1 为近似高斯分布,式(7.73)中的每个 ϕ_i 都在$[0,2\pi)$中均匀分布,每个 τ_i 都在$[0,T_c)$中均匀分布。这种近似可得到 P_s 的最优值,由式(7.97)所得矩形码片波形的 P_s 误差界为 4.77dB。由式(7.95)或式(7.80)得到的精度显著改善,仅仅是由于在给定 $\boldsymbol{\phi}$ 和 $\boldsymbol{\tau}$ 值的条件下对 V_1 采用高斯近似。式(7.80)给出的精确近似就是通常所说的**改进的高斯近似**。

图 7.7 给出了三个相同接收符号能量的多址干扰下误符号率与 $G\mathcal{E}_s/\mathcal{E}_t$ 的关系,采用矩形码片波形,且 $\mathcal{E}_s/N_0 = 15\text{dB}$。该图给出了式(7.97)所示的标准高斯近似,式(7.98)所示的简单近似和式(7.86)、式(7.93)及式(7.84)给出的上下界。显然,标准高斯近似的误差较大,而简单近似在 $10^{-6} \leqslant P_s \leqslant 10^{-2}$ 下是比较精确的。

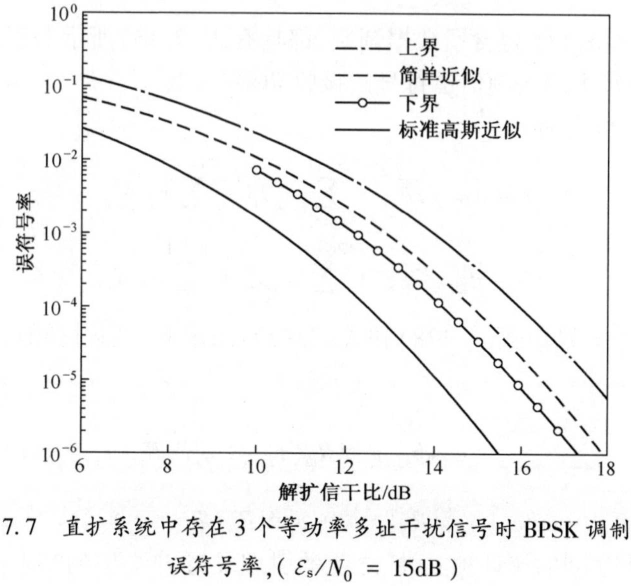

图 7.7 直扩系统中存在 3 个等功率多址干扰信号时 BPSK 调制的误符号率,($\mathcal{E}_s/N_0 = 15\text{dB}$)

在**同步**网络中,由于 $\{\tau_i\}$ 全部为零,式(7.80)和式(7.81)可被简化。对于矩形或正弦码片波形可得

$$P_s(\boldsymbol{\phi}) = Q\left(\sqrt{\frac{2\mathcal{E}_s}{N_{0e}(\boldsymbol{\phi})}}\right) \tag{7.99}$$

式中

$$N_{0e}(\boldsymbol{\phi}) = N_0 + \frac{2}{G}\sum_{i=1}^{K-1}\mathcal{E}_i \cos^2\phi_i \tag{7.100}$$

由于式(7.99)给出的 $P_s(\boldsymbol{\phi})$ 等于式(7.86)中的上界,所以通过观察可得,**在使用随机扩谱序列时,同步网络的误符号率大于或等于与之类似的异步网络的误符号率。**这种现象是因为对异步干扰信号的解扩导致干扰信号的带宽增加,从而使得接收机滤除了更多的干扰信号能量。

7.3.3 四相直扩系统

考虑一个由四相直扩系统组成的DS-CDMA网络,每个直扩系统都使用了双QPSK调制和随机扩谱序列。如2.4节所述,每个直扩信号为

$$s(t) = \sqrt{\mathcal{E}_s}\,d_1(t)p_1(t)\cos 2\pi f_c t + \sqrt{\mathcal{E}_s}\,d_2(t)p_2(t)\sin 2\pi f_c t \tag{7.101}$$

式中:$\mathcal{E}_s$ 为每个有用信号中每个二进制信道符号的接收能量。多址干扰为

$$i(t) = \sum_{i=1}^{K-1}\left[\sqrt{\mathcal{E}_i}\,q_{1i}(t-\tau_i)\cos(2\pi f_c t+\phi_i) + \sqrt{\mathcal{E}_i}\,q_{2i}(t-\tau_i)\sin(2\pi f_c t+\phi_i)\right] \tag{7.102}$$

式中:$q_{1i}(t)$ 和 $q_{2i}(t)$ 包含了数据调制,都具有式(7.15)所示的形式,同时 $\mathcal{E}_i$ 是干扰信号 i 中每个二进制信道符号的接收功率。

判决变量可写为

$$V = d_{10}\sqrt{2\mathcal{E}_s} + \sum_{v=0}^{2G-1} p_{1v}J_v + \sum_{v=1}^{2G-1} p_{1v}N_{sv} \tag{7.103}$$

$$U = d_{20}\sqrt{2\mathcal{E}_s} + \sum_{v=0}^{2G-1} p_{2v}J'_v + \sum_{v=0}^{2G-1} p_{2v}N'_v \tag{7.104}$$

式中:J'_v 和 N'_v 分别由式(2.128)和式(2.129)来定义。通过类似式(7.73)的推导可得

$$J_v = \sum_{i=1}^{K-1}\sqrt{\frac{\mathcal{E}_i}{2T_s^2}}\left\{\cos\phi_i\left[q_{v-1}^{(1i)}R_\psi(\tau_i) + q_v^{(1i)}R_\psi(T_c-\tau_i)\right] - \right.$$
$$\left.\sin\phi_i\left[q_{v-1}^{(2i)}R_\psi(\tau_i) + q_v^{(2i)}R_\psi(T_c-\tau_i)\right]\right\} \tag{7.105}$$

由这两个序列的统计独立性、之前的引理及与 J'_v 类似的结果可得到判决变

量中干扰项的方差

$$\mathrm{var}(V_1)=\mathrm{var}(U_1)=\sum_{i=1}^{K-1}\frac{\mathcal{E}_i}{G}h(\tau_i) \tag{7.106}$$

噪声方差和均值可由式(2.131)和式(2.130)给出。由于所有均值和方差都独立于 $\boldsymbol{\phi}$，故高斯近似得到独立于 $\boldsymbol{\phi}$ 的 $P_{\mathrm{s}}(\boldsymbol{\phi},\tau)$ 为

$$P_{\mathrm{s}}=\left(\frac{1}{T_{\mathrm{c}}}\right)^{K-1}\int_0^{T_{\mathrm{c}}}\cdots\int_0^{T_{\mathrm{c}}}Q\left(\sqrt{\frac{2\mathcal{E}_{\mathrm{s}}}{N_{0e}(\boldsymbol{\tau})}}\right)\mathrm{d}\boldsymbol{\tau} \tag{7.107}$$

式中

$$N_{0e}(\boldsymbol{\tau})=N_0+\frac{1}{G}\sum_{i=1}^{K-1}\mathcal{E}_i h(\tau_i) \tag{7.108}$$

上式表明每个干扰信号的功率都会减少 $G/h(\tau_i)$ 倍。由于通常 $h(\tau_i)<1$，故 $G/h(\tau_i)$ 反映了干扰信号的码片波形和随机定时偏移对干扰抑制效果的改善程度。由于针对平衡 QPSK 的直扩系统进行的类似分析也能得到式(7.108)，故**两种四相系统的抗多址干扰能力相同**。

将前面的定界和近似方法应用于式(7.107)，可得

$$Q\left(\sqrt{\frac{2\mathcal{E}_{\mathrm{s}}}{N_0+h\mathcal{E}_{\mathrm{t}}/G}}\right)\leqslant P_{\mathrm{s}}\leqslant Q\left(\sqrt{\frac{2\mathcal{E}_{\mathrm{s}}}{N_0+\mathcal{E}_{\mathrm{t}}/G}}\right) \tag{7.109}$$

式中总干扰能量 $\mathcal{E}_{\mathrm{t}}$ 可通过式(7.92)确定。使下界有效的充分条件是

$$\mathcal{E}_{\mathrm{s}}\geqslant\frac{3}{2}(N_0+\mathcal{E}_{\mathrm{t}}/G) \tag{7.110}$$

对于特定的 P_{s}，通过简单近似可将 $G\mathcal{E}_{\mathrm{s}}/\mathcal{E}_{\mathrm{t}}$ 的误差限制在 $10\lg(1/\sqrt{h})$ 以内，即

$$P_{\mathrm{s}}\approx Q\left(\sqrt{\frac{2\mathcal{E}_{\mathrm{s}}}{N_0+\sqrt{h}\,\mathcal{E}_{\mathrm{t}}/G}}\right) \tag{7.111}$$

对于矩形码片波形和正弦波码片波形，这种近似引入的误差界分别为 0.88dB 和 1.16dB。式(7.109)和式(7.111)只与总干扰功率有关，与总干扰功率在每个干扰信号中的分布无关。

为比较异步四相直扩系统和异步 BPSK 直扩系统，我们寻找 BPSK 直扩系统 P_{s} 的下界。将式(7.80)代入式(7.82)，并将 Jensen 不等式连续应用于 ϕ_i $(i=1,2,\cdots,K-1)$ 的积分，可发现若满足式(7.110)，式(7.107)的右边就是 P_{s} 的下界。该结果表明，**异步四相直扩系统比异步 BPSK 直扩系统具有更强的抗多址干扰能力**。

图 7.8 给出了存在三个干扰源时四相直扩系统的 P_{s}，其中每个干扰信号的

接收符号能量都相同,码片波形为矩形,且 $h=2/3$, $\mathcal{E}_s/N_0=15\text{dB}$。图中给出了式(7.107)所示的精确近似、式(7.111)所示的简单近似和式(7.109)所示的上下界与 $G\mathcal{E}_s/\mathcal{E}_t$ 的关系。图 7.8 和图 7.7 的比较表明了四相调制系统的优势。

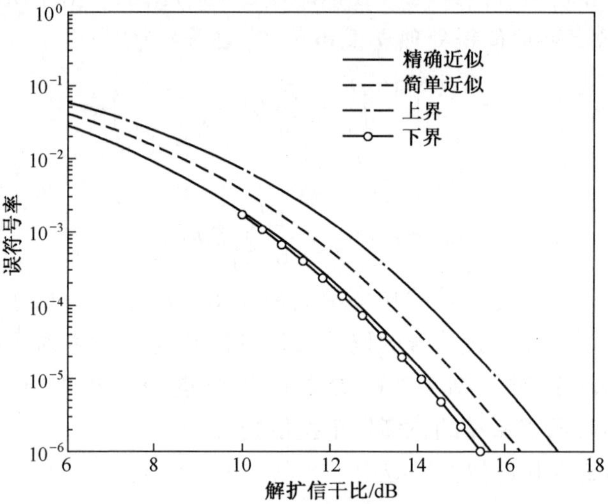

图 7.8 直扩系统中存在 3 个等功率多址干扰信号时四相调制的误符号率($\mathcal{E}_s/N_0=15\text{dB}$)

对于采用矩形或正弦波码片波形的**同步网络**,令式(7.107)中 $\{\tau_i\}$ 为 0,可得

$$P_s=Q\left(\sqrt{\frac{2\mathcal{E}_s}{N_0+\mathcal{E}_t/G}}\right) \tag{7.112}$$

由于该式与式(7.109)的上界一致,因此可得出以下结论,即**使用随机扩谱序列的四相直扩信号的异步网络比类似的同步网络能够容忍更多的多址干扰。**

P_s 的公式允许计算信道编码在硬判决译码下和部分软判决译码下的信息比特错误率 P_b 或其上界。例如,考虑 BPSK 或有二进制卷积码和软判决译码的 QPSK 下的 P_b。1.2 节中式(1.112)给出了 P_b 的上界,其中 $P_2(l)$ 可由对 $\boldsymbol{\phi}$ 和 $\boldsymbol{\tau}$ 求均值得出:

$$P_2(l\mid\boldsymbol{\phi},\boldsymbol{\tau})=Q\left(\sqrt{\frac{2\mathcal{E}_s l}{N_{0e}(\boldsymbol{\phi},\boldsymbol{\tau})}}\right) \tag{7.113}$$

当使用 turbo 码或 LDPC 码,P_b 是 $\mathcal{E}_s/N_{0e}(\boldsymbol{\phi},\boldsymbol{\tau})$ 的函数。通过在 $\boldsymbol{\phi}$ 和 $\boldsymbol{\tau}$ 分布下求均值并使用 Jensen 不等式,可求出平均信干噪比(SINR)为

$$\gamma=E\left[\frac{\mathcal{E}_s}{N_{0e}(\boldsymbol{\phi},\boldsymbol{\tau})}\right]\geqslant\frac{\mathcal{E}_s}{E[N_{0e}(\boldsymbol{\phi},\boldsymbol{\tau})]} \tag{7.114}$$

若 $\boldsymbol{\phi}$ 和 $\boldsymbol{\tau}$ 均匀分布，式(7.81)、式(7.88)和式(7.108)表明对于 BPSK 及 QPSK 调制下的异步通信，有

$$\gamma \geqslant \frac{\mathcal{E}_{\mathrm{s}}}{N_0 + h\mathcal{E}_{\mathrm{t}}/G} \tag{7.115}$$

当 $h = 1$ 时，该不等式同样适用于同步通信。其下界表明直扩接收机将每个干扰信号的功率平均至少减少了 G/h 倍。

7.4 FH-CDMA 中的跳频图案

当在同一信道上同时接收到两个或者多个跳频信号时，称为**碰撞**。为使 FH-CDMA 网络的吞吐量最大化，必须将碰撞次数最小化。限制碰撞的基本方法是给网络用户分割跳频频带，这样每个用户都可在不被其他用户占用的一个较小的频带上传输数据，从而避免碰撞产生。然而，这种方法忽略了跳频的主要目的，即避免无意干扰和有意干扰。跳频系统中任何使跳频频带缩小的措施都会削弱其抗干扰能力。

最小化碰撞次数的主要方法是使所有频率驻留时间在很大程度上保持一致，并优化选择通信网络所使用的跳频图案集。优化的主要标准是使跳频图案间的互相关函数最小，这种标准在数学上易于处理。然而，在实际网络运行中，部分互相关函数对吞吐量影响最大。

考虑包含 M 个频率的跳频频率集 $F = \{f_1, f_2, \cdots, f_M\}$ 。设 P 表示 F 中所有周期(或长度)为 L 的跳频图案集合。对于 P 中的两个周期性跳频图案 $X = \{x_i\}$ 、$Y = \{y_i\} \in P$ ，它们之间的**汉明相关函数**定义为

$$H_{X,Y}(k) = \sum_{i=0}^{L-1} h[x_i y_{i+k}], \quad 0 \leqslant k \leqslant L-1 \tag{7.116}$$

这里位置序号采用模 L 计数，且当 $x_i = y_{i+k}$ 时，$h[x_i y_{i+k}] = 1$，否则等于 0。$X = \{x_i\}$ 的汉明相关函数是 $H_{X,X}(k)$ 。汉明相关函数 $H_{X,Y}(k)$ 是两个跳频图案间碰撞次数的度量，因此使用较长的跳频图案有望获得较好的汉明互相关函数。

令 P_N 为集合 P 中包含 N 种图案的子集。最大非平凡汉明相关函数定义为

$$\mathcal{M}(P_N) = \max\left\{ \max_{X \in P_N} H(X), \max_{X,Y \in P_N, X \neq Y} H(X,Y) \right\} \tag{7.117}$$

式中

$$H(X) = \max_{1 \leqslant k \leqslant L-1} H_{X,X}(k) \tag{7.118}$$

$$H(X,Y) = \max_{0 \leqslant k \leqslant L-1} H_{X,Y}(k) \tag{7.119}$$

$\mathscr{M}(P_N)$ 的最小化就是使异步跳频图案的碰撞次数最少,同时也使跳频图案自相关函数中不希望的旁瓣峰值最小,这些峰值会妨碍接收机中跳频信号的同步。文献[55]导出了 $\mathscr{M}(P_N)$ 的下界。

定理 2:对于正整数 N、M、L ,有

$$(L-1)MH(X)+LM(N-1)H(X,Y)\geqslant(LN-M)L \tag{7.120}$$

$$(L-1)NH(X)+LN(N-1)H(X,Y)\geqslant 2ILN-(I+1)IM \tag{7.121}$$

式中:$I=\lfloor LN/M\rfloor$,且

$$\mathscr{M}(P_N)\geqslant\left\lceil\frac{(LN-M)L}{(LN-1)M}\right\rceil \tag{7.122}$$

$$\mathscr{M}(P_N)\geqslant\left\lceil\frac{2ILN-(I+1)IM}{(LN-1)N}\right\rceil \tag{7.123}$$

证明:对任意两个图案,令

$$P_{X,Y}(k)=\sum_{k=0}^{L-1}H_{X,Y}(k) \tag{7.124}$$

将图案 X 与 Y 相加,可得

$$\sum_{X,Y\in P}P_{X,Y}(k)=\sum_{X\in P}H_{X,X}(0)+\sum_{X\in P}\sum_{k=1}^{L-1}H_{X,X}(k)+\sum_{X,Y\in P,X\neq Y}\sum_{k=0}^{L-1}H_{X,Y}(k) \tag{7.125}$$

由于 $H(X)\geqslant H_{X,X}(k)$ 且 $H(X,Y)\geqslant H_{X,Y}(k)$,

$$\sum_{X,Y\in P}P_{X,Y}(k)\leqslant LN+(L-1)NH(X)+LN(N-1)H_{X,Y}(k) \tag{7.126}$$

定义 $m_X(f)$ 为图案 X 中频率 f 出现的次数。使用 $m_X(f)$,$P_{X,Y}(k)$ 可表示为

$$P_{X,Y}(k)=\sum_{f=f_1}^{f_M}m_X(f)m_Y(f) \tag{7.127}$$

因此有

$$\sum_{X,Y\in P}P_{X,Y}(k)=\sum_{i=1}^{M}g_i^2 \tag{7.128}$$

式中

$$g_i=\sum_{X\in P}M_X(f_i) \tag{7.129}$$

通过观察可得 $\sum_{i=1}^{M}g_i^2$ 的下界为

$$\sum_{i=1}^{M}g_i=\sum_{X\in P}\sum_{i=1}^{M}m_X(f_i)=\sum_{X\in P}L=LN \tag{7.130}$$

应用拉格朗日乘子法（5.4 节）最小化 $\sum_{i=1}^{M} g_i^2$，其中约束条件为 $\sum_{i=1}^{M} g_i = LN$，可得

$$\sum_{X,Y \in P} P_{X,Y}(k) \geqslant \frac{L^2 N^2}{M} \tag{7.131}$$

为得到另一个更紧的下界表达式，限制 $\{g_i\}$ 必须为非负整数。将 $\{g_i\}$ 中整数从小到大排序，即 $0 \leqslant g_1 \leqslant g_2 \cdots \leqslant g_M$。若 $\{g_i\}$ 可使 $\sum_{i=1}^{M} g_i^2$ 最小且 $g_M - g_1 > 1$，再构造一个非负整数序列 $\{p_i\}$，使得 $p_i = g_i$ ($i = 2,3,\cdots,M-1$)，$p_1 = g_1 + 1$，$p_M = g_M - 1$，则

$$\sum_{i=1}^{M} g_i^2 - \sum_{i=1}^{M} p_i^2 = 2(g_M - g_1 - 1) > 0 \tag{7.132}$$

这明显矛盾。故若 $\{g_i\}$ 可使 $\sum_{i=1}^{M} g_i^2$ 最小，则 $g_M = g_1 + 1$ 或 $g_M = g_1$。因此最小化序列有以下形式

$$g_1 = g_2 = \cdots = g_{M-r} = I, g_{M-r+1} = g_{M-r+2} = \cdots = g_M = I + 1 \tag{7.133}$$

式中 I 为非负整数，且 $0 \leqslant r < M$。限制条件 $\sum_{i=1}^{M} g_i = LN$ 需要 $LN = IM + r$，即 $I = \lfloor LN/M \rfloor$。则由式（7.128）、式(7.133)和 $r = LN - IM$ 可得

$$\sum_{X,Y \in P} P_{X,Y}(k) \geqslant (2I + 1)LN - (I + 1)IM \tag{7.134}$$

合并式(7.126)、式(7.131)和式(7.134)，可得式(7.120)和式(7.121)。由于 $H(X) \leqslant \mathscr{M}(P_N)$ 且 $H_{X,Y}(k) \leqslant \mathscr{M}(P_N)$，可得式(7.122)和式(7.123)。

若 $\mathscr{M}(P_N)$ 等于上述定理的两个下界中的较大值或共同值（当 LN/M 为整数时，这两个下界相等）时，跳频图案子集 P_N 就可视为**最优**。目前人们已经得到一些最优图案集（如文献[20,113]及其他相关文献）。为保证频率集中所有频率均可被使用，必须保证 $L \geqslant M$。

例 7.1 当 $N = M = 4$、$L = 7$ 时考虑跳频图案的选择，这时 $\mathscr{M}(P_4) \geqslant 2$。跳频频率集为 $F = \{f_1, f_2, f_3, f_4\}$，跳频图案集为 $P_4 = \{X_1, X_2, X_3, X_4\}$，若图案为

$$\begin{aligned} &X_1 = f_1, f_2, f_3, f_2, f_4, f_4, f_3, \quad X_2 = f_2, f_1, f_4, f_1, f_3, f_3, f_4 \\ &X_3 = f_3, f_4, f_1, f_4, f_2, f_2, f_1, \quad X_4 = f_4, f_3, f_2, f_3, f_1, f_1, f_2 \end{aligned} \tag{7.135}$$

可发现

$$\max_{X \in P_N} H(X) = 1, \quad \max_{X,Y \in P_N, X \neq Y} H(X,Y) = 2 \tag{7.136}$$

因此 $\mathscr{M}(P_4) = 2$，证明了其最优性。

跳频的主要目的是避免干扰，而干扰信号的频谱分布通常是未知的。因此

选择 $L = nM$ 是确保在跳频图案的周期内跳频集中每个频率出现相同次数的谨慎做法,其中 n 为正整数。若 $L = nM$,则跳频图案称作**均匀跳频图案**。为了防止敌方复制跳频图案,则需要较大的序列线性复杂度(见 3.1 节)来生成均匀跳频图案,这表明 $L=nM \gg 1$。该定理表明 N 个均匀跳频图案的最大汉明相关函数为

$$\mathscr{M}(P_N) \geqslant \left\lceil \frac{nM(nN-1)}{nNM-1} \right\rceil, L = nM \tag{7.137}$$

考虑一个均匀跳频图案的最优集 P_N 。两个图案在 $L=nM$ 跳间的**最大碰撞率**为

$$C(M,N) = \frac{\max_{X,Y \in P_N, X \neq Y} H(X,Y)}{L} \tag{7.138}$$

$$\leqslant \frac{\mathscr{M}(P_N)}{L} \leqslant \frac{1}{M} \left\lceil \frac{M(nN-1)}{nNM-1} \right\rceil \tag{7.139}$$

$$= \frac{1}{M}, L = nM \tag{7.140}$$

这表明两个最优均匀跳频图案在 $L = nM$ 跳间的最大碰撞率为 $1/M$,与 N 无关。

任意时刻两个随机跳频图案间的碰撞概率为 $1/M$ 。定义 Z 为在 L 跳内两个图案的碰撞次数。Z 的期望值为 $E[Z] = L/M$,平均碰撞率为 $1/M$ 。对独立随机跳频图案的 Z 方差的直接计算,可证明其等于 $(M-1)L/M^2$,因此碰撞率的标准差为 $s = \sqrt{(M-1)/LM^2}$ 。对于 $L=nM$ 跳的随机图案, $s \leqslant 1/\sqrt{n}M$ 。该结果表明两个随机图案在 $L = nM$ 跳的碰撞率对于 $C(M,N)$ 的上界几乎没有差异, $C(M,N)$ 为使用最优均匀图案的碰撞速率。由于这是紧边界,所以当计算碰撞率或碰撞概率时,随机跳频图案模型是很好的近似,该模型将用于随后的分析中。

7.5 多用户检测器

仅当所有干扰信号和有用信号的扩谱序列都正交时,图 2.14 所示的常规单用户直扩接收机在抗多址干扰方面才是最优的。正交性在同步网络中是可能实现的,如 DS-CDMA 网络的下行链路,但在异步网络中,很难找到经历所有相对时延后仍保持正交的序列。因此,仅包含有用信号扩谱序列知识的常规单用户接收机,在抗异步多址干扰方面是次优的。常规单用户直扩接收机的最大

问题是**远近效应**,即有可能有用信号的发射机距接收天线可能比干扰信号的发射机距接收天线要远得多,可能接收到的有用信号功率比接收到的干扰信号功率要小得多,扩谱增益不足以克服这种影响。潜在的**远近效应**,可使用功率控制来限制其影响。但功率控制是非理想的,会带来大量开销,且在 Ad hoc 网络中不可行。即使功率控制是理想的,残留干扰也会导致非零的**错误平层**,即当热噪声为零时的最小误比特率。因此,需要针对常规接收机寻找替代方案。

多用户检测器[75,105]是利用多址干扰的确定性结构或对一组多址信号进行联合处理的一种接收机。最优多用户检测器几乎可以完全消除多址干扰和远近效应,从而无需功率控制,但其实现过于复杂,尤其是在使用长扩谱序列时。由于小区内所有来自移动台的接收信号在其基站内被解调,故多用户检测器在上行链路中比在下行链路中应用更为可行。多径成分可作为单独的干扰信号来处理,且 Rake 合并可在多用户检测之前进行。将迭代信道估计、解调、译码(详见第 9 章)与多用户检测器相结合,若能解决实现过程中的障碍,则这种结合在抗多址干扰方面将是非常有效的。

7.5.1 最优检测器

考虑一个包含 K 个用户的 DS-CDMA 网络,每个用户都使用 BPSK 传输长度为 N 的二进制符号块。**联合最优**检测器按**最大后验概率**(MAP)准则对 K 个接收信号进行联合符号判决。**单个最优**检测器根据 MAP 准则在单个有用信号中选择最可能的符号集,从而提供最小误符号率。在几乎所有应用中,联合最优判决都是更合适的,一方面是因为它更低的实现复杂度,另一方面是因为两种判决在很大概率下都保持一致,除非误符号率非常高。设不同符号是等概率传输的,基于 MAP 的联合最优检测器与基于最大似然的联合最优检测器是等价的,以下都简称为**最优检测器**。

在高斯白噪声下的**同步通信**中,符号在时间上是同步的,对有用信号中每个符号的检测与其他符号是相互独立的。因此,最优检测器可通过对单个符号间隔 $0 \leqslant t \leqslant T_s$ 内的符号检测来确定。令 $d_k = \pm 1$ 表示用户 k 传输的二进制符号。假设 K 个用户的信号都具有相同的载波频率,但与接收端产生的用于提取复包络的同步信号相比都具有不同的相位 θ_k。设码片波形在符号间隔内具有单位能量,如式(7.13)所示,且符号间串扰可忽略不计。接收信号的复包络为

$$s(t) = \sum_{k=0}^{K-1} \sqrt{2\mathcal{E}_k}\, d_k \sum_{v=0}^{G-1} p_k(v)\psi(t - vT_c)\cos(2\pi f_c t + \theta_k) + n(t), 0 \leqslant t \leqslant T_s$$

式中：$\mathcal{E}_k$ 为用户 k 的数据符号能量；G 为每个符号的扩谱序列码片数；$p_k(v)=\pm 1$ 为用户 k 的扩谱序列中第 v 个码片；T_c 为码片时宽；$\psi(t)$ 为码片波形；$n(t)$ 为噪声。匹配滤波是在频率变换或下变频到基带之后进行。下变频可表示为接收信号与 $\sqrt{2}\exp(-j2\pi f_c t)$ 的乘积，为方便计算插入因子$\sqrt{2}$且 $j=\sqrt{-1}$，则该下变频可通过正交下变频器（见 2.4 节）实现。同相和正交分解是必要的，因为我们没有假设所有 K 个信号与接收机产生的载波信号同步。

将下变频信号应用于码片匹配滤波器，其输出以码片速率采样。如 2.3 节所示，在进行码片匹配滤波及舍去可忽略不计的积分后，与接收符号对应的解调序列为

$$y_v=\sum_{k=0}^{K-1}A_k d_k p_k(v)+n_v, v=0,1,\cdots,G-1 \tag{7.141}$$

式中 $A_k=\sqrt{\mathcal{E}_k}\exp(j\theta_k)/G$ 为用户 k 的符号复幅度，且噪声样值为

$$n_{sv}=\sqrt{2}\int_{vT_c}^{(v+1)T_c}n(t)\psi(t-vT_c)\exp(-j2\pi f_c t)\,dt \tag{7.142}$$

令 $\boldsymbol{y}=[y_0\quad y_1\quad\cdots\quad y_{G-1}]^{\mathrm{T}}$，$\boldsymbol{p}_k=[p_k(0)\quad p_k(1)\quad\cdots\quad p_k(G-1)]^{\mathrm{T}}$，$\boldsymbol{d}=[d_0\quad d_1\quad\cdots\quad d_{K-1}]^{\mathrm{T}}$，$\boldsymbol{n}=[n_0\quad n_1\quad\cdots\quad n_{G-1}]^{\mathrm{T}}$，则接收向量为

$$\boldsymbol{y}=\boldsymbol{PAd}+\boldsymbol{n} \tag{7.143}$$

式中：$G\times K$ 维矩阵 $\boldsymbol{P}$ 的第 n 列 $\boldsymbol{p}_n$ 表示用户 n 的扩谱序列；$\boldsymbol{A}$ 为 $K\times K$ 维对角矩阵；A_i 为其第 i 个对角元素。假设 $n(t)$ 为零均值高斯白噪声，双边功率谱密度为 $N_0/2$，与 1.1 节类似的计算表明，$\boldsymbol{n}$ 为零均值循环对称的高斯噪声向量，且 $E[\boldsymbol{nn}^{\mathrm{T}}]=0$，且

$$E[\boldsymbol{nn}^{\mathrm{H}}]=N_0\boldsymbol{I} \tag{7.144}$$

最优多用户检测器并不将其他用户的信号假设成类似于零均值高斯白噪声。假设符号向量 $\boldsymbol{d}$ 所有可能的值都是等概率的，则最优检测器是最大似然检测器，该检测器选择使对数似然函数最小的 $\boldsymbol{d}$ 值为

$$\Lambda(\boldsymbol{d})=\|\boldsymbol{y}-\boldsymbol{PAd}\|^2 \tag{7.145}$$

约束条件为 $\boldsymbol{d}\in\boldsymbol{D}$，其中 $\boldsymbol{D}$ 为 $d_k=+1$ 或 -1 的向量集合。因此，最优检测器使用码片匹配滤波器输出的 G 个连续抽样计算得到的判决向量为

$$\hat{\boldsymbol{d}}=\arg\min_{\boldsymbol{d}\in\boldsymbol{D}}\|\boldsymbol{y}-\boldsymbol{PAd}\|^2 \tag{7.146}$$

展开式(7.146)，舍去与选择 $\boldsymbol{d}$ 无关的 $\|\boldsymbol{y}\|^2$ 项，并利用 $\boldsymbol{A}^{\mathrm{H}}=\boldsymbol{A}^*$，可发现同步通信中最大似然检测器按下式选择 $\boldsymbol{d}$ 值，即

$$\hat{\boldsymbol{d}}=\arg\min_{\boldsymbol{d}\in\boldsymbol{D}}[C(\boldsymbol{d})] \tag{7.147}$$

式中**相关度量**为

$$C(\boldsymbol{d})=\boldsymbol{d}^{\mathrm{T}}\boldsymbol{A}^{*}\boldsymbol{P}^{\mathrm{T}}\boldsymbol{P}\boldsymbol{A}\boldsymbol{d}-\boldsymbol{y}^{\mathrm{H}}\boldsymbol{P}\boldsymbol{A}\boldsymbol{d}-\boldsymbol{d}^{\mathrm{T}}\boldsymbol{A}^{*}\boldsymbol{P}^{\mathrm{T}}\boldsymbol{y} \tag{7.148}$$

这些公式意味着 K 个扩谱序列必须是已知的,以便计算 $\boldsymbol{P}$,且必须估计出 K 个复信号幅度。因此需要采用短扩谱序列,或者 $\boldsymbol{P}$ 必须逐符号变化,这极大地增加了实现复杂度。最优检测器可对所有 K 个信号做出联合符号判决或仅对单个信号进行符号判决。原则上,式(7.147)可通过穷举搜索 $\boldsymbol{d}\in\boldsymbol{D}$ 的所有值计算得出,但这种搜索方式的计算复杂度会随 K 值指数方式增大,故仅在 K 和 G 很小时才可行。

然而,若扩谱序列是正交的,则式(7.147)可以大大简化。在式(7.148)中利用 $\boldsymbol{p}_i^{\mathrm{T}}\boldsymbol{p}_k=0(i\neq k,i,k=0,1,\cdots,K-1)$,舍弃不相关项,并利用 $\boldsymbol{d}$ 和 $\boldsymbol{P}$ 是实矩阵的事实,可发现:

$$\hat{\boldsymbol{d}}=\arg\max_{\boldsymbol{d}\in\boldsymbol{D}}[\boldsymbol{d}^{\mathrm{T}}\boldsymbol{u}],\boldsymbol{u}=\mathrm{Re}(\boldsymbol{A}^{*}\boldsymbol{P}^{\mathrm{T}}\boldsymbol{y}) \tag{7.149}$$

符号函数定义为当 $x\geq 0$ 时 $\mathrm{sgn}(x)=1$,当 $x<0$ 时 $\mathrm{sgn}(x)=-1$。令 $\mathrm{sgn}(\boldsymbol{u})$ 为向量 $\boldsymbol{u}$ 中各分量的符号函数向量。若 $\boldsymbol{d}\in\boldsymbol{D}$,则当 $\boldsymbol{d}=\mathrm{sgn}(\boldsymbol{u})$ 时,$\boldsymbol{d}^{\mathrm{T}}\boldsymbol{u}$ 最大。因此最大似然判决向量为

$$\hat{\boldsymbol{d}}=\mathrm{sgn}[\mathrm{Re}(\boldsymbol{A}^{*}\boldsymbol{P}^{\mathrm{T}}\boldsymbol{y})]\quad(\text{正交}) \tag{7.150}$$

对于用户 k 的符号的最大似然判决为

$$\hat{d}_k=\mathrm{sgn}[\mathrm{Re}(\boldsymbol{A}_k^{*}\boldsymbol{p}_k^{\mathrm{T}}\boldsymbol{y})] \tag{7.151}$$

检测器需要已知扩谱序列 $\boldsymbol{p}_k$ 和幅度 A_k。然而,若接收机与用户 k 的载波相位是同步的,则 A_k 的相位可去掉,且 A_k 可假设为正数。因此,A_k 并不影响判决,检测的符号为

$$\hat{d}_k=\mathrm{sgn}[\boldsymbol{p}_k^{\mathrm{T}}\boldsymbol{y}_{\mathrm{r}}] \tag{7.152}$$

式中 $\boldsymbol{y}_{\mathrm{r}}$ 为 $\boldsymbol{y}$ 实部。

对于**异步通信**,由于每个用户信号的相位和定时偏差不同使得最大似然检测器的设计变得非常复杂。即使做出不可信的假设,即相位的相对偏差可忽略,检测器的实现仍然很困难。定时偏差意味着一个有用符号与干扰信号的两个连续符号相重叠。因此,必须处理来自于 K 个用户中某个用户的 N 个相关数据符号组成的整条消息或码字,并需对 NK 个二进制符号进行判决。$\boldsymbol{d}$ 为 $NK\times 1$ 维向量,前 N 个元素代表信号 1 的符号,第二组 N 个元素代表信号 2 的符号,依次类推。检测器必须估计出所有 K 个多址信号的传输时延和信号之间的部分互相关函数。检测器必须根据最大似然准则选择 K 个符号序列,每个长度为 N。利用每个接收符号最多与 $2(K-1)$ 个其他符号相重叠这一事实,用递归算法(类似于维特比算法)简化了计算。然而,计算复杂度仍以 K 的指数增加。

考虑到计算量和需要估计的参数,最优异步多用户检测器几乎不可能实际应用。其次,复杂度随 K 线性增长的次优多用户检测器是可取的。它们都是将码片匹配滤波器的输出作为相关滤波器组的输入。

7.5.2 常规单用户检测器

常规单用户检测器忽略其他用户的信号,或将其视作零均值加性高斯白噪声。因此,式(7.147)和式(7.148)表明,用户 k 的常规检测器使用的**相关矩阵**为

$$r_k = \boldsymbol{p}_k^{\mathrm{T}} \boldsymbol{y} \tag{7.153}$$

它由匹配到用户 k 的扩谱序列的**相关器**生成。**传统**的最大似然判决为

$$\hat{d}_k = \arg \min_{d_k \in (+1,-1)} |r_k - A_k d_k G|^2 \tag{7.154}$$

当接收机与用户 k 的载波相位同步时, A_k 为正值,判决可由式(7.152)得出。只有扩谱序列正交且同步时,该判决和最优检测器的判决相同。

相关矩阵定义为实矩阵 $\boldsymbol{R}$,即

$$\boldsymbol{R} = \frac{1}{G} \boldsymbol{P}^{\mathrm{T}} \boldsymbol{P} \tag{7.155}$$

将式(7.143)代入式(7.153)可得相关器 k 的输出为

$$r_k = G A_k d_k + G \sum_{\substack{i=0 \\ i \neq k}}^{K-1} R_{ki} A_i d_i + \boldsymbol{p}_k^{\mathrm{T}} \boldsymbol{n} \tag{7.156}$$

根据对称性,在误符号率估计中假设 $d_k = 1$。令 $\boldsymbol{D}_k$ 为所有 d_i ($i \neq k$)组成的 $(K-1)$ 维向量。在已知 $\boldsymbol{D}_k$ 的条件下,可发现若 $\mathrm{Re}(\boldsymbol{P}_k^{\mathrm{T}} \boldsymbol{n})$ 超过了式(7.156)前两项的实部,则发生符号错误。由于 $\mathrm{var}[\mathrm{Re}(\boldsymbol{P}_k^{\mathrm{T}} \boldsymbol{n})] = GN_0/2$,用户 k 的条件误符号率为

$$P_{\mathrm{s}}(k | \boldsymbol{D}_k) = Q\left(\sqrt{\frac{2\mathcal{E}_k}{N_0}}(1 + B_k)\right) \tag{7.157}$$

式中

$$B_k = \sum_{\substack{i=0 \\ i \neq k}}^{K-1} d_i R_{ki} \frac{\mathrm{Re}(A_i)}{A_k} \tag{7.158}$$

若所有符号等概率出现,则用户 k 的误符号率为

$$P_{\mathrm{s}}(k) = 2^{-(K-1)} \sum_{n=1}^{2^{K-1}} P_{\mathrm{s}}(k | \boldsymbol{D}_{kn}) \tag{7.159}$$

式中 $\boldsymbol{D}_{kn}$ 为向量 D_k 的第 n 个选择,共有 2^{K-1} 种可能的选择。

7.5.3 去相关检测器

在不考虑 $\boldsymbol{d}$ 的约束条件时,初始最大化式(7.148)的相关度量,可导出去相关检测器。对于这一目的,将 $C(\boldsymbol{d})$ 关于 K 维向量 d 的复梯度,记为 $\nabla_d C(\boldsymbol{d})$,如 5.1 节中所述的定义。应用必要条件 $\nabla_d C(\boldsymbol{d})=0$ 意味着 $C(\boldsymbol{d})$ 在 $\boldsymbol{d}=\hat{\boldsymbol{d}}_1$ 处有驻点。若所有幅度都为正且 $\boldsymbol{P}^{\mathrm{T}}\boldsymbol{P}$ 可逆,则

$$\hat{\boldsymbol{d}}_1=\boldsymbol{A}^{-1}(\boldsymbol{P}^{\mathrm{T}}\boldsymbol{P})^{-1}\boldsymbol{P}^{\mathrm{T}}\boldsymbol{y} \tag{7.160}$$

若 $G\geqslant K$,则 $G\times K$ 维矩阵 $\boldsymbol{P}$ 一般是满秩的,这意味着 $K\times K$ 维矩阵 $\boldsymbol{P}^{\mathrm{T}}\boldsymbol{P}$ 是满秩的,因而也是可逆和正定的。解 $\hat{\boldsymbol{d}}_1$ 对应于 $C(\boldsymbol{d})$ 的最小值,这是因为它的 Hessian 矩阵 $\boldsymbol{A}^*\boldsymbol{P}^{\mathrm{T}}\boldsymbol{P}\boldsymbol{A}=\boldsymbol{A}^{\mathrm{H}}\boldsymbol{P}^{\mathrm{T}}\boldsymbol{P}\boldsymbol{A}$ 为正定矩阵。下面给出另外一种证明方法,对于 $\hat{\boldsymbol{d}}_1$,式(7.148)可以表示为

$$C(\boldsymbol{d})=(\boldsymbol{d}-\hat{\boldsymbol{d}}_1)^{\mathrm{H}}\boldsymbol{A}^*(\boldsymbol{P}^{\mathrm{T}}\boldsymbol{P})\boldsymbol{A}(\boldsymbol{d}-\hat{\boldsymbol{d}}_1)-\boldsymbol{y}^{\mathrm{H}}\boldsymbol{P}(\boldsymbol{P}^{\mathrm{T}}P)^{-1}\boldsymbol{P}^{\mathrm{T}}\boldsymbol{y} \tag{7.161}$$

由于 $\boldsymbol{A}^*\boldsymbol{P}^{\mathrm{T}}\boldsymbol{P}\boldsymbol{A}$ 为正定矩阵, $C(\boldsymbol{d})$ 在 $\boldsymbol{d}=\hat{\boldsymbol{d}}_1$ 有唯一最小值。

将式(7.143)代入式(7.160),可得

$$\hat{\boldsymbol{d}}_1=\boldsymbol{d}+\boldsymbol{A}^{-1}(\boldsymbol{P}^{\mathrm{T}}\boldsymbol{P})^{-1}\boldsymbol{P}^{\mathrm{T}}\boldsymbol{n} \tag{7.162}$$

上式表明 $\hat{\boldsymbol{d}}_1$ 中的各数据符号已被去相关了,且式(7.160)中给出的 $\hat{\boldsymbol{d}}_1$ 是一种迫零估计器。由于 $d_k=+1$ 或 -1,式(7.160)中 $\hat{\boldsymbol{d}}_1$ 虚部可被丢弃,基于硬判决的合适检测符号集为

$$\hat{\boldsymbol{d}}=\mathrm{sgn}[\mathrm{Re}(\boldsymbol{A}^{-1}\boldsymbol{R}^{-1}\boldsymbol{P}^{\mathrm{T}}\boldsymbol{y})] \tag{7.163}$$

其中式(7.155)被替换,并舍去了无关常数。由于去相关器完全消除了多址干扰,远近效应不复存在,因此式(7.163)所示的**去相关检测器**具有**抗远近效应**的能力。

用户 k 的去相关检测器与该用户的信号是同步的,因此假设 A_k 为零相位的实数。由于 $\boldsymbol{A}^{-1}$ 的实部 $A_k{}^{-1}$ 不影响判决,故符号 k 的判决为

$$\hat{d}_k=\mathrm{sgn}[(\boldsymbol{R}^{-1}\boldsymbol{P}^{\mathrm{T}}\boldsymbol{y}_{\mathrm{r}})_k] \tag{7.164}$$

式中:$\boldsymbol{y}_{\mathrm{r}}$ 为 $\boldsymbol{y}$ 的实部,且计算出了 $\boldsymbol{R}^{-1}\boldsymbol{P}^{\mathrm{T}}\boldsymbol{y}_{\mathrm{r}}$ 的第 k 个分量。该式表明不需要对复幅度进行估计。当扩谱序列相互正交时,该式简化为式(7.152)。

由式(7.163)实现的完整去相关检测器如图 7.9 所示。码片匹配滤波器输出的 G 个采样输入到 K 个并行的相关滤波器组。相关器 k 计算出与式(7.153)相同的相关度量,将被传统检测器使用。滤波器组的输出组成了向量 $\boldsymbol{r}=\boldsymbol{p}^{\mathrm{T}}\boldsymbol{y}$ 。线性变换器计算向量 $\mathrm{Re}(\boldsymbol{A}^{-1}\boldsymbol{R}^{-1}\boldsymbol{r})$ 。每个判决器在该向量的每个分量中应用

符号函数。对于异步通信，滤波器组中 K 个相关器的任意一个都要处理码片匹配滤波器连续输出的 N 组抽样，每组包含 G 个抽样值，一般来说这是不切实际的。

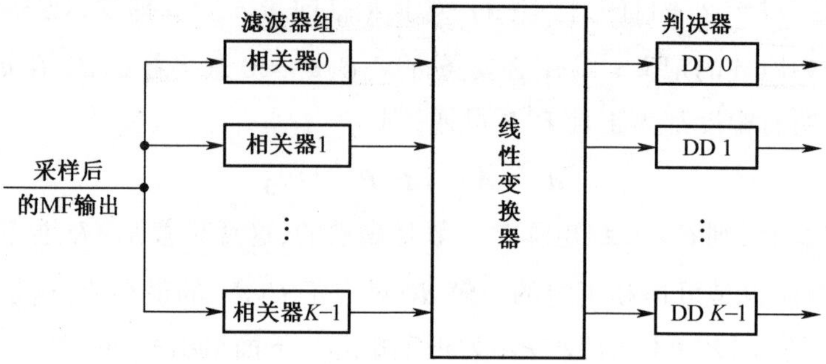

图 7.9　同步通信中完全去相关检测器或 MMSE 检测器框图
（滤波器组包含 K 个并行相关器）

考虑检测用户 k 的符号 d_k 。接收机与该用户的信号同步，故假设 A_k 为正数。利用式(7.143)，可将式(7.164)表示为

$$\hat{d}_k = \text{sgn}[GA_k d_k + (\boldsymbol{R}^{-1}\boldsymbol{P}^{\text{T}}\boldsymbol{n}_{\text{r}})_k] \tag{7.165}$$

影响 $\hat{d}_k$ 的噪声为 $\boldsymbol{n}_1 = \boldsymbol{R}^{-1}\boldsymbol{P}^{\text{T}}\boldsymbol{n}_{\text{r}}$，其中 $\boldsymbol{n}_{\text{r}}$ 为 $\boldsymbol{n}$ 的实部。由式(7.144)和 $\boldsymbol{n}$ 的循环对称性可得噪声向量 $\boldsymbol{n}_{\text{r}}$ 的协方差矩阵为

$$E[\boldsymbol{n}_{\text{r}}\boldsymbol{n}_{\text{r}}^{\text{T}}T] = \frac{N_0}{2}\boldsymbol{I} \tag{7.166}$$

因此 $\boldsymbol{n}_1$ 的协方差矩阵为

$$E[\boldsymbol{n}_1\boldsymbol{n}_1^{\text{T}}] = \frac{N_0}{2}G\boldsymbol{R}^{-1} \tag{7.167}$$

$\boldsymbol{n}_{1\text{r}}$ 的第 k 个分量的方差为 $(N_0G/2)R_{kk}^{-1}$，其中 R_{kk}^{-1} 表示 $\boldsymbol{R}^{-1}$ 第 k 行、第 k 列元素。若噪声导致式(7.165)中的符号函数的符号与 d_k 不同，则会产生错误。由于噪声为高斯分布，判决器 k 输出的误符号率为

$$P_{\text{s}}(k) = Q\left(\sqrt{\frac{2\mathcal{E}_k}{N_0R_{kk}^{-1}}}\right), \quad k = 0,1,\cdots,K-1 \tag{7.168}$$

式中 $\mathcal{E}_k = A_k^2G$ 为符号能量。没有多址干扰时，$R_{kk}^{-1} = 1$。因此，若要在多址干扰下保持特定的误符号率不变，则能量需要增加 R_{kk}^{-1} 倍。

$\boldsymbol{R}$ 中第 i 行、第 k 列元素为

$$R_{ik} = \frac{\boldsymbol{p}_i^{\text{T}}\boldsymbol{p}_k}{G} = \frac{\mathcal{A}_{ik} - \mathcal{D}_{ik}}{G} \tag{7.169}$$

式中：$\mathcal{A}_{ik}$ 为 $\boldsymbol{p}_i$ 和 $\boldsymbol{p}_k$ 中对应比特相同的数量；$\mathcal{D}_{ik}$ 为对应比特不同的数量。当扩谱增益 G 增加时，R_{ik} 为较小值的概率随之增加，因此即使没有选择正交扩谱序列，$\boldsymbol{R}$ 也近似为对角阵。若扩谱序列建模为随机二进制序列，则 $E[R_{ik}]=0$，$\mathrm{var}[R_{ik}]=G^{-1}\ (i\neq k)$，这体现了大扩谱增益的优势。

例 7.2 考虑 $K=2$，$R_{01}=R_{10}=\rho$ 且 $|\rho|\leqslant 1$ 的同步通信。相关矩阵及其逆为

$$\boldsymbol{R}=\begin{bmatrix}1 & \rho\\ \rho & 1\end{bmatrix},\ \boldsymbol{R}^{-1}=\frac{1}{1-\rho^2}\begin{bmatrix}1 & -\rho\\ -\rho & 1\end{bmatrix} \tag{7.170}$$

式(7.164)表明去相关检测器的符号估计为 $\hat{d}_0=\mathrm{sgn}(z_1-\rho z_2)$ 和 $\hat{d}_1=\mathrm{sgn}(z_2-\rho z_1)$，其中 $z_i=\boldsymbol{p}_i^{\mathrm{T}}y_{\mathrm{r}}\ (i=1,2)$ 是相关器输出。由于 $R_{00}^{-1}=R_{11}^{-1}=(1-\rho^2)^{-1}$，故式(7.168)得到的用户 k 的误符号率为

$$P_{\mathrm{s}}(k)=Q\left(\sqrt{\frac{2\mathcal{E}_k(1-\rho^2)}{N_0}}\right),\ k=0,1 \tag{7.171}$$

若 $|\rho|\leqslant 1/2$，为适应多址干扰，需增加的能量或每条 $P_{\mathrm{s}}(k)$ 曲线的平移量小于 1.25dB。

对于 $C=\mathrm{Re}(A_1)/A_0$ 且 d_k 等概率取值时，由式(7.157)~式(7.159)得到用户 0 的误符号率和常规检测器为

$$\begin{aligned}P_{\mathrm{s}}(0)&=\frac{1}{2}Q\left(\sqrt{\frac{2\mathcal{E}_1}{N_0}}(1-\rho C)\right)+\frac{1}{2}Q\left(\sqrt{\frac{2\mathcal{E}_1}{N_0}}(1+\rho C)\right)\\&=\frac{1}{2}Q\left(\sqrt{\frac{2\mathcal{E}_1}{N_0}}(1-|\rho||C|)\right)+\frac{1}{2}Q\left(\sqrt{\frac{2\mathcal{E}_1}{N_0}}(1+|\rho||C|)\right)\end{aligned} \tag{7.172}$$

用户 1 的误符号率可由同样的公式给出。由于式(7.172)的第二项不大于第一项，因此第一项的两倍就是 $P_{\mathrm{s}}(0)$ 的上界。使用该上界值，并比较式(7.172)和式(7.171)，可观察到若满足下式

$$|C|>\frac{1-\sqrt{1-\rho^2}}{|\rho|},\rho\neq 0 \tag{7.173}$$

则在通常情况下去相关检测器优于常规检测器。由于 $0<|\rho|\leqslant 1$，式(7.173)右边的上界为 1，因此通常 $|C|>1$ 或 $|\mathrm{Re}(A_1)|>A_0$ 对于去相关检测器获得优于常规检测器的性能是足够的。

若直扩系统将去相关检测器的输出作为信道译码器的输入，这时检测器更适合采用软判决而非硬判决。通过忽略式(7.164)中符号函数或用不同的非线

性函数替代,可以得到软估计符号。当式(7.164)中 $(\boldsymbol{R}^{-1}\boldsymbol{P}^{\mathrm{T}}\boldsymbol{y}_{\mathrm{r}})_k$ 的值较小,且 $d_k=+1$ 或 -1 时,为保持固有的不确定性,一个合理的非线性函数选择是**截断函数**,定义为

$$c(x)=\begin{cases}+1, x\geqslant 1\\ x, -1<x<1\\ -1, x\leqslant -1\end{cases} \tag{7.174}$$

译码器的输入为

$$\hat{d}_k=c[(\boldsymbol{R}^{-1}\boldsymbol{P}^{\mathrm{T}}\boldsymbol{y}_{\mathrm{r}})_k] \tag{7.175}$$

且译码器作出符号的最终判决值。

在异步通信中,由于定时偏差,必须处理来自于 K 个用户之一、由 N 个相关数据符号组成的整条信息或码字。数据向量 $\boldsymbol{d}$ 为 $NK\times 1$ 维向量,去相关检测器的相关矩阵 $\boldsymbol{R}$ 为 $NK\times NK$ 维矩阵。与最优检测器相比,去相关检测器能够显著降低计算量,但其计算量依然巨大。在此无需估计复信号幅度,但必须估计异步信号的传输时延,且计算量随 N 和 K 的增加而迅速增加。

7.5.4 最小均方误差检测器

最小均方误差(MMSE)检测器是由 $K\times K$ 维矩阵 $\boldsymbol{L}_0$ 对 $\boldsymbol{y}$ 进行线性变换而得到的接收机,其度量为

$$M=E[\|\boldsymbol{d}-\boldsymbol{L}\boldsymbol{y}\|^2] \tag{7.176}$$

该度量在 $\boldsymbol{L}=\boldsymbol{L}_0$ 时最小。定义

$$\boldsymbol{R}_{\boldsymbol{dy}}=E[\boldsymbol{d}\boldsymbol{y}^{\mathrm{H}}], \boldsymbol{R}_{\boldsymbol{y}}=\{E[\boldsymbol{y}\boldsymbol{y}^{\mathrm{H}}]\} \tag{7.177}$$

通过恒等式(6.271),可得

$$M=\mathrm{tr}\{E[\boldsymbol{d}\boldsymbol{d}^{\mathbf{H}}]+\boldsymbol{L}\boldsymbol{R}_y\boldsymbol{L}^{\mathrm{H}}-\boldsymbol{R}_{\boldsymbol{dy}}\boldsymbol{L}^{\mathrm{H}}-\boldsymbol{L}\boldsymbol{R}_{\boldsymbol{dy}}^{\mathrm{H}}\} \tag{7.178}$$

假设半正定的 Hermitian 矩阵 $\boldsymbol{R}_y$ 为正定矩阵。因此存在 $\boldsymbol{R}_{\boldsymbol{y}}^{-1}$,且通过平方可得

$$M=\mathrm{tr}\{E[\boldsymbol{d}\boldsymbol{d}^{\mathrm{H}}]-\boldsymbol{R}_{\boldsymbol{dy}}\boldsymbol{R}_{\boldsymbol{y}}^{-1}\boldsymbol{R}_{\boldsymbol{dy}}^{\mathrm{H}}+(\boldsymbol{L}-\boldsymbol{R}_{\boldsymbol{dy}}\boldsymbol{R}_{\boldsymbol{y}}^{-1})\boldsymbol{R}_{\boldsymbol{y}}(\boldsymbol{L}-\boldsymbol{R}_{\boldsymbol{dy}}\boldsymbol{R}_{\boldsymbol{y}}^{-1})^{\mathrm{H}}\} \tag{7.179}$$

矩阵 $(\boldsymbol{L}-\boldsymbol{R}_{dy}\boldsymbol{R}_y^{-1})\boldsymbol{R}_y(\boldsymbol{L}-\boldsymbol{R}_{\boldsymbol{dy}}\boldsymbol{R}_y^{-1})^{\mathrm{H}}$ 是半正定的,因此有非负的迹。在 $\boldsymbol{L}=\boldsymbol{L}_0$ 时获得 M 关于 $\boldsymbol{L}$ 的最小值,且

$$\boldsymbol{L}_0=\boldsymbol{R}_{\boldsymbol{dy}}\boldsymbol{R}_{\boldsymbol{y}}^{-1} \tag{7.180}$$

若数据符号独立且以等概率取 $+1$ 或 -1,则 $E[\boldsymbol{d}\boldsymbol{d}^{\mathrm{H}}]=\boldsymbol{I}$,$\boldsymbol{I}$ 为单位矩阵。使用该结果、式(7.143)、式(7.144)、$E[\boldsymbol{n}]=0$ 及 $\boldsymbol{d}$ 和 $\boldsymbol{n}$ 的独立性可得

$$\boldsymbol{R}_{dy}=\boldsymbol{A}^*\boldsymbol{P}^{\mathrm{T}},\boldsymbol{R}_y=\boldsymbol{P}\,|\boldsymbol{A}|^2\,\boldsymbol{P}^{\mathrm{T}}+\frac{N_0}{2}\boldsymbol{I} \tag{7.181}$$

式中：$|\boldsymbol{A}|^2$ 为对角矩阵；$|A_k|^2$ 为其第 k 个元素。将这些方程代入式(7.180)得到

$$\boldsymbol{L}_0=\boldsymbol{A}^*\boldsymbol{P}^{\mathrm{T}}\left(\boldsymbol{P}\,|\boldsymbol{A}|^2\boldsymbol{P}^{\mathrm{T}}+\frac{N_0}{2}\boldsymbol{I}\right)^{-1} \tag{7.182}$$

式中假设其逆矩阵存在。矩阵直接相乘可证明以下恒等式：

$$\left(\boldsymbol{P}^{\mathrm{T}}\boldsymbol{P}+\frac{N_0}{2}\,|\boldsymbol{A}|^{-2}\right)\,|\boldsymbol{A}|^2\boldsymbol{P}^{\mathrm{T}}=\boldsymbol{P}^{\mathrm{T}}\left(\boldsymbol{P}\,|\boldsymbol{A}|^2\boldsymbol{P}^{\mathrm{T}}+\frac{N_0}{2}\boldsymbol{I}\right) \tag{7.183}$$

将该式与式(7.182)合并可得

$$\boldsymbol{L}_0=\boldsymbol{A}^{-1}\left(G\boldsymbol{R}+\frac{N_0}{2}\,|\boldsymbol{A}|^{-2}\right)^{-1}\boldsymbol{P}^{\mathrm{T}} \tag{7.184}$$

式中 $\boldsymbol{R}$ 由式(7.155)定义。MMSE 判决为

$$\hat{\boldsymbol{d}}=\mathrm{sgn}\left\{\mathrm{Re}\left[\boldsymbol{A}^{-1}\left(G\boldsymbol{R}+\frac{N_0}{2}\,|\boldsymbol{A}|^{-2}\right)^{-1}\boldsymbol{P}^{\mathrm{T}}\boldsymbol{y}\right]\right\} \tag{7.185}$$

完整的 MMSE 检测器结构如图 7.9 所示，因此 MMSE 检测器、去相关检测器和常规单用户检测器都在初处理阶段使用相关器。

若用户 k 的去相关检测器与该用户信号是同步的，则可去掉 A_k 的相位，并假设 A_k 为正数。由于 $\boldsymbol{A}^{-1}$ 中的实部 A_k^{-1} 不影响判决，故符号 k 的判决为

$$\hat{d}_k=\mathrm{sgn}\left\{\left[\left(G\boldsymbol{R}+\frac{N_0}{2}|\boldsymbol{A}|^{-2}\right)^{-1}\boldsymbol{P}^{\mathrm{T}}\boldsymbol{y}_{\mathrm{r}}\right]_k\right\} \tag{7.186}$$

式中计算了 $\left(G\boldsymbol{R}+\frac{N_0}{2}\,|\boldsymbol{A}|^{-2}\right)^{-1}\boldsymbol{P}^{\mathrm{T}}\boldsymbol{y}_{\mathrm{r}}$ 的第 k 个元素。该式表明，与去相关检测器不同，MMSE 检测器要求对信号幅度进行估计。

由于接收向量为 $\boldsymbol{y}=\boldsymbol{PAd}+\boldsymbol{n}$，因此式(7.186)可表示为 $\hat{d}_k=\mathrm{sgn}[u_k]$，其中

$$u_k=(\boldsymbol{QR})_{kk}A_kd_k+\sum_{\substack{i=0\\ i\neq k}}^{K-1}(\boldsymbol{QR})_{ki}\mathrm{Re}(A_i)d_i+(\boldsymbol{n}_{1\mathrm{r}})_k \tag{7.187}$$

式中 $(\boldsymbol{n}_{1\mathrm{r}})_k$ 为 $\boldsymbol{n}_{1\mathrm{r}}$ 的第 k 个元素，且

$$\boldsymbol{Q}=\left(\boldsymbol{R}+\frac{N_0}{2G}\,|\boldsymbol{A}|^{-2}\right)^{-1},\boldsymbol{n}_{1r}=\frac{\boldsymbol{QP}^{\mathrm{T}}}{G}\boldsymbol{n}_{\mathrm{r}} \tag{7.188}$$

利用式(7.166)，可发现 $(\boldsymbol{n}_{1\mathrm{r}})_k$ 的方差为 $(N_0/2G)(\boldsymbol{QRQ})_{kk}$。由对称性，在估计误符号率时可假设 $d_k=1$。在已知 $\boldsymbol{D}_k$ 的条件下，对于所有 d_i（$i\neq k$）构

成的 $(K-1)$ 维向量,可发现若 $(\boldsymbol{n}_{1r})_k$ 导致 u_k 的符号与 d_k 不同,就会出现符号错误。由于噪声具有高斯概率密度函数,在判决器 k 输出的条件误符号率为

$$P_s(k|\boldsymbol{D}_k)=Q\left\{\sqrt{\frac{2\mathcal{E}_k}{N_0\ (\boldsymbol{QRQ})_{kk}}}\left[(\boldsymbol{QR})_{kk}+B_k\right]\right\},\quad k=0,1,\cdots,K-1 \tag{7.189}$$

式中:$\mathcal{E}_k=A_k{}^2G$ 为符号能量且

$$B_k=\sum_{\substack{i=0\\i\neq k}}^{K-1}(\boldsymbol{QR})_{ki}\frac{\mathrm{Re}(A_i)}{A_k}d_i \tag{7.190}$$

若所有符号都是等概的,则用户 k 的误符号率由式(7.159)给出。与去相关检测器不同,MMSE 检测器的误符号率依赖于幅度、符号及其他用户的扩谱序列。

例 7.3:考虑 $K=2$、$R_{01}=R_{10}=\rho$ 、$\mathrm{Re}(A_1)=A_1$ 和 $C=A_1/A_0$ 时的多用户检测。通过式(7.171)、式(7.189)和式(7.159)计算的误符号率表明,MMSE 检测器的性能随着 $|\rho|$ 的增加而下降,但性能几乎与去相关检测器相同。当 $C\geqslant 1$ 时,去相关检测器的性能不依赖于 C 。相反,若使用常规检测器,式(7.172)表明随着 C 的增加和信干比的下降,误符号率迅速恶化,如图 7.10 所示。当 $\rho=0$ 时,去相关检测器(DD)与无多用户检测和无多址干扰的系统误符号率相同。

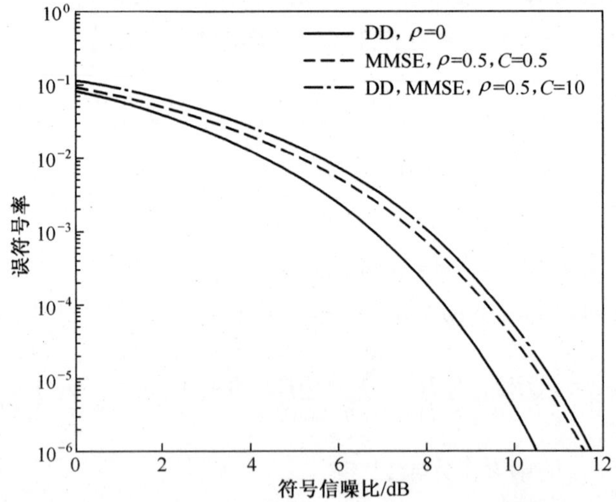

图 7.10　一个多址干扰信号条件下($K=2$),去相关检测器(DD)和 MMSE 检测器的误符号率

若一个直扩系统将 MMSE 检测器的输出结果送至信道译码器,则检测器应进行软判决而非硬判决。作为译码器输入的合理的软判决符号估计为

$$\hat{d}_k = \mathrm{c}\left\{\left[\left(\boldsymbol{P}^{\mathrm{T}}\boldsymbol{P} + \frac{N_0}{2}\ |\boldsymbol{A}|^{-2}\right)^{-1}\boldsymbol{P}^{\mathrm{T}}\boldsymbol{y}_{\mathrm{r}}\right]_k\right\} \tag{7.191}$$

将符号函数应用于相应的译码器输出,可做出符号的最终判决。

MMSE 检测器和去相关检测器具有几乎相同的计算量要求,且它们都有对应的均衡器,但在很多方面还是不同的。MMSE 检测器不能消除多址干扰,因而不能完全消除远近效应,但也不像去相关检测器那样会增强噪声的影响。虽然 MMSE 检测易于抑制强干扰信号,但也一定程度上抑制了扩谱序列与强干扰扩谱序列相关的有用信号。在实际应用中,MMSE 检测器的误符号率一般是低于去相关检测器的。当 $N_0 \to 0$,MMSE 检测器的估计性能接近去相关检测器的估计性能。因此,MMSE 检测器具有**渐进抗远近效应**的能力。随着 N_0 的增加,MMSE 的估计性能逐渐接近常规检测器,抗远近效应能力逐渐减小。

在实际应用中,无论 MMSE 还是去相关线性检测器都希望使用短扩谱序列。短扩谱序列保证了相关矩阵 $\boldsymbol{R}$ 对于多个符号都是常数。短序列的代价是损失了一定的安全性,以及由于特定的信号相对时延导致的偶然但有时会持续的性能下降。即使使用短序列, $|\boldsymbol{A}|^2$ 的变化也使得自适应 MMSE 检测器要比非自适应 MMSE 检测器实用得多。

同步 MMSE 或去相关线性检测器的主要问题是它们很难在实际系统中应用。同步模型可在蜂窝网络的下行链路中使用。然而在这种情况下,短正交扩谱序列的使用使得多用户检测显得没有必要,这是由于每个接收机的相关器足以消除多址干扰。当希望使用异步多用户检测器时,计算量随 N 和 K 的增加而迅速增加。更重要的是要求必须已知接收机输入端的扩谱序列时延。

7.5.5 自适应多用户检测

自适应多用户检测器是一种无需确切知道扩谱序列或多址干扰信号时序的自适应系统。接收机以码片速率对宽带滤波器的输出进行抽样。短扩谱序列的使用为自适应滤波器能够学习序列的互相关函数,从而为抑制干扰提供了机会。短扩谱序列的需求限制了自适应多用户检测器的应用,如 WCDMA(宽带 CDMA)和 CDMA2000 无法支持自适应多用户检测器。通过在**训练阶段**对有用信号中 L_{t} 个已知的导频符号构成的**训练序列**进行处理来完成学习,其代价是降低了带宽效率。

在多用户检测器中, LMS 算法(见 5.2 节)可用作自适应算法。用户 k 的已知训练序列的符号 n 为 $d_k(n)$ ($n = 0,1,\cdots,L_{\mathrm{t}} - 1$)。符号 n 接收期间, G 个码片匹配滤波器输出的第 $\boldsymbol{n}$ 个向量表示为 $\boldsymbol{y}(n)$ ($n = 0,1,\cdots,L_{\mathrm{t}} - 1$)。假设有用信号已经建立了码片同步,LMS 算法迭代更新 G 维权向量,即

$$\boldsymbol{W}(n+1)=\boldsymbol{W}(n)+2\mu\epsilon^{*}(n)\boldsymbol{y}(n), n=0,1,\cdots,L_{\mathrm{t}}-1 \tag{7.192}$$

式中：μ 是用于调节算法收敛速率的常数，且

$$\epsilon(n)=d_{k}(n)-\boldsymbol{W}^{\mathrm{H}}(n)\boldsymbol{y}(n) \tag{7.193}$$

训练阶段之后是**面向判决阶段**，该阶段通过反馈判决符号来继续自适应过程，其计算方法为

$$\hat{d}_{k}(n)=\operatorname{sgn}[\operatorname{Re}(\boldsymbol{W}^{H}(n)\boldsymbol{y}(n))] \tag{7.194}$$

若传输信道是时不变的，自适应检测器的潜在性能至少要比常规检测器好得多，但当存在快衰落和时变干扰时，需进行复杂的修改。

盲多用户检测器无需导频符号或训练序列。与基于训练的多用户检测器不同，自适应盲多用户检测器只需有用信号扩谱序列的知识，而这些信息并不比常规单用户系统所需的信息更多。由于长扩谱序列不具有循环平稳特性，从而使得先进的信号处理技术无法应用到盲多用户检测，因此需采用短扩谱序列。**自适应盲多用户检测器**能够适应信道条件的变化和系统恢复等应用，但相对于训练过的自适应检测器会带来一些性能损失和复杂度的增加。若干种不同的自适应滤波器可以用作自适应盲多用户检测器。Frost 算法（详见 5.4 节）使用已知的扩谱序列来减少有用信号的损失。

7.5.6 干扰抵消器

干扰抵消器是一种多用户检测器，它首先精确地估计干扰信号，然后从接收信号中减去干扰来得到有用信号。虽然相较于理想多用户检测器，多用户干扰抵消器是次优的，但它实现更为方便，且仍具有较强的干扰抑制能力，故减轻了远近效应。在应用中，需要存储潜在干扰信号的扩谱序列和与之同步的方法。至少在初始同步阶段，需要精准的功率控制，以避免接收机前端的过载。

干扰抵消器可分为**串行干扰抵消器**、**并行干扰抵消器**及混合方式，其中串行干扰抵消器逐次减去多个干扰，并行干扰抵消器同时减去多个干扰。下面仅讨论串行和并行干扰抵消器的基本结构和特征，同时给出了大量可供选择的其他方案，有混合的、自适应的或盲的等。对于异步 DS/CDMA 网络，某种类型的干扰抵消器是最为实用的多用户检测器，尤其是在使用长扩谱序列时。干扰抵消器的计算复杂度与扩谱增益 G 成正比，而去相关或 MMSE 检测器的计算复杂度与 G^3 成正比。

7.5.6.1 串行干扰抵消器

图 7.11 是一个串行干扰抵消器的功能框图，它使用了非线性副本产生器和减法器来产生 K 个用户发送符号流的估计。一组具有并行相关器的 K 个接

收机的输出作为电平检测器的输入,电平检测器根据其估计的功率水平对这 K 个接收信号进行排序。排序结果决定了在图 7.11 中检测器-发生器的位置,在图中按照功率水平下降的顺序排列。检测器-发生器 i ($i = 1,2,\cdots,K$) 对应于第 i 个最强的信号。

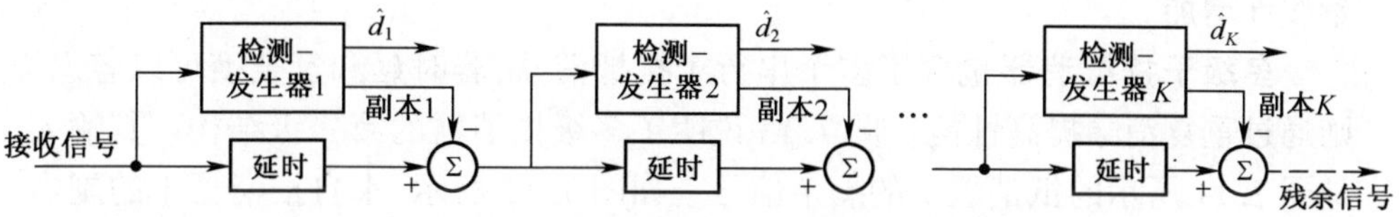

图 7.11 具有 K 个检测器-发生器的串行干扰抵消器

(检测-发生器产生用于相减的信号估计值)

图 7.12 给出了检测器-发生器 i 的结构,它产生了信号 i 的接收符号的副本。当采用 BPSK 调制及四进制调制时,接收机 i 分别具有图 2.14 和图 2.18 所示的形式。译码器提供了每个符号的硬判决估计值 $\hat{d}_i$ 。这些符号被编码并送至调制器。通过加入扩谱序列和调制码片波形,调制器产生信号 i 的副本。信道估计器提供了信道幅度和相位信息,并送至调制器来补偿信道传播的影响。信道估计器使用已知的导频或训练符号来确定信道响应。

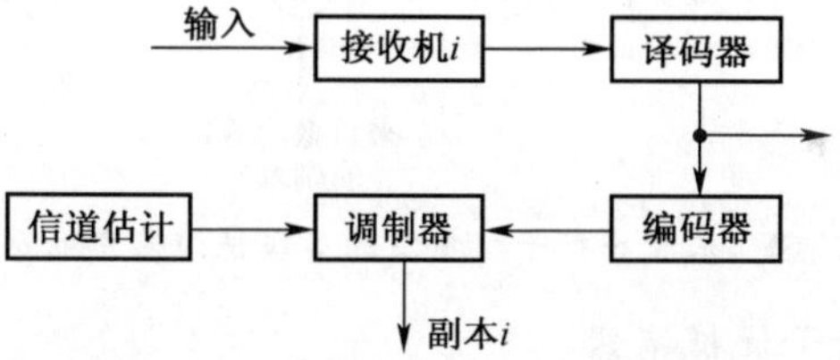

图 7.12 信号 i 的检测器-发生器结构

若译码器产生了符号错误,进入图 7.11 中的下一级抵消器时干扰幅度就会加倍。副本产生中的任何错误都会对随后的符号估计和信号复制带来不利影响。信号 i 的副本产生后被送到相应的减法器进行相减运算,得到的差分信号消除了大部分由信号(i , i - 1,…,1)引起的干扰。每个差分信号再输入到检测器-发生器,用于处理下一个最强的接收信号。由于图 7.11 中的每个延时都超过了一个符号时宽,串行干扰抵消器的总处理延时较大是它的缺点之一。

抵消器的第一级是利用最强信号较好的可检测性消除最强信号,这将减轻远近效应对弱信号的影响。从信号中消除的干扰量按接收信号最强到最弱的顺序递增。任何非理想的干扰抵消过程都会迅速降低其作用。在 DS/CDMA 网络中,只需抵消较少的干扰信号即可获得较大的性能增益[108]。延时的引入、干扰抵消误差的影响及实现复杂度都可能限制可用的抵消器级数，使其小于 K，且可能需要一组常规检测器来估计符号流。在低 SINR 条件下，不精确的干扰抵消可能导致干扰抵消器失去相对常规检测器的优势。串行干扰抵消器需要已知所有信号的扩谱序列及其定时。计算复杂度和总处理时延均随用户数量线性增加。

多级干扰抵消器包含了多个串行干扰抵消器，若时延和复杂度可以容忍，则通过重复消除提高性能。图 7.13 说明了多级抵消器的第二级结构。其输入是图 7.11 所示的抵消器 1 的剩余信号。如图 7.13 所示，来自抵消器 1 的副本 1 被加到其剩余信号上来产生和信号，并将其作为检测器-发生器 1 的输入。由于大部分干扰已从剩余信号中消除，检测器-发生器可产生更好的估计值 $\hat{d}_1$ 和更好的信号 1 副本，然后从和信号中减去。得到的差分信号比图 7.11 中相应的差分信号包含更少的干扰。随后，加上从抵消器 1 得到的其他副本并减去相应的改善后的副本。最后一级抵消器产生最终估计的符号流。多级或单级干扰抵消器可包含多径分量的 Rake 合并，以提高其在衰落环境下的性能[73]。

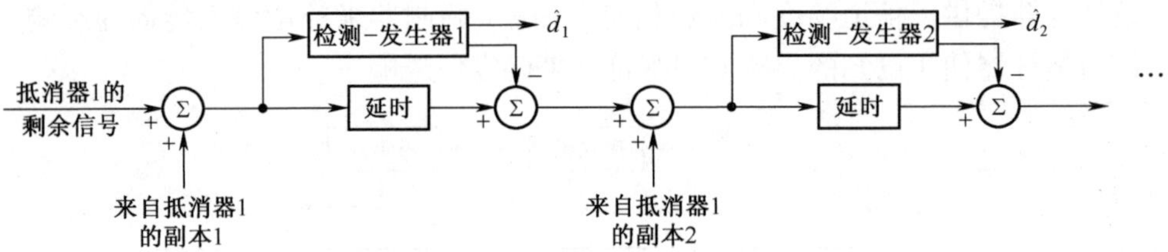

图 7.13　基于串行干扰抵消的多级抵消器中的第二级

7.5.6.2　并行干扰抵消器

并行干扰抵消器可同时检测、生成并抵消所有多址干扰信号，从而避免了串行干扰抵消器的固有时延，但并行干扰抵消器实现起来更为复杂。图 7.14 给出了两个信号的并行干扰抵消器。每个检测器-发生器的实现都如图 7.12 所示。每个最终检测器都包括数字匹配滤波器和可产生软判决或硬判决的判决器，判决结果送至译码器。由于所有强信号都同时进入各检测器-发生器，且初始检测会影响最终结果，因此在消除远近效应上并行干扰抵消器不如串行干扰抵消器有效。然而，若 CDMA 网络使用功率控制，串行干扰抵消器最初几级的符号检测精度比只有一级的并行干扰抵消器还要低，主要原因是串行干扰抵消器产生的每个副本中存在未消除的多址干扰，但是功率控制同样降低了抵消器对时间同步的要求。

多级并行干扰抵消器可提供更好的抑制远近效应的能力，其中每一级都是类似的，但其输入都得到了改善，因此输出也得到了改善[100]。图 7.15 给出了两个信号的多级抵消器。第一级可由一个并行干扰抵消器,或串行干扰抵消器,或去相关检测器,或 MMSE 检测器组成,后面的每级结构如图 7.14 所示。增加级数并不总是有用,因为判决错误的增加,在某种程度上导致了总体性能的降低。

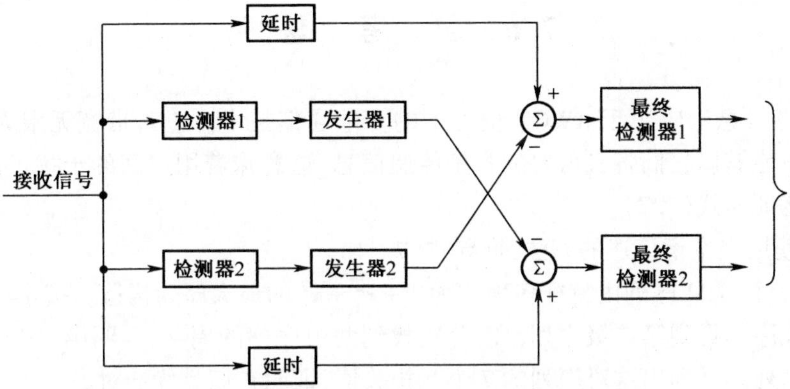

图 7.14 两个信号的并行干扰抵消器

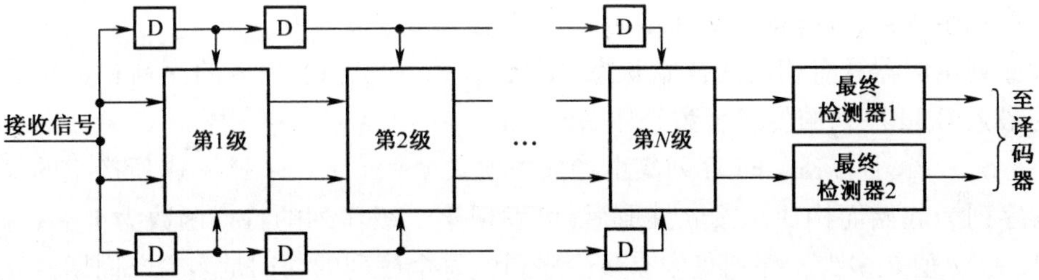

图 7.15 两个信号的多级并行干扰抵消器(D 表示时延)

7.5.7 跳频多用户检测器

在 FH-CDMA 网络中,用户传输时间的粗略协调与足够长的切换时间会降低或消除用户间的碰撞,从而无需进行多用户处理。在异步网络中,多用户检测是必要的,但跳频系统中的多用户检测比直扩系统更具挑战性。最优多用户检测器要求接收机已知所有被检测用户的跳频图案和跳频切换时间,并能同时解调所有载波上的信号。这些要求在任何实际的跳频网络中都是完全不可实现的。更为实用的多用户检测器是利用异步跳频网络中用户跳频切换时间的差异[83]。这些差异也提供了可用于迭代解调、信道估计和译码的有用信号和干扰信号的部分。接收机与有用信号的跳频图案同步并估计干扰信号的定时信息。这种处理过程的重要组成部分是在信道估计中使用期望最大化算法(见9.1节)。在无衰落或瑞利衰落的信道中,这种多用户检测器比常规跳频接收机都能容忍更强的干扰信号,但其他更为健壮的跳频系统(见9.4节)也是可能存在的。

7.6 思考题

1. 将信息论应用于AWGN信道下的多址通信技术。①若带宽无限大,则所有用户能够以它们各自需要的容量传递信息,这意味着用户间的干扰可以被避免。②证明式(7.7)。

2. 使用在本章论述的方法,推导式(7.31)。

3. 一个Gold序列由特征多项式为 $1+x^2+x^3$ 的最大序列构造。按 $q=3$ 抽取该最大序列得到第二级序列。①分别找到两个序列的周期,证明第二个序列是最大序列。②列出这对序列的7个互相关值,证明它们是优选对。

4. 产生长度为7的Gold序列的特征多项式为 $f_1(x)=1+x+x^3$ 和 $f_2(x)=1+x^2+x^3$。①任意Gold序列生成函数的一般表达式是什么?针对第一个最大序列生成器,选择固定的非零初始状态,使得 $a_0=a_1=0$, $a_2=1$。②若两个最大序列生成器具有相同的初始状态,则将 $f_1(x)$ 和 $f_2(x)$ 生成的序列相加构成的最大Gold序列的生成函数是什么?

5. 一个小的Kasami序列集由特征多项式 $1+x^2+x^3+x^4+x^8$ 所产生的最大序列为起始而构成。按 q 抽取后,可发现第二级序列的特征函数为 $1+x+x^4$。① q 值是多少?序列集中有多少序列?每个序列的周期是多少?周期性互相关函数的幅度峰值是多少?画出小Kasami集产生器的框图。②证明第二级序列是否是最大序列。

6. 通过对原始最大序列进行 q_1 抽取,使前题的小序列集扩展为一个大Kasami序列集。第三级序列的特征多项式为 $1+x^2+x^3+x^4+x^5+x^7+x^8$。① q_1 值为多少?在大序列集中有多少序列?每个序列的周期是多少?周期互相关函数幅度峰值是多少?画出大Kasami序列集产生器的框图。②证明第三级序列是否是最大序列。

7. 用扩谱序列的周期性推导式(7.51)。

8. 将Jensen不等式应用于式(2.137),取 $X=\cos 2\phi$,并利用 $E[\cos 2\phi]=0$ 的事实来获得与式(2.141)右边一致的下边界。因此,在单音干扰下,$d_1(t)=d_2(t)$ 的平衡QPSK系统能够提供比 $d_1(t)\neq d_2(t)$ 的双四进制系统或

QPSK 系统更低的误符号率。能够对所有 f_d 提供充分凸的条件的 $\mathcal{E}_s$ 下边界是多少?

9. 针对矩形码片波形证明式(7.85)和式(7.89)。

10. 用边界和近似的方法来推导式(7.109)。

11. 考虑一个包含单基站和到 K 个移动台的同步下行链路的网络。通过计算可得到达到移动台所规定的中断概率所容许的 K 值下界。对于 K 个相同功率的信号,$I_t = (K-1)\mathcal{E}_s/T_s$。在 QPSK 系统中,令 γ_1 表示为在特定信道编码下能达到规定性能度量的必需 γ 值。证明

$$K \geqslant \left\lfloor 1 + \frac{G}{h}\left(\frac{1}{\gamma_1} - \frac{1}{\gamma_0}\right) \right\rfloor, \gamma_0 \geqslant \gamma_1$$

式中:$\lfloor x \rfloor$ 为 x 的整数部分;$\gamma_0 = \mathcal{E}_s/N_0$;$G = T_s/T_c$ 为扩谱增益。

12. ①证明式(7.131)。②为证明式(7.136)需检测多少汉明相关函数?证明其中一部分汉明相关函数符合式(7.136)。

13. 令 Z 表示两个随机跳频图案在 L 跳中的碰撞次数。证明:当采用 M 个频率信道、独立随机跳频图案时,Z 的方差为 $(M-1)L/M^2$。

14. 考虑所有扩谱序列相互正交时的最大似然检测器。①证明式(7.149)。②证明该检测器能够对数据符号去耦,即对一个用户的数据符号的判决不受其他数据符号影响。

15. 若假设去相关检测器的第一级有一个滤波器组,则可得到一个简化的去相关检测器推导方法。根据该假设和式(7.143),推导去相关检测器。证明多址干扰与估计器 $\hat{\boldsymbol{d}}$ 可完全去相关。

16. 在两个同步用户间考虑使用常规检测器,当 $N_0 \to 0$ 时,分别估计 $|\rho||C| < 1$, $|\rho||C| > 1$, $|\rho||C| = 1$ 三种情况下的 $P_s(0)$。

17. 在某种特定情况下,常规检测器中的噪声有利于抗多址干扰。考虑两个同步用户间的常规检测器,当 $|\rho||C| > 1$ 时,找到使 $P_s(0)$ 最小时的噪声电平。

18. 考虑使用正交扩频序列的同步用户中的 MMSE 检测器和去相关检测器。证明两种检测器的符号错误概率是相同的。

第 8 章　移动 Ad Hoc 网和蜂窝网

本章分析了 DS-CDMA 和 FH-CDMA 移动 Ad Hoc 网络及蜂窝网络中多址干扰的影响。移动通信网络中使用扩谱技术所产生的日益突出的问题包括禁止区、保护区、功率控制、速率控制、网络策略、小区扇区化及各种扩谱参数的选择等。针对 Ad Hoc 和蜂窝网络，以及 DS-CDMA 和 FH-CDMA 系统，推导了网络性能基本度量之一的中断概率。同时，对 DS-CDMA 蜂窝网络中所需的码捕获及同步技术也进行了阐述。

8.1　条件中断概率

在移动通信网络中，最有用的链路性能度量是**中断概率**，它是指链路无法以特定的可靠性或质量支持当前通信的概率。由于链路性能一般与接收端 SINR 有关，若系统的瞬时 SINR 低于某个特定的门限，就认为发生了**中断**。该门限可根据分集、Rake 合并或信道编码来调整。采用中断准则的优点是可以简化分析，且无需明确指定数据调制或信道编码方式。

在本节，推导了参考节点接收机**条件中断概率**的封闭表达式。其中，条件的设定与干扰节点的位置和是否存在遮蔽有关。该表达式对衰落的影响进行了平均，衰落的时间变化尺度远快于遮蔽或节点位置的变化速度。每个节点到参考接收机的信道具有各不相同的 Nakagami-m 衰落参数。改变 Nakagami-m 衰落参数可用于构建参考接收机与每个节点间不同的视距传播模型。闭式表达式也可用于评估不同网络参数对中断概率的影响。

移动通信网络由 $M+2$ 个节点组成，包括参考接收机 X_{M+1} 、预先设定的或参考发射机 X_0 和 M 个干扰节点 $(X_1, X_2, \cdots, X_M)$ 。变量 X_i 既表示节点 i 也表示其位置，因而 $\| X_i - X_{M+1} \|$ 为节点 i 到参考接收机的距离。节点可位于任意二维或三维区域中。若 X_i 为复数，则可很方便地表示二维坐标，其实部为东西坐标，虚部为南北坐标。每个移动台使用单个全向天线。

参考接收机接收的 X_i 的信号功率为(见 6.1 节)

$$\rho_i = \widetilde{P}_i g_i \, 10^{\xi_i/10} f(\| X_i - X_{M+1} \|) \tag{8.1}$$

式中：$\widetilde{P}_i$ 为不存在衰落或遮蔽时在参考距离 d_0（假设该距离足够大，使得信号处于远场中）上解扩后的接收功率；g_i 为衰落引起的功率增益；ξ_i 为遮蔽因子；$f(\cdot)$ 为路径损耗函数。路径损耗函数可表示为指数函数，即

$$f(d) = \left(\frac{d}{d_0}\right)^{-\alpha}, d \geqslant d_0 \tag{8.2}$$

式中：$\alpha \geqslant 2$ 为路径损耗指数。$\{g_i\}$ 为独立、单位均值但不一定是同分布的随机变量，即不同的 $\{X_i\}$ 到参考接收机的信道可能会经历不同分布的衰落。为便于分析并与衰落统计量实测值吻合，假设衰落为 Nakagami 衰落，且 $g_i = \alpha_i^2$，其中 α_i 为参数 m_i 的 Nakagami 衰落因子。当 X_i 和参考接收机之间的信道经历瑞利衰落时，$m_i = 1$，且相应的 g_i 为指数分布。一个节点到另一个节点链路的遮蔽由局部地形决定。若遮蔽建模为对数分布，则 $\{\xi_i\}$ 为独立同分布的高斯随机变量（见 6.1 节）。没有遮蔽时，$\xi_i = 0$。

假设 $\{g_i\}$ 在一个时隙中保持不变，但在时隙之间独立变化（块衰落）。**活动概率** p_i 是节点 i 在有用信号发射的同一时隙中发射的概率。$\{p_i\}$ 可用于跳频、语音激活因子、受控静默的建模，或链路传输失败及其导致试图再传输的建模。$\{p_i\}$ 无需相同，例如，仅当移动台位于另一个活动移动台的载波监听多址接入（CSMA）保护区中时，设置 $p_i = 0$ 就可对 CSMA 协议进行建模。

当采用直扩时，假设使用长扩谱序列，并将其建模为码片宽度为 T_c 的随机二进制序列。扩谱增益 G 可直接降低干扰功率。假设多址干扰是异步的，且每个干扰源 X_i 的干扰功率可被码片函数 $h(\tau_i)$ 进一步降低。该函数与码片波形及 X_i 的扩谱序列相对于有用信号扩谱序列的定时偏差，τ_i 有关。由于只有定时偏差，模 T_c 的值才与干扰有关，故 $0 \leqslant \tau_i \leqslant T_c$。在四相制直扩系统组成的网络中，解扩前功率水平为 $\mathcal{I}_i$ 的多址接入干扰将在解扩后降低到 $\mathcal{I}_i h(\tau_i)/G$，其中 $h(\tau_i)$ 由式（7.78）给出。因此，干扰功率将按**有效扩谱增益** $G_i = G/h(\tau_i)$ 来降低。假设 τ_i 在 $[0, T_c]$ 区间中均匀分布，式（7.115）的下界表明，直扩接收机平均至少将每个干扰信号的功率降低 G/h 倍，其中 h 为式（7.89）定义的码片因子。

参考接收机中的瞬时信干噪比（SINR）为

$$\gamma = \frac{\rho_0}{\mathcal{N} + \sum_{i=1}^{M} I_i \rho_i} \tag{8.3}$$

式中：ρ_0 为有用信号的接收功率；$\mathcal{N}$ 为噪声功率；I_i 为伯努利随机变量，其概率为 $P[I_i = 1] = p_i$ 和 $P[I_i = 0] = 1 - p_i$。由于解扩不会显著影响有用信号的功

率,故将式(8.1)和式(8.2)代入式(8.3)可得

$$\gamma = \frac{g_0\Omega_0}{\Gamma^{-1} + \sum_{i=1}^{M} I_i g_i \Omega_i}, \Gamma = \frac{d_0^a P_0}{\mathcal{N}} \tag{8.4}$$

式中

$$\Omega_i = \begin{cases} 10^{\xi_0/10} \ \| X_0 - X_{M+1} \|^{\alpha}, & i = 0 \\ \dfrac{P_i}{G_i P_0} 10^{\xi_0/10} \ \| X_i - X_{M+1} \|^{-a}, & i > 0 \end{cases} \tag{8.5}$$

为 X_i 的归一化功率;P_i 为无衰落和遮蔽时在参考距离 d_0 上解扩前的接收功率。Γ 为参考发射机 X_0 距参考接收机 X_{M+1} 单位距离且没有衰落和遮蔽时的 SNR。当没有使用直扩时,$G_i = 1$。

在分析中需要用到两个基本结论如后文所述。考虑 $(x_1 + x_2 + ... + x_k)^n$ 的展开式,式中 n 为正整数。展开式中的典型项为 $x_1^{n_1}x_2^{n_2}\cdots x_k^{n_k}$,其中 $\{n_i\}$ 为非负整数,且 $n_1 + n_2 + \cdots + n_k = n$ 。由于我们可在 n 个因子中选择 n_1 个 x_1,在剩余的因子中选择 n_2 个 x_2,依次类推,故与该项出现的次数为

$$\binom{n}{n_1}\binom{n - n_1}{n_2}\cdots\binom{n - \sum_{i=1}^{k-2} n_i}{n_{k-1}}\binom{n_k}{n_k} = \frac{n!}{n_1!\ n_2!\ \cdots n_k!} \tag{8.6}$$

因此,可得到**多项式展开式**为

$$(x_1 + x_2 + \cdots + x_k)^n = \sum_{n_i:\ \sum_{i=1}^{k} n_i = n} \frac{n!}{n_1!\ n_2!\ \cdots n_k!} x_1^{n_1}x_2^{n_2}\cdots x_k^{n_k} \tag{8.7}$$

该式中的主和式是对总数为 n 的所有非负整数求和。

对于参数为 m_i 和 $E[g_i] = 1$ 的 Nakagami 衰落,由式(6.29)和初等概率可知,每个随机变量 $g_i = a_i^2$ 的概率密度函数由**伽马概率密度**(见附录 D.5“指数和伽马分布”)给出,即

$$f_{g_i}(x) = \frac{m_i^{\ m_i}}{(m_i - 1)!} x^{m_i - 1} \exp(-m_i x) u(x) \tag{8.8}$$

式中:$u(x)$ 为单位阶跃函数,即 $x \geqslant 0$ 时 $u(x) = 1$,否则 $u(x) = 0$。

在后续分析中[97],网络的空间范围和节点数量是有限的。每个节点具有任意位置分布,并预先考虑节点的占空因子、遮蔽、禁止区和可能的保护区。令 $\boldsymbol{\Omega} = [\Omega_0, \Omega_1, \cdots, \Omega_M]$ 为式(8.5)所示的归一化功率集合。当 SINR 值 γ 低于可靠接收信号所要求的 SINR 门限 β 时,就会发生**中断**。将特定的 $\boldsymbol{\Omega}$ 值代入式(8.4)就可得到 γ 。对于给定的 $\boldsymbol{\Omega}$,可得出中断概率为

$$\epsilon(\boldsymbol{\Omega}) = \mathrm{P}[\gamma \leqslant \beta \mid \Omega] \tag{8.9}$$

由于是以 $\boldsymbol{\Omega}$ 为条件,因此中断概率是以网络几何拓扑和遮蔽因子为条件的,在时间尺度上的动态性比衰落要慢得多。

将式(8.4)代入式(8.9),并进行重排可得

$$\epsilon(\boldsymbol{\Omega}) = P\left[\beta^{-1}g_0\Omega_0 - \sum_{i=1}^{M} I_i g_i \Omega_i \leqslant \Gamma^{-1} \mid \boldsymbol{\Omega}\right] \tag{8.10}$$

通过定义

$$S = \beta^{-1}g_0\Omega_0, Y_i = I_i g_i \Omega_i \tag{8.11}$$

$$Z = S - \sum_{i=1}^{M} Y_i \tag{8.12}$$

中断概率可表示为

$$\epsilon(\boldsymbol{\Omega}) = P[Z \leqslant \Gamma^{-1} \mid \Omega] = F_Z(\Gamma^{-1} \mid \boldsymbol{\Omega}) \tag{8.13}$$

上式是 $\boldsymbol{Z}$ 以 $\boldsymbol{\Omega}$ 为条件的分布函数,并在 Γ^{-1} 下进行计算。令 $f_{S,Y}(s,y|\boldsymbol{\Omega})$ 表示 S 和向量 $\boldsymbol{Y} = [Y_1 \quad Y_2 \quad \cdots \quad Y_M]$ 在 $\boldsymbol{\Omega}$ 条件下的联合概率密度函数。因此

$$\begin{aligned} 1 - \epsilon(\boldsymbol{\Omega}) &= P[Z > z \mid \boldsymbol{\Omega}] = P\left[S \middle| > z + \sum_{i=1}^{M} Y_i \middle| \boldsymbol{\Omega}\right] \\ &= \int_{\mathbb{R}^M}\cdots\int \int_{z+\sum_{i=1}^{M} y_i}^{\infty} f_{S,Y}(s,y|\boldsymbol{\Omega})\,\mathrm{d}s\mathrm{d}y \\ &= \int_{\mathbb{R}^M}\cdots\int \int_{z+\sum_{i=1}^{M} y_i}^{\infty} f_S(s|\boldsymbol{\Omega},y) f_Y(y|\boldsymbol{\Omega})\,\mathrm{d}s\mathrm{d}y \end{aligned} \tag{8.14}$$

式中:$z = \Gamma^{-1}$,$f_Y(y|\boldsymbol{\Omega})$ 为 $\boldsymbol{Y}$ 在条件 $\boldsymbol{\Omega}$ 下的联合概率密度函数;$f_S(s|\boldsymbol{\Omega},y)$ 为在 $(\boldsymbol{\Omega},y)$ 条件下 S 的概率密度函数,外部积分是在 M 维空间中进行的。

假设所有信道的衰落是独立的。由于 S 独立于 y 和 Ω_i ($i \neq 0$),因此 $f_S(s|\boldsymbol{\Omega},\boldsymbol{y}) = f_S(s|\Omega_0)$,其中 $f_S(s|\Omega_0)$ 为 S 在 Ω_0 下的概率密度函数。由于 $\{Y_i\}$ 彼此独立,且 $\boldsymbol{Y}_i$ 独立于 Ω_k ($k \neq i$),因此有 $f_{\boldsymbol{Y}}(\boldsymbol{y}|\boldsymbol{\Omega}) = \prod_{i=1}^{M} f_i(y_i)$,其中 $f_i(y_i) = f_{Y_i}(y_i|\Omega_i)$ 为 Y_i 在 Ω_i 下的概率密度函数。由于概率密度函数非负,根据富比尼(Fubini)定理,积分顺序可交换,因此

$$\epsilon(\boldsymbol{\Omega}) = 1 - \int_{\mathbb{R}^M}\cdots\int\left[\int_{z+\sum_{i=1}^{M} y_i}^{\infty} f_S(s|\Omega_0)\,\mathrm{d}s\right]\prod_{i=1}^{M} f_i(y_i)\,\mathrm{d}y_i \tag{8.15}$$

S 服从 Nakagami 参数 m_0 的伽马分布,其概率密度函数为

$$f_S(s\mid\Omega_0)=\frac{\left(\frac{\beta m_0}{\Omega_0}\right)^{m_0}}{(m_0-1)!}s^{m_0-1}\exp(-\beta m_0 s)u(s) \tag{8.16}$$

采用连续分部积分,并假设 m_0 是正整数,可得内部积分的结果

$$\int_{z+\sum_{i=1}^{M}y_i}^{\infty}f_S(s\mid\Omega_0)\mathrm{d}s=\exp\left\{-\frac{\beta m_0}{\Omega_0}\left(z+\sum_{i=1}^{M}y_i\right)\right\}\sum_{s=0}^{m_0-1}\frac{1}{s!}\left[\frac{\beta m_0}{\Omega_0}\left(z+\sum_{i=1}^{M}y_i\right)\right]^s \tag{8.17}$$

定义 $\beta_0=\beta m_0/\Omega_0$,并将式(8.17)代入式(8.15)可得

$$\epsilon(\Omega)=1-\mathrm{e}^{-\beta_0 z}\sum_{s=0}^{m_0-1}\frac{(\beta_0 z)^s}{s!}\int_{\mathbb{R}^M}\cdots\int\mathrm{e}^{-\beta_0\sum_{i=1}^{M}y_i}\left(1+z^{-1}\sum_{i=1}^{M}y_i\right)^s\prod_{i=1}^{M}f_i(y_i)\mathrm{d}y_i \tag{8.18}$$

由于 s 为正整数,二项定理表明

$$\left(1+z^{-1}\sum_{i=1}^{M}y_i\right)^s=\sum_{t=0}^{s}\binom{s}{t}z^{-t}\left(\sum_{i=1}^{M}y_i\right)^t \tag{8.19}$$

对式(8.7)中多项展开可得

$$\left(\sum_{i=1}^{M}y_i\right)^t=\sum_{\substack{\ell_i\geqslant 0\\ \sum_{i=0}^{M}\ell_i=t}}t!\left(\prod_{i=1}^{M}\frac{{y_i}^{\ell_i}}{\ell_i!}\right) \tag{8.20}$$

式中右边的和式是对所有非负序号进行求和,这些序号之和为 t 。将式(8.19)和式(8.20)代入式(8.18),可得

$$\begin{aligned}\epsilon(\boldsymbol{\Omega})=1-\mathrm{e}^{-\beta_0 z}&\sum_{s=0}^{m_0-1}\frac{(\beta_0 z)^s}{s!}\sum_{t=0}^{s}\binom{s}{t}z^{-t}t!\\&\times\sum_{\substack{\ell_i\geqslant 0\\ \sum_{i=0}^{M}\ell_i=t}}\int_{\mathbb{R}^M}\cdots\int\left(\prod_{i=1}^{M}\mathrm{e}^{-\beta_0 y_i}\frac{{y_i}^{\ell_i}}{\ell_i!}\right)\prod_{i=1}^{M}f_i(y_i)\mathrm{d}y_i\end{aligned} \tag{8.21}$$

利用 $\{Y_i\}$ 非负的事实,可得

$$\epsilon(\boldsymbol{\Omega})=1-\mathrm{e}^{-\beta_0 z}\sum_{s=0}^{m_0-1}\frac{(\beta_0 z)^s}{s!}\sum_{t=0}^{s}\binom{s}{t}z^{-t}t!\times\sum_{\substack{\ell_i\geqslant 0\\ \sum_{i=0}^{M}\ell_i=t}}\prod_{i=1}^{M}\int_0^{\infty}\frac{{y_i}^{\ell_i}}{\ell_i!}\mathrm{e}^{-\beta_0 y}f_i(y)\mathrm{d}y \tag{8.22}$$

考虑 Nakagami 衰落和活动概率 p_i ,$f_i(y)$ 的概率密度函数为

$$f_i(y)=f_{Y_i}(y|\Omega_i)=(1-p_i)\delta(y)+p_i\left(\frac{m_i}{\Omega_i}\right)^{m_i}\frac{1}{\Gamma(m_i)}y^{m_i-1}\mathrm{e}^{-ym_i/\Omega_i}u(y)$$

(8.23)

式中：$\delta(y)$ 为 Dirac 冲激函数。代入该式，式(8.22)的积分为

$$\int_0^\infty \frac{y^{\ell_i}}{\ell!}\mathrm{e}^{-\beta_0 y}f_i(y)\mathrm{d}y=(1-p_i)\delta_{\ell_i}+\left[\frac{p_i\Gamma(\ell_i+m_i)}{\ell_i!\ \Gamma(m_i)}\right]\left(\frac{\Omega_i}{m_i}\right)^{\ell_i}\times\left(\beta_0\frac{\Omega_i}{m_i}+1\right)^{-(m_i+\ell_i)}$$

(8.24)

式中：δ_ℓ 为 Kronecker 冲激函数，当 $\ell=0$ 时等于 1，否则就等于 0。将式(8.24)代入式(8.22)，并使用：

$$\binom{s}{t}\left(\frac{t!}{s!}\right)=\left(\frac{s!}{t!\ (s-t)!}\right)\left(\frac{t!}{s!}\right)=\frac{1}{(s-t)!} \tag{8.25}$$

得到

$$\epsilon(\boldsymbol{\Omega})=1-\mathrm{e}^{-\beta_0 z}\sum_{s=0}^{m_0-1}(\beta_0 z)^s\sum_{t=0}^{s}\frac{z^{-t}}{(s-t)!}$$
$$\times\sum_{\substack{\ell_i\geqslant 0\\ \sum_{i=0}^{M}\ell_i=t}}\prod_{i=1}^{M}\left\{\left[(1-p_i)\delta_{\ell_i}+\frac{p_i\Gamma(\ell_i+m_i)\left(\frac{\Omega_i}{m_i}\right)^{\ell_i}}{\ell_i!\ \Gamma(m_i)\left(\beta_0\frac{\Omega_i}{m_i}+1\right)^{(m_i+\ell_i)}}\right]\right\} \tag{8.26}$$

该式可写为

$$\epsilon(\boldsymbol{\Omega})=1-\mathrm{e}^{-\beta_0 z}\sum_{s=0}^{m_0-1}(\beta_0 z)^s\sum_{t=0}^{s}\frac{z^{-t}}{(s-t)!}H_t(\Omega),\beta_0=\frac{\beta m_0}{\Omega_0},z=\Gamma^{-1}$$

(8.27)

式中：m_0 为正整数

$$H_t(\boldsymbol{\Omega})=\sum_{\substack{\ell_i\geqslant 0\\ \sum_{i=0}^{M}\ell_i=t}}\prod_{i=1}^{M}G_{\ell_i}(i) \tag{8.28}$$

式(8.28)中求和的序号之和为 t 。

$$G_\ell(i)=\begin{cases}1-P_i(1-\Psi_i^{m_i}), & \ell=0\\ \dfrac{p_i\Gamma(\ell+m_i)}{\ell!\ \Gamma(m_i)}\left(\dfrac{\Omega_i}{m_i}\right)^{\ell}\Psi_i^{m_i+\ell}, & \ell>0\end{cases} \tag{8.29}$$

且

$$\Psi_i=\left(\beta_0\frac{\Omega_i}{m_i}+1\right)^{-1},\quad i=1,2,\cdots,M \tag{8.30}$$

式(8.28)可按下式高效计算。对于每个可能的 $t=\{0,1,\cdots,m_0-1\}$,可预先计算矩阵 $\mathcal{I}_t$,它的行是和为 t 的所有非负序号 $\{\ell_1,\ell_2,\cdots,\ell_M\}$。在 $\mathcal{I}_t$ 中将有

$$\binom{t+M-1}{t} \tag{8.31}$$

行和 M 列。当考虑相同的 M 值时,$\mathcal{I}_t$ 可在任意时间重用。计算由 Ψ_i 构成的行向量 $\boldsymbol{\Psi}$。对于每个可能的 $\ell=\{0,\cdots,m_0-1\}$,使用 $\boldsymbol{\Psi}$ 计算式(8.29),并将计算得到的行置入 $m_0\times M$ 维矩阵 $\boldsymbol{G}$。通过使用 $\mathcal{I}_t$ 中对应的行作为 $\boldsymbol{G}$ 的序号可得到式(8.28)的每一项。将得到的行向量元素相乘得到相应的求和项。更一般地,整个矩阵 $\mathcal{I}_t$ 都可作为 $\boldsymbol{G}$ 的序号。为与基于矩阵的语言的一致性,例如 Matlab,将运算的结果表示为 $\boldsymbol{G}(\mathcal{I}_t)$。将 $\boldsymbol{G}(\mathcal{I}_t)$ 按行相乘,然后对得到的结果按列求和将得到式(8.28)。

8.1.1 举例

虽然网络覆盖区域可具有任意形状,但在后面例子中假设该区域为半径 r_{net} 的圆形区域,并假设所有节点都是移动台。半径为 $r_{\text{ex}}\geqslant d_0$ 的**禁止区**围绕参考接收机,所有移动台都不允许进入到禁止区中。禁止区以实际移动通信网络中的距离为基础。例如,当无线收发信机安装在不同的车辆中,就需要通过保持最小车辆距离来避免信号碰撞。在实际网络中,较小的禁止区通过视觉观察来保持,但更可靠和更广泛的方法可通过在每个移动台上安装全球定位系统(GPS),并通过周期性广播每个移动台的 GPS 坐标来建立。移动台接收这些信息,并比较自己与其他移动台的位置,从而相应改变自己的运动。

移动台 X_i 发射的信号,在没有遮蔽时,在参考距离 d_0 上的平均接收功率为 P_i。典型地,由于遮蔽条件未知,使得基于每条链路的功率调整很困难,故往往假设所有移动台都有 $P_i=P_0$。考虑如图 8.1 所示的网络拓扑。参考接收机位于网络中央,对应的参考发射机位于它的右侧,$M=28$ 个干扰移动台分布在内径 $r_{\text{ex}}=0.05$、外径 $r_{\text{net}}=1$ 的环形区域内。

根据如下**均匀集群**模型来依次放置移动台。令 $X_i=r_i\mathrm{e}^{\mathrm{j}\theta_i}$ 为移动台 i 的位置。选择一对独立随机变量 (y_i,z_i) 服从 $[0,1]$ 间的均匀分布。由这些变量,通过设置 $r_i=\sqrt{y_i}\,r_{\text{net}}$ 和 $\theta_i=2\pi z_i$,移动台位置根据均匀空间分布的半径为 r_{net} 的圆形区域来进行初始选择。若对应的 X_i 落入前 $i-1$ 个移动台的禁止区中,则给移动台 i 分配一个新的随机位置,直到它落入任意禁止区之外。

在下面的例子里,假设幂律衰减指数 $\alpha=3.5$,对于所有 i 值设置相同的发

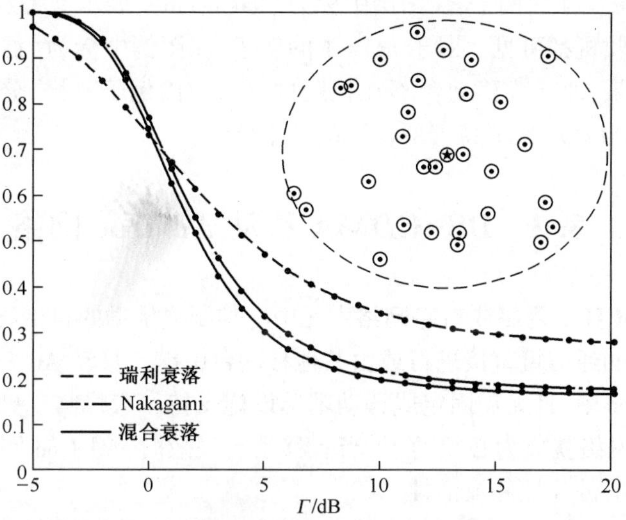

图 8.1　根据均匀集群模型给出的示例网络,并以图中网络拓扑为仿真条件,绘出中断概率与 SNR 值 Γ 的关系。图中给出了无扩谱及无遮蔽时三种衰落模型下的网络性能。分析结果用线表示,而仿真结果用点表示(每点仿真 100 万次)[97]

射功率 $P_i = P$,无遮蔽,且参考发射机与参考接收机的距离为 $\| X_0 \| = 0.1$,以此来确定 $\{\Omega_i\}$ 。假设对于所有的 i 有 $p_i = 0.5$,SINR 门限为 $\beta = 0\text{dB}$,该门限对应于码率为 1 的信道编码和复输入非约束 AWGN 信道容量限制。

例 8.1　假设不使用扩谱调制($G = h = 1$),且所有信号都经历瑞利衰落。则对于所有的 i 有 $m_i = 1$, $\beta_0 = \beta/\Omega_0 = \beta \| X_0 - X_{M+1} \|^{\alpha}$,$\Omega_i = \| X_i - X_{M+1} \|^{-\alpha}$,式(8.27)化为

$$\epsilon(\boldsymbol{\Omega}) = 1 - \mathrm{e}^{-\beta_0 z} \prod_{i=1}^{M} \frac{1 + \beta_0(1 - \rho_i)\Omega_i}{1 + \beta_0 \Omega_i} \tag{8.32}$$

因此,对于任意给定的 $\boldsymbol{\Omega}$,能够较容易地算出中断概率。由式(8.32)给出的在 $z = \Gamma^{-1}$ 时的中断概率,以及移动台的空间位置如图 8.1 所示。图中还给出了仿真得到的中断概率,仿真中采用随机产生的移动台位置和指数分布的功率增益 $g_0, g_1, \cdots, g_M$ 。由图中可以看出,分析结果和仿真结果相一致,这是预料中的,因为式(8.32)是准确的。曲线间的差异可归因于蒙特卡罗实验的次数有限(每个 SNR 点仿真 1000000 次)。

例 8.2　现假设在源和接收机间的链路遭受了参数为 $m_0 = 4$ 的 Nakagami 衰落。中断概率可用式(8.27)通过式(8.29)算出,并显示于图 8.1。图中显示了干扰移动台的两种 Nakagami 参数的选择,即 $m_i = 1$ 和 $m_i = 4$($i = 1,2,\cdots$,

M)。对于 $m_i = 4$ 的例子,在图例中标为"Nakagami",表示参考发射机和干扰移动台对于接收机都可见。对于 $m_i = 1$ 的例子,在图例中标为"混合",表示一个更典型的场景,即干扰移动台不在视距内。与前面例子一样,分析曲线可由每个 SNR 点 1000000 次蒙特卡罗仿真的结果验证。

8.2 DS-CDMA 移动 Ad Hoc 网络

移动 Ad Hoc 网络或**对等网络**由无中心控制或辅助的自治移动台组成。两个移动台间的通信可直接进行或由其他移动台中继。移动 Ad Hoc 网络可应用于商业或军事中,且无需固定或移动基础设施支持。当蜂窝基础设施无法建立时,Ad Hoc 网络就成为必须的了,当有移动台失效时,Ad Hoc 网络能够提供比蜂窝网更强的健壮性和灵活性。

直扩码分多址(DS-CDMA)移动 Ad Hoc 网络使用直接序列扩谱调制,多个用户的移动台在同一频段同时发射信号。所有信号都使用分配的完整频谱,但扩谱序列不同。DS-CDMA 对于 Ad Hoc 网络具有优势,因为它无需频率或时隙的协调,也没有移动台数量上限的严格限制,这受益于网络中未活动的终端,且能够有效实现偶发数据传输、断续的语音信号、多波束阵列和重新分配以适应不同的数据速率。而且,DS-CDMA 系统具有天然的抗干扰、抗截获和抗频率选择性衰落能力。

例 8.3 可使用扩谱技术来降低例 1 和例 2 中的高中断概率。假设使用扩谱增益为 G 的直扩技术,并使用相同的码片函数 $h(\tau_i) = h$ 以使 $G_i = G/h$ 。例 1 和例 2 中的其他参数都保持不变。在图 8.2 中,显示了三种不同的扩谱增益和 $h = 2/3$ 时的直扩通信网络的中断概率,以及非扩谱($G_i = 1$)通信网络的中断概率。使用了混合衰落模型($m_0 = 4$, $i \geqslant 1$ 时 $m_i = 1$)。从该图可以看出,当使用直扩技术时,中断概率显著下降。

由于它是以 $\boldsymbol{\Omega}$ 为条件的,不同网络仿真实现中的中断概率是不相同的。图 8.3 显示了十种不同网络仿真实现的中断概率。从图中可以看出中断概率的变化。其中之一显示于图 8.1,其他九种网络以同样的方式来实现,即 $M = 28$ 个移动台根据均匀集群过程得出,参数为 $r_{\text{ex}} = 0.05$ 和 $r_{\text{net}} = 1$,且参考发射机放置在距参考接收机 $\| X_0 - X_{M+1} \| = 0.1$ 的地方。采用与产生例 2 中混合衰落结果相同的参数集(α 、β 、p_i 、P_i 、m_i),且信号是非扩谱信号。由该图可以看出,不同网络仿真实现的中断概率差别很大。

除干扰移动台的位置以外, $\boldsymbol{\Omega}$ 还依赖于遮蔽情况。遮蔽因子 $\{\xi_i\}$ 可建模

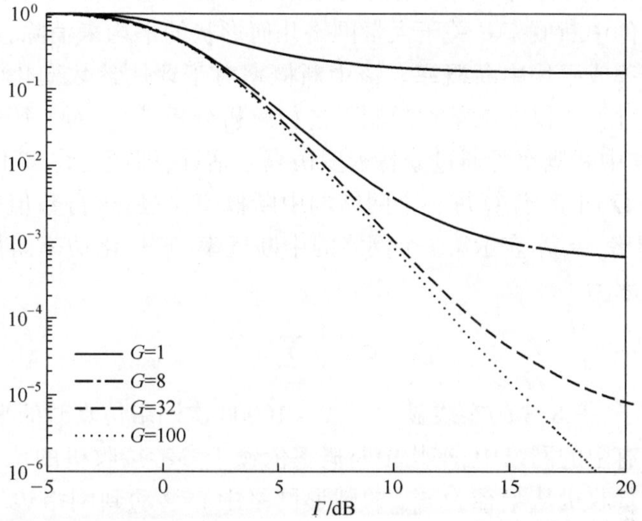

图 8.2　中断概率与 SNR 值 Γ 的关系(以图 8.1 中所示的网络模型及混合衰落模型为条件,图中显示了不同扩谱增益下的性能[97])

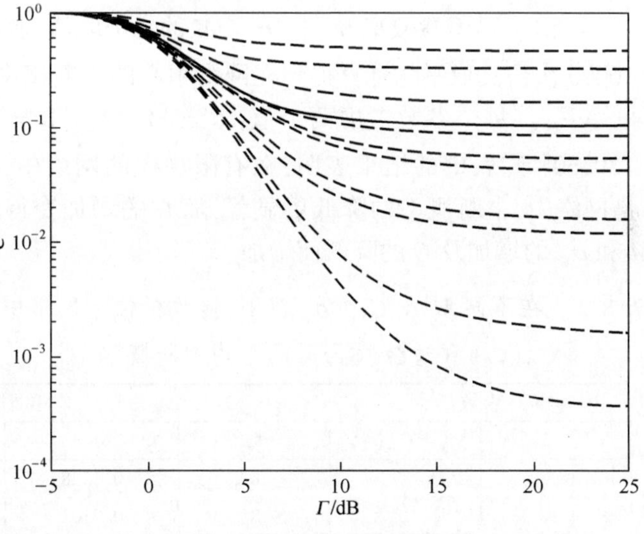

图 8.3　不同网络仿真实现下的中断概率(假设参数为 $r_{net}=1.0$、$r_{ex}=0.05$、$M=28$、混合衰落、$\alpha=3.5$、无扩谱的均匀集群模型,图中给出了十种网络仿真实现,条件中断概率用虚线表示,10000 次网络仿真实现下的平均中断概率 $\bar{\epsilon}$ 用实线表示[97])

为任意分布的随机变量,且无需对所有的 i 都相同。在下述例子中,假设对数遮蔽,遮蔽因子为独立同分布、零均值、同标准差 σ_s 的高斯随机变量。

由于以 $\boldsymbol{\Omega}$ 为条件，不同网络间的中断概率往往变化非常显著。对 $\boldsymbol{\Omega}$ 的依赖可通过条件中断概率 ϵ 关于大量网络几何形状的平均来消除，从而产生**空间平均中断概率或平均中断概率**。该中断概率对于评估参数变化的平均影响是有用的。这种平均仅能在某种限制下进行解析分析[97]。对于所感兴趣的更一般例子，平均中断概率可通过蒙特卡罗仿真来估计，即产生许多不同网络，也就是很多不同 $\boldsymbol{\Omega}$ 向量，计算每一个网络的中断概率，然后进行数值平均。假设产生了 N 个网络，令 ϵ_i 表示第 i 个网络的中断概率，归一化功率向量表示为 $\boldsymbol{\Omega}_i$ 。平均中断概率为

$$\bar{\epsilon}=\frac{1}{N}\sum_{i=1}^{N}\epsilon_i \tag{8.33}$$

作为例子，图 8.3 的实线显示了 $N=10000$ 次网络仿真时的平均中断概率。

在一个有限的网络中，平均中断概率依赖于参考接收机的位置。表 8.1 显示了当参考接收机从半径为 r_{net} 的圆形网络中心移动到网络边缘时的性能变化。当参考接收机位于网络边缘时，圆形网络的中心在坐标 r_{net} 处。SNR 设为 $\Gamma=10\text{dB}$，假设混合衰落信道，其他参数为 $r_{\text{ex}}=0.05$、$\beta=0\text{dB}$、$p_i=0.5$。干扰移动台的位置按照均匀集群模型来设置，参考发射机与参考接收机的距离为 $\|X_0-X_{M+1}\|=0.1$。对于参数集 G、α 、σ_{s} 、M 的每个取值，通过对移动台位置和遮蔽的 10000 次仿真取平均计算得到在网络中心的中断概率 $\bar{\epsilon}_{\text{c}}$ 和在网络边缘的中断概率 $\bar{\epsilon}_{\text{p}}$ 。每个参数考虑两个值：$G=\{1,32\}$ 、$\alpha=\{3,4\}$ 、$\sigma_{\text{s}}=\{0,8\}$ 、$M=\{30,60\}$ 。表中的结果表明，在有限规模的网络中，$\bar{\epsilon}_{\text{p}}$ 显著小于 $\bar{\epsilon}_{\text{c}}$ 。在非扩谱网络中，中断概率的降低更显著，随 G 的增加变得不太明显。$\bar{\epsilon}_{\text{p}}$ 和 $\bar{\epsilon}_{\text{c}}$ 都随 M 和 σ_{s} 的增加及 G 的降低而增加。

表 8.1　在不同 M、α、G 和 σ_{s} 值下，接收机位于网络中心 ($\bar{\epsilon}_{\text{c}}$) 和边缘 ($\bar{\epsilon}_{\text{p}}$) 时的平均中断概率

参数				中断概率	
M	α	G	σ_{s}	$\bar{\epsilon}_{\text{c}}$	$\bar{\epsilon}_{\text{p}}$
30	3	1	0	0.1528	0.0608
			8	0.2102	0.0940
		32	0	0.0017	0.0012
			8	0.0112	0.0085
	4	1	0	0.1113	0.0459
			8	0.1410	0.0636
		32	0	0.0028	0.0017
			8	0.0123	0.0089

（续）

参数				中断概率	
M	α	G	σ_s	$\bar{\epsilon}_c$	$\bar{\epsilon}_p$
60	3	1	0	0.3395	0.1328
			8	0.4102	0.1892
		32	0	0.0030	0.0017
			8	0.0163	0.0107
	4	1	0	0.2333	0.0954
			8	0.2769	0.1247
		32	0	0.0052	0.0027
			8	0.0184	0.0117

当 $G=32$ 且 α 增加时，$\bar{\epsilon}_p$ 和 $\bar{\epsilon}_c$ 都增加，但当 $G=1$ 时，二者都减小。由于与非扩谱系统相比，扩谱系统不易受远近效应的影响，故会发生这种情况。在那些干扰移动台足够接近参考接收机从而产生远近效应的仿真中，α 的增加不足以对非直扩系统中已经存在的高中断概率产生显著影响。在同样的仿真中，不易受影响的扩谱系统却确实经受了中断概率的显著增加。

对于量化空间变化更有用的度量是条件中断概率 ϵ 高于或低于门限 ϵ_T 的概率。尤其是 $P[\epsilon>\epsilon_T]$ 表示仿真中参考接收机未能满足所要求的最低中断概率的比例，并可解释为网络中断概率。网络中断概率的补函数 $P[\epsilon\leqslant\epsilon_T]$ 是 ϵ 分布函数 $F_\epsilon(\epsilon_T)$。无扩谱的三种衰落模型以及扩谱的混合衰落条件下的 $P[\epsilon\leqslant\epsilon_T]$ 如图 8.4 所示。每条曲线都是在包含 $M=28$ 个干扰移动台的 10000 次网络仿真中得到的，移动台的分布由均匀集群处理得到，$r_{ex}=0.05$、$r_{net}=1$、$\|X_0-X_{M+1}\|=0.1$、$\Gamma=5\text{dB}$，且无遮蔽。对于每次网络仿真，计算中断概率并与门限 ϵ_T 相比较。曲线显示了 ϵ 未超过门限的比例。曲线随 G 的增加而变得更加陡峭。这表明扩谱技术使得性能对于特定的网络拓扑更加不敏感。

通过直接为每一个仿真网络引入合适的独立遮蔽因子集 $\{\xi_i\}$，并使用它们根据式(8.5)计算 $\{\Omega_i\}$ 就可将遮蔽包含在模型中。在产生图 8.4 的 $N=10000$ 个仿真网络中增加遮蔽，从而得到图 8.5。考虑两个标准差的对数正态遮蔽，即 $\sigma_s=2\text{dB}$ 和 $\sigma_s=8\text{dB}$，以及 $\alpha=3.5$。对于每个受遮蔽影响的网络，在混合衰落模型且无扩谱条件下（$G=1$）计算中断概率。所有其他参数值都与图 8.4 相同。图中显示了 $P[\epsilon\leqslant\epsilon_T]$，而无遮蔽的例子作为参考再次显示。遮蔽的存在及 σ_s 的增大会增加条件中断概率的变化，如同减小分布函数斜率一样。在该例中，遮蔽不会显著改变平均中断概率。对于较低的门限，如 $\epsilon_T<0.1$，有遮蔽的性能实际上比无遮蔽的性能更好。这种现象可能是因为遮蔽有时会引起参考信号功率比无遮蔽时更高。

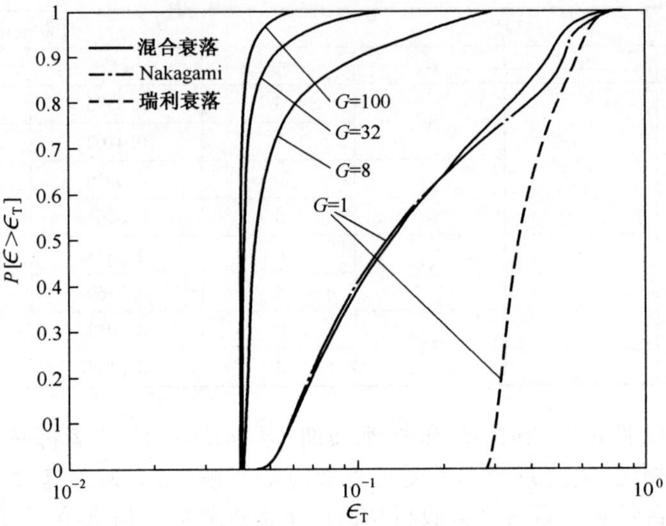

图 8.4　在网络参数为 $r_{net}=10$、$r_{ex}=0.05$、$M=28$ 和 $\Gamma=5$ dB 时条件中断概率 ϵ 低于中断概率门限 ϵ_T 的概率(10000 次网络仿真用于产生该图,图中显示了无扩谱($G=1$)时三种衰落模型及扩谱条件下($G=\{8,32,100\}$)混合衰落模型的结果[97])

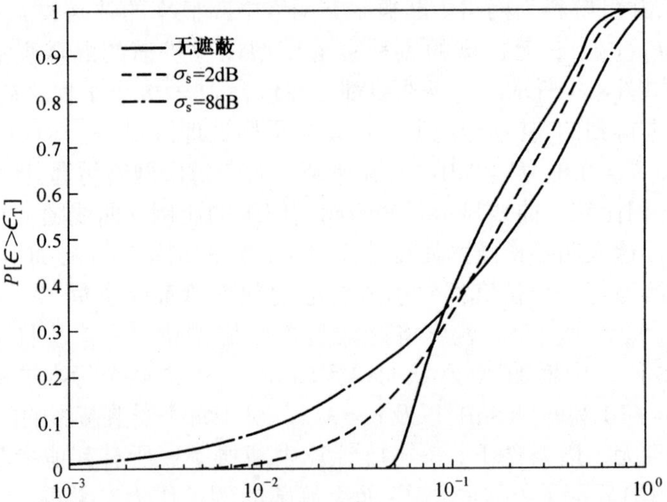

图 8.5　在参数为 $r_{ex}=0.05$、$r_{net}=1.0$、$M=28$、$\Gamma=5$dB,混合衰落且无扩谱($G=1$)的网络中,条件中断概率 ϵ 低于中断概率门限 ϵ_T 的概率(该图进行了 $N=10000$ 次网络仿真,图中曲线包括无遮蔽和取遮蔽因子 σ_s 两个值共三种情况[97])

8.2.1 保护区

DS-CDMAAd Hoc 网络的核心问题是防止远近效应。若所有移动台都以同样功率传输,则来自距离基站接收天线较近的发射机的信号接收功率较高。因为发射机远离接收天线会带来很大的功率劣势,而扩谱增益不足以满足信号的接收需求,这就是远近效应问题。在蜂窝网络(见 8.3 节)中,解决远近效应的方法是**功率控制**,即控制来自信号源的接收功率水平。然而,Ad Hoc 网络缺乏中心控制,使得任何局部功率控制比整体控制要更好。在 DS-CDMA 网络中的多用户检测技术,如干扰抵消技术(见 7.5 节),可减轻但不能消除远近效应。即使干扰抵消器可抑制大部分干扰,由于非理想信道估计导致的残留干扰也可能会导致捕获失败。

IEEE 802.11 标准在其 Ad Hoc 网络的媒体接入控制协议中使用具有碰撞避免机制的 CSMA。其实现需要在通信的初始阶段在发射机和接收机之间交换 RTS(request-to-send)和 CTS(clear-to-send)握手数据包,然后才传输后续的数据包和应答包。附近移动台接收到具有足够功率水平的 RTS/CTS 包后将不再进行它们自己的传输,否则将对目的接收机产生干扰。除 RTS 包以外,独立传输的 CTS 包将降低接收机中因附近无法感知 RTS 包的隐藏终端而导致的随后的信号碰撞可能性。因此,RTS/CTS 包使得建立环绕发射机和接收机的 **CSMA 保护区**成为必要,并因此可在除 RTS 包的初始接收阶段外,防止远近效应。在接收机端的干扰被限定为由保护区外的移动台同时发射所产生的干扰。

与 CSMA 保护区相比,禁止区的主要优势是它能够消除接收机的远近效应,而不禁止任何潜在的同时发射。由于移动台集群的内在限制,禁止区的另一个优势是能够提高网络的连通性。在禁止区提供的保护之外,CSMA 保护区能够提供额外的远近效应保护,但代价是降低了网络传输的容量,这将在后文中证明。然而,在不允许较大禁止区的环境中,CSMA 保护区是有用的,例如在具有低移动性或高移动终端密度的网络中。

当网络中使用 CSMA 时,CSMA 保护区通常环绕禁止区。虽然这两个区域可覆盖任意区域,但为计算简便,在下面的例子中将它们建模为圆形区域,且禁止区外的 CSMA 保护区是环形的。环形保护区的存在提高了对远近效应的保护,代价是禁止了环形保护区内的并发传输。禁止区和 CSMA 保护区的半径分别表示为 r_{ex} 和 r_g 。

环绕禁止区的保护区[98]的影响分析由根据均匀集群模型设置的移动台初始位置开始。当产生一个网络仿真实例时,在保护区内的潜在干扰移动台根据下列过程去激活。首先,激活参考发射机 X_0。然后,按放置顺序考虑每个潜在的干扰移动台。对于每个移动台,检查其是否位于前一个活动移动台的保护区。由于移动台根据放置顺序进行编号,首先考虑 X_1 可能去激活。若它位于 X_0 的保护区内,则它将去激活,否则,它将被激活。对后续的每个移动台 X_i 重复该过程,若它落入任何活动的移动台 X_j ($j < i$)的保护区内,就去激活,否则就将其激活。

图 8.6 给出了网络仿真实现的一个例子。参考接收机放置在原点,参考发射机位于它右边 $X_0 = 1/6$ 处, $M = 30$ 个移动台按照均匀集群模型进行放置,每个移动台都具有半径为 $r_{ex} = 1/12$ 的禁止区(未画出)。工作的移动台用实心圆圈表示,未激活的移动台用空心圆圈表示。环绕每个活动的移动台的保护区半径为 $r_g = 1/4$,如图中虚线圆圈。当使用 CSMA 保护区时,位于某个活动的移动台内的其他移动台都被去激活了。参考接收机未被分配 CSMA 保护区反映了这样一个事实:当参考接收机正在接收初始 RTS 时,既无禁止区也无保护区。在图中,15 个移动台未激活,其余 15 个移动台保持激活状态。

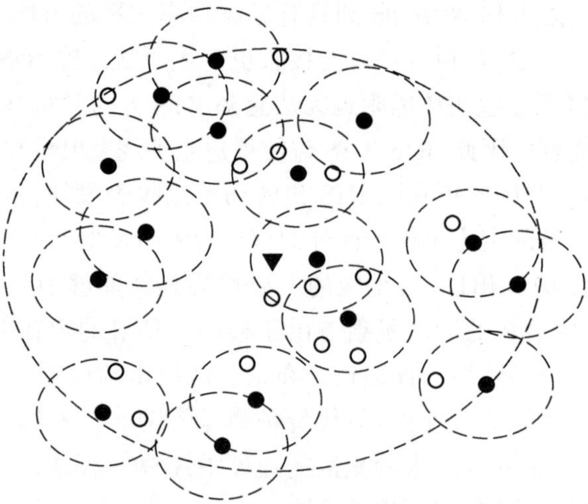

图 8.6 网络仿真实现举例[98]

尽管 CSMA 使得部分潜在的干扰移动台未去激活,从而改善了中断概率,但同时由于抑制了传输,也降低了全网效率。网络效率能够被量化为**区域频谱效率**:

$$A = \lambda(1 - \bar{\epsilon})R \tag{8.34}$$

式中: λ 为网络密度,即为每单位面积中工作移动台的数目; $\bar{\epsilon}$为 N 次网络仿真中的平均中断概率; R 为编码码率,即每次使用信道传输的信息比特。每次网

络仿真中产生的 $\boldsymbol{\Omega}_i$,不仅涉及按照均匀集群模型放置移动台,而且还涉及对遮蔽和位于活动的移动台 CSMA 保护区内的未激活移动台的仿真实现。区域频谱强度表示单位面积的空间平均网络吞吐量。增加保护区的大小通常会减少并发传输,从而降低区域频谱强度。

对于给定的 M 值,不存在 CSMA 保护区时由于所有移动台保持激活状态,故其密度保持不变。然而,存在 CSMA 保护区时,潜在干扰移动台的数量是随机的,其具体值依赖于 r_g 、移动台的位置、放置的顺序,这影响到它们如何去激活。对于平均中断概率,可用蒙特卡罗仿真估计区域频谱效率。

8.2.2 举例

在例子中,假设 SNR 值为 $\Gamma = 10\text{dB}$,所有信道遭受混合衰落($m_0 = 3$, $i \geq 1$ 时 $m_i = 1$)和对数遮蔽($\sigma_s = 8\text{dB}$),SINR 门限为 $\beta = 0\text{dB}$,这对应于码率为 1 的信道编码,并假设为复输入条件下无约束 AWGN 信道容量限制。一旦确定了移动台位置 $\{X_i\}$,假设路径损耗指数 $\alpha = 3.5$,且发射功率均相同(对于所有 i 有 $P_i/P_0 = 1$),则 $\{\boldsymbol{\Omega}_i\}$ 也就确定了。参考接收机位于网络中心,空间平均中断概率通过 $N = 10000$ 次网络仿真来计算出。虽然模型允许不同的扩谱增益,但本章还是假设所有干扰信号的有效扩谱增益都相同,即 $G_i = G_e = G/h$ 。扩谱与非扩谱系统都予以考虑,其中对于非扩谱系统有 $G_e = 1$,对于扩谱系统有 $G_e = 48$,对应于参数为 $G = 32$、$h_{(\tau_i)} = h = 2/3$ 的典型直扩波形。虽然模型允许 $[0,1]$ 范围内不同的 p_i 值,但对于所有活动的 X_i 都选择 $p_i = 0.5$ 为例证,对应于半双工移动终端,具有完整的输入缓存和与对等终端对称的数据传输速率。

例 8.4 为研究禁止区半径 r_{ex} 和保护区半径 r_g 对网络性能的影响,中断概率和区域频谱效率由一定范围内的 r_{ex} 和 r_g 所确定。为消除对发射机与接收机之间间隔的影响,保护区和禁止区都用 $\| X_0 - X_{M+1} \| = \| X_0 \|$ 来归一化。归一化保护区半径在 $1/2 \leq r_g / \| X_0 \| \leq 3$ 之间变化,归一化禁止区半径的三个代表性值为 $r_{ex} / \| X_0 \| = \{1/4, 1/2, 3/4\}$ 。非扩谱和扩谱网络($G_e = 48$)都在仿真中予以考虑。潜在干扰移动台的数量设为 $M = 30$,且 $r_{net} / \| X_0 \| = 6$。

图 8.7 显示了空间平均中断概率 $\bar{\epsilon}$。对于非扩谱系统,中断概率对于禁止区半径并不敏感,但对保护区半径非常敏感。这种敏感性凸显了保护区对于非扩谱网络的重要性。除非保护区半径非常小,扩谱系统的中断概率对禁止区和保护区都不敏感。

图 8.8 显示了归一化区域频谱效率 A/R 与保护区半径的关系。虽然在非扩谱网络中参考接收机的中断概率对 r_{ex} 不敏感,但图 8.8 显示区域频谱效率对

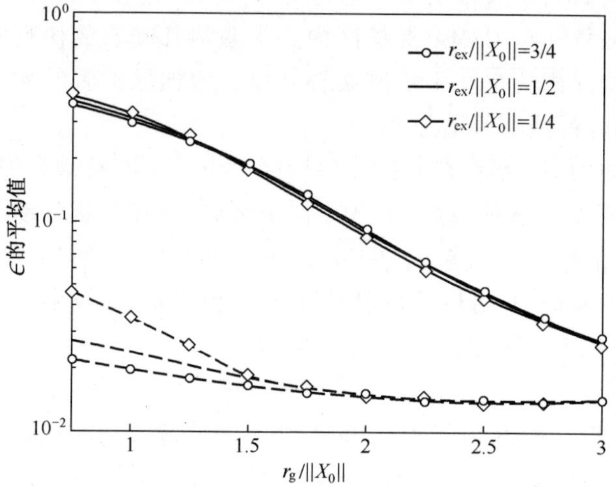

图 8.7 $M = 30$ 和 $r_{net}/\|X_0\| = 6$ 时，若干 $r_{ex}/\|X_0\|$ 取值下的平均中断概率与 $r_g/\|X_0\|$ 的关系（其中**虚线**表示有扩谱（$G_e = 48$），**实线**表示无扩谱（$G_e = 1$）[98]）

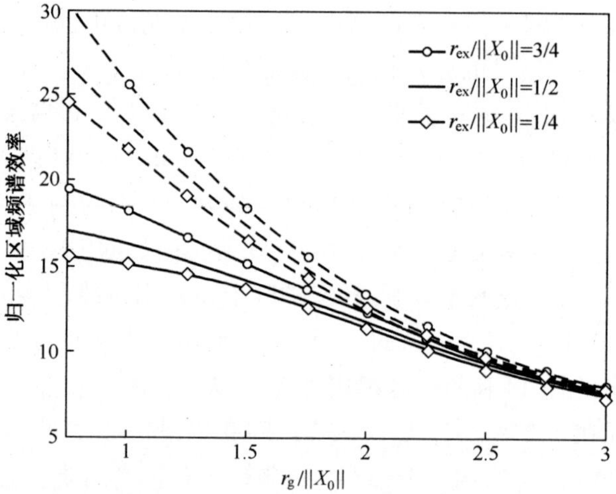

图 8.8 $M = 30$、$r_{net}/\|X_0\| = 6$ 时，若干 $r_g/\|X_0\|$ 取值下归一化区域频谱效率与 $r_{ex}/\|X_0\|$ 的关系（其中**虚线**表示有扩谱（$G_e = 48$），**实线**表示无扩谱（$G_e = 1$）[98]）

r_{ex} 敏感，尤其是在较低的 r_g 下。当 r_{ex} 增加时，有更少的邻近干扰移动台由于保护区而去激活。因此，更多的移动台保持活跃，即使中断概率保持不变，区域频谱效率也会增加。类似情况也可在扩谱网络中看到，即对于较小的 r_g 值，由于中断概率更低，故区域频谱效率显著高于非扩谱网络。增加 r_{ex} 的主要限制是它必须足够小以便不能显著阻碍移动台的移动。对于扩谱和非扩谱网络，由于静默的移动台数量(随 r_g 的增加而)增加,区域频谱效率都随 r_g 的增加而迅速减小。对于较大的 r_g 值,区域频谱效率对扩谱增益和禁止区半径不敏感。

例 8.5 在前例中假设参考发射机和接收机的距离相对于网络半径是固定的。然而,性能依赖于该距离。图 8.9 显示了归一化区域频谱效率与参考发射机和参考接收机间距离 $\| X_0 \|$ 的关系。所有距离按网络半径来归一化,以使 $r_{net} = 1$。禁止区半径设为 $r_{ex} = 1/12$,非扩谱和扩谱网络($G_e = 48$)都有仿真实现。图中显示了 CSMA 保护区半径为 $r_g = 1/4$ 和未使用 CSMA 保护区的结果。

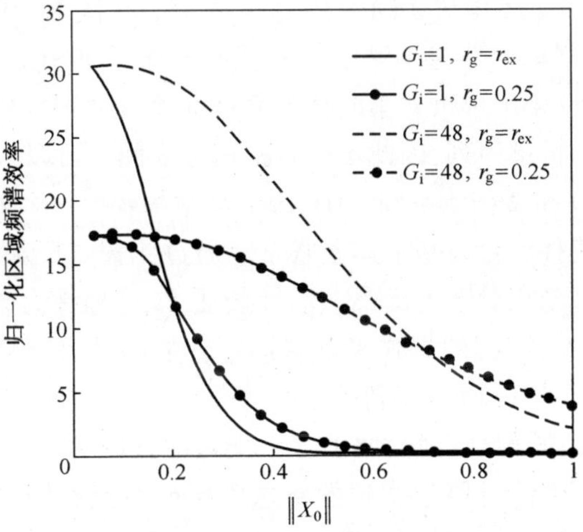

图 8.9 $r_{ex} = 1/12$ 和不同 $\| X_0 \|$ 值时的归一化区域频谱效率

(所有距离均以网络半径来归一化[98])

可以看出,传输距离的增加降低了区域频谱效率,其原因是比参考发射机更靠近接收机的干扰移动台数量在增加。但扩谱系统中的这种降低比非扩谱系统更缓和。当 $\| X_0 \|$ 增加时,保护区的增加减轻了潜在的远近效应。因此,通过使用 CSMA,区域频谱效率的降低更为平缓,且当发射机的距离足够大时,有 CSMA 的系统将远胜于没有 CSMA 的系统。

当传输距离较短时,CSMA 保护区使得区域频谱效率降低,但当距离较大时,区域频谱效率增加。产生这种差异的原因是,在较大的传输距离上,来自较远的参考发射机的接收信号功率较弱,然而从附近的干扰移动台接收的功率要相对较高。为克服这种远近效应,附近的移动台需要停止工作,以便满足 SINR 门限。然而,在较近的距离上,来自附近参考发射机的信号功率将仍然足够强,去激活干扰移动台就没有必要,但由于降低了并发传输量,也造成了区域频谱效率的损失。

8.3 DS-CDMA 蜂窝网

在蜂窝网络中,地理区域被划分为多个小区。每个小区中的基站都包括发射机和接收机。图 8.10 中给出了理想的蜂窝网络,小区都是正六边形的且基站位于小区中心。网络中的每个**移动台**与配合其无线通信的特定基站相关联或连接。移动台接收该基站的平均功率最大。基站的作用是移动台的交换中心,且在大部分应用中,基站之间采用有线通信。在图 8.10 所示的蜂窝配置下,小区中大部分移动台都与小区中心的基站连通。DS-CDMA 蜂窝网络允许完全频率复用,所有小区都可共享同样的载波频率和频段。由于每个直扩信号都分配一个唯一的扩谱序列,因此不同直扩信号之间是可以区分的。

在 CDMA2000 和 WCDMA 网络中,每个基站都发射一个未调制的扩谱序列作为导频信号以使移动台与基站建立联系。通过比较若干基站的导频信号,移动台判断在任一时刻相对于干扰哪个信号最强,该过程称为**软切换**。软切换使用选择性分集(见 6.4 节)的形式来确保移动台能够在大部分时间里得到最合适的基站服务,从而防止功率控制的不稳定性。在移动台的接收机中,上门限决定了哪一个导频信号足够强而便于进一步处理,以及哪一个基站具备连接的可能。下门限决定了何时停止基站的备选资格或被授权转换连接。软切换的代价是需要同时检测和处理多个接收到的导频信号。

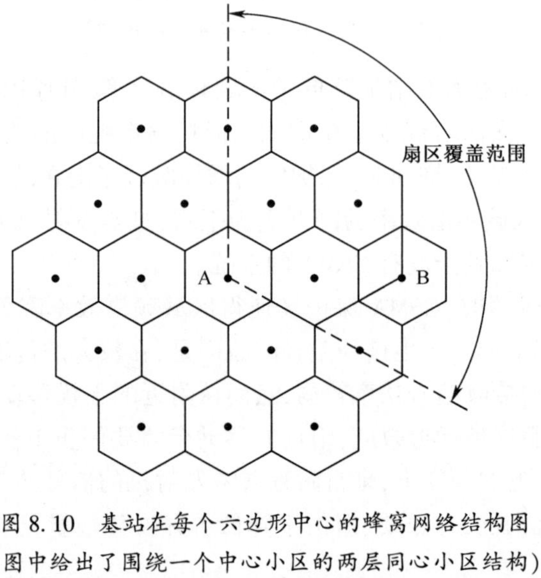

图 8.10 基站在每个六边形中心的蜂窝网络结构图

(图中给出了围绕一个中心小区的两层同心小区结构)

扇区定义为定向扇区天线可接收信号的角度范围。若一个移动台位于扇区天线所对应扇区内,则称其为被该扇区天线覆盖。在基站中可使用若干定向扇区天线或阵列天线来将蜂窝小区划分成多个扇区,每个扇区覆盖相邻的角度。典型情况下,一个小区有三个扇区,每个扇区覆盖 $2\pi/3$rad。移动台天线一般是全向的。理想的**扇区天线**在覆盖的扇区内具有均匀的增益和可忽略不计的旁瓣。图 8.10 给出了中心小区基站的扇区天线 A 的覆盖范围。在中心小区覆盖区域内的移动台与扇区天线 A 相联系。只有在扇区天线覆盖方向上的移动台才会对某个移动台到相关扇区天线的**反向链路**或**上行链路**产生小区间或小区内的多址干扰。同样,只有某个小区扇区的定向天线指向一个移动台时,如图中的扇区天线 B,才会对与移动台有关的扇区天线,如图中的扇区天线 A,到移动台之间**前向链路**或**下行链路**产生多址干扰。因此,上行和下行链路干扰信号的数量都近似随扇区数量的下降而下降。

8.3.1 捕获与同步

在 DS-CDMA 蜂窝网络中,下行链路的扩谱码捕获、定时及频率同步称为**小区搜索**,与 Ad Hoc 网络或点对点通信中的方法(见第 4 章)有显著不同。为便于控制通信的基站对移动台的识别,下行链路的每一个扩谱序列都是两个序列的乘积或级联,通常称为扰码和信道化码。**扰码**是一种序列,当它被移动台捕获时,就用于识别特定的基站及其小区和扇区。若基站采用全球定位系统或其他通用时钟源,则扰码可以是已知相位偏移的通用长扩谱序列。若未使用通用时钟源,则定时的不确定性使得使用不同相位的通用序列不足以消除扩谱码的模糊性。因此,以增加捕获时间或复杂度为代价,由长扩谱序列集组成不同的扰码。**信道化码**被设计为允许每个移动台接收机提取它自己的信息,同时阻止来自同一小区或扇区内的其他移动台的信息。Walsh 序列或其他正交序列(见 7.2 节)适合作为下行链路的信道化码。

WCDMA 系统中的小区搜索包括时隙同步、码群辨识下的帧同步和扰码判决等多个阶段[45,107]。每个阶段处理在三个逻辑信道上同时传输的三种序列之一。三种序列及其对应的信道分别是在 PSCH 上传输的主同步码(PSC)、在 SSCH 上传输的次同步码(SSC)和在公共导频信道(CPICH)上传输的扰码。小区搜索的基本帧结构的前两个时隙如图 8.11 所示。每帧包含 15 个时隙,每个时隙有 2560 个码片。在每个时隙的开始,发射 256 个码片的 PSC 和 SSC,因此,这些码占空比为 10%。

所有小区都使用相同的 PSC,并在每个时隙的同一位置进行传输,因此提供了一种检测下行信号时隙边界的手段。接收信号送至正交下变频器和码片

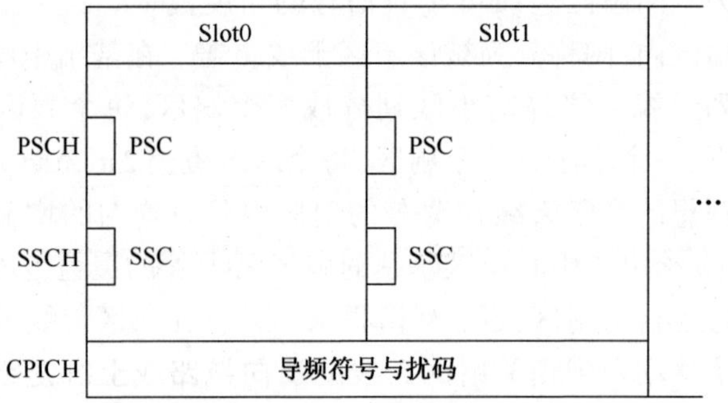

图 8.11 WCDMA 帧的前两个时隙

匹配滤波器,其输出以码片速率进行抽样并产生复序列 $r(i)$ 。令 $c_{psc}(i)$ 为 PSC,其中 s 为相对于帧边界的时隙数目。令 h 为相对于假设的帧边界的接收帧边界偏移,该假设的帧边界为接收机用于产生 $c_{psc}(i)$ 。h 和 s 都需要估计。序列 $r(i)$ 送至匹配滤波器,其输出为

$$y_{psc}(h,s) = \sum_{i=0}^{255} r(2560s + h + i)c_{psc}(i) \tag{8.35}$$

为适应低信干比和获得时间分集增益,对 N 个时隙的 $y_{psc}(h,s)$ 进行非相干合并后计算统计量为

$$y_{psc}(h) = \sum_{s=0}^{N-1} |y_{psc}(h,s)|, \quad h = 0,1,\cdots,2559 \tag{8.36}$$

若使 $y_{psc}(h)$ 最大化的假设 $\hat{h}$ 足够精确,则接收机可用它来判决时隙边界。

为检测用于辨识一个小区及其基站的扰码,首先通过辨识其**码群**来降低码的不确定性。一旦估计了时隙边界,就可通过检测 SSC 来辨识码群。用 16 个正交 SSC 序列来表示 16 个符号,发射的符号逐时隙变化。从含有 64 个码字的码本中提取出的 15 个 SSC 符号帧构成一个码字。每个码字在每帧中重复,并定义了一个码群,该码群又包含了 8 个扰码。

为能够同时实现帧同步及码群辨识,使用了 (15,3) **无逗点 RS 码**(CERS)。无逗点属性意味着一个码字的任何循环移位都不是另一个码字,且码字间的最小汉明距离为 13。

从由 $\hat{h}$ 确定的时隙边界开始,序列 $r(i)$ 与 16 个可能的 SSC 码字进行逐个相干相关。PSC 的输出 $y_{psc}(\hat{h},s)$ 用于提供参考相位,以校正 SSC 相关运算的相位。第 n 个相干相关器的输出为

$$y_{psc}(\hat{h},s,n) = \mathrm{Re}\left[y_{psc}^{*}(\hat{h},s)\sum_{i=0}^{255} r(2560s + \hat{h} + i)c_{ssc}(n,i)\right], \quad n = 0,1,\cdots,15 \tag{8.37}$$

式中：$c_{\text{ssc}}(n,i)$ 为第 n 个 SSC 码字。通过选择与码字 n 相对应且使 $y_{\text{ssc}}(\hat{h},s,n)$ 最大的符号，在每个时隙 s 进行 SSC 符号的硬判决。经过 15 个时隙后，CFRS 的硬判决译码用于确定码群的估计值 $\hat{g}$ 和时隙数 $\hat{s}$ 的估计值。

如图 8.11 所示，CPICH 一帧的所有时隙全部被由扰码组成的下行链路导频符号所占用，这些扰码用于辨识小区。每个时隙有 10 个 QPSK 调制的导频符号，每个符号由 256 个码片来扩展频谱。扩谱序列为 OVSF 码之一（见 7.2 节）。时隙和帧同步建立后，序列 $r(i)$ 与码群 $\hat{g}$ 中的 8 个扰码进行相关，得到

$$y_{\text{scr}}(\hat{h},\hat{s},m,k)=\left|\sum_{i=0}^{255} r(2560\hat{s}+\hat{h}+256m+i)c_{\text{bcr}}^{*}(k,256m+i)\right|,$$
$$m=0,1,\cdots,149,k=0,1,\cdots,7 \tag{8.38}$$

式中：$c_{\text{csr}}(k,l)$ 为第 k 个扰码的第 l 个码片；m 为符号的序号。对于每个符号 m，具有最大 $y_{\text{scr}}(\hat{h},\hat{s},m,k)$ 值的扰码 k 将收到一次判决，并根据 150 个符号中的大数判决结果来确定候选扰码。由于不正确扰码的接收对于移动台代价高昂并具有破坏性，故仅当判决结果的数量超过了预定的门限时，候选扰码才被接受，该门限设计为保持可接受的虚警概率。若超出了门限，小区搜索就结束了。

8.3.2 功率控制

在 DS-CDMA 蜂窝网络中，远近效应只在上行链路中较为严重，这是因为在下行链路中，基站向每一个与之通信的移动台发射的都是同步正交信号。在蜂窝网络中，解决上行链路中远近效应的常用方法是**功率控制**，即所有移动台都控制其发射功率水平。通过这种方式，功率控制可以确保对于所有发射机发射的信号以近乎相同的功率到达同一接收天线。由于解决远近效应对于 DS-CDMA 网络的生存能力至关重要，故功率控制的精度就成为关键问题。

蜂窝网络中的**开环**功率控制方法是移动台的发射功率根据接收到的由基站发射的**导频信号**平均功率变化来调整。若上行链路和下行链路的传播损耗几乎相同，则开环功率控制就是一种有效的方法。传播损耗是否相同，受上下行链路传输的复用方法影响。全双工方法允许同时发射和接收信号，因此该方法必须将接收信号与发射信号隔离开来，这是因为收发信号的功率等级相差很大。大部分蜂窝系统使用**频分双工**，它将不同的频率分配给上行链路及相应的下行链路，从而将不能在相同频带内共存的信号分开。当使用频分双工时，频率间隔通常大到足以使得上行链路和下行链路的信道转移函数不同。不存在**链路互易性**意味着下行链路平均功率的测量不能为调整后续上行链路的平均

传输功率提供可靠信息。**时分双工**是一种半双工方法,它将邻近但不同的时隙分配给上行和下行链路。当使用时分双工时,若与网络拓扑及衰落变化相比,信道复用过程足够快,则上行链路和下行链路的传播损耗近似相同。

闭环功率控制方法试图补偿传播损耗和衰落的影响,它主要用于 WCDMA 和 CDMA2000。闭环功率控制要求基站动态跟踪来自于移动台的有用信号的接收功率,并向移动台发射合适的功率控制信息。当衰落速率增加时,跟踪能力和功率控制精度就会下降。交织和信道编码具有的时间分集能力可部分补偿快衰落条件下的非理想功率控制性能,但必须要保持一定程度的功率控制。

当跟踪到来自移动台的有用信号的瞬时功率时,主要有四种误差分量。它们分别是移动台发射功率等级跳变产生的量化误差、移动台功率控制信息译码引入的误差、基站功率估计的误差及由于处理和传播时延引起的误差。处理和传播时延引起误差是因为在执行闭环功率控制算法时,多径传播条件发生了改变。与处理时延相比,传播时延一般可忽略不计。处理时延引起的误差和功率估计误差通常比其他误差大得多。

令 s 为网络中移动台的最大运动速度; f_c 为直扩信号的载波频率; c 为电磁波传播速度。假设该信号的带宽仅为 f_c 的百分之几,因此可忽略带宽的影响。最大多普勒频移或多普勒扩展为 $f_d = f_c s/c$,与衰落速率成正比。为得到较小的处理时延误差,要求在处理和传播时延 T_p 期间,信道衰减值近似为常量。因此,处理和传播时延必须远小于相干时间(见 6.2 节),这意味着 $T_p \ll 1/f_d$ 。若 $s = 30\text{m/s}$, $f_c = 1\text{GHz}$,则要求 $T_p \ll 10\text{ms}$ 。

令 $\hat{P}$ 为 p_0 的估计值,即来自移动台的平均接收信号功率;令 σ_p^2 为 $\hat{P}$ 的方差。假设在估计或测量间隔 T_m 内,基站接收信号的功率变化可以忽略,其中 T_m 占处理和传播时延 T_p 的较大部分。由于存在多址干扰和高斯白噪声,功率估计存在误差。

将多址干扰建模为高斯过程,从而将单边噪声功率谱密度从 N_0 增加到 N_{0e} ,就可确定 σ_p^2 的下界。用于控制功率的来自移动台的接收信号形式为 $\sqrt{p_0}\,s(t)$,其中 p_0 为每个移动台在基站的共同信号功率, $s(t)$ 具有单位功率,因此

$$\int_0^{T_m} s^2(t)\,dt = T_m \tag{8.39}$$

波形参数估计的 Cramer-Rao 界[42]给出了功率无偏估计方差的下界。对于高斯噪声,Cramer-Rao 界可给出为

$$\sigma_p^2 \geqslant \left\{\frac{2}{N_{0e}}\int_0^{T_m}\frac{\partial}{\partial p_0}\left[\frac{\partial}{\partial p_0}\left(\sqrt{p_0}\,s(t)\right)\right]^2 dt\right\}^{-1} \tag{8.40}$$

计算式(8.40)并利用式(8.39),可得

$$\frac{\sigma_{\mathrm{p}}^2}{p_0^2} \geqslant \frac{N_{0\mathrm{e}}}{p_0 T_{\mathrm{m}}} = \left(\frac{\mathcal{E}_{\mathrm{m}}}{N_{0\mathrm{e}}}\right)^{-1} \tag{8.41}$$

式中:$\mathcal{E}_{\mathrm{m}}$ 为在测量期间的接收信号能量。对于精确的功率估计,该不等式表明需要满足 $\mathcal{E}_{\mathrm{m}}/N_{0\mathrm{e}} \gg 1$。同时该条件与 $T_{\mathrm{m}} < T_{\mathrm{p}} \ll 1/f_{\mathrm{d}}$ 合并,可发现

$$\frac{p_0}{N_{0\mathrm{e}}} \gg f_{\mathrm{d}} \tag{8.42}$$

该不等式表明,当载波频率增加时,多普勒扩展也随之增加,精确的功率控制变得更加困难。为补偿增加的多普勒扩展,可增加扩谱增益以降低 $N_{0\mathrm{e}}$。另外,可限制小区的大小,以便网络可以处理更为温和的衰落,这种衰落引起较小 p_0 的可能性较低。

为实现闭环功率控制[16],基站接收来自于移动台的 N 个已知测试比特。通过处理这些比特以得到功率估计值,然后减去有用信号的接收功率。该差值确定了每发送给移动台的 N 个接收比特中就含有一个或更多的功率控制比特。然后移动台根据功率控制比特调整发射功率。

功率估计的迭代方法可由期望−最大化(EM)算法给出(见9.1节),该算法将给出近似最大似然估计值。考虑一个 QPSK 直扩系统。由二进制序列 $x_i = \pm 1(i = 1,2,\cdots,N)$ 组成的测试比特通过 AWGN 信道发射出去。如2.4节所示,解扩得到的接收信号向量 $\boldsymbol{y} = [\boldsymbol{y}_1 \quad \boldsymbol{y}_2 \quad \cdots \quad \boldsymbol{y}_N]^{\mathrm{T}}$ 给出了

$$\boldsymbol{y} = \sqrt{2\mathcal{E}_0}\,\boldsymbol{x} + \boldsymbol{n} \tag{8.43}$$

式中 $\mathcal{E}_{\mathrm{b}} = p_0 T_{\mathrm{b}}$ 为每比特能量;p_0 为平均功率;T_{b} 为比特宽度;N 为接收机正交和同相两个支路的总比特数;$\boldsymbol{x} = [\boldsymbol{x}_1, \boldsymbol{x}_2, \cdots, \boldsymbol{x}_N]^{\mathrm{T}}$ 为这些比特的向量;$\boldsymbol{n} = [n_1, n_2, \cdots, n_N]^{\mathrm{T}}$ 为信干比向量。假设 $\boldsymbol{n}$ 的分量是近似独立同步分布的零均值高斯随机变量,方差为 $V = N_{0\mathrm{e}}$。如9.1节所示,p_0 和 V 的迭代 EM 估计器 $\{\hat{P}_i\}$ and $\{\hat{V}_i\}$ 可分别由接收向量得到

$$\hat{P}_i = \frac{1}{2T_{\mathrm{b}}}(\hat{A}_i)^2 \tag{8.44}$$

$$\hat{A}_{i+1} = \frac{1}{N}\sum_{k=1}^{N} y_k \tanh\left(\frac{\hat{A}_i y_k}{\hat{V}_i}\right) \tag{8.45}$$

$$\hat{V}_{i+1} = \frac{1}{N}\sum_{k=1}^{N} y_k^2 - \hat{A}_{i+1}^2 \tag{8.46}$$

合适的初始值设置为

$$\hat{A}_0 = \frac{1}{N}\sum_{k=1}^{N} |y_k|, \hat{V}_0 = \frac{1}{N}\sum_{k=1}^{N} y_k^2 - \hat{A}_0^2 \tag{8.47}$$

经过 v 次迭代后,计算出最终的基于接收向量的 EM 估计值 $\hat{P}_v$and $\hat{V}_v$ 。然后丢弃旧的接收向量,产生新的接收向量,并计算出新的 EM 估计值。

8.3.3 自适应速率控制

信息论的基本结论是降低码率将降低成功接收信号所要求的 SINR,其代价是降低吞吐量或频谱效率。该事实可用于根据信道状态进行码率自适应,而信道状态决定了接收机的 SINR。当信道状态不佳时,**自适应码率控制**将降低码率,反之当信道状态较好时将提高码率从而提高吞吐量。若每数据包中编码符号数是固定的,则码率可通过减少或增加每包中的信息比特数来改变。自适应码率控制可用**自适应调制**来补充,这需要根据信道状态改变信号星座图或调制符号表,但改变调制方式通常更难实现。原则上自适应改变扩谱增益是可能的,但存在的实际问题是需要改变带宽。

为使得码率能够根据信道状态进行自适应调整,接收机需要估计 SINR 或测量某种信道状态函数,然后将测量值或选定的码率送至发射机。由式(8.44)~式(8.47)计算的比值 $\hat{P}_v / \hat{V}_v$ 在解扩后提交给 SINR 估计器。若使用了 Rake 解调器(见 6.6 节),则可通过累加 Rake 解调器每个支路产生的 SINR 估计值来估计有效的 SINR 值。已有若干种其他 SINR 或 SNR 估计方法[54]。在自适应码率控制中使用的信道状态度量函数包括比特、包及帧的传输成功(率)或失败(率)。在 IEEE802.11 标准中,信道度量由一定数量的连续传输成功帧数或丢帧数来衡量。

8.3.4 空间分布和网络模型

虽然后面的分析方法[99]可用于任意拓扑结构,但在本节的蜂窝网络模型中,在每次**网络仿真实现**都强制规定基站间都保持最小间隔,而每次网络仿真实现都包括了基站位置、移动台位置和遮蔽效应等因素。移动台和基站位置模型为**均匀簇**模型(见 8.2 节),这需要在网络内排除某些区域后均匀分布位置。为刻画受限空间模型的性能,可根据所希望的空间或遮蔽模型进行网络仿真,并收集计算得到的中断概率数据。这些中断概率可用于刻画平均上行链路性能。另外,每个上行链路的中断概率可在限定的条件下得到;而每个移动台的上行链路速率统计量可以在不同的功率控制和速率控制策略下确定。

假设基站和移动台都限定在一个有限区域内,该区域假设为一个半径为

r_{net}、面积为 πr_{net}^2 的圆。半径为 r_{bs} 的**禁止区**环绕在每个基站周围，其他基站都不允许在这个区域中。类似地，半径为 r_{m} 的禁止区环绕在每个移动台周围，其他移动台也不能在该区域中。移动台间最小间隔一般远小于基站的最小间隔。基站禁止区主要由经济方面的考虑和地形决定，而移动台的禁止区主要由防止物理碰撞的需要来确定。选择 r_{bs} 的一种方法是检查实际网络中的基站位置，并确定能够提供最佳统计拟合度的 r_{bs} 值。

图 8.12 描述了在地形为山地的一个小城市中实际基站的位置。图中，基站位置用大实心圆点给出，Voronoi 分割的小区也在图中表示出来。可以看出最小基站间隔约为 0.43km。图 8.13 描绘了随机产生的网络的一部分，每小区的移动台平均数量为 16，基站禁止区半径为 $r_{\text{bs}}=0.25$，移动台禁止区半径为 $r_{\text{m}}=0.01$。移动台的位置用小圆点表示，细线表示每个扇区天线的覆盖角度。两图的普遍相似性为均匀簇模型提供了可信度。

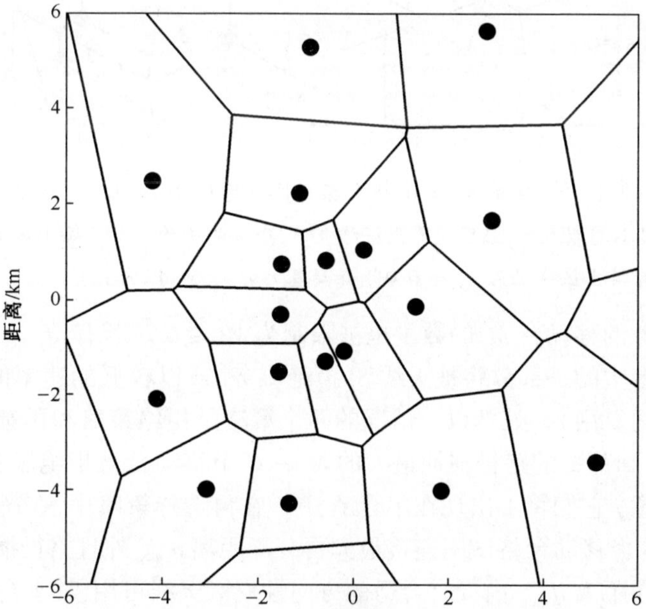

图 8.12 当前蜂窝部署中基站的实际位置

（**大圆点**表示基站位置，**粗实线**表示小区边界[99]）

衰落、遮蔽和路径损耗模型与 8.1 节相同。假设 r_{bs} 和 r_{m} 超过了参考距离 d_0，在与任意基站距离 d_0 内没有移动台。

蜂窝 DS-CDMA 网络的下行链路使用正交扩谱序列。由于可用于一个小区或小区扇区的正交扩谱序列数量限制为 G，使用基站或扇区天线 j 的上行或

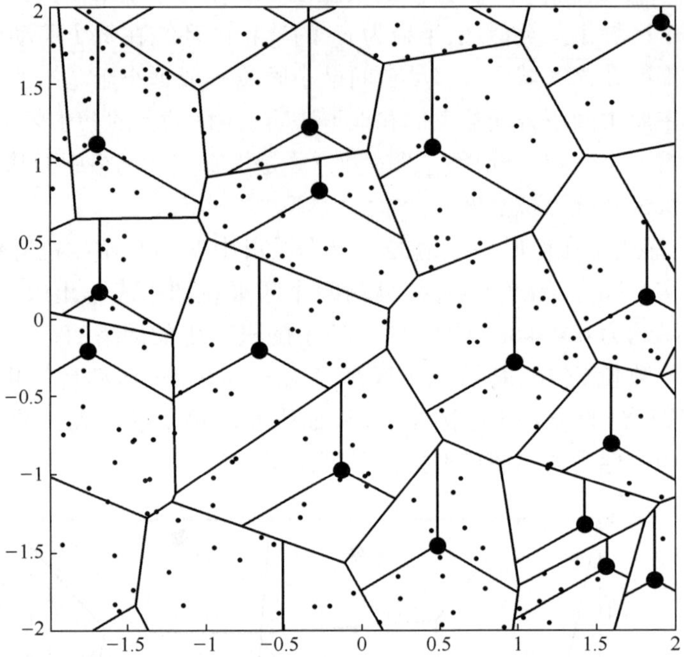

图 8.13 在使用 $r_{bs}=0.25$ 的禁止区时基站的仿真位置(移动台的仿真位置用**小圆点**表示,扇区边界用**细线**表示,小区的平均负荷为每小区 16 个移动台,移动台禁止区半径为 $r_m=0.01$,距离基站 $d_0<r_m$ 以内没有移动台[99])

下行链路业务的移动台 M_j 的数量也被限制为 $M_j \leqslant G$。若有 $M_j > G$ 个移动台,则这些移动台中的一部分将被天线 S_j 拒绝服务,或以较低的速率的来服务(通过额外的时间复用)。处理以上情况的两个策略是**拒绝策略**和**再选择策略**。在拒绝策略中,到基站的路径损耗最大的 $M_j - G$ 个移动台被拒绝服务,在这种情况下对于任意 j 它们将不出现在集合 χ_j 中。在再选择策略中,在超负荷小区扇区中的 M_j-G 个移动台将试图连接最大再分配距离 d_{max} 外且路径损耗次低的扇区天线。若在距离 d_{max} 内没有合适的方向性扇区天线可用,移动台将被拒绝服务。在再选择策略下,保持这些移动台连接所需的折中方法是使速率控制下的下行链路区域频谱效率轻微降低,及功率控制下区域频谱效率的显著降低(由于基站必须将其发射功率更多地集中于远处的再关联的移动台)。

变化的传播时延使得干扰信号与有用信号是异步的。假设采用异步四相直扩系统的 DS-CDMA 网络具有恒定有效扩谱增益(见 8.4 节),在网络中每个基站、扇区或移动台接收机中都为 G/h。

8.4 DS-CDMA 上行链路

对于后续分析和 DS-CDMA 上行链路的例子中，假设每基站有三个理想扇区天线和扇区，每个覆盖 2π/3rad。假设移动台天线是全向的。网络由 C 个基站和小区、$3C$ 个扇区 $\{S_1,S_2,\cdots,S_{3C}\}$ 和 M 个移动台 $\{X_1,X_2,\cdots,X_M\}$ 组成。变量 S_k 为天线 k 及其位置；X_i 为移动台 i 及其位置。令 A_k 为基站或扇区天线 S_j **覆盖**下的移动台集合。令 $\mathcal{X}_k \subset A_k$ 为与天线 S_k 关联的移动台集合。每个移动台由单个基站或扇区天线服务。令 $g(i)$ 为服务于 X_i 的天线的序号的函数，以使 $g(i)=k$ 时，$X_i \in \mathcal{X}_k$。通常，从覆盖 X_i 的天线中选择到 X_i 路径损耗最小的天线作为服务于 X_i 的天线 $S_{g(i)}$。因此，天线序号为

$$g(i)=\underset{k}{\operatorname{argmax}}\{10^{\xi_{i,k}/10}f(\parallel S_k - X_i \parallel),X_i \in \mathcal{A}_k\} \tag{8.48}$$

式中：$\xi_{i,k}$ 为 X_i 到 S_k 的遮蔽因子。当不存在遮蔽时，则为最接近 X_i 的天线。当存在遮蔽时，若遮蔽条件足够好，移动台可以与比最近天线更远的天线相关联。

考虑在一个扇区天线覆盖下的参考接收机，它接收到来自其小区和扇区内参考移动台的有用信号。小区间和小区内的干扰都来自于接收到的来自于扇区覆盖角度内的其他移动台的信号，但在覆盖角度外的移动台产生的干扰可忽略不计。假设双工机制能够消除来自其他扇区天线的干扰。

令 $X_r \in \mathcal{X}_j$ 为发射有用信号到 S_j 的参考移动台。参考接收机 S_j 接收到的来自 X_r 的功率不会受到扩谱增益的显著影响，但依赖于衰落和路径损耗模型。仅当 $X_i \in \mathcal{A}_j$ 时，S_j 接收的 X_i（$i \neq r$）的功率才是非零的，它也依赖于衰落和路径损耗模型，且以因子 $G_i = G/h$ 减少。假设路径损耗依赖于距离的幂律，且被遮蔽所影响。当考虑衰落和路径损耗时，参考接收机 S_j 接收的 X_i 信号解扩后的瞬时功率为

$$\rho_i = \begin{cases} P_r g_{r,j} 10^{\xi_r/10} f(\parallel S_j - X_r \parallel), & i=r \\ \left(\dfrac{h}{G}\right) P_i g_i 10^{\xi_i/10} f(\parallel S_j - X_i \parallel), & i:X_i \in \mathcal{A}_j \backslash X_r \\ 0, & i:X_i \notin \mathcal{A}_j \end{cases} \tag{8.49}$$

式中：g_i 为由参数为 m_i 的 Nakagami 衰落引起的功率增益；ξ_i 为**遮蔽因子**；P_i 为 X_i 的发射功率；$\mathcal{A}_j \backslash X_r$ 为集合 $\mathcal{A}_j$ 去除 X_r 后的部分（由于要求 X_r 不能干扰自身）。假设（$\{g_i\}$ 在一个时隙中保持不变，但在时隙之间发生独立变化（块衰落）。

活跃概率 p_i 是移动台 i 在一个时隙中与参考信号同时发射的概率。来自

$X_r \in \mathcal{X}_j$ 的有用信号在参考接收机扇区天线 S_j 的瞬时信干噪比(SINR)为

$$\gamma = \frac{\rho_r}{\mathcal{N} + \sum_{i=1,i\neq r}^{M} I_i \rho_i} \tag{8.50}$$

式中:$\mathcal{N}$为噪声功率; I_i 为服从 $P[I_i=1]=p_i$ 和 $P[I_i=0]=1-p_i$ 概率分布的伯努利变量。将式(8.49)、式(8.2)代入式(8.50)可得

$$\gamma = \frac{g_r \Omega_r}{\Gamma^{-1} + \sum_{i=1,i\neq r}^{M} I_i g_i \Omega_i}, \quad \Gamma = \frac{d_0^{\alpha} P_r}{\mathcal{N}} \tag{8.51}$$

式中 Γ 为不存在衰落和遮蔽时,单位距离移动台的信噪比(SNR),且

$$\Omega_i = \begin{cases} 10^{\xi_r/10} \| S_j - X_r \|^{-\alpha}, & i = r \\ \dfrac{hP_i}{GP_r} 10^{\xi_i/10} \| S_j - X_i \|^{-\alpha}, & i: X_i \in \mathcal{A}_j \backslash X_r \\ 0, & i: X_i \notin \mathcal{A}_j \end{cases} \tag{8.52}$$

为 S_j 接收的来自 X_i 的归一化平均解扩功率,式中归一化是关于 P_r 的。关于参考接收机 S_j 的集合 $\{\Omega_i\}$ 为 $\boldsymbol{\Omega} = \{\Omega_1, \Omega_2, \cdots, \Omega_M\}$。

令 β 为扇区天线 S_j ($j = g(r)$)可靠接收 X_r 的信号所需的最小瞬时 SINR。当来自 X_r 的信号的 SINR 低于 β 时,就会发生**中断**。β 是上行链路速率 R 的函数,可表示为每使用一次信道时传输的信息比特数(bpcu)。β 和 R 之间的关系取决于所使用的调制编码方案,典型情况下仅选择 R 的离散值。

令 m_0 为从 X_r 到 S_j 的链路的正整数 Nakagami 参数,令 m_i 为从 X_i 到 S_j ($i \neq r$)的链路的 Nakagami 参数。在给定 $\boldsymbol{\Omega}$ 的条件下,来自 $X_r \in X_j$ 且抵达参考接收机 S_j 的有用信号的中断概率 $\epsilon(\boldsymbol{\Omega})$ 由 $\Omega_0 = \Omega_r$ 时的式(8.27)、式(8.29)和式(8.30)给出,且

$$H_t(\boldsymbol{\Omega}) = \sum_{\substack{\ell_i \geq 0 \\ \sum_{i=1}^{M} \ell_i = 1}} \prod_{i=1,i\neq r}^{M} G_{\ell_i}(i) \tag{8.53}$$

8.4.1 上行功率控制

DS-CDMA 网络中典型的功率分配策略是对于所有在集合$\mathcal{X}_j$ 中的移动台选择发射功率 $\{P_i\}$,以在补偿遮蔽和幂律衰减后,扇区天线 S_j 接收到的每个移动台的功率都为相同的平均功率 P_0。对于这种功率控制策略,在$\mathcal{X}_j$ 中的每个移动台都会以平均功率 P_i 发射,它满足:

$$P_i 10^{\xi_i/10} f(\| S_j - X_i \|) = P_0, X_i \in \mathcal{X}_j \tag{8.54}$$

式中$f(\cdot)$由式(8.2)给出。由于参考移动台$X_{\mathrm{r}} \in \mathcal{X}_j$,故其发射功率由式(8.54)确定。为实现功率控制策略,扇区天线的接收机估计它们所服务的移动台的平均接收功率。这些估计值的反馈使得这些移动台改变它们的发射功率以使接收功率在平均意义上近似相等。

对于参考移动台X_{r},扇区天线S_j的参考接收机受到的干扰来自于集合$\mathcal{A}_j \backslash X_{\mathrm{r}}$中的移动台。集合中的移动台可分为两个子集。第一个子集$\mathcal{X}_j \backslash X_{\mathrm{r}}$包含**小区内干扰源**,它们是与参考移动台在同一小区和扇区中的其他移动台。第二个子集$\mathcal{A}_j \backslash X_j$包含**小区间干扰源**,它们被扇区天线$S_j$覆盖但不在集合$\mathcal{X}_j$中。由于干扰信号的到达是异步的,它们无法用正交扩谱序列来抑制。

由于对于一个扇区内的所有移动台,P_{r}和P_i由式(8.54)获得,式(8.52)表明小区内干扰源的归一化接收功率为

$$\begin{aligned}\Omega_i &= \frac{h}{G}10^{\xi_r/10} \parallel S_j - X_{\mathrm{r}} \parallel^{-\alpha} \\ &= \frac{h}{G}\Omega_{\mathrm{r}}, X_i \in \mathcal{X}_j \backslash X_{\mathrm{r}}\end{aligned} \tag{8.55}$$

虽然必须知道在小区扇区内的移动台M_j的数量,以便计算中断概率,但这些小区内移动台的位置与计算小区内干扰源的Ω_i无关。

考虑小区间干扰,集合$\mathcal{A}_j \backslash \mathcal{X}_j$可进一步分为子集$\mathcal{A}_j \cap \mathcal{X}_k$($k \neq j$),包含了为扇区天线$S_j$所覆盖但由其他扇区天线$S_k$服务的移动台。对于这些在$\mathcal{A}_j \cap \mathcal{X}_k$中的移动台,功率控制意味着

$$P_i\, 10^{\xi_{i,k}/10} f(\parallel S_k - X_i \parallel) = P_0, X_i \in \mathcal{X}_k \cap \mathcal{A}_j, k \neq j \tag{8.56}$$

式中:$\xi_{i,k}$为从X_i到S_k的链路的遮蔽因子。将$i=r$时的式(8.54)、式(8.56)及式(8.2)代入式(8.52)可得

$$\begin{aligned}\Omega_i &= \frac{h}{G}\, 10^{\xi_i'/10}\left(\frac{\parallel S_j - X_i \parallel \ \parallel S_j - X_{\mathrm{r}} \parallel}{\parallel S_k - X_i \parallel}\right)^{-\alpha} \\ \xi_i' &= \xi_i + \xi_r - \xi_{i,k}, X_i \in \mathcal{X}_k \cap \mathcal{A}_j, k \neq j\end{aligned} \tag{8.57}$$

对于$\mathcal{A}_j \backslash \mathcal{X}_j$,上式给出了参考扇区天线接收到的由扇区$k = g(i)$中的移动台$i$所引起的归一化小区间干扰功率。

8.4.2 上行速率控制

除了控制发射功率,每条上行链路的速率R_i也需要选择。由于不规则的网络几何形状,导致小区扇区面积和小区内的移动台数量都是变化的,以及不同扇区的天线接收到的干扰变化因扇区的不同而急剧变化。若每个扇区具有固定的速率,或固定的等效 SINR 门限β,其后果就是中断概率会变化很大。因

此，对全网使用固定速率的替代方法是每个上行链路自适应调整速率以满足中断约束条件或使每条上行链路的吞吐量最大化。

为说明速率对于性能的影响，考虑如下例子。网络是一个半径为 $r_{\text{net}} = 2$ 的圆形网络，其中有 $C = 50$ 个基站和 $M = 400$ 个移动台。基站禁止带半径为 $r_{\text{bs}} = 0.25$，移动台禁止带半径为 $r_{\text{m}} = 0.01$。扩谱因子为 $G = 16$，码片因子为 $h = 2/3$。由于 $M/C = G/2$，网络可描述为半负载的。SNR 为 $\Gamma = 10\ \text{dB}$，活跃因子为 $p_i = 1$，路径损耗指数为 $\alpha = 3$，假设对数遮蔽的标准差为 $\sigma_{\text{s}} = 8\text{dB}$。假设衰落模型为**距离相关衰落**模型，从 X_i 到 S_j 链路的 Nakagami 参数 m_i 为

$$m_i = \begin{cases} 3, & \| S_j - X_i \| \leqslant r_{\text{bs}}/2 \\ 2, & r_{\text{bs}}/2 < \| S_j - X_i \| \leqslant r_{\text{bs}} \\ 1, & \| S_j - X_i \| > r_{\text{bs}} \end{cases} \tag{8.58}$$

距离相关衰落模型刻画了这样的通信场景，即接近基站的移动台为视距通信，而远离基站的移动台则为非视距通信。

图 8.14 给出了中断概率与速率的关系。假设使用了接近信道容量的编码，通过 AWGN 信道传输二维信号，存在高斯干扰，对应于速率 R 的 SINR 门限为 $\beta = 2^R - 1$。图 8.14 中的虚线是通过随机选择 8 个上行链路，并使用该门限计算中断概率得到的。尽管使用了功率控制，中断概率还是有显著的变化。对于系统中所有 M 条上行链路计算其中断概率 $\{\epsilon_k\}$，平均中断概率为

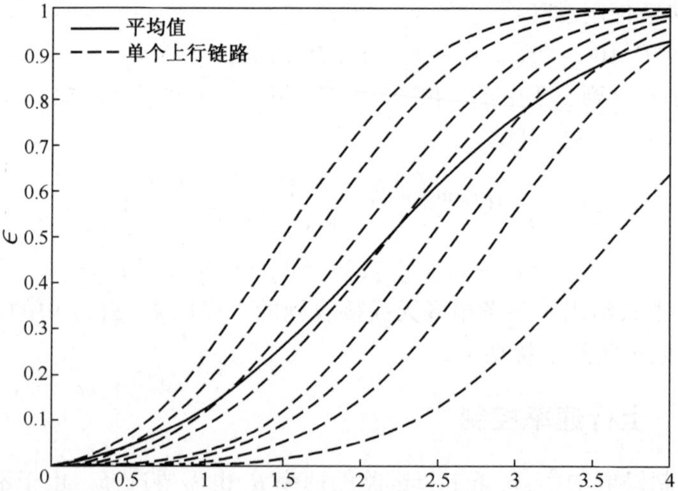

图 8.14　8 个随机选择的上行链路的中断概率(**虚线**)及整个网络的平均中断概率(**实线**)(该图显示了(中断概率)与速率 R 的关系，仿真结果是在半负荷网络($M/C = G/2$)，距离相关的衰落和遮蔽($\sigma_{\text{s}} = 8\text{dB}$)条件下取得的[99])

$$\mathbb{E}[\epsilon] = \frac{1}{M}\sum_{k=1}^{M}\epsilon_i \tag{8.59}$$

平均中断概率在图中用实线表示。

图 8.15 显示了第 k 条上行链路的**吞吐量**与速率 R_k 的关系，其吞吐量为

$$T_k = R_k(1 - \epsilon_k) \tag{8.60}$$

表示每次使用信道成功传输的比特数。参数与图 8.14 中的参数相同，对应于速率 R_k 的 SINR 门限为 $\beta_k = 2^{R_k} - 1$，图中显示了与图 8.14 相同的 8 条上行链路的吞吐量，其中断概率如图 8.14 所示，而平均吞吐量为

$$\mathbb{E}[T] = \frac{1}{M}\sum_{k=1}^{M}R_k(1 - \epsilon_k) \tag{8.61}$$

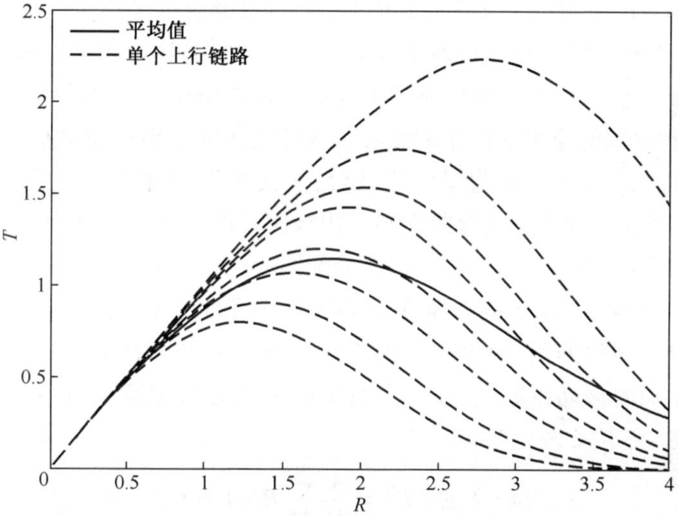

图 8.15　8 个随机选择的上行链路(虚线)的吞吐量和整个网络的平均吞吐量(实线)(系统参数与图 8.14 相同[99])

固定速率策略需要系统中所有上行链路必须使用同样的速率，即对于所有上行链路有 $R_k = R$。一方面，可选择速率使得平均吞吐量最大化。对于图 8.15 所示的例子，这种选择对应于选择 R 使得实线最大化，此时 $R = 1.81$。然而，在最大化吞吐量的速率下，对应的中断概率高到无法接受。例如，$R = 1.81$ 时，对应的平均中断概率为 $\mathbb{E}[\epsilon] = 0.37$，这对于许多应用来说都太高了。另一种最大化吞吐量的方法，是选择速率 R 以满足中断约束 ζ，即 $\mathbb{E}[\epsilon] \leqslant \zeta$。例如，在上例中令 $R = 0.84$ 可满足平均中断约束 $\zeta = 0.1$。为区分这两种固定速率策略，第一种策略称为**最大吞吐量固定速率**(MTFR)策略，第二种策略称为**中断约束固定速率**(OCFR)策略。

若选择 R 以满足平均中断约束，则中断概率会因各上行链路的不同而变化。而且，选择 R 使得平均吞吐量最大化一般不会使得单个上行链路的吞吐量最大化。该问题可通过为不同的上行链路独立选择不同的 R_k 来缓解。可通过要求所有链路都满足中断约束 ζ 来选择链路速率，即对于所有 k 都有 $\epsilon_k \leqslant \zeta$。我们称这种策略为**中断约束可变速率**（OCVR）策略。另一种方法是，选择速率使得每条上行链路的吞吐量最大化，即对于每条上行链路有 $R_k = \mathrm{argmax} T_k$，即对所有可能的速率最大化。我们称这种策略为**最大吞吐量可变速率**（MTVR）策略。这两种策略的实现方法是使基站跟踪每条上行链路的中断概率或吞吐量并用速率控制反馈指令确保达到目标性能。通过使用检错码对数据编码可容易地计算出中断概率，因为无论何时只要帧未能通过校验就可确认发生中断。

对于 OCVR 和 MTVR 速率控制策略，我们假设通过保持信道符号时长不变，同时改变每个符号的信息比特数来调整码率。扩谱增益 G 和符号速率保持不变，故带宽没有变化。然而，速率控制的主要缺点是网络中的移动台为了保持特定的中断概率，所要求的速率变化非常显著。这种变化的结果是使得某些移动台的吞吐量很低，特别是位于小区边缘的移动台，而其他移动台具有较高的吞吐量。当移动台可能较长时间静止或停留在小区边缘附近时，这种不等的吞吐量是难以接受的，而位于小区内部的移动台却可能分配给超出它需要的吞吐量。

虽然中断概率、吞吐量和速率能够表征单条上行链路的性能，但它们不能量化网络中总的数据流，因为它们无法计算所服务的上行链路用户总数。通过考虑单位面积的移动台数量，在一个给定区域的总数据流量可由**平均区域频谱效率**来描述，它定义为

$$\overline{\mathcal{A}} = \lambda\ \mathbb{E}[T] = \frac{\lambda}{M}\sum_{k=1}^{M} R_k(1-\epsilon_k) \tag{8.62}$$

式中，$\lambda = M/\pi r_{\mathrm{net}}^2$ 为网络最大传输密度，单位为 bit/信道/单位面积。平均区域频谱效率可解释为最大空间传输效率，即单位面积成功完成数据传输的最大速率。

8.4.3 性能举例

可通过 1000 次蒙特卡罗仿真来计算性能度量。在每次仿真试验中，均采用最小基站间隔为 r_{bs} 和最小移动台间隔为 r_{m} 的均匀集群模型，网络的仿真实现中在半径为 r_{net} 的圆形区域内放置 C 个基站和 M 个移动台。从每个基站到每个移动台的路径损耗通过随机产生的遮蔽因子来计算。每个小区的扇区内的移动台的集合是确定的。假设一个小区扇区所服务的移动台数量不超过 G，这也是可用于下行链路的正交序列的数量，而其他 $M_j - G$ 个移动台（如果有那么多的话）将被拒绝服务。在每个扇区天线上使用功率控制策略来确定它所服务的移动台的天

线接收功率。在每个小区扇区,速率控制策略用于确定速率及其门限。

对于每个上行链路,所有速率控制策略都用式(8.55)和式(8.57)来计算中断概率 $\epsilon(\Omega)$ 。式(8.59)用于计算网络仿真实现的平均中断概率。按照 MTFR、OCFR、MTVR 或 OCVR 策略,式(8.60)用于计算吞吐量,式(8.61)用于计算网络仿真实现的平均吞吐量。最后,乘以网络密度 λ 并在所有网络仿真实现中进行平均,得到平均中断概率 $\overline{\epsilon}$ 和平均区域频谱效率 $\overline{\mathcal{A}}$。

在考虑的所有情况下,网络中有 $C = 50$ 个基站,它们被放置在半径为 $r_{\text{net}} = 2$ 圆形网络中,基站禁止带半径为 $r_{\text{bs}} = 0.25$。网络中移动台数量 M 可变,其禁止带半径为 $r_{\text{m}} = 0.01$。SNR 值为 $\Gamma = 10\text{dB}$,活跃因子为 $p_i = 1$,路径损耗指数为 $\alpha = 3$。考虑两个衰落模型为**瑞利衰落**,即对于所有 i 有 $m_i = 1$;以及由式(8.58)描述的**距离相关衰落**。考虑无遮蔽和有遮蔽($\sigma_{\text{s}} = 8\text{dB}$)环境。码片因子为 $h = 2/3$,扩谱增益为 $G = 16$。

如图 8.14 所示,用 OCFR 策略导致中断概率的剧烈变化。图 8.16 中通过绘出 $R = 2$、三种网络负荷、距离相关衰落和存在遮蔽时的补余分布函数,来说明所有上行链路中 ϵ 的变化和在 OCFR 策略下的仿真结果。

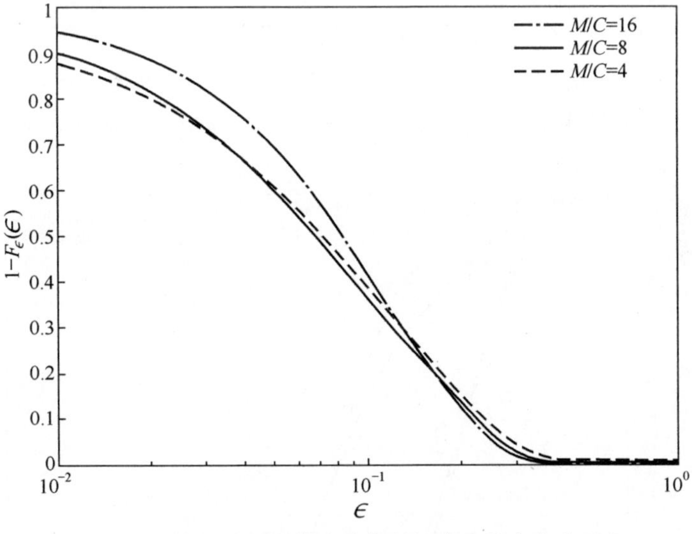

图 8.16 使用 OCFR 策略的中断概率的补余分布函数

($R = 2$,三种网络负荷,距离相关的衰落与遮蔽($\sigma_{\text{s}} = 8\text{dB}$)[99])

在 OCVR 策略中,选择每个上行链路的速率 R_k (等效于 β_k),以使其中断概率不超过 $\zeta = 0.1$。当中断概率固定时,其上行链路的速率是可变的。令 $E[R]$ 为所有上行链路和所有仿真中的平均速率。图 8.17 显示了 $E[R]$ 与负

载 M/C 的关系。图 8.18 中，R_i 的可变性由速率的补余分布函数来说明，仿真条件包括瑞利衰落和距离相关 Nakagami 衰落，以及有遮蔽和没有遮蔽且网络是在全负载条件下（$M/C = G = 16$）。系统的公平性可通过该图来确定，该图显示了满足特定速率要求的上行链路的百分比。在这两幅图中，更为严重的瑞利衰落造成的影响是很明显的。

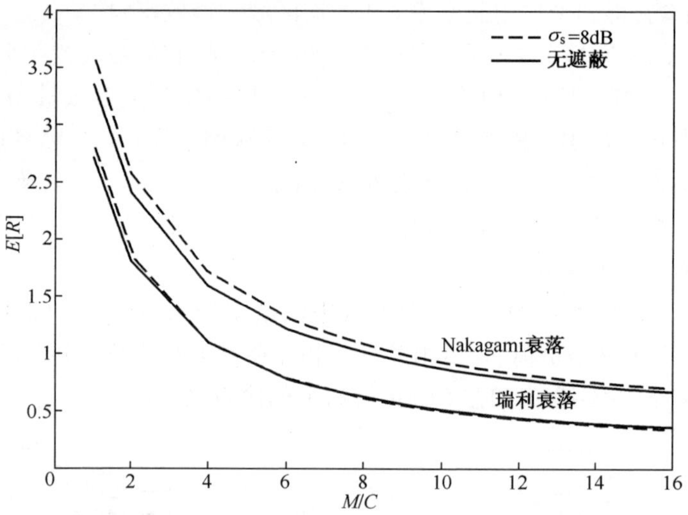

图 8.17　在瑞利衰落和依赖距离的 Nakagami 衰落及有遮蔽（$\sigma_s = 8$dB）和无遮蔽情况下 OCVR 策略下的平均速率与负荷 M/C 的关系[99]

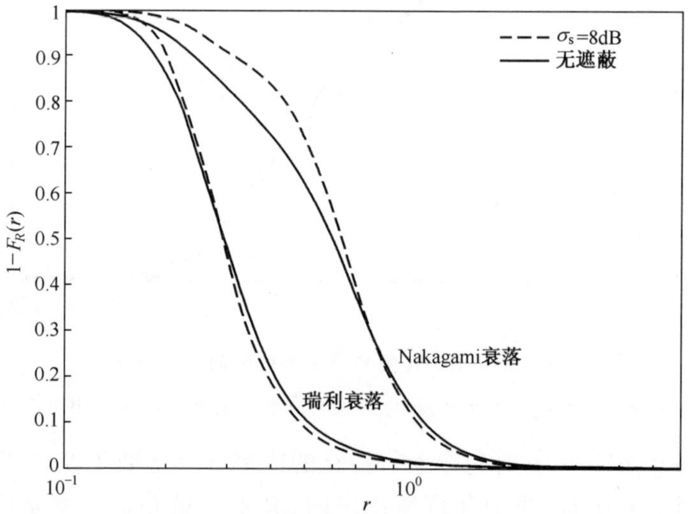

图 8.18　在 OCVR 策略、瑞利衰落和距离相关的 Nakagami 衰落、有遮蔽（$\sigma_s = 8$dB）和无遮蔽条件下，全负荷系统（$M/C = G$）速率的互补分布函数[99]

图 8.19 中给出了在距离相关衰落、有遮蔽和没有遮蔽条件下,采用四种网络策略时平均区域频谱效率 $\overline{A}$与负载 M/C 的关系。对于 OCFR 和 MTFR 策略,每次仿真中首先确定其最优速率,然后计算 1000 次仿真的平均值从而得到 $\overline{A}$。对于 OCVR 和 MTVR 策略,每条上行链路的速率 R_k 都分别关于中断约束或最大吞吐量要求来进行最大化,然后通过 1000 次仿真计算 $\overline{A}$。虽然 MTFR 和 MTVR 策略的在平均区域频谱效率上具有优于 OCFR 和 OCVR 策略的潜在优势,但这些优势的代价是ϵ值可变且较高,总体上这对于大部分应用来说都太高了。图 8.19 中底部的一对曲线表明 OCVR 策略具有比 OCRF 策略更高的平均区域频谱效率。

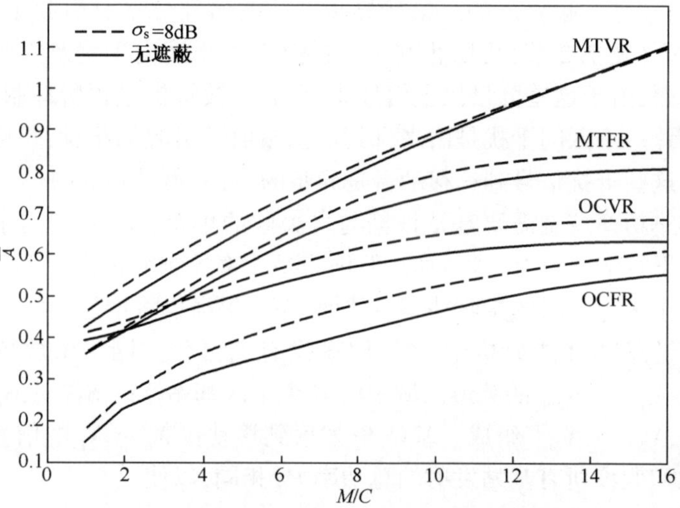

图 8.19 在距离相关的衰落及有遮蔽(σ_s = 8dB)和无遮蔽条件下四种网络策略的平均频谱效率与负荷 M/C 的关系[99]

计算表明,增加 α 、G/h 和/或 r_{bs} ,将使得在距离相关衰落、有遮蔽和无遮蔽时所有四种网络策略中的 $\overline{A}$增加。

8.5 DS-CDMA 下行链路

DS-CDMA 下行链路至少在四个方面与上行链路显著不同。第一,对于上行链路而言,干扰源是许多移动台,而对于下行链路而言,干扰源是一些基站。第二,所有发射信号的正交性和同步定时防止了下行链路中出现显著的小区间干扰。由于上行链路信号到达基站时是异步的,故它们不是正交的,由此产生的小区内干扰不能忽略。第三,扇区是影响上行链路性能的重要因素,而在下行链路性能中是无足轻重的,或者最多是次要因素。第四,与移动台相比,基站配备了更好的发射功率放大器和低噪声接收放大器。其实际效果是典型情况下上行链路的可用 SNR 比下行链路要低 5dB 以上。上行和下行链路之间的差别造成的整体影响是下行链路的性能要好得多。

下行链路中基站在发射给所服务的移动台所有信号中,也包含导频信号。移动台通常与收到的导频信号最大的基站相联系,使用导频识别基站或扇区,并初始化上行功率控制,估计损耗、相移、每一条主要多径分量的时延,并估计下行链路对于移动台的功率分配需求。

基站向与之联系的所有移动台同步发射合成的导频及其他的预定信号。因此,所有信号是一起衰落的。虽然异步到达的多径分量会引起干扰,但使用正交扩谱序列(见 7.2 节)可防止在下行链路产生小区内干扰及因此产生的远近效应。然而,由于这些分量比主信号弱,它们可被解扩过程所抑制,因此其影响可忽略不计。小区间干扰是由来自其他基站信号引起的干扰,是性能恶化的主要原因。这些干扰信号到达移动台是异步的,且衰落是独立的。

下行链路功率控制需要基站根据与之关联的单个移动台的需求进行功率分配。虽然下行链路没有远近效应,但仍需要功率控制来提高在严重衰落或当移动台位于小区边缘时的接收功率。然而,功率提高也将增加小区间的干扰。

在下行链路的性能分析中[104],假设没有扇区化。网络由放置在半径为 r_{net} 、面积为 $A_{\text{net}} = \pi r_{\text{net}}^2$ 的圆形区域中的 C 个小区基站 $\{S_1, S_2, \cdots, S_C\}$ 和 M 个移动台 $\{X_1, X_2, \cdots, X_M\}$ 组成。基站 S_i 发射到移动台 $X_k \in \mathcal{X}_i$ 的信号平均功率为 $P_{i,k}$ 。我们假设所有基站发射的总功率 P_0 相同,以使

$$\frac{1}{1 - f_{\text{p}}} \sum_{k: X_k \in \mathcal{X}_i} P_{i,k} = P_0, \quad i = 1, 2, \cdots, C \tag{8.63}$$

式中:f_{p} 是基站为用于同步和信道估计的导频信号预留的功率比例。基站 S_i 到移动台 $X_k \notin \mathcal{X}_i$ 发射的信号平均功率为 P_0。

考虑到衰落、路径损耗和有效的扩谱因子后,由 S_i 发送到移动台 X_j ,解扩的瞬时功率为

$$\rho_i = \begin{cases} P_{i,j} g_i 10^{\xi_i/10} f(\| S_i - X_j \|), & i = g(j) \\ \dfrac{h}{G} P_0 g_i 10^{\xi_i/10} f(\| S_i - X_j \|), & i \neq g(j) \end{cases} \tag{8.64}$$

式中:g_i 是由衰落引起的功率增益;ξ_i 为 S_i 到参考移动台链路的遮蔽因子;$f(\cdot)$ 是由式(8.2)给出的路径损耗函数,$g(j)$ 由式(8.48)定义。

活跃概率 p_i 是基站进行主动传输的概率。参考移动台 X_j 的瞬时信干燥比

(SINR)为

$$\gamma = \frac{\rho_{g(j)}}{\mathcal{N} + \sum\limits_{\substack{i=1 \\ i \neq g(j)}}^{M} I_i \rho_i} \tag{8.65}$$

式中：$\mathcal{N}$为噪声功率，且 I_i 为伯努利变量，概率为 $P[I_i = 1] = p_i$ 和 $P[I_i = 0] = 1 - p_i$。将式(8.64)和式(8.2)代入式(8.65)，可得

$$\gamma = \frac{g_{g(j)}\Omega_{g(j)}}{\Gamma^{-1} + \sum\limits_{\substack{i=1 \\ i \neq g(j)}}^{M} I_i g_i \Omega_i}, \quad \Gamma = \frac{d_0^{\alpha} P_0}{\mathcal{N}} \tag{8.66}$$

式中 Γ 为不存在衰落和遮蔽且当移动台位于距扇区天线单位距离时，移动台接收的 SNR，且

$$\Omega_i = \begin{cases} \dfrac{P_{g(j),j}}{P_0} 10^{\xi_{g(j)}/10} \ \| S_{g(j)} - X_j \|^{-\alpha}, & i = g(j) \\ \dfrac{h}{G} 10^{\xi_i/10} \ \| S_i - X_j \|^{-\alpha}, & i \neq g(j) \end{cases} \tag{8.67}$$

令 β 为参考移动台 X_j 可靠接收信号所要求的最低 SINR，$\boldsymbol{\Omega} = \{\Omega_1, \Omega_2, \cdots, \Omega_C\}$ 表示基站接收到的归一化解扩信号功率的集合。当 SINR 低于 β 时**中断**就会发生。令 m_0 表示从 $S_{g(j)}$ 到 X_j 的链路的正整数 Nakagami 参数。令 m_i 表示 S_i ($i \neq g(j)$)到 X_j 的链路的 Nakagami 参数。在给定 $\boldsymbol{\Omega}$ 的条件下，来自 $S_{g(j)}$ 且到达参考接收机 X_j 的有用信号的中断概率 $\epsilon(\boldsymbol{\Omega})$ 由式(8.27)、式(8.29)和 $\Omega_0 = \Omega_{g(j)}$ 时的式(8.30)给出，且

$$H_t(\boldsymbol{\Omega}) = \sum_{\substack{\ell_i \geqslant 0 \\ \sum_{i=1}^{M} \ell_i = t}} \prod_{i=1, i \neq g(j)}^{C} G_{\ell_i}(i) \tag{8.68}$$

8.5.1 下行速率控制

对于网络运行的关键因素是基站发射的总功率 P_0 在它所服务的移动台之间的分配模式。一个简单且有效的方法是**等功率分配** P_0，从而使得基站 S_i 发射到移动台 $X_k \in \mathcal{X}_i$ 的功率为

$$P_{i,k} = \frac{(1 - f_{\mathrm{p}}) P_0}{K_i}, X_k \in \mathcal{X}_i \tag{8.69}$$

式中：K_i 为 S_i 所服务的移动台数目。在该策略下，对于每个移动台而言，下行

链路 SINR 将显著不同。若对所有移动台都使用相同的 SINR 门限,则中断概率将同样发生很大变化。不用相同的门限,单独选择每个移动台 X_k 的门限 β_k ,可使移动台 X_k 的中断概率满足约束条件 $\epsilon_k = \hat{\epsilon}$。

对于给定的门限 β_k ,有一个对应的可支持的传输速率 R_k 。假设在 AWGN 信道上使用逼近信道容量的编码和二维信号,且存在高斯干扰,则门限 β_k 支持的速率为 $R_k = \log_2(1 + \beta_k)$ 。对于等功率分配,首先确定小区里的移动台数量 K_i ,然后按式(8.69)给每个移动台分配功率。对于小区中的每个移动台,能够达到中断概率约束 $\epsilon_k = \epsilon$的 β_k 可通过对 $\epsilon(\boldsymbol{\Omega})$ 的表达式求反函数来实现。求得 β_k 后,所支持的 R_k 也就确定了。通过改变单信道符号的比特数来自适应地改变速率 R_k 。扩谱增益 G 和符号速率保持不变,从而保持带宽不变。由于该策略的发射功率固定不变,再为每个移动台确定满足中断概率的速率,因此它称之为**下行链路速率控制**。

8.5.2 下行链路功率控制

速率控制的主要缺点是对网络中不同移动台提供的速率差异非常显著。这种差异导致对某些移动台不够公平,特别是位于小区边缘的移动台。为确保公平性,对于所有 $X_k \in \mathcal{X}_i$, R_k 将被限制在相等的水平。寻找给定小区的通用速率可通过对于所有 $X_k \in \mathcal{X}_i$ 选定的速率 R 要满足中断约束条件 $\epsilon_k = \hat{\epsilon}$,且同时满足由式(8.63)所给出的功率约束条件。由于要保持一个小区内所有移动台速率恒定,发射给每个移动台的功率是不相同的,故该策略称之为**下行链路功率控制策略**。虽然在一个给定小区内所有移动台的速率都是相同的,但在不同小区间速率可能是不同的。

8.5.3 性能分析

在中断约束 $\epsilon_k = \epsilon$下,一个给定的网络仿真实现的性能在很大程度上取决于网络中 M 个移动台能达到的速率集合 $\{R_k\}$ 。由于网络的仿真实现是随机的,它所能得到的速率集合也是随机的。令随机变量 R 表示任意移动台的速率。使用下面给出的蒙特卡罗方法可得到一类设定的仿真网络的 R 的统计量。首先,根据具有最小基站隔离度 r_{bs} 和最小移动台隔离度 r_{m} 的均匀簇模型,在网络内设置 C 个基站和 M 个移动台,从而产生一个网络仿真实现。若存在遮蔽,各基站到各移动台的路径损耗可使用随机产生的遮蔽因子来计算。如果一个移动台已经使用了,则通过再选择策略来确定与每个基站相关联的移动台集合。在每个基站都要运用功率分配策略以确定各基站发射到它所服务的各移动台的功率。将中断概率设置为与中断约束相等后,其反函数就给出了小区中各移动台的 SINR 门限；然后根据每个 SINR 门限计算出相应的码率。整个过程不断重复，于是大量的仿真网络就生成了。

令 $E[R]$ 为变量 R 的均值，该值可通过对网络仿真中移动台的 R 值进行数值平均得到。根据 $E[R]$ 的定义和中断约束条件，定义**下行链路的平均区域频谱效率** $\overline{\mathcal{A}}$为

$$\overline{\mathcal{A}}=\lambda(1-\hat{\epsilon})E[R] \tag{8.70}$$

式中：$\lambda=C/A_{\text{net}}$ 为网络中基站传输的最大密度。

作为示例，考虑一个具有 $C=50$ 个基站的网络，基站放置在半径 $r_{\text{net}}=2$ 的区域中，基站禁止带半径为 $r_{\text{bs}}=0.25$。所有基站的**活跃概率**为 $p_i=1$。网络中移动台的数量 M 可变，其禁止带半径为 $r_{\text{m}}=0.01$。中断约束设为 $\hat{\epsilon}=0.1$，采用功率控制和速率控制机制。过载小区中的移动台将被拒绝服务。SNR 设为 $\Gamma=10\text{dB}$，用于导频的功率比为 $f_{\text{p}}=0.1$，扩谱因子设为 $G=16$，码片因子为 $h=2/3$。传播环境通过设置路径损耗指数 $\alpha=3$、Nakagami 参数为 $i=g(k)$ 时 $m_{i,k}=3$，$i\neq g(k)$ 时 $m_{i,k}=1$ 来表征，也就是来自于正在提供服务的基站的信号经受的衰落比来自干扰基站的信号衰落更弱。该模型接近实际，这是因为来自于服务中的基站的信号可能在视距内，而典型情况下干扰基站则不会在视距内。

图 8.20 显示了平均区域频谱效率与比值 M/C 的关系，仿真条件是使用速率控制及功率控制策略、无遮蔽环境和有遮蔽环境（$\sigma_{\text{s}}=8\text{dB}$）。图中的结果显示，速率控制下的区域频谱效率高于功率控制下的区域频谱效率。这种差别是由于在速率控制策略下接近基站的移动台被分配了极高的速率，而在功率控制策略下基站附近的移动台与在小区边缘的移动台分配了同样的速率。当网络变得更密集时（M/C 增加），遮蔽实际上能够改善速率控制的性能，但却降低了功率控制的性能。这种改善的原因是遮蔽有时能增加提供服务的基站的信号功率，而减小来自干扰基站的功率。遮蔽的这种有益影响等效于移动台更接近服务它的基站。当采用速率控制策略发生这种情况时，移动台速率将增加，有时数值非常大。尽管遮蔽并不经常引起极其有利的条件，但它在速率上的改善足够显著提高平均速率。相比之下，按照功率控制运行的单个移动台，即使位于有益遮蔽条件，也仍然继续以相同的编码速率接收信号。

虽然速率控制比功率控制提供了更高的平均速率，但所提供的速率变化极大。图 8.21 中可以看出这种特性。该图比较了所有移动台的速率和位于小区边缘的移动台的速率。特别地，图中显示了在功率和速率控制下所有移动台的平均速率，也显示了速率控制下小区边缘移动台的平均速率，其中小区边缘的移动台定义为离所服务的基站最远的 5%的移动台。图中没有显示功率控制下小区边缘移动台的平均速率，这是因为每个小区边缘的移动台都与同一小区内

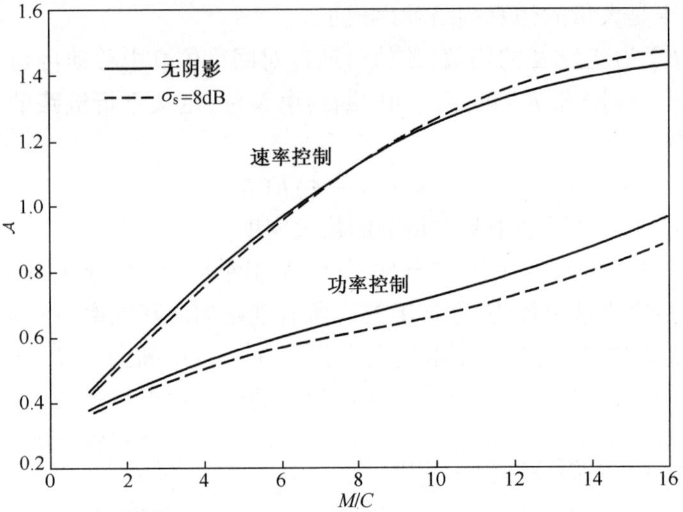

图 8.20 速率控制和功率控制下平均区域频谱效率与 M/C 的关系[104]

的所有移动台具有相同的速率。如图所示,速率控制下的小区边缘的移动台性能比功率下的小区边缘移动台性能更差。

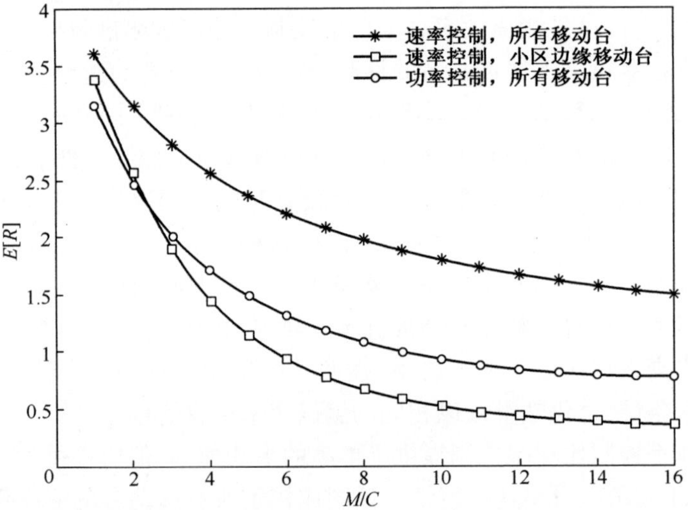

图 8.21 速率和功率控制下存在遮蔽时平均速率与 M/C 的关系(对于速率控制,对小区中所有移动台和仅对小区边缘移动台分别进行了平均;对于功率控制,小区中的所有移动台都设定了相同的速率[104])

增加扩谱增益 G 将抑制更多的干扰,并将降低特定 SINR 门限下的中断概率。这种改善将可用于提高信噪比门限,或等效于提高速率。

8.6 FH-CDMA 移动 Ad Hoc 网络

跳频主要有三个优点,一是它能够在比直扩宽得多的频带上实现,二是通信频段能够分为不连续的片段,三是跳频提供了内在的抗远近效应的能力。跳频的这些优点,特别是抗远近效应的优点,在许多应用中是决定性的。例如,蓝牙系统和战斗网无线电主要使用跳频来避免远近效应。跳频几乎可以叠加到任何通信系统中,以增强其抗干扰或抗衰落的能力。因此,跳频可以应用于多载波 DS-CDMA 系统中的载波集或 OFDM 系统中的子载波集中。

由于可通过增加信道数来降低异步网络中碰撞的概率,因此非常需要选择具有紧凑频谱特性的数据调制方式,从而产生较小的频谱泄露。连续相位频移键控(CPFSK)具有这些特征,其信号具有恒包络特性(见 3.3 节)。CPFSK 可由其调制阶数,即其可能的频率数,以及调制指数 h,即归一化频率间隔来表征。对于固定的调制阶数,h 的选择与在带宽和性能之间的折中有关。当 FH-CDMA 网络中采用 CPFSK 调制方式,信道数和抗跳频多址干扰的能力通常会随着 h 的减少而增加,而 AWGN 信道中的误比特率通常会随着 h 的增加而降低。

移动台的发射功率只有一定百分比位于其选择的信道内。令 ψ 为**带内功率比**,它是在所占信道内的功率占比(见 3.3 节)。我们假设 $K_s = (1-\psi)/2$,称之为**邻道泄露比**,表示泄露到与移动台选择的信道相邻信道上的功率比例。对于大多数实际系统,这是一个合理的假设,即泄露到超出相邻信道的那部分功率可忽略不计。典型的选择是限制相邻信道的泄露值为 $\psi = 0.99$。然而,当信道带宽固定,增加比特率将减少 ψ 而增加 K_s。虽然增加的邻道干扰对性能产生负面影响,但增加的比特率可用于支持低码率的纠错编码,从而提高性能。因此,在确定每个信道中的带内功率比例时需要折中处理。

在后续分析和优化中[81],FH-CDMA 网络的基本模型与 8.1 节相同,参考接收机为 X_{M+1},参考发射机为 X_0,干扰移动台限制在内径为 r_{ex}、外径为 r_{net} 的环形区域内,其面积为 $A_{net} = \pi(r_{net}^2 - r_{ex}^2)$。非零 r_{ex} 可用于对禁止带或保护带的建模。

信道接入是采用慢跳频协议。假设衰落增益 $\{g_i\}$ 在一跳间隔内保持固定,但在跳与跳之间是独立变化的(块衰落)。$\{g_i\}$ 是独立的,故从每个移动台发射机到参考接收机的信道具有不同的 Nakagami 参数 m_i。跳频带宽 WHz 被

分为 L 个相邻的信道,每个带宽为 $W/L\text{Hz}$。移动台等概率独立选择它们的发射频率。源移动台 X_0 以概率 $2/L$ 选择频段边缘的信道,而以概率 $(L-2)/L$ 选择频段内部的信道。令 $D_i \leqslant 1$ 为 X_i 的占空比,它是移动台发射任意信号的概率。

我们做出最坏情况下的假设,网络中所有移动台的驻留时间是一致的。两类碰撞有可能发生,一类称为**共信道**碰撞,即源移动台和干扰移动台选择同样的信道时发生的碰撞;另一类称为**邻道**碰撞,即源移动台和干扰移动台选择相邻信道时发生的碰撞。令 p_c 和 p_a 分别为共信道碰撞和邻道碰撞的概率。假设 $D_i = D$ 对于任意移动台都是常数。若移动台 X_i ($1 \leqslant i \leqslant M$)发射信号,则它以概率 $1/L$ 使用与 X_0 相同的频率。由于 X_i 以概率 D 发射信号,则导致的共信道碰撞的概率为 $p_c = D/L$ 。若 X_0 选择了位于频段边缘的的信道(在这种情况下,只有一个相邻信道), X_i 使用 X_0 所选信道的相邻信道的概率为 $1/L$;否则概率就是 $2/L$ (此时有两个相邻信道)。由此可知,对于一个随机选择的信道,移动台 X_i ($1 \leqslant i \leqslant M$)引起邻道碰撞的概率为

$$p_a = D\left[\left(\frac{2}{L}\right)\left(\frac{L-2}{L}\right) + \left(\frac{1}{L}\right)\left(\frac{2}{L}\right)\right] = \frac{2D(L-1)}{L^2} \tag{8.71}$$

在上述模型下,参考接收机的瞬时信干噪比(SINR)为

$$\gamma = \frac{\psi\rho_0}{\mathcal{N} + \sum_{i=1}^{M} I_i\rho_i} \tag{8.72}$$

式中:$\mathcal{N}$为噪声功率;ρ_i 由式(8.1)给出;I_i 为离散随机变量,取下列三个值

$$I_i = \begin{cases} \psi, & \text{概率为 } p_c \\ K_s, & \text{概率为 } p_a \\ 0, & \text{概率为 } p_n \end{cases} \tag{8.73}$$

式中:$p_n = 1 - p_c - p_a = 1 - D(3L-2)/L^2$ 为无碰撞概率。通过设置 $\psi = 1$ 和 $K_s = 0$,邻道干扰可忽略不计。

将式(8.1)、式(8.2)和 $\overline{P}_i = P_i$ 代入到式(8.72),分子分母都除以 $d_0^{\alpha}P_0$,信干燥比(SINR)值为

$$\gamma = \frac{\psi g_0 \Omega_0}{\Gamma^{-1} + \sum_{i=1}^{M} I_i g_i \Omega_i}, \quad \Gamma = d_0^{\alpha}P_0/N \tag{8.74}$$

式中 Γ 为发射机在单位距离上且没有衰落和遮蔽时的信噪比(SNR),且

$$\Omega_i = \begin{cases} 10^{\xi_0/10} \parallel X_0 - X_{M+1} \parallel^{-\alpha}, & i = 1 \\ \dfrac{P_i}{P_0}10^{\xi_i/10} \parallel X_i - X_{M+1} \parallel^{-\alpha}, & i \geqslant 1 \end{cases} \tag{8.75}$$

为在 X_i 在参考接收机端的归一化功率。

8.6.1 条件中断概率

令 β 为可靠接收所需的最小 SINR, $\boldsymbol{\Omega} = \{\Omega_0, \Omega_1, \cdots, \Omega_M\}$ 为归一化接收功率集。当 SINR 低于 β 时就会发生**中断**。为说明推导中断概率 $\epsilon(\boldsymbol{\Omega})$ 中的统计量 I_i ,我们用下式来替换式(8.23)中 Y_i 的概率密度函数。

$$f_{Y_i}(y) = p_n\delta(y) + \frac{y^{m_i-1}}{\Gamma(m_i)}\left[p_c\left(\frac{m_i}{\psi\Omega_i}\right)^{m_i}\mathrm{e}^{-\frac{ym_i}{\psi\Omega_i}} + p_a\left(\frac{m_i}{K_s\Omega_i}\right)^{m_i}\mathrm{e}^{-\frac{ym_i}{K_s\Omega_i}}\right]u(y)$$

因此,对式(8.18)的推导稍作修改,可得中断概率为

$$\varepsilon(\boldsymbol{\Omega}) = 1 - \mathrm{e}^{-\beta_0 z}\sum_{s=0}^{m_0-1}(\beta_0 z)^s\sum_{t=0}^{s}\frac{z^{-t}}{(s-t)!}H_t(\Omega), \beta_0 = \frac{\beta m_0}{\psi\Omega_0}, z = \Gamma^{-1} \tag{8.76}$$

$$H_t(\Omega) = \sum_{\substack{\ell_i \geqslant 0 \\ \sum_{i=1}^{M}\ell_i = t}}\prod_{i=1}^{M}G_{\ell_i}(i) \tag{8.77}$$

$$G_{\ell_i}(\Omega_i) = p_n\delta_{\ell_i} + \frac{\Gamma(\ell_i + m_i)}{\Gamma(\ell_i + 1)\Gamma(m_i)}[p_c\phi_i(\psi) + p_a\phi_i(K_s)] \tag{8.78}$$

$$\phi_i(x) = \left(\frac{x\Omega_i}{m_i}\right)^{\ell_i}\left(\frac{x\beta_0\Omega_i}{m_i} + 1\right)^{-(m_i+\ell_i)} \tag{8.79}$$

式中: m_0 为正整数; δ_ℓ 为冲激函数。

8.6.2 速率自适应

令 $C(\gamma)$ 为信道容量与 γ 之间的函数关系。当 $C(\gamma) \leqslant R$ 时,信道发生中断。假设存在高斯干扰,则在特定跳期间,信道是条件高斯的,且限定了调制的 AWGN 容量可用于 $C(\gamma)$ 。为强调信道容量对 h 的依赖性,下面用 $C(h,\gamma)$ 表示在调制指数 h 下 CPFSK 的最大速率。对于任意取值的 h 和 SINR 门限 β ,能实现的编码速率为 $R = C(h,\beta)$ 。对于任意 h 和 R ,通过对 $R = C(h,\beta)$ 求反函数可得到支持速率所需要的 SINR 门限。假设移动台能够估计信道且能相应地自适应调整速率以满足 $P[\gamma \leqslant \beta] < \hat{\epsilon}$ 条件,其中 $\hat{\epsilon}$ 为信道中断约束。

8.6.3 调制限制下的区域频谱效率

最大数据传输速率由信道带宽 W/L 、带内功率比 ψ 、调制频谱效率和编码速率决定。令 η 为**调制频谱效率**,单位为符号数/s · Hz^{-1},定义为符号速率除

以调制的 100ψ %功率带宽。由于假设一跳中有多个符号,CPFSK 的频谱效率可通过对式(3.54)进行数值积分,然后对结果求反函数来获得。为强调 η 对 h 和 ψ 的依赖性,后面我们用 $\eta(h,\psi)$ 表示 CPFSK 的频谱效率。当使用码率为 R 的编码时,频谱效率变为 $R_{\eta}(h,\psi)$ bit/(S · Hz)式中 R 为信息比特与编码符号之比。由于信号占用信道为 100ψ% 功率带宽 W/LHz,在占空因子 D 和中断概率 $\hat{\epsilon}$下单链路支持的吞吐量为

$$T = \frac{WRD\eta(h,\psi)(1-\hat{\epsilon})}{L} \tag{8.80}$$

单位为 bit/s。在 N 个网络拓扑中对吞吐量取平均,可得

$$\mathbb{E}[T] = \frac{WRD\eta(h,\psi)(1-\hat{\epsilon})}{L}\mathbb{E}[R] \tag{8.81}$$

式中平均码率为

$$\mathbb{E}[R] = \frac{1}{N}\sum_{n=1}^{N} R_n \tag{8.82}$$

将 $\mathbb{E}[T]$ 与移动台密度 $\lambda = M/A_{\text{net}}$ 相乘,并除以系统带宽 W ,给出了**归一化调制受限区域频谱效率**(MASE)为

$$\tau'(\lambda) = \frac{\lambda D\eta(h,\psi)(1-\hat{\epsilon})}{L}\mathbb{E}[R] \tag{8.83}$$

上式单位为 bit/s/Hz/单位面积。归一化 MASE 是达到目标**条件**中断概率时的归一化区域频谱效率,而条件与网络拓扑有关。作为性能度量,归一化 MASE 明确考虑了码率、调制的频谱效率和信道的数量。

8.6.4 优化算法

对于使用 CPSK 调制和自适应码率编码的 FH-CDMA Ad Hoc 网络,存在使得归一化 MASE 最大化的最优参数集 (L,h,ψ) 。对于最优配置,每单位面积下的干扰密度 λ 和占空因子 D 是固定的。归一化 MASE 可通过对 L 取小于 1000 的正整数、在 $0 \leqslant h \leqslant 1$ 之间对 h 进行间隔为 0.01 的量化、在 $0.90 \leqslant \Psi \leqslant 0.99$ 内对 Ψ 进行间隔为 0.005 的量化来计算。对于每个所考虑的 (L,h,ψ) 参数集,平均编码速率 $\mathbb{E}[R]$ 和归一化 MASE 可通过下述蒙特卡罗方法来得到。网络的仿真实现可通过在区域 A_{net} 内根据特定的空间分布来放置 M 个移动台来实现。每个移动台到参考接收机的路径损耗可由随机产生遮蔽因子来计算。将式(8.76)给出的 $\epsilon(\boldsymbol{\Omega})$ 值设为中断约束 $\hat{\epsilon}$后,对该式求反函数可确定 SINR 门限 β 。计算对应于第 n 个拓扑的 SINR 门限的速率 $R_n = C(h,\beta)$,并存储该值。整个过程重复 N 次,N 是一个较大的数目,它是网络仿真次数。由式(8.82)定

义的平均编码速率用于寻找对应于当前 h 和 ψ 值的频谱效率 $\eta(h,\Psi)$,然后由式(8.83)给出归一化 MASE。最后,通过在 (L,h,ψ) 参数集中进行穷举搜索来确定归一化 MASE 最大值来完成优化,并得到对应的 L 、h 、ψ 值。

例如,考虑一个干扰移动台在环形区域均匀分布的网络。区域的内径为 $r_{ex}=0.25$, 分别考虑外径为 $r_{net}=2$ 和 $r_{net}=4$ 的情况。优化中考虑 $N=10000$ 个不同的网络拓扑。路径损耗指数为 $\alpha=3$,占空因子为 $D=1$,发射源与位于原点的接收机间为单位距离,SNR 为 $\Gamma=10\text{dB}$ 。当研究遮蔽场景时,对数分布的标准差为 $\sigma_s=8\text{dB}$ 。使用二进制 CPFSK。为满足典型中断约束 $\hat{\epsilon}=0.1$,采用速率自适应。考虑三种衰落模型:瑞利衰落(对于所有 i 有 $m_i=1$),Nakagami 衰落(对于所有 i 有 $m_i=4$),混合衰落($m_0=4$, $i\geqslant 1$ 时 $m_i=1$)。

图 8.22 给出了存在混合衰落和遮蔽时码率变化的分布函数。图中有三条曲线,分别对应于密集网络($M=50$)、中等密集网络($M=25$)和稀疏网络($M=5$)。环形网络的外径为 $r_{net}=2$。对于每种网络密度单独优化其网络参数。图中显示了在所有三个场景中码率曲线分布函数都很陡峭。由于大部分节点都具有相似的速率,这一特征显示了码率选择的公平性。然而密集网络比稀疏网络的曲线更陡峭。其原因在于在稀疏网络中干扰台较少,从而增加了不同网络仿真实现中 SINR 和码率的变化性。

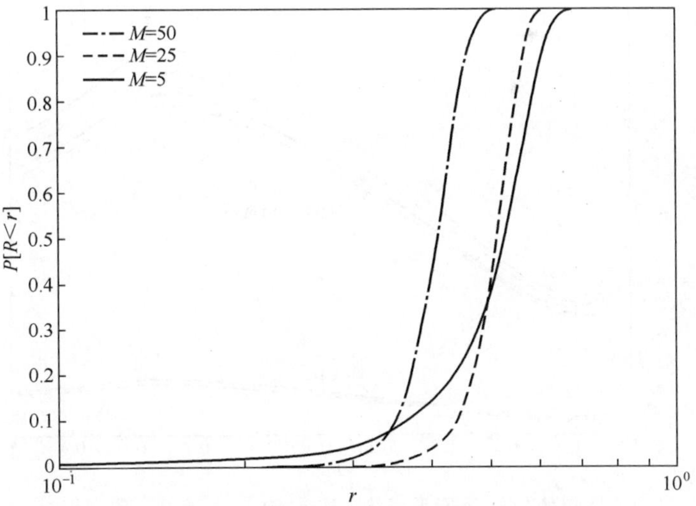

图 8.22 当网络优化时码率的分布函数[81]

图 8.23、图 8.24 和图 8.25 分别显示了密集网络(($M=50$、$r_{net}=2$)中最优归一化 MASEτ'_{opt} 与信道数 L 、调制指数 h 及带内功率比 Ψ 的关系。这三幅图表明了每个参数对优化的影响。在图 8.23 和图 8.24 中,假设 $\Psi=0.96$,分别对

于参数 L 或 h 的不同值,选择其他参数使得归一化 MASE 最大。在图 8.25 中,对于 Ψ 的每个值,其他两个参数被联合优化了。

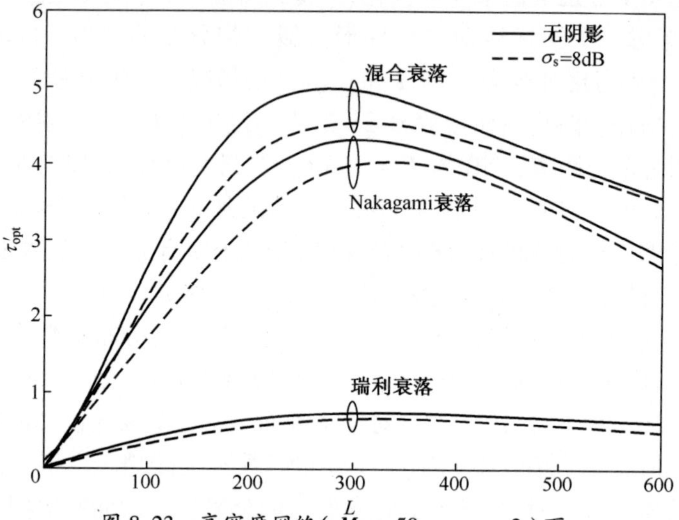

图 8.23 高密度网络($M = 50$, $r_{net} = 2$)下,

当 $\Psi = 0.96$ 时最优归一化 MASE 与信道数 L 的关系[81]

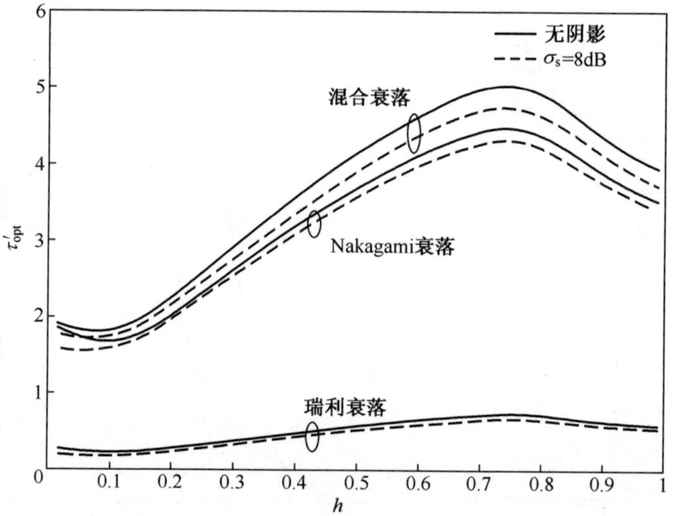

图 8.24 高密度网络($M = 50$, $r_{net} = 2$)下,

当 $\Psi = 0.96$ 最优归一化 MASE 与调制指数 h 的关系[81]

优化结果显示在表 8.2 中。对于每个网络条件集,表中列出了最大化归一化 MASE 的 (L,h,Ψ) 及其对应的 τ'_{opt} 。作为比较,也给出了参数 (L,h,Ψ) =

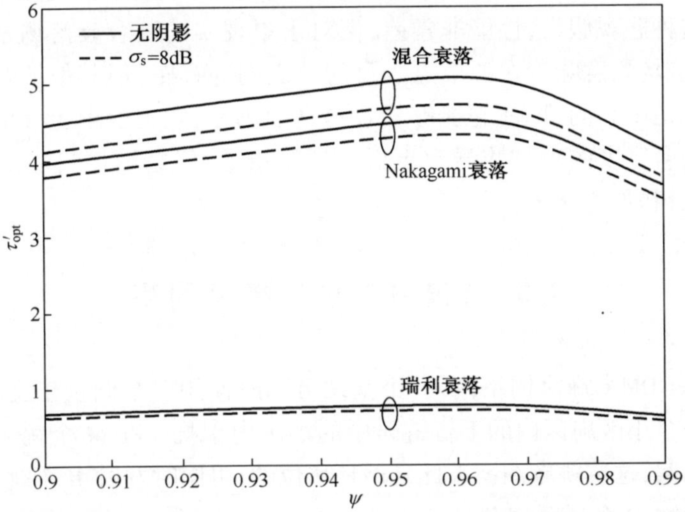

图 8.25 高密度网络($M = 50$, $r_{net} = 2$)下,最优归一化 MASE 与带内功率比 Ψ 的关系
(对于每个 Ψ 值,信道数目和调制指数都是变化的,从而使得 MASE 最大化[81])

(200, 0.5, 0.99) 对应的归一化 MASEτ'_{sub} 。表中的比较说明了参数优化的重要性,也表明了优化参数集的选择提高归一化 MASE 的程度远大于其中两个任意参数的选择。

表 8.2 对于 $M = 50$ 个干扰台时的优化结果

r_{net}	信道	L	$\mathbb{E}[R]$	h	Ψ	τ'_{opt}	τ'_{sub}
2	R/U	315	0.07	0.80	0.96	0.79	0.50
	N/U	280	0.36	0.80	0.96	4.42	2.99
	M/U	279	0.41	0.80	0.96	5.00	3.56
	R/S	320	0.07	0.80	0.96	0.76	0.40
	N/S	290	0.42	0.80	0.96	4.24	2.27
	M/S	290	0.38	0.80	0.96	4.70	3.02
4	R/U	73	0.05	0.84	0.95	0.63	0.32
	N/U	80	0.35	0.84	0.95	3.74	1.87
	M/U	75	0.36	0.84	0.95	4.09	1.91
	R/S	95	0.05	0.84	0.95	0.49	0.28
	N/S	130	0.40	0.84	0.95	2.65	1.75
	M/S	100	0.35	0.84	0.95	3.03	1.80

注:归一化 MASEτ' 的单位为 bit/s/kHz · m^2。信道缩写:R 表示瑞利信道,N 表示 Nakagami 衰落(对于所有 i 值 $m_i = 4$),M 表示混合衰落($m_0 = 4$, $i \geqslant 1$ 时 $m_i = 1$), U 表示无遮蔽, S 表示有遮蔽($\sigma_s = 8$ dB)[81]

表中给出了不同衰落信道模型和遮蔽及无遮蔽场景下的优化结果。对于瑞利衰落这种悲观假设,性能非常差,但对于更现实的混合衰落场景下性能则有所改善,该场景意味着在源节点和目的节点间为视距,但其他链路则不是视距。遮蔽总是不利的,即使它能够导致更高的码率,它也要求更多的信道。单位面积移动台密度的增加将导致更低的调制指数,但会增加归一化 MASE、码率、信道数目和带内功率。

8.7 FH-CDMA 蜂窝网络

在 FH-CDMA 蜂窝网络内,一个基站可同时使用多个同步正交跳频图案,从而消除一个小区扇区内的下行链路中的小区内干扰。在 M 个跳频频率集中选择跳频图案,这些跳频图案彼此是循环移位的,可同时发射 M 个跳频信号,因此可同时容纳 M 个活跃移动台。

若小区足够小且跳频之间切换的时间足够长,它可能足以对小区中移动台的发射时间进行同步从而避免基站上行链路中信号的碰撞,并因此避免小区内干扰。通过测量移动台的下行链路信号的到达时间,是可能实现同步的。若在一个小区内有 L 个信道,但有少于 $\lfloor L/2 \rfloor$ 个活跃移动台,则可选用隔开的跳频图案,以便在上行或下行链路中都消除小区内的邻道干扰。

由于与不同小区或扇区相关联的跳频图案是异步的,小区间干扰难以完全避免。考虑具有 N_b 个移动台的扇区 B,被扇区天线 A 所覆盖。由于扇区 B 中的移动台以等概率独立异步地使用网络跳频频率集中任意 N_b 个载波频率,扇区 B 覆盖的某个移动台在扇区 A 上行链路通信信道产生干扰的概率为

$$p_c = \frac{DN_b}{L} \tag{8.84}$$

上式也给出了指向扇区 A 中的一个移动台的扇区天线 B 在移动台下行链路传输信道中产生的干扰的概率。由于每个扇区的正交性,从一个扇区产生的对另一个扇区任意链路干扰的信号不会超过一个。

FH-CDMA 网络可通过连续改变载波频率使得偶尔发生频率碰撞,从而在很大程度上避免了远近效应。因此,FH-CDMA 网络无需功率控制,所有移动台可用相同的功率来传输。当使用功率控制时,它倾向于使得远离扇区天线的移动台受益,但这又使接近扇区天线的移动台信号恶化,以至于即使是理想功率控制在典型情况下也只能使得系统容量略有增加。由于要求的开销过大,从而有很好的理由放弃这种微不足道的潜在优势而不使用功率控制策略。若移动

台的地理位置可通过两个或更多的基站来测定,则功率控制可导致抵达一个或更多基站的信号功率显著下降,从而降低地理位置精度。

最常用的 FH-CDMA 网络同时具有 Ad Hoc 和蜂窝网络的特征,并使用**蓝牙技术**。一个**微微网**包括一个主控蓝牙装置,与 7 个或更少的从设备进行通信。在特定的微微网,任何蓝牙装置可担任主设备或从设备角色,甚至可在一个微微网中为主设备而在另一个微微网中是从设备。一个微微网的主设备在一个时隙中选择从设备与其通信。从设备的定时和跳频图案同步到主设备,以完成正常传输。在一个微微网的上行和下行链路中,由于主设备在同一时刻只与一个从设备通信,故小区内干扰可以避开。

由于 DS-CDMA 蜂窝网络可使用功率控制和相干解调,故它比 FH-CDMA 蜂窝网络更受青睐。由于通常要使用非相干解调,故类似的 FH-CDMA 网络的潜在性能要差一些。因此,除混合蓝牙网络外,很少采用 FH-CDMA 蜂窝网络。

长期演进(LTE)是第四代高速数据无线通信标准。它使用 OFDM 而不是 CDMA 来进行多址接入,不同频率的子带可分配给不同的用户。在一个两时隙的子帧中,在上行链路中使用跳频,以将用户在第一个时隙分配的子带换到第二个时隙的另一个子带。

8.8 思 考 题

1. 对于 CDMA Ad Hoc 网络:

① 证明若 $m_0 = 1$,则

$$\epsilon(\Omega) = 1 - \exp\left(-\frac{\beta z}{\Omega_0}\right)\prod_{i=1}^{M}\left[1 - p_i + p_i\left(\frac{m_i}{m_i + \beta\Omega_i/\Omega_0}\right)^{m_i}\right]$$

② 若 $m_0 = 1$ 且 $m_i \to \infty (1 \leqslant i \leqslant M)$ 时, $\epsilon(\boldsymbol{\Omega})$ 的表达式是什么?

③ 当 $m_0 = m_i = 1 (1 \leqslant i \leqslant M)$ 时,证明式(8.32)。

2. CDMA Ad Hoc 网络中,当 $\Omega_0 \to \infty$时,Nakagami 参数为多少时可使得 $\epsilon(\boldsymbol{\Omega}) \to 0$?

3. 在 CDMA Ad Hoc 网络中:

① 证明:若 $\Omega_0 \to 0$,则无论 Nakagami 参数如何都有 $\epsilon(\boldsymbol{\Omega}) \to 1$。

② 当每个 $\Omega_i \to \infty$ 时,推导 $\epsilon(\boldsymbol{\Omega})$ 表达式,证明当且仅当某个 $p_i = 1$ 时,无论 Nakagami 参数如何都有 $\epsilon(\boldsymbol{\Omega}) \to 1$。

4. CDMA Ad Hoc 网络中,当 $z = \Gamma^{-1} = 0$ 时,推导 $\epsilon(\boldsymbol{\Omega})$ 的表达式。

5. 考虑一个蜂窝网络,其中有 M 个活跃移动台。假设各移动台的位置在网络中独立分布。移动台位于特定蜂窝扇区的概率为 λ/M 。因此,某个特定扇区天线服务的活跃移动台的平均数目为 λ ,且在一个小区扇区的 K 个活跃移动台的概率分布由二项分布确定。

$$P(M,k)=\binom{M}{k}\left(\frac{\lambda}{M}\right)^{k}\left(1-\frac{\lambda}{M}\right)^{M-k}$$

证明当 $M\to\infty$,该分布会趋近于泊松分布。

$$P(k)=\frac{\exp(-\lambda)\lambda^{k}}{k!},\quad k=0,1,2,\cdots,M$$

当给定 $K\geqslant 1$ 时 $K=k$ 的条件概率是什么?

6. 考虑单个小区组成的蜂窝网络的一条上行链路,采用功率控制,且 $m_0=m_i=p_i=1(1\leqslant i\leqslant M)$。证明其中断概率为

$$\epsilon(\boldsymbol{\Omega})=1-\exp\left(-\frac{\beta}{\Omega_{\mathrm{r}}\Gamma}\right)\left(1+\frac{\beta h}{G}\right)^{-M+1}$$

证明若 $\beta<<\min\left[\Omega_{\mathrm{r}}\Gamma,\left(\frac{G/h}{M}\right)\right]$,则 $\epsilon(\boldsymbol{\Omega})\approx\beta\left[\frac{1}{\Omega_{\mathrm{r}}\Gamma}+\frac{M-1}{G/h}\right]$。

7. 考虑一个小区中的扰码捕获。假设在码群里有 K 个扰码,一个码字中有 C 个符号,接受的门限是 T 次判决。假设小区的正确扰码未被发射,K 个码中每个码的判决都是等可能的。使用一致边界推导虚警概率的上界。

8. 考虑 DS-CDMA 网络中小区 c 的下行链路。假设没有衰落,小区中每条下行链路到 X_k 所要求的 SINR 为 γ 。证明仅当总发射功率为下式时可满足 SINR 要求:

$$P_0\geqslant\frac{\gamma}{1-f_{\mathrm{p}}}\sum_{k:X_k\in\mathcal{X}_i}\frac{\frac{N}{d_0^{\alpha}}+P_0\frac{h}{G}\sum_{i=1,i\neq c}^{M}I_i\,10^{\xi_{i,k}/10}\,\|S_i-X_k\|^{-\alpha}}{10^{\xi_{c,k}/10}\,\|S_{\mathrm{c}}-X_k\|^{-\alpha}}$$

9. 考虑一个 FH-CDMA 网络,网络中有两个与基站通信的移动台。调制是理想的 DPSK 调制,接收机使用相干等增益合并(EGC),信道数为 $M=10$,环境噪声和频谱泄露可忽略不计。传播条件为在没有功率控制时,同一时隙内,一个移动台抵达基站的信号比另一个移动台抵达基站的信号强 10dB。使用 $L=1$ 和 $L=2$ 时的式(6.106)和式(6.147)来评估存在瑞利衰落时引入功率控制的相对优势。假设接收的平均信道符号错误率为 0.02。

10. 考虑一个扇区 B,其中的移动台也被扇区天线 A 所覆盖。扇区 B 中的移动台以等概率在网络跳频频率集中任选一组 N_{b} 个频率,且 $D=1$。通信信道在跳频频段边缘的概率为 $2/L$,且通信信道在跳频频段内部的概率为 $(L-2)/L$ 。若来自干扰扇区的信号使用了扇区 A 中的一条上行链路信道,则令

$N_1=1$；若没有使用则令 $N_1=0$。N_1 的概率分布为 $p[N_1=1]=N_b/M$ 和 $p[N_1=0]=1-N_b/M$。

① 证明扇区 B 覆盖的某个移动台对扇区 A 中上行链路的一个相邻信道产生干扰的条件概率为

$$P_a=\frac{2(N_b-N_1)(L-N_b+N_1)}{L(L-1)},\quad L\geqslant N_b\geqslant 2$$

② 证明扇区 B 覆盖的移动台对扇区 A 上行链路的两个相邻信道都产生干扰的条件概率为

$$P_b=\frac{(N_b-N_1)(N_b-N_1-1)}{L(L-1)},\quad L\geqslant N_b\geqslant 2$$

第 9 章　迭代信道估计、解调和译码

信道参数的估计,如衰落幅度、干扰加噪声的功率谱密度等,对有效使用软判决译码必不可少。信道估计可通过接收机处理接收的导频信号来实现,但发射导频信号会增加开销,如数据吞吐量下降。直接从接收的数据符号中得到信道的最大似然估计通常极为困难。另一种有效的方法是使用 Turbo 码或低密度奇偶校验码。本章对期望最大化算法进行了推导和说明,它能够为最大似然方程提供一种迭代近似解,且与迭代解调、译码算法天然契合。本章阐述和分析了先进扩谱系统中应用迭代信道估计、解调、译码的两个例子。它们为设计先进系统所需的计算提供了良好的例证。

9.1　期望最大化算法

期望最大化(EM)算法为最大似然估计提供了一种低复杂度迭代方法[38,42]。已有大量文献介绍了基于 EM 技术的信道估计、数据检测和多用户检测算法[17]。本章中,随机向量用大写字母表示,而随机向量的实现用小写字母表示。

含有 m 个参数的非随机向量 $\boldsymbol{\theta}$ 的最大似然估计可通过对观察到的随机向量 $\boldsymbol{Y}=[Y_1,Y_2,\cdots Y_N]^{\mathrm{T}}$ 的条件概率密度函数 $f(\boldsymbol{y}|\boldsymbol{\theta})$ 进行最大化来获得。由于对数是其自变量的单调函数,$\boldsymbol{\theta}$ 的最大似然估计 $\hat{\boldsymbol{\theta}}_{\mathrm{ml}}$ 可表示为

$$\hat{\boldsymbol{\theta}}_{\mathrm{ml}}=\arg\max_{\boldsymbol{\theta}}\ln f(\boldsymbol{y}|\boldsymbol{\theta}) \tag{9.1}$$

式中 $\ln f(\boldsymbol{y}|\boldsymbol{\theta})$ 为**对数似然函数**。当似然函数可微时,最大似然估计是**似然方程**的解为

$$\nabla_{\boldsymbol{\theta}}\ln f(\boldsymbol{y}|\boldsymbol{\theta})\big|_{\boldsymbol{\theta}=\hat{\boldsymbol{\theta}}_{\mathrm{ml}}}=\mathbf{0} \tag{9.2}$$

式中 ∇ 为关于 $\boldsymbol{\theta}$ 的梯度向量,即

$$\nabla_{\theta}=\left[\frac{\partial}{\partial\theta_1}\quad\frac{\partial}{\partial\theta_2}\quad\cdots\quad\frac{\partial}{\partial\theta_N}\right]^{\mathrm{T}} \tag{9.3}$$

当式(9.2)不能求得封闭形式的解时,它有时可通过牛顿法或固定点方法

迭代求解。当迭代最大似然解也难以获得时,另一种方法就是**期望最大化**(EM)算法,它的主要优点是不需要计算梯度或 Hessian 矩阵。

EM 算法是基于如下假设,即形成随机数据向量 $\boldsymbol{Y}$ 的观察数据集 $\{Y_i\}$ 来源于更大的数据集 $\{Z_i\}$ 或其子集,而 $\{Z_i\}$ 形成随机数据向量 $\boldsymbol{Z}$。在这种假设下,其条件概率密度函数 $f(\boldsymbol{z}|\boldsymbol{\theta})$ 的最大化运算在数学上是易于处理的。数据向量 $\boldsymbol{Y}$ 称为**不完备**数据向量,数据向量 $\boldsymbol{Z}$ 称为**完备**数据向量。完备数据向量 $\boldsymbol{Z}$ 通过多对一变换与每一个观察数据 Y_k 相关联。由于这种变换是不可逆的,因此从 $\boldsymbol{Y}$ 到 $\boldsymbol{Z}$ 的映射不是唯一的。由于 $\boldsymbol{Z}$ 是不可观察的,函数 $\ln f(\boldsymbol{z}|\boldsymbol{\theta})$ 无法直接提供 $\boldsymbol{\theta}$ 的有用估计,故在给定 $\boldsymbol{Y}=\boldsymbol{y}$ 及 $\boldsymbol{\theta}$ 的估计值时,$\ln f(\boldsymbol{z}|\boldsymbol{\theta})$ 的期望值可通过 EM 算法实现迭代最大化。

由于 $\boldsymbol{Y}$ 由 $\boldsymbol{Z}$ 决定,联合条件概率密度函数 $f(\boldsymbol{z},\boldsymbol{y}|\boldsymbol{\theta})=f(\boldsymbol{z}|\boldsymbol{\theta})$,且条件概率密度的定义表明:

$$f(\boldsymbol{z}|\boldsymbol{y},\boldsymbol{\theta})=\frac{f(\boldsymbol{z}|\boldsymbol{\theta})}{g(\boldsymbol{y}|\boldsymbol{\theta})} \tag{9.4}$$

式中 $g(\boldsymbol{y}|\boldsymbol{\theta})$ 是给定 $\boldsymbol{\theta}$ 时 $\boldsymbol{Y}$ 的条件概率密度函数。因此

$$\ln g(\boldsymbol{y}|\boldsymbol{\theta})=\ln f(\boldsymbol{z}|\boldsymbol{\theta})-\ln f(\boldsymbol{z}|\boldsymbol{y},\boldsymbol{\theta}) \tag{9.5}$$

由一个假设的初始估计 $\hat{\boldsymbol{\theta}}_0$ 开始,EM 算法可通过增加 $\ln f(\boldsymbol{y}|\hat{\boldsymbol{\theta}}_i)$ 值来连续估计 $\hat{\boldsymbol{\theta}}_i$。令

$$E_{z|\boldsymbol{y},\hat{\boldsymbol{\theta}}_i}[g(\boldsymbol{Z})]=\int g(z)f(\boldsymbol{z}|\boldsymbol{y},\hat{\boldsymbol{\theta}}_i)\mathrm{d}z \tag{9.6}$$

表示 $g(\boldsymbol{Z})$ 关于概率密度 $f(\boldsymbol{z}|\boldsymbol{y},\hat{\boldsymbol{\theta}}_i)$ 的期望,式中 $g(\boldsymbol{Z})$ 是随机向量 Z 的某个函数。在 $f(\boldsymbol{z}|\boldsymbol{y},\hat{\boldsymbol{\theta}}_i)$ 上对式(9.5)的两边求积分可得

$$\ln f(\boldsymbol{y}|\boldsymbol{\theta})=E_{z|\boldsymbol{y},\hat{\boldsymbol{\theta}}_i}[\ln f(\boldsymbol{Z}|\boldsymbol{\theta})]-E_{z|\boldsymbol{y},\hat{\boldsymbol{\theta}}_i}[\ln f(\boldsymbol{Z}|\boldsymbol{y},\boldsymbol{\theta})] \tag{9.7}$$

引理:对任意 $\hat{\boldsymbol{\theta}}_{i+1}$ 有

$$E_{z|\boldsymbol{y},\hat{\boldsymbol{\theta}}_i}[\ln f(\boldsymbol{Z}|\boldsymbol{y},\hat{\boldsymbol{\theta}}_{i+1})]\leqslant E_{z|\boldsymbol{y},\hat{\boldsymbol{\theta}}_i}[\ln f(\boldsymbol{Z}|\boldsymbol{y},\hat{\boldsymbol{\theta}}_i)] \tag{9.8}$$

当且仅当 $f(\boldsymbol{z}|\boldsymbol{y},\hat{\boldsymbol{\theta}}_{i+1})=f(\boldsymbol{z}|\boldsymbol{y},\hat{\boldsymbol{\theta}}_i)$ 时,上式取等号。

证明:由于 $\ln a-\ln b=\ln a/b$,故

$$E_{z|\boldsymbol{y},\hat{\boldsymbol{\theta}}_i}[\ln f(\boldsymbol{z}|\boldsymbol{y},\hat{\boldsymbol{\theta}}_{i+1})]-E_{z|\boldsymbol{y},\hat{\boldsymbol{\theta}}_i}[\ln f(\boldsymbol{Z}|\boldsymbol{y},\hat{\boldsymbol{\theta}}_i)]=E_{z|\boldsymbol{y},\hat{\boldsymbol{\theta}}_i}\left[\ln\frac{f(\boldsymbol{Z}|\boldsymbol{y},\hat{\boldsymbol{\theta}}_{i+1})}{f(\boldsymbol{Z}|\boldsymbol{y},\hat{\boldsymbol{\theta}}_i)}\right]$$

由于 $x=1$ 时 $\ln x=x-1$,且二次微分证明 $\ln x$ 在 $x>0$ 时是 x 的凹函数。在 $x>0$ 时 $\ln x\leqslant x-1$,当且仅当 $x=1$ 时该式取等号,因此

$$E_{z|\boldsymbol{y},\hat{\boldsymbol{\theta}}_i}\left[\ln\frac{f(\boldsymbol{Z}|\boldsymbol{y},\hat{\boldsymbol{\theta}}_{i+1})}{f(\boldsymbol{Z}|\boldsymbol{y},\hat{\boldsymbol{\theta}}_i)}\right]\leqslant\int\left[\frac{f(\boldsymbol{z}|\boldsymbol{y},\hat{\boldsymbol{\theta}}_{i+1})}{f(\boldsymbol{z}|\boldsymbol{y},\hat{\boldsymbol{\theta}}_i)}-1\right]f(\boldsymbol{z}|\boldsymbol{y},\hat{\boldsymbol{\theta}}_i)\mathrm{d}z=0$$

这就证明了该不等式。等式成立的条件也显而易见。

定义

$$\chi(\boldsymbol{\theta},\hat{\boldsymbol{\theta}}) = E_{z\mid \boldsymbol{y},\hat{\boldsymbol{\theta}}}[\ln f(\boldsymbol{Z}\mid\boldsymbol{\theta})] \tag{9.9}$$

定理 1:若按下式进行连续估计:

$$\hat{\boldsymbol{\theta}}_{i+1} = \arg\max_{\boldsymbol{\theta}} \chi(\boldsymbol{\theta},\hat{\boldsymbol{\theta}}_i) \tag{9.10}$$

且 $\ln f(\boldsymbol{y}\mid\boldsymbol{\theta})$ 有上界,则当 $i\to\infty$ 时序列 $\{\ln f(\boldsymbol{y}\mid\hat{\boldsymbol{\theta}}_i)\}$ **收敛到某个极限**。

证明:定理的假设意味着 $\chi(\hat{\boldsymbol{\theta}}_{i+1},\hat{\boldsymbol{\theta}}_i) \geqslant \chi(\hat{\boldsymbol{\theta}}_i,\hat{\boldsymbol{\theta}}_i)$。该不等式、引理、式(9.7)及式(9.9)表明:

$$\ln g(\boldsymbol{y}\mid\hat{\boldsymbol{\theta}}_{i+1}) \geqslant \ln g(\boldsymbol{y}\mid\hat{\boldsymbol{\theta}}_i)$$

当且仅当下式成立时上式取等号,即

$$\chi(\hat{\boldsymbol{\theta}}_{i+1},\hat{\boldsymbol{\theta}}_i) = \chi(\hat{\boldsymbol{\theta}}_i,\hat{\boldsymbol{\theta}}_i),f(z\mid\boldsymbol{y},\hat{\boldsymbol{\theta}}_{i+1}) = f(z\mid\boldsymbol{y},\hat{\boldsymbol{\theta}}_i)$$

有界单调增加的序列收敛于某个极限。因此,若 $\ln f(\boldsymbol{y}\mid\hat{\boldsymbol{\theta}}_i)$ 有上界,则当 $i\to\infty$ 时它将收敛于某个极限。

该定理可直接导出 EM 算法,它有期望(E 步)和最大化(M 步)两个主要计算步骤。

EM 算法

(1) 设 $i=0$,并选择初始估计 $\hat{\boldsymbol{\theta}}_0$。

(2) E 步:计算 $\chi(\boldsymbol{\theta},\hat{\boldsymbol{\theta}}_i) = E_{z\mid\boldsymbol{y},\hat{\boldsymbol{\theta}}_i}[\ln f(\boldsymbol{z}\mid\boldsymbol{\theta})]$。

(3) M 步:计算 $\hat{\boldsymbol{\theta}}_{i+1} = \arg\max_{\boldsymbol{\theta}} \chi(\boldsymbol{\theta},\hat{\boldsymbol{\theta}}_i)$。

(4) 若 i 没有超过某个预设的最大值,且 $\|\hat{\boldsymbol{\theta}}_{i+1}-\hat{\boldsymbol{\theta}}_i\| > \epsilon$,其中 ϵ 是预设的正数,则返回到 E 步,否则结束迭代。

若 $\ln g(\boldsymbol{y}\mid\boldsymbol{\theta})$ 非凹,则序列 $\{\ln g(\boldsymbol{y}\mid\hat{\boldsymbol{\theta}}_i)\}$ 可能会收敛到 $\ln g(\boldsymbol{y}\mid\boldsymbol{\theta})$ 的局部最大值而非全局最大值,且 $\hat{\boldsymbol{\theta}}$ 可能不会收敛到 $\hat{\boldsymbol{\theta}}_{\mathrm{ml}}$。此外,EM 算法的迭代可能会造成 $\hat{\boldsymbol{\theta}}_i$ 从 $\ln g(\boldsymbol{y}\mid\hat{\boldsymbol{\theta}}_i)$ 某个局部最大值附近跳跃到另一个局部最大值附近。因此,在执行 EM 算法时,有必要设置几个不同的初始向量 $\hat{\boldsymbol{\theta}}_0$ 来确保 $\hat{\boldsymbol{\theta}}_i \to \hat{\boldsymbol{\theta}}_{\mathrm{ml}}$ 或非常接近 $\hat{\boldsymbol{\theta}}_{\mathrm{ml}}$。

在很多应用中,$\boldsymbol{Y}$ 是完备数据向量 $\boldsymbol{Z}=[\boldsymbol{Y}\ \ \boldsymbol{X}]$ 的一部分,其中 $\boldsymbol{X}$ 称为**缺失数据向量**。在这种情况下,$f(z\mid\boldsymbol{y},\boldsymbol{\theta}) = h(\boldsymbol{x}\mid\boldsymbol{y},\boldsymbol{\theta})$,其中 $\boldsymbol{h}(\boldsymbol{x}\mid\boldsymbol{y},\boldsymbol{\theta})$ 为给定 $\boldsymbol{y}$ 和 $\boldsymbol{\theta}$ 时,$\boldsymbol{X}$ 的条件概率密度函数。因此,式(9.9)变为

$$\chi(\boldsymbol{\theta},\hat{\boldsymbol{\theta}}_i) = E_{\boldsymbol{x}\mid\boldsymbol{y},\hat{\boldsymbol{\theta}}_i}[\ln f(\boldsymbol{Z}\mid\boldsymbol{\theta})] \tag{9.11}$$

贝叶斯准则给出,即

$$h(\boldsymbol{x}|\boldsymbol{y},\hat{\boldsymbol{\theta}}_i)=\frac{g(\boldsymbol{y}|\boldsymbol{x},\hat{\boldsymbol{\theta}}_i)h(\boldsymbol{x}|\hat{\boldsymbol{\theta}}_i)}{g(\boldsymbol{y}|\hat{\boldsymbol{\theta}}_i)} \tag{9.12}$$

该式可用于计算式(9.11)的期望值。

例 9.1 作为一个实际的例子,考虑在 AWGN 信道上传输的随机二进制序列 X_i ($i=1,2\cdots,N$),接收到的随机向量 $\boldsymbol{Y}=[Y_1 \quad Y_2 \quad \cdots \quad Y_N]^{\mathrm{T}}$ 为

$$\boldsymbol{Y}=A\boldsymbol{X}+\boldsymbol{N} \tag{9.13}$$

式中 A 为正的常数幅度, $\boldsymbol{X}=[X_1 \quad X_2 \quad \cdots \quad X_N]^{\mathrm{T}}$ 为数据比特向量, $\boldsymbol{N}=[N_1 \quad N_2 \quad \cdots \quad N_n]^{\mathrm{T}}$ 为噪声样值向量,并假设其分量是方差为 v 的独立同分布零均值高斯随机变量。假设数据比特相互独立且与其他参数独立,且 $X_i=1$ 和 $X_i=-1$ 的概率均为 1/2。因此,$\boldsymbol{X}$ 的概率密度函数可由概率函数替换。需要估计的参数向量为 $\boldsymbol{\theta}=[A \quad v]^{\mathrm{T}}$。

式(9.13)和系统模型表明

$$g(\boldsymbol{y}|\boldsymbol{x},\boldsymbol{\theta})=\prod_{k=1}^{n}g(y_k|x_k,\boldsymbol{\theta}) \tag{9.14}$$

式中 $\boldsymbol{y}$ 和 $\boldsymbol{x}$ 为 $n\times 1$ 维向量,且

$$g(y_k|x_k,\boldsymbol{\theta})=\frac{1}{\sqrt{2\pi v}}\exp\left[-\frac{(y_k-Ax_k)^2}{2v}\right] \tag{9.15}$$

考虑 $l\times 1$ 维向量 $\boldsymbol{y}^{(l)}$ 、$\boldsymbol{x}^{(l)}$,其中 $l=1,2,\cdots,n$。 利用关于 l 的数学推导,可以发现:

$$\sum_{x:\{x_k=\pm 1\}}g(\boldsymbol{y}|\boldsymbol{x},\boldsymbol{\theta})=\prod_{k=1}^{n}[g(y_k|x_k=1,\boldsymbol{\theta})+g(y_k|x_k=-1,\boldsymbol{\theta})] \tag{9.16}$$

式中的求和是在 $n\times 1$ 维向量 $\boldsymbol{x}$ 的所有 2^n 个可能取值上进行的。由于 $\boldsymbol{X}$ 独立于 $\boldsymbol{\theta}$,则 $\Pr(\boldsymbol{x}|\boldsymbol{\theta})=\Pr(\boldsymbol{x})=2^{-n}$,且

$$g(\boldsymbol{y}|\boldsymbol{\theta})=2^{-n}\prod_{k=1}^{n}[g(y_k|x_k=1,\boldsymbol{\theta})+g(y_k|x_k=-1,\boldsymbol{\theta})] \tag{9.17}$$

将该式代入到似然方程式(9.2),会得到数学上难以求解的方程组,故采用 EM 算法来估计 $\boldsymbol{\theta}$。

定义完备数据向量 $\boldsymbol{Z}=[\boldsymbol{Y} \ \boldsymbol{X}]^{\mathrm{T}}$ 。由于 $\boldsymbol{Pr}(\boldsymbol{x}|\boldsymbol{\theta})=2^{-n}$, 有

$$\ln f(\boldsymbol{z}|\boldsymbol{\theta})=\ln g(\boldsymbol{y}|\boldsymbol{x},\boldsymbol{\theta})-n\ln 2 \tag{9.18}$$

将式(9.14)和式(9.15)代入式(9.18),可得

$$\ln f(\boldsymbol{z}|\boldsymbol{\theta})=C-\frac{n}{2}\ln v-\frac{1}{2v}\sum_{k=1}^{n}(y_k-Ax_k)^2 \tag{9.19}$$

式中：C 为常数，与参数 A 和 v 无关。因此，式(9.11)和式(9.12)给出

$$\chi(\boldsymbol{\theta},\hat{\boldsymbol{\theta}}_i)=C-\frac{n}{2}\ln v-\frac{1}{2v}\sum_{k=1}^{n}\sum_{\boldsymbol{x}:\{x_l=\pm1\}}(y_k-Ax_k)^2\Pr(\boldsymbol{x}\mid\boldsymbol{y},\hat{\boldsymbol{\theta}}_i) \quad (9.20)$$

$$\Pr(\boldsymbol{x}\mid\boldsymbol{y},\hat{\boldsymbol{\theta}}_i)=\frac{2^{-n}g(\boldsymbol{y}\mid\boldsymbol{x},\hat{\boldsymbol{\theta}}_i)}{g(\boldsymbol{y}\mid\hat{\boldsymbol{\theta}}_i)} \quad (9.21)$$

式中：$\hat{\boldsymbol{\theta}}_i=[\hat{A}_i \quad \hat{v}_i]$。求和在 2^n 个可能的向量上进行。利用式(9.14)、式(9.17)和式(9.21)，可得

$$\sum_{\boldsymbol{x}:\{x_l=\pm1\}}(y_k-Ax_k)^2\Pr(\boldsymbol{x}\mid\boldsymbol{y},\hat{\boldsymbol{\theta}}_i)$$
$$=\frac{\sum_{\boldsymbol{x}/k:\{x_l=\pm1\}}[(y_k-A)^2g(\boldsymbol{y}\mid\boldsymbol{x}/k,x_k=1,\hat{\boldsymbol{\theta}}_i)+(y_k+A)^2g(\boldsymbol{y}\mid\boldsymbol{x}/k,x_k=-1,\hat{\boldsymbol{\theta}}_i)]}{\prod_{k=1}^{n}[g(y_k\mid x_k=1,\hat{\boldsymbol{\theta}}_i)+g(y_k\mid x_k=-1,\hat{\boldsymbol{\theta}}_i)]} \quad (9.22)$$

式中：$\boldsymbol{x}/k$ 为去掉分量 x_k 以后的向量 $\boldsymbol{x}$，且求和是在 2^{n-1} 个可能向量上进行的。将式(9.14)、式(9.15)代入式(9.22)，可得

$$\sum_{\boldsymbol{x}:\{x_l=\pm1\}}(y_k-Ax_k)^2\Pr(\boldsymbol{x}\mid\boldsymbol{y},\hat{\boldsymbol{\theta}}_i)$$
$$=\frac{(y_k-A)^2g(y_k\mid x_k=1,\mid\hat{\boldsymbol{\theta}}_i)+(y_k+A)^2g(y_k\mid x_k=-1,\mid\hat{\boldsymbol{\theta}}_i)}{g(y_k\mid x_k=1,\hat{\boldsymbol{\theta}}_i)+g(y_k\mid x_k=-1,\hat{\boldsymbol{\theta}}_i)}$$
$$=A^2+y_k^2-2Ay_k\tanh\left(\frac{\hat{A}_iy_k}{\hat{v}_i}\right) \quad (9.23)$$

将该式代入式(9.20)，可得

$$\chi(\boldsymbol{\theta},\hat{\boldsymbol{\theta}}_i)=C-\frac{n}{2}\ln v-\frac{nA^2}{2v}-\frac{1}{2v}\sum_{k=1}^{n}\left[y_k^2-2Ay_k\tanh\left(\frac{\hat{A}_iy_k}{\hat{v}_i}\right)\right] \quad (9.24)$$

这就完成了 E 步运算。

使得$\chi(\boldsymbol{\theta},\hat{\boldsymbol{\theta}}_i)$ 最大化的参数估计值可通过求解下式获得：

$$\frac{\partial\chi(\boldsymbol{\theta},\hat{\boldsymbol{\theta}}_i)}{\partial A}\bigg|_{\boldsymbol{\theta}=\hat{\boldsymbol{\theta}}_{i+1}}=0, \qquad \frac{\partial\chi(\boldsymbol{\theta},\hat{\boldsymbol{\theta}}_i)}{\partial v}\bigg|_{\boldsymbol{\theta}=\hat{\boldsymbol{\theta}}_{i+1}}=0 \quad (9.25)$$

合并这些解，可得到 M 步为

$$\hat{A}_{i+1}=\frac{1}{n}\sum_{k=1}^{n}y_k\tanh\left(\frac{\hat{A}_iy_k}{\hat{v}_i}\right) \quad (9.26)$$

$$\hat{v}_{i+1} = \frac{1}{n}\sum_{k=1}^{n} y_k^2 - \hat{A}_{i+1}^2 \tag{9.27}$$

合理的初始值设置为

$$\hat{A}_0 = \frac{1}{n}\sum_{k=1}^{n} |y_k|,\ \hat{v}_0 = \frac{1}{n}\sum_{k=1}^{n} y_k^2 - \hat{A}_0^2 \tag{9.28}$$

这就完成了算法的描述。

9.1.1 固定点迭代

在期望最大化方法的最大化步骤中,计算导数并令其等于零。通过代数变换,通常可得到一个或多个形如 $f(x)=0$ 的方程。方程的解为 x_s,即当 $x=x_s$ 时,$f(x_s)=0$。若 $f(x)$ 为3次或更高阶的多项式,或 $f(x)$ 包含超越函数,则或许不存在 x_s 封闭形式的解或公式,这就有必要使用近似方法。

固定点迭代法[58]是一种不需要计算 $f(x)$ 导数的方法,而导数计算可能会很困难。为使用这种方法,需要通过代数变换将 $f(x)=0$ 转化为以下形式

$$x = g(x) \tag{9.29}$$

满足下式的解 x_s 意味着 $f(x_s)=0$,它可由迭代计算得到

$$x_s = g(x_s) \tag{9.30}$$

在将解初始值估计为 x_0 之后,**固定点迭代**如下为

$$x_{n+1} = g(x_n), n \geqslant 0 \tag{9.31}$$

在一定条件下它将收敛于解 x_s。由于 $g(x_s)=x_s$,因此将该解称为 $g(x)$ 的**固定点**。

固定点迭代收敛的充分条件由如下定理建立。令 $g'(x)$ 为 $g(x)$ 关于 x 的导数。

定理2:假设 $g(x)$ 的导数连续,在区间 I_0 内有 $|g'(x)| \leqslant K < 1$。若 $x_s \in I_0$,且 $x_s = g(x_s)$,则对任意 $x_0 \in I_0$,当 $n \to \infty$时固定点迭代收敛,并使得 $x_n \to x_s$。

证明:根据微积分的中值定理,存在数 $u \in (x_s, x_n)$,使得

$$g(x_n) - g(x_s) = g'(u)(x_n - x_s), n \geqslant 1 \tag{9.32}$$

由于假设 $(x_s, x_n) \in I_0$ 时 $|g'(x)| \leqslant K$,故

$$|g(x_n) - g(x_s)| \leqslant K|x_n - x_s| \tag{9.33}$$

由式(9.30)、式(9.31)及式(9.33)可得

$$|x_n - x_s| = |g(x_{n-1}) - g(x_s)| \leqslant K|x_{n-1} - x_s| \tag{9.34}$$

重复应用该不等式可得

$$|x_n - x_s| \leqslant K^n |x_0 - x_s| \tag{9.35}$$

由于 $K<1$，故当 $n\to\infty$ 时，有 $K^n\to 0$ 和 $|x_n-x_s|\to 0$。因此，当 $n\to\infty$ 时，有 $x_n\to x_s$。

由 $f(x)=0$ 到 $x=g(x)$ 通常有多种代数变换方法。对于 $|g'(x)|<K(x\in I_0)$，每种变换所对应的 K 值一般不同。$K<1$ 的变换可保证固定点迭代收敛。在这些变换中选择具有最小 K 值的特定变换，可使收敛速度最快。

例 9.2 假设 $f(x)=x^2+ax+b=0$，其中 $x\neq 0$，$a\neq 0$，则某种代数变换给出 $x=-(x^2+b)/a$。对于这种变换，若 $|x|<|a|/2$，则 $g'(x)=-2x/a$ 会收敛。另一种代数变换为 $x=-a-bx^{-1}$。若 $|x|>\sqrt{|b|}$，则 $g'(x)=b/x^2$ 会收敛。若 $a^2<4|b|$，则可保证固定点迭代收敛的两个区间不相交。

9.2 直 扩 系 统

接收机获得的信道状态信息(CSI)的精度对相干解调以及有效的软判决译码至关重要(见第 1 章)。蜂窝网协议，如 WCDMA(宽带码分多址接入)和 3GPP LTE(第 3 代伙伴计划长期演进)指定使用导频辅助，信道估计(PACE)。**导频符号**是已知符号，在时域或频域随发射数据多路传输，或叠加到发射数据上，随之而来的缺点是频谱或功率效率的下降，且不适用于相干时间小于导频符号传输速率的快衰落信道。虽然在大多数蜂窝网标准中，导频符号的主要作用是信道估计，在小区、数据帧及符号同步中也常发挥一定作用，但当导频符号不可用时，也可使用其他同步方法[7,61]。典型的**盲信道估计方法**是使用接收符号的二阶统计量来进行信道估计，虽可避免使用导频符号所带来的开销，但在估计性能上有所损失。使用 EM 算法可改善信道估计的性能。本节介绍了一种不使用**任何**导频符号，同时实现迭代 EM 信道估计、迭代检测和译码功能的直扩系统[96]。信道估计需要对接收到的由热噪声和时变干扰构成的**干扰功率谱密度**进行估计。精确的信道估计可提高译码器抑制干扰的能力。

9.2.1 编码、调制及信道估计

每个 $1\times K$ 维消息向量 $\boldsymbol{m}=[m(1)\quad m(2)\quad\cdots\quad m(K)]$ 通过使用系统可扩展非规则重复累积(IRA)码(见 1.7 节)被编码成 $1\times N$ 维码字 $\boldsymbol{c}=[c(1)\quad c(2)\quad\cdots\quad c(N)]$。IRA 码可合并实现线性复杂度的 Turbo 编码和更低复杂度的 LDPC 译码且不损伤性能。1/2 码率的 (N,K) IRA 码通过**密度演进**[71]来构造，它在式(1.217)和式(1.218)中最大节点的度为 $d_v=8$ 和 $d_c=8$，从而可得一个强健 IRA 码的度分布为

$$v(x) = 0.00008 + 0.31522x + 0.34085x^2 + 0.06126x^6 + 0.28258x^7$$
$$\chi(x) = 0.62302x^5 + 0.37698x^6 \tag{9.36}$$

IRA 系统奇偶校验矩阵与生成矩阵分别由式(1.219)与式(1.221)定义。

图 9.1 显示了由 QPSK 调制器、直接序列扩谱产生器组成的双四进制 DS/CDMA 发射机框图(见 2.4 节),其中扩谱序列产生器是将正交码片序列与同相和正交调制器的输入相乘。经格雷编码的 QPSK(见 1.6 节)将 2 个编码比特映射为一个调制符号 $d(i) \in \{\pm 1, \pm \mathrm{j}\}$ ($i=1,\cdots,N_d/2$, $\mathrm{j}=\sqrt{-1}$)。虽然假设调制方式为 QPSK,但后续的分析和仿真很容易扩展到 q 进制 QAM。并行编码比特流由 $d(i)$ 的实部和虚部构成,即 $d_R(i)=\mathrm{Re}[d(i)]$,$d_I(i)=\mathrm{Im}[d(i)]$。由码片波形调制器(CWM)进行矩形脉冲成形之前,并行编码比特流分别使用 Gold 序列进行扩谱。实际上,在载波上变频以前需要使用中频(IF),但为简洁起见,图 9.1 中省略了基带到 IF 的上变频。

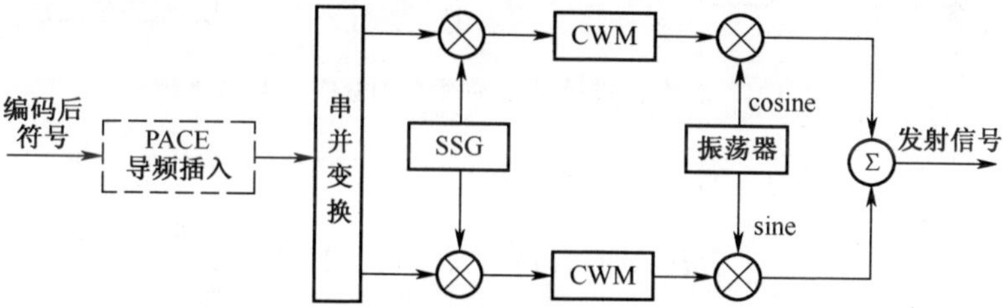

图 9.1 采用 QPSK 调制的 DS/CDMA 发射器

由于 IRA 编码器具有内在的交织特性,可将其另外表示成重复码与交织器和累加器的级联,因此 IRA 码无需使用信道交织。交织器本质上是嵌入在矩阵 $\boldsymbol{H}_1$ 中,该矩阵是式(1.221)所定义的生成矩阵的一部分。

对于每个 QPSK 分量来说,每个码字或帧由 $N/2$ 个 QPSK 编码符号、$N_d G'/2$ 个扩谱序列码片构成,其中 $G' = 2G$ 为分量的扩谱因子,G 为数据符号的扩谱因子。每帧包含两种不同的子帧或块。衰落块由 N_b 个编码比特组成,并假设这些比特的衰落幅度为常数。干扰块由 N_{ib} 个编码比特组成,并假设在这些比特持续时间内的干扰电平为常数。在衰落块中,对应于两个扩谱序列的复衰落幅度为

$$B = \sqrt{\varepsilon_s}\alpha \mathrm{e}^{\mathrm{j}\theta} \tag{9.37}$$

式中:ε_s 为每个 QPSK 符号的平均能量;α 为衰落幅度的大小,且 $E[\alpha^2] = 1$;θ 为衰落导致的未知信道相移。

9.2.2 迭代接收机结构

图 9.2 显示了双四进制迭代接收机的框图。接收信号经下变频,然后通过

码片匹配滤波器，再在各支路上由同步的扩谱序列进行解扩。为简洁起见，图中省略了同步器。假设接收机有精确同步，就可防止两个用户的扩谱序列间出现自扰。令 $N_0/2$ 表示高斯噪声的双边功率谱密度。对于平坦衰落场景下的特定衰落块而言，受多址干扰的第 k 个符号间隔内接收信号的复包络可由式(9.38)表示。该复包络由并串(P/S)转换器输出为

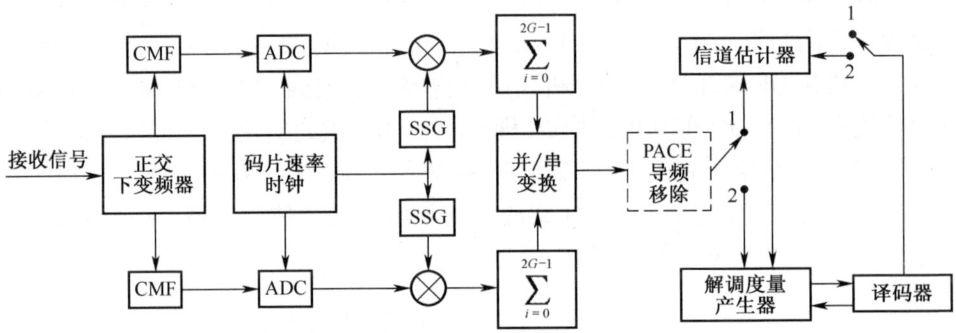

图 9.2　具有信道估计器的迭代 DS/CDMA 接收机

$$
\begin{aligned}
y(i) &= y_R(i) + jy_I(i) \\
&= Bd(i) + J(i) + n(i), \quad 1 \leqslant i \leqslant \frac{N}{2}
\end{aligned}
\tag{9.38}
$$

式中：$d(i)$ 为期望用户发射的复编码符号；$n(i)$ 为零均值圆对称的复高斯噪声样值，且 $E[|n(i)|^2] = N_0$；$J(i)$ 为解调器收到的干扰信号(见 1.1 节)。若收到导频符号，可将其移除并用于信道估计器。

假设时变多址接入干扰由与期望用户结构相同的干扰用户产生，但这些用户的扩谱序列不同，且复衰落幅度相互独立。直扩系统的巨大优势在于，接收机的解扩趋向于在编码符号通带内将干扰功率谱密度进行白化，同时后续滤波趋向于生成具有近似高斯分布的残留干扰。因此，将干扰和热噪声组合建模为加性高斯噪声，其双边功率谱密度为 $A/2$ 且在每 N_{ib} 个编码比特构成的块内保持为常数，但在块与块之间是变化的。该模型使得由 EM 估计器导出的 A 可用于解调器度量，并可抑制干扰。

接收机迭代定义为图 9.2 所示的信道估计器中内部 EM 迭代之后的译码器迭代，并生成单一的解调器度量。令 r 为内部 EM 迭代的次数，$r = 1,2,\cdots,r_{\max}$；令 l 为闭环接收机迭代的次数，$l = 1,2,\cdots,l_{\max}$。

令 $\hat{\theta}_{(r)}^{(l)} = (\hat{B}_{(r)}^{(l)}, \hat{A}_{(r)}^{(l)})$ 为在接收机进行第 l 次迭代期间，第 r 次 EM 迭代时复衰落幅度及干扰功率谱密度参数的估计值。当图 9.2 中的选择开关打到位置 1

时，获得初始的信道估计和译码，此后开始 EM 迭代。当选择开关打到位置 2 时，执行后续的接收机迭代，这是为了在信道译码器软反馈的辅助下进一步完善初始信道估计。

9.2.3 EM 算法

由接收到的 N_d 个编码符号构成的数据向量 $\boldsymbol{Y}=[Y(1),Y(2),\cdots,Y(N_d)]$ 直接计算最大似然信道估计器 $\boldsymbol{\theta}$ 并不可行，这是由于计算复杂度随着 N_d 的增加呈指数增长。为此，可采用带有**完备接收数据向量**的 EM 算法，该向量定义为 $\boldsymbol{Z}=(\boldsymbol{D},\boldsymbol{Y})$，其中缺失数据向量 $\boldsymbol{D}$ 为发射信号向量。

由于 $\boldsymbol{D}$ 独立于参数 $\boldsymbol{\theta}$，有

$$\ln f(\boldsymbol{z}|\boldsymbol{\theta})=\ln f(\boldsymbol{y}|\boldsymbol{d},\boldsymbol{\theta})+\ln f(\boldsymbol{d}) \tag{9.39}$$

假设符号是独立的，高斯噪声和干扰是零均值和圆对称的，可得

$$f(\boldsymbol{y}|\boldsymbol{d},\boldsymbol{\theta})=\frac{1}{(\pi A)^{N_d}}\exp\left[-\sum_{i=1}^{N_d}\frac{(|y(i)-Bd(i)|^2)}{A}\right] \tag{9.40}$$

因此，由于有 $|d(i)|^2=1$，故

$$\ln f(\boldsymbol{y}|\boldsymbol{d},\boldsymbol{\theta})=-N_d\cdot\ln(A)-\frac{1}{A}\sum_{i=1}^{N_d}[|y(i)|^2+|B|^2-2\mathrm{Re}(y^*(i)Bd(i))] \tag{9.41}$$

式中无关常数已经去除。

E 步：该步需要计算 $\boldsymbol{Z}=(\boldsymbol{D},\boldsymbol{Y})$ 条件对数似然的条件期望：

$$\chi(\boldsymbol{\theta},\boldsymbol{\theta}_{(r)}^{(l)})=E_{z|\boldsymbol{y},\boldsymbol{\theta}_{(r)}^{(l)}}[\ln f(\boldsymbol{Z}|\boldsymbol{\theta})] \tag{9.42}$$

式中：$\boldsymbol{\theta}_{(r)}^{(l)}$ 为前面估计得到的值。应用式(9.39)和式(9.41)，并注意到式(9.39)中的 $\ln f(\boldsymbol{d})$ 独立于 $\boldsymbol{\theta}$，因此与后面的最大化无关，我们可得

$$\chi(\boldsymbol{\theta},\hat{\boldsymbol{\theta}}_{(r)}^{(l)})=-N_d\cdot\ln(A)-\frac{1}{A}\sum_{i=1}^{N_d}[|y(i)|^2+|B|^2-2\mathrm{Re}(y^*(i)B\bar{d}_{(r)}^{(l)}(i))] \tag{9.43}$$

式中

$$\bar{d}_{(r)}^{(l)}(i)=E_{z|\boldsymbol{y},\hat{\boldsymbol{\theta}}_{(r)}^{(l)}}[D(i)]=E_{\boldsymbol{d}|\boldsymbol{y},\hat{\boldsymbol{\theta}}_{(r)}^{(l)}}[D(i)] \tag{9.44}$$

假设每个发送符号 $D(i)$ 之间相互独立，且 $D(i)$ 与 $\hat{\boldsymbol{\theta}}_{(r)}^{(l)}$ 相互独立。应用贝叶斯定律，再结合式(9.40)能够表示为 N_d 个因子相乘的事实，可得

$$\bar{d}_{(r)}^{(l)}(i)=E_{d(i)|y(i),\hat{\boldsymbol{\theta}}_{(r)}^{(l)}}[D(i)] \tag{9.45}$$

式中

$$h(d(i)\mid y(i),\hat{\boldsymbol{\theta}}_{(r)}^{(l)})=\frac{g(y(i)\mid d(i),\hat{\boldsymbol{\theta}}_{(r)}^{(l)})}{g(y(i)\mid\hat{\boldsymbol{\theta}}_{(r)}^{(l)})}\Pr(d(i)) \tag{9.46}$$

$$g(y(i)\mid d(i),\hat{\boldsymbol{\theta}}_{(r)}^{(l)})=\frac{1}{\pi\hat{A}_{(r)}^{(l)}}\exp\left(-\frac{|y(i)-\hat{B}_{(r)}^{(l)}d(i)|^2}{\hat{A}_{(r)}^{(l)}}\right) \tag{9.47}$$

式中：$h(d(i)\mid\cdot)$ 为 $D(i)$ 的条件密度函数，且 $g(y(i)\mid\cdot)$ 为 $Y(i)$ 的条件密度函数。

M 步：对式(9.43)关于复数 B 的实部和虚部求导，然后令导数为零，可得复衰落幅度在第 $r+1$ 次迭代的估计为

$$\mathrm{Re}(\hat{B}_{(r+1)}^{(l)})=\frac{1}{N_{\mathrm{d}}}\sum_{i=1}^{N_{\mathrm{d}}}\mathrm{Re}(y^*(i)\bar{d}_{(r)}^{(l)}(i)) \tag{9.48}$$

$$\mathrm{Im}(\hat{B}_{(r+1)}^{(l)})=-\frac{1}{N_{\mathrm{d}}}\sum_{i=1}^{N_{\mathrm{d}}}\mathrm{Im}(y^*(i)\bar{d}_{(r)}^{(l)}(i)) \tag{9.49}$$

类似地，对式(9.43)求关于 A 的最大值可以导出

$$\hat{A}_{(r+1)}^{(l)}=\frac{1}{N_{\mathrm{d}}}\sum_{i=1}^{N_{\mathrm{d}}}|y(i)-\hat{B}_{(r+1)}^{(l)}\bar{d}_{(r)}^{(l)}(i)|^2 \tag{9.50}$$

上述这些公式表明一旦估计出 $\bar{d}_{(r)}^{(l)}(i)$，就可估计未知参数。

由于概率 $s_1=P(d(i)=+1)$、$s_2=P(d(i)=+\mathrm{j})$、$s_3=P(d(i)=-1)$ 和 $s_4=P(d(i)=-\mathrm{j})$ 未知，译码器可以在接收机第 l 次迭代后，利用信道译码器软输出的码字符号概率 $s_\beta^{(l)}$（$\beta=1,2,3,4$）对上述概率进行估计。利用估计得到的概率及式(9.45)和式(9.46)，可得

$$\bar{d}_{(r)}^{(l)}(i)=[g(y(i)\mid\hat{\theta}_{(r)}^{(l)})]^{-1}\begin{bmatrix} s_1^{(l)}g(y(i)\mid 1,\hat{\theta}_{(r)}^{(l)})+js_2^{(l)}g(y(i)\mid j,\hat{\theta}_{(r)}^{(l)}) \\ -s_3^{(l)}g(y(i)\mid -1,\hat{\theta}_{(r)}^{(l)})+js_4^{(l)}g(y(i)\mid -j,\hat{\theta}_{(r)}^{(l)}) \end{bmatrix} \tag{9.51}$$

式中

$$\begin{aligned} g(y(i)\mid\hat{\theta}_{(r)}^{(l)})=&s_1^{(l)}g(y(i)\mid 1,\hat{\theta}_{(r)}^{(l)})+s_2^{(l)}g(y(i)\mid j,\hat{\theta}_{(r)}^{(l)}) \\ &+s_3^{(l)}g(y(i)\mid -1,\hat{\theta}_{(r)}^{(l)})+s_4^{(l)}g(y(i)\mid -j,\hat{\theta}_{(r)}^{(l)}) \end{aligned} \tag{9.52}$$

将式(9.47)代入式(9.51)和式(9.52)，计算第 r 次 EM 迭代和接收机第 l 次迭代时 $D(i)$ 的期望为

$$\bar{d}_{(r)}^{(l)}(i)=\frac{s_1^{(l)}R_{1,(r)}^{(l)}+js_2^{(l)}R_{2,(r)}^{(l)}-s_3^{(l)}R_{3,(r)}^{(l)}-js_4^{(l)}R_{4,(r)}^{(l)}}{\sum_{\beta=1}^{4}s_\beta^{(l)}R_{\beta,(r)}^{(l)}} \tag{9.53}$$

式中似然比 $R_{\beta,(r)}^{(l)}$ 取决于当前信道估计

$$R_{1,(r)}^{(l)}=\exp\left[\frac{2}{\hat{A}_{(r)}^{(l)}}\mathrm{Re}(\hat{B}_{(r)}^{(l)}y(i))\right],\ R_{2,(r)}^{(l)}=\exp\left[\frac{2}{\hat{A}_{(r)}^{(l)}}\mathrm{Im}(\hat{B}_{(r)}^{(l)}y(i))\right]$$

$$R_{3,(r)}^{(l)}=\exp\left[-\frac{2}{\hat{A}_{(r)}^{(l)}}\mathrm{Re}(\hat{B}_{(r)}^{(l)}y(i))\right],\ R_{4,(r)}^{(l)}=\exp\left[-\frac{2}{\hat{A}_{(r)}^{(l)}}\mathrm{Im}(\hat{B}_{(r)}^{(l)}y(i))\right] \tag{9.54}$$

且

$$\hat{B}_{(0)}^{(l)}=\hat{B}_{(r_{\max})}^{(l-1)},\quad 1\leqslant l\leqslant l_{\max} \tag{9.55}$$

每个衰落块获得初始估计 $(\hat{B}_{(r_{\max})}^{(0)},\hat{A}_{(r_{\max})}^{(0)})$ 的方法将在后面予以阐述。

因此,对于给定的接收机迭代, $\bar{d}_{(r)}^{(l)}(i)$ 和 $R_{\beta,(r)}^{(l)}$ 使用译码器反馈 $s_{\beta}^{(l)}$ 经 $r_{\max}$ 次更新而得到。在下一次接收机迭代中,经过信道再估计,衰落幅度和干扰功率谱密度的估计得到更新,然后这些结果被解调器和信道译码器用来重新计算 $\bar{d}_{(r)}^{(l)}(k)$ 和 $R_{\beta,(r)}^{(l+1)}$ 。该过程在 EM 算法的 $r_{\max}$ 次迭代中再一次重复,且前面提到的循环过程在后续接收机迭代中以类似的方式持续进行。

在衰落参数的估计中,设 $N_d=N_b/2$;在 A 的估计中,选择 $N_{ib}\leqslant N_b$,且设 $N_d=N_{ib}/2$。EM 估计器首先找到大小为 N_b 的衰落块的 $\hat{B}_{(r)}^{(l)}$ 值,然后应用已找到的大于或等于衰落块的 $\hat{B}_{(r)}^{(l)}$ 值,找出每个小于或等于 N_{ib} 的干扰块的 $\hat{A}_{(r)}^{(l)}$ 值。当使用导频符号时,对每个已知的导频比特,设 $\bar{d}_{(r)}^{(l)}(i)=d(i)$,在计算信道估计的过程中,若仅处理已知的导频比特,则没有 EM 迭代。

应用停止准则可减少 EM 迭代次数和接收机的反应时间。一旦 $\hat{B}_{(r)}^{(l)}$ 值位于前次迭代结束时的值的特定百分比内,或者迭代达到一个特定的最大数,则迭代停止。为使性能损失可以忽略,该百分比应该足够小(可能是 10%)。

估计值 $\hat{A}_{(r\max)}^{(l)}$ 和 $\hat{B}_{(r\max)}^{(l)}$ 及译码器基于各 QPSK 符号的比特值计算得到的对数似然比,反馈给解调器。如 1.6 节所示,解调器由式(1.201)计算出外部对数似然比,输入到信道译码器。令 b_1 和 b_2 表示 QPSK 符号的两个连续比特,令 v_1 和 v_2 表示由信道译码器反馈的相应的对数似然比。令

$$F^{(l)}(i)=\frac{2}{\hat{A}_{(r_{\max})}^{(l)}}\mathrm{Re}[\hat{B}_{(r_{\max})}^{(l)}y^{*}(i)],\ G^{(l)}(i)=\frac{2}{\hat{A}_{(r_{\max})}^{(l)}}\mathrm{Im}[\hat{B}_{(r_{\max})}^{(l)}y^{*}(i)] \tag{9.56}$$

考虑符号 $d(i)$ 在接收机第 l 次迭代后的比特 $b_1(i)$ 。将式(9.47)代入式(1.216),可得 $b_1(i)$ 的**外部对数似然比**

$$z_1^{(l)}(i)=\ln\left[\frac{\sum\limits_{d(i):b_1(i)=1}\exp\left\{\frac{2}{\hat{A}_{(r_{\max})}^{(l)}}\mathrm{Re}\left[\hat{B}_{(r_{\max})}^{(l)}y^*(i)d(i)\right]+b_2(i)v_2\right\}}{\sum\limits_{d(i):b_1(i)=0}\exp\left\{\frac{2}{\hat{A}_{(r_{\max})}^{(l)}}\mathrm{Re}\left[\hat{B}_{(r_{\max})}^{(l)}y^*(i)d(i)\right]+b_2(i)v_2\right\}}\right] \tag{9.57}$$

式中的两个求和都在两个符号上进行。此后每个 QPSK 符号的星座点(见 1.6 节)用两个比特 $b_1(i)$ 和 $b_2(i)$ 来表示。将符号 $d(i)=+1$ 标记为 00;符号 $d(i)=+\mathrm{j}$ 标记为 01;符号 $d(i)=-1$ 标记为 11;符号 $d(i)=-\mathrm{j}$ 标记为 10。

在分子的和式中,若 $d(i)=-\mathrm{j}$ 或 -1,则 $b_1(i)=1$。若 $d(i)=-\mathrm{j}$,则指数函数的变量为 $G^{(l)}(i)$;若 $d(i)=-1$,则变量为 $-F^{(l)}(i)+v_2$。在分母的和式中,若 $d(i)=+\mathrm{j}$ 或 $+1$,则 $b(i)=0$。若 $d(i)=+\mathrm{j}$,则指数函数的变量为 $-G^{(l)}(i)+v_2$;若 $d(i)=+1$,则变量等于 $F^{(l)}(i)$。类似计算可得到 $b_2(i)$ 的外部对数似然比。因此,输出给信道译码器的符号 i 中比特 1 和 2 所对应的解调度量(外部对数似然比) $z_v^{(l)}(i)$ ($v=1,2$)为

$$z_1^{(l)}(i)=\ln\left\{\frac{\exp\left[G^{(l)}(i)\right]+\exp\left[-F^{(l)}(i)+v_2\right]}{\exp\left[F^{(l)}(i)\right]+\exp\left[-G^{(l)}(i)+v_2\right]}\right\} \tag{9.58}$$

$$z_2^{(l)}(i)=\ln\left\{\frac{\exp\left[-G^{(l)}(i)\right]+\exp\left[-F^{(l)}(i)+v_1\right]}{\exp\left[F^{(l)}(i)\right]+\exp\left[G^{(l)}(i)+v_1\right]}\right\} \tag{9.59}$$

9.2.4 接收机处有准确相位信息

在多个第二代和第三代蜂窝系统标准如 CDMA2000 中,由锁相环提供的载波同步可避免对信道相位进行估计。假设接收机有准确的相位信息,衰落幅度是非负实数,则式(9.49)就不必计算了。在接收机第一次迭代之前,首先进行初始相干解调和译码,然后 EM 算法将产生更新后的信道估计,如式(9.48)~式(9.50)所示。每个衰落块的盲初始估计可通过接收符号计算得到:

$$\hat{B}_{(r_{\max})}^{(0)}=\frac{2}{N_\mathrm{b}}\sum_{k=1}^{N_\mathrm{b}/2}|y(i)| \tag{9.60}$$

$$\hat{A}_{(r_{\max})}^{(0)}=\max\left[P-(\hat{B}_{(r_{\max})}^{(0)})^2,\mathrm{ch}\,(\hat{B}_{(r_{\max})}^{(0)})^2\right] \tag{9.61}$$

式中

$$P=\frac{2}{N_\mathrm{b}}\sum_{k=1}^{N_\mathrm{b}/2}|y(i)|^2 \tag{9.62}$$

表示接收符号的平均功率,该功率与期望符号平均功率之差用 $P-(\hat{B}_{(r_{\max})}^{(0)})^2$ 表

示。在没有噪声和干扰时,式(9.60)可提供准确的估计。选择参数 $c>0$ 以使 $(\hat{B}^{(0)}_{(r_{\max})})^2/\hat{A}^{(0)}_{(r_{\max})}$ 不超过某个最大值。理想情况下,c 是 $\mathcal{E}_s/N_0$ 的函数,但此处为简化计算,通常使用常数 $c=0.1$。这种初始信道估计方法在后文中称为**盲方法 I**。

尽管与最大似然估计相比,EM 估计是一种复杂度相对较低的迭代方法,但与导频辅助方法相比,它需要多得多的浮点运算。我们用每个块所需的实数加法与乘法来评估 EM 估计器的复杂度,其中每个块由 N_d 个编码符号组成,一次复数加法等效为 2 次实数加法,一次复数乘法等效为 4 次实数乘法,除法等效于乘法。式(9.48)~式(9.50)在每次 EM 迭代中需要 $6N_d+4$ 次实数加法和 $12N_d+4$ 次实数乘法。式(9.58)与式(9.59)在每次 EM 迭代中需要 6 次实数加法、30 次实数乘法和 4 次指数运算。以上这些计算在每次 EM 迭代中都要重复进行,总共有 $l_{\max}r_{\max}$ 次 EM 迭代。初始估计只需在第一次 EM 迭代之前由式(9.60)~式(9.62)计算一次,需要 $2N_d$ 次实数加,$8N_d+7$ 次实数乘,及计算 2 个实数的最大值。仅使用导频符号进行信道估计的 PACE 接收机只需 $6N_d+4$ 次实数加法和 $12N_d+4$ 次实数乘法就可计算一次式(9.48)~式(9.50),而无需再计算其他方程。因此,相对于 PACE 信道估计,EM 信道估计增加的计算量要超过 $l_{\max}r_{\max}$ 倍。

9.2.5 接收机处无相位信息

当相位信息也未知时,由于必须要假设一个任意的初始相位值(如 0 弧度),因此可预料,由式(9.60)和式(9.61)所示的盲方法 I 得到的初始信道估计性能会显著下降。为克服该问题,接收机的初始迭代由硬判决解调和信道译码组成,经信道译码后的比特作为 $\bar{d}^{(0)}_{(r_{\max})}(i)$ 用在式(9.48)~式(9.50)中。这一步骤以后,后续的接收机迭代为常规的 EM 估计过程。在后文中将这种初始信道估计方法称为**盲方法 II**。相对于前述有可用相位信息时的方法,该方法增加了接收机的反应时间。

9.2.6 盲 PACE 估计的折中

假设在方法 I 和方法 II 两种情况下都有相同的传输功率限制和信息比特率,则去除导频符号会产生以下几种可能的方案:

(1) (方案 A)增加发射信息符号数。

(2) (方案 B)增加发射信息符号的持续时间。

(3) (方案 C)增加发射的校验比特数(降低 IRA 码率)。

由盲方法Ⅰ和盲方法Ⅱ得到的信道估计性能相对于 PACE 会有所下降，而上面列出的改进方案可补偿这种系统性能损失。假设没有导频，方案 A、B、C 的发射数据帧持续时间与有导频符号时的数据帧持续时间相同，则方案 A、B、C 可分别提供最优的吞吐量、频谱效率及误比特率。

9.2.7 仿真结果

在所有仿真中，数据块长度都相同，信息比特速率为 100kb/s。增加数据块长度会相应增加 EM 估计器的精度，但减少数据块长度可更紧密地跟踪信道参数，并可在接收机的处理中包含更多分集。除非另行说明，在绝大多数仿真中，$N_{ib} = N_b = 40$，且扩谱增益为 $G' = 31$。闭环接收机的迭代次数设为 $l_{max} = 9$，这是由于当 $l_{max} > 9$ 时性能提升并不明显。内部 EM 迭代次数为 $r_{max} = 10$。采用和积算法译码（见 1.7 节）的 1/2 码率 IRA 码（数据块长度 $K = 1000$），且没有信道交织。为便于比较，考虑采用包含 9.1% 的导频符号开销的迭代 PACE 接收机，其译码性能接近于常规的 3GPP LTE 接收机。对每个代表性场景都进行 5000 次蒙特卡罗仿真实验。

假设通信信号经历相关衰落，且移动速度为 120km/h。在大多数仿真中都假设衰落为平坦衰落，而在最终的仿真中对频率选择性信道进行实验。相关衰落模型使用二维全向散射信道响应的自相关函数，该函数由式(6.41)给出。数据块 n 持续时间内的复衰落幅度表示为 B_n，由下式计算：

$$B_n = \sqrt{J_0(2\pi f_d T_f)}\,B_{n-1} + \sqrt{1 - J_0(2\pi f_d T_f)}\,B_{dn}, B_1 = B_{d1} \qquad (9.63)$$

式中：f_d 为多普勒频移；T_f 为数据块持续时间；B_{dn} 为数据块 n 的复衰落幅度，服从零均值、圆对称的复高斯分布。在这种分布下，幅度的大小服从瑞利分布，相位服从均匀分布。

误比特率(BER)即信息比特的错误概率（见 1.1 节），按比特信噪比 $\mathcal{E}_b/N_0$ 计算，其中 $\mathcal{E}_b = (N/2K)\mathcal{E}_s$ 表示每比特的能量。除了 BER，**信息吞吐量**也是非常重要的性能度量。移除导频符号的主要目的之一是希望获得更大的信息吞吐量，即使 BER 性能可能会有轻微下降。信息吞吐量定义为

$$T = \frac{\text{每个码字中的信息比特数}}{\text{每个码字的持续时间}} \times (1 - \text{BER})\ \text{bit/s} \qquad (9.64)$$

9.2.7.1 单用户环境、准确的相位信息

图 9.3 和 9.4 说明了单用户在接收机具有准确相位信息时的性能。图 9.3 显示了采用 IRA 编码的迭代接收机中 BER 与 ε_b/N_0 的关系，图中分别仿真了具有准确的 CSI、采用 PACE、采用基于方案 A、B 及 C 的盲方法 I 和基于方案 A 及 C 的盲方法 II 的性能。图中的关键是，当 BER = 10^{-3} 时，对于方案 A 和 C，盲方法 II

的性能要比盲方法Ⅰ差2dB,这说明EM算法对初始估计的精度非常敏感。

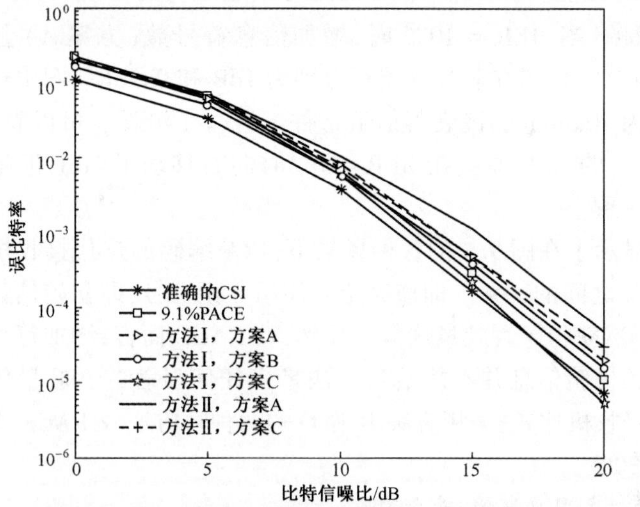

图9.3 单用户环境下相位估计准确时IRA编码的迭代接收机中BER与$\mathcal{E}_b/N_0$的关系[96]

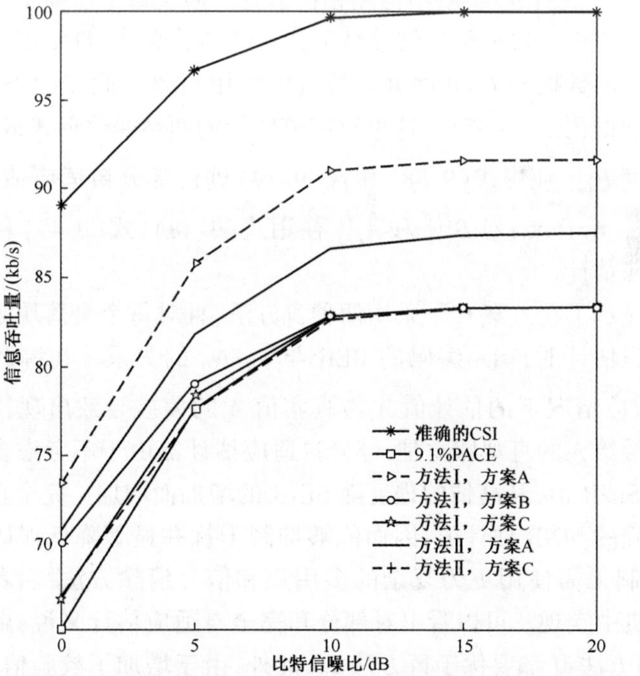

图9.4 单用户环境下相位估计准确时IRA编码的迭代接收机中信息吞吐量与$\mathcal{E}_b/N_0$的关系[96]

对于盲方法 I(方案 C,码率为 1000/2200),增加额外的校验比特可最大程度地提高 BER 性能,在高 $\mathcal{E}_b/N_0$ 时甚至可以超过具有准确 CSI、1/2 码率 IRA 码系统的性能。当 BER = 10^{-3} 时,增加信息符号数(方案 A)会导致最差的 BER 性能,与 PACE 和方案 B 的差距分别为 1dB 和 0.5dB。图中也对各种场景在移动速度为 10km/h 的慢衰落信道条件下进行了测试。可以看出,由于存在分集损耗,所有的 BER 曲线在 BER = 10^{-3} 时向右移动了 7dB,但是各种方案总的趋势保持一致。

图 9.4 显示了在图 9.3 的各种场景下,IRA 编码的迭代接收机中信息吞吐量 T 与 $\mathcal{E}_b/N_0$ 之间的关系。即使完全未使用导频符号,即初始估计值完全是盲的,方案 A 仍然获得了吞吐量优势。显然,就 PACE 而言,增加符号的持续时间或加入额外的校验信息并不能给盲方法带来任何显著的吞吐量优势。与具有准确 CSI 的接收机比较,采用方案 B 和 C 的两种盲方法及 PACE 提供的吞吐量大约减少了 20%。

9.2.7.2 多用户环境,未知相位

假设干扰环境中有 4 个信号,各用户信号在接收机的平均比特能量相同,ε_b/N_0 = 20dB,且在接收机端不检测相位信息。假设每个子帧中的干扰电平和未知相位保持恒定。每个干扰信号经历独立的相关衰落,且使用与期望的通信信号相互独立的数据和 Gold 序列。仿真中使用与码片同步的干扰信号,这是一种最坏的假设(见 7.3 节)。这里对信道估计的两种变化形式进行了实验:仅对复衰落幅度 $\hat{B}_{(i)}^{(l)}$ 使用式(9.48)和式(9.49)进行**部分自适应**估计,且在所有子帧中令 $\hat{A}_{(r)}^{(l)}$ 等于 N_0;对 $\hat{B}_{(r)}^{(l)}$ 和 $\hat{A}_{(r)}^{(l)}$ 使用式(9.48)、式(9.49)和式(9.50)进行**完全自适应**估计。

图 9.5 显示了在方案 C 下采用两种盲方法,且对每个衰落块采用部分和完全自适应信道估计时,IRA 编码的 BER 与 ε_b/N_0 的关系。在解调器和译码器中,部分自适应情况下的估计值 $\hat{A}$ 与真实值 A 的偏差导致出现较高的误码平层。误码平层给人的直观感觉是,部分自适应估计器由于不考虑多址干扰而高估了真实的 SINR 值,其高估的程度随 SINR 的增加而增加。完全自适应估计可以给出更精确的 SINR 估计值,因而能够抑制干扰并显著降低误码平层。实现这种干扰抑制无需使用更为复杂的多用户和信号消除方法,后者可以在 DS/CDMA 接收机中实现。可以看出对部分和完全自适应估计来说,由于有更好的相位估计,盲方法 II 都要优于盲方法 I。此外,由于增加了校验信息,这两种方法在 BER = 10^{-3} 时都优于 PACE。

图 9.6 显示了采用基于方案 A 的盲方法时,IRA 编码的接收机吞吐量,并

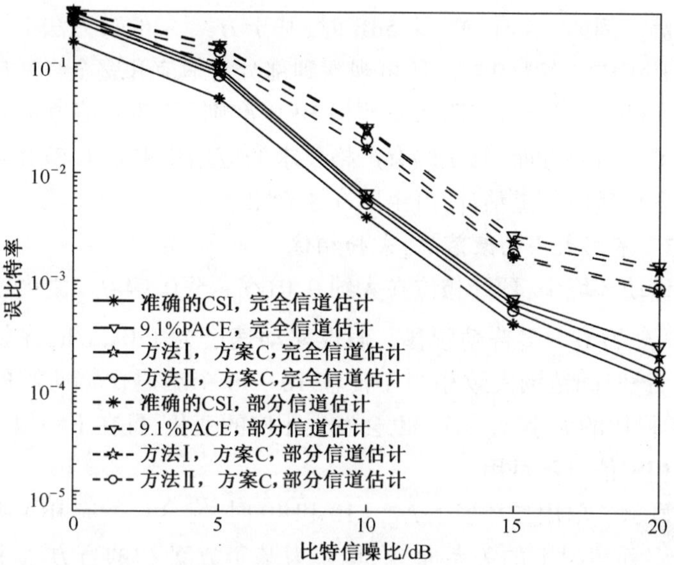

图 9.5 IRA 编码的迭代接收机中 BER 与 $\mathcal{E}_b/N_0$ 的关系(其中接收机受到四个移动用户多址接入干扰,具有完全或部分自适应信道估计且相位未知[96])

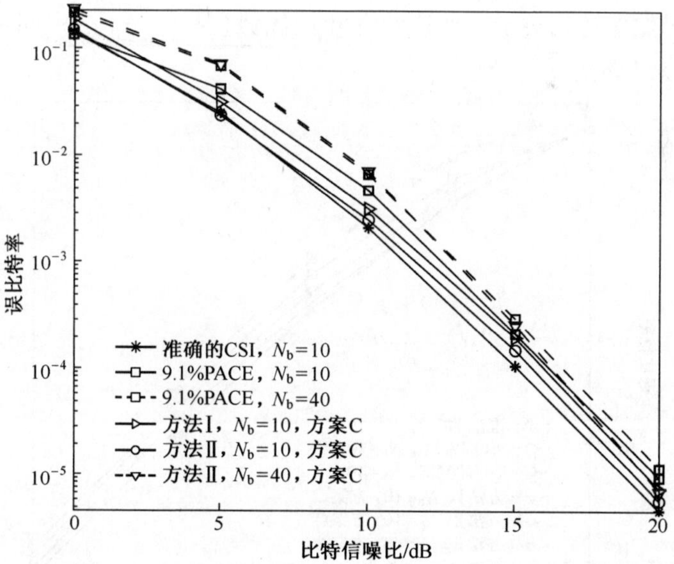

图 9.6 IRA 编码的迭代接收机的信息吞吐量与 $\mathcal{E}_b/N_0$ 之间的关系(其中接收机受到四个移动用户多址接入干扰,使用完全或部分自适应信道估计且相位未知[96])

与存在多址干扰时的 PACE 进行了比较。与 PACE 相比,盲方法总是能够提供更大的吞吐量。例如,当 $\mathcal{E}_b/N_0 > 5\text{dB}$ 时,基于方案 A 的盲方法 I 得到的吞吐量要比两种 PACE 方案大 9% 。还可观察到部分自适应和完全自适应估计方法都有类似的渐进吞吐量,这表明在非严格 BER 准则下,部分信道估计对应用来说已经足够了。另一方面,对误码有严格要求的应用要求小于 $\text{BER}=10^{-3}$,这就必须使用完全自适应信道估计,可由图 9.5 看出。

9.2.7.3 不同大小的衰落块,未知相位

在城市移动环境中,预计相位在大约 $0.01/f_d\text{s}$ 至 $0.04/f_d\text{s}$ 之内就会发生显著变化,其中 f_d 为最大多普勒频移。假设移动速度为 120km/h,在传输速率为 100kbit/s 时,该时间范围大致相当于传输 10~40 个编码比特所需的时间。因此,衰落和干扰块的大小 $N_b = N_{ib}$ 也会发生相应的变化,且在下一组结果中假设接收机中的相位信息**不可用**。

图 9.7 显示了单用户环境下 $N_b = 10$ 和 40 时,完全自适应 IRA 编码的 BER 与 $\mathcal{E}_b/N_0$ 在多种情况下的关系曲线,具体为基于方案 C 的盲方法 Ⅰ 和盲方法 Ⅱ、9.1%的 PACE 及具有准确 CSI 的译码情况。可以看出,当采用较小的衰落块 $N_b = 10$ 时,由于增加了衰落分集度,因此所有方法的性能都可提升 1~2dB。方案 A 的吞吐量如图 9.8 所示。可以看出,即使接收机并不知道初始信道相位,盲方法仍然保持相对于 PACE 的吞吐量优势(从 $\mathcal{E}_b/N_0$ 的中间值到高端值范围内大约是 9%)。

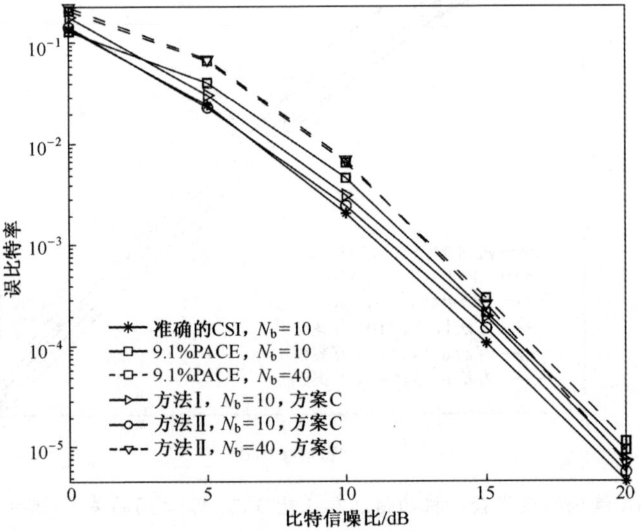

图 9.7 在单用户环境、不同 N_b 值及未知相位条件下 IRA 编码的迭代接收机中 BER 与 $\mathcal{E}_b/N_0$ 的关系[96]

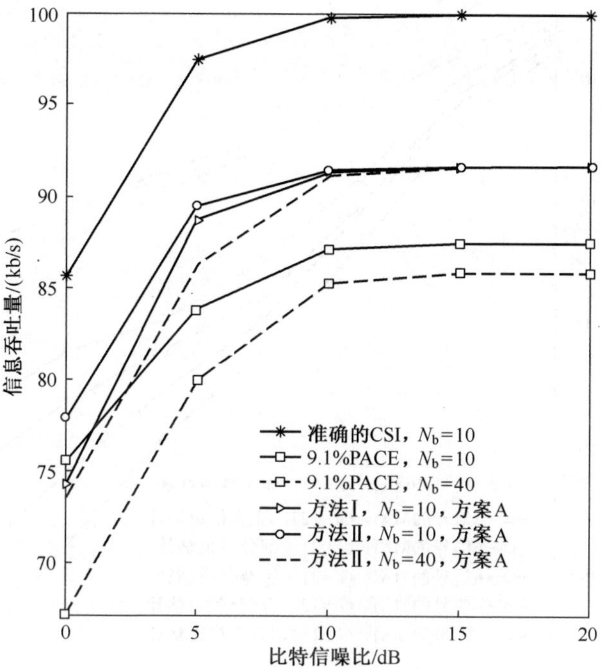

图 9.8　在单用户环境、不同 N_b 值及未知相位条件下 IRA 编码的迭代接收机中信息吞吐量与 $\mathcal{E}_b/N_0$ 的关系[96]

9.2.7.4　不同的多址干扰，未知相位

图 9.9 给出了 IRA 编码迭代接收机在盲方法 II 及方案 C 时的性能，其中多址干扰信号有 3 个或 6 个，且所有用户的平均比特能量相同。无论是否有扩谱增益，部分自适应信道估计都难以处理由 6 个多址干扰信号引起的干扰，但完全自适应信道估计在 BER 性能方面有显著改善。在完全自适应信道估计下低误比特率时，增加扩谱因子(可比较 $G'=127$ 和 $G'=31$)所带来的优势将更为明显。例如，在 BER=10^{-5}处，即使扩谱序列不正交、CSI 不准确，完全自适应信道估计在处理 3 个多址干扰信号时也可带来大约 5dB 的优势。

9.2.7.5　多径信道

DS/CDMA 系统可通过 Rake 解调器(见 5.6 节)来利用频率选择性衰落信道。例如，假设信道中存在期望通信信号的 3 个可分辨多径分量(其时延为已知)，Rake 合并器具有 3 个相应的支路。多径分量在通过各支路时经历独立的衰落过程，但其后假设它们在时间上经历相关衰落。通过各支路的衰落分量的幅度服从按指数衰减的功率剖面，即

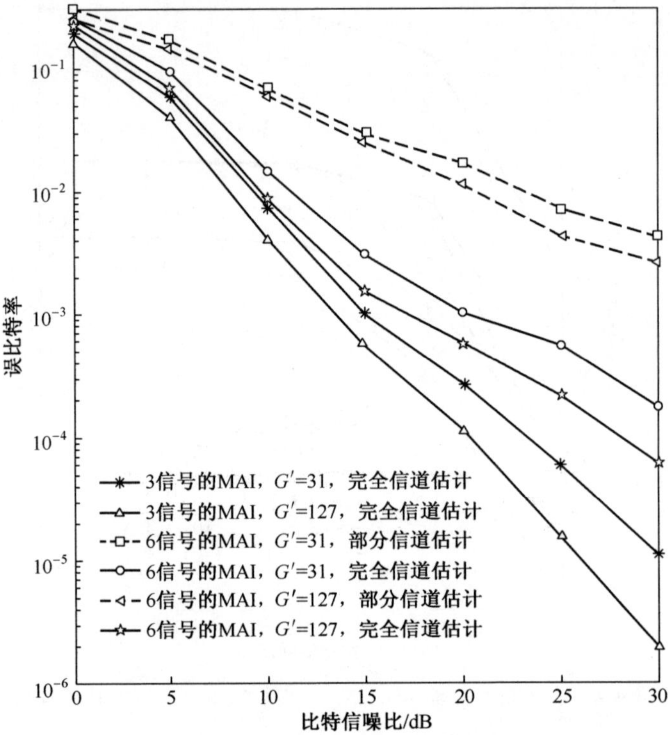

图 9.9　在受到未知相位、各种分量扩展因子、不同数量多址接入干扰(MAI)信号以及不同程度的自适应影响时 IRA 编码迭代接收机中 BER 与 $\mathcal{E}_b/N_0$ 的关系[96]

$$E[\alpha_l^2]=e^{-(l-1)},l=1,2,3 \tag{9.65}$$

每个干扰信号在 Rake 解调器的各支路上都具有相同的功率，且经历独立的相关衰落。由于期望接收的通信信号具有独立的多径衰落幅度，基于 EM 算法的信道估计在每条支路上分别进行。Rake 解调器基于所有支路上的信道估计值来对接收符号的副本进行最大比合并(MRC)。从 Rake 解调器获得的符号度量被送到 QPSK 解调器的度量生成器，它将为共用译码器生成软输入。译码器的软输出被反馈到 3 个支路上的信道估计器模块，它们再次计算更新后的衰落幅度。

图 9.10 显示了存在 3 个多址接入干扰信号时，采用基于方案 C 的盲方法 II 时的 Rake 解调器的性能，仿真中所有用户都采用长度为 127 的 Gold 序列。可以看出，正如预期的那样，Rake 合并所带来的附加分集提高了性能，但是部分自适应和完全自适应信道估计之间的性能差距仍然很大。

仿真结果表明，对于具有编码、相干检测及信道估计的 DS/CDMA 接收机的

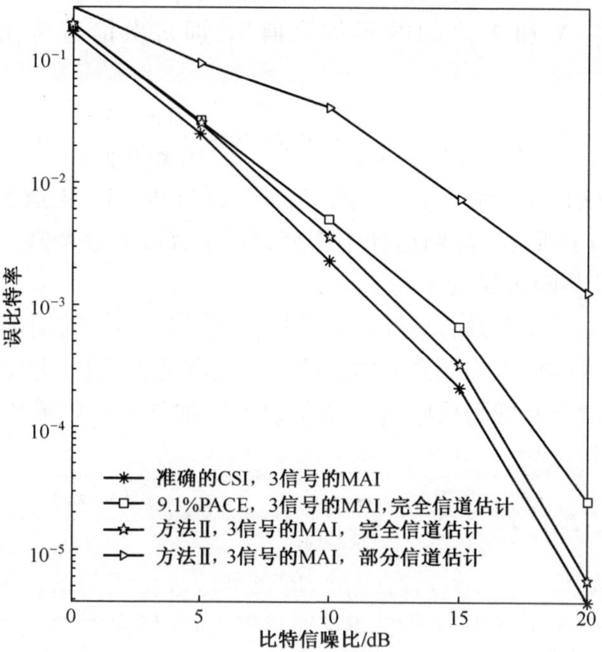

图 9.10　在有 3 条可分辨多径分量、3 条支路及 3 个多址接入干扰(MAI)信号时 IRA 编码的迭代 Rake 接收机中 BER 与 $\mathcal{E}_b/N_0$ 的关系[96]

有效性来说,导频符号不是必需的。若用信息符号取代导频符号,则无论是否存在干扰,吞吐量都将比 PACE 下的吞吐量有所增加。若以 BER 为主要性能准则,则用校验符号取代导频符号后得到的 BER 要比 PACE 下的 BER 更低。若频谱效率是最重要的,则在去除导频符号后,增加符号的时宽可提高相对于 PACE 时的频谱效率,尽管这要付出 BER 值有所增加的代价。

仿真结果表明,解扩及后续对干扰功率谱密度的估计都可显著抑制干扰。这种抑制能力的获得并未使用 DS/CDMA 接收机上非常复杂的多用户和信号消除方法。

9.3　信息论导论

著名的信息论(见 7.1 节)确立了通信系统所能达到的极限。该理论还对选择合适的编码速率和信号特征进行了深入思考。本节的信息论导论将在下节中用于健壮跳频系统的设计。

令 $\boldsymbol{X}$ 和 $\boldsymbol{Y}$ 为连续分布的随机向量,即它们的各分量是连续分布的随机变量。令$f(\boldsymbol{x},\boldsymbol{y})$为$\boldsymbol{X}$和$\boldsymbol{Y}$的联合概率密度函数,且令$f(\boldsymbol{x})$和$f(\boldsymbol{y})$为对应的边缘概率密度函数。$\boldsymbol{X}$和$\boldsymbol{Y}$之间的**平均互信息**,即每次信道传输的比特数,定义为[21,61]

$$I(\boldsymbol{X};\boldsymbol{Y}) = \int_{R(\boldsymbol{y})}\int_{R(\boldsymbol{x})} f(\boldsymbol{x},\boldsymbol{y})\ \log_2 \frac{f(\boldsymbol{x},\boldsymbol{y})}{f(\boldsymbol{x})f(\boldsymbol{y})}\mathrm{d}\boldsymbol{x}\mathrm{d}\boldsymbol{y} \tag{9.66}$$

式中:$R(\boldsymbol{y})$和$R(\boldsymbol{x})$分别为$\boldsymbol{y}$和$\boldsymbol{x}$的定义域或积分区间。**信道容量**定义为在概率密度函数$f(\boldsymbol{x})$所有可能的选择中所获得的$I(\boldsymbol{X};\boldsymbol{Y})$最大值。在单入单出通信中,$\boldsymbol{X}$和$\boldsymbol{Y}$变为随机变量$X$和$Y$。

数字通信系统发射具有离散值的符号,但接收为连续的输出信号。令X为从q个符号构成的输入符号表中抽出的某个离散随机变量,并将其作为调制器的输入。令连续分布的随机向量$\boldsymbol{Y}$为信道或匹配滤波器的输出。X和$\boldsymbol{Y}$之间的**平均互信息**定义为

$$I(X,\boldsymbol{Y}) = \sum_{i=1}^{q} P[x_i]\int_{R(\boldsymbol{y})} f(\boldsymbol{y}|x_i)\ \log_2 \frac{f(\boldsymbol{y}|x_i)}{f(\boldsymbol{y})}\mathrm{d}\boldsymbol{y} \tag{9.67}$$

式中:$P[x_i]$为$X=x_i$ ($i=1,2,\cdots,q$)的概率;$f(\boldsymbol{y}|x_i)$为给定$X=x_i$时$\boldsymbol{Y}$的条件概率密度函数。上式可由式(9.66)通过将$f(\boldsymbol{x})$替换为$P[x_i]$、将$f(\boldsymbol{x},\boldsymbol{y})$替换为$f(\boldsymbol{y}|x_i)P[x_i]$并用求和符号替换其中的积分得到。概率密度函数$f(\boldsymbol{y})$可表示为

$$f(\boldsymbol{y}) = \sum_{i=1}^{q} P[x_i]f(\boldsymbol{y}|x_i) \tag{9.68}$$

若将式(9.67)关于$P[x_i]$最大化,则可称平均互信息为**离散输入、连续输出信道的信道容量**。

假设在式(9.67)和式(9.68)中选择具有等概率的信道输入,使得$P[x_i]=1/q$ ($i=1,2,\cdots,q$),则将等概率符号的平均互信息定义为**均衡信道容量**,即

$$C = \log_2 q + \frac{1}{q}\sum_{i=1}^{q}\int_{R(\boldsymbol{y})} f(\boldsymbol{y}|x_i)\ \log_2 \frac{f(\boldsymbol{y}|x_i)}{\sum_{i=1}^{q} f(\boldsymbol{y}|x_i)}\mathrm{d}\boldsymbol{y} \tag{9.69}$$

考虑一个平坦衰落信道,且接收机在每个符号间隔内都有关于复衰落幅度$\mathcal{A}$的准确信道状态信息。各态历经信道容量为所有可能的信道状态进行平均后的信道容量,若信道符号是等概率分布的,则**各态历经均衡信道容量**为

$$C = \log_2 q + \frac{1}{q}\sum_{i=1}^{q}\int_{R(a)}\int_{R(\boldsymbol{y})} g(a)f(\boldsymbol{y}|x_i,a)\ \log_2 \frac{f(\boldsymbol{y}|x_i,a)}{\sum_{i=1}^{q} f(\boldsymbol{y}|x_i,a)}\mathrm{d}\boldsymbol{y}\mathrm{d}a \tag{9.70}$$

式中:$g(a)$为复衰落幅度实部和虚部的二维概率密度函数;$R(a)$为复衰落幅

度的积分区间；$f(\boldsymbol{y}|x_i,a)$ 为给定 $X=x_i$ 和复衰落幅度 $\mathcal{A}=a$ 时 $\boldsymbol{Y}$ 的条件概率密度函数。

9.4 健壮跳频系统

本节描述和分析了采用非相干检测、迭代 Turbo 译码和解调以及信道估计的健壮跳频系统[95]。该系统不仅可有效工作在 AWGN 和衰落信道上，还可工作于多址干扰和多音干扰环境。

由于每次跳频之后相位估计困难，故非相干或差分相干解调具有实用优势，且通常是必要的。一种常用的调制方式是正交频移键控（FSK）。在正交 FSK 中，增加调制阶数 q 可以提高其能量效率，其中 q 等于在每跳驻留时间内信号集中可能使用的频率数。问题在于，为使用具有多个频率的正交 FSK，较大的信道带宽 B_u 是必要的，但在固定带宽为 W 的频谱区域内进行跳频时，较大的信道带宽会减少信道的可用数量。可用信道的减少会使系统在多址跳频信号和多音干扰下更为脆弱。使用非正交的连续相位频移键控（CPFSK）可以得到较小的 B_u 。作为说明 B_u 重要性的例子，考虑多音干扰对 q 元 CPFSK 跳频系统的影响，假设系统中不存在热噪声，且每个单音干扰的载频位于不同信道。未编码的误符号率由式（3.67）给出，该式清晰地表明了较小的带宽对减小多音干扰的影响具有明显优势。

采用非正交 CPFSK、Turbo 码、**比特交织编码调制**（BICM）、迭代译码和解调及信道估计，可得到健壮的系统性能。q 元 CPFSK 的带宽随调制指数 h 的减小而降低。在 AWGN 和衰落信道中，虽然当 $h<1$ 时，由于缺乏正交性会导致性能损失，但相对于获得的抗多址干扰和多音干扰增益而言，Turbo 译码器可使这种损失相对较小。

相对于其他采用差分检测、相干检测或正交调制的系统，采用非相干检测和非正交 CPFSK 的系统有如下显著优势：

（1）在每跳驻留时间内无需额外的参考符号，也无需估计相位偏移。

（2）无需假设在整个跳频驻留时间内相位偏移恒定。

（3）信道估计器更加精确，且能估计任意水平的干扰和噪声功率谱密度。

（4）在每跳驻留时间内具有紧凑的信号谱结构，从而允许有更多的信道，因此提高了系统抗多址干扰和多音干扰的性能。

（5）由于采用非相干检测，系统复杂度与 h 的选择无关，因此与相干 CPFSK 系统相比，非相干 CPFSK 在设计上有更多的灵活性。

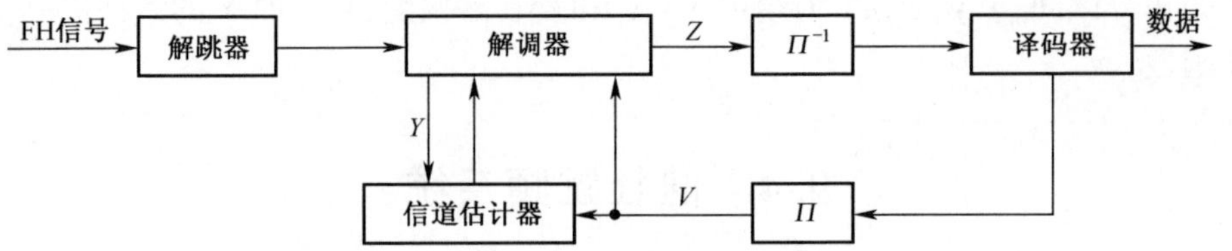

图 9.11 采用 Turbo 编码的跳频系统接收机结构
(其中 Π 表示交织器,Π^{-1} 表示解交织器)

9.4.1 系统模型

系统的发射端使用 BICM(见 1.6 节),编码后的信息比特经过交织,再送入长度为 N_d 的向量 $\boldsymbol{d}$,其中元素为 $d_i \in \{1,2,\cdots,q\}$,每个元素表示 $m = \log_2 q$bit。在一个跳频驻留间隔内,向量 $\boldsymbol{d}$ 生成多音序列,该序列由具有跳频波形的载频进行频率变换得到。如图 9.11 所示,调制信号通过存在部分频带干扰或多址干扰的 AWGN 或衰落信道后,接收机前端对接收到的信号进行解跳。解跳后的信号通过一组 q 个匹配滤波器,每个匹配滤波器由一个正交对实现(见 2.4 节)。每个匹配滤波器的输出按照符号速率采样,从而得到一个复序列。假设存在符号同步,将复采样值置于一个 $q \times N_d$ 维矩阵 $\boldsymbol{Y}$ 中,其第 i 列表示对应于第 i 个接收符号的匹配滤波器输出。矩阵 $\boldsymbol{Y}$ 送至信道估计器,用于生成一个 $m \times N_d$ 维矩阵 $\mathbf{Z}$ 作为解调器的比特度量。

解调器与 Turbo 译码器和信道估计器都要进行信息交换。经解交织后,解调器的比特度量送至译码器。根据 Turbo 原理,译码器将先验信息(译码器比特度量是一个形如 $m \times N_d$ 维矩阵 $\mathbf{V}$)反馈回解调器和信道估计器。频率选择性衰落信道的衰落幅度在跳与跳之间变化,且部分频带和多址干扰的存在使某些跳驻留时间内的干扰和噪声发生改变。因此,需要对大小为 N_b 的数据块进行衰落幅度和干扰及噪声的谱密度估计,其中 N_b 要小于或等于跳频驻留时间内符号数。若每个数据块有 N_b 个符号,则每个码字有 $\lceil N_d/N_b \rceil$ 个数据块。

9.4.2 解调器度量

单位能量、q 元 CPFSK 符号波形在初始相位偏移为零时的复包络为

$$s_l(t) = \frac{1}{\sqrt{T_s}} e^{j2\pi lht/T_s}, \quad 0 \leqslant t \leqslant T_s, \ l = 1,2,\cdots,q \tag{9.71}$$

式中:T_s 为符号间隔;h 为调制指数。由于连续相位的限制,第 i 个 CPFSK 符号的初始相位为 $\phi_i = \phi_{i-1} + 2\pi lh$ 。相位的连续性保证了 CPFSK 波形频谱的紧

凑。假设一个码字的第 i 个符号使用单位能量的波形 $s_{d_i}(t)$，其中整数 d_i 是码字的函数。若传输码字的信道存在衰落和加性高斯噪声，则与符号 i 相对应的接收信号可表示为复数形式

$$r_i(t) = \mathrm{Re}\left[\alpha_i \sqrt{2\mathcal{E}_s} s_{d_i}(t) \mathrm{e}^{\mathrm{j}2\pi f_c t + \mathrm{j}\theta_i}\right] + n_i(t), \quad 0 \leqslant t \leqslant T_s \; i = 1,2,\cdots,N_d \tag{9.72}$$

式中 $n_i(t)$ 为独立零均值的高斯白噪声，其双边功率谱密度为 $N_{0i}/2$；f_c 为载波频率；$\mathcal{E}_s$ 为信号能量；α_i 为复衰落幅度。不失一般性，假设 $E[\alpha_i^2] = 1$，则接收信号的平均能量为 $\mathcal{E}_s$。相位 θ_i 由 CPFSK 约束、信道衰落及接收机的频率偏移共同确定。

可以考虑利用 CPFSK 的内在记忆性来计算从解调器到译码器的转换度量，但在几个符号内相位必须要保持稳定，且解调器相当于速率为 1 的内译码器。此外，网格解调器需要合理的 h，其状态的数量取决于 h 的分母。若解调器度量按照逐符号的方式计算，且利用的是 Turbo 码的记忆性而不是调制的记忆性，则在设计上就要灵活得多。

与 $s_k(t)$ 匹配的滤波器 k 的输出样值为

$$y_{k,i} = \sqrt{2}\int_0^{T_s} r_i(t)\mathrm{e}^{-\mathrm{j}2\pi f_c t} s_k^*(t)\,\mathrm{d}t, \quad i = 1,2,\cdots,N_d,\; k = 1,2,\cdots,q \tag{9.73}$$

将式(9.71)和式(9.72)代入式(9.73)，每个 $\{s_k(t)\}$ 的频谱近似在 $|f| < f_c$ 范围内，可得

$$y_{k,i} = \alpha_i \sqrt{\mathcal{E}_s}\mathrm{e}^{\mathrm{j}\theta_i}\rho_{d_i-k} + n_{k,i} \tag{9.74}$$

式中

$$n_{k,i} = \sqrt{2}\int_0^{T_s} n_i(t)\mathrm{e}^{-\mathrm{j}2\pi f_c t} s_k^*(t)\,\mathrm{d}t \tag{9.75}$$

且

$$\rho_l = \frac{\sin(\pi h l)}{\pi h l}\mathrm{e}^{\mathrm{j}\pi h l} \tag{9.76}$$

由于 $n_i(t)$ 为零均值的白噪声且 $\{s_k(t)\}$ 的频谱受限，故每个 $n_{k,i}$ 的均值都为零，且

$$E[n_{k,i}n_{l,i}^*] = N_{0i}\rho_{l-k} \tag{9.77}$$

且 $\{n_{k,i}\}$ 具有循环对称性

$$E[n_{k,i}n_{l,i}] = 0 \tag{9.78}$$

由于 $n_i(t)$ 是一个高斯过程，$n_{k,i}$ 的实部和虚部是联合高斯的，因此，集合 $\{n_{k,i}\}$ 由**复联合高斯随机变量**构成。

令 $\boldsymbol{y}_i = [y_{1,i} \quad y_{2,i} \quad \cdots \quad y_{q,i}]^{\mathrm{T}}$ 为与符号 i 相对应的匹配滤波器输出的列向

量,令 $\boldsymbol{n} = [n_{1,i} \quad n_{2,i} \quad \cdots \quad n_{q,i}]^{\mathrm{T}}$ 。再假设传输的符号为 d_i ,符号能量为 $\mathcal{E}_s$,衰落幅度为 α_i ,噪声功率谱密度为 $N_{0i}/2$,相位为 θ_i ,且 $\boldsymbol{y}_i = \bar{\boldsymbol{y}}_i + \boldsymbol{n}$,其中 $\bar{\boldsymbol{y}}_i = E[\boldsymbol{y}_i \mid d_i, \alpha_i\sqrt{\mathcal{E}_s}, N_{0i}, \theta_i]$,则式(9.74)表明 $\bar{\boldsymbol{y}}_i$ 的第 k 个分量为

$$\bar{y}_{k,i} = \alpha_i\sqrt{\mathcal{E}_s}\,\mathrm{e}^{\mathrm{j}\theta_i}\rho_{d_i-k} \tag{9.79}$$

$\boldsymbol{y}_i$ 的协方差矩阵为

$$\begin{aligned}\boldsymbol{R}_i &= E[(\boldsymbol{y}_i - \bar{\boldsymbol{y}}_i)(\boldsymbol{y}_i - \bar{\boldsymbol{y}}_i)^{\mathrm{H}} \mid d_i, \alpha_i\sqrt{\mathcal{E}_s}, \boldsymbol{N}_{0i}, \theta_i] \\ &= E[\boldsymbol{n}\,\boldsymbol{n}^{\mathrm{H}}]\end{aligned} \tag{9.80}$$

且其各分量由式(9.77)给定。

为方便起见,定义矩阵 $\boldsymbol{K} = \boldsymbol{R}_i/N_{0i}$, 其分量为

$$K_{kl} = \rho_{l-k} \tag{9.81}$$

在给定传输符号为 d_i 、符号能量为 $\mathcal{E}_s$ 、衰落幅度为 α_i 、噪声功率谱密度为 $N_{0i}/2$、相位为 θ_i 时, $\boldsymbol{y}_i$ 的条件概率密度函数可表示为

$$\begin{aligned}&g(\boldsymbol{y}_{\mathrm{i}} \mid d_i, \alpha_i\sqrt{\mathcal{E}_s}, N_{0i}, \theta_i) \\ &= \frac{i}{\pi^q N_{0i}^q \det\boldsymbol{K}}\exp\left[-\frac{1}{N_{0i}}(\boldsymbol{y}_i - \bar{\boldsymbol{y}}_i)^{\mathrm{H}}\boldsymbol{K}^{-1}(\boldsymbol{y}_i - \bar{\boldsymbol{y}}_i)\right]\end{aligned} \tag{9.82}$$

式中 $\boldsymbol{K}$ 与 $(d_i, \alpha_i\sqrt{\mathcal{E}_s}, N_{0i}, \theta_i)$ 相互独立。

展开式(9.82)中的二次项可得

$$\begin{aligned}Q_i &= (\boldsymbol{y}_i - \bar{\boldsymbol{y}}_i)^{\mathrm{H}}\boldsymbol{K}^{-1}(\boldsymbol{y}_i - \bar{\boldsymbol{y}}_i) \\ &= \boldsymbol{y}_i^{\mathrm{H}}\boldsymbol{K}^{-1}\boldsymbol{y}_i + \bar{\boldsymbol{y}}_i^{\mathrm{H}}\boldsymbol{K}^{-1}\bar{\boldsymbol{y}}_i - 2\mathrm{Re}(\boldsymbol{y}_i^{\mathrm{H}}\boldsymbol{K}^{-1}\bar{\boldsymbol{y}}_i)\end{aligned} \tag{9.83}$$

式(9.79)与式(9.81)表明 $\bar{\boldsymbol{y}}_i$ 与 $\boldsymbol{K}$ 的第 d_i 列成正比,即

$$\bar{\boldsymbol{y}}_i = \alpha_i\sqrt{\mathcal{E}_s}\,\mathrm{e}^{\mathrm{j}\theta_i}\boldsymbol{K}_{:,d_i} \tag{9.84}$$

由于 $\boldsymbol{K}^{-1}\boldsymbol{K} = \boldsymbol{I}$,故列向量 $\boldsymbol{K}^{-1}\bar{\boldsymbol{y}}_i$ 中只有第 d_i 个分量非零,且

$$Q_i = \boldsymbol{y}_i^{\mathrm{H}}\boldsymbol{K}^{-1}\boldsymbol{y}_i + \alpha_i^2\mathcal{E}_s - 2\alpha_i\sqrt{\mathcal{E}_s}\,\mathrm{Re}(y_{d_i,i}\mathrm{e}^{-\mathrm{j}\theta_i}) \tag{9.85}$$

对于**非相干**信号,假设每个 θ_i 都在 $[0,2\pi)$ 内均匀分布。将式(9.85)代入式(9.82),把 $y_{d_i,i}$ 表示为极坐标形式,再利用式(B.13)(见附录 B.3 节“第一类贝塞尔函数”)对 θ_i 求积分,可得概率密度函数为

$$g(\boldsymbol{y}_i \mid d_i, \alpha_i\sqrt{\mathcal{E}_s}, N_{0i}) = \frac{\exp\left(-\dfrac{\boldsymbol{y}_i^{\mathrm{H}}\boldsymbol{K}^{-1}\boldsymbol{y}_i + \alpha_i^2\mathcal{E}_s}{N_{0i}}\right)}{\pi^q N_{0i}^q \det\boldsymbol{K}}\mathrm{I}_0\left(\frac{2\alpha_i\sqrt{\mathcal{E}_s}\,|y_{d_i,i}|}{N_{0i}}\right) \tag{9.86}$$

式中: $\mathrm{I}_0(\cdot)$ 为第一类零阶修正贝塞尔函数。由于符号与符号之间的白噪声

$n_i(t)$ 相互独立,故式(9.86)给出的 $\boldsymbol{y}_i$ 的密度与$\boldsymbol{y}_l(i \neq l)$相互独立。

令 $\hat{A}$ 和 $\hat{B}$ 分别为在包含 N_b 个符号的驻留时间内对 $A = N_0$ 和 $B = 2\alpha\sqrt{\mathcal{E}_s}$ 的估计,在此驻留时间内 $\alpha_i = \alpha$ 且 $N_{0i} = N_0$ 皆为常数。令 $b_{k,i}$ 为符号 i 的比特 k。令 $\boldsymbol{Z}$ 为 $m \times N_d$ 维矩阵,其元素 $z_{k,i}$ 为 $b_{k,i}$ 的对数似然比,该似然比由解调器计算得到。将矩阵 $\boldsymbol{Z}$ 重排成一个行向量,并解交织,将得到的向量 $\boldsymbol{z}'$送入 Turbo 译码器。译码器输出的外部信息 $\boldsymbol{v}'$ 经交织后重排成一个 $m \times N_d$ 维矩阵 $\boldsymbol{V}$,该矩阵包含的**先验**信息为

$$v_{k,i} = \ln \frac{p(b_{k,i} = 1 \mid \boldsymbol{Z} \backslash z_{k,i})}{p(b_{k,i} = 0 \mid \boldsymbol{Z} \backslash z_{k,i})} \tag{9.87}$$

式中条件 $\boldsymbol{Z} \backslash z_{k,i}$ 意味着计算比特 $b_{k,i}$ 的外部信息无需使用 $z_{k,i}$。

由于 $\boldsymbol{V}$ 反馈到解调器,故

$$z_{k,i} = \ln \frac{p(b_{k,i} = 1 \mid \boldsymbol{y}_i, \boldsymbol{\gamma}'_{\lceil i/N_b \rceil}, \boldsymbol{v}_i \backslash v_{k,i})}{p(b_{k,i} = 0 \mid \boldsymbol{y}_i, \boldsymbol{\gamma}'_{\lceil i/N_b \rceil}, \boldsymbol{v}_i \backslash v_{k,i})} \tag{9.88}$$

式中 $\boldsymbol{\gamma}' = \{\hat{A}, \hat{B}\}$。将符号集 $\mathcal{D} = \{1, 2, \cdots, q\}$ 分成两个不相交的子集 $\mathcal{D}_k^{(1)}$ 和 $\mathcal{D}_k^{(0)}$,其中 $\mathcal{D}_k^{(b)}$ 包含所有标记为 $b_k = b$ 的符号。正如式(1.201)所表明的那样,此时外部信息可表示为

$$z_{k,i} = \ln \frac{\sum_{d \in D_k^{(1)}} g(\boldsymbol{y}_i \mid d, \boldsymbol{\gamma}'_{\lceil i/N_b \rceil}) \prod_{l=1, l \neq k}^{m} \exp(b_l(d) v_{l,i})}{\sum_{d \in D_k^{(0)}} g(\boldsymbol{y}_i \mid d, \boldsymbol{\gamma}'_{\lceil i/N_b \rceil}) \prod_{l=1, l \neq k}^{m} \exp(b_l(d) v_{l,i})} \tag{9.89}$$

式中 $b_l(d)$ 是符号 d 中的第 l 个比特值。将式(9.86)代入式(9.89),消去公因子,可得

$$z_{k,i} = \ln \frac{\sum_{d \in D_k^{(1)}} I_0(\gamma_{\lceil i/N_b \rceil} |y_{d_i,i}|) \prod_{l=1, l \neq k}^{m} \exp(b_l(d) v_{l,i})}{\sum_{d \in D_k^{(0)}} I_0(\gamma_{\lceil i/N_b \rceil} |y_{d_i,i}|) \prod_{l=1, l \neq k}^{m} \exp(b_l(d) v_{l,i})} \tag{9.90}$$

式中只需要比值 $\gamma = \hat{B}/\hat{A}$,而不需要 $\hat{A}$ 和 $\hat{B}$ 各自的估计值。由于本节前后的这些公式针对特定的接收机迭代算法,为简化标记省略了表示接收机迭代次数的上标。

9.4.3 信道估计

由于在块衰落和时变干扰下,A 和 B 会逐块变化,因此每个块都按相同方式单独处理。为保持健壮性,无论是待估计量的分布,还是块与块之间的相关性,估计器对它们都不做任何假设。估计器直接使用单个数据块的信道观察结果,同时通过译码器反馈的外部信息来间接利用其他数据块的观察结果。因此

在本节中，$\boldsymbol{Y}$ 为一个一般性的 $q \times N_{\mathrm{b}}$ 维接收数据块，$\boldsymbol{D} = [D_1 \quad D_2 \quad \cdots \quad D_{N_{\mathrm{b}}}]$ 为相应的发射符号集，且 $\{\hat{A},\hat{B}\}$ 为相应的信道估计器集合。

期望最大化(EM)算法采用迭代方法进行估计，而非试图直接计算最大似然估计。令 $\{\boldsymbol{Y},\boldsymbol{D}\}$ 为**完备**数据集。由于 $\ln h(\boldsymbol{d})$ 独立于 A 和 B，因此不影响最大化，故完备数据集的对数似然函数为 $\ln f(z|A,B) = \ln g(\boldsymbol{y}|\boldsymbol{d},A,B) + \ln h(\boldsymbol{d}) \sim \ln g(\boldsymbol{y}|\boldsymbol{d},A,B)$。

由于 $i \neq l$ 时 $\boldsymbol{y}_i$ 和 $\boldsymbol{y}_l$ 相互独立，故式(9.86)表明：

$$g(\boldsymbol{y}|\boldsymbol{d},A,B) = \frac{\exp\left[-\dfrac{H}{A} - \dfrac{N_{\mathrm{b}}B^2}{4A} + \sum_{i=1}^{N_{\mathrm{b}}} \ln \mathrm{I}_0\left(\dfrac{B|y_{d_i,i}|}{A}\right)\right]}{(\pi^q A^q \det \boldsymbol{K})^{N_{\mathrm{b}}}} \tag{9.91}$$

式中

$$H = \sum_{i=1}^{N_{\mathrm{b}}} \boldsymbol{y}_i^{\mathrm{H}} \boldsymbol{K}^{-1} \boldsymbol{y}_i \tag{9.92}$$

去除不相关常数以后，可得

$$\ln f(z|A,B) \sim - qN_{\mathrm{b}} \lg A - \frac{H}{A} - \frac{N_{\mathrm{b}}B^2}{4A} + \sum_{i=1}^{N_{\mathrm{b}}} \ln \mathrm{I}_0\left(\frac{B|y_{d_i,i}|}{A}\right) \tag{9.93}$$

该式的形式表明必须要同时估计参数 A 和 B，而非仅仅估计比值 B/A。

令 r 为 EM 算法的迭代次数，$\hat{A}^{(r)}$ 和 $\hat{B}^{(r)}$ 为在第 r 次迭代中 A 和 B 的估计值。**期望**步骤(E 步)需要计算，即

$$Q(A,B) = E_{d|y,\hat{A}^{(r-1)},\hat{B}^{(r-1)}}[\ln f(\boldsymbol{Z}|A,B)] \tag{9.94}$$

式中的期望运算是在 y 及此前 EM 迭代的估计值 $\hat{A}^{(r-1)}$ 和 $\hat{B}^{(r-1)}$ 的条件下对未知符号 $\boldsymbol{d}$ 进行的。将式(9.93)代入式(9.94)，可发现：

$$Q(A,B) = - qN_{\mathrm{b}} \ln A - \frac{H}{A} - \frac{N_{\mathrm{b}}B^2}{4A} + \sum_{i=0}^{N_{\mathrm{b}}-1} \sum_{k=1}^{q} p_{k,i}^{(r-1)} \ln \mathrm{I}_0\left(\frac{B|y_{k,i}|}{A}\right) \tag{9.95}$$

式中

$$\begin{aligned} p_{k,i}^{(r-1)} &= p(D_i = k|y_i,\hat{A}^{(r-1)},\hat{B}^{(r-1)}) \\ &= \frac{g(\boldsymbol{y}_i|D_i = k,\hat{A}^{(r-1)},\hat{B}^{(r-1)})p(D_i = k)}{g(\boldsymbol{y}_i|\hat{A}^{(r-1)},\hat{B}^{(r-1)})} \end{aligned} \tag{9.96}$$

最后一步利用了 D_i 与 $\hat{A}^{(r-1)}$ 及 $\hat{B}^{(r-1)}$ 独立的事实。利用式(9.86)可得

$$p_{k,i}^{(r-1)} = \alpha_i^{(r-1)} \mathrm{I}_0\left(\frac{\hat{B}^{(r-1)}|y_{k,i}|}{\hat{A}^{(r-1)}}\right) p(D_i = k) \tag{9.97}$$

式中 $\alpha_i^{(r-1)}$ 是使得 $\sum_{k=1}^{q} p_{k,i}^{(r-1)} = 1$ 的归一化因子，即

$$\alpha_i^{(r-1)} = \frac{1}{\sum_{k=1}^{q} \mathrm{I}_0\left(\frac{\hat{B}^{(r-1)} |y_{k,i}|}{\hat{A}^{(r-1)}}\right) p(D_i = k)} \tag{9.98}$$

且 $p(D_i = k)$ 为 $D_i = k$ 的概率，由译码器估计得到。

最大化步骤(M 步)为

$$\hat{A}^{(r)}, \hat{B}^{(r)} = \underset{A,B}{\operatorname{argmax}} Q(A,B) \tag{9.99}$$

令函数 $Q(A,B)$ 关于 A 和 B 的导数为零即可求解上式。相应的方程组的解为

$$\hat{A}^{(r)} = \frac{1}{qN_\mathrm{b}}\left(H - \frac{N_\mathrm{b}\,(\hat{B}^{(r)})^2}{4}\right) \tag{9.100}$$

$$\hat{B}^{(r)} = \frac{2}{N_\mathrm{b}} \sum_{i=1}^{N_\mathrm{b}} \sum_{k=1}^{q} p_{k,i}^{(r-1)} |y_{k,i}| F\left(\frac{4qN_\mathrm{b}\hat{B}^{(r)} |y_{k,i}|}{4H - N_\mathrm{b}\,(\hat{B}^{(r)})^2}\right) \tag{9.101}$$

式中：$F(x) = \mathrm{I}_1(x)/\mathrm{I}_0(x)$，$\mathrm{I}_1(\cdot)$ 为式(B.10)定义的第一类一阶修正贝塞尔函数。

由于难以得到式(9.101)的闭式解，故可通过 9.1 节的固定点迭代方法递归求解。该递归过程包含初始时用前面 EM 迭代得到的 $\hat{B}^{(r-1)}$ 替换式(9.101)右边的 $\hat{B}^{(r)}$。为选择 B 的初始估计，考虑没有噪声时的情况。没有噪声时，式(9.74)意味着要么 $|y_{k,i}| = a\sqrt{\boldsymbol{\varepsilon}_\mathrm{s}}$（当 $k = d_i$ 时），要么 $|y_{k,i}| = 0$(其他情况)。因此，在 $\boldsymbol{Y}$ 的任意列上取 $|y_{k,i}|$ 的最大值就可实现 $a\sqrt{\boldsymbol{\varepsilon}_\mathrm{s}} = B/2$ 的估计。为说明可能存在噪声时的情况，对数据块上所有的列求平均，可得

$$\hat{B}^{(0)} = \frac{2}{N_\mathrm{b}} \sum_{i=1}^{N_\mathrm{b}} \max_k |y_{k,i}| \tag{9.102}$$

在 $r = 0$ 时计算式(9.100)中的 $\hat{B}^{(0)}$，可得 A 的初始估计。在计算初始值 $\hat{A}^{(0)}$ 和 $\hat{B}^{(0)}$ 之后，初始概率 $\{p_{k.i}^{(0)}\}$ 可由式(9.97)和式(9.98)计算得到。当 $\hat{B}^{(r)}$ 收敛到某个固定值时，EM 算法停止，典型情况下少于 10 次迭代。

对每次接收机迭代来说，信道估计的复杂度如下。使用式(9.102)计算 $\hat{B}$ 的初始估计时，需要在 q 值上求 N_b 次最大化、$N_\mathrm{b} - 1$ 次加法及一次与 $2/N_\mathrm{b}$ 的乘法。对于式(9.92)中的 H，只需要在第一次 EM 迭代之前计算一次，故需要 $N_\mathrm{b}q(q+1)$ 次乘法和 $N_\mathrm{b}q^2 - 1$ 次加法。对每一次 EM 迭代，使用式(9.100)计

算 $\hat{A}^{(r)}$ 时仅需要两次乘法和一次加法。使用式(9.97)和式(9.98)计算 $p_{k,i}^{(r-1)}$ 时,需要 $3N_b q+1$ 次乘法、$N_b(q-1)$ 次加法及 $N_b q$ 次查找 $I_0(\cdot)$ 函数。通过求解(9.101)来递归计算 $\hat{B}^{(r)}$,其计算复杂度取决于每个 r 值的递归次数。假设进行 ξ 次递归,则需要的计算量为 $N_b q+\xi(2N_b q+4)$ 次乘法、$\xi N_b q$ 次加法及 $\xi N_b q$ 次查找 $I_0(\cdot)$ 函数。一种用于计算 $\hat{B}$ 的停止准则为,一旦 $\hat{B}$ 位于前一次递归所得值的 10%之内或递归已达到最大次数 10 次,则递归计算停止。在这样的停止准则下,平均只需要两次或三次递归。

9.4.4 调制指数的选择

令 $B_{\max}$ 为 CPFSK 调制的最大带宽,以使跳频频带可容纳足够多的信道,来保证系统有足够好的抗多址干扰和抗多音干扰性能。我们需要确定 h 、q 及 Turbo 码的码率 R ,以便存在部分频带干扰时系统在衰落信道和 AWGN 信道上都有良好的性能。对于特定的调制参数 h 和 q ,编码码率受带宽需求的限制。令 $B_u T_b$ 为归一化的、包含未编码 CPFSK 调制信号 99%功率的带宽。$B_u T_b$ 在非正交 CPFSK 中的取值可通过对 3.4 节中的功率谱公式进行数值积分求解,或在每跳驻留时间内的符号数很大时利用式(3.54)求解。当码率为 R 时,带宽变为 $B_c=B_u/R$ 。由于要求 $B_c\leqslant B_{\max}$,满足带宽限制的最小码率为 $R_{\min}=B_u/B_{\max}$。

信息论提供了 h 、q 及 $R\geqslant R_{\min}$ 的最优选择方法。对于特定的 h 和 q 值,在带宽受限条件下,对瑞利衰落信道和 AWGN 信道来说,估计容量 $C(\gamma)$ 与 $\gamma=\varepsilon_s/N_0$ 的关系。由于非相干解调包括信道估计,因此假设有准确的信道状态信息,符号也要以等概率从信号集中抽取。在这些假设条件下,用 $\boldsymbol{u}=\boldsymbol{y}_i/\sqrt{\epsilon_s}$ 进行变量替换,结合式(9.86)和式(9.70),衰落信道的容量可表示为

$$C(\gamma)=\log_2 q-\frac{1}{q}\sum_{v=1}^{q}\iint g(\alpha)f(\boldsymbol{u}\,|\,v,\alpha)\,\log_2\frac{\sum_{k=1}^{q}I_0(2\alpha\gamma\,|u_k|)}{I_0(2\alpha\gamma\,|u_v|)}\mathrm{d}\boldsymbol{u}\mathrm{d}\alpha \tag{9.103}$$

式中:$g(\alpha)$ 为衰落幅度的概率密度函数,在 α 的所有取值及 $\boldsymbol{u}$ 的 $2q$ 个实部和虚部分量上进行 $(2q+1)$ 重积分,有

$$f(\boldsymbol{u}\,|\,\mathrm{v},\alpha)=\frac{\gamma^q\exp[-\gamma(\boldsymbol{u}^{\mathrm{H}}\boldsymbol{K}^{-1}\boldsymbol{u}+\alpha^2)]}{\pi^q\det\boldsymbol{K}}I_0(2\alpha\gamma\,|u_v|) \tag{9.104}$$

式(9.103)可以通过蒙特卡罗方法进行数值积分。为确定所需的 ϵ_b/N_0 最小值,以维持码率 R 上的 $C(\gamma)$,利用关系式 $\epsilon_s=R\varepsilon_b\log_2 q$,对所有码率求解方程有

$$R = C(R\varepsilon_b \log_2 q / N_0) \tag{9.105}$$

使得 $R_{min} \leqslant R \leqslant 1$。对于有严格带宽限制的非相干系统，使 ϵ_b/N_0 最小化的典型 R 值就是 $R = R_{min}$，但在宽松的带宽限制下，使 ϵ_b/N_0 最小化的 R 值可能大于 R_{min}（在这种情况下实际带宽小于 B_{max}）。

图 9.12 和图 9.13 显示了在 $2 \leqslant q \leqslant 32$、$B_{max}T_b = 2$ 及 $B_{max}T_b = \infty$ 时，$\mathcal{E}_b/N_0$ 的最小值与 h 的关系曲线。图 9.12 的信道是 AWGN 信道，图 9.13 的信道是瑞利衰落信道。当 $B_{max}T_b = 2$ 时，曲线被截断，这是因为存在 h 的最大值，超过这个值以后，不存在可以满足带宽限制的码字。对每个 q，在每幅图中都有一个最优的 h 值，该值可给出 $\mathcal{E}_b/N_0$ 的最小值。该最小值随着 q 的增大而减小，但当 $q > 8$ 时，获得的好处在逐渐减少，且实现复杂度将迅速增加。令 f_e 表示接收机中由于多普勒频移和频率合成器不精确而导致的载波频率偏差。CPFSK 符号中相邻频率的间隔为 $hf_b/R\log_2 q$，其中 f_b 为信息比特速率。由于频率间隔必须远大于 f_e，因此若 f_e 如式(9.73)所假设的可以忽略，则需要有

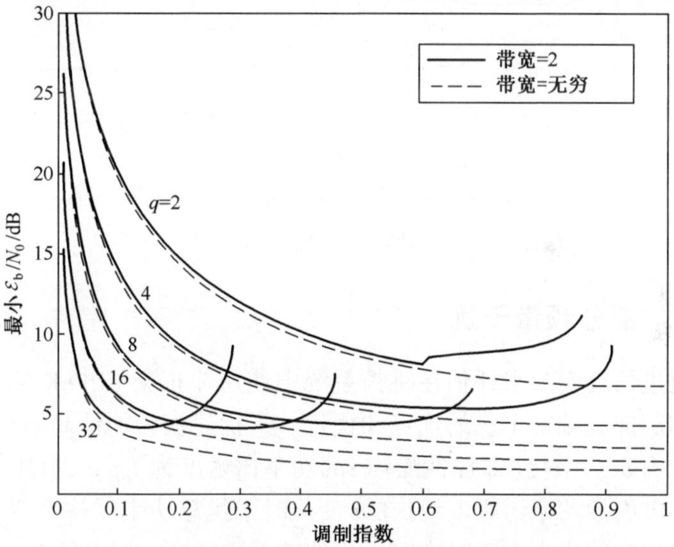

图 9.12　在 AWGN 信道中，当 $2 \leqslant q \leqslant 32$，$B_{max}T_b = 2$，$B_{max}T_b = \infty$时，最小 $\mathcal{E}_b/N_0$ 值与 h 的关系[95]

$$f_e \ll \frac{hf_b}{R\log_2 q} \tag{9.106}$$

由于随着 q 的增加，$R\log_2 q$ 增加，最优 h 值减小，故式(9.106)是选择 $q \leqslant 8$ 的另一个原因。在图 9.13 中，当 $q = 4$ 和 $B_{max}T_b = 2$ 时，$h = 0.46$ 为近似最优值，且对应码率近似为 $R = 16/27$。当 $q = 8$ 和 $B_{max}T_b = 2$ 时，$h = 0.32$ 为近似最优

值,且对应码率近似为 $R=8/15$。若 $f_e << 0.2f_b$,则式(9.106)对 $q=8$ 和 $q=4$ 都是满足的。图 9.13 表明,当 h 取最优值时,与 q 取相同值、$h=1$(正交 CPFSK)及带宽不限时所能达到的系统性能相比,该系统在 AWGN 信道中 $\mathcal{E}_b/N_0$ 的损失要小于 1dB;在瑞利信道中 $\mathcal{E}_b/N_0$ 的损失要小于 2dB。

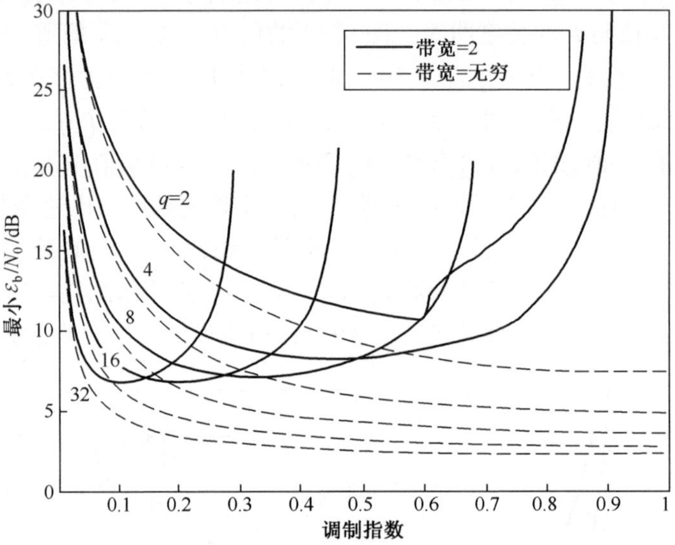

图 9.13 在瑞利信道中,当 $2 \le q \le 32$, $B_{max}T_b = 2$, $B_{max}T_b = \infty$时,最小 $\mathcal{E}_b/N_0$ 值与 h 的关系[95]

9.4.5 部分频带干扰

下面通过仿真实验来评估在跳频系统中使用非正交 CPFSK 编码调制和信道估计器抑制部分频带干扰的优点和代价。干扰建模为加性高斯白噪声,与跳频带宽之比为 μ 。干扰(即加性噪声)的功率谱密度为 I_{t0}/μ ,其中 I_{t0} 是 $\mu=1$ 时接收机通带内的功率谱密度,且在 μ 变化时干扰总功率保持不变。参数 A 表示在跳频驻留时间内来自于噪声和干扰的功率谱密度。假设每个 FH 信道带宽足够小使得每个信道内的衰落是平坦的,则跳频驻留时间内的符号将经历相同的衰落幅度。跳与跳之间的衰落幅度相互独立,也就是将信道建模为每跳都变化的频率选择性衰落。由于数据块与跳频驻留时间间隔一致,所以适合单独估计每跳的衰落幅度。这里考虑了三种调制进制数:二进制($q=2$)、四进制($q=4$)和八进制($q=8$)。

仿真系统使用已广泛应用的通用移动通信系统(UMTS)规范中的 Turbo 码,其约束长度为 4,采用特定的码率匹配算法,并将最优的可变长交织器设置为 2048。若驻留时间固定而码字长度扩展超过了指定的 2048bit，则每个码字的跳数将增加。因此**分集阶数**将增加，但增加分集阶数获得的好处将服从收益递减规律。在感兴趣的误比特率处（约 10^{-3}），这种好处将变得很小。这里选择的调制指数 h 和码率 R 接近于前述的瑞利衰落和带宽限制 $B_{\max}T_{\mathrm{b}}=2$ 时信息论给出的最优值。特别地，$q=2$ 的系统参数取 $h=0.6$ 和 $R=2048/3200$；$q=4$ 的系统参数取 $h=0.46$ 和 $R=2048/3456$，及 $q=8$ 的系统取 $h=0.32$ 和 $R=2048/3840$。接收机迭代由信道估计、解映射及完全 Turbo 译码迭代组成，最多完成 20 次接收机迭代。一旦数据正确译码（例如，可通过 UMTS 标准指定的循环冗余校验来确定），提前停止规则将使得迭代停止。每个码字包含的跳数可能发生变化，下面的结果将显示这种变化的影响。

图 9.14 显示了信道估计对系统误比特率（BER）的影响。在图中，$\mu=0.6$，$\varepsilon_{\mathrm{b}}/I_{t0}=13$，信道经历的是瑞利块衰落，采用 8 进制 CPFSK 调制，每个码字包含 32 跳。图中最上面的曲线显示的是未估计 A 或 B 的简单系统的性能。如式（D.27）（见附录 D.4 节"瑞利分布"）所示，系统将这些值设为它们的统计平均值，即 $A=N_0+I_{t0}$，$B=2E[\alpha]\sqrt{\mathcal{E}_{\mathrm{s}}}=\sqrt{\pi\mathcal{E}_{\mathrm{s}}}$。可以看出，这样一个系统的性能是相当差的，因为系统并不知道哪些跳受到干扰，哪些跳没有受到干扰。以块为单位，用 EM 估计器来估计 A 和/或 B 可提升系统性能。从上往下的第二条曲线

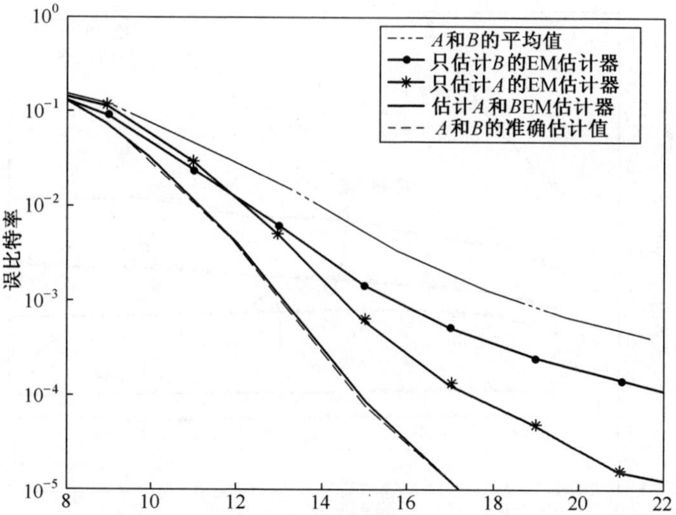

图 9.14　在瑞利块衰落和部分频带干扰下各种估计方法对系统误比特率的影响

（其中 $\mu=0.6$，$\mathcal{E}_{\mathrm{b}}/I_{t0}=13$ dB，turbo 编码的 CPFSK 为八进制，$h=0.32$，码率为 2048/3840，每个码字包含 32 跳[95]）

显示的是以块为单位只估计 B 时($A = N_0 + I_{t0}$)的系统性能;同时,紧接其下的曲线显示的是以块为单位只估计 A 时($B = \sqrt{\pi \mathcal{E}_s}$)的系统性能。最下面倒数第二条曲线显示的是以块为单位,通过 EM 估计器估计 A 和 B 时的系统性能;同时,最下面的曲线显示的是有准确信道状态信息,即 A 和 B 完全已知时的系统性能。可以看出,有准确信道状态信息和仅简单地使用 A、B 平均值的系统性能之间存在巨大差距。以块为单位独立地估计 A 或 B,能够部分地减小这种差距;如果对 A 和 B 进行联合估计几乎可以完全弥补这种差距。

图 9.15 表明了估计器的健壮性与调制进制数、信道类型、部分频带干扰所占比率 μ 的关系。该图显示了在多个系统中 $\mathcal{E}_b/I_{t0} = 13\text{dB}$ 且要达到 BER 为 10^{-3}时,所需要的 $\mathcal{E}_b/N_0$ 值与 μ 的关系。针对 3 种不同的调制进制数,都考虑了 AWGN 和瑞利块衰落的情况(同样地,每个码字 32 跳)。对于这 6 种情况,都显示了有准确 CSI 时的性能和使用 EM 估计器时的性能。纵观测试参数的整个变化范围,估计器的性能很接近有准确 CSI 时的性能。增加调制进制数的优点显而易见。例如,在 AWGN 信道下,将 q 从 2 增加到 4,可使性能提升大约 4dB;q 再从 4 增加到 8,可使性能再提升大约 1.2dB。在瑞利衰落下,性能提升更加明显。虽然在 AWGN 信道下,系统性能对于 μ 的值相对不敏感,但是在瑞利衰落下,系统性能会随着 μ 的增加而出现恶化。当 $q = 2$ 时,性能恶化会相当严重。

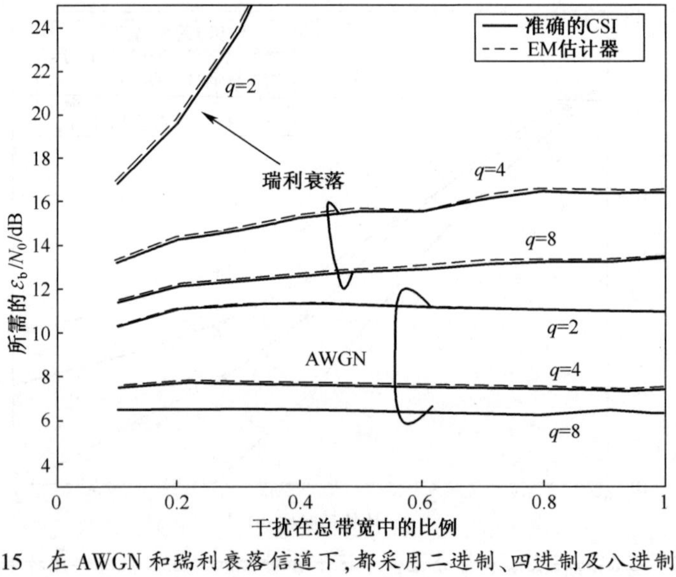

图 9.15 在 AWGN 和瑞利衰落信道下,都采用二进制、四进制及八进制 Turbo 编码的 CPFSK 时,达到 BER$=10^{-3}$所需要的 $\mathcal{E}_b/N_0$ 值与 μ 的关系

(其中 $\mathcal{E}_b/I_{t0} = 13\text{ dB}$, $B_{\max}T_b = 2$ [95])

若增加跳速,则每个码字经历的具有独立衰落的跳频驻留间隔数将增加,这也意味着有更多的分集可用于处理码字。然而,跳频驻留时间的减少也使得用于信道估计器的采样值减少,从而使得信道估计的可靠性降低。图 9.16 显示了四进制和八进制 CPFSK 系统中每个码字包含跳数的影响与μ的关系,仿真中都使用 EM 估计器,都经历瑞利块衰落,部分频带干扰的参数为 $\mathcal{E}_b/I_{t0}$ = 13dB。由于对每个 q 值,码字长度都是固定的,增加每个码字的跳数会导致数据块长度更短。当 $q=4$ 时,每个码字有 16、32、64 跳,分别对应于每跳有 108、54、27 个符号。当 $q=8$ 时,每个码字有 16、32、64 跳,分别对应于每跳有 80、40、20 个符号。尽管 EM 算法在信道估计中的精度缓慢下降,但是每跳所包含的编码符号数的减少使得分集增加,这足以改善性能。然而,3.4 节表明,除非改变某些参数值,当每跳所包含的编码符号数减少到少于 20 时,信号频谱将显著扩展。

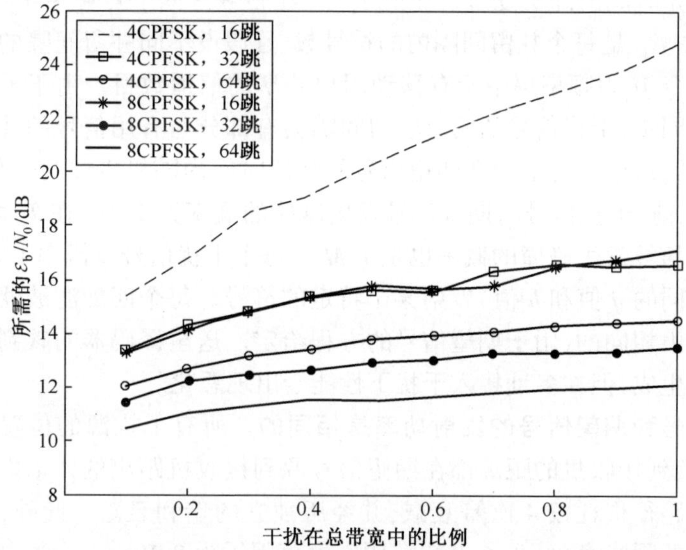

图 9.16　在有部分频带干扰的瑞利块衰落信道下,采用四进制和八进制 CPFSK 时,为使 BER=10^{-3},所需的 $\mathcal{E}_b/N_0$ 值与 μ 的关系(其中估计方法为 EM 估计,$\mathcal{E}_b/I_{t0}$ = 13 dB,每个码字存在不同的跳数[95])

已有的跳频系统,如 GSM、蓝牙及战术网电台,都使用参数为 $h=0.5$ 的二进制最小频移键控(MSK)或二进制高斯 FSK,但都没有衰落幅度估计器。图 9.14 和图 9.15 分别显示了由于使用二进制调制和缺乏衰落幅度估计而在性能上付出的巨大代价。获得健壮系统优越性能所付出的代价主要是增加了计算复杂度。其他非二进制跳频系统使用信道估计器来达到较好的抗部分频带干扰和 AWGN 性能。但是,由于发射符号的频谱不够紧凑,上述方案难以对抗多址接入干扰,且信道估计器不能被设计用于估计多个干扰及噪声的功率谱密度水平。正如后面所描述的,健壮系统能容许存在显著的多址干扰。

9.4.6 异步多址接入干扰

当两个或两个以上的跳频信号共享相同的物理媒介或网络,但跳频图案并不协同时,就可能出现多址接入干扰。当使用相同信道的两个或多个信号同时被接收时,就会出现碰撞。由于增加跳频频率集中的信道数目可减少网络中碰撞的概率,因此,当跳频带宽固定时,就非常希望有频谱结构紧凑的调制方式。

下面通过仿真实验来比较不同的 q 和 h 值对 Ad Hoc 网络中移动用户数量的影响。网络中所有移动用户都采用异步、统计独立、随机生成的跳频图案。令 T_i 为跳频干扰信号 i 的相对转移时间,或该干扰信号新的驻留间隔相对于期望信号的起始时间的随机变量。比值 T_i/T_s 在整数区间 $[0,N_h-1]$ 内服从均匀分布,其中 N_h 是每个驻留间隔内的符号数,且假设不同驻留间隔的切换时间可以忽略。令 M 为频率集中所有移动用户共享的信道数目。由于干扰信号与有用信号不同步,干扰信号的两个驻留间隔会有部分与有用信号的驻留间隔重合,这样的话,每个干扰信号在期望信号的驻留时间内随机生成两个载波频率,因此在 T_i **之前**,干扰信号与期望信号发生碰撞的概率为 $1/M$;在 T_i **之后**,干扰信号与期望信号发生碰撞的概率也是 $1/M$。每个干扰信号以概率 $1/q$(整个网络都使用相同的 q 值和 h 值)发射某个特定的符号。每个匹配滤波器对干扰符号的响应都由相同的、用于期望信号的方程给定。送至译码器的软判决度量按照常规方式生成,但在多址接入干扰下性能会出现恶化。

干扰信号和期望信号的发射功率是相同的。所有干扰源的位置是随机分布的,但它们到接收机的距离都在期望信号源到接收机距离的 4 倍以内。所有信号经历的路径损耗按 4 次幂衰减,并经历独立的瑞利衰落。此外,干扰信号还经历独立的阴影衰落(见 6.1 节),阴影衰落因子为 8dB。

仿真考虑的 CPFSK 调制进制数为 $q=\{2,4,8\}$。归一化的跳频带宽为 $WT_b=2000$。仿真中考虑了正交和非正交调制。对正交调制来说,选择码率为 2048/6144,这已经接近于 $h=1$ 时瑞利衰落下的信息论最优值。考察容纳信号 99%功率的带宽,对二进制、四进制和八进制 CPFSK 来说,分别有 $M=312$、315 和 244 个信道。对非正交调制来说,假设带宽限制为 $B_{max}T_b=2$,这样就有 $M=1000$ 个信道。如前例所述,在该带宽限制下,选择接近于信息论最优值的 h 和 R 值(例如 $q=2$ 时,$h=0.6$,$R=2048/3200$;$q=4$ 时,$h=0.46$,$R=2048/3456$;$q=8$ 时,$h=0.32$,$R=2048/3840$)。在所有的情形中,每个码字都有 32 跳。

当存在多址接入干扰时，精确估计 A 和 B 的值非常重要。图 9.17 显示了信道估计技术对系统的影响，该系统中 30 个移动用户都使用非正交的八进制 CPFSK 信号进行传输。最上面的曲线显示的是接收机忽略干扰存在时发生的情况。在这种情况下，设 B 取其实际值（准确 CSI 下 B 的值），而将 A 设为 N_0，该值不包括干扰。如从上往下的第二条曲线所示，以数据块为基础，采用基于 EM 算法对 A 和 B 进行联合估计可提高性能。

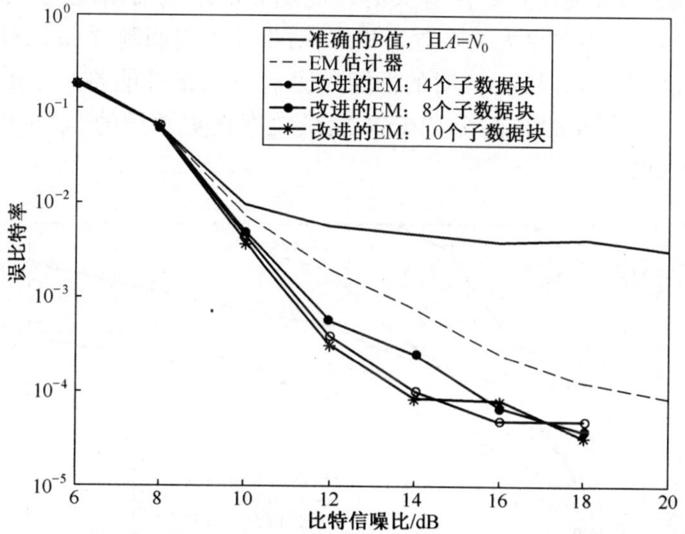

图 9.17　在 30 个移动用户构成多址接入干扰，且存在瑞利块衰落条件下，各种估计器对系统误比特率的影响（图中使用的 Turbo 编码八进制 CPFSK 的参数为 $h = 0.32$，码率为 2048/3840，每个码字有 32 跳[95]）

与部分频带干扰中 A 的值在整跳时间内保持常数不同，由异步跳频导致的多址接入干扰下的 A 值一般不是常数。这表明将数据块分割成多个子数据块，且对每个子数据块分别估计 A 值可提高性能。这种估计可通过对基于 EM 算法的估计器进行简单修改来实现。如前所述，该估计器先由式（9.101）在整个数据块上估计 B 的值。然后，估计器利用整个数据块估计的 B 值和仅由子数据块估计得到的 D 值，使用式（9.100）来估计每个子数据块的 A 值（设 N_b 为子数据块的大小）。图 9.17 下面的 3 根曲线显示了使用 4、8 以及 10 个子数据块估计 A 时的性能。虽然在 $\mathcal{E}_b/N_0$ 较小时，使用更多的子数据块是有益的，但在 $\mathcal{E}_b/N_0$ 较大时，仅仅使用 4 个子数据块就足以获得显著的性能提升。这种基于子数据块的方法并不需要增加计算复杂度。

图 9.18 和图 9.19 显示了移动用户数量与能量效率的关系。图 9.18 显示

了使用块 EM 估计器的性能(未使用子数据块估计)。特别是图中给出了使误比特率达到 10^{-4} 时所必需的最小 $\mathcal{E}_b/N_0$ 值与移动用户数量的关系。图中包括了 q 取 3 个值时正交和非正交调制时的性能。对于一个轻负载系统来说(少于 5 个用户),由于在没有干扰时正交调制有更高的能量效率,正交系统要优于非正交系统。然而,当移动用户数量增加到 5 个以上时,非正交系统的性能更好。原因是非正交调制频谱效率的提高可提供更多的信道,从而降低了碰撞概率。对于正交调制,与移动用户数量有关的性能随 q 的增加而出现更快的下降,这是由于更大的 q 值需要更大的带宽。相反,对于非正交调制,在 q 取最大值时有最好的性能,尽管 $q=2$ 和 $q=4$ 时的性能只比 $q=8$ 时的性能差 1~2dB。当有 50 个移动用户时,$q=8$ 的非正交 CPFSK 能量效率比更常用的、$q=2$ 时的正交 CPFSK 高约 3dB。

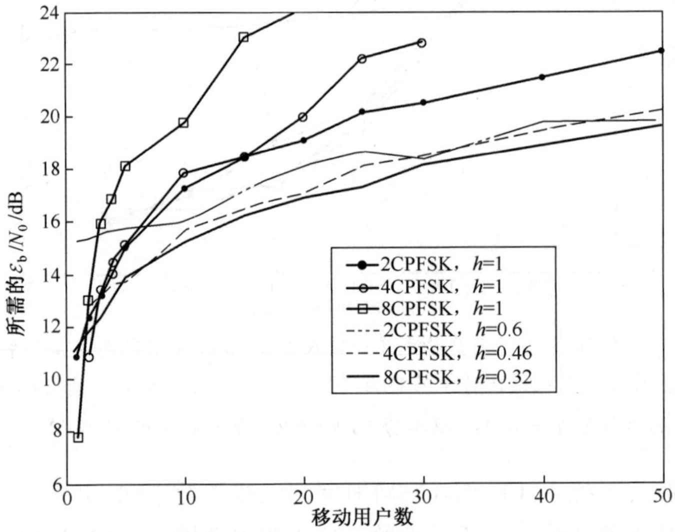

图 9.18 Turbo 编码的 CPFSK 在瑞利块衰落信道下,为达到 BER $=10^{-4}$ 所需的 $\mathcal{E}_b/N_0$ 值与移动用户数量的关系,对非正交信号有 $B_{max}T_b = 2$ [95]

图 9.19 显示了非正交 CPFSK 在使用子数据块代替整个数据块进行信道估计时的性能,但系统参数与前面相同。当 $q=8$ 时,取 10 个子数据块,每个子数据块有 40/10 = 4 个符号;当 $q=4$ 时,取 9 个子数据块,每个子数据块有 54/9 = 6 个符号;当 $q=2$ 时,取 10 个子数据块,每个数据块有 100/10 = 10 个符号。与图 9.18 的比较表明,当 $q=8$ 且有 50 个移动用户时,子数据块估计器相对于数据块估计器的能量效率高出 4dB。从图中还可看出,当使用子数据块估计器时,性能对用户数量的敏感性降低;但当系统负载很轻时,块数据估计器可提供更好

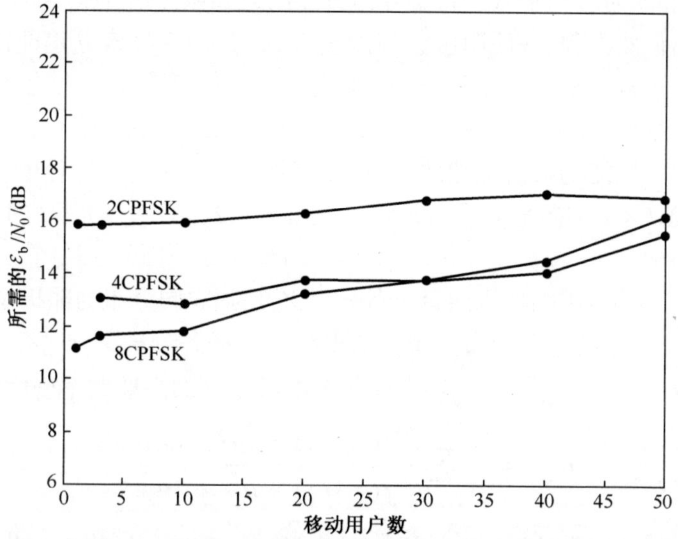

图 9.19　在瑞利块衰落信道下，使用改进的 EM 估计、非正交二进制、四进制、八进制 Turbo 编码的 CPFSK 时，为达到 BER = 10^{-4}，所需的 $\mathcal{E}_b/N_0$ 值与移动用户数量的关系[95]

的性能（因为 A 可能在整跳期间保持恒定）。

在包含频率选择性衰落、部分频带干扰、多音干扰及多址接入干扰的环境下，采用非正交 CPFSK 的非相干跳频系统具有很强的健壮性。这种健壮性源自于迭代 Turbo 译码和解调、基于期望值最大化（EM）算法的信道估计器及频谱紧凑的调制方式。

9.5　习　题

1. 考虑完备数据向量具有如下条件概率密度函数

$$f(z|\boldsymbol{\theta}) = \alpha(z)\exp[g(\boldsymbol{\theta}) + \boldsymbol{\theta}^{\mathrm{T}}\beta(z)]$$

式中 $\alpha(z)$ 和 $g(\boldsymbol{\theta})$ 为标量函数，$\beta(z)$ 为向量函数。若 $\boldsymbol{y}$ 是非完备数据向量，证明 EM 估计器具有如下形式

$$\nabla_{\boldsymbol{\theta}} g(\boldsymbol{\theta})_{\boldsymbol{\theta}=\hat{\theta}i+1} = h(\hat{\theta}_i, \boldsymbol{y})$$

并确定函数 $h(\hat{\theta}_i, \boldsymbol{y})$。

2. 令 X_{1i} 和 X_{2i} 分别为独立、零均值、方差为 V_1 和 V_2 的高斯随机变量，其中 $i = 1,2,\cdots,N$。接收的随机向量为 $\boldsymbol{Y} = [Y_1 \quad Y_2 \quad \cdots \quad Y_N]^{\mathrm{T}}$，其中 $Y_i = aX_{1i} +$

bX_{2i},且 a 和 b 为已知常数。希望导出方差的最大似然估计 $\hat{V}_1$ 和 $\hat{V}_2$。

①求出似然方程,并说明由它们能够得到同一方程,该方程即使在 $N \to \infty$ 时也没有唯一解。根据方差 V_1 和 V_2 解释该结果。②定义一个完备数据向量。使用 EM 算法和式(9.4)来估计方差。若 EM 算法收敛,则估计值可能不收敛或收敛到任一可能的最大似然估计值,是否收敛取决于初始估计值。

3. 考虑 $l \times 1$ 维向量 $\boldsymbol{y}^{(l)}$ 和 $\boldsymbol{x}^{(l)}$,其中 $l = 1,2,\cdots,n$。利用 l 的数学归纳法证明式(9.16)。

4. 令 $\boldsymbol{Z}$ 为 $n \times 1$ 维随机向量。各分量 Z_i 是独立同分布的随机变量,服从均值为 μ、方差为 v 的高斯分布。观测数据向量 $\boldsymbol{Y}$ 的各分量 $Y_i = |Z_i|$。利用 EM 算法估计 $\boldsymbol{\theta} = [\mu \quad \boldsymbol{v}]^{\mathrm{T}}$。令 $f(x|\theta)$ 为参数等于 θ 的高斯概率密度函数。证明

$$\hat{\mu}_{k+1} = \frac{1}{n}\sum_{i=1}^{n}\frac{y_i f(y_i|\hat{\theta}_k) - y_i f(-y_i|\hat{\theta}_k)}{f(y_i|\hat{\theta}_k) + f(-y_i|\hat{\theta}_k)}$$

$$\hat{v}_{k+1} = \frac{1}{n}\sum_{i=1}^{n}\frac{(y_i - \hat{\mu}_{k+1})^2 f(y_i|\hat{\theta}_k) + (y_i - \hat{\mu}_{k+1})^2 f(-y_i|\hat{\theta}_k)}{f(y_i|\hat{\theta}_k) + f(-y_i|\hat{\theta}_k)}$$

5. 考虑方程 $f(x) = x^2 - 3x + 1 = 0$,找到该方程形如 $x = g(x)$ 的两种不同的表示形式,并找出固定点迭代在这两种表示形式下都收敛的充分条件。说明初始值 $x_0 = 2$ 不满足充分收敛所在区间的条件之一。通过数值计算说明固定点迭代仍可收敛到 $f(x) = 0$ 的较小值的解。

6. 考虑方程 $f(x) = x^3 + x - 1 = 0$,它有一个接近 $x = 0.68$ 的解。找出该方程形如 $x = g(x)$ 的表示形式,并给出在任意初始条件 x_0,固定点迭代都收敛的充分条件。说明 $x = 1 - x^3$ 不是所需要的表示形式。

7. 利用式(9.43)推导式(9.48)~式(9.50)。

8. 利用书中类似的计算方法,推导式(9.59)。

9. 说明如何通过限制频谱得到式(9.74)。

10. 由式(9.95)推导出式(9.100)和式(9.101)。

第 10 章　扩谱信号的检测

认知无线电、超宽带以及军事电子信息系统通常需要具备检测扩谱信号的能力。本章针对扩谱序列及跳频图案未知或无法被检测器精确估计的问题,对扩谱信号的检测问题进行了分析。因此,检测器不能简单模仿扩谱通信接收机中的处理方法,而是需要进行其他处理。本章仅限于研究(扩谱信号的)检测,而不涉及解调或译码。然而,仅依据检测理论对扩谱信号进行检测会导致检测装置难以实现。另一种方法是使用无线场强计或能量检测器,即仅依靠检测能量来确定是否存在未知信号。能量检测器不仅可用于扩谱信号的检测,还可作为认知无线电和超宽带系统的感知手段。

10.1　直扩信号的检测

2.3 节的结论指出,基于随机扩谱序列的直扩信号,其功率谱密度的最大幅度近似为 $\mathcal{E}_s/2G$,其中 $\mathcal{E}_s$ 为符号能量, G 为扩谱增益。频谱分析仪通常无法检测功率谱密度低于背景噪声的信号,其中背景噪声的谱密度为 $N_0/2$。因此对频谱分析仪来说,接收信号的符号信噪比 $\mathcal{E}_s/N_0 > G$ 是检测直扩信号的近似必要条件而非充分条件。若 $\mathcal{E}_s/N_0 < G$,采用其他方法仍有可能检测直扩信号。若不能检测,则可以说该直扩信号具有**低截获概率**。

检测理论[42]可以导出多种检测接收机,这些接收机的具体形式与被检测信号假设已知的信息有关。为此,做出如下理想化假设,即扩谱波形的码片定时为已知,且信号在任何时候,也就是整个观测时间间隔内都是存在的。扩谱序列建模为随机二进制序列,这意味着序列按码片时宽进行时移时,对应于相同的随机过程。因此,为解决码片定时的不确定性,可以将已知的码片时间间隔在多个并行检测器之间进行划分,每个检测器实现不同的码片定时。

考虑对以下 PSK 调制的直扩信号进行检测:

$$s(t) = \sqrt{2G\mathcal{E}_c}\,p(t)\cos(2\pi f_c t + \theta), \quad 0 \leqslant t \leqslant T \tag{10.1}$$

式中: $\mathcal{E}_c$ 为码片能量; G 为扩谱增益; f_c 为已知载波频率; θ 为载波相位,且假设 θ 在**观测间隔** $0 \leqslant t \leqslant T$ 内是常数。包含随机数据调制的扩谱波形 $p(t)$ 为

$$p(t) = \sum_{i=-\infty}^{\infty} p_i \psi(t - iT_c) \tag{10.2}$$

式中：$\{p_i\}$ 建模为随机二进制序列；$\psi(t)$ 为式(7.13)所确定的能量为 $1/G$ 的码片波形。已知的码片定时意味着观察间隔的边界与码片转换的时刻一致。

基于对接收信号的观测，为确定信号 $s(t)$ 是否存在，经典检测理论需要在假设 H_1（信号存在）和假设 H_0（信号不存在）之间做出选择。在观测间隔内，接收信号在以上两种假设下可表示为

$$r(t) = \begin{cases} s(t) + n(t), & H_1 \\ n(t), & H_0 \end{cases} \tag{10.3}$$

式中：$n(t)$ 为零均值、双边功率谱密度为 $N_0/2$ 的高斯白噪声。

考虑定义在观测间隔上的时间连续、能量有限信号的向量空间（见 4.1 节）。由正交基函数所构成的完备集的前 N 项表示的观测波形的系数，可用来表示接收向量 $\boldsymbol{r} = [r_1 \quad r_2 \quad \cdots \quad r_N]$。令 $f(\boldsymbol{r}(N) \mid H_1, \theta, \boldsymbol{p})$ 为假设给定 H_1、θ 值以及随机二进制序列 $\{p_i\}$ 时，接收向量 $\boldsymbol{r}(N)$ 的条件概率密度函数。若 θ 和 $\boldsymbol{p}$ 为非随机的已知量，则可通过将似然比 $f(\boldsymbol{r}(N) \mid H_1, \theta, \boldsymbol{p}) / f(\boldsymbol{r}(N) \mid H_0)$ 与门限[42]比较来选择某个假设条件。然而，若 θ 和 $\boldsymbol{p}$ 分别建模为已知分布函数的随机变量和随机向量，则可通过整个分布范围的平均，计算平均似然比。用来与检测判决门限相比较的接收信号 $r(t)$ 的**平均似然**比可表示为

$$\Lambda(r(t)) = E_{\theta, \boldsymbol{p}} \left\{ \lim_{N \to \infty} \frac{f(\boldsymbol{r}(N) \mid H_1, \theta, \boldsymbol{p})}{f(\boldsymbol{r}(N) \mid H_0)} \right\} \tag{10.4}$$

式中：$E_{\theta, \boldsymbol{p}}\{\cdot\}$ 为在随机序列 $\{p_i\}$ 和 θ 的分布函数上求均值。

在观测间隔内正交的基函数 $\{\phi_i(t)\}$（$i = 1, 2, \cdots, N_s$）张成向量空间，因此有

$$\int_0^T \phi_i(t) \phi_k(t) \mathrm{d}t = \delta_{ik}, \quad i \neq k \tag{10.5}$$

波形 $r(t)$、$s(t)$ 和 $n(t)$ 有如下的展开式：

$$r(t) = \lim_{N \to \infty} \sum_{i=1}^{N} r_i \phi_i(t), s(t) = \lim_{N \to \infty} \sum_{i=1}^{N} s_i \phi_i(t), n(t) = \lim_{N \to \infty} \sum_{i=1}^{N} n_i \phi_i(t) \tag{10.6}$$

式中系数在区间 $[0, T]$ 内一致收敛。

在假设 H_1 和 H_0 条件下，展开系数 r_i、s_i、n_i 之间的关系式分别为 $r_i = s_i + n_i$ 和 $r_i = n_i$。应用式(10.5)和式(10.6)可得

$$r_i = \int_0^T r(t) \phi_i(t) \mathrm{d}t, s_i = \int_0^T s(t) \phi_i(t) \mathrm{d}t, n_i = \int_0^T n(t) \phi_i(t) \mathrm{d}t \tag{10.7}$$

由于噪声均值为零，r_i 在上述两种假设条件下的均值分别为

$$E[r_i|H_1]=s_i, E[r_i|H_0]=0 \tag{10.8}$$

零均值的高斯过程 $n(t)$ 的自相关函数为（见附录 C.2 节"平稳随机过程"）

$$R_n(\tau)=\frac{N_0}{2}\delta(\tau) \tag{10.9}$$

由上式及式(10.5)和式(10.7)，可发现高斯变量 n_i 和 n_k（$i\neq k$）不相关，因而也是统计独立的。在两种假设条件下，r_i 有相同的方差，即

$$\mathrm{var}[r_i|H_k]=E[n_i^2]=\frac{N_0}{2}, k=0,1 \tag{10.10}$$

$\{n_i\}$ 的独立性意味着 $\{r_i\}$ 也是独立的。由于系数 $\{r_i\}$ 是高斯的且方差为 $N_0/2$，故有

$$f(\boldsymbol{r}(N)|H_1,\theta,\boldsymbol{p})=\prod_{i=1}^{N}\frac{1}{\sqrt{\pi N_0}}\exp\left[-\frac{(r_i-s_i)^2}{N_0}\right] \tag{10.11}$$

$$f(\boldsymbol{r}(N)|H_0)=\prod_{i=1}^{N}\frac{1}{\sqrt{\pi N_0}}\exp\left[-\frac{r_i^2}{N_0}\right] \tag{10.12}$$

将这些公式代入式(10.4)，再利用指数函数的连续性，可得

$$\Lambda(\boldsymbol{r})=E_{\theta,\boldsymbol{p}}\left\{\exp\left[\frac{1}{N_0}\lim_{N\to\infty}\sum_{i=1}^{N}(2r_is_i-s_i^2)\right]\right\} \tag{10.13}$$

将式(10.6)给出的正交展开式代入积分运算，并利用基函数的正交特性，可得

$$\int_0^T r(t)s(t)\mathrm{d}t=\lim_{N\to\infty}\sum_{i=1}^{N}r_is_i \quad \mathcal{E}=\int_0^T s^2(t)\mathrm{d}t=\lim_{N\to\infty}\sum_{i=1}^{N}s_i^2 \tag{10.14}$$

令 N_c 和 T_c 分别为观测间隔内的码片数量和每个码片的持续时间。将式(10.14)代入式(10.13)，根据信号波形，平均似然比可表示为

$$\Lambda(r(t))=E_{\theta,\boldsymbol{p}}\left\{\exp\left[\frac{2}{N_0}\int_0^T r(t)s(t)\mathrm{d}t-\frac{\mathcal{E}}{N_0}\right]\right\} \tag{10.15}$$

式中：$\mathcal{E}=N_c\mathcal{E}_c$ 为观察时间间隔 $T=N_cT_c$ 内的信号波形能量。

这里有 2^N 个等概率的扩谱序列模式。对于**相干检测**，假设以某种方式精确估计得到 θ，从而可以不考虑其影响。从数学角度来说，在式(10.1)中设 $\theta=0$，将其与式(10.2)代入式(10.15)，并计算期望值可得

$$\Lambda(r(t))=\exp\left(-\frac{\mathcal{E}}{N_0}\right)\sum_{j=1}^{2^{N_c}}\exp\left[\frac{2\sqrt{2\mathcal{E}_c}}{N_0\sqrt{G}}\sum_{i=0}^{N_c-1}p_i^{(j)}r_{ic}\right]\text{（相干）} \tag{10.16}$$

式中：$p_i^{(j)}$ 为第 j 个扩谱序列模式中的第 i 个码片，且

$$r_{ic} = \int_{iT_c}^{(i+1)T_c} r(t)\psi(t - iT_c)\cos(2\pi f_c t)\,dt \tag{10.17}$$

以上这些公式表明了如何由理想相干检测器计算得到 $\Lambda(r(t))$ 。当阈值门限与平均似然比可以相比拟时，可将因子 $\exp(-\mathcal{E}/N_0)$ 与阈值门限合并，从这种意义上来说，因子 $\exp(-\mathcal{E}/N_0)$ 是无关紧要的。

对直扩信号来说，更现实的情况是**非相干检测**，并假设接收信号的载波相位在[0,2π)内服从均匀分布。将式(10.1)和式(10.2)代入式(10.15)，利用三角展开，去除可合并到阈值门限中的无关因子，然后针对随机二进制序列进行期望值估计，可得平均似然比为

$$\Lambda(r(t)) = E_\theta\left\{\sum_{j=1}^{2^{N_c}} \exp\left[\frac{2\sqrt{2\mathcal{E}_c}}{N_0\sqrt{G}}\sum_{i=0}^{N_c-1} p_i^{(j)}(r_{ic}\cos\theta - r_{is}\sin\theta)\right]\right\} \tag{10.18}$$

式中 r_{ic} 由式(10.17)定义，而 r_{is} 为

$$r_{is} = \int_{iT_c}^{(i+1)T_c} r(t)\psi(t - iT_c)\sin(2\pi f_c t)\,dt \tag{10.19}$$

且 $E_\theta\{\cdot\}$ 表示对 θ 的分布函数求平均。

综合利用附录 B.3“第一类贝塞尔函数”中的式(B.12)、θ 的均匀分布和三角函数，去除不相关因子，可得平均似然比

$$\Lambda(r(t)) = \sum_{j=1}^{2^{N_c}} \mathrm{I}_0\left(\frac{2\sqrt{2\mathcal{E}_c R_j}}{N_0\sqrt{G}}\right) \text{（非相干）} \tag{10.20}$$

式中：$\mathrm{I}_0(\cdot)$ 表示修正的第一类零阶贝塞尔函数，且

$$R_j = \left[\sum_{i=0}^{N_c-1} p_i^{(j)} r_{ic}\right]^2 + \left[\sum_{i=0}^{N_c-1} p_i^{(j)} r_{is}\right]^2 \tag{10.21}$$

以上这些公式定义了直扩信号的最优非相干检测器形式。若式(10.20)超过了阈值门限，就可认为存在所期望的信号。

相干或非相干最优检测器的实现都是相当复杂的，且复杂度随着观察间隔内码片数 N_c 的增长呈指数增长。为解决未知码片定时所需的并行处理器还会增加额外的复杂度。计算表明[58]，相对于下一节分析的更为实用的宽带能量检测器，典型情况下理想相干和非相干检测器可分别提供 3 dB 和 1.5 dB 的性能优势。分别利用 4 个或 2 个宽带能量检测器能够补偿上述性能的不足，且相比最优检测器复杂度更低。此外，最优检测器在实现中具有明显的损耗及缺陷。

10.2 能量检测器

辐射计或**能量检测器**是通过能量测量来确定未知信号是否存在的装置[91]。由于能量检测器极为简单,且除了需要知道目标信号大致的频谱分布外,不需要目标信号的任何信息,因此具有重要意义。除了可用作扩谱信号的检测器外,能量检测器还可作为认知无线电系统的感知手段及超宽带系统的检测器。

假设被检测信号可近似为零均值的白高斯随机过程。考虑两种假设,都假定在观察时间间隔 $0 \leqslant t \leqslant T$ 内存在零均值的带限白高斯过程。在假设 H_0 下,假定只有噪声存在,信号频带内的双边功率谱密度为 $N_0/2$;而在假设 H_1 下,信号和噪声都存在,信号频带内的双边功率谱密度为 $N_1/2$。利用推导式(10.11)和式(10.12)所用的正交基函数,可发现条件概率密度函数近似为

$$f(\boldsymbol{r} \mid H_i) = \prod_{k=1}^{\infty} \frac{1}{\sqrt{\pi N_i}} \exp\left(-\frac{r_k^2}{N_i}\right), i = 0,1 \tag{10.22}$$

计算似然比,并取对数,再将常数与阈值门限合并,可发现判决规则就是将下列判决变量与阈值门限进行比较:

$$V = \sum_{k=1}^{\infty} r_k^2 \tag{10.23}$$

若利用正交基函数的性质,可发现检验统计量为

$$V = \int_0^T r^2(t)\,\mathrm{d}t \tag{10.24}$$

式中为保证统计量的有限性,需要假设该随机过程是带限的。实现该统计量的装置称为**能量检测器**或**辐射计**。虽然能量检测器由带限白高斯信号导出,但是它同样是检测未知确定性信号的合理装置。虽然单个能量检测器难以确定检测到的是一个还是多个信号,但 5.3 节给出的方法可消除窄带干扰。

与能量检测器相比,理论上性能更为优越的装置需要更多关于目标信号的信息,而且还存在其他实际的限制。与能量检测器相比,这些装置的计算复杂度大大增加,且只有在能量检测器的噪声估计误差较大时才表现出显著的性能优势。正如后面将要讨论的,采用一些合适的方法可将这些误差以及它们的影响保持在较小的程度。

理想的能量检测器如图 10.1 所示。输入信号 $r(t)$ 经过滤波、平方和积分运算,得到的输出信号与门限值进行比较。当且仅当输出信号超过门限值时,接收机判决检测到了目标信号。由于精确的模拟积分器难以实现,且功率消耗

较大,图 10.2 所示的带通采样能量检测器要实用得多。基于基带采样的实用能量检测器如图 10.3 所示。虽然对能量检测器的所有三种形式进行数学分析可得到相同的性能公式,但是对两种实用能量检测器进行分析所作的近似处理显然更少,因而可提供更加可靠的结果。下面将分析采用带通采样的能量检测器,这也是实际使用最多的能量检测器。

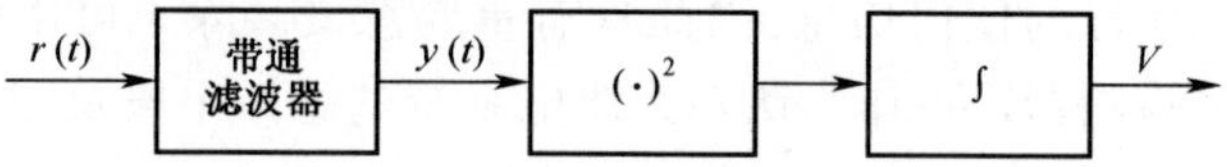

图 10.1 理想的能量检测器

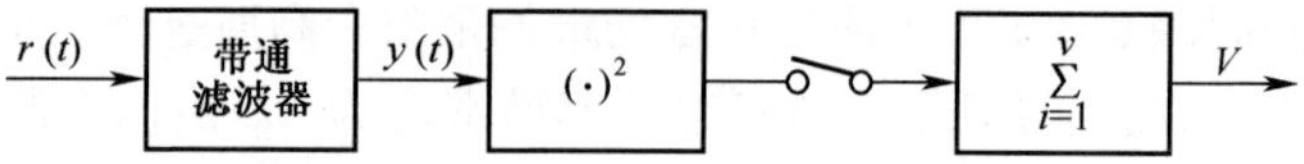

图 10.2 采用带通采样的能量检测器

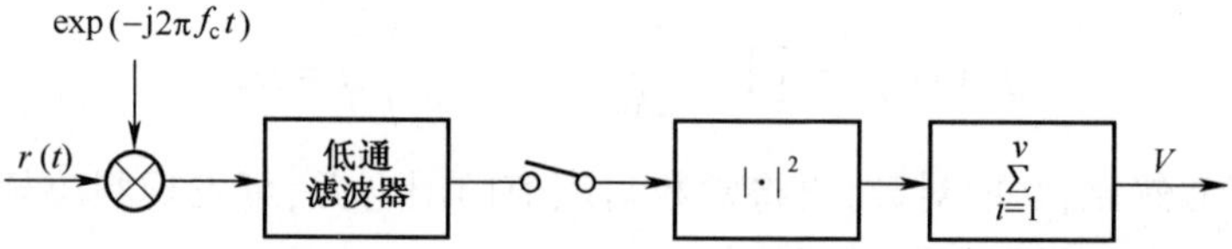

图 10.3 采用基带采样的能量检测器

假设图 10.2 所示的带通滤波器近似为一个理想的矩形滤波器,该滤波器可使目标信号 $s(t)$ 近乎无失真地通过,同时能够消除干扰并限制噪声。若目标信号的到达时间未知,则对信号采样的观察间隔就是一个滑动窗,当得到一个新的采样值后,就丢弃最先得到的采样值。滤波器的中心频率为 f_c,带宽为 W,输出为

$$y(t) = s(t) + n(t) \tag{10.25}$$

式中:$n(t)$ 为双边功率谱密度为 $N_0/2$ 的带限高斯白噪声。

如附录 C.1"带通信号"中式(C.15)所示,带限确定性信号可表示为

$$s(t) = s_c(t)\cos 2\pi f_c t - s_s(t)\sin 2\pi f_c t \tag{10.26}$$

由于 $s(t)$ 的频谱限制在滤波器通带之内,故 $s_c(t)$ 和 $s_s(t)$ 的频率分量也限制在频带 $|f| \leqslant W/2$ 之内。如附录 C.2"平稳随机过程"中的式(C.30)和式(C.45)所示,从正交分量的角度来说,带通滤波器输出的高斯噪声可表示为

$$n(t) = n_c(t)\cos 2\pi f_c t - n_s(t)\sin 2\pi f_c t \tag{10.27}$$

式中 $n_c(t)$ 和 $n_s(t)$ 的功率谱密度为

$$S_c(f) = S_s(f) = \begin{cases} N_0, & |f| \leqslant W/2 \\ 0, & |f| > W/2 \end{cases} \tag{10.28}$$

对应的自相关函数为

$$R_c(\tau) = R_s(\tau) = \sigma^2 \frac{\sin\pi W\tau}{\pi W\tau} \tag{10.29}$$

式中:噪声功率为 $\sigma^2 = N_0 W$。

令 v 为图 10.2 中能量检测器采集到的样值个数。当采样率为 W 时,目标信号在观察间隔内的持续时间为 $T = \frac{v}{W}$。将式(10.26)和式(10.27)代入式(10.25),并进行平方运算,然后以速率 W 进行采样,可得到输出为

$$\begin{aligned} V = & \frac{1}{2}\sum_{i=1}^{v}\{(s_c[i] + n_c[i])^2 + (s_s[i] + n_s[i])^2\} \\ & + \frac{1}{2}\sum_{i=1}^{v}\{(s_c[i] + n_c[i])^2 c[i] + (s_s[i] + n_s[i])^2 s[i]\} \\ & - \sum_{i=1}^{v}\{(s_c[i] + n_c[i])(s_s[i] + n_s[i])s[i]\} \end{aligned} \tag{10.30}$$

式中:$s_c[i] = s_c(i/W)$;$n_c[i] = n_c(i/W)$;$s_s[i] = s_s(i/W)$;$n_s[i] = n_s(i/W)$;$c[i] = \cos(4\pi f_c i/W)$;$s[i] = \sin(4\pi f_c i/W)$。该输出值给出了与门限进行比较的检验统计量。

若 $v \gg 1$ 及 $f_c \gg W$,则 $c[i]$ 和 $s[i]$ 的波动使得式(10.30)中后两个求和项相对于第一个求和项可忽略不计。式(10.29)表明,若 $i \neq j$,方差为 σ^2 的零均值随机变量 $n_c[i]$ 与零均值随机变量 $n_c[j]$ 统计独立。类似地,若 $i \neq j$,则方差为 σ^2 的零均值随机变量 $n_s[i]x$ 和 $n_s[j]$ 也统计独立。由于 $n(t)$ 是功率谱密度关于 f_c 对称的零均值高斯过程,故 $n_c(t)$ 和 $n_s(t)$ 也是独立的零均值高斯过程(见附录 C.2“平稳随机过程”),且 $n_c[i]$ 统计独立于 $n_s[j]$。因此,对于 $s_c[i]$ 与 $s_s[i]$ 为确定值的 AWGN 信道来说,检验统计量可表示为

$$V = \frac{\sigma^2}{2}\sum_{i=1}^{v}(A_i^2 + B_i^2) \tag{10.31}$$

式中 $\{A_i\}$ 和 $\{B_i\}$ 是统计独立的高斯随机变量,且具有单位方差,其均值分别为

$$m_{1i} = E[A_i] = \frac{s_c[i]}{\sigma} \tag{10.32}$$

$$m_{2i} = E[B_i] = \frac{s_s[i]}{\sigma} \tag{10.33}$$

随机变量 $2V/\sigma^2$ 服从自由度为 $2v$ 的**非中心卡方(χ^2)分布**(见附录 D.1“卡方分布”),其非中心参数为

$$\begin{aligned}\lambda &= \sum_{i=1}^{v}(m_{1i}^2 + m_{2i}^2) = \frac{1}{\sigma^2}\sum_{i=1}^{v}(s_c^2[i] + s_s^2[i]) \\ &\approx \frac{1}{N_0}\int_0^T [s_c^2(t) + s_s^2(t)]\,dt \approx \frac{2}{N_0}\int_0^T s^2(t)\,dt\end{aligned} \tag{10.34}$$

式中将积分区间分成每段长为 $1/W$ 的 v 段,得到第一项近似。令$\mathcal{E}$表示目标信号的能量,γ 表示目标信号**信噪比** $\mathcal{E}/N_0$,则有

$$\lambda \approx 2\gamma \tag{10.35}$$

且高斯随机变量的统计量表明

$$E[V] = \sigma^2(v + \gamma) \tag{10.36}$$

将式(10.34)、式(10.35)及高斯变量的统计量代入式(10.31),再由零均值高斯随机变量 x 的矩 $E[x^4] = 3E[x^2]$ 可得

$$\mathrm{var}[V] = \sigma^4(v + 2\gamma) \tag{10.37}$$

由非中心χ^2 分布,V 的概率密度函数由下式确定

$$f_V(x) = \frac{1}{\sigma^2}\left(\frac{x}{\sigma^2\gamma}\right)^{(v-1)/2}\exp\left(-\frac{x}{\sigma^2} - \gamma\right)\mathrm{I}_{v-1}\left(\frac{2\sqrt{x\gamma}}{\sigma}\right)u(x) \tag{10.38}$$

式中 $u(x)$ 为单位阶跃函数,$x \geqslant 0$ 时 $u(x)=1$,$x<0$ 时 $u(x)=0$,$\mathrm{I}_n(\cdot)$ 是第一类 n 阶修正贝塞尔函数(见附录 B.3“第一类贝塞尔函数”)。将式(B.10)代入式(10.38),且设 $\gamma = 0$,可得没有信号时的概率密度函数,即

$$f_V(x) = \frac{1}{\sigma^2(v-1)!}\left(\frac{x}{\sigma^2}\right)^{v-1}\exp\left(-\frac{x}{\sigma^2}\right)u(x),\gamma = 0 \tag{10.39}$$

令 V_t 为门限,若 $V > V_t$,则接收机判决目标信号存在。因此,若目标信号不存在时,$V > V_t$ 就会产生虚警。对式(10.39)在区间 (V_t,∞) 上积分,交换变量,利用附录 B.1“伽马函数”中的式(B.5)、式(B.6),可得虚警概率为

$$P_F = \frac{\Gamma(v, V_t/\sigma^2)}{\Gamma(v)} = \exp\left(-\frac{V_t}{\sigma^2}\right)\sum_{i=0}^{v-1}\frac{1}{i!}\left(\frac{V_t}{\sigma^2}\right)^i \tag{10.40}$$

式中:$\Gamma(a,x)$ 为不完全伽马函数;$\Gamma(a) = \Gamma(a,0)$ 为伽马函数。

通常设置的门限值 V_t 可确保得到特定的 P_F。因此,若 σ^2 的估计值为 σ_e^2,则

$$V_t = \sigma_e^2 G_v^{-1}(P_F) \tag{10.41}$$

式中:$G_v^{-1}(\cdot)$ 为 $P_F(V_t/\sigma^2)$ 的反函数。由于式(10.40)中的级数是有限的,反函数可由牛顿法通过数值计算得到。若噪声功率的准确值已知,则式(10.41)中 $\sigma_e^2 = \sigma^2$。

当目标信号在观察间隔内存在时,若 $V > V_t$,则可检测到目标信号。由式

(10.38)的积分及变量替换,可得到 AWGN 信道下的检测概率为

$$P_{\mathrm{D}} = Q_v\left(\sqrt{2\gamma}, \sqrt{2V_{\mathrm{t}}/\sigma^2}\right) \tag{10.42}$$

式中:$Q_m(\alpha,\beta)$ 为**广义马库姆 Q 函数**,由附录 B.5"马库姆 Q 函数"中的式(B.18)定义。

当 $v > 100$ 时,式(10.42)中的广义马库姆 Q 函数难以计算及求反函数,因此采用近似计算。如式(10.31)所示,检验统计量 V 是有限均值的独立随机变量之和。由于 $\{A_i\}$ 和 $\{B_i\}$ 为高斯随机变量,$\{A_i^2\}$ 和 $\{B_i^2\}$ 的四阶中心矩为有限值。式(10.37)表明当 $v \to \infty$时,$[\mathrm{var}(V)]^{3/2}/v \to \infty$。因此,若 $v \gg 1$,中心极限定理(见附录 A.2"中心极限定理"推论 3)成立。定理指出,若 $v \gg 1$, V 近似服从高斯分布。利用式(10.36)、式(10.37)和高斯分布,可得

$$P_{\mathrm{D}} \simeq Q\left[\frac{V_{\mathrm{t}}/\sigma^2 - v - \gamma}{\sqrt{v + 2\gamma}}\right], \quad v \gg 1 \tag{10.43}$$

式中 **Q 函数**定义为

$$Q(x) = \frac{1}{\sqrt{2\pi}} \int_x^{\infty} \exp\left(-\frac{y^2}{2}\right) \mathrm{d}y \tag{10.44}$$

当 $v > 100$ 时,式(10.43)的近似误差小于 0.02[34]。

令式(10.43)中的 $\gamma = 0$,可得 P_{F} 的近似公式。求该式的反函数,可得到以 P_{D}、σ^2 和 v 为变量的、关于 V_{t} 的近似公式。因此,若 σ^2 的估计值为 σ_{e}^2,则给定 P_{F} 时的所需门限为

$$V_{\mathrm{t}} \simeq \sigma_{\mathrm{e}}^2[\sqrt{v}\,Q^{-1}(P_{\mathrm{F}}) + v], \quad v \gg 1 \tag{10.45}$$

式中:$Q^{-1}(\cdot)$ 为 Q 函数的反函数。理想情况下有 $\sigma_{\mathrm{e}}^2 = \sigma^2$。若 $v \geq 100$,则式(10.43)和式(10.45)给出的近似值是非常精确的。

在大多数应用中,需限定虚警率 F,它表示单位时间内虚警次数的期望值。若除可能的末端点以外,连续观察间隔没有相互重叠,则所需的虚警概率为 $P_{\mathrm{F}} = FT$。

图 10.4 描述了能量检测器工作在 AWGN 信道且 $\sigma_{\mathrm{e}}^2 = \sigma^2$、$P_{\mathrm{F}} = 10^{-3}$ 时,P_{D} 关于信噪比 γ 的曲线。式(10.41)用于计算 V_{t}。式(10.42)用于计算 $v = 10$ 和 $v = 100$ 时的 P_{D}。当 $v \geq 1000$ 时,式(10.43)用于计算 P_{D}。该图表明,为达到期望的 P_{D} 值,所需信号的能量要随着 v 的增加而增加,这是因为需要额外的能量来克服额外样值中的噪声。然而,由于平均信号功率为 $\gamma\sigma^2/v$,故需要的平均信号功率随着 v 的增加而减少。

10.2.1 瑞利衰落

若瑞利衰落的相干时间超过了观察间隔时间,则经过瑞利衰落的目标信号

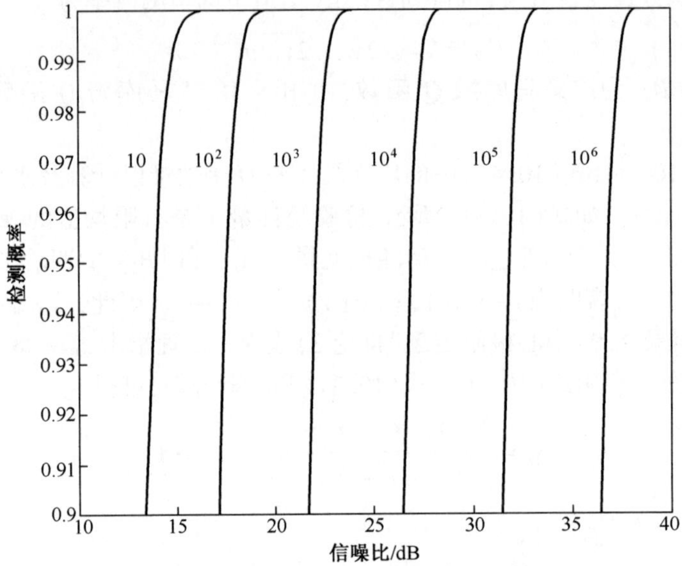

图 10.4 $\sigma_e^2 = \sigma^2$ 及 $P_F = 10^{-3}$ 时 AWGN 信道下的检测概率，图中曲线旁边的数值为 v 值

能量是服从均值为 $E[\mathcal{E}] = \bar{\mathcal{E}}$的指数分布的随机变量（见附录 D.5“指数和伽马分布”）。因此，平均检测概率为

$$\bar{P}_D = \int_0^\infty \frac{1}{\bar{\gamma}} \exp\left(-\frac{\gamma}{\bar{\gamma}}\right) P_D(\gamma)\,d\gamma \tag{10.46}$$

式中：$\bar{\gamma} = \bar{\mathcal{E}}/N_0$；$P_D(\gamma)$ 由式(10.42)给出。

将式(B.10)和式(B.18)代入式(10.42)，交换求和与积分的次序，进行变量替换，并用式(B.5)对积分进行计算，最后可得

$$P_D(\gamma) = \sum_{i=0}^{\infty} \frac{\Gamma(i+v, V_t/\sigma^2)\gamma^i e^{-\gamma}}{\Gamma(i+v)\Gamma(i+1)} \tag{10.47}$$

将该级数代入式(10.46)，交换求和与积分顺序，再进行变量替换，利用式(B.3)计算积分，并将式(B.6)代入，可得

$$\bar{P}_D = \sum_{i=0}^{\infty} \left(\frac{\bar{\gamma}}{\bar{\gamma}+1}\right)^i \frac{\exp\left(-\frac{V_t}{\sigma^2}\right)}{(\bar{\gamma}+1)} \sum_{k=0}^{v-1+i} \left(\frac{(V_t/\sigma^2)^k}{k!}\right) \tag{10.48}$$

将内层的级数分成两组级数，使用式(10.40)，计算几何级数，再对剩下的两组级数进行重排，可得

$$\overline{P}_D = \sum_{i=0}^{\infty}\left(\frac{\overline{\gamma}}{\overline{\gamma}+1}\right)^i \frac{\exp\left(-\frac{V_t}{\sigma^2}\right)}{(\overline{\gamma}+1)}\left[\sum_{k=0}^{v-1}\frac{(V_t/\sigma^2)^k}{k!} + \sum_{k=v}^{v-1+i}\frac{(V_t/\sigma^2)^k}{k!}\right]$$

$$= P_F + \sum_{i=0}^{\infty}\sum_{k=v}^{v-1+i}\left(\frac{\overline{\gamma}}{\overline{\gamma}+1}\right)^i \frac{\exp\left(-\frac{V_t}{\sigma^2}\right)}{\overline{\gamma}+1}\frac{(V_t/\sigma^2)^k}{k!}$$

$$= P_F + \sum_{k=v}^{\infty}\frac{\exp\left(-\frac{V_t}{\sigma^2}\right)(V_t/\sigma^2)^k}{(\overline{\gamma}+1)k!}\sum_{i=k-v+1}^{\infty}\left(\frac{\overline{\gamma}}{\overline{\gamma}+1}\right)^i \tag{10.49}$$

计算内层的几何级数,使用指数函数的级数将关于 $\overline{P}_D$ 的剩余无限级数表示为指数函数减去有限级数的形式,再应用式(B.6)可得到 $\overline{\gamma} > 0$ 时,有

$$\overline{P}_D = P_F + \exp\left(-\frac{V_t}{\sigma^2}\right)\sum_{k=v}^{\infty}\frac{(V_t/\sigma^2)^k}{k!}\left(\frac{\overline{\gamma}}{\overline{\gamma}+1}\right)^{k-v+1}$$

$$= P_F + \left(\frac{\overline{\gamma}+1}{\overline{\gamma}}\right)^{v-1}\exp\left(-\frac{V_t}{\sigma^2}\right)\left[\exp\left(\frac{\overline{\gamma}V_t/\sigma^2}{\overline{\gamma}+1}\right) - \sum_{k=0}^{v-1}\left(\frac{\overline{\gamma}V_t/\sigma^2}{\overline{\gamma}+1}\right)^k\right]$$

$$= P_F + \left(\frac{\overline{\gamma}+1}{\overline{\gamma}}\right)^{v-1}\exp\left(-\frac{V_t/\sigma^2}{\overline{\gamma}+1}\right)\left[1 - \frac{\Gamma\left(v,\frac{\overline{\gamma}V_t/\sigma^2}{\overline{\gamma}+1}\right)}{\Gamma(v)}\right] \tag{10.50}$$

上述关于 $\overline{P}_D$ 的闭式方程容易求解。存在 Nakagami-m 和莱斯衰落时,关于 $\overline{P}_D$ 的公式可参考文献[22]和文献[33]。

每个能量检测器处理 v 个样值, L 个能量检测器的输出合并在一起,可提供衰落信道的分集接收。在选择合并分集方案中,最大的能量检测器输出与门限 V_t 进行比较来确定目标信号是否存在。因此,若每个能量检测器处理独立的噪声,则虚警概率为

$$P_F = 1 - \prod_{i=1}^{L}\left[1 - P_{F0}(\sigma_i^2)\right] \tag{10.51}$$

式中: σ_i^2 为能量检测器 i 中的噪声功率; $P_{F0}(\sigma_i^2)$ 由式(10.40)的右边取 $\sigma^2 = \sigma_i^2$ 时给出。令 σ_e^2 为估计出的噪声功率,已知该功率以高概率超过 σ_i^2 ($i = 1, 2,\cdots,L$)。对于每个 σ_i^2 使用该估计值,并由式(10.51)求解 V_t ,可保证几乎总是可以获得特定的 P_F。由此可得

$$V_t \simeq \sigma_e^2 G_v^{-1}(1-(1-P_F)^{1/L}) \tag{10.52}$$

该式表明,若要达到特定的 P_F , V_t 必须随着分集数 L 的增加而增加。若每个能量检测器接收到的目标信号都经历了独立的瑞利衰落,则平均检测概率为

$$\overline{P}_D = 1 - \prod_{i=1}^{L}[1-\overline{P}_{D0}(\overline{\gamma}_i,\sigma_i^2)] \tag{10.53}$$

式中 $\overline{\gamma}_i$ 为能量检测器 i 的 γ 期望值, $\overline{P}_{D0}(\overline{\gamma}_i,\sigma_i^2)$ 由式(10.50)的右边项在 $\sigma^2=\sigma_i^2$ 和 $\overline{\gamma}=\overline{\gamma}_i$ 时给出。

图 10.5 显示了 $\sigma_i^2=\sigma_e^2=\sigma^2$、$\overline{\gamma}_i=\overline{\gamma}$、$P_F=10^{-3}$ 及 $L=1$ 和 $L=2$ 时 $\overline{P}_D$ 与平均能量噪声密度比 $\overline{\gamma}$ 的关系曲线。将该图与图 10.4 进行比较,可发现在 $\overline{P}_D$ 较大时衰落具有显著影响。当 $L=1$ 时,在瑞利衰落信道下特定 $\overline{P}_D$ 所需信号的能量相对于 AWGN 信道增加了大约 8 dB 或更多。当采用 $L=2$ 的选择分集方案时,相应的能量增加减少为 3 dB 。然而,进一步增加 L 只能带来较小且逐渐减小的增益。另一种分集方案是采用平方律合并,它能给出类似于选择合并的性能。文献[22]对该方案进行了分析。

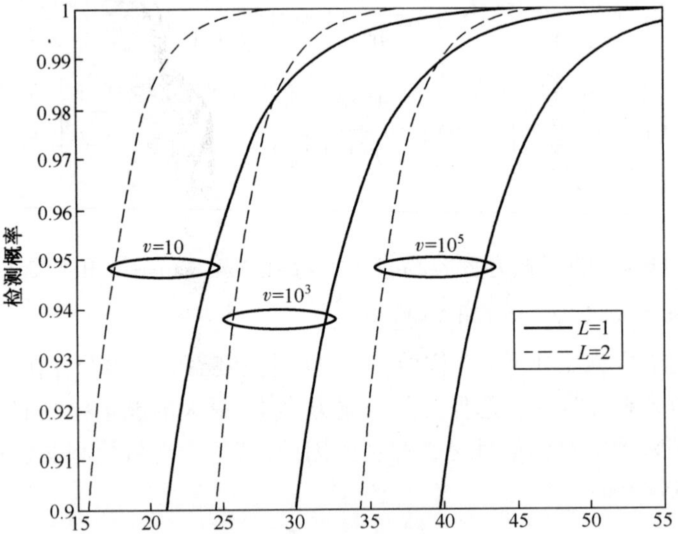

图 10.5 $\sigma_i^2=\sigma_e^2=\sigma^2$、$\overline{\gamma}_i=\overline{\gamma}$、$P_F=10^{-3}$ 及 $L=1$ 和 $L=2$ 时瑞利衰落下的平均检测概率

10.2.2 噪声功率估计

能量检测器的实现和有效运行的最大障碍是它对不精确噪声功率值的极

端敏感性。这种敏感性归因于目标信号存在或不存在这两种假设情况下概率密度函数的大量重叠。这种重叠导致门限值由于噪声功率的不精确估计而发生小的改变,就会对虚警和检测概率产生较大的影响。

为确保门限足够大,以便无论噪声功率 σ^2 的真实值为多少都能够达到所需的 P_F ,必须将功率的估计值设置为测量不确定区间的上界值。若测量表明噪声功率位于下界 σ_1^2 和上界 σ_u^2 之间,则应将 σ_u^2 作为噪声功率 σ_e^2 的估计值来计算门限。

原则上,能量检测器可在未收到目标信号时,通过测量足够大的观察间隔内输出的 V 值来估计噪声功率。估计的噪声功率为 V/v ,式(10.36)、式(10.37)表明其均值为 σ^2,标准差为 $\sigma^2/\sqrt{v}$ 。由于切比雪夫不等式(见 4.2 节)表明测量误差很难超过 5 倍标准差,功率估计的范围很可能位于 $\sigma_1^2 = \sigma^2(1-5/\sqrt{v})$ 和 $\sigma_u^2 = \sigma^2(1+5/\sqrt{v})$ 之间。因此,令 $\sigma_e^2 = \sigma_u^2$ 极可能达到特定的 P_F ,同时通过使用足够大的观察间隔来使得误差因子 $h = \sigma_e^2/\sigma^2$ 任意接近 1。例如,若 $W = 1\text{MHz}$ 且 $T = 1\text{s}$,则 $v = 10^6$ 且 $h = 1.005$。

噪声功率的非平稳性主要是由温度变化、振动、器件老化及非平稳的环境噪声引起的。实验室测量表明噪声功率能够在数分钟内变化 0.1%[31]。因此,若在能量检测器检测目标信号之前能够迅速进行精确的噪声功率测量,且噪声功率估计值的上界为 σ_u^2 ,其变化不超过 0.1%,则用 $\sigma_e^2 = 1.001\sigma_u^2$ 来计算门限可保证以高概率达到指定的 P_F ,同时限制由于 $\sigma_e^2 > \sigma^2$ 而导致的 P_D 或 $\overline{P}_D$ 下降。

在与检测目标信号的能量检测器相邻的频谱区域,并行运行一个辅助能量检测器,可用于估计噪声功率。应用这种方法的好处是在实际观察间隔之内,噪声功率随时间的波动一般来说是可以忽略的。这种方法的主要要求是目标信号功率在辅助能量检测器中是可忽略的,且在观察间隔之内,两个能量检测器的噪声功率之比近似为已知常数。

图 10.6~图 10.8 显示了 $P_F = 10^{-3}$ 及误差因子取不同值时,噪声功率估计不理想的影响。图 10.6 给出了能量检测器在 AWGN 信道下 P_D 随 γ 变化的曲线。从图中可以看出,对于给定的 P_D 和 v ,所需的信号能量都随 h 的增加而增加。若 $v \leqslant 10^4$ 且 $h \leqslant 1.01$,则能量的增加小于 0.90 dB 。当 $h > 1.0$ 时,从式(10.45)可以看出,由于门限会随着因子 h 的增加而近似增加,实际的 P_F 会降低并低于给定的 P_F 值,因而最后所需信号能量的增加将被部分抵消。图 10.7 和图 10.8 给出了瑞利衰落信道下能量检测器的 $\overline{P}_D$ 随 $\overline{\gamma}$ 变化的曲线。在图

10.7 中，$L=1$；在图 10.8 中，$L=2$，$\sigma_i^2=\sigma_e^2=h\sigma^2$，且 $\overline{\gamma}_i=\overline{\gamma}$。在图 10.6~图 10.8 中，$h$ 和 v 的影响非常相似。当 v 增加时，若要保持较小的性能损失，则必然要增加噪声功率估计的频率及精度。

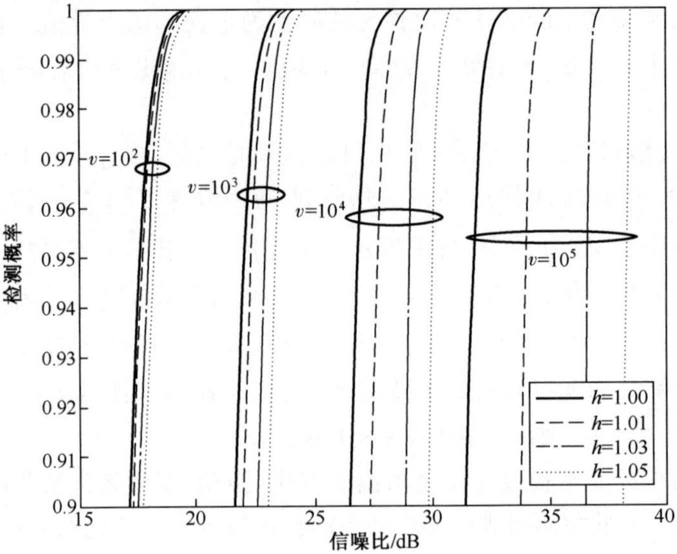

图 10.6　$P_F=10^{-3}$ 及 h 取不同值时 AWGN 信道下的检测概率

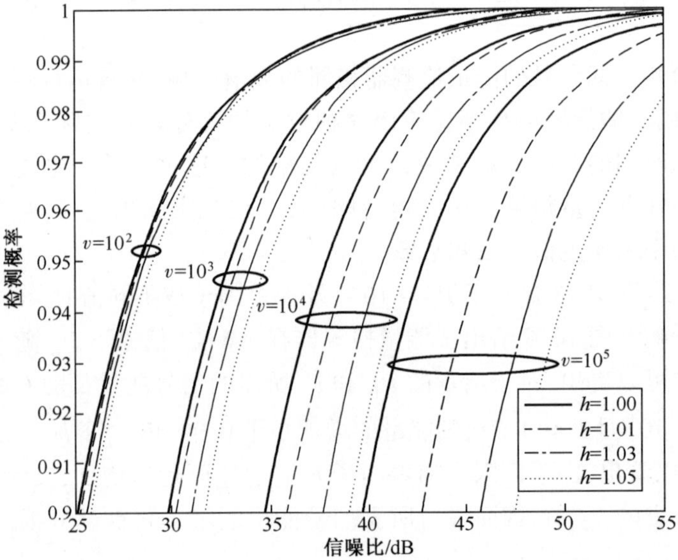

图 10.7　$P_F=10^{-3}$、$L=1$ 及 h 取不同值时瑞利衰落下的平均检测概率

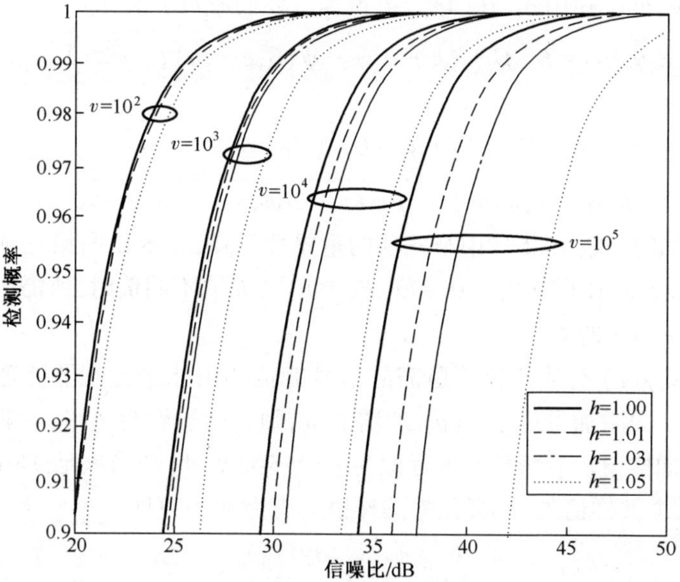

图 10.8　$P_F = 10^{-3}$、$L = 2$ 及 h 取不同值时瑞利衰落下的平均检测概率

10.2.3　其他实现问题

为避免处理目标信号频谱区域以外的噪声，带通滤波器的带宽应尽可能窄。若已知目标信号在带通滤波器较大的通带中占据某个较小的子带，可通过在图 10.2 中的抽样器后面插入快速傅里叶变换（FFT）来分离出目标信号的子带。FFT 变换器的并行输出可送至不同的能量检测器，每个能量检测器分别处理由 FFT 变换器确定的不同子带。通过这种结构，许多子带上的多个信号能够被同时检测到。

诸如直扩信号及超宽带信号这样的宽带信号能够由能量检测器来检测，但是采样速率及噪声功率都会随着能量检测器带宽的增加而增加。能量检测器可作为检测跳频信号的信道化能量检测器的基本组成部分（见 10.4 节）。

为收集目标信号的主径能量及重要的多径分量能量，一般希望观察间隔足够大。因此，观察间隔的宽度或者说抽样值数量在很大程度上由已知多径数下的时延功率谱或多径强度剖面决定。只有当被处理信号增加的能量足以补偿能量检测器输出噪声方差的增加时，在观察间隔末端才可以增加抽样。

为在 AWGN 信道上达到给定的 P_F 和 P_D，可以通过求式（10.42）的反函数来获得所需要的 γ 值。这种计算相当困难，但若 $v \gg 1$，则可通过对式（10.43）取反函数非常近似地求得。假设 $V_t/\sigma^2 \geqslant v/2$，当 $P_F \leqslant 0.5$ 时，这种假设在实际

系统中总能满足。利用式(10.43),可得到需要的 $\gamma_r(v)$ 值,即

$$\gamma_r(v) = h\sqrt{v}\beta + (h-1)v + \psi(\beta,\xi,v,h), \quad v \gg 1 \tag{10.54}$$

式中

$$\beta = Q^{-1}(P_F), \xi = Q^{-1}(P_D), h = \sigma_e^2/\sigma^2 \tag{10.55}$$

$$\psi(\beta,\xi,v,h) = \xi^2 - \xi\sqrt{\xi^2 + 2\beta h\sqrt{v} + (2h-1)v} \tag{10.56}$$

当 v 增加时,式(10.54)中第三项的重要性下降,$h > 1$ 时第二项的重要性增加。图 10.9 显示了当 $P_D = 0.999$, $P_F = 10^{-3}$, h 取不同值时,所需的**能量噪声密度比** $\gamma_r(v)$ 与 v 的关系。

$\gamma_r(v)$ 和 $\gamma(v)$ 分别正比于所需的信号能量和由能量检测器处理的信号能量。若 $\gamma_r(\nu)$ 的增加量小于 $\gamma(\nu)$ 的增加量,则为增加检测概率,一般希望持续收集额外的抽样值。若将整数 v 近似为一个连续变量,则当满足式(10.57)时,除已有的 v_0 个抽样值外,采集额外的样值具有潜在的益处。

$$\frac{\partial \gamma_r(v_0)}{\partial v} < \frac{\partial \gamma(v_0)}{\partial v} \tag{10.57}$$

导数 $\partial\gamma_r(v_0)/\partial v$ 能够由图 10.9 所示的曲线或式(10.54)确定。导数 $\partial\gamma(v_0)/\partial v$ 可由目标信号波形的知识计算得到,或由已知的目标信号多径强度剖面计算得到。

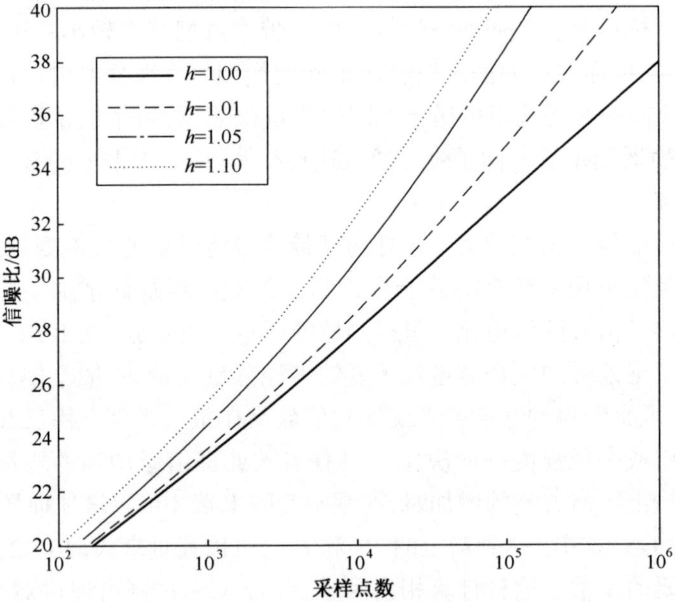

图 10.9 $P_D = 0.999$、$P_F = 10^{-3}$、h 取不同值时 AWGN 信道下所需的信噪比

例 10.1 假设能量检测器在 AWGN 信道上工作时, $h = 1.05$, $v_0 = 800$,要求能量检测器满足 $P_D = 0.999, P_F = 10^{-3}$ 。图 10.9 表明 $\gamma_r(v_0) \simeq 24\text{dB}$, $\partial \log_{10}\gamma_r(v_0)/\partial \lg v \approx 0.6$。因此, $\partial\gamma_r(v_0)/\partial v \approx 0.6\gamma_r(v_0)/v_0$。假设目标信号在比能量检测器观察间隔更长的时间区间内有恒定功率,则 $\partial\gamma(v_0)/\partial v \approx \gamma(v_0)/v_0$。因此,若 $\gamma(v_0) > 0.6\gamma_r(v_0)$ 或者 $\gamma(v_0) > 21.8\text{dB}$,采集更多抽样值是有用的。若 $\gamma(v_0) > 24\text{dB}$,则 P_D 已超过 $P_F = 10^{-3}$ 时所需要的值,此时采集更多的样值将进一步增加 P_D。 若 $21.8\text{dB} < \gamma(v_0) < 24\text{dB}$,此时采集足够多的样值,将有可能达到 $P_D = 0.999$, $P_F = 10^{-3}$ 。

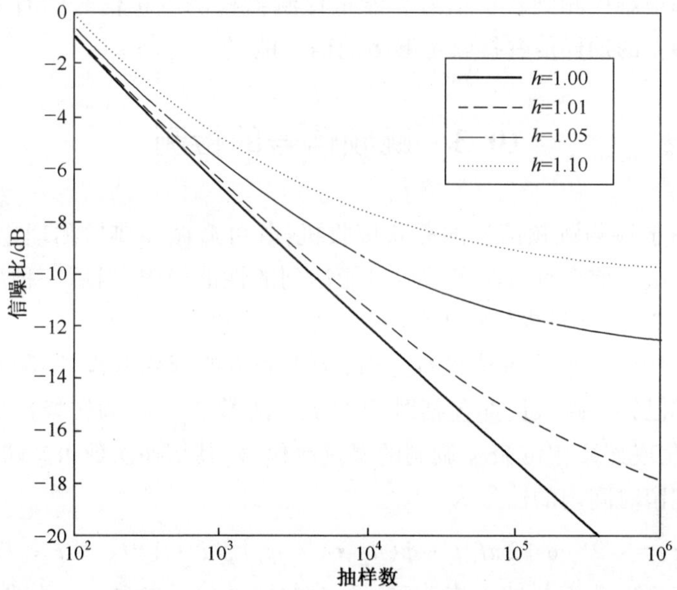

图 10.10 $P_D = 0.999$、$P_F = 10^{-3}$ 及 h 取不同值时 AWGN 信道下所需的 SNR 值

在 AWGN 信道上,通过测量达到给定 P_F 和 P_D 所需要的 SNR 值,可得到不同的情形。**所需的 SNR** 值定义为

$$S_r(v) = \gamma_r(v)/v \tag{10.58}$$

该值可由式(10.54)计算得到。图 10.10 显示了 AWGN 信道下当 $P_D = 0.999$、$P_F = 10^{-3}$、h 取不同值时所需的 SNR 值。从图中可以看出,若 $S_r \geqslant -14$ dB ,且 $h \leqslant 1.01$,则所需抽样数量相对于 $h = 1.0$ 时,将大致增加 3 倍或略少。

式(10.54)和式(10.58)表明:

$$\lim_{v\to\infty} S_r(v) = h - 1 \tag{10.59}$$

该极限的意义在于,若目标信号的 SNR 低于 $h - 1$,则无论采集多少抽样值,都无法达到指定的 P_F 和 P_D 。

例 10.2:当目标信号存在时,假设在一个较长的观察时间间隔内目标信号的 SNR 近似为 - 12dB,且当能量检测器工作在 AWGN 信道上时,期望得到 $P_D=0.999$, $P_F=10^{-3}$ 。图 10.10 表明,若 $h \geqslant 1.10$,则不可能达到期望的 P_D 和 P_F 。然而,若 $h \leqslant 1.05$,噪声功率的估计及时且足够精确,抽样数量达到 $v \approx 3 \cdot 10^5$ 或略少时,就可达到期望的 P_D 和 P_F ;同样条件下,若 $h \leqslant 1.01$,则仅需 $v \approx 2 \cdot 10^4$ 或略少即可达到期望的 P_D 和 P_F 。

由于直扩信号的带宽较宽、功率谱密度较低,任何无法对直扩信号进行解扩的设备都很难检测到直扩信号。能量检测器检测直扩信号的有效性取决于采集到足够多的抽样值并接收足够多的信号能量。

10.3 跳频信号的检测

设计用于检测跳频信号的截获接收机,既可遵循经典检测理论,也可遵循更直观的方法。前一种方法可获得可能达到的性能极限,但后一种方法的实用性和灵活性更强,并较少依赖于跳频信号特征的知识。

为便于用经典检测理论进行分析,给出如下的理想假设:跳频频率集和**跳周期定时**都已知。跳频周期包括跳周期 T_h,跳数 N_h,跳频转换次数。考虑采用 CPM 调制或连续相位 FSK 调制的慢跳频信号,其切换次数可忽略。在第 i 个跳间隔或驻留时间内的信号为

$$s(t)=\sqrt{2S}\cos[2\pi f_{ci}t+\phi(\boldsymbol{d}_n,t)+\phi_i],(i-1)T_h \leqslant t < iT_h \quad (10.60)$$

式中:$S=\mathcal{E}_h/T_h$ 为信号的平均功率;$\mathcal{E}_h$ 为每跳的信号能量;f_{ci} 为第 i 跳的载波频率;$\phi(\boldsymbol{d}_n,t)$ 为取决于数据序列 $\boldsymbol{d}_n$ 的 CPM 分量;ϕ_i 为第 i 跳的相位。令向量 $\boldsymbol{\omega}$ 为参数 $\{f_{ci}\}$ 、$\{\phi_i\}$ ($i \in [1,N_h]$)及 $\boldsymbol{d}_n$ 的分量,这些参数都被建模为随机变量。采用类似于式(10.15)的推导可得

$$\Lambda[r(t)]=E_{\boldsymbol{\omega}}\left\{\exp\left[\frac{2}{N_0}\int_0^{N_hT_h}r(t)s(t)\,dt-\frac{N_h\mathcal{E}_h}{N_0}\right]\right\} \quad (10.61)$$

假设频率集内的 M 个载波频率 $\{f_j\}$ 在任意给定的跳周期内均匀分布,且在跳与跳之间相互统计独立。在 M 个频率上取平均,并将式(10.61)的积分区间分成 N_h 个部分,去除无关因子 $1/M$ 后可得

$$\Lambda[r(t)]=\prod_{i=1}^{N_h}\sum_{j=1}^{M}\Lambda_{ij}[r(t)\,|f_j] \quad (10.62)$$

$$\Lambda_{ij}[r(t)|f_j] = E_{\boldsymbol{d}_n,\phi_i}\left\{\exp\left[\frac{2\sqrt{2S}}{N_0}\int_{(i-1)T_h}^{iT_h} r(t)\cos[2\pi f_j t + \phi(\boldsymbol{d}_n,t) + \phi_i] - \frac{\mathcal{E}_h}{N_0}\right]\right\} \tag{10.63}$$

上式是针对余下随机参数 $\boldsymbol{d}_n$ 和 ϕ_i 的分布函数求期望。

式(10.62)的分解表明检测器的一般结构如图 10.11 所示。平均似然比 $\Lambda[r(t)]$ 与门限进行比较来确定是否有信号存在。门限设置要保证在不存在信号时有可以容许的虚警概率。可去掉式(10.63)中的无关因子 $\exp(-\mathcal{E}_h/N_0)$,该因子只对检测门限有影响。

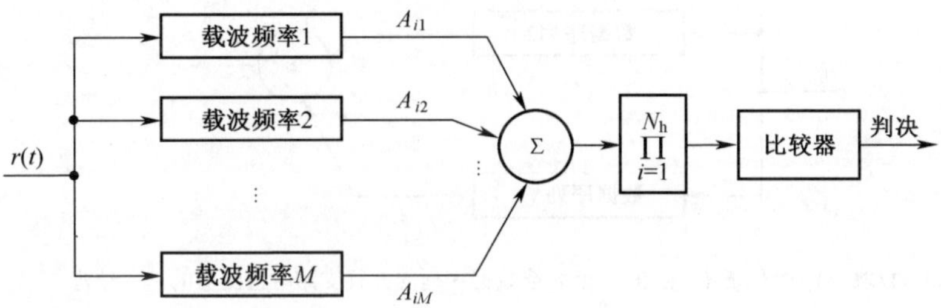

图 10.11　最优检测器的一般结构,用于检测有 N_h 跳和 M 个载波频率的跳频信号

假设 N_d 个数据序列在每跳周期内等概率出现。对于 FH/CPM 的**相干检测**[8],假设可通过某种方法对 $\{\phi_i\}$ 精确估计。因此,在式(10.63)中令 $\phi_i = 0$,再计算其余项的期望,可得

$$\Lambda_{ij}[r(t)|f_j] = \sum_{n=1}^{N_d}\exp\left\{\frac{2\sqrt{2S}}{N_0}\int_{(i-1)T_h}^{iT_h} r(t)\cos[2\pi f_j t + \phi(\boldsymbol{d}_n,t)]\right\}\ (\text{相干}) \tag{10.64}$$

式中已经去除了无关因子。该式表明了针对每跳 i 和对应于载波频率 f_j 的每个信道 j,如何计算图 10.11 中的 Λ_{ij}。式(10.62)和式(10.64)定义了任意 CPM 慢跳频信号的最优相干检测器。

对于 FH/CPM 的非相干检测[43],在给定的跳周期内,假设接收到的载波相位 ϕ_i 在$[0,2\pi)$内服从均匀分布,且跳与跳之间的载波相位统计独立。对随机相位求平均,并利用数据序列的统计特性,去掉无关因子后可得

$$\Lambda_{ij}[r(t)|f_j] = \sum_{n=1}^{N_d} I_0\left(\frac{2\sqrt{2SR_{ijn}}}{N_0}\right)\ (\text{非相干检测}) \tag{10.65}$$

式中

$$R_{ijn}=\left\{\int_{(i-1)T_{\mathrm{h}}}^{iT_{\mathrm{h}}} r(t)\cos[\chi_{jn}(t)]\,\mathrm{d}t\right\}^2+\left\{\int_{(i-1)T_{\mathrm{h}}}^{iT_{\mathrm{h}}} r(t)\sin[\chi_{jn}(t)]\,\mathrm{d}t\right\}^2 \tag{10.66}$$

且

$$\chi_{jn}(t)=2\pi f_j t+\phi(\boldsymbol{d}_{\mathrm{n}},t) \tag{10.67}$$

式(10.62)、式(10.65)~式(10.67)定义了任意 CPM 慢跳频信号的最优非相干检测器。式(10.65)中的检测器如图 10.12 所示。

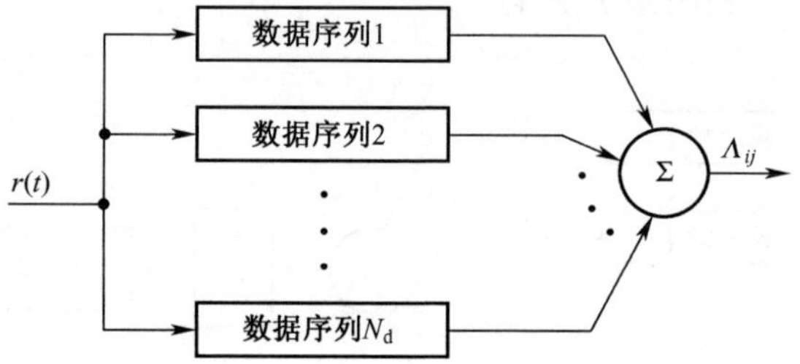

(a) 第i跳、第j个信道中，存在N_d个候选数据序列的并行支路时检测器的基本结构

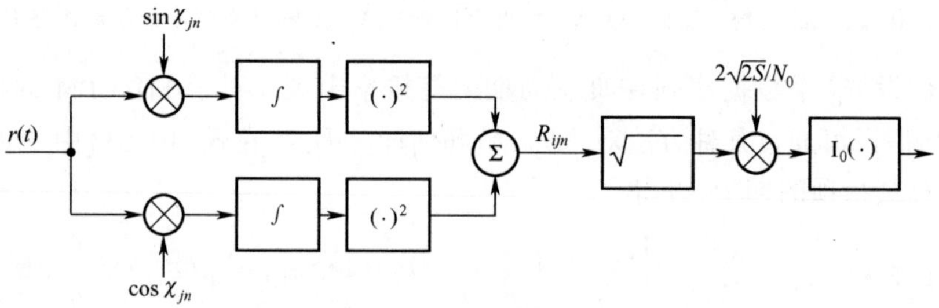

(b) 对应于数据序列n的支路

图 10.12 CPM 慢跳频信号的最优非相干检测器

若每跳内有 N_{s} 个数据符号，且符号表中符号的个数为 q，则每跳的数据序列有 $N_{\mathrm{d}}=q^{N_{\mathrm{s}}}$ 种组合，这是最优检测器计算复杂度巨大的主要原因。因此，计算复杂度随 N_{s} 呈指数增长。然而，若已知数据调制方式为调制指数为 $h=1/n$ 的 CPFSK，其中 n 为正整数，则计算复杂度与 N_{s} 线性相关[43]。尽管如此，当射频信道的数目较大时，最优检测器仍然非常复杂。

前述理论适用于采用 FSK 作为数据调制的快跳频信号的检测。由于每个 FSK 调制的信道符号由一跳来表示，信息体现在载波频率的序列之中。因此，在式(10.64)和式(10.65)中，可令 $N_{\mathrm{d}}=1$ 和 $\phi(\boldsymbol{d}_{\mathrm{n}},t)=0$。对于相干检测，式

(10.64)简化为

$$\Lambda_{ij}[r(t)|f_j] = \exp\left[\frac{2\sqrt{2S}}{N_0}\int_{(i-1)T_h}^{iT_h} r(t)\cos(2\pi f_j t)\,dt\right] \text{（相干检测）} \tag{10.68}$$

式(10.62)和式(10.68)定义了 FSK 快跳频信号的最优相干检测器。对于非相干检测,式(10.65)、式(10.66)及式(10.67)简化为

$$\Lambda_{ij}[r(t)|f_j] = I_0\left(\frac{2\sqrt{2SR_{ij}}}{N_0}\right) \text{（非相干检测）} \tag{10.69}$$

$$R_{ij} = \left[\int_{(i-1)T_h}^{iT_h} r(t)\cos(2\pi f_j t)\,dt\right]^2 + \left[\int_{(i-1)T_h}^{iT_h} r(t)\sin(2\pi f_j t)\,dt\right]^2 \tag{10.70}$$

式(10.62)、式(10.69)及式(10.70)定义了 FSK 快跳频信号的最优非相干检测器。快跳频信号检测器的性能分析在文献[8]中给出。

除基于平均似然比设计的检测器外,也可应用复合假设检验,即在检测信号是否存在的同时,能够在假设 H_1 条件下估计出一个或多个未知参数。为同时检测信号并确定跳频图案,可用广义似然比代替式(10.62),即

$$\Lambda[r(t)] = \prod_{i=1}^{N_h} \max_{i\leqslant j\leqslant M}\{\Lambda_{ij}[r(t)|f_j]\} \tag{10.71}$$

式中 $\Lambda_{ij}[r(t)|f_j]$ 所表示的方程与子系统与式(10.62)相同。式(10.71)给出了每跳中 f_j 的最大似然估计。因此,在每跳期间,进行一次最优检验以确定信道是否被跳频信号占用。虽然根据广义似然比设计的检测器检测性能是次优的,但它可提供重要的信号特征,并略微易于实现和分析[8,43]。然而,其实现复杂度仍然很大。

10.4 信道化能量检测器

在最优检测器的多种选择方案中,最有用的两种检测器是**宽带能量检测器**和**信道化能量检测器**。宽带能量检测器的显著意义在于,除需要知道被检测跳频信号的大致频谱区域外,无需被检测信号参数的详细信息。为这种健壮性所付出的代价是,与利用了额外信号信息的更加复杂的检测器相比,宽带能量检测器在性能上要差很多[43]。设计信道化能量检测器是为了直接利用跳频信号的谱特征。最优形式信道化能量检测器的性能几乎与理想检测器一样好。次优形式的信道化能量检测器是在实用性能与易于利用检测信号所需的**先验**信

息之间进行平衡的结果。

信道化能量检测器由 K 个并行能量检测器构成,每个能量检测器具有图 10.1 所示的形式,并监测跳频频带中的不重叠部分,如图 10.13 所示。能量检测器输出的最大抽样值与存储在比较器中的门限 V_t 进行比较。若超过门限,则比较器向求和器输出 1,否则输出 0。若跳频驻留时间至少近似已知,与被检测信号的多跳相对应,比较器连续输出 N 个 1,信道化能量检测器将这些 1 累加可提高其检测可靠性。若累加之和 V 等于或超过第二门限 r (r 为整数),则就可以认为信号存在。两个门限值 V_t 和 r 可联合优化来实现系统的最优检测性能。

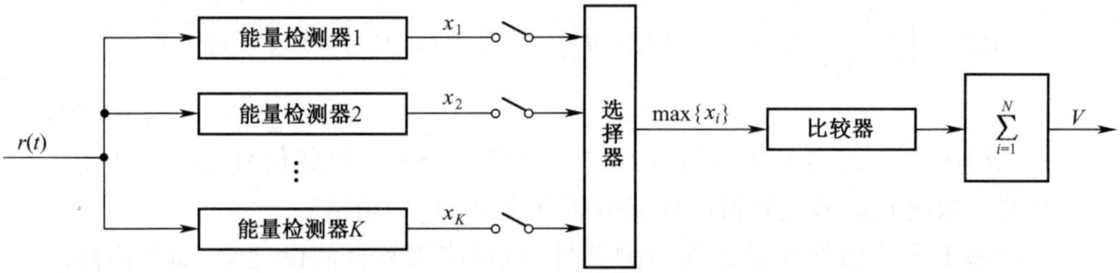

图 10.13 信道化能量检测器

理想情况下,K 与跳频频率集中信道的数目 M 相等,但就实用性和经济性而言要求更少的能量检测器;若如此,则每个能量检测器需要监测 M_r 个信道,其中 $1 \leqslant M_r \leqslant M$ 。由于功率分配器带来的插入损耗以及性能下降,实际中难以实现数量超过 30 个的并行能量检测器。每个能量检测器覆盖多个信道,其优点在于能够降低能量检测器对信道频谱边界不准确信息的敏感性。由于非常希望采用相似电路来实现并行能量检测器,故此后假设它们的带宽都相同。

为防止固定干扰在单个能量检测器上造成虚警,当信道化能量检测器中某个能量检测器产生的输出在太多连续样值上都高于门限值时,信道化能量检测器必须能识别这种情况。然后,信道化能量检测器要能够从检测算法里屏蔽该成员能量检测器的输出,或将该能量检测器重新分配到其他频谱区域。

在对图 10.13 所示的信道化能量检测器的后续分析中,并行能量检测器的观察间隔等于抽样间隔,并假设观察间隔等于跳周期 T_h 。为避免处理外部噪声,信道化能量检测器的有效观察时间 $T = NT_h$ 应小于信息持续时间的最小期望值。令 B 为单个能量检测器通带所包含的 M_r 个信道中每个信道的带宽。令 P_{F1} 为没有信号存在时,某个特定能量检测器在抽样时刻的输出超过比较器门限 V_t 的概率。用类似式(10.40)的方法可得

$$P_{F1} = \frac{\Gamma(v, V_t/\sigma^2)}{\Gamma(v)} = \exp\left(-\frac{V_t}{\sigma^2}\right) \sum_{i=0}^{v-1} \frac{1}{i!}\left(\frac{V_t}{\sigma^2}\right)^i \tag{10.72}$$

式中噪声功率为 $\sigma^2 = N_0 M_r B$，且每跳驻留时间内的抽样值数目为 $v = \lfloor T_h M_r B \rfloor$。因此，若 σ^2 的估计值为 σ_e^2，则

$$V_t = \sigma_e^2 e G_v^{-1}(P_{v1}) \simeq \sigma_e^2 [\sqrt{v} Q^{-1}(P_{F1}) + v], \quad v \gg 1 \tag{10.73}$$

式中：$G_v^{-1}(\cdot)$ 为 $P_{F1}(V_t/\sigma^2)$ 的反函数，其近似值可由与式(10.45)相同的方式得到。K 个并行能量检测器中，至少有一个输出超过 V_t 的概率为

$$P_{F2} = 1 - (1 - P_{F1})^K \tag{10.74}$$

由于能量检测器的通带是不重叠的，因此假设信道噪声是统计独立的。可以方便地定义如下函数：

$$F(X,r,N) = \sum_{i=r}^{N} \binom{N}{i} x^i (1 - x)^{N-i} \tag{10.75}$$

若 $y = F(x,r,N)$，则反函数 $x = F^{-1}(y,r,N)$ 很容易通过牛顿法求解。

信道化能量检测器的虚警概率为输出 V 等于或超过门限 r 的概率，即

$$P_F = F(P_{F2},r,N) \tag{10.76}$$

因此，若 $v \gg 1$，由式(10.73)、式(10.74)及式(10.76)可共同确定为达到给定 P_F 所必需的近似门限值，即

$$V_t \simeq \sigma_e^2 [\sqrt{v} Q^{-1}\{1 - [1 - F^{-1}(P_F,r,N)]^{1/K}\} + v], \quad v \gg 1 \tag{10.77}$$

式中假设 σ^2 在跳频带宽内保持不变，故对所有的并行能量检测器而言只有一个 σ_e^2 和一个 V_t。

假设在每跳驻留时间内，至多只有一个能量检测器接收到有效的信号能量。令 P_{D1} 为某个特定能量检测器检测带宽内存在信号时，该能量检测器的输出超过门限的概率。由式(10.42)和式(10.43)类推可得

$$\begin{aligned} P_{D1} &= Q_v\left(\sqrt{2\mathcal{E}_h/N_0}, \sqrt{2V_t/\sigma^2}\right) \\ &\simeq Q\left[\frac{V_t/\sigma^2 - v - \mathcal{E}_h/N_0}{\sqrt{v + 2\mathcal{E}_h/N_0}}\right], \quad v \gg 1 \end{aligned} \tag{10.78}$$

式中：$\mathcal{E}_h$ 为跳频驻留时间内的信号能量。令 P_{D2} 为并行能量检测器输出的最大抽样值超过门限的概率。假设信号存在时，等概率占据 M 个信道中的任意一个，且所有能量检测器的通带都处在跳频带宽之内。因此，信号处在某个给定能量检测器通带之内的概率为 M_r/M，信号位于某能量检测器通带之内的概率 $\mu = KM_r/M$ 称为监测比。由于能量检测器没有收到信号时也可能认为检测到信号，因此

$$P_{D2} = \mu[1 - (1 - P_{D1})(1 - P_{F1})^{K-1}] + (1 - \mu)P_{F2} \tag{10.79}$$

若能量检测器的通带覆盖跳频带宽使得 $\mu = 1$，则上式中的第二项可忽略。

信号实际存在时的跳频驻留次数为 $N_1 \leqslant N$。若观察到 N_1 次驻留对应比较器输出 j 个 1;其余的 $N - N_1$ 次驻留对应比较器输出 $i - j$ 个 1,且 $i \geqslant r$,则第二个门限将被超过。因此,在所观察的 $N_1 \leqslant N$ 次跳频驻留间隔内信号实际存在时,检测概率为

$$P_{\mathrm{D}} = \sum_{i=r}^{N} \sum_{j=0}^{i} \binom{N_1}{j} \binom{N - N_1}{i - j} P_{\mathrm{D2}}^{j} (1 - P_{\mathrm{D2}})^{N_1 - j} P_{\mathrm{F2}}^{i-j} (1 - P_{\mathrm{F2}})^{N - N_1 - i + j} \tag{10.80}$$

若至少已知跳频信号的最小持续时间,则可避免对 N 的过高估计,因此 $N_1 = N$。则检测概率变为

$$\begin{aligned} P_{\mathrm{D}} &= \sum_{i=r}^{N} \binom{N}{i} P_{\mathrm{D2}}^{i} (1 - P_{\mathrm{D2}})^{N-i} \\ &= F(P_{\mathrm{D2}}, r, N) \end{aligned} \tag{10.81}$$

当信道化能量检测器监测整个跳频带宽时,第二个门限的一个较好但非最优的取值为 $r = \lfloor N/2 \rfloor$。通常情况下的数值计算结果表明:

$$r = \left\lfloor \mu \frac{N}{2} \right\rfloor \tag{10.82}$$

对部分频带监测来说是一个较好的取值。

若判决是根据固定观察间隔 $T = NT_{\mathrm{h}}$ 做出的,且除可能的末端点外,连续观察间隔没有重叠,则以每秒内虚警次数为单位的虚警率是一个合适的设计参数。这种检测类型称为**块检测**,且

$$P_{\mathrm{F}} = FNT_{\mathrm{h}} \tag{10.83}$$

为避免观察间隔与信号发送时间出现严重错位,必须用可估计信号到达时间的硬件来补充块检测,或使连续观察间隔的持续时间要大致小于信号预期持续时间的一半。

另一种可减轻错位影响的方法称为**二进制滑动窗检测**,它构造观察间隔的方法是将前一观察间隔内的第一个驻留时间移除,再加入一个新的驻留时间。当没有信号实际存在时,在新观察间隔的末端会将虚警作为新的检测结果。因此,只有在新加入的跳频驻留时间内比较器的输入超过门限,而在移除的驻留时间内比较器的输入未超过门限且中间的跳频驻留次数为 $r - 1$ 时,虚警才会发生。因此,虚警概率为

$$P_{\mathrm{F0}} = C(0,1)\,C(r-1, N-1)\,C(1,1) \tag{10.84}$$

式中

$$C(i,N) = \binom{N}{i} P_{\mathrm{F2}}^{i} (1 - P_{\mathrm{F2}})^{N-i}, i \leqslant N \tag{10.85}$$

由于在每跳驻留间隔后都可能发生虚警，故虚警率为

$$F_0 = \frac{P_{F0}}{T_h} = \frac{r}{NT_h}\binom{N}{r} P_{F2}^r (1 - P_{F2})^{N+1-r} \tag{10.86}$$

为比较块检测器和二进制滑动窗检测器，假设两种检测器有相同的 P_{F2}。由于式(10.86)的右边与式(10.76)中级数的第一项成正比，且对块检测器有 $F = P_F/NT_h$，因此，二进制滑动窗检测器虚警率 F_0 的上边界由下式给出，即

$$F_0 \leqslant rF \tag{10.87}$$

若 $P_{F2} \ll 1/N$，则上边界是紧的，这意味着滑动窗检测的虚警率几乎是块检测虚警率的 r 倍。因此，对于相同的虚警率，滑动窗检测通常需要更高的比较器门限，且为检测跳频信号还需更高的信号功率。然而，$N \approx N_1 \gg 1$ 的滑动窗检测对信号截获的时机和某些观察间隔之间的错位具有天然的限制性。若信号出现在两个连续的观察间隔中，则对于其中一个观察间隔来说，错位不会超过 $T_h/2$。

作为说明信道化能量检测器性能的例子，图 10.14 和图 10.15 给出了 P_D 与 $\mathcal{E}_h/N_0$ 的关系。假设信道个数为 $M = 2400$，采用块检测，$F = 10^{-5}/T_h$，$B = 250/T_h$ 且 $v = T_h\mu MB/K = 6 \cdot 10^5\mu/K \gg 1$。已知信号的持续时间，且没有错位，因此 $N_1 = N$。图 10.14 中给出了 P_D 与多个 K 和 N 的关系曲线，图中全部跳频频带都被监测，因此 $\mu = 1$，$h = \sigma_e^2/\sigma^2 = 1$。该图还显示了在 $v = NT_hMB = 6 \cdot 10^5 \cdot N$，$N = 150$ 或 750 时，宽带能量检测器的检测结果。当 $K = M$ 且 $M_r = 1$ 时，信道化能量检测器显示出显著的优势。从检测概率来看，$K = 30$ 的信道化能量检测器比 $N = 150$ 的宽带能量检测器要好得多；但为保持信道化能量检测器的优势，当 $N = 750$ 时需要 $K = 150$。当 N 增加时，信道化能量检测器可通过相应地增加 K 值来保持相对于宽带能量检测器的优势。

在图 10.15 中，$N = 150$ 和 $K = 30$，但是 M_r 和 $h = \sigma_e^2/\sigma^2$ 是可变的。可以看出，当 $h > 1$ 时，检测性能的损失取决于 μ 值，而 μ 直接影响 v。该图说明了当 K 和 M 不变而监测比 μ 降低时的折中情况。由于 $M_r = \mu M/K = 80\mu$ 降低了，因此可监测到的信道数变少，v 也减少，对 $h > 1$ 时的敏感性也降低了，且进入能量检测器的噪声也更少了。当 $\mu = 0.2$ 时最终结果较好。然而，该图也表明对于 $\mu = 0.1$ 或 0.05 而言，跳频带宽的覆盖都不足以保证无论 $\mathcal{E}_h/N_0$ 取何值，P_D 可分别大于 0.998 及 0.968。因此，为确保给定的 P_D，对于必须被监测的跳频带宽，要有一个最小监测比 $\mu_{\min}$。

当 $\mathcal{E}_h/N_0 \to \infty$ 时，式(10.78)表明 $P_{D1} \to 1$。因此，式(10.79)意味着 $P_{D2} \to \mu + (1 - \mu)P_{F2}$。假设对给定的 P_D 有 $\mu = \mu_{\min}$。将门限 V_t 提高到足够大以使

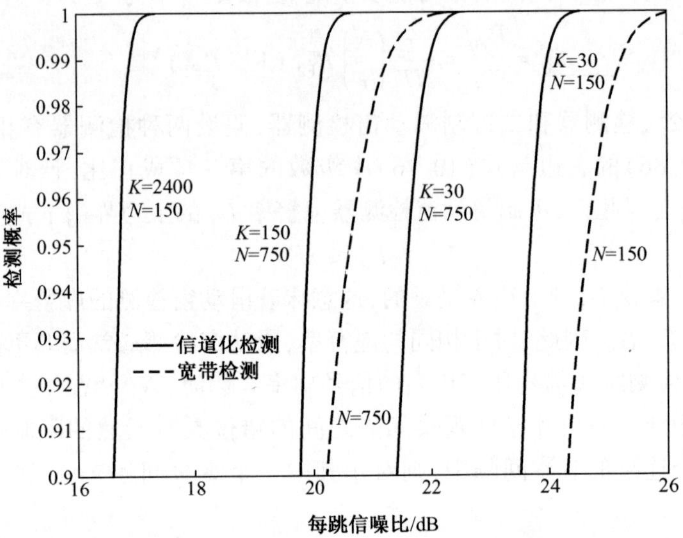

图 10.14　全覆盖的信道化和宽带能量检测器的检测概率与 $\mathcal{E}_h/N_0$ 的关系（图中 $N_1 = N$、$h = 1$、$M = 2400$、$F = 10^{-7}/T_h$ 且 $B = 250/T_h$）

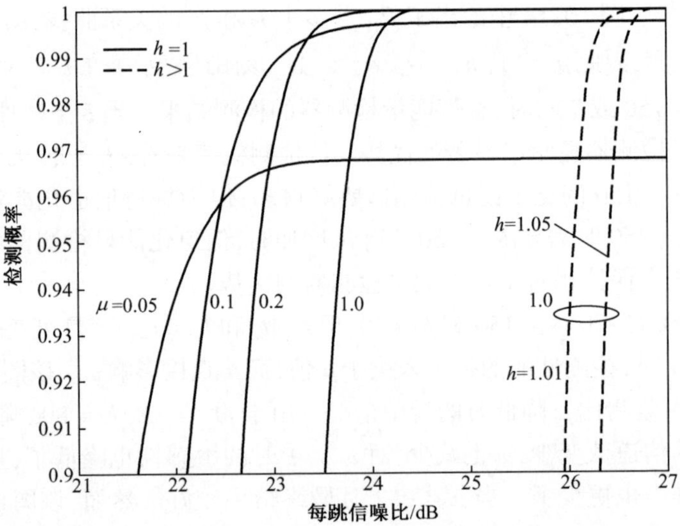

图 10.15　不同监测比下信道化能量检测器的检测概率（图中 $N_1 = N = 150$、$K = 30$、$M = 2400$、$F = 10^{-7}/T_h$、$B = 250/T_h$ 且 $h = 1.0, 1.01, 1.05$）

$P_{F2} \ll \mu_{min}$，从而 $P_{D2} \approx \mu_{min}$。若检测是针对最小监测比来完成的，则对第二个门限来说 $r = 1$ 是最优选择。对于 $r = 1$ 和 $N_1 = N$，由式(10.81)可得

$$P_{\mathrm{D}} = 1 - (1 - P_{\mathrm{D2}})^{N} \tag{10.88}$$

由于 $P_{\mathrm{D2}} \approx \mu_{\min}$，式(10.88)意味着即使 $\mathcal{E}_{\mathrm{h}}/N_0 \to \infty$，实现给定 P_{D} 所需的最小监测比为

$$\mu_{\min} \approx 1 - (1 - P_{\mathrm{D}})^{1/N} \tag{10.89}$$

因此，若 $P_{\mathrm{D}} = 0.99$ 且 $N = N_1 = 150$，则 $\mu_{\min} \approx 0.03$。

信道化能量检测器需要估计跳频信号的到达时间、跳周期，以及整个跳频信号的最小持续时间。不精确估计或任何定时不同步都会导致信道化能量检测器的性能下降。然而，当信噪比很高时，由于定时不同步，导致在一个观测周期内会有截获两个部分脉冲的机会，这实际上会提高信道化能量检测器的检测概率。

10.5 习　　题

1. 若被检测信号 $s(t)$ 的形式和参数已知，高斯白噪声 $n(t)$ 中的最优检测可由理想的匹配滤波器或相关器实现。令 $r(t)$ 为接收到的信号，T 为观测间隔。理想匹配滤波器的采样输出为

$$r_1 = \int_0^T r(t)s(t)\,\mathrm{d}t$$

将输出 r_1 与门限 V_{t} 进行比较以确定是否存在目标信号。假设目标信号存在且与观测间隔一致。假设 $n(t)$ 均值为零，其双边功率谱密度为 $N_0/2$，信号能量为 $\mathcal{E}$。

(1) r_1 的均值和方差为多少？

(2) 检测概率 P_{D} 为多少？虚警概率 P_{F} 为多少？利用 P_{F} 写出 P_{D} 的表达式。

(3) 为确保达到给定的 P_{F} 和 P_{D}，需要的 $\mathcal{E}/N_0$ 值是多少？

2. 利用零均值高斯随机变量 x 满足 $E[x^4] = 3E[x^2]$ 的结论，推导式(10.37)。

3. **接收机工作特性**(**ROC**)是一种用来描述不同 v 或 $\mathcal{E}/N_0$ 值下 P_{D} 与 P_{F} 之间关系的经典曲线。对于 AWGN 信道而言，ROC 可由式(10.43)和式(10.40)计算得到。画出宽带能量检测器在 $\mathcal{E}/N_0 = 20$ dB，且没有噪声测量误差时的 ROC 曲线。令 $v = 10^4$ 和 10^5。

4. 利用本章描述的方法推导式(10.47)和式(10.48)。

5. 利用本章描述的方法推导式(10.54)。

6. 确定式(10.54)需要负能量的条件。该结果的物理内涵是什么？

7. 考虑用信道化能量检测器检测跳频信号的一个单跳信号。假设 $N_1 = N$，且 $r = 1$。①利用 P_F 求 V_t，而无需求 $F^{-1}(\cdot)$。②若 $KM_r = M$，且 $\mathcal{E}_h/N_0 \gg v + V_t/\sigma^2$，证明为得到特定的 P_D 和 P_F 值，所需的 $\mathcal{E}_h/N_0$ 为

$$\mathcal{E}_h/N_0 \approx 2\left\{Q^{-1}\left[1 - \frac{1 - P_D}{(1 - P_F)^{(K-1)/K}}\right]\right\}^2$$

附录 A:高斯随机变量与过程

A.1 一般特征

令 X 为一个随机变量,且 $E[X^2] < \infty$、均值 $\mu = E[X]$ 及方差 $\sigma^2 = E[(X-\mu)^2] > 0$。若 X 具有以下概率密度函数:

$$f_X(x) = \frac{1}{\sqrt{2\pi}\sigma}\exp\left[-\frac{(x-\mu)^2}{2\sigma^2}\right] \tag{A.1}$$

则 X 是**高斯**的或**正态**的。为证明 $f_X(x)$ 是正确的概率密度函数,需证明:

$$\int_{-\infty}^{\infty} f_X(x)\,\mathrm{d}x = \frac{1}{\sqrt{\pi}}\int_{-\infty}^{\infty}\exp(-x^2)\,\mathrm{d}x = 1 \tag{A.2}$$

将式(A.1)代入上式可得到第一个等式。应用富比尼定理,进行变量替换,并再次应用富比尼定理和进行变量替换,计算可得

$$\begin{aligned}\left[\int_{-\infty}^{\infty}\exp(-x)^2\mathrm{d}x\right]^2 &= \int_{-\infty}^{\infty}\int_{-\infty}^{\infty}\exp[-(x^2+y^2)]\,\mathrm{d}x\mathrm{d}y \\ &= \int_0^{2\pi}\int_0^{\infty}\exp[-\rho^2]\rho\mathrm{d}\rho\mathrm{d}\theta \\ &= 2\pi\int_0^{\infty}\frac{1}{2}\exp(-x)\,\mathrm{d}x = \pi\end{aligned} \tag{A.3}$$

从而证明了式(A.2)中的第二个等式。

若 $\mu = 0$ 且 $\sigma = 1$,则称高斯变量是**标准**的。**标准高斯概率分布函数**为

$$F(x) = \frac{1}{\sqrt{2\pi}}\int_{-\infty}^{x}\exp\left(-\frac{x^2}{2}\right)\mathrm{d}x \tag{A.4}$$

对任何非负整数 k 来说,标准高斯概率密度分布只在有限时刻内存在。通过分部积分可知

$$\begin{aligned}E[X^k] &= \frac{1}{\sqrt{2\pi}}\int_{-\infty}^{\infty}x^k\exp\left(-\frac{x^2}{2}\right)\mathrm{d}x \\ &= \frac{k-1}{\sqrt{2\pi}}\int_{-\infty}^{\infty}x^{k-2}\exp\left(-\frac{x^2}{2}\right)\mathrm{d}x \\ &= (k-1)E[X^{k-2}],\quad k \geqslant 1\end{aligned} \tag{A.5}$$

由于 $E[X]=0$ 且 $E[X^2]=1$，通过推导可得

$$E[X^{2k+1}]=0,\quad k\geqslant 0 \tag{A.6}$$

$$E[X^{2k}]=(2k-1)(2k-3)\cdots 1,\quad k\geqslant 1 \tag{A.7}$$

随机变量 X 的**特征函数**定义为 $h(u)=E[\mathrm{e}^{\mathrm{j}ux}]$，式中 $\mathrm{j}=\sqrt{-1}$ 且 $-\infty<u<\infty$。因此，**标准高斯密度的特征函数**为

$$h(u)=\frac{1}{\sqrt{2\pi}}\int_{-\infty}^{\infty}\exp\left(-\frac{x^2}{2}\right)\exp(\mathrm{j}ux)\,\mathrm{d}x \tag{A.8}$$

为计算 $h(u)$，应用柯西积分定理在复平面内沿一个矩形进行围线积分，矩形的顶点为 $(-x_0,0)$、$(x_0,0)$、$(x_0,x_0+\mathrm{j}u)$ 及 $(-x_0,-x_0+\mathrm{j}u)$。复积分变量为 $z=x+\mathrm{j}u$，当 $x_0\to\infty$时，沿矩形垂直边的围线积分可忽略不计。由于在此矩形内积分不存在奇点，故

$$\begin{aligned}\lim_{x_0\to\infty}\oint\exp\left(-\frac{z^2}{2}\right)\exp(\mathrm{j}uz)\,\mathrm{d}z &= \int_{-\infty}^{\infty}\exp\left(-\frac{x^2}{2}\right)\exp(\mathrm{j}ux)\,\mathrm{d}x\\ &\quad -\exp\left(-\frac{u^2}{2}\right)\int_{-\infty}^{\infty}\exp\left(-\frac{x^2}{2}\right)\mathrm{d}x\\ &= 0\end{aligned} \tag{A.9}$$

应用式(A.2)后可得

$$\begin{aligned}h(u)&=\frac{1}{\sqrt{2\pi}}\exp\left(-\frac{u^2}{2}\right)\int_{-\infty}^{\infty}\exp\left(-\frac{x^2}{2}\right)\mathrm{d}x\\ &=\exp\left(-\frac{u^2}{2}\right)\end{aligned} \tag{A.10}$$

若 X 为一个标准高斯随机变量，则通过计算其概率密度函数可知 $Y=\mu+\sigma X$ 是一个均值为 μ、方差为 σ^2 的高斯随机变量，其特征函数为 $h(u)=E[\mathrm{e}^{\mathrm{j}uY}]=E[\mathrm{e}^{\mathrm{j}u(\mu+\sigma X)}]$。应用式(A.10)可得**高斯随机变量的特征函数**为

$$h(u)=\exp\left(\mathrm{j}u\mu-\frac{\sigma^2\mu^2}{2}\right) \tag{A.11}$$

由于概率分布函数由特征函数唯一确定，故确定**一个随机变量为高斯随机变量的充分必要条件是该变量的特征函数具有式(A.11)的形式**，且 $\sigma^2>0$。

若随机变量 $X_1,X_2,\cdots,X_n$ 的任意线性组合

$$Y=\sum_{i=1}^{n}u_iX_i \tag{A.12}$$

均为高斯随机变量，式中 $\{u_i\}$ 为实数，则称这些随机变量是**联合高斯**的。令 $\mu=E[Y]$ 与 $\sigma^2=E[(Y-\mu)^2]$ 分别表示 Y 的均值和方差。若 Y 由式(A.12)定义，则通过直接计算可得

$$\mu = \sum_{i=1}^{n} u_i\mu_i\ , \quad \sigma^2 = \sum_{i=1}^{n}\sum_{j=1}^{n} u_i K_{ik} u_j \tag{A.13}$$

式中：$\mu_i = E[X_i]$；$K_{ik} = E[(X_i - \mu_i)(X_k - \mu_k)]$ 为 X_i 与 X_k 的协方差。$X_1, X_2, \cdots, X_n$ 的**联合特征函数**定义为

$$h(\mu_1, \mu_2, \cdots, \mu_n) = E\left[\exp\left(\mathrm{j}\sum_{i=1}^{n} u_i X_i\right)\right] = E[\exp(\mathrm{j}Y)] \tag{A.14}$$

若 $X_1, X_2, \cdots, X_n$ 是联合高斯的，则式（A.11）与式（A.13）意味着：

$$h(\mu_1, \mu_2, \cdots, \mu_n) = \exp\left\{\mathrm{j}\left[\sum_{i=1}^{n} u_i\mu_i - \frac{1}{2}\sum_{i=1}^{n}\sum_{k=1}^{n} u_i K_{ik} u_k\right]\right\} \tag{A.15}$$

若随机列向量 $\boldsymbol{X}$ 中的元素是**联合高斯的**，则称 $\boldsymbol{X}$ 为一个**高斯随机向量**。令 $\boldsymbol{\mu} = E[\boldsymbol{X}]$，$\boldsymbol{K}$ 为一个 $n \times n$ 维协方差矩阵，其元素为 $\{K_{ik}\}$，即

$$\boldsymbol{K} = E[(\boldsymbol{X} - \boldsymbol{\mu})(\boldsymbol{X} - \boldsymbol{\mu})^{\mathrm{T}}] \tag{A.16}$$

由其定义可知 $\boldsymbol{K}$ 是对称的。由于 $\boldsymbol{x}^{\mathrm{T}}\boldsymbol{K}\boldsymbol{x} = E[[(\boldsymbol{X} - \boldsymbol{\mu})^{\mathrm{T}}\boldsymbol{x}]^2]$，$\boldsymbol{K}$ 也是非负定的。因此，式(A.15)意味着**高斯随机向量** $\boldsymbol{X}$ 是一个具有以下**特征函数**的随机变量，即

$$h(\boldsymbol{u}) = E[\exp(\mathrm{j}\,\boldsymbol{u}^{\mathrm{T}}\boldsymbol{X})] = \exp(j\,\boldsymbol{u}^{\mathrm{T}}\mu - \frac{1}{2}\boldsymbol{u}^{\mathrm{T}}\boldsymbol{K}\boldsymbol{u}) \tag{A.17}$$

式中：$\boldsymbol{u}$ 为组成元素为 $u_1, u_2, \cdots, u_n$ 的列向量；$\boldsymbol{K}$ 为对称非负定协方差矩阵。

考虑一个 $n \times 1$ 维的高斯随机向量 $\boldsymbol{X}$，其均值为 $\boldsymbol{\mu}$、协方差矩阵为 $\boldsymbol{K}$。由于 $n \times n$ 维矩阵 $\boldsymbol{K}$ 是对称非负定的，故其可以由一个正交矩阵来实现对角化。令 $\boldsymbol{A}$ 为一个 $n \times n$ 维正交矩阵使得 $\boldsymbol{A}^{\mathrm{T}}\boldsymbol{K}\boldsymbol{A} = \boldsymbol{D}$，式中 $\boldsymbol{D}$ 为一个 $n \times n$ 维对角矩阵，其对角元素等于 $\{\lambda_k\}$，为 $\boldsymbol{K}$ 的特征值。定义 $\boldsymbol{Y} = \boldsymbol{A}^{\mathrm{T}}(\boldsymbol{X} - \boldsymbol{\mu})$，则 $\boldsymbol{Y}$ 均值为0，协方差为$\boldsymbol{A}^{\mathrm{T}}\boldsymbol{K}\boldsymbol{A} = \boldsymbol{D}$，特征函数为

$$E[\exp(\mathrm{j}\,\boldsymbol{u}^{\mathrm{T}}\boldsymbol{Y})] = \exp\left(-\frac{1}{2}\boldsymbol{u}^{\mathrm{T}}\boldsymbol{D}\boldsymbol{u}\right) = \exp\left(-\frac{1}{2}\sum_{k=1}^{n}\lambda_k u_k^2\right)$$

$$= \prod_{k=1}^{n}\exp\left(-\frac{1}{2}\lambda_k u_k^2\right) = \prod_{k=1}^{n} E[\exp(\mathrm{j}u_k Y_k)] \tag{A.18}$$

由于 $\boldsymbol{Y}$ 的特征函数等于其各元素特征函数的乘积，故 $\{Y_k\}$ 是独立的，Y_k 是一个方差为 λ_k 的零均值高斯随机变量。$\boldsymbol{A}$ 的正交性意味着 $\boldsymbol{A}^{\mathrm{T}} = \boldsymbol{A}^{-1}$，故 $\boldsymbol{X} = \boldsymbol{A}\boldsymbol{Y} + \boldsymbol{\mu}$。因此，**协方差矩阵为 $\boldsymbol{K}$ 的高斯随机向量 $\boldsymbol{X}$ 可以表示为 $\boldsymbol{X} = \boldsymbol{A}\boldsymbol{Y} + \boldsymbol{\mu}$，其中 $\boldsymbol{Y}$ 的元素为独立零均值高斯随机变量，$\boldsymbol{A}$ 为 $n * n$ 维正交矩阵**。若 $\boldsymbol{K}$ 的每个特征值 λ_k 都是正数，则由式(A.18)与式(A.11)表明 $\boldsymbol{Y}$ 的概率密度为

$$f_{\boldsymbol{Y}}(\boldsymbol{y}) = \prod_{k=1}^{n} (2\pi\lambda_k)^{-1/2}\exp\left(-\frac{y_k^2}{2\lambda_k}\right)$$

$$= (2\pi)^{-n/2}(\det\boldsymbol{D})^{-1/2}\exp\left(-\frac{\boldsymbol{y}^{\mathrm{T}}\boldsymbol{D}^{-1}\boldsymbol{y}}{2}\right) \qquad (\text{A}.19)$$

由于 $\boldsymbol{A}$ 是正交的，故变换 $\boldsymbol{X}=\boldsymbol{AY}+\mu$ 的雅可比行列式为 $|\det\boldsymbol{A}^{-1}|=1$。$\boldsymbol{A}^{\mathrm{T}}\boldsymbol{KA}=\boldsymbol{D}$ 意味着 $\boldsymbol{A}\,\boldsymbol{D}^{-1}\boldsymbol{A}^{\mathrm{T}}=\boldsymbol{K}^{-1}$ 且 $\det\boldsymbol{D}=\det\boldsymbol{K}$，故 $\boldsymbol{X}$ 的概率密度为

$$f_{\boldsymbol{X}}(\boldsymbol{x}) = (2\pi)^{-n/2}(\det\boldsymbol{K})^{-1/2}\exp\left[-\frac{1}{2}(\boldsymbol{X}-\mu)^{\mathrm{T}}\boldsymbol{K}^{-1}(\boldsymbol{X}-\mu)\right] \qquad (\text{A}.20)$$

上式表明，高斯概率密度完全由其均值向量与协方差矩阵确定。若 $\boldsymbol{X}$ 的元素为独立随机变量，则式(A.16)意味着 $\boldsymbol{K}$ 为对角阵且各随机变量不相关。反之，若这些随机变量元素不相关，则 $\boldsymbol{K}$ 是对角阵且式(A.20)表明其随机变量元素是相互独立的。

假设 $\boldsymbol{Y}$ 为一个 $n\times 1$ 维高斯随机向量，其元素为相互独立的零均值高斯随机变量。令 $\boldsymbol{D}$ 为一个 $n\times n$ 维对角矩阵，第 k 个对角元素为 $\lambda_k=\mathrm{var}(Y_k)$。若 $\boldsymbol{X}=\boldsymbol{AY}+\mu$，则 $\boldsymbol{X}$ 的特征函数为

$$E[\exp(\mathrm{j}\,\boldsymbol{u}^{\mathrm{T}}\boldsymbol{X})] = \exp(\mathrm{j}\,\boldsymbol{u}^{\mathrm{T}}\boldsymbol{\mu})E[\exp(\mathrm{j}\,\boldsymbol{u}^{\mathrm{T}}\boldsymbol{AY})]$$

$$= \exp\left(\mathrm{j}\,\boldsymbol{u}^{\mathrm{T}}\boldsymbol{\mu}-\frac{1}{2}\boldsymbol{u}^{\mathrm{T}}\boldsymbol{Ku}\right),\boldsymbol{K}=\boldsymbol{ADA}^{\mathrm{T}} \qquad (\text{A}.21)$$

由于 $\boldsymbol{X}$ 的特征函数具有式(A.17)的形式，$\boldsymbol{X}$ 为一个高斯随机向量，因此，若 $\boldsymbol{Y}$ 的元素为独立零均值高斯随机变量，则 $\boldsymbol{X}=\boldsymbol{AY}+\boldsymbol{\mu}$ 为一个**高斯随机向量**。然而，**若 $\boldsymbol{Y}$ 具有非独立的高斯元素，则 $\boldsymbol{X}$ 可能不是一个高斯随机向量。**

若 $\boldsymbol{X}$ 为一个高斯随机变量，$\boldsymbol{B}$ 为一个任意 $n\times n$ 维矩阵，$\boldsymbol{Z}=\boldsymbol{BX}$，则 $\boldsymbol{Z}$ 为一个高斯随机向量。为了证明该表述，利用 $\boldsymbol{X}$ 可表示为 $\boldsymbol{X}=\boldsymbol{AY}+\boldsymbol{\mu}$ 的事实，式中 $\boldsymbol{Y}$ 为一个向量，其元素为独立零均值高斯随机变量，则由前述可知 $\boldsymbol{Z}=\boldsymbol{BAY}+\boldsymbol{B\mu}$ 为一个高斯随机向量。因此，**一个高斯随机向量的线性变换就是该高斯随机向量本身。**

若随机过程 $X(t)=\{X_t,t\in T\}$ 的每个有限线性组合

$$Y=\sum_{i=1}^{N}a_iX_{ti} \qquad (\text{A}.22)$$

都是高斯随机变量，则称该过程为**高斯过程**。

若一个零均值随机过程 $n(t)$ 的自相关函数具有以下形式：

$$E[n(t)n(t+\tau)] = \frac{N_0}{2}\delta(\tau) \qquad (\text{A}.23)$$

则称该过程为**白过程**。式(A.23)中：$\delta(\tau)$ 为狄拉克函数；$N_0/2$ 为该过程的双边功率谱密度。由于白过程需要无限带宽和功率且具有时间零相关特性，因此，白过程是一个理想化的物理过程。然而，仍需要考虑接收机中通过带限滤波器通带的具有平坦功率谱的噪声。由于滤波器滤除了其通带外的噪声功率谱，因此即使假设被滤除的功率谱依然存在，也不会影响滤波器输出端的噪声状况。因此，白过程为热噪声、散粒噪声及环境噪声提供了一种有用的数学模型。

A.2 中心极限定理

中心极限定理是建立在多个随机变量之和近似为正态分布或高斯分布的条件基础之上的。证明这一论断需要利用特征函数的基本属性：**特征函数决定分布函数，特征函数的逐点收敛性暗示了其相应分布函数的收敛性**[6,9]。

在证明该定理的过程中，需要用到带有余项的泰勒级数展开。由关于原点 $y=0$ 的泰勒级数展开及拉格朗日形式的余项可得

$$\exp(jy)=\sum_{k=0}^{n-1}\frac{(jy)^k}{k!}+\frac{(jy)^n}{n!}\exp(j\xi),\quad 0\leqslant\xi\leqslant y \tag{A.24}$$

式中：$j=\sqrt{-1}$；y 为实数。定义 $\theta_n=(jy)^n\exp(j\xi)/|y|^n$，则 $|\theta_n|=1$，且

$$\exp(jy)=\sum_{k=0}^{n-1}\frac{(jy)^k}{k!}+\frac{\theta_n|y|^n}{n!} \tag{A.25}$$

在原点 $z=0$ 对复数 z 进行泰勒级数展开可得

$$\begin{aligned}\ln(1+z)&=\sum_{k=1}^{\infty}\frac{(-1)^{k+1}(z)^k}{k}\\&=z+z^2\sum_{k=2}^{\infty}\frac{(-1)^{k+1}(z)^{k-2}}{k},\quad |z|<1\end{aligned} \tag{A.26}$$

式中对数是定义在其主要分支上的。定义

$$\zeta=\frac{z^2}{|z|^2}\sum_{k=2}^{\infty}\frac{(-1)^{k+1}(z)^{k-2}}{k} \tag{A.27}$$

若 $|z|\leqslant 1/2$，则

$$|\zeta|\leqslant\sum_{k=2}^{\infty}\frac{|z|^{k-2}}{k}\leqslant\frac{1}{2}\sum_{k=2}^{\infty}|z|^{k-2}\leqslant 1,\quad |z|\leqslant 1/2 \tag{A.28}$$

从而

$$\ln(1+z)=z+\zeta|z|^2,\quad |z|\leqslant 1/2 \tag{A.29}$$

且 $|\zeta|\leqslant 1$。

中心极限定理 假设 n 个序列 $X_1, X_2, \cdots, X_n$ 中每个序列都是相互独立的且每个序列 X_k 都具有有限均值 m_k、有限方差 σ_k^2 及分布函数 $F_k(x)$。令 $S_n = X_1 + X_2 + \cdots + X_n$，$T_n = (S_n - E[S_n])/s_n$，其中 $s_n^2 = \mathrm{var}(S_n) = \sum_{k=1}^{n} \sigma_k^2$。若对每个正数$\epsilon$，有

$$\sum_{k=1}^{n} \frac{1}{s_n^2} \int_{|x-m_k| \geqslant \epsilon s_n} (x - m_k)^2 \mathrm{d}F_k(x) \to 0, \quad n \to \infty$$

则 T_n 的分布收敛于一个标准高斯随机变量，该分布由式(A.4)给出。

证明：由于 $S_n - E[S_n] = \sum_{k=1}^{\infty} (X_k - m_k)$ 及 $E[X_k - m_k] = 0$，故不失一般性，在证明过程中假设 $m_k = 0$。

令 h_k 与 ϕ_n 分别为 X_k 与 T_n 的特征函数，各 X_k 的独立性意味着：

$$\phi_n(u) = E[\mathrm{e}^{\mathrm{j}uT_n}] = \prod_{k=1}^{n} E[\mathrm{e}^{\mathrm{j}uX_k/s_n}] = \prod_{k=1}^{n} h_k\left(\frac{u}{s_n}\right)$$

由于特征函数的收敛性决定了分布函数的收敛性，因此，若能证明 $\phi_n(u) \to \exp(-u^2/2)$，即相当于能证明出：

$$u^2/2 + \ln(\phi_n(u)) = u^2/2 + \sum_{k=1}^{n} \ln\left(h_k\left(\frac{u}{s_n}\right)\right) \to 0 \tag{A.30}$$

则中心极限定理就得到了证明。

对于每个正数ϵ，由定积分的分部积分法可得

$$h_k\left(\frac{u}{s_n}\right) = \int_{|x| < \epsilon s_n} \mathrm{e}^{\mathrm{j}ux/s_n} \mathrm{d}F_k(x) + \int_{|x| \geqslant \epsilon s_n} \mathrm{e}^{\mathrm{j}ux/s_n} \mathrm{d}F_k(x)$$

将式(A.25)取 $n = 3$ 及 $n = 2$ 分别代入第一个积分项与第二个积分项并利用 $m_k = E[X_k] = 0$，可得

$$h_k\left(\frac{u}{s_n}\right) = 1 + \frac{u^2}{2}\theta_2 \alpha_{nk} - \frac{u^2}{2}\beta_{nk} + \frac{|u|^3}{6s_n^3}\theta_3 \int_{|x| < \epsilon s_n} |x|^3 \mathrm{d}F_k(x) \tag{A.31}$$

式中 $|\theta_2| = |\theta_3| = 1$ 且

$$\alpha_{nk} = \frac{1}{s_n^2} \int_{|x| \geqslant \epsilon s_n} x^2 \mathrm{d}F_k(x), \quad \beta_{nk} = \frac{1}{s_n^2} \int_{|x| < \epsilon s_n} x^2 \mathrm{d}F_k(x) \tag{A.32}$$

由于 $|x| < \epsilon s_n$ 时 $|x|^3 < \epsilon s_n x^2$，故式(A.31)可表示为

$$h_k\left(\frac{u}{s_n}\right) = 1 + \gamma_{nk} \tag{A.33}$$

式中

$$\gamma_{nk} = \frac{u^2}{2}\theta_2 \alpha_{nk} - \frac{u^2}{2}\beta_{nk} + \frac{|u|^3}{6}\epsilon \theta_4 \beta_{nk}$$

且 $|\theta_4| < 1$。根据中心极限定理的前提假设，当 $n \to \infty$ 时，有

$$\sum_{k=1}^{n} \alpha_{nk} \to 0, \quad \alpha_{nk} \to 0 \tag{A. 34}$$

由于式(A. 32)表明 $0 \leqslant \beta_{nk} \leqslant \epsilon^2$，故当 n 足够大时可得

$$\max_k |\gamma_{nk}| < \frac{u^2}{2}\epsilon^2 + \frac{|u|^3}{6}\epsilon^3 \tag{A. 35}$$

因此，若 n 足够大且 ϵ 足够小，则对所有 k 和 u 值都有 $|\gamma_{nk}| \leqslant 1/2$。故若

$$u^2/2 + \sum_{k=1}^{n} \gamma_{nk} + \zeta \sum_{k=1}^{n} |\gamma_{nk}|^2 \to 0$$

则将式(A. 33)与式(A. 29)代入式(A. 30)中即可知中心极限定理得以证明。

由式(A. 32)可知

$$\sum_{k=1}^{\infty} (\alpha_{nk} + \beta_{nk}) = \frac{1}{s_n^2} \sum_{k=1}^{\infty} \sigma_k^2 = 1$$

上式与式(A. 34)意味着：

$$\sum_{k=1}^{n} \beta_{nk} \to 1 \tag{A. 36}$$

因此，当 $n \to \infty$ 时，有

$$u^2/2 + \sum_{k=1}^{n} \gamma_{nk} \to \frac{|u|^3}{6}\theta_4 \epsilon \tag{A. 37}$$

利用式(A. 35)与式(A. 36)可知，当 n 足够大时存在有

$$\sum_{k=1}^{n} |\gamma_{nk}|^2 \leqslant \max_k |\gamma_{nk}| \sum_{k=1}^{n} |\gamma_{nk}| < \left(\frac{u^2}{2}\epsilon^2 + \frac{|u|^3}{6}\epsilon^3\right)\left(\frac{u^2}{2} + \frac{|u|^3}{6}\epsilon\right)$$

因此，对于任意正数 δ，若 ϵ 足够小且 n 足够大时可得

$$\left| u^2/2 + \sum_{k=1}^{n} \gamma_{nk} + \zeta \sum_{k=1}^{n} |\gamma_{nk}|^2 < \delta \right|$$

证明结束。

推论 1 假设 n 个序列 $X_1, X_2, \cdots, X_n$ 相互独立且同分布，使得每个 X_k 都具有有限均值 m、有限方差 $\sigma^2 > 0$ 及分布函数 $F(x)$。令 $S_n = X_1 + X_2 + \cdots + X_n$ 及 $T_n = (S_n - nm)/\sigma\sqrt{n}$，则 T_n 的分布收敛于一个标准高斯随机变量。

证明： 由于 $s_n^2 = n\sigma^2$，$m_k = m$ 且 $F_k(x) = F(x)$，故

$$\sum_{k=1}^{n} \frac{1}{s_n^2} \int_{|x-m_k| \geqslant \epsilon s_n} (x - m_k)^2 \mathrm{d}F_k(x) = \frac{1}{\sigma^2} \int_{|x-m_k| \geqslant \epsilon\sigma\sqrt{n}} (x - m)^2 \mathrm{d}F(x)$$

由于 σ^2 是一个有限的正数，且当 $n \to \infty$ 时 $\{|x - m| \geqslant \epsilon\sigma\sqrt{n}\}$ 收敛于空集，故根据勒贝格控制收敛定理，上式收敛于零。

推论 2　假设 n 个序列 $X_1, X_2, \cdots, X_n$ 各自相互独立，每个 X_k 都具有分布函数 $F_k(x)$ 且对于所有的 k 都具有一致边界 $|X_k| < M$。令 $S_n = X_1 + X_2 + \cdots + X_n$ 及 $T_n = (S_n - E[S_n])/s_n$，其中 $s_n^2 = \mathrm{var}(S_n) = \sum_{k=1}^{n} \sigma_k^2$。若 $s_n \to \infty$，则 T_n 的分布收敛于标准高斯随机变量。

证明：利用对于所有 k 都有 $|X_k| < M$ 及契比雪夫不等式可得

$$\sum_{k=1}^{n} \frac{1}{s_n^2} \int_{|x-m_k| \geqslant \epsilon s_n} (x - m_k)^2 \mathrm{d}F_k(x) \leqslant \sum_{k=1}^{n} \frac{4M^2}{s_n^2} P\{|x - m_k| \geqslant \epsilon s_n\}$$

$$\leqslant \sum_{k=1}^{n} \frac{4M^2 \sigma_k^2}{s_n^4 \epsilon^2} = \frac{4M^2}{s_n^2 \epsilon^2} \to 0$$

$$\sum_{k=1}^{n} \frac{1}{s_n^2} \int_{|x-m_k| \geqslant \epsilon s_n} (x - m_k)^2 \mathrm{d}F_k(x) \leqslant \sum_{k=1}^{n} \frac{4M^2}{s_n^2} P\{|x - m_k| \geqslant \epsilon s_n\}$$

$$\leqslant \sum_{k=1}^{n} \frac{4M^2 \sigma_k^2}{s_n^4 \epsilon^2} = \frac{4M^2}{s_n^2 \epsilon^2} \to 0$$

为了证明该推论，对随机变量应用契比雪夫不等式（见 4.2 节）、指示函数及柯西–施瓦兹不等式。集合 A 的**指示函数** I_A 为样本空间 Ω 的函数，假设在 A 上其值为 1，在 A 的补集上其值为 0。将 $x = X/\sqrt{E[X^2]}$ 与 $y = Y/\sqrt{E[Y^2]}$ 代入不等式 $2|xy| \leqslant x^2 + y^2$，同时对结果的两边取期望值，可得柯西–施瓦兹不等式：

$$(E[XY])^2 \leqslant E[X^2]E[Y^2] \tag{A.38}$$

推论 3　假设 n 个序列 $X_1, X_2, \cdots, X_n$ 相互独立，每个 X_k 都具有有限均值 m_k、有限方差 $\sigma^2 > 0$ 及分布函数 $F(x)$。令 $S_n = X_1 + X_2 + \cdots + X_n$ 及 $T_n = (S_n - E[S_n])/s_n$，其中 $s_n^2 = \mathrm{var}(S_n) = \sum_{k=1}^{n} \sigma_k^2$。若对于所有 k，$s_n^3/n \to \infty$ 且其四阶中心矩为一致有限的，从而使 $E[(X_k - m_k)^4] < M^2$，则 T_n 的分布收敛于标准高斯随机变量。

证明：应用柯西–施瓦兹不等式可得 $\sigma_k^2 \leqslant M$。令 $Y_k = X_k - m_k$，应用柯西–施瓦兹不等式、契比雪夫不等式、$\sigma_k^2 \leqslant M$ 及 $s_n^3/n \to \infty$，可得

$$\sum_{k=1}^{n} \frac{1}{s_n^2} \int_{|x-m_k| \geqslant \epsilon s_n} (x - m_k)^2 \mathrm{d}F_k(x) = \sum_{k=1}^{n} \frac{1}{s_n^2} E[Y_k^2 I_{\{Y_k \geqslant \epsilon s_n\}}]$$

$$\leqslant \sum_{k=1}^{n} \frac{M}{s_n^2} \sqrt{P\{Y_k \geqslant \epsilon s_n\}}$$

$$\leqslant \sum_{k=1}^{n} \frac{M^{3/2}}{s_n^3 \epsilon} = \frac{M^{3/2}/\epsilon}{s_n^3/n} \to 0$$

附录 B:特殊函数

B.1 伽马函数

伽马函数定义为

$$\Gamma(x)=\int_0^{\infty}y^{x-1}\exp(-y)\mathrm{d}y,\quad \mathrm{Re}(x)>0 \tag{B.1}$$

通过分部积分可知

$$\Gamma(1+x)=x\Gamma(x) \tag{B.2}$$

直接积分可得 $\Gamma(1)=1$,因此,当 n 为整数时有

$$\Gamma(n)=\int_0^{\infty}y^{n-1}\exp(-y)\mathrm{d}y=(n-1)!,\quad n\text{ 为一个整数} \tag{B.3}$$

将 $y=z^2$ 代入式 (B.1)进行积分变量替换,注意到该积分为一个偶函数,并应用式 (A.2),可以发现

$$\Gamma(1/2)=\sqrt{\pi} \tag{B.4}$$

非完备伽马函数定义为

$$\Gamma(a,x)=\int_x^{\infty}\mathrm{e}^{-t}t^{a-1}\mathrm{d}t,\quad \mathrm{Re}(a)>0 \tag{B.5}$$

且 $\Gamma(a)=\Gamma(a,0)$。当 $a=n$ 为正整数时,对积分 $\Gamma(n,x)$ 进行$(n-1)$次分部积分可得

$$\Gamma(n,x)=(n-1)!\ \mathrm{e}^{-x}\sum_{n=0}^{n-1}\frac{x^i}{i!} \tag{B.6}$$

B.2 贝塔函数

贝塔函数定义为

$$\mathrm{B}(x,y)=\int_0^1 t^{x-1}(1-t)^{y-1}\mathrm{d}t,\quad x>0,y>0 \tag{B.7}$$

将 $y=z^2$ 代入到积分式(B.1)中,将乘积 $\Gamma(a)\Gamma(b)$ 表示为一个二重积分并转化为极坐标下对半径的积分,从而得到一个与 $\Gamma(a+b)$ 成正比的结果,再对

余下积分进行变量替换,可得 $B(a,b)\Gamma(a+b)$,从而证明出恒等式:

$$B(x,y)=B(y,x)=\frac{\Gamma(x)\Gamma(y)}{\Gamma(x+y)} \tag{B.8}$$

在式(B.7)中,令 $x=(k+1/2)$ 及 $y=k/2$,再应用式(B.8),将式(B.7)中的积分变量替换为 $t=\cos^2\theta(0\leqslant\theta\leqslant\pi/2)$,并以同样的方法将积分变量替换为 $t=\sin^2\theta(0\leqslant\theta\leqslant\pi/2)$,可得

$$\int_0^{\pi/2}\cos^k\theta\mathrm{d}\theta=\int_0^{\pi/2}\sin^k\theta\mathrm{d}\theta=\frac{\sqrt{\pi}\,\Gamma\left(\frac{k+1}{2}\right)}{2\Gamma\left(\frac{k+2}{2}\right)},\quad k\geqslant 0 \tag{B.9}$$

B.3 第一类贝塞尔函数

第一类 n 阶**修正贝塞尔函数**定义为

$$\mathrm{I}_n(x)=\sum_{i=0}^{\infty}\frac{(x/2)^{n+2i}}{i!\ (n+1)!} \tag{B.10}$$

因此,第一类零阶修正贝塞尔函数定义为

$$\mathrm{I}_0(x)=\sum_{i=0}^{\infty}\frac{1}{i!\ i!}\left(\frac{x}{2}\right)^{2i} \tag{B.11}$$

将级数展开式替换为指数函数并应用式(B.9)对其逐项进行积分可证明:

$$\mathrm{I}_0(x)=\frac{1}{2\pi}\int_0^{2\pi}\exp(x\cos u)\mathrm{d}u \tag{B.12}$$

由于余弦函数是一个周期函数且积分是在与函数周期相同的区间上进行,因此在式(B.12)中,可用 $\cos(u+\theta)$ 代替 $\cos u$,θ 为任意值。再用 $x_1=|x|\cos\theta$ 及 $x_2=|x|\sin\theta$ 对积分进行三角展开可得

$$\begin{aligned}\mathrm{I}_0(|x|)&=\frac{1}{2\pi}\int_0^{2\pi}\exp\{\mathrm{Re}[|x|\mathrm{e}^{\mathrm{j}(u+\theta)}]\}\mathrm{d}u\\&=\frac{1}{2\pi}\int_0^{2\pi}\exp(x_1\cos u-x_2\sin u)\mathrm{d}u,\quad |x|=\sqrt{x_1^2+x_2^2}\end{aligned} \tag{B.13}$$

对式(B.11)进行逐项微分可得

$$\mathrm{I}_1(x)=\frac{\mathrm{d}}{\mathrm{d}x}\mathrm{I}_0(x) \tag{B.14}$$

第一类 n 阶**贝塞尔函数**定义为

$$\mathrm{J}_n(x)=\sum_{i=0}^{\infty}\frac{(-1)^i(x/2)^{n+2i}}{i!\ (n+i)!} \tag{B.15}$$

将级数展开式替换为指数函数并应用式(B.9)对其逐项积分可证明：

$$J_0(x) = \frac{1}{2\pi}\int_0^{2\pi}\exp(\mathrm{j}x\sin u)\,\mathrm{d}u \tag{B.16}$$

B.4 *Q* 函 数

Q **函数**定义为

$$Q(x) = \frac{1}{\sqrt{2\pi}}\int_x^{\infty}\exp\left(-\frac{y^2}{2}\right)\mathrm{d}y = \frac{1}{2}\mathrm{erfc}\left(\frac{x}{\sqrt{2}}\right) \tag{B.17}$$

式中：erfc(·)为**补余误差函数**。

B.5 Marcum *Q* 函数

广义 Marcum *Q* 函数定义为

$$Q_m(\alpha,\beta) = \int_\beta^{\infty}x\left(\frac{x}{\alpha}\right)^{m-1}\exp\left(-\frac{x^2+\alpha^2}{2}\right)\mathrm{I}_{m-1}(\alpha x)\,\mathrm{d}x \tag{B.18}$$

式中：m 为整数。由于 $Q_m(\alpha,0)=1$，从而可知 $1-Q_m(\alpha,\beta)$ 是一个有限积分，可通过数值积分计算。

B.6 超几何函数

合流超几何函数定义为

$${}_1F_1(\alpha,\beta;x) = \sum_{i=0}^{\infty}\frac{\Gamma(\alpha+i)\Gamma(\beta)x^i}{\Gamma(\alpha)\Gamma(\beta+i)i!},\quad \beta \neq 0,-1,-2,\cdots \tag{B.19}$$

该函数对所有有限值的 x 都收敛。高斯超几何函数定义为

$${}_2F_1([a,b];c;x) = \frac{\Gamma(c)}{\Gamma(b)\Gamma(c-b)}\int_0^1 y^{b-1}(1-y)^{c-b-1}(1-xy)^{-a}\mathrm{d}y,$$
$$\mathrm{Re}(c) > \mathrm{Re}(b) > 0 \tag{B.20}$$

若 $|x|<1$，则该函数可由无穷级数来表示。该函数已广为人知，并在绝大多数数学编程语言中作为单独函数来调用。

附录 C:信号特性

C.1 带 通 信 号

带通信号的功率谱在载波频率周围的频带内,后者通常位于频带中心。以**希尔伯特变换**为基础来描述信号有利于分析带通信号及系统。若极限存在的话,则一个实数函数 $g(t)$ 的希尔伯特变换定义为其积分的柯西主值,即

$$H[g(t)] = \hat{g}(t) = \frac{1}{\pi}\int_{-\infty}^{\infty} \frac{g(u)}{t-u}\mathrm{d}u$$
$$= \lim_{\epsilon \to 0}\left[\int_{-\infty}^{t-\epsilon} \frac{g(u)}{t-u}\mathrm{d}u + \int_{t+\epsilon}^{\infty} \frac{g(u)}{t-u}\mathrm{d}u\right] \tag{C.1}$$

由于式(C.1)为 $g(t)$ 与 $1/(\pi t)$ 的卷积形式,因此 $\hat{g}(t)$ 可由 $g(t)$ 通过一个脉冲响应为 $1/(\pi t)$ 的线性滤波器来获得。为了计算这种变换,应用柯西积分定理沿上复平面进行围线积分,积分时要排除掉顺时针绕原点的那一小段半圆。由于在此围线内不存在奇点,故通过直接计算可得出以下傅里叶变换,即

$$F\left\{\frac{1}{\pi t}\right\} = \int_{-\infty}^{\infty} \frac{\exp(-\mathrm{j}2\pi f t)}{\pi t}\mathrm{d}t$$
$$= \frac{\mathrm{j}}{\pi}\int_{-\infty}^{\infty} \frac{\exp(-\mathrm{j}x)}{\mathrm{j}x}\mathrm{d}x$$
$$= -\mathrm{j}\,\mathrm{sgn}(f) \tag{C.2}$$

式中:$\mathrm{j} = \sqrt{-1}$;$f \neq 0$;$\mathrm{sgn}(f)$ 为**符号函数**,定义为

$$\mathrm{sgn}(f) = \begin{cases} 1, & f > 0 \\ 0, & f = 0 \\ -1, & f < 0 \end{cases} \tag{C.3}$$

令 $G(f) = \mathscr{F}\{g(t)\}$ 及 $\hat{G}(f) = \mathscr{F}\{\hat{g}(t)\}$ 。将卷积理论应用于式(C.1)后再代入式(C.2),可得

$$\hat{G}(f) = -\mathrm{j}\,\mathrm{sgn}(f)\,G(f) \tag{C.4}$$

由于 $H[\hat{g}(t)]$ 由 $g(t)$ 通过两个连续滤波器来获得,每个滤波器的转移函数都为 $-\mathrm{j}\,\mathrm{sgn}(f)$,故若假设 $G(0) = 0$,则

$$H[\hat{g}(t)] = -g(t) \tag{C.5}$$

式(C.4)表明,采用希尔伯特变换就相当于对所有正频率引入一个$-\pi$rad的相移,对所有负频率都引入一个$+\pi$rad 的相移,因此

$$H[\cos(2\pi f_c t)] = \sin(2\pi f_c t) \tag{C.6}$$

$$H[\sin(2\pi f_c t)] = -\cos(2\pi f_c t) \tag{C.7}$$

对式(C.6)或式(C.7)的左边进行傅里叶变换后应用式(C.4),再对结果进行傅里叶逆变换就可证明以上关系式。若 $|f| > W$ 且$f_c > W$ 时 $G(f) = 0$,则采用同样方法可得

$$H[g(t)\cos(2\pi f_c t)] = g(t)\sin(2\pi f_c t) \tag{C.8}$$

$$H[g(t)\sin(2\pi f_c t)] = -g(t)\cos(2\pi f_c t) \tag{C.9}$$

带通信号是经傅里叶变换后$f_c - W/2 \leqslant |f| \leqslant f_c + W/2$ 以外的频谱分量都可被忽略的信号,其中 $0 \leqslant W \leqslant 2f_c$,f_c 为中心频率。若 $W \ll f_c$,则该带通信号通常称为**窄带信号**。只在$f > 0$ 时,傅里叶变换不为零的复信号才称为**解析信号**。

考虑带通信号 $g(t)$,其傅里叶变换为 $G(f)$,与 $g(t)$ 对应的解析信号 $g_a(t)$ 由该信号的傅里叶变换定义:

$$G_a(f) = [1 + \mathrm{sgn}(f)]G(f) \tag{C.10}$$

当$f \leqslant 0$ 时其值为零,当$f > 0$ 时其带宽限定在 $|f - f_c| \leqslant W/2$ 范围内。式(C.10)的傅里叶逆变换与式(C.4)表明:

$$g_a(t) = g(t) + \mathrm{j}\hat{g}(t) \tag{C.11}$$

若 $g(t)$ 为带通信号,则 $g(t)$ 的**复包络**定义为

$$g_l(t) = g_a(t)\exp(-\mathrm{j}2\pi f_c t) \tag{C.12}$$

式中:f_c 为中心频率。由于 $g_l(t)$ 的傅里叶变换为 $G_a(f + f_c)$,占用带宽 $|f| \leqslant W/2$,因此,该复包络为一个基带信号,可视为 $g(t)$ 的一个**等效低通表示**。式(C.11)与式(C.12)表明 $g(t)$ 可用其复包络表示为

$$g(t) = \mathrm{Re}[g_t(t)\exp(\mathrm{j}2\pi f_c t)] \tag{C.13}$$

复包络可被分解为

$$g_l(t) = g_c(t) + \mathrm{j}g_s(t) \tag{C.14}$$

式中:$g_c(t)$ 与 $g_s(t)$ 为实函数。因此,由式(C.13)可得

$$g(t) = g_c(t)\cos(2\pi f_c t) - g_s(t)\sin(2\pi f_c t) \tag{C.15}$$

由于式中的两个正弦载波相位正交,因此 $g_c(t)$ 与 $g_s(t)$ 分别称为 $g(t)$ 的**同相**分量和**正交**分量。这两个分量都是带宽在 $|f| \leqslant W/2$ 的低通信号。

应用傅里叶分析中的帕斯瓦尔(Parseval)恒等式及式(C.4),可得

$$\int_{-\infty}^{\infty}\hat{g}^2(t)\mathrm{d}t = \int_{-\infty}^{\infty}|\hat{G}(f)|^2\mathrm{d}f = \int_{-\infty}^{\infty}|G(f)|^2\mathrm{d}f = \int_{-\infty}^{\infty}g^2(t)\mathrm{d}t \quad (\mathrm{C.16})$$

因此

$$\int_{-\infty}^{\infty}|g_l(t)|^2\mathrm{d}t = \int_{-\infty}^{\infty}|g_{\mathrm{a}}(t)|^2\mathrm{d}t = \int_{-\infty}^{\infty}g^2(t)\mathrm{d}t + \int_{-\infty}^{\infty}\hat{g}^2(t)\mathrm{d}t$$

$$= 2\int_{-\infty}^{\infty}g^2(t)\mathrm{d}t = 2\mathcal{E} \quad (\mathrm{C.17})$$

式中：$\mathcal{E}$为带通信号 $g(t)$ 的能量。

C.2 平稳随机过程

若一个随机过程的均值与抽样时间无关，其自相关函数仅取决于各样本间的时间差，则称该随机过程是**广义平稳**的。考虑一个零均值实广义平稳随机过程 $n(t)$，其自相关函数为

$$R_n(\tau) = E[n(t)n(t+\tau)] \quad (\mathrm{C.18})$$

式中：$E[x]$ 表示 x 的期望值。$n(t)$ 的希尔伯特变换也为实随机过程，定义为

$$\hat{n}(t) = \frac{1}{\pi}\int_{-\infty}^{\infty}\frac{n(u)}{t-u}\mathrm{d}u \quad (\mathrm{C.19})$$

式中假设几乎每个 $n(t)$ 的抽样函数积分的柯西主值都存在。该式表明 $\hat{n}(t)$ 为一个零均值随机过程。若零均值随机过程 $n(t)$ 和 $\hat{n}(t)$ 的自相关和互相关函数都与 t 无关，则 $n(t)$ 和 $\hat{n}(t)$ 是**联合广义平稳的**。

应用式(C.19)与式(C.18)可得 $n(t)$ 与 $\hat{n}(t)$ 的互相关函数为

$$R_{n\hat{n}}(\tau) = E[n(t)\hat{n}(t+\tau)] = \frac{1}{\pi}\int_{-\infty}^{\infty}\frac{R_n(u)}{\tau-u}\mathrm{d}u = \hat{R}_n(\tau) \quad (\mathrm{C.20})$$

对式(C.5)采用类似的推导可得出自相关函数为

$$R_{\hat{n}}(\tau) = E[\hat{n}(t)\hat{n}(t+\tau)] = R_n(\tau) \quad (\mathrm{C.21})$$

式(C.18)、式(C.20)和式(C.21)表明 $n(t)$ 与 $\hat{n}(t)$ 是联合广义平稳的。

与 $n(t)$ 对应的**解析信号**为零均值复随机过程，定义为

$$n_{\mathrm{a}}(t) = n(t) + \mathrm{j}\hat{n}(t) \quad (\mathrm{C.22})$$

该解析信号的自相关函数定义为

$$R_{\mathrm{a}}(\tau) = E[n_{\mathrm{a}}^*(t)n_{\mathrm{a}}(t+\tau)] \quad (\mathrm{C.23})$$

式中：星号表示复共轭。将式(C.18)与式(C.20)应用于式(C.23)可得

$$R_{\mathrm{a}}(\tau) = 2R_n(\tau) + 2\mathrm{j}\hat{R}_n(\tau) \quad (\mathrm{C.24})$$

从而证明了解析信号的广义平稳性。

由于式(C.18)表明 $R_n(\tau)$ 为一个偶函数,故由式(C.20)可得

$$R_{n\hat{n}}(0) = \hat{R}_n(0) = 0 \tag{C.25}$$

上式表明 $n(t)$ 与 $\hat{n}(t)$ 是不相关的。由式(C.21)、式(C.24)与式(C.25)可得

$$R_{\hat{n}}(0) = R_n(0) = 1/(2R_a(0)) \tag{C.26}$$

$n(t)$ 的**复包络**或 $n(t)$ 的**等效低通表示**为零均值随机过程,定义为

$$n_l(t) = n_a(t)\exp(-j2\pi f_c t) \tag{C.27}$$

式中:f_c 为任意频率,通常作为 $n(t)$ 的载频或中心频率。该复包络可分解为

$$n_l(t) = n_c(t) + jn_s(t) \tag{C.28}$$

式中:$n_c(t)$ 与 $n_s(t)$ 为零均值实随机过程。

式(C.24)与式(C.27)意味着:

$$n(t) = \mathrm{Re}[n_l(t)\exp(j2\pi f_c t)] \tag{C.29}$$

将式(C.28)代入式(C.29)可得一个同相与正交表达式,即

$$n(t) = n_c(t)\cos(2\pi f_c t) - n_s(t)\sin(2\pi f_c t) \tag{C.30}$$

将式(C.22)与式(C.28)代入式(C.27)中可发现

$$n_c(t) = n(t)\cos(2\pi f_c t) + \hat{n}(t)\sin(2\pi f_c t) \tag{C.31}$$

$$n_s(t) = \hat{n}(t)\cos(2\pi f_c t) - n(t)\sin(2\pi f_c t) \tag{C.32}$$

$n_c(t)$ 与 $n_s(t)$ 的**自相关函数**定义为

$$R_c(\tau) = E[n_c(t)n_c(t+\tau)] \tag{C.33}$$

及

$$R_s(\tau) = E[n_s(t)n_s(t+\tau)] \tag{C.34}$$

利用式(C.31)和式(C.32),再应用式(C.18)、式(C.20)、式(C.21)及三角恒等式,可得

$$R_c(\tau) = R_s(\tau) = R_n(\tau)\cos(2\pi f_c \tau) + \hat{R}_n(\tau)\sin(2\pi f_c \tau) \tag{C.35}$$

上式清楚地表明,若 $n(t)$ 是广义平稳的,则 $n_c(t)$ 与 $n_s(t)$ 也是广义平稳的,且具有相同的自相关函数。$n(t)$ 、$n_c(t)$ 与 $n_s(t)$ 的方差都相等,这是因为

$$R_c(0) = R_s(0) = R_n(0) \tag{C.36}$$

采用与式(C.35)类似的推导方式可得互相关函数为

$$R_{cs}(\tau) = E[n_c(t)n_s(t+\tau)] = \hat{R}_n(\tau)\cos(2\pi f_c \tau) - R_n(\tau)\sin(2\pi f_c \tau) \tag{C.37}$$

上式表明,$n_c(t)$ 与 $n_s(t)$ 是联合广义平稳的,且

$$R_{sc}(\tau) = E[n_s(t)n_c(t+\tau)] = R_{cs}(-\tau) \tag{C.38}$$

由式(C. 25)与式(C. 38)可知

$$R_{cs}(0) = 0 \tag{C. 39}$$

从而意味着 $n_c(t)$ 与 $n_s(t)$ 是不相关的。

式(C. 19)表明, $\hat{n}(t)$ 由对 $n(t)$ 进行线性运算得出。因此,若 $n(t)$ 为零均值高斯过程,则 $\hat{n}(t)$ 与 $n(t)$ 为零均值联合高斯过程(见附录 A. 1)。式(C. 31)与式(C. 32)表明 $n_c(t)$ 与 $n_s(t)$ 为零均值联合高斯过程。由于它们是不相关的,因此 $n_c(t)$ 与 $n_s(t)$ 也是统计独立的零均值高斯过程。

由于 $n(t)$ 是广义平稳的,故 $R_n(-\tau) = R_n(\tau)$。再根据式(C. 19)并对其积分变量进行替换可得 $\hat{R}_n(-\tau) = -\hat{R}_n(\tau)$。将这两式与式(C. 37)合并可得 $R_{cs}(-\tau) = -R_{cs}(\tau)$。该式与式(C. 38)表明:

$$R_{cs}(\tau) = -R_{sc}(\tau) \tag{C. 40}$$

式(C. 28)、式(C. 35)及式(C. 40)意味着:

$$E[n_l(t)n_l(t+\tau)] = 0 \tag{C. 41}$$

满足上式的零均值复随机过程就称为**循环对称**过程。因此,零均值广义平稳过程的复包络是一个循环对称过程。

由于复包络是复数,故其自相关函数定义为

$$R_l(\tau) = E[n_l^*(t)n_l(t+\tau)] \tag{C. 42}$$

将式(C. 27)与式(C. 24)代入式(C. 42)中可得

$$R_l(\tau) = 2\exp(-j2\pi f_c\tau)[R_n(\tau) + j\hat{R}_n(\tau)] \tag{C. 43}$$

上式表明 $n_l(t)$ 为零均值广义平稳随机过程。由于 $R_n(\tau)$ 与 $\hat{R}_n(\tau)$ 为实数,故

$$R_n(\tau) = \frac{1}{2}\mathrm{Re}[R_l(\tau)\exp(j2\pi f_c\tau)] \tag{C. 44}$$

信号的**功率谱密度**为其自相关函数的傅里叶变换。令 $S_n(f)$、$S_c(f)$ 及 $S_s(f)$ 分别表示 $n(t)$、$n_c(t)$ 及 $n_s(t)$ 的功率谱密度。假设 $S_n(f)$ 占用带宽为 $f_c - W/2 \leqslant |f| \leqslant f_c + W/2$ 且 $f_c > W/2 \geqslant 0$。对式(C. 35)进行傅里叶变换,应用式(C. 4)并进行化简,可得

$$S_c(f) = S_s(f) = \begin{cases} S_n(f-f_c) + S_n(f+f_c), & |f| \leqslant W/2 \\ 0, & |f| > W/2 \end{cases} \tag{C. 45}$$

因此,若 $n(t)$ 是一个频率为正、带宽为 W 的带通随机过程,则 $n_c(t)$ 与 $n_s(t)$ 是带宽为 $W/2$ 的基带随机过程。类似地,通过对式(C. 37)进行傅里叶变换并应用式(C. 4),可推导出 $n_c(t)$ 与 $n_s(t)$ 的互功率谱密度。经化简后所得结果为

$$S_{cs}(f)=\begin{cases}\mathrm{j}[S_n(f-f_c)-S_n(f+f_c)], & |f|\leqslant W/2\\ 0, & |f|>W/2\end{cases} \tag{C.46}$$

由于 $R_n(-\tau)=R_n(\tau)$，功率谱密度为一个实值偶函数，故 $S_n(-f)=S_n(f)$。若 $S_n(f)$ 关于 f_c **局部对称**，则

$$\begin{aligned}S_n(f_c+f)&=S_n(f_c-f)\\&=S_n(f-f_c),\quad |f|\leqslant W/2\end{aligned} \tag{C.47}$$

因此，由式(C.46)可得 $S_{cs}(f)=0$，这意味着对所有 τ 都有

$$R_{cs}(\tau)=0 \tag{C.48}$$

因此，$n_c(t)$ 和 $n_s(t+\tau)$ 对所有 τ 都是不相关的，且若 $n(t)$ 为零均值高斯过程，则 $n_c(t)$ 和 $n_s(t+\tau)$ 所有的 τ 都是统计独立的。

$n_l(t)$ 的功率谱密度用 $S_l(f)$ 表示，可通过计算式(C.28)的自相关函数，再计算自相关函数的傅里叶变换，然后再利用式(C.45)及式(C.46)导出。若 $S_n(f)$ 所占带宽为 $f_c-W/2\leqslant|f|\leqslant f_c+W/2$ 且 $f_c>W/2\geqslant0$，则

$$S_l(f)=\begin{cases}4S_n(f+f_c), & |f|\leqslant W/2\\ 0, & |f|\leqslant W/2\end{cases} \tag{C.49}$$

利用 $\mathrm{Re}[z]=(z+z^*)/2$，将式(C.44)的右边展开，进行傅里叶变换并注意到 $S_l(f)$ 为实函数，可得

$$S_n(f)=\frac{1}{4}S_l(f-f_c)+\frac{1}{4}S_l(-f-f_c) \tag{C.50}$$

通信信道有时会建模为**加性高斯白噪声信道**(AWGN)，在该信道中，接收机中的噪声为零均值白高斯过程，其自相关函数为

$$R_n(\tau)=E[n(t)n(t+\tau)]=\frac{N_0}{2}\delta(\tau) \tag{C.51}$$

且

$$S_n(f)=\frac{N_0}{2} \tag{C.52}$$

式中：$N_0/2$ 为**双边噪声功率谱密度**。

C.3 直接下变频器

接收机通常在所需信号通过匹配滤波器之前抽取其复包络。直接下变频器的主要组件如图 C.1(a)所示。接收信号 $g(t)$ 的功率谱、基带滤波器的输入信号 $g_b(t)=g(t)\exp(-\mathrm{j}2\pi f_c t)$ 及 $g_l(t)$ 的复包络如图 C.1(b)所示。以 $h(t)$

表示滤波器的脉冲响应，滤波器的输出为

$$y(t)=\int_{-\infty}^{\infty}g(\tau)\exp(-\mathrm{j}2\pi f_c\tau)h(t-\tau)\mathrm{d}\tau \tag{C.53}$$

应用式(C.13)及 $\mathrm{Re}(x)=(x+x^*)/2$(其中 x^* 表示 x 的复共轭)，可得

$$y(t)=\frac{1}{2}\int_{-\infty}^{\infty}g_1(\tau)h(t-\tau)\mathrm{d}\tau+\frac{1}{2}\cdot\int_{-\infty}^{\infty}g_1(\tau)h(t-\tau)\exp(-\mathrm{j}4\pi f_c\tau)\mathrm{d}\tau \tag{C.54}$$

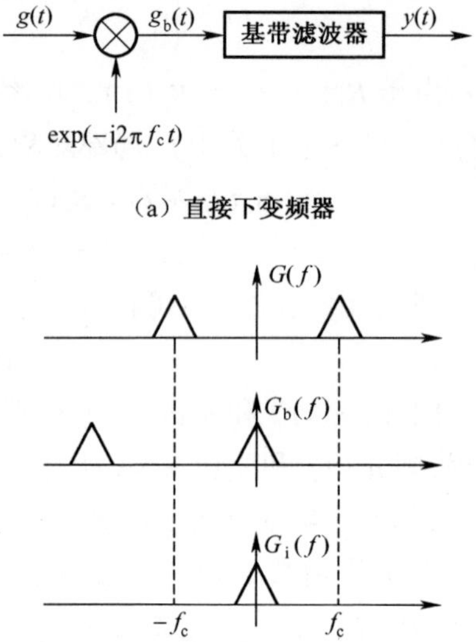

(a) 直接下变频器

(b) 相关的功率谱

图 C.1 包络的抽取

第二项为 $g_1(\tau)h(t-\tau)$ 在频率 $-2f_c$ 上傅里叶变换的估计值。假设 $g_1(\tau)$ 与 $h(t-\tau)$ 的变换限定在 $|f|<f_c$，则它们乘积的变换限定在 $|f|<2f_c$ 且式(C.54)中的第二项将会消失。若 $h(t)$ 的傅里叶变换在 $g_1(t)$ 的通带上为一常数，则式(C.54)表明了 $y(t)$ 与 $g_1(t)$ 成正比，这正是人们所期望的结果。

直接下变频器改变了进入其中的噪声 $n(t)$ 的特性，其输出端的复噪声为

$$z(t)=\int_{-\infty}^{\infty}n(u)\mathrm{e}^{-\mathrm{j}2\pi f_c u}h(t-u)\mathrm{d}u \tag{C.55}$$

假设该噪声为零均值的高斯白噪声。由于该噪声为 $n(t)$ 的线性函数，故 $z(t)$ 是零均值的，且其实部和虚部是联合高斯的。广义平稳复过程 $z(t)$ 的自相关函数定义为

$$R_z(\tau)=E[z^*(t)z(t+\tau)] \tag{C.56}$$

将式(C.55)代入式(C.56)，将期望算子和积分算子互换，应用式(C.51)来估计其中的一个积分，再进行积分变量替换，可得

$$R_z(\tau)=\frac{N_0}{2}\int_{-\infty}^{\infty}h^*(u)h(u+\tau)\mathrm{d}u \tag{C.57}$$

若滤波器为理想带通滤波器，其傅里叶变换为

$$H(f)=\begin{cases}1, & |f|\leqslant W\\ 0, & 其他\end{cases} \tag{C.58}$$

则对式(C.57)两边计算其傅里叶变换，可得功率谱密度为

$$S_z(f)=\begin{cases}\dfrac{N_0}{2}, & |f|\leqslant W\\ 0, & \text{其他}\end{cases} \tag{C.59}$$

因此,若后续滤波器的带宽小于 W 或 $W\to\infty$,则 $z(t)$ 的自相关函数可近似为

$$R_z(\tau)=\frac{N_0}{2}\delta(\tau) \tag{C.60}$$

以上近似可使主要分析过程得以简化,这是因为上式表明经过下变频后噪声依然为白噪声。

式(C.55)与式(C.51)意味着:

$$E[z(t)z(t+\tau)]=\frac{N_0}{2}\mathrm{e}^{-\mathrm{j}4\pi f_c t}\int_{-\infty}^{\infty}\mathrm{e}^{\mathrm{j}4\pi f_c u}h(u+\tau)h(u)\mathrm{d}u \tag{C.61}$$

若 $W<f_c$,则采用与式(C.54)后面类似的推理方式可导出

$$E[(z(t)z(t+\tau))]=0 \tag{C.62}$$

上式表明复随机过程 $z(t)$ 是一个**循环对称过程**。以 $z^{\mathrm{R}}(t)$ 和 $z^{\mathrm{I}}(t)$ 分别表示 $z(t)$ 的实部和虚部。由于 $z(t)$ 是零均值的,故 $z^{\mathrm{R}}(t)$ 和 $z^{\mathrm{I}}(t)$ 也是零均值的。假设式(C.62)与式(C.56)中的 $\tau=0$,再利用式(C.57)、Parseval 恒等式及式(C.58)可得到

$$E[(z^{\mathrm{R}}(t))^2]=E[(z^{\mathrm{I}}(t))^2]=N_0W \tag{C.63}$$

$$E[(z^{\mathrm{R}}(t)z^{\mathrm{I}}(t))]=0 \tag{C.64}$$

因此,$z^{\mathrm{R}}(t)$ 和 $z^{\mathrm{I}}(t)$ 为零均值的独立高斯过程且具有相同的方差。

C.4 抽样定理

一个有限、时间连续复信号 $x(t)$ 的傅里叶变换及逆变换分别为

$$X(f)=\int_{-\infty}^{\infty}x(t)\mathrm{e}^{-\mathrm{j}2\pi ft}\mathrm{d}t \tag{C.65}$$

$$x(f)=\int_{-\infty}^{\infty}X(t)\mathrm{e}^{\mathrm{j}2\pi ft}\mathrm{d}f \tag{C.66}$$

该信号的一个样本为 $x_n=x(nT)$,式中 $1/T$ 为抽样速率。若对所有的 θ,以下的无穷求和计算都收敛于一个有限值,则该样本信号的**离散时间傅里叶变换(DTFT)**可定义为

$$X(\mathrm{e}^{\mathrm{j}\theta})=\sum_{n=-\infty}^{\infty}x_n\mathrm{e}^{-\mathrm{j}n\theta} \tag{C.67}$$

上式收敛的充分条件为

$$\sum_{n=-\infty}^{\infty}|x_n|<\infty \tag{C.68}$$

上式意味着 $X(\mathrm{e}^{\mathrm{j}\theta})$ 在区间$[-\pi,\pi]$上是一致收敛的。$X(\mathrm{e}^{\mathrm{j}\theta})$ 的逆 DTFT 为

$$x_n=\frac{1}{2\pi}\int_{-\pi}^{\pi}X(\mathrm{e}^{\mathrm{j}\theta})\mathrm{e}^{\mathrm{j}n\theta}\mathrm{d}\theta \tag{C.69}$$

将式(C.67)代入积分中进行计算即可证明上式成立。其中式(C.67)表明 $X(\mathrm{e}^{\mathrm{j}\theta})$ 是关于 θ 的周期函数,周期为 2π。

抽样定理将 $x(t)$ 与 x_n 在频域关联起来,表明 $X(\mathrm{e}^{\mathrm{j}2\pi fT})$ 为 $X(f)$ 经不同相移后的求和形式。

抽样定理 时间离散傅里叶变换与时间连续傅里叶变换通过下式相关联:

$$X(\mathrm{e}^{\mathrm{j}2\pi fT})=\frac{1}{T}\sum_{i=-\infty}^{\infty}X\left(f-\frac{i}{T}\right) \tag{C.70}$$

证明:对式(C.69)中的积分变量进行替换可得

$$x_n=T\int_{-1/2T}^{1/2T}X(\mathrm{e}^{\mathrm{j}2\pi fT})\mathrm{e}^{\mathrm{j}2\pi nfT}\mathrm{d}f \tag{C.71}$$

计算时间连续傅里叶变换式(C.66)可得

$$\begin{aligned}x_n=x(nT)&=\int_{-\infty}^{\infty}X(f)\mathrm{e}^{\mathrm{j}2\pi nfT}\mathrm{d}f=\sum_{i=-\infty}^{\infty}\int_{(2i-1)/2T}^{(2i+1)/2T}X(f)\mathrm{e}^{\mathrm{j}2\pi nfT}\mathrm{d}f\\&=\sum_{i=-\infty}^{\infty}\int_{-1/2T}^{1/2T}X\left(f+\frac{i}{T}\right)\mathrm{e}^{\mathrm{j}2\pi nfT}\mathrm{d}f=\int_{-1/2T}^{1/2T}\left[\sum_{i=-\infty}^{\infty}X\left(f-\frac{i}{T}\right)\right]\mathrm{e}^{\mathrm{j}2\pi nfT}\mathrm{d}f\end{aligned} \tag{C.72}$$

将式(C.72)中最后一个等式与式(C.71)相比较即可证明式(C.70)。

若存在一个**带限**时间连续的信号 $x(t)$,其傅里叶变换 $X(f)$ 满足 $|f|>1/2T$ 时 $X(f)=0$,则式(C.70)表明

$$X(\mathrm{e}^{\mathrm{j}2\pi fT})=\frac{1}{T}X(f)x\,,\quad -\frac{1}{2T}\leqslant f\leqslant\frac{1}{2T} \tag{C.73}$$

将上式代入式(C.66)并应用式(C.70)可得

$$\begin{aligned}x(t)&=\int_{-1/2T}^{1/2T}X(f)\mathrm{e}^{\mathrm{j}2\pi ft}\mathrm{d}f=T\int_{-1/2T}^{1/2T}X(\mathrm{e}^{\mathrm{j}2\pi ft})\mathrm{e}^{\mathrm{j}2\pi ft}\mathrm{d}f\\&=T\int_{-1/2T}^{1/2T}\sum_{n=-\infty}^{\infty}x_n\mathrm{e}^{-\mathrm{j}2\pi fnT}\mathrm{e}^{\mathrm{j}2\pi ft}\mathrm{d}f=T\sum_{n=-\infty}^{\infty}x_n\int_{-1/2T}^{1/2T}\mathrm{e}^{\mathrm{j}2\pi f(t-nT)}\mathrm{d}f\end{aligned} \tag{C.74}$$

计算最后的积分项,可得带限信号 $x(t)$ 通过其样本信号获得准确重构的

计算公式为

$$x(t)=\sum_{n=-\infty}^{\infty}x_n\operatorname{sinc}\left(\frac{t-nT}{T}\right),\quad X(f)=0,|f|>1/2T \tag{C.75}$$

式中：$\operatorname{sinc}(x)=\sin(\pi x)/(\pi x)$ 。上式表明，单边带宽为 W 的信号以速率 $1/T>2W$ 被抽样时，该信号由其抽样唯一确定。若抽样速率未足够高以满足在 $|f|>1/2T$ 时 $X(f)=0$，则式(C.70)中的求和项就会出现部分重叠，这种现象称为**混叠**，抽样信号也就不能唯一确定一个时间连续信号。

附录 D:概率分布

D.1 卡 方 分 布

考虑如下随机变量:

$$Z = \sum_{i=1}^{N} X_i^2 \tag{D.1}$$

式中:$\{X_i\}$ 为独立的高斯随机变量,其均值为 $\{m_i\}$,方差为 σ^2。随机变量 Z 就称为具有自由度为 N 的**非中心卡方** (χ^2) **分布,非中心参数**为

$$\lambda = \sum_{i=1}^{N} m_i^2 \tag{D.2}$$

为导出 Z 的概率密度函数,首先注意到每个 X_i 具有以下概率密度函数,即

$$f_{X_i}(x) = \frac{1}{\sqrt{2\pi}\sigma}\exp\left[-\frac{(x-m_i)^2}{2\sigma^2}\right] \tag{D.3}$$

根据初等概率论, $Y_i = X_i^2$ 的概率密度为

$$f_{Y_i}(x) = \frac{1}{2\sqrt{x}}[f_{X_i}(\sqrt{x}) + f_{X_i}(-\sqrt{x})]u(x) \tag{D.4}$$

式中:$x \geqslant 0$ 时, $u(x)=1$; $x<0$ 时, $u(x)=0$。将式(D.3)代入式(D.4),展开指数项并化简,可得概率密度函数为

$$f_{Y_i} = \frac{1}{\sqrt{2\pi x}\sigma}\exp\left(-\frac{x+m_i^2}{2\sigma^2}\right)\cosh\left(\frac{m_i\sqrt{x}}{\sigma^2}\right)u(x) \tag{D.5}$$

特征函数、矩生成函数及拉普拉斯函数都可以唯一确定概率分布函数。由于假设 Y_i 仅为非负值,因此采用拉普拉斯变换要更为方便些。连续、非负随机变量 Y 的**拉普拉斯变换**定义为

$$F(s) = E[\mathrm{e}^{-sY}] = \int_0^{\infty} f_Y(x)\exp(-sx)\,\mathrm{d}x \tag{D.6}$$

式中:$f_Y(x)$ 为 Y 的概率密度分布。将式(D.5)代入式(D.6),展开 $\cosh(\cdot)$ 产生两个积分项,以 $y=\sqrt{x}$ 进行积分变量替换,将指数项中的自变量全部用平方

表示，并重新合并这两个积分项，同时注意到高斯概率密度函数的积分必定为1，这样可得 Y_i 的拉普拉斯变换为

$$F_i(s)=\frac{\exp[-sm_i^2/(1+2\sigma^2 s)]}{(1+2\sigma^2 s)^{1/2}},\quad \mathrm{Re}(s)>1/(2\sigma^2) \tag{D.7}$$

独立随机变量之和的拉普拉斯变换就等于各变量拉普拉斯变换的乘积。由于 Z 为 Y_i 之和，故 Z 的拉普拉斯变换为

$$F_Z(s)=\frac{\exp[-s\lambda/(1+2\sigma^2 s)]}{(1+2\sigma^2 s)^{N/2}},\quad \mathrm{Re}(s)>1/(2\sigma^2) \tag{D.8}$$

式中应用了式(D.2)。由 $F_Z(s)$ 的拉普拉斯逆变换可得自由度为 N、非中心参数为 λ 的**非中心 χ^2 随机变量**的概率密度函数为

$$f_Z(x)=\frac{1}{2\sigma^2}\left(\frac{x}{\lambda}\right)^{(N-2)/4}\exp\left[-\left(\frac{x+\lambda}{2\sigma^2}\right)\right]\mathrm{I}_{N/2-1}\left(\frac{\sqrt{x\lambda}}{\sigma^2}\right)u(x) \tag{D.9}$$

式中：$\mathrm{I}_n(\cdot)$ 为修正的第一类 n 阶贝塞尔函数(见附录 B.3)。要证明 $f_Z(x)$ 为拉普拉斯逆变换，只要证明 $f_Z(x)$ 的拉普拉斯变换为 $F_Z(s)$ 就足够了。将式(D.9)与附录 B.3 中的级数表达式(B.10)代入式(D.6)中，计算每一项的拉普拉斯变换，通过对所得级数进行辨识就可得出式(D.8)，从而完成证明。

非中心 χ^2 随机变量的概率密度函数为

$$F_Z(x)=\int_0^x\frac{1}{2\sigma^2}\left(\frac{y}{\lambda}\right)^{(N-2)/4}\exp\left(-\frac{y+\lambda}{2\sigma^2}\right)\mathrm{I}_{N/2-1}\left(\frac{\sqrt{y\lambda}}{\sigma^2}\right)\mathrm{d}y,\quad x\geqslant 0 \tag{D.10}$$

若 N 为偶数，则 $N/2$ 为整数，从而 $F_Z(\infty)=1$，对式(D.10)进行变量替换可得

$$F_Z(x)=1-Q_{N/2}\left(\frac{\sqrt{\lambda}}{\sigma},\frac{\sqrt{x}}{\sigma}\right),\quad x\geqslant 0 \tag{D.11}$$

式中 $Q_m(\alpha,\beta)$ 为**广义 Marcum Q 函数**(见附录 B.5)。Z 的均值、方差以及矩可通过应用式(D.1)和独立高斯随机变量的属性较容易地计算。Z 的均值和方差为

$$E[Z]=N\sigma^2+\lambda,\quad \sigma_z^2=2N\sigma^4+4\lambda\sigma^2 \tag{D.12}$$

式中：σ^2 为 $\{X_i\}$ 共同的方差。

由式(D.8)可知，两个自由度分别为 N_1 与 N_2，非中心参数分别为 λ_1 与 λ_2 且具有相同 σ^2 的独立。非中心 χ^2 随机变量之和是一个自由度为 N_1+N_2，非中心参数为 $\lambda_1+\lambda_2$ 的非中心 χ^2 随机变量。

D.2 中心卡方分布

为确定 $\{X_i\}$ 为零均值时 Z 的概率密度函数,将附录 B.3 中的式(B.10)代入式(D.9),再取 $\lambda \to 0$ 时的极限,可得

$$f_Z(x) = \frac{1}{(2\sigma^2)^{N/2}\Gamma(N/2)} x^{N/2-1} \exp\left(-\frac{x}{2\sigma^2}\right) u(x) \tag{D.13}$$

上式即为一个自由度为 N 的中心 χ^2 **随机变量**的概率密度函数,概率分布函数为

$$F_Z(x) = \int_0^x \frac{1}{(2\sigma^2)^{N/2}\Gamma(N/2)} y^{N/2-1} \exp\left(-\frac{y}{2\sigma^2}\right) \mathrm{d}y, \quad x \geqslant 0 \tag{D.14}$$

若 N 为偶数,则 $N/2$ 为整数。对上式进行 $N/2-1$ 次分部积分可得

$$F_Z(x) = 1 - \exp\left(-\frac{x}{2\sigma^2}\right) \sum_{i=0}^{N/2-1} \frac{1}{i!} \left(\frac{x}{2\sigma^2}\right)^i, \quad x \geqslant 0 \tag{D.15}$$

采用式(D.13)与附录 B.1 中的式(B.1)直接进行积分或根据式(D.12),可发现 Z 的均值和方差为

$$E[Z] = N\sigma^2, \quad \sigma_z^2 = 2N\sigma^4 \tag{D.16}$$

D.3 莱斯分布

考虑如下随机变量:

$$R = \sqrt{X_1^2 + X_2^2} \tag{D.17}$$

式中:X_1 和 X_2 为均值分别为 m_1 和 m_2 的独立高斯随机变量,且它们的方差都为 σ^2。R 的概率分布函数必须要满足 $F_R(r) = F_Z(r^2)$,其中 $Z = X_1^2 + X_2^2$ 是一个自由度为 2 的 χ^2 随机变量。因此,当式(D.11)取 $N = 2$ 时表明:

$$F_R(r) = 1 - Q_1\left(\frac{\sqrt{\lambda}}{\sigma}, \frac{r}{\sigma}\right), \quad r \geqslant 0 \tag{D.18}$$

式中:$\lambda = m_1^2 + m_2^2$。该函数称为**莱斯概率分布函数**。**莱斯概率密度函数**可通过对式(D.18)进行微分来获得,即

$$f_R(r) = \frac{r}{\sigma^2} \exp\left(-\frac{r^2 + \lambda}{2\sigma^2}\right) \mathrm{I}_0\left(\frac{r\sqrt{\lambda}}{\sigma^2}\right) u(r) \tag{D.19}$$

随机变量 R 的偶次阶矩可由式(D.17)导出,独立高斯随机变量的矩可同样如此导出。R 的二阶矩为

$$E[R^2] = 2\sigma^2 + \lambda \tag{D.20}$$

一般来说,莱斯分布随机变量的矩可通过对式(D.19)的概率密度函数进行积分来求得。将附录 B.3 中的式(B.10)代入被积函数,交换求和与积分,对积分变量进行替换并应用附录 B.1 中的式(B.1),可得到一个级数,该级数可视为合流超几何函数的特例,从而

$$E[R^n] = (2\sigma^2)^{n/2}\exp\left(-\frac{\lambda}{2\sigma^2}\right)\Gamma\left(1+\frac{n}{2}\right)1F_1\left(1+\frac{n}{2},1;\frac{\lambda}{2\sigma^2}\right), \quad n \geqslant 0 \tag{D.21}$$

式中:$1F_1(\alpha,\beta;x)$ 为式(B.19)定义的**合流超几何函数**。

莱斯概率密度函数通常在变量的变换过程中出现。以 X_1、X_2 表示方差为 σ^2、均值分别为 λ 和零的独立高斯随机变量。令 R 与 Θ 由 $X_1 = R\cos\Theta$、$X_2 = R\sin\Theta$ 隐性定义,则式(D.17)与 $\Theta = \mathrm{atan}(X_2/X_1)$ 描述了变量的变换。因此 R 与 Θ 的联合密度函数为

$$f_{R,\Theta}(r,\theta) = \frac{r}{2\pi\sigma^2}\exp\left(-\frac{r^2 - 2r\lambda\cos\theta + \lambda^2}{2\sigma^2}\right), \quad r \geqslant 0, |\theta| \leqslant \pi \tag{D.22}$$

R 包络的概率密度函数通过对 θ 积分来获得。利用附录 B.3 中的式(B.12),该概率密度函数可简化为莱斯概率密度函数式(D.19)。角度 Θ 的密度函数可通过式(D.22)对 r 积分来获得。将式(D.22)中的自变量全部用平方表示,进行变量替换并利用 Q 函数或补余误差函数的定义(见附录 B.4),可得

$$f_\Theta(\theta) = \frac{1}{2\pi}\exp\left(-\frac{\lambda^2}{2\sigma^2}\right) + \frac{\lambda\cos\theta}{\sqrt{2\pi}\sigma}\exp\left(-\frac{\lambda^2\sin^2\theta}{2\sigma^2}\right)\left[1 - Q\left(\frac{\lambda\cos\theta}{\sigma}\right)\right], \quad |\theta| \leqslant \pi \tag{D.23}$$

由于式(D.22)不能写成式(D.19)与式(D.23)的乘积,故随机变量 R 和 Θ 不是独立的。

D.4 瑞利分布

当式(D.17)中的 X_1、X_2 为零均值独立高斯随机变量且其方差为 σ^2 时,瑞利分布的随机变量就可通过式(D.17)来定义。由于 $F_R(r) = F_Z(r^2)$ 其中 Z 是自由度为 2 的中心 χ^2 随机变量,故当 $N = 2$ 时,式(D.15)表明**瑞利概率分布函数**为

$$F_R(r) = 1 - \exp\left(-\frac{r^2}{2\sigma^2}\right), \quad r \geqslant 0 \tag{D.24}$$

对式(D.24)求微分可得**瑞利概率密度函数**,即

$$f_R(r)=\frac{r}{\sigma^2}\exp\left(-\frac{r^2}{2\sigma^2}\right)u(r) \tag{D.25}$$

通过对定积分中的变量进行替换,R 的任意阶矩都可用伽马函数表示为

$$E[R^n]=(2\sigma^2)^{n/2}\Gamma\left(1+\frac{n}{2}\right) \tag{D.26}$$

利用伽马函数的属性(见附录 B.1),可得瑞利分布随机变量的均值和方差为

$$E[R]=\sqrt{\frac{\pi}{2}}\sigma,\quad \sigma_R^2=\left(2-\frac{\pi}{2}\right)\sigma^2 \tag{D.27}$$

由于 X_1、X_2 的均值为零,随机变量 $R=\sqrt{X_1^2+X_2^2}$ 与 $\Theta=\arctan(X_2/X_1)$ 的联合概率密度函数由 $\lambda=0$ 时的式(D.22)给出,故

$$f_{R,\Theta}(r,\theta)=\frac{r}{2\pi\sigma^2}\exp\left(-\frac{r^2}{2\sigma^2}\right),\quad r\geqslant 0,|\theta|\leqslant\pi \tag{D.28}$$

对 θ 积分可得式(D.25),对 r 积分可得以下均匀概率密度函数:

$$f_\Theta(\theta)=\frac{1}{2\pi},\quad |\theta|\leqslant\pi \tag{D.29}$$

由于式(D.28)等于式(D.25)与式(D.29)之积,故随机变量 R 与 Θ 是独立的。对这些随机变量而言,$X_1=R\cos\Theta$,$X_2=R\sin\Theta$。利用 R 与 Θ 的概率密度分布及其独立性直接计算可证明,X_1 与 X_2 为零均值独立高斯随机变量且它们的方差为 σ^2。由于瑞利分布随机变量的平方可表示为 $R^2=X_1^2+X_2^2$(其中 X_1、X_2 为零均值的独立高斯随机变量且公方差为 σ^2),故 R^2 是服从中心卡方分布的随机变量,其自由度为 2。因此,$N=2$ 时式(D.13)表明,瑞利分布随机变量的平方具有均值为 $2\sigma^2$ 的指数概率密度函数。

D.5 指数分布与伽马分布

瑞利分布随机变量的平方与自由度为 2 的中心卡方分布随机变量都具有指数概率分布和密度函数。考虑如下随机变量:

$$Z=\sum_{i=1}^{N}Y_i \tag{D.30}$$

式中:$\{Y_i\}$ 为具有不同正均值 $\{m_i\}$ 的独立指数分布随机变量。Y_i 的指数概率密度函数为

$$f_{Y_i}(x) = \frac{1}{m_i}\exp\left(-\frac{x}{m_i}\right)u(x) \tag{D.31}$$

该密度函数的拉普拉斯变换为

$$F_i(s) = \frac{1}{1 + sm_i} \tag{D.32}$$

由于 Z 为独立随机变量之和,式(D.32)表明其拉普拉斯变换为

$$F_Z(s) = \prod_{i=1}^{N} \frac{1}{1 + sm_i} \tag{D.33}$$

将上式右边项采用部分分式展开后,对这些项进行拉普拉斯逆变换可得 Z 的概率密度函数为

$$f_Z(x) = \sum_{i=1}^{N} \frac{B_i}{m_i}\exp\left(-\frac{x}{m_i}\right)u(x) \tag{D.34}$$

式中

$$B_i = \begin{cases} \prod\limits_{\substack{k=1 \\ k \neq i}}^{N} \dfrac{m_i}{m_i - m_k}, & N \geq 2 \\ 1, & N = 1 \end{cases} \tag{D.35}$$

且 $m_i \neq m_k$, $i \neq k$ 。通过直接积分和代数运算可得 Z 的概率分布函数为

$$F_Z(x) = 1 - \sum_{i=1}^{N} B_i\exp\left(-\frac{x}{m_i}\right), \quad x \geq 0 \tag{D.36}$$

利用式(D.34)与式(B.1)直接积分可得

$$E[Z^n] = \Gamma(1 + n)\sum_{i=1}^{N} B_i m_i^n, \quad n \geq 0 \tag{D.37}$$

当 $\{m_i\}$ 相等即 $m_i = m$ ($1 \leq i \leq N$)时, $F_Z(s) = (1 + s)^{-N}$ 。因而 Z 的概率密度函数为

$$f_Z(x) = \frac{1}{(N-1)!\ m^N}x^{N-1}\exp\left(-\frac{x}{m}\right)u(x) \tag{D.38}$$

通过计算拉普拉斯变换可以证明上式成立。该密度函数是一个**伽马密度函数**。通过逐次分部积分可得此时 Z 的概率分布函数为

$$F_Z(x) = 1 - \exp\left(-\frac{x}{m}\right)\sum_{i=0}^{N-1}\frac{1}{i!}\left(\frac{x}{m}\right)^i \tag{D.39}$$

根据式(D.38)与式(B.1),可发现 Z 的均值和方差为

$$E[Z] = Nm, \quad \sigma_Z^2 = Nm^2 \tag{D.40}$$

参考文献

1. Adachi F, Garg D, Takaoka S, Takeda K. BroadbandCDMAtechniques. IEEEWirel Commun. 2005;44:8-18.

2. Adachi F, Takeda K. Bit error rate analysis of DS-CDMA with joint frequency-domain equalization and antenna diversity combining. IEICE Trans Commun. 2004;E87-B:2291-3001.

3. Adachi F, Sawahashi M, Okawa K. Tree-structured generation of orthogonal spreading codes with different lengths for forward link of DS-CDMAmobile radio. IEE Electron Lett. 1997;33: 27-28.

4. Ahmed S, Yang L-L, Hanzo L. Erasure insertion in RS-coded SFH FSK subjected to tone jamming and Rayleigh fading. IEEE Trans Commun. 2007;56:3563-71.

5. Ash RB, Novinger WP. Complex variables. 2nd ed. Dover; 2004.

6. Ash RB, Doleans-Dade CA. Probability and measure theory. 2nd ed. Academic Press; 2000.

7. Barry JR, Lee EA, Messerschmitt DG. Digital communication. 3rd ed. Kluwer Academic; 2004.

8. Beaulieu NC, Hopkins WL, McLane PJ. Interception of frequency-hopped spread-spectrum signals. IEEE J Select Areas Commun. 1990;8:853-70.

9. Billingsley P. Probability and measure. 3rd ed. Wiley; 1995.

10. Bonello N, Chen S, Hanzo L. Low-density parity-check codes and their rateless relatives. IEEE Commun Surv Tutor. 2011;13:3-26.

11. Braun WR. PN acquisition and tracking performance in DS/CDMA systems with symbol length spreading sequence. IEEE Trans Commun. 1997;45:1595-601.

12. Caire G, Taricco G, Biglieri E. Bit-interleaved coded modulation. IEEE TransInf Theory. 1998;44:927-46.

13. Campbell C. Surface acoustic wave devices for mobile and wireless communications. Academic Press; 1998.

14. Chang J-J, Hwang D-J, Lin M-C. Some extended results on the search for good convolutional codes. IEEE Trans Inf Theory. 1997;43:1682-97.

15. Chen H, Maunder RG, Hanzo L. A Survey and tutorial on low-complexity turbo coding techniques and a holistic hybrid ARQ design example. IEEE Commun Surv Tutor. 2013;15:1546-66.

16. ChockalingamA, Dietrich P, Milstein LB, Rao RR. Performance of closed-loop power control in DS-CDMA cellular systems. IEEE Trans Veh Technol. 1998;47:774-89.

17. Choi J. Adaptive and iterative signal processing in communications. Cambridge University Press; 2006.

18. Choi K, Cheun K, Jung T. Adaptive PN code acquisition using instantaneous power-scaled detection threshold under Rayleigh fading and pulsed Gaussian noise jamming. IEEE Trans Commun. 2002;50:1232-5.

19. Chong EKP, Zak SH. An introduction to optimization. 4th ed. Wiley; 2013.

20. Chung J-H, Yang K. A new class of balanced near-perfect nonlinear mappings and its application to sequence design. IEEE Trans Inf Theory. 2013;59:1090-7.

21. Cover TM, Thomas JM. Elements of information theory. 2nd ed. Wiley; 2006.

22. Digham FF, Alouini MS, Simon MK. On the energy detection of unknown signals over fading channels.

IEEE Trans Commun. 2007;55:21-4.

23. Diniz PSR. Adaptive filtering: algorithms and practical implementation. 4th ed. Springer; 2012.
24. Farhang-Boroujeny B. Adaptive filters: theory and applications. 2nd ed. Wiley; 2013.
25. Gezici S. Mean acquisition time analysis of fixed-step serial search algorithms. IEEE Trans Commun. 2009; 8:1096-101.
26. Glisic S, Katz MD. Modeling of the code acquisition process for rake receivers in CDMA wireless networks with multipath and transmitter diversity. IEEE J Select Areas Commun. 2001;19:21-32.
27. Goresky M, KlapperA. Algebraic shift register sequences. Cambridge University Press; 2012.
28. Hanzo L, Liew TH, Yeap BL, Lee RYS, Ng SX. Turbo coding, turbo equalisation and spacetime coding. 2nd ed. Wiley; 2011.
29. Hammons AR, Kumar PV. On a recent 4-phase sequence design for CDMA. IEICE Trans Commun. 1993; E76-B:804-13.
30. Haykin S. Adaptive filter theory. 5th ed. Prentice-Hall; 2013.
31. Hill DA, Felstead EB. Laboratory performance of spread spectrum detectors. IEE Proc-Commun. 1995; 142:243-9.
32. Higuchi K, et al. Experimental evaluation of combined effect of coherent rake combining and SIR-based fast transmit power control for reverse link of DS-CDMA mobile radio. IEEE J Select Areas Commun. 2000;18: 1526-35.
33. Horgan D, Murphy CC. Fast and accurate approximations for the analysis of energy detection in Nakagami-m channels. IEEE Commun Lett. 2013;17:83-6.
34. Horgan D, Murphy CC. On the convergence of the Chi square and noncentral Chi square distributions to the normal distribution. IEEE Commun Lett. 2013;17:2233-6.
35. Jovanovic VM. Analysis of strategies for serial-search spread-spectrum code acquisition—direct approach. IEEE Trans Commun. 1988;36:1208-20.
36. Kreyszig E. Advanced engineering mathematics. 10th ed. Wiley; 2011.
37. Lam YM, Wittke PH. Frequency-hopped spread-spectrum transmission with band-efficient modulations and simplified noncoherent sequence estimation. IEEE Trans Commun. 1990;38:2184-96.
38. Lange K. Optimization. 2nd ed. Springer; 2013.
39. Larsson EG, Stoica P. Space-time block coding for wireless communications. Cambridge University Press; 2003.
40. Lee JS, Miller LE, KimYK. Probability of error analyses of aBFSKfrequency-hopping system with diversity under partial-band jamming interference—part II: performance of square-law nonlinear combining soft decision receivers. IEEE Trans Commun. 1984;32:1243-50.
41. Leon SJ. Linear algebra with applications. 9th ed. Pearson; 2014.
42. Levy B. Principles of signal detection and parameter estimation. Springer; 2008.
43. Levitt BK, Cheng U, Polydoros A, Simon MK. Optimum detection of slow frequency-hopped signals. IEEE Trans Commun. 1994;42:1990-2000.
44. Li X, Chindapol A, Ritcey JA. Bit-interleaved coded modulation with iterative decoding and 8PSK modulation. IEEE Trans Commun. 2002;50:1250-7.
45. Li C-F, ChuY-S, Ho J-S, SheenW-H. Cell search in WCDMA under large-frequency and clock errors: algorithms to hardware implementation. IEEE Trans Circuits Syst. 2008;55:659-71.
46. Macdonald TG, Pursley MB. The performance of direct-sequence spread spectrum with complex processing and quaternary data modulation. IEEE J Select Areas Commun. 2000;18:1408-17.

47. Medley M, Saulnier G, Das P. The application of wavelet-domain adaptive filtering to spread spectrum communications. Proceedings of the SPIE Wavelet Applications for Dual-Use. 1995;2491:233-47.
48. Meyr H, Polzer G. Performance analysis for general PN spread-spectrum acquisition techniques. IEEE Trans Commun. 1983;31:1317-9.
49. Miller LE, Lee JS, French RH, Torrieri DJ. Analysis of an anti-jam FH acquisition scheme. IEEE Trans Commun. 1992;40:160-70.
50. Miller LE, Lee JS, Torrieri DJ. Frequency-hopping signal detection using partial band coverage. IEEE Trans Aerosp Electron Syst. 1993;29:540-53.
51. Milstein LB. Interference rejection techniques in spread spectrum communications. Proc IEEE. 1988;76:657-71.
52. Moon TK. Error correction coding. Wiley; 2005.
53. Pan S-M, Dodds DE, Kumar S. Acquisition time distribution for spread-spectrum receivers. IEEE J Select Areas Commun. 1990;8:800-8.
54. Pauluzzi DR, Beaulieu NC. A comparison of SNR estimation techniques for the AWGN channel. IEEE Trans Commun. 2000;48:1681-91.
55. Peng D, Fan P. Lower bounds on the Hamming auto- and cross correlations of frequency hopping sequences. IEEE Trans Inf Theory 2004;50:2149-54.
56. Peterson RL, Ziemer RE, Borth DE. Introduction to spread spectrum communications. Prentice Hall; 1995.
57. Phillips C, Sicker D, Grunwald D. A survey of wireless path loss prediction and coverage mapping methods. IEEE Trans Commun Surv Tutor. 2013;15:255-70.
58. PolydorosA, Weber CL. Aunified approach to serial-search spread spectrum code acquisition. IEEE Trans Commun. 1984;32:542-60.
59. Polydoros A, Weber CL. Detection performance considerations for direct-sequence and timehopping LPI waveforms. IEEE J Select Areas Commun. 1985;3:727-44.
60. Porat B. A course in digital signal processing. Wiley; 1997.
61. Proakis JG, Salehi M. Digital communications. 5th ed. McGraw-Hill; 2008.
62. Pursley MB. Spread-spectrum multiple-access communications. In: Longo G, editor. Multiuser communications systems. Springer-Verlag; 1981.
63. Pursley MB, Sarwate DV, Stark WE. Error probability for direct-sequence spread-spectrum multiple-access communications—part 1: upper and lower bounds. IEEE Trans Commun. 1982;30:975-84.
64. Puska H, Saarnisaari H, Iinatti J, Lilja P. Serial search code acquisition using smart antennas with single correlator or matched filter. IEEE Trans Commun. 2008;56:299-308.
65. Putman CA, Rappaport SS, Schilling DL. Comparison of strategies for serial acquisition of frequency-hopped spread-spectrum signals. IEE Proceedings, 133, pt. F:129-137, April 1986.
66. Putman CA, Rappaport SS, Schilling DL. Tracking of frequency-hopped spread-spectrum signals in adverse environments. IEEE Trans Commun. 1983;31:955-63.
67. RahmatallahY, Mohan S. Peak-to-average power ratio reduction in OFDM systems: a survey and taxonomy. IEEE Commun Surv Tutor. 2013;15:1567-92.
68. Razavi B. RF Microelectronics. 2nd ed. Pearson Prentice Hall; 2012.
69. Rice M. Digital communications: a discrete-time approach. Pearson Prentice Hall; 2009.
70. Rohde UL, Rudolph M. RF/Microwave circuit design for wireless applications. 2nd ed. Wiley; 2013.
71. Ryan WE, Lin S. Channel codes: classical and modern. Cambridge University Press; 2009.

72. Saini DS, Upadhyay M. Multiple rake combiners and performance improvement in 3G and beyond WCDMA systems. IEEE Trans Veh Technol. 2009;58:3361-70.
73. Sawahashi M, Higuchi K, Andoh H, Adachi F. Experiments on pilot symbol-assisted coherentmultistage interference canceler for DS-CDMA mobile radio. IEEE J Select Areas Commun. 2002;20:433-49.
74. Sayed AH. Adaptive filters. Wiley; 2011.
75. Schlegel C, Grant A. Coordinated multiuser communications. Springer; 2006.
76. Simon MK, Alouini M-S. Digital communication over fading channels. 2nd ed. Wiley; 2004.
77. Smith JR. Modern communication circuits. 2nd ed. McGraw-Hill; 1998.
78. Soni RA, Buehrer RM. On the performance of open-loop transmit diversity techniques for IS-2000 systems: a comparative study. IEEE TransWirel Commun. 2004;3:1602-15.
79. Stuber G. Principles of mobile communication. 3rd ed. Springer; 2011.
80. Suwansantisuk W, Win MZ. Multipath aided rapid acquisition: optimal search strategies. IEEE Trans Inform Theory. 2007;53:174-93.
81. Talarico S, Valenti MC, Torrieri D. Optimization of an adaptive frequency-hopping network. To be published 2015.
82. Tan BS, Li KH, Teh KC. Transmit antenna selection systems. IEEE Veh Technol Mag. 2013;8:104-112.
83. Tan X, Shea JM. An EM approach to multiple-access interference mitigation in asynchronousslow FHSS systems. IEEE Trans Wirel Commun. 2008;7:2661-70.
84. Tanaka S, Harada A, Adachi F. Experiments on coherent adaptive antenna array diversity for wideband DS-CDMA mobile radio. IEEE J Select Areas Commun. 2000;18:1495-504.
85. Tantaratana S, Lam AW, Vincent PJ. Noncoherent sequential acquisition of PN Sequences for DS/SS Communications with/without channel fading. IEEE Trans Commun. 1995;43: 1738-45.
86. Torrieri DJ. The performance of five different metrics against pulsed jamming. IEEE Trans Commun. 1986; 34:200-7.
87. Torrieri DJ. Information-bit, information-symbol, decoded-symbol error rates for linear block codes. IEEE Trans Commun. 1988;36:613-7.
88. Torrieri DJ. Fundamental limitations on repeater jamming of frequency-hopping communications. IEEE J Select Areas Commun. 1989;7:569-78.
89. Torrieri D. Principles of secure communication systems. 2nd ed. Artech House; 1992.
90. Torrieri D. Performance of direct-sequence systems with long Pseudonoise sequences. IEEE J Select Areas Commun. 1992;10:770-81.
91. Torrieri D. The radiometer and its practical implementation. Proceedings of IEEE Military Communications. Conference; 2010.
92. Torrieri D, Bakhru K. Anticipative maximin adaptive-array algorithm for frequency-hopping systems. Proceedings of IEEE Military Communications Conference; Nov. 2006.
93. Torrieri D, Bakhru K. The maximin adaptive-array algorithm for direct-sequence systems. IEEE Trans Signal Process. 2007;55:1853-61.
94. Torrieri D, Bakhru K. Adaptive-array algorithm for interference suppression prior to acquisition of direct-sequence signal. IEEE TransWirel Commun. 2008;7:3341-46.
95. Torrieri D, Cheng S, Valenti MC. Robust frequency hopping for interference and fadingchannels. IEEE Trans Commun. 2008;56:1343-51.
96. Torrieri D, Mukherjee A, Kwon HM. Coded DS-CDMA systems with iterative channel estimation and no pilot symbols. IEEE TransWirel Commun. 2010;9:2012-21.

97. Torrieri D, Valenti MC. The outage probability of a finiteAd Hoc network in Nakagami fading. IEEE Trans Commun. 2012;60:3509-18.
98. Torrieri D, Valenti MC. Exclusion and guard zones in DS-CDMA Ad Hoc networks. IEEE Trans Commun. 2013;61:2468-76.
99. Torrieri D, Valenti MC, Talarico S. An analysis of the DS-CDMA cellular uplink for arbitrary and constrained topologies. IEEE Trans Commun. 2013;61:3318-26.
100. Trichard LGF, Evans JS, Collings IB. Large system analysis of linear multistage parallel interference cancellation. IEEE Trans Commun. 2002;50:1778-86.
101. Valenti MC, Cheng S, Torrieri D. Iterative multisymbol noncoherent reception of coded CPFSK. IEEE Trans Commun. 2010;58:2046-54.
102. Valenti MC, Cheng S. Iterative demodulation and decoding of turbo coded M-ary noncoherent orthogonal modulation. IEEE J Select Areas Commun. 2005;23:1738-47.
103. Valenti MC, Sun J. Turbo codes. Chapter 12. In: Dowla F, editor. Handbook of RF and wirelesstechnologies. Elsevier, Newnes Press; 2004.
104. Valenti MC, Torrieri D, Talarico S. A new analysis of the DS-CDMA cellular downlink under spatial constraints. Proc Intern Conf Computing, Networking, Commun. Jan. 2013.
105. Verdu S. Multiuser detection. Cambridge University Press; 1998.
106. Wang X, Poor HV. Wireless communication systems. Prentice Hall; 2004.
107. Wang Y-PE, Ottosson T. Cell search in W-CDMA. IEEE J Select Areas Commun. 2000;18:1470-82.
108. Weber SP, Andrews JG, Yang X, de Veciana G. Transmission capacity of wireless Ad Hoc networks with successive interference cancellation. IEEE Trans Inf Theory. 2007;53:2799-812.
109. Wittke PH, Lam YM, Schefter MJ. The performance of Trellis-coded nonorthogonal noncoherent FSK in noise and jamming. IEEE Trans Commun. 1995;43:635-45.
110. Won S, Hanzo L. Initial synchronisation of wideband and UWB direct sequence systems: single- and multiple-antenna aided solutions. IEEE Commun Surv Tutor. 2012;14:87-108.
111. Xie S, Rahardja S. Performance evaluation for quaternary DS-SSMA communications with complex signature sequences over Rayleigh-fading channels. IEEE Trans Wirel Commun. 2005;4:266-77.
112. Yang LL, Hanzo L. Serial acquisition performance of single-carrier and multicarrier DSCDMA over Nakagami-m fading channels. IEEE TransWirel Commun. 2002;1:692-702.
113. Zeng X, Cai H, Tang X, Yang Y. A class of optimal frequency hopping sequences with new parameters. IEEE Trans Inf Theory. 2012;58:4899-907.

索　　引

A

F

G

H

I

M

P

T

U

W